U0150383

高等机械系统动力学
——检测与分析

李有堂 著

科学出版社

北京

内 容 简 介

本书为适应现代机械产品和结构的动力学分析及动态设计需要,结合作者多年的科研和教学实践撰写而成。本书主要阐述高等机械系统的动力学检测与分析。全书共 7 章,主要内容包括绪论、机械振动测试与信号分析、旋转机械参数的测试与识别、机械设备的故障监测与分析方法、旋转机械的故障机理与诊断、发动机动力学、机床动力学等。

本书可作为高等院校机械工程及相关专业研究生的参考书,也可供机械制造领域的工程技术人员和科研工作者参考。

图书在版编目（CIP）数据

高等机械系统动力学：检测与分析 / 李有堂著. —北京：科学出版社,
2023.5
ISBN 978-7-03-074991-8

Ⅰ. ①高… Ⅱ. ①李… Ⅲ. ①机械动力学 Ⅳ. ①TH113

中国国家版本馆 CIP 数据核字（2023）第 035974 号

责任编辑：裴 育 陈 婕 纪四稳 / 责任校对：严 娜
责任印制：吴兆东 / 封面设计：蓝正设计

科学出版社 出版
北京东黄城根北街 16 号
邮政编码：100717
http://www.sciencep.com
北京中石油彩色印刷有限责任公司 印刷
科学出版社发行 各地新华书店经销
*

2023 年 5 月第 一 版 开本：720 × 1000 B5
2023 年 5 月第一次印刷 印张：42 1/2
字数：840 000
定价：280.00 元
（如有印装质量问题,我社负责调换）

前　言

在装备制造过程中，机械系统动力学广泛应用于结构设计、工艺过程设计、设备状态监测、故障诊断等各个环节。在高速、精密机械设计中，为了保证机械运动的精确度和稳定性，需要对结构进行动力学分析和动态设计。现代机械设计已经从为实现某种功能的运动学设计转向以改善和提高机械设备运动及动力特性为主要目标的动力学综合分析与设计。机械系统动力学对现代机械设计有着重要且深远的意义，对机械行业的发展起着关键性的作用。

为了实施中国制造"三步走"发展战略，实现从中国制造到中国创造、建设制造业强国的目标，需要培养大批全面掌握机械系统动力学知识的高端人才。作者针对现代机械产品设计的动力学分析和动态设计要求，结合多年的科学研究与教学实践，参考国内外学术文献，撰写了关于高等机械系统动力学的系列专著。该系列专著包括原理与方法、结构与系统、检测与分析、疲劳与断裂四部分。其中，《高等机械系统动力学——原理与方法》已于 2019 年 11 月由科学出版社出版，主要阐述机械系统动力学的数学基础和力学基础，讨论系统运动稳定性、刚性动力学、弹性动力学和塑性动力学的基本原理与研究方法；《高等机械系统动力学——结构与系统》已于 2022 年 6 月由科学出版社出版，主要讨论齿轮、凸轮、轴承等典型机构的动力学问题，重点阐述转子动力学方法、模型、分析与控制问题。

本书是高等机械系统动力学系列专著的检测与分析部分。全书共 7 章。第 1 章绪论，主要讨论动力学及其理论体系，机械系统的动态特性分析、动力学参数测试与识别、状态监测与故障诊断，以及机械装备的动态分析与动态设计等。第 2 章机械振动测试与信号分析，主要介绍机械振动测试的力学原理，振动测试传感器和仪器设备，振动信号的描述、采集、处理与分析等。第 3 章旋转机械参数的测试与识别，主要涉及滑动轴承、滚动轴承和挤压油膜阻尼器的参数测试与识别，转子系统边界参数的识别，以及旋转机械的参数检测等内容。第 4 章机械设备的故障监测与分析方法，主要讨论灰色诊断、模糊诊断、模式识别、神经网络等分析方法，以及智能诊断系统和变速旋转机械转子的状态监测等。第 5 章旋转机械的故障机理与诊断，主要讨论齿轮、滚动轴承、转子系统的故障机理与诊断，以及汽轮发电机组故障诊断与治理等。第 6 章发动机动力学，主要介绍发动机转子的振动、转子振动的进动分析、发动机高压转子的结构动力学设计、发动机转子振动的可容模态和减振设计，以及双转子系统的振动和设计等。第 7 章机床动力学，主要介绍机床结构的动力学理论模型与参数识别、机床部件和机床结合部的动力学分析、机床结构动力特性的综合分析与动态设计、切削过程的动力特性和自激振动等。

本书相关研究工作得到了国家自然科学基金、教育部"长江学者和创新团队发展计划"、兰州理工大学"红柳一流学科"发展计划和研究生精品课程建设计划的支持，在此表示感谢。

由于作者水平有限，书中难免存在不妥之处，恳请广大读者批评指正。

作　者

2022 年 2 月于兰州理工大学

目　　录

第1章 绪 论

1.1 动力学及其理论体系

1.1.1 动力学概念

动力学是研究系统状态变化、分析作用于物体的力与物体运动关系的学科。动力学的研究对象是运动速度远小于光速的宏观物体。原子和亚原子粒子的动力学研究属于量子力学，可比拟光速的高速运动动力学问题则属于相对论力学的研究范畴。动力学是物理学和天文学的基础，也是航空、航天、交通、装备制造等许多工程学科的基础。动力学分析是飞机、车辆、加工机床、各类旋转类机械动态设计和优化设计的重要分析手段。

动力学的研究以牛顿运动定律为基础，牛顿运动定律的建立则以实验为依据。动力学的基本内容包括质点动力学、质点系动力学、刚体动力学、达朗贝尔原理等。以动力学为基础发展起来的应用学科有天体力学、振动理论、运动稳定性理论、陀螺力学、外弹道学、变质量力学、多刚体系统动力学、晶体动力学、分子动力学等。对于机械系统，动力学的研究包括系统的动态特性分析与动态设计、动力特性的检测与分析、动力学参数的测试与识别、机械系统的状态监测与故障诊断等。

质点动力学有两类基本问题：一是已知质点的运动，求作用于质点上的力；二是已知作用于质点上的力，求质点的运动。求解第一类问题时，只要对质点的运动方程取二阶导数，得到质点的加速度，代入牛顿第二定律，即可求得力；求解第二类问题时，需要求解质点的运动微分方程或求积分。质点运动微分方程就是把牛顿运动第二定律写为包含质点的坐标对时间的导数的方程。

在目前所研究的动力学系统中，需要考虑的因素逐渐增多，如变质量、非线性、非保守、反馈控制、随机因素等，使运动微分方程越来越复杂。因此，许多动力学问题都需要用数值计算法近似求解。

动力学系统的研究领域还在不断扩大，如增加热和电等成为系统动力学、增加生命系统的活动成为生物动力学、依靠牛顿力学来模拟分子的运动形成分子动力学等，这都使得动力学在深度和广度两个方面有了进一步的发展。

1.1.2　机械系统动力学的理论体系

机械系统动力学是研究由机械元件组成的机械系统(如齿轮结构、转子系统、加工机床等)的动力学问题。机械系统动力学的研究内容非常丰富,如对于图 1.1.1 所示的机械传动系统框图,动力学研究的问题可归结为如下三类。

图 1.1.1　机械传动系统框图

(1) 已知激励 x 和系统 S,求响应 y: 这类问题称为系统动力响应分析,又称为动态分析。这是工程中最常见和最基本的问题,其主要任务是为计算与校核机器和结构的强度、刚度、允许的振动能量水平提供依据。动力响应包括位移、速度、加速度、应力和应变等。

(2) 已知激励 x 和响应 y,求系统 S: 这类问题称为系统识别,即求系统的数学模型与结构参数,也称为系统设计,主要是通过获得系统的物理参数(如质量、刚度及阻尼等)了解系统的固有特性(如自然频率、主振型等)。在目前现代化测试实验手段已十分完备的情况下,这类研究十分有效。

(3) 已知系统 S 和响应 y,求激励 x: 这一类问题称为环境预测。例如,为了避免产品在运输过程中损坏,需要记录车辆或产品的振动,通过分析了解运输过程的振动环境以及对产品产生的激励,从而为减振包装设计提供依据。又如,通过检测飞机飞行时的动态响应预测飞机飞行时的随机激励环境,为飞机的优化设计提供依据。

根据是否考虑材料的变形、连续性和响应特性,机械系统动力学中的动态分析问题可以分为刚性动力学问题、弹性动力学问题、塑性动力学问题和断裂动力学问题。

根据机械结构的组成层次和结构特点,机械系统动力学分析可以从单元、结构、系统和整机四方面展开。

机械系统动力学研究的基本问题是激励、系统和响应三者之间的关系问题,在实际分析中,有正问题和反问题两类动力学问题。机械系统动力学的正问题是,在已知系统和工作环境的条件下分析、求解系统的动态响应,其中包括确定和描述动态激励、系统模型和响应的求解问题等。机械系统动力学的反问题是,在已知动态响应的条件下进行载荷识别、故障诊断、模型修正和优化等。

按照应用领域,动力学问题有机床动力学问题、车辆动力学问题、船舶动力学问题、飞机动力学问题、机器人动力学问题等。各类设备的动力学研究既有共性问题,又有各自的特殊问题。

按照在结构动力学分析和动态设计中的作用,机械系统动力学主要有机械系统动态特性分析、动力学参数测试与识别、机械系统的状态监测与故障诊断、机械结构的动态设计等问题。机械系统动力学的研究内容和体系框图如图 1.1.2 所示。

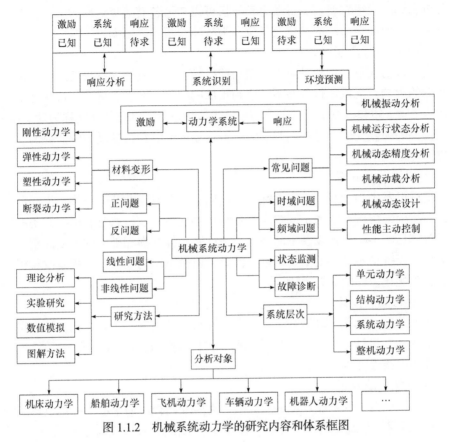

图 1.1.2　机械系统动力学的研究内容和体系框图

1.2　机械系统的动态特性分析

机械装备的动态特性分析主要包括以下几个方面。

1) 机械振动分析

机械振动是机械运动过程中普遍存在的重要问题。惯性力的不平衡、外载荷变化及其系统参数变化等因素，都有可能引起振动。减小或隔离振动是提高机械装备运动特性及运动精度的基本任务。可以用动平衡、改进机械本身结构或主动控制方法等消除或减小振动。

2) 机械运行状态分析

机械运行一般有两种状态，即稳定运行状态和瞬时运行状态。在稳定运行状态下，机械的运行是稳定、周期性的；在瞬时运行状态下，机械运动呈非周期状态。当机械启动、停车或发生意外事故时，会呈现瞬时运行状态。对机械运行状态进行分析,不仅可了解机械正常工作的状态,而且对机械运行状态的监测、故障分析和诊断都很重要。通过动力学分析可以知道各类故障对机械运行状态有什么影响,从而确定监测的参数及部位,为故障分析提供依据。

3) 机械动态精度分析

在一些情况下,特别是对于轻型高速机械,由于其构件本身变形或者运动副中间隙的影响,机械运行状态不能达到预期的精度,此时机械的运行状态不仅和作用力有关,还和机械运动的速度有关,这种状态下所具有的精度称为动态精度。研究构件的弹性变形、运动副间隙对机械运动的影响是机械动力学研究的一个重要方面。

4) 机械动载分析

机械设备中的动载荷有周期性、非周期性、短时强载荷等类型。不同形式的动载荷将引起机械系统的不同响应,且与材料性质、运行状态和机械设备的结构形式等密切相关。机械设备中的动载荷往往是构件磨损和破坏的重要因素,也是影响机械设备动态特性的重要因素。因此,机械系统的动载荷分析是改善机械性能、达到优化设计的必要手段。

5) 机械动态设计

机械动态设计是提高机械设备动态特性和运动精度,实现优化设计的重要手段。机械动态设计包括驱动部件的选择、构件参数(质量分布、刚度)的设计、机械惯性力平衡设计等。

6) 性能主动控制

许多机械设备的工作环境是变化的,需要采用相应的手段来控制机械系统动力特性,以保证系统在不同条件下按预期要求工作。控制的因素包括输入的动力、系统的参数或外加控制力等。在分析控制方法的有效性和控制参数的范围等问题上,均需要进行动力学分析。

1.3　机械系统的动力学参数测试与识别

在进行机械装备,尤其是旋转机械的动力学分析时,一般需要确定系统的临界转速、稳定界限或者动力响应。在分析过程中,关键问题是要建立一个适宜的力学模型,将实际的复杂转子系统简化成易于分析计算的模型,若模型本身或者模型中的某些参数与实际值有较大的出入,即使采用精度很高的计算方法,计算结果也会出现较大误差。对转子本身的质量和刚度的离散与简化的方法已经比较成熟,因此确定转子系统端部及支承处的边界参数是提高分析精度的关键。边界参数与实际的装配、安装条件有关,随机因素较多。例如,用滑动轴承支承的大型汽轮发电机转子系统，其支承油膜的实际刚度和阻尼系数等参数大多采用数值计算方法确定，如果计算模型与实际结构有较大差别，那么计算得到的临界转速或不平衡响应等与实际结果会有较大的误差，特别是在现场安装之后，轴承的工况与设计工况常有不少差异，误差会更大。因此，边界条件的确定是转子动力学计算及工程设计中的关键问题。

轴承、阻尼器等部件的动力特性参数，也可通过各种实验方法测试确定，各种实验测试方法与各种数值计算方法相辅相成、互相补充、互相校核、同步发展。

1.4 机械系统的状态监测与故障诊断

状态监测与故障诊断作为一门设备现代化管理的新兴学科，主要服务于机械系统的全寿命管理。机械系统的全寿命管理决策过程包括系统运行、状态监测、故障诊断、趋势预报以及决策维修等，如图 1.4.1 所示。

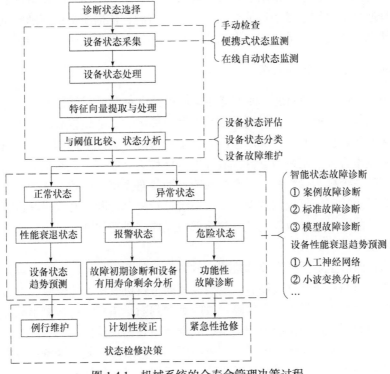

图 1.4.1 机械系统的全寿命管理决策过程

1.4.1 机械系统的状态监测与评估

机械系统的状态监测是利用各种传感器对反映设备工作状态的物理、化学量进行检测，从而判断设备的运行状态，实现对设备状态跟踪而进行的采集、识别、分类和分析等活动。然后由专家根据监测所得到的反映设备状态的各种测量值，用所掌握的被诊断设备的知识及经验进行推理和判断，找出故障原因、故障部位，并提出相应的应急措施和处置方案。

目前已开发的监测技术种类很多，按其监测的征兆可分为动力学效应、颗粒效应、化学效应、物理效应、温度效应、电学效应等。连续监测反映设备状态变化的预警参数，就可以获得故障初期的信息。一般有三种状态监测方法：手动检查、便携式状态监测和在线自动状态监测。

在状态监测维修智能预测决策过程中，设备状态数据的分析和利用至关重要。设备状态分析一般包括设备状态评估、设备状态分类和设备故障维护。

设备状态评估主要包括两个方面，即智能状态故障诊断和设备性能衰退趋势预测。智能状态故障诊断的主要任务是探察设备异常状态、识别症状、分析症状信息和确定影响生产的故障原因，特别适用于复杂情况。智能状态故障诊断分为三种基本类别：案例故障诊断、标准故障诊断和模型故障诊断。设备性能衰退趋势预测是通过对机械装备的特征参数进行连续监测，依据所得数据确定机械装备的运行状态，并对将来的运行状态做出估计，预报和确定机械装备的剩余寿命。

1.4.2 故障诊断及其基本任务

故障诊断(又称诊断)是一种了解和掌握机械设备在运行过程中的状态，确定其整体或局部正常或异常，早期发现故障及其原因，并能预报故障发展趋势的技术。油液监测、振动监测、噪声监测、性能趋势分析和无损探伤等为设备故障的主要诊断技术方式。用来检查寻找故障的程序称为诊断程序，对机械设备或系统执行诊断的系统称为诊断系统。系统故障诊断是对系统运行状态和异常情况做出判断，为系统故障恢复提供依据。要对系统进行故障诊断，必须对其进行检测。在发生系统故障时，对故障类型、故障部位及原因进行诊断，给出解决方案，实现故障恢复。

故障诊断的主要任务有故障检测、故障类型判断、故障定位及故障恢复等。故障检测是指与系统建立连接后，周期性地向下位机发送检测信号，通过接收的响应数据帧判断系统是否产生故障；故障类型判断是指系统在检测出故障之后，通过分析原因判断出系统故障的类型；故障定位是指在前两步的基础上，细化故障类型，诊断出系统具体故障部位和故障原因，为故障恢复做准备；故障恢复是指根据故障的不同原因，采取不同措施，对系统故障进行恢复。

1.4.3 故障诊断的性能指标

评价故障诊断系统的性能指标大体上可分为三个方面，即故障诊断的检测性能指标、故障诊断的诊断性能指标和故障诊断的综合性能指标。

1. 故障诊断的检测性能指标

1) 早期检测的灵敏度

早期检测的灵敏度是指一个故障检测系统对"小"故障信号的检测能力。检测系统早期检测的灵敏度越高，表明它能检测到的最小故障信号越小。

2) 故障检测的及时性

故障检测的及时性是指当诊断对象发生故障后，检测系统在尽可能短的时间内检测到故障发生的能力。故障检测的及时性越好，说明从故障发生到被正确检测出来之间的时间间隔越短。

3) 故障的误报率和漏报率

误报是指系统没有发生故障却被错误地判定出现了故障；漏报是指系统中出现了故障却没有被检测出来。可靠的故障检测系统应当保持尽可能低的误报率和漏报率。

2. 故障诊断的诊断性能指标

1) 故障分离能力

故障分离能力是指诊断系统对不同故障的区分能力，这种能力的强弱取决于对象的物理特性、故障大小、噪声、干扰、建模误差以及所设计的诊断算法。故障分离能力越强，表明诊断系统对不同故障的区分能力越强，对故障的定位也就越准确。

2) 故障辨识的准确性

故障辨识的准确性是指诊断系统对故障的大小及其时变特性估计的准确程度。故障辨识的准确性越高，表明诊断系统对故障的估计越准确，越有利于故障的评价与决策。

3. 故障诊断的综合性能指标

1) 鲁棒性

鲁棒性是指故障诊断系统在存在噪声、干扰、建模误差的情况下正确完成故障诊断任务，同时保持满意的误报率和漏报率的能力。一个故障诊断系统的鲁棒性越强，表明受噪声、干扰、建模误差的影响越小，系统可靠性也就越高。

2) 自适应能力

自适应能力是指故障诊断系统对变化的被诊断对象具有识别和判断能力，并且能够充分利用由变化产生的新信息来改善自身。引起这些变化的原因可以是被诊断对象的外部输入的变化、结构的变化或由生产数量、原材料质量等问题引起的工作条件的变化。

1.4.4 故障的范畴与分类

1. 故障的范畴

设备故障是指设备不能按照预期的指标工作的一种状态，其内容包括：

(1) 能使设备或系统立即丧失其功能的破坏性故障。

(2) 因设计、制造、安装或与设备性能有关的参数选取不当造成的设备性能降低的故障。

(3) 设备处于规定条件下工作时没有正确操作而引起的故障。

2. 故障的分类

故障的分类方法有多种。各种方法从不同的角度，如经济性、安全性、复杂性、故障发展速度、起因等方面，观察设备丧失工作效能的程度。

(1) 按故障的性质，故障可分为人为故障和自然故障。人为故障是由设备的操作者无意或者有意造成的故障；自然故障是设备在运行时因自身原因而造成的故障。

(2) 按故障发生的快慢程度，故障可分为突发性故障和渐进式故障。突发性故障是发生前无明显的可观察征兆，突然发生，且破坏性较大的故障；渐进式故障是设备中某些零件的技术指标逐渐恶化，最终超出允许范围而引起的故障。

(3) 按故障的维持时间，故障可分为间断性故障和持续性故障。间断性故障是故障发生后，在没有外界干涉的情况下，很快恢复正常状态的故障；持续性故障是故障发生后，直至外界采取措施，方可恢复其原有功能的故障。

(4) 按故障的发生程度，故障可分为局部性故障和完全性故障。局部性故障是部分指标下降，但未丧失其完全功能的故障；完全性故障是设备或部件完全丧失其应达到的功能的故障。

(5) 按故障发生的原因，故障可分为先天性故障和使用性故障。先天性故障是由设计、制造不当造成的设备固有缺陷而引起的故障；使用性故障是设备在装配、运行过程中使用不当或自然产生的故障。

(6) 按故障造成的后果，故障可分为轻微故障、一般故障、严重故障和恶性故障。轻微故障是设备略微偏离正常的规定指标，但设备运行受影响轻微的故障；一般故障是设备运行质量下降，导致能耗增加、环境噪声增大等故障；严重故障是某些关键设备或部件整体功能丧失，造成停机或局部停机的故障；恶性故障是设备遭受严重破坏，造成重大经济损失，甚至危及人身安全或造成严重环境污染的故障。

1.4.5 故障诊断技术的基本环节和应用范围

1. 故障诊断技术的基本环节

设备故障诊断技术，其实质是了解和掌握设备在运行过程中的状态，预测设备的可靠性，确定设备整体或局部是否正常，早期发现故障，并对故障原因、部位、危险程度等进行识别和评价，预报故障发展趋势，并对具体情况做出实施维护决策的技术。设备故障诊断技术主要包括以下三个基本环节。

1) 信息采集

设备故障诊断技术属于信息技术的范畴，其诊断依据是被诊断对象所表征的一切有用的信息，如振动、噪声、转速、温度、压力、流量等。对于设备，主要通过传感器，如振动传感器、温度传感器、压力传感器等来采集信息。因此，传感器的类型、性能和质量、安装方法、位置以及人的思维和判断往往是决定诊断信息是否失真或遗漏的关键。

2) 分析处理

由传感器或人的感官所获取的信息往往是杂乱无章的，其特征不明显、不直观，很难加以判断。分析处理的目的是把采集的信息通过一定的方法进行变换处理，从不同的角度获取最敏感、最直观、最有用的特征信息。分析处理可用专门的分析仪或计算机进行，一般可从多重分析域、多重角度来观察这些信息。人的感官所获取的信息，是在人的大脑中进行分析处理的。分析处理方法的选择、结果的准确性以及表示的直观性都会对诊断结论产生较大的影响。

3) 故障诊断

故障诊断包括对设备运行状态的识别、判断和预报，充分利用分析处理所提供的特征信息参数，运用各种知识和经验，其中包括对设备及其零部件故障或失效机理方面的知识，以及设备结构原理、运动学和动力学、设计、制造、安装、运行、维修等方面的知识，对设备的状态进行识别、诊断，并对其发展趋势进行预测和预报，为下一步的设备维修决策提供技术依据。

故障诊断各环节的逻辑关系如图 1.4.2 所示。

图 1.4.2 故障诊断各环节的逻辑关系示意图

2. 故障诊断技术的应用范围

实施故障诊断技术的目的十分明确，即尽量避免设备发生事故，减少事故性停机，降低维修成本，保证安全生产，保护环境，节约能源，或者说保证设备安全、稳定、可靠、长周期、满负荷的优质运行服务。因此，设备故障诊断技术适用于下列设备：

(1) 生产中的重大关键设备，包括没有备用机组的大型机组。

(2) 不能接近检查及解体检查的重要设备。

(3) 维修困难、维修成本高的设备。

(4) 没有备品备件，或备品备件昂贵的设备。

(5) 从生产的重要性、人身安全、环境保护等方面考虑，必须采用诊断技术的设备。

1.4.6　故障诊断的实施方法与常用的故障诊断方法

1. 故障诊断的实施方法

故障诊断技术可以根据不同的诊断对象、要求、人员、时间、地点等具体情况，采取不同的诊断策略及实施措施。故障诊断的基本实施过程如图 1.4.3 所示。

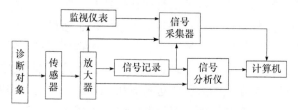

图 1.4.3　故障诊断的实施过程

1) 按工作精细程度实施的诊断方法

按工作精细程度，故障诊断可分为简易诊断和精密诊断。

简易诊断是设备运行状态的初级诊断，目的是对设备的运行状态迅速有效地做出概括的评价，主要由现场工作人员实施。简易诊断通常是测定设备的某个较为单一的特征参数，检查其状态是正常还是异常。当特征参数在允许值范围内时为正常，否则为异常。往往以超过允许值的大小来表示故障的严重程度。当其达到某一设定值时就停机检修。对设备进行定期或连续监测，便可获得设备故障发展的趋势性规律，并借此进行预测预报。一般而言，简易诊断往往所用仪器比较简单，易于掌握，对人员素质要求不高，常作为一种常规检查措施。

精密诊断是在简易诊断的基础上进行的更深层次的诊断，目的是对设备故障的原因、部位及严重程度进行深入分析，做出判断，从而为进一步的治理决策提供依据。精密诊断常需较精密的分析仪器，不仅价格昂贵，同时对使用人员的素质要求也较高，不如简易诊断成熟和简便易行，因此往往应用于大型设备的故障诊断。

图 1.4.4 为简易诊断和精密诊断的关系。

2) 按诊断方式实施的诊断方法

按诊断方式及诊断仪器的使用情况，故障诊断可分为离线诊断和在线诊断。

离线诊断一般在现场完成信息采集，信息可以以模拟形式或者数字形式记录。分析处理和诊断工作可以在实验室或其他合适的地方进行。模拟数据信号可以送入信号分析处理仪，也可以经模数(analog/digital, A/D)转换送入计算机。采集器所记录的数字信号可以直接送入计算机。离线诊断过程可以由人工完成，也可以由配置专用诊断软件的计算机完成。

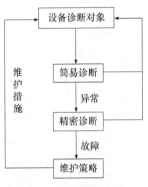

图 1.4.4　简易诊断和
精密诊断的关系

离线诊断的优点是灵活、方便、投资较小；缺点是其分析结论有较长的时间滞后，不利于处理紧急故障。由于离线诊断很难进行连续监测，易遗漏故障，故一般用于设备的常规检查或不太重要的设备的故障诊断。

在线诊断是将传感器所采集的信息直接送入分析处理仪，或经 A/D 转换直接用通信电缆送入计算机。计算机可以放在现场，也可以远离现场，并即时进行分析处理和诊断。

在线诊断的优点是即时、迅速、实时性好，可保证不遗漏故障，但不灵活、造价高，故常用于关键设备的故障诊断。

2. 常用的故障诊断方法

常用的故障诊断方法包括模式识别诊断法、参数辨识诊断法、故障树故障诊断法、模糊诊断法、神经网络故障诊断法、专家系统故障诊断法等。

1) 基于专家系统的故障诊断

基于专家系统的故障诊断方法是故障诊断领域研究最多、应用最广的智能型诊断技术，其发展经历了三个阶段：基于浅知识的智能型专家故障诊断、基于深知识的智能型专家故障诊断和二者的结合。

基于浅知识的智能型专家故障诊断：浅知识是指领域专家的经验知识。基于浅知识的智能型专家故障诊断系统通过演绎推理或产生式推理来获取诊断结果，其目的是寻找一个故障集合使之能对一个给定的征兆(包括存在的和缺席的)集合产生的原因做出最佳解释。基于浅知识的智能型专家故障诊断方法具有知识直接表达、形式统一、高模组性、推理速度快等优点；但也有局限性，有知识集不完备、对没有考虑到的问题系统容易陷入困境、对诊断结果的解释能力弱等缺点。

基于深知识的智能型专家故障诊断：深知识是指有关诊断对象的结构、性能和功能的知识。基于深知识的智能型专家故障诊断系统，要求诊断对象的每一个环节具有明显的输入输出表达关系，诊断时首先通过诊断对象实际输出与期望输出之间的不一致，生成引起这种不一致的原因的集合，然后根据诊断对象领域中的第一定律知识及其具有明确科学依据的知识内部特定的约束联系，采用一定的算法，找出可能的故障源。基于深知识的智能型专家故障诊断方法具有知识获取方便、维护简单、完备性强等优点，但缺点是搜索空间大、推理速度慢。

基于浅知识和深知识的智能型专家混合诊断：对于复杂的设备系统，单独使用浅知识的智能型专家故障诊断或基于深知识的智能型专家故障诊断，都难以得到满意的诊断结果，只有将两者结合，才能使诊断系统的性能得到优化。因此，为了使故障智能型诊断系统具备与人类专家能力相近的知识，研发者在构造智能型诊断系统时，越来越强调不仅要重视故障诊断专家的经验知识，更要注重诊断对象的结构、功能、原理等知识，研究的重点是浅知识与深知识的整合表示和使用方法。在实际进行诊断问题求解时，将深知识和浅知识结合起来完成诊断任务，往往能收到良好的效果。一般优先使用浅知识，找到诊断问题的解或者是近似解，必要时用深知识获得诊断问题的精确解。

2) 基于人工神经网络的故障诊断

基于人工神经网络的故障诊断方法在知识获取、知识表示和知识推理等方面均体现出了独特的优势。在知识获取方面，神经网络的知识不需要由工程师整理、总结及消化，只需要用领域专家解决问题的实例或范例来训练神经网络；在知识表示方面，神经网络采取隐式表示，并将某一问题的若干知识表示在同一网络中，通用性高，便于实现知识的主动获取和并行联想推理；在知识推理方面，神经网络通过神经元之间的相互作用来实现推理。

基于人工神经网络的故障诊断方法在许多领域的故障诊断系统中得到应用，如在化工设备、核反应器、汽轮机、旋转机械和电动机等领域都取得了较好的效果。但是使用该方法从故障事例中得到的知识只是一些分布权重，而不是类似领域专家逻辑思维的产生式规则，因此不能解释诊断推理过程，缺乏透明度。

设备性能衰退趋势预测通过预告与设备性能衰退相关的症状信息而实现有计划的维修活动。一旦某个部件被诊断为初始故障源，设备性能衰退趋势预测可以通过内嵌的人工神经网络评定有缺陷部件的剩余寿命和失效程度，在设备严重停机事故发生之前，利用人工神经网络方法可有足够的时间制订校正性维修计划。

3) 基于模糊数学的故障诊断

在实际工程中，许多诊断对象的故障状态是模糊的，应用模糊数学的理论诊断这类故障具有良好的效果。基于模糊数学的故障诊断方法不需要建立精确的数学模型，适当地运用局部函数和模糊规则，进行模糊推理就可以实现模糊诊断的智能化。

4) 基于故障树的故障诊断

故障树方法是由电子计算机依据故障与原因的先验知识和故障率知识自动生成故障树并对故障树进行搜索的过程。诊断过程从系统的某一故障"为什么出现这种现象"开始，沿着故障树不断提问而逐级构成一个梯阶故障树，透过对此故障树的启发式搜索，最终查出故障的根本原因。在提问过程中，有效合理地使用系统的及时动态数据，将有助于诊断过程的顺利实施。基于故障树的诊断方法，类似于人类的思维方式，易于理解，在实际中应用较多，但大多与其他方法结合使用。

1.5　机械装备的动态分析与动态设计

随着现代工业与科学技术的高速发展，机械结构系统的动态问题日益突出，良好的机械动态性能已经成为产品开发设计中重要的优化目标之一，用先进的动态设计取代传统的静态设计已成为机械结构设计的必然发展趋势。目前，动态设计方法已成为机械结构设计的主要手段。

机械结构动态设计的大体过程是：对满足工作性能要求的初步设计图样或要进行改进的机械结构实物进行动力学建模，并进行动态特性分析。根据实际工作情况，给出其动态特性要求或预定的动态设计目标，再按结构动力学逆问题分析方法求解满足设计目标的结构参数，或按结构动力学正问题分析方法进行结构修改及其分析，这种修改或效果预测反复多次，直到满足结构动态特性的设计要求。快速、准确地确定符合机械静、动态特性要求的结构形状和尺寸，是优化设计的基本要求。

如何保证产品的高性能、低成本、高质量和低消耗，在设计阶段能够预测机械结构的静、动态特性，是机械产品设计面临的新问题。机械结构动态设计是涉及现代动态设计，产品结构动力学理论、方法和体系的综合设计方法，许多问题尚需进行深入广泛的研究。

第 2 章　机械振动测试与信号分析

对于动力机械装备如发动机、水轮机等实施状态评估与故障诊断,首先必须测得机器的振动信号,然后对所测得的信号进行有效的分析,提取相关振动特征信息,才可开展振动分析与故障诊断。本章着重介绍机械装备的振动测试技术以及相关的分析方法。这些内容是把动力学的基本理论与真实机械装备联系起来的桥梁,使得振动分析与故障诊断具有可行性及可操作性。

2.1　振动测试的目的和任务

机械装备振动测试的目的和任务主要体现在以下五个方面。

1) 机械装备的研制实验

在发动机、水轮机等的研制过程中,对其部件或样机进行测试,目的是检验是否达到设计要求或是否能可靠运行,以及对设计方法和设计模型进行验证和考核。例如,发动机的临界转速可能需要调整,或者需要改进阻尼器等。在创新装备研制过程中,零、部件实验频繁,故障易于暴露,也易于查清,在实验中,也易于测取故障特征信息。因此,振动测试工作对创新装备的研制具有重要意义。将所测得的振动信息不断积累和总结,就可建立此机型的设计数据库和故障特征数据库,为新机的定型以及定型之后机械装备的运行、维护及故障诊断奠定基础。

2) 机械装备的试车运行测试

不论是在创新机械产品的研发,还是批量生产中,均需进行台架试车。在台架试车时,机械装备的振动是重要的监测和检验参数。首先检验振动是否处于限定标准的范围内,若振动超标,则将通过振动测试来分析超标原因。当机器制造商把新机器交付给用户时,需进行试车运行测试,检验机器是否符合所有的规范和设计要求。

3) 故障诊断

振动测试是故障诊断的基础。在现有的技术条件下,对于大型旋转机械,振动测试应长期在线进行,并且联成网络,实现多台机组的网络化监测和远程诊断。其目的就是能够快捷、及时、有效地诊断机器的故障。在机载条件下,测量机械装备的核心部件,如发动机、水轮机的振动,若出现异常,应及时报警,并给出提示信息,以便技术人员采取应对措施。

4) 实现预测维修

不论是在机械装备台架试车过程中，还是在机载运行时，通过振动测试，及时、准确地掌握机械装备的运行状态，对出现的故障及其发展趋势给出预报，为实现机械装备的预测维修提供技术保证。例如，对于大涵道比发动机，机载振动测试需提供风扇转子支承处振动的低压一倍频分量幅值和相位，通过质量补偿方法实现发动机风扇转子的动平衡。

5) 建立数据库，积累数字化信息

在机械装备典型部件或者关键部件的运行实验中，进行振动测试和监控的具体内容包括：①对其动力学模型和振动特性进行验证，评估部件设计是否满足动力特性要求，建立部件设计与振动特性之间的关系，即设计数据库；②实验确定零件公差、零件间配合公差以及工况变化对振动的影响，建立工艺、工况数据库；③对部件局部或整体失效后的振动进行测试，建立部件故障数据库。

旋转机械的转子系统是最核心的部件，也是机器振动的关键部件，转子振动会传递到机器的基础、机壳和底板上。因此，对振源进行检测是检测机器故障最有效的方法。旋转机械的振动诊断，通常有振动直接信号的测量、振动间接信号的测量、机壳的测量等几种方式。振动直接信号的测量是将两个非接触式位移传感器安装在靠近轴承的正交位置上，以测量横向振动以及静态轴心相对于其安装固定部分的位置。振动间接信号的测量通常是在底板或地基上安装速度或加速度传感器，这些传感器不能测量转子的中心位置，不能测出转子的轨迹方向，不能提供转子的模态形状，但对一些重要的低频信息很敏感。机壳的测量仅在非关键的、低速的、一般用途机组上使用，或者无法在轴承附近安装传感器的航空发动机上使用。

对于汽轮发电机组、泵、风扇等旋转机械的振动监测，已经基本形成了规范。通常是在转子系统轴承附近径向 X、Y 方向安装两个非接触式涡流传感器，来观察转子的运动；在转子系统的自动保护装置上安装两个轴向非接触式传感器，用来监测推力轴承的运动状况。这些运动信息一般用于反映振动的幅值信息。

相位信息对旋转机械的振动监测，特别是机器的动平衡和诊断机器的故障类型也极为重要。旋转机械振动的相位信息可以利用键相器获得。键相器也是一种传感器，用来监视转速以及转子的一倍频分量(同频)或倍频分量的相位。

在旋转机械的稳态与瞬态(启动与停机运行)运动过程中，需要测量的振动参数及其用途主要有：

(1) 总体振动幅值，即通频值或振动总量，用来确定振动的严重程度。

(2) 振动分量的频率，用于寻找故障的根本原因。

(3) 转子振动的时域波形、轴心轨迹及其涡动方向，用于找出故障的性质。

(4) 相位(包括同频及二倍频的相位)，用于识别机器的故障。

(5) 转子中心位置，用于掌握径向负荷的状况以及转子在轴承中的相对位置。

(6) 振动的一倍频分量与总体振动水平之间的比例关系，为机器故障诊断提供依据。

一般而言，转速不变的机器的振动信号可以重复监测，但振动信号会随载荷、温度、环境等过程参数的变化有所变化。在振动监测时，应当同时记录这些过程参数。

如上所述，在机械装备研制阶段、试运行阶段和在役运行时，都应对关键部件，如发动机等进行振动测试。所测得的数据用于评估机械装备的运行状态，建立设计数据库、故障模式和故障诊断准则，形成完整的数据库，不断积累状态监测数据库。数字化经验具有继承性、推广性、共享性和可加性，对于机械装备的设计、运行和维护都有重要的指导作用。

2.2 机械振动测试的力学原理

振动测试技术，包含机械振动的量测和实验两个方面。测试技术包括各种机械振动量的测量方法、测量仪器及使用方法，以及测量结果分析处理等有关技术。

现代工业技术对各种机械提出了低振级、低噪声和高抗振能力的要求，因而机械结构的振动分析或振动设计在机械工程领域中将占有重要地位。在具体应用中，当研究机械系统的振动特性、分析产生振动的原因、考核机械设备承受振动和冲击能力时，除了理论分析，直接进行振动的测量实验是一种重要的手段。

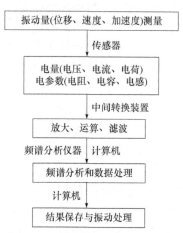

图 2.2.1 振动的测试与分析过程

振动测试是一项非常复杂的工作，需要多种学科知识的综合运用。测试工作涉及实验设计、传感器技术、信号加工与处理、误差理论、控制工程、模型理论等学科。具体来说，振动测试工作是指在选定的激励方式下，通过信号检测、信号变换和分析处理等工作得到振动的基本信息。振动的测试与分析过程如图 2.2.1 所示。

振动测试主要包括下述基本内容：

(1) 振动基本参数的测量。测量振动物体选定点处的位移、速度、加速度，以及振动的时间历程、频率、相位、频谱、激振力等。

(2) 振动系统特征参数的测试。包括系统刚度、阻尼、自然频率、振型、动态响应等特征参数的测试。

(3) 机械、结构或部件的动力强度实验(环境模拟实验)。对于在振动或冲击环境中使用的机械、部件进行环境条件的振动或冲击实验，以检验产品的耐振寿命、性能的稳定性，以及设计、制造、安装的合理性等。

(4) 运行机械的振动监测(机械振动故障诊断)。利用运行机器在线测取的振动信息，对机器的运行状态进行识别、预测，以确定振动故障的大小和振源，进而做出保证机器正常运行的决策。

机械振动和冲击的测量，按其力学原理可分为**相对式测量法**和**惯性式测量法**(绝对测量法)两种，按振动信号的转换方式可分为**电测法、光测法和机械测振法**。一个完整的振动测量系统，一般由被测对象、振动传感器、信号的中间变换装置、信号的分析处理等部分组成。为了符合振动测量的要求，完整的测试工作应包括被测对象振动的初步估计，测试系统的设计和组成，测试系统的标定实验，测试数据的取用、存储和分析。图 2.2.2 为机械工程振动测试中的测试系统框图。

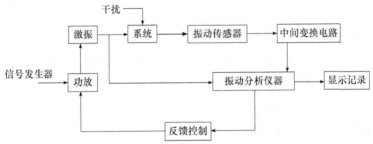

图 2.2.2　机械工程振动测试系统框图

2.2.1　相对式测量法

相对式测量法对应着运动学测量原理，测试量是被测点的坐标相对于选定的静止系统坐标的变化。在测量时，选取空间的某一固定点或运动点作为相对位移参考点(如测量仪器之外的物体或测量仪器上不动的元件)，直接测量振动量的大小或记录振动的时间历程。相对式测量法的运动学原理如图 2.2.3 所示。

相对式测量法可以用于一般的位移、速度、加速度的振动量的测量。除了机械式的便携振动计，手持振动计以人体为不动点，是最简单的振动计，如图 2.2.4 所示，其测量精度与手持振动计壳体、保持相对不动的操作质量有关。

为了保证测量精度，常把静参考点选在坚实的固定基座上。但地基或建筑物基础等对固定基座的振动影响往往难以避免。采用对微小振动量的相对式测量法，必须注意静参考点对振动测量结果的影响。

基于运动学测量原理的测振仪，称为相对式振动参数测量仪。

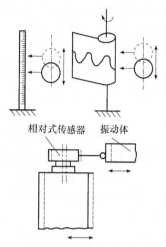

图 2.2.3　相对式测量法的运动学原理

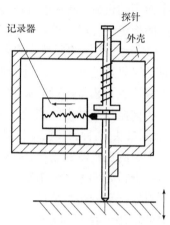

图 2.2.4　手持振动计

2.2.2　惯性式测量法

惯性式测量法又称绝对测量法，对应动力学测量原理。被研究振动过程的参数是相对于人为的静止系统测量的。在大多数情况下，把用弹性支承与振动物体相连接的惯性元件视为静止系统。基于动力学测量原理的惯性测振传感器，是测量物体振动参数绝对值的器件，如图 2.2.5 所示。

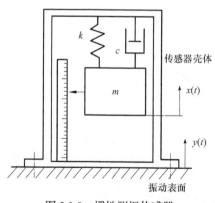

图 2.2.5　惯性测振传感器

在如图 2.2.5 所示的由弹簧 k、质量块 m 和阻尼器 c 组成的单自由度惯性测振传感器中，当测振传感器壳体与振动物体同时以位移 x 产生振动时，惯性质量(元件)m 与测量装置壳体(即振动物体)的相对位移 y 的关系为

$$m\ddot{y} + c\dot{y} + ky = -m\ddot{x} \tag{2.2.1}$$

式(2.2.1)可改写为

$$\ddot{y} + 2\xi\omega_{\mathrm{n}}\dot{y} + \omega_{\mathrm{n}}^2 y = -\ddot{x} \tag{2.2.2}$$

一般而言，式(2.2.2)的全解给出了惯性测量系统的强迫振动与惯性系统自由衰减振动响应之和。在测量稳态振动，即测量连续的周期振动时，可略去自由衰减振动的影响。而在测量瞬态振动，尤其是测量碰撞或爆炸等所引起的机械冲击时，由于必须测量发生在短时间内突然结束的瞬态变化，一般不能略去振动所激起的自由衰减振动的影响。

设所测量物体的振动位移为正弦函数，即 $x = A\sin(\omega t)$，若记 $\lambda = \omega/\omega_{\mathrm{n}}$，则由

式(2.2.2)可得出进行稳态振动位移、速度或加速度测量时惯性测振装置的相应输出 y。

1) 位移测量(位移计)

位移计是适用于振动体中相对位移测量的传感器，振动体的位移可表示为

$$y = M_D \sin(\omega t - \varphi) \tag{2.2.3}$$

式中，

$$M_D = \frac{\lambda^2}{\sqrt{(1-\lambda^2)^2 + (2\xi\lambda)^2}}, \quad \varphi = \arctan\frac{2\xi\lambda}{1-\lambda^2} \tag{2.2.4}$$

当 $\lambda = \omega/\omega_n \gg 1$ 时，$M_D \approx 1$，$\varphi = \pi$，式(2.2.3)可以改写为

$$y = M_D \sin(\omega t - \pi) = -x \tag{2.2.5}$$

可见，除符号，所有应测量的振动位移完全一致，这种装置就是位移计。

2) 速度测量(速度计)

速度计是适用于振动体中相对速度测量的传感器，振动体的位移可表示为

$$y = M_V \frac{\omega}{2\xi\omega_n} \sin(\omega t - \varphi) \tag{2.2.6}$$

式中，

$$M_V = \frac{2\xi\lambda}{\sqrt{(1-\lambda^2)^2 + (2\xi\lambda)^2}}, \quad \varphi = \arctan\frac{2\xi\lambda}{1-\lambda^2} \tag{2.2.7}$$

当 $\xi \gg 1$ 时，$M_V \approx 1$，$\varphi = \pi/2$，式(2.2.6)可以改写为

$$y = \frac{\omega}{2\xi\omega_n} \sin\left(\omega t - \frac{\pi}{2}\right) = -\frac{1}{2\xi\omega_n}\dot{x} \tag{2.2.8}$$

输出响应 y 与输入振动速度 $\dot{x}$ 成正比，这种装置称为速度计，表示速度计的灵敏度为 $(2\xi\omega_n)^{-1}$，但是实现 $\xi \geq 10$ 的衰减放大有结构上的困难。

3) 加速度测量(加速度计)

加速度计是适用于振动体中加速度测量的传感器，振动体的位移可表示为

$$y = \frac{M_A}{\omega_n^2}\omega^2 \sin(\omega t - \varphi) \tag{2.2.9}$$

式中，

$$M_A = \frac{1}{\sqrt{(1-\lambda^2)^2 + (2\xi\lambda)^2}}, \quad \varphi = \arctan\frac{2\xi\lambda}{1-\lambda^2} \tag{2.2.10}$$

当 $\lambda = \omega/\omega_n \ll 1$ 时，$M_A \approx 1$，$\varphi \approx 0$，式(2.2.9)可以改写为

$$y = \frac{1}{\omega_n^2}\omega^2 A\sin(\omega t) = -\frac{1}{\omega_n^2}\ddot{x} \tag{2.2.11}$$

输出响应 y 与输入加速度 $\ddot{x}$ 成反比，这种装置称为加速度计，加速度计的灵敏度为 $1/\omega_n^2$。若测量的频率 ω 较高，则需要更高的 ω_n，为此灵敏度会急剧下降，需要提高放大倍数。

2.3　振动测试传感器

传感器把机器的振动信号转化成电信号，为后续的分析和处理分析奠定了基础，因此传感器是振动测试中的关键器件。

2.3.1　振动测试传感器的技术指标及选用原则

1. 振动测试传感器的技术指标

传感器的性能及适用范围由下述技术指标来表征。

1) 灵敏度

振动测试传感器的灵敏度是指输出的电量(如电压)与其所感受的机械量(如振幅、速度、加速度)之比。设输入的振动为

$$x = X\sin(\omega t) \tag{2.3.1}$$

则输出的电压信号为

$$u = U\sin(\omega t + \varphi) \tag{2.3.2}$$

式中，φ 为输出信号 u 与被测振动量 x 的相位滞后，称为相移，则灵敏度定义为

$$s = \lim_{\Delta x \to 0}\frac{\Delta u}{\Delta x} = \frac{\mathrm{d}u}{\mathrm{d}x} \tag{2.3.3}$$

灵敏度是传感器的基本参数，与灵敏度有直接关系的是分辨率。分辨率是指输出电压的变化量 Δu 可以辨认时，输入振动量的最小变化量 Δx。Δx 越小，表明分辨率越高。灵敏度越高，分辨率也越高。因此，为了测量微小的幅值变化，要求传感器有较高的灵敏度。但必须指出，在选择灵敏度时，应同时考虑到在该灵敏度下的信噪比，通常灵敏度越高，信噪比越低，这将降低测量结果的精度。在具体工程中，还需考虑数据采集系统的精度。数据采集系统的分辨率要与传感器的灵敏度相适应，即高于传感器的灵敏度，这样灵敏度的选择才适宜。

2) 线性度

在理想情况下，传感器的灵敏度应是常量。传感器输出的电量与其所感受的振动量之比是定值，也就是呈线性关系，如图 2.3.1 所示的拟合直线所示。

实际上，传感器总是有不同程度的非线性，如图 2.3.1 中的标定曲线所示。若把传感器看成线性系统，就会出现误差。线性度就是衡量实际传感器与理想测量系统之间的吻合程度。设传感器满量程的输出量为 U_m，传感器的标定曲线(由实验得到)与拟合直线之间的最大偏差为 Δ_m，则传感器的线性度为

$$\Delta = \frac{\Delta_m}{U_m} \times 100\% \tag{2.3.4}$$

线性度应越小越好，如图 2.3.2 所示。线性范围是指灵敏度在允许的误差范围内，传感器能量的最大振动输入幅值范围。最低可测振动幅值取决于传感器的分辨率，最高可测振动幅值取决于传感器的结构特性。

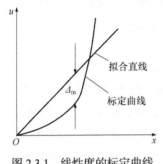

图 2.3.1　线性度的标定曲线

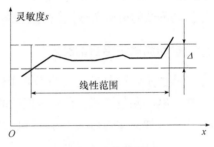

图 2.3.2　线性范围

3) 频率范围

频率范围是指在允许的灵敏度误差范围内，传感器可使用的频率范围。有的还要求输出的正弦波与输入的正弦波之间的相移不超过某一限制值，传感器的使用频率范围也应符合这个要求。使用频率范围主要取决于传感器的材料及结构特性，频率范围越宽越好。

4) 温度范围

温度范围是指在允许的灵敏度误差范围内，传感器可承受的工作环境温度范围。振动位移传感器一般可承受的温度范围为-30～180℃；内部集成振荡电路的位移传感器一般可承受的温度范围为 0～120℃；振动速度传感器一般可承受的温度范围为-40～100℃，最高可达 200℃；振动加速度传感器一般可承受的温度范围比较宽，最高可达 480℃；但内部集成电荷放大器的加速度传感器适用的温度范围一般为-50～125℃。在航空发动机高温端测振时，常常设计能通冷却空气的安装座来保护传感器。

2. 振动测试传感器的选择原则

在测试中应根据测试目的要求和实际条件，合理选用传感器。在选择传感器

时应考虑的因素及选择原则为:

(1) 灵敏度,即输出信号与被测振动量的比值。应该选择灵敏度高的传感器。

(2) 线性范围,即保持输入信号和输出信号呈线性关系时,输入信号幅值的允许变化范围。应该选择现象范围大的传感器。

(3) 频率范围,即灵敏度变化不超过允许值时可使用的频率范围。应选择可使用频率范围以内的传感器,在频率范围以外使用时,应按仪器的频率响应特性曲线对测量结果进行修正。

(4) 传感器的类型。接触式传感器测出的是被测对象相对于牛顿力学的惯性空间的振动(加速度、速度或位移),可用于测量相对振动。非接触式传感器所测出的是被测对象相对于传感器的安装位置的相对振动,这不一定是一个惯性系统。应该根据振动测试的类型选择接触式传感器或非接触式传感器。

2.3.2　振动测试传感器的类型

传感器是将被测信息转换为便于传递、变换处理和保存的信号,且不受观察者直接影响的测量装置。在机械振动的电测法中,传感器定义为将机械振动量(位移、速度、加速度)的变化转换成电量(电压、电流、电荷)或电参数(电阻、电容、电感)变化的器件。常用的传感器有发电型和电参数变化型两类。发电型传感器包括电压式、电动式和电磁式三类;电参数变化型传感器包括电容式、电感式和电阻式(应变片)三类。

按照接触形式,振动测量中常用惯性测振传感器和非接触式测振传感器。

1. 惯性测振传感器

惯性测振传感器的原理简图如图 2.2.5 所示,其壳体附着在被测物体的振动表面上,并与后者一同振动,这是一种接触式传感器。在壳体中,质量块 m 经弹簧 k、阻尼器 c 与壳体相连。被测表面连同壳体的振动记为 $y(t)$,而质量块 m 的振动记为 $x(t)$,这两种振动实际上都是测不出来的;但质量块与壳体之间的相对运动 $z(t)=x(t)-y(t)$ 可以通过各种电测的方法测出。研究惯性测振原理的一项根本任务,在于探讨如何由测出的 $z(t)$ 推断被测对象的振动 $y(t)$。

在惯性位移传感器和加速度传感器中,加以适当的阻尼,能扩大其工作的频率范围,减小测量误差,还可阻碍其中质量块 m 的自由振动,而不致叠加在测量结果中,引起分析困难。分析惯性测振传感器的工作频率范围时,仅从其简化的力学模型的频率特性来考虑,但电测敏感元件的高频特性与仪表的低频特性往往会分别限制测量系统工作频率范围的上限与下限。

常用的惯性测振传感器包括压电式加速度计、压电式力传感器、阻抗头、惯性式速度传感器和磁电式速度传感器等。

2. 非接触式测振传感器

惯性测振传感器属接触式传感器，会给被测系统附加局部质量和刚度，对于轻型结构或柔性结构，这些局部影响往往是不可忽略的，而非接触式测振传感器则不会影响被测系统的结构特性。

非接触式测振传感器包括涡流传感器、电容式传感器和电磁式传感器。这三类传感器的工作原理有所不同，适用条件也不相同。下面介绍三种最常用的振动传感器——振动位移传感器、振动速度传感器以及振动加速度传感器的工作原理和特点。

1) 振动位移传感器

目前常用的振动位移传感器一般为非接触式电涡流位移传感器，也称为趋近式探头，用来直接测量转轴的相对振动。电涡流位移传感器的工作原理基于电涡流效应。如图 2.3.3 所示，线圈中通以交流电流则产生交变磁通 Φ。当被测物体表面靠近线圈时，交变磁通在物体表面感应出电涡流，此电涡流随即产生磁通 Φ_e，该磁通阻碍原交变磁通 Φ 的变化，从而改变线圈中的电感 L。在被测物体材料确定后，电感的变化就只与距离 δ 有关。

通过测量电路把电感 L 随距离 δ 的变化转化为电压 u 随距离 δ 的变化，再进行线性校正，使得传感器输出电压 u 与距离 δ 呈线性关系，但这种线性关系有一定的范围。传感器出厂时需经检验，给出电压与距离的线性范围，这是传感器的重要指标之一，如图 2.3.4 所示。

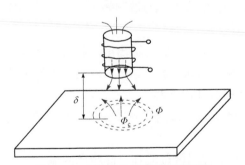

图 2.3.3　电涡流位移传感器的原理

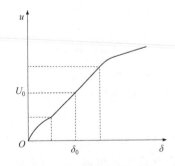

图 2.3.4　传感器线性范围标定

安装传感器时，应使初始间隙位于线性范围的中间位置，如图 2.3.4 中的 δ_0 所示。传感器的位移量范围与传感器感应头直径相关。直径越大，测量范围越大，但灵敏度降低。例如，若感应头直径为 8mm，则最大测量位移为 2mm，灵敏度为 8mV/μm；若感应头直径为17mm，则最大测量位移为 8mm，但灵敏度为 4mV/μm。

目前大部分大型旋转机械都安装有电涡流位移传感器，用于在线监测机器的振动。电涡流位移传感器具有以下优点：①可直接测得转轴的振动；②测量频率范围大，一般为 0～10kHz，可直接测量静态位移；③测量精度高，灵敏度可达8mV/μm；④可用于测量转速和相位。

电涡流位移传感器具有以下缺点：①安装的可达性要求高；②需在机器某一部位加工安装孔；③被测轴表面的划痕、非圆度以及原始偏移都包含在被测信号中，这些影响需要经表面处理和从信号中减去初始偏移而消除；④必须提供电源；⑤输出信号中包含一直流偏量，通常为 −8V，会影响测量的灵敏度，需加以补偿；⑥需要外接一个振荡器，但在温度低于 120℃的使用环境下，可选择内部集成振荡器的一体化位移传感器。

目前，电涡流位移传感器得到广泛应用，已成为大型旋转机械振动监测的首选传感器。

2) 振动速度传感器

振动速度传感器属于磁电式传感器，是最早采用的测振传感器。振动速度传感器的工作原理如图 2.3.5 所示。永久磁铁支承在刚度很小的弹簧之上，构成一个自振频率较低(如 5～10Hz)的弹簧-质量振系。传感器壳体与被测物体固联之后，固定在壳体上的线圈就发生与被测物体相同的振动。当振动频率高于传感器内弹簧-质量振动系统的自振频率时，即永久磁铁位移很小，线圈与永久磁铁发生相对运动，切割磁力线，从而在线圈中产生感应电势。感应电势的大小与被测物体的振动速度成正比。

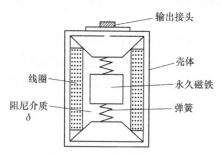

图 2.3.5　振动速度传感器

经标定之后，输出电压就可反映被测物体的振动速度。振动速度传感器的可测频率范围一般为 10～2000Hz。对于大型旋转机械壳体或支座的振动测试，一般选用这种传感器。

振动速度传感器具有以下优点：①安装方便；②抗干扰能力强；③灵敏度较高，可达到 100mV/(mm/s)；④无须提供电源。

振动速度传感器具有以下局限性：①不宜测量过低和过高频率的振动，如10Hz 以下或 2kHz 以上的振动。发动机齿轮箱和轴承的振动、叶片激起的振动都可能超过传感器的上界频率。大型风电机组低速端振动属超低频振动，在 0～0.5Hz 范围内，利用速度传感器无法测量。②由于传感器中包含运动的机械部分，因而会出现磨损，其灵敏度会随时间发生变化。③质量较大，常用的传感器质量范围为 300～500g。

3) 振动加速度传感器

振动加速度传感器也是一种获得广泛应用的振动传感器，其工作原理如图 2.3.6 所示。随被测物体一起振动的质量块在压电晶片上作用一个动态惯性力。在此力的作用下，压电晶片的极化表面上产生与惯性力成正比的电荷。而惯性力与被测物体的振动加速度成正比。因此，传感器的电荷输出就与被测物体的振动加速度呈线性关系。

振动加速度传感器的灵敏度很大程度上取决于质量块的质量，质量越大，振动输出的灵敏度

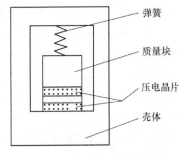

图 2.3.6　振动加速度传感器

越好，这对于增强传感器的低频可测性尤为重要。但质量增加，传感器的自振频率降低，从而降低可测频率的上限，传感器的尺寸也会增大。

加速度传感器的输出为低电平、高阻抗信号，需进行调理。如上所述，传统的方法是利用电荷放大器来进行调理。但目前已有将调理电路集成在传感器内的一体化加速度传感器，只需提供电源，传感器就输出电压信号，可将输出信号直接接入测试仪器。这一改进对于较远距离的测量特别重要。传统的传感器至电荷放大器的距离一般只允许 1~2m。在很多情况下，这限制了传感器的使用。

振动加速度传感器的优点为：①频率范围宽，一体化传感器的频率范围可达 1.5Hz~15kHz；②尺寸小，重量轻；③允许的工作温度高，最高可达 480℃；④将调理电路设计成一体化后，几乎可全部涵盖速度传感器可测的范围和场合。

振动加速度传感器的缺点为：①一般需要信号调理器；②低频特性不好；③对安装条件特别敏感。

2.3.3　振动测试传感器的安装

1. 地面机器上传感器的安装

对于大型旋转机械，振动测试传感器及振动测试系统已经成为机器的必备部件。应参照通行的国家标准或国际标准确定传感器的安装位置和安装方法。

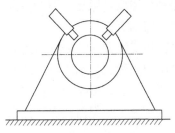

图 2.3.7　传感器的标准安装方式

传感器最好安装在能最敏感反映转子横向振动的位置，但必须兼顾机器结构的限制。一般情况下，传感器安装在轴承位置处，每一个截面安装两个传感器，且相互垂直，如图 2.3.7 所示，同一机器不同轴承处的传感器的安装位置应该是相似的。

有时在每一轴承处仅安装一个传感器,作为机器的振动监测和故障诊断是不够的,因为每一截面一个传感器不足以完全反映转子的振动特征。

非接触式位移传感器一般安装在轴承壳体上的孔中,或者安装在邻近轴承壳体的保持架上。安装在轴承中的传感器不应与润滑油油道相互干涉。安装传感器的保持架不应在传感器拟测的振动频率范围之内发生共振,否则将使传感器所测信号失真。传感器感应头对被测轴表面应当光滑,不应有键槽、润滑油油道或螺纹,需要进行消磁处理。初始偏移不能超过允许振动值的25%或6μm。在生产或装配过程中,常用胶带缠绕已处理好的转子被测表面,以避免擦痕和划伤。

振动速度传感器和振动加速度传感器一般安装在轴承座上或机器壳体上,安装位置如图2.3.8所示。

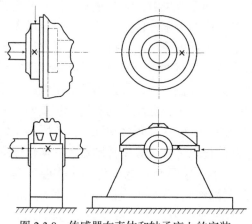

图 2.3.8　传感器在壳体和轴承座上的安装

2. 航空发动机上传感器的安装

航空发动机上传感器的安装应遵循下述原则:

(1) 一般在发动机的机匣上测量发动机的振动。故宜选用振动速度传感器和振动加速度传感器。在风扇机匣和压气机主承力机匣位置温度较低,可选用振动速度传感器;而在涡轮机匣位置温度很高,需选用振动加速度传感器。但考虑到需测轴承故障信息和叶片引起的振动,均选用加速度传感器为宜。

(2) 在发动机研制时,就应设计传感器的安装位置和安装方式。传感器的安装位置应设置在发动机转子主传力路径上,与支承的距离最短,如承力机匣的安装边上。在同一截面,应设置相距90°的两个安装位置。一般以螺栓形式把传感器安装座固定在机匣上,再通过螺栓将传感器固定在安装座上。但需确保在测量的频率范围内不会发生安装座共振。

(3) 应在所有承力机匣截面以及附件机匣上均设计振动传感器安装位置。在发动机研制时要安装足够数量的传感器，以验证发动机结构动力学设计，评估发动机状态。在发动机台架试车时，若出现振动超标或故障，则可增装传感器以测量足够的振动信号，用于分析和诊断。例如，有的发动机振动传感器安装位置达到 13 个，而机载只用 3 个。

(4) 对于大涵道比发动机，应在 1#轴承座上安装加速度传感器和键相传感器，并在风扇转子上设置键相齿盘，以提供实施风扇转子本机动平衡的振动和相位信号。键相齿盘的齿数应超过风扇叶片的数目，其中一个用于键相的高齿应比其余齿高 0.5mm 左右。

2.4　振动测试仪器设备

除振动测试传感器外，振动测试的其他仪器设备还包括电信号的中间变换装置和振动测量仪器等。本节介绍振动测试仪器设备。

2.4.1　电信号的中间变换装置

被测的振动量经过传感器变换以后，往往成为电阻、电容、电感、电荷、电压或电流等参数的变化。为了利用计算机进行数据处理和分析，经传感器变换后的输出信号，还需放大、运算、滤波等中间变换环节，使之具有预定的内容。机械振动测试系统中，常见的中间变换装置包括前置放大器、测量放大器、滤波器、模数或数模转换器及调制解调变换器、电桥、微分及积分运算电路等变换器。下面介绍几种常用的电信号中间变换装置。

1. 前置放大器

前置放大器是将传感器变换后的输出信号根据需要进行放大的中间变换装置，由音源选择、输入放大和音质控制等电路组成。音源选择电路的作用是选择所需的音源信号送入后级，同时关闭其他音源通道。输入放大电路的作用是将音源信号放大到额定电平，通常是 1V 左右。音质控制电路的作用是使音响系统的频率特性可以控制，以达到高保真的音质；或者根据聆听者的爱好，修饰与美化声音。典型的前置放大器电路如图 2.4.1 所示。

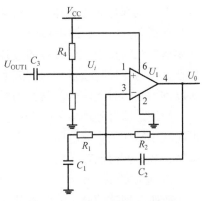

图 2.4.1　典型的前置放大器电路图

前置放大器有两个功能：一是选择所需要的音源信号，并将其放大到额定电平；二是进行各种音质控制，以美化声音。前置放大器的作用体现在以下几个方面：

(1) 由于前置放大器紧靠探测器，传输线短，分布电容 C_s 减小，因而提高了信噪比；

(2) 信号经前置放大器初步放大，减少了外界干扰的相对影响；

(3) 前置放大器为非调节式，放大调节倍数、成形常数，便于调节与使用；

(4) 前置放大器设计为高输入阻抗，低输出阻抗，实现阻抗转换和匹配。

前置放大器在放大有用信号的同时将噪声放大，低噪声前置放大器就是使电路的噪声系数达到最小值的前置放大器。对于微弱信号检测仪器或设备，前置放大器是引入噪声的主要部件之一。

整个检测系统的噪声系数主要取决于前置放大器的噪声系数。仪器可检测的最小信号也主要取决于前置放大器的噪声。前置放大器一般都是直接与检测信号的传感器相连接，只有在放大器的最佳源电阻等于信号源输出电阻的情况下，才能使电路的噪声系数最小。

2. 滤波器

1) 滤波器的构成和特点

滤波器是由电容、电感和电阻组成的滤波电路。滤波器可以对电源线中特定频率的频点或该频点以外的频率进行有效滤除，得到一个特定频率的电源信号，或消除一个特定频率后的电源信号。

滤波器是一种选频装置，可以使信号中特定的频率成分通过，而极大地衰减其他频率成分。利用滤波器的这种选频作用，可以滤除干扰噪声或进行频谱分析。即凡是可以使信号中特定的频率成分通过，而极大地衰减或抑制其他频率成分的装置或系统都称为滤波器。滤波器是对波进行过滤的器件。"波"是一个非常广泛的物理概念，在电子技术领域，"波"被狭义地局限于描述各种物理量的取值随时间起伏变化的过程。该过程通过各类传感器的作用，被转换为电压或电流的时间函数，称为各种物理量的时间波形，或者称为信号；因为自变量时间连续取值，所以称为连续时间信号，又称为模拟信号。

滤波是信号处理中的一个重要概念，在直流稳压电源中滤波电路的作用是尽可能减小脉动的直流电压中的交流成分，保留其直流成分，使输出电压纹波系数降低，波形变得比较平滑。

2) 滤波器的分类

按所处理的信号，滤波器分为模拟滤波器和数字滤波器两种。

按所通过信号的频段，滤波器分为低通滤波器、高通滤波器、带通滤波器、带阻滤波器和全通滤波器五种。低通滤波器允许信号中的低频或直流分量通过，抑制高频分量、干扰和噪声。高通滤波器允许信号中的高频分量通过，抑制低频或直流分量。带通滤波器允许一定频段的信号通过，抑制低于或高于该频段的信号、干扰和噪声。带阻滤波器抑制一定频段内的信号，允许该频段以外的信号通过，又称为陷波滤波器。全通滤波器是指在全频带范围内，信号的幅值不会改变，也就是全频带内幅值增益恒等于 1。一般全通滤波器用于移相，即对输入信号的相位进行改变，理想情况是相移与频率成正比，相当于一个时间延时系统。

按所采用的元器件，滤波器分为无源滤波器和有源滤波器两种。

根据滤波器的安放位置不同，滤波器一般分为板上滤波器和面板滤波器。板上滤波器安装在线路板上，如 PLB、JLB 系列滤波器。这种滤波器的优点是经济，缺点是高频滤波效果欠佳，其主要原因如下。①滤波器的输入与输出之间没有隔离，容易发生耦合。②滤波器的接地阻抗不是很低，削弱了高频旁路效果。③滤波器与机箱之间的一段连线会产生两种不良作用：一种是机箱内部空间的电磁干扰会直接感应到这段线上，沿着电缆传出机箱，借助电缆辐射，使滤波器失效；另一种是外界干扰在被板上滤波器滤波之前，借助这段线产生辐射，或直接与线路板上的电路发生耦合，造成敏感度问题。面板滤波器主要有滤波阵列板、滤波连接器等，一般都直接安装在屏蔽机箱的金属面板上。由于直接安装在金属面板上，滤波器的输入与输出之间完全隔离，接地良好，电缆上的干扰在机箱端口上被滤除，因此滤波效果比较理想。

3. 模数转换器

1) 模数转换器的基本原理与转换步骤

将模拟信号转换成数字信号的电子元件电路，称为模数转换器，即 A/D 转换器，或简称 ADC。通常的模数转换器会将一个输入的电压信号转换为一个输出的数字信号。由于数字信号本身不具有实际意义，仅表示一个信号的相对大小，任何一个模数转换器都需要一个参考模拟量作为转换的标准。比较常见的参考标准为最大的可转换信号，而输出的数字量则表示输入信号相对于参考信号的大小。模数转换器位数决定测量的分辨率，过低的分辨率会影响测量精度。

模数转换一般要经过采样、量化和编码等步骤。采样是指用每隔一定时间的信号样值序列来代替原来在时间上连续的信号，即在时间上将模拟信号离散化。量化是用有限个幅度值近似原来连续变化的幅度值，把模拟信号的连续幅度变为有限数量的有一定间隔的离散值。编码则是按照一定的规律，把量化后的值用二进制数字表示，然后转换成二值或多值的数字信号流。这样得到的数字信号可以通过电缆、微波干线、卫星通道等数字线路传输。

2) 模数转换器的分类

模数转换器的种类很多，按工作原理，可分成间接模数转换器和直接模数转换器两类。

间接模数转换器是先将输入模拟电压转换成时间或频率，再把这些中间量转换成数字量。双积分型模数转换器是常用的间接型模数转换器，其中间量是时间，原理框图如图 2.4.2 所示。双积分型模数转换器先对输入采样电压和基准电压进行两次积分，以获得与采样电压平均值成正比的时间间隔，同时在这个时间间隔内，用计数器对标准时钟脉冲(CP)计数，计数器输出的计数结果就是对应的数字量。双积分型模数转换器的优点是抗干扰能力强、稳定性好，可实现高精度模数转换；主要缺点是转换速度低。因此，这种转换器大多应用于要求精度较高，而转换速度要求不高的仪器仪表(如多位高精度数字直流电压表)中。

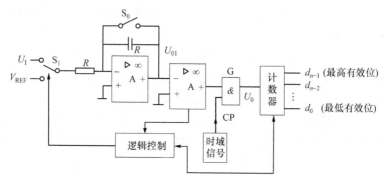

图 2.4.2　双积分型模数转换器原理框图

直接模数转换器是将模拟电压量直接转换成数字量，常用的直接模数转换器有并联比较型模数转换器和逐次逼近型模数转换器。

并联比较型模数转换器采用各量级同时并行比较，各位输出码同时并行产生，所以转换速度快，且转换速度与输出码位的多少无关。因为 n 位输出的并联比较型模数转换器需要 $2n$ 个电阻、$2n - 1$ 个比较器和 D 触发器以及复杂的编码网络，其元件数量随位数的增加以几何级数上升。所以并联比较型模数转换器的成本高、功耗大，适用于要求高速、低分辨率的场合。

逐次逼近型模数转换器是逐个产生比较电压，逐次与输入电压分别比较，以逐渐逼近的方式进行模数转换，因此每次转换都要逐位比较，需要 $n+1$ 个节拍脉冲才能完成，所以比并联比较型模数转换器的转换速度慢，但比双积分型模数转换器要快得多，属于中速模数转换器器件。位数较多时，逐次逼近型模数转换器需用的元器件比并联比较型模数转换器少得多，是集成模数转换器中应用较广的一种。

不同类型的转换器转换速度相差甚远。其中并行比较模数转换器的转换速度最高，8 位二进制输出的单片集成模数转换器转换时间可达到 50ns 以内；逐次比较型模数转换器次之，转换时间在 10～50μs 内；间接模数转换器的速度最慢，如双积分型模数转换器的转换时间大都在几十毫秒至几百毫秒之间。在实际应用中，应从系统数据总的位数、精度要求、输入模拟信号的范围以及输入信号极性等方面综合考虑模数转换器的选用。

4. 数模转换器

1) 数模转换器的构成和特点

数模转换器是把数字量转变成模拟量的器件，又称数模(digital/analog，D/A)转换器，简称 DAC。DAC 主要由数字寄存器、模拟电子开关、位权网络、求和运算放大器和基准电压源(或恒流源)组成。n 位数模转换器的方框图如图 2.4.3 所示。模数转换器中一般都要用到数模转换器，数模转换器位数决定控制输出的分辨率，过低的分辨率会影响控制精度。

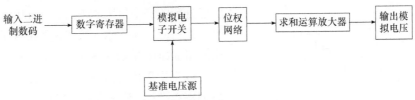

图 2.4.3　n 位数模转换器的方框图

最常见的数模转换器是将并行二进制的数字量转换为直流电压或直流电流，常用作过程控制计算机系统的输出通道，与执行器相连，实现对生产过程的自动控制。数模转换器电路还用在利用反馈技术的模数转换器设计中。

用于数字寄存器的数字量的各位数码，分别控制对应位的模拟电子开关，使数码为 1 的位在位权网络上产生与其位权成正比的电流值，再由运算放大器对各电流值求和，并转换成电压值。

根据位权网络的不同，可以构成不同类型的数模转换器，如位权网络数模转换器、R-2R 倒 T 形电阻网络数模转换器和单值电流型网络数模转换器等。位权网络数模转换器的转换精度取决于基准电压 V_{REF}，以及模拟电子开关、运算放大器和各权电阻值的精度，其缺点是各权电阻的阻值都不相同，位数多时，其阻值相差甚远，这给保证精度带来很大困难，特别是对集成电路的制作很不利，因此在集成的数模转换器中很少单独使用该电路。

R-2R 倒 T 形电阻网络数模转换器由若干个相同的 R、2R 网络节组成，每节对应于一个输入位，节与节之间串接成倒 T 形电阻网络，它是工作速度较快、应用较多的一种数模转换器。和位权网络数模转换器比较，由于其只有 R、2R 两种阻值，从而克服了位权阻值多且阻值差别大的缺点。

　　单值电流型网络数模转换器则是将恒流源切换到电阻网络中，恒流源内阻极大，相当于开路，所以连同电子开关在内，对其转换精度影响都比较小，又由于电子开关大多采用非饱和型的发射极耦合逻辑(emitter coupled logic，ECL)开关电路，这种数模转换器可以实现高速转换，转换精度较高。

　　2) 数模转换器的转换原理与转换方式

　　数字量是用代码按数位组合起来表示的，对于有权码，每位代码都有一定的位权。为了将数字量转换成模拟量，必须将每一位的代码按其位权的大小转换成相应的模拟量，然后将这些模拟量相加，即可得到与数字量成正比的总模拟量，从而实现数字-模拟转换。这就是组成数模转换器的基本指导思想。

　　图 2.4.4 表示了四位二进制数字量与经过数模转换后输出的电压模拟量之间的对应关系。由图还可看出，两个相邻数码转换出的电压值是不连续的，两者的电压差由最低码位代表的位权值决定。最低码信息所能分辨的最小量用 LSB(least significant bit)表示，对应于最大输入数字量的最大电压输出值用 FSR(full scale range)表示。

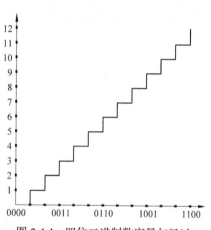

图 2.4.4　四位二进制数字量与经过
数模转换后输出的电压模拟量
之间的对应关系

　　数字量以串行或并行方式输入、存储于数字寄存器中，数字寄存器输出的各位数码分别控制对应位的模拟电子开关，使数码为1的位在位权网络上产生与其权值成正比的电流值，再由求和电路将各种权值相加，即得到数字量对应的模拟量。

　　数模转换有并行数模转换和串行数模转换两种转换方式。

　　并行数模转换是通过一个模拟量参考电压和一个电阻梯形网络，产生以参考量为基准的分数值的权电流或权电压。用由数码输入量控制的一组开关决定哪一些电流或电压相加起来形成输出量。

　　串行数模转换是将数字量转换成脉冲序列，一个脉冲相当于数字量的一个单位，然后将每个脉冲变为单位模拟量，并将所有的单位模拟量相加，就得到与数字量成正比的模拟量输出，从而实现数字量与模拟量的转换。

　　为确保系统处理结果的精确度，模数转换器和数模转换器必须具有足够的转换精度；若要实现快速变化信号的实时控制与检测，则模数转换器与数模转换器还要求具有较高的转换速度。转换精度与转换速度是衡量模数转换器与数模转换器的重要技术指标。

2.4.2　振动测量仪器

在机械工程振动测量中，振动量的变化是各种各样的，从简单的周期振动直至复杂的冲击和随机振动，不仅要测定振动的峰值或有效值，还需要测定其振动频率、周期、相位差、频谱或冲击响应谱等特征量。根据不同的振动测量要求，振动测量仪器可以选用普通的振动测量仪、频谱分析仪以及复杂的振动信号处理机(系统)。

1. 振动测量仪

振动测量仪是基于微处理器设计的机器状态监测仪器，具备振动检测、轴承状态分析和红外线温度测量功能。其操作简单，自动指示状态报警，适合于现场设备运行和维护人员监测设备状态，及时发现问题，保证设备正常可靠运行。

振动测量仪主要有振动显示仪(振幅测量仪)、报警测振仪和振动级计(公害测振仪)，可测量振动速度、加速度和位移。当保持振动速度读数时，仪器立即比较内置的 ISO10816-3 振动标准，自动指示机器报警状态。也可测量代表轴承高频振动加速度有效值(BG)和高频振动速度有效值(BV)。当保持轴承状态读数时，仪器按内置的经验法则自动指示轴承报警状态。

2. 频谱分析仪

振动信号频谱分析和数据处理的设备种类繁多,其中最常见的是频谱分析仪。频谱分析仪是研究电信号频谱结构的仪器，用于信号失真度、调制度、谱纯度、频率稳定度和交调失真等信号参数的测量，可用于测量放大器和滤波器等电路系统的某些参数，是一种多用途的电子测量仪器。频谱分析仪又可称为频域示波器、跟踪示波器、分析示波器、谐波分析器、频率特性分析仪或傅里叶分析仪等。现代频谱分析仪能以模拟方式或数字方式显示分析结果，能分析 1Hz 以下的甚低频到亚毫米波段的全部无线电频段的电信号。仪器内部采用数字电路和微处理器，具有存储和运算功能，配置标准接口，可以构成自动测试系统。

频谱分析仪分为扫频式和实时式两类。扫频式频谱分析仪需通过多次取样过程来完成重要信息分析，主要用于从声频直到亚毫米波段的某一段连续射频信号和周期信号的分析。实时式频谱分析仪能在被测信号发生的实际时间内取得所需要的全部频谱信息并进行分析和显示分析结果，主要用于非重复性、持续期很短的信号分析。

扫频式频谱分析仪具有显示装置的扫频超外差接收机，工作于声频直至亚毫米波的频段，只显示信号的幅度而不显示信号的相位，主要用于连续信号和周期信号的频谱分析。扫频式频谱分析仪的工作原理如图 2.4.5(a)所示，用扫频振荡器作为超外差接收机的本机振荡器，其输出信号与被测信号中的各个频率分量在混频器内依次进行差频变换，所产生的中频信号通过窄带滤波器后再经放大和检波，加到视频放大器用作示波管的垂直偏转信号，使屏幕上的垂直显示正比于各频率分量的幅值。本地振荡器的扫频由锯齿波扫描发生器所产生的锯齿电压控制，锯齿波电压同时还用作示波管的水平扫描，从而使屏幕上的水平显示正比于频率。

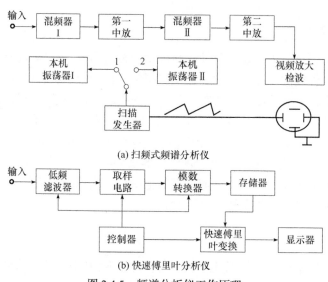

(a) 扫频式频谱分析仪

(b) 快速傅里叶分析仪

图 2.4.5   频谱分析仪工作原理

当选择开关 S 置于 1 时，锯齿波扫描电压对本机振荡器 I 进行扫频，输入信号中的各个频率分量在混频器中与本机扫频信号进行差频，依次落入第一种放窄带滤波器的通带内，被滤波器选出，经二次变频、检波、放大后，加到示波管的垂直偏转系统，使屏幕上的垂直显示正比于各个频率分量的振幅。扫描电压同时加到示波管的水平偏转系统，从而使屏幕的 x 坐标变成频率坐标，并在屏幕上显示出被分析的输入信号频谱图。上述工作方式在本机振荡器 I 上进行扫频，称为"扫前式"工作模式，具有很宽的分析频带。当 S 置于 2 时，也可在本机振荡器 Ⅱ 上进行扫频，称为"扫中频式"工作模式，这时可进行窄带频谱分析。

实时式频谱分析仪是在被测信号的有限时间内提取信号的全部频谱信息，进行分析并显示其结果的仪器，主要用于分析持续时间很短的非重复性平稳随机过程和暂态过程，也能分析 40MHz 以下的低频和极低频连续信号，能显示幅度和相位。快速傅里叶分析仪是实时式频谱分析仪，其基本工作原理如图 2.4.5(b) 所示，是把被分析的模拟信号经模数转换电路变换成数字信号后，加到数字滤波器进行傅里叶分析；由中央处理器控制的正交型数字本地振荡器产生按正弦变化和按余弦变化的数字信号，也加到数字滤波器与被测信号做傅里叶分析。

2.5　振动信号的描述与采集

2.5.1　动态信号及其描述

机械设备出现的故障种类繁多，其诊断信息包括温度、声音、振动、应力和流量等。对旋转机械而言，振动信号对于设备状态有更直接的反映。振动分析及测量对旋转机械的故障诊断技术具有重要作用。

工程中的信号大多为动态信号，动态信号可分为能用确定的实际函数来表达的确定性信号和不能用时间函数来描述的随机信号。动态信号的分类如图 2.5.1 所示。

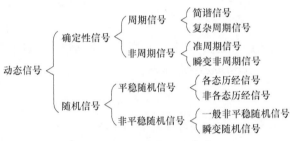

图 2.5.1　动态信号的分类

1. 周期信号的合成与分解

1) 周期信号及其分解

简谐振动是最简单的周期振动，实际中更多的是非简谐的周期振动。周期振动只要满足一定条件，就可以分解为简谐振动。非简谐的周期振动能够分解为简谐振动的条件为：①函数在一个周期内连续或者只有有限个间断点，而且间断点上函数的左右极限都存在；②在一个周期内只有有限个极大值和极小值。

把一个周期函数展开成傅里叶级数，即展开成一系列简谐函数之和，称为谐波分析。谐波分析对于分析振动位移、速度和加速度的波形具有重要意义。

假定 $x(t)$ 为满足上述条件、周期为 T 的周期函数，则可展开成傅里叶级数的形式，即

$$x(t) = \frac{a_0}{2} + \sum_{n=1}^{\infty} [a_n \cos(n\omega t) + b_n \sin(n\omega t)] \tag{2.5.1}$$

式中，$\omega = 2\pi/T$；a_0、a_n、$b_n (n=1,2,\cdots)$ 为待定常数。

由三角函数的正交性

$$\int_0^T \cos(m\omega t)\cos(n\omega t)\mathrm{d}t = \begin{cases} 0, & m \neq n \\ T/2, & m = n \end{cases}$$

$$\int_0^T \sin(m\omega t)\sin(n\omega t)\mathrm{d}t = \begin{cases} 0, & m \neq n \\ T/2, & m = n \end{cases} \tag{2.5.2}$$

$$\int_0^T \sin(m\omega t)\cos(n\omega t)\mathrm{d}t = \int_0^T \cos(m\omega t)\sin(n\omega t)\mathrm{d}t$$

和关系式

$$\int_0^T \cos(n\omega t)\mathrm{d}t = \int_0^T \sin(n\omega t)\mathrm{d}t = 0, \quad n \neq 0 \tag{2.5.3}$$

可得

$$a_0 = \frac{2}{T}\int_0^T x(t)\mathrm{d}t, \quad a_n = \frac{2}{T}\int_0^T x(t)\cos(n\omega t)\mathrm{d}t, \quad b_n = \frac{2}{T}\int_0^T x(t)\sin(n\omega t)\mathrm{d}t, \quad n = 1,2,\cdots$$

$$\tag{2.5.4}$$

将式(2.5.4)代入式(2.5.1)，相应的傅里叶级数就完全确定了。对于某一特定的 n，有

$$a_n \cos(n\omega t) + b_n \sin(n\omega t) = A_n \sin(n\omega t + \varphi_n) \tag{2.5.5}$$

式中，

$$A_n = \sqrt{a_n^2 + b_n^2}, \quad \tan\varphi_n = \frac{a_n}{b_n} \tag{2.5.6}$$

因此，式(2.5.1)也可表示为

$$x(t) = \frac{a_0}{2} + \sum_{n=1}^{\infty} A_n[\sin(n\omega t) + \varphi_n] \tag{2.5.7}$$

上述分析表明，周期信号是一个或几个乃至无穷多个简谐信号的叠加。

以 ω 为横坐标、A_n 为纵坐标作图，称为幅值图；以 ω 为横坐标、φ_n 为纵坐标作图，称为相位图。由于 n 为正整数，所以各频率成分都是 ω 的整数倍，各频率成分所对应的谱线是离散的，称为线谱，如图 2.5.2 所示。

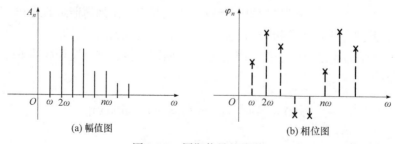

(a) 幅值图　　　　　　　　　(b) 相位图

图 2.5.2　周期信号的线谱

2) 简谐信号的合成

(1) 同方向、同频率振动信号的合成。

设有两个频率相同的简谐振动信号：

$$x_1 = A_1 \sin(\omega t + \varphi_1), \quad x_2 = A_2 \sin(\omega t + \varphi_2) \tag{2.5.8}$$

合成后也是相同频率的简谐振动：

$$x = x_1 + x_2 = A \sin(\omega t + \varphi) \tag{2.5.9}$$

式中，

$$A = \sqrt{(A_1 \cos \varphi_1 + A_2 \cos \varphi_2)^2 + (A_1 \sin \varphi_1 + A_2 \sin \varphi_2)^2}$$
$$\tan \varphi = \frac{A_1 \sin \varphi_1 + A_2 \sin \varphi_2}{A_1 \cos \varphi_1 + A_2 \cos \varphi_2} \tag{2.5.10}$$

(2) 同方向、不同频率振动信号的合成。

设有两个频率相同的简谐振动信号：

$$x_1 = A_1 \sin(\omega_1 t), \quad x_2 = A_2 \sin(\omega_2 t) \tag{2.5.11}$$

若 $\omega_1 < \omega_2$ ，则合成后的信号为

$$x = x_1 + x_2 = A_1 \sin(\omega_1 t) + A_2 \sin(\omega_2 t) \tag{2.5.12}$$

式(2.5.11)和式(2.5.12)的波形如图 2.5.3 所示，其合成运动的性质好似高频振动的轴线被低频所调制。

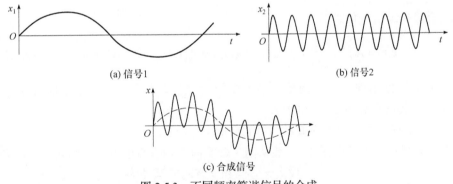

(a) 信号1　　　　　　　　　　　　　　　(b) 信号2

(c) 合成信号

图 2.5.3　不同频率简谐信号的合成

若 $\omega_1 \approx \omega_2$ ，且 $A_1 = A_2 = A$ ，则有

$$x = x_1 + x_2 = A_1 \sin(\omega_1 t) + A_2 \sin(\omega_2 t) = 2A \cos\left(\frac{\omega_2 - \omega_1}{2} t\right) \sin\left(\frac{\omega_2 + \omega_1}{2} t\right) \tag{2.5.13}$$

由式(2.5.13)可见，合成运动的振幅也以谐波函数形式变换，出现了拍振现象，其波形如图 2.5.4(a)所示，其中的拍频为 $\omega_2 - \omega_1$ 。

若 $A_2 \ll A_1$ ，设 $\Delta \omega = \omega_2 - \omega_1$ ，则式(2.5.11)的第二式可表示为

$$x_2 = A_2 \sin(\omega_1 + \Delta\omega) \tag{2.5.14}$$

其合成运动为

$$x = x_1 + x_2 = A\sin(\omega_1 t) \tag{2.5.15}$$

式中，

$$A = \sqrt{A_1^2 + A_2^2 + 2A_1 A_2 \cos(\Delta\omega t)} = A_1 \sqrt{1 + \left(\frac{A_2}{A_1}\right)^2 + \frac{2A_2}{A_1}\cos(\Delta\omega t)} \tag{2.5.16}$$

若 $A_2/A_1 \ll 1$，则有

$$A \approx A_1\left[1 + \frac{A_2}{A_1}\cos(\Delta\omega t)\right] \tag{2.5.17}$$

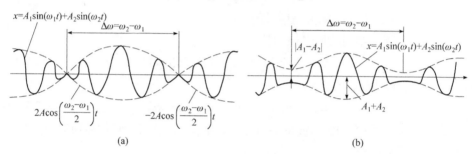

图 2.5.4　有拍频的振动波形

合成运动可近似表示为

$$x(t) = A_1\left[1 + \frac{A_2}{A_1}\cos(\Delta\omega t)\right]\sin(\omega_1 t) = A_1[1 + m\cos(\Delta\omega t)]\sin(\omega_1 t) \tag{2.5.18}$$

该合成信号也出现了拍振现象，最大振幅为 $A_{\max} = A_1 + A_2$，最小振幅为 $A_{\min} = A_1 - A_2$，其波形如图 2.5.4(b)所示。

(3) 垂直方向、同频率振动信号的合成。

旋转机械中的信息采集，一般从同一轴截面互相垂直的方向上的两个点取得。

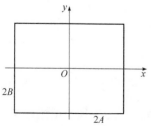

图 2.5.5　垂直信号
合成运动范围

设沿 x 方向和 y 方向的运动为

$$x = A\sin(\omega t + \varphi_1), \quad y = B\sin(\omega t + \varphi_2) \tag{2.5.19}$$

设 $\varphi = \varphi_2 - \varphi_1$，则合成运动的轨迹可表示为

$$\frac{x^2}{A^2} + \frac{y^2}{B^2} - \frac{2xy}{AB}\cos\varphi - \sin^2\varphi = 0 \tag{2.5.20}$$

式(2.5.20)是一个椭圆方程，合成运动将位于长宽分别为 $2A$ 和 $2B$ 的矩形之中，如图 2.5.5 所示。图 2.5.6 为不同相位差 φ 下的合成运动轨迹。

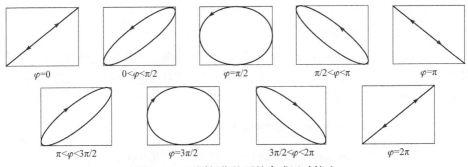

图 2.5.6　不同相位差下的合成运动轨迹

(4) 垂直方向、不同频率振动信号的合成。

对于两个不同频率的简谐运动：

$$x = A\sin(\omega_1 t) , \qquad y = B\sin(\omega_2 t + \varphi) \tag{2.5.21}$$

两个简谐运动的合成运动也能在矩形中画出各种曲线，若两频率存在下列关系：

$$n\omega_1 = m\omega_2 , \qquad n,m = 1,2,\cdots \tag{2.5.22}$$

则可得表 2.5.1 所示的各种合成运动图形。

表 2.5.1　不同频率简谐波的合成运动轨迹

φ	$\omega_1 : \omega_2$					
	1 : 1	1 : 2	2 : 3	3 : 4	4 : 5	5 : 6
0						
$\pi/4$						
$\pi/2$						
$3\pi/4$						
π						

图 2.5.6 和图 2.5.7 中的图形称为 Lissajous 图形。

3) 调幅信号与调频信号

(1) 调幅信号及其频谱。

从数学上看，调幅在时域上相当于两个信号相乘，而在频域上相当于两个信号的卷积。这两个信号一个称为载波，其频率 ω_c 相对较高；另一个称为调制波，其频率 ω_s 相对较低。可描述为

$$
\begin{aligned}
x(t) &= A[1 + B\cos(\omega_s t)]\sin(\omega_c t) \\
&= A\sin(\omega_c t) + \frac{1}{2}AB\sin[(\omega_c - \omega_s)t] + \frac{1}{2}AB\sin[(\omega_c + \omega_s)t]
\end{aligned}
\tag{2.5.23}
$$

调幅信号的波形及其频谱如图 2.5.7 所示。

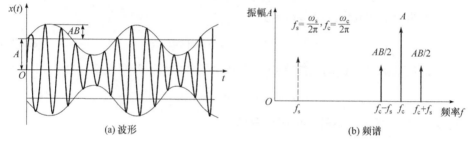

(a) 波形　　　　　　　　　　　　(b) 频谱

图 2.5.7　调幅信号的波形及其频谱

(2) 调频信号及其频谱。

与调幅信号不同，调频信号的相位为时间的函数，即

$$
x(t) = A\sin[\omega_c t + \beta\sin(\omega_s t)]
\tag{2.5.24}
$$

其载波频率为 ω_c；调制频率为 ω_s；β 为调制指数。其合成波形如图 2.5.8(a)所示。合成运动由一个中心频率 ω_c 和上边频带群 $\omega_c + n\omega_s$ 以及下边频带群 $\omega_c - n\omega_s$ 组成。调频信号的频谱如图 2.5.8(b)所示。

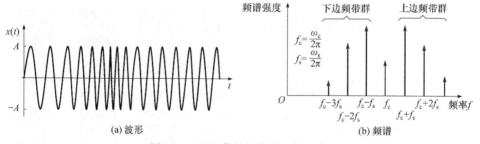

(a) 波形　　　　　　　　　　　　(b) 频谱

图 2.5.8　调频信号的波形及其频谱

式(2.5.24)可用 Bessel 函数展开为无穷级数：

$$x(t) = \frac{A}{2}\{J_0(\beta)\sin(\omega_c t) + J_1(\beta)\sin[(\omega_c - \omega_s)t] + J_1(\beta)\sin[(\omega_c + \omega_s)t]$$
$$+ J_2(\beta)\sin[(\omega_c + 2\omega_s)t] + J_2(\beta)\sin[(\omega_c - 2\omega_s)t] + \cdots\} \tag{2.5.25}$$

式中，$J_i(\beta)$ 为 i 级 Bessel 系数。

2. 非周期信号与傅里叶变换

1) 非周期信号

非周期信号包括准周期信号和瞬变非周期信号。

(1) 准周期信号。

周期信号可以分解为一系列频率成正比的正弦波信号，反之，几个频率成正比的正弦波信号也可以合成为一个周期信号。然而，任意的两个或者几个正弦波一般不会组成周期信号，只有每一对频率之比都是有理数时，才能合成周期性信号。因为只有这样，其基本周期才存在，如函数

$$x(t) = \frac{4F_0}{\pi}\left[\sin(\omega t) + \frac{1}{3}\sin(3\omega t) + \frac{1}{5}\sin(5\omega t) + \cdots\right] \tag{2.5.26}$$

是周期的，因为 1/3、1/5、3/5 是有理数。事实上 $x(t)$ 为方波

$$x(t) = \begin{cases} F_0, & 0 < t < T/2 \\ -F_0, & T/2 \leqslant t < T \end{cases} \tag{2.5.27}$$

的傅里叶展开级数，其波形和频谱如图 2.5.9 所示。而函数

$$x(t) = \frac{4F_0}{\pi}\left[\sin(\omega t) + \frac{1}{3}\sin(3\omega t) + \frac{1}{\sqrt{72}}\sin(\sqrt{72}\omega t) + \frac{3}{\sqrt{72}}\sin(3\sqrt{72}\omega t) + \cdots\right] \tag{2.5.28}$$

不是周期的，因为 $1/\sqrt{72}$ 和 $3/\sqrt{72}$ 不是有理数，其基本周期无限长。

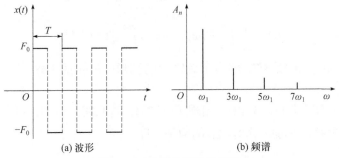

(a) 波形　　　　　　　　　　(b) 频谱

图 2.5.9　方波的波形及频谱

准周期信号一般可用如下形式描述：

$$x(t) = \sum_{n=1}^{\infty} X_n \sin(\omega_n t + \varphi_n) \tag{2.5.29}$$

式中，ω_n/ω_m 一般不等于有理数。

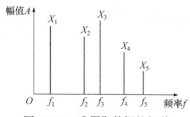

图 2.5.10 准周期数据的频谱

若在准周期信号中忽略相角，则式(2.5.29)可用如图 2.5.10 所示的离散谱表征，其频谱与周期信号频谱的差别只在于各个频率不再是有理数的关系。

(2) 瞬变非周期信号。

瞬变非周期信号是指除准周期信号以外的非周期信号，可以用某时变函数进行描述。

瞬变非周期信号一般持续时间很短，有明显的开端和结束，如图 2.5.11(a)所示的激振力消除后振动系统的衰减振动。瞬变非周期信号不能像周期信号那样用离散谱表示，其谱结构为由傅里叶积分所表示的连续谱，如图 2.5.11(b)示。

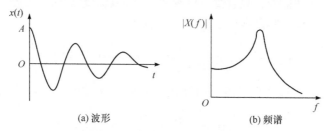

(a) 波形   (b) 频谱

图 2.5.11 衰减振动信号及其频谱

2) 傅里叶变换及其性质

傅里叶变换是进行频率结构分析的重要工具，可以辨别或区分组成任意波形的一些不同频率的正弦波和各自的振幅。对傅里叶变换和傅里叶逆变换，分别有

$$F(\omega) = \int_{-\infty}^{\infty} x(t)\mathrm{e}^{-\mathrm{i}\omega t}\mathrm{d}t = \int_{-\infty}^{\infty} x(t)\mathrm{e}^{-\mathrm{i}2\pi ft}\mathrm{d}t \tag{2.5.30}$$

$$x(t) = \frac{1}{2\pi}\int_{-\infty}^{\infty} F(\omega)\mathrm{e}^{\mathrm{i}\omega t}\mathrm{d}\omega = \int_{-\infty}^{\infty} F(f)\mathrm{e}^{\mathrm{i}2\pi ft}\mathrm{d}f \tag{2.5.31}$$

式中，$\omega = 2\pi f$；$x(t)$ 是被分解为正弦之和的波形。$F(\omega)$ 或 $F(f)$ 为 $x(t)$ 的傅里叶变换。

在傅里叶逆变换(2.5.31)中，出现了 $1/(2\pi)$，若欲使其对称，可在傅里叶变换和傅里叶逆变换前都加一个 $1/\sqrt{2\pi}$ 的因子，即

$$F(\omega) = \frac{1}{\sqrt{2\pi}}\int_{-\infty}^{\infty} x(t)\mathrm{e}^{-\mathrm{i}\omega t}\mathrm{d}t, \quad x(t) = \frac{1}{\sqrt{2\pi}}\int_{-\infty}^{\infty} F(\omega)\mathrm{e}^{\mathrm{i}\omega t}\mathrm{d}\omega \tag{2.5.32}$$

有时也可以将 $1/(2\pi)$ 因子加在傅里叶变换上，即

$$F(\omega) = \frac{1}{2\pi}\int_{-\infty}^{\infty} x(t)\mathrm{e}^{-\mathrm{i}\omega t}\mathrm{d}t, \quad x(t) = \int_{-\infty}^{\infty} F(\omega)\mathrm{e}^{\mathrm{i}\omega t}\mathrm{d}\omega \tag{2.5.33}$$

　　实际工程中，多采用不对称形式，且变换式中 e 指数的正、负号也可以不同，但工程中一般是将负号加于傅里叶变换上。

　　用 FFT 表示傅里叶变换，以 IFFT 表示傅里叶逆变换，故有

$$x(t) \overset{\text{FFT}}{\underset{\text{IFFT}}{\longleftrightarrow}} F(\omega) \tag{2.5.34}$$

考虑到欧拉公式 $e^{\pm i\omega t} = \cos(\omega t) \pm i\sin(\omega t)$，式(2.5.33)的第一式可表示为

$$F(\omega) = \mathrm{Re}(\omega) - i\,\mathrm{Im}(\omega), \quad \mathrm{Re}(\omega) = \int_{-\infty}^{\infty} x(t)\cos(\omega t)\mathrm{d}t, \quad \mathrm{Im}(\omega) = \int_{-\infty}^{\infty} x(t)\sin(\omega t)\mathrm{d}t \tag{2.5.35}$$

式中，$\mathrm{Re}(\omega)$ 为 $x(t)$ 的实谱；$\mathrm{Im}(\omega)$ 为 $x(t)$ 的虚谱。

　　傅里叶变换是从时域到频域，或者从频域到时域的信号转换，并无信息丢失，所不同的只是其表示方法。频谱分析中经常会用到一些频谱定理，或者说是傅里叶变换的一些性质。这些性质集中反映了信号同其他频谱之间的一些基本关系。

　　(1) 线性叠加：若信号 $x(t)$ 有傅里叶变换 $X(f)$，即 $x(t) \leftrightarrow X(f)$；信号 $y(t)$ 有傅里叶变换 $Y(f)$，即 $y(t) \leftrightarrow Y(f)$，则 $x(t)$ 和 $y(t)$ 的傅里叶变换满足

$$x(t) + y(t) \leftrightarrow X(f) + Y(f) \tag{2.5.36}$$

证明如下：

$$\int_{-\infty}^{\infty} [x(t) + y(t)]e^{-i2\pi ft}\mathrm{d}t = \int_{-\infty}^{\infty} x(t)e^{-i2\pi ft}\mathrm{d}t + \int_{-\infty}^{\infty} y(t)e^{-i2\pi ft}\mathrm{d}t = X(f) + Y(f) \tag{2.5.37}$$

　　(2) 对称(或对偶)：如果信号 $x(t)$ 和频域函数 $F(f)$ 是一个傅里叶变换对，即 $x(t) \leftrightarrow F(f)$，那么有

$$F(\pm t) \leftrightarrow x(\mp f) \tag{2.5.38}$$

证明如下：改写其逆变换为

$$x(-t) = \int_{-\infty}^{\infty} F(f)e^{-i2\pi ft}\mathrm{d}f \tag{2.5.39}$$

将 t 和积分变量 f 互换，得到

$$x(-f) = \int_{-\infty}^{\infty} F(t)e^{-i2\pi ft}\mathrm{d}t \tag{2.5.40}$$

从式(2.5.39)和式(2.5.40)可得 $F(t) \leftrightarrow x(-f)$。同理可证 $F(-t) \leftrightarrow x(f)$。式(2.5.38)表明，若 $F(f)$ 是信号 $x(t)$ 的傅里叶变换，则 $F(\pm t)$ 的傅里叶变换就是 $x(\mp f)$。

　　(3) 时间展缩：若信号 $x(t)$ 的傅里叶变换为 $F(f)$，即 $x(t) \leftrightarrow F(f)$，则有

$$x(kt) \leftrightarrow \frac{1}{|k|} F\left(\frac{f}{k}\right) \tag{2.5.41}$$

证明如下：若记 $t' = kt$，则有

$$\int_{-\infty}^{\infty} x(kt)\mathrm{e}^{-\mathrm{i}2\pi ft}\mathrm{d}t = \frac{1}{|k|}\int_{-\infty}^{\infty} x(t')\mathrm{e}^{-\mathrm{i}2\pi \frac{f}{k}t'}\mathrm{d}t' = \frac{1}{|k|}F\left(\frac{f}{k}\right) \tag{2.5.42}$$

式(2.5.41)表明，若时间尺度扩展(或压缩)k 倍，则对应的频率尺度压缩(或扩展)k倍。在利用磁带机进行扩展或压缩时间轴的频谱分析中应注意，当时间尺度扩展时，不仅频率尺度压缩，而且垂直幅度会增大，以保持曲线之下的面积不变。

(4) 频率展缩：若信号 $x(t)$ 的傅里叶变换为 $F(f)$，即 $x(t) \leftrightarrow F(f)$，则有

$$\frac{1}{k}x\left(\frac{t}{k}\right) \leftrightarrow F(kf) \tag{2.5.43}$$

证明如下：若记 $f' = kf$，则有

$$\int_{-\infty}^{\infty} F(kf)\mathrm{e}^{\mathrm{i}2\pi ft}\mathrm{d}t = \frac{1}{|k|}\int_{-\infty}^{\infty} F(f')\mathrm{e}^{\mathrm{i}2\pi f'(t/k)}\frac{\mathrm{d}f'}{k}\times\mathrm{sgn}(k) = \frac{1}{|k|}x\left(\frac{t}{k}\right) \tag{2.5.44}$$

式(2.5.43)表明，若频率尺度扩展(或压缩)k 倍，则时间尺度压缩(或扩展)k 倍。

(5) 时间位移：若信号 $x(t)$ 中 t 被移动一个常数 t_0，则有

$$x(t-t_0) \leftrightarrow F(f)\mathrm{e}^{-\mathrm{i}2\pi ft_0} \tag{2.5.45}$$

证明如下：若记 $s = t - t_0$，则有

$$\int_{-\infty}^{\infty} x(t-t_0)\mathrm{e}^{-\mathrm{i}2\pi ft}\mathrm{d}t = \int_{-\infty}^{\infty} x(s)\mathrm{e}^{-\mathrm{i}2\pi f(s+t_0)}\mathrm{d}s = \mathrm{e}^{-\mathrm{i}2\pi ft_0}\int_{-\infty}^{\infty} x(s)\mathrm{e}^{-\mathrm{i}2\pi fs}\mathrm{d}s = \mathrm{e}^{-\mathrm{i}2\pi ft_0}F(f)$$

$$\tag{2.5.46}$$

式(2.5.45)表明，时间位移将引起频域中相角的变化，但不改变傅里叶变换后频域幅值的大小。

(6) 频率位移：若 $F(f)$ 的自变量 f 被移动一个常量 f_0，则有

$$x(t)\mathrm{e}^{\mathrm{i}2\pi f_0 t} \leftrightarrow F(f-f_0) \tag{2.5.47}$$

证明如下：若记 $s = f - f_0$，则有

$$\int_{-\infty}^{\infty} F(f-f_0)\mathrm{e}^{\mathrm{i}2\pi ft}\mathrm{d}f = \int_{-\infty}^{\infty} F(s)\mathrm{e}^{\mathrm{i}2\pi(s+f_0)t}\mathrm{d}s = \mathrm{e}^{\mathrm{i}2\pi f_0 t}\int_{-\infty}^{\infty} F(s)\mathrm{e}^{\mathrm{i}2\pi st}\mathrm{d}s = \mathrm{e}^{\mathrm{i}2\pi f_0 t}x(t)$$

$$\tag{2.5.48}$$

式(2.5.47)表明，频率域双边谱的分离是由时间域幅值调制而引起的。

(7) 微分特性：若信号 $x(t)$ 的傅里叶变换为 $F(\omega)$，即 $x(t) \leftrightarrow F(\omega)$，则有

$$\dot{x}(t) \leftrightarrow \mathrm{i}\omega F(\omega), \quad \dot{F}(\omega) \leftrightarrow (-\mathrm{i}t)x(t) \tag{2.5.49}$$

证明如下：

$$\dot{x} = 2\pi \cdot \frac{\mathrm{d}}{\mathrm{d}t}\int_{-\infty}^{\infty} F(\omega)\mathrm{e}^{\mathrm{i}\omega t}\mathrm{d}\omega = \frac{1}{2\pi}\int_{-\infty}^{\infty} \mathrm{i}\omega F(\omega)\mathrm{e}^{\mathrm{i}\omega t}\mathrm{d}\omega \tag{2.5.50}$$

式(2.5.50)即证明了式(2.5.49)的第一式，同理可证明式(2.5.49)的第二式。连续微分可推广到任一高阶微分，即

$$x^{(n)}(t) \leftrightarrow (\mathrm{i}\omega)^{n} F(\omega), \quad F^{(n)}(\omega) \leftrightarrow (-\mathrm{i}t)^{n} x(t) \tag{2.5.51}$$

式(2.5.51)表明，相对低频分量，时域函数的微分加强了谱的高频分量，并消去了直流分量，且具有 $\pi/2$ 的相移。

(8) 积分特性：若信号 $x(t)$ 的傅里叶变换为 $F(\omega)$，即 $x(t) \leftrightarrow F(\omega)$，则有

$$\int_{-\infty}^{t} x(t)\mathrm{d}t \leftrightarrow \frac{1}{\mathrm{i}\omega}F(\omega) \tag{2.5.52}$$

证明如下：

$$\int_{-\infty}^{\infty}\left[\int_{-\infty}^{t} x(t)\mathrm{d}t\right]\mathrm{e}^{-\mathrm{i}\omega t}\mathrm{d}t = \int_{-\infty}^{t} x(t)\mathrm{d}t \cdot \left(-\frac{1}{\mathrm{i}\omega}\mathrm{e}^{-\mathrm{i}\omega t}\right)\Big|_{-\infty}^{\infty} + \frac{1}{\mathrm{i}\omega}\int_{-\infty}^{\infty}\mathrm{e}^{-\mathrm{i}\omega t}x(t)\mathrm{d}t = \frac{1}{\mathrm{i}\omega}F(\omega)$$
$$\tag{2.5.53}$$

式(2.5.52)表明，可以应用该定理从加速度记录描述速度记录和位移记录。

3. 随机信号及其统计函数

1) 随机信号

随机信号不能用确定的时间函数来表达。对同一事物的变化过程独立地重复进行多次观测，所得的信号是不同的，波形在无限长时间内不会重复。对于随机信号，需要用概率统计的方法进行分析。

表示随机现象的单个时间历程，称为样本函数。在有限时间区间上观测得到的数据称为样本数据。随机现象可能产生的全部样本函数的集合，称为随机过程。尽管随机信号每次都不同，但可以对其总体规律进行研究，取其平均性质。如对 t_1 时刻的随机变量的均值 $\mu_x(t_1)$，可以将 t_1 时各样本曲线的瞬时值相加后除以样本曲线的个数而得到，即

$$\mu_x(t_1) = \lim_{N\to\infty}\frac{1}{N}\sum_{k=1}^{N} x_k(t_1) \tag{2.5.54}$$

式中，$\mu_x(t_1)$ 为总体平均值。同样，随机过程在不同时刻的值的相关性可以用 t_1 和 $t_1+\tau$ 两时刻瞬时乘积的总体平均得到，即

$$R_x(t_1, t_1 + \tau) = \lim_{N \to \infty} \frac{1}{N} \sum_{k=1}^{N} x_k(t_1) x_k(t_1 + \tau) \tag{2.5.55}$$

式中，$R_x(t_1, t_1 + \tau)$ 为随机过程 $x(t)$ 的自相关函数。当 $\tau=0$ 时，$R_x(t_1,t_1)$ 为 t_1 时刻的总体均方值。

随机过程可分为平稳随机过程和非平稳随机过程。平稳随机过程可进一步分为各态历经过程和非各态历经过程两类。非平稳随机过程可进一步按非平稳的性质分成特殊的类。

如果 $\mu_x(t_1)$ 和 $R_x(t_1, t_1 + \tau)$ 不随 t_1 的改变而变化，此时随机过程 $x(t)$ 称为广义平稳的随机过程，反之为非平稳的随机过程。多数设备在正常运转时的信号可以看成平稳的。对于广义平稳过程，均值是常数，自相关函数仅与时间位移 τ 有关，即

$$\mu_x(t_1) = \mu_x, \quad R_x(t_1, t_1 + \tau) = R_x(\tau) \tag{2.5.56}$$

图 2.5.12(a)为平稳随机信号波形。图 2.5.12(b)、(c)、(d)为几种典型的非平稳随机信号波形。图 2.5.12(b)表示总体平均值随时间变化，2.5.12(c)表示总体均方值随时间变化，2.5.12(d)表示自相关函数随时间变化。

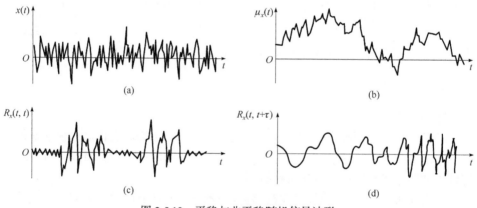

图 2.5.12　平稳与非平稳随机信号波形

由于需要无穷多个样本曲线，式(2.5.54)和式(2.5.55)实际上无法计算。在大多数情况下，可以用总体中某样本函数的时间平均来确定平稳随机过程的特性，如对第 k 个样本函数，其均值 $\mu_x(k)$ 和自相关函数 $R_x(\tau,k)$ 分别为

$$\mu_x(k) = \lim_{T \to \infty} \frac{1}{T} \int_0^T x(t)\mathrm{d}t, \quad R_x(\tau,k) = \lim_{T \to \infty} \frac{1}{T} \int_0^T x_k(t)x_k(t+\tau)\mathrm{d}t \tag{2.5.57}$$

如果随机过程 $x(t)$ 是平稳的，而且用不同样本函数计算式(2.5.57)中的 $\mu_x(k)$ 和 $R_x(\tau,k)$ 都一样，那么称此随机过程为各态历经的随机过程。

　　这将给分析过程带来很多方便，可以用任意一条样本曲线按时间平均值和自相关函数来表示总体平均值和总体自相关函数。实际上，许多情形下的工程信号都可以认为是各态历经的平稳随机信号。

　　2) 随机信号的统计方法

　　随机信号的分析，主要是采用概率和统计的方法，通过幅值统计平均计算概率密度，再通过相关分析和频谱分析(谱密度分析)，在幅域、时域和频域里进行统计处理。

　　(1) 幅域分析的统计函数。

　　均值：集合平均和数学期望均值，即平均值 $E[x]$。可用时间间隔 t 内曲线 $x(t)$ 下的总面积(零线以下的面积从总面积中减去)除以 T 表示：

$$E[x] = \lim_{T \to \infty} \frac{1}{T} \int_0^T x(t)\mathrm{d}t \tag{2.5.58}$$

也可以用 $\bar{x}$ 代表样本平均值。

　　均方值：$x^2(t)$ 的平均值，定义为 $x(t)$ 的均方值 $E[x^2]$，即

$$E[x^2] = \lim_{T \to \infty} \frac{1}{T} \int_0^T x^2(t)\mathrm{d}t \tag{2.5.59}$$

　　方差和均方差：方差 σ^2 的正平方根 σ 称为均方差，又称标准差。方差的定义为

$$\sigma^2 = E[(x - E[x])^2] \tag{2.5.60}$$

即方差为 x 对 $E[x]$ 的偏差的平方的平均值，可得

$$\sigma^2 = E[x^2] - (E[x])^2 \tag{2.5.61}$$

　　概率密度函数：概率密度函数 $p(x)$ 为随机变量的瞬时幅值落在增量 Δx 范围内的概率与增量 Δx 之比，即

$$p(x) = \lim_{\Delta x \to 0} \frac{P(x) - P(x + \Delta x)}{\Delta x} \tag{2.5.62}$$

式中，$P(x)$ 和 $P(x+\Delta x)$ 为概率密度分布函数。

　　概率分布函数：同概率密度函数一样，概率分布函数也可用于随机变量中数值分布的描述：

$$P(x) = \int_{-\infty}^{x} p(x)\mathrm{d}x \tag{2.5.63}$$

也就是说，随机变量的幅值不大于某值的累积概率，可以写为

$$P(x) = P_{\mathrm{rob}}(x \leqslant x_k) \tag{2.5.64}$$

式中，x 为随机变量的幅值；x_k 为某值；P_{rob} 为概率。

联合概率分布函数：两个随机样本记录的联合概率密度函数表示两个样本记录值在某瞬间同时落在某个指定范围内的概率。联合概率密度函数 $p(x, y)$ 可表示为

$$p(x, y) = \lim_{\Delta x \to 0} \frac{1}{\Delta x \Delta y} \left[\lim_{\Delta x \to 0} \frac{T_{xy}}{T} \right] \tag{2.5.65}$$

若两个现象的统计是独立的，则

$$p(x, y) = p(x)p(y) \tag{2.5.66}$$

此时，联合概率密度函数是单个概率密度函数的乘积。

(2) 时域分析的统计函数。

自相关函数：自相关函数 $R_x(\tau)$ 为随机信号 $x(t)$ 在时间为 t 时的值与时间为 $t + \tau$ 时的值的乘积的平均值，即

$$R_x(\tau) = E[x(t)x(t + \tau)] = \lim_{T \to \infty} \frac{1}{T} \int_0^T x(t)x(t + \tau)\mathrm{d}t \tag{2.5.67}$$

自相关函数表示波形与自己相差一个时间 τ 时的相似程度。

自相关系数 $\rho_x(\tau)$ 表示信号 $x(t)$ 的自相关函数与该信号的均方值之比，即

$$\rho_x(\tau) = \frac{R_x(\tau)}{R_x(0)} = \frac{E[x(t)x(t + \tau)]}{E[x^2(t)]} \tag{2.5.68}$$

自相关函数满足

$$-1 \leqslant \rho_x(x) \leqslant 1 \tag{2.5.69}$$

互相关函数：互相关函数 $R_{xy}(\tau)$ 为随机信号 $x(t)$ 在时间为 t 时的值与另一信号 $y(t)$ 在时间为 $t + \tau$ 时的值的乘积的平均值，即

$$R_{xy}(\tau) = E[x(t)y(t + \tau)] = \lim_{T \to \infty} \frac{1}{T} \int_0^T x(t)y(t + \tau)\mathrm{d}t \tag{2.5.70}$$

互相关函数表示两个信号波形相差时间 τ 时的相似程度。

互相关系数 $\rho_{xy}(\tau)$ 表示信号 $x(t)$ 和 $y(t)$ 的互相关函数与这两个信号的均方值的乘积的平方根之比，即

$$\rho_{xy}(\tau) = \frac{R_{xy}(\tau)}{\sqrt{R_x(0)R_y(0)}} \tag{2.5.71}$$

式中，

$$R_{xy}(\tau) = E[x(t)y(t + \tau)], \quad R_x(0) = E[x^2(t)], \quad R_y(0) = E[y^2(t)] \tag{2.5.72}$$

互相关函数满足

$$-1 \leqslant \rho_{xy}(x) \leqslant 1 \tag{2.5.73}$$

(3) 频域分析的统计函数。

自功率谱密度函数：对于平稳随机过程，自功率谱密度函数为自相关函数的傅里叶变换。信号 $x(t)$ 的单边自功率谱密度函数为

$$G_x(f) = 2 \int_{-\infty}^{\infty} R_x(\tau) \mathrm{e}^{-\mathrm{i}2\pi f \tau} \mathrm{d}\tau \tag{2.5.74}$$

式中，$R_x(\tau)$ 为自相关函数。

$G_x(f)$ 也可以直接用傅里叶变换的频谱分量表示，即

$$G_x(f) = \frac{2}{T} \left| X_n(f,T) \right|^2 \tag{2.5.75}$$

互功率谱密度函数：对于平稳随机过程，互功率谱密度函数为自相关函数的傅里叶变换。信号 $x(t)$ 和 $y(t)$ 的单边互功率谱密度函数为

$$G_{xy}(f) = 2 \int_{-\infty}^{\infty} R_{xy}(\tau) \mathrm{e}^{-\mathrm{i}2\pi f \tau} \mathrm{d}\tau \tag{2.5.76}$$

式中，$R_{xy}(\tau)$ 为互相关函数。

相干函数：相干函数 $\gamma_{ik}^2(f)$ 表示为

$$\gamma_{ik}^2(f) = \frac{\left| G_{ik}(f) \right|^2}{G_{ii}(f) G_{kk}(f)} \tag{2.5.77}$$

式中，$G_{ii}(f)$ 为输入功率谱；$G_{kk}(f)$ 为输出功率谱；$G_{ik}(f)$ 为互功率谱。

相干函数满足

$$-1 \leqslant \gamma_{ik}(f) \leqslant 1 \tag{2.5.78}$$

当 $\gamma_{ik}(f) = 0$ 时，说明 $x_i(t)$ 和 $y_k(t)$ 完全不相干；当 $\gamma_{ik}(f) = 1$ 时，表示互功率谱和传递函数完全可信。

传递函数：传递函数 $H(p)$ 定义为系统脉冲响应函数 $h(\tau)$ 的拉普拉斯变换：

$$H(p) = \int_0^{\infty} h(\tau) \mathrm{e}^{-p\tau} \mathrm{d}\tau \tag{2.5.79}$$

式中，$p = a + \mathrm{i}b$。

令 $a=0$，$b=2\pi f$，则得到频率响应函数为

$$H(f) = \int_0^{\infty} h(\tau) \mathrm{e}^{-\mathrm{i}2\pi f \tau} \mathrm{d}\tau \tag{2.5.80}$$

对于物理上可实现和稳定的系统，频率响应函数可以代替传递函数而不会失去有用的信息。

2.5.2 振动信号的采集和调理

1. 振动信号的采集

调理之后的信号经模数转换与采集，就可以输入计算机，得到各种分析结果。对于旋转机械，需要强调的是采用等周期采集。等周期采集中，采集信号的长度为转子旋转周期的整倍数。例如，转子每转一圈采集 128 个点，某一通道采集 2048 个点，则表示连续采集了 16 个旋转周期，即转子旋转了 16 转的数据。

等周期采集过程如图 2.5.13(a)所示。转子的键相位传感器提供如图 2.5.13(b)所示的脉冲信号，两个脉冲之间的时距即转子旋转的周期，脉冲电压触发计数器计数。由此可得到周期 T，同时得到转速。对周期 T 进行等间距划分，即得到采样间隔 ΔT。例如，每转一圈采集 128 个点时的采样间隔为

$$\Delta T = \frac{T}{128} \tag{2.5.81}$$

控制模数以采样率 $f = 1/\Delta T$ 从脉冲上升沿开始采集，由此就实现了等周期采集。

(a) 等周期采集过程　　　　　　　(b) 脉冲信号

图 2.5.13　等周期采集过程

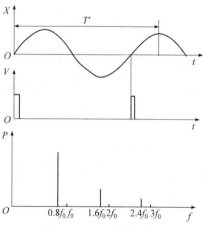

图 2.5.14　非整周期采样

保证等周期采集的目的是防止在对信号进行频率分析时出现泄漏和失真。一般情况下，转子典型故障的特征皆与转速的倍频相关联。准确地得到转子振动的倍频量是实施故障诊断的重要保证。不妨设转子的振动为标准的不平衡响应，即正弦信号，如图 2.5.14 所示。若对信号进行整周期采样，则其频谱值仅为工频量。但若进行非整周期采样，如图中的 T' 为信号长度，则其频谱中包含有倍频分量，显然出现了失真。

转子振动的相位是反映转子振动状态非常重要的特征信息。为保证精确的相位信

息，要求模数采集并行进行，即多个通道同时刻采集，如图 2.5.15 所示，在任一时刻 t_i，对 4 个通道的信号同时进行采集，就得到同一时刻的振动信号 $X_1(t_i)$、$X_2(t_i)$、$X_3(t_i)$、$X_4(t_i)$ $(i=0,1,2,\cdots,n)$。

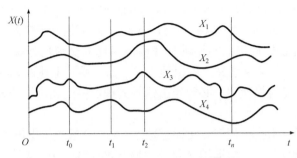

图 2.5.15　多通道并行采集信号

实现独立并行模数采样的方案如图 2.5.16 所示。每一个通道对应一个模数转换器。

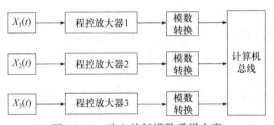

图 2.5.16　独立并行模数采样方案

实现同步等周期并行采集，不仅满足了上述的要求，而且也提高了采集速度，为每一周期(每一转)采集足够的数据点提供了硬件保证。根据采样定理，采样频率应满足 $f \geqslant 2.5 f_{\max}$，其中 $f_{\max}$ 是拟分析的最高频率。例如，转速为 6000r/min，需分析转子振动的最高频率阶次 24 倍，则采集频率最小应达到

$$f \geqslant \frac{6000}{60} \times 24 \times 2.5 = 6000\text{Hz} \tag{2.5.82}$$

实际上，为保证高阶量的幅值较为精确，2.5 倍远远不够。一般应至少达到 10 倍或 12 倍。若取 10 倍，则有

$$f \geqslant 24000\text{Hz} \tag{2.5.83}$$

这说明每一周期(每一转)至少采集 240 个数据点。

2. 振动信号的调理

传感器所测得的振动信号需经调理之后才能进行进一步处理。调理，即对信号进行滤波与放大，滤掉所关心的最高频率之上的频率分量，然后进行放大。

用于信号源和读出设备之间的信号调理器件称为信号调理器，如衰减器、前置放大器、电荷放大器以及对传感器或放大器进行非线性补偿的电平转换器件。

例如，内置集成电路(integrated circuit, IC)压电加速度传感器和采集显示设备之间的通信：电感耦合等离子体(inductive coupled plasma, ICP)压电加速度传感器需要恒流源供电，典型值为 24V(直流)、4mA，而不是电子仪器通常具备的恒压源供电。ICP 传感器输出的与振动加速度成正比的交流信号叠加在一输出偏压(8~12V)上，而不是通常意义上的以地为参考点。由于上述两大特点，ICP 压电加速度传感器不能直接使用，必须经由信号调理器供电和信号处理后才可以和采集显示设备通信。

信号调理器技术指标如下：①通道数 2~16；②恒流供电电流 4mA；③恒流供电电压 24V(直流)；④根据用户要求，增益可在 1~100 取值，默认值为 1；⑤根据用户要求，高频上限可在 1~100kHz 选择，默认值为 30kHz；⑥低频下限0.08Hz；⑦供电电压 24V(直流)(配套电源适配器为交流 220V 到直流 24V)；⑧工作温度–10~40℃；⑨工作湿度≤85%。

一般压力传感器中都会有一个信号调理器，其功能是补偿传感器在不同温度下的误差。信号调理器的功能多样化，可以精确放大压力传感器信号，补偿传感器的温度误差，并且能够直接控制校准过程。信号调理器还可以调节不同的信号来满足不同客户的需求。

压力传感器使用在不同的环境需要不同的输出，例如，汽车工业要求信号调理器提供 0.5~4.5V 输出，工业和过程控制应用通常要求 4~20mA 输出，而测试设备输出要求 0~5V。通过采用多电压量程或电流输出的信号调理器，设计人员无须为每个应用设计一个电路板。有些信号调理器允许设计工程师在多达 100 个温度补偿点校准传感器输出，使工程师能够按照误差与压力传感器温度曲线之间的关系进行匹配，从而减小温度对传感器的影响。可修正的误差包括整个温度范围内的零点和满量程增益误差。温度传感器用来跟踪压力传感器的环境温度。

信号调理器不仅在压力传感器中应用，而且在很多传感器中都有应用，所以要想发展更高性能的传感器，首先需要有高性能的信号调理器。

2.6　振动信号的处理与分析

故障特征提取就是对系统设备产生的信号进行一系列的分析处理以消除干扰的噪声，去伪存真，提取对故障设备有用的信息，故障特征提取的每一项进展都与信号处理理论和技术的发展密切相关。故障特征提取方法大多采用通用的信号处理技术，包括时域分析(波形分析、相关分析、统计分析、轴心轨迹等)、基于傅里叶变换的频域分析(幅值谱、功率谱、高精度内插谱、包络谱、倒频谱等)，以及适合于非线性系统和非平稳信号的现代信号处理、时频分析(短时傅里叶变换、Wigner-Ville 分布等)、小波分析、Hilbert-Huang 变换等技术，这些信号分析技术和方法在故障诊断领域都得到了广泛的应用。特征提取研究还包括状态空间分析、功率谱分析、时域平均、自适应消噪、解调分析、时间序列分析等。

2.6.1 振动信号处理与分析的内容

1. 信号分析的主要工作

在进行旋转机械的振动监测与诊断时，信号起着关键作用。在进行信号分析时，主要进行以下方面的工作。

(1) 时域信号分析。时域信号的样本长度(以 s 为单位)取决于所要寻找的信息类型，通常与机器的工作周期 $T(s)$ 有关，转子平衡需要得到的相位信息用基本周期来表示。

(2) 趋势分析。对于机器的振动信号或过程参数(温度、压力等)信号，连续或周期性地记录其变化趋势，分析其工作状态。图 2.6.1 显示了一个由于轴承磨损而导致机组振幅上升的趋势记录。

(3) 频谱分析。这是目前设备振动分析与诊断最基本的方法。

(4) 相位分析。相位量化了两个信号之间的时间差，可以是两个振动信号，或一个振动信号及一个激振信号，或取自一个转子转速的参考信号及一个振动信号。

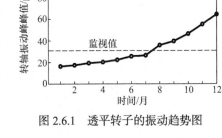

图 2.6.1　透平转子的振动趋势图

(5) 轨迹分析。它能提供轴承的预负荷、转子的涡动频率以及进动方向，还能显示出轴颈在轴承中的位移。

(6) 变转速及变频率分析。可以从变转速或变频率测试中得到自振频率、临界转速、阻尼以及与诊断有关的转子弯曲、裂纹等信息。

(7) 伯德(Bode)图。它是以振幅(通常是相对位移)和相位随转速变化的图形。利用伯德图中的幅值-转速图可以从其峰值获得机组的临界转速值，图 2.6.2 为某机组实测的伯德图。

(8) 极坐标图(奈奎斯特(Nyquist)图)。它是不同转速下振幅相对于相位的图形，如图 2.6.3 所示。

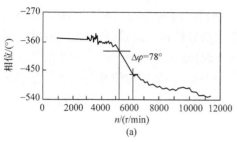

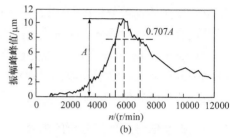

图 2.6.2　某机组实测的伯德图

(9) 峰值保持图(峰值平均)。峰值保持是将不同时刻获得的频谱图上最大峰值保持下来进行比较。例如，一台机组在升速过程，在不同转速下的频谱图上必定会出现最大谱峰值，这个峰值一般为同步振动幅值，但也可能表示了机组中某个部件的自振频率，而一般的线性平均方法往往将后一种峰值平均掉。图 2.6.4 为某机组测得的峰值保持图。

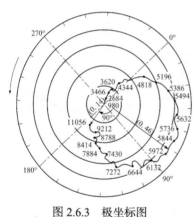

图 2.6.3　极坐标图

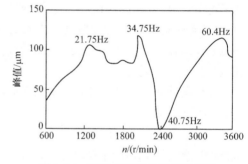

图 2.6.4　某机组测得的峰值保持图

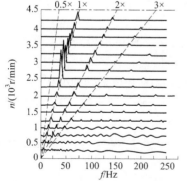

图 2.6.5　转子在各转速下的三维频谱图

(10) 瀑布图(三维谱图)。瀑布图是机器在不同的转速下的频谱图，如图 2.6.5 所示。瀑布图用三维坐标绘制而成，提供了机组振动随转子转速变化的谱图。利用瀑布图对分析机组在升降速过程中的振动特性及诊断故障十分有用，因为机组，尤其是新装机组或大修后的机组，在启动过程中经常会出现故障。

2. 评价机器工作状态的基本方式

为了能更精确地评价机器的工作状态，除进行上述频谱分析，还应进行其他项目的分析，实现综合评价。

(1) 利用轴心位置进行评价。图 2.6.6(a)为轴心轨迹与频谱图，振动的幅值与轴承间隙相比较小，轨迹形状与转轴平均位置显示正常(对顺时针旋转的轴，应在较低的左下象限内)，频谱显示仅有一倍频分量振动，所以通常只考虑与转子不平衡有关。图 2.6.6(b)的频谱图与图 2.6.6(a)相同，但是机器的状态与图 2.6.6(a)相差甚远。这时，转轴在轴承中的位置不正常，椭圆形轨迹的方位显示除重力负荷外还有一水平预负荷，这可能是由不对中、热变形或其他原因引起的。在这种情况下，仅用频谱分析将会导致得出机器是正常的错误结论。

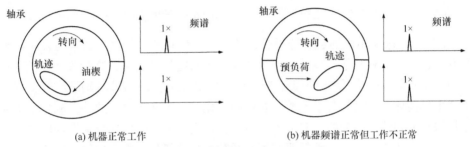

(a) 机器正常工作　　　　　　　　　　　　　(b) 机器频谱正常但工作不正常

图 2.6.6　机器的轴心轨迹与频谱图

(2) 对转轴平均的径向位置与偏心比进行评价。图 2.6.7 表示一顺时针旋转的转轴，其轴心位置应当在左下象限内。但涡流传感器信号指示转轴位置在左上象限内(或者是其他不同于正常的某个位置)。这时，应该考虑为非正常轨迹，应当进一步检查其偏位角。轴承或者机器制造厂应当规定出某个特定轴承的偏位角的正常范围。对于圆柱轴承，偏位角一般为 30°～45°；对于可倾瓦轴承要小得多，一般为 5°～15°。对于一水平转轴系统，重力垂直向下，但是预负荷可能在任何半径方向。偏心比是指转子与轴承中心之间距离与半径间隙的比值，通常在 0～1。在某一给定条件下，测量轴承偏心比，可提供该转子系统的稳定性的评价条件。正常条件下的偏心比较高，接近于 1，通常在 0.7～0.9 表示正常，小于 0.7 表示较差，若接近零，则轴承将失稳。

(3) 监视转轴平均径向位置变化的趋势。图 2.6.8 表示一转轴径向位置的趋势分析图，从一般频谱图中并未发现有什么异样，但从该图看出，转子径向位置在发生变化。根据该图分析，认为机组有问题，经停机检查，发现轴承上留下的巴氏合金厚度仅存 75μm，若继续运行就会发生转轴与轴承瓦底直接接触，其后果将十分严重。因此，应加强转轴与轴承直接间隙的监测，将监视转轴径向平均中心位置及其发展趋势作为常规监测内容。图 2.6.8 中左上部不正常的轴心位置表明该机器已具有显著的铅垂不对中问题。

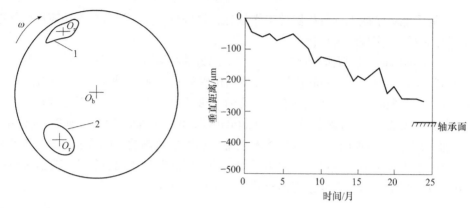

图 2.6.7　转子正常与不正常轴心径向位置　　　图 2.6.8　转轴径向位置的趋势分析图

(4) 根据振动相位的趋势分析进行评价。一倍频分量的振动通常与转轴不平衡有关，但是还有其他一些故障产生的振动也与此频率有关，这些故障包括轴承松动、轴承间隙过大(轴承磨损)、转轴弯曲、转轴共振激振及转轴裂纹等，甚至不对中也能导致一倍频分量振幅与相位的变化。为了区分这些故障，利用一倍频分量振动的相位趋势分析，有助于分析什么是真正引起一倍频分量振动的原因。一个完备的在线监测系统不但要有振幅及频率的趋势分析能力，而且也应有相位(包括一倍频与二倍频振动分量的相位)趋势分析能力。在监测系统中，振幅与相位可用一个矢量表示，为此对该矢量的监测可用规定的可接受区域的方法来实现。

3. 频率分辨率

对转子振动信号进行频谱分析，可得到次谐波分量和倍频分量。需要的信号长度应为若干个旋转周期，即 $n_1 T$(T 为旋转周期，n_1 为整数)。周期数决定了频率分辨率。假设连续采集 16 个旋转周期的振动信号，则得到频率分辨率为

$$\Delta f = \frac{1}{16T} = \frac{1}{16}f_0 \tag{2.6.1}$$

式中，$f_0 = 1/T$ 为转子旋转频率(r/s)。

可见，此时频率分辨率为基频的 1/16。若需进一步提高分辨率，则需增加信号长度，即增加周期数 n_1。这有可能使信号数据量大增。但增加每周期的采样点数并不能提高频率分辨率，而只是增加分析的频率阶次及高阶次分量的准确度，这在诊断增速箱故障时非常重要。因此，在提高频率分辨率和增加频率阶次之间，应进行折中选择。例如，只关注 0～3 倍频和次谐波振动分量时(诊断碰摩故障)，为提高频率分辨率，可选旋转周期数为 32，即连续采集转子旋转 32 周的信号，

但每周采集 32 个数据点就可保证足够的精度。对于最高倍频分量(三倍频)，采样率仍可达到 $f > 10 f_0$，而频率分辨率为 $\Delta f = 1/32$。

2.6.2　特征量的提取与表征

1. 峰峰值及有效值

根据国际标准 ISO 7919 和 ISO 10816，当用位移传感器测振时，测得的宽带振动峰峰值用于表征机器振动的烈度，当用速度传感器测振时，则用有效值来度量振动烈度，即

$$V_{rms} = \sqrt{\frac{1}{T} \int_0^T V^2(t) dt} \tag{2.6.2}$$

振动中可能包含很强的次谐波分量，如碰摩引起的次谐波涡动，获取峰峰值和有效值时，信号的采集长度要大于一个整周期，最好是 2 或 4 个整周期。假设所测得的振动信号为

$$V = V_1 \sin(\Omega t) + V_2 \sin\left(\frac{1}{3} \Omega t\right) \tag{2.6.3}$$

精确的有效值为

$$V_{rms} = \sqrt{\frac{1}{T}(V_1^2 + V_2^2)} \tag{2.6.4}$$

若只取 1 个整周期 T_1，则利用式(2.6.2)积分，则得

$$\tilde{V}_{rms} = \sqrt{\frac{1}{2\pi} \int_0^{2\pi} [V_1 \sin(\Omega t) + V_2 \sin(\Omega t)]^2 d(\Omega t)} = \sqrt{\frac{1}{2}\left(V_1^2 + V_2^2 - \frac{9\sqrt{3}}{8} V_1 V_2\right)} \tag{2.6.5}$$

式中，$-\dfrac{9\sqrt{3}}{8} V_1 V_2$ 为误差项。

若取 2 个周期，则积分表达式为

$$\tilde{V}_{rms} = \sqrt{\frac{1}{4\pi} \int_0^{4\pi} [V_1 \sin(\Omega t) + V_2 \sin(\Omega t)]^2 d(\Omega t)} = \sqrt{\frac{1}{2}\left(V_1^2 + V_2^2 - \frac{9\sqrt{3}}{16} V_1 V_2\right)} \tag{2.6.6}$$

可见，误差项减小一半。

若取 3 个周期，则得到精确值。

2. 信号平均

为消除噪声干扰，经常对所测得的振动信号进行时域平均。但对转子振动信号若平均不当，则可能丢失故障特征信息。

　　在实际中，常常将连续测得的转子若干个周期的振动信号进行平均，得到一个周期的平均信号。在对转子进行动平衡分析时，这种平均方法是可取的。但对于故障诊断，由此平均方法得到的平均信号不能作为源信息，因为存在丢失重要故障特征信息的可能性。

　　假设转子振动中包含半频涡动，则振动可表示为

$$X = A_1 \sin(\Omega t) + A_2 \sin\left(\frac{1}{2}\Omega t\right) \tag{2.6.7}$$

其中等号右侧第一项为不平衡响应，第二项为半频涡动，波形如图 2.6.9 所示。

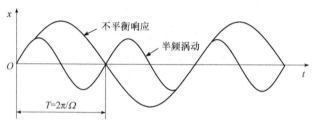

图 2.6.9　不平衡响应与半频涡动的波形

　　若将第 1、2、3 和 4 周期的信号进行平均，则所得到的平均信号为

$$\bar{X} = A_1 \sin(\Omega t) \tag{2.6.8}$$

式(2.6.8)说明，平均信号中不包含半频涡动，可见此信息丢失。因此，在实际工程中，均需观测原始时域信号。

　　航空发动机振动信号中，既包含高压转子转频成分，也包含低压转子转频成分。若按照高压转频整周期采集振动数据，并进行整周期平均，则会大幅消减低压转频振动成分；反之，若按照低压转频整周期采集振动数据，并进行整周期平均，则会大幅消减高压转频振动成分。

3. 相位信息的获取及表征

　　相位信息是反映转子振动状态、诊断机器故障的重要信息。因此，转子振动相位的获取及表征是振动信息处理和分析的重要环节。

　　如前文所述，要得到绝对相位，必须要有键相位信号。若无此条件，则采用多通道并行采集方式，仍可获得各测点之间的相对相位。相位不是可直接测量的量，需从测量信号中提取。在实际应用中，常常会出现相位离差很大的现象。究其原因，主要是在相位计算公式中应用了反正切函数。反正切函数是奇异函数，如图 2.6.10 所示。当反正切值在零值附近波动时，相位角就会在 0~π 跳动。

　　对所测得的振动信号经傅里叶分析后，可得

$$X(t) = \sum_{k=0}^{\infty} [a_k \cos(k\Omega t) + b_k \cos(k\Omega t)] = \sum_{k=0}^{\infty} |A_k| \cos(k\Omega t + \varphi_k) \qquad (2.6.9)$$

式中，$|A_k|$ 和 φ_k 分别为第 k 阶振动幅和相位，其表达式为

$$|A_k| = \sqrt{a_k^2 + b_k^2}, \quad \varphi_k = \arctan\left(\frac{b_k}{a_k}\right) \qquad (2.6.10)$$

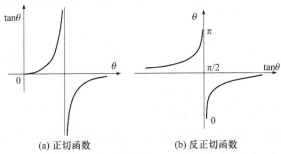

(a) 正切函数　　　　(b) 反正切函数

图 2.6.10　正切函数与反正切函数曲线

由反正切函数获取相位角，理论上是可行的。但在实际应用时，a_k 和 b_k 由测量信号获得。当 b_k 在零值附近波动时，相位角 φ_k 就在 $0 \sim \pi$ 跳动；当 $a_k \ll b_k$ 或 $a_k \to 0$ 时，又可能导致计算机内存溢出。因此，在实践中，应避免使用式(2.6.10)来求得相位，可用反正弦函数来克服这一困难。由式(2.6.9)知

$$|A_k| \cos\varphi_k = a_k, \quad |A_k| \sin\varphi_k = b_k \qquad (2.6.11)$$

由式(2.6.11)可得

$$\sin\varphi_k = \frac{b_k}{\sqrt{a_k^2 + b_k^2}}, \quad \varphi_k = \arcsin\left(\frac{b_k}{\sqrt{a_k^2 + b_k^2}}\right) \qquad (2.6.12)$$

式(2.6.12)要比式(2.6.10)稳定得多，只要 a_k 和 b_k 不同时为零，就不会溢出。

对于状态监测与故障诊断，主要关注相位变化及其变化趋势，可用如图 2.6.11 所示的矢量图进行表征。图中横坐标为 a_k，纵坐标为 b_k，矢量 A_k 与横坐标间的夹角即 φ_k。当 a_k 和 b_k 变化时，矢量 A_k 长度发生变化，同时绕原点 O 偏转，偏转的角度就是相位的变化。这种表征方式也称为极坐标图表达。

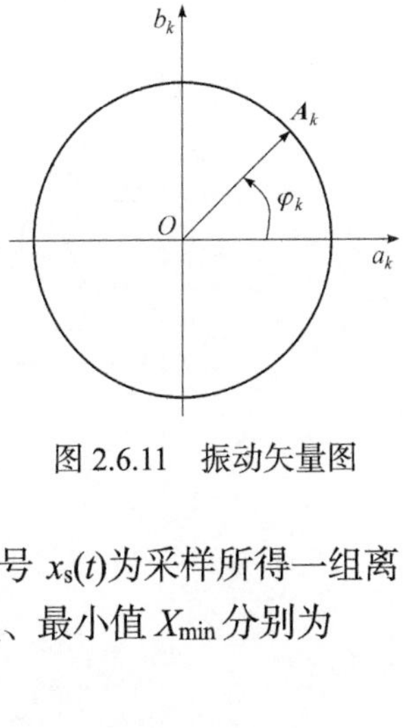

图 2.6.11　振动矢量图

2.6.3　信号的幅域分析

在信号幅值上进行的各种处理称为幅域分析。若信号 $x_s(t)$ 为采样所得一组离散数据 $x_1, x_2, \cdots, x_N$，则信号的简单幅域参数最大值 $X_{\max}$、最小值 $X_{\min}$ 分别为

$$X_{\max} = \max\{|x_i|\}, \quad X_{\min} = \min\{|x_i|\}, \quad i = 1, 2, \cdots, N \tag{2.6.13}$$

信号的简单幅域参数均值 $\overline{X}$、均方根值 X_{rms} 和方差 D_x 的计算式分别为

$$\overline{X} = \frac{1}{N}\sum_{i=1}^{N} x_i, \quad X_{\mathrm{rms}} = \sqrt{\frac{1}{N}\sum_{i=1}^{N} x_i^2}, \quad D_x = \frac{1}{N-1}\sum_{i=1}^{N}(x_i - \overline{X})^2 \tag{2.6.14}$$

其中，均方根值反映信号的能量大小，方差表示数据的离散程度，方差和均方根值之间的关系为

$$D_x = X_{\mathrm{rms}}^2 - \overline{X}^2 \tag{2.6.15}$$

若 $x(t)$ 为一采样长度为 T 的模拟信号，则有

$$\overline{X} = \frac{1}{T}\int_0^T x(t)\mathrm{d}t, \quad X_{\mathrm{rms}} = \sqrt{\frac{1}{T}\int_0^T x^2(t)\mathrm{d}t}, \quad D_x = \frac{1}{T}\int_0^T [x(t) - \overline{X}]^2\mathrm{d}t \tag{2.6.16}$$

这些幅域参数计算简单，对故障有一定的敏感性。在旋转机械设备的振动监测中，还常用峰峰值 $X_{\text{P-P}}$ 来观察信号强度的变化。事实上，各种幅域参数本质上取决于随机信号的概率密度函数。

1. 随机信号的幅值概率密度

随机信号的概率密度函数表示幅值落在某一个指定范围内的概率。如图 2.6.12 所示，$x(t)$ 落在 $(x, x+\Delta x)$ 范围内的总时间为 T_s，当时间区域无穷时，T_s/T 将趋于确定的概率：

$$p(x) = \lim_{\Delta x \to 0} \frac{P_{\mathrm{rob}}[x < x(t) < x + \Delta x]}{\Delta x} = \lim_{\Delta x \to 0} \frac{1}{\Delta x}\left(\frac{T_s}{T}\right) \tag{2.6.17}$$

幅值概率分布函数定义为

$$P(x) = P_{\mathrm{rob}}[x(t) \leqslant x'] = \int_{-\infty}^{t} p(x)\mathrm{d}x \tag{2.6.18}$$

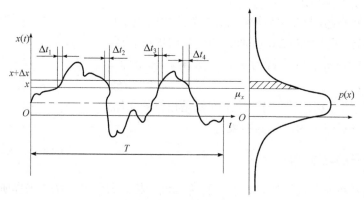

图 2.6.12　概率密度

幅值概率分布函数表示 $x(t)$瞬时值小于或等于某一值 x' 的概率，又称为累积概率分布函数。如图 2.6.13 所示，信号 $x(t)$幅值小于或等于 x' 的概率密度函数曲线部分所围的面积等于 x' 处的概率分布函数值。根据定义，幅值概率分布函数有如下性质：

$$\int_{x_1}^{x_2} p(x)\mathrm{d}x = P(x_2) - P(x_1), \quad \int_{-\infty}^{\infty} p(x)\mathrm{d}x = P(\infty) - 1 \tag{2.6.19}$$

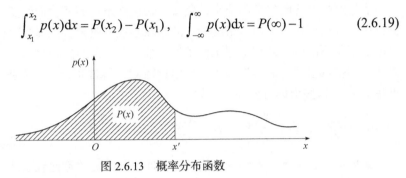

图 2.6.13　概率分布函数

2. 有量纲的幅域诊断函数

随机信号 $x(t)$的幅域参数与幅值概率密度函数 $p(x)$有密切关系，幅域参数均值 $\bar{X}$ 、均方根值 X_{rms}、方根幅值 X_{r} 和平均幅值 $|\bar{X}|$ 可以通过 $p(x)$ 分别表示为

$$\bar{X} = \frac{1}{T}\int_{-\infty}^{\infty} xp(x)\mathrm{d}x, \quad X_{\mathrm{rms}} = \sqrt{\int_{-\infty}^{\infty} x^2 p(x)\mathrm{d}x} \tag{2.6.20}$$

$$X_{\mathrm{r}} = \left[\int_{-\infty}^{\infty} \sqrt{|x|}\,p(x)\mathrm{d}x\right]^2, \quad |\bar{X}| = \int_{-\infty}^{\infty} |x|\,p(x)\mathrm{d}x$$

幅域参数的斜度(skewness)和峭度(kurtosis)可分别表示为

$$\alpha = \frac{1}{T}\int_{-\infty}^{\infty} x^3 p(x)\mathrm{d}x, \quad \beta = \frac{1}{T}\int_{-\infty}^{\infty} x^4 p(x)\mathrm{d}x \tag{2.6.21}$$

斜度 α 反映 $p(x)$对于纵坐标的不对称性，不对称越严重，α 越大。一般而言，随着故障的发生和发展，均方根值 X_{rms}、方根幅值 X_{r}、平均幅值 $|\bar{X}|$ 和峭度 β 均会逐渐增大。其中峭度 β 对大幅值非常敏感，当其概率增加时，β 将迅速增大，这有利于探测信号中含有脉冲的故障。

用概率密度函数 $p(x)$来计算式(2.6.20)和式(2.6.21)，实际应用时不太方便，对于各态历经的平稳随机过程$\{x_n(t)\}$，可用任一样本曲线来计算；对于离散的时序数据 $x_1, x_2, \cdots, x_N$，方根幅值 X_{r}、平均幅值 $|\bar{X}|$、斜度 α 和峭度 β 的计算式可表示为

$$X_{\mathrm{r}} = \left[\frac{1}{N}\sum_{i=1}^{N}\sqrt{|x_i|}\right]^2, \quad |\bar{X}| = \frac{1}{N}\sum_{i=1}^{N}|x_i|, \quad \alpha = \frac{1}{N}\sum_{i=1}^{N}x_i^3, \quad \beta = \frac{1}{N}\sum_{i=1}^{N}x_i^4 \tag{2.6.22}$$

在进行上述参数计算时应做零均值处理，即从原始数据减去其均值，只保留信号的动态部分进行计算。

3. 量纲为一的幅域诊断参数

有量纲幅域诊断参数的值常因负载、转速等条件的变化而改变，实际上很难加以区分。在应用中，引入量纲为一的幅域参数来改善，该参数对信号的幅值和频率的变化不敏感，即和机器工作条件关系不大，而对故障足够敏感。常用的量纲为一的幅域参数有波形指标 S_f、峰值指标 C_f、脉冲指标 I_f、裕度指标 CL_f 和峭度指标 K_v，这些指标可分别表示为

$$S_f = \frac{X_{rms}}{|\bar{X}|}, \quad C_f = \frac{X_{max}}{X_{rms}}, \quad I_f = \frac{X_{max}}{|\bar{X}|}, \quad CL_f = \frac{X_{max}}{X_r}, \quad K_v = \frac{\beta}{X_{rms}^4} \tag{2.6.23}$$

峭度指标、裕度指标和脉冲指标对于冲击脉冲类故障比较敏感，特别是当故障早期发生时有所增加，但上升到一定程度后，随故障的逐渐发展反而会下降，表明这些参数对早期故障有较高的敏感性，但稳定性不好。一般而言，均方根值的稳定性较好，但对早期故障信号不敏感。为了取得较好的效果，常将这些参数同时应用，以兼顾诊断的敏感性和稳定性。

表 2.6.1 给出了各幅域参数对故障的敏感性和稳定性比较。

表 2.6.1　幅域参数对故障的敏感性和稳定性比较

幅域参数	波形指标 S_f	峰值指标 C_f	脉冲指标 I_f	裕度指标 CL_f	峭度指标 K_v	均方根值
敏感性	差	一般	较好	好	好	较差
稳定性	好	一般	一般	一般	差	较好

2.6.4　信号的时域分析

信号的时间序列，即数据产生的先后数据是时域分析最重要的特点。在幅域分析中，虽然各种幅域参数可用样本时间波形来计算，但其时间序列不起作用，因为数据任意排列，所计算的结果是一样的。

1. 时基波形分析

常用的工程信号都是时间波形的形式。时间波形具有直观、易于理解等特点，由于是最原始的信号，所以包含的信息量大，缺点是不太容易看出所包含信息与故障的联系。对于某些故障信号，其波形具有明显的特征，这时可以利用时间波形做出初步判断。例如，对于旋转机械，其不平衡故障较严重时，信号中有明显的以旋转频率为特征的周期成分，如图 2.6.14(a)所示；而转轴不对中时，信号在一

个周期内,比旋转频率大一倍的高频成分明显加大,即一周波动 2 次,如图 2.6.14(b)
所示。

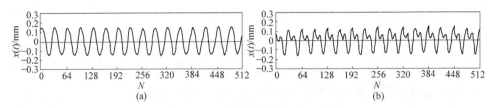

图 2.6.14　具有明显波形特征的故障

一般情况下,以计算机为核心的诊断系统中,若采用整周期采样,在时间波形上将采样相点以不同颜色醒目标出,更增加了时间波形的可识别性,因为相点的漂移等信息对于诊断故障极为有用。

2. 自相干分析

1) 自相关函数

信号或数据 $x(t)$ 的自相关函数 $R_x(\tau)$ 用于描述一个时刻的取值与另一个时刻的取值之间的依赖关系。

$x(t)$ 为图 2.6.15 所示的时间历程记录,若估计 $x(t)$ 在时刻 $t=t_1$ 和 $t=t_1+\tau$ 时间上的相关性,可以用式(2.5.67)在采样长度上对这两个值的乘积求平均取极限而得到自相关函数 $R_x(\tau)$。

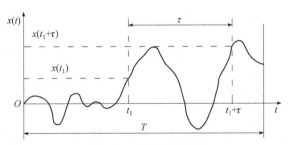

图 2.6.15　自相关测量

离散化数据的计算公式为

$$R_x(n\Delta t) = \frac{1}{N-n}\sum_{r=1}^{N-n} x(r)x(r+n), \quad n = 0,1,\cdots,M ; M \ll N \qquad (2.6.24)$$

式中, N 为采样点数; r 为时间序列; n 为延时序列。

为了保证测量精度,应使最大计算延时量 M 远小于数据点数 N。上述过程的计算量较大。信号分析中常按自相关函数和自功率谱密度函数的关系用快速傅里叶变换来实现。

自相关函数有以下性质：

(1) $R_x(\tau)$ 为偶函数，即

$$R_x(\tau) = R_x(-\tau) \tag{2.6.25}$$

(2) $R_x(0)$ 为最大值，即

$$R_x(\tau) \ll R_x(0) = E[x^2(t)] \tag{2.6.26}$$

(3) 若考虑到自相关系数 $\rho_x(\tau)$ 的定义式(2.5.68)，则有

$$|\rho_x(\tau)| \leqslant 1 \tag{2.6.27}$$

$R_x(\tau)$是有量纲的，不同波形的自相关程度很难相互比较，而 $\rho_x(\tau)$ 是量纲为一的参数，作为相关性的度量更直观。

(4) 若 $\lim\limits_{\tau \to \infty} R_x(\tau)$ 存在，则有

$$R_x(\infty) = \mu_x^2 \tag{2.6.28}$$

式中，μ_x^2 为信号 $x(t)$的均值。

(5) 若 $x(t)$中有一周期分量，则 $R_x(\tau)$中有同样周期的周期分量，如

$$x(t) = \sum_{i=1}^{n} A_i \cos(\omega_i t + \theta_i) \tag{2.6.29}$$

则有

$$R_x(\tau) = \sum_{i=1}^{n} \frac{A_i^2}{2} \cos(\omega_i \tau) \tag{2.6.30}$$

式(2.6.30)表明，$R_x(\tau)$和 $x(t)$具有相同的频率成分，其振幅由 A_i 变为 $A_i^2/2$，但相位角信息丢失。

2) 自相关函数的数值分析

(1) 标准方法。

标准方法是直接计算采样数间的平均乘积，然后以此作为自相关函数的估计。

假定均值为零的平稳样本记录有 N 个数据$\{x_n\}(n = 1,2,\cdots,N)$，时间位移$\tau = r\Delta t$处的自相关函数的估计 $\hat{R}_r$ 为

$$\hat{R}_r = R_r(r\Delta t) = \frac{1}{N-r} \sum_{n=2}^{N-r} x_n x_{n+r}, \quad r = 0,1,\cdots,m; m < n \tag{2.6.31}$$

式中，r 为时间序列；Δt 为采样间隔；m 为最大时间位移数。

最大时间位移数 m 与估计的最大时间位移具有如下关系：

$$\tau_{\max} = \tau_m = \frac{1}{m\Delta t} \tag{2.6.32}$$

若用自相关估计的傅里叶变换计算功率谱估计，则功率谱估计结果的分辨率 Δf 与最大时间位移数的关系为

$$\Delta f = \frac{1}{\tau_m} = \frac{1}{m\Delta t} \tag{2.6.33}$$

时间滞后 r 处的子样自相关函数也可由式(2.6.34)定义：

$$\hat{R}_r = R_r(r\Delta t) = \frac{1}{N}\sum_{n=2}^{N-r} x_n x_{n+r}, \quad r = 0,1,\cdots,m \tag{2.6.34}$$

式中，系数之分母由常数 N 代替了式(2.6.31)中的变数 $N-r$，由此得到自相关函数的有偏估计。但是，当 N 很大而 m 相对 N 很小时，式(2.6.34)和式(2.6.31)得到的值差别很小。一般当 $m=(0.1\sim0.2)N$ 时，这一误差可以忽略不计。

(2) 间接方法。

由间接方法计算得到的自相关函数不是通常的自相关函数，而是由式(2.6.35)定义的循环自相关函数：

$$\hat{R}_r = R_r(r\Delta t) = \frac{N-r}{N}[\hat{R}_x(r\Delta t) + \hat{R}_x(N-r)], \quad r = 0,1,\cdots,m \tag{2.6.35}$$

式(2.6.35)由两部分组成，如图 2.6.16 所示，为避免出现这样的问题，可以在原始数据上加上一些零点，其作用是把循环自相关函数的两部分分开。图 2.6.17 是在原始的 N 个数中添加 N 个零点后得到的自相关函数。假定原来数据的长度为 $N=2^M$，用间接方法计算自相关函数的步骤如下：

① 把原始数据序列 $\{x_n\}(n=0,1,\cdots,N-1)$ 添加 N 个零点，则新的序列具有 $2N$ 项，其中后 N 项全为零。

② 求出 $\{x_n\}(n=0,1,\cdots,N-1)$ 的傅里叶变换 $\{X_k\}(k=0,1,\cdots,N-1)$。

③ 按照功率谱计算式计算 $\{G_k\}(k=0,1,\cdots,N-1)$，若需要对 $\{G_k\}$ 做平滑处理得到 $\{\hat{G}_k\}$，则应保证 $\{\hat{G}_k\}$ 有 $2N$ 项。

④ 对 $\{\hat{G}_k\}$ 做快速傅里叶逆变换，然后乘以 $N/(N-r)$ 得到 $\hat{R}_{xr}(r=0,1,\cdots,2N-1)$。

⑤ 去掉 $\hat{R}_{xr}$ 的后一半，从而得到 N 个相关点函数。

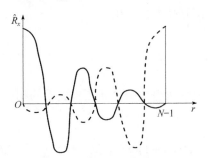

图 2.6.16　循环自相关函数

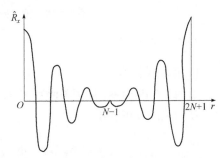

图 2.6.17　添加零点对循环自相关函数的影响

3) 自相关函数的应用

自相关函数和自相关系数的应用如下：

(1) 根据自相关图的形状来判断原信号的性质，如周期信号的自相关函数仍为同周期的周期函数。

(2) 自相关函数可应用于检测混于随机噪声中的确定性信号，因为周期信号或任何确定性数据在所有时间上都有其自相关函数，而随机信号则不是。

(3) 自相关函数不仅能帮助建立 $x(t)$ 任何时刻值对未来时刻的影响，而且可通过傅里叶变换求得自功率谱密度函数，即

$$G_x(f) = 2\int_{-\infty}^{\infty} R_x(\tau)\mathrm{e}^{-\mathrm{i}2\pi f\tau}\mathrm{d}\tau, \quad f \geqslant 0 \tag{2.6.36}$$

不同的信号具有不同的自相关函数,是利用自相关函数进行故障诊断的依据。正常运行的机器，其平稳状态下的振动信号的自相关函数往往与宽带随机噪声的自相关函数相近，而当有故障，特别是出现周期性冲击故障时，在滞后量为其周期的整倍数处，自相关函数就会出现较大峰值。图 2.6.18 是某机器中的滚动轴承在不同状态下的振动加速度信号的自相关函数。其中，因外圈滚道上有疵点，在间隔 14ms 处有峰值出现，如图 2.6.18(a)所示；因内圈滚道上有疵点，在间隔 11ms 处出现峰值，如图 2.6.18(b)所示；图 2.6.18(c)是正常状态下的自相关函数，接近于宽带随机噪声的自相关函数。

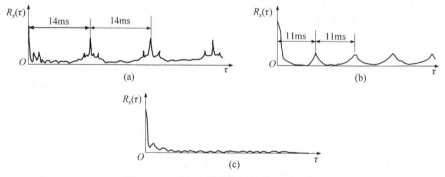

图 2.6.18　轴承振动信号的自相关函数

3. 互相关分析

1) 互相关函数

如图 2.6.19 所示,互相关函数 $R_{xy}(\tau)$ 是表示两组数据之间依赖关系的相关统计量。互相关函数可表示为

$$R_{xy}(\tau) = \lim_{T \to \infty} \frac{1}{T}\int_0^T x(t)y(t+\tau)\mathrm{d}t \tag{2.6.37}$$

离散化数据的计算公式为

$$R_{xy}(n\Delta\tau) = \frac{1}{N-n}\sum_{r=1}^{N-n} x(r)y(n+r)$$ (2.6.38)

式中，N 为采样点数；r 为时间序列；n 为延时序列。

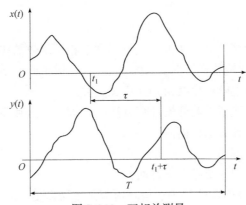

图 2.6.19　互相关测量

互相关函数具有如下性质：

(1) $R_{xy}(\tau)$ 为非奇非偶函数，即 $R_{xy}(\tau) = R_{yx}(-\tau)$。根据自相关图的形状来判断原信号的性质，如周期信号的自相关函数仍为同周期的周期函数。

(2) $\left|R_{xy}(\tau) \leqslant \sqrt{R_x(0)R_y(0)}\right|$，即 $R_{xy}(0)$ 一般为最大值，且无特定的物理意义，它并不表示均方值。

(3) 若两个具有零均值的平稳随机过程 $\{x(t)\}$ 和 $\{y(t)\}$ 是相互独立的，则有 $R_{xy}(\tau) = 0$，这个性质可用于检验隐藏在噪声中的规则信号。

(4) 若以式(2.5.71)定义互相关系数，则有

$$\left|\rho_{xy}(\tau)\right| \leqslant 1$$ (2.6.39)

2) 互相关函数的数值分析

(1) 标准方法。

与自相关函数的标准计算法一样，互相关函数的估计 $\hat{R}_{xy}(\tau)$ 为

$$\hat{R}_{xy}(r\Delta t) = \frac{1}{N-n}\sum_{n=1}^{N-r} x_n y_{n+r}, \quad \hat{R}_{yx}(r\Delta t) = \frac{1}{N-n}\sum_{n=1}^{N-r} y_n x_{n+r}, \quad r = 0,1,\cdots,m$$

(2.6.40)

式中，$r\Delta t = \tau$。

式(2.6.40)中的两个互相关函数 $\hat{R}_{xy}(r\Delta t)$ 与 $\hat{R}_{yx}(r\Delta t)$ 之间的不同仅仅是对换了 x_n 与 y_n 的数据值。当 N 很大且 $N \gg m$ 时，用较简单的近似公式

$$\hat{R}_{xy}(r\Delta t) = \frac{1}{N}\sum_{n=1}^{N-r} x_n y_{n+r} \qquad (2.6.41)$$

不会产生大的误差。

(2) 间接方法。

将自相关函数间接计算方法推广，就得到互相关函数的快速傅里叶变换计算法。假定 $x(t)$ 和 $y(t)$ 初始数据长度 $N=2^M$，通过快速傅里叶变换计算互功率谱，然后计算互功率谱的傅里叶逆变换得到互相关函数。

互相关函数的快速傅里叶变换计算方法的原理、方法和步骤都与自相关函数的快速傅里叶变换计算方法相同。

3) 互相关函数的应用

互相关函数的应用主要有以下方面：

(1) 互相关函数在时间位移等于信号通道系统所需要时间值时，将出现峰值。实际上互为线性关系的两个信号，其平均乘积在信号间出现的实际位移为零时总是最大值。系统的时间滞后直接可用输入输出互相关图中峰值的时间位移来确定。

(2) 互相关分析利用互相关延时和能量信息对传输通道进行识别。

(3) 与自相关函数一样，互相关函数也可以检测外界噪声中的信号。

(4) 利用互相关函数，可以得到互功率谱密度函数：

$$G_{xy}(f) = \int_{-\infty}^{\infty} R_{xy}(\tau)\mathrm{e}^{-\mathrm{i}2\pi f\tau}\mathrm{d}\tau \qquad (2.6.42)$$

图 2.6.20 是利用互相关函数诊断汽车驾驶员座椅振动源的实例。座椅上的振动信号为 $y(t)$，前轮轴梁和后轮轴架上的振动信号分别为 $x(t)$ 和 $z(t)$，分别求 $R_{xy}(\tau)$ 和 $R_{zy}(\tau)$，从图中可以看出座椅的振动主要是由前轮振动引起的。

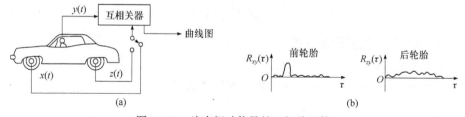

图 2.6.20　汽车振动信号的互相关函数

2.6.5　信号的频域分析

1. 频域分析的概念

工程上所测得的信号一般为时域信号，然而，由于故障的发生、发展往往引

起信号频率结构的变化，为了通过所测信号了解、观测对象的动态行为，往往需要频域信息。将时域信号变换至频域加以分析的方法称为频谱分析，如图 2.6.21 所示。频谱分析的目的是将复杂的时间历程波形，经傅里叶变换分解为若干单一的谐波分量来研究，以获得信号的频率结构以及各谱波的幅值和相位信息。

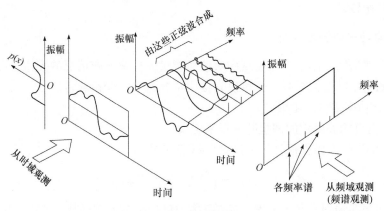

图 2.6.21　频谱分析

频域分析是机械故障诊断中应用最广泛的信号处理方法。频谱图形有离散谱与连续谱之分，离散谱与周期信号及准周期信号相对应，连续谱与非周期信号及随机信号相对应。对于连续谱，常用谱密度概念。

对于周期性函数，按照 2.5.1 节所述的傅里叶级数可展开为若干谐波函数。

2. 傅里叶谱函数

非周期信号不能按傅里叶级数展开，但是可以在频域上用功率谱密度函数加以描述。

在傅里叶级数中，若周期 $T \to \infty$，则有

$$x(t) = \sum_{n=-\infty}^{\infty} C_n \mathrm{e}^{\mathrm{i}n\omega t} \Rightarrow \int_{-\infty}^{\infty} x(\omega) \mathrm{e}^{\mathrm{i}n\omega t} \mathrm{d}\omega \tag{2.6.43}$$

引入积分形式有

$$x(t) = \int_{-\infty}^{\infty} X(f) \mathrm{e}^{\mathrm{i}2\pi ft} \mathrm{d}f, \quad X(f) = \int_{-\infty}^{\infty} x(t) \mathrm{e}^{-\mathrm{i}2\pi ft} \mathrm{d}t \tag{2.6.44}$$

式(2.6.44)为傅里叶积分，两者称为傅里叶变换对，其中 $X(f)$ 是实变量的复值频域函数，故可用复数形式表示为

$$X(f) = \mathrm{Re}(X(f)) + \mathrm{i}\,\mathrm{Im}(X(f)) = |X(f)| \mathrm{e}^{-\mathrm{i}\varphi(f)} \tag{2.6.45a}$$

式中，$|X(f)|$ 和 $\varphi(f)$ 分别为幅值函数和相位函数，可表示为

$$|X(f)| = \sqrt{(\mathrm{Re}(X(f)))^2 + (\mathrm{Im}(X(f)))^2}, \quad \varphi(f) = \arctan \frac{\mathrm{Im}(X(f))}{\mathrm{Re}(X(f))} \quad (2.6.45b)$$

将式(2.6.45b)的两式画成的频谱图分别称为**幅值谱**和**相位谱**，两者都是连续谱。因为 $X(f)$ 由傅里叶积分获得，具有密度的概念，所以 $X(f)$ 称为频率谱密度函数，即傅里叶函数。

3. 自功率谱密度分析

自功率谱密度函数是在频域中对信号能量或功率分布情况的描述，可由自相关函数的傅里叶变换求得，也可以直接用快速傅里叶变换求得。

1) 自功率谱密度函数

(1) 由自相关函数的傅里叶变换来定义。

设 $x(t)$ 为时间历程信号，根据维纳-辛钦公式有

$$S_x(f) = \int_{-\infty}^{\infty} R_x(\tau) \mathrm{e}^{-\mathrm{i}2\pi f \tau} \mathrm{d}\tau \quad (2.6.46)$$

从能量功率的物理意义上考虑，$S_x(f)$ 称为自功率谱密度函数。式(2.6.46)的定义范围为 $\tau \in (-\infty, +\infty)$，在正负频率轴上都有谱图，故称为**双边谱**。理论分析及运算推导用双边谱比较方便，然而在工程上负频率无实际物理意义，故定义单边谱：

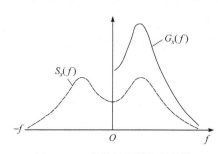

图 2.6.22　离散幅值谱和相位谱

$$G_x(f) = 2S_x(f)$$
$$= 2\int_{-\infty}^{\infty} R_x(\tau) \mathrm{e}^{-\mathrm{i}2\pi f \tau} \mathrm{d}\tau \quad (2.6.47)$$

单边谱 $G_x(f)$ 的定义范围是 $f > 0$，如图 2.6.22 所示。在 $f = 0$ 点上，$G_x(f) = 2S_x(f)$。由于自相关函数是实函数，自功率谱密度函数也为实偶函数，有

$$S_x(-f) = S_x(f) \quad (2.6.48)$$

因而有

$$G_x(f) = 4\int_0^{\infty} R_x(\tau) \mathrm{e}^{-\mathrm{i}2\pi f \tau} \mathrm{d}\tau = 4\int_0^{\infty} R_x(\tau) \cos(2\pi f \tau) \mathrm{d}\tau \quad (2.6.49)$$

对应地，自相关函数可表示为

$$R_x(f) = \int_{-\infty}^{\infty} S_x(f) \mathrm{e}^{-\mathrm{i}2\pi f \tau} \mathrm{d}f = \int_0^{\infty} G_x(f) \cos(2\pi f \tau) \mathrm{d}f \quad (2.6.50)$$

当 $\tau = 0$ 时，根据 $R_x(\tau)$ 和 $S_x(f)$ 的定义，有

$$R_x(0) = \psi_x^2 = \int_{-\infty}^{\infty} G_x(f) \mathrm{d}f = \sigma_x^2 + \mu_x^2 \quad (2.6.51)$$

式中，ψ_x^2 为信号的均方值；σ_x^2 为信号的方差；μ_x^2 为信号均值的平方。

式(2.6.51)表明，信号 $x(t)$ 的自功率谱密度函数曲线下的面积等于信号的方差加上信号均值的平方值。对于特定的信号，其物理意义是十分清楚的。若 $x(t)$ 为电压信号，把该信号加到 1Ω 的电阻上，则瞬时功率 $P(t) = x^2(t)/R = x^2(t)$，瞬时功率的积分就等于信号的总能量，因此 $R_x(0)$ 为信号的平均功率；若 $x(t)$ 为机械系统中的位移信号或者速度信号，则 $x^2(t)$ 便反映积蓄在弹性体的势能或者动能，而 $\int_0^\pi x^2(t)\mathrm{d}t$ 为信号的总能量。根据帕塞瓦尔等式，可得

$$\int_{-\infty}^{\infty} x^2(t)\mathrm{d}t = \int_{-\infty}^{\infty} \left|X(f)\right|^2 \mathrm{d}f \qquad (2.6.52)$$

当 $x(t)$ 是偶函数时，$\left|X(f)\right|^2$ 是 f 的偶函数，则有

$$\int_{-\infty}^{\infty} x^2(t)\mathrm{d}t = 2\int_0^{\infty} \left|X(f)\right|^2 \mathrm{d}f \qquad (2.6.53)$$

式(2.6.53)表明，信号的总能量是各频率分量的能量 $\left|X(f)\right|^2 \mathrm{d}f$ 之和。$\left|X(f)\right|^2$ 在这里具有"单位频率中所具有的能量"的含义，故称为能量谱密度。式(2.6.53)又称能量等式，表明信号由时域转换到频域过程中符合能量守恒定律。在整个时间轴上信号的平均功率为

$$P_{\mathrm{av}} = \lim_{T\to\infty}\frac{1}{T}\int_{-T}^{T} x^2(t)\mathrm{d}t = \lim_{T\to\infty}\frac{1}{2T}\int_{-\infty}^{\infty} \left|X(f)\right|^2 \mathrm{d}f \qquad (2.6.54)$$

因此，自功率谱密度函数 $S_x(f)$ 反映的信号频率结构与信号的幅值谱 $|x(f)|$ 相似，但是自功率谱密度函数反映的是信号幅值的平方，反映的频率结构更为明显。

(2) 由样本记录的有限傅里叶变换来定义。

目前采用较多的是用快速傅里叶分析技术直接计算功率谱密度函数，若考虑遍历随机过程 $\{x(t)\}$，对代表过程的长度作为 T 的第 k 个样本记录直接进行离散傅里叶变换处理：

$$X_k(f,T) = \int_0^T x_k(t)\mathrm{e}^{-\mathrm{i}2\pi ft}\mathrm{d}t \qquad (2.6.55)$$

随机过程的单边功率谱密度函数定义为

$$G_x(f) = \lim_{T\to\infty}\frac{2}{T}E[X_k^*(f,T)X_k(f,T)] = \lim_{T\to\infty}\frac{2}{T}E\left[\left|X_k(f,T)\right|^2\right] \qquad (2.6.56)$$

式中，期望值运算子符号 E 表示对样本 k 的一种平均运算；$X_k^*(f,T)$ 为 $X_k(f,T)$ 的共轭复数。

2) 自功率谱密度函数的数值分析

(1) 直接傅里叶变换法。

自功率谱密度函数的计算，一般通过对原始信号的有限傅里叶变换进行，这

种方法计算效率高，而且数据容量越大，其计算效率越高。

自功率谱密度函数可以直接用傅里叶变换的平方求得。单个样本 $x(t)$ 的任意功率谱密度函数的估计为

$$G_x(f) = \frac{2}{T}\left|X_n(f,T)\right|^2 \tag{2.6.57}$$

式中，$T = N\Delta t$。

若有限的傅里叶变换为

$$X(f,T) = \Delta t \sum_{k=0}^{N-1} x_k\, \mathrm{e}^{-\mathrm{i}2\pi fk\Delta t} \tag{2.6.58}$$

而一般快速傅里叶变换离散频率值为

$$f_n = n\Delta f = \frac{n}{T} = \frac{n}{N\Delta t}, \quad n = 0,1,\cdots,N-1 \tag{2.6.59}$$

则每一个频率上的谱值为

$$X_n = \frac{X(f,T)}{\Delta t} = \sum_{k=0}^{N-1} x_k\, \mathrm{e}^{-\mathrm{i}2\pi nk/N} \tag{2.6.60}$$

自功率谱密度函数有两种计算方法，可分别表示为

$$G_x(f_n) = \frac{2}{N\Delta t}\left|X(f,T)\right|^2 = \frac{2\Delta t}{N}\left|X_n\right|^2 = \frac{2\Delta t}{N}\left|\sum_{k=0}^{N-1} x_k\, \mathrm{e}^{-\mathrm{i}2\pi nk/N}\right|^2 \tag{2.6.61}$$

$$\begin{aligned}
G_x(f_n) &= \frac{2\Delta t}{N}\{X(f,T)\cdot X^*(f,T)\} \\
&= \frac{2\Delta t}{N}\{[\mathrm{Re}(f)+\mathrm{i}\,\mathrm{Im}(f)][\mathrm{Re}(f)-\mathrm{i}\,\mathrm{Im}(f)]\}\frac{2\Delta t}{N}\{(\mathrm{Re}(f))^2+(\mathrm{Im}(f))^2\} \\
&= \frac{2\Delta t}{N}\left[\left(\sum_{k=0}^{N-1} x_k\cos\frac{2\pi nk}{N}\right)^2 + \left(\sum_{k=0}^{N-1} x_k\sin\frac{2\pi nk}{N}\right)^2\right]
\end{aligned} \tag{2.6.62}$$

用快速傅里叶变换算法计算时的具体步骤如下：

① 截断数据序列或添加零点，使序列成为 $N=2^M$(M 为正整数)形式。

② 使用适当的数据窗函数 $w(t/T)$ 对原始序列 $\{x_k\}$ 进行修正。

$$\{\tilde{x}_k\} = \{x_k\}W_k, \quad k = 0,1,\cdots,N-1 \tag{2.6.63}$$

③ 用快速傅里叶变换计算序列 $\{\tilde{x}_k\}$ 的傅里叶变换。由式(2.6.60)求出 X_n，$n = 0,1,\cdots,N-1$。

④ 用式(2.6.61)或式(2.6.62)计算自功率谱 $G_x(f_n)$，$n = 0,1,\cdots,N-1$。

⑤ 由于采用窗函数对原始数据修正削光波形，因此需用比例因子修正这些自功率谱密度估计，如用 1/10 处削光的余弦坡度开窗时，可用 $(1/0.875)\,G_x(f_n)$ 代替 $G_x(f_n)$。

(2) 用自相关函数求自功率谱密度函数。

自功率谱密度函数还可以通过自相关函数傅里叶变换计算得到，关系为

$$G_x(f_n) = 4\int_0^\infty R_x(\tau)\cos(2\pi f \tau)\mathrm{d}\tau = 2\int_{-\infty}^\infty R_x(\tau)\cos(2\pi f \tau)\mathrm{d}\tau \qquad (2.6.64)$$

相应地，自相关函数为

$$R_x(\tau) = \lim_{T\to\infty}\frac{1}{T}\int_0^T x(t)x(t+\tau)\mathrm{d}t \qquad (2.6.65)$$

离散的自相关函数的求法：设 N 个数据值 $\{x_k\}$ 来自均值为零的平稳记录 $x(t)$，则 $r\Delta t$ 位移处的自相关函数为

$$R_r = R_x(r\Delta t) = \frac{1}{N-r}\sum_{k=1}^{N-r} x_k x_{k+r}, \quad r = 0,1,\cdots,m \qquad (2.6.66)$$

式中，r 为滞后数据个数。

由自相关函数求得的自功率谱密度函数可表示为

$$G_x(f) = 2\Delta t\left[R_0 + 2\sum_{k=1}^{N-r} R_r\cos\left(\frac{k\pi r}{m}\right) + R_m\cos(k\pi)\right] \qquad (2.6.67)$$

(3) 自功率谱的应用。

自功率谱分析能够将实测的复杂工程信号分解成简单的谐波分量来研究，描述了信号的频率结构。因此，对机器设备的动态信号进行功率谱分析相当于给机器"透视"，从而了解机器设备各个部分的工作状态。功率谱分析在解决工程实际问题中获得了广泛的应用。

4. 信号的相位谱分析

在旋转机械故障诊断中，信号的相位谱和幅值谱一样，是重要的识别特征。只有在幅值谱和相位谱完全相同时，时域中的波形曲线才会完全相同。

1) 相位谱的定义

设信号的采样序列为 $X(n)$，$n = 0,\pm1,\pm2,\cdots$，其离散频谱为

$$X(\mathrm{e}^{\mathrm{i}\omega}) = \sum_{n=-\infty}^\infty x(n)\mathrm{e}^{-\mathrm{i}\omega n} \qquad (2.6.68)$$

为了使 $X(\mathrm{e}^{\mathrm{i}\omega})$ 有意义，要求 $x(n)$ 的能量有限，即要求 $x(n)$ 满足：

$$\sum_{n=-\infty}^\infty |x(n)| < \infty \qquad (2.6.69)$$

由于 $X(\mathrm{e}^{\mathrm{i}\omega})$ 是复值量，故可将其表示为

$$X(\mathrm{e}^{\mathrm{i}\omega}) = \left|X(\mathrm{e}^{\mathrm{i}\omega})\right|\mathrm{e}^{\mathrm{i}\varphi(\omega)} \quad 或 \quad X(f) = \left|X(f)\right|\mathrm{e}^{\mathrm{i}\varphi(f)} \tag{2.6.70}$$

式中，$\left|X(\mathrm{e}^{\mathrm{i}\omega})\right|$ 为信号的幅值谱，相应的相频谱可以表示为

$$\varphi(\omega) = \mathrm{ARG}[X(\mathrm{e}^{\mathrm{i}\omega})] + 2\pi L(\omega) \tag{2.6.71}$$

式中，$\mathrm{ARG}[X(\mathrm{e}^{\mathrm{i}\omega})]$ 为 $X(\mathrm{e}^{\mathrm{i}\omega})$ 的相位主值，且 $-\pi < \mathrm{ARG}[X(\mathrm{e}^{\mathrm{i}\omega})] \leqslant \pi$；而 $L(\omega)$ 为整数。在式(2.6.71)中，$L(\omega)$ 取任何一个整数时，相位 $\varphi(\omega)$ 都满足式(2.6.70)，显然，$\varphi(\omega)$ 是 ω 的多值函数。

为了唯一确定连续的相位，必须对 $\varphi(\omega)$ 提出一定要求。若 $\varphi(\omega) = 0$ 且 $\varphi(\omega)$ 在 $[-\pi,\pi]$ 上连续，则称 $\varphi(\omega)$ 为信号 $x(n)$ 的**相位谱**。对于旋转机械，以转动部件上某一给定点作为参考点，转动件上任一点的相位就是该点与参考点之间的圆心角。

2) 相位谱的性质

相位谱的性质如下：

(1) 相位存在且是唯一的。假定 $x(n)$ 的频谱 $X(\mathrm{e}^{\mathrm{i}\omega})$ 在 $[-\pi,\pi]$ 上连续且不等于零，当 $\omega=0$，即 $X(1)>0$ 时，$x(n)$ 的相位谱为 $\varphi(\omega)$。

(2) 相位谱具有可加性。若 $x(n)$ 和 $h(n)$ 分别有相位谱 $\varphi_x(\omega)$ 和 $\varphi_h(\omega)$，且 $y(n) = x(n) * h(n)$，则 $y(n)$ 有相位谱，且

$$\varphi_y(\omega) = \varphi_x(\omega) + \varphi_h(\omega) \tag{2.6.72}$$

(3) 相位谱具有对称性。若 $x(n)$ 为实信号序列，$\varphi(\omega)$ 为 $x(n)$ 的相位谱，则 $\varphi(\omega)$ 为 ω 的奇函数，即

$$\varphi(\omega) = -\varphi(-\omega) \tag{2.6.73}$$

(4) 相位谱是周期为 2π 的周期函数。

5. 旋转机械的振动特征与阶比谱分析

旋转机械的振动往往与转速有关，研究与转速成正比的振动信号各阶频率分量之间相互关系的变换特征和发展趋势，便于确定旋转机械的工作状态和故障信号。

阶比谱是一种研究旋转机械振动特征且在快速傅里叶分析技术基础上发展起来的技术，主要是重复利用转速信号，因为旋转机械的振动信号中，多数离散频率分量与主旋转频率(基频)有关。若用转速信号作为跟踪滤波和等角度采样出发，则可建立振动与转速的关系，排除由转速波动引起的谱线模糊和信号畸变，因此可广泛应用于旋转机械系统的动态分析、工况检测与故障诊断。

以监测系统广泛应用的整周期采样为例，设 $\{x(t)\}$（$n = 0,1,\cdots,N-1$）为一采样序列，每周期等角度采样 m 点，共采样 L 周，则有 $mL=N$。设该旋转设备的转动

频率为 f，则采样间隔为

$$\Delta t = \frac{1}{fm} \tag{2.6.74}$$

变换后的频率分辨率为

$$\Delta f = \frac{1}{N\Delta t} = \frac{fm}{N} = \frac{f}{L} \tag{2.6.75}$$

由式(2.6.75)可见，工频分量正好在第 L 条线上。相应地，$kf = k\Delta fL$，即第 k 阶分量也在整数 Δf 上，保证了位置的准确无误。用该采样方法可获得的最大分析频率为

$$f_{\mathrm{m}} = \frac{N}{2.56}\Delta f = \frac{Nf}{2.56L} = \frac{mf}{2.56}$$

谱图的纵坐标可以用线性坐标或对数坐标来刻度。线性坐标的优点是符合习惯、直观，缺点是坐标值变化范围很大时，坐标值小的值很难表达清楚。在这种情况下，用对数刻度可以看得更清楚。

对数刻度一般以分贝表示，其定义为

$$A_{\mathrm{d}} = 20\lg\frac{A}{A_{\mathrm{r}}} = 10\lg\frac{A^2}{A_{\mathrm{r}}^2} \tag{2.6.76}$$

式中，A_{r} 为基准幅值，一般常数电压 $A_{\mathrm{r}} = 1\mathrm{V}$，对量纲为 1 的量则取 $A_{\mathrm{r}} = 1$；A 为幅值；A_{d} 为与 A 相对应的分贝值。

研究表明：幅值每增加 10 倍，分贝值增加 20，幅值之比为 1000，分贝值之差为 60。可见，对数刻度扩大了小幅值的范围，压缩了大幅值的范围。

2.6.6　时频分析方法

联合时频分析，即信号的时间-频率联合描述，其基本思想是设计时间和频率的联合函数，同时描述信号在不同时间和频率的能量密度和强度。如果有这样一个分布 $W_{\mathrm{s}}(t,\omega)$，就可以求在某一确定的频率和时间范围内的能量百分比，计算在某一特定时间的频率密度，计算该分布的整体和局部的各阶矩等。然而，不确定性原理不允许有"某个特定时间和频率处的能量"这一概念，理想 $W_{\mathrm{s}}(t,\omega)$ 并不存在。因此，只能研究伪能量密度或时频结构，根据不同的要求和不同的性能去逼近理想的时频。常用的分析方法有短时傅里叶变换(short time Fourier transform, STFT)、小波(wavelet)变换和 Hilbert-Huang 变换。

1. 短时傅里叶变换

时频分析的一个主要优点是不仅能够确定一个信号是不是多分量的，而且能

给出各个分量的时间位置。短时傅里叶变换是傅里叶变换的推广，将时间窗引入信号分析中，利用时间窗滑动做傅里叶变换，就得到信号的时间谱和短时谱。因为短时傅里叶变换由傅里叶变换演化而来，所以具有变换为线性的特点，而且不存在二次时频表示中的交叉干扰项。

1) 连续短时傅里叶变换

设被分析信号为 $x(t)$，$t \in (-\infty, \infty)$，分析窗为 $w(t)$，定义非平稳信号 $x(t)$ 的短时傅里叶变换为

$$S(t, \omega) = \int_{-\infty}^{\infty} x(\tau) w(\tau - t) \mathrm{e}^{-\mathrm{i}\omega t} \mathrm{d}\tau \tag{2.6.77}$$

时间 t 处短时傅里叶变换的计算过程如下：

(1) 将分析窗 $w(\tau)$ 由时间零处平移至时间 τ 处，得到 $w(\tau - t)$；

(2) 用平移后的分析窗对信号进行加窗截断，得到短时信号 $x_i(\tau) = x(\tau) w(\tau - t)$；

(3) 用傅里叶变换分析短时信号 $x_i(\tau)$ 的频谱。

设分析窗的持续时间为 Δt，则时域加窗截断相当于取 $[t - \Delta t/2,\ t + \Delta t/2]$ 时间范围内的非平稳信号 $x(t)$ 的成分。若期望有较高的时间分布率，则必须选择持续时间高分辨率和持续时间短的分析窗。

2) 离散短时傅里叶变换

离散短时傅里叶变换定义为

$$S_x(t, \omega) = \sum_{t=-\infty}^{\infty} x(t) w(t - \tau) \mathrm{e}^{-\mathrm{i}\omega t} \tag{2.6.78}$$

其中，窗函数作用是取出 $x(t)$ 在时刻 t 附近的一小段信号进行傅里叶变换，当 t 变化时，窗函数随之移动，从而得到信号频谱随时间 t 变化的规律，此时的傅里叶变换是一个二维域 (t, ω) 的窗函数。

短时傅里叶变换对窗口下平稳、准平稳信号的处理效果良好，对非平稳信号的处理效果不够理想。

2. 小波变换

1) 小波及连续小波变换

若记基本小波函数为 $\psi(t)$，伸缩因子和平移因子分别为 a 和 b，则小波函数(简称小波)为

$$\psi_{a,b}(t) = \frac{1}{\sqrt{|a|}} \psi\left(\frac{t - b}{a}\right), \quad a, b \in \mathbf{R}; a \neq 0 \tag{2.6.79}$$

式中，母小波函数 $\psi(t)$ 的傅里叶变换满足容许统计：

$$C_\psi = \int_{-\infty}^{\infty} \frac{|\psi(\omega)|}{|\psi|} \mathrm{d}\omega < +\infty \tag{2.6.80}$$

式(2.6.80)表明，当 $\omega=0$ 时，$\psi(\omega)=0$，即

$$C_\psi = \int_{-\infty}^{\infty} \psi(t)\mathrm{d}t = 0 \tag{2.6.81}$$

函数 $f(t) \in L^2(R)$ 的连续小波变换定义为

$$W_f(a,b) = \frac{1}{\sqrt{a}} \int_{-\infty}^{\infty} f(t)\psi^*\left(\frac{t-b}{a}\right)\mathrm{d}t = \langle f(t), \psi_{a,b}(t)\rangle \tag{2.6.82}$$

连续小波变换具有以下性质：

(1) 线性，即若 $f(t)$ 和 $g(t)$ 的小波变换为 $W_f(a,b)$ 和 $W_g(a,b)$，则 $k_1 f(t)+k_2 g(t)$ 的小波变换为 $k_1 W_f(a,b)+k_2 W_g(a,b)$。

(2) 平移不变性，即若 $f(t)$ 的小波变换为 $W_f(a,b)$，则 $f(t-t_0)$ 小波变换为 $W_f(a,b-t_0)$，即 $f(t)$ 的平移对应于其小波变换 $W_f(a,b)$ 的平移。

连续小波变换反演公式为

$$f(t) = \frac{1}{C_\psi} \int_{-\infty}^{\infty} \int W_f(a,b)\psi_{a,b}(t)\frac{\mathrm{d}a}{a^2}\mathrm{d}b \tag{2.6.83}$$

2) 离散小波及离散小波变换

在连续小波变换中，令参数 $a=2^{-j}$，$b=2^{-j}k$，其中 $j,k \in \mathbf{Z}$，则离散小波函数为

$$\psi_{2^{-j},2^{-j}k}(t) = 2^{j/2}\psi(2^j t - k) \tag{2.6.84}$$

用 $\psi_{j,k}(t)$ 记 $\psi_{2^{-j},2^{-j}k}(t)$，对应的离散小波变换为

$$W_f(j,k) = 2^{j/2} \int_{-\infty}^{\infty} f(t)\psi^*(2^j t - k)\mathrm{d}t = \langle f(t), \psi_{j,k}(t)\rangle \tag{2.6.85}$$

3) 二进小波及二进小波变换

在连续小波变换中，令参数 $a=2^j$ $(j \in \mathbf{Z})$，参数 b 仍取连续值，则有二进小波

$$\psi_{2^j,b}(t) = 2^{-j/2}\psi(2^j t - k) \tag{2.6.86}$$

这时，$f(t) \in L^2(R)$ 的二进小波变换为

$$W_f(2^j,b) = 2^{-j/2} \int_{-\infty}^{\infty} f(t)\psi^*(2^{-j}t - k)\mathrm{d}t \tag{2.6.87}$$

二进小波介于连续小波和离散小波之间，只是对尺度参数进行离散化，而在时域上仍保持平移量连续函数变化，所以它具有连续小波变换的平移不变性。

4) 多分辨分析

小波分析的基本思想是多分辨分析(multi-resolution analysis，MRA)，随着尺度由大到小的变化，在各尺度上可以由粗到精地观察目标，其实质就是把信号在一系列不同层次的空间上进行分解，这种信号分解的能力可以将各种交织在一起的不同频率组成的混合信号分解成不同频率的子信号。

关于多分辨分析的理解，在这里以三层的分解进行说明，其小波分解树如图 2.6.23 所示。

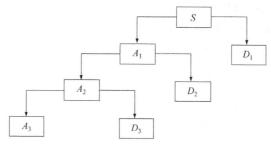

图 2.6.23　三层多分辨分析树结构图

从图 2.6.23 可以看出，多分辨分析只是对低频部分进行进一步分解，而高频部分则不予考虑。分解的关系为 $S=A_3+D_3+D_2+D_1$。这里以三个层分解进行说明，若要进一步地分解，则可以把低频部分 A_3 分解成低频部分 A_4 和高频部分 D_4，依此类推。

5) 小波包分解与频带能量比例

小波包分解继承了小波变换所具有的良好时频局部化优点，对于小波变换没有再分解的高频带做进一步的分解，从而提高了频率分辨率，为非平稳信号的有效分析提供了一种更加精细的分析方法。因此，小波包分解具有更广泛的应用价值。其具体是在小波变换基础上，通过在全频带上对信号进行多层级的频带划分，每层小波包将原频带一分为二，k 层小波包可将原频带分割为 $2k$ 个子频带，从而实现频带细分，提高了频域分辨率。对于整个小波包，它是一个按二进制组织的包含从宽到窄各个频带的带通滤波器组，各应用都能从中找到符合需求的最优组合。分解后各频带的频率范围为

$$f(j,i) = \left[\frac{f_s(j-1)}{2^{i+1}}, \frac{f_s j}{2^{j+1}} \right] \tag{2.6.88}$$

式中，$f(j,i)$ 为 i 层分解的第 j 频率范围（$j=1,2,\cdots,2^i$）；f_s 为采样频率。

小波包分解将信号无冗余、无疏漏、正交地分解到相互独立的频带内。设上述分析信号为 $x^{k,m}(i)$，采样数据长度为 N，其能量可表示为

$$E_n[x^{k,m}(i)] = \frac{1}{N-1}\sum_{i=1}^{N}[x^{k,m}(i)]^2 \qquad (2.6.89)$$

式中，k 为分解次数；m 为分解频带的位置序号，$m = 0,1,\cdots,2^k-1$。

根据能量守恒原理，有如下关系：

$$E_n[x(t)] = \sum_{m=0}^{2^k-1} E_n(U_{j-k}^{2^k+m}) = \sum_{m=0}^{2^k-1} E_n(x_{2^k+m}) = \sum_{m=0}^{2^k-1} E_n[x^{k,m}(i)] \qquad (2.6.90)$$

第 m 频带分解信号总能量的比例，即归一化的小波包分解的频带能量比例为

$$E_n(n) = \frac{E_n[x^{k,m}(i)]}{E_n[x(t)]} \qquad (2.6.91)$$

全部频带能量比例的总和应等于 1，即

$$\sum_{m=0}^{2^k-1} E_n(m) = 1 \qquad (2.6.92)$$

3. Hilbert-Huang 变换

Hilbert-Huang 变换(HHT)从本质上是对一个信号进行平稳化处理，即对时间信号经过经验模态分解(empirical mode decomposition，EMD)，使真实存在的不同尺度波动或趋势逐级分解开来，产生一系列具有不同特征尺度的数据序列(每个序列称为一个固有模态函数(intrinsic mode function，IMF))，然后对每个固有经验模态分解后的固有模态函数进行 Hilbert 变换，以得到信号的时频分布。

每个经验模态分解出的固有模态函数都是单组分的，相当于序列的每一点只有一个瞬时频率，无其他频率组分的叠加。瞬时频率是通过对固有模态函数进行 Hilbert 变换得到振幅，最后求得振幅-频率-时间的分布，准确反映系统的固有特性。基于经验模态分解的时频分析方法既适合非线性、非平稳信号的分析，也适用于线性、平稳信号的分析，并且对于线性、平稳信号的分析也比其他时频分析方法更好地反映了信号的物理意义。

1) 瞬时频率

在时频分析中，信号的频率随时间变化，因此有必要定义瞬时频率来刻画这种时变频率，认为单分量信号在任意时刻都只有一个频率，该频率称为信号的瞬时频率。多分量信号则在不同的时刻具有各自的瞬时频率。

对于一个时间序列 $x(t)$，其 Hilbert 变换为

$$y(t) = \frac{1}{\pi} P\int_{-\infty}^{\infty} \frac{x(\tau)}{t-\tau}\mathrm{d}\tau \qquad (2.6.93)$$

式中，P 是柯西主值，一般取 $P=1$。根据这个定义，$x(t)$ 和 $y(t)$ 可组成一个解析信号 $z(t)$：

$$z(t) = x(t) + \mathrm{i}y(t) = a(t)\mathrm{e}^{\mathrm{i}\theta(t)} \tag{2.6.94}$$

式中，

$$a(t) = \sqrt{x^2(t) + y^2(t)}, \quad \theta(t) = \arctan\left(\frac{y(t)}{x(t)}\right) \tag{2.6.95}$$

使用 Hilbert 变换，将瞬时频率定义为

$$\omega = \frac{\mathrm{d}\theta(t)}{\mathrm{d}t} \tag{2.6.96}$$

2) 固有模态函数

在 Hilbert-Huang 变换中，为了计算瞬时频率，定义了固有模态函数，该函数是满足单分量信号解释的一类信号，在每一时刻只有单一频率成分，从而使得瞬时频率具有了物理意义。直观上固有模态函数具有相同的极值点和过零点数目，其波形与一个标准正弦信号通过调幅和调频得到新的信号相似。

一个固有模态函数必须满足以下两个条件：①在整个数据段内，极值点的个数和过零点的个数必须相等或相差最多不能超过一个；②在任意时刻，由局部极大值点形成的上包络线和局部极小值点形成的下包络线的平均值为零，即上、下包络线相对于时间轴局部对称。

第一个条件类似于传统窄带信号的要求，而第二个条件是为了保证由固有模态函数求出的瞬时频率有意义。基于这个定义，固有模态函数反映了信号内部固有的波动性，在每一个周期上仅包含一个波形模态，不存在多个被动模态混叠的现象。

3) 经验模态分解

对于固有模态函数，可用 Hilbert 变换构造解析信号，然后求出瞬时频率，而对于一般的不满足固有模态函数条件的复杂信号，先要采用经验模态分解方法将其分解。经验模态分解方法将一个复杂的信号分解为若干个固有模态函数之和是基于假设：任何复杂的信号都是由一些不同的固有模态函数组成的，每一个固有模态函数不论是线性或是非线性、非平稳，都具有相同数量的极值点和过零点，在相邻的两个过零点之间只有一个极值点，而且上、下包络线关于时间轴局部对称，任何两个模态之间相互独立，任何时候，一个信号都可以包含许多固有模态函数，若模态函数相互重叠，则会变形成复杂信号。在此假设的基础上，经验模态分解方法对任何信号 $x(t)$ 进行分解的基本步骤如下：①确定信号所有的局部极值点，然后用三次样条将所有的局部极大值点连接起来形成上包络线；②用三次样条将所有的局部极小值点连接起来形成下包络线，上、下包络线应该包络所有

的数据点。将上、下包络线的平均值记为 m_1，则信号的第一个固有模态函数可按式(2.6.97)计算：

$$h_1(t) = x(t) - m_1 \tag{2.6.97}$$

若 $h_1(t)$ 是一个固有模态函数，则 $h_1(t)$ 就是 $x(t)$ 的第一个固有模态函数分量。然而在实际操作中，由于难以求解出理论上的上、下包络线，可以采用三次样条曲线进行近似的拟合。但是，即使拟合得非常好，在信号单调上升或下降过程中的任何细小的拐点都有可能在筛分过程中转化为新的极值点，而这些新产生的极值点是前一次筛分过程中漏掉的，它同样反映了信号的尺度特征，应该被包含在下一次筛分过程中。事实上，筛分过程中能够通过反复的筛分分辨出那些低幅值的叠加波形。筛分过程有两个目的：一是消除模态波动的叠加；二是使波形轮廓更加对称。为了分离本征模函数和定义有意义的瞬时频率，筛分过程需要重复多次以获取一个固有模态函数。在下面的筛分过程中，把 $h_1(t)$ 作为原始信号，重复上述筛分步骤以得到理想的结果：

$$h_{11}(t) = h_1(t) - m_{11} \tag{2.6.98}$$

重复 k 次筛分步骤，直到满足固有模态函数的条件：

$$h_{1k}(t) = h_{1(k-1)}(t) - m_{1k} \tag{2.6.99}$$

得到第一阶固有模态函数，记作 $c_1(t)$，即有

$$c_1(t) = h_{1k}(t) \tag{2.6.100}$$

这样就把第一个本征函数组分 $c_1(t)$ 从原数据中提取出来。

为了确保固有模态函数分量具有幅值和频率都变化的物理意义，制定筛分过程停止的准则，即限定由两个相继的筛分结果按式(2.6.101)计算的标准差(standard deviation，SD)的大小：

$$SD = \sum_{t=0}^{T} \left[\frac{\left| h_{1(k-1)}(t) - h_{1k}(t) \right|^2}{h_{1(k-1)}^2(t)} \right] \tag{2.6.101}$$

式中，T 为给定的筛分时间。SD 取值一般为 0.2～0.3。若 SD 小于设定值，则筛分过程停止，从而得到第一阶固有模态函数。

从总体来说，$c_1(t)$ 应该包含信号中最精细的尺度或者周期最短的分量。将 $c_1(t)$ 从 $x(t)$ 中分离出来，得到信号的剩余部分 $r_1(t)$，即有

$$r_1(t) = x(t) - c_1(t) \tag{2.6.102}$$

由于剩余部分 $r_1(t)$ 仍旧包含着较长周期的成分，将 $r_1(t)$ 作为原始数据重复以上步骤，得到 $x(t)$ 的第二个满足固有模态函数的分量 $c_2(t)$，重复循环 n 次，得到信号

$x(t)$的 n 个满足固有模态函数条件的分量:

$$r_2(t) = r_1(t) - c_2(t), \quad \cdots \quad r_n(t) = r_{n-1}(t) - c_n(t) \tag{2.6.103}$$

当分量 $c_n(t)$ 或残余量 $r_n(t)$ 小于事先定好的一个很小的值时,或者残余量 $r_n(t)$ 成为不可能提取出更多固有模态函数的单调函数时停止。即使对于有零均值的数据,最后的残余量还可能与零不同。因为数据可能存在趋势,最后的残余量就是该趋势的表达。最后得到

$$x(t) = \sum_{i=1}^{n} c_i(t) + r_n(t) \tag{2.6.104}$$

式中,$r_n(t)$ 称为残余函数,代表信号的平均趋势。

4) 端点效应及其解决方法

在应用经验模态分解方法时,数据序列的两端会出现发散现象,并且这种发散的结果会随着筛分过程的不断进行逐渐向内"污染"整个数据序列而使所得结果严重失真,称为端点效应。对于一个较长的数据序列,可以根据极值点的情况不断抛弃两端的数据来保证所得到的包络的失真达到最小;对于一个短数据序列,需要进行数据延拓来降低端点效应的影响,如镜像延拓的方法。

5) Hilbert 谱及 Hilbert 边际谱

对式(2.6.104)中的每个固有模态函数 $c_i(t)$ 做 Hilbert 变换得

$$\widehat{c}_i(t) = \frac{1}{\pi} \int_{-\infty}^{\infty} \frac{c_i(\tau)}{t - \tau} \mathrm{d}\tau \tag{2.6.105}$$

构造解析信号:

$$z_i(t) = c_i(t) + \mathrm{i}\widehat{c}_i(t) = a_i(t)\mathrm{e}^{\mathrm{i}\theta_i(t)} \tag{2.6.106}$$

于是得到幅值函数和相位函数分别为

$$a_i(t) = \sqrt{c_i^2(t) + \mathrm{i}\widehat{c}_i^2(t)}, \quad \theta_i(t) = \arctan\left(\frac{\widehat{c}_i(t)}{c_i(t)}\right) \tag{2.6.107}$$

进一步可以求出瞬时频率为

$$f_i(t) = \frac{1}{2\pi}\omega_i(t) = \frac{1}{2\pi}\frac{\mathrm{d}\theta_i(t)}{\mathrm{d}t} \tag{2.6.108}$$

从而可以得到

$$x(t) = \mathrm{Re}\left(\sum_{i=1}^{n} a_i(t)\mathrm{e}^{\mathrm{i}\theta_i(t)}\right) = \mathrm{Re}\left(\sum_{i=1}^{n} a_i(t)\mathrm{e}^{\mathrm{i}\int \omega_i(t)\mathrm{d}t}\right) \tag{2.6.109}$$

式中,省略了残余函数,Re 表示取实部。展开式(2.6.109)称为 Hilbert 谱,记作

$$H(\omega,t) = \mathrm{Re}\left(\sum_{i=1}^{n} a_i(t) \mathrm{e}^{\mathrm{i}\int \omega_i(t)\mathrm{d}t}\right) \tag{2.6.110}$$

再定义 Hilbert 边际谱

$$h(\omega) = \int_0^T H(\omega,t)\mathrm{d}t \tag{2.6.111}$$

式中，T 为信号的总长度；$H(\omega,t)$ 精确描述了信号的幅值在整个频率段上随时间和频率的变换规律，而 $h(\omega)$ 反映了信号的幅值在整个频段上随频率的变化情况。

2.6.7　互功率谱密度与相干分析

互功率谱密度函数是两个信号在频域上的相关程度的描述，并且具有相位信息。互功率谱在识别故障源等方面具有很好的作用，还可用于直接计算系统的频响函数和相干函数。

1. 互功率谱密度分析

1) 互功率谱密度函数

(1) 由互相关函数的傅里叶变换来定义。

根据维纳-辛钦公式，两个随机过程的互功率谱密度函数可以定义为这两个过程相应的互相关函数的傅里叶变换，若 R_{xy} 为给定的两个随机过程的互相关函数，则互功率谱密度函数为

$$S_{xy}(f) = \int_{-\infty}^{\infty} R_{xy}(\tau)\mathrm{e}^{-\mathrm{i}2\pi f\tau}\mathrm{d}\tau \tag{2.6.112}$$

其单边谱为

$$G_{xy}(f) = 2\int_{-\infty}^{\infty} R_{xy}(\tau)\mathrm{e}^{-\mathrm{i}2\pi f\tau}\mathrm{d}\tau = C_{xy}(f) - \mathrm{i}Q_{xy}(f), \quad f \geqslant 0 \tag{2.6.113}$$

其中，实部 $C_{xy}(f)$ 和虚部 $Q_{xy}(f)$

$$C_{xy}(f) = 2\int_{-\infty}^{\infty} R_{xy}(\tau)\cos(2\pi f\tau)\mathrm{d}\tau, \quad Q_{xy}(f) = 2\int_{-\infty}^{\infty} R_{xy}(\tau)\sin(2\pi f\tau)\mathrm{d}\tau \tag{2.6.114}$$

分别称为共谱密度函数和重谱密度函数。

互相关函数 $R_{xy}(\tau)$ 由双边互功率谱密度函数 $S_{xy}(f)$ 的傅里叶逆变换确定时，有

$$R_{xy}(\tau) = \int_{-\infty}^{\infty} S_{xy}(f)\mathrm{e}^{\mathrm{i}2\pi f\tau}\mathrm{d}f \tag{2.6.115}$$

式(2.6.115)可表达为

$$R_{xy}(\tau) = \frac{1}{2}\int_0^{\infty} G_{xy}(f)\mathrm{e}^{\mathrm{i}2\pi f\tau}\mathrm{d}f + \frac{1}{2}\int_0^{\infty} G_{xy}^*(f)\mathrm{e}^{\mathrm{i}2\pi f\tau}\mathrm{d}f$$

$$= \int_0^{\infty} [C_{xy}(f)\cos(2\pi f\tau) + Q_{xy}(f)\sin(2\pi f\tau)]\mathrm{d}f \tag{2.6.116}$$

式中，$G_{xy}^*(f)$ 为 $G_{xy}(f)$ 的共轭函数。

在实际中，由振幅和相角来表示互功率谱密度函数是常用的方法，即

$$G_{xy}(f) = \left| G_{xy}(f) \right| e^{-i\theta_{xy}(f)} \tag{2.6.117}$$

式中，

$$\left| G_{xy}(f) \right| = \sqrt{C_{xy}^2(f) + Q_{xy}^2(f)}, \quad \theta_{xy}(f) = \arctan \frac{Q_{xy}(f)}{C_{xy}(f)} \tag{2.6.118}$$

互功率谱项 $C_{xy}(f)$ 和 $Q_{xy}(f)$ 可正可负，其符号确定了相角 $\theta_{xy}(\tau)$ 的象限，也表明了在任何频率处 $y(t)$ 是否跟在 $x(t)$ 的后面。由于 $R_{xy}(\tau)$ 和 $R_{yx}(\tau)$ 并不是偶函数，故相应的互功率谱密度函数常常不是 f 的实函数。由于 $R_{xy}(\tau) = R_{yx}(-\tau)$，则 $S_{xy}(f)$ 和 $S_{yx}(f)$ 共轭，即

$$S_{xy}(f) = S_{yx}^*(f) \tag{2.6.119}$$

而 $S_{xy}(f)$ 与 $S_{yx}(f)$ 之和为实函数。

(2) 用样本记录的有限傅里叶变换来定义。

考虑两个各态历经随机过程 $\{x(t), y(t)\}$ 的第 k 个样本函数的有限傅里叶变换为

$$X_k(f,T) = \int_0^T x_k(t) e^{-i2\pi ft} dt, \quad Y_k(f,T) = \int_0^T y_k(t) e^{-i2\pi ft} dt \tag{2.6.120}$$

则两个平稳随机过程的双边互功率谱密度函数为

$$S_{xy}(f) = \lim_{T \to \infty} \frac{1}{T} E[X_k^*(f,T) Y_k(f,T)], \quad S_{yx}(f) = \lim_{T \to \infty} \frac{1}{T} E[X_k(f,T) Y_k^*(f,T)] \tag{2.6.121}$$

其中，期望值运算子符号 E 表示的是对样本 k 的一种平均运算。

相应的单边互功率谱密度函数为

$$G_{xy}(f) = \lim_{T \to \infty} \frac{2}{T} E[X_k^*(f,T) Y_k(f,T)] \tag{2.6.122}$$

2) 互功率谱密度函数的数值分析

(1) 通过快速傅里叶变换方法分析。

设 $x(t)$ 和 $y(t)$ 分别为两个随机信号，其傅里叶变换分别为 X_n 和 Y_n，则

$$G_{xy}(f) = \frac{2\Delta t}{N} \left| X_n^* Y_k \right| \tag{2.6.123}$$

由式(2.6.123)可得到 $G_{yx}(f)$，式(2.6.123)还可写为

$$G_{xy}(f) = \frac{2\Delta t}{N} \left| X_n^* Y_k \right| = \frac{2\Delta t}{N} [C_y(f) + iQ_y(f)][C_x(f) - iQ_x(f)]$$

$$= \frac{2\Delta t}{N} \{ [C_x(f)C_y(f) + Q_x(f)Q_y(f)] + i[C_x(f)Q_y(f) - C_y(f)Q_x(f)] \} \tag{2.6.124}$$

式中，X_n^* 为 X_n 的共轭复谱。

　　互功率谱密度函数的快速傅里叶变换直接计算方法是自功率谱密度函数计算方法的推广，在用上述方法计算互功率谱密度函数时，可参考自功率谱密度函数的处理方法。

　　(2) 通过互相关函数方法分析。

　　计算子样数据的共谱和重谱密度函数。对于单边谱，在 $0 \leqslant f \leqslant f_c$ 区间内的任意值，$C_{xy}(f)$ 和 $Q_{xy}(f)$ 的原始估计为

$$C_{xy}(f) = 2\Delta t\left[A_0 + 2\sum_{r=1}^{m-1} A_r \cos\left(\frac{\pi rf}{f_c}\right) + A_m \cos\left(\frac{\pi mf}{f_c}\right)\right]$$
$$Q_{xy}(f) = 2\Delta t\left[A_0 + 2\sum_{r=1}^{m-1} B_r \sin\left(\frac{\pi rf}{f_c}\right) + B_m \sin\left(\frac{\pi mf}{f_c}\right)\right] \tag{2.6.125}$$

式中，

$$f = \frac{kf_c}{m}, \quad k = 0,1,\cdots,m \tag{2.6.126}$$

确定 A_r 和 B_r 的公式为

$$A_r = A_{xy}(r\Delta t) = \frac{1}{2}[R_{xy}(r\Delta t) + R_{yx}(r\Delta t)]$$
$$B_r = B_{xy}(r\Delta t) = \frac{1}{2}[R_{xy}(r\Delta t) - R_{yx}(r\Delta t)] \tag{2.6.127}$$

在这些离散频率上

$$C_k = C_{xy}\left(\frac{kf_c}{m}\right) = 2\Delta t\left[A_0 + 2\sum_{r=1}^{m-1} A_r \cos\left(\frac{\pi rk}{m}\right) + (-1)^k A_m\right]$$
$$Q_k = Q_{xy}\left(\frac{kf_c}{m}\right) = 4\Delta t\sum_{r=1}^{m-1} B_r \sin\left(\frac{\pi rk}{m}\right) \tag{2.6.128}$$

从而可得

$$C_{xy}\left(\frac{kf_c}{m}\right) = C_k - iQ_k = \left|C_{xy}\left(\frac{kf_c}{m}\right)\right|e^{-iQ_{xy}(kf_c/m)}, \quad Q_{xy}\left(\frac{kf_c}{m}\right) = \arctan\left(\frac{Q_k}{C_k}\right) \tag{2.6.129}$$

　　互功率谱密度函数一般和互相关函数具有同样的应用，但其结果是频率的函数而不是时间的函数，这就大大拓宽了其使用范围。例如，对于转子系统，若转子一端某个异常频率下的值较高，而在互功率谱密度图上该频率下并无明显峰值，则表明问题出在异常频带幅值较高的一端，而在转子的另一端关系不大。

2. 相干分析与计算

有关互功率谱幅值的一个重要的关系式是互功率谱不等式，即

$$\left|G_{xy}(f)\right|^2 \leqslant G_x(f)G_y(f) \tag{2.6.130}$$

这个关系类似于互相关不等式 $R_{xy}(\tau) \leqslant \sqrt{R_x(0)R_y(0)}$，由式(2.6.130)可以定义如下相干函数：

$$\gamma_{xy}^2(f) = \frac{\left|G_{xy}(f)\right|^2}{G_x(f)G_y(f)} = \frac{\left|S_{xy}(f)\right|^2}{S_x(f)S_y(f)}, \quad 0 \leqslant \gamma_{xy}^2(f) \leqslant 1 \tag{2.6.131}$$

式中，$G_x(f)$、$G_y(f)$ 分别为 $x(t)$ 和 $y(t)$ 的单边自功率谱密度函数；$G_{xy}(f)$ 为 $x(t)$ 和 $y(t)$ 的单边互功率谱密度函数；$S_x(f)$、$S_y(f)$ 分别为 $x(t)$ 和 $y(t)$ 的双边自功率谱密度函数；$S_{xy}(f)$ 为 $x(t)$ 和 $y(t)$ 的双边互功率谱密度函数。

互相干函数 $\gamma_{xy}^2(f)$ 是频率的函数，是相关性在频域中的一种表示。若在某些频率上 $\gamma_{xy}^2(f)=1$，则表示 $x(t)$ 和 $y(t)$ 是完全相干的；若在某些频率上 $\gamma_{xy}^2(f)=0$，则表示 $x(t)$ 和 $y(t)$ 在这些频率上是不相干(不凝聚)的，即不相关。事实上，若 $x(t)$ 和 $y(t)$ 是统计独立的，则对所有的频率 $\gamma_{xy}^2(f)=0$。

采用数字方法进行计算时，离散频率 $f = kf_c/m$（$k=0,1,\cdots,m$）处的相干函数可由式(2.6.132)估计：

$$\gamma_k^2 = \frac{C_k^2 + Q_k^2}{G_{k,x}G_{k,y}} \tag{2.6.132}$$

式中，$G_{k,x}$、$G_{k,y}$ 分别为 $x(t)$ 和 $y(t)$ 在 k 处的自功率谱密度函数估计值；C_k、Q_k 分别为 $x(t)$ 和 $y(t)$ 在 k 处的共谱和重谱估计值。相干函数可由单边自功率谱密度函数和单边互功率谱密度函数表示为

$$\gamma_k^2 = \frac{\left|G_{xy}(f)\right|^2}{G_x(f_k)G_y(f_k)} \tag{2.6.133}$$

上述计算中自功率谱和互功率谱密度函数的估计都是经过平均的估计，应是经过总体或频率平均后的估计，否则会产生错误的计算结果，使得无论相干或不相干的数据都得到 $\gamma_{xy}^2(f)=1$ 的估计值。要得到可靠的结果，必须进行适当次数的平均，这样，要求样本 $x(t)$ 和 $y(t)$ 要有足够的长度且通过同步采样得到。在分析计算中应采用相同的分析参数，如采样长度 T、分辨率 Δf、采样间隔 Δt、点数 N 和平均次数等。

2.6.8　倒频谱分析

倒频谱分析是近代信号处理科学的一项新技术，可以处理复杂频谱图上的周

期结构。倒频谱分析又称二次频谱分析，包括功率倒频谱分析和复倒频谱分析两种主要形式。倒频谱对于分析具有同族谐频或异族谐频、多成分边频等复杂信号，找出功率谱上不易发现的问题非常有效。

倒频谱分析中的专用术语和谱分析相对应，有倒频谱、倒频率、倒谐波、倒振幅和倒相位等。

1. 倒频谱的定义

倒频谱的数学描述有两类：一类是实倒频谱，简称 R-CEP；另一类是复倒频谱，简称 C-CEP。

1) 实倒频谱

实倒频谱是对频谱做进一步的谱分析而得到的。如果时间序列 $x(t)$ 的傅里叶变换为 $X(f)$，其功率谱为

$$G_x(f) = \frac{2}{T}\left|X(f)\right|^2 \tag{2.6.134}$$

实倒频谱通常有下述几种定义形式：

(1) 功率倒频谱，可以表示为

$$C_{xp}(q) = \left|F\left|\lg G_x(f)\right|\right|^2 \tag{2.6.135}$$

式中，F 为傅里叶变换符号。式(2.6.135)将对数功率谱做傅里叶变换，然后取其模的平方，所以功率倒频谱又称为**对数功率谱的功率谱**。

(2) 幅值倒频谱，它是对功率倒频谱的定义式(2.6.135)求算术平方根，即

$$C_{xa}(q) = \sqrt{C_{xp}(q)} = \left|F\left|\lg G_x(f)\right|\right| \tag{2.6.136}$$

(3) 类似相关函数的倒频谱。自相关函数由自功率谱函数在线性坐标上的傅里叶逆变换得到，即

$$R_x(\tau) = \frac{1}{2}F^{-1}[G_x(f)] \tag{2.6.137}$$

为了使倒频谱具有更加清晰的物理意义，采用一种类似自相关函数的形式，给出另一种新的定义，即

$$C_x(q) = F^{-1}\left|\lg G_x(f)\right| \tag{2.6.138}$$

式(2.6.136)是式(2.6.135)的平方根，是式(2.6.138)的模。因为对数功率谱是实偶函数，所以对其傅里叶变换及其逆变换得出的结果相同，包含的信息完全一样。

上述定义中的 q 称为倒频率，q 具有时间的内涵，其实与自相关函数中的 τ

是一样的，一般多以 ms 计。倒频率对于用频谱分量解释时间信号是有用的，因为高倒频率表明谱中的快速波动成分，而低倒频率则表明缓慢的波动。倒频谱在功率谱的对数转换过程中给低幅值分量有较高的加权，可以帮助判别谱的周期性，精确地测量频率间隔。

解卷积是倒频谱分析的重要应用之一。设机械系统的输入为 $x(t)$，系统特性为 $h(t)$，输出为 $y(t)$，如图 2.6.24 所示。三者之间的关系可由卷积公式描述为

$$y(t) = \int_0^\infty x(\tau)h(t-\tau)\mathrm{d}\tau = x(t) * h(t) \tag{2.6.139}$$

经傅里叶变换得

$$Y(f) = X(f)H(f) \tag{2.6.140}$$

其功率谱为

$$\left|Y(f)\right|^2 = \left|X(f)\right|^2 \left|H(f)\right|^2 \tag{2.6.141}$$

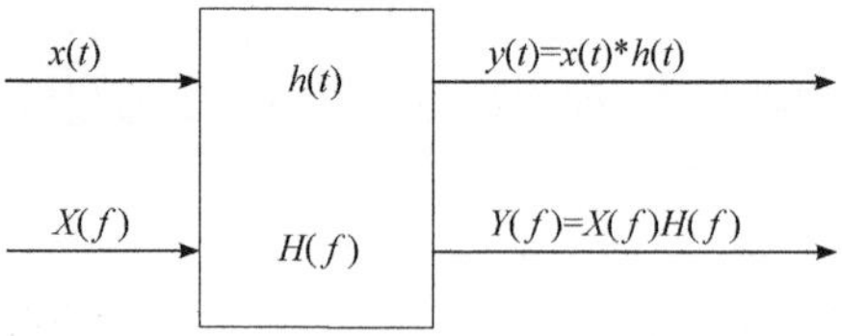

图 2.6.24　传递系统信号输入输出示意图

对式(2.6.141)两边取对数后再进行傅里叶逆变换得

$$C_y(q) = F^{-1}\left|\lg\left|Y(f)\right|^2\right| = F^{-1}\left|\lg\left|H(f)\right|^2\right| + F^{-1}\left|\lg\left|X(f)\right|^2\right| = C_h(q) + C_x(q) \tag{2.6.142}$$

由式(2.6.142)可见，输入信号 $x(t)$ 与冲击响应在时域中是卷积，在频域中是乘积，而在倒频域中却是相加和的形式。如果在倒频谱上能将 $C_x(q)$ 与 $C_h(q)$ 分离开，通过倒频域上的加权处理，即进行倒频滤波，就可以分离和提取输入信号与系统特性，具体过程如图 2.6.25 所示。

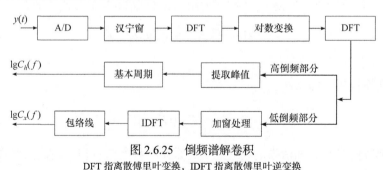

图 2.6.25　倒频谱解卷积

DFT 指离散傅里叶变换，IDFT 指离散傅里叶逆变换

2) 复倒频谱

在实倒频谱的分析中，都丢失了相位信息。复倒频谱是从复谱而来的另一种倒频谱，因此不损失相位信息。与实倒频谱不同，获得复倒频谱的过程是可逆的，这在很多情况下符合工程要求。

设时间信号 $x(t)$ 的傅里叶变换为 $X(f)$，即

$$X(f) = \text{Re}(X(f)) + i\,\text{Im}(X(f)) \tag{2.6.143}$$

则复倒频谱 $C_c(q)$ 为

$$C_c(q) = F^{-1}\left|\ln X(f)\right| \tag{2.6.144}$$

由于 $x(t)$ 是实函数，所以 $X(f)$ 是共轭偶函数，可表示为

$$X(f) = \left|A_x(f)\right|e^{i\varphi_x(f)} = X^*(-f) = \left|A_x(f)\right|e^{-i\varphi_x(-f)} \tag{2.6.145}$$

$\ln X(f)$ 也是共轭偶函数，因此复倒频谱名称上虽冠以复字，而实际上仍为 τ 的实值函数。

2. 倒频谱的数值计算方法

1) 实倒频谱的计算

假定 $x(n)$ 为实序列，该序列的实倒频谱可以用离散傅里叶变换来实现，即

$$C(q) = \text{DFT}\left|\lg\left|\text{DFT}\{x(n)\}\right|^2\right| \tag{2.6.146}$$

离散傅里叶变换要求数据序列足够长，以免倒频混乱。若数据序列不够长，则可以适当补零。

$$C(r) = \text{DFT}\left\|\hat{X}(k)\right\|^2\right| = \text{Re}(C(r)) + i\,\text{Im}(C(r)) \tag{2.6.147}$$

式中，$\text{Re}(C(r))$ 为偶对称序列；r 为倒频序号。

实质上，将 $\text{Re}(C(r))$ 平方即得功率倒频谱的估计序列，将 $\text{Re}(C(r))$ 取绝对值便得到幅值倒频谱序列；而类似自相关函数的倒频谱，即式(2.6.138)为对数功率谱的傅里叶变换的实部，即 $\text{Re}(C(r))$。由于 $\lg\left|\text{DFT}\{x(n)\}\right|^2$ 是个实偶谱，实质上是从原始谱所形成的单边谱，以原始谱为偶部，对负频率来说等于零。这样一个谱的正逆变换的实部同原始谱的正逆变换一致。一般情况下，计算机给出的是原始谱正频率处的分量，这样计算实倒频谱时就不必计算对数功率谱负频处的对称部分。若点数 N 为偶数，取 $N/2-1$ 点进行计算，有

$$\text{IDFT}\left|\lg\left|G_x(k)\right|\right| = N\,\text{Re}(\text{DFT}\left|\lg\left|S_x(k)\right|\right|) \tag{2.6.148}$$

式中，

$$G_x(k) = \begin{cases} 2S_x(k), & 0 < k < N/2 \\ S_x(k), & k = 0, k = N/2 \\ 0, & -N/2 < k < 0 \end{cases} \tag{2.6.149}$$

2) 复倒频谱的计算

复倒频谱的定义为

$$C_r(r) = \text{IDET} \left| \ln A(k) + \text{i}\varphi(k) \right| \qquad (2.6.150)$$

由于对数为一共轭偶函数，故

$$C_r(r) = N \left[\text{DET} \left| \ln A(k) \right| - \text{iDET} \left| \varphi(k) \right| \right] \qquad (2.6.151)$$

在机器上计算复倒频谱要比实倒频谱难，实现复倒频谱要满足两个条件：①$\ln A(k)$为偶对称序列；②$\varphi(k)$为连续奇对称序列。显然，$\ln A(k)$是满足条件的，而$\varphi(k)$要满足要求，必须通过展开相位和去掉线性相位项。

3. 倒频谱的应用

工程中倒频谱的应用之一是分离边频带信号和谐波，这在齿轮和滚动轴承发生故障、信号中出现调制现象时，对于检测故障和分析信号十分有效。

齿轮箱的振动是一种复杂的振动。若齿轮箱某一根轴的旋转频率为f_1，轴上齿轮的齿数为z，则齿轮箱的振动不仅含有频率为f_1的振动及其各阶谐振，同时也含有啮合频率为$f_g = z f_1$的振动及其各阶谐振。在振动信号的功率谱图上，除在频率$n f_1$和$n f_g$处有谱线，受轴旋转频率f_1的调制，在$f_g \pm n f_1$处也有谱线，如图 2.6.26 所示。

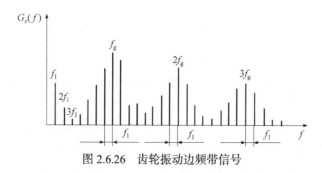

图 2.6.26　齿轮振动边频带信号

以$n f_g$为中心，每隔$\pm f_1$就有一谱线，形成了边频带信号。边频带信号所处的频带称为边频带，边频带信号的两谱线间的间隔就是调制频率f_1。图 2.6.26 为理想的频谱图，实际齿轮箱并非只有一根轴和一个齿轮，而是有多根轴和多个齿轮，有多个转轴频率和多个啮合频率，而每一转轴频率都有可能在每一阶啮合频率的周围调制一族边频带信号，因此齿轮箱振动的功率谱中就有可能有很多大小和周期都不同的周期成分混杂在一起，难以分离，不能直观地看出其特点。然而，使用倒频谱分析能够清楚地检测和分离出这些周期信号。

2.6.9　细化分析

细化分析技术是由快速傅里叶变换方法发展起来的一项分析技术，是一种用以增加频谱中某些频带的分辨能力的方法，即局部放大的方法，可使某些重点频段得到较高的分辨率，如图 2.6.27 所示。

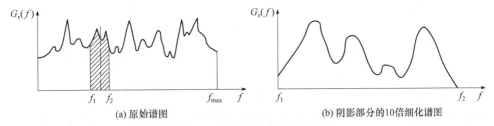

(a) 原始谱图　　　　　　　　　　　　(b) 阴影部分的10倍细化谱图

图 2.6.27　原始谱图与细化谱图

细化分析方法有很多，如 Chirp-Z 变换、Yip-Zoom 变换、相位补偿 Zoom-FFT 等。然而，从分析精度、计算效率、分辨率、谱等效性以及应用广泛程度等方面看，重调制细化方法是一项行之有效的提高分辨率的实用技术。

一般的快速傅里叶分析是一种基带的分析方法，在整个分析带宽内，频率是等分辨率的，即

$$\Delta f = \frac{2f_m}{N} = \frac{f_s}{N} = \frac{1}{N\Delta t} = \frac{1}{T} \tag{2.6.152}$$

式中，N 为采样次数；f_m 为分析带宽的最高频率；f_s 为采样频率(即 $1/\Delta t$，依采样定理，取 $f_s = 2f_m$)；Δt 为采样间隔；T 为采样长度，即 $T=N\Delta t$。

式(2.6.152)中，采样点数 N 一般是固定的，要提高频率分辨率 Δf(或减小 Δf 的值)，需加大采样间隔 Δt(降低采样频率)，而这种处理的结果是缩小了分析带宽，加大了采样长度。事实上，在分析中一般只要求局部频段内具有足够高的频率分辨率，并不是要全频段细化，故用一般方法是不适用的。

根据傅里叶变换性质可知，对时域信号 $x(t)\mathrm{e}^{\pm\mathrm{i}2\pi f_0 t}$ 做变换时，在频谱上产生一个 f_0 的频移，即

$$F\{x(t)\mathrm{e}^{\pm\mathrm{i}2\pi f_0 t}\} = X'(f) = \int_{-\infty}^{\infty} x(t)\mathrm{e}^{\pm\mathrm{i}2\pi f_0 t}\mathrm{e}^{-\mathrm{i}2\pi f t}\mathrm{d}t$$

$$= \int_{-\infty}^{\infty} x(t)\mathrm{e}^{-\mathrm{i}2\pi(f\mp f_0)t}\mathrm{d}t = X(f \mp f_0) \tag{2.6.153}$$

如图 2.6.28 所示，将任选频段的中心频率移至原点处，再按基带的分析方法，即可获得细化频谱，这就是复调制细化方法的原理。

1. 细化幅值谱

为了获得细化幅值谱，采用了高分辨率的傅里叶分析方法，简称 HR-FA 法。

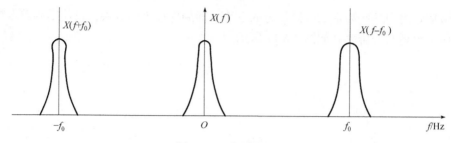

图 2.6.28　频移原理

HR-FA 法是一种基于调制的高频率分辨率的傅里叶分析方法，可以指定足够的分辨率来分析某一宽带信号在频率轴上任何窄带内的傅里叶谱的结构。

　　HR-FA 法包括数字移频、数字低通滤波、重新采样(选抽)、快速傅里叶变换及加权处理等步骤。HR-FA 法原理框图及各部分频谱如图 2.6.29 所示。

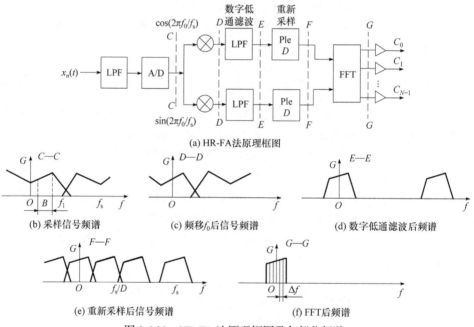

图 2.6.29　HR-FA 法原理框图及各部分频谱

　　假定要求以给定的频率分辨率 Δf，分析中心频率为 f_0、带宽为 B 的频谱，为了获得分辨率 Δf，输入信号的采样长度为 $T=1/\Delta f$，输入样点数为

$$N_d = \frac{T}{\Delta t} = \frac{f_s}{\Delta f} \tag{2.6.154}$$

式中，Δt 为采样间隔，即采样周期 $\Delta t = 1/f_s$。

　　采样的数字信号 $x_0(n)$ 的离散频谱 $X_0(k)$ 是以 N_d 为周期的函数，即

$$X_0(k) = \sum_{n=0}^{N_{\mathrm{d}}-1} x_0(n)\mathrm{e}^{-\mathrm{i}2\pi/N_{\mathrm{d}}} = X_0(k+jN_{\mathrm{d}}), \quad k=1,2,\cdots,N_{\mathrm{d}}-1 ; j=1,2,\cdots \quad (2.6.155)$$

对 $x_0(n)$ 以 $\mathrm{e}^{-\mathrm{i}2\pi(f_0/f_s)n}$ 进行复调制，得到序列 $x(n)$：

$$x(n) = x_0(n)\mathrm{e}^{-\mathrm{i}2\pi(f_0/f_s)n} = x_0(n)\cos\left(\frac{2\pi}{N_{\mathrm{d}}}l_0 n\right) - \mathrm{i}\sin\left(\frac{2\pi}{N_{\mathrm{d}}}l_0 n\right) \quad (2.6.156)$$

式中，$l_0 = f_0/f_s$ 为在全景频谱显示中对应于中心频率 f_0 的谱线序号。

根据离散傅里叶变换的频移性质，$x(n)$ 的离散谱为

$$X(k) = X_0(k+l_0) \quad (2.6.157)$$

频移信号 $x(n)$ 通过数字低通滤波器，在时域以比例因子 D 同步选抽，将采样频率降低到 f_s/D。比例因子 D 又称为选抽比或细化倍数。为了保证选抽后不致产生频谱的混叠，必须给予相应的带限条件，即低通滤波器的带宽不能超过 $f_s/(2D)$。

若数字低通滤波器的频响为 $H(k)$，则滤波器的输出信号的表达式为

$$y(n) = \frac{1}{N_{\mathrm{d}}}\sum_{k=0}^{N_{\mathrm{d}}-1} X(k)H(k)\mathrm{e}^{\mathrm{i}2\pi/N_{\mathrm{d}}} \quad (2.6.158)$$

以比例因子 D 对 $y(n)$ 选抽，得

$$g(m) = y(Dm) \quad (2.6.159)$$

考虑式 (2.6.155)、式 (2.6.157)、式 (2.6.158)，得

$$g(m) = \frac{1}{N_{\mathrm{d}}}\left[\sum_{k=0}^{N_{\mathrm{d}}/2-1} X_0(k+l_0)\mathrm{e}^{\mathrm{i}2\pi} + \sum_{k=N_{\mathrm{d}}/2}^{N_{\mathrm{d}}-1} X_0(k-N+l_0)\mathrm{e}^{\mathrm{i}2\pi}\right] \quad (2.6.160)$$

利用离散傅里叶变换，可求出 $g(m)$ 的频谱为

$$G(k) = \sum_{m=0}^{N_{\mathrm{d}}-1} g(m)\mathrm{e}^{-\mathrm{i}2\pi/N_{\mathrm{d}}} = \begin{cases} \dfrac{1}{D}X_0(k+l_0), & k=0,1,\cdots,\dfrac{N_{\mathrm{d}}}{2}-1 \\[2mm] \dfrac{1}{D}X_0(k+l_0-N_{\mathrm{d}}), & k=\dfrac{N_{\mathrm{d}}}{2},\dfrac{N_{\mathrm{d}}}{2}+1,\cdots,N_{\mathrm{d}}-1 \end{cases}$$

$$X_0(k) = \begin{cases} DG(k-l_0), & k=l_0,l_0+1,\cdots,l_0+N_{\mathrm{d}}/2-1 \\ DG(k-l_0+N_{\mathrm{d}}), & k=l_0-N_{\mathrm{d}}/2,\cdots,l_0-1 \end{cases} \quad (2.6.161)$$

由式 (2.6.161) 可见，经 HR-FA 法几个步骤的处理，最终结果完全能反映出时间序列在某一频率范围内的频谱特性，其幅值绝对值仅差一个比例常数 D。与同样点数的快速傅里叶分析相比，HR-FA 法所获得的频率分辨率要高 D 倍。就算法的计算量而言，在相同分辨率的条件下，与直接快速傅里叶变换法相比，HR-FA 法的计算效率大为提高，D 值越大，效率提高越显著。

2. 细化相位谱

直接快速傅里叶变换法和 HR-FA 法的傅里叶谱都是复谱，除幅值，还包含相位信息。对于直接快速傅里叶变换法，根据复谱的实部和虚部可以求出相应的相角，即

$$\theta(\omega) = \arctan \frac{\mathrm{Im}(X(\omega))}{\mathrm{Re}(X(\omega))} \tag{2.6.162}$$

因为在快速傅里叶变换过程中不存在相移因子，所以求得的相角就是真实的相位。当增大采样点数 N 时，可以直接得到高分辨率的相位谱，但是受到高分辨率幅值同样的限制。对于 HR-FA 法，由式(2.6.162)给出的相角不是真实的相角，因为数字信号序列经过数字低通滤波器要产生相移，因此必须按照滤波器的相位特性予以修正方可得到真实的相角，从而才能获得细化相位谱。

HR-FA 法所采用的数字滤波器是有限冲激响应(finite impulse response, FIR)滤波器，可表征为传递函数：

$$H(z) = \sum_{n=0}^{N_f-1} h(n)z^{-n} \tag{2.6.163}$$

式中，N_f 为滤波器阶次，简记为 N；$h(n)$ 为滤波器的冲激响应；复变量 z 是单位延时算子。

有限冲击响应滤波器的主要特点是具有线性相频特性和良好的稳定性。滤波器的频响函数是

$$H(\mathrm{e}^{\mathrm{i}\omega}) = \sum_{n=0}^{N_f-1} \mathrm{e}^{-\mathrm{i}\omega n} = \left| H(\mathrm{e}^{\mathrm{i}\theta}) \right| \mathrm{e}^{\mathrm{i}\theta(\omega)} \tag{2.6.164}$$

式中，相位响应为

$$\theta(\omega) = \mathrm{ARG}[H(\mathrm{e}^{\mathrm{i}\omega})] \tag{2.6.165}$$

对于固定的相位延时，相位响应必须是线性的，即 $\theta(\omega) = -\omega\tau$，由式(2.6.164)得出

$$\theta(\omega) = -\omega\tau = \arctan\left[-\sum_{n=0}^{N-1} h(n)\sin(\omega n) \bigg/ \sum_{n=0}^{N-1} h(n)\cos(\omega n) \right] \tag{2.6.166}$$

因此有

$$\sum_{n=0}^{N-1} h(n)[\cos(\omega n)\sin(\omega\tau) - \sin(\omega n)\cos(\omega\tau)] = \sum_{n=0}^{N-1} h(n)\sin(\omega\tau - \omega n) = 0 \tag{2.6.167}$$

式(2.6.167)的解可表示为

$$\tau = \frac{N-1}{2}, \quad h(n) = h(N-1-n), \quad 0 \leqslant n \leqslant N-1 \quad (2.6.168)$$

所以，这种非递归滤波器具有固定相位延时，条件是冲激响应以中心对称。对于偶阶次，中心在 $(N-2)/2$ 和 $N/2$ 之间；对于奇阶次，中心是 $(N-1)/2$。HR-FA 法所采用的有限冲击响应滤波器是奇阶次对称的，如图 2.6.30 所示。

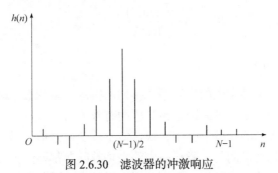

图 2.6.30 滤波器的冲激响应

对于奇阶次冲激对称的冲激响应，式(2.6.164)可表示为

$$H(\mathrm{e}^{\mathrm{i}\omega}) = \sum_{n=0}^{(N-3)/2} h(n)\mathrm{e}^{-\mathrm{i}\omega n} + h\left(\frac{N-1}{2}\right)\mathrm{e}^{-\mathrm{i}\omega(N-1)/2} + \sum_{n=0}^{(N-3)/2} h(n)\mathrm{e}^{-\mathrm{i}\omega(N-1-n)}$$

$$= \mathrm{e}^{-\mathrm{i}\omega(N-1)/2} \sum_{k=0}^{(N-1)/2} 2h\left(\frac{N-1}{2}-k\right)\cos k \quad (2.6.169)$$

式中，$\mathrm{e}^{-\mathrm{i}\omega(N-1)/2}$ 是相位因子，与角频率 ω 呈线性关系。

由于 HR-FA 法所用的有限冲击响应滤波器是按窗法设计的，必须考虑到窗函数的相位特征。有限时宽窗序列 $W(n)$ 的频率响应为

$$W(\mathrm{e}^{\mathrm{i}\omega}) = \sum_{n=0}^{N-1} \omega(n)\mathrm{e}^{-\mathrm{i}\omega n} \quad (2.6.170)$$

窗函数是对称的，即

$$W(n) = W(N-1-n) \quad (2.6.171)$$

参照式(2.6.170)和式(2.6.171)，$W(\mathrm{e}^{\mathrm{i}\omega})$ 的相位因子也是 $\mathrm{e}^{-\mathrm{i}\omega(N-1)/2}$，与有限冲击响应滤波器的相位因子一致，所以相位修正项为

$$\theta_{\mathrm{c}}(\omega) = \frac{N-1}{2}\omega \quad (2.6.172)$$

至于相角的象限，可根据傅里叶变换的实部和虚部的符号来判别。这有两种情况，一种情况是合成矢量位于实轴或虚轴上，另一种情况是合成矢量位于实轴

或虚轴之外的四个象限中。若令

$$k = \text{sgn}[\text{Re}(X)], \quad L = \text{sgn}[\text{Im}(X)], \quad p = kL \tag{2.6.173}$$

对于第一种情况，$p=0$，若记 $p_1 = k + L$，则

$$\theta = 2p_1 \left[90|L| - 45(1-k) \right] \tag{2.6.174}$$

对于第二种情况，$p \neq 0$，有

$$\theta = \arctan\left(\frac{\text{Im}(X)}{\text{Re}(X)} \right) - 90p(1-k) \tag{2.6.175}$$

2.6.10 时间序列分析

时间序列是按事件发生的先后顺序排列所得的一系列数。时间序列分析所研究的对象是离散的，是一种故障诊断分析的有效方法。

在机械故障诊断的频域分析中，快速傅里叶变换谱估计是应用最为广泛的方法。虽然对设备状态监测与故障诊断中的大多数问题都能给出满意的结果，但是也存在一些固有缺陷，如频率分辨率受到采样长度的限制和加窗处理在频域中产生的能量泄漏。尽管可以通过选择合适的窗函数减少泄漏，但是又导致谱分辨率和幅值精度降低。这在短数据记录情况下更为突出。当信号具有缓变的时变谱时，也只有在采样序列较短时才可视其为时不变的。在以上情况下，快速傅里叶变换传统谱估计方法就存在很多问题。

时间序列分析方法完全不同于传统的快速傅里叶变换谱分析方法，其不但能够用于处理传统谱分析中的一些难以解决的短序列问题，而且还为信号处理技术和新领域应用的研究开辟了广阔的前景，扩大了信号处理的应用范围。时间序列分析方法是一种以参数模型为基础的分析方法。模型一旦确定，就会获得一组对应的模型参数，以模型参数为基础，可以进行参数识别、谱估计、预报等。实际上，在时间序列的建模与谱估计中，有效地确定模型参数是非常关键的。

时间序列分析方法属数理统计的一个重要分支，内容丰富，这里只简要介绍其基本原理及应用。

1. 时序模型的结构与定阶

1) 时序模型的结构

设 $x_t(t=1,2,\cdots,N)$ 为一组来自平稳随机过程的样本数据，则可建立如下随机差分方程：

$$x_t - \varphi_1 x_{t-1} - \varphi_2 x_{t-2} - \cdots - \varphi_n x_{t-n} = a_t - \theta_1 a_{t-1} - \theta_2 a_{t-2} - \cdots - \theta_m a_{t-m}, \quad a_t \sim \text{NID}(0, \sigma_a^2)$$

$$\tag{2.6.176}$$

即

$$x_t - \sum_{i=1}^{n}\varphi_i x_{t-i} = a_t - \sum_{j=1}^{n}\theta_j a_{t-j}, \quad a_t \sim \text{NID}(0,\sigma_a^2) \tag{2.6.177}$$

式中，$\varphi_i(i=1,2,\cdots,n)$ 为自回归参数，n 为自回归阶数；$\theta_j(j=1,2,\cdots,m)$ 为滑动平均参数，m 为滑动平均阶数；a_i 为模型的残差或随机干扰，具有零均值正态独立分布的随机序列；$\text{NID}(0,\sigma_a^2)$ 为正态独立分布，均值为零，方差为 σ_a^2。

时序模型结构的自相关函数具有如下性质：

$$R_a(k) = E(a_t, a_{t+k}) = \begin{cases} 0, & k \neq 0 \\ \sigma_a^2, & k = 0 \end{cases} \tag{2.6.178}$$

具有这种性质的序列也称为白噪声序列。

上述模型称为自回归滑动平均模型，简记为 ARMA(n, m)，其意义为：将观察值 x_t 表示为 t 时刻以前的 n 个观察值 $x_{t-1}\sim x_{t-n}$ 以及 m 个随机干扰 $a_{t-1}\sim a_{t-m}$ 的线性组合，其权因子即自回归参数及滑动平均参数。这是一种参数模型，通过建模将数据中所包含的信息凝聚在有限个参数中。

在 ARMA 模型中，当 $\theta_j=0\,(j=1,2,\cdots,m)$ 时，称为 n 阶自回归模型，用 AR(n) 表示，此时

$$x_t = \sum_{i=1}^{n}\varphi_i x_{t-i} + a_t, \quad a_t \sim \text{NID}(0,\sigma_a^2) \tag{2.6.179}$$

AR(n) 模型因其建模速度快、要求计算机内存小而得到广泛应用，目前在故障诊断特别是状态监测中应用较多。

当 ARMA(n, m) 中的 $\varphi_i=0\,(i=1,2,\cdots,n)$ 时，称为 m 阶滑动平均模型，用 MA(m) 表示，此时

$$x_t = a_t - \sum_{i=1}^{n}\theta_j x_{t-j}, \quad a_t \sim \text{NID}(0,\sigma_a^2) \tag{2.6.180}$$

引入后移算子 B，有

$$\left(1 - \sum_{i=1}^{n}\varphi_i B_i\right)x_t = \left(1 - \sum_{j=1}^{n}\theta_j B_j\right)a_t, \quad a_t \sim \text{NID}(0,\sigma_a^2) \tag{2.6.181}$$

令

$$\varphi(B) = 1 - \sum_{i=1}^{n}\varphi_i B_i, \quad \theta(B) = 1 - \sum_{j=1}^{n}\theta_j B_j \tag{2.6.182}$$

则式(2.6.181)可改写为

$$\varphi(B)x_t = \theta(B)a_t, \quad a_t \sim \mathrm{NID}(0, \sigma_a^2) \tag{2.6.183}$$

即

$$a_t = \frac{\varphi(B)}{\theta(B)}x_t \quad \text{或} \quad x_t = \frac{\theta(B)}{\varphi(B)}a_t \tag{2.6.184}$$

2) 时序模型的定阶

建模的关键是将模型的阶数和参数全部估计出来，其过程是根据 $x_t (t = 1, 2, \cdots, N)$ 和一定的准则，选择 n 和 m，估计参数 φ_i 和 θ_j。很明显，阶数不同，参数的个数和数值也就不同。对于合适的阶数和模型参数，模型残差序列应为白噪声。当模型阶数低于实际阶数时，由于数据的动态结构尚未充分反映到模型中，一般残差 σ_a^2 较大。随着阶数的上升，逐渐接近实际模型，σ_a^2 值将下降。但若阶数过高，则由于参数估计的误差增大，又会使 σ_a^2 值上升。常用的定阶准则如下。

(1) FPC 准则。

FPC(final prediction criterion)准则，又称最终预测误差准则，该模型以模型输出的一步预测误差的方差来判定模型阶数，只适用于 AR(n)模型。该准则为

$$\mathrm{FPC} = \frac{N+p}{N-p}\sigma_a^2 \tag{2.6.185}$$

式中，N 为数据点数；p 为估计参数个数，对 AR(n)模型，$p = n$；σ_a^2 为模型残差。

当 n 较低时，σ_a^2 较大；当 n 增加时，σ_a^2 逐步下降。但当 n 大到一定程度时，式(2.6.185)右边分式部分上升较快，而又使 FPC 值上升。取得 FPC 值最小的 n 作为模型的适用阶数。

(2) AIC 准则。

AIC(an information criterion)准则，也就是最小信息准则。模型残差，被认为是模型阶数的函数。AIC 准则适用于 ARMA(n, m)和 AR(n)模型的定阶，表示为

$$\mathrm{AIC} = N\ln\sigma_a^2 + 2p \tag{2.6.186}$$

式中参数的意义同式(2.6.185)。当阶数 p 增大时，式中的第一项残差 σ_a^2 下降，因此 $\ln\sigma_a^2$ 下降，但第二项 $2p$ 增大。所以 AIC 值最小时的模型阶次 p 就是适用的模型阶数。

上述两个准则计算简单，应用较多，但据此定出的阶数有时偏低，因为 FPC、AIC 的极小值往往不止一个。此外，定阶准则还有 F 检验、残差的自相关检验等。

2. 时序建模的参数估计

模型参数估计的方法有很多，而 AR(n)模型的参数估计为线性回归过程，且

计算简单、速度快，在设备状态监测与故障诊断中尤为适用。AR(n)模型参数估计的算法有很多，其中包括最小二乘估计、Levinson 算法、最大熵谱算法等。下面介绍算法优良、运算速度快的最大熵谱算法。

最大熵谱算法是以一种使模型逐步增加阶数的递推算法，其基本思想是利用正向滤波误差和反向滤波误差，求出保证平均滤波误差功率为最小的参数 φ_{nn}，然后用 Levinson 算法求出模型参数 φ_{ni}。

时间序列 AR(n)模型

$$x_t = \varphi_{n1}x_{t-1} + \varphi_{n2}x_{t-2} + \cdots + \varphi_{nn}x_{t-n} + a_t \tag{2.6.187}$$

中的 $\varphi_{n1}x_{t-1} + \varphi_{n2}x_{t-2} + \cdots + \varphi_{nn}x_{t-n}$ 项称为滤波值，a_t 称为滤波误差。向前滤波误差定义为 $f_{n,t} = a_t$，即

$$f_{n,t} = x_t - \varphi_{n1}x_{t-1} - \varphi_{n2}x_{t-2} - \cdots - \varphi_{nn}x_{t-n} = x_t - \sum_{i=1}^{n} \varphi_{ni}x_{t-i} \tag{2.6.188}$$

式(2.6.188)是按{x_i}正向时序排列得到的。若按{x_i}反向时间序列排列，则 AR(n)模型为

$$x_{t-n} = \varphi_{n1}x_{t-n+1} + \varphi_{n2}x_{t-n+2} + \cdots + \varphi_{nn}x_t + a_{t-n} \tag{2.6.189}$$

则向后滤波误差 $b_{n,t}$ 定义为

$$b_{n,t} = x_{t-n} - \varphi_{n1}x_{t-n+1} - \varphi_{n2}x_{t-n+2} - \cdots - \varphi_{nn}x_t = x_{t-n} - \sum_{i=1}^{n} \varphi_{ni}x_{t-n+i} \tag{2.6.190}$$

为了充分利用观测时序{x_i}的信息，以式(2.6.189)和式(2.6.190)为基础定义平均滤波误差功率 e_n^2 为

$$e_n^2 = \frac{1}{2(N-1)} \left(\sum_{t=1}^{n} f_{n,t}^2 + \sum_{t=1}^{n} b_{n,t}^2 \right) \tag{2.6.191}$$

理想的模型参数应该使平均滤波误差功率取极小值，即令 $\partial e_n^2 / \partial \varphi_{nn} = 0$，并由此求出的 φ_{nn} 可以保证滤波误差能量为最小。若将 AR(n)模型即式(2.6.187)改写为

$$x_i = \sum_{i=1}^{n} \varphi_{ni}x_{t-i} + a_t \tag{2.6.192}$$

将式(2.6.192)两边同乘以 x_{t-k} 并取数学期望，则有

$$E[x_t x_{t-k}] = \sum_{i=1}^{n} \varphi_{ni}E[x_{t-i}x_{t-k}] + E[a_t x_{t-k}] \tag{2.6.193}$$

式中，

$$E[x_t x_{t-k}] = R_k, \quad E[x_{t-i}x_{t-k}] = R_{k-i}$$

$$E[a_t x_{t-k}] = E\left[a_i \sum_{i=1}^{n} G_j a_{t-k-i}\right] = \sigma_a^2 \sum_{i=1}^{n} G_j \delta_{k+j} = \sigma_a^2 \delta_k$$

因此有

$$R_k - \varphi_{n1} R_{k-1} - \varphi_{n2} R_{k-2} - \cdots - \varphi_{nn} R_{k-n} = \sigma_n^2 \delta_k \tag{2.6.194}$$

分别令 $k = 0, 1, \cdots, n$，并考虑自协方差为偶函数，$R_k = R_{-k}$，得矩阵方程：

$$\begin{bmatrix} R_0 & R_1 & R_2 & \cdots & R_n \\ R_1 & R_0 & R_1 & \cdots & R_{n-1} \\ \vdots & \vdots & \vdots & & \vdots \\ R_n & R_{n-1} & R_{n-2} & \cdots & R_0 \end{bmatrix} \begin{Bmatrix} 1 \\ -\varphi_{n1} \\ \vdots \\ -\varphi_{nn} \end{Bmatrix} = \begin{Bmatrix} \sigma_a^2 \\ 0 \\ \vdots \\ 0 \end{Bmatrix} \tag{2.6.195}$$

式(2.6.195)为扩展的 Yule-Walker 方程。由于该矩阵为 $n+1$ 阶，可估计出 $n+1$ 个参数，即 $\varphi_{n1}, \varphi_{n2}, \cdots, \varphi_{nn}$ 和 σ_a^2。

实际上，当已知 AR(n)的参数时，即 $\varphi_{ni}(i=1,2,\cdots,n)$ 与 σ_{an}^2、R_n、$f_{n,t}$、$b_{n,t-1}$ 均已求出，可递推出 AR($n+1$)的自回归参数 φ_{n+1}、i 和 $\sigma_{a,n+1}^2$、R_{n+1}。利用 AR(n)模型的递推算式

$$\begin{Bmatrix} \sigma_{a,n+1}^2 \\ \vdots \\ 0 \\ \vdots \\ 0 \end{Bmatrix} \begin{bmatrix} R_0 & R_1 & \cdots & R_n & R_{n+1} \\ \vdots & \vdots & & \vdots & \vdots \\ R_i & R_{i-1} & \cdots & R_{n-i} & R_{n+1-i} \\ \vdots & \vdots & & \vdots & \vdots \\ R_{n+1} & R_n & \cdots & R_1 & R_0 \end{bmatrix} \begin{Bmatrix} 1 \\ \vdots \\ -\varphi_{n+1,i} \\ \vdots \\ -\varphi_{n+1,n+i} \end{Bmatrix}$$

$$= \begin{Bmatrix} \sigma_a^2 \\ \vdots \\ 0 \\ \vdots \\ R_{n+1} - \sum_{i=1}^{n} \varphi_{n1} R_{n+1-i} \end{Bmatrix} - \varphi_{n=1,n+i} \begin{Bmatrix} R_{n+1} - \sum_{i=1}^{n} \varphi_{ni} R_{n+1-i} \\ \vdots \\ 0 \\ \vdots \\ 0 \end{Bmatrix} \tag{2.6.196}$$

可以得出

$$\sigma_{a,n+1}^2 = \sigma_{a,n}^2 - \varphi_{n+1,n+1}\left(R_{n+1} - \sum_{i=1}^{n} \varphi_{ni} R_{n+1-i}\right), \quad \varphi_{n+1,i} = \varphi_{ni} - \varphi_{n+1,n+1}\varphi_{n,n+1-i} \tag{2.6.197}$$

$$R_{n+1} = \sum_{i=1}^{n} \varphi_{ni} R_{n+1-i} + \varphi_{n+1,n+1}\sigma_{an}^2, \quad i \leqslant n$$

令 $\partial e_{n+1}^2 / \partial \varphi_{n+1,n+1} = 0$，得

$$\varphi_{n+1,n+1} = \frac{2\sum_{i=n+2}^{N}\left(x_t - \sum_{i=1}^{n}\varphi_{ni}x_{t-i}\right)\left(x_{t-n-1} - \sum_{i=1}^{n}\varphi_{ni}x_{t-n-1+i}\right)}{\sum_{i=n+2}^{N}\left[\left(x_t - \sum_{i=1}^{n}\varphi_{ni}x_{t-i}\right)^2 + \left(x_{t-n-1} - \sum_{i=1}^{n}\varphi_{ni}x_{t-n-1+i}\right)^2\right]} = \frac{2\sum_{i=n+2}^{N}f_{n,t}b_{n,t-1}}{\sum_{i=n+2}^{N}\left(f_{n,t}^2 + b_{n,t-1}^2\right)}$$

$$(2.6.198)$$

式(2.6.198)为 AR(n)模型自回归参数的一般递推公式。当 $\varphi_{n+1,n+1}$ 估计出后，再由式(2.6.197)估计出 $\sigma_{a,n+1}^2$、$\varphi_{n+1,i}$ 和 R_{n+1}。

综上所述，最大熵谱算法的步骤可概括如下：

(1) 由观测值计算出第一个自协方差 R_0

$$R_0 = \sigma_{a0}^2 = \frac{1}{N}\sum_{i=1}^{n}x_i^2 \tag{2.6.199}$$

(2) 利用一阶的 Yule-Walker 方程

$$\begin{bmatrix} R_0 & R_1 \\ R_1 & R_0 \end{bmatrix}\begin{Bmatrix} 1 \\ -\varphi_{11} \end{Bmatrix} = \begin{Bmatrix} \sigma_{a1}^2 \\ 0 \end{Bmatrix} \tag{2.6.200}$$

建立 R_1、σ_{a1}^2 的递推式。

(3) 利用 φ_{11} 使 σ_{a1}^2 最小的条件确定 φ_{11}，然后估计出 R_1、σ_{a1}^2。

(4) 利用二阶 Yule-Walker 方程

$$\begin{bmatrix} R_0 & R_1 & R_2 \\ R_1 & R_0 & R_1 \\ R_2 & R_1 & R_0 \end{bmatrix}\begin{Bmatrix} 1 \\ -\varphi_{11} \\ -\varphi_{22} \end{Bmatrix} = \begin{Bmatrix} \sigma_{a2}^2 \\ 0 \\ 0 \end{Bmatrix} \tag{2.6.201}$$

建立 R_1、σ_{a2}^2 递推式。

(5) 利用 φ_{22} 使 σ_{a2}^2 最小的条件确定 $\varphi_{22}(\varphi_{21} \geqslant \varphi_{11} - \varphi_{22}\varphi_{11})$，然后递推 R_1、σ_{22}、φ_{21}，其余由 AR(n)按上述步骤递推，直至得到适用的模型。

3. 时序模型的特性

1) 格林函数

以 AR(1)模型为例

$$x_t = \varphi_1 x_{t-1} + a_t \tag{2.6.202}$$

由式(2.6.202)递推得

$$x_{t-1} = \varphi_1 x_{t-2} + a_{t-1}, \quad x_{t-2} = \varphi_2 x_{t-3} + a_{t-2}, \quad \cdots \tag{2.6.203}$$

将式(2.6.203)代入式(2.6.202)得

$$x_t = \varphi_1(\varphi_1 x_{t-2} + a_{t-1}) + a_t = a_t + \varphi_1 a_{t-1} + \varphi_1^2(\varphi_1 x_{t-3} + a_{t-2}) = \sum_{j=0}^{\infty} \varphi_1^j a_{t-j} = \sum_{j=0}^{\infty} G_j a_{t-j}$$

$$(2.6.204)$$

式中，$G_j = \varphi_1^j$ 为格林函数，AR(1)模型的格林函数 $G_j = \varphi_1^j = \lambda_1^j$。

对于一般的 ARMA(n, m)模型，若其自回归部分的特征根没有重根，且 $|\lambda_i| < 1$（$i=1,2,\cdots,n$），则格林函数表达式为

$$G_j = \sum_{k=1}^{n} g_k \lambda_k^j \qquad (2.6.205)$$

式中，

$$g_k = \lambda_k^{n-m-1} \frac{(\lambda_k - \theta_1)(\lambda_k - \theta_2)\cdots(\lambda_k - \theta_m)}{(\lambda_k - \lambda_1)(\lambda_k - \lambda_2)\cdots(\lambda_k - \lambda_m)} = \lambda_k^{n-m-1} \frac{\prod_{k=1}^{m}(\lambda_k - v_r)}{\prod_{i=1,i\neq k}^{m}(\lambda_k - \lambda_i)} \qquad (2.6.206)$$

v_r 为 ARMA(n, m)模型中的 MA(m)部分的特征值；λ_i 为 MA(n)部分的特征值。

格林函数具有以下性质：

(1) G_j 表示 j 时间单位(采样间隔)前系统所受的扰动 a_{t-j} 对当前响应的权。

(2) G_0 恒等于 1，可以证明，有

$$G_0 = \sum_{k=1}^{n} g_k = 1 \qquad (2.6.207)$$

(3) 格林函数能反映系统的稳定性。

若 G_j 是衰减的，则系统在某时刻受到的扰动所引起的响应经过足够长的时间衰减就会衰减掉，回到平衡位置附近，所以系统是稳定的。

若 $|\lambda_i| < 1$（$i=1,2,\cdots,n$）系统是稳定的，则 G_j 是衰减的，当 $j \to \infty$ 时，$G_j \to 0$；反之则为不稳定的。

2) 自协方差函数

自协方差是平稳随机过程的重要统计特性，可从模型的特征根得到，表示为

$$R_r = \sum_{k=1}^{n} \gamma_i \lambda_i^k \qquad (2.6.208)$$

其中，

$$\gamma_r = \sigma_a^2 \sum_{j=1}^{n} \frac{g_i g_j}{1 - \lambda_i \lambda_j}, \quad \lambda_i < 1, \ i = 1, 2, \cdots, n \tag{2.6.209}$$

$R_0 = \sum_{i=1}^{n} \gamma_i$ 即样本数据的方差，但不是直接从样本估计的，而是从模型参数计算而得，和模型是否合适关系很大。

3) 系统的物理参数 ω_n、ξ 与模型特征根的关系

特征根 λ_i 可以是实根或复根。若是复根则一定是共轭复根，因为参数 φ_i 都是实数。每一对共轭复根对应于一个二阶系统。如令共轭复根为 $\lambda = \gamma e^{i\theta}$ 和 $\lambda^* = \gamma e^{-i\theta}$，则各个二阶子系统的物理参数(振荡阻尼、自然频率 ω_n 和阻尼比 ξ)和对应的共轭复根有如下关系：

$$\omega_n = \frac{1}{\Delta t} \sqrt{\ln^2 \gamma + \theta^2}, \quad \xi = -\frac{\ln \gamma}{\omega_n \Delta t} \tag{2.6.210}$$

式中，γ 为特征根的模；θ 为幅角；Δt 为采样间隔。

4) 自功率谱密度函数

自功率谱密度函数是时序模型的重要特性之一。自功率谱密度函数与信号的快速傅里叶变换分析处理得到的自功率谱密度函数不同，不是由观察数据直接算出的，而是通过模型参数估计得到的。

自功率谱密度函数与模型参数的关系为

$$S_x(\omega) = \sigma_a^2 \Delta t \left| \frac{1 - \sum_{r=1}^{m} \theta_r e^{-ir\omega\Delta t}}{1 - \sum_{k=1}^{m} \varphi_k e^{-ik\omega\Delta t}} \right| \tag{2.6.211}$$

式(2.6.211)给出的功率谱密度是 ω 的连续函数，在自然频率 ω_n 位置，谱图上应出现峰值，阻尼比越小，峰越尖锐，反之，阻尼比过大，相邻的峰会融合而分辨不清。上述的谱称为 ARMA(n, m)谱。

对于自回归模型，由于 $\theta_j = 0$，所以其谱密度函数为

$$S_x(\omega) = \frac{\sigma_a^2 \Delta t}{\left| 1 - \sum_{k=1}^{m} \varphi_k e^{-ik\omega\Delta t} \right|^2} \tag{2.6.212}$$

AR(n)谱的应用很广泛，可以证明，AR(n)谱和最大熵谱是等价的。

时序法中的自功率谱密度函数无加窗的影响，其频率分辨率在数据较短时比传统的傅里叶谱要高。时序法的各特征函数有许多优点，但其好坏取决于模型的阶数是否正确和模型参数估计的精度。

4. 时间序列分析在故障诊断中的应用

时间序列的模型参数及方差中, 凝聚了机械故障有用的信息, 除了格林函数、自回归谱外, 参数本身也可以组成各种判别函数, 用来判别待检验状态属于何种基准状态。

1) 判别函数

以 AR(n) 模型为例, 自回归参数 $\varphi_i(i=1,2,\cdots,n)$ 构成的模式向量 $\boldsymbol{\varphi}=\{\varphi_1,\varphi_2,\cdots,\varphi_n\}^{\mathrm{T}}$ 可视为 n 维空间的一个点或一个向量。参考模式向量为 $\boldsymbol{\varphi}_{\mathrm{R}}$, 待检模式向量 $\boldsymbol{\varphi}_{\mathrm{T}}$ 与各个参考点的距离决定了待检模式的状态, 待检点与哪一个参考点近, 就归属于相应的参考状态。

(1) 欧几里得距离: 假定 $\boldsymbol{\varphi}_{\mathrm{T}}=\{\varphi_{1,\mathrm{T}},\varphi_{2,\mathrm{T}},\cdots,\varphi_{n,\mathrm{T}}\}^{\mathrm{T}}$ 是由自回归系数组成的待检模式向量, $\boldsymbol{\varphi}_{\mathrm{R}}=\{\varphi_{1,\mathrm{R}},\varphi_{2,\mathrm{R}},\cdots,\varphi_{n,\mathrm{R}}\}^{\mathrm{T}}$ 是由自回归系数组成的参考模式向量, 则欧几里得距离定义为

$$D_{\mathrm{e}}^2(\boldsymbol{\varphi}_{\mathrm{T}},\boldsymbol{\varphi}_{\mathrm{R}})=(\varphi_{1,\mathrm{T}}-\varphi_{1,\mathrm{R}})^2+(\varphi_{2,\mathrm{T}}-\varphi_{2,\mathrm{R}})^2+\cdots+(\varphi_{n,\mathrm{T}}-\varphi_{n,\mathrm{R}})^2=\sum_{i=1}^{n}(\varphi_{i,\mathrm{T}}-\varphi_{i,\mathrm{R}})^2$$

(2.6.213)

式(2.6.213)可写为

$$D_{\mathrm{e}}^2(\boldsymbol{\varphi}_{\mathrm{T}},\boldsymbol{\varphi}_{\mathrm{R}})=(\boldsymbol{\varphi}_{\mathrm{T}}-\boldsymbol{\varphi}_{\mathrm{R}})^{\mathrm{T}}(\boldsymbol{\varphi}_{\mathrm{T}}-\boldsymbol{\varphi}_{\mathrm{R}})$$

(2.6.214)

欧几里得距离纯粹表达了系统因模型系数的改变而引起的信息量的改变。计算时不涉及参考总体的其他统计特性, 使得形式简单、计算方便、概念明确, 只需注意 $\boldsymbol{\varphi}_{\mathrm{T}}$ 和 $\boldsymbol{\varphi}_{\mathrm{R}}$ 的维数 n 应保持一致。欧几里得距离的缺点是没有考虑模式向量 $\boldsymbol{\varphi}$ 中各元素的重要性不同而将各元素同等对待。

(2) 残差偏移距离: 根据将待检序列代入待检模型和参考模型可以获得不同的残差而构造, 可表示为

$$D_{\mathrm{a}}^2(\boldsymbol{\varphi}_{\mathrm{T}},\boldsymbol{\varphi}_{\mathrm{R}})=N(\boldsymbol{\varphi}_{\mathrm{T}}-\boldsymbol{\varphi}_{\mathrm{R}})^{\mathrm{T}}\boldsymbol{R}_{\mathrm{T}}(\boldsymbol{\varphi}_{\mathrm{T}}-\boldsymbol{\varphi}_{\mathrm{R}})$$

(2.6.215)

式中, N 为采样点数; $\boldsymbol{R}_{\mathrm{T}}$ 为待检序列的 n 阶自协方差矩阵。残差偏移距离实质上是由欧几里得距离加权而得到的, 同时包含自回归参数和时间序列变换的信息, 故比欧几里得距离更合理。

(3) Mahalanobis 距离: 考虑模式向量中各元素各自残差的不同及其量纲的不同, 相当于对欧几里得距离进行了加权处理, 可表示为

$$D_{\mathrm{Mh}}^2(\boldsymbol{\varphi}_{\mathrm{T}},\boldsymbol{\varphi}_{\mathrm{R}})=\frac{N}{\sigma_{\mathrm{R}}^2}(\boldsymbol{\varphi}_{\mathrm{T}}-\boldsymbol{\varphi}_{\mathrm{R}})^{\mathrm{T}}\boldsymbol{R}_{\mathrm{R}}(\boldsymbol{\varphi}_{\mathrm{T}}-\boldsymbol{\varphi}_{\mathrm{R}})$$

(2.6.216)

式中，σ_R^2 为参考模式的残差；$\boldsymbol{R}_R$ 为参考模式的自协方差矩阵。Mahalanobis 距离函数表现了自回归模型系数变换的信息，减少了随机误差，是一种加权的欧几里得距离，因考虑了参考总体二阶矩阵对距离的影响，故比欧几里得距离优越。

(4) Kullback-Leioler 信息距离：由有关的信息量导出距离函数，简称 K-L 信息距离，它用于故障识别的常用形式为

$$D_{KL} = \ln \frac{\sigma_T^2}{\sigma_R^2} + \frac{\sigma_{RT}^2}{\sigma_T^2} - 1 \qquad (2.6.217)$$

式中，σ_T^2 为待检模式的残差；σ_R^2 为参考模式的残差；σ_{RT}^2 为残差序列 $\{a_t\}_{RT}$ 的残差，$\{a_t\}_{RT}$ 为待检序列 $\{x_{RT}\}$ 通过参考滤波器输出的残差序列。

由于上述三个方差的特性，K-L 信息距离具有更强的识别能力。

2) 时间序列分析方法在故障诊断中的应用

时间序列分析方法既可应用于故障监测，也可应用于故障的识别。

(1) 监测实例：用残差 σ_a^2 来监测转轴的不平衡故障，对正常状态电动机的诊断信号建模，得到 ARMA(2, 1)模型为

$$x_t - 1.96x_{t-1} + 0.93x_{t-2} = a_t + 0.693a_{t-1} \qquad (2.6.218)$$

以此模型参数多次对正常状态下的运行数据计算 σ_a^2，其大小必然不同。用 M 表示 σ_a^2 的均值，用标准差表示其分散性，用 $M+3\sigma$ 作为控制阈值，在电动机有偏心时增大，而当 σ_a^2 超过控制线时就报警，如图 2.6.31 所示。

(2) 诊断实例：以用 AR(n)谱诊断某机芯的抖晃故障源作为时序分析方法的应用实例。图 2.6.32 为抖晃信号的 AR(n)谱图，表 2.6.2 为谱图中各峰值频率成分在信号中所占比例及来源。

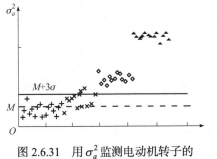

图 2.6.31　用 σ_a^2 监测电动机转子的
不平衡故障

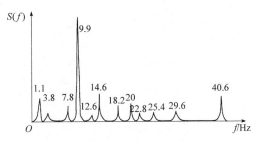

图 2.6.32　某机芯抖晃信号的 AR(n)
自功率谱密度函数

表 2.6.2　抖晃信号各峰值频率成分所占比例及来源

频率/Hz	1.1	3.8	7.8	9.9	12.6	14.6	20	22.8	29.6	40.6
比例/%	9.81	2.85	4.96	31.66	2.4	11.2	8.16	3.76	3.97	11.1
来源	压带轮基频	传动带基频	飞轮基频	张紧轮基频	传动带3倍频	飞轮2倍频	张紧轮2基频	飞轮3倍频	张紧轮3基频	电动机轮基频

诊断结论：对抖晃影响最大的是张紧轮部件，其次是飞轮部件，然后是电动机轮及压带轮，最后是传动带。

2.6.11　瞬态信号的处理与分析

旋转机械随着某些工艺参数和运行参数的变换过程的响应是一组完整的过程信号，对于分析设备的稳定性进行故障诊断以及参数识别等具有重要价值。例如，汽轮发动机组随负荷变化的响应是一组过程信号；大型透平压缩机组在升速或降速过程中的响应也是一组过程信号。通过对机组过程信号的分析，可以分析转子的振动特性，查询幅值和相位变化的原因，获得机组实际运行的临界转速等关键参数，确定转子的不平衡响应，研究结构和元件的共振等，是故障诊断的重要依据之一。

过程信号一般分为若干组，每组有 2^M 个点，按时间先后顺序排列，处理时作为一个整体。

1. 跟踪轴心轨迹

轴心轨迹是轴心相对于轴承座的运动轨迹，反映转子瞬时的涡动状况。对轴心轨迹形状的观察有利于了解和掌握转子的运动状况。跟踪轴心轨迹是在一组过程信号中，相距一定的时间间隔对转子轴心轨迹进行观察的一种方法。图 2.6.33

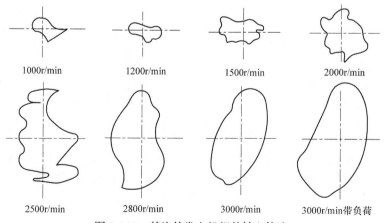

1000r/min　　1200r/min　　1500r/min　　2000r/min

2500r/min　　2800r/min　　3000r/min　　3000r/min带负荷

图 2.6.33　某汽轮发电机组的轴心轨迹

是某汽轮发电机组高压轴承处轴心轨迹随转速升高的变化情况，在 2800r/min 和 3000r/min 及带上负荷之后，轨迹在轮廓上接近椭圆，说明这时基频为主要振动成分，如果振动幅值不高，应该说机组是稳定的。

2. 伯德图

伯德图是描述某一频带下振幅和相位随过程变化的两组曲线。频带可以是一倍频、二倍频或其他谐波；这些谐波的幅值、相位计算既可以用快速傅里叶变换，也可以用滤波法等。当过程变化参数曲线为转速时，伯德图实际上又是机组随激振频率不同而幅值和相位变化的幅频响应和相频响应曲线。

当过程参数为速度时，应该重点关注转子趋近和通过临界转速时的幅值响应和相位响应情况，从中可以辨识系统的临界转速及系统的阻尼状况。

图 2.6.34 是某转子在升速过程中的伯德图。从图中可以看出，系统在临界转速的响应有明显的共振峰，而相位在临界转速前后转了近 180°。

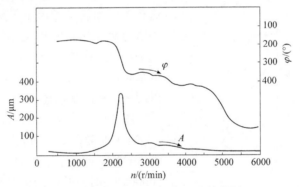

图 2.6.34　某转子升速过程的伯德图

除了机组随转速变化的响应，伯德图实际上还可以做机组随其他参数(如负荷)变化时的响应曲线，不过这时的横坐标应是时间。当工况条件没有改变而作伯德图时，幅频响应和相频响应在稳态下是两条直线。

制作伯德图时，应注意图形失真问题。伯德图的失真是由于转子的弯曲、跳动，电气方面的偏差等引起的，当它们占输出相当大的一部分时，就会极大地影响伯德图的形状，产生完全偏离实际临界转速的幅值峰和相位移，在极端情况下，甚至根本不响应。因此，在转子最大速度 2%～5% 的缓慢转动状态下，幅值响应趋于零，否则所得到的转子幅值响应和转子的临界转速会失真，另外，机组自身的固有参数(如阻尼)和数据的取样区间都会影响图形的形状，分析时应给予足够的重视。

3. 极坐标图

极坐标图实质上就是振动向量矢端图。和伯德图一样，振动向量可以是一倍频、二倍频或其他谐波的振动分量。极坐标图有时也称为振型图和奈奎斯特图，但严格来说，二者是有差别的，因为极坐标图按实际响应的幅值和相位绘制，而奈奎斯特图一般理解为按机械导纳来绘制。

极坐标图可以看成伯德图在极坐标的综合曲线,对于说明不平衡质量的部位、判断临界转速以及进行故障分析十分有利。和伯德图相比，极坐标在表现旋转机械的动态特性方面更为清楚和方便，所以其应用也越来越广泛。

极坐标图除了记录转子升速或降速过程中系统幅值与相位的变化，也可以描述在定速情况下旋转机械由于工作条件或负荷变化而导致的基频或其他谐波幅值与相位的变化规律。例如，空心转子由于转子内孔进入液体而使转子不平衡量发生变化，导致基频幅值与相位变化。又如，轴上某一局部温升所导致的不均匀热变形，这相当于给转子增添不平衡质量而使基频幅值与相位发生变化。事实上，各类旋转机械都可能存在某些明显或不明显的原因，使得基频幅值与相位发生变化，这些变化都可以用极坐标图来描述。

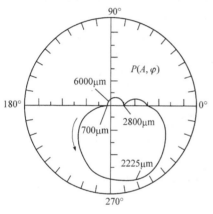

图 2.6.35　某汽轮发电机组升负荷过程的极坐标图

图 2.6.35 为某 50000kW 汽轮发电机组 2 号轴承处轴水平振动的极坐标图，其转速为 3000r/min，当负荷从空负荷逐级增加至 50000kW 时，基频的幅值和相位都发生了图上所示的变化，借助图上所示的变化趋势，有助于寻找变化的原因和采取合理的措施。

4. 三维谱阵图

转子的转速或其他过程参数在变化过程中，转子的振动呈动态变化。以转子升速过程为例，当转子升速时，各转速下都有反映转子频域特性的频谱图，把各个转速下的谱图描绘在一幅图上，称为级联图，为三维谱阵图的一种形式。

三维谱阵图与伯德图及极坐标图的不同在于它不是对某一频带幅值的描述，而是对全频带的响应进行描述。这样，便可以在速度或其他参量变化的过程中观察到转子许多频率分量下转子的动态响应过程。例如，利用级联图可以更清楚地看出各种频率成分随转速的变化情况，这对故障分析十分有利。

图 2.6.36 是某汽轮发电机轴承出现油膜振荡的典型级联图，图上横坐标为谐

波频率，单位为 min^{-1}，纵坐标为转速，单位为 r/min，1× 代表基频振动，2×、3× 代表二倍频和三倍频谐波分量，0.5× 代表半倍频分量。在图上，每一转速下都存在与转速相等的基频振动成分，这是由不平衡质量引起的振动。基频振动在 1000r/min 和 2700r/min 附近出现高峰，这对应于转子的第一阶临界转速和第二阶临界转速。在 2000r/min 以下，谱图上有半倍频振动成分，这是轴承的油膜涡动，但幅值较小；在转速超过 2000r/min 以后，半速涡动过渡为固定在 $1000min^{-1}$ 频率下的涡动；当转速上升至 2600r/min 附近时，出现了油膜振荡，幅值急剧增大，但频率始终保持在 $1000min^{-1}$，即等于转子第一阶临界转速，图 2.6.36 表明轴承从油膜涡动发展为油膜振荡的典型现象。

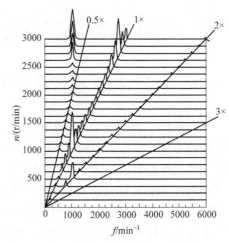

图 2.6.36　典型油膜振荡级联图

　　除了可以直接观察故障，还可以通过三维谱阵观察转子的响应动态过程，通过同步整周期采样的分析系统，三维谱阵实质上属于三维阶比谱阵。

5. 坎贝尔图

　　坎贝尔(Campbell)图和三维谱阵图属同一种特征分析，包含相同的信息，只是其表达的形式不同。在坎贝尔图中，与转速有关的频率成分或阶比成分用圆圈来表示，圆圈的直径表示信号大小，其横坐标表示转速，而纵坐标表示频率，如图 2.6.37 所示。

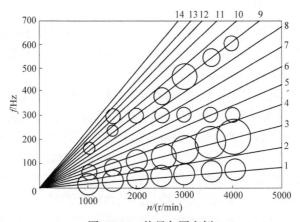

图 2.6.37　坎贝尔图实例

第3章 旋转机械参数的测试与识别

3.1 滑动轴承油膜动特性系数识别

滑动轴承油膜动特性系数的实验研究是轴承-转子系统动力学及润滑理论研究的重要组成部分。识别动特性系数的实验测试目前主要有两种类型。一类是确定系统的某些参数变化,特别是层流转变为紊流时各种静、动特性的变化。这种实验测试类型只模拟轴承而不模拟转子,需要建立轴承尺寸按实物大小设计的大型实验台,或采用缩小尺寸的模拟实验台。由于相似条件,特别是热力学相似极难满足,因此模拟实验测试的精度较差。另一类是确定轴承动特性对转子动力学行为的影响,这类实验测试既模拟轴承,又模拟转子,建立缩小了尺寸的转子-轴承系统实验台。

动特性系数现场识别,一般是以实际机器为实验对象,辅以必要的激振或利用机器某种特殊属性等,在无须专门建立实验台的情况下,就可以得到需要的动特性数据。这类实验通常可计入机器的各种干扰,如蒸汽激振、密封激振、材料内阻尼等影响因素,与系统模态参数识别协同进行。在条件许可的情况下,可将转子安装在高速动平衡机上进行动特性系数识别,其支承情况与实际运行时比较接近,因而测试精度较高。现场实验测试方法具有广泛的应用前景,其识别方法在不断地改进和完善中。

3.1.1 实验台及测试系统

目前,轴承动特性实验台有轴承实验台、转子-轴承系统实验台两种类型。轴承实验台有正置式轴承实验台和倒置式轴承实验台;转子-轴承系统实验台有单跨转子轴承实验台和多跨转子轴承实验台等。

倒置式轴承实验台是将实验轴承悬挂在转轴上,作为加载装置的一部分,如图3.1.1所示。浮动轴承为实验轴承,波纹管和平行四杆机构组成加载装置,压力可调的供气系统通过该装置给实验轴承施加载荷,实验轴承的导向由4个1组分别装在轴承两端的滚珠定位装置来实现,滚珠和与其接触的表面都经过淬火和精磨,两台电磁激振器安装在轴承上部,实验主轴由柔性薄壁杆联轴器同增速器相连接,采用这种联轴器既可以防止驱动端的振动传递给主轴,又可以减小轴承不对中的影响,无级直流调速驱动电机通过弹性圈柱销联轴器与增速器相连,油站装有冷却及加热装置。

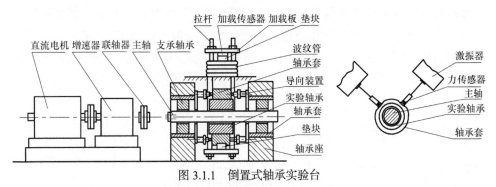

图 3.1.1　倒置式轴承实验台

如图 3.1.2 所示的正置式轴承实验台，实验轴承为转子的支承轴承，其加载装置不包括实验轴承，一般采用较简单的结构。

图 3.1.3 为一个两跨转子-轴承系统实验台的结构简图。调速直流电机通过带轮、增速箱驱动转轴，转轴与增速器之间的连接采用尼龙绳网状扎结，两跨转子间采用刚性联轴器连接，转子上有多个圆盘，采用锤击或电磁激励对系统施加冲击扰动。

测试系统的基本组成和原理如图 3.1.4 所示。被测物理量(非电量)通过传感器变换为电量，经过放大、前置处理后，通过模数转换变换为数字信号，再送入计

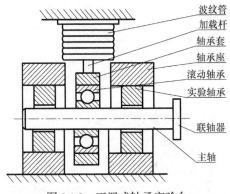

图 3.1.2　正置式轴承实验台

算机存储、处理，最终得到识别结果。被测物理量一般分为快变信号(如位移信号、力信号等)和慢变信号(如油温、静载等)，在数据采集过程中需针对信号特点采用

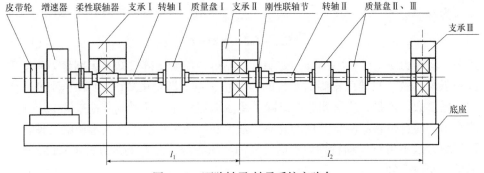

图 3.1.3　两跨转子-轴承系统实验台

不同的处理方法。实验台转轴振动不宜过大，特别是当转子较柔时，若平衡不好可导致烧瓦，甚至有断轴危险。为此，一般对测试系统要设置振动峰值超限报警功能。图 3.1.5 给出了在计算机及前置处理中实现这种功能的原理。激振力的传感器一般选用电阻应变片、压电晶体传感器等，转轴位移的测量多选用电涡流位移传感器，转速可用光电传感器测量，油温可用温度计测量，瓦温可用热电偶测量。

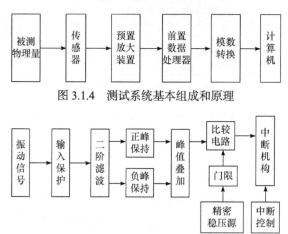

图 3.1.4 测试系统基本组成和原理

图 3.1.5 振动信号峰峰值超限报警原理

3.1.2 识别原理及方法

在倒置式轴承实验台上识别轴承动特性系数，通常只需考虑浮动轴承，即实验轴承的动态行为。记激振器作用在轴承上的激振力 $\boldsymbol{F}=\{F_x, F_y\}$，动态油膜力 $\boldsymbol{F}_b=\{F_{bx}, F_{by}\}$，在静态工作点可线性化为轴承相对轴颈的位移$(x, y)$、速度$(\dot{x}, \dot{y})$的线性式，记轴承的绝对位移为$(x_b, y_b)$，则浮动轴承的运动方程式为

$$\begin{bmatrix} m & 0 \\ 0 & m \end{bmatrix}\begin{Bmatrix} \ddot{x}_b \\ \ddot{y}_b \end{Bmatrix} + \begin{bmatrix} c_{xx} & c_{xy} \\ c_{yx} & c_{yy} \end{bmatrix}\begin{Bmatrix} \dot{x} \\ \dot{y} \end{Bmatrix} + \begin{bmatrix} k_{xx} & k_{xy} \\ k_{yx} & k_{yy} \end{bmatrix}\begin{Bmatrix} x \\ y \end{Bmatrix} = \begin{Bmatrix} F_x \\ F_y \end{Bmatrix} \tag{3.1.1}$$

简写为

$$M\ddot{Z}_b + C\dot{Z} + KZ = F \tag{3.1.2}$$

式中，激振力 $\boldsymbol{F}$、位移(x_b, y_b)、(x, y)可以测得，质量矩阵已知，识别量为刚度系数和阻尼系数。只要已知瞬时系统的力及状态量，即可由式(3.1.1)求出刚度系数和阻尼系数。但是，实际实验系统除了受激振器作用，还受到其他来源的干扰力的作用，而且位移的测量受仪器温漂、轴表面材质不均、不圆度等影响，使得这种时域方法不可行。动特性识别通常采用频域方法，基本测量方程由式(3.1.2)经傅里叶变换得到：

$$\{i\omega C + K\}Z(\omega) = F(\omega) + \omega^2 M Z_{\mathrm{b}}(\omega) \tag{3.1.3}$$

式中，$Z(\omega)$ 为 $Z(t)$ 的傅里叶变换频域矢量。在实际系统中，转轴不平衡等未知干扰力具有周期性，而对位移测量影响较大的轴表面材质不均、不圆度等因素对位移测量的影响也具有周期性。为了克服其影响，在动特性识别选择频率点时需要避开。而仪器温漂这个对静态位移测量影响极大的因素是一个慢变过程，对频域参数的影响极小。

根据激振方法，动特性识别方法主要有如下几种：

(1) 复合激振法。如图 3.1.1 所示，两个激振器分别在不同方向同时施加不同频率的简谐激振力，测出激振力及响应，用快速傅里叶变换算出其频响函数 $Z(\omega)/F(\omega)$、$Z_{\mathrm{b}}(\omega)/F(\omega)$，代入式(3.1.3)，通过求解这个线性方程组即可得到待识别的刚度系数和阻尼系数。这种方法的突出优点是一次激振即可识别出结果，与其他需要多次激振的方法相比，减小了工况变化的影响。

(2) 单频两次激振法。以同一频率在不同方向分别进行两次激振，可保证测量方程(3.1.3)的线性独立性，得到识别结果。一般情况下，单频两次激振法的识别精度不如复合激振法好，但在需要考虑扰动频率对刚度系数和阻尼系数影响的情况下，复合激振法失效，可用单频两次激振法。可倾瓦轴承的动特性属于这种(频变)情况。

(3) 多频激振法。激振器施加含有多个频率分量的周期性激振力，这时测量方程可采用最小二乘等拟合法解出刚度系数和阻尼系数。采用多频激振法时需对激振力各个频率分量的相位进行优化处理，使得时域波形的峰值较小，以满足小扰动线性假设。这种方法既有稳态激振响应能量集中、信噪比高的优点，也有宽带激振(又称瞬态激振)综合较宽频率范围信息的特点，是一种较理想的激振方法。

(4) 宽带激振法。激振力为瞬态信号，主要有纯随机信号、伪随机信号、周期随机信号、扫描简谐信号、脉冲信号、阶跃信号等。这类力信号及响应具有连续的频谱，参数识别时通常选取其中能量较集中的若干频带中多个频率分量组成测量方程，采用最小二乘等拟合方法解出刚度系数和阻尼系数。宽带激振法响应能量较分散，信噪比较低，虽然理论上具有综合较宽频带信息、全面反映轴承动特性的特点，但由于识别结果的准确度难以保证，其优点尚未得到充分体现。

在正置式轴承实验台及转子-轴承系统实验台上识别动特性系数相对要复杂一些。由于实验轴承在系统中是作为转子支承，本身不运动，考察其动特性需对转子列出运动方程。在正置式轴承实验台中传递动态力的加载轴承要参与识别。

转子-轴承系统实验台动特性系数识别的基本思想：假定转子可精确模化，转子-轴承系统的激振力、振动响应、转子的动力学参数均可测量或已知，未知量仅为轴承动特性系数，根据系统模型得到测量方程即可识别动特性系数，这种方法通常采用冲击激励。一些与上述思路不同的动特性现场识别方法也可用于转子实验台参数识别。在某种意义上，现场识别方法是测点及激振等受到限制的特殊的实验台方法。

正置式轴承实验台动特性识别的步骤：先利用倒置式轴承实验台方法识别加载轴承动特性系数，再求出作用在转轴上的动态力，最后利用类似倒置式轴承实验台的方法求出支承轴承的动特性系数。上述倒置式轴承实验台所采用的各种激振方法均适用于正置式轴承实验台。

轴承动特性系数识别影响因素有很多，技术上难度较大，识别结果往往要和理论计算结果互相补充校核后方可加以应用。

3.1.3 现场识别

动态特性现场识别方法有很多，较有代表性的识别方法有瞬态激振法、附加不平衡法、多转速法、利用动平衡机的方法(又称变刚度法)。瞬态激振法、附加不平衡法、多转速法都需要考察整个转子系统的动力学行为，且以转子可以准确建模为基础。下面以单跨多质量转子-轴承系统现场识别为例，介绍这三种方法的基本原理。考虑到转子中部难以安装传感器，假设仅在轴承处布置有测点。为讨论方便，将测点与非测点自由度加以区分。

系统的频域运动方程为

$$
\begin{bmatrix} A_{11} & A_{12} \\ A_{21} & A_{22} \end{bmatrix} \begin{Bmatrix} X_1(\omega) \\ X_2(\omega) \end{Bmatrix} = \begin{Bmatrix} F_1(\omega) \\ F_2(\omega) \end{Bmatrix} \tag{3.1.4}
$$

式中，

$$
\begin{aligned}
A_{11} &= \begin{bmatrix} k_{\mathrm{b}}^{(1)} & 0 \\ 0 & k_{\mathrm{b}}^{(2)} \end{bmatrix} + \mathrm{i}\omega \begin{bmatrix} c_{\mathrm{b}}^{(1)} & 0 \\ 0 & c_{\mathrm{b}}^{(2)} \end{bmatrix} - \omega^2 \begin{bmatrix} m_{\mathrm{b}}^{(1)} & 0 \\ 0 & m_{\mathrm{b}}^{(2)} \end{bmatrix} \\
k_{\mathrm{b}}^{(i)} &= \begin{bmatrix} k_{xx}^{(i)} & k_{xy}^{(i)} \\ k_{yx}^{(i)} & k_{yy}^{(i)} \end{bmatrix}, \quad c_{\mathrm{b}}^{(i)} = \begin{bmatrix} c_{xx}^{(i)} & c_{xy}^{(i)} \\ c_{yx}^{(i)} & c_{yy}^{(i)} \end{bmatrix}, \quad m_{\mathrm{b}}^{(i)} = \begin{bmatrix} m^{(i)} & 0 \\ 0 & m^{(i)} \end{bmatrix}, \quad i=1,2
\end{aligned} \tag{3.1.5}
$$

$k_{\mathrm{b}}^{(i)}$、$c_{\mathrm{b}}^{(i)}$分别为待识别轴承的刚度矩阵和阻尼矩阵；$m_{\mathrm{b}}^{(i)}$为集中质量模型中轴承处轴颈的模化质量矩阵；A_{11}、A_{12}、A_{21}、A_{22}是由转子的动力学参数形成的参数矩阵，这些矩阵的确定与转子的模化有关。$X_1(\omega)$、$X_2(\omega)$分别为测点和非测点的频域位移响应，$F_1(\omega)$、$F_2(\omega)$为对应的频域力矢量，消除式(3.1.4)中的$X_2(\omega)$，可得

$$
A_{11}X_1(\omega) = F(\omega) \tag{3.1.6}
$$

式中，

$$
F(\omega) = F_1(\omega) - A_{12}A_{21}^{-1}A_{22}^{-1}[F_2(\omega) - A_{21}X_1(\omega)] \tag{3.1.7}
$$

式(3.1.6)中，A_{11} 是由待识别参数组成的矩阵，$X_1(\omega)$可测，$F(\omega)$是频域力矢量。式(3.1.6)与单质量模型的测量方程(3.1.3)形式上类似，差别仅在于方程右端的意义不同。式(3.1.3)的右端项为激振力和惯性力项；式(3.1.6)的右端是激振力经过式(3.1.7)的线性变换转化而来的等效激振力项。

瞬态激振法需要对转子施加激振力，如锤击、电磁脉冲激励、瓦块阶跃激励等都曾得到过应用。

附加不平衡法是通过在转子上人为施加不平衡质量进行激励的方法。设施加不平衡前后转子的实际不平衡力经式(3.1.7)变换后分别为 $F^{(0)}(\omega)$ 和 $F^{(0)}(\omega)+F^{(1)}(\omega)$，响应分别为 $X^{(0)}(\omega)$、$X^{(1)}(\omega)$，代入式(3.1.6)相减得方程为

$$A_{11} = [X_1^{(1)}(\omega) - X_1^{(0)}(\omega)] = F^{(1)}(\omega) \tag{3.1.8}$$

改变不平衡质量施加位置也可以得到另一组类似的方程，两次施加不平衡即可识别出轴承动特性系数。

对于多转速法，假定转子的残余不平衡(包括大小及分布)不随转速变化，不需要人为施加激励力，同时假定轴承的刚度系数和阻尼系数与转速之间的一般函数关系可以用低次多项式逼近，因此仅测量多个转速下的轴颈位移就可以识别出这个转速范围内的轴承动特性系数。仍以单跨多质量转子-轴承系统为例说明其原理，利用未知的不平衡激励进行识别，此时测量方程(3.1.6)中 ω 改为转速 n，一个转速下，式(3.1.6)有 8 个实数方程式，A_{11} 中有 16 个未知数，$F(n)$中有 8 个未知数，考察 N 个转速的识别问题有 $8N$ 个方程式、$24N$ 个未知数，若无上述假设，这种识别设想不成立。有了上述假设，虽然方程数不变，仍为 $8N$，但未知数的个数减少了，从而可以识别出动特性系统。例如，动特性系数随转速变化简化为转速的二次多项式

$$A_{11}(n) = \sum_{i=0}^{2} A_i n^i \tag{3.1.9}$$

式中，A_i 为待定系数矩阵，其形式同 A_{11}，并记转子模化集中质量个数为 L，则 A_{11} 包含 48 个、$F(n)$包含 $2L$ 个未知数，未知数的个数与取多少个转速无关，当 $N \geqslant 6 + L/4$ 时，即可识别出动特性系数，同时可以识别出不平衡力大小及分布。

图 3.1.6 为一个高速动平衡机的结构简图，该机可以用于大型单跨转子-轴承系统的动平衡。滑动轴承装在摆架上，摆架的刚度可变，一般有多档，这种特点使动特性识别较为简便。与倒置式轴承实验台浮动轴承参数识别类似，由于摆架是一种弹性支承，识别轴承的动特性系数可以通过考察支承的动力学行为来实现。设支承模块为单质量模型，其质量为 m，水平、垂直方向的刚度为 k_x、k_y，记支承的绝对位移为(x_b, y_b)，相对轴颈的位移为(x, y)，注意到支承的参振质量除受油膜力及支承弹性力，不受其他外力作用，于是该质点的运动方程为

$$\begin{bmatrix} m & 0 \\ 0 & m \end{bmatrix} \begin{Bmatrix} \ddot{x}_b \\ \ddot{y}_b \end{Bmatrix} + \begin{bmatrix} c_{xx} & c_{xy} \\ c_{yx} & c_{yy} \end{bmatrix} \begin{Bmatrix} \dot{x} \\ \dot{y} \end{Bmatrix} + \begin{bmatrix} k_{xx} & k_{xy} \\ k_{yx} & k_{yy} \end{bmatrix} \begin{Bmatrix} x \\ y \end{Bmatrix} + \begin{bmatrix} k_x & 0 \\ 0 & k_y \end{bmatrix} \begin{Bmatrix} x_b \\ y_b \end{Bmatrix} = \begin{Bmatrix} 0 \\ 0 \end{Bmatrix} \tag{3.1.10}$$

式(3.1.10)写成矩阵形式为

$$M\ddot{Z}_b + C\dot{Z} + KZ + K_0 Z_b = 0 \tag{3.1.11}$$

经傅里叶变换得到测量方程为

$$\{i\omega C + K\} Z(\omega) = \{\omega^2 M - K_0\} Z_b(\omega) \tag{3.1.12}$$

式(3.1.12)中，$Z(\omega)$、$Z_b(\omega)$可测量，M、K_0已知(支承参振质量及刚度为设计量，也可单独测试)，且 K_0 可变。当 ω 取为工作转速时，在两种 K_0 下分别测试 Z 及 Z_b，即可由式(3.1.12)得到 8 个独立方程式，解出 8 个动特性系数。与其他现场识别方法相比，多转速法避免了复杂转子的建模问题，因而具有较高的识别精度。

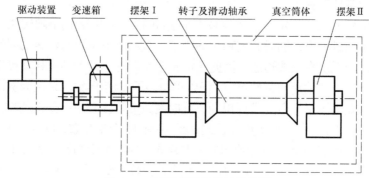

图 3.1.6　高速动平衡机结构简图

3.1.4　油膜参数识别实例

1. 实验室识别

在如图 3.1.1 所示的倒置式轴承实验台上，识别如图 3.1.7 所示的某汽轮机五瓦可倾瓦轴承的动特性系数。轴承直径为 152.4mm，转速为 4000～6000r/min，轴承比压为 12.7MPa，进油压力为 0.11MPa，进油温度为 25℃。实验激振频率为 40～90Hz，采用单频两次激振法。轴承动特性采用 8 个系数模型，并考察频率对刚度系数和阻尼系数的影响。实验发现频率对刚度系数的影响较小，但对阻尼系数的影响很大，图 3.1.8 给出了工作转速 n 为 4000r/min 和 6000r/min 时不同激振频率下的识别结果。由图 3.1.8 可见，频率越低，阻尼系数越小。

图 3.1.9 给出了激振频率为 53Hz 时 8 个系数随载荷系数 S_0 变化的识别结果，其中 $S_0 = W\psi^2/(2\pi DB\omega\mu)$，$W$ 为轴承负荷，ψ 为间隙比(设计值 2‰)，D 为直径，B 为宽度，长径比 $B/D=0.73$，转动圆频率 $\omega = \pi n/30$，μ 为动力黏度。图中交叉刚

度 k_{xy}、k_{yx} 以及交叉阻尼 c_{xy}、c_{yx} 不相等，这是与理论计算结果的重要区别，主刚度及主阻尼系数与计算值基本一致。

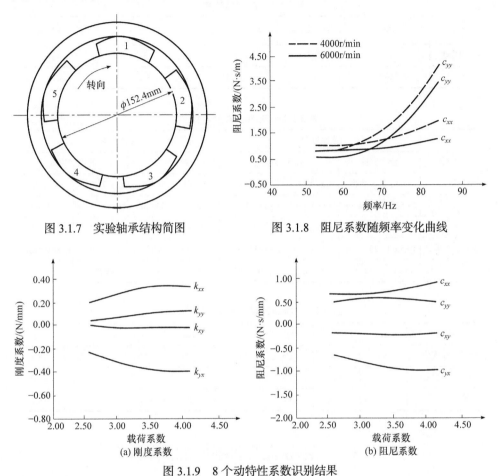

图 3.1.7　实验轴承结构简图　　　　　图 3.1.8　阻尼系数随频率变化曲线

图 3.1.9　8 个动特性系数识别结果

2. 现场识别

在高速动平衡机上识别某 50MW 汽轮机椭圆轴承的动特性系数,该平衡机有两套摆架,大摆架(DH-12 型)允许被平衡转子的重量为 320~3200kN,小摆架(DH-90 型)允许重量为 40~500kN,可用于 300MW、600MW 等大型汽轮发电机组各单跨转子的动平衡。摆架的动力学参数见表 3.1.1,其中 m 为摆架参振部分的等效质量,k_x、k_y 为摆架的主刚度,k'_x、k'_y 为加上副刚度的总刚度值。被测轴承为上瓦开周向槽椭圆轴承,主要结构参数为直径 300mm,宽度 240mm、椭圆比 0.38、间隙比 0.39%、槽宽 90mm、槽深 20mm。两次开机的振动测试结果见表 3.1.2,动特性系数识别结果见表 3.1.3。表中刚度系数和阻尼系数均为无量纲量,刚度的

相对单位为 $\mu\omega B/\psi^3$，阻尼的相对单位为 $\mu B/\psi^3$。

表 3.1.1　摆架结构参数

参数	m/kg	$k_x/(10^6\mathrm{N/mm})$	$k_y/(10^6\mathrm{N/mm})$	$k_x'/(10^6\mathrm{N/mm})$	$k_y'/(10^6\mathrm{N/mm})$
大摆架	7500	2.5	2.5	4.0	4.0
小摆架	2400	2.0	2.0	3.15	3.15

表 3.1.2　振动信号测试结果

项目		变刚度前				变刚度后			
		轴振位移		瓦振加速度		轴振位移		瓦振加速度	
		x 方向	y 方向	x 方向	y 方向	x 方向	y 方向	x 方向	y 方向
第一次测试	幅值	24.5μm	25.4μm	$1.05\times10^5\mu\mathrm{m/s^2}$	$3.85\times10^5\mu\mathrm{m/s^2}$	27.85μm	35.4μm	$1.32\times10^5\mu\mathrm{m/s^2}$	$1.8\times10^5\mu\mathrm{m/s^2}$
	相位	59.42°	−84.21°	−95.24°	−30.51°	132.3°	0.8°	−95.62°	−82.32°
第二次测试	幅值	19.5μm	25.75μm	$1.12\times10^5\mu\mathrm{m/s^2}$	$2.93\times10^5\mu\mathrm{m/s^2}$	17.0μm	18.85μm	$1.20\times10^5\mu\mathrm{m/s^2}$	$1.88\times10^5\mu\mathrm{m/s^2}$
	相位	35.94°	−103.02°	64.78°	−248.69°	141.83°	−14.58°	90.92°	−266.532°

表 3.1.3　油膜动特性系数的识别结果

项目	k_{xx}	k_{xy}	k_{yx}	k_{yy}	c_{xx}	c_{xy}	c_{yx}	c_{yy}
理论计算值	14.4	6.82	41.5	80.9	8.3	15.9	15.9	78.5
第一次识别	17.5	20.1	31.8	56.6	17.6	4.38	69.4	24.9
第二次识别	17.3	25.2	43.6	60.1	23.3	3.91	54.1	14.9

3.2　滚动轴承动刚度的测试

3.2.1　非旋转状态下滚动轴承动力特性测试

滚动轴承是转子支承系统不可缺少的机械元件，轴承的动力特性对转子支承系统的动力特性有重要的影响。对于滚动轴承，最简化的处理是把轴承当作完全刚性的支承，这对柔性很大的转子而言比较可行；但对于许多转子支承系统，这种刚性的简化处理方法的计算精度误差很大。因此，正确地测定滚动轴承的动力特性，就显得特别重要。

滚动轴承的动力特性受轴承本身的结构参数、运行条件、载荷状况以及润滑环境等诸多因素影响，具体反映在滚动体与内外圈之间的固体接触弹性变形、滚动体与内外圈滚道之间形成的润滑膜的厚度变化、轴承滚动体游隙的变化等。因此，滚动轴承动力特性分析涉及固体弹性变形与流体动力润滑分析及其相互影响的修正。由于分析计算中不可避免地要采取一系列假设，计算结果与实际情况必然存在一定的差距。作为转子动力学分析所需要的动力特性，是指滚动轴承在转子不平衡力作用下，或其他周期力作用下的动态特性，即等效刚度与等效阻尼。

在非旋转条件下对滚动轴承做动力特性测试是最简单、精度较低的一种方法。把滚动轴承当作一般结构，采用各种结构动力特性测试方法，如正弦稳态激励、正弦扫描激励或脉冲激励等方法，测定滚动轴承的频率响应特性。由于滚动轴承中的滚动体与内外圈滚道之间存在游隙，在非旋转状态下，滚动轴承的频响特性不同于旋转状态下的频响特性。由于游隙的影响，可能出现分段线性形式的非线性特性。因此，这种最简单的测试方法只能作为一种实验估算手段，不能作为滚动轴承动力特性的正式测试手段。这就需要在旋转状态下施加同步激励力来测定。

3.2.2 定转速下滚动轴承动力特性测试

使轴承在一固定转速下运行，用锤击法对轴承施加激励，并检测其响应，得到轴承在该转速下的频率响应特性。

与静止状态下滚动轴承动力特性测试方法相比，由于滚动轴承在运行情况下，若转速足够大，游隙的影响基本消除，比较符合滚动轴承的实际工作状况，测试结果比较符合实际。但这种测试方法所得到的数据是在这一固定转速下的动力特性，若运行转速发生变化，则其动力特性数据也将发生变化。为了得到滚动轴承在不同转速下的动力特性，就需要在各种转速下进行测试。因此，这种测试方法只适用于定转速机械上的滚动轴承。

这种测试方法还存在一个根本的缺陷，就是施加的激励只能是某一定向的力。这与滚动轴承在实际工作时，主要受到与转子同步旋转的不平衡激励力有根本的区别。

3.2.3 由转子支承系统频响特性确定滚动轴承的动力特性

滚动轴承的动力特性直接影响转子支承系统的动力特性，即临界转速与频响特性等。因此，将已知的标准转子安装在待测轴承上，测定其临界转速和频响特性，可反算出被测轴承的等效刚度与等效阻尼。

图 3.2.1 为单圆盘转子支承系统，转轴为等直径光轴，轮盘位于跨度中央，以避免轮盘陀螺效应的影响。此系统的临界转速可表示为

$$\omega_c = \sqrt{k_{eq}/m_{eq}} \tag{3.2.1}$$

式中，m_{eq} 为转子支承系统的当量质量；k_{eq} 为转子支承系统的当量刚度。

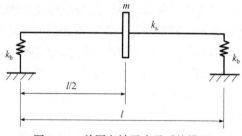

图 3.2.1　单圆盘转子支承系统模型

当量质量 m_{eq} 由轮盘的集中质量与光轴的等效质量组成。当量刚度 k_{eq} 由轴的刚度 k_s 与轴承的等效刚度 k_b 串联而成，可表示为

$$k_{eq} = \frac{1}{k_s^{-1} + k_b^{-1}/2} \qquad (3.2.2)$$

由式(3.2.2)可得滚动轴承的等效刚度为

$$k_b = \frac{1}{2(k_{eq}^{-1} - k_s^{-1})} \qquad (3.2.3)$$

根据转子支承系统模型的已知数据，实测系统的临界转速 ω_r，计算得到当量质量 m_{eq} 与轴的抗弯刚度 k_s。按式(3.2.2)计算得到系统的当量刚度 k_{eq}，然后可由式(3.2.3)求得滚动轴承的等效刚度 k_b。

幅频特性曲线在共振区域的形状与阻尼率有密切关系，ξ 越小，共振峰越尖，可由共振峰的形状估算 ξ，这是实验测定 ξ 的一种常用方法。由实测得到的单圆盘转子支承系统的幅频特性如图 3.2.2 所示，若记系统的自然频率为 ω_n，由振动理论，系统的幅频特性可表示为

$$|H(\omega)| = \frac{1}{\sqrt{[1-(\omega/\omega_n)^2]^2 + (2\xi\omega/\omega_n)^2}}$$

$$(3.2.4)$$

当 ξ 很小时，$\omega_r \approx \omega_n$，$|H(\omega_r)| = |H(\omega_n)|$，记 $Q = |H(\omega_n)|$，则有

$$Q = |H(\omega_n)| \approx \frac{1}{2\xi} \qquad (3.2.5)$$

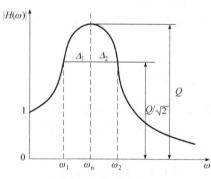

图 3.2.2　单圆盘转子
支承系统的幅频特性

Q 称为品质因数，在峰值两边，$H(\omega)$ 等于 $Q/\sqrt{2}$ 频率，ω_1、ω_2 称为半功率点，ω_1 与 ω_2 之间的频率范围称为系统的半功率带。由式(3.2.4)得到

$$|H(\omega_{1,2})| = \frac{1}{\sqrt{[1-(\omega_{1,2}/\omega_n)^2]^2 + (2\xi\omega_{1,2}/\omega_n)^2}} = \frac{Q}{\sqrt{2}} \approx \frac{1}{2\sqrt{2}\xi} \qquad (3.2.6)$$

对式(3.2.6)两边平方并整理得到

$$\left(\frac{\omega_{1,2}}{\omega_n}\right)^4 + 2(2\xi^2 - 1)\left(\frac{\omega_{1,2}}{\omega_n}\right)^2 + (1 - 8\xi^2) = 0 \tag{3.2.7}$$

求解式(3.2.7)，得到

$$\left(\frac{\omega_{1,2}}{\omega_n}\right)^2 = 1 - 2\xi^2 \mp 2\xi\sqrt{1 + \xi^2} \tag{3.2.8}$$

当 ζ 很小时，有

$$\left(\frac{\omega_{1,2}}{\omega_n}\right)^2 \approx 1 \mp 2\xi \tag{3.2.9}$$

从式(3.2.9)表示的两个方程可得 $\omega_2^2 - \omega_1^2 \approx 4\xi\omega_n^2$ ，或 $(\omega_2 + \omega_1)(\omega_2 - \omega_1) \approx 4\xi\omega_n^2$ ，由图 3.2.2 可知，当 ζ 很小时， $\varDelta_1 = \varDelta_2$ ，则近似有 $\omega_2 + \omega_1 \approx 2\omega_n$ ，从而有 $\omega_2 - \omega_1 \approx 4\xi\omega_n$ ，所以得到

$$\xi \approx \frac{\omega_2 - \omega_1}{2\omega_n} \tag{3.2.10}$$

阻尼系数 c 为

$$c = 2m_{eq}\omega_n\xi \approx m_{eq}(\omega_2 - \omega_1) \tag{3.2.11}$$

一般认为转子的内阻尼很小，可略去不计。于是，所求得的阻尼便是滚动轴承的等效阻尼：

$$c_b = \frac{c}{2} = \frac{1}{2}m_{eq}(\omega_2 - \omega_1) \tag{3.2.12}$$

由于滚动轴承的动力特性与转速有密切的关系，上述测试所得到的等效刚度与等效阻尼只是对应于转速为该临界转速 ω_c 时的动力特性数据。为了得到滚动轴承在一定转速范围内的动力特性数据，必须改变单圆盘转子支承系统的临界转速。实际上，最简便的方法就是改变转子的跨度，从而测得在各不同转速下的滚动轴承的等效刚度与等效阻尼。

为了反映载荷对滚动轴承动力特性的影响关系，可在测试转子上放置不同的不平衡量，得到作用于轴承上的不同的径向载荷 Q_b 为

$$Q_b = \frac{1}{2}(\Delta me + m\delta_c)\omega_c^2 \tag{3.2.13}$$

式中，Δm 为附加的不平衡质量；e 为不平衡质量的偏心距；δ_c 为轮盘的振幅。

在实际使用中，一般对滚动轴承的载荷有比较严格的限制。例如，航空燃气

涡轮发动机的主轴承，正常运行条件下的滚动轴承交变径向载荷 Q_b 不大于 200N。因此，载荷变化对滚动轴承动力特性的影响较小。

图 3.2.3 为测定滚动轴承动力特性用的单圆盘转子支承系统实验台的示意图，交流电动机通过柔性联轴器带动实验用转子，转轴跨度中央安装一个轮盘，轴的两端由待测轴承 1 和待测轴承 2 支承。转轴的振动位移信号由电涡流位移传感器输入振动测量仪。将信号输入计算机保存，供频谱分析使用。在转轴上贴一细金属丝，通过传感器产生每转一次的脉冲信号，以便在示波器上观察相位变化，由转子质心转向来准确判断临界转速。调压变压器控制转速变化，并由传感器将转速信号输送到转速测量仪。

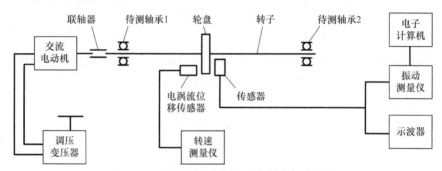

图 3.2.3　单圆盘转子支承系统实验台示意图

采用这种方法测定滚动轴承的动力特性，对测试仪器系统的要求不高，也无须对测试系统做精确的数值标定，因此容易进行测试。但对单圆盘转子支承系统实验台本身则有下列较高的要求：

(1) 具有足够宽的转速范围，以便测定轴承在足够的转速范围内的动力特性。

(2) 转轴必须具有足够的同心度与平直度，保证转子支承系统能够轻便地越过临界转速。

(3) 便于改变转子的跨度，以便改变临界转速，获得在不同转速下的滚动轴承的动力特性。

(4) 转子本身的刚度不能太低，以免影响滚动轴承动力特性数据换算的精确度。

3.2.4　滚动轴承动力特性的直接测试

在运转条件下，对滚动轴承直接施加与转速同步的径向载荷，并测量轴承中心所产生的径向位移，便可直接求得其动力特性。图 3.2.4 给出了滚动轴承运转时受到的同步径向载荷 Q 作用与相应的径向位移 δ 的关系，其动力特性可表示为

$$Z(\omega) = \frac{Q\sin(\omega t)}{\delta\sin(\omega t - \varphi)} \tag{3.2.14}$$

式中，$Z(\omega)$为滚动轴承的动力特性，一般为复数；Q 为作用于轴承内环上与轴承运转速度同步的旋转径向力幅；δ 为轴承中心的径向位移幅值；ω 为轴承的运转角频率；φ 为径向位移矢量与径向力矢量之间的相位差。

动力特性 $Z(\omega)$ 还可以表示为实部特性 $\mathrm{Re}(Z(\omega))$ 与虚部特性 $\mathrm{Im}(Z(\omega))$ 之和，即

$$Z(\omega) = \mathrm{Re}(Z(\omega)) + \mathrm{i}\,\mathrm{Im}(Z(\omega)) \qquad (3.2.15)$$

若将滚动轴承当作单自由度系统来处理，则其动力特性可表示为

$$Z(\omega) = k(\omega) - m\omega^2 + \mathrm{i}c(\omega) \qquad (3.2.16)$$

式中，$k(\omega)$为滚动轴承等效刚度的弹性项；m 为滚动轴承的等效参振质量；$m\omega^2$ 为滚动轴承等效刚度的惯性项；$c(\omega)$为滚动轴承的等效阻尼系数。

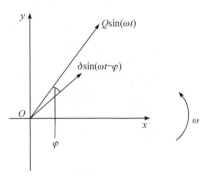

图 3.2.4　滚动轴承运转时的受力与位移

滚动轴承等效刚度的弹性项 $k(\omega)$ 与滚动体和内外环之间的固体接触弹性变形及流体润滑情况有关；等效阻尼系数 $c(\omega)$ 主要与滚动体和内外环之间的流体润滑情况有关；滚动轴承等效刚度的惯性项 $m\omega^2$ 则与滚动体和内环质量以及保持架结构等有关。

为了对滚动轴承施加与其运行转速同步的旋转径向力，采用附加不平衡量 Δme 是最简便且准确的方法。在附加不平衡量作用下产生的同步旋转径向力幅为

$$Q = \Delta me\omega^2 \qquad\qquad (3.2.17)$$

如果既能在滚动轴承的对称平面内附加不平衡量，又能在相应的平面内测量轴承中心的径向位移，则其动力特性很容易由式(3.2.14)确定。然而，实际上很难将附加不平衡质量安放在轴承的对称平面内，也很难直接测量轴承中心的径向位移，只能采用各种接近的方法，然后做必要的修正。

图 3.2.5 为一种用来测定滚动轴承动力特性的立式实验台的原理图。该实验台由硅整流器控制直流电动机，工作转速 n 为 $0\sim8000\mathrm{r/min}$。由大齿轮经同步带带动小齿轮，传动比为 $5:1$。小齿轮轴的上端固定一测速齿轮，通过测速传感器测量转速。小齿轮轴的下端通过柔性联轴器带动转轴，转轴的上下端分别支承于滚动轴承 3 和被测轴承上。在紧靠被测轴承的转轴上，附加一偏心质量块，产生同步旋转的径向作用力 $Q\sin(\omega t)$。通过相位传感器提供一个脉冲信号作为相位基准。振动传感器测量紧靠轴承处的轴表面径向位移 δ_{m}。利用轴表面径向位移 δ_{m}、相位基准脉冲信号及频率发生器提供的基准频率信号等数据进行分析，可以得到测量点的频响特性。再经必要的换算修正，最后可得滚动轴承的动力

特性数据。

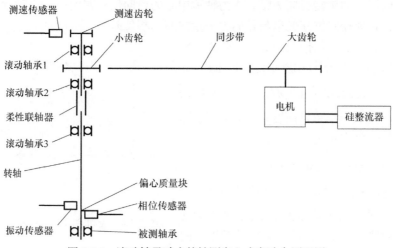

图 3.2.5　滚动轴承动力特性测定立式实验台原理图

采用这一方法测定滚动轴承的动力特性，事先应做好三项准备工作：

(1) 检查转轴的同心度，确保测点与被测轴承的同心度。

(2) 选定适当的不平衡质量块，准确计算不平衡量 Δme，使同步旋转的径向作用力幅值在滚动轴承的正常工作范围内。

(3) 电涡流位移振幅测量仪系统的数值标定。

1. 不平衡力幅的修正

作用于被测轴承上的有效径向力幅 Q_e 为

$$Q_e = \frac{Q}{1 + L_1/L_2} = \frac{\Delta me\omega^2}{1 + L_1/L_2} \tag{3.2.18}$$

式中，Q 为不平衡量产生的同步旋转力幅，由式(3.2.17)计算；L_1 为不平衡质量块安装点到被测轴承对称平面的距离；L_2 为不平衡质量块安装点到上端轴承对称平面的距离；$L_1 + L_2 = L$ 为转轴的跨度。

2. 径向位移的修正

由于径向位移的测点不在被测轴承的对称平面内，而且在运转状态下，转轴本身会产生一定的弯曲变形，所以径向位移测量值应经两项修正后方能代表被测轴承中心的径向位移。

转轴运转时，由不平衡力作用引起的弯曲变形(动挠度)为

$$\delta_s = \delta_{st}/(1 - r^2) \tag{3.2.19}$$

式中，δ_{st} 为静挠度；r 为运行转速与临界转速之比。

在测点的静挠度为

$$\delta_{st} = \frac{\Delta me\omega^2 L_1^2 L_2^2}{3EI(L_1 + L_2)} \tag{3.2.20}$$

式中，EI 为轴的抗弯刚度。由于滚动轴承中心的径向位移引起的转轴测量点处的径向位移为 $\delta_m - \delta_s$，则滚动轴承中心的实际径向位移 $\delta(\omega)$ 为

$$\delta(\omega) = (\delta_m - \delta_s)(1 + L_1/L_2) \tag{3.2.21}$$

3. 滚动轴承的等效刚度与等效阻尼

根据修正后的径向作用力 Q_e 与径向位移 $\delta(\omega)$，可以计算得到各转速下滚动轴承的等效刚度 k_b 为

$$k_b = \frac{Q_e}{\delta(\omega)} = \frac{\Delta me\omega^2}{(\delta_m - \delta_s)(1 + L_1/L_2)^2} \tag{3.2.22}$$

滚动轴承的等效阻尼系数 c_b 可由测试所得的相位差 φ 计算，由振动理论可知

$$\varphi = \arctan\left(\frac{2\xi r}{1 - r^2}\right) \tag{3.2.23}$$

所以有

$$\xi = \frac{1 - r^2}{2r}\tan\varphi \tag{3.2.24}$$

由 $c_b = 2m\xi\omega_c$，可得

$$c_b = \frac{1 - r_2}{r}\sqrt{EIL}\frac{\pi^2}{L^2}\tan\varphi \tag{3.2.25}$$

对于滚动轴承，等效阻尼系数一般很小，相位差值也很小，不大容易测量得很准确。然而由于阻尼系数很小，对整个转子支承系统的动力特性影响也就很小。

虽然上述测试方法直接测量的参数较少，但修正换算可能引入较多的误差。为解决修正换算的误差，可以在被测轴承的两侧同时安装不平衡质量块，在两侧测量转轴的径向位移值。只要不平衡质量块及测点尽量靠近被测轴承，则转轴本身的挠曲变形可以略去不计。若利用两侧作用力之和与两侧径向位移的平均值，可确定被测轴承的等效刚度。也可以将两个被测轴承相互靠近安装，在两轴承之间安放不平衡质量块，并测量转轴的径向位移。只要两个轴承之间的距离较小，这一小段转轴的弯曲变形可以略去不计。

采用各种可行的测试手段测量滚动轴承的动力特性，并结合理论计算，建立常用滚动轴承动力特性数据库，具有重要的工程应用价值。

3.3　挤压油膜阻尼器动力特性的测试

　　挤压油膜阻尼器的动力特性取决于三个方面：一是挤压油膜阻尼器本身的结构参数，如油膜环半径、油膜环间隙、承载宽度等；二是油膜内环(即转子)的运动参数，如转速、涡动半径即偏心值等；三是油的黏度。因此，影响挤压油膜阻尼器动力特性的因素比较多，也比较复杂。用分析方法虽然可以得出挤压油膜阻尼器的油膜刚度与油膜阻尼，但必须基于全油膜(2π 油膜)或半油膜(π 油膜)的假设。实际上，挤压油膜阻尼器的工作情况往往介于全油膜与半油膜之间，所以通过实验测定挤压油膜阻尼器的动力特性，具有特别重要的意义。

3.3.1　挤压油膜阻尼器动力特性的一般分析

　　挤压油膜阻尼器的动力特性是指挤压油膜阻尼器在一定工况下的承载能力与减振能力，主要包括油膜刚度 k_{sf} 与油膜阻尼 c_{sf}。在带有弹性支承的挤压油膜阻尼器中，挤压油膜阻尼器的油膜环不旋转，仅随着转子的涡动而做圆轨迹晃动，于是产生对油膜的挤压剪切作用。

　　在不计油的惯性、温度变化影响的前提下，根据雷诺(Reynolds)方程，按短轴承假设，在全油膜和半油膜条件下，其油膜刚度与油膜阻尼分别为

$$k_{sf}=0,\quad c_{sf}=\frac{\mu RL^3\pi}{\Delta^3(1-\varepsilon^2)^{1.5}}\text{(全油膜)} \tag{3.3.1}$$

$$k_{sf}=\frac{2\mu RL^3 e\omega}{\Delta^4(1-\varepsilon^2)^2},\quad c_{sf}=\frac{\mu RL^3\pi}{2\Delta^3(1-\varepsilon^2)^{1.5}}\text{(半油膜)} \tag{3.3.2}$$

式中，μ 为润滑油的动力黏度系数；$R=(R_1+R_2)/2$ 为油膜环的平均半径，R_1 为油膜

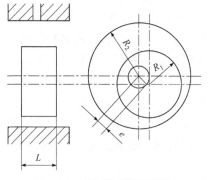

内环外表面半径，R_2 为油膜外环内表面半径；L 为油膜承载宽度；Δ 为油膜环间隙，即油膜内外环之间的半径间隙(R_2-R_1)；e 为油膜内环圆轨迹进动的半径，即轴颈涡动半径或偏心值；$\varepsilon=e/\Delta$ 为偏心率；ω 为油膜环进动角频率，即转子的同步角频率。

　　挤压油膜阻尼器的主要几何参数如图 3.3.1 所示。挤压油膜阻尼器的动力特性就是频率响应特性，即幅频特性与相频特性。在振动测试中，也常称为传递函数或机械阻抗；刚度与阻尼分别为机械阻抗的实部与虚部。挤

图 3.3.1　挤压油膜阻尼器的
几何参数图

压油膜阻尼器可以看成一个单自由度系统，其速度导纳为

$$Y_{\mathrm{v}} = \frac{1}{c + \mathrm{i}(m\omega - k/\omega)} \tag{3.3.3}$$

将实部与虚部分开，得到

$$\mathrm{Re}(Y_{\mathrm{v}}) = \frac{c}{c^2 + (m\omega - k/\omega)^2}$$
$$\mathrm{Im}(Y_{\mathrm{v}}) = \frac{-m\omega + k/\omega}{c^2 + (m\omega - k/\omega)^2} \tag{3.3.4}$$

由式(3.3.4)的两式可得

$$\left(\mathrm{Re}(Y_{\mathrm{v}}) - \frac{1}{2c}\right)^2 + (\mathrm{Im}(Y_{\mathrm{v}}))^2 = \left(\frac{1}{2c}\right)^2 \tag{3.3.5}$$

　　式(3.3.5)代表了一个半径为$(2c)^{-1}$、圆心位于$[(2c)^{-1}, 0]$处，与坐标原点相切的圆轨迹方程式，圆轨迹上的每一点与坐标原点的连线代表在该频率下的速度导纳矢量，如图 3.3.2 所示。当频率 $\omega \to 0$ 时，导纳趋于零；随着频率增加，导纳的实部与虚部均相应增加，或者说，导纳幅值增大，相位角减小；当 $\omega = \omega_{\mathrm{c}} = \sqrt{K/m}$ 时，虚部 $\mathrm{Im}(Y_{\mathrm{v}}) = 0$，实部 $\mathrm{Re}(Y_{\mathrm{v}}) = 1/c$，导纳幅值最大，相位角为零。当 ω 继续增大时，导纳幅值反而减小，而相位角反而增大。或者说，导纳实部减小，虚部相应增大；当 $\omega \to \infty$ 时，导纳实部与虚部均趋于零。导纳虚部最大与最小值对应的频率为

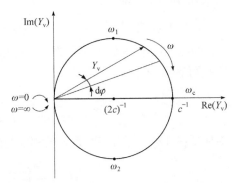

图 3.3.2　单自由度系统的速度导纳矢端图

$$\omega_{1,2}^2 = \frac{\mp c + \sqrt{c^2 + 4mk}}{2m} \tag{3.3.6}$$

由式(3.3.6)可得

$$\frac{\omega_2 - \omega_1}{2\omega_{\mathrm{c}}} = \frac{c/m}{2\sqrt{k/m}} = \frac{c}{2\sqrt{mk}} = \xi \tag{3.3.7}$$

　　由式(3.3.7)可见，导纳圆的半径代表了系统的阻尼系数 c。半径越大，阻尼越小。速度导纳表达式(3.3.3)可改写为位移导纳的形式，即

$$Y_x = \frac{1}{k - m\omega^2 + \mathrm{i}c\omega} \tag{3.3.8}$$

写成位移阻抗的形式为

$$Z_x = k - m\omega^2 + \mathrm{i}c\omega \tag{3.3.9}$$

式(3.3.9)的实部 $\mathrm{Re}(Z_x) = k - m\omega^2$ 为无阻尼系统的动刚度；虚部 $\mathrm{Im}(Z_x) = c\omega$ 为系统的阻尼力。

可见，挤压油膜阻尼器的动力特性的实验测定，实际上就是测定其机械阻抗特性。机械阻抗的测试技术已经比较成熟，核心问题是如何使挤压油膜阻尼器在模拟其真实工作情况下进行测试。

3.3.2　在旋转状态下测定挤压油膜阻尼器的动力特性

在旋转状态下测定挤压油膜阻尼器的动力特性，是利用偏心质量产生的不平衡力作用于油膜内环上，形成与转速同步旋转的径向作用力，引起内环在油膜中的涡动。测定内环的位移幅值与相位，可以确定挤压油膜阻尼器的动力特性。

偏心质量产生的不平衡力幅值取决于偏心质量块的质量 Δm、偏心距 r 及其转动角频率 ω，即

$$Q = \Delta m r \omega^2 \tag{3.3.10}$$

实测油膜内环涡动半径为 e，位移矢量与力矢量的相位差为 φ，相应的位移阻抗可表示为

$$Z_r = \frac{Q}{e\cos\varphi - \mathrm{i}e\sin\varphi} = \frac{Q}{e}(\cos\varphi + \mathrm{i}\sin\varphi) \tag{3.3.11}$$

对照式(3.3.8)，可得实验系统的刚度与阻尼系数分别为

$$k_e = \frac{\Delta m r \omega^2 \cos\varphi}{e}, \quad c_e = \frac{\Delta m r \omega^2 \sin\varphi}{e} \tag{3.3.12}$$

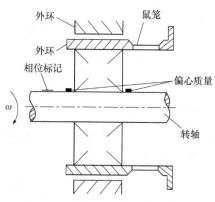

图 3.3.3　旋转状态下测试方案简图

在旋转状态下进行测试，转轴与挤压油膜阻尼器内环之间需要装有相应的滚动轴承，如图 3.3.3 所示。由于结构的限制，实测油膜内环的位移往往比较困难，而只能在靠近轴承处的转轴表面进行测量。由于受到滚动轴承本身动刚度的影响，实测得到的位移与油膜内环的位移有一定差别，滚动轴承本身的动力特性就难以得到准确值。因此，如果采用旋转状态下的测试方案，就应该设法直接在油膜内环上测量位移。

在能够提供滚动轴承的动刚度数据的情况下，挤压油膜阻尼器的刚度由两者串联关系得到，即有

$$k_{\text{sf}} = \frac{1}{1/k_{\text{e}} - 1/k_{\text{b}}} \tag{3.3.13}$$

式中，k_{b} 为滚动轴承的刚度；k_{e} 为测量换算的系统刚度。

在旋转状态下实测系统参数，还需要测试系统的参振质量。如图 3.3.3 所示，在偏心质量的不平衡力作用下，整个测试系统中的旋转部分均受到此不平衡力的激励。因此，所测量的响应包含了不平衡力的影响。为了避免测量结果的误差过大，系统中的旋转部件应尽量保持为刚体状态。此外，这些旋转部件的质量也影响系统的动刚度数据，在实际测试中需要考虑如何合理地消除这一影响。

在旋转状态下实测时，由于具有预加的偏心质量块，在测试过程中，径向作用力的幅值不能随意调节，而是随着转速的平方关系而变化，如式(3.3.10)所示。而油膜环的位移响应由这一作用力及挤压油膜阻尼器与有关实验系统的动力特性所决定，不可能人为控制。所以，在测试过程中，油膜内环的位移响应随着转速而变化。因而所得到的动力特性数据是在不同的偏心率 e/Δ 下的数据，这不便于挤压油膜阻尼器动力特性的分析。

鉴于以上几方面的考虑，在旋转状态下对挤压油膜阻尼器进行动力特性测试，面临多方面的困难，需要进一步探讨。

3.3.3　在非旋转状态下模拟挤压油膜阻尼器实际工作条件的测试

用一般结构振动的机械阻抗测试方法对挤压油膜阻尼器进行动力特性测试，是一种切实可行的方法，关键是如何模拟挤压油膜阻尼器的实际工况。

1. 模拟挤压油膜阻尼器的运动

挤压油膜阻尼器在实际运行时，油膜外环固定不动，油膜内环在旋转激振力作用下产生圆周涡动。因此，只要能对内环施加旋转的径向作用力，便可产生与实际工况相同的运动。当两个相互垂直的振动分别为 $A\cos(\omega t)$ 与 $A\sin(\omega t)$ 时，其振动频率和幅值相同，且相位相差 $90°$，则其合成便是一个圆周运动。如果在油膜内环相互垂直的两个方向上，分别施加激励力 $A\cos(\omega t)$ 与 $A\sin(\omega t)$，相当于使油膜内环受到一个幅值为 A 的旋转作用力的激励，旋转频率为 ω。图 3.3.4 为两种施加旋转力的方案，图 3.3.4(a)是把力施加在油膜内环上，这种情况完全模拟实际工况，实施起来稍微麻烦；图 3.3.4(b)是把力施加在油膜外环上，这种情况容易实现，但与实际工况有差别。图 3.3.5 为一种对油膜内环施加旋转径向力的框架式夹具，可以保证激励力作用在挤压油膜阻尼器内环的对称平面内。

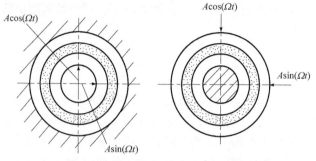

(a) 力施加在油膜内环上　　　　　(b) 力施加在油膜外环上

图 3.3.4　施加旋转径向力的两种方案

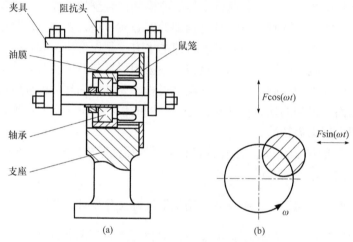

图 3.3.5　施加旋转径向力的框架式夹具

在这种测试系统中没有旋转部件，无需轴承支承。因此，原来在油膜内环中的滚动轴承完全可以用一空心棒代替，使框架式夹具与油膜内环紧密相连，成为一个刚性固联的整体。这样测得的刚度与阻尼数据，可以比较准确地代表挤压油膜阻尼器的动力特性。实际上，只要结构上允许，在挤压油膜外环上施加旋转径向力，而将油膜内环用心棒夹具固定，测试效果可能会更好。

2. 机械阻抗测试系统

图 3.3.6 为机械阻抗测试系统的一般原理图。由机械阻抗分析仪控制的信号发生器所产生的简谐信号，经过功率放大器和驱动激振器对被测试结构进行激励。激振器与被测结构之间连接一柔性杆，通过阻抗头连接于被测试结构的测试点上。阻抗头的输出信号(作用于试件上的力 F 和试件在测试点上的振动响应 A)通过电荷放大器送至机械阻抗分析仪。经分析处理后的机械阻抗数据输入计算机，通过计算机进行所需的分析处理。

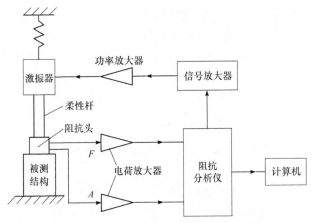

图 3.3.6 机械阻抗测试系统的一般原理图

机械阻抗分析仪分为模拟式和数字式两类。模拟式机械阻抗分析仪的频率范围一般为 5～5000Hz，动态范围和信噪比均可达 60dB；数字式机械阻抗分析仪的频率范围宽，可由 1×10^{-4}Hz 到 1×10^4Hz，动态范围可达 140dB。因此，只要有了基本的测试手段，就可以通过软件系统在计算机上完成机械阻抗分析的各项工作。测试工作需要正确地施加激励力，且准确地获取激励力与振动响应信号。因此，在测试中，激振器、传感器的安装，附加质量的消除和测试系统的标定等测试技术问题需要特别关注。

3. 测试实例

对一鼠笼式弹性支承与挤压油膜阻尼器实验件分别进行计算与实测，对比计算与测试结果，并考察测试方法。实验件的有关数据见表 3.3.1。

表 3.3.1 实验件的有关数据

参数名称	参数数据	参数名称	参数数据
鼠笼弹性杆长度	l=50mm	弹性支承参振质量	m = 3.14kg
鼠笼弹性杆数量	n = 8	油膜环平均半径	R = 40mm
弹性杆断面尺寸	$b \times t$ = 2.6mm×2.6mm	油膜承载宽度	L = 5.2mm
弹性杆材料的弹性模量	E =2.1×10^{11}MPa	油膜半径间隙	c = 0.14mm

根据式(3.3.1)和式(3.3.2)，当偏心率 ε=0.1、滑油动力黏度 μ=0.2Pa·s 时，计算得到全油膜条件下的油膜刚度 k_{sf}=0、油膜阻尼 c_{sf}=2330N·s/m，半油膜条件下的油膜刚度 k_{sf}=148.7N/m、油膜阻尼 c_{sf}=1165N·s/m。鼠笼弹性支承的静刚度为 k=6.174×10^5N/m。

　　分别对此弹性支承与挤压油膜阻尼器做无油膜时的单、双向正弦稳态激励测试以及有油膜时的双向正弦稳态激励测试(保持 $\varepsilon=0.1$)，测试与计算结果列于表 3.3.2。该实验件在无油膜时的自然频率约为 69Hz，故在该频率附近机械阻抗实部绝对值很小，理论计算与实测值相对误差较大。在低频范围内，误差仅为 1%左右。由于计算采用单自由度模型，实际系统不可能是纯粹的单自由度系统，所以在高于一阶自然频率以上，计算与实测结果误差较大。

表 3.3.2　弹性支承与挤压油膜阻尼器阻抗实部

频率/Hz	位移阻抗实部 Re(Z(ω))			频率/Hz	位移阻抗实部 Re(Z(ω))		
	计算值	无油膜实测	有油膜实测		计算值	无油膜实测	有油膜实测
0	617400	618000	—	65	78400	74480	151900
15	588980	588000	588500	70	−8230	−14000	82300
20	566440	564500	565000	75	−100940	−116600	−7840
25	539000	537000	537500	80	−199000	−210700	−98000
30	502700	509600	501300	85	−304800	−310000	−190000
35	460600	466500	467000	90	−416500	−490000	−270000
40	413560	419400	419800	95	−535100	−615000	−340000
45	358700	361500	368000	100	−659500	−779000	−440000
50	297900	305760	328600	110	−927100	−1050000	−750000
55	231280	235000	260000	120	1221000	−1350000	−1050000
60	157780	156800	220000				

　　图 3.3.7 为双向测试所得位移导纳矢端图，由此得到有油膜条件下的阻尼系数为 $c_{sf}=1252\text{N}\cdot\text{s/m}$，介于计算的半油膜与全油膜之间，比较接近半油膜。

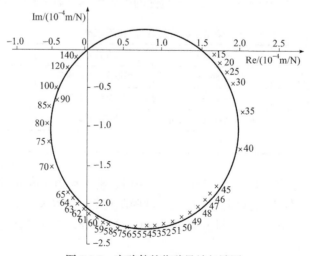

图 3.3.7　实验件的位移导纳矢端图

实测表明，偏心比在比较小的范围内，如 $\varepsilon=0\sim0.2$，阻尼系数基本不变，刚度影响也微乎其微。

3.4　转子系统边界参数的识别

在转子系统的动力学分析中，获得现场条件下的边界参数值是核心问题。凭经验统计或者根据轴承的理论计算值来确定，往往与实际值有较大的误差，如何获得精度较高的边界参数值成为转子动力学计算及工程设计中的关键问题。用实验数据或现场实测数据修改力学模型中的边界参数以求得更符合实际的动力特性，特别是实验与数值计算相结合的方法来识别边界参数可以获得更高的精度。

修改模型中的参数属于结构动力修改的范畴，有限元模型和边界元模型是结构分析最常见的模型，下面讨论用有限元模型和边界元模型来识别结构的边界条件。

3.4.1　有限元模型的边界参数识别

1. 动态特性分析法

图 3.4.1 是一般多跨转子的力学简化模型。支承处的边界情况用相当的弹簧和阻尼器代替。转子系统用有限元离散之后，离散型的动力学方程可以表示为

$$M\ddot{x}+(C+c)\dot{x}+(K+k)x=f \tag{3.4.1}$$

式中，M、K、C 分别为转子的质量矩阵、刚度矩阵和阻尼矩阵，可以按照转子动力学介绍的方法确定，通常认为是已知的；c、k 分别为支承及其他边界上的阻尼矩阵和刚度矩阵，这些参数不易直接用计算或测量的方法确定，需要在分析之前进行识别。

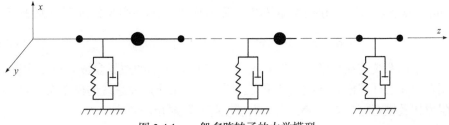

图 3.4.1　一般多跨转子的力学模型

边界参数可以根据实测的动态特性与结构的力学模型用实验与数值计算相结合的方法来加以识别。识别过程中利用的动态特性数据有模态参数、动态响应、传递函数等，利用这些不同的动态特性数据作为识别依据，可以形成不同类别的

方法。

当用传递函数来识别边界参数时，若加在结构上的力为 f，结构的响应为 x，对 f 和 x 分别做傅里叶变换，然后相除就可以得到传递函数 $X(\omega)/F(\omega)$，对式(3.4.1) 两边做傅里叶变换，经过整理可得

$$\frac{X(\omega)}{F(\omega)} = \{\omega^2 M + \mathrm{i}\omega(C+c) + K + k\}^{-1} \tag{3.4.2}$$

根据 $X(\omega)/F(\omega)$ 的实测值，以及已知的 M、K、C，就可用数值方法算出待识别的 c、k。

2. 解除约束法

解除约束法，就是解除原系统在某些支承点及边界点的约束，将原系统分解成没有待识别边界参数的解约系统和结构约束两部分，如图 3.4.2 所示。

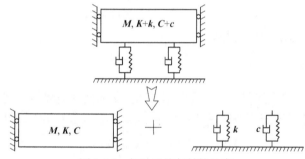

图 3.4.2　解约系统与结构约束

解约系统的动力学方程为

$$M\ddot{x} + C\dot{x} + Kx = 0 \tag{3.4.3}$$

由于不存在未知的边界参数，可以利用有限元模型较准确地计算出其各阶模态频率 $\omega_{\mathrm{n}i}$、模态阻尼比 ξ_i 和振型矩阵 $\boldsymbol{\Psi}$，则其刚度矩阵和阻尼矩阵可分别表示为

$$K = \boldsymbol{\Psi}^{-\mathrm{T}}[\omega_{\mathrm{n}i}^2]\boldsymbol{\Psi}^{-1}, \quad C = \boldsymbol{\Psi}^{-\mathrm{T}}[2\xi_i\omega_{\mathrm{n}i}]\boldsymbol{\Psi}^{-1} \tag{3.4.4}$$

对于原系统的动力学方程(3.4.1)，由于其中有未知的边界参数 c 和 k，因而不能用有限元法计算模态参数，可用实验模态分析来测定原系统的模态频率 ω_i、模态阻尼比及模态振型矩阵 $\boldsymbol{\Phi}$，而其刚度矩阵和阻尼矩阵可表示为

$$K + k = \boldsymbol{\Phi}^{-\mathrm{T}}[\omega_i^2]\boldsymbol{\Phi}^{-1}, \quad C + c = \boldsymbol{\Phi}^{-\mathrm{T}}[2\xi_i\omega_i]\boldsymbol{\Phi}^{-1} \tag{3.4.5}$$

用式(3.4.5)分别减去式(3.4.4)的对应项，即可获得边界参数 k 和 c 为

$$k = \boldsymbol{\Phi}^{-\mathrm{T}}[\omega_i^2]\boldsymbol{\Phi}^{-1} - \boldsymbol{\Psi}^{-\mathrm{T}}[\omega_{\mathrm{n}i}^2]\boldsymbol{\Psi}^{-1}, \quad c = \boldsymbol{\Phi}^{-\mathrm{T}}[2\xi_i\omega_i]\boldsymbol{\Phi}^{-1} - \boldsymbol{\Psi}^{-\mathrm{T}}[2\xi_i\omega_{\mathrm{n}i}]\boldsymbol{\Psi}^{-1} \tag{3.4.6}$$

利用上面讨论的动态特性分析法和解除约束法的有限元模型识别边界参数，在简单的结构中行之有效。但对复杂结构实测时，不可能在所有自由度上都做测量，要测得完整的响应矢量 x 或者模态振型矩阵 $\boldsymbol{\Phi}$ 具有一定困难。用非完整模态振型扩充到完整模态振型将带来一定的误差，而且还要考虑模态截断所造成的影响。采用自由度凝聚措施可有所改善，但仍不能从本质上解决问题。因此，有限元模型的参数识别仍有不少问题需要解决。

3.4.2　边界元模型的边界参数识别

如前所述，有限元模型识别边界参数存在诸多问题，而用边界元方法识别边界参数具有不少优点。下面介绍用边界元模型结合动态测试数据对支承点或结合点的刚度、阻尼等参数进行识别的方法。

边界元法是通过结构的边界积分方程建立转子系统内部的动力参数(位移、转角、弯矩、剪力)与其边界上的动力参数之间的直接联系，即将区域内部的信息转换到区域的边界，然后用边界元将边界离散，求解边界各节点的动态参数，即解出整个结构的动态特性和动态响应。因为边界元法是将结构内部的自由度全部简化到边界，所以实质上是做了自由度凝聚，对问题做了降维处理，这大大减少了所要求解的未知量的数目。对于转子系统，其边界仅仅是两个端点以及几个支承点和结合点，因而所要处理的问题也仅仅是这些点上的力的平衡与位移的协调。因此，边界元法非常适合于边界参数的识别。

根据动态响应的测量数据，通过边界积分方程所建立的关系式，可以方便地估计支承点和结合点的刚度及阻尼参数，从而得到一种简便、直接并且具有较高精度的边界参数识别方法。这种边界元法直接、灵活，而且只需少量测点，为现场条件下的实际机组测定创造了条件。

1. 梁的边界积分方程

对转子系统做动力学分析时，通常所用的基本力学模型是梁。通常可以简化为集中质量或分布质量的阶梯形、连续变截面的梁，支承在几个由轴承与轴承座组成的支承上，也可以由几个轴段用联轴器连成转子系统，再加上转动后所引起的回转力矩以及油膜、密封、气隙等附加因素，就形成了转子系统的整体力学模型。简单起见，这里先列出具有集中质量变截面梁的边界积分方程。

如图 3.4.3 所示具有集中质量的变截面梁，其横向振动的运动微分方程为

$$(1+\mathrm{i}\eta)\frac{\partial^2}{\partial z^2}\left(EI(z)\frac{\partial^2 x(z,t)}{\partial z^2}\right)+\left[\rho A(z)+\sum_{i=1}^n M_i\delta(z-z_i)\right]\frac{\partial^2 x(z,t)}{\partial t^2}=f(z,t) \qquad (3.4.7)$$

式中，E 为梁材料的弹性模量；η 为梁材料的内阻尼系数；ρ 为梁材料的单位长度

质量密度；$A(z)$为梁横截面面积；$I(z)$为梁横截面惯性矩；$M_i(i=1,2,\cdots,n)$为梁上的集中质量；$\delta(z-z_i)$为 Dirac-delta 函数；z_i为集中质量M_i处的轴向坐标；$f(z,t)$为梁上分布的横向载荷；$x(z,t)$为梁的横向动态响应。

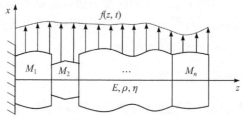

图 3.4.3 变截面梁

除了特殊结构以及黏滞性材料制成的转轴等情况，一般的金属转子的内阻尼都很小，可以略去，因而运动微分方程可简化为

$$\frac{\partial^2}{\partial z^2}\left(EI(z)\frac{\partial^2 x(z,t)}{\partial z^2}\right)+\left[\rho A(z)+\sum_{i=1}^{n}M_i\delta(z-z_i)\frac{\partial^2 x(z,t)}{\partial t^2}\right]=f(z,t) \tag{3.4.8}$$

不失一般性，可以假定梁上外载荷$f(z,t)$为时间的简谐函数，其圆频率为ω，即

$$f(z,t)=F(z)\mathrm{e}^{\mathrm{i}\omega t} \tag{3.4.9}$$

则梁的动态响应为

$$x(z,t)=X(z)\mathrm{e}^{\mathrm{i}\omega t} \tag{3.4.10}$$

将式(3.4.10)代入式(3.4.8)，可得

$$\frac{\mathrm{d}^2}{\mathrm{d}z^2}\left(EI(z)\frac{\mathrm{d}^2 X(z)}{\mathrm{d}z^2}\right)-\omega^2\left[\rho A(z)+\sum_{i=1}^{n}M_i\delta(z-z_i)\right]X(z)=F \tag{3.4.11}$$

对式(3.4.11)两边乘以权函数$W^*(z)$，再设ε为正无穷小量，自ε至$L-\varepsilon$对z积分，其中L为转子全长，即可得到

$$\int_{\varepsilon}^{L-\varepsilon}\frac{\mathrm{d}^2}{\mathrm{d}z^2}\left(EI(z)\frac{\mathrm{d}^2 X(z)}{\mathrm{d}z^2}\right)W^*(z)\mathrm{d}z-\int_{\varepsilon}^{L-\varepsilon}\omega^2\left[\rho A(z)+\sum_{i=1}^{n}M_i\delta(z-z_i)\right]X(z)W^*(z)\mathrm{d}z$$

$$=\int_{\varepsilon}^{L-\varepsilon}FW^*(z)\mathrm{d}z \tag{3.4.12}$$

对式(3.4.12)左边第一项进行分部积分，并令

$$Q(z)=\frac{\mathrm{d}}{\mathrm{d}z}\left[EI(z)\frac{\mathrm{d}^2 X(z)}{\mathrm{d}z^2}\right],\quad M(z)=EI(z)\frac{\mathrm{d}^2 X(z)}{\mathrm{d}z^2},\quad \Theta(z)=\frac{\mathrm{d}X(z)}{\mathrm{d}z}$$

$$Q^*(z) = \frac{\mathrm{d}}{\mathrm{d}z}\left[EI(z)\frac{\mathrm{d}^2 W^*(z)}{\mathrm{d}z^2} \right], \quad M^*(z) = EI(z)\frac{\mathrm{d}^2 W^*(z)}{\mathrm{d}z^2}, \quad \Theta^*(z) = \frac{\mathrm{d}W^*(z)}{\mathrm{d}z} \quad (3.4.13)$$

则由式(3.4.12)可得

$$\int_\varepsilon^{L-\varepsilon}\left[\frac{\mathrm{d}^2}{\mathrm{d}z^2}EI\frac{\mathrm{d}^2 W^*(z)}{\mathrm{d}z^2} - \omega^2\rho A W^*(z) - \omega^2\sum_{i=1}^n M_i\delta(z-z_i)W^*(z) \right]X(z)\mathrm{d}z$$

$$= \int_\varepsilon^{L-\varepsilon} FW^*(z)\mathrm{d}z - \left(W^*(z)Q(z) - \Theta^*(z)M(z) + M^*(z)\Theta(z) - Q^*(z)X(z) \right)\Big|_\varepsilon^{L-\varepsilon} \quad (3.4.14)$$

式(3.4.13)中，权函数 $W^*(z)$ 是选定的函数，若选用梁动力问题的基本解作为 $W^*(z)$，则可使式(3.4.14)得到很大的简化。基本解函数就是满足下列方程的 $W^*(z)$，即

$$\frac{\mathrm{d}^2}{\mathrm{d}z^2}\left(EI(z)\frac{\mathrm{d}^2 W^*(z)}{\mathrm{d}z^2} \right) - \omega^2\left[\rho A(z) + \sum_{i=1}^n M_i\delta(z-z_i) \right]W^*(z) = \delta(z-z_i) \quad (3.4.15)$$

从物理意义上说，式(3.4.15)中的 $W^*(z)$ 就是在梁上 $z=z_j$ 处作用有单位简谐激振力所产生的梁的动态响应。选用这样的基本解后，方程(5.4.14)即可简化为

$$X(z_j) = \int_\varepsilon^{L-\varepsilon} FW^*(z)\mathrm{d}z - \left(W^*(z)Q(z) - \Theta^*(z)M(z) + M^*(z)\Theta(z) - Q^*(z)X(z) \right)\Big|_\varepsilon^{L-\varepsilon}$$

$$(3.4.16)$$

当 $\varepsilon \to 0$ 时，式(3.4.16)就是具有集中质量变截面梁的边界积分方程。可看到方程(3.4.16)建立了梁上内部点 z_j 处的位移响应 $X(z_j)$ 与边界上(即两个端点)的动力参数之间的关系。利用式(3.4.16)就可以直接根据测量的响应值来识别边界参数。在式(3.4.16)中，待识别的边界参数是两端的 $Q(z)$、$M(z)$、$\Theta(z)$、$X(z)$；其中有些边界条件已知，而有些边界条件需要识别，如有 p 个参数要识别。各支承处的反力可以作为 F 中的一部分未知外载荷来处理，若有 q 个未知的支承反力，则总共待求的未知量有 $p+q$ 个。只要在转子的 $p+q$ 个任选点上测量，获得 $p+q$ 个位移响应 $X(z_j)(j=1, 2,\cdots, p+q)$，根据式(3.4.16)列出 $p+q$ 个线性方程，即可解出 $p+q$ 个未知量。求得了两端的边界参数和支承反力之后，则可利用式(3.4.16)确定支承点处的位移响应。按照各支承处的支承反力及响应量，就可以识别支承刚度和阻尼系数。如果进一步增加测点的数目，超过 $p+q$ 个，得到的方程数将超过未知数，这时可用最小二乘法求解，这有利于提高识别的精度和可靠性。

2. 转子动力问题的近似基本解函数

在导出梁的边界积分方程时，关键是要解出式(3.4.16)中的基本解函数。但式(3.4.16)的解的形式非常繁杂，无法写成简洁的函数形式，这给公式推导和计算实施带来很大不便。为此，需要建立结构边界积分方程的近似基本解方法。对边

界元法中的基本解,适当选取近似函数,可以保证算法的精度和收敛性。一种简便、通用、精度能符合工程要求的梁动力问题的近似基本解方法是:在等截面梁的静力弯曲问题的理论基本解上叠加一个包含待定系数的三角函数级数修正项,使之近似满足基本方程(3.4.15)。

等截面梁静力弯曲问题的基本解 $W_1^*(z)$ 要满足的方程为

$$EI\frac{\mathrm{d}^4}{\mathrm{d}z^4}W_1^*(z) = \delta(z - z_j) \tag{3.4.17}$$

方程(3.4.17)有封闭形式的函数解:

$$W_1^*(z) = \frac{1}{12EI}(2L^3 + r^3 - 3Lr^2) \tag{3.4.18}$$

式中, L 为转子长度, $r = |z - z_j|$。

现取

$$W^*(z) = W_1^*(z) + \sum_{k=1}^{m} C_k \sin\left(\frac{k\pi z}{L}\right) \tag{3.4.19}$$

作为具有集中质量变截面梁动力问题的近似基本解。其中 $C_k(k=1,2,\cdots,m)$ 为待定系数。将式(3.4.19)代入式(3.4.15),由于不能精确满足方程,会出现残余函数项:

$$R(z) = \sum_{k=1}^{m} C_k \left[EI(z)\left(\frac{k\pi}{L}\right)^2 - \omega^2\rho A(z) - \omega^2\sum_{i=1}^{n} M_i\delta(z - z_i) \right] \sin\left(\frac{k\pi z}{L}\right)$$
$$- \omega^2 \left[\rho A(z) + \sum_{i=1}^{n} M_i\delta(z - z_i) \right] W_1^*(z) \tag{3.4.20}$$

根据以下两种极值准则,可以定出待定系数 C_k:

(1) 使 $R(z)$ 在某些指定点 z_j 上取平均极小值的 $C_k(k=1,2,\cdots,m)$;

(2) 将 $R^2(z)$ 沿梁的全长积分,使 $\int_0^L R^2(z)\mathrm{d}z$ 取极小值,即从

$$\frac{\partial \int_0^L R^2(z)\mathrm{d}z}{\partial C_k} = 0, \quad k=1,2,\cdots,m \tag{3.4.21}$$

的条件中定出 C_k 待定系数值。

3. 支承刚度和阻尼系数识别的仿真算例

图 3.4.4(a)为一带三个圆盘的转子-轴承系统,转子支承在左右两个滑动轴承上。三个圆盘等间距布置,其质量为 $m_1 = m_2 = m_3 = 14\text{kg}$。转子全长 $L=1050\text{mm}$,弹

性模量 $E=210$ GPa。转子为等截面，截面积 $S=9.62\times10^{-4}$ m^2，截面惯性矩 $I=8.37\times$ 10^{-8} m^4，材料的质量密度 $\rho=7.85\times10^3$ kg/m^3。激振的外载荷为某一圆盘上的不平衡量，其幅值为 $F=me\omega^2$，其中 e 为此圆盘的偏心量，ω 为轴转动角速度。

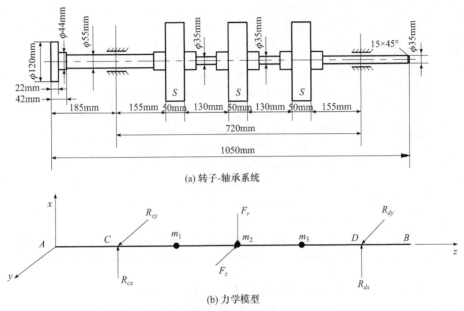

(a) 转子-轴承系统

(b) 力学模型

图 3.4.4　转子-轴承系统及其力学模型

为便于计算，将此转子-轴承系统简化成图 3.4.4(b)所示的力学模型，这是有三个集中质量的均质梁。模型中将支承点 C、D 的轴承约束解除，用 y 方向的支承反力 R_{cx}、R_{cy}、R_{dx}、R_{dy} 来代替。为识别轴承油膜的刚度和阻尼系数，需要求解 4 个支反力 R_{cx}、R_{cy}、R_{dx}、R_{dy} 以及 C、D 点在 x 和 y 方向的位移。

进行仿真计算时，先用润滑理论中的雷诺方程数值解法计算出两个滑动轴承的 8 个动力特性系数，然后用计算转子不平衡响应的程序算出在 ω 转速下由圆盘偏心引起的转子在选定点处的位移响应幅值和相位。然后以这些位移计算值作为动态实验时的实测值，使用边界元模型对轴承油膜的动特性系数进行仿真识别，以检验识别方法的有效性。

仿真计算的转速为 4000r/min，在中间圆盘或左端圆盘的质心偏心距 $e=1$ mm 两种情况下，转子上 10 个点的位移幅值和相位的仿真测量值见表 3.4.1。

表 3.4.1　转子上 10 个点的位移幅值和相位仿真测量值

节点号	1	2	3	4	5	6	7	8	9	10
节点距左端距离 z/mm	160	235	285	365	440	545	635	725	845	950

续表

节点号		1	2	3	4	5	6	7	8	9	10
中间圆盘有偏心情况	y方向振幅 $Y(z)$/mm	0.0875	0.1768	0.3339	0.5411	0.6627	0.7194	0.6754	0.5362	0.2064	0.1510
	y方向相位角 $\varphi_y(z)$/(°)	24.85	174.19	178.95	−178.95	−178.22	−177.92	−178.20	−179.09	−175.26	16.58
	x方向振幅 $X(z)$/mm	0.0809	0.1796	0.3350	0.5395	0.6593	0.7151	0.6719	0.5348	0.2090	0.1434
	x方向相位角 $\varphi_x(z)$/(°)	114.84	−95.28	−90.97	−89.02	−88.35	−88.06	−88.33	−89.16	−94.34	106.13
左端圆盘有偏心情况	y方向振幅 $Y'(z)$/mm	0.0366	0.0694	0.1396	0.2639	0.3943	0.5355	0.5539	0.4063	0.1822	0.1341
	y方向相位角 $\varphi_y'(z)$/(°)	−16.51	−168.57	−173.58	−176.29	−177.69	−178.95	−179.90	178.77	171.89	17.43
	x方向振幅 $X'(z)$/mm	0.3383	0.0669	0.1369	0.2610	0.3917	0.5340	0.5538	0.4619	0.1862	0.1271
	x方向相位角 $\varphi_x'(z)$/(°)	74.80	−78.74	−83.81	−86.48	−87.83	−89.02	−89.91	−91.16	−97.44	107.21

根据这些仿真测量值,下面识别 C、D 轴承油膜的刚度与阻尼系数。图 3.4.4(b) 力学模型中,先考虑 x 方向,将 R_{cx}、R_{dx} 视为外载荷,则按式(3.4.16)推得的边界积分方程为

$$X(z_j) = \int_A^B F_x W^*(z)\mathrm{d}z + W^*(z_c)R_{cx} + W^*(z_d)R_{dx} - \Theta^*(z_a)X(z_a)$$
$$+ \Theta^*(z_b)X(z_b) + M^*(z_a)\Theta_x(z_a) - M^*(z_b)\Theta_x(z_b)$$
$$(3.4.22)$$

转子两端的 A、B 点现在是自由端,自由端的剪力与弯矩为零,故在式(3.4.22)中未出现剪力与弯矩的边界参数,要求解的未知量为:2 个油膜反力 R_{cx}、R_{dx} 及 4 个边界位移和转角 $X(z_a)$、$X(z_b)$、$\Theta_x(z_a)$、$\Theta_x(z_b)$,总共 6 个待求未知量。只要在 6 个不同 z_j 点处测量位移响应 $X(z_j)(j=1,2,\cdots,6)$,列出 6 个类似式(3.4.22)的方程即可解出这 6 个未知量。

在计算油膜动力特性系数时,还需要知道 C、D 两点的位移 $X(z_c)$、$X(z_d)$。在解出支承反力及边界参数后,再根据式(3.4.22)列出两个对 $X(z_c)$、$X(z_d)$ 的关系式,求解就可求得位移 $X(z_c)$ 和 $X(z_d)$。

在具体求解时,有两点需要注意:

(1) 由于油膜反力内有阻尼力项,是一个复数力,在 z_j 处测量得到的响应 $X(z_j)$ 也是复数量,因此所有变量都是复数量,需要做复数运算。

(2) 由式(3.4.15)可以知道,对于不同的 z_j,问题的基本解 W^* 及 W_1^* 的函数形

式都不一样, 因此式(3.4.22)对不同的 z_j 尽管形式上一样, 实际上式中的 W^*、Θ^*、M^*、Q^* 都不相同。

按式(3.4.22), 可以列出 y 方向的边界积分方程为

$$
\begin{aligned}
Y(z_j) =& \int_A^B F_y W^*(z)\mathrm{d}z + W^*(z_c)R_{cy} + W^*(z_d)R_{dy} - \Theta^*(z_a)Y(z_a) \\
&+ Q^*(z_b)Y(z_b) + M^*(z_a)\Theta_y(z_a) - M^*(z_b)\Theta_y(z_b)
\end{aligned}
\tag{3.4.23}
$$

重复以上在 x 方向的过程, 在 y 方向测量 6 个点的位移响应, 在 F_y 已知的情况下, 不难求出油膜反力 R_{cy}、R_{dy} 及 C、D 点处的位移 $Y(z_c)$、$Y(z_d)$。根据这些反力与响应数据, 就可以确定油膜的动力特性系数。下面以 C 轴承为例加以说明。由于

$$
\begin{aligned}
R_{cx} =& (k_{xx}+\mathrm{i}\omega c_{xx})X(z_c)+(k_{xy}+\mathrm{i}\omega c_{xy})Y(z_c) \\
R_{cy} =& (k_{yx}+\mathrm{i}\omega c_{yx})X(z_c)+(k_{yy}+\mathrm{i}\omega c_{yy})Y(z_c)
\end{aligned}
\tag{3.4.24}
$$

式中, k_{xx}、k_{yy}、c_{xx}、c_{yy} 分别为 x 和 y 方向的油膜刚度和油膜阻尼系数, k_{xy}、k_{yx}、c_{xy}、c_{yx} 分别为油膜交叉油膜刚度和油膜交叉阻尼系数。这里一共有 8 个待求量, 但式(3.4.24)的实部、虚部分解后只有 4 个方程, 需要补充 4 个与之线性无关的方程。为此, 改变作用在转子上和激振外力 F 的分布(此处将中间圆盘的偏心移至左端圆盘), 重新测量转子上各点的响应, 再按前述方法求得另一组轴承油膜反力 R'_{cx}、R'_{cy}、R'_{dx}、R'_{dy} 以及轴承点处位移 $X'(z_c)$、$X'(z_d)$、$Y'(z_c)$、$Y'(z_d)$。按照前面的方法, 可以得到

$$
\begin{aligned}
R'_{cx} =& (k_{xx}+\mathrm{i}\omega c_{xx})X'(z_c)+(k_{xy}+\mathrm{i}\omega c_{xy})Y'(z_c) \\
R'_{cy} =& (k_{yx}+\mathrm{i}\omega c_{yx})X'(z_c)+(k_{yy}+\mathrm{i}\omega c_{yy})Y'(z_c)
\end{aligned}
\tag{3.4.25}
$$

联立式(3.4.24)及式(3.4.25), 即可求出轴承 C 的 8 个动力特性系数。轴承 D 的 8 个动力特性系数可按照类似的方法求出。

4. 减少测点数的配点法

从上述仿真算例中可以看到, 至少需要测量 6 个点的响应才能识别边界参数, 但真正需要识别的仅是 2 个油膜反力。在某些机组上, 有时转子封装在缸内, 能作为测点的位置很有限。这时就希望能尽量减少测点, 尽量发挥少量实测信息的内部潜力而获得较好的识别精度。这里介绍用配点法增加求解时的辅助方程, 从而减少所需的测点数。在式(3.4.22)中, 多余的待求未知量是转子两端 A、B 点上的参数, 就在这两点上配点, 利用式(3.4.22), 对 A 点有

$$
\begin{aligned}
X(z_a) =& \int_A^B F_x W^*(z)\mathrm{d}z + W^*(z_c)R_{dx} - Q^*(z_a)X(z_a) + Q^*(z_b)X(z_b) \\
&+ M^*(z_a)\Theta_x(z_a) - M^*(z_b)\Theta_x(z_b)
\end{aligned}
$$

或改成

$$\int_A^B F_x W^*(z)\mathrm{d}z + W^*(z_c)R_{cx} + W^*(z_d)R_{dx} - [Q^*(z_a)+1]X(z_a)$$

$$+ Q^*(z_b)X(z_b) + M^*(z_a)\Theta_x(z_a) - M^*(z_b)\Theta_x(z_b) = 0 \tag{3.4.26}$$

式(3.4.26)就是一个辅助方程，其中仍是原有的 6 个未知量，不要求新的测量值却可以得到一个独立的关系式，可用以代替上述求解时 6 个方程中的一个，从而可以减少一个测点。对 B 点同样配点，也可以得到一个辅助方程，从而再减少一个测点。

与导出对位移的边界积分方程(3.4.22)一样，运用分部积分还可以导出一个对转角的边界积分方程，即

$$\Theta_x(z_j) = \frac{\mathrm{d}X(z_j)}{\mathrm{d}z} = \int_A^B F_x \frac{\mathrm{d}W^*(z)}{\mathrm{d}z}\mathrm{d}z + \frac{\mathrm{d}W^*(z_c)}{\mathrm{d}z}R_{cx} + \frac{\mathrm{d}W^*(z_d)}{\mathrm{d}z}R_{cx}$$

$$- \frac{\mathrm{d}Q^*(z_a)}{\mathrm{d}z}X(z_a) + \frac{\mathrm{d}Q^*(z_b)}{\mathrm{d}z}X(z_b) + \frac{\mathrm{d}M^*(z_a)}{\mathrm{d}z}\Theta_x(z_a) - \frac{\mathrm{d}Q^*(z_b)}{\mathrm{d}z}\Theta_x(z_b) \tag{3.4.27}$$

按式(3.4.27)对 A、B 两点的转角配点，又可以得到两个新的独立的辅助方程，于是又可以进一步减少两个测点。经过对 A、B 点的位移、转角配点之后，共增加了 4 个辅助方程，因此只要有两个测点，建立两个位移的边界积分方程就可以解出全部 6 个未知量。

配点法的实质是利用边界点或其他特殊点上的动态响应参数与内部点响应及外载荷之间的内在解析关系建立辅助方程，而不需要加入测量值。从理论上来说，这些方程中变量间的关系都是精确的，除了力学模型本身的假设，没有其他人为的假设。因此，使用配点法可以使测点数减少到最少，且保持相对较高的识别精度。要保证高精度的前提是测量数据的精度要高。在测量数据信噪比较低的场合，除了采取必要的去噪措施外，还需适当增多一些测点数，使识别的均方误差受到最小二乘准则的控制，这对保证识别精度是有利的。

仿真识别中采用 4 个测点，加上按 A、B 两个点位移配点的两个辅助方程，共 6 个方程。这 4 个测点按表 3.4.1 中所列是 1、3、6、9 点，即 z_1=160mm，z_3=285mm，z_6=545mm，z_9=845mm。第一次加载情况是中间圆盘有 1mm 偏心。第二次加载情况是左边圆盘有 1mm 偏心。根据两次不同加载情况按式(3.4.24)和式(3.4.25)解出轴承油膜的 8 个动力特性系数。

表 3.4.2 中的油膜动力特性系数的理论值是按雷诺方程算出的。从表 3.4.2 可看出仿真识别的精度较高。还可采用不同组合的 4 个测点进行识别，识别结果略有差别。但对刚度系数而言，识别值与理论值之间的相对误差大体上不超过 1.5%；阻尼系数的相对误差稍大，但大部分也不超过 2%。仿真中的误差来源主要是仿

真测量值的计算中以及识别算法中的数值误差。

表 3.4.2　轴承油膜刚度系数和阻尼系数的估算值及相对误差

刚度系数		识别值/(N/m)	理论值/(N/m)	相对误差/%	阻尼系数		识别值/(N/m)	理论值/(N/m)	相对误差/%
轴承 C	k_{yy}	0.11681×10^8	0.11789×10^8	0.92	轴承 C	c_{yy}	0.15525×10^6	0.15818×10^6	1.85
	k_{xx}	0.6685×10^7	0.66981×10^7	0.20		c_{xx}	0.1669×10^6	0.17035×10^6	2.03
	k_{yx}	-0.3137×10^8	-0.32117×10^8	2.33		c_{yx}	0.2563×10^5	0.28195×10^5	9.10
	k_{xy}	0.36177×10^8	0.36684×10^8	1.38		c_{xy}	0.2763×10^5	0.2819×10^5	1.99
轴承 D	k_{yy}	0.1142×10^8	0.11588×10^8	1.45	轴承 D	c_{yy}	0.1552×10^6	0.15801×10^6	1.78
	k_{xx}	0.6487×10^7	0.65626×10^7	1.15		c_{xx}	0.1664×10^6	0.16983×10^6	2.02
	k_{yx}	-0.3173×10^8	-0.3217×10^8	1.37		c_{yx}	0.2714×10^5	0.27713×10^5	2.07
	k_{xy}	0.3603×10^8	0.36541×10^8	1.40		c_{xy}	0.2716×10^5	0.27713×10^5	2.00

这一仿真算例说明用边界元模型和动态响应测试相结合的方法进行支承油膜的刚度系数和阻尼系数的识别，从原理到方法都是可行的。

5. 边界元模型识别方法的实验验证

为了验证用边界元模型识别边界参数的方法的有效性和精度，通过转子系统的实验加以验证。用以实验的转子的尺寸和构造与仿真算例中的转子完全相同，如图 3.4.4(a)所示，但实验用轴承与仿真计算中的轴承有些差别，因而其动力特性系数不完全相同。C、D 两个轴承都是椭圆瓦轴承，内径为 35mm，宽度为 20mm，径向间隙为 0.1mm。

实验时在中间圆盘上加一不平衡质量 3.9g，加重半径为 94mm。由于是验证性实验，只识别两轴承的垂直和水平方向的动力特性系数而略去其交叉特性，故只做了一种加重情况。

转子实验台由可控硅直流电机调速，有反馈稳速装置，转速可稳定在 1%左右。响应用涡流传感器测量，并用 Bendy DVF-2 向量滤波器读出各测点的振幅和相位。为排除噪声信号的干扰，测试时，在加不平衡重的前后各测量一次，以两次读数之差作为该测点的响应值。为进一步减少测量误差，又将不平衡加重先后在盘上相隔 180°的位置各装一次，响应读数则取两次测量的平均值。轴上测点共

8个，在转速为 4000r/min 时测量的响应值见表 3.4.3。

表 3.4.3　各测点处的响应幅值和相位

测点与转子左端的距离/mm	垂直方向位移幅值/μm	垂直方向相位/(°)	水平方向位移幅值/μm	水平方向相位/(°)
262	17.5	173	14.0	168
301	29.5	169	26.4	176
365	33.5	174	39.4	177
462	40.5	193	53.6	178
545	49.5	174	55.4	179
635	49.3	190	40.6	180
725	46.7	178	38.3	171
828	29.9	198	18.2	107

C、D 轴承的动力特性系数的理论计算值与识别值一起列在表 3.4.4 中。表 3.4.4 中列出了用 4 个测点(附加 2 个位移配点的辅助方程)及 2 个测点(附加 2 个位移配点及 2 个转角配点的辅助方程)的不同识别方法所得到的油膜刚度识别结果。

表 3.4.4　轴承油膜刚度系数的估算值和误差

项目		4 个测点的识别			2 个测点的识别		
		识别值/(N/m)	理论值/(N/m)	相对误差/%	识别值/(N/m)	理论值/(N/m)	相对误差/%
轴承 C	k_{yy}	$0.501×10^8$	$0.527×10^8$	4.9	$0.497×10^8$	$0.527×10^8$	5.7
	k_{xx}	$0.122×10^8$	$0.116×10^8$	5.2	$0.130×10^8$	$0.116×10^8$	12.1
轴承 D	k_{yy}	$0.433×10^8$	$0.469×10^8$	7.7	$0.426×10^8$	$0.469×10^8$	9.2
	k_{xx}	$0.955×10^7$	$0.100×10^8$	4.5	$0.948×10^7$	$0.100×10^8$	5.2

4 个测点时，采用 1、3、6、8 四个点，即 $z_1 = 262$mm，$z_3 = 365$mm，$z_6 = 635$mm，$z_8 = 828$mm。

2 个测点时，采用 1、6 两个点，即 $z_1 = 262$mm，$z_6 = 635$mm。

为考核边界元模型识别方法的稳定性，改用其他组合进行识别，所得结果略有差别，但油膜刚度系数的识别值与理论值之间的误差仍保持在 10% 左右，这已足够满足工程的精度需要。即使在测点很少的场合，如本例中两个轴承动力特性的识别只用了两个测点，也可得到较满意的精度。这说明这种识别方法是有效和可靠的。

3.5　旋转机械的参数检测

3.5.1　旋转机械的转速检测

旋转机械振动中，最为明显的特征为振动是以转速为周期的周期振动。因此，无论是从分析振动信号还是从掌握设备的运行状态等方面，准确测量旋转机械的转速都具有十分重要的意义。

检查转速首先要获得与转速同步的脉冲信号，为了得到作为速度测试的脉冲信号，工程中通常用涡流传感器。涡流传感器要求在轴上标记线处开一条几毫米深的键槽，设定前置器的输出为负电压的脉冲信号，如图 3.5.1 所示。一般而言，键槽开得宽，脉冲也宽。

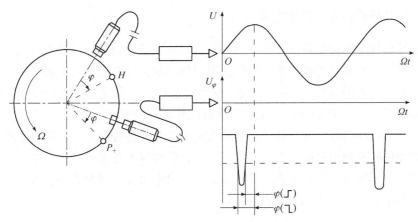

图 3.5.1　脉冲宽度对相位的影响

在两个脉冲信号之间，转子转过 2π，故有

$$\Omega = \frac{2\pi}{t} \tag{3.5.1}$$

只要测得两个脉冲间的时间 t，即可求得转子的瞬时转动角速度 Ω 或频率 f。

测量时，常常设定电压阈值 V_r，脉冲以越过 V_r 计，以避免各种扰动所产生的"毛刺"而影响测量的精度。

键槽凸台的几何尺寸，不同的监测系统和被测转子都有一定的要求，如本特利公司 7200 系列和 3000 系列监测系统要求键槽和凸台的宽度大于 7mm，深度大于 1.5mm，长度大于 10mm，以保证产生最小 5V 的峰值脉冲信号。由于键槽有一定的宽度，脉冲信号有一定的宽度，这时转速测量取值应明确是以脉冲前沿或后沿为触发参考。

旋转机械的键相信号对旋转机械的振动测量具有重要意义，除了测量转速，还可以作为相位参考脉冲信号，也是旋转机械中常用的整周期采样方法的基础。

为了获得理想的键相脉冲信号，应注意以下问题：

(1) 键相位的涡流传感器应径向安装，而不能轴向安装。因为轴向安装时，受轴向推力的作用会造成前置器输出超出线性范围，从而影响键相信号的幅度。

(2) 设计旋转键槽的长度时应考虑转子的轴向窜动量。

(3) 涡流传感器与轴表面之间的间隙应按轴平滑表面决定，而不是按缺口决定。

(4) 键槽的长度应沿与转子中心线相平行的方向测量，宽度与轴中心线相垂直。

(5) 对于高速转子，应设法消除因键槽产生的不平衡。

3.5.2　旋转机械的振动相位检测

旋转机械中的相位是指基频信号相对于转轴上某一确定标记的相位差。这一标记，在工程上就是键槽位置。这样便可以把基频振动与转轴联系起来。

设有转轴如图 3.5.2 所示，在轴上键槽位置 O' 做一标记线，传感器安装在固定平面的某一确定位置(如水平位置或垂直位置) O，每当轴转动至 O' 与 O 重合时给出一键相脉冲信号，这一脉冲信号作为相位的参考脉冲信号。若将任意测点的经过滤波后的基频信号描绘在同一时间轴上，就可以按参考脉冲信号来定基频信号的相位。有四种相位的取值方法，即正峰点相位 φ_{+P}、负峰点相位 φ_{-P}、正斜率过零相位 φ_{+S}、负斜率过零相位 φ_{-S}。

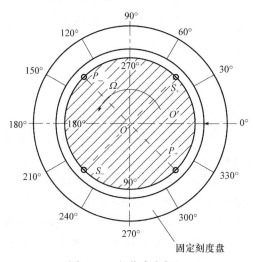

图 3.5.2　相位参考标记

　　无论采取何种取值方法，相位 φ 总是指落后角。例如，正峰点相位是指键相脉冲后面第一次遇到的波形正峰点随对应的角度。尽管 φ 角一般用 $0\sim360°$ 的正值表示，但指的是落后角。可以在转轴上找到 4 个对应点 P_+、S_-、P_-、S_+，如图 3.5.3 所示。这样，当 P_+ 点转到传感器位置 O 时，振动信号正处在正峰点；当 S_- 转至 O 时，振动信号正处在负斜率过零点，如图 3.5.3 上的转轴位置。

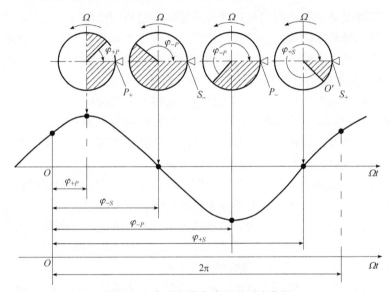

图 3.5.3　各种相位角定义的对应位置

　　在测量转轴的径向振动时，有时还引用"高点"一词。"高点"是指轴上某一点，当这一点转至测点位置时，振动正好在正峰点。如图 3.5.4 所示，设 O 为键相传感器，V 为涡流传感器。当 O' 与 O 重合时，自测点 V 逆向转过一 φ 角得到"高点" H，按前面关于相角的含义，当 P_+ 转至固定标记 O 处时，振动正处于正峰点，此时"高点" H 恰好在测点 V 处。

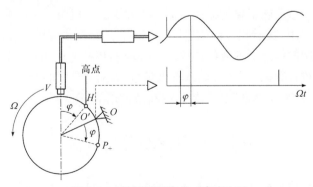

图 3.5.4　轴振动对应的"高点" H

第4章　机械设备的故障监测与分析方法

振动监测及故障诊断技术是预测性及预防性维修制度的一个重要环节。振动监测及故障诊断技术所能取得的效益包括：①减少产量损失；②提高效率、可靠性、开工率和延长机械的寿命；③减少维护费用(包括劳动力费用、备品备件及燃料费用等)；④改善生产计划；⑤改善安全及环境条件。

振动监测与故障诊断的核心问题是适当选择及安装传感器，以便能获得机械振动及生产过程的数据。根据这些数据信息评价机械设备的工作状态，给出早期故障预报，以便及时发现故障的存在，诊断出故障的原因，从而保证机械连续安全运行，直到安排出维修停机计划来消除故障。

周期地或连续地监测机械设备以实现故障诊断的基本方法和原则如下：①掌握机械的基本力学、流体、热力学及电气的特性；②掌握机械容易发生典型故障的机理以及相应的征兆；③监测那些能够表示机械状态的关键参数；④将诊断结果与分析预测的结果进行比较；⑤了解机械的运转状态的历史及有关事件；⑥在故障诊断的基础上采取相应的排除故障的措施。

机械设备动力特性的计算分析模型，特别是基于模态分析的计算模型，对设备诊断具有重要价值。对任何一台机械设备工作状态的评价，需要掌握基本的机械、物理特性，以及机器在工作时的动力特性。在进行振动监测与故障诊断时，应该得到有关的设计数据，预先获得设备工况参数以及振动数据。具体的基础数据包括：①轴系的自振频率、模态形状；②转子系统中的有效阻尼值；③转子系统的失稳安全极限；④载荷与振动之间的关系；⑤允许的振动极限值。

机器的设计参数、机器运行中的过程变量等，是决定机器振动特性的重要因素，因此对于大型旋转机械的振动监测与故障诊断，机组的设计数据和工作过程数据具有重要作用。旋转机械的制造厂家应该为用户提供完整的设计数据(包括监视系统或监测用的传感器安装位置等)。大型旋转机械的使用者，要系统监测和记录机器的工作过程数据、过程参数或辅助参数(如轴承温度的变化或者电动机驱动功率的变化)，为进行振动监测和故障诊断做数据准备。

4.1　灰色诊断分析方法

灰色系统是控制论的观点和方法延伸到其他领域的产物，是自动控制科学与运筹学相结合的一种分析方法。灰色系统理论认为，客观世界是信息的世界，既有大量已知信息，也有不少未知信息、非确知信息。未知的、非确知的信息是黑色的；已知信息称为白色的；既含有未知信息又含有已知信息的系统称为灰色系统。客观世界普遍存在着灰色系统，如社会系统、经济系统、工程技术系统、机械系统等。

4.1.1　灰色诊断方法的概念

灰色系统的描述目前主要采用以下方式：①灰色参数、灰色数、灰色元素(简称灰元)，并记为 $\otimes$；②灰色方程，包括微分方程、差分方程和代数方程；③灰色矩阵；④灰色群。

灰色参数可以找到其真实原型，如一个机械系统振动幅值的预测值。常见的灰色参数有下列类型：①下界的 $\otimes \in [\bar{C}, \infty)$；②上界的 $\otimes \in (\infty, \bar{C}]$；③闭区间的 $\otimes \in [C, \bar{C}]$；④开区间的 $\otimes \in (C, \bar{C})$；⑤离散的 $\otimes \in \{x_1, x_2, \cdots, x_n\}$。

含有灰色参数的方程称为灰色方程，含有灰色元素的矩阵称为灰色矩阵。研究灰色系统的关键是灰元如何处理以及灰色系统如何白化。灰元的处理在故障诊断中一般有如下方法：

(1) 通过 n 个特殊的白色矩阵(称为样本矩阵)对灰色矩阵作用后，使灰色矩阵变白。

(2) 根据某种准则、规则、概念做定量化处理，将灰元变为白元，这称为灰元的白色量化，简称白化。

(3) 将时间域内的数据列在时间-数据平面上作图，或将两个因素的关联序列在因素平面内作图，然后将曲线按某种规则分为 n 块，定为 n 种量值，灰色参数以取相应的量值白化。

一个灰色系统的白化在工程应用中更具重要性，即将一个整体信息不完全确定的灰色系统从结构上、模型上、关系上，使其由灰变白。灰色系统白化的常用方法有以建模为基础的动态模型法、确定时间序列关联程度的灰色关联分析法、灰色统计法和对多种因素在众多指标限制下的灰色聚类分析法。

4.1.2　灰色关联度及其故障诊断方法

一个系统含有许多因素(对象)，有些因素之间的关系是灰色的，分不清哪些因素关系密切，哪些不密切，这样就难以找到主要矛盾，发现主要特征，认清主要关系。关联度是指不同因素(不同对象)之间的关联程度。一个因素或对象可用一个过程曲线来形象表征，则曲线的几何形状的相似性和空间位置的相近性可作为衡量它们所代表的对象之间的关联度的两大指标。

1. A 型关联度

A 型关联度用于衡量对象过程曲线之间的相似关联程度。如图 4.1.1 所示，X_1、X_2、X_3、X_4 四个时间序列分别对应于标号为 1、2、3、4 的曲线。若记 X_1 与 X_2 之间的关联度为 r_{12}，X_1 与 X_3 之间的关联度为 r_{13}，X_1 与 X_4 之间的关联度为 r_{14}。可以看出，$r_{12} > r_{13} > r_{14}$。相应的序列 $\{r_{12}, r_{13}, r_{14}\}$ 称为关联序列。关联度的计算需引入关联系数的概念。

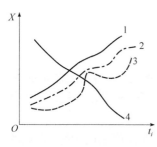

图 4.1.1　A 型关联度示意图

设 X_i 和 X_j 为两对象，t_l 为 X_i 和 X_j 的采样时刻，同一时刻 t_l，X_i 和 X_j 的绝对值差为

$$\left| X_i(t_l) - X_j(t_l) \right| = \Delta_{ij}(t_l), \quad l \in \{1, 2, \cdots, N\} \tag{4.1.1}$$

若各时刻的最小、最大绝对差分别为

$$\Delta_{\min} = \min_l \left| X_i(t_l) - X_j(t_l) \right|, \quad \Delta_{\max} = \max_l \left| X_i(t_l) - X_j(t_l) \right| \tag{4.1.2}$$

则关联系数定义为

$$\xi_{ij}(t_l) = \frac{\Delta_{\min} + \Delta_{\max} k}{\Delta_{ij}(t_l) + \Delta_{\max} k}, \quad l \in \{1, 2, \cdots, N\} \tag{4.1.3}$$

$\Delta_{ij}(t_l)$ 的最小值为 $\Delta_{\min}$，这时有

$$\xi_{ij}(t_l) = 1 \tag{4.1.4}$$

$\Delta_{ij}(t_l)$ 的最大值为 $\Delta_{\max}$，这时有

$$\xi_{ij}(t_l) = \frac{1}{1+k} \left(k + \frac{\Delta_{\min}}{\Delta_{\max}} \right) \tag{4.1.5}$$

因此 ξ_{ij} 是有界的数，若 $k = 1$，则

$$\frac{1}{2} \left(1 + \frac{\Delta_{\min}}{\Delta_{\max}} \right) \leqslant \xi_{ij} \leqslant 1 \tag{4.1.6}$$

关联系数 $\xi_{ij}(t_l)$ 是时间的函数，若作出各时刻的 $\xi_{ij}(t_l)$ 并连成曲线，可得图 4.1.2。图中的 ξ_{ii} 为 X_i 与 X_i 自身的关联关系曲线，如果曲线与曲线是密切相关的，则可记为

$$\xi_{ij}(t_l) = 1, \quad \forall t_l \in \{t_1, t_2, \cdots, t_n\} \tag{4.1.7}$$

为了描述图 4.1.3 所示的曲线 X_i、X_j 的关联关系，定义 Q_{ij} 与 Q_{ii} 之比为 X_i 与 X_j 的关联度，记为 r_{Aij}

$$r_{Aij} = \frac{Q_{ij}}{Q_{ii}} \tag{4.1.8}$$

r_{Aij} 即 A 型关联度，用于衡量 X_i 与 X_j 之间的形状相似性。一旦一条曲线延时后，其 A 型关联度将发生变化，即 $X_i(t)$ 与 $X_i(t+\Delta t)$ 的关联度不等于 1。

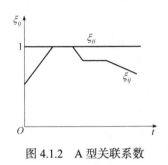

图 4.1.2　A 型关联系数　　　　　　　图 4.1.3　A 型关联度

2. B 型关联度

B 型关联度用于衡量对象过程曲线之间的相近关联程度。设有 $X_i(t_k)$、$X_j(t_k)$，$t_k \in (t_1, t_2, \cdots, t_n)$，则 B 型关联度为

$$r_{Bij} = \frac{1}{n^{-1}r_{ij}^{(0)} + (n-1)^{-1}r_{ij}^{(1)} + (n-2)^{-1}r_{ij}^{(2)}} \tag{4.1.9}$$

式中，$r_{ij}^{(0)}$、$r_{ij}^{(1)}$、$r_{ij}^{(2)}$ 分别为零阶、一阶和二阶差商，可表示为

$$r_{ij}^{(0)} = \sum_{k=1}^{n} \Delta_{ij}^{(0)}(t_k) = \sum_{k=1}^{n} \left| X_i(t_k) - X_j(t_k) \right|$$

$$r_{ij}^{(1)} = \sum_{k=1}^{n} \Delta_{ij}^{(1)}(t_k) = \sum_{k=1}^{n-1} \left| X_i(t_{k+1}) - X_j(t_{k+1}) - X_i(t_k) + X_j(t_k) \right|$$

$$r_{ij}^{(2)} = \sum_{k=1}^{n} \Delta_{ij}^{(2)}(t_k) = \frac{1}{2}\sum_{k=2}^{n-1} \left| X_i(t_{k+1}) - X_j(t_{k+1}) - 2[X_i(t_k) - X_j(t_k)] + [X_i(t_{k-1}) - X_j(t_{k-1})] \right|$$

$$\tag{4.1.10}$$

式中，$r_{ij}^{(0)}$ 反映了对象之间的相似性；$r_{ij}^{(1)}$ 和 $r_{ij}^{(2)}$ 反映了对象之间发展过程的相似性。但 B 型关联度计算较为复杂，为此又引出了 AB0 型关联度。

3. AB0 型关联度

AB0 型关联度定义为

$$r_{AB0} = ar_A + br_{B0} \tag{4.1.11}$$

式中，$r_{AB0} \in [0,1]$；r_A 为 A 型关联度，r_{B0} 为 B 型关联度去掉一阶和二阶差商后仅剩的零阶差商的关联度；a、b 为权系数，$a\in[0,1]$，$b\in[0,1]$，$a+b=1$，$a>b$ 时相似性占主导地位，$a<b$ 时相近性占主导地位。

式(4.1.11)中的第一项是相似性的度量，第二项是相近性的度量，且式(4.1.11)抛掉了 B 型关联度的一阶和二阶差商的烦琐计算。

4. 关联度矩阵

当有 m 条参考模式序列 $\{Y_j\}$ $(j=1,2,\cdots,m)$ 及 n 条待检模式序列 $\{X_i\}$ $(i=1,2,\cdots,n)$ 时，它们之间的关联程度及顺序可用关联度矩阵 $\boldsymbol{R}$ 来表征：

$$\boldsymbol{R} = \begin{bmatrix} r_{11} & r_{12} & \cdots & r_{1m} \\ r_{21} & r_{22} & \cdots & r_{2m} \\ \vdots & \vdots & & \vdots \\ r_{n1} & r_{n2} & \cdots & r_{nm} \end{bmatrix} \begin{matrix} \{X_1\} \\ \{X_2\} \\ \vdots \\ \{X_n\} \end{matrix} \tag{4.1.12}$$
$$\{Y_1\}\{Y_2\}\cdots\{Y_m\}$$

5. 应用关联度分析进行故障诊断的原理

应用关联度分析进行故障诊断一般分为以下五个步骤：
(1) 构造标准故障模式向量集 $\{Y_j\}$，$j=1,2,\cdots,m$；
(2) 确定待检状态模式向量集 $\{X_i\}$，$i=1,2,\cdots,n$；
(3) 利用式(4.1.12)计算 AB0 型关联度矩阵 $\boldsymbol{R}_{AB0}$；
(4) 确定关联度阈值 r_{tij}；
(5) 故障分析与诊断。

诊断规则为：若 $r_{ij}>r_{tij}$，则模式 $\{X_i\}\in$ 故障 $\{Y_j\}$；若 $r_{ij}<r_{tij}$，则模式 $\{X_i\}\notin$ 故障 $\{Y_j\}$；若 $r_{ij}=r_{tij}$，则模式 $\{X_i\}\in$ 临界状态。

根据关联度分析识别设备的故障，需要对设备状态给出全局性宏观描述：①将 r_{ij} 按大小顺序排列，给出各状态发生故障的可能顺序；②将 $\boldsymbol{R}_{AB0}$ 的列向量或其均值排序，给出针对所有状态各故障发生的可能顺序；③将 $\boldsymbol{R}_{AB0}$ 的行向量或其均值排序，给出针对所有故障各状态发生故障的可能顺序。

用关联度分析识别设备的故障模式有以下几个特点：①不追求大样本量(特征向量不要求很多)；②不要求数据有特殊分布；③计算量小；④不会出现与定性分析不一致的结论。

4.1.3　灰色诊断分析方法的应用

根据某厂滚动轴承运动状态判别标准及其特种设备上轴承的现场监测数据，对九种故障状态进行灰色诊断，并将结果与该厂的实物解体检查记录做对照。九种待检状态及其现场监测数据如表 4.1.1 所示。

表 4.1.1　九种待检状态及其现场监测数据

测量参数＼轴承型号	6312	6312	N312	6312	N317	N316	N316	6316	6316
DBc	30	6	33	28	35	33	35	32	35
DBm	45	44	52	42	56	46	46	50	43
DB	15	38	19	14	21	13	11	18	8

1) 故障标准(参考)模式的构造

以该厂提供的滚动轴承现场实测数据为基础，根据该厂的滚动轴承七种运行状态的差别标准，构造了七个参考模式序列，其中各模式序列依次为：Y_1 代表轴承有明显损伤，需抓紧检修，更换轴承；Y_2 代表轴承磨损严重，应做更换准备；Y_3 代表轴承有轻微损伤，宜缩短监测周期；Y_4 代表轴承均匀磨损，游隙偏大，宜加强监测，及时换油；Y_5 代表轴承润滑不好，缺油，或有跑偏情况；Y_6 代表安装不好，润滑油脏；Y_7 代表正常。

在标准(参考)模式序列中，选择了五个特征向量参数，分别为：①DBm，代表 43A 脉冲振动仪峰值读数；②DBc，代表地毯值；③DB=DBm–DBc；④T，代表轴承温度参数；⑤A，代表 43A 脉冲振动仪在 DBm 与 DBc 之间出现异常噪声。据此，经适当的数据处理与变换，可得标准模式序列为

$$\{Y_j\} = \{Y_j(1), Y_j(2), \cdots, Y_j(5)\} \tag{4.1.13}$$

2) 标准(参考)模式矩阵

故障模式向量集构成矩阵

$$Y_R = \begin{array}{c} \\ \begin{array}{ccccc} \text{DBm} & \text{DBc} & \text{DB} & T & A \end{array} \\ \begin{bmatrix} 0.5 & 0.6 & 0.9 & 0.0 & 0.0 \\ 0.9 & 0.9 & 0.7 & 0.0 & 0.0 \\ 0.6 & 0.7 & 0.7 & 0.0 & 0.0 \\ 0.7 & 0.8 & 0.5 & 0.0 & 0.0 \\ 0.0 & 0.0 & 0.9 & 0.0 & 0.9 \\ 0.5 & 0.6 & 0.0 & 0.9 & 0.0 \\ 0.4 & 0.5 & 0.0 & 0.0 & 0.0 \end{bmatrix} \begin{array}{c} Y_1 \\ Y_2 \\ Y_3 \\ Y_4 \\ Y_5 \\ Y_6 \\ Y_7 \end{array} \end{array} \tag{4.1.14}$$

3) 待检状态矩阵

待检状态向量集构成矩阵

$$\boldsymbol{X}_R = \begin{array}{c} \\ \begin{bmatrix} 0.65 & 0.7 & 0.7 & 0.0 & 0.0 \\ 0.6 & 0.5 & 1.0 & 0.0 & 0.0 \\ 0.8 & 0.7 & 0.7 & 0.0 & 0.0 \\ 0.6 & 0.7 & 0.7 & 0.0 & 0.0 \\ 0.9 & 0.75 & 0.9 & 0.0 & 0.0 \\ 0.7 & 0.7 & 0.7 & 0.0 & 0.0 \\ 0.7 & 0.75 & 0.7 & 0.0 & 0.0 \\ 0.75 & 0.7 & 0.7 & 0.0 & 0.0 \\ 0.6 & 0.75 & 0.5 & 0.0 & 0.0 \end{bmatrix} \begin{array}{l} X_1 \\ X_2 \\ X_3 \\ X_4 \\ X_5 \\ X_6 \\ X_7 \\ X_8 \\ X_9 \end{array} \end{array} \tag{4.1.15}$$

上方列标题为：DBm　DBc　DB　T　A

4) 关联度计算

关联度计算结果为

$$\boldsymbol{R} = \begin{bmatrix} 0.7575 & 0.7437 & 0.7833 & 0.7356 & 0.5506 & 0.6494 & 0.6015 \\ 0.7749 & 0.7223 & 0.7559 & 0.7182 & 0.5443 & 0.6670 & 0.5991 \\ 0.8346 & 0.8520 & 0.8598 & 0.8489 & 0.5878 & 0.7587 & 0.6670 \\ 0.8676 & 0.8375 & 0.9117 & 0.8344 & 0.6400 & 0.7226 & 0.7237 \\ 0.8612 & 0.8711 & 0.8593 & 0.8443 & 0.5892 & 0.7291 & 0.7819 \\ 0.7742 & 0.7904 & 0.8516 & 0.7886 & 0.6096 & 0.6479 & 0.6562 \\ 0.7347 & 0.7500 & 0.7680 & 0.7594 & 0.6371 & 0.6439 & 0.7017 \\ 0.7466 & 0.7616 & 0.7797 & 0.7623 & 0.6500 & 0.6572 & 0.7155 \\ 0.7224 & 0.7209 & 0.7545 & 0,7644 & 0.6302 & 0.6547 & 0.7167 \end{bmatrix} \tag{4.1.16}$$

5) 诊断

诊断结果为

$$\begin{array}{llll} X_1 \Rightarrow Y_3, & X_2 \Rightarrow Y_1, & X_3 \Rightarrow Y_3, & X_4 \Rightarrow Y_3, & X_5 \Rightarrow Y_2 \\ X_6 \Rightarrow Y_3, & X_7 \Rightarrow Y_3, & X_8 \Rightarrow Y_3, & X_9 \Rightarrow Y_4 \end{array} \tag{4.1.17}$$

6) 对比分析

诊断结论与现场解体情况对比情况如表 4.1.2 所示。

表 4.1.2　诊断结论与现场解体情况对比

待检状态	诊断结论	现场解体情况
X_1	Y_3：轻微损伤	内外圆有许多宽 1~2mm 的磨沟
X_2	Y_1：明显损伤	外圆有一直径为 10mm 的剥落区，个别滚动体有缺陷
X_3	Y_3：轻微损伤	外圆有细密环向毛沟，滚动体面发黑

待检状态	诊断结论	现场解体情况
X_4	Y_3：轻微损伤	保持架已散架
X_5	Y_2：磨损严重	内外圆有局部剥落、拉沟和压痕
X_6	Y_3：轻微损伤	外圆有宽 0.8～1mm 的拉沟
X_7	Y_3：轻微损伤	外圆有深 0.2mm 的沟纹，内圆均匀磨损，滚动体有环向磨迹
X_8	Y_3：轻微损伤	磨损、松动
X_9	Y_4：均匀磨损	内圆磨损 1mm

可见，九种待检状态的灰色 AB0 型关联度分析诊断结果与现场解体情况基本一致，仅有状态 X_5 与 X_8 的诊断结果与实际情况在程度上稍有差别，这可能与现场数据测取时的随机误差有关。

4.2　模糊诊断分析方法

4.2.1　模糊诊断的信息处理

1. 模糊集合基本概念

随着现代科学技术的不断发展，机械设备不断复杂化，机械系统复杂性增加，精确描述系统行为的能力降低。设备状态监测所得信息作为判断机器运行状态的特征，不仅存在随机意义下的不确定性，且存在系统内涵和外延上的不确定性，即存在模糊性。

模糊性概念的基础是模糊集合论。在经典集合论中，对于论域 U 中的任意一个元素 u 与集合 A，其关系只能有 $u \in A$ 或 $u \notin A$ 这两种情况，二者必居其一，即有

$$x_A(u) = \begin{cases} 1, & u \in A \\ 0, & u \notin A \end{cases} \tag{4.2.1}$$

式中，x_A 称为集合 A 的特征函数，或称 A 的特征函数 x_A 为 A 的隶属函数。x_A 在 u 处的值 $x_A(u)$ 称为 u 对 A 的隶属度。当 $x_A(u) = 1$ 时，表示 u 绝对隶属于 A；当 u 绝对不属于 A 时，$x_A(u) = 0$。

模糊集合论则把 u 对 A 的隶属度从 0 或 1 的二值逻辑扩充为[0, 1]闭区间。把 A 的隶属函数 x_A 改写为 μ_A，或说 μ_A 对于所研究论域 U 中的任一元素 u，其对 A 的隶属函数都可描述为 $\mu_A(u)$，且 $0 \leqslant \mu_A(u) \leqslant 1$，即隶属函数 μ_A 确定了论域 U 上

的一个模糊子集 A(简称模糊集 A)；$\mu_A(u)$ 称为 u 对模糊集 A 的隶属度。

$\mu_A(u)$ 的大小反映了元素 u 对模糊集 A 的隶属程度，$\mu_A(u)$ 的值越接近 1，表示 u 隶属于 A 的程度越高。在设备状态监测和故障诊断各环节中所遇到的各种模糊信息，可借助模糊数学中的隶属函数来描述和处理。因此，合理确定隶属函数是应用模糊数学理论解决各种状态监测和诊断问题的基础。

确定隶属函数的常用方法有模糊统计、概率统计、借用常见的模糊分布、利用动态信号分析经过适当的转换得到隶属函数等方法。

2. 确定隶属函数的模糊统计方法

隶属函数模糊统计的思想：如果在所做的 n 次实验中，元素 u_0 属于 A 的次数为 m，则元素 u_0 对模糊集 A 的隶属频率定义为

$$u_0对模糊集 A 的隶属频率 = \frac{u_0属于A 的次数m}{实验的总次数n} \tag{4.2.2}$$

当实验的总次数 n 无限增大时，元素 u_0 对模糊集 A 的隶属频率总是稳定于某一数，这个稳定的数称为元素 u_0 对模糊集 A 的隶属度。

在实际的统计中，当模糊统计实验的数目较大时，对模糊统计数据区间要进行分组。将统计数据区间按区间端点值的大小顺序排列，然后将数据区间划分为 k 个互不相交的等距离分组区间 (x_i, x_{i+1})，各组间隔的中值点 $\xi_i = (x_i + x_{i+1})/2$ 称为组中值，用来代替组内各数据的平均值。

对统计数据区间进行分组后，即可列出统计表，统计表的项目包括组号、组段、组中值、覆盖频数和覆盖频率等。覆盖频数 n_i 是指统计数据覆盖第 i 分组区间 (x_i, x_{i+1}) 的个数。覆盖频率 μ_i 是指第 i 分组区间的覆盖频数 n_i，与统计数据总个数 n 之比，即

$$\mu_i = \frac{n_i}{n}, \quad i = 1, 2, \cdots, k \tag{4.2.3}$$

式中，μ_i 为覆盖频率，也称为隶属频率。

隶属函数曲线的制作过程如下：

(1) 以横坐标为论域 U 轴，以纵坐标表示隶属频率 μ 的值，确定一坐标系。

(2) 在 U 轴上定出分组的上界和下界，依次标出组中值。

(3) 以各个组中值为中心向两边等距离取值，确定分组点的位置。

(4) 在各组中值处作一高为覆盖频率 μ_i 的虚线。

(5) 用光滑的曲线依次将各虚线的顶点连接起来，这条光滑的曲线就是所要求的隶属函数曲线。

例如，应用模糊统计实验确定某汽轮机主要蒸汽压力 u 对停机值这一模糊集

A 的隶属函数曲线。参照机组规程选定正常值为 16.75MPa，报警值为 17.35MPa，最高值为 23.00MPa。以主蒸汽压力 u 的变化范围作为论域 $U=[0, +\infty)$。主蒸汽压力的停机值落在正常值 16.75MPa 到最高值 23.00MPa 这一区间内。如果用统计的方法，请工程技术人员依次报出主蒸汽压力 u 的停机值，则每人所给出的主蒸汽压力的停机值落入区间是不一样的，因此停机值可用模糊集 A 来表示。表 4.2.1 是 102 名工程技术工人给出的主蒸汽压力在其论域上 $U=[0, +\infty)$ 的统计数据。

表 4.2.1   主蒸汽压力对停机值的分组计算覆盖频率

组号	组段	组中值	覆盖频数	覆盖频率
1	22.00～23.00	22.50	102	1.000
2	21.50～22.00	21.75	85	0.833
3	21.00～21.50	21.25	39	0.382
4	20.50～21.00	20.75	20	0.196
5	20.00～20.50	20.25	9	0.088
6	19.50～20.00	19.75	3	0.029
7	19.00～19.50	19.25	1	0.010
8	18.50～19.00	18.75	0	0

根据表 4.2.1 绘制出停机值在主蒸汽压力论域上的隶属函数曲线，如图 4.2.1 所示。

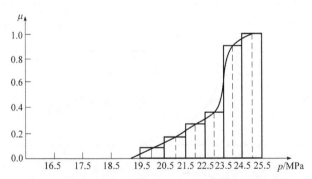

图 4.2.1   停机值在主蒸汽压力论域上的隶属函数曲线

3. 常用的隶属函数

在模糊诊断的实际应用中，可根据隶属函数曲线的形状，选取适当的隶属函数表达式。隶属函数表达式有偏小型(戒上型)、偏大型(戒下型)、中间型(对称型)三类，表 4.2.2 列出了三类隶属函数表达式及其对应的图形。

表 4.2.2 三类常用隶属函数图表

类型	隶属函数名称	隶属函数图形	隶属函数表达式
偏小型(戒上型)	降半 Γ 形分布		$\mu(x)=\begin{cases}1, & x\leqslant a\\ e^{-k(x-a)}, & x>a,\ k>0\end{cases}$
	降半正态形分布		$\mu(x)=\begin{cases}1, & x\leqslant a\\ e^{-k(x-a)^2}, & x>a,\ k>0\end{cases}$
	降半哥西形分布		$\mu(x)=\begin{cases}1, & x\leqslant a\\ \dfrac{1}{1+a(x-a)^{\beta}}, & x>a,\ k>0,\ \beta>0\end{cases}$
	降半凹(凸)形分布		$\mu(x)=\begin{cases}1-ax^k, & 0\leqslant x\leqslant a^{-1/k}\\ 0, & x>a^{-1/k}\end{cases}$
	降半梯形分布		$\mu(x)=\begin{cases}1, & x\leqslant a_1\\ \dfrac{a_2-x}{a_2-a_1}, & a_1<x\leqslant a_2\\ 0, & x>a_2\end{cases}$
	降半岭形分布		$\mu(x)=\begin{cases}1, & 0\leqslant x\leqslant a_1\\ \dfrac{1}{2}-\dfrac{1}{2}\sin\left[\dfrac{\pi}{a_2-a_1}\left(x-\dfrac{a_1+a_2}{2}\right)\right], & a_1<x\leqslant a_2\\ 0, & x>a_2\end{cases}$
偏大型(戒下型)	升半 Γ 形分布		$\mu(x)=\begin{cases}0 & x\leqslant a\\ 1-e^{-k(x-a)}, & x>a,\ k>0\end{cases}$
	升半正态形分布		$\mu(x)=\begin{cases}0, & x\leqslant a\\ 1-e^{-k(x-a)^2}, & x>a,\ k>0\end{cases}$

续表

类型	隶属函数名称	隶属函数图形	隶属函数表达式
偏大型(戒下型)	升半哥西形分布		$\mu(x)=\begin{cases}0, & x\leqslant a\\ \dfrac{1}{1+k(x-a)^{-\beta}}, & x>a,\ k>0,\ \beta>0\end{cases}$
	升半凹(凸)形分布		$\mu(x)=\begin{cases}0, & 0\leqslant x\leqslant a\\ a(x-a)^k, & a<x\leqslant a(1+a^{-1/k})\\ 1, & x>a(1+a^{-1/k})\end{cases}$
	升半梯形分布		$\mu(x)=\begin{cases}0, & 0\leqslant x\leqslant a_1\\ \dfrac{x-a_1}{a_2-a_1}, & a_1<x\leqslant a_2\\ 1, & x>a_2\end{cases}$
	升半岭形分布		$\mu(x)=\begin{cases}0, & 0\leqslant x\leqslant a_1\\ \dfrac{1}{2}+\dfrac{1}{2}\sin\left[\dfrac{\pi}{a_2-a_1}\left(x-\dfrac{a_1+a_2}{2}\right)\right], & a_1<x\leqslant a_2\\ 1, & x>a_2\end{cases}$
中间型(对称型)	矩形分布		$\mu(x)=\begin{cases}0, & 0\leqslant x\leqslant a-b\\ 1, & a-b<x\leqslant a+b\\ 0, & x>a+b\end{cases}$
	尖 Γ 形分布		$\mu(x)=\begin{cases}e^{k(x-a)}, & x\leqslant a\\ e^{-k(x-a)}, & x>a,\ k>0\end{cases}$
	正态形分布		$\mu(x)=e^{-k(x-a)^2},\quad k>0$
	哥西形分布		$\mu(x)=\dfrac{1}{1+k(x-a)^{\beta}},\quad k>0,\ \beta$为正偶数

类型	隶属函数名称	隶属函数图形	隶属函数表达式
中间型(对称型)	梯形分布		$\mu(x)=\begin{cases} 0, & 0 \leqslant x \leqslant a-a_2 \\ \dfrac{a_2+x-a}{a_2-a_1}, & a-a_2 \leqslant x \leqslant a-a_1 \\ 1, & a-a_1 < x \leqslant a+a_2 \\ \dfrac{a_2-x+a}{a_2-a_1}, & a+a_1 < x \leqslant a+a_2 \\ 0, & x \geqslant a+a_2 \end{cases}$
	岭形分布		$\mu(x)=\begin{cases} 0, & x \leqslant -a_2 \\ \dfrac{1}{2}+\dfrac{1}{2}\sin\left[\dfrac{\pi}{a_2-a_1}\left(x-\dfrac{a_1+a_2}{2}\right)\right], & -a_2 < x \leqslant -a_1 \\ 1, & -a_1 < x \leqslant a_1 \\ \dfrac{1}{2}-\dfrac{1}{2}\sin\left[\dfrac{\pi}{a_2-a_1}\left(x-\dfrac{a_1+a_2}{2}\right)\right], & a_1 < x \leqslant a_2 \\ 0, & x > a_2 \end{cases}$

4. 隶属函数的待定系数法

对于许多模糊诊断的实际问题，可以根据理论推导或实际工作经验，确定所研究问题隶属函数的形式。

1) 线性隶属函数的待定系数法

在模糊诊断的实际应用中，一个正规模糊集 A 至少含有一点 u_0，使得 $\mu_A(u_0)=1$。根据经验还可以判定在 u_0 的左边和右边分别有一个点 u_1、u_2，$u_1 < u_0 < u_2$，使得 $\mu_A(u_1)=\mu_A(u_2)=0$，并且当 $u_1 < u \leqslant u_2$ 时，有 $\mu_A(u)>0$。下面用线性插值待定系数法来确定其余各点的隶属度。假设 $\mu_A(u)$ 具有以下表达式，即

$$\mu_A(u_0)=\begin{cases} f_1(u), & u_1 \leqslant u \leqslant u_0 \\ f_2(u), & u_0 < u \leqslant u_2 \\ 0, & \text{其他} \end{cases} \tag{4.2.4}$$

则有

$$f_1(u)=\frac{1}{u_0-u_1}(u-u_1), \quad f_2(u)=-\frac{1}{u_2-u_0}(u_2-u) \tag{4.2.5}$$

式(4.2.5)为线性函数，并且满足 $f_1(u_0)=f_2(u_0)=1$，$f_1(u_1)=f_2(u_2)=0$。由此可见，要建立模糊集 A 的隶属函数 $\mu_A(u)$，关键在于确定三个点 u_1、u_0、u_2。

2) 非线性隶属函数的待定系数法

先根据经验确定隶属函数的形式，再求出隶属函数表达式中的待定系数，确定隶属函数的具体表达式。下面以电厂汽轮机热力参数的故障诊断为例说明具体

步骤。

　　经过分析，某些参数 u，如主蒸汽压力、低压缸排气温度、各轴承振动等，对于发生故障的隶属函数可选用指数形分布的隶属函数，即

$$\mu_A(x) = a\mathrm{e}^{bx} + c \tag{4.2.6}$$

式中，a、b、c 为待定系数。

　　在电厂汽轮机热力参数的故障诊断中，以参数极高为停机标准，以参数略高为报警标准，其触发阈值选为 0.5。参数停机值的隶属度 μ_A(停机值)$=\sqrt[4]{0.5} \approx 0.84$，参数报警值的隶属度 μ_A(报警值)$=0.5^2=0.25$。

　　欲求主蒸汽压力 x 对发生故障模糊集 A 的隶属函数。参照规程选定正常值为 16.75MPa，报警值为 17.35MPa，停机值为 21.75MPa，则有

$$\begin{aligned} &\mu_A(\text{正常值}) = \mu_A(16.75) = 0, \quad \mu_A(\text{报警值}) = \mu_A(17.35) = 0.25 \\ &\mu_A(\text{停机值}) = \mu_A(21.75) = 0.84 \end{aligned} \tag{4.2.7}$$

将式(4.2.7)代入式(4.2.6)可得 a=-461.182，b=-0.371，c=0.996。因此，主蒸汽压力 x 对发生故障模糊集 A 的隶属函数为

$$\mu_A(u_0) = \begin{cases} -461.182\mathrm{e}^{-0.371x} + 0.996, & x > 16.75 \\ 0, & x \leqslant 16.75 \end{cases} \tag{4.2.8}$$

4.2.2　故障诊断的模糊模式识别方法

　　在故障诊断的实际问题中，有些诊断对象的模式带有不同程度的模糊性。带有模糊模式的故障诊断问题，可以用模糊模式识别方法来处理。

　　1. 故障诊断模糊模式识别的直接方法

　　设 U 是给定的待识别诊断对象全体的集合，U 中的每一诊断对象 u 有 p 个特性指标 $u_1, u_2, \cdots, u_p$。每个特性指标所刻画的是诊断对象 u 的某个特征，于是由 p 个特性指标确定的每一个诊断对象 u 可记为

$$u = \{u_1, u_2, \cdots, u_p\} \tag{4.2.9}$$

式(4.2.9)称为诊断对象的特性矢量。

　　设待识别对象集合 U 可分成 n 个类别，且每一类别均是 U 上的一个模糊集，记作 $A_1, A_2, \cdots, A_n$，称为模糊模式。模糊模式识别的宗旨是将式(4.2.9)所示的特性矢量划归到一个与其相似的类别 A_i 中。

　　当一个识别算法作用于诊断对象 u 时，就产生一组隶属度 $\mu_{A1}(u)$，$\mu_{A2}(u)$，$\cdots$，$\mu_{An}(u)$，分别表示诊断对象 u 隶属于类别 $A_1, A_2, \cdots, A_n$ 的程度。这样，可以按照某种隶属原则对诊断对象 u 进行判断分类，可采用的隶属原则如下。

1) 最大隶属度原则

最大隶属度原则可表示为

$$\mu_A(u_i)=\max[\mu_A(u_1),\mu_A(u_2),\cdots,\mu_A(u_n)] \tag{4.2.10}$$

则认为 u_i 优先隶属于模糊子集 A，即选其中隶属度最大者所对应的诊断对象。

2) 最大隶属原则

设 $A_1, A_2, \cdots, A_n$ 是给定的论域 U 上的 n 个模糊子集(模糊模式)，$u_0 \in U$ 是一种识别诊断对象，若

$$\mu_{Ai}(u_0)=\max[\mu_{A1}(u_0),\mu_{A2}(u_0),\cdots,\mu_{An}(u_0)] \tag{4.2.11}$$

则认为 u_0 优先隶属于 A_i。

3) 阈值原则

设给定论域 U 上 n 个模糊子集(模糊模式) $A_1,A_2,\cdots,A_n$，规定一个阈值(水平) $\lambda \in [0,1]$，$u_0 \in U$ 是一种被识别诊断的对象。若

$$\max[\mu_{A1}(u_0),\mu_{A2}(u_0),\cdots,\mu_{An}(u_0)] < \lambda \tag{4.2.12}$$

则做拒绝识别的判决。若

$$\max[\mu_{Ai1}(u_0),\mu_{Ai2}(u_0),\cdots,\mu_{Ain}(u_0)] \geqslant \lambda, \quad i=1,2,\cdots,k \tag{4.2.13}$$

则认为识别可行，并将 u_0 划归于 $A_{i1} \bigcap A_{i2} \bigcap \cdots \bigcap A_{ik}$。

在实际诊断中还可将最大隶属原则和阈值原则结合起来应用。此外，还有些其他的变化形式，这里不再讨论。

2. 故障诊断模糊模式识别的间接方法

设 U 是全体待识别诊断对象的集合，而每一个诊断对象 B 均属于 U 上的某一模糊子集，并且 U 中每一元素有 p 个特性指标 $u_1,u_2,\cdots,u_p$。给定论域 U 上的 n 个已知模糊模式(模糊子集) $A_1,A_2,\cdots,A_n$，在判断待识别诊断对象 B 应归属于哪一个模糊模式 $A_i(i=1,2,\cdots,n)$ 时，需要确定 B 与 A_i 的贴近度 $\sigma(B,A_i)$，然后按择近原则对诊断对象 B 进行判决，确定它应归属于哪一模式。

择近原则：设 $A_1,A_2,\cdots,A_n$ 为论域 U 上的 n 个模糊模式(模糊子集)，B 属于 U 上的一个模糊子集，若

$$\sigma(B,A_i)=\max[\sigma(B,A_i)\cdots\sigma(B,A_n)] \tag{4.2.14}$$

则认为 B 应归属于模式 A_i，这里 σ 是某一种贴近度。

距离：用 B 与模糊集之间的距离来度量模糊性是最广泛的方法。有关距离的定义有多种，在实际应用中，应根据具体情况具体选择。设 A、B 是 $U=\{u_1, u_2,\cdots, u_n\}$ 上的模糊集，则几种常用的距离，如汉明(Hamming)距离、欧几里得(Euclid)

距离、闵可夫斯基(Minkowski)距离的数学表达式可分别表示为

$$d_1(A,B) = \frac{1}{n} \sum_{i=1}^{n} \left| \bar{\mu}_A(u_i) - \mu_B(u_i) \right| \tag{4.2.15}$$

$$d_2(A,B) = \frac{1}{\sqrt{n}} \sqrt{\sum_{i=1}^{n} \left| \bar{\mu}_A(u_i) - \mu_B(u_i) \right|^2} \tag{4.2.16}$$

$$d_3(A,B) = \left[\frac{1}{n} \sum_{i=1}^{n} \left| \bar{\mu}_A(u_i) - \mu_B(u_i) \right|^p \right]^{1/p}, \quad p \geqslant 1 \tag{4.2.17}$$

此外，还有一种形式的距离表达式可表示为

$$d_4(A,B) = \sum_{i=1}^{n} \left| \bar{\mu}_A(u_i) - \mu_B(u_i) \right| \bigg/ \sum_{i=1}^{n} \left| \bar{\mu}_A(u_i) + \mu_B(u_i) \right| \tag{4.2.18}$$

式(4.2.15)～式(4.2.18)中，$\bar{\mu}_A(u_i)$ 代表 $\mu_A(u_i)$ 的均值。

贴近度：设 A、B 是 $U = \{u_1, u_2, \cdots, u_n\}$ 上的模糊集，则实际应用中常用的几种贴近度，如汉明贴近度、欧几里得贴近度、闵可夫斯基贴近度的数学表达式可分别表示为

$$\sigma_1(A,B) = 1 - d_1(A,B) = 1 - \frac{1}{n} \sum_{i=1}^{n} \left| \bar{\mu}_A(u_i) - \mu_B(u_i) \right| \tag{4.2.19}$$

$$\sigma_2(A,B) = 1 - d_2(A,B) = 1 - \frac{1}{\sqrt{n}} \sqrt{\sum_{i=1}^{n} \left| \bar{\mu}_A(u_i) - \mu_B(u_i) \right|^2} \tag{4.2.20}$$

$$\sigma_3(A,B) = 1 - [d_3(A,B)]^p = 1 - \frac{1}{n} \sum_{i=1}^{n} \left| \bar{\mu}_A(u_i) - \mu_B(u_i) \right|^p \tag{4.2.21}$$

4.2.3　故障诊断的模糊综合评判方法

1. 模糊综合评判的数学原理

故障诊断的模糊综合评判就是应用模糊变换原理和最大隶属度原则，根据各故障原因与故障征兆之间不同程度的因果关系，在综合考虑所有征兆的基础上，诊断设备发生故障的可能原因。

以汽轮发电机组振动故障诊断为例，为了进行振动故障的模糊综合评判，需要考虑两个论域，即故障论域 U 和征兆论域 V。故障论域 U 和征兆论域 V 可分别表示为

$$U = \{\text{不平衡} u_1, \text{不对中} u_2, \text{油膜振动} u_3, \cdots\} \tag{4.2.22}$$

$$V = \{\text{某部位通频幅值} v_0, \text{一阶幅值} v_1, \text{二阶幅值} v_2, \cdots\} \qquad (4.2.23)$$

式中，各元素 u_i 的隶属度组成模糊矢量 B，各元素 v_i 的隶属度组成模糊矢量 A，B 和 A 可表示为

$$B = [\mu_{u1}, \mu_{u2}, \mu_{u3}, \cdots, \mu_{um}]^{\mathrm{T}}, \quad A = [\mu_{v1}, \mu_{v2}, \mu_{v3}, \cdots, \mu_{vn}]^{\mathrm{T}} \qquad (4.2.24)$$

两个论域 V、U 之间存在一定的模糊关系。例如，某一故障将引起若干强弱不同的故障征兆，而某征兆也表征着若干故障的存在。这一关系可表达为

$$B = R \cdot A \qquad (4.2.25)$$

式中，R 是模糊关系矩阵，可表示为

$$R = \begin{bmatrix} r_{11} & r_{12} & \cdots & r_{1n} \\ r_{21} & r_{22} & \cdots & r_{2n} \\ \vdots & \vdots & & \vdots \\ r_{m1} & r_{m2} & \cdots & r_{mn} \end{bmatrix} \qquad (4.2.26)$$

模糊关系矩阵中的元素 r_{ji} 表示征兆 v_i 可能在何种程度上表征某一故障 u_j。R 矩阵中的系数要通过大量分析实验测试以及现场实践经验的总结而得到。

式(4.2.25)中各征兆的隶属向量 A 可由测量数据，通过选定的隶属函数求得。利用式(4.2.25)，可以由 R 和 A 求出各故障的隶属度矢量 B，由矢量 B 中元素之最大者，可以确诊相应的故障类别。

在模糊诊断应用中，还需考虑诊断对象的特点建立相应的模糊关系。例如，针对汽轮发电机组振动故障的特点，将故障信号分成若干组征兆群，如将频谱分析的征兆作为一组征兆群，升速和降速时的征兆又分别各为一组征兆群。在同一组征兆群内，采用普通代数运算的乘法和加法运算模型，而对不同征兆群之间的综合，则用"$\hat{+}$"运算。"$\hat{+}$"表示如下运算：

$$a \hat{+} b = a + b - ab \qquad (4.2.27)$$

可以证明，当 $a \leqslant 1$ 及 $b \leqslant 1$ 时，$a \hat{+} b \leqslant 1$。在同一征兆群内，式(4.2.25)成为

$$\mu_{uj} = (r_{j1} \cdot \mu_{v1}) + (r_{j2} \cdot \mu_{v2}) + \cdots + (r_{jn} \cdot \mu_{vn}) \qquad (4.2.28)$$

式中，运算 $(r_{ji} \cdot \mu_{vi})$ 可看成对隶属度 μ_{vj} 的加权修正，r_{ji} 可看成加权值，因而要求 r_{ji} 归一化，即令

$$\sum_{i=1}^{n} r_{ji} = 1, \quad j = 1, 2, \cdots, m \qquad (4.2.29)$$

而代数和"+"则表示对诸因素的综合。因为 r_{ji} 已归一化，所以在对诸因素

的综合过程中，用代数和能最好地反映出各因素的作用和影响。

　　至于各征兆群之间，采用运算 "ŷ" 是因为在综合评判中，能考虑诸次因素对主因素的评判所起的作用。例如，设某机组进行频谱分析后，判定该故障存在的隶属度 $a=0.8$；而从对机组启动升速过程的分析，判定该故障存在的隶属度 $b=0.5$。若用极大极小运算法则，则综合的隶属度应取 0.8。实际上，对升速过程的分析，加强了对判定此故障的准确度。若用运算 "ŷ"，则可得 $\mu = a \,\hat{+}\, b = 0.9$，其值大于主因素的值，这是合理的。因此，采用运算 "ŷ"，能对所有因素的影响和作用都给予适当的考虑，比起极大极小运算模型只突出主因素的法则更能全面地反映实际。

2. 模糊综合评判方法的应用

　　某汽轮发电机组振动超限，需对其可能原因做出诊断。利用安装在机组上的电涡流式传感器测得 2 号瓦处垂直及水平方向的轴振动信号，经频谱分析得到各次谐波的振动幅值分别为：一次谐波垂直方向 216mV、水平方向 143mV，二次谐波垂直方向 130mV、水平方向 612mV，三次谐波垂直方向 30mV、水平方向 30mV。

　　根据前面所述，为应用模糊综合评判方法对故障原因做出诊断，利用式(4.2.25)，首先需确定模糊关系矩阵 $\boldsymbol{R}$，可表示为

$$\boldsymbol{R} = \begin{array}{c} \begin{array}{ccccccccc} v_1 & v_2 & v_3 & v_4 & v_5 & v_6 & v_7 & v_8 & v_9 \end{array} \\ \begin{bmatrix} 0 & 0 & 0 & 0 & 0.9 & 0.05 & 0.05 & 0 & 0 \\ 0 & 0 & 0 & 0 & 0.9 & 0.05 & 0.05 & 0 & 0 \\ 0 & 0 & 0 & 0 & 0.9 & 0.05 & 0.05 & 0 & 0 \\ 0.1 & 0.1 & 0.1 & 0.1 & 0.2 & 0.1 & 0.1 & 0.1 & 0.1 \\ 0.1 & 0.05 & 0.05 & 0.1 & 0.3 & 0.1 & 0.1 & 0.1 & 0.1 \\ 0 & 0 & 0 & 0 & 0.4 & 0.5 & 0.1 & 0 & 0 \\ 0 & 0 & 0 & 0 & 0.8 & 0.2 & 0 & 0 & 0 \\ 0 & 0 & 0 & 0 & 0.4 & 0.2 & 0.2 & 0 & 0.2 \\ 0.4 & 0.4 & 0 & 0.1 & 0 & 0 & 0 & 0.1 & 0 \\ 0.7 & 0.2 & 0 & 0 & 0 & 0 & 0 & 0.1 & 0 \\ 0.7 & 0.2 & 0 & 0 & 0 & 0 & 0 & 0.1 & 0 \\ 0.1 & 0.2 & 0 & 0.1 & 0.2 & 0.3 & 0.1 & 0 & 0 \\ 0 & 0 & 0 & 0 & 0.4 & 0.2 & 0.2 & 0.2 & 0 \\ 0 & 1.0 & 0 & 0 & 0 & 0 & 0 & 0 & 0 \\ 0 & 1.0 & 0 & 0 & 0 & 0 & 0 & 0 & 0 \end{bmatrix} \end{array} \quad (4.2.30)$$

为确定模糊向量 $\boldsymbol{A}$，选用式(4.2.31)的隶属函数，即

$$\mu_v(x) = \begin{cases} 0, & 0 \leqslant x \leqslant a \\ \dfrac{k(x-a)^2}{1+k(x-a)^2}, & a < x < \infty \end{cases} \tag{4.2.31}$$

且假定:

(1) 以轴振动位移幅值 50μm 为振动允许的界限值,并取隶属度为 0.5。当振动超过 50μm、隶属度大于 0.5 时,认为振动大,即振动超过允许值。

(2) 对位移振动信号幅值谱各谐波的幅值采用不同的隶属函数,对一阶谐波,即取 $\mu_v(x)$ 作为隶属函数;对 1/2 阶谐波,即取 $\mu_v^{1/4}(x)$ 作为隶属函数;对$(0.01\sim 0.49)f_1$、$(0.51\sim 0.99)f_1$ 及其他各整数阶谐波,均取 $\mu_v^{1/2}(x)$ 作为隶属函数。

根据给定的振动允许值、传感器的灵敏度等,利用式(4.2.31)并假定该式中 $a=0$,则可求得 k,并绘制如图 4.2.2 所示的 $\mu_v(x)$-x 关系曲线。再根据前面给定的轴振动幅值,即可由 $\mu_v(x)$-x 关系曲线求出各自的隶属度,并组成模糊矢量 A,即 $\mu_v(x) = kx^2/(1+kx^2)$。

$$A = [0,0,0,0,0.329,0.95,0.15,0,0]^T \tag{4.2.32}$$

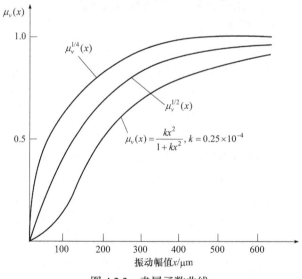

图 4.2.2　隶属函数曲线

现利用式(4.2.25)进行模糊综合评判。考虑到是在同一征兆群内的运算,可采用(−,+)运算模型,即用普通的矩阵运算来实现,由此得到如下结果(水平方向):

$$
\left.\begin{array}{rl}
\text{初始不平衡} & u_1 \\
\text{转子部件脱落} & u_2 \\
\text{转子暂时热弯曲} & u_3 \\
\text{汽封碰磨} & u_4 \\
\text{轴向碰磨} & u_5 \\
\text{轴线不对中} & u_6 \\
\text{轴承对称颈偏心} & u_7 \\
\text{轴裂纹} & u_8 \\
\text{转子红套过盈不足} & u_9 \\
\text{轴承座松动} & u_{10} \\
\text{箱体支座松动} & u_{11} \\
\text{联轴器不精确} & u_{12} \\
\text{间隙引起振动} & u_{13} \\
\text{亚谐振动} & u_{14} \\
\text{油膜涡动} & u_{15}
\end{array}\right\} = \boldsymbol{R} \left\{\begin{array}{c} 0 \\ 0 \\ 0 \\ 0 \\ 0.329 \\ 0.95 \\ 0.15 \\ 0 \\ 0 \end{array}\right\} = \left\{\begin{array}{c} 0.351 \\ 0.351 \\ 0.351 \\ 0.176 \\ 0.209 \\ 0.622 \\ 0.453 \\ 0.352 \\ 0 \\ 0 \\ 0 \\ 0.366 \\ 0.352 \\ 0 \\ 0 \end{array}\right\}
\tag{4.2.33}
$$

可见，2 号瓦处轴线不对中的隶属度大于 0.5，并明显高于其他故障的隶属度，即诊断 2 号瓦处存在轴线不对中故障。

4.2.4　故障诊断的模糊聚类分析

在设备故障诊断的实际问题中，当尚不了解征兆与故障间的关系时，无法应用前述的模糊综合评判或模糊模式识别方法诊断设备故障，这时就需应用模糊聚类分析来进行设备的故障诊断。

模糊聚类分析是依据诊断对象故障与征兆间的相似性，通过建立模糊相似关系进行故障分类和诊断。首先，应考虑征兆的各种特性指标，并对这些特性指标做归一化处理，使不同样本的特性指标间具有可比性。然后，建立模糊相似矩阵。对于被诊断的分类对象

$$
x_i = \{x_{i1}, x_{i2}, \cdots, x_{im}\}, \quad x_j = \{x_{j1}, x_{j2}, \cdots, x_{jm}\}
\tag{4.2.34}
$$

之间的相似程度，可采用多元分析的方法建立样本与样本间的模糊相似矩阵(4.2.26)。此时，$0 \leqslant r_{ij} \leqslant 1$，$i, j = 1, 2, \cdots, n$。$r_{ij}=0$ 表示样本 x_i 与 x_j 毫不相干，$r_{ij}=1$ 表示 x_i 与 x_j 完全相似或等同。

确定 r_{ij} 的工作称为标定。根据实际的聚类问题，标定样本 x_i 与 x_j 之间的相似程度 r_{ij} 的常用方法有相似系数法、距离法和贴近度法三类。常用的相似系数法有数量积法、夹角余弦法、相关系数法、指数相似系数法等。数量积法的数学表达式可表示为

$$r_{ij} = \begin{cases} 1, & i = j \\ \dfrac{1}{M}\sum_{k=1}^{m} x_{ik}x_{jk}, & i \neq j \end{cases} \tag{4.2.35}$$

式中，$M = \max\left(\left|\sum_{k=1}^{m} x_{ik}x_{jk}\right|\right)$。

夹角余弦法的数学表达式可表示为

$$r_{ij} = \left|\sum_{k=1}^{m} x_{ik}x_{jk}\right| \Bigg/ \sqrt{\left(\sum_{k=1}^{m} x_{ik}^2\right)\left(\sum_{k=1}^{m} x_{jk}^2\right)} \tag{4.2.36}$$

相关系数法的数学表达式可表示为

$$r_{ij} = \frac{\sum_{k=1}^{m}\left|x_{ik}-\overline{x}_i\right|\left|x_{jk}-\overline{x}_j\right|}{\sqrt{\sum_{k=1}^{m}(x_{ik}-\overline{x}_i)^2}\sqrt{\sum_{k=1}^{m}(x_{jk}-\overline{x}_j)^2}} \tag{4.2.37}$$

式中，

$$\overline{x}_i = \frac{1}{m}\sum_{k=1}^{m} x_{ik}, \quad \overline{x}_j = \frac{1}{m}\sum_{k=1}^{m} x_{jk} \tag{4.2.38}$$

指数相似系数法的数学表达式可表示为

$$r_{ij} = \frac{1}{m}\sum_{k=1}^{m}\exp\left[-\frac{4}{3}\left(\frac{x_{ik}-x_{jk}}{s_k}\right)^2\right] \tag{4.2.39}$$

式中，

$$s_k = \sqrt{\frac{1}{n}\sum_{k=1}^{n}\left(x_{ik}-\frac{1}{n}\sum_{i=1}^{n} x_{ik}\right)^2} \tag{4.2.40}$$

常用的距离法有切比雪夫距离法、汉明距离法、欧几里得距离法、闵可夫斯基距离法、兰氏距离法，这几种方法的数学表达式可分别表示为

$$r_{ij}^1 = 1 - c\max_{1\leqslant i,j\leqslant m}\left(\left|x_{ik}-x_{jk}\right|\right) \tag{4.2.41}$$

$$r_{ij}^2 = 1 - c\sum_{k=1}^{m}\left|x_{ik}-x_{jk}\right| \tag{4.2.42}$$

$$r_{ij}^3 = 1 - c\sqrt{\sum_{k=1}^{m}(x_{ik}-x_{jk})^2} \tag{4.2.43}$$

$$r_{ij}^4 = 1 - c\left(\sum_{k=1}^{m}\left|x_{ik}-x_{jk}\right|^p\right)^{1/p} \tag{4.2.44}$$

$$r_{ij}^5 = 1 - c\sum_{k=1}^{m}\frac{\left|x_{ik}-x_{jk}\right|}{\left|x_{ik}+x_{jk}\right|} \tag{4.2.45}$$

式(4.2.41)~式(4.2.45)中，c、p 为一适当选择的常数。

常用的贴近度法有最大最小法、算术平均最小法、几何平均最小法，这几种方法的数学表达式可分别表示为

$$r_{ij}^6 = \frac{\sum_{k=1}^{m}(x_{ik}\wedge x_{jk})}{\sum_{k=1}^{m}(x_{ik}\vee x_{jk})}, \quad r_{ij}^7 = \frac{\sum_{k=1}^{m}(x_{ik}\wedge x_{jk})}{\frac{1}{2}\sum_{k=1}^{m}(x_{ik}+x_{jk})}, \quad r_{ij}^8 = \frac{\sum_{k=1}^{m}(x_{ik}\wedge x_{jk})}{\sum_{k=1}^{m}\sqrt{x_{ik}\cdot x_{jk}}} \tag{4.2.46}$$

式中，"$\vee$" 和 "$\wedge$" 反映了故障各征兆间的逻辑 "或" 和 "与" 的关系。

在上述常用标定方法中选择其中的一种来标定样本 x_i 与样本 x_j 之间的相似程度 r_{ij}。通过设备故障的模糊聚类分析，将故障和征兆区分为彼此间具有足够类间距离的若干类，即可建立其相应的诊断规则。

4.3　模式识别分析方法

4.3.1　模式识别方法

振动故障诊断的基本理论依据是当机械设备中出现机械故障时，就会引起系统响应及固有动力特性发生相应的变化，只要将某些特定位置处的振动量的变化记录下来，就可以利用一定的识别方法，确定这些动力特性的变化，从而监测和诊断设备的故障情况。

振动诊断的常规方法如下。

1) 谱分析法

谱分析法的信号特征量一般选择各种谱(如功率谱、倒频谱、高阶谱等)的特征频率、幅值和相位。谱分析法的物理概念清楚，且在理论研究和生产应用上都比较成熟；但缺点是难以诊断机械设备的总体状态，故障的识别在很大程度上要依赖于技术人员的经验。

2) 时序分析法

时序分析法是以振动信号时序模型的参数为特征量来进行故障判别的一种方法，该方法能直接从响应信号识别故障。从物理意义上看，这种识别与诊断等价

于频域的最大熵谱分析。

3) 参数分析法

参数分析法是利用系统的自然频率、阻尼和振型这些模态参数的变化来识别能影响系统动力特性的故障,如裂纹。

上述三种故障识别方法,有着各自的优点和最佳适用范围。如果将三种方法隔离开来,分别在各自的领域里进行研究,要得到一个普遍适用且性能较好的诊断系统就比较困难。应用某种模式识别理论,将各个领域中的信号分析手段联合使用,可得到更有效、更可靠的诊断系统。

统计模式识别理论是以统计识别的诊断方法的共同理论基础来指导故障诊断,可以从各种分析方法所得的结果,即原始特征(包括上述三种分析方法及其他分析方法,如神经元分析的结果,甚至还可包括如轴承温度、滑油温度、燃气温度、压气机出口气流压力等非振动量)中提取二次特征,并按照某种决策理论,如贝叶斯决策理论(若有先验知识,如已知发动机正常状态及各种故障状态的概率)、线性或非线性判别函数(当不知道各先验概率时)设计出各种两类分类器,按照由枚举法得到的最优决策树(诊断树),对多类故障进行诊断。模式识别理论还可以使诊断系统具有自学习功能,即系统可以从诊断实践过程中不断积累和总结经验,修正分类器,使诊断的准确率越来越高。

为了使各种分析结果及各种非振动量都能方便地用于二次特征提取及分类器设计,可以将其数值归一化,类似模糊诊断中的隶属度那样。

4.3.2　模式识别理论

1. 特征的选择和提取

利用模式识别方法诊断故障,必须引入各种特征,即与分类相关的各种参数。所用的特征通常要经过一个由少到多,又由多到少的过程。由少到多是指在设计方案初期,应尽量多地列出各种与被识别对象有关的特征。这样可以充分利用有用的信息,吸收各方面专家的经验,使所设计的分类器最优。但是,特征无限增多也会带来不利的影响,过多的数据不仅占用大量的存储空间和计算时间,而且还可能使分类的效果恶化。

经验表明,如果要得到估计值比较准确的分类错误率,样本个数 N 必须不小于某个客观存在的界限;若希望得到对错误率的良好估计,样本数 N 与特征数 n 之比应足够大。若 N 已经确定,则当 n 增大时,分类性能先是得到改善,但是当 n 达到某个最优值后,n 继续增大将使分类性能变坏。通常,样本数应为特征数 n 的 5~10 倍。为了使特征数目由多到少,需要进行特征的选择和提取。

1) 特征选择

特征选择是从所有与问题相关的原始特征中，通过对每个特征的比较、分析，选出一些最有效的特征，以达到降低特征空间维数的目的。特征选择的方法有很多，最常用的方法有：①根据已有知识和数据直接挑选，挑选出那些对分类最有影响的特征；②用数学的方法进行筛选比较，找出最有分类信息的特征。

从 M 个原始特征中，要选出 n 个最优特征，将遇到两个问题：一个是选择的标准；另一个是选择的算法。

(1) 特征选择标准。

特征选择的目的是设计出最优的两类分类器。理论上，特征选择的标准为使故障分类的错误概率最小原则。实际上，往往并不知道各类故障的概率分布密度，很难计算分类的错误概率，因此错误概率最小原则标准难以应用。实际工程中，常常使用基于各故障及无故障类的各种可分性判据，如基于距离的、概率分布的、熵函数的可分性判据。

下面以基于距离的可分性判据为例，说明特征选择的过程。若各类样本的特征矢量，其端点在特征空间中位于不同的区域，则这些区域之间的距离越大，类别可分性就越大。

设待分类的两个类别为 c_1 及 c_2，$\boldsymbol{x}$ 代表筛选出的 n 个特征构成的特征矢量，

$$\boldsymbol{x} = \{x_1, x_2, \cdots, x_n\}^{\mathrm{T}} \tag{4.3.1}$$

令 $x_k^{(1)}$、$x_l^{(2)}$ 各代表 c_1、c_2 类中的一个样本，n_1、n_2 为 c_1、c_2 类中的样本数，则两类特征矢量之间的平均距离为

$$J_{\mathrm{d}}(x) = \frac{1}{2} \sum_{i=1}^{2} P_i \sum_{j=1}^{2} P_j \frac{1}{n_i n_j} \sum_{k=1}^{n_1} \sum_{l=1}^{n_2} \delta(x_k^{(1)}, x_l^{(2)}) \tag{4.3.2}$$

式中，P_1、P_2 是相应类别的先验概率；$\delta(x_k^{(1)}, x_l^{(2)})$ 是多维空间中两个矢量之间的距离。

P_1、P_2 即使未知，然而只要生产条件一定，其值在客观上是确定的。从式(4.3.2)可知，在两类的样本数给定的条件下，最优的特征选择应能使 $\sum_{k=1}^{n_1} \sum_{l=1}^{n_2} \delta(x_k^{(1)}, x_l^{(2)})$ 最大，从而使 $J_{\mathrm{d}}(x)$ 达到最大。

多维空间中两个矢量之间的距离，可以有各种定义，但都应满足某些特性要求。确定两矢量间的距离的主要方法有 s 阶闵可夫斯基距离、切比雪夫距离和平方距离。

s 阶闵可夫斯基距离为

$$\delta_{\mathrm{M}}(x_k^{(1)}, x_l^{(2)}) = \sqrt[s]{\sum_{j=1}^{n} \left| x_{kj}^{(1)} - x_{lj}^{(2)} \right|} \tag{4.3.3}$$

当 $s=1$ 时，为

$$\delta_{\mathrm{c}}(x_k^{(1)},x_l^{(2)})=\sum_{j=1}^{n}\left|x_{kj}^{(1)}-x_{lj}^{(2)}\right| \tag{4.3.4}$$

当 $s=2$ 时，即为常用的欧几里得距离：

$$\delta_{\mathrm{E}}(x_k^{(1)},x_l^{(2)})=\sqrt{\sum_{j=1}^{n}\left|x_{kj}^{(1)}-x_{lj}^{(2)}\right|} \tag{4.3.5}$$

切比雪夫距离和平方距离分别为

$$\delta_{\mathrm{T}}(x_k^{(1)},x_l^{(2)})=\max_{j}\left|x_{kj}^{(1)}-x_{lj}^{(2)}\right| \tag{4.3.6}$$

$$\delta_{\mathrm{Q}}(x_k^{(1)},x_l^{(2)})=\{x_k^{(1)}-x_l^{(2)}\}^{\mathrm{T}}\boldsymbol{Q}\{x_k^{(1)}-x_l^{(2)}\} \tag{4.3.7}$$

式中，$\boldsymbol{Q}$ 为权矩阵。

(2) 特征选择算法。

从 M 个特征中挑选 n 个，所有可能的组合数为

$$q=C_M^n=\frac{M!}{(M-n)!n!} \tag{4.3.8}$$

如果把所有可能的特征组合 $J_{\mathrm{d}}(x)$ 都算出来，再加以比较、优选，此种方法就称为**穷举法**。然而，穷举往往因其计算量太大而无法实现，只能借助某种搜索方法求其次优解，如顺序前进法、顺序后退法、单独最优特征组合法等。

2) 特征提取

特征提取是将高维空间中的样本，通过映射(或变换)方法，用低维特征来表示，这些样本是原始特征的某种组合(通常是线性组合)。特征的提取与选择具有关联性，可以先经过选择去掉那些分类信息很少的特征，再进行映射降维；也可以先将原始特征映射到维数较低的空间，在这个空间中再进行选择，以进一步降维。具体采用哪种方法可视具体情况而定。

下面介绍的主分量分析降维方法，即属于线性映射的方法。利用线性变换，可以从原有特征得到一批个数相同的新特征，而这些新特征中的前若干个，可能包含了原有特征中的主要信息。

现假定所取样本有 M 个原始特征，要构造 M 个新特征，每个新特征是各原始特征的线性组合，即

$$y_i=u_{i1}x_1+u_{i2}x_2+\cdots+u_{iM}x_M=\boldsymbol{u}_i^{\mathrm{T}}\boldsymbol{X},\quad i=1,2,\cdots,M \tag{4.3.9}$$

各个新特征之间是不相关的，且 y_1 的方差最大，y_2 的方差次大等。则称满足以上条件的新特征 $y_1,y_2,\cdots,y_M$ 为样本的第 $1,2,\cdots,M$ 个主分量。

N 个样本的均值为

$$\overline{\boldsymbol{X}} = \{\overline{x}_1, \overline{x}_2, \cdots, \overline{x}_M\}^{\mathrm{T}} \tag{4.3.10}$$

式中，

$$\overline{x}_i = \frac{1}{N}\sum_{j=1}^{N}x_{ij}, \quad i=1,2,\cdots,M \tag{4.3.11}$$

即 $\overline{x}_i$ 是第 i 个原始特征的均值。

在 N 个样本中，第 i 个原始特征与第 j 个原始特征之间的协方差为

$$S_{ij} = \frac{1}{N-1}\sum_{j=1}^{N}(x_{ik}-\overline{x}_i)(x_{jk}-\overline{x}_j) \tag{4.3.12}$$

M 个原始特征的协方差矩阵为

$$\boldsymbol{S} = \begin{bmatrix} S_{11} & S_{12} & \cdots & S_{1M} \\ S_{21} & S_{22} & \cdots & S_{2M} \\ \vdots & \vdots & & \vdots \\ S_{M1} & S_{M2} & \cdots & S_{MM} \end{bmatrix} \tag{4.3.13}$$

通过式(4.3.13)得到 $\boldsymbol{S}$，就可以求出 $\boldsymbol{S}$ 的 M 个特征值 $\lambda_1, \lambda_2, \cdots, \lambda_M$ 和对应的特征向量 $\boldsymbol{\mu}_1, \boldsymbol{\mu}_2, \cdots, \boldsymbol{\mu}_M$，即

$$\boldsymbol{S}\boldsymbol{\mu}_i = \lambda_i\boldsymbol{\mu}_i, \quad i=1,2,\cdots,M \tag{4.3.14}$$

式中，

$$\boldsymbol{\mu}_i = \{\mu_{i1}, \mu_{i2}, \cdots, \mu_{iM}\}^{\mathrm{T}} \tag{4.3.15}$$

可以证明，从式(4.3.15)求得的 $\boldsymbol{\mu}_i$ 就是主分量分析所需要的特征向量。

若将由式(4.3.15)求得的全部特征值按大小顺序排列，即

$$\lambda_1 \geqslant \lambda_2 \geqslant \cdots \geqslant \lambda_M \tag{4.3.16}$$

并定义第 i 个主分量 y_i 的方差贡献率为

$$c_i = \frac{\lambda_i}{\lambda_1 + \lambda_2 + \cdots + \lambda_M} \tag{4.3.17}$$

则前 n 个主分量 $y_1, y_2, \cdots, y_n$ 的累计方差贡献率为

$$c = \frac{\lambda_1 + \lambda_2 + \cdots + \lambda_n}{\lambda_1 + \lambda_2 + \cdots + \lambda_M} \tag{4.3.18}$$

当前 n 个主分量的累计方差贡献率足够大(一般取为 85%)时，就可以只取前 n 个主分量作为提取到的新特征(又称二次特征)，而其后的 $M-n$ 个新特征则可以舍去，即

$$\begin{Bmatrix} y_1 \\ y_2 \\ \vdots \\ y_n \end{Bmatrix} = \begin{bmatrix} \mu_{11} & \mu_{12} & \cdots & \mu_{1M} \\ \mu_{21} & \mu_{22} & \cdots & \mu_{2M} \\ \vdots & \vdots & & \vdots \\ \mu_{n1} & \mu_{n2} & \cdots & \mu_{nM} \end{bmatrix} \begin{Bmatrix} x_1 \\ x_2 \\ \vdots \\ x_M \end{Bmatrix} \tag{4.3.19}$$

从而达到了通过线性变换降维的目的。如果需要，也可通过非线性映射来降维。

2. 分类器设计

分类器的设计就是要根据某种决策理论或准则函数，设计出相应的最优分类器。假如各类别总体的概率分布是已知的，要决策分类的类别数是一定的，就可以利用贝叶斯决策理论(基于最小错误率或最小风险)来设计分类器。在许多实际问题中，样本特征空间的条件概率密度常常未知，如要监视与诊断一台正在研制中的航空发动机、实验设备或涡轮发电机组等。在这种情况下，可以利用样本集直接设计分类器，即给定某个判别函数，然后利用样本集确定判别函数中的未知参数。

最小错分、最小风险准则可用于指导分类器的设计，例如，考虑到研制中发动机或实验设备的重要性，应从最小风险的角度来设计分类器，在最小风险的前提下，尽可能使错分率最小。

线性判别函数、非线性判别函数的方法较多，下面讨论两种简单、实用的线性判别方法。

1) Fisher 线性判别

统计方法是统计模式识别的基础，而在应用统计方法解决模式识别问题时，经常遇到的问题是维数问题。在低维空间里解析和计算上行之有效的方法，在高维空间里往往行不通，因此降维常常成为处理实际问题的关键。如果将 n 维空间的样本投影到一条直线上，就形成一维空间，问题将得到最大限度的简化。然而，即使样本在 n 维空间里形成若干紧凑的、互相分开的点集，若把它们投影到一条任意的直线上，也可能使两类样本混在一起而无法识别。Fisher 线性判别就是找到某个最佳的方向，使两类样本投影到这一方向的直线上以后能够分开得最好，如图 4.3.1 所示。

假设现有 N 个 n 维的样本 $X_1, X_2, \cdots, X_n$，其中 N_1 个属于 c_1 类，则 N 个样本也可改记为 $X_1^{(1)}, X_2^{(1)}, \cdots, X_{N1}^{(1)}, X_1^{(2)}, X_2^{(2)}, \cdots, X_{N2}^{(2)}$。若对这些样本分量做线性组合，可得标量为

$$y_i = \boldsymbol{W}^{\mathrm{T}} \boldsymbol{X}_i^{(j)}, \quad j = 1, 2; i = 1, 2, \cdots, N_j \tag{4.3.20}$$

式中，

$$\boldsymbol{X}_i^{(j)} = [X_{i1}^{(j)}, X_{i2}^{(j)}, \cdots, X_{in}^{(j)}]^{\mathrm{T}}, \quad \boldsymbol{W} = \{\omega_1, \omega_2, \cdots, \omega_M\}^{\mathrm{T}} \tag{4.3.21}$$

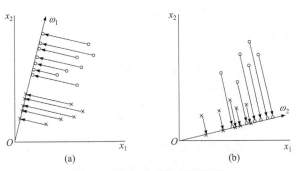

图 4.3.1　Fisher 线性判别机理

寻找最佳投影方向的问题，在数学上就是寻找最佳的变换矢量 $\boldsymbol{W}^*$ 的问题。在 n 维 X 空间，两类样本的均值矢量为

$$\boldsymbol{m}_j = \frac{1}{N_j} \sum \boldsymbol{X}_i^{(j)}, \quad j = 1,2 \tag{4.3.22}$$

样本的类内离散度矩阵 $\boldsymbol{S}_j$ 可表示为

$$\boldsymbol{S}_j = \sum (\boldsymbol{x}_i^{(j)} - \boldsymbol{m}_j)(\boldsymbol{x}_i^{(j)} - \boldsymbol{m}_j)^{\mathrm{T}}, \quad j = 1,2 \tag{4.3.23}$$

总的类内离散度矩阵 $\boldsymbol{S}_{\mathrm{W}}$ 和类间离散度矩阵 $\boldsymbol{S}_{\mathrm{b}}$ 分别为

$$\boldsymbol{S}_{\mathrm{W}} = \boldsymbol{S}_1 + \boldsymbol{S}_2, \quad \boldsymbol{S}_{\mathrm{b}} = (\boldsymbol{m}_1 - \boldsymbol{m}_2)(\boldsymbol{m}_1 - \boldsymbol{m}_2)^{\mathrm{T}} \tag{4.3.24}$$

在一维 Y 空间，两类样本的均值为

$$\bar{m}_j = \frac{1}{N_j} \sum y_i, \quad y_i \in c_j; j = 1,2 \tag{4.3.25}$$

样本类内离散度 $\bar{S}_j$ 和总的类内离散度 $\bar{S}_{\mathrm{W}}$ 分别为

$$\bar{S}_j = \sqrt{\sum (y_i - \bar{m}_j)^2}, \quad y_i \in c_j; j = 1,2 \tag{4.3.26}$$

$$\bar{S}_{\mathrm{W}} = \sqrt{\bar{S}_1^2 + \bar{S}_2^2} \tag{4.3.27}$$

在实际应用中，希望做到两点：一是两类均值之差越大越好，即在投影以后，两类样本在一维 Y 空间里尽可能分开一些；二是两类样本内部尽量密集，即类内离散度越小越好。因此，就可以定义 Fisher 准则函数为

$$J_{\mathrm{F}}(\boldsymbol{W}) = \frac{(\bar{m}_1 - \bar{m})^2}{\bar{S}_1^2 + \bar{S}_2^2} \tag{4.3.28}$$

最佳的投影方向就是能使 $J_{\mathrm{F}}(\boldsymbol{W})$ 为极大值的 $\boldsymbol{W}$。将式(4.3.20)、式(4.3.21)代入

式(4.3.25)可得

$$\bar{m}_j = W^{\mathrm{T}} m_j, \quad j = 1,2 \tag{4.3.29}$$

由式(4.3.24)的第二式、式(4.3.29)，可得

$$(\bar{m}_1 - \bar{m}_2)^2 = W^{\mathrm{T}} S_{\mathrm{b}} W \tag{4.3.30}$$

由式(4.3.20)、式(4.3.26)，可得

$$\bar{S}_j^2 = W^{\mathrm{T}} S_j W \tag{4.3.31}$$

将式(4.3.30)、式(4.3.31)代入式(4.3.28)，可得

$$J_{\mathrm{F}}(W) = \frac{W^{\mathrm{T}} S_{\mathrm{b}} W}{W^{\mathrm{T}} S_{\mathrm{W}} W} \tag{4.3.32}$$

求解使 $J_{\mathrm{F}}(W)$ 取极大值的 W^*，可以使用拉格朗日乘子法，其结果为

$$W^* = S_{\mathrm{W}}^{-1}(m_1 - m_2) \tag{4.3.33}$$

确定了 W^*，就可以利用式(4.3.20)把 n 维样本投影到最佳方向上。这时，只要确定一个阈值 y_0，成为分界阈值，就可以将样本识别为 c_1 类或 c_2 类。阈值 y_0 可以根据先验知识确定，如

$$y_0 = \frac{N_1 \bar{m}_1 + N_2 \bar{m}_2}{N_1 + N_2} \tag{4.3.34}$$

对任意给定的未知样本 X，只要按式(4.3.20)计算其投影坐标 y，就可以根据决策规则

$$\begin{cases} y > y_0, & X \in c_1 \\ y \leqslant y_0, & X \in c_2 \end{cases} \tag{4.3.35}$$

识别 X 属于 c_1 类或 c_2 类。

由上述讨论可见，在求解 W^* 及阈值时，必须先有样本集，然后就可用 Fisher 准则分类器对工作样本进行分类。然后，随着使用过程的增长，所收集的工作样本及分类经验也越来越多，又反过来可以借这些样本、经验的补充而重新求解 W^* 及 y_0，即改进原有的分类器。这样设计的系统具有自学习功能，会随着使用经验的积累而变得越来越聪明，诊断(识别)越来越准确。而在确定阈值的时候，最小风险或最小错分的准则就可以加以考虑，尤其是当两类样本集的投影范围有所覆盖时。还可以证明，当 n、N 都很大时，Fisher 线性判别等价于贝叶斯决策。

2) 最小平方误差(least mean square error，LMSE)准则函数

如果定义线性判别函数为

$$g(X) = W^{\mathrm{T}} X + \omega_0 \tag{4.3.36}$$

式中,X、W 都是 $n \times 1$ 的阵列,ω_0 是个常数,称为阈值权。X、W 还可扩大为 $(n+1) \times 1$ 的列, 即

$$y = \{1, x_1, x_2, \cdots, x_n\}^{\mathrm{T}}, \quad a = \{\omega_0, \omega_1, \omega_2, \cdots, \omega_n\}^{\mathrm{T}} \tag{4.3.37}$$

则式(4.3.36)可改写为

$$g(X) = a^{\mathrm{T}} y \tag{4.3.38}$$

式(4.3.38)称为线性判别函数的齐次简化,a 称为增广权矢量,y 称为增广样本矢量。

　　设有样本集 $y_i(i=1,2,\cdots,N)$, y_i 属于 c_1 或 c_2。如果存在一个增广权矢量,对于任何 $y \in c_1$, 都有 $a^{\mathrm{T}} y > 0$, 而对于任何 $y \in c_2$, 都有 $a^{\mathrm{T}} y < 0$, 则称这一样本集为线性可分的, 否则称为不可分的。

　　由于求解使用的是训练集样本, 样本 y_i 属于何类是一致的, 因此可对来自 c_2 类的样本加负号,则也将有 $a^{\mathrm{T}} y > 0$ 。这一过程,称为样本的规范化。

　　对于规范化的训练样本集, 现在的任务是找到增广权矢量 a, 使恒有

$$a^{\mathrm{T}} y_i > 0, \quad i = 1, 2, \cdots, N \tag{4.3.39}$$

为了使解更可靠, 引入余量 $b > 0$, 则式(4.3.39)改为

$$Ya \geqslant b > 0 \tag{4.3.40}$$

式中,

$$Y = \begin{bmatrix} y_1^{\mathrm{T}} \\ y_2^{\mathrm{T}} \\ \vdots \\ y_N^{\mathrm{T}} \end{bmatrix} = \begin{bmatrix} 1 & x_{11} & x_{12} & \cdots & x_{1n} \\ 1 & x_{21} & x_{22} & \cdots & x_{2n} \\ \vdots & \vdots & \vdots & & \vdots \\ 1 & x_{N1} & x_{N2} & \cdots & x_{Nn} \end{bmatrix}, \quad b = \begin{Bmatrix} b_1 \\ b_2 \\ \vdots \\ b_N \end{Bmatrix} \tag{4.3.41}$$

　　令

$$Ya = b \tag{4.3.42}$$

通常训练集的样本数 N 不等于增广权矢量的维数 $n+1$, 可以借伪逆求式(4.3.42)这一矛盾方程组的最小二乘近似解, 即所求的最佳变换(权矢量)为

$$a^* = Y^\# b = (Y^{\mathrm{T}} Y)^{-1} Y^{\mathrm{T}} b \tag{4.3.43}$$

现在的问题是如何得到一定数量的训练集样本和如何选取 b。

　　训练集样本最好来自同一型号涡轮机的使用实践。对于研制中的发动机, 则只能基于行业、类似机型的经验及研究成果, 即基于专家知识建立的专家数据库, 仿真生成所需的训练样本集。

线性可分的概率为

$$k = \begin{cases} 0.5, & N = N_0 = 2(n+1) \\ 1, & N = n+1 \end{cases} \tag{4.3.44}$$

从式(4.3.44)可以看出，训练集的样本不需要多，若特征的选择与提取合适，则 $N=n+1$ 最佳。在这种情况下，Y 成为方阵，而最佳变换为

$$\boldsymbol{a}^* = \boldsymbol{Y}^{-1}\boldsymbol{b}, \quad N = n+1 \tag{4.3.45}$$

当

$$\boldsymbol{b} = \left\{ \frac{N}{N_1} \cdots \frac{N}{N_1}, \frac{N}{N_2} \cdots \frac{N}{N_2} \right\}^{\mathrm{T}} \tag{4.3.46}$$

即 N_1 个 N/N_1、N_2 个 N/N_2 时，$\boldsymbol{a}^*$ 等价于 Fisher 解。当

$$\boldsymbol{b} = \{1, 1, \cdots, 1\}^{\mathrm{T}} \tag{4.3.47}$$

即 N 个 1 时，若 N 趋于无穷大，则 $g(\boldsymbol{X}) = \boldsymbol{a}^{\mathrm{T}}\boldsymbol{y}$ 以最小平方误差逼近贝叶斯判别函数。

3. 多类问题与决策树

为了诊断发动机的故障，不仅要确诊其是否有故障，即做一次两类识别，还应诊断其为何种故障，即进行多类识别。

1) 多类问题

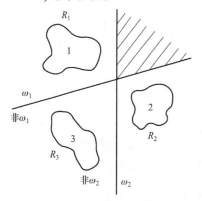

多类识别的基础是两类识别。安排识别的次序最直接的方法是把一个 M 类的问题，分解为 $M-1$ 个两类问题，即 c_i 和 $\bar{c}_i$（$i=1,2,\cdots,$ $M-1$），$\bar{c}_i$ 代表所有的非 c_i 类。然后，用 Fisher 准则法或 LMSE 算法，利用训练样本集，设计出 $M-1$ 个二类分类器。在进行诊断时，则可以按这 M 个二类问题的重要程度及发生概率，依次做 $M-1$ 次分类。

这种多类识别方法使用简明，但会产生无法确定其类别的特征空间域，如图 4.3.2 阴影区域所示。

图 4.3.2　线形判别的盲区

2) 决策树方法

决策树方法是多类识别问题的有效诊断方法，有助于克服存在无法确定其类别的特征空间域的缺点。决策树就是把一个复杂的多类分类问题，逐级分解为若

干个简单的分类问题,其决策过程如图4.3.3所示,
即一树状分类器。

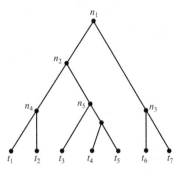

　　经常采用的是两叉树,如图 4.3.3 所示。树的
每个节点均为两个分支, 即均为两类分类器。两
叉树分类器把一个复杂的多类别分类问题, 逐级
分解为多个两类分类问题, 概念清晰, 便于灵活
设计。各个节点可以选用不同的特征, 采用不同
的决策规则。应用决策树方法的关键在于怎样利
用先验知识, 设计出错分率最低, 识别最快的决
策树。由于很难把错误率的解析表达式和树的结

图 4.3.3　树状分类器(决策树)

构联系起来, 最优决策树只能在先验知识的基础上, 借穷举法设计出来。

　　4. 先验知识与专家数据库

　　基于模式识别理论设计出的故障诊断系统是一种通用的故障诊断智能系统,
要使其成为一实用的故障诊断专家系统, 还必须仰赖于专家的经验以提供必要的
先验知识, 建立专家数据库。

　　对于具体的诊断对象, 究竟应监视、诊断哪几种故障, 各种故障的具体阈值
为何, 还必须依靠同类或类似型号的涡轮机的使用经验, 至少也应有对模型故障
转子的研究成果。

　　迄今为止, 人们的经验大多建立在谱分析结果(频率、幅值、相位)的基础上,
并且基于确定论来进行诊断。例如, 当 $0.4n \sim 0.5n$(n 代表转速)频率振动分量的幅
值大于某一阈值时, 就认为已发生了油膜振荡; 当 $2n$、$3n$ 振动分量均大于相应阈
值时, 就认为是机器有不对中故障等。

　　上述三方面的不足: 缺乏对各类涡轮机故障特征的定量研究(包括对模型故障
转子的研究)及经验, 已有先验知识多局限于频域, 都基于确定论来进行诊断, 这
是当前各种旋转机械振动诊断系统所共有的缺陷, 也是难点所在。

4.3.3　故障诊断过程的实施

　　以某航空发动机振动监测及故障诊断系统为例, 讨论故障诊断过程的实施。
根据要求,系统应能同时监测与诊断两台发动机,设计的硬件框图如图 4.3.4 所示。

　　按要求, 系统应该能诊断不平衡量过大承力系统与机闸共振、突发失衡、轴
系不同心、碰摩(含密封装置与机匣相磨)等故障。基于统计模式识别理论, 设计
的软件框图如图 4.3.5 所示。专家数据库根据诊断要求和先验知识确定;决策树基
于专家知识及穷举法设计, 是一种最优或次优两叉树。特征取为各相关特征频率
的振动幅值及 AR 模型的各个系数, 各个节点可以根据需要提取所需的特征。各

个节点的分类器，可以用 Fisher 准则或最小平方误差准则判别，或者主分量分析方法设计。

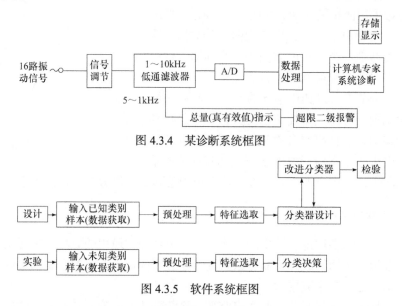

图 4.3.4　某诊断系统框图

图 4.3.5　软件系统框图

决策树和分类器的设计，都需要考虑航空发动机的特点，因此采用最小风险准则，即在最小风险的前提下(能早期诊断出 99%以上的故障)，使诊断的错分率尽可能小，如达到 5%以下。

系统具有自学习功能，用户根据经验及需要，可以改变待诊断的类别，包括数量及种类。系统可以根据改变专家数据、决策树、对各节点分类器的选用等信息，产生训练样本集，完成对各个节点上分类器的设计，检验所设计的决策树及分类器的错分率，直至设计出新的最优或次优两叉决策树。这一故障诊断系统的效果良好，在保证故障漏检率几乎为零的条件下，故障错分率在 3‰以下。

4.4　神经网络分析方法

人工神经网络具有容错、联想记忆、推理、自学习、自组织、自适应能力和采取大规模并行运算处理等优点，用于故障诊断，可改善和提高诊断的效能。

4.4.1　神经网络的思想方法及基本模型

神经网络是试图模拟人的神经系统而建立的自适应非线性动力学系统，由神经元按一定的拓扑结构相互连接而成。神经网络的功能主要由网络的拓扑结构和节点的处理功能决定，最大特点是可学习性和巨量并行性。作为一个并行系统，尽管每个神经元(节点)的结构和功能比较简单，但神经网络的整体运算功能非常强大。图 4.4.1 是常用的神经元模型，其中非线性函数一般为阈值或 Sigmoid 函数等形式，即

$$y = f\left(\sum_{i=1}^{N} W_i x_i - \theta\right) \qquad (4.4.1)$$

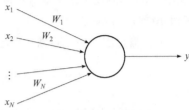

图 4.4.1　神经元模型

神经网络的模型可概括为两大类：一类是以多层感知器(multilayer perceptron，MLP)为基础的前馈模型；另一类是以 Hopfield 网络为代表的反馈型模型。在神经网络故障诊断技术中，前馈模型通过网络输入与输出之间的高度非线性关系，表征故障征兆空间与故障源空间的某种映射关系；反馈型模型则将典型的故障样本模式以稳定吸引子的形式存入网络，通过状态演化诊断出故障。下面介绍两种代表性的网络模型。

1. 多层感知器

多层感知器是目前故障诊断领域应用得较多也比较成熟的一种网络。多层感知器中的学习算法采用误差反向传播算法，故也称 BP 网络，主要由输入层、隐层和输出层组成。由于单隐层的 BP 网络已具备了任意精度的函数逼近能力，在实际应用中，BP 网络一般只含一个隐层。图 4.4.2 表示了一个三层 BP 网络结构。

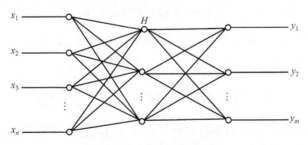

图 4.4.2　三层 BP 网络结构

对于转子的故障诊断，输入层矢量 $X=\{x_1, x_2, \cdots, x_n\}$ 为故障征兆层，输入层的节点为 $x_i(i=1, 2, \cdots, n)$，由输入故障征兆参数组成。而输出层矢量 $Y=\{y_1, y_2, \cdots, y_m\}$ 为故障类别层，每个输出节点 $y_i(i=1,2,\cdots,m)$ 对应着某一具体故障，隐层矢量 $H=\{h_1, h_2,\cdots,h_s\}$ 用于提取信号中的高阶相关特性。BP 网络的学习过程包括网络内部的前向计算和误差的反向传播两个过程，具体过程表述如下：

(1) 输入层节点 i 的输出 O_i 等于其输入 x_i。

(2) 隐层节点 j 的输入、输出分别为

$$\text{net}_j = \sum_{i=1}^{n} W_{ji} O_i + \theta_j, \quad O_j = f(\text{net}_j) = \frac{1}{1 + e^{-\text{net}_j}} \tag{4.4.2}$$

式中，W_{ji} 为隐层节点 j 与输入层节点 i 之间的连接权重；θ_j 为隐层节点 j 的阈值；f 为非线性 Sigmoid 函数。

(3) 输出层节点 l 的输入、输出分别为

$$\text{net}_l = \sum_{j=1}^{s} W_{lj} O_j + \theta_l, \quad O_l = f(\text{net}_l) = \frac{1}{1 + e^{-\text{net}_l}} \tag{4.4.3}$$

式中，W_{lj} 为输出层节点 l 与隐层节点 j 之间的连接权重；θ_l 为输出层节点 l 的阈值。

误差的反向传播算法实质是一种采用梯度下降技术的最小二乘学习过程，并按广义 δ 规则改变权重。对于输出层与隐层之间，有如下的权重调整公式：

$$\Delta W_{lj}(n+1) = \eta \delta_l O_j + \alpha \Delta W_{lj}(n) \tag{4.4.4}$$

即

$$W_{lj}(n+1) = W_{lj}(n) + \eta \delta_l O_j + \alpha [W_{lj}(n) - W_{lj}(n-1)] \tag{4.4.5}$$

式中，$\delta_l = f(\text{net}_l)(t_l - O_l) = O_l(t_l - O_l)(1 - O_l)$，$t_l$ 为期望输出。

对于隐层与输入层之间，有如下权重调整公式：

$$\Delta W_{ji}(n+1) = \eta \delta_j O_j + \alpha \Delta W_{ji}(n) \tag{4.4.6}$$

即

$$W_{ji}(n+1) = W_{ji}(n) + \eta \delta_j O_j + \alpha [W_{ji}(n) - W_{ji}(n-1)] \tag{4.4.7}$$

式中，α 为惯性因子，用于调整网络学习的收敛速度；η 为学习步长，用于调整权重的增益。一般地，$\alpha < 1$，$0 < \eta < 1$，

$$\delta_j = f(\text{net}_j) \sum_{l=1}^{m} (\delta_l W_{lj}) = O_j(1 - O_j) \sum_l (\delta_l W_{lj}) \tag{4.4.8}$$

BP 网络的学习过程必须要有训练样本作为目标输出来指导权重的调整，是一种有教师的学习机制。自组织特征映射神经网络模型不需要教师信号的指导，通过系统自身的状态调整来实现聚类识别，这种无教师学习机制的神经网络模型用于转子的故障诊断，有时比 BP 网络效果要好。

2. Hopfield 网络

Hopfield 网络的任意两个神经元都有可能有连接，信号要在神经元之间反复往返传递，网络处在一种不断改变状态的动态之中。从某初态开始，经过若干次

的变化，才会达到某种平衡状态。图 4.4.3 给出了全互联的 Hopfield 网络结构，Hopfield 网络有离散和连续两种类型。具有 n 个节点的离散 Hopfield 神经网络，由(W, θ)唯一地定义，其中 W 是一 $n \times n$ 对称零对角阵，其中 W_{ij} 为节点 i、j 的连接权重；θ 是一维矢量，θ_i 表示节点 i 的阈值。每个节点可处于两个可能状态之一，即 1 或 -1。以 $X_i(t)$ 表示时刻 t 节点 i 的状态，节点的下一状态由下列规则决定，即

$$X_i(t+1) = \text{sgn}[H_i(t)] = \begin{cases} 1, & H_i(t) \geqslant 0 \\ -1, & \text{其他} \end{cases}$$

$$(4.4.9)$$

式中，

$$H_i(t) = \sum_{j=1}^{n} W_{ij} X_j(t) - \theta_i \qquad (4.4.10)$$

连续时间神经网络模型中，神经元的状态演化方程为

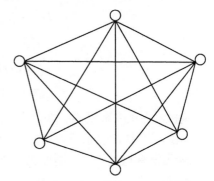

图 4.4.3　全互联的 Hopfield 网络

$$\frac{\mathrm{d}u_i}{\mathrm{d}t} = -\tau u_i + \sum_{j=1}^{n} W_{ij} V_j + I_i \qquad (4.4.11)$$

式中，u_i 为第 i 个神经元的输入；$V_i = f(u_i)$为神经元的输出，$f(\cdot)$ 为 Sigmoid 函数，表示神经元的非线性特性；I_i 为第 i 个神经元的外部输入。Hopfield 证明了只要连接权重满足对称性 $W_{ij} = W_{ji}$，则随着时间的推移，该网络的稳定平衡态是下列能量函数的局部极小点，即

$$E(t) = -\frac{1}{2} \sum_{i=1}^{n} \sum_{j=1}^{n} W_{ij} V_j(t) - \sum_{i=1}^{n} V_i(t) I_i \qquad (4.4.12)$$

在 Hopfield 网络模型基础上发展起来的双向联想记忆(bidirectional associative memory，BAM)、高阶关联网络等神经网络模型，都具有网络动态演化到稳定平衡态的特性，也可用于转子的故障诊断。

4.4.2　神经网络故障诊断分析方法

转子的故障诊断过程可概括为：①提取设备的特征信号；②从检测到的特征信号中提取征兆；③将特征信号中提取的征兆馈入状态识别装置，识别系统的状态，神经网络模型实际上就是识别系统的状态。神经网络作为一种自适应的模式识别技术，不需要预先给出判别函数，网络的特性由网络的拓扑结构、节点特性、训练或学习规则所决定。

在进入诊断过程前，必须要预先设计好神经网络模型，关键是建立合适的故

障模式样本。故障模式就是由从特征信号中提取出的各项征兆组成的 N 维矢量，模式中单个典型征兆及征兆个数的选择视具体诊断对象而定。故障模式矢量可以是二值状态矢量 $\{-1,+1\}^N$，也可以是多值状态矢量。

二值状态矢量的故障模式，可以根据征兆是否超出预定的约束范围来建立。对于转子，给定的约束可以归纳为以下四类，即

$$S_i^{\mathrm{u}} < S_i(C) < S_i^{\mathrm{v}}, \quad i=1,2,\cdots,n_{\mathrm{d}} \tag{4.4.13}$$

$$P_i(C) < P_i^{\mathrm{u}}, \quad i=1,2,\cdots,n_{\mathrm{e}} \tag{4.4.14}$$

$$Q_i^{\mathrm{u}} < Q_i(C), \quad i=1,2,\cdots,n_{\mathrm{f}} \tag{4.4.15}$$

$$\Delta P_i(C) \leqslant \Delta P_i^{\mathrm{u}}, \quad i=1,2,\cdots,n_{\mathrm{g}} \tag{4.4.16}$$

变量控制在某一范围内、变量小于或大于某一阈值、参数的变化量不允许超过某一阈值。式中 C 表示设备所处的状态，若在 N_{c} 维矢量中，以 -1 表示超过约束，$+1$ 表示没有超过约束，则形成一个 N_{c} 维二值状态矢量，即

$$N_{\mathrm{c}} = n_{\mathrm{d}} + n_{\mathrm{e}} + n_{\mathrm{f}} + n_{\mathrm{g}} \tag{4.4.17}$$

若更进一步把每一约束空间再细分为 N_{s} 个空间,则重新形成的一个 N 维($N=N_{\mathrm{c}}N_{\mathrm{s}}$)状态矢量将能更精细地反映设备的运行状态。

转子的神经网络故障诊断过程如图 4.4.4 所示,该诊断过程分为设计和诊断两个阶段。在设计阶段，基于已知的故障模式样本，按照一定的学习规则，确定网络的连接权重，然后进入诊断阶段，网络将根据新输入的征兆矢量，诊断设备所发生的故障。

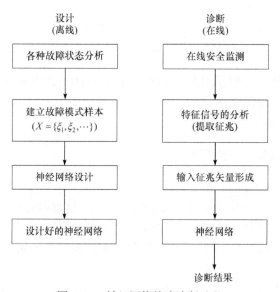

图 4.4.4　神经网络故障诊断过程

1. 基于 BP 网络的故障诊断

用三层 BP 网络做转子的故障诊断, 输入层为故障征兆层, 输入层节点个数为故障征兆的数目; 输出层为故障类别层, 输出层节点个数等于故障类型的数目; 隐层用于提取信号中的高阶相关特性, 以实现非线性分类, 隐层节点个数的多少对神经网络的收敛性、鲁棒性以及对新样本的识别能力等都有至关重要的影响。在相同的训练迭代次数下, 较多的隐层节点个数可以获得较小的网络训练误差。在相同的训练误差要求条件下, 具有较多的隐层节点个数的网络需要较少的迭代运算次数。在实际应用中, 隐层节点的选取与网络处理问题的复杂程度有关。过少的隐层节点会使网络划分空间粗糙, 网络的知识表达、联想记忆能力下降。一般取隐层节点个数稍大于 $\sqrt{n+l}$ 。

下面用两个例子说明 BP 网络的故障诊断过程。

1) 转子的不平衡、碰摩、联轴器不对中和油膜振荡故障诊断

转子的不平衡、碰摩、联轴器不对中和油膜振荡故障诊断是大型转子系统常见的几种典型故障, 这里采用频谱分布特征、时域波形、轴心轨迹及振动特性等方面共 20 个征兆来描述以上四种故障。网络的输入节点数取为征兆数 20, 输出节点数取为故障模式数 4。网络训练样本如表 4.4.1 所示, 其中 1 表示存在, 0 表示不存在。训练中取 $\eta = 0.15$, $\alpha = 0.75$, 训练误差 $\varepsilon = 0.0005$ 。表 4.4.1 中, S_1 代表 0.5 倍频成分明显; S_2 代表 1 倍频成分明显; S_3 代表 2 倍频成分明显; S_4 代表 3 倍频成分明显; S_5 代表小于 1 倍频成分丰富且明显; S_6 代表大于 3 倍频成分丰富且明显; S_7 代表广谱; S_8 代表 1 倍频远大于 2 倍频; S_9 代表 2 倍频大于 1 倍频; S_{10} 代表时域波形为规则的正弦波; S_{11} 代表时域波形为畸变的正弦波; S_{12} 代表时域波形有削波现象; S_{13} 代表轴心轨迹为椭圆; S_{14} 代表轴心轨迹为 8 字形; S_{15} 代表轴心轨迹为香蕉形; S_{16} 代表轴心轨迹紊乱; S_{17} 代表随转速增高, 振动增大; S_{18} 代表振动有突发性; S_{19} 代表轴向振动明显; S_{20} 代表振动有波动性; F_1 代表转子不平衡; F_2 代表碰摩; F_3 代表联轴器不对中; F_4 代表油膜振荡。

表 4.4.1　网络训练样本

征兆																				故障			
S_1	S_2	S_3	S_4	S_5	S_6	S_7	S_8	S_9	S_{10}	S_{11}	S_{12}	S_{13}	S_{14}	S_{15}	S_{16}	S_{17}	S_{18}	S_{19}	S_{20}	F_1	F_2	F_3	F_4
0	1	1	1	0	0	0	1	0	1	0	1	0	0	1	0	0	0	1	0	1	0	0	0
0	1	0	0	1	1	1	0	0	0	0	0	1	0	0	0	1	0	0	1	0	1	0	0
0	1	1	1	0	0	0	0	1	0	0	1	0	0	0	0	0	1	0	0	0	0	1	0
1	1	0	0	0	1	0	0	0	0	0	0	0	1	0	0	0	1	0	0	0	0	0	1

图 4.4.5 为取不同隐层节点数,网络训练误差随迭代次数的变化规律。表 4.4.2 为隐层节点数为 9 时的网络训练输出结果。由此看出,对应于相应的输入模式,输出模式中相应故障节点的网络输出值均接近于 1,其余节点输出值均接近于 0。因此,BP 网络对于给定的知识能够进行很好的表达。表 4.4.3 列出了几组故障事例的输出结果。前四组给出的是四种故障的不完全征兆输入下的输出结果,由表中的数值可以看出,尽管相应故障节点的输出值有所下降,但诊断的结果仍然是正确的。第 5、6 组给出的是网络对多故障征兆的输出结果,由第 5 组网络输出结果分析可知、依据所给的输入征兆,系统发生碰摩的可能性较大,并且伴有一定的不平衡故障存在。由第 6 组网络输出结果分析可知,系统可能发生了不对中故障,且伴有不平衡故障存在。根据每组输入的征兆分析,BP 网络的诊断结果令人满意。

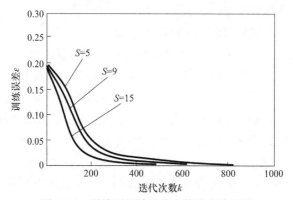

图 4.4.5 训练误差随迭代次数的变化规律

表 4.4.2 网络训练结果(隐层节点数为 9)

故障模式				网络输出结果			
F_1	F_2	F_3	F_4	F_1	F_2	F_3	F_4
1	0	0	0	0.970701	0.019442	0.018465	0.013030
0	1	0	0	0.021701	0.967549	0.011590	0.020549
0	0	1	0	0.024213	0.018210	0.969351	0.019046
0	0	0	0	0.010779	0.020634	0.023967	0.971367

表 4.4.3 网络输出结果(隐层节点数为 9)

	征兆	F_1	F_2	F_3	F_4
1	$S_2,S_3,S_4,S_{10},S_{13},S_{19}$	0.876616	0.024598	0.072632	0.010821
2	$S_2,S_3,S_4,S_5,S_6,S_7, S_{12},S_{16}$	0.033286	0.896102	0.024265	0.024892
3	$S_2,S_3,S_4,S_{11},S_{14},S_{19}$	0.041519	0.012671	0.937991	0.027904
4	S_1,S_2,S_{18}	0.043904	0.035100	0.016034	0.890564
5	$S_2,S_3,S_4,S_5,S_6,S_7, S_8,S_{16},S_{17},S_{19},S_{20}$	0.214858	0.922620	0.017993	0.003912
6	$S_2,S_3,S_4,S_{11},S_{17},S_{19}$	0.271742	0.027470	0.669391	0.008643

2) 转子的不平衡、不对中、油膜涡动、油膜振荡、喘振、旋转失速故障诊断

采用幅值谱中七个频段上的幅值作为网络的输入样本模式,对转子的不平衡、不对中、油膜涡动、油膜振荡、喘振、旋转失速六种故障进行诊断。六种故障的标准模式样本见表 4.4.4,诊断中 BP 网络的输入层节点数为 7,输出层节点数为 6。待识别故障模式见表 4.4.5。

表 4.4.4　标准故障模式样本

故障样本	$0.01f\sim0.40f$	$0.41f\sim0.50f$	$0.51f\sim0.99f$	$1f$	$2f$	$3f\sim5f$	$>5f$	理想输出
不平衡	0.0000	0.0000	0.0000	1.0000	0.0056	0.0055	0.0000	100000
不对中	0.0000	0.0000	0.0000	0.8000	1.0000	0.0200	0.0000	010000
油膜涡动	0.0000	0.6534	0.0000	1.0000	0.0100	0.0084	0.0000	001000
油膜振荡	0.0000	0.9543	0.0000	1.0000	0.0100	0.0080	0.0000	000100
喘振	0.8546	0.0000	0.0000	1.0000	0.1262	0.1045	0.1105	000010
转速失速	0.9028	0.0000	0.7506	1.0000	0.2854	0.1539	0.1135	000001

表 4.4.5　待识别的故障样本

故障样本	$0.01f\sim0.40f$	$0.41f\sim0.50f$	$0.51f\sim0.99f$	$1f$	$2f$	$3f\sim5f$	$>5f$	理想输出
待识别	0.0000	0.0000	0.0000	0.8510	1.0000	0.0250	0.0000	未知
待识别	0.6501	0.0000	0.0000	1.0000	0.0000	0.1254	1.1159	未知
待识别	0.0000	0.6820	0.0000	1.0000	0.0120	0.0086	0.0000	未知

选择不同的隐层节点数,用标准故障模式样本对 BP 网络进行训练,通过大量实验对收敛速度和识别精度进行比较,选择隐层节点数为 10。网络对标准故障模式的训练结果见表 4.4.6,将表 4.4.5 中的待识别故障模式输入网络,识别出的结果见表 4.4.7。比较表 4.4.7 和表 4.4.5 可知,故障 1、故障 2 和故障 3 分别被识别为不对中、喘振和油膜涡动,识别准确度比较高。

表 4.4.6　标准训练样本的训练结果

故障样本	不平衡	不对中	油膜涡动	油膜振荡	喘振	转速失速
不平衡	0.9639	0.0170	0.0442	0.0000	0.0222	0.0007
不对中	0.0178	0.9774	0.0040	0.0000	0.0021	0.0134
油膜涡动	0.0259	0.0073	0.9288	0.0369	0.0013	0.0010
油膜振荡	0.0001	0.0040	0.0564	0.9651	0.0012	0.0133
喘振	0.0215	0.0069	0.0001	0.0000	0.9713	0.0139
转速失速	0.0000	0.0155	0.0000	0.0031	0.0194	0.9777

表 4.4.7　待识别的故障模式的识别结果

故障	结果					
故障 1	0.0235	0.9754	0.0005	0.0000	0.0023	0.0113
故障 2	0.3754	0.0054	0.0021	0.0000	0.9708	0.0045
故障 3	0.0149	0.0070	0.9245	0.0651	0.0012	0.0013

以上两个例子说明 BP 网络可以用于转子的故障诊断，故障模式既可以是两值矢量，也可以是多值矢量，只是网络对多值矢量的故障模式的训练时间要长。

2. 基于 Hopfield 型神经网络的故障诊断

由于 Hopfield 型神经网络不分输入层和输出层，用 Hopfield 型神经网络进行转子的故障诊断时，输入模式和输出模式都由网络节点(神经元)的状态体现。网络的节点个数等于所选择的故障征兆数，故障模式样本按照一定的学习规则(Hebb学习规则、投影学习规则等)确定网络的连接权重，这样设计好网络后，将给出的故障事例作为网络演化的初始矢量，经网络演化后到达的平衡状态矢量对应于故障模式样本中的某一个故障，则表示系统此时出现的可能就是该种故障。

网络的稳定性和吸引性是影响 Hopfield 型神经网络诊断结果精确度的关键因素。一个好的故障诊断神经网络模型，必须保证学习的故障模型样本是网络的稳定平衡态，且每个模式的吸引域都尽可能大，没有除了故障模式样本以外的其他吸引子(伪吸引子)。理论和实际应用均证明，基本的 Hopfield 网络容量有限、吸引子的吸引域小，易产生伪吸引子。因此，在转子的故障诊断中通常使用高阶 Hopfield网络、BAM 或高阶关联神经网络。

4.5　智能诊断系统

随着人工智能的发展，设备诊断技术正向智能化的方向发展。目前的智能诊断系统往往是更偏重基于知识的诊断系统，更致力于利用领域专家的专业知识，模拟专家的思维方式进行推理。智能诊断技术具有如下特点：①通过对各种诊断经验的描述，有利于存储和推广专家宝贵的经验知识；②众多专家的知识可以被融合进诊断系统，得到综合利用；③可以与其他诊断技术相融合；④拥有人机联合诊断功能，可以充分发挥现场人员的主观能动性。

一个智能诊断系统需要集传感器、在线监测、图形显示、知识库、故障诊断、维修咨询等模块为一体。系统的智能化和智能程度主要体现在知识库、故障诊断、结果解释等模块中。

　　下面将结合旋转机械故障诊断特点，介绍智能诊断系统的知识表示、推理方法等基本组成部分，最后介绍一个智能诊断系统。

4.5.1　旋转机械故障诊断系统知识的表示与管理

　　1. 基于规则的知识表示方法

　　开发智能诊断系统，首先要将专家经验以合适的方式表示出来。人工智能理论发展至今，已形成了多种知识表示方法，如语义网络、框架、产生式规则等。产生式规则是其中应用得最多，也是最简单、易懂的一种。产生式规则具有如下形式：

$$\text{IF } x_1 \vee (x_2 \wedge x_n) \quad \text{THEN} \quad y(\text{cf})$$

其中，x_i 为规则前提(征兆)；y 为规则后件(故障)；cf 为规则可信度，$\text{cf} \in [-1,1]$，反映了规则前提对规则后件的支持程度。$\text{cf} > 0$ 表示征兆对故障判断起肯定作用；$\text{cf} < 0$ 表示征兆对故障判断起否定作用。$|\text{cf}|$ 越大，征兆对故障判断所起的肯定或否定作用就越大。"$\vee$"和"$\wedge$"反映了规则各征兆间的逻辑"或"和"与"的关系。

　　对大型旋转机械故障诊断，由于征兆和故障的存在及严重程度都具有一定的模糊性；故障与征兆间的关系具有不确定性；不同征兆对故障判断所起的作用不同，因此在上述产生式规则的基础上，提出了广义模糊产生式规则。与产生式规则相比，广义模糊产生式规则在产生式规则的基础上，采用模糊化的征兆和故障概念，并给每个征兆赋予了权重，以反映征兆对故障判断所起的不同作用。

　　广义模糊产生式规则具有以下形式：

$$\text{IF } (\overline{x}_1, w_1), (\overline{x}_2, w_2), \cdots, (\overline{x}_n, w_n) \quad \text{THEN} \quad \overline{y}(\text{cf})$$

其中，字母带上划线代表模糊征兆和故障。传统的产生式规则只考虑征兆和故障存在、不存在和未知三种情况，而广义模糊产生式规则还可以考虑征兆和故障存在的严重程度，如征兆严重、征兆轻微等。w_i 为征兆权重，$w_i \geqslant 0$，$\sum_i w_i = 1$，反映了不同征兆对故障判断所起的不同作用。权重越大，该征兆对故障判断所起的作用也越大。

　　2. 支持和否定规则

　　开发旋转机械智能诊断系统时，必须考虑两个问题：①旋转机械故障诊断时用到了大量征兆，根据对故障判断所起的作用不同，征兆可以分为充分征兆、必要征兆、充要征兆和无关征兆；②实际诊断时，这些征兆中有些是存在的，有些是不存在的，有些则是未知的。征兆存在、不存在和未知对故障判断所起的作用不同。为了考虑上述两个因素的影响，开发智能诊断系统知识库时必须同时采用支持规则和否定规则。

支持规则反映了征兆存在对故障判断所起的作用，否定规则反映了征兆不存在对故障判断所起的作用。以某一征兆 A 为例，完整的知识库中应该同时包含下面两类规则。

(1) 支持规则 R_1: IF A 大　THEN　$y(cf_1)$。

(2) 否定规则 R_2: IF A 小　THEN　$y(cf_2)$。

这种表示方法可以将不同征兆对故障判断所起的不同作用明确区分开来。

(1) 充分征兆：若征兆存在，则故障存在，因此规则 R_1 中 $cf_1=1$。

(2) 必要征兆：若征兆不存在，则故障不存在，因此规则 R_2 中 $cf_2=1$。

(3) 充要征兆：该征兆同时是充分和必要征兆，因此规则 R_1 中 $cf_1=1$ 和规则 R_2 中 $cf_2=1$。

(4) 无关征兆：该征兆对故障判断既不起肯定作用，也不起否定作用，因此 $cf_1=0$，$cf_2=0$。

采用这种表示方式还将征兆存在、征兆不存在和征兆未知这三种不同情况对故障判断所起的不同作用区分开来。若征兆存在，则规则 R_1 被激活；若征兆不存在，则规则 R_2 被激活；若征兆未知，则没有规则被激活。

3. 面向对象的知识表示方法

面向对象的思想认为，复杂系统是由若干个子系统组成的，每一个子系统都被视为一个独立的对象，以对象为中心，将对象的属性、动态行为特征、相关领域知识和数据处理方法等有关知识封装在表达对象的结构中。面向对象的思想有三个基本观点：

(1) 世界是由各种对象组成的，每一个对象都有自己独立的运动规律，复杂对象是由简单对象组合而成的，对象间具有相互联系和作用。

(2) 对象间除了通过消息传递信息，不再有任何联系。某一对象的属性和对该对象的操作对于其他对象是不可见的，即对象间具有非常良好的模块性。

(3) 对象间通过"父类"和"子类"形成了一种良好的组织结构关系。在这种层次结构中，上一层对象的属性可以被下一层的对象所继承。

可以用面向对象的思想来表示和组织管理旋转机械故障诊断知识。图 4.5.1 给出了旋转机械振动故障层次分解示意图，从图中可见，机械系统故障间通常都具有一定的层次性，故障发生时，可以由上到下、从粗到细地进行诊断。实际诊断时不同层次、不同节点所采用的规则和诊断方法不同。若将所有的规则简单堆积在知识库中，势必使得知识库的管理、索引和修改都很麻烦。

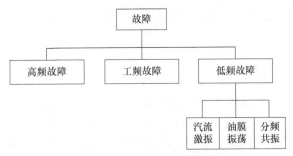

图 4.5.1　旋转机械振动故障层次分解示意图

用面向对象的思想来表示故障诊断知识时，每一个节点被视为一个独立的对象，每一个对象分别与一个诊断单元相对应。节点位置、节点属性、诊断规则和诊断方法等知识都被封装在这个单元内。各诊断单元相互独立，可以有自己独特的诊断知识和推理方法。

如图 4.5.1 所示旋转机械振动低频故障节点,其面向对象的知识单元中包含了规则、节点位置、节点间关系、节点激活值、诊断方法、证据获取方法等与该节点相关的全部知识，对一个单元的修改不会影响其他单元。

4. 面向对象的知识库管理系统

图 4.5.2 给出了一个面向对象的知识库管理系统实例，该系统由人机交互界面、翻译字典、控制器和黑板等五个模块组成。知识库是系统核心，存储着各诊断单元知识。控制器发送消息给各知识源，决定知识源的调用顺序。黑板为一全局数据库，记录着与各诊断单元相关的输入、输出数据和推理路径。翻译字典建立了知识代码与自然语言的对照表，通过它实现信息输入、输出表达方式的转换，使系统能以自然语言的形式向用户提供各种信息。人机交互界面由节点管理器和规则管理器两部分组成，提供了一个方便的界面供用户修改知识库。规则管理器将所有规则集中在一起进行管理，可以很方便地显示、添加、删除、查询和

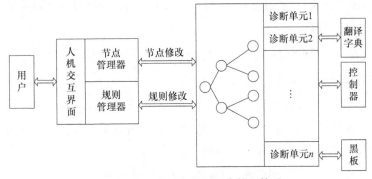

图 4.5.2　面向对象的知识库管理体系

修改规则。节点管理器主要用来对节点进行管理，可以方便地对整个知识库结构进行调整。

4.5.2　智能故障诊断系统推理方法

推理就是在已知规则和原始证据的基础上，定义一组函数，求出故障的可能性。机械故障诊断中存在许多不确定性因素，这些不确定性由多种因素引起，如证据不确定、信息不完备等。绝大多数情况下，诊断系统都是在征兆信息等不完全的情况下进行推理，这就要用到不确定性推理。不确定性推理有多种形式，如概率方法、Shafew-Dempster 证据理论、Zadeh 可能性理论和 Bandy 发生率计算等。这些不确定性推理都有较好的理论基础，并各具特色，但这些不确定性推理都比较复杂或有一定的局限性。这里介绍 MYCIN 专家系统和旋转机械振动故障诊断系统所采用的不确定性推理方法。

1. MYCIN 专家系统所采用的不确定性推理方法

MYCIN 专家系统所采用的推理方法是一种比较实用而且具有代表性的推理方法。

对只有单个前提的规则

$$\text{IF } E \quad \text{THEN } H(\text{CF}(H,E))$$

规则后件可信度可以采用式(4.5.1)计算：

$$\text{CF}(H) = \text{CF}(H,E) \cdot \max(0, \text{CF}(E)) \tag{4.5.1}$$

对于具有多个复合前提的规则，不确定性推理首先要计算规则复合前提的合成可信度，再调用式(4.5.1)，如对于规则：

$$\text{IF } E_1 \wedge E_2 \wedge \cdots \wedge E_n \quad \text{THEN } H(\text{CF}(H,E))$$

规则复合前提的可信度为

$$\text{CF}(E) = \text{CF}(E_1 \wedge E_2 \wedge \cdots \wedge E_n) = \min(\text{CF}(E_1), \text{CF}(E_2), \cdots, \text{CF}(E_n)) \tag{4.5.2}$$

又如，对于规则

$$\text{IF } E_1 \vee E_2 \vee \cdots \vee E_n \quad \text{THEN } H(\text{CF}(H,E))$$

规则复合前提的可信度为

$$\text{CF}(E) = \text{CF}(E_1 \vee E_2 \vee \cdots \vee E_n) = \max(\text{CF}(E_1), \text{CF}(E_2), \cdots, \text{CF}(E_n)) \tag{4.5.3}$$

若有多条规则支持同一故障，则故障可信度可以采用证据合成的方法计算。如有下面两条规则同时支持同一故障，即

$$\text{IF } E_1 \quad \text{THEN } H(\text{CF}(H,E_1))$$

$$\text{IF } E_2 \quad \text{THEN } H(\text{CF}(H, E_2))$$

采用上述方法可以分别计算得到两条规则对故障的支持度，即

$$\text{CF}_1(H) = \text{CF}(H, E_1) \cdot \max(0, \text{CF}(E_1))$$
$$\text{CF}_2(H) = \text{CF}(H, E_2) \cdot \max(0, \text{CF}(E_2)) \tag{4.5.4}$$

故障合成可信度为

$$\text{CF}_{12}(H) = \text{CF}_1(H) \otimes \text{CF}_2(H) \tag{4.5.5}$$

运算符 $\otimes$ 定义为

$$\text{CF}_{12}(H) = \begin{cases} \text{CF}_1(H) + \text{CF}_2(H) - \text{CF}_1(H)\text{CF}_2(H), & \text{CF}_1(H) \geqslant 0, \text{CF}_2(H) \geqslant 0 \\ \text{CF}_1(H) + \text{CF}_2(H) + \text{CF}_1(H)\text{CF}_2(H), & \text{CF}_1(H) < 0, \text{CF}_2(H) < 0 \\ \text{CF}_1(H) + \text{CF}_2(H), & \text{其他} \end{cases} \tag{4.5.6}$$

运算符 $\otimes$ 满足交换律，但不满足结合律。根据三条规则得到 $\text{CF}_1(H) = 0.8$，$\text{CF}_2(H) = -0.6$，$\text{CF}_3(H) = 0.4$，则有

$$\text{CF}_{12}(H) = 0.2, \quad \text{CF}_{123}(H) = \text{CF}_{12}(H) \otimes \text{CF}_3(H) = 0.52$$

$$\text{CF}_{32}(H) = -0.2, \quad \text{CF}_{321}(H) = \text{CF}_{32}(H) \otimes \text{CF}_1(H) = 0.6$$

2. 旋转机械振动故障诊断系统所采用的推理方法

目前已经有多套旋转机械振动故障诊断系统。这里介绍一种比较实用的推理方法，该方法是在广义模糊产生式规则的基础上进行推理的。对于广义模糊产生式规则：

$$\text{IF } (x_1, w_1), (x_2, w_2), \cdots, (x_n, w_n) \quad \text{THEN } y(\text{cf})$$

规则激活度采用加权算子计算，即

$$\text{CF}_R = x_1 w_1 + x_2 w_2 + \cdots + x_n w_n \tag{4.5.7}$$

故障可信度为

$$\text{CF} = \text{CF}_R \times \text{cf} \tag{4.5.8}$$

若有多条规则支持同一故障，则故障可信度的合成采用式(4.5.9)计算：

$$\text{CF} = \text{CF}_1 + \text{CF}_2 - \text{CF}_1 \times \text{CF}_2 \tag{4.5.9}$$

该算子综合反映了多因素对故障判断所起的肯定和否定作用。例如，对机组振动信号进行频谱分析后，判定某一故障存在的隶属度 $a=0.8$，从机组启停过程振动信号中判断该故障存在的隶属度 $b=0.5$，采用上述算子可以得到该故障的最

终隶属度为 0.9。尽管故障可信度的合成还可以采用其他算子计算，如最大算子、最小算子等，但是上述算子是实际诊断系统中用得最多的一种。

3. 面向对象的旋转机械故障诊断系统推理方法

在面向对象的知识表示方法中，每一个子系统都被视为一个独立的对象，每一个对象分别与一个诊断单元相对应。每一个诊断单元都有一个父单元和多个子单元。对每个诊断单元，其任务就是根据已知信息决定下一步转向哪一个或哪几个诊断单元。

若某诊断单元被触发，则系统首先根据初始证据集合进行推理，产生故障假设。一般情况下，该故障假设由不完全信息产生。若此时与该单元相关的所有故障的激活度都小于诊断单元中给出的阈值，则系统根据诊断单元中给出的证据获取自动询问未知征兆的信息。在此基础上形成新的证据集，重新开始推理。若新证据追加后所有故障激活度还是小于给定阈值，说明出现了系统原先没有考虑过的故障。整个推理过程可以表示为"给定诊断单元→初始证据集→故障假设产生→征兆问询→新假设产生→进入新的诊断单元"的循环过程，直到没有新的故障假设产生。

4. 旋转机械智能故障诊断系统实例

下面以基于知识的汽轮发电机组在线工况监测与故障诊断系统 KBTMD 为例加以介绍，这是一个面向汽轮发电机组，集工况监测、故障诊断与维修咨询为一体的多任务信息处理系统。

该系统主要由三部分组成：

(1) 传感器及其变换器组成的信号转换部分，该部分采集机组振动信息和其他相关信息，并对信号做前置处理，以满足工控机对输入信号的要求。

(2) 以工控机为主体的数据采集与实时分析及报警部分，该部分进行连续数据采集并做压缩处理，建立数据文件。与主机直接通信，传送主机所需的数据，并接收主机的控制。该部分也可脱离主机独立工作。

(3) 以微机为主体的基于知识的分析诊断部分，与现场工控机形成主从结构，一方面担负着与 4 台从机通信、存储和整理数据、报警、显示图形、打印报表等任务，更重要的是完成基于知识的诊断推理、趋势预测和维修咨询等任务。

基于知识的在线诊断是 KBTMD 的核心，其结构框图如图 4.5.3 所示，该系统由任务管理模块、诊断推理模块、诊断过程解释模块、信号分析模块、诊断信息获取模块、翻译模块、知识库管理与开发模块、咨询模块等组成。

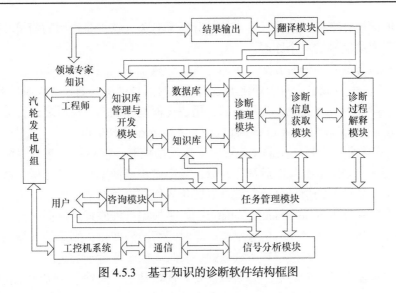

图 4.5.3　基于知识的诊断软件结构框图

4.6　变速旋转机械转子的状态监测

4.6.1　非稳态信号

许多旋转机械常常在变速状态下运行,变速机械的振动信号是非稳态的信号,振动频谱中的各种频率和幅值都是不断变化的, 有时甚至连机械系统本身也因变速而形成时变系统,一些动力特性也会随转速变化而变化。因此,对变速机械的振动状态监测具有更大的难度。

实际上, 变速机械的非稳态信号包含着比稳态振动信号更丰富的信息,可以反映更多的系统特性。在稳态情况下本来不容易显现出来的现象, 在变速情况下可以得到充分的显现。旋转机械中转子过临界转速时的信号充分体现了转子系统各方面的性质, 根据这一非稳态信号, 可以诊断转子的裂纹故障。有些非线性现象在变速情况下有可能得到较明显的显示, 有些与载荷相关的系统动力学问题,在非稳态振动信号中也有可能更明显地显露。这为变速旋转机械转子的状态监测提供了方便。

对稳态信号的分析, 使用最普遍和最有效的是信号的频谱分析。为了适应各种场合的特殊需要, 也为了提高频率分析的精度,多种类别的谱, 如倒谱、熵谱、参数谱等都可应用。如果对变频信号做傅里叶变换, 由于实际上相当于谱分量的不断移动, 将会出现谱涂抹(spectral smearing)现象。得到的谱图是在一段频带内分布的谱线, 无法从中得出有用的特征和信息。因此, 对非稳态信号的分析和特征量的提取需要寻求其他处理方法。急剧的变速信号有时可用的数据长度比较短,而对一般傅里叶变换，信号长度直接与分辨率有关，这也是通用的傅里叶变换不能适用于变速信号的一个原因。

对非稳态信号的分析方法，大体上可以分属于下列三类：

(1) 阶段信号截取。对于变化不过于激烈的信号可将其划分成阶段性的信号，而在每一阶段内可将其视作为稳态的，用快速傅里叶变换方法对之进行分析，如短时快速傅里叶变换(short-time fast Fourier transform，SFFT)。

(2) 采样速率控制。在采样装置上采取反馈控制，使得采样速率跟踪转速的变化而变化。采满数据长度后按原定分析频率做快速傅里叶变换分析。这样，原来在频率上非稳态的信号分析，就可以转化成稳态信号的谱分析。

阶次跟踪分析(order tracking analysis)就是根据这种原理对数据进行分析。但是如果除了频率变化之外，信号幅值也随时间而激烈变化，则还是不能转化成稳态信号分析，其实仍是假定在所截取的一段时间内幅值近于稳定。

阶次跟踪常用光学码盘，光学码盘安装在转轴上，随轴一起转动。利用光电转换装置，码盘每一转可发出一定数量的电脉冲(如每转 512 个脉冲)。根据光学码盘所发出的脉冲，将它们作为触发信号进行采样，即可达到将变速信号转化成稳速信号的目的。这实际上是将一般的时域内采样，改变成按转轴的转角采样。如果将采得的信号用角度坐标或者位置坐标表达出来，就可以得到在位置坐标上的信号。然后以角度为变量做类似于以时间为变量的傅里叶变换，即可获得所需要的相当的谱分量，以用于分析和诊断，或者先经过时域同步平均处理再做傅里叶变换，以获得对应于转速或转速的倍数的谱分量。由于是用角度坐标来描述振动波形，有时也称为角度域分析。如前所述，角度域分析只适用于在某一段时间域内幅值变化不很激烈的信号。

阶次跟踪分析(角度域分析)有一个弱点：采样必须有另外的附加装置，光学码盘装置比较复杂，在有些机械上可能不易安装，使用受到一定限制。

(3) 时频分析。要获得连续的变速信号的谱阵分析，应该使用完整的时频分析方法，如 Wigner-Ville 分布方法。这种分析方法的数学运算工作量较大，而且 Wigner-Ville 分布还存在频率干涉现象，使它很难将含有的多个成分信号表示清楚。从三维谱阵的浩繁数据中，如何提取有效的特征量以估计机器状态和辨识故障模式，也是在实际应用中要解决的问题。

以上所述的一些变换信号的分析方法，除了小波变换，基本都属于频域滤波。鉴于各种频域方法都存在着各种问题，下面研究时域滤波的分析方法。在现场监测的时域信号中，不经过频域转换而直接滤出所需要的时域波形，并根据滤出的时域波形提取信息，进行状态监测和故障诊断。这里介绍两种时域信号的处理方法，即非稳态信号的 Kalman 滤波法及非稳态信号的自适应滤波法。

4.6.2　非稳态信号的 Kalman 滤波法

Kalman 滤波法可以在被噪声严重污染的振动信号中,提取幅值变动而具有单一频率的正弦信号。

具有频率为 ω 而幅值和相位任意的正弦信号 $x(t)$,在等时间距 Δt 下采样时,满足以下差分方程:

$$x(n\Delta t) - 2\cos(2\pi\omega\Delta t)x[(n-1)\Delta t] + x[(n-2)\Delta t] = \varepsilon(n) \tag{4.6.1}$$

或简写成

$$x(n) - c(n)x(n-1) + x(n-2) = \varepsilon(n) \tag{4.6.2}$$

式中, $c(n) = \cos(2\pi\omega\Delta t)$; $\varepsilon(n)$ 为(波形如幅值、相位、频率)在该时间点上变动而引入的非齐次项。方程(4.6.2)为波形的结构方程,在测量时还有如下测量方程:

$$y(n) = x(n) + \eta(n) \tag{4.6.3}$$

其中, $\eta(n)$ 为测量中的随机噪声及其他频率成分。在许多时间点上,将式(4.6.2)与式(4.6.3)联立起来就可列出最小二乘方程。对这一方程也可以采用加权形式,即

$$\begin{bmatrix} 1 & -c(n) & 1 \\ 0 & 0 & r(n) \end{bmatrix} \begin{Bmatrix} x(n-2) \\ x(n-1) \\ x(n) \end{Bmatrix} = \begin{bmatrix} \varepsilon(n) \\ r(n)[y(n) - \eta(n)] \end{bmatrix} \tag{4.6.4}$$

式中, $r(n)$ 为加权函数,可设定其等于 $\varepsilon(n)$ 、 $\eta(n)$ 的标准方差函数之比, $r(n)$ 值可影响频率分辨率及收敛速率,可在权衡两者的要求以后折中选定。

在所需观察的时间点上,应用方程(4.6.4)即可得到对波形 $x(n)$ 的超定方程,而用最小二乘法解出目标信号 $x(n)$ 。通常是沿用 Kalman 滤波的递推算法,利用前一时刻的模型参数及新时刻的测量值递推新时刻的状态,所以称为非稳态信号的 Kalman 滤波法。

非稳态信号的 Kalman 滤波法的缺点是只能滤出一定频率的正弦信号,对于变频信号无能为力。如果这一方法与光学码盘装置结合起来,先将变频信号变成恒频信号,再做 Kalman 滤波,就可很好地解决变幅变频正弦信号的提取问题。

对于具有复杂结构的信号,如齿轮和轴承等故障信号中常见的调制波及连续脉冲波形,要用上述方法提取还需要进一步探索。

4.6.3　非稳态信号的自适应滤波法

1. 基本原理

采用时间序列滤波模型(AR 模型或 ARMA 模型),将具有与需要提取出来的

目标信号相同结构的控制信号作为模型的输入，而将测量得到的实际信号作为输出，建模后滤去随机噪声及其他不需要的信号部分，即可得到目标信号的估计值。

滤波时，采用有限脉冲响应(FIR)模型，即下列形式的 ARX 模型：

$$y(t) = B_0(q^{-1})u(t) + v(t) \tag{4.6.5}$$

式中，$y(t)$ 为输出信号；$u(t)$ 为输入信号；$v(t)$ 为需要滤掉的噪声；$B_0(q^{-1})$ 为后移算子多项式。

这一模型实际上是线性回归的形式，参数识别时只需要线性运算，而且对附加的多频带噪声的抗干扰能力很强，模型具有鲁棒性，即模型中噪声 $v(t)$，只要其为零均值，且与 $u(t)$ 不相关，则不管 $u(t)$ 的性质如何，用预估误差方法(如最小二乘方程)，总可以得到参数 $B_0(q^{-1})$ 的一致估计。滤波模型的框图如图 4.6.1 所示，$s(t)$ 是希望滤得的目标信号，$y(t)$ 是实际测量得到的信号，$H(q^{-1})$ 及 $T(q^{-1})$ 为相应的传递函数，是后移算子多项式，其未知系数需要经过辨识确定。用这一模型的目的是从测量信号 $y(t)$ 中滤去噪声 $e(t)$ 及其他不需要的信号 $f(t)$ 而获得目标信号 $s(t)$ 的估计值 $\hat{s}(t)$。在设计的这类时域滤波中，控制信号 $u(t)$ 具有与目标信号 $s(t)$ 相同的结构，即一旦确定了所需滤出的信号的结构，给定 $u(t)$，就能从被其他信号及噪声严重污染了的测量信号中提取出与 $u(t)$ 呈比例关系的有用信号 $s(t)$。

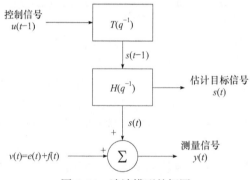

图 4.6.1　滤波模型的框图

系统的差分方程有如下形式：

$$y(t) = H(q^{-1})s(t-1) + e(t) + f(t)， \quad s(t-1) = T(q^{-1})u(t-1) \tag{4.6.6}$$

且假定 $s(t)$ 与 $e(t)$ 及 $f(t)$ 相互独立，即

$$E[s(t) \times e(t-j)] = 0， \quad E[s(t) \times f(t-j)] = 0， \quad j = 1,2,\cdots \tag{4.6.7}$$

欲使 $s(t)$ 与 $u(t)$ 呈比例关系，其中 $T(q^{-1})$ 可取成常数 C，于是差分方程可写为

$$y(t) = C \times H(q^{-1})u(t-1) + v(t) = B(q^{-1})\,u(t-1) + v(t) \tag{4.6.8}$$

根据输出信号 $y(t)$ 及输入信号 $u(t)$，用参数辨识的算法可估计出后移多项式 $B(q^{-1})$ 中的各项系数，如用 $\boldsymbol{\theta}$ 表示这些参数，并令

$$\boldsymbol{\Phi}(t) = \{u(t-1),\cdots,u(t-n)\}^{\mathrm{T}} \tag{4.6.9}$$

则所求的 $\boldsymbol{\theta}$ 由以下目标函数取极小值的条件确定，即

$$\overline{W}(\boldsymbol{\theta}) = E[y(t) - B(q^{-1})u(t-1)]^2 = E[y(t) - \boldsymbol{\Phi}^{\mathrm{T}}(t)\boldsymbol{\theta}]^2 \tag{4.6.10}$$

由于使用均方准则，故 $\boldsymbol{\theta}$ 的估计值 $\hat{\boldsymbol{\theta}}$ 将收敛于整体极小值。

根据参数估计值 $\hat{\boldsymbol{\theta}}$，可以得到预估的目标信号 $\hat{s}(t)$，

$$\hat{s}(t) = \hat{B}(q^{-1})u(t-1) = \boldsymbol{\Phi}^{\mathrm{T}}(t)\hat{\boldsymbol{\theta}} \tag{4.6.11}$$

对于非稳态信号的滤波，由于信号特性随着时间不断变化，因此不能采用一个固定不变的滤波器，时间序列模型必然是一个时变的模型，在每一时刻用于滤波的模型参数 $\boldsymbol{\theta}$ 都应是不相同的。随着不断变化的输入输出值，将通过识别得到随时间变化的估计值 $\hat{\boldsymbol{\theta}}(t)$，使模型参数不断自动地适应信号的时变，故称为自适应滤波。

为了快速得到时变的估计值，减少计算工作量，采用递推的参数识别算法，即根据前一时间点所识别的模型参数和新的输入输出数据递推地修正模型参数，这样可以快速建立自适应滤波模型。

2. 自适应模型参数识别的递推算法

对于时序模型的参数识别，目前已有很多种成熟的递推算法，其基本公式为

$$\hat{\boldsymbol{\theta}}(t) = \hat{\boldsymbol{\theta}}(t-1) + \boldsymbol{K}(t)[y(t) - \hat{y}(t)] \tag{4.6.12}$$

式中，$\hat{\boldsymbol{\theta}}(t)$、$\hat{\boldsymbol{\theta}}(t-1)$ 分别为 t 时刻及 $t-1$ 时刻的参数估计值；$y(t)$ 为 t 时刻的信号测量值；$\hat{y}(t)$ 为基于 $t-1$ 时刻以前的输入输出值所建立的模型而得到的 $y(t)$ 的估计值；$\boldsymbol{K}(t)$ 为 t 时刻的增益因子，通常 $\boldsymbol{K}(t)$ 可取为

$$\boldsymbol{K}(t) = \boldsymbol{Q}(t)\boldsymbol{\Psi}(t) \tag{4.6.13}$$

$\boldsymbol{\Psi}(t)$ 为 $\hat{y}(t/\boldsymbol{\theta})$ 随 $\boldsymbol{\theta}$ 变化的梯度矢量，对于 ARX 模型则有

$$y(t) = \boldsymbol{\Phi}^{\mathrm{T}}(t)\boldsymbol{\theta}(t) + v(t) \tag{4.6.14}$$

$y(t)$ 的自然预报应为

$$\hat{y}(t/\boldsymbol{\theta}) = \boldsymbol{\Phi}^{\mathrm{T}}(t)\boldsymbol{\theta}(t-1) \tag{4.6.15}$$

因此，$\boldsymbol{\Psi}(t)$ 与 $\boldsymbol{\Phi}(t)$ 正好相等。$\boldsymbol{Q}(t)$ 为影响自适应增益及方向的矩阵，根据 $\boldsymbol{Q}(t)$ 选择的不同而可以有不同的递推算法。目前常用的集中递推参数识别的算法有如下几种。

1) Kalman 滤波法

该方法下的参数模型为

$$\hat{\boldsymbol{\theta}}(t) = \hat{\boldsymbol{\theta}}(t-1) + \boldsymbol{K}(t)[y(t) - \hat{y}(t)], \quad \hat{y}(t) = \boldsymbol{\Psi}^{\mathrm{T}}(t)\hat{\boldsymbol{\theta}}(t-1), \quad \boldsymbol{K}(t) = \boldsymbol{Q}(t)\boldsymbol{\Psi}(t)$$

$$\boldsymbol{Q}(t) = \frac{\boldsymbol{P}(t-1)}{\boldsymbol{R}_2 + \boldsymbol{\Psi}^{\mathrm{T}}(t)\boldsymbol{P}(t-1)\boldsymbol{\Psi}(t)}, \quad \boldsymbol{P}(t) = \boldsymbol{P}(t-1) + \boldsymbol{R}_1 - \frac{\boldsymbol{P}(t-1)\boldsymbol{\Psi}(t)\boldsymbol{\Psi}^{\mathrm{T}}(t)\boldsymbol{P}(t-1)}{\boldsymbol{R}_2 + \boldsymbol{\Psi}^{\mathrm{T}}(t)\boldsymbol{P}(t-1)\boldsymbol{\Psi}(t)}$$

$$(4.6.16)$$

式中，$\boldsymbol{R}_1$ 为参数 θ 的偏差矩阵；$\boldsymbol{R}_2$ 为测量噪声的方差矩阵；$\boldsymbol{P}(t)$ 为待识别参数的条件协方差矩阵，是一时变矩阵；$y(t)$、$\hat{\boldsymbol{\theta}}(t)$、$\boldsymbol{\Psi}(t)$、$\boldsymbol{K}(t)$ 的意义如前所述。

若将参数的时变视为一随机过程，则有

$$\boldsymbol{\theta}(t) = \boldsymbol{\theta}(t-1) + \boldsymbol{w}(t), \quad \boldsymbol{R}_1 = E[\boldsymbol{w}(t)\boldsymbol{w}^{\mathrm{T}}(t)], \quad \boldsymbol{R}_2 = E[\boldsymbol{v}(t)\boldsymbol{v}^{\mathrm{T}}(t)] \qquad (4.6.17)$$

2) 遗忘因子(forgotten factor，FF)法

为加强近期时刻测量数据的作用，在极小化目标函数时，将远期时刻 τ 的误差数据用指数函数 λ 加权(λ 为小于 1 的正数)。这样得到的递推算法为

$$\boldsymbol{Q}(t) = \frac{\boldsymbol{P}(t-1)}{\lambda + \boldsymbol{\Psi}^{\mathrm{T}}(t)\boldsymbol{P}(t-1)\boldsymbol{\Psi}(t)}, \quad \boldsymbol{P}(t) = \frac{1}{\lambda}\left[\boldsymbol{P}(t-1) - \frac{\boldsymbol{P}(t-1)\boldsymbol{\Psi}(t)\boldsymbol{\Psi}^{\mathrm{T}}(t)\boldsymbol{P}(t-1)}{\lambda + \boldsymbol{\Psi}^{\mathrm{T}}(t)\boldsymbol{P}(t-1)\boldsymbol{\Psi}(t)}\right]$$

$$(4.6.18)$$

在线性回归情况下，此法也称为递推最小二乘法。

3) 具有增益的梯度法

为加快识别速率，指定 $\boldsymbol{Q}(t)$ 为常数对角阵，即

$$\boldsymbol{Q}(t) = \gamma \boldsymbol{I} \qquad (4.6.19)$$

或

$$\boldsymbol{Q}(t) = \gamma \boldsymbol{I} / |\boldsymbol{\Psi}(t)|^2 \qquad (4.6.20)$$

式中，$\boldsymbol{I}$ 为单位矩阵；γ 为设定常数。式(4.6.19)称为具有增益 γ 的非归一化梯度(unnormalized gradient，UG)法；式(4.6.20)称为具有增益 γ 的归一化梯度(normalized gradient，NG)法，在线性回归场合，也称为最小均方(least mean square，LMS)法。

根据大量数值仿真的计算结果，在 ARX 非稳态滤波模型下，以 Kalman 滤波法的效果最好。

3. 自适应时域滤波的影响因素和特点

影响自适应时域滤波性能的因素较多，这里只写出其定性结果：

(1) 不同递推算法。对 Kalman 滤波法、遗忘因子法和具有增益的梯度法等三

种不同的递推算法,用同样的典型例子做试算,从滤波结果的比较中可知,Kalman滤波法和遗忘因子法往往比具有增益的梯度法更加有效,而 Kalman 滤波法略优于遗忘因子法。

(2) 滤波模型阶数。模型阶数是指输入 $u(t)$ 的回归阶数,即式(4.6.10)中后移多项式 $B(q^{-1})$ 的阶数,经过大量试算,发现输出 $y(t)$ 的自回归阶数宜为零,即不需自回归,在任何一种滤波情况下,只要取了自回归项,滤波效果就变差。输入回归阶数的取值与需要滤出的信号频率的高低有关,当信号频率较低时,可采用较低的模型阶数,在多数情况下取阶数为 1,已足够精确。当信号频率较高时,可用较高的阶数,一般情况下取 6 阶已足够,必要时可取 10 阶,但将增加计算时间。

(3) 分析信号的频率。当采样频率一定时,对于具有较高频率的信号,有时可能得不到较好的滤波结果,其幅值会有某种程度的降低。对于一定频率范围内的信号,提高模型的阶数和采样频率均会有所改善。

(4) 初始参数的设定。在用 Kalman 滤波递推算法时,若能给定足够近似的递推用的初始参数,则可以大大改善初始阶段的时域波形。如何设定恰当的初始参数,需要有一定的经验。初始参数的影响,往往仅限于波形的前 1~2 个周期,对时域波形的整体而言,影响不是很大。

(5) 数据长度。相对于频域滤波法,使用时序模型进行时域滤波的一个优点是可以利用长度很短的数据。若能用较合适的参数初始值得到较好的初始阶段的时域波形,则任意长度的数据都可以获得相应所需的滤波波形。有时,删除失真的初始阶段,就可以得到完全满意的滤波波形。数据长度过长有时反而会积累数值误差而导致一定程度的失真,尤其是对较高频的信号。除了提高模型阶数,最简单的办法是分段处理,缩短数据长度,在实际应用时可以根据情况灵活应用。

(6) 转速及振动幅值的变化率。经过许多算例,发现在通常情况下 ARX 模型的滤波能力几乎不受转速变化率及振动幅值变化率的限制。对于转速变化率,只要达到的转速以及相应的倍频或多倍频分量的频率值不超过一定的限度,一般可获得良好的滤波效果,例如,频率较高会出现幅值衰减的现象,此时可提高采样频率或提高模型阶数来弥补。

(7) 噪声。ARX 滤波模型有很强的滤除噪声的能力。

基于上述定性结果,可归结出时域时序滤波法的主要特点为:

(1) 数据长度可以根据所需获得的目标信号波形的长度而决定,不受分析方法的限制。

(2) 滤波性能抗干扰能力强,不管测量信号中掺杂了何种类型的噪声成分,都不会影响其模型参数识别的收敛及其滤波能力。

(3) 不仅可以滤出单一频率的简单波形,而且可以滤出任何复杂结构的时域波形，其唯一条件是要能给出目标信号的结构或其接近的结构函数。

(4) 目标波形幅值与控制波形幅值呈线性关系，如测量信号 $y(t)$ 中含有 C 倍的控制信号 $u(t)$ 的成分，则用 $u(t)$ 做输入时即可滤出目标信号 $\hat{s}(t) \to Cu(t)$。

时序模型滤波的局限性在于必须知道所需检出波形的结构，这一点有时不易做到，往往需要前期实验或实测时的数据积累，也需要经验。波形结构的先验知识越完备，滤波的准确性也越高，在检测故障时，可以事先设置几种不同类型的待检故障的特征波形作为控制信号，然后逐一滤出目标信号做诊断用，观察是否存在此种类型的故障以及故障的程度。

波形结构的知识也可以在监测时的实际测量中获得。例如，在转轴上安装光学码盘，转轴变速转动时，码盘所发出的不等间隔的脉冲可反映变速信号的频率变化。

时序滤波模型的另一个优点是可以导出参数谱，参数谱具有比傅里叶谱更好的分辨率，而且可用于短数据。因此，对于变速信号，也可以利用滤波的 ARX 模型做递推的谱估计。

4.6.4　时域滤波与角域分析

监测得到的变速状况下的振动信号，经自适应时域滤波后，可以获得较简单形状的特征波形。根据这些波形，已可看到机械变速时其主要特征的变化情况，据此可以估计机械在变速过程中的状态变化以及判断是否存在故障。

时域特征波形有时不是单一频率的波形，要用有限的数字来量化其状态会有一定困难。因此有时希望将滤波后的波形做进一步的处理，仍用类似频率分量的形式加以表示，以突出其特征。将时域滤波与角域分析结合起来，将可以得到一种较完善的组合分析方法。

1. 角域分析

角域分析的原理和采样装置是将等时间间隔的数字采样改变成等角度间隔的数字采样。图 4.6.2 中等幅的变频正弦波，如以等角度间隔 $\Delta\theta$ 采样，随着转速的变化，虽然采样的时间间隔 Δt 不再相等，但各个周期的波形映射到角域则都是相同的正弦周期，成为角域内稳态的正弦波。

图 4.6.3 中示出变频信号 $y(t) = 7\sin(2\pi \times 240 t^2)$，若用等时间间隔采样做常规谱分析，则谱上将出现**谱涂抹**现象；若用等角度间隔采样，得到角域稳态波形，做常规谱分析，则在相对频率比的横坐标上将可以得出单一的谱峰。对其他更复杂的波形，也可得到类似的结果，谱分辨力将大大提高。

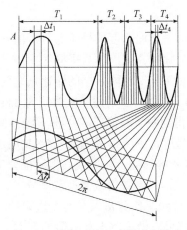

图 4.6.2　变频正弦波映射成角域内
稳态的正弦波

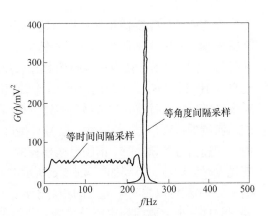

图 4.6.3　变频正弦波的时域谱
分析和角域谱分析

2. 仿真算例

图 4.6.4(a)是仿真得到的非稳态信号，若直接做通常的时域谱分析，则得到如图 4.6.4(b)所示的谱图，分辨不出任何特征谱线，无任何分析价值。若先用时域滤波得到如图 4.6.4(c)所示的时域特征波形，在轮齿啮合引起的振动中，如有一个齿面失效时就会出现这种类型的波形，因此可用于直接评估状态或诊断故障。若做进一步处理，对信号按等角度间距重新采样，截取一定点数的观察窗再做谱分析，就可以获得很清晰的特征谱线，如图 4.6.4(d)所示与转速同频的 f_r、倍频 $2f_r$ 与三倍频 $3f_r$ 等分量，根据这些主要谱线的变化即可判断状态的变化和分析故障的发展。

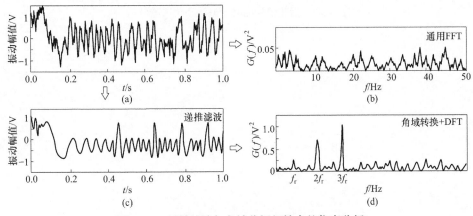

图 4.6.4　时域滤波与角域分析相结合的仿真分析

3. 实例分析

在实验用齿轮变速箱变速运行时，测得轴承座上加速度信号作为分析信号，在输出轴上安装光学码盘，轴每一转发出 280 个脉冲，据此作为采样触发信号而获得等角间距采样，截取的观察窗数据长度为 4096 点，窗内数据的转速频率变化约自 21Hz 到 17Hz，大约包含了 15 个转速周期，时间样本的总持续时间为 0.8s，对窗内信号先做时域滤波再做角域谱分析，即可得到明显的特征谱分量。图 4.6.5(a)表示实测的振动信号，若对这一信号直接进行谱分析，则所得谱如图 4.6.5(b)所示。由于变速信号的谱涂抹，谱图是很模糊的，无法分辨其啮合频率或其他特征分量。若先做时域滤波，得到如图 4.6.5(c)所示的特征波形，再做角域变换及谱分析，从图 4.6.5(d)就可以看到很醒目的相对于转速的啮合频率比分量以及两个边频带。只要观测这三个主要的频率比分量的变化情况，就可以做出状态和故障的判别。

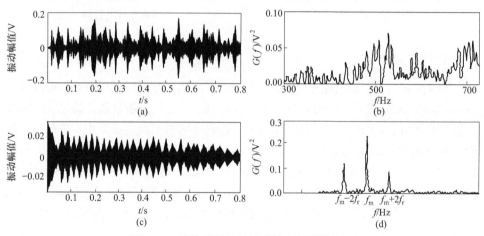

图 4.6.5　齿轮信号的时域滤波和角域谱分析

第5章 旋转机械的故障机理与诊断

5.1 齿轮的故障机理与诊断

5.1.1 齿轮箱的失效与振动测定

1. 齿轮箱的失效形式

齿轮箱是各类机械的变速传动部件，其运行状况直接影响整个机器或机组的工作。齿轮箱的失效可按失效原因和失效零件两个方面来分类。

1) 失效原因造成的失效形式

按照失效原因，齿轮箱的失效可分为设计制造缺陷造成的失效、运行缺陷造成的失效和相邻部件缺陷造成的失效。

设计制造缺陷造成的失效约占齿轮箱失效总数的40%，主要有设计缺陷、制造缺陷、装配缺陷、材料缺陷和修理缺陷等造成的失效，这些缺陷造成的失效在齿轮箱失效总数中的占比分别约为12%、9%、8%、7%和4%。

运行缺陷造成的失效主要有维护缺陷造成的失效和操作缺陷造成的失效两种。维护缺陷和操作缺陷这两种原因导致的失效在齿轮箱失效总数中的占比分别约为24%和19%。

齿轮箱的相邻部件主要包括联轴器、电动机等，相邻部件缺陷导致的齿轮箱失效约占齿轮箱失效总数的17%。

2) 失效零件造成的失效形式

按照失效零件的不同，齿轮箱的失效包括齿轮失效、轴承失效、轴失效、箱体失效、紧固件失效和密封件失效等。其中齿轮失效是齿轮箱失效的主要形式，约占齿轮箱失效总数的60%。轴承失效也是齿轮箱失效的主要原因，约占齿轮箱失效总数的20%。轴、箱体、紧固件和密封件的失效较少，轴的失效约占齿轮箱失效总数的10%，其他几种零件的失效一般都在5%以下。

2. 齿轮的异常现象

齿轮的异常通常包括制造误差、装配不良和齿轮的损伤三个方面。

1) 制造误差

齿轮制造时造成的主要异常有偏心、齿距误差和齿形误差等。

　　偏心是指齿轮(一般为旋转体)的几何中心 O 与旋转中心 O_2 不重合,如图 5.1.1 中的小齿轮所示。齿距误差是指齿轮的实际齿距与公称齿距之差,如图 5.1.1 所示。而齿形误差是指渐开线齿廓有误差，如图 5.1.2 所示。

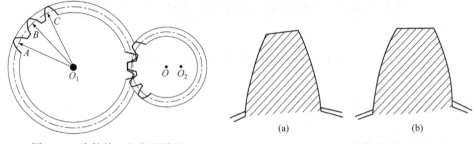

图 5.1.1　齿轮偏心和齿距误差　　　　　　图 5.1.2　齿形偏差

　　2) 装配不良

　　齿轮装配不当，会造成齿轮的工作性能恶化。例如，在齿宽方向只有一端接触且存在齿轮的直线性偏差等，齿轮所承受的载荷在齿宽方向不均匀，不能平稳传递动力，如图 5.1.3 所示，这种情况使齿的局部增加多余的载荷，有可能造成断齿，此现象称为一端接触。齿轮箱装配不平行，或者齿轮和轴装配不正常，也会造成这种现象，如图 5.1.4 所示。

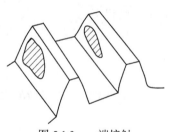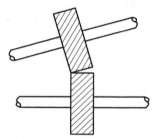

图 5.1.3　一端接触　　　　　　　　图 5.1.4　两齿轮轴不平行

　　3) 齿轮的损伤

　　齿轮由于设计不当、制造有误差、装配不良或在不适当的条件下运行时，会产生各种损伤，其形式有很多，而且往往相互交错在一起，使齿轮的损伤形式显得更为复杂。表 5.1.1 列出了齿轮的主要损伤形式及产生原因。

表 5.1.1　齿轮的损伤形式及产生原因

损伤形式	损伤原因	损伤特征	损伤结果
齿面烧伤	齿面剧烈磨损，由磨损引起的局部高温，齿隙不足，润滑不当，超负荷、超高速运转	有腐蚀性点蚀的特征	齿面局部软化，疲劳寿命随之降低
色变	齿面硬度高，温度高，润滑油变质	齿面有着色现象	产生胶合的先兆

续表

损伤形式	损伤原因	损伤特征	损伤结果
早期点蚀	齿面局部凸起,局部承受较大载荷,受高频变应力作用	发生于齿轮分度圆附近的齿根表面上	非进展性点蚀,对齿轮损害影响不大
破坏性点蚀	局部点蚀引起动载荷加大,齿面硬度低,齿面粗糙,润滑油黏度低	点蚀尺寸大,齿形被破坏	蚀坑成为疲劳源,导致轮齿疲劳断裂
剥落	轮齿的表层和次表层的缺陷以及热处理产生的过大应力等	凹坑比破坏性点蚀大而深,凹坑断面光滑,发生于齿顶或齿端部	产生范围较广的齿面疲劳损坏
塑性变形	受冲击载荷作用,啮合不良致使齿面屈服和变形,齿面硬度低,润滑油黏度低	齿顶或齿端部产生飞边或齿顶揉圆,主动轮在齿面分度圆附近出现凹坑,从动轮产生突起	在齿面上产生,疵点处齿面被破坏,轮齿其余部分产生塑性变形
中等磨损	轮齿承受高载荷	主动轮发生在齿顶、从动轮发生在齿根	降低使用寿命,增大噪声
过度磨损	齿轮啮合分度圆处的滑动受阻	工作状况恶化,齿形改变	寿命显著降低,可能导致点蚀和塑性变形
磨料磨损	外界的微粒进入齿轮啮合面	齿轮滑动方向上出现彼此独立的沟纹	降低使用寿命,恶化润滑条件
胶合撕伤	载荷集中于局部的接触齿面上,油膜破坏,单位接触载荷过大	沿齿面的滑动方向形成沟槽,在齿根和分度圆附近被挖成凹坑,使齿形破坏	导致齿轮早期破坏
干涉磨损	设计、制造不当,组装不良	主动轮的齿根被挖伤,从动轮齿顶严重破坏	会产生点蚀、增大噪声,导致一对齿轮不能使用
腐蚀磨损	由于空气中的潮湿气体,酸性或碱性物质造成润滑油的污染,润滑油中的添加剂选用不当	在共轭面上产生腐蚀斑点	降低使用寿命
剥片	齿面硬化层过薄或心部硬度低,已不足以承受高的接触应力而产生拉伸屈服	小而薄的金属等从齿面剥下,严重时可在润滑油中看到大量的金属剥片	增大噪声,导致齿轮破坏
波纹	润滑不当,载荷循环中的高频振动以及附有滑动摩擦促使齿面屈服	在齿面上形成波纹	噪声增大
隆起	载荷过大,润滑不良	常见于渗碳的准双曲面小齿轮或青铜齿轮,通常以横贯齿面的斜纹或隆起的形式表现出来	产生塑性变形,若齿面加工硬化不充分,齿面将完全破坏
疲劳断裂	设计不当,载荷过大,组装不良,偏载,轮齿表层下的缺陷引起应力集中	部分轮齿或整齿折断,在断口上可见一连串的贝壳状轮廓线,在其中心有清晰的"眼"	引起齿轮早期损坏、报废

续表

损伤形式	损伤原因	损伤特征	损伤结果
过载断裂	组装不当，载荷集中于轮齿一端，突然停止或换向，轴承损坏，轴弯曲或啮合面被异物咬死，冲击过载	硬、脆材料端口为丝状，韧性材料断口模糊，纤维状材料端口呈撕拉状	瞬发性严重故障，使齿轮报废
淬火裂纹	热处理不当，齿根曲率半径过小，刀具在齿根不连续切削残留下痕迹	沿齿顶或齿根的径向发生，轮齿端部有时发生不规则裂纹	引起疲劳断裂迅速发生的疲劳源
磨削裂纹	磨削不当，热处理不当	裂纹形如网状	引起疲劳断裂的疲劳源
裂痕	局部接触应力集中，油膜被破坏	齿面在滑动方向出现撕裂状的裂纹或呈田垄状的外观	降低使用寿命，增大噪声

3. 齿轮的振动测定

齿轮所发生的低频和高频振动中包含了诊断各种异常振动非常有用的信息。

1) 测定部位

实际进行齿轮诊断时，传感器的安装位置(测点)不同，所得到的测定值便有所差异。在测定时要做出标记，以保证每次测定的部位不变，测定部位表面应该光滑。

齿轮发生的异常是各种各样的，发生最大振动的方向也不同，因此一般应尽可能地沿水平、垂直和轴向三个方向进行测定。

2) 测定参数

齿轮发生振动时，有自然频率、齿轮轴的旋转频率及轮齿啮合频率等成分，其频带较宽。利用包含这种宽带频率成分的振动进行诊断时，要把所测的振动按频带分类，然后根据各类振动进行诊断。

美国齿轮制造业协会(American Gear Manufacturers Association, AGMA)推荐，在诊断中利用与图 5.1.5 所示预防损伤曲线对应的测定参数。

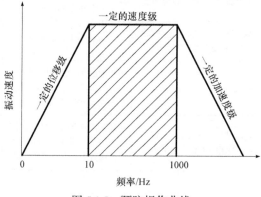

图 5.1.5　预防损伤曲线

在实际测量中，从各方面分析，同一测定部位安装两种传感器是不利的，通常在进行振动测定时，可选用加速度传感器。

3) 传感器的安装方法

加速度传感器可测定频率范围较宽的振动，最终能测定的范围取决于安装方法。但无论采用哪一种安装方法，都要求传感器与被测物之间必须进行绝缘，否则就会发生与机械振动毫无关系的电噪声，使振动波形与实际振动不符，从而造成诊断上的错误。尤其是在固定传感器时，要注意垫上有绝缘性能的专用垫片。

4) 测定周期

定期测定是为了发现处于初期状态的异常，所以需要对齿轮的检测规定合适的周期。周期太长，不利于及时发现问题；周期太短，又不太经济。在正常情况时，可以保持一定的固有周期，而在振动增大，达到"注意"范围内时，采用缩短周期的对策。与此同时，作为诊断对象的齿轮总数也必须增加。

5.1.2　齿轮故障的特征

1. 齿轮振动的数学模型

对如图 5.1.6 所示的齿轮传动装置，考虑啮合力作用于啮合线方向，与其垂直方向的运动对轮齿载荷影响不大，可略去不计，其运动方程可表示为

$$m_1\ddot{x}_1 + c_1\dot{x}_1 + k_1 x_1 = F_s + F_d, \quad m_2\ddot{x}_2 + c_2\dot{x}_2 + k_2 x_2 = F_s + F_d$$
$$I_1\ddot{\theta}_1 + c_3\dot{\theta}_1 + k_3\theta_1 = F_s r_{g1} - F_d r_{g1}, \quad I_2\ddot{\theta}_2 + c_4\dot{\theta}_2 + k_4\theta_2 = F_d r_{g2} - F_s r_{g2} \tag{5.1.1}$$

式中，m_i 为齿轮 i 的质量；I_i 为齿轮 i 的转动惯量；c_i 为阻尼系数；k_i 为刚度；x_i 为齿轮 i 的轴位移；θ_i 为齿轮 i 的转角；F_s 为轮齿的静载荷；F_d 为轮齿的动载荷；r_{gi} 为齿轮 i 的基圆半径。

若不考虑齿轮轴的横向振动，则式(5.1.1)变为

$$I_1\ddot{\theta}_1 + c_3\dot{\theta}_1 + k_3\theta_1 = (F_s - F_d)r_{g1}, \quad I_2\ddot{\theta}_2 + c_4\dot{\theta}_2 + k_4\theta_2 = (F_d - F_s)r_{g2} \tag{5.1.2}$$

忽略轴的扭转刚度及阻尼，则式(5.1.2)变为

$$I_1\ddot{\theta}_1 = (F_s - F_d)r_{g1}, \quad I_2\ddot{\theta}_2 = (F_d - F_s)r_{g2} \tag{5.1.3}$$

式(5.1.3)只考虑了轮齿啮合过程的动态特性，其物理模型如图 5.1.7 所示，该条件下的动载荷 F_d 可表示为

$$F_d = \begin{cases} k(t)[x_1 - x_2 - e(t)] + c(\dot{x}_1 - \dot{x}_2), & x_1 - x_2 < -b \\ 0, & -b \leqslant x_1 - x_2 \leqslant 0 \\ k(t)[x_1 - x_2 + b - e(t)] + c(\dot{x}_1 - \dot{x}_2), & x_1 - x_2 > 0 \end{cases} \tag{5.1.4}$$

式中，$x_1 = r_{g1}\theta_1$，$x_2 = r_{g2}\theta_2$；$k(t)$ 为啮合刚度；c 为啮合阻尼系数；$e(t)$ 为齿轮误差；

b 为轮齿侧隙。

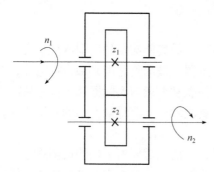　　　　　　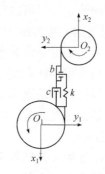

图 5.1.6　齿轮传动装置　　　　　　图 5.1.7　轮齿啮合物理模型

　　齿轮误差 $e(t)$ 对齿轮系统的振动有重要影响，将其综合反映在啮合线方向，可表示为

$$e(t) = \phi(t) + \varphi(t) = A\sin(\omega t) + \sum_{n=1}^{\infty} B_n \cos(n\omega_g t + \varphi_n) \tag{5.1.5}$$

式中，ω 为回转角速度；ω_g 为啮合角速度；A 为大周期误差的幅值；B_n 为小周期误差的幅值；φ_n 为小周期误差的相位角。

　　若不考虑轮齿在运转过程中的齿面分离状态，即 $b=0$，则有

$$F_d = k(t)[r_{g1}\theta_1 - r_{g2}\theta_2 - e(t)] + c(r_{g1}\dot{\theta}_1 - r_{g2}\dot{\theta}_2) \tag{5.1.6}$$

记

$$M_1 = \frac{I_1}{r_{g1}^2}, \quad M_2 = \frac{I_2}{r_{g2}^2} \tag{5.1.7}$$

将式(5.1.7)代入式(5.1.2)，得到

$$\begin{aligned} M_1\ddot{x}_1 + c(\dot{x}_1 - \dot{x}_2) + k(t)(x_1 - x_2) &= F_s + k(t)e(t) \\ M_2\ddot{x}_2 - c(\dot{x}_1 - \dot{x}_2) - k(t)(x_1 - x_2) &= -F_s - k(t)e(t) \end{aligned} \tag{5.1.8}$$

将式(5.1.8)中两式分别乘以 M_2 和 M_1，并相减得到

$$M_1 M_2(\ddot{x}_1 - \ddot{x}_2) + (M_1 + M_2)[c(\dot{x}_1 - \dot{x}_2) + k(t)(x_1 - x_2)] = (M_1 + M_2)[F_s + k(t)e(t)] \tag{5.1.9}$$

若记

$$M = \frac{M_1 M_2}{M_1 + M_2}, \quad x = x_1 - x_2 \tag{5.1.10}$$

则式(5.1.9)可写为

$$M\ddot{x} + c\dot{x} + k(t)x = F_s + k(t)e(t) \tag{5.1.11}$$

2. 齿轮故障的频谱特征

式(5.1.11)虽为单自由度方程，但仍为非线性方程，解析分析有一定困难。为对其频谱成分进行定量估算，将式(5.1.11)左边的刚度项 $k(t)$ 取其平均值，则式(5.1.11)变为

$$M\ddot{x} + c\dot{x} + kx = F_s + k(t)e(t) \tag{5.1.12}$$

方程(5.1.12)为单自由度的线性方程，根据线性理论，其解具有叠加性，且响应与激励具有对应的频率成分。注意到 F_s 为一常数，而 $k(t)e(t)$ 为谐波激励函数，故在分析时，只需分析故障齿轮所对应 $k(t)e(t)$ 的频率成分，无需更多的解析过程。

1) 大周期故障的频率特征

大周期故障是指以齿轮轴的旋转频率为基本频率特征的故障。典型的大周期故障包括齿轮偏心、局部断裂等。齿轮偏心以误差形式影响频谱，而局部断裂等则以突变的刚度形式影响频谱。

(1) 齿轮偏心。

齿轮偏心在误差形式上表现为齿轮的径向圆跳动加大等，即式(5.1.5)中的 A 值较正常值偏大。而

$$
\begin{aligned}
k(t)e(t) &= \left[k + \sum_{n=1}^{\infty} C_n \cos(n\omega_g t) \right]\left[A\sin(\omega t) + \sum_{n=1}^{\infty} B_n \cos(n\omega_g t + \varphi_n) \right] \\
&= Ak\sin(\omega t) + A\sin(\omega t)\sum_{n=1}^{\infty} C_n \cos(n\omega_g t) + k\sum_{n=1}^{\infty} B_n \cos(n\omega_g t + \varphi_n) \\
&\quad + \sum_{n=1}^{\infty} C_n \cos(n\omega_g t)\sum_{n=1}^{\infty} B_n \cos(n\omega_g t + \varphi_n)
\end{aligned} \tag{5.1.13}
$$

式(5.1.13)中的第一项为以 Ak 为幅值的谐波函数。随偏心量的加大，旋转频率分量线性加大。在第二项中取 $n=m$ 讨论，则有

$$A\sin(\omega t)C_m \cos(m\omega_g t) = \frac{AC_m}{2}\{\sin[(m\omega_g + \omega)t] - \sin[(m\omega_g + \omega)t]\} \tag{5.1.14}$$

式(5.1.14)表明，在啮合频率及其谐波处调制出以齿轮的旋转频率为间隔的边频带频率，且随偏心量的加大而增大。式(5.1.13)中的第三项和第四项与偏心量关系不大，分别为各级啮合频率及其高次谐波。

(2) 局部断裂。

局部断裂故障的实质是在故障点轮齿刚度有一阶跃。设 k_c 为齿轮产生裂纹或折断时的轮齿刚度，为突出这一变化，将 $k(t)$ 以平均刚度 k 替代，则 k_c 和正常情况下的轮齿刚度有相似的形式，只是重复频率为大周期频率。

$$k(t) = k_c + \sum_{n=1}^{\infty} C_n \cos(n\omega t) \tag{5.1.15}$$

而

$$
\begin{aligned}
k(t)e(t) &= \left[k_c + \sum_{n=1}^{\infty} C_n \cos(n\omega t) \right]\left[A\sin(\omega t) + \sum_{n=1}^{\infty} B_n \cos(n\omega_g t + \varphi_n) \right] \\
&= Ak_c \sin(\omega t) + A\sin(\omega t) \sum_{n=1}^{\infty} C_n \cos(n\omega t) + k_c \sum_{n=1}^{\infty} B_n \cos(n\omega_g t + \varphi_n) \\
&\quad + \sum_{n=1}^{\infty} C_n \cos(n\omega t) \sum_{n=1}^{\infty} B_n \cos(n\omega_g t + \varphi_n)
\end{aligned}
\tag{5.1.16}
$$

式(5.1.16)中第一项和第二项为以运行转速为基频的谐波族，表明对旋转频率及其高次谐波有重要影响。第三项表明故障对频谱中各级啮合频率有影响。在第四项中，分别取式中的 n 为 b 和 m 讨论。

$$
\begin{aligned}
&C_b \cos(b\omega t) B_m \cos(m\omega_g t + \varphi_m) \\
&= \frac{C_b B_m}{2} \{ \cos[(m\omega_g + b\omega)t + \varphi_m] + \cos[(m\omega_g - b\omega)t + \varphi_m] \}
\end{aligned}
\tag{5.1.17}
$$

式(5.1.17)表明，以啮合频率及其高次谐波为中心，以运行频率为间隔的无限边频带，均与故障程度有关，其振幅随故障的恶化而加大。

2) 小周期故障的频率特征

小周期故障是指以齿轮的啮合频率为基本频率特征的故障，其基本啮合频率为

$$f_g = z_i n_i / 60 \tag{5.1.18}$$

典型的小周期故障包括齿轮胶合、疲劳、磨损等，这些故障大多以变相位的形式影响频谱。实际上齿面产生的 n 个小缺陷(如各凹点)，其重复频率为啮合频率的高次谐波，可以理解为齿面的不同分布点，误差不一样。小周期故障的形成往往是从一齿逐渐向邻齿的扩展过程。假定这种扩展呈谐波形式，则综合误差可描述为

$$e(t) = A\sin(\omega t) + \sum_{n=1}^{\infty} B_n \cos[n\omega_g t + \beta \sin(\omega t)] \tag{5.1.19}$$

式中，β 为调制比。由于

$$
\begin{aligned}
k(t)e(t) &= \left[k + \sum_{n=1}^{\infty} C_n \cos(n\omega_g t) \right]\left\{ A\sin(\omega t) + \sum_{n=1}^{\infty} B_n \cos[n\omega_g t + \beta \sin(\omega t)] \right\} \\
&= Ak\sin(\omega t) + A\sin(\omega t) \sum_{n=1}^{\infty} C_n \cos(n\omega_g t) + k \sum_{n=1}^{\infty} B_n \cos[n\omega_g t + \beta \sin(\omega t)] \\
&\quad + \sum_{n=1}^{\infty} C_n \cos(n\omega_g t) \sum_{n=1}^{\infty} B_n \cos[n\omega_g t + \beta \sin(\omega t)]
\end{aligned}
$$

$$\tag{5.1.20}$$

式(5.1.20)中第一项表明小周期故障条件下旋转频谱振幅没有变化。第二项表示调制出的啮合频率及其谐波的边频带，但与小周期故障无关。由于表示小周期故障程度的参量是 B_n，故第三项与小周期故障有关。取 $n=k$ 讨论，用 Bessel 公式可得到

$$k\sum_{n=1}^{\infty}B_n\cos[n\omega_g t+\beta\sin(\omega t)]=\mathrm{J}(\beta)\cos(k\omega_g t)+\mathrm{J}_1(\beta)[\cos(k\omega_g t+\omega t)-\cos(k\omega_g t-\omega t)]$$

$$+\mathrm{J}_2(\beta)[\cos(k\omega_g t+\omega t)-\cos(k\omega_g t-\omega t)]+\cdots$$

$$(5.1.21)$$

式(5.1.21)的频谱为啮合频率及其谐波以及在它们周围的以旋转频率为间隔的边频带频率成分，其振幅均随故障的恶化而加大。同理，第四项分析的结果也为啮合频率的一族高阶谐波以及以旋转频率为间隔的边频带频率成分。

　　根据以上讨论，综合齿轮故障特征，可得到大周期齿轮故障和小周期齿轮故障的频谱特征如下：

　　(1) 大周期齿轮故障的频谱特征：①齿轮轴的旋转频率及其谐波处的振幅随故障的恶化而加大；②在啮合频率及其谐波周围产生以故障齿轮的运行频率为间隔的边频带族，且其振幅随故障的恶化而加大；③啮合频率及其谐波处的振幅与故障关系不大。

　　(2) 小周期齿轮故障的频谱特征：①齿轮轴的旋转频率及其谐波处的振幅与小周期故障关系不大；②啮合频率及其谐波处的振幅随故障的恶化而加大，其程度为 Bessel 函数与 B_n 之积；③在啮合频率及其谐波处将调制出无限的以故障齿轮的运行频率为间隔的边频带族，且其振幅随故障的恶化而加大。

5.1.3　齿轮故障的简易诊断方法

　　齿轮的简易诊断主要通过振动与噪声分析方法进行，包括声音诊断法、振动诊断法、冲击脉冲法等。

　　进行齿轮简易诊断的目的是，迅速判别齿轮是处于正常工作状态还是异常工作状态，对处于异常工作状态的齿轮进行精密诊断分析或采取其他措施。在许多情况下，根据对振动的分析，也可查出一些简单故障。这里主要介绍现场常用的振平诊断法和判定参数法。

1. 振动诊断法

振平诊断法是利用齿轮的振动强度来判别齿轮是否处于正常工作状态的诊断方法。根据判别指标和标准不同，又分为绝对值判定法和相对值判定法。

1) 绝对值判定法

利用在齿轮箱同一测点部位测得的振幅值直接作为评价运行状态的指标，采用这种判定标准进行判定称为绝对值判定法。用绝对值判定法进行齿轮状态识别，

必须制定相应的绝对值判定标准，以使不同的振动强度对应不同的工作状态。

制定齿轮绝对值判定标准的依据为：①对异常振动现象的理论研究；②根据实验对振动现象所做的分析；③对测得数据的统计评价；④参考有关文献和标准。

实际上，并不存在可使用于一切齿轮的绝对值判定标准，当齿轮的大小、类型等不同时，其判定标准自然也有所不同。图 5.1.8(a)是按振动位移诊断齿轮异常的判定标准的实例。对于频率在 1kHz 以下的振动，表示安装齿轮轴的振动范围；对于 1kHz 以上的振动，表示安装齿轮轴的轴承座的振动。图 5.1.8(b)是按振动速度诊断齿轮异常的判定标准的实例。

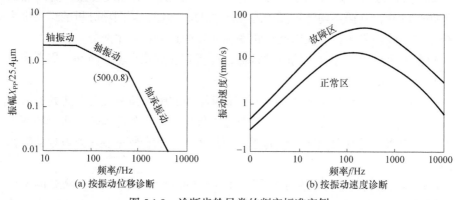

图 5.1.8　诊断齿轮异常的判定标准实例

按一个测定参数对宽带的振动做出判断时，标准值一定要依频率而改变。频率在 1kHz 以下，振动按速度判定；频率在 1kHz 以上，振动按加速度判定。实际的标准还要根据具体情况而定。

2) 相对值判定法

在实际中，对于尚未制定出绝对值判定标准的齿轮，可以重复使用现场测量的统计资料，制定适当的相对值判定标准，采用这种标准进行判定称为相对值判定法。

相对值判定标准要求，将齿轮箱同一部位测点在不同时刻测得的振幅与正常状态下的振幅比较，当测量值和正常值相比达到一定程度时，判定为某一状态。例如，当相对值判定标准规定实际值达到正常值的 2 倍时要引起注意，达到 4 倍时则表示危险等。

实际中最好两种方法同时参考，以获得较好的判定结果。

2. 判定参数法

判定参数法是利用齿轮振动的速度信号或加速度信号来计算出某一特征量，根据其大小来判定齿轮所处的工作状态。

衡量设备振动最直接的方法是计算信号的均方根值，它能反映设备的振动水平。类似的有量纲参数有方根幅值、平均幅值、斜度和峭度等。不过这些有量纲参数值虽然会随故障的发展而增加，但也极易受工作条件，如转速、载荷等的影响，有时很难加以区分。

为了便于诊断，常用量纲为一的参数指标作为诊断指标，其特点是对故障的信息敏感，而对信号的绝对大小和变化不敏感。这些量纲为一的参数有波形指标、峰值指标、脉冲指标、裕度指标和峭度指标。这些指标各适用于不同的情况，没有绝对优劣之分。

表 5.1.2 为用量纲为一的参数诊断齿轮故障的实例，新齿轮经过运行产生了疲劳剥落故障，振动信号有明显的冲击脉冲，除波形参数，各参数指标均有明显上升。

表 5.1.2　齿轮振动信号量纲为一的参数诊断实例

齿轮类型	裕度指标	峭度指标	脉冲指标	峰值指标	波形指标
新齿轮	4.143	2.659	3.536	2.867	1.233
坏齿轮	7.246	4.335	6.122	4.797	1.276

基于时序建模和波形参数结合的综合监测方法是对齿轮早期故障有效监测和识别的方法。

在时序 AR(n)模型中，$\varphi_1 \sim \varphi_n$ 可作为标准齿轮传动状态的一组参数，当齿轮状态发生变化时，这组参数的个数和数值将随之变化。此时，如还用原来的参数计算残差，则 σ_a^2 将会增加，而噪声将不再是白噪声。因此，检验噪声是否为白噪声可以用来监测齿轮的状态，但计算工作量要比计算 σ_a^2 大。所以，实际工作中采用噪声检验方法，用归一化的残差平方和(NRSS)参数来监测齿轮总的状态。归一化残差平方和由式(5.1.22)计算：

$$\text{NRSS} = \frac{\sigma_a^2}{\sigma_x^2} \tag{5.1.22}$$

式中，σ_x^2 为振动信号的方差。

在实际应用中，首先从正常齿轮振动信号采样得到 x，并由此计算出正常状态下的峭度指标 K_{v0}、残差 σ_{a0}^2、NRSS_0 及 $\varphi_1 \sim \varphi_n$ 并暂存。实际监测时，将采样信号用原模型参数计算出故障状态下的 K_v、σ_a^2 和 NRSS，将它们和正常状态下的 K_{v0}、σ_{a0}^2 和 NRSS_0 相比，在多次监测中若三个参数都超过阈值达 50%，则可判定齿轮有故障。

某实验齿轮的参数为模数 m=3mm，齿数 z=50，齿宽 b=20mm。对正常状态的诊断信号建立 AR(17)模型，并计算监测参数，以及该齿轮发生严重点蚀时的监测参数，如表 5.1.3 所示。可以看出，上述方法是可行的。

表 5.1.3　齿轮正常与点蚀状态下的参数值

项目	正常状态			严重点蚀			增加倍数		
参数	K_{v0}	σ_{a0}^2	$NRSS_0$	K_v	σ_a^2	$NRSS$	K_v/K_{v0}	σ_a^2/σ_{a0}^2	$NRSS/NRSS_0$
计算值	2.04	13.08	0.263	8.09	39.84	1.442	3.97	3.05	5.48

3. 简易诊断方法的应用

在简易诊断中，利用振动加速度测定的从 1～10kHz 频率是机械的局部共振频率，除齿轮，水泵、轴承、电动机等也会发生同样频率的振动，尤其是使用滚动轴承时易发生误诊。正确区分这些零部件间的差异是简易诊断的关键。下面以齿轮和滚动轴承之间的差异来举例说明。

图 5.1.9 为对齿轮箱中各滚动轴承和齿轮的测定示意图，在这种情况下，若测定的所有值差异很小或相同，说明齿轮是异常的，如图 5.1.10(a)所示，若 4 个测定值中的个别值大于其他值，即表示测定部位是滚动轴承异常，如图 5.1.10(b)所示。

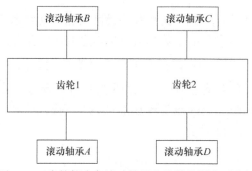

图 5.1.9　齿轮箱中各滚动轴承和齿轮的测定示意图

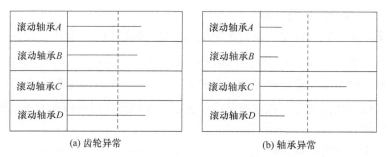

(a) 齿轮异常　　　　　　　　　　　　(b) 轴承异常

图 5.1.10　用类比判定法做出的诊断

5.1.4　齿轮故障的精密诊断方法

齿轮故障的精密诊断方法以振动和噪声为故障信息载体,其分类如图 5.1.11 所示。

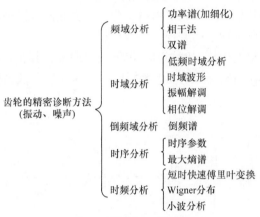

图 5.1.11　齿轮故障的精密诊断方法

在工程应用中,目前应用较多的仍是时域分析、频域分析和倒频域分析。

1. 齿轮故障的时域特征与频域特征

目前能够通过各种振动信号传感器、放大器及其他测量仪器测量出齿轮箱的振动和噪声信号,通过各种分析和处理方法提取其故障特征信息,从而判断齿轮是否故障。作为实用特征信息,频域分析与识别仍然是最有效的方法。在许多情况下,从齿轮的啮合波形也可以直接观察出是否故障。

1) 正常齿轮的时域特征与频域特征

正常齿轮是指没有先天缺陷和后天缺陷的齿轮,其振动主要由齿轮自身的刚度引起。

时域特征:由于刚度的影响,正常齿轮的波形为周期性的衰减波形。其低频信号具有近似正弦波的啮合波形,如图 5.1.12(a)所示。

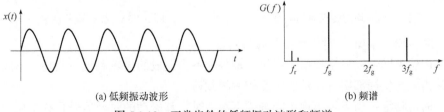

(a) 低频振动波形　　　　　　　　　　　(b) 频谱

图 5.1.12　正常齿轮的低频振动波形和频谱

频域特征：正常齿轮的信号反映在功率谱上，有啮合频率和谐波分量，即有 $nf_g(n=1, 2,\cdots)$，且以啮合频率成分为主，其高次谐波依次减小；同时，在低频处有齿轮轴旋转频谱及其高次谐波 $mf_r(m=1, 2,\cdots)$，其频率如图 5.1.12(b)所示。

2) 齿轮均匀磨损的时域特征与频域特征

齿轮均匀磨损是指由于齿轮的材料、润滑等方面的缺陷或者长期在高载荷下工作而发生在大部分齿面上的磨损。

时域特征：齿轮发生均匀磨损时，齿侧间隙增大，其正弦波式的啮合波形遭到破坏。图 5.1.13(a)和(b)是齿轮发生磨损后引起的高频及低频振动，图中 T_g 为振动周期。

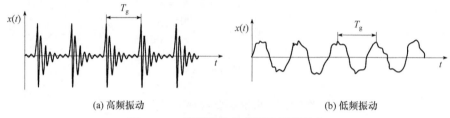

(a) 高频振动   (b) 低频振动

图 5.1.13　磨损齿轮的高频及低频振动

频域特征：齿轮均匀磨损时，啮合频率及其谐波分量 $nf_g(n=1, 2,\cdots)$保持不变，但其幅值大小改变，而且高次谐波幅值相对增大较多。分析时，至少要分析三个谐波的幅值变化，才能从谱上检测出这种磨损。图 5.1.14 反映了磨损后齿轮的啮合频率及其谐波值的变化趋势。

随着磨损的加剧，还有可能产生 $1/k(k=2, 3,\cdots)$的分数谐波，有时在升降速时还会出现如图 5.1.15 所示的呈现非线性振动特点的跳跃现象。

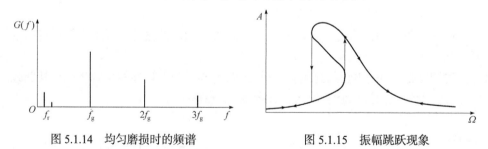

图 5.1.14　均匀磨损时的频谱   图 5.1.15　振幅跳跃现象

3) 齿轮不同轴的时域特征与频域特征

齿轮不同轴故障是指由于齿轮和轴装配不当造成的齿轮和轴不同轴。不同轴会使齿轮产生局部接触，从而承受较大的载荷。

时域特征：当齿轮出现不同轴或不对中时，其振动的时域信号具有明显的调幅现象。图 5.1.16(a)是不同轴齿轮的低频振动信号。

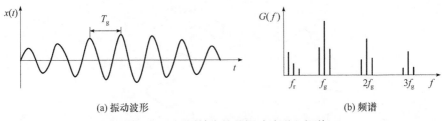

(a) 振动波形　　　　　　　　　　　　　(b) 频谱

图 5.1.16　不同轴齿轮的振动波形和频谱

频域特征：不同轴齿轮，由于振幅调制作用，会在频谱上产生以各阶啮合频率 $nf_g(n=1,2,\cdots)$ 为中心，以故障齿轮旋转频率 f_r 为间隔的一阶边频等，即 $nf_g \pm f_r\,(n=1,2,\cdots)$。故障齿轮的旋转特征频率 $mf_r\,(m=1,2,\cdots)$ 在谱上有一定反映，图 5.1.16(b) 是典型的具有不同轴故障的特征频谱。

4) 齿轮偏心的时域特征与频域特征

齿轮偏心是指齿轮的中心与旋转轴的中心不重合，这种故障往往是由加工造成的。

时域特征：当齿轮有偏心时，其振动波形由于偏心的影响被调制，产生调幅振动。图 5.1.17(a) 为齿轮有偏心时的振动波形。

频域特征：齿轮有偏心将在两个方面有所反映：一是由齿轮的几何偏心所引起的，以齿轮的旋转频率为特征的附加脉冲幅值增大；二是齿轮偏心会引起以齿轮一转为周期的载荷波动，从而导致调幅现象，这时的调制频率为齿轮的回转频率，但比所调制的啮合频率要小得多。图 5.1.17(b) 是偏心齿轮典型的频谱特征。

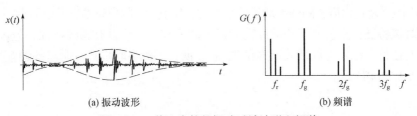

(a) 振动波形　　　　　　　　　　　　　(b) 频谱

图 5.1.17　偏心齿轮的振动时域波形和频谱

5) 齿轮局部异常的时域特征与频域特征

齿轮的局部异常含义很广，包括齿根部有较大裂纹、局部齿面磨损、轮齿折断、局部齿形误差等。图 5.1.18 表示了各种异常的情况。

时域特征：齿轮局部异常的振动波形是典型的以齿轮旋转为频率的冲击脉冲，如图 5.1.19(a) 所示。

频域特征：局部异常齿轮因裂纹、折断或齿形误差的影响，以旋转频率为主要频域特征，即 $mf_r\,(m=1,2,\cdots)$，如图 5.1.19(b) 所示。

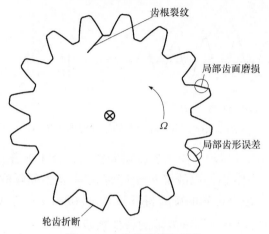

图 5.1.18　齿轮的局部异常

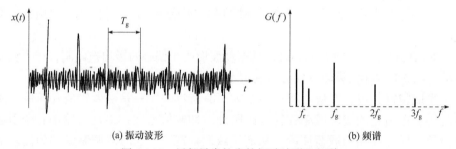

(a) 振动波形　　　　　　　　　　　(b) 频谱

图 5.1.19　局部异常的齿轮振动波形和频谱

6) 有齿距误差的齿轮的时域特征与频域特征

齿距误差是由齿轮副的齿形误差造成的，几乎所有的齿轮都有微小的齿距误差。

时域特征：有齿距误差的齿轮的振动波形理论上应具有调频特性，但由于齿距误差在整个齿轮上以谐波形式呈现，故在低频下观察时也具有明显的调幅特征，如图 5.1.20(a)所示。

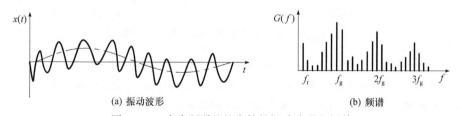

(a) 振动波形　　　　　　　　　　　(b) 频谱

图 5.1.20　有齿距误差的齿轮的振动波形和频谱

频域特征：有齿距误差的齿轮，其齿距误差影响齿轮旋转角度的变化，反映在频域，就包含旋转频率的各次谐波 $mf_r(m=1,\ 2,\cdots)$、各阶啮合频率 $nf_g(n=1,\ 2,\cdots)$，以及以故障齿轮的旋转频率为间隔的边频族 $nf_g \pm mf_r\ (n,m=1,\ 2,\cdots)$等。图 5.1.20(b)是有齿距误差的齿轮的频谱特征。

7) 齿轮不平衡的时域特征与频域特征

齿距的不平衡是指齿轮体的质量中心和回转中心不一致，从而造成齿轮副的不稳定运行。

时域特征：具有不平衡质量的齿轮在不平衡力的激励下，产生以调幅为主、调频为辅的振动，其振动波形如图 5.1.21(a)所示。

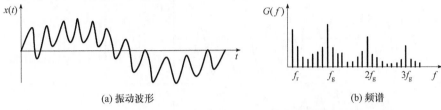

(a) 振动波形　　　　　　　　　　　　　　(b) 频谱

图 5.1.21　不平衡齿轮的振动波形和频谱

频域特征：由于转轴上的联轴器或齿轮自身的不平衡产生振动，将在啮合频率 f_g 及谐波两侧产生 $nf_g \pm mf_r$ $(n,m=1, 2,\cdots)$边频族；同时，受不平衡力的激励，齿轮轴的旋转频率及其谐波 mf_r 的能量也有相应的增加，如图 5.1.21(b)所示。表 5.1.4 是几种典型齿轮故障的振动波形及其频域特征。

表 5.1.4　几种典型齿轮故障的振动波形及其频域特征

齿轮的状态	时域(低频)特征	频域特征
正常		
不同轴		
偏心		
局部异常		

续表

齿轮的状态	时域(低频)特征	频域特征
磨损	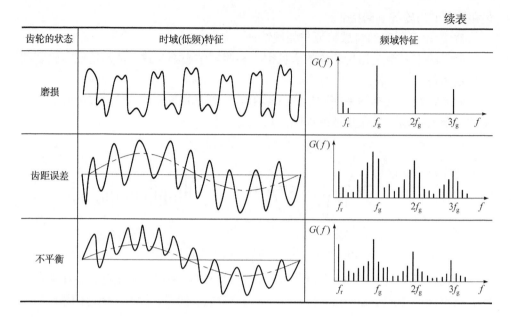	
齿距误差		
不平衡		

2. 齿轮故障的平均响应分析

从齿轮振动中取出拟合频率成分，将它同齿轮轴的旋转频率同步相加，根据这个平均结果，特别是齿轮有局部异常时，能够确定其位置，这种方法称为平均响应法，其分析原理如图 5.1.22 所示，图中，T 为时标信号的周期，T' 为时标信号扩展或压缩运算后的周期。

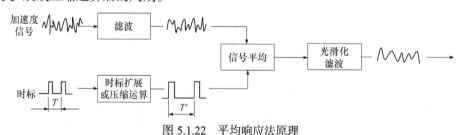

图 5.1.22　平均响应法原理

平均响应法的关键是测量时要有时标信号，且应经过时标扩展或压缩运算，把原来的周期转换为被检齿轮转过一整转的周期，把加速度信号按此周期截段叠加，然后进行平均。这种平均的过程实质上是在摄取的原始信号中消除其他噪声干扰，提取有效信号的过程，最后得到被检齿轮的有效信号。

图 5.1.23 是采用这种方法对不同状态下的齿轮检测时，齿轮旋转一转所得的信号。图 5.1.23(a)是齿轮正常时的时域平均信号；图 5.1.23(b)是齿轮安装错位的情况，信号的啮合频率分量受到幅值调制，调制信号的频率比较低，相当于齿轮转速及倍频；图 5.1.23(c)是齿轮的齿面严重磨损的情况，啮合频率分量出现较大

的高次谐波分量，但磨损仍是均匀磨损；图 5.1.23(d)的情况不同于前三种，在齿轮一转的信号中有突跳现象，这是因为个别齿出现了断裂现象。

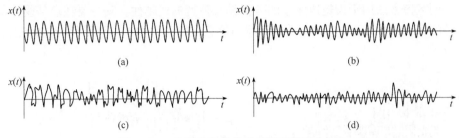

图 5.1.23　齿轮在各种状态下的时域平均信号

平均响应分析的另一种方法是先将信号做绝对处理，再做平均响应分析，图 5.1.24 给出了这种方法的实施过程。

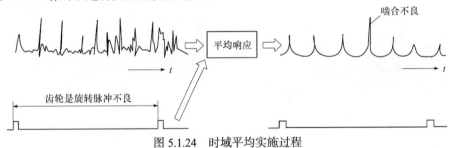

图 5.1.24　时域平均实施过程

3. 时域的倒频分析与诊断

对齿轮故障进行频域诊断时，其中旋转频率、啮合频率及其谐波以及边频带是主要的诊断频带。然而，许多故障的振动现象不是单一的，如偏心齿轮，除了影响载荷的稳定性而导致调幅振动，实际上还会造成不同程度的转矩的波动，同时产生调频现象，两种现象的综合结果是出现不对称的边频带，图 5.1.25 是一个不对称的边频带的频谱。

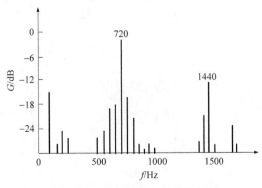

图 5.1.25　不对称的边频带的频谱

　　这种不对称的边频带，对于实际信号有时难以识别。倒频谱分析是比较识别边频带的可行方法。

　　倒频谱方法用于齿轮边频带的分析具有独特的优越性，其主要特点是受传输途径的影响很小，在功率谱中模糊不清的信息在倒频谱中却一目了然，如图 5.1.26 所示。

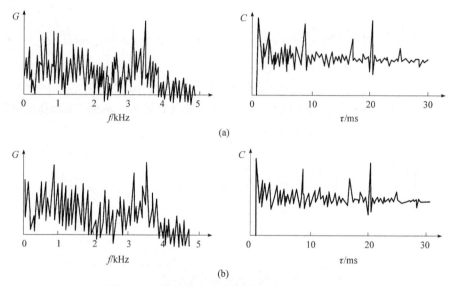

图 5.1.26　故障信息在功率谱和倒频谱中的比较

　　在齿轮箱的振动中，调幅和调频两种现象往往同时存在，因此在功率谱上得到不对称的边频带。如图 5.1.27 所示的两种信号，一种信号在幅值最大时频率较

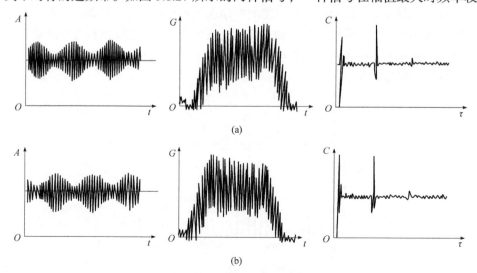

图 5.1.27　倒频谱不受调幅和调频相位差的影响

高，另一种信号在幅值最大时频率较低。然而，这种调幅和调频相位差在谱上带来的影响，都不会在倒频谱上反映出来，两种信号的倒频峰值完全相同。

由于倒频谱将原来谱上成族的边频带谱线简化为单根谱线，因此可以检测出功率谱中难以辨识的周期性，使监测者便于观察。

图 5.1.28 说明倒频谱具有监测周期性的能力。图 5.1.28(a)是齿轮箱振动信号的功率谱，频率范围是 0～20kHz，其中包含啮合频率(4.3kHz)的三次谐波，谱上没有分解出边频带。图 5.1.28(b)是 2000 弦细分功率谱，频率范围为 3.5～13.5kHz，谱中包含三次啮合谐波，但不包含两根轴旋转频率的低次谐波。再将图 5.1.28(b)中 7.5～9.5kHz 的频带用高分辨率的信号分析仪处理，可以得到如图 5.1.28(c)所示的图谱，在这一图谱中可以看到由轴转速形成的边频带。图 5.1.28(d)是图 5.1.28(b)功率谱的倒频谱，表明了对应于两根轴的旋转频率(85Hz 与 50Hz)的两个分量，而在高分辨率谱上却难以分辨出来。

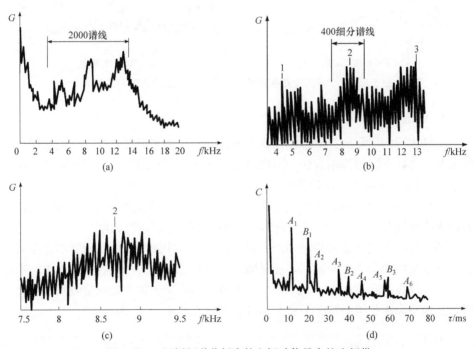

图 5.1.28　用倒频谱分析齿轮和振动信号中的边频带

图 5.1.29 说明了倒频谱用于诊断的第二个优点。图中所示是正常和异常状态下卡车变速箱一挡齿轮啮合时的功率谱和倒频谱。正常状态的功率谱无明显周期性，而异常状态的功率谱含有大量间距为 10Hz 的边频，相应的倒频为 95.9ms(10.4Hz)，倒频谱上还有一系列对应于输入轴转速的逆谐波(28.1ms 或 35.6Hz)。因为输出轴的旋转频率为 5.4Hz，最初怀疑调制频率是输出轴的二次

谐波，但这样，调制频率就应该是 10.8Hz 而不是 10.4Hz，最后找到空转不受载荷的二挡齿轮是调制源，其旋转频率等于 10.4Hz，从而说明了倒频谱辨识周期性的准确度。

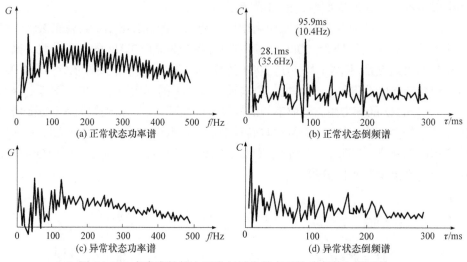

图 5.1.29　卡车齿轮箱在正常与异常状态下的功率谱和倒频谱

4. 齿轮故障的诊断实例

齿轮装置的实际运行状态往往是十分复杂的。为了识别其故障，应根据不同的情况，选择不同的诊断方法。下面讨论利用功率谱及倒频谱识别故障的实例。

1) 搅拌机齿轮箱的故障诊断

一台搅拌机的齿轮，其齿数分别为 23 和 136，小齿轮的转速为 36r/min，这台搅拌机在试车时发出"咔咔"的异响，为调查其原因进行诊断。

图 5.1.30 为用加速度传感器所记录的信号，其中图 5.1.30(a)为其啮合振动情况，图 5.1.30(b)为小齿轮轴回转能量情况。由图 5.1.30(a)可以看出，齿轮的啮合频率具有较高的能量；图 5.1.30(b)中，小齿轮轴的旋转频率处能量较强，据此可以判定为小齿轮的接触情况不良和小齿轮有偏心现象。

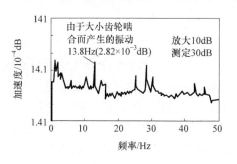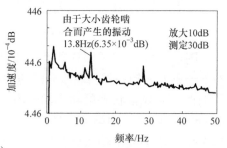

(a)

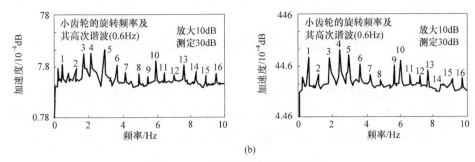

图 5.1.30　搅拌机齿轮故障功率谱

2) 碾磨机齿轮箱的故障诊断

图 5.1.31 为一台驱动水泥碾磨机的低速大齿轮箱的振动功率谱和倒频谱。该机经多年运转，从频谱图上可以看出，其运转情况严重不良，一方面啮合频率及其高次谐波能量较大；另一方面从其倒频谱上也清晰地反映出其边频能量较大，对应的 25Hz 和 8.3Hz 有明显的高峰值，由此可知这是由于长期运转，齿面严重磨损及其他故障综合影响的结果。

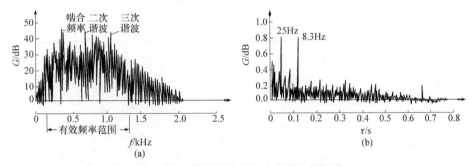

图 5.1.31　修理前齿轮的功率谱及倒频谱

对其采取的治理措施是更换一个轴承，并反向启动机器，其功率谱和倒频谱如图 5.1.32 所示，功率谱上的啮合频率占据主导地位，倒频谱上边频带较小，8.3Hz 的高峰已基本消失。由此可知，修理后的水泥碾磨机已恢复正常。

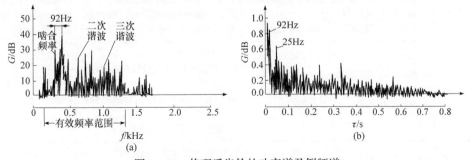

图 5.1.32　修理后齿轮的功率谱及倒频谱

5.2　滚动轴承的故障机理与诊断

滚动轴承是旋转机械中应用最为广泛的零件，也是最易损坏的元件之一。旋转机械的许多事故都与滚动轴承有关，轴承的工作好坏对机器的工作状态有很大影响，其缺陷会导致设备产生异常振动和噪声，甚至造成设备损坏。

5.2.1　滚动轴承的失效与振动测定

1. 滚动轴承的失效形式

在滚动轴承的运行过程中，装配不当、润滑不良、水分和异物侵入、腐蚀和过载等都可能使轴承过早损坏。即使不出现上述情况，经过一段时间运转，轴承也会出现疲劳剥落和磨损而不能正常工作。滚动轴承的损伤形式十分复杂，表 5.2.1 列出了滚动轴承的主要损伤形式及产生原因等。

表 5.2.1　滚动轴承的主要损伤形式及产生原因

损伤形式	产生原因	损伤特征	损伤结果
疲劳	① 轴向载荷过大； ② 轴向载荷过大、对中不良； ③ 保持架的圆度误差太大(制造原因)； ④ 装配不当、对中不良、轴弯曲； ⑤ 轴、保持架精度不高(制造原因)； ⑥ 安装时冲击载荷过大、圆柱滚子轴承的装配过盈量太大； ⑦ 对中不良、润滑不良； ⑧ 间隙过小、载荷过大、润滑不良、预压过大	① 向心轴承的滚道仅一侧表面剥落； ② 双列轴承的表面仅一侧表面剥落； ③ 滚动体及滚道接触边缘剥落； ④ 滚动体周围方向在对称位置有剥落； ⑤ 深沟球轴承滚道斜向表面产生剥落； ⑥ 滚子轴承的滚道和滚动体靠近端部处产生剥落； ⑦ 受力表面较大面积压光和微观剥落； ⑧ 滚道面和滚动体早期出现表面剥落； ⑨ 装配后轴承早期出现表面剥落	使滚动体或滚道表面产生剥落坑，并向大片剥落发展，导致轴承失效
胶合	① 润滑不良、润滑脂硬、启动后加速度太大； ② 滚道面不平行、转速过高； ③ 润滑不良、装配不当、轴向载荷过大	① 滚道面和滚动体表面出现胶合； ② 深沟球轴承的滚道面出现螺旋状胶合； ③ 滚子端和挡边外出现胶合	导致表面烧伤，并使金属从一个表面黏附到另一表面
磨损	① 运输中轴承受到振幅很小的摇摆运动作用； ② 配合面间微小间隙造成的滑动磨损； ③ 异物落入、润滑不良、对中不良、装配不当	① 类似静压痕； ② 在配合面上出现红褐色磨损粉末的局部磨损； ③ 滚道面、滚动体面、凸缘面、保护架等磨损； ④ 圆锥滚子轴承挡边磨损过大	损伤轴承、降低轴承运转精度
烧伤	装配不当、润滑不良	滚道面、滚动体面、挡边面变色，软化，熔体	表面局部软化，降低使用寿命

续表

损伤形式	产生原因	损伤特征	损伤结果
腐蚀	① 轴承内部配合面等腐蚀； ② 滚动面上出现搓板状凹凸； ③ 表面红色或黑色的锈斑	① 空气中水分凝结、腐蚀性介质侵入； ② 电流通过产生电火花熔化； ③ 微振、装配不当	表面由于电流、化学和机械作用产生损伤，丧失精度而不能继续工作
破损	① 冲击载荷过大、装配不当、胶合发展； ② 冲击载荷、热处理不当； ③ 对中不良、装配不当、润滑不良、异常载荷、转速过大、异物进入	① 外环或内环产生裂纹； ② 滚动体产生裂纹； ③ 保持架断裂	导致产生裂纹、断裂，使轴承失效
压痕	① 静载荷、冲击载荷过大，异物进入； ② 装配不当、滚道承受载荷不均匀	① 滚道面上有按滚动体间距分布的压痕，滚道面、滚动体面上有压痕； ② 圆柱滚子轴承的滚子和滚道接触处有楔形压痕	导致表面凹凸不平，降低使用寿命

2. 滚动轴承的振动测定

滚动轴承产生的振动信号中含有丰富的有用信息。利用振动信息对滚动轴承故障进行诊断是十分有效的。

1) 测定部位

测定部位选择的基本思路是选择在离轴承最近、最能反映轴承振动的位置。若轴承座是外露的，则测点位置可直接选在轴承座上；若轴承座是非外露的，则测点应选择在轴承座刚性较好的部分或基础上。同时，应在测点处做好标记，以保证不会由于测点部位的不同而导致测量值的差异。

由于轴承的振动在不同方向上反映出不同的特性，一般情况下都应在水平(x)、垂直(y)和轴向(z)三个方向上进行检测，如图 5.2.1 所示。

若由于设备的构造、安装条件的限制，或出于安全方面的考虑，不可能在上述三个方向都进行检测，则可选择其中的两个方向进行检测，如在 x、z 或 y、z 向进行检测；若仅对高频振动成分感兴趣，则可以只在最容易检测的方向测量，如 y 方向。

2) 测定参数

根据振动轴承的固有特性、制造条件、使用情况的不同，所引起的振动可能是频率为 1kHz 以下的低频脉动，也可能是频率为 1kHz 以上，数千赫兹乃至数十千赫兹的高频振动，更多的情况是同时包含了上述两种振动成分。因此，通常检测的振动速度和加速度分别覆盖了上述两个频带，必要时可用滤波器取出需要的频率成分。如果是在较宽的频带上检测振动级，则对于要求低频振动小的轴承检测振动速度，而对于要求高频振动小的轴承检测振动加速度。

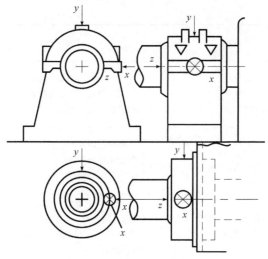

图 5.2.1　滚动轴承振动的检测

3) 测定周期

滚动轴承的振动检测可分为定期检测和在线检测两种方式。对于定期检测，是为了早期发现轴承故障，以免故障迅速发展到严重的程度，检测的周期应尽可能短一些。但如果检测周期定得过短，则在经济上是不合理的。因此，应综合考虑技术上的需要和经济上的合理性来确定合理的检测周期。连续在线监测主要适用于重要场合或由于工况条件恶劣不易靠近滚动轴承的场合，以及滚动轴承加速劣化的阶段，相应监测仪器比定期检测的仪器要复杂，成本要高。

5.2.2　滚动轴承的振动特征

1. 滚动轴承振动的基本参数

1) 滚动轴承的频率特征

如图 5.2.2 所示滚动轴承的典型结构，其由内圈、外圈、滚动体和保持架四部分组成。假设滚道面与滚动体之间无相对滑动；承受径向、轴向载荷时各部分无变形；外圈固定，则滚道轴承工作时，内圈的旋转频率、一个滚动体(或保持架)通过内圈上一点的频率、一个滚动体(或保持架)通过外圈上一点的频率分别为

$$f_r = \frac{n}{60}, \quad f_i = \frac{1}{2}\left(1 + \frac{d}{D}\cos\alpha\right)f_r, \quad f_c = \frac{1}{2}\left(1 - \frac{d}{D}\cos\alpha\right)f_r \tag{5.2.1}$$

由式(5.2.1)可知，Z 个滚动体通过内圈上一点的频率和外圈上一点的频率分别为

$$Zf_i = \frac{1}{2}Z\left(1 + \frac{d}{D}\cos\alpha\right)f_r, \quad Zf_c = \frac{1}{2}Z\left(1 - \frac{d}{D}\cos\alpha\right)f_r \tag{5.2.2}$$

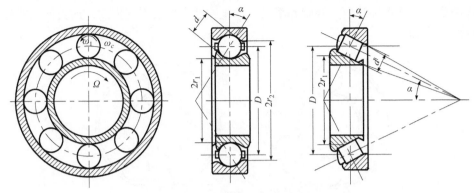

图 5.2.2　滚动轴承的典型结构

滚动体上的一点通过内圈或外圈的频率、保持架的旋转频率(即滚动体的公转频率)分别为

$$f_b = \frac{D}{2d}\left[1-\left(\frac{d}{D}\right)^2\cos^2\alpha\right]f_r, \quad f_c = \frac{1}{2}\left(1-\frac{d}{D}\cos\alpha\right)f_r \tag{5.2.3}$$

式(5.2.1)~式(5.2.3)中各频率是利用振动诊断滚动轴承故障的基础。

2) 滚动轴承振动的自然频率

滚动轴承在运行过程中，由于滚动体与内圈或外圈冲击而产生振动，这时的振动频率为轴承各部分的自然频率。

自然频率中，外圈的振动表现最明显，计算内圈及外圈的自然振动频率时，将它们看成矩形截面的圆环，故可用如下近似自然频率的公式：

$$\omega_n = \frac{n(n^2-1)}{2\pi(D/2)^2\sqrt{n^2+1}}\sqrt{\frac{EIg}{\rho A}} \tag{5.2.4}$$

式中，E 为材料的弹性模量；I 为圆环中性轴截面二次距(mm^4)；g 为重力加速度；ρ 为材料密度；A 为圆环的截面积；D 为圆环中性轴直径；n 为节线数。

滚动轴承振动的自然频率很高，常常有数千赫兹至数万赫兹。

2. 滚动轴承的振动形式

引起滚动轴承振动的原因有很多，除了其本身的固有振动，滚动轴承的常见故障有轴承构造引起的振动、轴承不同轴引起的振动、滚动体的非线性伴生的振动、精加工面波纹引起的振动、轴承损伤引起的振动等。

1) 轴承构造引起的振动

轴承构造引起的振动主要有滚动体传输振动、轴弯曲或轴装歪、滚动体直径不一致等。

滚动体传输振动：如图 5.2.3 所示的轴承，随滚动体位置不同，其承载状态也不断变化，这将导致内、外圈和滚动体产生弹性变形而引起振动，这类振动的特征频率为 Zf_c。

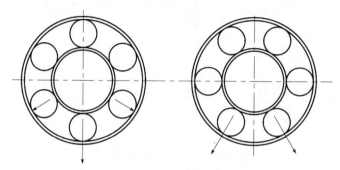

图 5.2.3　滚动轴承承载状态与滚动体位置

轴弯曲或轴装歪：如图 5.2.4 所示，当与轴承配合的轴产生弯曲变形或轴装歪时，可引起振动现象，这类振动的特征频率为 $Zf_c \pm f_c$。

滚动体直径不一致：图 5.2.5 为一个滚动体的直径比其他滚动体直径大时的情况。由于滚动体直径不一致，因刚性不同而引起振动，这类振动的特征频率为 $Zf_c \pm f$。

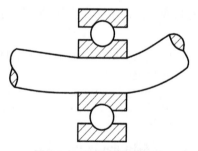

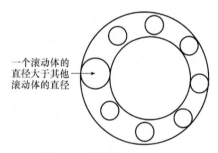

一个滚动体的直径大于其他滚动体的直径

图 5.2.4　轴弯曲或轴装歪　　　　　　图 5.2.5　滚动体直径不一致

2) 轴承不同轴引起的振动

造成轴承不同轴的原因有外圈因素和内圈因素两类。

由外圈因素导致的轴承不同轴主要有两个轴承不对中、轴承架内表面划伤或进入异物、轴承架装配松动、轴承本身安装不良等，如图 5.2.6(a)所示，由外圈因素引起的轴承不同轴的振动特征频率为 $f/2$。由内圈因素导致的轴承不同轴主要有内圈面的圆度误差、轴颈的圆度误差、轴颈面划伤或进入异物等，如图 5.2.6(b)所示，由内圈因素引起的轴承不同轴的振动特征频率为 $2f$。

3) 滚动体的非线性伴生的振动

滚动轴承靠滚道与滚动体的弹性接触来承受载荷，具有一定的弹性，其刚性很高；当轴承润滑不良时，就会出现非线性的特性，如图 5.2.7 所示，从而产生非线性振动。滚动体非线性振动的特征频率为 f, $2f$,…,$f/2$, $f/3$,…。

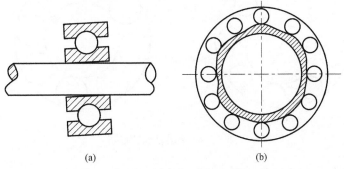

(a)　　　　　　　　　　(b)

图 5.2.6　轴承内外圈不同轴

4) 精加工面波纹引起的振动

若加工制造时，在滚道或滚动体上留有如图 5.2.8 所示的加工波纹，则当凸起数目达到一定量值时，就会产生特有的振动。加工波纹有内圈的波纹、外圈的波纹和滚动体的波纹等形式，这几种波纹引起的振动的特征频率分别为 $f+nZf_i$、nZf_c 和 $2nf_b \pm f_c$。

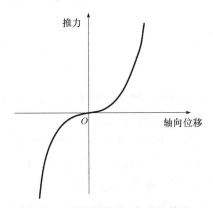

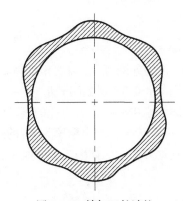

图 5.2.7　滚道轴承的非线性特性　　　　图 5.2.8　精加工的波纹

5) 轴承损伤引起的振动

当轴承损伤时，如图 5.2.9 所示的轴承偏心和内圈点蚀，就会引起相应的冲击振动。轴承的损伤形式有内圈偏心、点蚀或剥落，外圈偏心、点蚀或剥落，滚动体点蚀或剥落等几种情况。各种损伤因素造成的振动的特征频率为内圈偏心 nf、内圈剥落 Zf_i、内圈点蚀 $nZf_i \pm f$（nZf_i 或 $nZf_i \pm f_c$），外圈点蚀 nZf、外圈剥落 Zf_c，滚动体剥落 Zf_b、滚动体点蚀 $nZf_b \pm f_c$（有径向间隙）或 nZf_b（无径向间隙）。

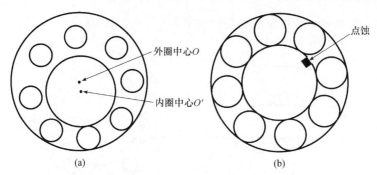

图 5.2.9　滚道轴承的损伤

3. 滚动轴承的振动机理

滚动轴承的振动很复杂，种类繁多。滚动轴承的工作状态往往和回转轴有很大关系。若回转轴既有挠度又有倾角，就构成了复杂的力学系统。为说明问题，下面以滚动体直径不一致为例说明其振动机理。

滚动轴承在使用时，一般采用外圈固定、内圈旋转的形式。滚动体的滚动频率 ω_1 一般为轴的旋转频率 Ω 的 $1/3 \sim 1/2$，其方向与滚动体沿滚道的滚动频率 ω_c 相同，可表示为

$$\omega_1 = \omega_c = \frac{r_1}{2r_1 + d}\Omega \tag{5.2.5}$$

式中，r_1 为外圈直径；d 为滚动体直径。

当 $\omega_1 > 0$ 时，做正进动。当一个滚动体比其他滚动体的直径大时，就造成内圈偏离轴承中心线，大直径的滚动体偏向另一侧，造成内圈受压。显然，大滚动体以 ω_1 旋转时，产生频率为 ω_1 的强迫力，而且在大滚动体所在方向的轴的刚度也比其他方向大。如图 5.2.10 所示，假定 η 为刚度大的方向，刚度为 $k_a + \Delta k_a$，ζ 为刚度小的方向，刚度为 $k_a - \Delta k_a$，则有

$$F_\zeta = (k_a - \Delta k_a)\zeta, \quad F_\eta = (k_a + \Delta k_a)\eta \tag{5.2.6}$$

设 x、y 方向的弹簧力为 F_x、F_y，则有

$$\begin{aligned} F_x &= F_\zeta \cos(\omega_c t) - F_\eta \sin(\omega_c t) \\ F_y &= F_\zeta \sin(\omega_c t) + F_\eta \cos(\omega_c t) \end{aligned} \tag{5.2.7}$$

而挠度 x、y 给定为

$$\begin{aligned} \zeta &= x\cos(\omega_c t) + y\sin(\omega_c t) \\ \eta &= -x\sin(\omega_c t) + y\cos(\omega_c t) \end{aligned} \tag{5.2.8}$$

故有

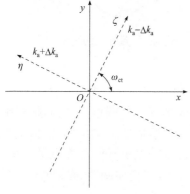

图 5.2.10　滚动体的刚度方向

$$F_x = k_a x - \Delta k_a [y\sin(2\omega_c t) + x\cos(2\omega_c t)]$$
$$F_y = k_a y - \Delta k_a [x\sin(2\omega_c t) - y\cos(2\omega_c t)] \tag{5.2.9}$$

同理，当由于力的作用使转轴产生倾斜，或由于力矩的作用使转轴产生弯曲时，这两个量的交叉项的刚度 k_γ，以及由于力矩的作用使转轴产生倾角时的刚度 k_δ，也可获得同样的关系式。

一般回转体的运动方程为

$$m\ddot{x} + k_a x + k_\gamma \theta_x = me\Omega^2 \cos(\Omega t), \quad m\ddot{y} + k_a y + k_\gamma \theta_y = me\Omega^2 \sin(\Omega t)$$

$$I\ddot{\theta}_x + I_p\Omega\dot{\theta}_y + k_\delta\theta_x + k_\gamma x - \Delta k_\delta[\theta_y\sin(2\omega_c t) + \theta_x\cos(2\omega_c t)] - \Delta k_\gamma([y\sin(2\omega_c t) + x\cos(2\omega_c t)]$$
$$= (I_p - I)\tau\Omega^2 \cos(\Omega t + \beta)$$

$$I\ddot{\theta}_y - I_p\Omega\dot{\theta}_x + k_\delta\theta_y + k_\gamma y - \Delta k_\delta[\theta_x\sin(2\omega_c t) - \theta_y\cos(2\omega_c t)] - \Delta k_\gamma[x\sin(2\omega_c t) - y\cos 2(\omega_c t)]$$
$$= (I_p - I)\tau\Omega^2\sin(\Omega t + \beta) \tag{5.2.10}$$

考虑到式(5.2.9)，式(5.2.10)成为

$$m\ddot{x} + k_a x + k_\gamma\theta_x - \Delta k_a[y\sin(2\omega_c t) + x\cos(2\omega_c t)] - \Delta k_\gamma[\theta_y\sin(2\omega_c t) + \theta_x\cos(2\omega_c t)]$$
$$= me\Omega^2\cos(\Omega t)$$

$$m\ddot{y} + k_a y + k_\gamma\theta_y - \Delta k_a[x\sin(2\omega_c t) - y\cos(2\omega_c t)] - \Delta k_\gamma[\theta_x\sin(2\omega_c t) - \theta_y\cos(2\omega_c t)]$$
$$= me\Omega^2\sin(\Omega t)$$

$$I\ddot{\theta}_x + I_p\Omega\dot{\theta}_y + k_\delta\theta_x + k_\gamma x - \Delta k_\delta[\theta_y\sin(2\omega_c t) + \theta_x\cos(2\omega_c t)] - \Delta k_\gamma[y\sin(2\omega_c t) + x\cos(2\omega_c t)]$$
$$= (I_p - I)\tau\Omega^2\cos(\Omega t + \beta)$$

$$I\ddot{\theta}_y - I_p\Omega\dot{\theta}_x + k_\delta\theta_y + k_\gamma y - \Delta k_\delta[\theta_x\sin(2\omega_c t) - \theta_y\cos(2\omega_c t)] - \Delta k_\gamma[x\sin(2\omega_c t) - y\cos(2\omega_c t)]$$
$$= (I_p - I)\tau\Omega^2\sin(\Omega t + \beta) \tag{5.2.11}$$

其横向振动的解有如下形式：

$$x = A\cos(\Omega t + \beta') + B\sin[(2\omega_c - \Omega) + \beta'']$$
$$y = A\sin(\Omega t + \beta') + B\cos[(2\omega_c - \Omega) + \beta''] \tag{5.2.12}$$

式(5.2.12)中除了包含不平衡激励频率 Ω，还存在由滚动体的直径不一致而激励出 $2\omega_c - \Omega$ 的特征频率。工程实际中，当滚动体直径大小不同时，往往激励出 ω_c 以及 $n\omega_c \pm \Omega (n=1,2,\cdots)$ 的频率族。这一方面说明工程实际中的问题往往要复杂得多；另一方面也说明有关滚动轴承振动机理的讨论尚需深入。

5.2.3　滚动轴承故障的振动信号分析诊断

滚动轴承的监测诊断技术很多，如振动信号分析诊断、声发射诊断、油液分

析诊断、光纤监测诊断等，这些方法各具特点，其中振动信号分析诊断技术应用最为广泛。

滚动轴承的振动信号分析故障诊断方法可分为简易诊断法和精密诊断法两种。简易诊断法的目的是初步判定被列为诊断对象的滚动轴承是否出现了故障；精密诊断法是判断在简易诊断中被认为出现了故障的轴承的故障类别及原因。

1. 滚动轴承故障的简易诊断法

在利用振动信号对滚动轴承进行简易诊断的过程中，通常是要将测得的振动值(峰值、有效值等)与预先给定的某种判定标准进行比较，根据实测的振动值是否超出了标准给出的界限来判定轴承是否出现了故障，以决定是否需要进一步进行精密诊断。因此，判定标准就显得十分重要。

1) 滚动轴承故障简易诊断的判定标准

用于滚动轴承简易诊断的判定标准有绝对判定标准、相对判定标准和类比判定标准等。绝对判定标准是用于判断实测振动值是否超限的绝对量值。相对判定标准是对轴承的同一部位定期进行振动检测，并按时间先后进行比较，以轴承无故障情况下的振动值为基准，根据实测振动值与该基准之比进行判定的标准。类比判定标准是对若干同一型号的轴承在相同的条件下在同一部位进行振动检测，并将振动值相互比较进行判定的标准。

绝对判定标准是在规定的检测方法的基础上制定的标准，因此必须注意其适用范围，并且必须按规定的方法进行振动检测。适用于所有轴承的绝对判断标准是不存在的。因此，一般都是兼用绝对判定标准、相对判定标准和类比判定标准，这样才能获得准确、可靠的诊断结果。

2) 滚动信号简易诊断法

振动信号简易诊断法主要有振幅值诊断法、波形因数诊断法、波峰因数诊断法、概率密度诊断法和峭度系数诊断法等。

振幅值诊断法：振幅值是指峰值 X_P、均值 $\bar{X}$ (对于简谐振动为半个周期内的平均值，对于轴承冲击振动为经过绝对值处理后的平均值)、均方根值 $X_{\max}$(有效值)。振幅值诊断法是一种最简单、最常用的诊断法，该方法通过将实测的振幅值与判定标准中给定的值进行比较来诊断。

峰值反映的是某时刻幅值的最大值，因而适用于表面点蚀损伤等具有瞬时冲击的故障诊断。对于转速较低的情况(如 300r/min 以下)，也常用幅值进行诊断。均值用于诊断的效果与峰值基本相同，其优点是检测值较峰值稳定，但一般用于转速较高的情况(如 300r/min 以上)。

均方根值是对时间平均的，因而适用于磨损等振幅值随时间缓慢变化的故障诊断。

波形因数诊断法：波形因数定义为峰值与均值之比（$X_P / \overline{X}$），该值也是用于轴承简易诊断的有效指标之一。如图 5.2.11 所示，当 $X_P/\overline{X}$ 值过大时，表明滚动轴承可能有点蚀；而 $X_P/\overline{X}$ 值过小时，则有可能发生了磨损。

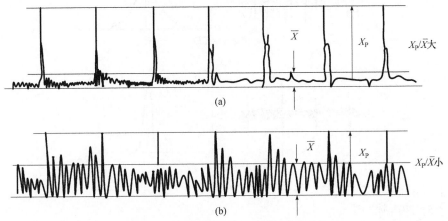

图 5.2.11　滚动轴承冲击振动的波形因数

波峰因数诊断法：波峰因数定义为峰值与均方根值之比（X_P/X_{max}）。该值用于滚动轴承简易诊断的优点在于不受轴承尺寸、转速及载荷的影响，也不受传感器、放大器等一、二次仪表灵敏度变化的影响。该值适用于点蚀故障的诊断。通过对 X_P/X_{max} 随时间变化趋势的监测，可以有效对滚动轴承故障进行早期预报，并能反映故障的发展变化趋势。当滚动轴承无故障时，X_P/X_{max} 为一较小的稳定值；一旦轴承出现了损伤，则会产生冲击信号，振动峰值明显增大，但此时均方根尚无明显的增大，故 X_P/X_{max} 增大；当故障不断扩展，峰值逐步达到极限值后，均方根值则开始增大，X_P/X_{max} 逐步减小，直至恢复到无故障时的大小。

概率密度诊断法：无故障滚动轴承的振幅概率密度曲线是典型的正态分布曲线，如图 5.2.12(a)所示；而一旦出现故障，则概率密度曲线可能出现偏斜或分散的情况，如图 5.2.12(b)所示。

峭度系数诊断法：峭度 β 定义为归一化的四阶中心距，即

$$\beta = \frac{\int_{-\infty}^{\infty} (x - \overline{x})^4 \, p(x) \mathrm{d}x}{\sigma^{-4}} \tag{5.2.13}$$

式中，x 为瞬时振幅；$\overline{x}$ 为振幅均值；$p(x)$ 为概率密度；σ 为标准差。

振幅满足正态分布规律的无故障轴承，其峭度值约为 3。随着故障的出现和发展，峭度值具有与波峰因数类似的变化趋势。峭度系数诊断法与轴承的转速、尺寸和载荷无关，主要适用于点蚀类故障的诊断。

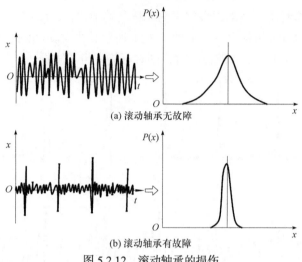

(a) 滚动轴承无故障

(b) 滚动轴承有故障

图 5.2.12　滚动轴承的损伤

3) 冲击脉冲法

冲击脉冲法的原理是，滚动轴承运行中有缺陷(如疲劳剥落、裂纹、损伤和混入杂物)时，就会发生冲击，引起脉冲性振动。由于阻尼的作用，脉冲性振动是一种衰减振动，因为冲击脉冲的强弱反映了故障的程度。

当滚动轴承无损伤或有极微小损伤时，脉冲值很小；随着故障的发展，脉冲值逐渐增大。当脉冲值达到初始值的 1000 倍(60dB)时，就认为该轴承的寿命已经结束。当轴承工作表面出现损伤时，所产生的实际脉冲值用 dB_{SV} 表示，它与初始脉冲值 dB_i 之差称为标准冲击能量，可表示为

$$dB_N = dB_{SV} - dB_i \tag{5.2.14}$$

根据 dB_N 值，可以将轴承的工作状态分为三个区域进行诊断。

绿区($0 \leqslant dB_N < 20dB$)：轴承工作状态良好，为正常状态。

黄区($20dB \leqslant dB_N < 35dB$)：轴承有轻微损伤，为警告状态。

红区($35dB \leqslant dB_N < 60dB$)：轴承有严重损伤，为危险状态。

脉冲冲击法在现场使用时往往由于经验不足、对设备工况条件考虑不周造成诊断失误，因此采用此方法进行诊断时应注意以下问题：

(1) 传感器的安装。对于固定式安装的冲击脉冲传感器，经常会由于机器本身的结构限制，无法达到冲击脉冲传感器的安装标准，造成信号衰减。

(2) 设备安装条件。对滚动轴承状态有明显影响的设备安装因素有不对中和轴弯曲。这两种安装状态都会使轴承产生不均匀载荷，对轴承油膜的形成造成很大影响。这一方面会加剧轴承状态的恶化，另一方面，在轴承状态恶化以前也会造成冲击值增大，形成误警报。因此，对于此类轴承，在加强监护的同时，对其报警限要适当放宽。

(3) 对辅助传动轴承的考虑：对于辅助传动轴承，由于其经常处于从动轻载荷状况，冲击值比正常载荷下获得的标准要小很多。由于载荷小而容易受到其他轴承或齿轮冲击值的影响，使冲击值快速增高，因此对此类轴承应放宽其下限，但上限应基本不变。

4) 共振解调法

共振解调法也称为早期故障探测法，该方法是利用传感器及电路的谐振，将轴承故障冲击引起的衰减振动放大，从而提高故障探测的灵敏度；同时，还利用解调技术将轴承故障信息提取出来，通过对解调后的信号做频谱分析，用以诊断轴承故障。

滚动轴承因故障引起的冲击振动由冲击点(缺陷处)以半球面波方式向外传播，通过轴承零件到轴承座(电动机端盖)。由于冲击振动所含的频率很高，通过零件的界面传递一次，其能量损失约 80%，使原来就十分微弱的故障信号更为微弱。然而，由于冲击脉冲有着十分宽阔的频谱，由低频一直到数百千赫兹的频谱几乎是等幅度，这一宽带冲击力频谱覆盖了轴承零件、传感器、轴承座等自然频率，轴承内产生的冲击能量可激起轴承座和轴承各零件以其自然频率振动，振动能量随着机械结构的阻尼而衰减。因此，这种由局部缺陷所产生的冲击脉冲信号，其频率成分有反映轴承故障特征的间隔频率，还包含有反映轴承元件、轴承座的自振频率成分。

如果把轴承-测量传感器系统看成一个线性系统，那么在轴承座上测得的振动响应应为轴承内产生的冲击激励下所产生的响应，包含了轴承弹性系统谐振在内的一种宽带响应，然后经过轴承座等结构的传递，把轴承运转的振动传递到安装传感器的部位。

轴承振动信号经上述线性系统后，其响应 $y(t)$ 可以写成输入信号的傅里叶变换 $F(\omega)$ 和线性系统频率响应函数 $H(\omega)$ 乘积的傅里叶逆变换：

$$y(t) = \frac{1}{2\pi} \int_{-\infty}^{\infty} F(\omega)H(\omega)e^{i\omega t}d\omega \tag{5.2.15}$$

对于上述线性系统，可以近似看成一个由几个中心频率分布为轴承元件及轴承座自然频率、宽带 Δf 较窄的带通滤波器串联，因此

$$H(\omega) = H_1(\omega_1)H_2(\omega_2)H_3(\omega_3) \tag{5.2.16}$$

输入的故障信号可以看成持续时间为 τ、幅度为 c 的连续脉冲，则对一个带通滤波器，响应 $y_1(t)$ 可以近似写为

$$y_1(t) = 2c\tau \frac{\sin(\pi f \tau)}{\pi f \tau} \frac{\sin[\pi \Delta f(t - t_0)]}{\pi \Delta f(t - t_0)} \Delta f \cos(2\pi f t) \tag{5.2.17}$$

式中，$c\tau$ 为脉冲波形面积；f 为滤波器中心频率；Δf 为带宽；t_0 为滤波器相移决

定的延时。

由式(5.2.17)可知，带通滤波器对单个矩形脉冲的响应是频率为 f、幅值交变的振荡信号，在 $t=t_0$ 时有最大值。若脉冲是连续的，则经带通滤波器后的响应取包络后也是一个脉冲周期函数，而且其周期的大小与轴承故障引起输入的激励脉冲周期相同，对这个响应信号再进行频谱分析，频谱图上只会出现故障频率及其谐波的谱线，避开了调制边频和其他与故障无关的低频信号的影响。

利用解调技术，对解调后的信号进行频谱分析的信号变换过程如图 5.2.13 所示。轴承故障引起的脉冲 $F(t)$ 经传感器拾取及电路谐振，得到放大的高频衰减振动 $a(t)$，再经包络检波得到的波形 $a_1(t)$ 相当于将故障引起的脉冲加以放大和展宽，并且摒除了其余的机械干扰，最后做频谱分析可得到与故障冲击周期 T 相对应的频率成分 f 及其高次谐波，据此用于对滚动轴承故障及故障部位进行诊断。

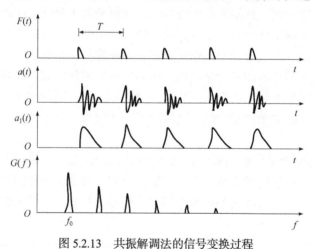

图 5.2.13　共振解调法的信号变换过程

2. 滚动轴承故障的精密诊断法

通过对滚动轴承实施简易诊断发现有故障后，应进一步对其进行精密诊断，即通过诊断信号的频率分析，以判明故障的类别和原因。

滚动轴承的振动频率成分十分丰富，既含有低频成分，又含有高频成分，而且每一种特定的故障都对应有特定的频率成分。精密诊断的任务，就是要通过适当的信号处理方法将特定频率成分分离出来，从而识别特定故障的存在。

根据频率信号不同，常用的精密诊断方法有低频信号分析法和中、高频信号绝对值分析法。

1) 低频信号分析法

低频信号是指频率低于 1kHz 的振动。一般测量滚动轴承振动时都采用加速度传感器，但对低频信号都分析振动速度。因此，加速度信号要经过电荷放大器后由积分器转换成速度信号，再经过上限截止频率为 1kHz 的低通滤波器去除高频信号，最后对其进行频率分析，以找出信号的特征频率进行诊断。由于在这个频率范围内易受机械及电源干扰，并且在故障初期反映的故障频率能量很小，信噪比低，故障检测灵敏度差，因此目前已很少使用。

2) 中、高频信号绝对值分析法

中频信号的频率范围为 1~20kHz，高频信号的频率范围为 20~80kHz。由于对高频信号可直接分析加速度，因而由加速度传感器获得的加速度信号经过电荷放大器后，可直接通过下限截止频率为 1kHz 的高通滤波器去除低频信号，然后对其进行绝对值处理，最后进行频率分析，以找出信号的特征频率。

5.2.4　滚动轴承故障的声发射诊断

振动信号虽然能较多地提供滚动轴承的故障信息，但是当机器复杂、运动零件较多时，机械正常的振动信号与故障的振动信号混在一起，使振动信号更为复杂。为了提取滚动轴承的故障信息，不得不使监测诊断系统、信号处理技术复杂化，这在某种程度上使诊断滚动轴承故障的振动信号分析法的应用受到了限制。

当固体受到力作用时，由于内部缺陷的存在，会产生应力集中(位错运动就会产生应力集中)，使塑性变形加大或形成裂纹与扩展，这时均要释放弹性波，这种现象称为声发射。可见，声发射信号的传输是塑性变形与断裂的产生和扩展时释放的弹性波所致。

例如，轴承的疲劳断裂是由于轴承经常受到冲击的交变载荷作用，使金属产生位错运动和塑性变形，首先产生疲劳断裂，然后沿着最大切应力方向向金属内部扩展，当扩展到某一临界尺寸时就会发生瞬时断裂。这种故障经常发生在滚动轴承的外圈。而疲劳磨损是由于循环接触压应力周期性地作用在摩擦表面，使表面材料疲劳而产生微粒脱落的现象。这种故障的发生过程是：在初期阶段，金属内晶格发生弹性扭曲；当晶格的弹性应力达到临界值后，开始出现微观裂纹；微观裂纹再进一步扩展，就会在滚动轴承的内、外圈滚道上出现麻点、剥落等疲劳损伤故障。这些故障的发生与发展，都伴随着声发射信号的产生。

声发射是指当材料受力作用产生变形或断裂时，以弹性波形式释放应变能的现象。各种材料声发射的频率范围很宽，从次声频、声频到超声频；金属材料声发射频率可达几十兆赫兹到几百兆赫兹，其信号的强度差异很大，可从几微伏到几百伏。

由于滚动轴承的故障信息较微弱，而背景噪声强，因此与振动信号分析法比较，用声发射法进行故障监测诊断有以下主要优点：

(1) 特征频率明显。分别用振动加速度计和声发射传感器在机器同一部位检测到轴承故障，在进行频谱分析时，振动信号谱图比较复杂，不易识别故障；而声发射频谱图清晰明了，易于识别故障，如图 5.2.14 所示。

（2）预报故障时间早。在机器的载荷和工作转速等完全相同的条件下，用声发射和振动信号监测轴承工作状态时，由于轴承为裂纹扩展要经过一个慢扩展阶段，这个阶段还不足以引起轴承明显振动，而声发射信号已经比较明显了，因而声发射法能早期预报和诊断故障。

由于声发射诊断方法对滚动轴承的故障信息能有效地进行识别，但该方法需要较昂贵的专用设备，在生产中应用受到一定影响。

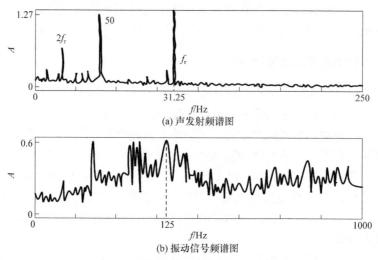

(a) 声发射频谱图

(b) 振动信号频谱图

图 5.2.14　声发射频谱图与振动信号频谱图

5.2.5　滚动轴承故障的油液分析诊断

滚动轴承失效的主要方式是磨损、断裂和腐蚀等，其产生原因主要是润滑不当，因此对正在运行使用的润滑油液进行系统分析，既可了解轴承润滑与磨损状态，又可对各种故障隐患进行早期预报，查明产生故障的原因和部位，及时采取措施遏制恶性事故的发生。油液分析应采用系统方法，只用单一手段往往由于其局限性而导致不全面的诊断结论，并易产生漏报或错报。实践证明，以下五方面，即理化分析、污染度测试、发射光谱分析、红外光谱分析、铁谱分析构成的油液分析系统在设备状态监测中可以发挥重要作用，其诊断结论与现场实际相当吻合。

1. 润滑油理化指标的检测

良好的润滑条件可大大减缓设备的磨损，是延长设备使用寿命的可靠保证。设备首先应做到正确选油，其次是连续跟踪监测其质量指标的变化，最后是当润滑油劣变失效时应及时予以更换，为此必须对设备用油进行理化指标测试。润滑油基本的质量指标有黏度、闪点、氧化安全性、总酸值或总碱值、水分、腐蚀等。不同品种的油液，有时还应根据其具体用途增测其他项目，如泡沫稳定性、抗乳化性、残碳、灰分、密度等。

2. 污染度测试

油液经过使用后不可避免地会受到不同程度的污染。污染来自内部和外部两个方面，内部有摩擦热作用下油液本身氧化产生的树脂类不溶物、胶质、高聚物、积碳等污染物；外部有由运动摩擦副产生的固体金属颗粒或由于设备泄漏带入空气中混杂的粉尘、砂石、金属碎屑等。污染对油液性能及设备的磨损产生直接的危害，因此经常监测油液的污染程度，判断污染产生的原因并加以解决，确保油液的高清洁度是至关重要的一环。

检测油液污染程度的方法有定性、半定量和定量三种。具体选用何种方法主要取决于油液品种、工况条件、对清洁度要求的宽严程度等，如对柴油机油通常用斑点实验法即可满足要求，而对液压油和汽轮机油多数情况下选用颗粒计数仪进行更精确的测试。

3. 发射光谱分析油液中金属元素的质量分数

润滑油中经常会有一些金属元素，这些元素的来源有三种：一是来自润滑油中添加剂，如钙、钡、锌、磷等；二是外界污染混入的杂质带进来的，如硅、钡、钠等；三是磨损颗粒中的金属成分，如铜、铬、铅、铁等。

设备在投入使用之前应检测新油中金属元素的种类及数量，并做好记录档案。新油中的金属元素主要来自于添加剂，质量分数是一定值；随着设备运行时间的延长，油中金属元素的种类和数量均会发生相应改变，根据变化趋势可以判断设备产生磨损的部位和状态。由此可见，定期测试润滑油中金属元素的质量分数，掌握其变化趋势是设备状态监测的关键。

4. 红外光谱分析

红外光谱的出现为状态监测又增添了一个重要手段。润滑油性能的好坏主要取决于基础油和各种添加剂的性质。润滑油的劣化和失效主要是由于添加剂在摩擦热的作用下发生了氧化、酸化、降解而相应生成了氧化物、酸化物、硝化物、树脂、积碳等有害物质，导致基础油和添加剂的化学成分及分子结构发生了变化。这些变化均属化学变化，一般的理化分析是无法检验的，而利用红外光谱检验是最直接、最有效、最快速的方法。红外光谱的主要原理是不同的化合物的分子结构不同，在红外光谱上都会出现特定位置的吸收峰，通过典型峰值和峰面积的积分计算，即可对油品的某些特性进行定量或半定量的变化趋势分析。

5. 铁谱分析

铁谱是应用于状态监测中的一种油液分析方法,该法可以直接观察油液中颗粒的尺寸、几何形状、颜色、数量及分布状态等。若将铁谱和发射光谱两种手段结合起来应用,则对油液中金属元素既可进行定性分析又可进行定量分析,既可分析小尺寸颗粒又可分析大尺寸颗粒,既可监测设备正常磨损的变化趋势又可监测异常磨损的状态,使状态监测和故障诊断更趋完整和准确。

铁谱是应用最多、最普遍的油液分析设备诊断方法之一。目前大多采用直读铁谱和分析铁谱,旋转铁谱的应用也日益广泛。

直读铁谱专门用于测量润滑油中金属颗粒和污染杂物,测定的是两个与油中颗粒质量分数对应的读数,这两个读数分别代表油中的大颗粒(尺寸大于 5μm)与小颗粒(尺寸小于 5μm)的相对质量分数,通过测试不同时间所取油样的直读铁谱值即可了解设备的磨损程度、磨损量和磨损的变化趋势。实践证明,直读铁谱对异常磨损的反应十分敏感,是早期故障诊断的有效手段。但直读铁谱存在两个缺陷:一是数据离散性大,所以测试的误差较大;二是测量的金属磨损颗粒质量分数中有可能混有非金属污染杂质,因此还应结合使用分析铁谱弥补上述缺陷。利用分析铁谱可将金属磨粒从油液中分离出来,制成专门的铁谱片,利用光纤或金相显微镜直接观察磨粒的颜色、质量分数、尺寸、形状及数量等,得出一组定量的磨损指标,将这些指标与监测基准线比较后即可判断设备运行状态是否正常。

以上列举的五种手段分别从不同的角度对轴承用油进行监测。为提高轴承故障诊断的准确性,应该对油液实施全面的检测,只使用一种或两种手段可以得到一些明显的或重要的信息,但毕竟不够全面,有时会错过最佳预报时机,给设备或生产带来难以弥补的损失。

5.2.6　滚动轴承故障的其他诊断方法

滚动轴承的故障诊断,除了上述几种常用方法,还有油膜电阻诊断法、光纤监测诊断法、温度诊断法和间隙测定诊断法等。

1. 油膜电阻诊断法

滚动轴承在旋转过程中,如果在滚道面和滚动体之间形成了较好的油膜,那么轴承内圈和外圈之间的电阻值很大,可达兆欧以上;当油膜破坏时,内圈和外圈之间的电阻值可降至零欧左右。利用这一特性,便可对滚动轴承的润滑状态及与此有关的磨损、腐蚀等损伤进行诊断,但不适用于点蚀类损伤的诊断。

油膜电阻的测量分析原理如图 5.2.15 所示。在轴承内外圈之间加 1V 左右的直流电压，通过测量轴承处的电压降来确定其阻值。油膜电阻诊断法的特点是不受轴承尺寸的影响，但不适用于转速过低且在正常情况下也无法形成油膜的情况。

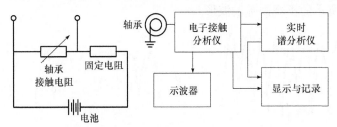

图 5.2.15　油膜电阻诊断法的测量分析原理

2. 光纤监测诊断法

光纤监测是一种直接从轴承套圈表面提取信号的诊断技术，其原理如图 5.2.16(a)所示。用光导纤维制成的位移传感器包含发送光纤束和接收光纤束。光线由发送光纤束经过传感器端面与轴承套圈表面的间隙反射回来，再由接收光纤束接收，并经过光电元件转换为电压输出。间隙 d 改变时，导光锥照射在轴承表面的面积随之改变，因而输出电压也随之改变。传感器输出电压-间隙量特性曲线如图 5.2.16(b)所示。

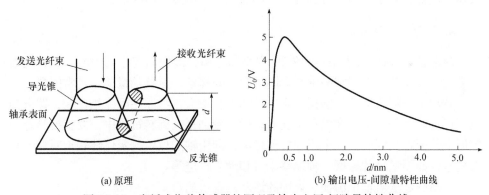

(a) 原理　　　　　　　　　　(b) 输出电压-间隙量特性曲线

图 5.2.16　光纤式位移传感器的原理及输出电压-间隙量特性曲线

1) 采用光纤监测技术进行滚动轴承故障诊断的优点

采用光纤监测技术进行滚动轴承故障诊断的优点如下：

(1) 光纤位移传感器具有较高的灵敏度(可达 40mV/μm)，且外形细长，便于安装。

(2) 可以减少或消除振动传递通道的影响，从而提高信噪比。

(3) 可以直接反映滚动轴承的制造、工作表面磨损、载荷、润滑和间隙的情况。

2) 采用光纤监测技术进行滚动轴承故障诊断的指标

采用光纤监测技术进行滚动轴承故障诊断的指标如下：

(1) 均方根值 X_{max}。对于高精度的轴承，经光纤传感器接收的振动均方根值为如图 5.2.17(a)所示的规则脉动波形；对于较低精度的轴承，其均方根值则为如图 5.2.17(b)所示的不规则脉动波形。

(a)   (b)

图 5.2.17　滚动轴承均方根值的变化

(2) 峰值均方根值比 X_P/X_{max}。均方根值无法反映点蚀类故障，这时需采用峰值均方根值比。一般认为，当 $X_P/X_{max} > 1.5$ 时，滚动轴承出现了点蚀类故障。

3. 温度诊断法

滚动轴承如果产生了某种损伤，其温度就会发生变化，因此可通过监测轴承温度来诊断轴承故障。该方法应用得很早，但其缺陷是当温度有明显的变化时，故障一般都达到了相当严重的程度，因此无法早期发现故障。

4. 间隙测定诊断法

滚动轴承(圆锥滚子轴承除外)的内圈和外圈，即使固定了其中的一个，但由于其内部有间隙，未固定的轴承套圈可向一侧移动，该移动量就是正常间隙。

若轴承套圈或滚动体磨损，则轴承间隙会增大，与原始间隙相比较，即可知道磨损量。但是当轴承在设备中安装好后，特别是在旋转过程中，要直接测定间隙值十分困难，因此只好采用间接测量法，即用轴的位置测定代替轴承间隙的直接测量，如测量轴的振摆、轴端移动量和轴心轨迹等。

间隙测定法对轴承磨损、点蚀的诊断是有效的。

5.3　转子系统的故障机理与诊断

旋转机械的种类繁多，如发电机、汽轮机、离心式压缩机、水泵、通风机、电动机等。这类机械的主要功能都是由旋转动作完成的，统称为机器。旋转机械故障是指机器的功能失常，即其动态性能劣化，不符合技术要求。例如，机器运行失稳，机器发生异常振动和噪声，机器的工作转速、输出功率发生变化，以及介质温度、压力、流量异常等。机器发生故障的原因不同，所产生的信息也不一样，根据机器的信息可对机器故障进行诊断。但是，机器发生故障的原因往往不是单一的因素，特别是对于机械系统中的旋转机械故障，往往是多种故障因素的耦合结果，所以对旋转机械进行故障诊断，必须进行全面的综合分析研究。

对于旋转机械的故障诊断，要求诊断者在通过监测获取机器大量信息的基础上，基于机器的故障机理，从中提取故障特征，进行周密的分析。例如，对于汽轮机、压缩机等流体旋转机械的异常振动和噪声，其振动信号的幅值域、频率域和时间域为诊断机器故障提供了重要信息，然而这些只是机器故障信息的一部分；流体机械的负荷变化，介质的温度、压力和流量等，对机器的运行状态有重要的影响，往往是造成机器发生异常振动和运行失稳的重要因素。因此，对旋转机械的故障诊断，应在获取机器的稳态数据、瞬态数据以及过程参数和运行工作状态等信息的基础上，通过信号分析和数据处理从中提取机器特有的故障征兆及故障敏感参数等，经过综合分析判断，才能确定故障原因，做出符合实际的诊断结论，提出治理措施。

旋转机械的故障来源及其主要产生原因见表 5.3.1。

表 5.3.1　旋转机械的故障来源及其主要产生原因

故障来源	主要产生原因
设计、制造	① 设计不当、动态特性不良，运行时发生强迫振动或自激振动； ② 结构不合理，有应力集中； ③ 工作转速接近或落入临界转速区； ④ 运行点接近或落入运行非稳定区； ⑤ 零部件加工制造不良，精度不够； ⑥ 零件材质不良，强度不够，有制造缺陷； ⑦ 转子动平衡不符合技术要求
安装、维修	① 机器安装不当，零部件错位，预负荷大； ② 轴系对中不良(对轴系热态对中考虑不够)； ③ 机器几何参数(如配合间隙、过盈量及相对位置)调整不当； ④ 管道应力大，机器在工作状态下改变了动态特性和安装精度； ⑤ 转子长期放置不当，破坏了动平衡精度； ⑥ 安装或维修过程破坏了机器原有的配合性质和精度
运行操作	① 机器在非设计状态下运行(如超转速、超负荷或低负荷运行)，改变了机器的工作特性； ② 润滑或冷却不良； ③ 旋转体局部损坏或结垢； ④ 工艺参数(如介质的温度、压力、流量、负荷等)不当，机器运行失稳； ⑤ 启动、停机或升降速过程操作不当，暖机不够，热膨胀不均匀或在临界区停留时间长
机器劣化	① 长期运行，转子挠度增大； ② 旋转体局部损坏、脱落或产生裂纹； ③ 零部件磨损、点蚀或腐蚀等； ④ 配合面受力劣化，产生过盈不足或松动等，破坏了配合性质和精度； ⑤ 机器基础沉降不均匀，机器壳体变形

5.3.1 转子不平衡的故障机理与诊断

转子不平衡是由于转子部件质量偏心或转子部件出现缺损造成的故障，是旋转机械最常见的故障。据统计，旋转机械约有 70% 的故障与转子不平衡有关。

1. 转子不平衡的类型

造成转子不平衡的具体原因有很多，按发生不平衡的过程可分为原始性不平衡、渐发性不平衡和突发性不平衡等几种情况。原始性不平衡是由转子制造误差、装配误差、材质不均匀等原因造成的，如出厂时动平衡没有达到平衡精度要求，在投用之初，便会产生较大的振动。渐发性不平衡是由转子上部均匀结垢，介质中粉尘的不均匀沉积，介质中颗粒对叶片及叶轮的不均匀磨损以及工作介质对转子的磨蚀等因素造成的。其表现为振动值随运行时间的延长而逐渐增大。突发性不平衡是由转子上零部件脱落或叶轮流道有异物附着、卡塞造成，机组振动值突然显著增大后稳定在一定水平上。

不平衡按照机理又分为静不平衡、动不平衡、动静不平衡等三类。

2. 转子不平衡的故障机理

设转子的质量为 M，偏心质量为 m，偏心距为 e，若转子的质心到轴承连心线的垂直距离不为零，则其挠度为 a，如图 5.3.1 所示。

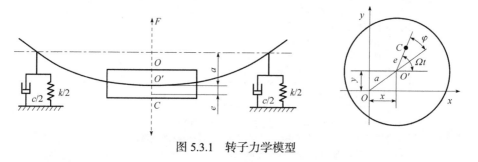

图 5.3.1　转子力学模型

由于有偏心质量为 m 和偏心距为 e，转子转动时将产生离心力、离心力矩或两者兼而有之。离心力的大小与偏心质量 m、偏心距 e 及旋转角速度 ω 有关，即 $F = me\omega^2$，交变的力会引起振动，这就是不平衡引起振动的原因，转子转动一周，离心力方向变化一周期，因此不平衡振动的频率与转速一致。

3. 转子不平衡故障的特征

实际的转子，由于轴的各方向的弯曲刚度有差别，特别是由于支承刚度各向不同，转子对不平衡质量的响应在 x、y 方向不仅振幅不同，而且相位差也不是 90°，因而转子的轴心轨迹不是圆而是椭圆，如图 5.3.2 所示。

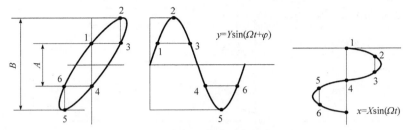

图 5.3.2　转子不平衡的轴心轨迹

由上述分析可知，转子偏心质量及转子部件出现缺损故障的主要振动特征值如下：

(1) 振动的时域波形为正弦波。

(2) 频谱图中，谐波能量集中于基频。

(3) 当 $\Omega < \omega_n$ 时，振幅随 Ω 的增加而增大；当 $\Omega > \omega_n$ 时，Ω 增加振动趋于一个较小的稳定值；当 Ω 接近于 ω_n 时，发生共振，振幅具有最大峰值。

(4) 当共振转速一定时，相位稳定。

(5) 转子的轴心轨迹为椭圆。

(6) 振动的进动特征为同步正进动。

(7) 振动的强烈程度对共振转速的变化很敏感。

(8) 质量偏心的矢量域稳定于某一允许的范围内，如图 5.3.3 所示。而转子发生部件缺损故障时，其矢量域在某一时刻从 t_0 点突变到 t_i 点，如图 5.3.4 所示。

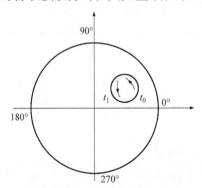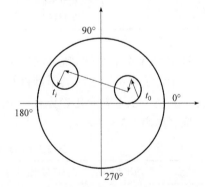

图 5.3.3　转子质量偏心的矢量域　　图 5.3.4　转子部件出现缺损的矢量域

4. 转子不平衡故障的诊断方法

对于原始不平衡、渐变不平衡和突发不平衡三种形式，虽然它们共同点较多，但可以按振动趋势不同进行甄别。

原始不平衡是指在运行初期机组的振动就处于较高的水平，如图 5.3.5(a) 所示。渐变不平衡是指运行初期机组振动较低，随着时间的推移，振动值逐步升高，如图 5.3.5(b)所示。

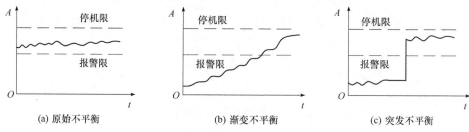

(a) 原始不平衡　　　　　　　(b) 渐变不平衡　　　　　　　(c) 突发不平衡

图 5.3.5　几种不同性质的不平衡的振幅变化趋势

突发不平衡是指振动值突然升高，然后稳定在一个较高的水平，如图 5.3.5(c)所示。

1) 按转子不平衡的振动特征诊断

转子不平衡的主要因素有转子质量偏心和转子部件缺损两种情况。转子不平衡时，特征频率、振动稳定性和振动方向等均具有一定的特征。按照转子不平衡的振动特征进行诊断的依据如表 5.3.2 所示。

表 5.3.2　转子不平衡的振动特征

项目	特征频率	振动稳定性	振动方向	相位特征	轴心轨迹	进动方向	矢量区域
转子质量偏心	1×	稳定	径向	稳定	椭圆	正进动	不变
转子部件缺损	1×	突发性增大增大后稳定	径向	突变后稳定	椭圆	正进动	突变后稳定

2) 按转子不平衡的敏感参数诊断

对于转子质量偏心和转子部件缺损导致的转子不平衡，振动随转速、负荷、油温、流量、压力等变化趋势有一定的规律。按照转子不平衡的敏感参数进行诊断的依据如表 5.3.3 所示。

表 5.3.3　转子不平衡的敏感参数

项目	随转速变化	随负荷变化	随油温变化	随流量变化	随压力变化	其他识别方法
转子质量偏心	明显	不明显	不变	不明显	不变	低速时振幅趋于零
转子部件缺损	明显	不明显	不变	不明显	不变	振幅突然增加

3) 故障位置的诊断方法

准确判定故障发生的位置，对于采取有效的治理措施具有重要意义。简便的判定方法是三位诊断法，该方法的实施步骤如下：

(1) 转子的一阶振型及二阶振型如图 5.3.6 所示，将转子分为 A、B、C 三段，测出各段的振型响应，如图 5.3.7 所示。

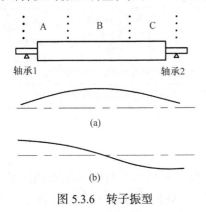

图 5.3.6　转子振型

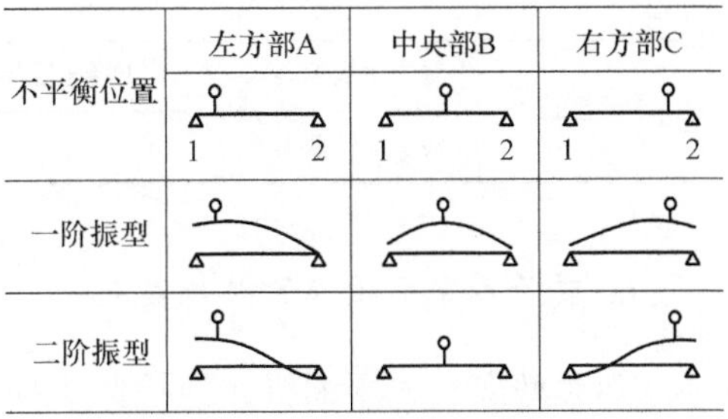

不平衡位置	左方部A	中央部B	右方部C
一阶振型			
二阶振型			

图 5.3.7　转子各段的振型

(2) 用 $V_1^{(1)}$、$V_1^{(2)}$ 分别表示轴承 1 处 A 段的一阶及二阶振动响应，用 $V_2^{(1)}$、$V_2^{(2)}$ 分别表示轴承 2 处 C 段的一阶及二阶振动响应，则有

$$V_1 = V_1^{(1)} + V_1^{(2)}, \quad V_2 = V_2^{(1)} + V_2^{(2)} \tag{5.3.1}$$

(3) 确定故障位置。故障位置在转子左端 A 段时，有

$$|V_1| > \max\left\{\left|V_1^{(1)}\right|, \left|V_1^{(2)}\right|\right\}, \quad |V_2| < \max\left\{\left|V_2^{(1)}\right|, \left|V_2^{(2)}\right|\right\} \tag{5.3.2}$$

故障位置在转子中间位置 B 段时，有

$$|V_1| \approx \left|V_1^{(1)}\right|, \quad |V_2| \approx \left|V_2^{(1)}\right| \tag{5.3.3}$$

故障位置在转子右端 C 段时，有

$$|V_1| < \max\left\{\left|V_1^{(1)}\right|, \left|V_1^{(2)}\right|\right\}, \quad |V_2| > \max\left\{\left|V_2^{(1)}\right|, \left|V_2^{(2)}\right|\right\} \tag{5.3.4}$$

由式(5.3.2)、式(5.3.3)或式(5.3.4)即可确定故障位置。

5. 转子不平衡故障产生原因及治理措施

转子质量偏心和转子部件缺损两种因素导致的转子不平衡故障产生原因和治理措施如表 5.3.4 所示。

表 5.3.4　转子不平衡故障产生原因和治理措施

故障来源		设计、制造	安装、维修	运行、操作	机器恶化
主要原因	转子质量偏心	结构不合理、制造误差大、材质不均匀、动平衡精度低	转子上零件安装错位	转子回转体结垢(如压缩机流道内结垢)	转子上零件配合松动

续表

故障来源		设计、制造	安装、维修	运行、操作	机器恶化
主要原因	转子部件缺损	结构不合理、制造误差大、材质不均匀	转子有较大预负荷	超速、超负荷运行、零件局部损坏脱落	转子受腐蚀疲劳、应力集中
治理措施	转子质量偏心	①转子除垢，进行修复；②按照技术要求对转子进行动平衡			
	转子部件缺损	①修复转子；②重新动平衡；③正确操作			

6. 转子不平衡故障的诊断实例

某大型离心式压缩机，经检修更换转子后，其机组运行时发生强烈振动，压缩机两端轴承处径向振幅超过允许值 3 倍，机器不能正常运行。压缩机主要振动特征如图 5.3.8 所示，从图中可见：

(1) 频谱中能量集中于基频，具有突出的峰值，如图 5.3.8(a)所示。

(2) 轴心轨迹为椭圆，如图 5.3.8(b)所示。

(3) 振动与共振转速同频，其时域波形如图 5.3.8(c)所示。

(4) 振动相位稳定，为同步正进动。

(5) 改变工作转速，振幅有明显变化。

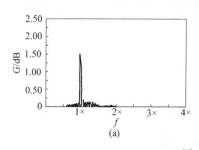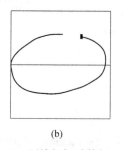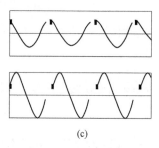

图 5.3.8　压缩机振动特征

诊断结果：根据如图 5.3.8 所示的振动特征可知，压缩机发生强烈振动的原因是转子质量偏心、不平衡，应停机检修或更换转子。

生产验证：按该转子的动平衡技术要求，不平衡质量误差应小于 1.8μm/s。经拆机检验，转子的实际不平衡量一端为 6.89μm/s，另一端为 7.24μm/s，具有严重不平衡质量。将该转子在工作转速下经过高速动平衡，使其达到技术要求。该转子重新安装后，压缩机恢复正常运行。

5.3.2　转子弯曲的故障机理与诊断

转子质量不平衡是指各横截面的质心连线与几何中心存在偏差，而转子弯曲是指各横截面的几何中心连线与旋转轴线不重合，造成偏心质量，从而使转子产生不平衡振动。

1. 转子弯曲的类型

机组停用一段时间后重新开机，有时会遇到振动过大，甚至无法启动的情况，主要原因是机组停用后产生了转子弯曲的故障。转子弯曲有永久性弯曲和临时性弯曲两种情况。

永久性弯曲是指转子轴呈弓形弯曲后无法恢复。造成永久性弯曲的原因有设计制造缺陷(转轴结构不合理、材质性能不均匀)、长期停放方法不当、热态停机时未及时盘车、遭凉水急冷、热稳定性差、长期运行后转轴自然弯曲加大等。

临时性弯曲是指可恢复的弯曲。造成临时性弯曲的原因有预负荷过大、开机运行时暖机不充分、升速过快、加载过大、局部碰摩产生温升、转轴热变形不均匀等。

2. 转子弯曲振动的机理

永久性弯曲和临时性弯曲是两种不同的故障，但其故障机理相同，都与转子质量偏心类似，因此都会产生与质量偏心类似的旋转矢量激振力。与质心偏离不同之处在于，轴弯曲会使轴两端产生锥形运动，在轴向还会产生较大的工频振动。

旋转轴弯曲时，由于弯曲产生的弹性力和转轴不平衡所产生的离心力相位不同，两者之间相互作用有所抵消，转轴的振幅在某个转速下有所减小，即在某个转速上，转轴的振幅会产生一个凹谷。这与不平衡转子动力特性有所不同。当弯曲的作用力小于不平衡作用力时，振幅的减小发生在临界转速以下；当弯曲作用力大于不平衡作用力时，振幅的减小就发生在临界转速之上。

3. 转子弯曲的故障特性

转子永久性弯曲和转子临时性弯曲与质量偏心基本类似。其不同之处是：具有永久性弯曲故障的机器，开机启动时振动大；而转子临时性弯曲的机器，在开机升速过程中，振幅增大到某一值后有所减小，其振幅矢量域如图 5.3.9 所示。

4. 转子弯曲故障的诊断方法

1) 按转子弯曲的振动特征诊断

对于转子永久性弯曲和转子临时性弯曲，特征频率、振动稳定性和振动方向等均具有一定的特征。按照转子弯曲的振动特征进行诊断的依据如表 5.3.5 所示。

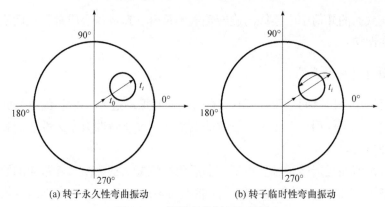

(a) 转子永久性弯曲振动　　　　　　(b) 转子临时性弯曲振动

图 5.3.9　转轴弯曲振幅矢量域

表 5.3.5　转子弯曲的振动特征

项目	特征频率	振动稳定性	振动方向	相位特征	轴心轨迹	进动方向	矢量域
永久性弯曲	一倍频	稳定	径向轴向	稳定	椭圆	正进动	矢量起始点大，随运行继续增大
临时性弯曲	一倍频	稳定	径向轴向	突变后稳定	椭圆	正进动	升速时矢量逐渐增大，稳定运行后矢量减小

2) 按转子弯曲的敏感参数诊断

对于转子永久性弯曲和转子临时性弯曲故障，振动随转速、负荷、油温、流量、压力等变化趋势有一定的规律。按照转子弯曲的敏感参数进行诊断的依据如表 5.3.6 所示。

表 5.3.6　转子弯曲的敏感参数

项目	随转速变化	随负荷变化	随油温变化	随流量变化	随压力变化	其他识别方法
永久性弯曲	明显	不明显	不变	不变	不变	机器开始升速运行时，在低速阶段振幅就较大；刚性转子两端相位差 180°
临时性弯曲	明显	不明显	不变	不明显	不变	升速过程振幅大，往往不能正常启动

5. 转子弯曲故障产生原因及治理措施

由转子永久性弯曲和转子临时性弯曲两种因素导致的转子弯曲故障的原因和

治理措施如表 5.3.7 所示。

表 5.3.7　转子弯曲故障产生原因和治理措施

故障来源		设计原因	制造原因	安装维修	操作运行	状态恶化
主要原因	永久性弯曲	结构不合理	材质不均匀、制造误差大	转子长期存放不当，发生永久变形；轴承安装错位，有较大预负荷	高速、高温机器，停车后未及时盘车	热稳定性差，长期运行后自然弯曲
	临时性弯曲	结构不合理	材质不均匀，制造误差大	转子有较大预负荷；局部碰摩导致热弯曲	升速过快，加载过快；暖机不足	转子热稳定性差
治理措施	永久性弯曲	①正确保管转子，定期盘转一定角度；②校正转子；③按技术要求进行动平衡				
	临时性弯曲	①重新开机启动；②延长暖机时间；③将转子转动 90° 再启动				

6. 直轴原理与方法

直轴，是对转子的永久性弯曲变形的矫直。转子的弯曲是由应力引起的，当应力大于转子材料的弹性极限时，就会产生永久的弯曲变形。因此，直轴实质上是通过一些方法人为地在转子弯曲部位制造一个应力来减弱或消除其原有应力的作用。直轴方法有很多，常用的有局部加热直轴法、机械直轴法、局部加热机械直轴法、热状态直轴法等。

1) 局部加热直轴法

该方法是将凸起的部位向上放置，在弯曲最大的部位进行局部的轴向加热。加热范围为：轴向长度 $0.10D \sim 0.15D$（D 为加热处轴的直径），圆周向宽度 $0.3D$。为了控制加热面积，一般都用隔热材料将轴包好，只在局部需加热的部位按需加热部位的尺寸开一孔。加热温度为 $500 \sim 550℃$，控制在材料的回火温度内，否则会使轴过热，金属组织发生变化。该方法的原理是人为地使转子凸出部位受热，使其局部受到一个压应力的作用，使转子反方向弯曲，来抵消原来的弯曲。

2) 机械直轴法

该方法是用捻棒冷打材料，将转子弯曲最大部位的凹处向上放置，凸出处支承住。捻棒紧贴转子弯曲的凹入部位，用 $1 \sim 2kg$ 的锤子敲打捻棒。捻打应从弯曲最大处的中央开始沿圆周两侧均匀移动，每个断面的捻打长度为三分之一圆周长。其原理是通过对凹入部位的捻打，让这部分材料受拉伸应力的作用使纤维拉长，达到矫直的目的。

3) 局部加热机械直轴法

该方法的原理、加热部位与局部加热直轴法基本相同，不同之处在于加热后人为地在转子凸起部位施加一个外力，使应力能提前超过材料的弹性极限，达到矫直的目的。

上述三种直轴方法是使轴突出部位的材料纤维受到压缩，受到压应力作用(如局部加热直轴法、局部加热机械直轴法)，或拉伸凹侧的材料纤维，使其受到拉伸应力(如机械直轴法)。

这三种方法对结构复杂的转子都适用，但这些方法有一个共同的缺点，即矫直后在一小段轴的材料内有较大的残余应力存在。这些应力决定着矫直转子的弯曲力矩。转子在运行时，校直部位上的残余应力可能导致转子产生裂纹，对合金的转子尤其危险。

4) 热状态直轴法

热状态直轴法也称为松弛法。松弛是金属在高温下的一种特性，即在一定的温度下，金属部件的应力水平因温度效应的存在而有所降低，材料呈现松弛状态。松弛法，就是指转子处于松弛状态下进行的直轴，由于应力水平低，直轴的危险性也降低一些。为了使转子加热均匀，通常采用电感应加热法，对转子弯曲部位的整个圆周进行加热。一般当温度达到 580~650℃(采用多高的温度，取决于转子材料的化学成分，所控制的最高温度不能超过此种材料的回火温度)时，再对转子弯曲处的凸出侧加压，从而使转子得到矫正。这种方法还可以直接利用转子的冷却过程对转子进行退火处理，以达到消除残余应力的目的。

7. 转子弯曲故障诊断实例

实例 1：某厂高速压缩机检修时更换了转子，该机开机后低速运行时，压缩机的振动较大，而且随着工作转速的增大而增大，后经数次开机都未通过临界转速，机器不能正常运行，其振动矢量如图 5.3.9(a)所示。

诊断结果：根据压缩机振动特征，诊断机器故障是由转子永久性弯曲造成的。

生产验证：该压缩机的备用转子，在仓库长期存放将近两年，未做过技术处理，致使转子由于自重而造成弯曲；转子安装时又未进行高速动平衡，从而造成开机时发生异常振动。针对这种情况，将转子经过技术处理后重新安装，机器运行正常。

实例 2：某厂汽轮机停机检修时更换了经过严格高速动平衡的转子，开机升速时未按升速曲线进行，加快了启动过程。汽轮机开机运行时振动较大，而且随着不断升速，振动增大，机器不能正常运行，其振动矢量如图 5.3.9(b)所示。

诊断结果：根据汽轮机振动特征，诊断机器故障是由机器的升速过程暖机不够，操作不当，转子升速、升压过快，以致转子临时弯曲造成的。

生产验证：根据诊断结果，该汽轮机经过充分暖机，按正确操作规程升速后，机器正常运行。

5.3.3　转子不对中的故障机理与诊断

大型机组通常由多个转子组成，各转子之间用联轴器连接构成轴系，传递运动和转矩。机器的安装误差、工作状态下的热膨胀、承载后的变形以及机器基础的不均匀沉降等，都有可能造成机器工作时各转子轴线之间产生不对中。

具有不对中故障的转子系统在运转过程中将产生一系列对设备有害的动态效应，如引起机器联轴器偏转、轴承早期破坏、油膜失稳、轴弯曲变形等，导致机器发生异常振动，危害极大。

1. 转子不对中的类型

转子不对中包括轴承不对中和轴系不对中两种情况。轴颈在轴承中偏斜称为轴承不对中。转子不对中的轴系，不仅改变了转子轴颈与轴承的相互位置和轴承的工作状态，同时也降低了轴系的自然频率。如图 5.3.10 所示，在轴系中，转子不对中使转子受力及支承所受的附加力是转子发生异常振动和轴承早期破坏的重要原因。轴承不对中本身不会产生振动，主要影响到油膜性能和阻尼。在转子不平衡情况下，由于轴承不对中对不平衡力存在反作用，会出现工频振动。

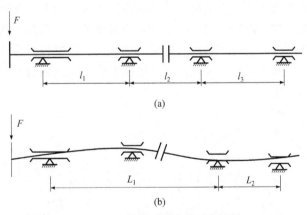

图 5.3.10　轴承不对中的受力情况

机组各转子之间用联轴器连接时，如果不处在同一直线上，就称为轴系不对中。造成轴系不对中的原因有安装误差、管道应变影响、温度变化热变形、基础沉降不均等。不对中导致轴向、径向交变力产生，引起轴向振动和径向振动，且振动随不对中严重程度的增加而增大。不对中是非常普遍的故障，即使采用自动

・258・

调位轴承和可调节联轴器也难以使轴系及轴承绝对对中。当对中超差过大时，会对设备造成一系列有害的影响，如联轴器咬死、轴承碰摩、油膜失稳、轴挠曲变形增大等，严重时将造成灾难性事故。

如图 5.3.11 所示，轴系不对中一般可分为平行不对中、角度不对中和综合不对中三种情况。平行不对中是轴线有平行位移(Δy)，如图 5.3.11(a)所示；角度不对中是轴线交叉成一角度(α)，如图 5.3.11(b)所示；综合不对中是轴线有平行移动，且交叉成一定角度，如图 5.3.11(c)所示。

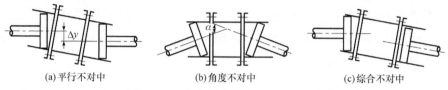

(a) 平行不对中　　　　　　　(b) 角度不对中　　　　　　　(c) 综合不对中

图 5.3.11　齿式联轴器转子不对中形式

2. 转子不对中的故障机理

转子不对中是由联轴器造成的。联轴器的种类较多，大型高速旋转机械常用齿式联轴器，中、小设备多用固定式刚性联轴器。对于不同类型的联轴器及不同类型的不对中情况，故障机理不尽相同。

1) 齿式联轴器连接不对中的故障机理

齿式联轴器是最具代表性的允许综合位移的联轴器。齿式联轴器由两个具有外齿环的半联轴器和一个具有内齿环的中间齿套组成，两个半联轴器分别与主动轴和从动轴连接。这种联轴器具有一定的对中调节能力，常在大型旋转设备上采用。在对中状态良好的情况下，内、外齿套之间只有传递转矩的轴向力。当轴系对中超差时，齿式联轴器内外齿面的接触情况发生变化，如图 5.3.12 所示。

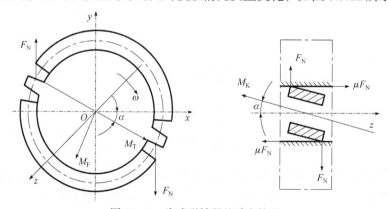

图 5.3.12　齿式联轴器的受力情况

齿面的法向力为

$$F_N = \frac{M_K}{d} \cdot \frac{1}{\cos\alpha} = \frac{M_K}{d\cos\alpha} \tag{5.3.5}$$

式中，d 为联轴器齿环分度圆直径；α 为联轴器齿环的压力角；M_K 为联轴器所传递的转矩。

由齿面啮合的摩擦力所产生的摩擦力矩为

$$M_F = \mu F_N d = \mu \frac{M_K}{d\cos\alpha} d = \mu \frac{M_K}{\cos\alpha} \tag{5.3.6}$$

中间齿套倾斜的力矩为

$$M_T = F_N b \cos\varphi = \frac{bM_K}{d\cos\alpha}\cos\varphi \tag{5.3.7}$$

式中，φ 为中间齿套的倾角；b 为外齿宽。

若忽略其他因素的影响，设 M_F 与 M_T 在同一平面内且相互垂直，由这两个力矩所产生的径向分力为

$$F_F = \frac{M_F}{L}, \quad F_T = \frac{M_T}{L} \tag{5.3.8}$$

式中，L 为联轴器中间齿套两端齿的中心跨距。

轴承所受的附加径向力为

$$F_x = \sqrt{F_F^2 + F_T^2} = \sqrt{\frac{M_F^2 + M_T^2}{L^2}} \tag{5.3.9}$$

由于摩擦力的影响，最大附加轴向力为

$$F_{y\max} = \mu F_N = \mu \frac{M_{K\max}}{d\cos\alpha} \tag{5.3.10}$$

由上述分析可知，当机组轴系转子之间的连接对中超差时，联轴器在传递运动和转矩时会产生附加的径向力和轴向力，引发相应的振动，这就是不对中故障产生的原因。

(1) 平行不对中的振动机理。

联轴器的中间齿套与半联轴器组成移动副，不能相互转动，当转子轴线之间存在径向位移时，中间齿套与半联轴器间会产生滑动而做平面圆周运动，中间齿套的质心沿着以径向位移 Δy 为直径做圆周运动，如图 5.3.13 所示。

设具有轴线平行不对中的转子系统的不对中量为 Δy，两半联轴器的回转中心为 O_1 和 O_2，顶圆半径分别为 R_1 和 R_2，角频率为 Ω；联轴器中间齿套的静态中心和相对运动中心分别为 O 和 O'，齿根圆半径为 R，满足安装条件的最小根圆半径为

$$R_{\min} = \Delta y / 2 + R_1 = \Delta y / 2 + R_2 \tag{5.3.11}$$

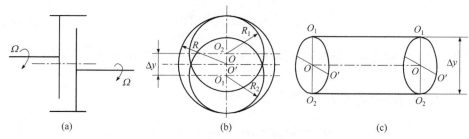

图 5.3.13　轴线平行不对中示意图

由于两个半联轴器分别绕各自的中心 O_1 和 O_2 转动，且分别与中间齿套啮合在一起，两半联轴器在运动的同时必然要求中间齿套的中心 O 绕其中心转动。同时满足两个回转中心要求的 O' 必然做平面运动。若 $R=R_{min}$，将出现"卡死"状态。一般齿式联轴器的许用位移比不对中量要大得多，联轴器的中间齿套除包容两半联轴器的顶圆，还有一定的空间供外圆摆动，实际运动轨迹是以 O 为中心、以 Δy 为直径的圆。轴心线的运动轨迹轮廓为一圆柱体，如图 5.3.13(c)所示。

图 5.3.14 为半联轴器在运转过程中中间齿套中心 O' 的运动情况。图 5.3.14(a)、(b)、(c)、(d)分别表示半联轴器 2 上一点 M 绕中心 O_2 转过 45°、90°、135°、180° 时所处的位置。

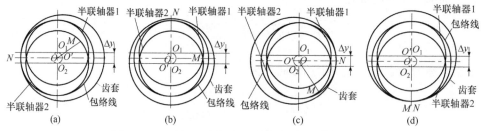

图 5.3.14　平行不对中时 O' 随转子运动的运动轨迹

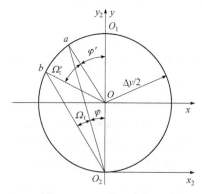

图 5.3.15　O' 的运动轨迹

从图 5.3.14 可以看出，当半联轴器转过 180° 时，中间齿套的轴系已转过 360°，完成了一周的运动，O' 的运动轨迹如图 5.3.15 所示。而绕 O 的运动轨迹可描述为

$$x = \frac{\Delta y}{2}\sin(\Omega't - \varphi') = \frac{\Delta y}{2}\sin(2\Omega t - 2\varphi)$$

$$y = \frac{\Delta y}{2}\cos(\Omega't - \varphi') = \frac{\Delta y}{2}\cos(2\Omega t - 2\varphi)$$

$$(5.3.12)$$

式中，Ω 为转子的角频率；φ 为起始回转相角。

中间齿套中心线的运动轨迹具有明显的二倍频特征，其相位是转子相位的 2 倍。联轴器两端转子同一方向具有相同的相位。中间齿套的这种运动向转子系统所施加的力为

$$F_x = \frac{1}{2}m\Delta y(2\Omega)^2 \sin(2\Omega t - 2\varphi) = 2m\Delta y\Omega^2 \sin(2\Omega t - 2\varphi)$$

$$F_y = \frac{1}{2}m\Delta y(2\Omega)^2 \cos(2\Omega t - 2\varphi) = 2m\Delta y\Omega^2 \cos(2\Omega t - 2\varphi)$$

(5.3.13)

式中，m 为联轴器中间齿套质量；F_x、F_y 分别为转子 x、y 方向受到的激振力。

式(5.3.13)表明，激振力幅与不对中量 Δy 和质量 m 成正比。激振力随转速变化的因子为 $4\Omega^2$，这说明不对中对转速的敏感程度比不平衡对转速的敏感程度要大 4 倍。

(2) 角度不对中的振动机理。

具有轴线角度不对中的齿式联轴器连接的转子系统如图 5.3.16 所示。不对中量为 $\Delta\alpha$，主、从动轴的角频率分别为 Ω_1 和 Ω_2。由于轴线倾斜，半联轴器的齿顶圆在外壳回转轴线方向的投影为椭圆，椭圆的长、短半轴分别为

$$R_a = R, \quad R_b = R - \Delta R = R\cos\frac{\alpha}{2}$$

(5.3.14)

由于半联轴器和中间齿套啮合在一起，彼此不能产生相对转动，故图 5.3.16 所示位置是一种"卡死"状态。要使系统运行，中间齿套需有比 R 大的齿根圆直径，且中间齿套的中心 O 和两半联轴器的 O_1 和 O_2 中心不重合，且具有相对运动。事实上，中间齿套的轴线是在两半联轴器的轴线之间不停地摆动和转动，其运动轨迹为一回转双锥体，如图 5.3.16(c)所示，只有这样，才能满足机构的运动学条件。

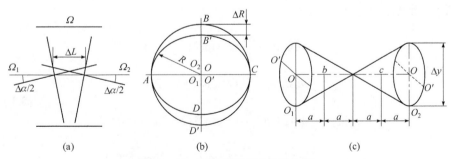

(a)　　　　　　　　　　(b)　　　　　　　　　　(c)

图 5.3.16　轴线角度不对中示意图

图 5.3.17 为半联轴器在转动过程中中间齿套中心 O' 在同截面内的运动情况，图 5.3.17(a)、(b)、(c)、(d)分别表示半联轴器 1 上一点 M 绕中心 O_1 转过 0°、45°、90°、135°时 O' 所处的位置，其投影方向为中间齿套 3 的轴线方向。

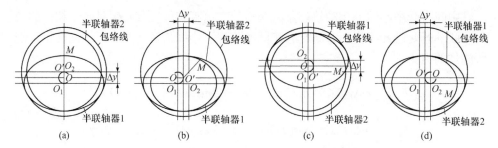

图 5.3.17　角度不对中时 O' 随转子运动的轨迹

由图 5.3.17 可知，当半联轴器 1 转过 180°时，中间齿套的轴心已转过 360°，完成了一周的运动，运动轨迹为一圆。中间齿套回转轴线上某点 O'的运动轨迹为以 O 为中心的圆，描述同轴平移不对中(式(5.3.12))，其轴线回转轮廓为一双锥体，$\tan(\Delta\alpha / 2) = \Delta y / \Delta L$，故在左边 L 截面有

$$x_L = \frac{\Delta L}{2} \tan \frac{\Delta\alpha}{2} \sin(2\Omega t - 2\varphi), \quad y_L = \frac{\Delta L}{2} \tan \frac{\Delta\alpha}{2} \cos(2\Omega t - 2\varphi) \quad (5.3.15)$$

考虑到中间齿套轴线在两端的摆动方向相反，故在右边 R 截面有

$$x_R = \frac{\Delta L}{2} \tan \frac{\Delta\alpha}{2} \sin(2\Omega t - 2\varphi - 180°)$$

$$y_R = \frac{\Delta L}{2} \tan \frac{\Delta\alpha}{2} \cos(2\Omega t - 2\varphi - 180°)$$

$$(5.3.16)$$

这表明，中间齿套的运动轨迹同轴线平行不对中一样具有二倍频特征，但在两半联轴器上同一方向，其相位相差为 180°。计算中间齿套运动向转子系统施加力时，可以假定中间齿套的质量集中分布在 b、c 两点，如图 5.3.16(c)所示，则在该两点所处截面内有

$$F_{ax} = \frac{1}{2} m\Delta L \tan \frac{\Delta\alpha}{2} \Omega^2 \sin(2\Omega t - 2\varphi)$$

$$F_{ay} = \frac{1}{2} m\Delta L \tan \frac{\Delta\alpha}{2} \Omega^2 \cos(2\Omega t - 2\varphi)$$

$$F_{bx} = \frac{1}{2} m\Delta L \tan \frac{\Delta\alpha}{2} \Omega^2 \sin(2\Omega t - 2\varphi - 180°)$$

$$F_{by} = \frac{1}{2} m\Delta L \tan \frac{\Delta\alpha}{2} \Omega^2 \cos(2\Omega t - 2\varphi - 180°)$$

$$(5.3.17)$$

式中，ΔL 为联轴器之间的安装距离；F_{ax}、F_{ay} 为 a 截面内的激振力；F_{bx}、F_{by} 为 b 截面内的激振力。

由式(5.3.17)可知，在轴线角度不对中情况下，激振力幅保持对转速的敏感性。

不对中量 Δα、质量 m、安装距离 ΔL 对激振力有直接影响。

(3) 综合不对中的振动机理。

在实际生产中，机组轴系转子之间的连接对中情况，往往是既有平行不对中，又有角度不对中，因而转子发生径向振动的机理是两者综合的结果。当转子既有平行不对中又有角度不对中时，其动态特性比较复杂，中间齿套轴心线的回转轨迹既不是圆柱体，也不是双锥体，而是介于两者之间的半双锥体形状；激振频率为角频率的 2 倍；激振力幅随速度而变化，其大小和综合对中量 Δy、Δα、安装距离 ΔL 以及中间齿套质量 m 等有关；联轴器两侧同一方向的激振力之间的相位差为 0°～180°。其他故障物理特性也介于平行不对中和角度不对中之间。

齿式联轴器因所产生的附加轴向力和转子偏角位移的作用，从动转子以每回转一周为周期，在轴向往复运动一次，因而转子轴向振动的频率与角频率相同，如图 5.3.18 所示。

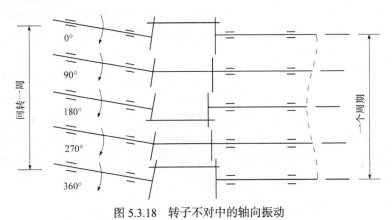

图 5.3.18　转子不对中的轴向振动

2) 刚性联轴器连接转子不对中的故障机理

刚性联轴器连接转子的对中不良时，由于强制连接所产生的力矩不仅使转子发生弯曲变形，而且随转子轴线平行位移或角度位移的状态不同，其变形和受力情况也不一样，如图 5.3.19 所示。

图 5.3.19　刚性联轴器连接转子不对中的情况

用刚性联轴器连接的转子不对中时，转子往往既有轴线平行位移，又有轴线角度位移的综合状态，转子所受的力既有径向交变力，又有轴向交变力。弯曲变形的转子由于转轴内阻现象以及转轴表面与旋转体内表面之间的摩擦而产生的相对滑动，使转子产生自激旋转振动，而且当主动转子按一定转速旋转时，从动转子的转速会产生周期性变动，每转动一周变动两次，因而其振动频率为转子的转动频率的两倍。

转子所受的轴向交变力与图 5.3.18 相同，其振动特征频率为转子的转动频率。

3. 转子不对中故障的特征

实际工程中遇到的转子不对中故障大多为齿式联轴器连接不对中。齿式联轴器连接不对中的转子系统的振动主要特征如下：

(1) 故障的特征频率为基频的两倍。

(2) 由不对中故障产生的对转子的激励力随转速的升高而增大，因此高速旋转机械应更加注重转子的对中要求。

(3) 激励力与不对中量成正比，随着不对中量的增加，激励力呈线性增大。

(4) 联轴器同一侧相互垂直的两个方向，二倍频的相位差是基频的两倍；联轴器两侧同一方向的相位在平行不对中时为 0°，在角度不对中时为 180°，综合不对中时为 0°～180°。

(5) 轴系转子在不对中情况下，中间齿套的轴心线相对于联轴器的轴心线产生相对运动，在平行不对中时的旋转轮廓为一圆柱体，角度不对中时为一双锥体，综合不对中时是介于二者之间的形状。回转体的回转范围由不对中量决定。

(6) 当轴系具有过大的不对中量时，会由于联轴器不符合其运动条件而使转子在运动过程中产生巨大的附加径向力和附加轴向力，使转子产生异常振动，轴承过早损坏，对转子系统具有较大的破坏性。

4. 转子不对中故障的诊断方法

1) 按转子不对中的振动特征诊断

对于转子平行不对中、角度不对中和综合不对中三种情况，转子的特征频率、振动稳定性和振动方向等均具有一定的特征。按照转子不对中故障的振动特征进行诊断的依据如表 5.3.8 所示。

表 5.3.8　转子不对中的振动特征

项目	特征频率	常伴频率	振动稳定性	振动方向	相位特征	轴心轨迹	进动方向	矢量区域
平行不对中	2×	1×、3×	稳定	横向为主	较稳定	双环椭圆	正进动	不变
角度不对中	2×	1×、3×	稳定	径向、轴向	较稳定	双环椭圆	正进动	不变
综合不对中	1×	1×、3×	稳定	径向、轴向	较稳定	双环椭圆	正进动	不变

2) 按转子不对中的敏感参数诊断

转子不对中时，转子受力及轴承所受的附加力直接与联轴器所传递的力矩成正比，即转子不对中所发生的异常振动随机器的负荷增加而增加。转子的热态对中状态对机器的基础变形、热膨胀不均匀及环境温度的突然变化等因素比较敏感。对于转子平行不对中、角度不对中和综合不对中故障，振动随转速、负荷、油温、流量、压力等变化趋势有一定的规律。按照转子不平衡的敏感参数进行诊断的依据如表 5.3.9 所示。

表 5.3.9　转子弯曲的敏感参数

不对中类型	随转速变化	随负荷变化	随油温变化	随流量变化	随压力变化	其他识别方法
平行不对中	明显	明显	有影响	有影响	有影响	转子轴向振动较大、相邻轴承处振动加大、随负荷增加振动增大、对环境温度变化敏感
角度不对中	明显	明显	有影响	有影响	有影响	
综合不对中	明显	明显	有影响	有影响	有影响	

5. 转子不对中故障产生原因及治理措施

由转子平行不对中、角度不对中和综合不对中因素导致的转子不对中故障，其产生原因基本相同，具体原因和治理措施如表 5.3.10 所示。

表 5.3.10　转子不对中故障产生原因和治理措施

故障来源	设计原因	制造原因	安装、维修	操作、运行	状态恶化
主要原因	对工作状态下热膨胀量计算不准；对介质压力、真空度变化对机壳的影响计算不准；给出的冷态对中数据不准	材料不均，造成热膨胀不均匀	冷态对中数据不符合要求；检修失误造成热膨胀受阻；机壳保温不良，热膨胀不均匀	超负荷运行；介质温度偏离设计值	机组基础或机座沉降不均匀；基础滑板锈蚀；机壳变形
治理措施	①核对设计给出的冷态对中数据；②按要求检查调整轴承对中；③检查热膨胀是否受限；④检查保温是否完好；⑤检查调整基础沉降				

6. 转子不对中的故障诊断实例

某厂的透平压缩机组如图 5.3.20 所示，机组检修时，除常规工作，还更换了连接压缩机高压缸和低压缸的联轴器的连接螺栓，对轴系的转子不对中度进行了调整等。

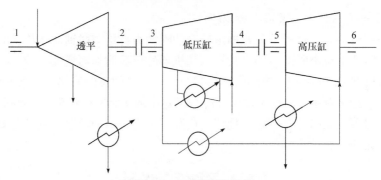

图 5.3.20　透平压缩机组

机组检修后运行时，透平和压缩机低压缸运行正常，而压缩机高压缸振动较大(在振幅允许范围内)，机组运行一周后压缩机高压缸振动突然加剧，测点 4、5 的径向振幅增大，其中测点 5 增加 2 倍，测点 6 的轴向振幅加大，透平和压缩机的振幅无明显变化；机组运行两周后，高压缸测点 5 的振幅又突然增加 1 倍，超过设计允许值，振动强烈，危及生产。

压缩机高压缸振动的主要特征为：连接压缩机高、低压缸的联轴器两端振动较大，测点 5 的振动波形畸变为基频与倍频的叠加波，频谱中 2 倍频谱谐波具有较大峰值，轴心轨迹为双椭圆复合轨迹，轴心振动较大等，如图 5.3.21 所示。

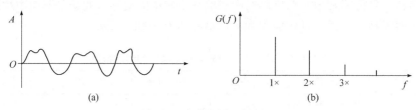

图 5.3.21　异常振动特征

诊断结果：压缩机高压缸与低压缸的转子对中不良，联轴器发生故障，必须紧急停机检修。

生产验证：机组在有准备的情况下，紧急停机处理。机组仅对联轴器局部解体检查发现，连接压缩机高压缸和低压缸的联轴器(半刚性联轴器，如图 5.3.22 所示)，固定法兰盘与内齿套的连接螺栓已断掉 3 只，其位置如图 5.3.23 所示。

根据电镜断口分析可知，螺栓断面为沿晶断裂，并有准解理及局部韧窝组织。

根据上述诊断特征及连接螺栓的断口分析可知，透平压缩机组发生故障的主要原因是：①转子对中超差，实际不对中量大于设计要求 16 倍；②连接螺栓的机械加工和热处理工艺不符合要求，螺纹根部产生应力集中，而且热处理后未进行正火处理，金相组织为淬火马氏体，螺栓在拉应力作用下脆性断裂。

根据诊断结果及提出的治理措施，根据对中要求重新找正对中高压缸转子，并更换了符合要求的连接螺栓，机组运行正常，从而避免了恶性事故的发生。

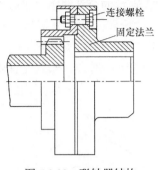

图 5.3.22　联轴器结构

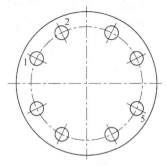

图 5.3.23　连接螺栓损坏位置

5.3.4　油膜涡动和油膜振荡的故障机理与诊断

油膜涡动和油膜振荡是由滑动轴承油膜力特性引起的自激振动。

1. 油膜涡动和油膜振荡

以圆柱滑动轴承为例，由于交叉刚度系数不等于零，油膜弹性力是油膜轴颈失稳的因素。在不同的工作转速下，轴颈中心位置如图 5.3.24 所示，其位置还随载荷大小而变，轨迹近似为一个半圆弧，称为平衡半圆，如图 5.3.25 所示，即轴承中轴颈中心的位置并不是沿着载荷作用方向移动，其位置与工作转速及载荷大小有关。

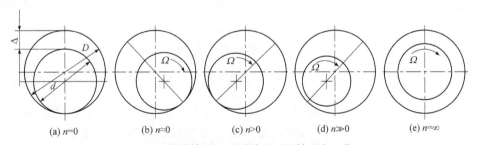

图 5.3.24　滑动轴承在不同转速下的轴颈中心位置

对于受载条件一定的滑动轴承，当轴颈转速不太高时，即使受到一个偶然的外部干扰力的作用，轴颈仍能回到平衡位置(图 5.3.25 中的 a 点)；轴颈转速升高达到一定数值后，一旦受到外部干扰作用，轴颈不能回到初始位置，而沿着一近似椭圆的封闭轨迹涡动(图 5.3.25 中的 b 点)，或者沿某一极不规则的扩散曲线振荡(图 5.3.25 中的 c 点)，这就形成了轴承的失稳状态。

如图 5.3.26 所示，当转子以角频率 Ω 转动时，转子轴颈中心 O' 偏离轴承中心，轴颈和轴承间隙沿周向是不均匀的。润滑油被轴颈带动，顺着转动方向从较宽的间隙流进较窄的间隙而形成油膜，对轴颈有挤压作用。当润滑油从较窄的间隙流到较宽的间隙时，因出现空穴而对轴颈有负压力，轴承的全部油膜对轴颈的压力 F 位于挤压的一侧并朝向轴颈中心 O'，如图 5.3.26 所示。将 F 分解为径向力 F_e 和切向力 F_ψ。分力 F_e 起支承轴颈的作用，相当于转轴的弹性力；分力 F_ψ 垂直于 O' 的径向并顺着转动方向，使 O' 的速度增大，因而使 OO' 增大。F_ψ 就是使轴颈运动失稳的力。

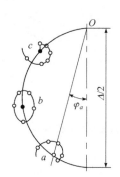

图 5.3.25　轴心位置轨迹

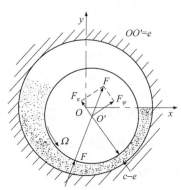

图 5.3.26　轴颈的受力分析

当轴承油膜所受载荷较小时，可以近似认为径向力 $F_e=0$。在此条件下，以极坐标 e、ψ 表示轴颈中心 O' 的位置，如图 5.3.27 所示。如不考虑轴的变形，O' 的运动微分方程为

$$m\ddot{e}^2 - me\dot{\psi}^2 = 0, \quad me\ddot{\psi}^2 + 2m\dot{e}\dot{\psi} = F_\psi \quad (5.3.18)$$

式中，m 为转轴连同圆盘的质量。

按照 Sommerfeld 理论，有

$$F_\psi \approx \frac{6\pi LR^3\eta}{C^3}(\Omega - 2\psi)e = B(\Omega - 2\psi)e \quad (5.3.19)$$

式中，L 为轴承宽度；R 为轴颈半径；η 为润滑油的动力黏性系数；C 为轴颈和轴承之间的间隙。

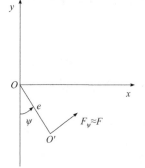

图 5.3.27　轴颈中心的位置

式(5.3.18)可写为

$$\ddot{e}^2 - e\dot{\psi}^2 = 0, \quad e\ddot{\psi}^2 + 2\dot{e}\dot{\psi} - \frac{B}{m}(\Omega - 2\psi)e = 0 \quad (5.3.20)$$

式(5.3.20)是非线性微分方程，作为第一次近似解，可设

$$\psi = \Omega = \text{const}, \quad e = e_0 e^{st} \quad (5.3.21)$$

由式(5.3.20)的第一式有 $v^2 - \Omega^2 = 0$，得到 $\Omega = \pm v$，由式(5.3.20)的第二式有

$$\pm 2v^2 - \frac{B}{m}(\Omega \mp 2v) = 0 \quad (5.3.22)$$

求解式(5.3.22)得到

$$v = -\frac{B}{2m} \pm \sqrt{\left(\frac{B}{2m}\right)^2 \pm \frac{B}{2m}\Omega} \qquad (5.3.23)$$

稳定运动的条件是 v 的实部小于零。已知 $v = \pm\Omega$ 为实数，当 $\Omega < B/(2m)$ 时，则在

$$v = -\frac{B}{2m} \pm \sqrt{\left(\frac{B}{2m}\right)^2 - \frac{B}{2m}\Omega} \quad \text{或} \quad v = -\frac{B}{2m} - \sqrt{\left(\frac{B}{2m}\right)^2 + \frac{B}{2m}\Omega} \quad (5.3.24)$$

的情况下，运动是稳定的。当 $\Omega > B/(2m)$ 时，有

$$v = -\frac{B}{2m} + \sqrt{\left(\frac{B}{2m}\right)^2 + \frac{B}{2m}\Omega} > 0 \qquad (5.3.25)$$

运动是不稳定的，轴颈出现涡动，其角频率为

$$\omega = v = \frac{B}{2m}\left(\sqrt{1 + \frac{2m}{B}\Omega} - 1\right) \qquad (5.3.26)$$

实际轴承的轴颈半径 R 和间隙 C 的比值相当大，常数 $B=6\pi L\eta(R/C)^2$ 是很大的数。式中，根号内的 $(2m/B)\Omega$ 通常小于 1，可以认为

$$\omega \approx \frac{B}{2m}\left[\left(1 + \frac{m}{B}\Omega\right) - 1\right] = \frac{\Omega}{2} \qquad (5.3.27)$$

比较式(5.3.26)和式(5.3.27)可知，引起油膜涡动的准确频率稍小于转动角频率的一半，这种涡动称为半速涡动。

以上关于半速涡动的说明要在轴承载荷较小，也就是起始偏心距 e_0 较小、径向力 F_e 可以忽略的条件下才成立。

由于在油楔的入口和出口区流量速度发生变化，而且流入轴承中的压力油在轴承的两端有泄漏，因而式(5.3.27)变为

$$\omega < \frac{\Omega}{2} \qquad (5.3.28)$$

实际上，涡动频率一般为 $\omega = (0.43\sim0.48)\Omega$。半速涡动的频率小于转子的一阶自然频率，即 $\omega < \omega_n$。半速涡动是一种比较平静的涡动，其主要特征是：频谱中的次谐波在半频处有峰值；其轴心轨迹是半频叠加构成的较为稳定的双椭圆；相位稳定，正进动，如图 5.3.28 所示。

油膜涡动产生后，随着工作转速的升高，其涡动频率也不断增加，频谱图中半频谐波的振幅也不断增大，使转子振动加剧。如果转子的转动速度升高到第一

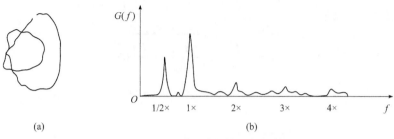

图 5.3.28　油膜涡动的轨迹与频谱

阶临界转速的 2 倍附近，产生的半频谱谐波振幅将增加到接近或超过基频振幅，并有组合频率的特征，如图 5.3.29 所示。若继续提高转速，则转子的涡动频率保持不变，始终等于转子的自然频率，这种现象称为油膜振荡，如图 5.3.30 所示。

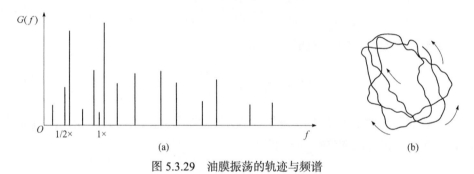

图 5.3.29　油膜振荡的轨迹与频谱

当轴承承受重载时，尽管转子的工作频率为一阶临界角频率的 2 倍，但是也不发生油膜振荡，只有当角频率达到某一极限角频率 $\Omega_{lim} > 2\omega_n$ 时，才发生油膜振荡。反之，产生油膜振荡后，若降低转子的工作角频率，即使 $2\omega_n < \Omega < \Omega_{lim}$，振荡仍然存在，只有当 $\Omega = 2\omega_n$ 时，油膜振荡才消失。图 5.3.31 给出了油膜振荡惯性效应特征，即转子角频率升至 $\Omega = 2\omega_n$ 时，并不出现振幅剧烈增加的现象，而是几乎到 $\Omega = 3\omega_n$ 时，涡动振幅才突然剧增。出现涡动以后，若减速，则振幅要保持到 $\Omega = 2\omega_n$ 时才急剧减小。在某些时候，转子虽然在低于 $2\omega_n$ 的角频率下转动，给转轴以横向冲击，也可能发生涡动。对于惯性效应的定性解释是，$\Omega \geqslant \Omega_t$ 只是转子失稳的必要条件而不是充分条件。当 $\Omega > \Omega_t$ 时，转子有失稳的可能。如果这时给转轴加不大的干扰，转子将立刻失稳，如果没有干扰，则转子暂时还不会失稳。

由上述分析可知，油膜振荡是自激振荡，其主要特点如下：

(1) 自激振动(即涡动)只有当角频率 Ω 高于第一阶临界角频率 ω_{c1} 时才有可能发生。

(2) 大多数情况下，自激振动的频率大致等于转子的自然频率 ω_n。

(3) 自激振动不是共振现象，在多数情况下，在转速的大范围内随时可能出

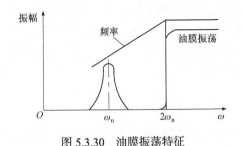

图 5.3.30　油膜振荡特征

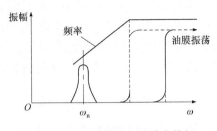

图 5.3.31　油膜振荡惯性效应特征

现，而且实际上往往不能确定该范围的上限。

(4) 自激振动能否出现的界限主要取决于轴承设计，在最不利的情况下，这一界限即失稳转速的下限，约为临界转速的 2 倍。

(5) 自激振动是非常激烈的，其振幅往往比不平衡质量引起的共振振幅还要大。

(6) 自激振动是正向涡动，与转子的振荡方向相同。

(7) 当转速逐渐升高时，自激振动往往要推迟发生，即不一定在转速达到失稳转速的下限时就立刻发生，而是在大于此下限时发生。升速越快，自激振动越要推迟。

(8) 当自激振动已经发生后，如果降低转速，则可以保持到低于升速开始发生时的转速，即使在升速缓慢而自激振动没有推迟的时候也是这样。

为了避免轴承油膜引起的转子失稳运动，设计旋转机器时，通常要考虑采取适当的措施。除了上面所讨论的通过改变载荷、轴承间隙或长度及油的黏度等因素改变轴承特性系数 K 以外，对于大型机器特别是汽轮发电机组，通常采用改变轴承结构的方法来改变轴承的动力学特性。改进的轴承结构有椭圆轴瓦、可倾轴瓦等。但是，这并不能绝对避免油膜轴承的油膜涡动和油膜振荡故障。例如，涡轮机和离心压缩机的转子多数属高速轻载，容易引起油膜失稳，因而采用抗振性能优良的可倾瓦轴承。这种轴承由多个活动轴瓦块组成(以 5 块居多)，每块瓦均有一个自由振动的支点，瓦块按载荷方向自动调整，瓦面和轴颈之间形成一个收敛空间，旋转的轴颈将具有一定黏度的油液形成油楔，使轴颈能在全流体润滑状态下高速旋转。由于瓦块可以随载荷的瞬时变化而摆动，因此能自动地调节它与轴颈的间隙，从而改变油膜的动力学特性。若忽略瓦块的质量、支点的摩擦力、油液惯性等，则轴承在两个互相垂直方向上的交叉刚度和交叉阻尼分别相等，油膜对系统所做的功恒小于或等于零，轴颈得不到产生油膜涡动的能量。由于瓦块具有这个特殊功能，当转子受到外界激励因素干扰，轴颈暂时偏离原来的位置时，各瓦块可按轴颈偏移后的载荷方向自动调整到与外载荷相平衡。这样，就不存在加剧转子涡动的切向油膜力。另外，轴承由几个独立的瓦块组成，油膜不连续，大幅度涡动的可能性也就比较小。因此，在理想状态下，可倾瓦轴承稳定性好，不发生油膜涡动或油膜振荡。由于轴承的实际工作状态复杂，如果可倾瓦轴承工作时，改变了设定条件和技术要求(如瓦块与瓦壳不是点接触或线接触、支点有摩擦力、瓦壳与壳体的过盈配合不足，以及轴承间隙不适当等)，可倾瓦轴承仍然像其他滑动轴承一样，会发生油膜涡动或油膜振荡。

2. 油膜轴承的常见故障和原因

油膜涡动和油膜振荡是油膜力学特性引发的自激振动，是轴承损坏的主要原因。但是造成油膜损坏、发生故障的原因还有多种，如巴氏合金脱落、轴瓦磨损、疲劳损坏、腐蚀和气蚀等，因此在诊断油膜轴承故障时需要进行全面综合分析。

造成巴氏合金脱落的主要原因是轴瓦表面巴氏合金与基体金属结合不牢。

造成轴瓦磨损的主要原因是：①转子对中不良；②轴承安装缺陷、两半轴瓦错位、单边接触等；③润滑不良，供油不足；④油膜振荡或转子失稳时，由于异常振动的大振幅造成严重磨损。

造成疲劳损坏的主要原因是：①轴承过载，轴瓦局部应力集中；②润滑不良，承载区油膜破裂；③轴承间隙不适当；④轴承配合松动，过盈不足；⑤转子异常振动，在轴承上产生交变载荷。

3. 油膜涡动和油膜振荡的故障特征

油膜涡动和油膜振荡是既有密切联系，又有区别的两种不同现象。轴承发生油膜涡动时，尽管其振幅较小，对轴承的润滑和工作影响不大，但其产生的附加动力载荷易使机器零部件发生松动和疲劳失效等。

油膜振荡是转子的涡动频率与转子自然频率接近时发生的自激振动，而且来势很猛，振幅突然大幅度升高，剧烈振动，动摇整个机器和基础，并伴随低沉的吼叫声，会严重损坏轴承和转子，甚至损坏机器，发生恶性事故。

在工作转速之半与转子自然频率接近时所发生的异常振动，并不一定是油膜振荡造成的，有可能是气体激振、密封动力失稳、转子与静止件发生摩擦等原因产生的，而且油膜振荡与转子过临界转速的振动不一样，其主要特征是：①油膜振荡是自激发生的，其振动具有非线性振动特征，特征频率有基频与涡动频率的组合频率，振动发生和消失具有突发性；②发生油膜振荡之前一般会有油膜涡动现象；③油膜振荡发生后，继续升高转速，振幅不下降；④振动强烈，有低沉吼叫声；⑤异常振动有非线性特征。

4. 油膜涡动和油膜振荡故障的诊断方法

1) 按转子油膜涡动或油膜振荡的振动特征诊断

对于转子油膜涡动和油膜振荡故障，转子的特征频率、振动稳定性和振动方向等均具有一定的特征。按照转子油膜涡动和油膜振荡的振动特征进行诊断的依据如表 5.3.11 所示。

表 5.3.11　转子油膜涡动和油膜振荡的振动特征

项目	特征频率	常伴频率	振动稳定性	振动方向	相位特征	轴心轨迹	进动方向	矢量区域
油膜涡动	≤1/2×	1×	较稳定	径向	稳定	双环椭圆	正进动	改变
油膜振荡	<1/2×(0.43～0.48×)	组合频率	不稳定	径向	不稳定(突变)	扩散不规则	正进动	改变

2) 按转子油膜涡动或油膜振荡的敏感参数诊断

对于转子油膜涡动和油膜振荡故障，振动随转速、负荷、油温、流量、压力等的变化趋势有一定规律。按照转子油膜涡动和油膜振荡的敏感参数进行诊断的依据如表 5.3.12 所示。

表 5.3.12　转子油膜涡动和油膜振荡的敏感参数

项目	随转速变化	随负荷变化	随油温变化	随流量变化	随压力变化	其他识别方法
油膜涡动	明显	不明显	明显	不变	不变	涡动频率随工作频率升降，保持 $\omega<\Omega/2$
油膜振荡	升高转速、振动不变	不明显	明显	不变	不变	工作角频率等于或高于 $2\omega_n$ 时突然发生

5. 油膜涡动和油膜振荡故障产生原因及治理措施

转子油膜涡动和油膜振荡故障产生的主要原因基本相同，其原因和治理措施如表 5.3.13 所示。

表 5.3.13　转子油膜涡动和油膜振荡故障产生原因及治理措施

故障来源	设计、制造	安装、维修	操作、运行	状态恶化
主要原因	轴承设计或制造不符合技术要求	① 轴承间隙不当；② 轴承壳体配合过盈不足；③ 轴瓦参数不当	① 润滑油不良；② 油温或油压不当	轴承磨损、疲劳损坏、腐蚀及气蚀等
油膜涡动治理措施	① 按照技术要求更换轴瓦；② 增加轴承比压；③ 调整润滑油温；④ 控制轴瓦预负荷；⑤ 更换符合技术要求的轴承			
油膜振荡治理措施	① 工作转速避开油膜共振区；② 按技术要求安装轴承；③ 增加轴承比压；④ 控制轴瓦预负荷；⑤ 调整润滑油温；⑥ 更换轴承或润滑油			

6. 油膜涡动和油膜振荡的故障诊断实例

1) 振动特征

某大型透平压缩机组的低压缸、中压缸和高压缸分别安装于蒸汽透平的两侧，构成轴系，其相互位置及测点的布置如图 5.3.32 所示：测点 1、2 测量低压缸轴的振动，测点 3 测量高压透平轴振动，测点 4 测量中压透平轴振动，测点 5 测量低压透平轴振动，测点 6 测量中压缸轴振动，测点 7 测量中压缸轴位移，测点 8 测量高压缸轴振动，测点 9 测量高压缸轴位移。机组各转子之间用齿式联轴器连接。压缩机低压缸为多级离心式压缩机，级间为梳理密封，轴端采用浮环密封，向心轴承与推力轴承均采用可倾瓦轴承。机组的设计工作转速为 1230r/min，压缩机低压缸的第一、第二阶临界转速分别为 416r/min、4500r/min。机组检修后工作转速为 10450r/min，低压缸发生强烈振动，不能达到设定工作转速，其主要特征为：

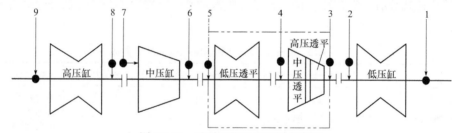

图 5.3.32　透平压缩机组及测点布置

(1) 发生强烈振动时，测点 2 的振幅由 37μm 突然增加到 83μm 以上。

(2) 转子的一阶自然频率由 74Hz 增加到 80Hz，其振幅超过基频，如图 5.3.33 所示。

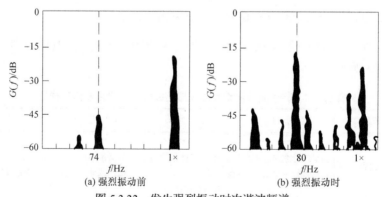

(a) 强烈振动前　　　　　　(b) 强烈振动时

图 5.3.33　发生强烈振动时次谐波频谱

(3) 强烈振动时振动时域波形畸变，如图 5.3.34 所示。

(4) 频谱图中 1/2 倍频谐波幅值波动，而且振幅不断增大，振幅接近或超过基频振幅时，爆发强烈振动，如图 5.3.33 所示。

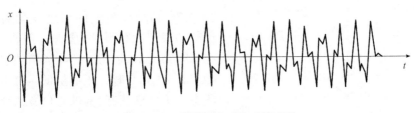

图 5.3.34　强烈振动时的时域波形

(5) 发生强烈振动时，频谱中除半频(实际为 0.43 倍频)，还有其他频率的次谐波(分数谐波)及高次谐波。各谐波之间由半频 ω_1 与基频 ω_2 构成组合频率，如图 5.3.35 所示。

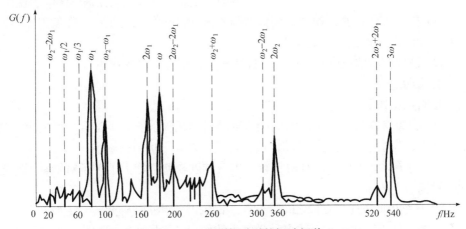

图 5.3.35　强烈振动时的振动频谱

(6) 发生强烈振动前转子有油膜涡动现象，转子的轴心轨迹由稳定的椭圆逐渐扩大变成双环复合椭圆，轨迹的大小随半频次谐波振幅的波形变化，如图 5.3.36(a)和(b)所示。在轴心轨迹扩散为不规则形状的瞬间，突然爆发强烈振动，轴心轨迹为正进动，如图 5.3.36(c)所示。

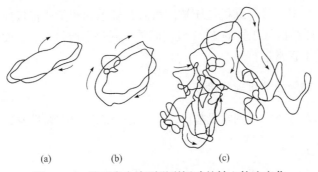

(a)　　　　　(b)　　　　　(c)

图 5.3.36　从正常允许到强烈振动的轴心轨迹变化

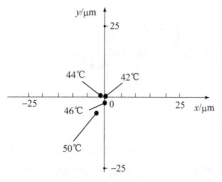

图 5.3.37　油温变化对轴心位置的影响

(7) 轴承润滑油的温度变化对机组运行的稳定性有明显的影响。例如，机组在 10450r/min 运行时，当润滑油温度由 42℃升到 50℃时，压缩机低压缸由稳定状态变为失稳状态，其轴心位置的变化如图 5.3.37 所示。

(8) 机组发生强烈振动，声音异常。

2) 敏感参数变化的影响

轴承的工作转速、润滑油温度和黏度等参数对油膜波动和油膜振荡的影响表现为：

(1) 提高工作转速，振动继续保持强烈振动，振幅无变化；而降低工作转速 200～300r/min，振幅则明显减小。

(2) 改变润滑油温度和黏度，对控制减小振幅有一定的作用。

3) 诊断意见

诊断意见如下：

(1) 机组检修时，由于压缩机低压缸的可倾瓦轴承安装不符合技术要求，稳定性降低，失去了可倾瓦轴承的性质，转子对外界干扰力很敏感。

(2) 转子对称不良，而且由于转子本身刚度较差，增大了转子对轴承不稳定性的激励力。

(3) 压缩机低压缸 1、2 段之间由于密封不当，所产生的气隙激振力促使转子失稳。

压缩机低压缸转子在上述多种激励力的作用下，导致轴承油膜失稳而发生强烈的油膜振荡。

4) 治理措施和生产验证

在有准备的情况下紧急停机检修处理，经检查发现低压缸联轴器处的轴承严重磨损，瓦面龟裂并有局部巴氏合金脱落；压缩机低压缸转子与汽轮机转子连接不对中，误差严重超过技术要求。

针对上述情况，将压缩机低压缸的可倾瓦轴承和转子严格按技术要求进行对中安装，并把压缩机低压缸的 1、2 段之间的气封进行改进等，从而使机组恢复并保证在满负荷下正常运行。

5.3.5　旋转失速的故障机理与诊断

旋转失速是流体机械的常见故障之一，是因流体力学特性发生的自激振动。

1. 旋转失速

离心压缩机的叶轮结构、尺寸都是按额定流量设计的，当压缩机在正常流量下工作时，气体进入叶轮的方向 β_1 与叶片进口安装角 β_s 一致，气体可以平稳地进入叶轮，如图 5.3.38(a)所示。此时，气流入口径向流速为 C_1。当进入叶轮的气体流量小于额定流量时，气体进入叶轮的径向速度减小为 C_1'，气体进入叶轮的相对速度的方向角相应地减小到 β_1'，因而与叶片进口安装角 β_s 不一致。此时气体将冲击叶片的工作面(凸面)，在叶片的凹面附近形成气流漩涡，漩涡逐渐增多使流道的有效流道面积减小。由于制造、安装维护或运行工况等方面的原因，进入压缩机的气流在各个流道中的分配并不均匀，气流漩涡的多少也有差别。若某一流道中的气流漩涡较多，如图 5.3.38(b)中的流道 2 所示，则可通过这个流道的气量就要减少，多余的气量将转向邻近流道(流道 1 和流道 3)。在折向前面的流道(流道1)时，因为进入的气体在叶片的凹面上，原来凹面上的气流漩涡有一部分被冲掉，这个流道里的气流会趋于畅通。而折向后面流道(流道 3)的气体冲在叶片的凸面上，使得叶片凹面处的气流产生更多的漩涡，堵塞了流道的有效流通面积，迫使流道中的气流又折向相邻流道。如此轮番发展，由漩涡组成的气流堵塞团(称为失速团或失速区)将沿着叶轮旋转的相反方向轮流在各个流道内出现。因为失速区在反方向传播的速度小于叶轮的旋转速度，从叶轮之外的绝对参考系来看，失速区还是沿着叶轮方向转动，这就是旋转失速的机理。

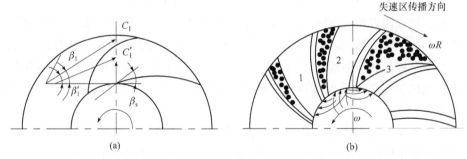

图 5.3.38　旋转失速的形成

2. 旋转失速的振动机理

高速运行的流体机械(如离心式压缩机等)，其流道是根据额定工况条件下的实际气体流量设计的。在设计工况条件下，机器各级间气体流量匹配，流向合理，流速稳定。当由于设计制造、安装维修或运行工况等方面的某些原因，机器实际运行中某一级的实际流量小于设计流量时，就会在叶轮的某一流道内首先产生气体脱离团，如图 5.3.39 所示。若先在流道 2 产生气体脱离团，则脱离团的气流就占据流道的一部分空间，使流通截面减小。于是，流经该流道的气流量也就相应减少，使多余的气体挤向相邻的流道，从而使流道 1 的流入角增大、冲角减小，改善了该流道的气体流动状况；而流道 3 的流入角减小，冲角增大，造成该流道

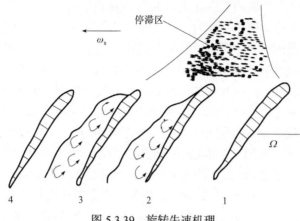

图 5.3.39　旋转失速机理

的气流失度。同时，流道 3 的气体脱离团又改善了流道 2 的气流状态，而加剧了流道 4 的气流失速。以此类推，气体脱离团如此循环发生，就在叶轮内形成旋转失速(或称旋转脱离)，其运动方向与叶轮的转动方向相反。旋转失速在叶轮间产生的压力波动是激励转子发生异常振动的激励力。激励力的大小与气体的分子量有关，气体的分子量较大，激励力也大，对机器的影响也大。

　　旋转脱离团以角速度 ω_s 在机器流道间运动时，由于压力波动激励转子的振动频率为 ω_s，而且其振动频率小于转子的角频率 Ω。这是相对静止坐标系而言的，在绝对运动中旋转脱离团以 $\Omega - \omega_s$ 的频率旋转，其方向与转子的旋转方向相同。因此，流体机械发生旋转失速时，转子异常振动，有 ω_s 和 $\Omega - \omega_s$ 两个次谐波特征频率。

　　机器发生旋转失速时，可以是在某一级叶轮上有一个气体脱离团，也可以是在某级叶轮上同时存在几个脱离团；脱离团可以在某一级叶轮上发生，也可以在几级叶轮上同时发生。一般机器发生旋转失速故障时，常有两个或两个以上气体脱离团。

　　机器发生旋转失速的角频率 ω_s 为

$$\omega_s = \frac{1}{n}\frac{Q_t}{Q_0}\Omega \tag{5.3.29}$$

式中，Ω 为转子角频率；n 为气体脱离团数量；Q_t 为实际工作流量；Q_0 为设计流量。

　　一般来说，流体机械的旋转失速故障总是存在的，但并不一定能激励转子使机器发生强烈振动，只有当旋转失速的频率与机器某一自然频率耦合时，机器才有可能发生共振，出现危险振动。

3. 旋转失速故障的特征

旋转失速故障的特征如下:

(1) 由于失速区内部气流的减速流动依次在叶轮的各个流道出现,以叶轮旋转的反方向环状移动,因此破坏了叶轮压力的轴对称性。当失速区内达不到要求的压力时,就会因叶轮出口和管道内的压力脉动,发生机器和管道的振动。

(2) 叶轮失速在 50%～80%转速频率范围内,扩压器失速在 10%～25%转速频率范围内。旋转失速产生的振动基本频率在振动频率上既不同于低频喘振,又不同于较高频率的不稳定进口涡流。因此,可以利用振动诊断把这种故障鉴别出来。

(3) 当压缩机进入旋转失速范围以后,虽然存在压力脉动,但是机器的流量基本上是稳定的,不会发生较大幅度的变动,这一点与喘振的故障现象有根本性的不同。

(4) 旋转失速引起的振动在强度上比喘振要小,但比稳定进口涡流要大得多。由旋转失速引起的机器振动又不同于气体机械故障的振动,转子的不平衡、不对中可能使转子振幅较高,但在机壳和管道上并不一定感觉到明显的振动。属于气流激振一类的旋转失速却与此不同,有时在转子上测得的振幅虽然不太高,但是机壳和管道(尤其是排气管道)表现出剧烈的振动。

4. 旋转失速故障的诊断方法

1) 按旋转失速故障的振动特征诊断

发生旋转失速故障时,转子的特征频率、振动稳定性和振动方向等均具有一定的特征。按照旋转失速故障的振动特征进行诊断的依据如表 5.3.14 所示。

表 5.3.14　转子旋转失速故障的振动特征

特征频率	常伴频率	振动稳定性	振动方向	相位特征	轴心轨迹	进动方向	矢量区域
ω_s 及 $\Omega-\omega_s$ 的成对次谐波	组合频率	振幅大幅度波动	径向、轴向	不稳定	杂乱、不稳定	正进动	突变

2) 按旋转失速故障的敏感参数诊断

发生旋转失速故障时,振动随转速、负荷、油温、流量、压力等变化趋势有一定的规律。按照旋转失速故障的敏感参数进行诊断的依据如表 5.3.15 所示。

表 5.3.15　转子旋转失速故障的敏感参数

随转速变化	随负荷变化	随油温变化	随流量变化	随压力变化	其他识别方法
明显	很明显	不变	很明显	变化	机器出口压力波动大；机器入口气体压力及流量波动

5. 旋转失速故障产生原因及治理措施

转子旋转失速故障产生原因及治理措施如表 5.3.16 所示。

表 5.3.16　转子旋转失速故障产生原因和治理措施

故障来源	设计、制造	安装、维修	操作、运行	机器劣化
主要原因	机器的各级流道的设计不匹配	① 入口滤清器堵塞；② 叶轮流道或气体流道堵塞	机器的工作介质流量调整不当，工艺参数不匹配	机器气体入口或流道有异物堵塞
治理措施	① 开大机器回流阀，增加压缩机入口流量；② 检查各段进口分离器液位是否正常；③ 检查冷却液位是否过低；④ 调整机器转速；⑤ 对于无害安全介质，可采取放空的方法，增加压缩机入口流量			

6. 旋转失速与油膜振荡的区别方法

当机器两个脱离团激励转子发生旋转失速时，旋转失速角频率 $\omega_s \approx \Omega/2$，因而 ω_s 有可能由于接近转子的自然频率而发生共振。另外，其振动特征往往由于 $\omega_s \approx \Omega/2$，易与油膜涡动或油膜振荡故障混淆而对诊断工作造成困难。因此提出区别旋转失速与油膜振荡两种不同故障的主要方法，如表 5.3.17 所示。

表 5.3.17　区别旋转失速与油膜振荡的主要方法

区别内容	旋转失速	油膜振荡
振动特征频率与工作转速的关系	振动特征频率随转子工作转速而变	油膜振荡发生后，振动特征频率不随工作转速变化
振动特征频率与机器进口流量的关系	振动强烈程度随流量改变而变化	振动强烈程度不随流量变化
压力脉动频率的特点	压力脉动频率与工作流速频率相等	压力脉动频率与转子自然频率相近

7. 旋转失速故障诊断实例

某厂的压缩机是生产的关键设备，因生产工艺条件的改变，气体流量由 29.6km³/h 降至 28km³/h 时，机组发生异常振动，呈危险报警状态。其工作转速为

13825r/min 时，振动信号的频谱及轴心轨迹如图 3.5.40(a)和(b)所示。图 3.5.40(a)所示频谱图中各谐波的振幅如表 5.3.18 所示。

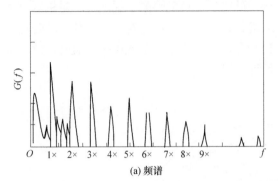

(a) 频谱

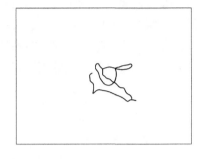

(b) 轴心轨迹

图 5.3.40　压缩机的频谱和轴心轨迹

表 5.3.18　压缩机的频谱图中各谐波的振幅

谐波位置点	1	2	3	4	5	6	7	8	9	10
谐波频率/Hz	57.6	115.2	172.8	230.4	287.9	345.6	403.2	460.8	691.2	1382.4
谐波振幅/dB	−26.37	−29.56	−36.36	−17.80	−35.55	−40.10	−39.90	−27.30	−21.60	−25.10

诊断意见：当工艺条件改变后，该压缩机在非设计工况下运行，其轴心轨迹紊乱，呈不规则状态，而其频谱中有明显成对出现的次谐波及组合频率等。

该机组的工作转速基频为 230.4Hz。旋转失速频率 ω_s=57.6Hz，是由 4 个气体脱离团形成的特征峰值，其成对出现的特征频率为 $\Omega-\omega_s$=230.4-57.6=172.8Hz，115.2Hz 为压缩机在旋转失速状态下的异常振动激励转子支承系统的油膜涡动频率，其余各谐波为具有非线性特征的组合频率。根据以上主要征兆，诊断该机组的异常振动原因为旋转失速。

治理措施：建议采用开大机器回流阀，以打回流的方法增加压缩机入口流量进行处理。

生产验证：该机组打回流后，频率为 57.6Hz、115.2Hz 及 172.8Hz 等谐波全部消失，机组运行平稳，恢复正常运行。

5.3.6　喘振的故障机理与诊断

1. 喘振机理

喘振是离心式和轴流式透平压缩机运行中的常见故障，是旋转失速的进一步发展。喘振不仅引起生产效率下降，而且对机器造成严重危害。喘振常常导致机器内部密封件、涡流导流板、轴承等损坏；喘振振幅较大时常导致转子弯曲、联轴器及齿轮箱损坏；机器横向大幅度摆动还会造成与机器相连的管网系统及测试仪表等外部设备损坏等。

　　喘振是透平压缩机等流体机械运行最恶劣、最危险的工况之一，对机器危害很大。如图 5.3.41 所示，离心式压缩机具有这样的特性，对于一个确定的转速，总对应一个流量值，压缩机效率达到最高点。当流量大于或小于此值时，效率都将下降。一般以此流量的工况点为设计工况点。

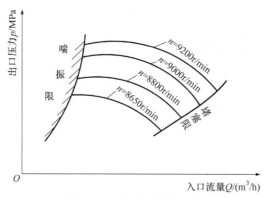

图 5.3.41　压缩机性能曲线

　　压缩机的性能曲线左边受喘振工况(Q_{min})的限制，右边受到堵塞工况(Q_{max})的限制，在这二者之间的区域，称为压缩机的稳定工况区域。稳定工况区域的大小是衡量压缩机性能的重要指标。

　　当压缩机在运行过程中，若因外部原因使流量不断减小达到 Q_{min} 时，就会在压缩机流道中出现严重的旋转脱离，流动严重恶化，若气量进一步减小，则压缩机叶轮的整个流道被气流漩涡区所占据,这时压缩机的出口压力将突然大大下降。由于压缩机总是和管网系统联合工作，这时较大容量的管网系统中压力并不马上降低，于是管网中的气体压力反而大于压缩机的出口压力，因而管网中的气体就倒流向压缩机。当管网中压力下降到低于压缩机出口排气压力时，气体倒流会停止，压缩机又恢复向管网供气，经过压缩机的流量又增大，压缩机恢复正常工作。当管网中的压力也恢复到原来的压力时，压缩机的流量又减小，系统中气体又产生倒流。如此周而复始，就在整个系统中产生了周期性的气流吼声和剧烈的机器振动，即气流振荡现象，这种现象称为喘振。喘振现象不但和压缩机中严重的旋转脱离有关，还和管网系统密切相关。

　　由喘振引起的机器振动频率、振幅与管网容量大小密切相关，管网容量越大，喘振频率越低，振幅越大；管网容量越小，喘振频率越高，振幅越小。一些机器的排气管网容量非常大，此时喘振频率甚至小于 1Hz。

　　导致喘振的先决条件，首先在于压缩机越过最小流量值，产生了严重的旋转脱离和脱离区的急剧扩大的情况。但这时是否会发生喘振现象，和压缩机与管网联合工作时的性能曲线状态有关。只有当管网性能曲线与压缩机性能曲线的交点进入喘振界限之内时，才会发生喘振现象。如图 5.3.42 所示，管网性能曲线在 1、2、3 的位置时，都不会发生喘振；当管网性能曲线在图中 4 的位置时，与压缩机性能曲线交于 S 点，而 S 点已进入喘振界限之内，出现整个系统的喘振现象。

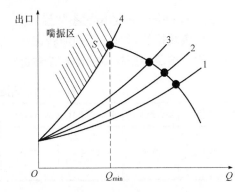

图 5.3.42　压缩机-管网系统产生喘振的条件

2. 喘振故障的特征

透平压缩机发生喘振的主要特征如下：

(1) 透平压缩机接近或进入喘振工况时，机体和轴承都会发生强烈的振动，其振幅要比正常运行时大大增加。喘振频率可参考公式 $\dot{x} = a\cos(\omega t - \varphi)$ 计算，一般情况下都比较低，一般为 0.5～20Hz。

(2) 透平压缩机在稳定工况下运行时，其出口压力和进口流量变化不大，所测得的数据在平均值附近波动，幅度很小。当接近或进入喘振工况时，出口压力和进口流量的变化都很大，会发生周期性的脉动，有时甚至会出现气体从压缩机进口倒流的现象。

(3) 透平压缩机在稳定运转时，其噪声较小且连续。当接近喘振工况时，由于整个系统产生气流周期性的振荡，因而在气流管道中，气流发出的噪声也时高时低，产生周期性变化；当进入喘振工况时，噪声剧增，甚至有爆声出现。

3. 喘振故障的诊断方法

1) 按喘振故障的振动特征诊断

发生喘振故障时，特征频率、振动稳定性、振动方向、轴心轨迹等均具有一定的特征。按照喘振故障的振动特征进行诊断的依据如表 5.3.19 所示。

表 5.3.19　喘振故障的振动特征

特征频率	常伴频率	振动稳定性	振动方向	相位特征	轴心轨迹	进动方向	矢量区域
超低频 (0.5～20Hz)	1×	不稳定	径向	不稳定	紊乱	正进动	突变

2) 按喘振故障的敏感参数诊断

发生喘振故障时，振动随转速、负荷、油温、流量、压力等变化趋势有一定的规律。按照喘振故障的敏感参数进行诊断的依据如表 5.3.20 所示。

表 5.3.20　喘振故障的敏感参数

项目	随转速变化	随负荷变化	随油温变化	随流量变化	随压力变化	其他识别方法
喘振	改变	改变	改变	明显改变	明显改变	振荡剧烈；出口压力和进口流量波动大；噪声大，低沉吼叫，声音异常

4. 喘振故障产生原因及治理措施

喘振故障的产生原因及治理措施如表 5.3.21 所示。

表 5.3.21　喘振故障产生原因及治理措施

故障来源	设计、制造	安装、维修	操作、运行	机器劣化
主要原因	设计或制造不当，实际流量小于喘振流量，压缩机工作点离防喘线太近	① 入口滤清器堵塞；② 叶轮流道或气体流道堵塞	压缩机实际运行流量小于喘振流量；压缩机出口压力低于管网压力；气源不足，进气压力太低，进气温度或气体相对分子质量变化大，转速变化太快及升压速度过快、过猛	管道阻力增大；管网阻力增加；管网逆止阀失灵等
治理措施	① 放气：对无害的安全介质(空气、氧气和二氧化碳等)，可采用在压缩机出口处将气体放空，以增加压缩机入口流量，使其大于喘振流量。② 回流：对易燃、易爆、贵重或有害气体等，应采用回流的方法增加压缩机入口流量，使其大于喘振流量。③ 正确操作。④ 清理气流通道堵塞物			

5. 喘振故障诊断实例

某厂的透平压缩机机组，检修前一直运行正常，常规检修后开机运行时，压缩机振动逐步加剧，其振幅超过设计允许值的 3 倍左右，振动剧烈，与其相连的管道及机座等同时发生强烈振动，并伴有低沉吼叫声。压缩机强烈振动过程具有不规律的周期性，对工作转速、负荷、介质流量和压力的变化很敏感，其异常振动时的轴心轨迹、时域波形及频谱图如图 5.3.43 所示。

由以上故障特征可知，压缩机发生异常振动时，轴心轨迹紊乱，小于 10Hz 的次谐波为特征频率，该次谐波的峰值大幅度波动，同时压缩机产生低沉吼叫声。

诊断意见：根据以上主要特征，诊断为该机组的压缩机发生喘振，其主要原因是有异物阻塞滤清器或压缩机流道。

生产验证：根据诊断意见对压缩机进行停机检查时发现该压缩机气体入口处的滤清器外部滤网损坏，其断碎残物将滤清器堵塞，从而造成压缩机的实际流量不足而发生喘振。

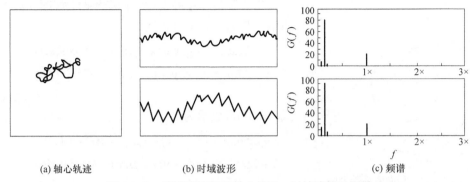

　　(a) 轴心轨迹　　　　　　(b) 时域波形　　　　　　　　　(c) 频谱

图 5.3.43　透平压缩机的轴心轨迹、时域波形及频谱

将压缩机的滤清器处理后，机组异常振动消失，运行正常。

5.3.7　动静件摩擦的故障机理与诊断

1. 转子与静止件摩擦的分类

在高速旋转机械中，为了提高机器效率，往往把密封间隙、轴承间隙做得较小，以减少气体和润滑油的泄漏。但过小的间隙除了会引起流体动力激振，还会引发转子与静止件间的摩擦。例如，轴的挠曲、转子不平衡、转子与静止件热膨胀不一致、气体动力作用、密封激励力作用及转子对中不良等原因引起的振动，轻者发生密封件的摩擦损伤，重者发生转子与静止件的摩擦碰撞，引发严重的机器损伤事故。此外，轴承中也会发生干摩擦或半干摩擦，这种摩擦有时是不明显的，并不发生明显故障，机器未停机拆检之前找不出异常振动原因。因此，必须了解转子与静止件摩擦激振的故障特征，以便及时做出诊断，防止重大事故发生。

转子与静止件发生摩擦故障有两种情况：一是转子在涡动过程中轴颈或转子外缘与静止件接触而引起的径向摩擦；二是转子在轴向与静止件接触而引起的轴向摩擦。

转子与静止件发生的径向摩擦还可以进一步分为两种情况：一是转子在涡动过程中与静止件发生的偶然性或周期性的局部碰摩；二是转子与静止件的摩擦接触弧度较大，甚至发生 360°的全周向接触摩擦。

2. 转子与静止件径向摩擦的振动机理

1) 转子与静止件局部碰摩的故障机理

转子在非接触状态下的运动方程为

$$\ddot{x} + 2\xi\omega_{\mathrm{n}}\dot{x} + \omega_{\mathrm{n}}^2 x = e\Omega^2 \cos(\Omega t), \quad \ddot{y} + 2\xi\omega_{\mathrm{n}}\dot{y} + \omega_{\mathrm{n}}^2 y = e\Omega^2 \sin(\Omega t) \quad (5.3.30)$$

式中，ω_n 为转子与静止件无接触时的临界角频率。

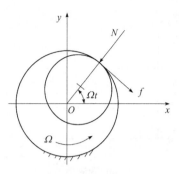

图 5.3.44　径向摩擦受力图

当转子与静止件发生径向摩擦时，如图 5.3.44 所示，其运动方程可描述为

$$\ddot{x} + 2\xi\omega_{nb}\dot{x} + \omega_{nb}^2 x + vx - \mu vy = e\Omega^2 \cos(\Omega t)$$
$$\ddot{y} + 2\xi\omega_{nb}\dot{y} + \omega_{nb}^2 y + \mu vx + vy = e\Omega^2 \sin(\Omega t)$$

(5.3.31)

式(5.3.31)可表示为

$$\ddot{x} + 2\xi\omega_{nb}\dot{x} + (\omega_{nb}^2 + v)x - \mu vy = e\Omega^2 \cos(\Omega t)$$
$$\ddot{y} + 2\xi\omega_{nb}\dot{y} + (\omega_{nb}^2 + v)y + \mu vx = e\Omega^2 \sin(\Omega t)$$

(5.3.32)

式中，ω_{nb} 为转子与静止件接触时的临界角频率；μ 为摩擦因数；$v = \omega_n^2 (R - \Delta) / R$，其中 $R = \sqrt{x^2 + y^2}$，Δ 为转子与静止件之间的半径间隙。

对方程(5.3.32)采用数值解法，分析结果表明：转子与静止件发生径向接触瞬间，转子刚度增大，被静止件反弹后脱离接触，转子刚度减小，并且发生横向自由振动(大多数按一阶自振频率振动)。因此，转子刚度在接触与非接触两者之间变化，变化的频率就是转子的涡动频率。转子横向自由振动与强迫的旋转运动、涡动运动叠加在一起，就会产生一些特有的、复杂的振动响应频率。

摩擦振动是非线性振动，局部摩擦引起的振动频率中包含 2×，3×，…一些高次谐波及分数谐波振动(即次谐波振动)。在频谱图上出现 $1/n$× 的次谐波成分($n=2$, 3,…)，重摩擦时 $n=2$，轻摩擦时 $n=2,3,\cdots$。次谐波的范围取决于转子的不平衡状态，在足够高阻尼的转子系统中也可能完全不出现次谐波振动。图 5.3.45 分别示出了转子轻摩擦和重摩擦时的三维频谱图和轴心轨迹。图 5.3.45(a)显示轻摩擦时除了出现 2×、3× 的高次谐波成分，还出现 1/2×、1/3×、1/4× 和 1/5× 的低次谐波成

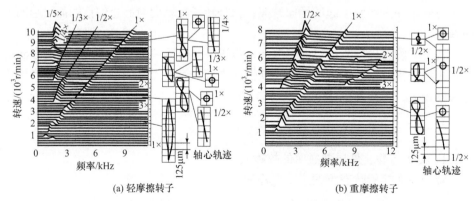

(a) 轻摩擦转子　　　　　　　　　　　　(b) 重摩擦转子

图 5.3.45　转子轻摩擦和重摩擦时的三维频谱图和轴心轨迹

分。图 5.3.45(b)显示在重摩擦时除了出现 1/2× 的低次谐波以及 2×、3× 的高次谐波。从轴心轨迹上观察，轨迹线总向左方倾斜，对次谐波进行相位分析，则垂直和水平方向上的相位相差 180°。

2) 动静件摩擦接触弧增大时的故障特征

当离心压缩机发生喘振、油膜振荡等强烈振动时，轴颈与轴瓦发生大面积干摩擦，由于转子与静止件之间具有很大的摩擦力，因此转子处于弯曲失稳状态。转子在轴承、密封等处的表面做大面积摩擦或发生整周摩擦。在整周摩擦时，很大的摩擦力可使转子由正向涡动变为反向涡动，如图 5.3.46 所示，转子发生大面积摩擦时，在波形图上就会发生单边峰的"削波"现象，如图 5.3.47 所示，这时在频谱上出现涡动频率 ω 与基频 Ω 的和频与差频，即产生 $m\Omega \pm n\omega$ 的频率成分（m、n 为正整数）。

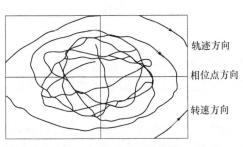

图 5.3.46　严重整周接触摩擦轴心轨迹

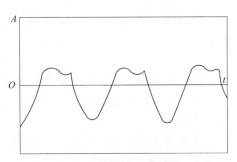

图 5.3.47　局部摩擦削波效应

由于转子振动进入非线性区，因而在频谱上还会出现幅值升高的高次谐波，即

(1) 在刚开始发生摩擦接触的情况下，会引起转子不平衡或转子弯曲，转子的基频幅值较大，高次谐波中二倍频、三倍频谐波一般并不太大，而且二倍频谐波幅值大于三倍频谐波幅值。随着转子摩擦接触弧的增加，由于摩擦起到附加支承作用，基频幅值有所下降，二倍频及三倍频谐波幅值由于附加的非线性作用而有所增大。

(2) 转子在超过临界转速时，如果发生整周连续接触摩擦，将会产生一个很强的摩擦切向力，此力可引起转子的完全失稳。这时转子的振动响应中具有振幅很大的次谐波成分，一般为转子发生摩擦时的一阶自振频率（转子发生摩擦时相当于增加一个支承，将会使自振频率升高）。除此之外，还会出现基频与谐波频率之间的和差频率。角频率的高次谐波在全摩擦时也就消失了。

(3) 转子的进动方向如果出现由正涡动变为反涡动，就表示转子发生了连续接触摩擦。

3. 转子与静止件轴向摩擦的振动机理

转子发生轴向摩擦时，其运动微分方程可描述为

$$\ddot{x} + \mu\dot{x} + \omega_n^2 x = e\Omega^2 \cos(\Omega t), \quad \ddot{y} + \mu\dot{y} + \omega_n^2 y = e\Omega^2 \sin(\Omega t) \tag{5.3.33}$$

式中，

$$\mu\dot{x} = n\sin\dot{x}, \quad \mu\dot{y} = n\sin\dot{y}, \quad n = c/m \tag{5.3.34}$$

c 为干摩擦力，由静止件作用于转子的轴向力 F_a 和两者间的摩擦因数决定：

$$c = \mu F_a \tag{5.3.35}$$

利用谐波平衡法求得到转子的响应具有如下形式：

$$X = A_1 \cos(\Omega t) - A_3 \sin(3\Omega t) - A_5 \cos(5\Omega t) \tag{5.3.36}$$

式中，

$$A_1 = \frac{\sqrt{e^2\Omega^4 - (4n/\pi)^2}}{\left|\Omega^2 - \omega_{nb}^2\right|}, \quad A_3 = \frac{4n}{3\pi(\omega_{nb}^2 - \Omega^2)}, \quad A_5 = \frac{4n}{5\pi(\omega_{nb}^2 - 25\Omega^2)}$$

$$\tag{5.3.37}$$

轴向摩擦时，转子的振动响应几乎与正常状态一致，没有明显的异常特征，所以诊断轴向摩擦时，不能用波形、轨迹和频谱去识别，必须寻求新的敏感参数。

干摩擦力与 $\dot{x}$、$\dot{y}$ 有关，干摩擦的作用使基频影响相对下降，同时有高频成分出现，因此干摩擦具有阻尼的特性，干摩擦力正比于转子与静止件间的干摩擦因数和轴向力。干摩擦阻尼远较正摩擦阻尼大，由轴向干摩擦引起的系统阻尼的增加是显著的，因此系统阻尼的变化可作为诊断轴向摩擦的识别特征。

4. 转子与静止件摩擦的诊断方法

1) 按转子与静止件摩擦的振动特征诊断

转子与静止件间有摩擦时，特征频率、振动稳定性、振动方向、轴心轨迹等均具有一定的特征。按照转子与静止件间有摩擦时的振动特征进行诊断的依据如表 5.3.22 所示。

表 5.3.22　转子与静止件摩擦的振动特征

项目	特征频率	常伴频率	振动稳定性	振动方向	相位特征	轴心轨迹	进动方向	矢量区域
特征	高次谐波、低次谐波及其组合谐波	1×	不稳定	径向	连续摩擦：反向位移、跳动、突变 局部摩擦：反向位移	连续摩擦：扩散 局部摩擦：紊乱	连续摩擦：反进动 局部摩擦：正进动	突变

2) 按转子与静止件摩擦的敏感参数诊断

转子与静止件间摩擦时，振动随转速、负荷、油温、流量、压力等变化趋势有一定的规律。按照转子与静止件间摩擦的敏感参数进行诊断的依据如表 5.3.23 所示。

表 5.3.23　转子与静止件间摩擦的敏感参数

项目	随转速变化	随负荷变化	随油温变化	随流量变化	随压力变化	其他识别方法
信息	不明显	不明显	不变	不变	不变	时域波形严重削波

5. 转子与静止件摩擦故障产生原因及治理措施

转子与静止件摩擦故障产生原因和治理措施如表 5.3.24 所示。

表 5.3.24　转子与静止件摩擦故障产生原因和治理措施

故障来源	设计、制造	安装、维修	操作、运行	机器劣化
主要原因	转子与静止件(轴承、密封、隔板等)的间隙不当	① 转子与定子偏心；② 转子对中不良；③ 转子动挠度大	① 机器运行时热膨胀严重不均匀；② 转子位移	机体或壳体变形大
治理措施	① 调整转子与静止件的相对位置和间隙；② 改善转子不对中度；③改善基础变形			

6. 转子与静止件摩擦故障的诊断实例

某大型透平压缩机，在开机启动过程中发生强烈振动，并发出尖叫声，转速升不上去。其频谱图和轴心轨迹如图 5.3.48 所示。

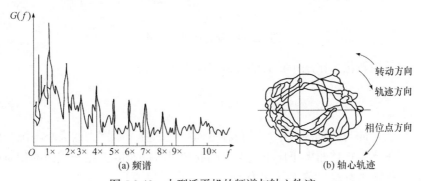

(a) 频谱　　　　　　　　(b) 轴心轨迹

图 5.3.48　大型透平机的频谱与轴心轨迹

诊断意见：根据摩擦故障机理及其振动特征，结论是该机器在升速过程中发生了严重摩擦故障。

生产验证：经拆机检查，该机转子的动平衡精度超差，在升速过程中，造成转子与密封之间摩擦，不仅密封损坏，而且转子轴颈偏磨。

5.3.8 转子过盈配合件过盈不足的故障机理与诊断

高速旋转机械转子上的叶轮等旋转体，通常由热压配合的方法安装在转轴上，其配合面要求为过盈配合。当过盈量不足时，转子在高速运行中，由于动挠度以及交变激振力的作用，转轴材料内部及转轴与旋转体配合面之间会发生摩擦而影响转子的稳定性。

1. 转子过盈配合件过盈不足的振动机理

高速运行的转子，若转轴与旋转体配合面之间的配合过盈量不足，则当转轴由于质量不平衡或弯曲等原因挠度增大时，转轴与旋转体配合面之间将产生相对滑动，如图 5.3.49 所示。转轴凸面在纵向伸长，配合面就受到剪切力 T 的作用，圆盘对转轴的摩擦力的方向朝内，转轴凹面的摩擦力方向朝外，摩擦力形成两个力偶，力偶矩以 M_t 表示。

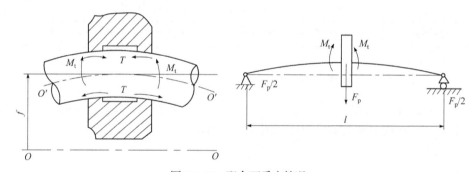

图 5.3.49　配合面受力情况

将力偶矩转化为作用于轴心的等效横向力 F_p，则有

$$F_p = \frac{4M_t}{l} \tag{5.3.38}$$

式中，F_p 的方向与转轴圆盘中心的位移方向相反。由于摩擦力的大小与配合面的正压力成正比，转轴曲率正比于挠度，因此相对滑动速度正比于该处的相对速度 $\dot{x}$。转子在频率为 Ω 的简谐干扰力

$$x = a\sin(\Omega t - \varphi) \tag{5.3.39}$$

的作用下，速度为

$$\dot{x} = a\Omega\cos(\Omega t - \varphi) \tag{5.3.40}$$

振动时等效外力与速度的关系如图 5.3.50 所示。

摩擦力为非线性时，转轴的运动方程为

$$m\ddot{x} + c\dot{x} + kx \pm F = me\Omega^2 \cos(\Omega t - \varphi)$$

(5.3.41)

式中，F 为摩擦力。

由非线性振动的特性可知，转子系统受干扰力作用时，有低频谐波及高频谐波响应。出现各次谐波的可能性如表 5.3.25 所示。

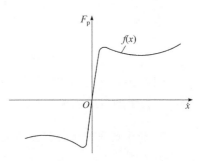

图 5.3.50　等效力与速度的关系

表 5.3.25　转轴系统出现各次谐波的可能性

振动频率	$(0\sim40\%)\Omega$	$(40\%\sim50\%)\Omega$	$(10\%\sim100\%)\Omega$	不规则
出现的可能性	40%	40%	10%	10%

另外，转轴受力时，对于理想材料，应力 σ 与应变 ε 呈线性关系。但是，真实材料分子间有内摩擦存在，在加载、卸载过程中，应变总是稍稍滞后于应力，形成迟滞回线，如图 5.3.51(a) 所示。图中，B_1、B_2 处应变为零，A_1、A_2 处应力为零。当转子的角频率 Ω 与转子的涡动频率 ω 不一致时，转轴表面受力在拉伸面和压缩面之间交替变化，如图 5.3.51(b) 所示。当 $\Omega>\omega$ 时，最大拉力与最大压缩发生在图 5.3.51(a) 的 1、2 点，与图 5.3.51(b) 中的 1、2 点对应。这时，应力为零的地方不是在应变的零线 B_1B_2 上，而是在偏差角 α 的 A_1A_2 线上。在应力零线的垂直方向上的弹性力用 F 表示，$F\sin\alpha$ 作为切线方向的分量，使转子涡动速度加剧，导致转子运动失稳。

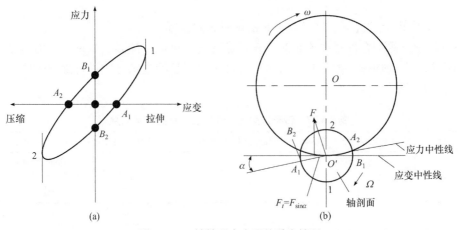

图 5.3.51　转轴配合表面的受力情况

转子失稳的涡动频率 ω_t 为

$$\omega_t = \omega_n \left(1 + \frac{c_c}{c_i}\right) \tag{5.3.42}$$

式中，ω_n 为转子的自然频率；c_c 为外阻尼系数；c_i 为内阻尼系数。

因为 $\omega_t < 0$ 不会出现，所以转子失稳时只能是正进动，而且转子失稳的涡动频率高于转子的自然频率。

2. 转子过盈配合件过盈不足的故障特征

转子热套配合过盈不足时，具有的故障特征如下：
(1) 时域波形中含有次谐波叠加现象。
(2) 转子振动的频谱特性中具有很高的亚异步成分和次频成分。
(3) 振动信号的轴心轨迹紊乱。

3. 转子过盈配合件过盈不足的诊断方法

1) 按转子过盈配合件过盈不足的振动特征诊断

转子过盈配合件过盈不足时，特征频率、振动稳定性、振动方向、轴心轨迹等均具有一定的特征。按照转子过盈配合件过盈不足的振动特征进行诊断的依据如表 5.3.26 所示。

表 5.3.26 转子过盈配合件过盈不足的振动特征

项目	特征频率	常伴频率	振动稳定性	振动方向	相位特征	轴心轨迹	进动方向	矢量区域
特征	<1×(次谐波)	1×	不稳定	径向	杂乱	不稳定	正进动	改变

2) 按转子过盈配合件过盈不足的敏感参数诊断

转子过盈配合件过盈不足时，振动随转速、负荷、油温、流量、压力等变化趋势有一定的规律。按照转子过盈配合件过盈不足的敏感参数进行诊断的依据如表 5.3.27 所示。

表 5.3.27 转子过盈配合件过盈不足的敏感参数

项目	随转速变化	随负荷变化	随油温变化	随流量变化	随压力变化	其他识别方法
信息	有变化	有变化	不变	不变	不变	转子失稳涡动频率 $\omega_t > \omega_n$；振动幅值与转子不平衡量成正比

4. 转子过盈配合件过盈不足故障产生原因及治理措施

转子过盈配合件过盈不足故障产生原因及治理措施如表 5.3.28 所示。

表 5.3.28　转子过盈配合件过盈不足故障产生原因及治理措施

故障来源	设计、制造	安装、维修	操作、运行	机器劣化
主要原因	转轴与旋转体配合面过盈不足	① 转子多次拆卸,破坏了转轴与旋转体原有的配合性质; ② 组装方法不当	超转速、超负荷运行	配合件蠕变
治理措施	① 调整转轴与回转体的配合过盈量,重新按技术要求组装; ② 按技术要求正确操作、运行			

5. 转子过盈配合件过盈不足的诊断实例

某压缩机检修时,更换自制的新转子后,在正常工作条件下运行(各种参数未做任何变动),轴振动的振幅逐渐增大到设计值的 3 倍左右时,发生了异常振动,机组处于临界状态运行。

压缩机发生异常时,转子两端轴承处的径向振动大,振动信号的时域波形及频谱如图 5.3.52 所示,其相位也不稳定,轴心轨迹波动较大;若降低工作转速,则异常振动会有明显的降低。

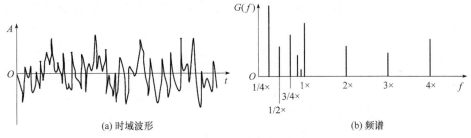

(a) 时域波形　　　　　　　　　　　(b) 频谱

图 5.3.52　振动信号的时域波形及频谱

诊断意见:根据压缩机发生异常振动的现象和规律,初步认为是由转子热套配合过盈不足造成的。为了确诊,需要排除其他原因的可能性。所以先对转子采取动平衡等多种措施,逐项排除其他原因后,进一步确定异常振动是由转子的制造缺陷、叶轮与转轴配合面过盈不足造成的。

生产验证:该转子检修时,叶轮很容易从转轴上拆卸下来,从而证实转轴与叶轮配合面过盈量不足。压缩机更换合格的转子后,其他运行条件未改变,机组运行正常。

5.3.9　转子支承系统连接松动的故障机理与诊断

转子支承部件连接松动是指系统结合面存在间隙或连接刚度不足,造成机械阻尼偏低、机组运行振动过大的一种故障。支承系统结合面间隙过大,预紧力不足，在外力或温升作用下产生间隙，固定螺栓强度不足导致断裂或缺乏防松措施造成部件松动，基础设施质量欠佳等都是造成松动的常见原因。由于存在松动，极小的不平衡或者不对中都会导致支承系统产生很大的振动。

1. 转子支承系统连接松动的振动机理

机器的转子支承系统，当轴承与壳体具有较大间隙或过盈配合过盈量不足时

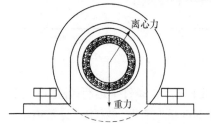

(图 5.3.53)，轴承套受转子离心力的作用沿圆周方向发生周期性变形，从而改变了轴承的几何参数而影响油膜的稳定性；当轴承座螺栓紧固不牢时，由于结合面上有间隙，系统将发生不连续的位移。

图 5.3.54 为具有机械松动的转子支承系统，设其右端轴承配合松动，间隙量为Δ。

图 5.3.53　机械松动

若不考虑转轴质量，可将间隙折算到圆盘处，记为C_0，如图 5.3.55 所示。转子的运动方程为

$$m\ddot{x} + kx = F(x) + Q_x \tag{5.3.43}$$

式中，x 为圆盘质心位移；k 为转子简支刚度；m 为圆盘质量；$F(x)$ 为转子弹性恢复力，可表示为

$$F(x) = \begin{cases} kC_0, & x > C_0 \\ kx, & -C_0 \leqslant x \leqslant C_0 \\ -kC_0, & x < -C_0 \end{cases} \tag{5.3.44}$$

Q_x 为作用于圆盘的外力，设

$$Q_x = \sum_{n=0}^{N} Q\mathrm{e}^{in\Omega t}, \quad n = 0, \frac{1}{3}, \frac{1}{2}, 1, 2, \cdots, N \tag{5.3.45}$$

方程(5.3.43)为非线性方程，为求其具有普遍意义的数值解，需将其量化为一，令转子静变形 C_b、转子自然频率 ω_n、转速比 λ、转子偏心率 α 和间隙比 β 为

$$C_b = \frac{mg}{R}, \quad \omega_n = \sqrt{\frac{k}{m}}, \quad \lambda = \frac{\omega}{\omega_n}, \quad \alpha = \frac{e}{C_b}, \quad \beta = \frac{C_0}{C_b} \tag{5.3.46}$$

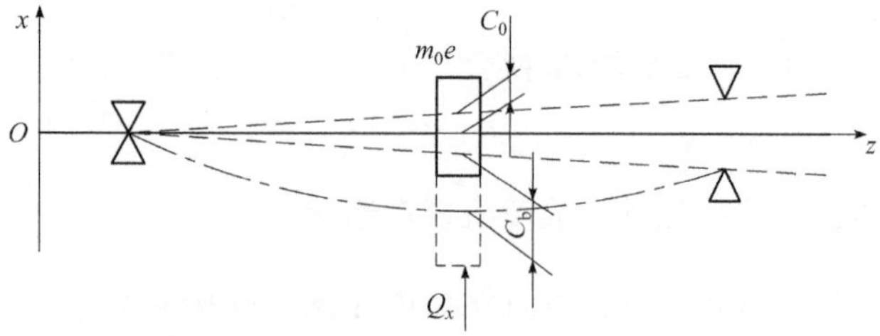

图 5.3.54　具有机械松动的转子支承系统

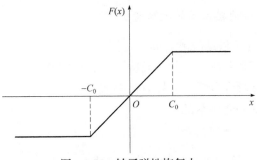

图 5.3.55　转子弹性恢复力

将式(5.3.44)～式(5.3.46)代入式(5.3.43)并求解，得到如下结论：

(1) 当 $\lambda = 0.75$ 时，振动特征的计算结果如图 5.3.56 所示，由图可知，转子系统是否进入非线性状态与转子的偏心率 α 和转速比 λ 有关，当 α 及 λ 较小时，转子的振动响应小于静变形，这种状态下松动对转子运行影响较小。

(2) 当 $\lambda = 0.792$ 时，α、λ 落在非线性区域内，如图 5.3.56 所示。转子支承系统为非线性系统，振动响应除基频外还有二倍频、三倍频等高频谐波，其振动的频谱特征如图 5.3.57 所示。

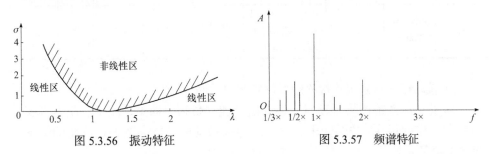

图 5.3.56　振动特征　　　　　　　　图 5.3.57　频谱特征

(3) 当 $\lambda = 0.75 \sim 2$ 时，转子支承系统为非线性系统，基频振幅随转速比 λ 而变化，如图 5.3.58 所示。当 $\lambda < 1$ 时，松动的振动很大，稳定性较差；当 $\lambda > 1$ 时，松动的振幅反而较小，但是在一定条件下发生 1/2、1/4 等偶分数谐波共振现象。共振现象是否出现与转子偏心率 α 和转速比 λ 有关，如图 5.3.59 所示。

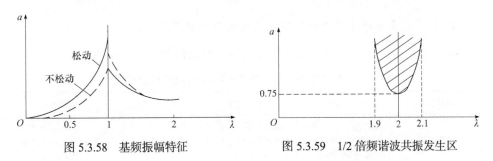

图 5.3.58　基频振幅特征　　　　　图 5.3.59　1/2 倍频谐波共振发生区

2. 转子支承系统连接松动的故障特征

转子支承系统连接松动故障有如下特征：
(1) 时域波形存在基频、分频和高次谐波叠加成分。
(2) 频谱含有基频和分频，并伴有倍频成分。
(3) 振动信号轴心轨迹紊乱。
(4) 存在壳体剧烈振动现象。

3. 转子支承系统连接松动故障的诊断方法

1) 按转子支承系统连接松动的振动特征诊断
转子支承系统连接松动时，特征频率、振动稳定性、振动方向、轴心轨迹等均具有一定的特征。按照转子支承系统连接松动的振动特征进行诊断的依据如表 5.3.29 所示。

表 5.3.29　转子支承系统连接松动的振动特征

项目	特征频率	常伴频率	振动稳定性	振动方向	相位特征	轴心轨迹	进动方向	矢量区域
特征	基频及分数谐波	2×、3×、…	不稳定；工作转速达到某阈值时，振幅突然增大或减小	松动方向振动大	不稳定	紊乱	正进动	变动

2) 按转子支承系统连接松动的敏感参数诊断
转子支承系统连接松动时，振动随转速、负荷、油温、流量、压力等变化趋势有一定的规律。按照转子支承系统连接松动的敏感参数进行诊断的依据如表 5.3.30 所示。

表 5.3.30　转子支承系统连接松动的敏感参数

项目	随转速变化	随负荷变化	随油温变化	随流量变化	随压力变化	其他识别方法
信息	很敏感	敏感	不变	不变	不变	非线性振动特征

4. 转子支承系统连接松动故障产生原因及治理措施

转子支承系统连接松动故障产生原因及治理措施如表 5.3.31 所示。

表 5.3.31　转子支承系统连接松动故障产生原因及治理措施

故障来源	设计、制造	安装、维修	操作、运行	机器劣化
主要原因	配合尺寸加工误差大，改变了设计所要求的配合性质	支承系统配合间隙过大或紧固不良、防松措施不当	超负荷运行	支承系统配合性质改变，机壳或基础变形，螺栓松动

续表

故障来源	设计、制造	安装、维修	操作、运行	机器劣化
治理措施	①支承系统按技术要求安装，保证配合要求；②及时更换磨损件；③紧固连接螺栓；④防止机壳或基础变形			

5. 转子支承系统连接松动故障的诊断实例

某压缩机的支承系统中轴承的装配情况如图 5.3.60 所示，该轴承瓦壳为一薄壁零件(薄壁与直径之比 $t/D=1/20$)，它与机壳的配合技术要求为过渡配合。而实际装配为间隙配合，具有较大间隙，所以轴承瓦壳与机体的配合为局部接触。这不仅改变了支承系统的刚度及其对转子不平衡的响应，而且由于转子离心力的作用，瓦壳随离心力在不同方向上变形，从而改变了轴承的特性和承载能力，发生线性振动，频谱图中既有鲜明的分数谐波共振现象，又有分数谐波与高频谐波组合频率。

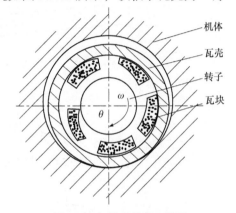

图 5.3.60 轴承的装配情况

诊断意见：轴承瓦壳受多次拆卸及振动的影响，瓦壳与机体的配合松动，不符合技术要求，应配制新轴承瓦壳。

生产验证：按技术要求配制轴承瓦壳后，机组的异常振动消失，恢复正常工作。

5.3.10 密封和间隙动力失稳的故障机理与诊断

对于高速旋转机械(如汽轮机、压缩机等)的叶轮及密封装置，由于密封压力差及高转速，在转子与定子小间隙处容易产生激振力，导致转子运行失稳，发生异常振动。

1. 密封和间隙动力失稳的故障机理

在梳齿密封中，密封装置前后的压力分布为 p_0 及 p_2，p_0 大于 p_2。密封腔内的压力 p_1 取决于 p_0、p_2 及密封间隙 δ_1 及 δ_2，如图 5.3.61 所示。由于存在制造及安装误差，若转子在密封中倾斜时($\delta_1 > \delta_2$)因受初始扰动而处于涡动状态，则转子与定子之间的密封间隙将发生周期性变化。当转子向着定子做径向运动时，密封腔的排出端和入口端间隙均缩小，但是排出端原来的间隙较小，因此相对间隙缩小率比入口端更大一些，这样密封腔中流入的气量大于流出的气量，气体积聚而使腔中压力 p_1 升高，在图中形成一个向上作用于转子上的力。当转子离开定子做径向运动时，密封腔排出端相对减小比入口端扩大得更快，腔中流出气量大于流入气量，压力下降，形成一个向下作用于转子的力。因此，作用在转子上的力是两者的叠加。但是密封腔中的压力变化并不与转子位移同相位，而是滞后于转子位移一个 θ 角，如图 5.3.62 所示。如果转子自身角频率为 Ω，涡动角频率为 ω，当转子从底部向左方向涡动一个 θ 时，由于压力滞后于转子位移，则气流压力在转子周向上的分布是底部最大、顶部最小，其合力为 F，则其分力 F_t 始终作用在转子的涡动方向上，此切削力就是加剧涡动的激振力。

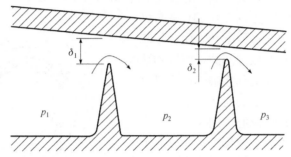

图 5.3.61　梳齿密封腔中气流压力的变化

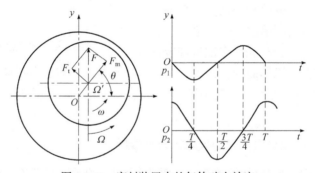

图 5.3.62　密封装置中的气体动力效应

在上述过程中，转子振动的位移 y 与密封腔中压力 p_1 的变化曲线在 $t = (1/4 \sim 1/3)T$ 的半周内，密封腔内压力始终低于平均值；反之，在另一半周内则始终高于其平均值。因此，在振动过程中，气流对密封装置输入功，密封装置的气体动力激振力为自激因素。

气流在机器内流动时的惯性力远远超过摩擦力，由于气体进入机器的密封腔后动能并不能完全损失掉，还有一定的余速，这部分速度不仅使气流沿轴向流动，而且以很大的圆周速度分量围绕转子转动，即形成螺旋形流动，如图 5.3.63(a)所示。如果机器腔内径向间隙不均匀，则气流在腔中从进口流向出口时随着截面间隙的不断变化，其流动方向上的压力也不断发生变化，因而在转子周围形成不均匀的压力分布，其合力 F 的方向垂直于转子的位移方向，与转子的旋转方向相同，此力激励转子做向前的正进动运动。

离心式压缩机和蒸汽透平等高速、高压旋转机器靠气流推动叶轮转动。当转子发生弯曲时，叶轮偏向内腔一侧，叶轮在内腔的间隙一边大，一边小。在这种情况下，气流加于叶片的圆周力在间隙大的一侧大于间隙较小的一侧，如图 5.3.63(b)所示，各叶片所受周向力的总和除力偶外，还有垂直于轴 O' 的位移 OO' 的力 F_t，这个力使转子失稳而产生涡动。

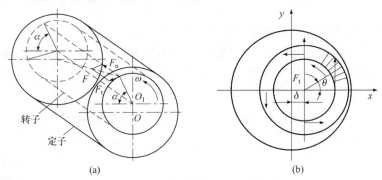

图 5.3.63 气体在腔内的旋转效应

叶轮间隙的气体动力效应所产生的不稳定力 F_t 为

$$F_t = \int_0^{2\pi} \frac{M_t}{2\pi r} \beta \left(\frac{\delta \cos \theta}{h} \right) \cos \theta r \mathrm{d}\theta = \frac{\beta M_t}{2rh} \delta \tag{5.3.47}$$

式中，r 为工作叶轮节径的一半($D_p = 2r$)；M_t 为额定转矩；δ 为叶轮盘形的偏移；β 为叶轮系数，$\beta = 1 \sim 1.5$；h 为叶片高度。

由于 M_t 随工作转速及负荷的增加而增大，当工作转速及负荷增加而使 $\beta M_t / (2rh)$ 达到一阈值时，就可产生自激振动。

2. 密封和间隙动力失稳的故障特征

密封和间隙动力失稳的振动特征与油膜振荡相似，根据其振荡波形、频谱、轴心轨迹、进动方向及相应变化等很难区分。两者的主要区别是敏感参数不同。密封及间隙动力失稳对机器工作介质的压力及负荷变化很敏感，当负荷或压力达到某一阈值时，突然失稳，发生强烈振动。而油膜振荡则对负荷或压力不敏感，只对转速敏感，当工作转速达到某一阈值(一般为工作转速大于一阶临界转速的 2 倍)时，突然失稳发生强烈振动。

3. 密封和间隙动力失稳的诊断方法

1) 按密封和间隙动力失稳的振动特征诊断

转子发生密封和间隙动力失稳时，其特征频率、振动稳定性、振动方向、轴心轨迹等均具有一定的特征。按照转子密封和间隙动力失稳的振动特征进行诊断的依据如表 5.3.32 所示。

表 5.3.32　转子密封和间隙动力失稳的振动特征

项目	特征频率	常伴频率	振动稳定性	振动方向	相位特征	轴心轨迹	进动方向	矢量区域
特征	小于 1/2× 的次谐波	1×、1/n× 及 n×	不稳定强烈振动	径向	不稳定	紊乱并扩散	正进动	突变

2) 按密封和间隙动力失稳的敏感参数诊断

转子发生密封和间隙动力失稳时，其振动随转速、负荷、油温、流量、压力等的变化趋势有一定的规律。按照密封和间隙动力失稳的敏感参数进行诊断的依据如表 5.3.33 所示。

表 5.3.33　转子密封和间隙动力失稳的敏感参数

项目	随转速变化	随负荷变化	随油温变化	随流量变化	随压力变化	其他识别方法
信息	在某阈值失稳	很敏感	明显改变	不变	有影响	分数谐波及组合频率；工作转速达到某阈值时突然剧烈振荡

4. 密封和间隙动力失稳故障产生原因及治理措施

密封和间隙动力失稳故障产生原因及治理措施如表 5.3.34 所示。

表 5.3.34　转子密封和间隙动力失稳故障产生原因及治理措施

故障来源	设计、制造	安装、维修	操作、运行	机器劣化
主要原因	制造误差造成密封或叶轮在内腔的间隙不均匀	转子或密封安装不当，造成密封或叶轮在内腔的间隙不均匀	操作不当，转子升降速过快，升降压过猛，超负荷运行	转轴弯曲或轴承磨损产生偏隙
治理措施	① 改进密封结构；② 正确安装转子和密封装置；③ 正确操作运行			

5. 密封和间隙动力失稳故障的诊断实例

某厂的压缩机由压力不同的两段组成，两段的出口位置均在缸体中间，为防止两段间气体泄漏，转子的中间位置具有较长的梳齿密封装置，如图 5.3.64(a)所示。

诊断意见：根据上述振动征兆，确认发生强烈振动的原因为轴端梳齿密封动力失稳所产生的异常振动，时间上无规律。

生产验证：为了消除压缩机的异常振动，将两段间密封改为如图 5.3.64(b)所示的结构，扩大齿距，并从扩压器至密封中间部位沿圆周开数个孔，直接引进压力气流，减缓密封内转子四周的压力脉动，防止转子产生涡动的自激力。采取这一措施后，压缩机低压缸的强烈振动有明显改善。

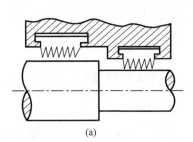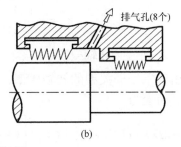

图 5.3.64　段间气封

5.3.11　转轴具有横向裂纹的故障机理与诊断

转子系统的转轴上出现横向疲劳裂纹，会发生断轴的严重事故，危害很大。对转轴裂纹的诊断目前常用的方法是监测机器开机或停机过程中工作转速通过半临界转速的振幅变化，以及监测转子运行中振幅和相位的变化。

1. 转轴具有横向裂纹的振动机理

转轴的横向疲劳裂纹为贝壳状的弧形裂纹，由于裂纹区所受的应力状态不同，转轴横向裂纹呈现张开、闭合、时张时闭三种情况。

(1) 当裂纹区的转轴所受拉应力大于自重载荷时，在拉应力作用下裂纹总处于张开状态，轴的挠度大于无裂纹时的挠度，在一定工作转速下振幅及相位都发生变化。

(2) 当裂纹区受压应力时，裂纹总是处于闭合状态，裂纹对转子的振动特性没有影响。

(3) 当裂纹区起作用的应力是自重或气体径向载荷时，裂纹周期性时张时闭，对振动的影响比较复杂。

裂纹所引起的转子刚度非对称性不仅是裂纹深度的函数，也是裂纹相对转轴振型的位置和运行时间的函数，振动是非线性振动。

设转子为一杰夫考特转子，裂纹在轴的中部，不计轴的质量，如图 5.3.65 所示。盘的质量为 m，无裂纹时轴的刚度为 k，盘的偏心距为 e，盘转动的角频率为 Ω，则盘的运动方程为

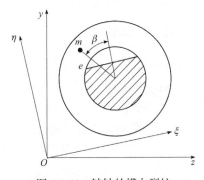

图 5.3.65　转轴的横向裂纹

$$m(\ddot{\xi} - 2\Omega\dot{\eta} - \Omega^2\xi) + c(\dot{\xi} - \Omega\eta) + k_\xi\xi + k_{\xi\eta}\eta = me\Omega^2\cos\beta - mg\cos(\Omega t)$$
$$m(\ddot{\eta} + 2\Omega\dot{\xi} - \Omega^2\eta) + c(\dot{\eta} + \Omega\xi) + k_\eta\eta + k_{\eta\xi}\eta = me\Omega^2\cos\beta + mg\cos(\Omega t)$$

(5.3.48)

式中，k_ξ、k_η 为转轴的刚度，可表示为

$$k_\xi = \frac{k}{1+c_\eta kl^2/8}, \quad k_\eta = \frac{k}{1+c_\xi kl^2/8} \tag{5.3.49}$$

其中，c_η 和 c_ξ 为转轴裂纹处的柔性系数。

由于采用开关型的转轴模型，$k_{\xi\eta}$、$k_{\eta\xi}$ 这个交叉刚度就不复存在，所以式(5.3.48)可变为

$$m(\ddot{\xi} - 2\Omega\dot{\eta} - \Omega^2\xi) + c(\dot{\xi} - \Omega\eta) + \left[k - \frac{1}{2}(k-k_\xi)\left(1+\frac{\eta}{|\eta|}\right)\right]\xi = me\Omega^2\cos\beta - mg\cos(\Omega t)$$

$$m(\ddot{\eta} + 2\Omega\dot{\xi} - \Omega^2\eta) + c(\dot{\eta} + \Omega\xi) + \left[k - \frac{1}{2}(k-k_\eta)\left(1+\frac{\eta}{|\eta|}\right)\right]\eta = me\Omega^2\cos\beta + mg\cos(\Omega t)$$

$$\tag{5.3.50}$$

设

$$\omega_n = \sqrt{\frac{k}{m}}, \quad 2\omega_n\xi = \frac{c}{m}, \quad \omega_1^2 = \frac{k_\xi}{m}, \quad \omega_2^2 = \frac{k_\eta}{m} \tag{5.3.51}$$

则式(5.3.50)可分为两种情况：

(1) $\eta>0$，即裂纹张开，则有

$$\ddot{\xi} - 2\Omega\dot{\eta} - \Omega^2\xi + 2\omega_n\xi(\dot{\xi} - \Omega\eta) + \omega_1^2\xi = e\Omega^2\cos\beta - g\cos(\Omega t)$$

$$\ddot{\eta} + 2\Omega\dot{\xi} - \Omega^2\eta + 2\omega_n\xi(\dot{\eta} + \Omega\xi) + \omega_2^2\eta = e\Omega^2\cos\beta + g\cos(\Omega t) \tag{5.3.52}$$

(2) $\eta<0$，即裂纹闭合，则有

$$\ddot{\xi} - 2\Omega\dot{\eta} - \Omega^2\xi + 2\omega_n\xi(\dot{\xi} - \Omega\eta) + \omega_n^2\xi = e\Omega^2\cos\beta - g\cos(\Omega t)$$

$$\ddot{\eta} + 2\Omega\dot{\xi} - \Omega^2\eta + 2\omega_n\xi(\dot{\eta} + \Omega\xi) + \omega_n^2\eta = e\Omega^2\cos\beta + g\cos(\Omega t) \tag{5.3.53}$$

将式(5.3.52)和式(5.3.53)用复数表示，设 $\rho=\xi+i\eta$，则有

$$\ddot{\rho} - 2(\omega_n\xi+i\Omega)\dot{\rho} - \left(\frac{\omega_1^2+\omega_2^2}{2} - \Omega^2 + 2i\Omega\omega_n\xi\right)\rho + \frac{\omega_1^2-\omega_2^2}{2}\rho$$

$$= \Omega^2 e(\cos\beta+i\sin\beta) + ge^{-i\Omega t}, \quad \eta>0 \tag{5.3.54}$$

$$\ddot{\rho} + 2(\omega_n\xi+i\Omega)\dot{\rho} + (\omega_n^2-\Omega^2+2i\Omega\omega_n\xi)\rho = \Omega^2 e(\cos\beta+i\sin\beta) + ge^{-i\Omega t}, \quad \eta<0$$

由于式(5.3.54)是线性微分方程，其解是线性可叠加的，因此可分别计算偏心即重力的影响，再线性叠加。

对于偏心，其响应分解后包括两项：第一项为与时间 t 有关的项，因为其含有 $e^{-i\Omega t}$，随时间增长会衰减；第二项的幅值为

$$|\rho_c| = \frac{\sqrt{(\Omega^2-\omega_1^2)^2 + (\omega_2^2-\omega_1^2)[(\omega_2^2+\omega_1^2-2\Omega^2)\cos^2\beta + 4\omega_n\Omega_n\sin\beta\cos\beta] + 4\xi^2\omega_n^2\Omega^2}}{\left|(\omega_1^2-\Omega^2)(\omega_2^2-\Omega^2) + 4\xi^2\omega_n^2\Omega^2\right|}$$

$$\tag{5.3.55}$$

由式(5.3.55)可以看出，若无阻尼，则在 $\Omega=\omega_1$ 与 $\Omega=\omega_2$ 处，$|\rho_{\mathrm{c}}|$ 会无穷大，对于有阻尼的情况，会在 ω_1 与 ω_2 之间有最大值。

对于重力，其响应可表示为

$$\rho_{\mathrm{g}} = \frac{g}{\Delta} f(\omega_1, \omega_2) \mathrm{e}^{\mathrm{i}\Omega t} + \frac{g}{\Delta} g(\omega_1, \omega_2) \mathrm{e}^{\mathrm{i}\Omega t} \tag{5.3.56}$$

式中，

$$\Delta = [\omega_1^2 \omega_2^2 - 2\Omega^2(\omega_1^2 + \omega_2^2)]^2 + 4\xi^2 \omega_{\mathrm{n}}^2 \Omega^2 (\omega_1^2 + \omega_2^2)^2 \tag{5.3.57}$$

对于无阻尼的情况，有

$$\Omega = \frac{\omega_1 \omega_2}{\sqrt{2(\omega_1^2 + \omega_2^2)}} = \frac{1}{2} \omega_{\mathrm{n}} \sqrt{1 - \frac{k_\xi - k_\eta}{k_\xi + k_\eta}} \tag{5.3.58}$$

对于小裂纹，$k_\xi = k_\eta = k$，所以当 $\Omega \approx \omega_{\mathrm{n}}/2$ 时，$\Delta=0$，$|\rho_{\mathrm{c}}|$ 会无穷大。

在实际的裂纹转轴观测中，常发现会出现二次谐波共振，并且可利用这种现象来判断裂纹的产生，因为这种现象正是在两垂直方向上有不同的惯性矩时才会发生。

对于式(5.3.54)的第二式，同样可以解出其对于偏心及重力的响应为

$$|\rho_{\mathrm{c}}| = \frac{\Omega^2 e}{\sqrt{(\omega_{\mathrm{n}}^2 - \Omega^2)^2 + 4\xi^2 \omega_{\mathrm{n}}^2 \Omega^2}} \tag{5.3.59}$$

这与转子不含裂纹时的情况一样，对于 $|\rho_{\mathrm{g}}|$，由于此时 ζ 与 η 方向上轴的惯性矩相等，因而不会出现二次谐波共振。此时的情况与转子无裂纹时相同。

裂纹的张开与闭合，与裂纹的初始状态、偏心、重力的大小及涡动的速度有关，同时与裂纹的深度有关。若转子是同步涡动，裂纹就只会保持一种状态，即张开或闭合，这与其初始状态有关。在非同步涡动时，裂纹在一定条件下也可能一直保持张开或闭合，但在一般情况下，裂纹旋转一周，都是有开有闭。在这种情况下，裂纹越深，其裂纹一周内张开的时间越长，超过一半周期长度，而且裂纹张开的时间也越晚。这可以作为判断裂纹深度的一个定性标准。

2. 转轴具有横向裂纹的振动特征

由上述分析可知，裂纹的出现及其对转子振动的影响比较复杂，其主要特征是：

(1) 转轴上有了开裂纹，轴的刚度就不是各向同性，振动带有非线性性质，出现旋转频率的 2×、3×等高倍频分量。裂纹扩展时，刚度进一步降低，1×、2×等频率的幅值也随之增大。

(2) 机器开机或停机，共振转速通过半临界转速时，振幅响应有共振峰值，如图 5.3.66 所示。

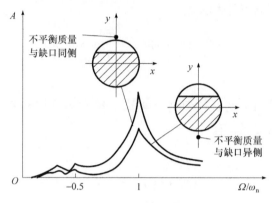

图 5.3.66　轴上有开裂纹时的振动响应

(3) 轴上出现裂纹时，初期扩展速度很慢，径向振幅的增长也很慢，但裂纹的扩展会随着裂纹深度的增大而加速，相应地也会出现 1× 及 2× 振幅迅速增加，同时 1× 及 2× 的相位角也出现异常的波动。

3. 转轴具有横向裂纹的诊断方法

1) 按转轴具有横向裂纹故障的振动特征诊断

转轴具有横向裂纹时，常伴频率、振动稳定性、振动方向、轴心轨迹等均具有一定的特征。按照转轴具有横向裂纹的振动特征进行诊断的依据如表 5.3.35 所示。

表 5.3.35　转轴具有横向裂纹的振动特征

项目	特征频率	常伴频率	振动稳定性	振动方向	相位特征	轴心轨迹	进动方向	矢量区域
特征	半临界点的 2×	2×、3× 等高次谐波	不稳定	径向、轴向	不规则变化	双椭圆或不规则	正进动	改变

2) 按转轴具有横向裂纹故障的敏感参数诊断

转轴具有横向裂纹时，振动随转速、负荷、油温、流量、压力等的变化趋势有一定规律。按照转轴具有横向裂纹的敏感参数进行诊断的依据如表 5.3.36 所示。

表 5.3.36　转轴具有横向裂纹的敏感参数

项目	随转速变化	随负荷变化	随油温变化	随流量变化	随压力变化	其他识别方法
信息	变化	不规则变化	不变	不变	不变	非线性振动, 过半临界点 2× 谐波有共振峰值

4. 转轴具有横向裂纹故障的原因及治理措施

转轴具有横向裂纹故障的原因及治理措施如表 5.3.37 所示。

表 5.3.37　转轴具有横向裂纹故障的原因及治理措施

故障来源	设计、制造	安装、维修	操作、运行	机器劣化
主要原因	材质不良，应力集中	检修时未能发现潜在裂纹	机器频繁启动、升速、升压过猛，转子长期受交变力	轴产生疲劳裂纹
治理措施	修复轴，消除裂纹			

5. 转轴具有横向裂纹故障的诊断实例

　　某高速运行的增速箱在运行中的转轴振幅逐渐增大，出现二倍频及三倍频等高倍频谐波分量，而且相位变化，发生异常振动，如图 5.3.67 所示。根据其振动特征，初步认为异常振动的原因可能是转轴产生裂纹。为了确认增速箱发生异常振动的原因，在现场对增速箱进行了降速和升速实验，观察增速箱共振转速通过转子的半临界转速的频谱特征和相位变化。其主要特征为：①频谱图中振幅在 2× 谐波处有共振峰值；②相位角发生 180° 显著变化，而且波动，如图 5.3.68 所示。

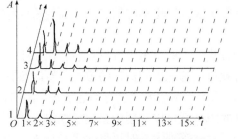

图 5.3.67　转轴产生裂纹的频谱变化

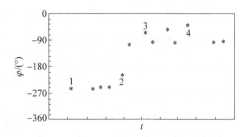

图 5.3.68　转轴产生裂纹的相位变化

　　诊断意见：根据增速箱转轴在降速和升速通过半临界转速的振动特征可以确认，增速箱发生异常振动的原因是转轴产生裂纹，必须立即停机进行检查，更换转子。
　　生产验证：根据诊断意见，对增速箱进行停机拆卸检查，发现转轴已有较深裂纹。
　　更换合格的转子后，增速箱又恢复正常生产，从而避免了增速箱断轴的重大事故，保证了人员和生产安全。

5.4　汽轮发电机组故障诊断与治理

　　旋转机械振动故障具有以下特征：①多种故障可能具有相同的征兆，征兆与故障之间并非一一对应的关系；②各类故障大多由多种原因造成，在分析过程中需要从中找出主要原因；③出于经济性和安全性的需要，一些旋转机械(如汽轮发电机组、水轮机等)的启停次数受到限制，一般很难将机组解体进行检查，需要在役分析；④一些故障特征的获取可能需要长时间的观测。

因此，旋转机械振动故障的分析与治理是一个非常复杂的问题。故障发生时需要对机组结构、振动信号、故障特征和运行工况等进行深入、系统的研究。目前，振动故障诊断方式主要有分析仪器实验测试、振动理论分析和实践经验判断。

寻找故障原因还需要科学和严密的推理方法，目前常用的推理方法可分为正向推理、反向推理和混合推理三种。正向推理首先根据振动特征找出所有可能的故障，然后对这些故障逐个分析、比较和排除，最后剩下不能排除的故障即诊断结果。反向推理则是首先假设一个故障原因，然后以掌握的振动规律来验证或排除该故障，找出诊断结果。正向推理的可靠性比较高，但在推理前要求掌握所有的故障原因和特征。反向推理无须掌握所有的故障原因和特征，对特征明显故障的诊断效率比较高，但可靠性较差。对大型旋转机械而言，用得最多的还是将正、反向推理结合在一起的混合推理方式。混合推理首先采用正向推理的方式，根据振动特征找出可能的故障，然后对每一种故障采用反向推理的方式加以确认，找出真正的故障原因。

故障诊断按其对时间的要求可以分为在线诊断和离线诊断。故障在线诊断要求对出现的故障做出快捷的判断，防止事故扩大，因而对时间的要求较严。故障离线诊断对时间要求稍宽，允许通过实验等手段获取更多的信息，从而使诊断结果更可靠、详细。

旋转机械故障有治标和治本两种治理方式。一些机组出现故障后，由于生产需要，不可能停下来进行彻底治理。这时就可以首先采用治标的方式，暂时维持机组运行，等到机组大修时，再对故障原因采用治本的方式进行彻底治理。例如，大型汽轮发电机组运行中出现了油膜振荡故障，就可以采用调整润滑油温、改变轴系标高等方式暂时抑制振荡，满足生产需要。等到大修时再采用更换轴承、消除轴系缺陷等方式来彻底消除油膜振荡。

5.4.1　汽轮发电机组的故障分类与激振力分析

1. 汽轮发电机组的故障分类

汽轮发电机组是火电厂的关键设备，一旦出现故障，往往会造成重大的经济损失。在汽轮发电机组的各种故障中，振动问题比较突出，它是造成汽轮发电机组故障的主要因素。汽轮发电机组的振动故障可按以下几种因素进行分类。

按照激励性质，汽轮发电机组的振动故障可以分为强迫振动故障和自激振动故障两类。一个振动系统要维持振动，必须有能量不断输入，若维持振动的能量由外界激振力提供，则这种振动称为强迫振动。若振动系统通过本身的运动不断由外界取得能量维持振动，则这种振动就称为自激振动。汽轮发电机组常见振动故障中，转子不平衡、热弯曲、不对中、电磁激振等属于强迫振动故障；油膜涡动、油膜振荡、气流激振等属于自激振动故障。

按照频谱特征，汽轮发电机组的振动故障可以分为工频故障、低频故障和高频故障。转子不平衡、热弯曲、轴承座刚度不足、不对称电磁力、动静部件摩擦等属于工频故障，转子不对中、电磁激振等属于高频故障，油膜涡动、油膜振荡、气流激振等属于低频故障。

按照故障根源，汽轮发电机组的振动故障可以分为机组设计问题引起的故障、机组运动问题引起的故障和机组耦合问题引起的故障。机组设计问题引起的故障主要有机组失衡故障、轴承座刚度故障等；机组运动问题引起的故障主要有机组摩擦故障、转子中心孔进油故障等；机组耦合问题引起的故障主要有励磁机振动故障、发电机转子热弯曲故障等。

汽轮发电机组振动分析的首要任务是对振动原因做一个定性的判断，要正确判断振动原因，必须抓住振动的主要特点，全面了解振动的幅值、相位和频率这三个参数随运行条件和时间的变化规律，做一些相关实验。按照前面的汽轮发电机组故障分类，判断分析从激励性质、频谱特征和故障根源等方面进行。在具体分析时，应从以下几个方面进行：

(1) 机组异常振动的历史和现状。

(2) 机组异常振动时缸体膨胀、油温、油压、风温、冷却水温、真空、排汽缸温度等以及相关运行参数情况。

(3) 机组结构、安装和检修情况，如滑销系统有没有变动等。

2. 引起强迫振动的激振力分析

强迫振动的激振力主要包括机械激振力和电磁激振力两部分。机械激振力是由转子不平衡、热弯曲、联轴器和滑销系统存在缺陷等引起的；而电磁激振力是由发电机转子线圈匝间或对地短路、转子和静子间空气间隙不均等原因引起的。

1) 转子不平衡力

按激振力的性质，现场发生的故障中属于转子不平衡的比例高达 80%。对于刚性转子，当忽略轴承座动刚度随转速改变的影响时，在一定不平衡情况下，轴承振幅与转速的平方成正比。对于柔性转子，升速过程中将发生挠曲变形，转子平衡状态也将发生变化，转子中的不平衡是原来存在的不平衡与转子挠曲产生的新不平衡的总和。根据不平衡的特点，可以得出以下有用的结论：

(1) 若转子在某阶临界转速下出现较大振动，则转子存在相应阶型的不平衡。

(2) 若工作转速下出现大的工频振动，而且幅值比较稳定，在排除轴承座刚度不足和联轴器缺陷后，可以认为转子振动过大是由不平衡引起的。

2) 联轴器引起的激振力

汽轮发电机组采用的联轴器可以分为挠性、半挠性和刚性三种。挠性和半挠性联轴器能起一定的调节作用，在一定对中偏差下不会产生明显振动，刚性联轴器则不然。由刚性联轴器缺陷所引起的激振力可以分为以下四种情况：

(1) 联轴器开口或圆周偏差引起的激振力。若存在联轴器开口或圆周偏差，当靠背轮螺钉拧紧后，两个转子会自然同心。但这种偏差将会改变轴颈在轴瓦中的位置，从而改变轴瓦载荷分配，偏差严重时还可能产生油膜振荡。

(2) 联轴器瓢偏引起的激振力。如图 5.4.1 所示，联轴器瓢偏是指靠背轮端面与轴中心线不垂直。若联轴器瓢偏，则螺钉拧紧后转子上会出现晃动，距离联轴器越远的部位晃动越严重。这种晃动在旋转状态下会产生激振力。对于励磁机和发电机轴承，由于轴承座动刚度较汽轮机低，这种晃动对振动的影响会更大。

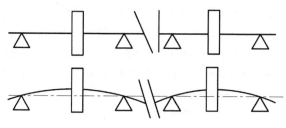

图 5.4.1　联轴器瓢偏

(3) 联轴器连接紧力引起的激振力。联轴器连接紧力不同，在旋转状态下就会产生激振力。该激振力对振动的影响和由联轴器瓢偏引起的激振力类似。

(4) 联轴器中心有偏移引起的激振力。如图 5.4.2 所示，联轴器两半止口或连接螺钉的节圆不同心，当联轴器螺钉拧紧后，两个转子将会产生偏心，这个偏心在旋转状态下会产生激振力。该激振力产生振动的机理犹如偏心轮激振，当偏心超过一定程度后，该激振力会很大。

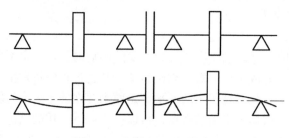

图 5.4.2　联轴器中心有偏移

3) 转子热弯曲产生的激振力

转子局部受热后将产生不对称变形，造成热弯曲，破坏转子的平衡状态，从而引起振动。发电机和汽轮机转子都会出现热弯曲。

发电机转子热弯曲大多在通上励磁电流后产生，这种故障的典型特征是励磁电流增大后振动并不立即增大，而是在一定时间内慢慢增大。振动的变化呈现阶梯状，如图 5.4.3 所示。当励磁电流较小时，阶梯不太明显。当励磁电流较大时，阶梯比较明显。造成这种现象的原因是转子中产生了一个随励磁电流增大而增大的热变量。在分析和寻找热弯曲的原因时，首先应弄清楚这种热弯曲与原始振动的关系。热弯曲与空负荷的关系，具有两种情况：

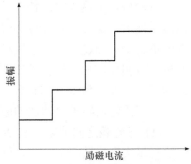

图 5.4.3　热弯曲时振动随励磁电流的阶梯变化曲线

(1) 热弯曲与空负荷下的振动有明显关系，只有在空负荷下，轴承振动大时热弯曲才显著存在。当把空负荷下的振动减小后，这种热弯曲就显著减小。对这种故障的处理比较简单，只要把空负荷下的振动减小即可。

(2) 发电机转子本身或线包受热后产生了热变形，热弯曲与空负荷下的振动无明显关系。由于转子上残余不平衡和转子上新产生的热变形反相，在较小的励磁电流下振动呈阶梯形减小，当励磁电流增大到一定程度后，振动再呈阶梯形增大。当励磁电流较小时，随励磁电流的增大，转子热不平衡量增大，振动逐渐减小。当振动减小到一定程度后，转子上残余不平衡全部或部分被热弯曲抵消，振动减至最小。此后如果励磁电流进一步增大，转子上总的不平衡又会越来越大。

热弯曲主要由截面不对称温差而产生。计算表明，对于 50～100MW 的发电机，转子横截面温差 4℃所引起的最大弯曲值可达 0.19mm。这么大的弯曲在一阶临界转速下将会发生 0.3～0.5mm 的大幅度振动。造成发电机转子截面不对称温差的原因主要有：

(1) 转子受热不均。若转子线圈存在局部或匝间短路，则短路部分线圈将失去作用。当线圈通上励磁电流后，会由于受热不均而产生径向不对称温差。

(2) 转子冷却不均。若转子通风孔局部堵塞或水冷发电机组转子导线内的水流不对称，都可使转子在直径方向上冷却不均，形成温差。这种温差除了随转子温度升高而加大，还与发电机进口风温或水温有关。对于氢冷发电机转子，当其通风孔堵塞时，轴承振动还将随氢压的升高而降低。

(3) 转轴上套装零件失去紧力。套装零件失去紧力一般不会在轴上自由回转，由于径向位移很小，套装零件偏移所产生的直接不平衡对振动的影响很小。但是套装零件失去紧力后，在不平衡力的作用下，套装零件一侧紧贴轴表面，另一侧稍离轴表面，形成径向传热热阻不对称，而使转轴产生径向不对称温差，造成转子热弯曲。发电机转子上的心环、风扇、套箍、集电环及励磁机转子的换向器等部件失去紧力时都会产生这种现象。

汽轮机转子热弯曲的特点是负荷增大后振动并不立即增大，而是在一定时间内缓慢增大，实验结果与图 5.4.3 类似。由于汽轮机转子温度比较高，其热弯曲比发电机转子更明显。在轴承振动大的情况下，迅速停机过临界转速时的振动将比开机时有明显增大。当转子处在盘车状态时，立即测量转子弯曲值，会发现它比启动时大。连续盘车 1~2h 后，这种弯曲可以消失。

引起汽轮机转子热弯曲的原因如下：

(1) 各轮毂之间或轴上套装零件与轴凸台之间的轴向间隙不足和不均匀。蒸气流量增大后，转子上套装零件温度升高得比转轴本身快，这时套装零件的膨胀将大于转轴。当这个膨胀差大于安装时预留的轴向间隙时，套装零件将被顶死，从而产生很大的轴向应力。当预留的轴向间隙在圆周方向上不均匀时，这种轴向力会形成弯矩，使转轴弯曲。弯曲量由套装零件间的轴向间隙以及套装零件和转轴间的温差决定。这种振动一般在负荷升高的过程中发生。当负荷稳定后，振动能缓慢减小，负荷降低过程中一般不会发生振动。

(2) 转轴处存在不对称漏气。如果漏气发生在轴的一侧，使转轴受到局部加热或冷却，转轴上将会产生不对称温差，这种温差随蒸气流量的增大而增大。

(3) 转子中心孔进油。当转子中心孔进油而没有充满时，由于离心力的作用，高速下油将甩向内腔四壁。由于偏心的存在，油膜厚度在圆周方向上不均。一般情况下，转子中心孔内存在热交换，这样就会由于油膜厚度不均使转轴产生不对称温差，这种温差随负荷的升高而增大。

(4) 套装零件失去紧力。汽轮机转子套装零件和转轴间的温差比发电机大，因此这些零件失去紧力后对振动的影响比发电机严重。

(5) 转子高温部件受到水的局部冷却作用。当水和高温转轴接触时，由于两者温差很大，转轴会受到局部冷却而产生不对称温差，这会使振动在短时间内剧增。

(6) 转子局部摩擦。动静摩擦往往会使转轴两侧摩擦程度不同，摩擦重侧的温度高于另一侧，由此就会在转轴横截面上产生不对称温差。

4) 汽轮机滑销系统缺陷

滑销系统不正常对振动的影响主要表现在以下三个方面：

(1) 改变汽轮机各轴承座间的相互位置，影响轴承载荷。

(2) 改变汽缸与转子间的径向间隙，严重时可能导致动静摩擦。

(3) 改变轴承座和台板间的接触状态，严重时可能会使滑动面出现间隙，轴承座动刚度降低。

5) 发电机转子线圈匝间或对地短路

对于多极电机，当其中一个极的磁通势保持不变而与它相对的磁极的磁通势却因短路而减小时，就会产生旋转的不平衡电磁吸力。就其特性而言，此力和转子质量不平衡相同，不对称电磁力的频率等于转子磁极对数乘以转子工作频率。对于两极电机，不对称电磁力的频率与转子工作频率相等。

发电机转子线圈匝间或对地短路，除了引起不对称电磁力，还会使转子局部受热，使转子产生热弯曲，因此振动除了随励磁电流的增大而立即增大，还将随时间缓慢增长，一般热弯曲比不对称电磁力更明显。

6) 发电机转子和静子之间空气间隙不均引起的激振力

实际运行的发电机转子如果受到转子对中偏差和油膜厚度变化等因素的影响，就会使转子和静子圆周方向上的空气间隙不均匀。当磁极经过最小空气间隙时，单向磁吸引力最大；经过最大间隙时，磁吸引力最小。这样就会因磁吸引力不平衡而产生振动，由此引起的振动将随励磁电流的增大而立即增大，没有时滞现象。

5.4.2　机组设计问题引起的故障诊断与治理

1. 机组失衡故障的诊断与治理

转子失衡(又称不平衡)是引起旋转机械振动故障的主要原因。据统计，不平衡约占旋转机械故障总数的80%。引起转子不平衡的因素很多，如转子结构不对称、原材料缺陷、制造安装误差及运行过程中由热等因素引起的状态变化等。

对转子进行平衡是治理失衡故障的主要手段，在旋转机械的制造、安装和运行的各个过程，都有可能进行平衡。平衡可以消除由失衡引起的机械振动，但是对那些不是由于失衡引起振动的转子进行平衡，有时可能会使振动恶化。因此，平衡之前必须对转子是否存在失衡进行诊断。

转子失衡故障具有比较明显的特征。失衡转子的振动波形为正弦波，轴心轨迹为椭圆形，振动幅值和相位比较稳定，信号的主频为与转速同步的工频分量。若机械在工作转速下出现上述特征，则在排除轴承座动刚度不足等缺陷后，可以认为转子存在不平衡现象。

1) 轴系和外伸端转子的平衡方法

(1) 轴系平衡。

汽轮发电机组是由多个转子串接在一起形成的轴系，随着机组容量的增大，轴系振动越来越复杂。为了减少轴系平衡的困难，在联成轴系前每个转子都应进行单独平衡。由于单转子联成轴系后振型会发生变化，机组运行中由于热变形产生的新的不平衡只有当转子联成轴系后才能反映出来，转子间通过联轴器连接，联轴器问题也只有在轴系中才能反映出来。因此，轴的某些振动仅用单转子平衡不能解决，必须进行轴系平衡。

　　虽然轴系平衡的原理与单转子相同，但实施过程要复杂得多。这是因为：加重平面和位置受到限制，一般只能在转子端部、外伸端和联轴器上加重；转子两端或一端与其他转子相连接，某转子的不平衡会影响轴系中的其他转子；各轴承座间的动态特性相差很多；热和其他一些因素对振动会产生影响；机组启停次数受到限制。轴系平衡有单转子平衡法、一次加准法和综合平衡法等三种方法。

　　单转子平衡法就是将轴系中某个转子看成独立的转子，对其进行平衡。尽管在轴系中任何一个转子上加重对其他转子都会有影响，但是当轴系振动属于相邻转子质量差别较大、两个不平衡转子间有平衡良好的转子相隔、轴系中只有一个转子需要平衡等情况时，可以采用单转子平衡的方法。现场轴系振动问题中属于上述情况的很多，因此单转子平衡法在轴系平衡中有较强的实用价值。

　　一次加准法就是把轴系中所有需要平衡的转子都看成单转子，以单转子平衡为基础，在一次启动中将全部平衡重量加上。一次加准法的平衡效果受不平衡位置和类型、加重大小和方向判断的影响，与转子间相互影响的程度等因素也有关，该方法的优点是机组启停次数少。

　　综合平衡法就是把轴系当成一个整体来考虑，是轴系平衡的一种通用方法。与前两种方法不同，综合平衡法考虑了在轴系中任何一个转子上加重对其他转子的影响，因此一般情况下可以获得比较满意的效果，该方法的缺点是启停次数比较多。

　　(2) 外伸端的平衡。

　　外伸端平衡是指在转子外伸端联轴器上或发电机励磁侧集电环上加重，使外伸端、相邻轴承或转子本体振动减小的一种方法。现场平衡时，由于可以利用的加重面较少，因而这也是一种重要的平衡手段。若仅转子本体存在不平衡，则由转子挠曲引起的轴承和外伸端的振动具有同一方向，转子本体平衡后，外伸端的振动就可以减小。若外伸端存在不平衡，即使转子本体平衡后，外伸端的振动仍然存在。外伸端的不平衡分为两种情况：一种是外伸端本身不平衡；另一种是转子本体不平衡，需要在外伸端加重来平衡。

　　外伸端本身的不平衡主要有两个方面。一方面，制造厂在厂内进行低速或高速动平衡时，只注意转子本体的平衡，对外伸端的平衡问题考虑较少。随着机组容量的增大，外伸端的重量和尺寸增大，而转子刚性降低，外伸端对平衡问题的影响加剧。另一方面，外伸端存在不平衡，制造厂在做低速平衡时将平衡质量加在转子本体上，如图 5.4.4 所示。尽管低速

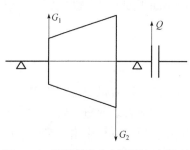

图 5.4.4　外伸端存在不平衡而在转子
本体上加重时的示意图

时加重 G_1 和 G_2 可以平衡力 Q，但高速时由于动挠度的存在，这种平衡将被破坏。这时如果在外伸端加重，使 Q 减小，就会使靠近外伸端处的轴承振动加大，通常需要在三个平面上反复加重才能使转子平衡。因此，制造厂平衡转子时，最好先使转子本体和联轴器分别平衡，再将联轴器套上进行平衡。现场平衡时，若发现仅在转子本体加重无法将振动控制在较好的水平上，就要考虑外伸端是否存在不平衡。

转子本体上存在不平衡，但由于转子本体上加重面不够，或在本体上加重容易激发起其他阶不平衡时，也可以利用外伸端来加重。外伸端加重主要通过消除转子挠度来消除不平衡。

2) 机组失衡故障的诊断及治理实例

以某国产 600MW 机组为例，讨论机组失衡故障的诊断及治理。机组的轴系布置如图 5.4.5 所示。由于机组容量大，传递的扭矩很大，因此所有联轴器均为刚性。高、中压转子为多油楔可倾瓦，低压转子为圆筒瓦，发电机、励磁机轴承也为可倾瓦。转子各阶临界转速见表 5.4.1。

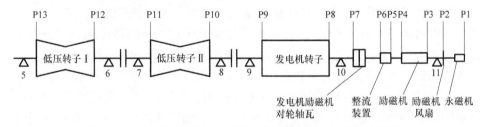

图 5.4.5 600MW 汽轮发电机组轴系局部布置和加重面示意图

表 5.4.1 转子各阶临界转速 (单位：r/min)

阶次	高压转子	中压转子	低压转子 I	低压转子 II	发电机转子	励磁机转子
第一阶	1955	1775	1575	1575	680	1760
第二阶	4685	4675	4050	4050	1950	

(1) 机组振动概况。

该机组首次升速过程中，汽轮机低压转子 I、II，发电机转子和励磁机转子先后出现振动过大现象。5#、6#、8#、10#、11#瓦处轴的绝对振动值大于振动保护值(250μm)。多次调整以上各瓦的保护值，经九次才将转速升至 3000r/min。停机检查，发现励磁电流对轮晃动由安装时的 0.035mm 变为 0.105mm，对轮螺栓预紧力偏小(1400~1500N·m)，励磁机对轮止口间隙偏大(0.18mm)。在对机组进行诊断消缺处理后再次启动，在升速的整个过程中，除10#瓦振从 450μm 降到 246μm 外，其余各瓦振基本不变。表 5.4.2 给出了消缺后机组启动至 3000r/min 时的振动数据。

表 5.4.2　消缺后机组启动至 3000r/min 时的瓦振和轴振

瓦号	5	6	7	8	9	10	11
瓦振	5μm、9°	42μm、206°	46μm、43°	112μm、219°	5μm、299°	9μm、47°	17μm、76°
轴振	60μm、326°	39μm、243°	53μm、348°	200μm、181°	89μm、149°	102μm、92°	131μm、148°

分析机组多次启停过程和定速下的数据可知，振动主要由不平衡引起，具体特性表现如下：

① 振动幅值、相位稳定，频率主要为工频成分。

② 10#、11#瓦在 1840r/min 附近的振动峰值分别达到 246μm 和 321μm。由于励磁机转子一阶临界转速和发动机转子二阶临界转速值分别为 1760r/min 和 1950r/min，两者相距相近，相互耦合在一起，很难判断哪个不平衡是影响 1840r/min 下振动的主要因素。但从消除了励磁电流对轮止口间隙后，1840r/min 下 10#瓦轴振下降较多来看，励磁机转子存在着较大的一阶不平衡，这同时也说明励磁电流对轮可能存在不平衡。

③ 发电机转子一阶临界转速在 700r/min 以下，9#、10#瓦振均小于 40μm，说明发电机转子一阶不平衡量比较小。发电机转子过二阶临界转速(1950r/min)时振动也比较小，说明发电机转子二阶不平衡也比较小。但 3000r/min 下，9#、10#瓦的振动比较大，且同相分量较大，说明发电机转子存在着三阶不平衡。

④ 低压转子过一阶临界转速(1575r/min)时振动很小，说明低压转子一阶不平衡量较小。3000r/min 下低压转子振动比较大。从幅值和相位来看，低压转子存在着较大的二阶不平衡分量。低压转子Ⅱ的不平衡量比低压转子Ⅰ要大。

(2) 轴系动平衡过程。

经过综合分析后，决定首先在 P6 和 P3 两个加重面上分别加对称重量 165g、90°，以平衡励磁机转子一阶不平衡分量，在 P10 和 P11 面上分别加反对称重量 473g、330° 和 473g、150°，以平衡低压转子二阶不平衡分量。试加重取得了良好的效果。1840r/min 时，10#、11#瓦振峰值分别降至 103μm 和 99μm，7#、8#瓦振峰值分别降至 26μm 和 139μm，3000r/min 下的振动也分别从 53μm、200μm 降至 37μm 和 105μm。第一次加重后各瓦振动情况如表 5.4.3 所示。

表 5.4.3　第一次加重后各瓦振情况

瓦号	5	6	7	8	9	10	11
瓦振	14μm、300°	32μm、175°	21μm、65°	46μm、237°	10μm、16°	6μm、303°	11μm、143°
轴振	37μm、356°	39μm、253°	37μm、300°	105μm、191°	98μm、92°	85μm、92°	117μm、173°

　　从加重效果可以得到如下结论：①低压转子 II 两侧在原来位置上可以再增加一些反对称重量(350g)；②低压转子 I 的两侧也要加 250g 反对称重量；③发电机转子两侧加同相平衡重量，即汽侧加 920g、260°，励侧加 530g、260°。这次加重后，振动又有所好转，只有励磁机转子振动偏大。因此，决定在励磁电流对轮上加重 1000g、255°。加重后的机组启动到 3000r/min 时各瓦振数据如表 5.4.4 所示。从表中可见机组振动大大减小，动平衡取得了圆满成功。

表 5.4.4　动平衡后各瓦处的轴振　　　　　　　(单位：μm)

瓦号	4#	5#	6#	7#	8#	9#	10#	11#
轴振	27	29	52	77	18	26	40	87

　　这次平衡共用了四个转子的 10 个加重面，各加重面和最终加重量如表 5.4.5 所示。

表 5.4.5　动平衡选用的加重面和加重量

加重面代号	加重面位置	加重量	加重面代号	加重面位置	加重量
P3	励磁机	130g、235°	P9	发电机风扇	470g、327.5°
P5	整流 II	100g、205°	P10	低压 II 电侧	473g、330°+350g、343°
P6	整流 I	130g、190°	P11	低压 II 调侧	473g、150°+350g、163°
P7	励磁电流对轮	1000g、255°	P12	低压 I 电侧	250g、170°
P8	发电机励侧环	475g、315°	P13	低压 I 调侧	250g、350°

　　该机组的现场高速动平衡涉及四个转子，包括一、二、三阶不平衡分量，需在 10 个加重面上加重。例如，励磁机转子一阶不平衡量较大，因此在三个面上加重 360g；发电机转子三阶不平衡量较大，因此在两个面上加重 945g；汽轮机两个低压转子有两阶不平衡，在四个面上加重 2146g；励磁电流对轮上有不平衡，加重 100g。经对振动情况、机组结构的分析，采用多平面同时平衡的方法，并兼顾各临界转速和工作转速下的振动，将超标的 7 个轴承振动全部控制在标准以内。

　　2. 轴承座刚度故障的诊断与治理

　　下面以一台 50MW 发电机为例，讨论轴承座刚度的故障诊断与治理。该发电机投运时各瓦振动幅值在允许范围内，运行一年后发电机后轴承座振动逐渐增大，轴承的三个固定螺钉曾经先后三次被振断。故障时除发电机后轴承振动大外，其余各瓦振动均小于 30μm，振动频率和转速相符。

1) 振动原因分析

由于振动主频率和转速相符，因此故障的性质属于强迫振动。线性系统强迫振动的幅值 A 与作用在系统上的激振力 P 成正比，与动刚度 k_d 成反比，即

$$A = \frac{P}{k_d} \tag{5.4.1}$$

由式(5.4.1)可以看出：要减小振幅，就必须减小激振力或增加轴承座动刚度，这是现场解决强迫振动问题的基本出发点。由于激振力的种类很多，分析振动原因时，一般不从激振力的角度考虑，而是先从部件动刚度方面进行分析。

影响轴承座动刚度的因素有三个，即连接刚度、共振和结构刚度。现场机组出现轴承座动刚度不足问题主要是由连接刚度和共振引起的。

轴承座连接刚度情况可以通过外部特性实验获得，在工况稳定的条件下测量轴承座外部各点的振动幅值。对于刚度正常的轴承座，同一轴承位置上、高度差在 10mm 以内两点值的差应该小于为 5μm。当振动差值大于这些数值时，就可判定轴承座动刚度不足。振动差值越大，故障越严重。

轴承座是否存在共振可以通过转速实验来判定。测量工作转速附近轴承座振动随转速的变化情况，分析振动和转速的关系，可以比较容易地判定轴承座是否存在共振现象。

该机振动和转速关系不密切，因此可以排除共振的影响。表 5.4.6 给出了轴承座外特性数据，表中测点布置如图 5.4.6 所示。

表 5.4.6 轴承上各测点的轴振 (单位：μm)

测点号	1	2	3	4	5	6	7	8	9	10	11
发电机侧	10	35	64	40	65	垂直 68~80 水平 30~80	76	102	81	88	6
励磁机测	9	14	60	28	52	轴向 130~180	36	30	35	20	6

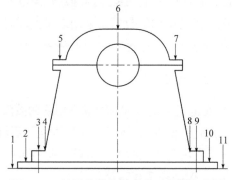

图 5.4.6 轴承座外特性实验时的测点布置

　　由表 5.4.6 可见，发电机侧测点 1 和 2、2 和 3、10 和 11 之间的差别振动分别为 25μm、29μm 和 82μm。励磁机侧测点 2 和 3 的差别振动也高达 46μm。这么大的差别振动表明基础与台板之间已经松动，其垫铁可能已经走动，轴承座和台板之间的连接也不紧固，这些因素使得轴承座动刚度大大降低。发电机侧的振动远大于励磁机侧的振动，表明轴承座发生了较大的轴向偏转。轴承座与台板以及台板与基础间局部不稳定，使轴向刚度不对称是引起轴向振动的一个原因。

　　2) 治理措施

　　大修时将发电机后轴承座吊开，发现轴承座下的绝缘垫已严重变形。除掉二次灌浆，吊出台板，发现台板下的垫铁也已经走动。大修中重新调整台板垫铁，进行二次灌浆并更换轴承座下的绝缘垫，再次启动，各工况下的振动均小于 30μm。

5.4.3　机组运动问题引起的故障诊断与治理

　　1. 机组摩擦故障的诊断与治理

　　高压大容量汽轮发电机组，由于径向间隙很小，在安装、检修和运行中稍有不慎就可能发生动静摩擦，这种摩擦不仅在机组启停过程中会发生，在空负荷和带负荷的情况下也会发生。摩擦严重时，有可能导致大轴弯曲事故发生。据统计，国内 200MW 汽轮发电机组发生的弯轴事故中，有 86%是由摩擦引起的。随着机组向大型化的方向发展，蒸汽参数越来越高，动静间隙设计得越来越小，而标高变化、汽缸跑偏等因素对转子在汽缸中位置的影响却越来越大，这就使得动静部件间发生摩擦的可能性增大。

　　1) 摩擦故障的基本原理

　　动静摩擦可以产生摩擦抖动、摩擦涡动和转子热弯曲。**摩擦抖动**只可能在转速很低的时候发生，对机组的影响很小。**摩擦涡动**虽然在高速下发生，但由于机组转速很高，动静件之间一旦摩擦，接触部分金属便会很快磨损和熔化，脱离接触。因此，对汽轮发电机组而言，实际有影响的是摩擦引起的**热弯曲**效应。

　　动静件摩擦时圆周上各点的摩擦程度不同。重摩擦侧的温度高于轻摩擦侧，由此导致转子径向截面上温度分布不均匀，造成转子热弯曲。热弯曲会产生一个新的不平衡力作用到转子上引起振动，这就是摩擦的热弯曲效应。

　　动静件摩擦引起的热弯曲在不同的转速下有不同的反应，具体可分为工作转速低于临界转速的摩擦、临界转速附近的摩擦和工作转速高于临界转速的摩擦三种情况，如图 5.4.7 所示。

　　图 5.4.7(a)给出了工作转速低于临界转速时的摩擦振动情况，此时转子振动对摩擦比较敏感。设转子原来的不平衡量为 OA，振动高点为 H，由于工作转速低

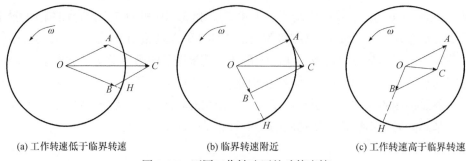

(a) 工作转速低于临界转速　　　　(b) 临界转速附近　　　　(c) 工作转速高于临界转速

图 5.4.7　不同工作转速下的动静摩擦

于临界转速,因此滞后角∠AOH 小于 90°。振动高点 H 是摩擦重点,该点温度高于对面一侧,因此受热弯曲的影响在 OH 方向上产生一个热不平衡量 OB。OB 与 OA 合成为一个新的不平衡量 OC。从图中可以看出,OC 较原不平衡量 OA 逆转了一个角度并且大于 OA,这样就造成了动静件摩擦的进一步加剧。转子的摩擦越来越严重,热弯曲越来越大,形成恶性循环。这种情况对机组的安全稳定运行构成了极大的威胁,如不及时处理,很可能在短时间内造成大轴弯曲事故。

图 5.4.7(b)给出了工作转速在临界转速附近时的摩擦振动情况,此时不平衡量 OA 与振动高点 H 间的滞后角等于 90°。与前种情况相同,摩擦引起的振动也会不断改变方向并越来越大。由于临界转速附近振动非常大,而且振动对不平衡量的变化非常敏感,因此摩擦一旦发生,对机组的危害十分严重,摩擦发生时严禁在临界转速附近停留。

图 5.4.7(c)给出了工作转速高于临界转速时的摩擦振动情况。与第一种情况相反,此时滞后角∠AOH 大于 90°。摩擦同样会在振动高点方向产生一个热不平衡量 OB,OB 与 OA 合成为新的不平衡量 OC。该不平衡量虽然也不断逆转,但幅值却越来越小。因此,这时发生的摩擦对机组的影响不如前两种情况大。

目前汽轮发电机组的工作转速一般都高于转子的一阶临界转速,而低于二阶临界转速,因此工作转速下二阶不平衡与其引起的振动间的滞后角仍小于 90°。若摩擦发生在对二阶不平衡比较敏感的区段,如转轴的端部,激起了比较大的二阶不平衡分量,则仍可能发生比较严重的振动。

工作转速下摩擦引起的热弯曲若与原不平衡反相,则振动呈减小趋势。一段时间后摩擦消失,动静接触点脱离,径向温差减小,振动恢复原状,此时在原不平衡作用下又会发生摩擦。如此反复,轴封显得相对比较耐磨,振幅发生长时间、大幅度波动。

工作转速下如果由于摩擦产生一个旋转性不平衡分量,如发电机集电环与电刷间的摩擦,则有可能造成振幅和相位的周期性波动。图 5.4.8 给出了三种典型情况，图中 P_0 表示原始不平衡，$P_1 \sim P_4$ 表示几个典型的旋转不平衡，$Q_1 \sim Q_4$ 表示原始不平衡与旋转不平衡合成产生的新不平衡。

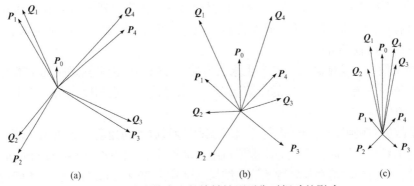

图 5.4.8　由摩擦产生的旋转性不平衡对振动的影响

图 5.4.8(a)反映的是 $P_0 \ll P_1 \sim P_4$ 时的情况，旋转不平衡从 P_1 经 P_2、P_3、P_4 旋转一周，相应的合成不平衡矢量 Q 大小略有变化，相位变化了 360°。

图 5.4.8(b)反映的是 P_0 与 $P_1 \sim P_4$ 近似相等时的情况，旋转不平衡从 P_1 经 P_2、P_3、P_4 旋转一周，Q 从最大变到近于零再到最大，相位仅变化了 180°左右。

图 5.4.8 (c)反映的是 $P_0 \gg P_1 \sim P_4$ 时的情况，旋转不平衡 P 旋转一周，合成不平衡矢量 Q 的大小和相位几乎没变。

2) 动静摩擦故障的特征

由摩擦引起的振动通常具有以下几点特征：

(1) 由于热弯曲将产生新的不平衡力，因此振动信号的主频仍为工频。但是由于受到冲击和一些非线性因素的影响，可能会出现少量分频、倍频和高频成分。

(2) 摩擦时振动的幅值和相位都具有波动特性。幅值波动一般为 30~40μm，有时也可为 15~25μm。

(3) 摩擦严重时，幅值和相位不再波动，振幅会急剧增大。

(4) 机组振动波动的持续时间可能比较长。

(5) 降速过临界转速时的振动一般较正常升速时大。

3) 机组摩擦故障的诊断

摩擦是大型汽轮发电机组的常见故障，危害也较大。下面举例说明对汽轮发电机组摩擦故障的诊断。

(1) 临界转速附近和临界转速下的摩擦故障诊断。

某机组大修后启动，转速为 500r/min 时一切正常，升速到 1300r/min 时振动较大，于是降速到 1200r/min 时振动减小为 30μm。继续升速过临界转速(2060r/min)至 2200r/min 暖机，振动正常。考虑到 2200r/min 距临界转速较近，机组又升速到 2300r/min，此时振动稍大，于是机组降速到 2200r/min，随后又降速到 2000r/min。

此过程中振动显著增大，前箱振动达到 80μm，机组继续降速到 1700r/min，振动未见减小，反而继续增大，于是现场决定让机组停留在 1200r/min 下稳定一段时间。因振动未见减小，反而进一步加剧，机组又进一步降速到 500r/min 和 300/min。降速过程中，前轴封冒火花。打闸停机后机组无惰走就停住了，盘车也未能开启。上述过程历时仅 7min。

揭盖检查，发现高压转子产生永久弯曲 0.18mm。整个轴封段几乎都有局部同一方位的占圆周 1/4～1/3 的摩擦伤痕，永久弯曲的高点与摩擦伤痕的中点恰好相差 180°。

事故后对机组振动原因进行分析，机组升速过临界转速后在 2200r/min 下停留。因为距临界转速不远，轻微的摩擦使机组振动不稳定。因此，刚到 2200r/min 时振动正常，而后振动稍大是轻微摩擦的结果。降速到 2000r/min 后，由于该转速与临界转速很接近，摩擦振动得到了放大，摩擦越来越严重，振动不断加大。随后在已发生摩擦的情况下，企图让机组停留在临界转速以下的危险区域内暖机，结果机组越摩擦越严重，短时间内摩擦热应力超过屈服极限，使大轴发生了永久弯曲。从弯曲情况来看，高压转子跨度中段的摩擦最为严重，这正对应着转子的一阶振型。

(2) 工作转速下的摩擦故障诊断。

某电厂引进的 350MW 机组，轴系由高中压转子、低压转子和发电机转子组成。该机组在一次启动中带负荷 120MW 运行 26h 后，低压转子两端 3#、4#瓦的振动迅速增大，幅值到 220μm 后被迫打闸停机，如图 5.4.9 所示。两天后再次启动，3#、4#瓦振动幅值由原来的 61μm 和 101μm 分别增加到 106μm 和 150μm。该机振动具有以下特点：振动的主要成分为工频；振动很不稳定，常常大起大落，如图 5.4.10 所示；出现过两次振动迅速增大到停机阈值时的情况；振动水平越来越高，较初期投运时增大了约 100μm；振动变化的同时，相位也在不断变化；停机过临界转速时低压转子振动幅值高达 250μm，是正常升速时 80μm 的 3 倍多。

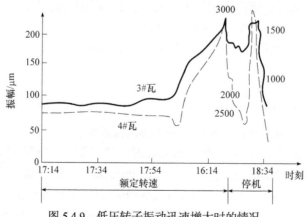

图 5.4.9　低压转子振动迅速增大时的情况

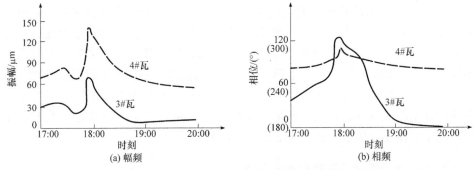

图 5.4.10 低压转子振动不稳定时的情况

由于振动的主要频率成分为工频，振动的性质是由不平衡引起的强迫振动，振动异常时轴承座外特性正常，因此可以排除轴承座刚度不足的原因。

该机的振动特征与摩擦故障很相似。在发生摩擦前 3#、4#瓦的振动幅值和相位分别为 61μm、166°和 101μm、324°，摩擦时 3#、4#瓦的振动分别为 106μm、169°和 150μm、328°。可见，摩擦时 3#、4#瓦振幅明显增大，但相位基本没变。这说明摩擦发生在原有的不平衡方向，转子产生的弯曲也在这个方向上，从而造成不平衡量的进一步加大。摩擦前 3#、4#瓦的同相分量为 25μm、297°，反相分量为 79.6μm、152°，摩擦时的同相分量为 32μm、291°，反相分量为 126μm、157°，可见摩擦激起了比较大的二阶振动分量。从结构上分析，低压缸的隔汽板正好处于对二阶不平衡比较敏感的区段内，是可能的摩擦区域。因此，在随后的检修、运行中调整了轴封间隙并进行了动平衡，机组一直稳定运行。

(3) 由摩擦造成的周期性旋转振动的故障诊断。

一台国产 25MW 机组在大修后启动到 3000r/min 时发生了周期性的旋转振动，图 5.4.11 给出了振动变化情况。该振动具有以下几个特点：振幅变化具有周期性，幅值起伏大，曲线光滑；相位不断逆转变化；振幅从最大变到最小，相位逆转 180°；振幅变化的周期为 1~1.2h；几乎所有轴承都发生周期性旋转振动。

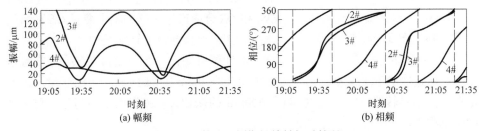

图 5.4.11 某机组周期性旋转振动情况

从上述振动特征来看，该机周期性振动符合轻微摩擦规律。因为 3#轴承振动变化最大,因此重点对其进行分析。检查发现,由于外油挡漏油,机组修复时加装了两道羊毛毡的油挡。拆开后发现,羊毛毡油挡与轴卡得太死,没有足够间隙,油挡因与轴摩擦而严重变形,局部发黑变硬。由于羊毛毡在高温下不能磨掉,机组在运行中与羊毛毡一直发生摩擦,轴上已磨出两道发亮的痕迹。

去掉羊毛毡后,机组重新启动,在 3000r/min 定速下连续观察了一个多小时,发现振动情况大有好转。振动变化已大大减小,相位变化仅 20°左右,旋转性不平衡已明显减小,机组故障诊断结论是正确的。

2. 转子中心孔进油故障的诊断与治理

汽轮机转子一般都有中心孔,对于运行的机组,如果中心孔堵头不严或转轴本身存在缺陷(如存在小孔),会将油吸进内腔,造成异常振动。

1) 转子中心孔进油故障的机理

如果中心孔内存液体而未充满,则高转速下该液体便会受到离心力的作用而甩向内腔四壁。由于中心孔的几何中心与转轴的旋转中心不重合,贴向四壁的液体厚度在圆周方向上不同。一般来说,汽轮机转轴在各径向存在较大的温差。温度较高侧的液体会汽化,温度较低侧的液体会冷凝。即使有些中心孔内的液体不存在汽化和冷凝现象,但由于温差的存在,液体在孔内仍存在热交换。当贴在内腔壁上的液体厚度不同时,这种热交换在直径方向上不均匀,使转子产生不对称温差,转子产生热弯曲,从而造成异常振动,其振幅值随转子本身温度的升高而增大。对大机组而言,由旋转时液体在四壁上的不均匀分布所产生的不平衡可以忽略。

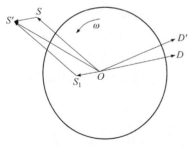

图 5.4.12 转子中心进油产生
热弯曲的示意图

图 5.4.12 给出了转子热弯曲的示意图,设转子原始不平衡量为 OS,原始挠曲为 OD,$\angle SOD$ 为机械滞后角。旋转时中心孔内所存液体在离心力的作用下,甩向 OD 方向。如果这部分液体蒸发,对转子产生一个局部冷却作用,则在 OD 相反方向会产生一个热不平衡量 OS_1,OS_1 和 OS 合成产生了新的不平衡量 OS' 和新的挠曲 OD',于是导致了异常振动。

由计算可知,一个长 6.5m 的转子,在温差 $\Delta t=1℃$ 所造成的不平衡量,相当于在加重半径 0.4m 处加了 10.7kg 的质量。该质量在一阶临界转速下将会产生 400~600μm 的振动,可见温度不均匀分布对振动的影响很大。

当中心孔的几何中心与转轴回转中心偏差较大时,中心孔内存液体使转子产生的热弯曲不但随机组有功负荷的增大而增大,而且在暖机和升速过程中也能明显反映出来。若暖机时间过长，还可能会引起较大的振动而不能升速至额定转速。

2) 汽轮机转子中心孔进油故障的诊断

某汽轮机大修后启动升速过临界转速时，1#、2#瓦振动都很小，达到 3000r/min 时两测点振动都小于 25μm，并网带负荷初期振动也不大。但是当负荷升到 20MW 运行约 30min 后，振动迅速增大，1#、2#瓦振动分别达到 70μm 和 100μm。振动主要频率为工频，但含有一定数量的倍频和高频成分，如图 5.4.13 所示，振动相位比较稳定。机组降负荷运行时振动并没有减小，直至运行 30min 后振动仍无明显降低。停机过临界转速时，机组出现强烈振动。2#瓦振幅达 280μm，如图 5.4.14 所示。转子静止后测量大轴弯曲，发现较启动时增大 0.25～0.35mm。经 1h 盘车后，大轴弯曲值恢复正常。

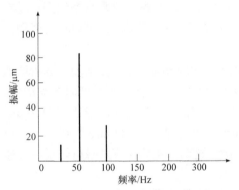

图 5.4.13 振动异常时 2#瓦垂直振动频谱

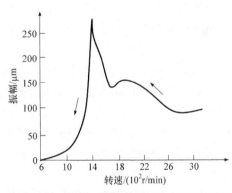

图 5.4.14 振动异常停机降速时 2#瓦的伯德图

分析上述振动情况，可以得出：①振动主要为工频分量且相位稳定，说明振动的性质是普通强迫振动。振动增大时，轴承座外特性正常，因此激振力主要为转子不平衡力。②大修后机组在首次启动升速过程、3000r/min 下和带负荷初期振动都不大，说明机组原始平衡状况良好，振动恶化是由带负荷后产生的新不平衡引起的。③带负荷后振动增大，说明振动与负荷有关。负荷增大，振动并不是立即增大；负荷减小，振动也并不是立即减小，这说明振动与负荷间有很明显的时滞。④停机过临界转速时的振动较升速时有明显增大。停机后的大轴弯曲较启动前也有明显增大，连续盘车一段时间后大轴弯曲可以减小，由此可见转子产生了热弯曲。

汽轮机转子热弯曲的原因有很多，主要包括：转轴材质不均、内应力过大、转轴直径方向热阻不均匀、摩擦、套装叶轮失去紧力、转轴存在不对称漏气、中心孔进油等。由于该机为老机组，在以前的运行中未发生类似问题，因此前面三个原因可以排除。摩擦引起的振动幅值、相位不稳定，与负荷的关系不是很密切，因此也可以排除。若套装叶轮失去紧力，则负荷升高越快，振动越大。负荷稳定后，振动应能逐渐减小并恢复原态，该机的振动特征显然与之不符。

诸多故障原因中，唯一不能排除的是转轴存在不对称漏气和中心孔进油。本着先易后难的原则，首先检查中心孔。发现中心孔螺钉未堵死，油从螺孔进入中心孔。孔内有存油 100~160mL。清除积油后机组重新启动，各工况下振动均在正常状态，故障得到了治理。

5.4.4　机组耦合问题引起的故障诊断与治理

1. 励磁机振动问题的分析与治理

某励磁机自安装以来就存在着振动不稳的现象，随着时间的增长，常会出现突发性的振动，振动具有以下几个特点：①振动一般在较高转速下产生，而且随转速的升高振动增加很快，振动以工频分量为主，水平振动比垂直振动大；②在更换电刷和调整励磁机中心后，振动容易出现；③振动增大后，难以自行消失。

1）振动实验分析

在第一次实验的开机过程中，当转速升至 2000r/min 后，振动随转速的增加而急剧增加。由于振动很大，决定将转速降至 500r/min 左右，再升速时振动消失，3000r/min 下的振动由原来的 184μm、145°降至 14μm、263°，前后的差别为 170μm、118°。另一次实验中发现当转速刚到 3000r/min 时，振动为 42μm、200°，可是过了不久，振动却突然消失，减为 7μm、210°。这两次实验说明励磁机转子在高速下产生了一个激振力。

从励磁机结构来看，产生这种激振力的最大可能是转子上存在松动部件。

图 5.4.15 给出了励磁机的结构示意图，转子两侧有电枢和换向片。换向器的换向片支承在大轴的两个截面上，一端斜面与大轴为一体，换向片与大轴有 2mm 的绝缘套，另一端斜面做成压圈套在大轴上。压圈用压床压紧，再并上螺帽。换向片外圆紧套三道紧圈，将换向片紧固在大轴上。换向片与大轴仅靠两个斜面接触，而且中间有绝缘垫，不是刚性接触。高速时在离心力的作用下，有可能使换向器的质量中心发生偏移而产生振动。为了判断这种假设的正确性，进行水温和电刷实验。

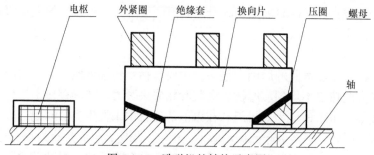

图 5.4.15　励磁机的结构示意图

2) 水温实验

水温实验的目的是改变换向器与大轴的接触紧力。大轴中间通有冷却水，若接触紧力不足，则当水温快速降低时，大轴冷却收缩，紧力会进一步降低，从而使换向器产生更大的偏移和振动；反之，当水温升高时，紧力增加，振动可能减小。表 5.4.7 给出了水温实验结果，水温改变时，振动有明显变化。当水温从 45℃ 降到 25℃ 时，中间紧圈的振动从 54μm 升到 297μm。轴承振动的变化规律与轴振动相似，只是变化幅度稍小。

表 5.4.7　水温与中间紧圈振动的关系

水温/℃	45	45	40	40	35	30	30	25	25	25
振幅/μm	54	49	33	40	67	168	211	269	283	297

从表 5.4.7 中可以算出：当温度从 45℃ 降到 40℃ 时，产生了一个能够引起振动的激振力，该力使振动由 54μm、66° 变为 4μm、112°。随着水温的降低，激振力越来越大。当水温降至 25℃ 时，激振力引起的振动增大为 297μm、198°。这表明水温变化过程中，激振力的大小发生了变化而方向几乎没变，这与部件松动的规律非常吻合。由于温度降低，转轴收缩使换向器的套装紧力减小，在离心力的作用下向某一方向偏移，使振动增大。

3) 电刷实验

该励磁机换向器两侧共装了六组电刷，如图 5.4.16 所示。电刷由于受到弹簧力的作用，与换向器紧密接触。弹簧力也将通过电刷传递到换向器。如果换向器与大轴间的紧力不足，就有可能在弹簧力的作用下使换向器偏心而产生振动。

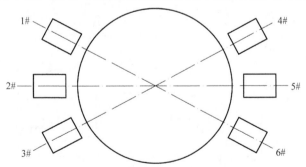

图 5.4.16　励磁机换向器的结构示意图

该励磁机转子在一次启动中，当转速升到 3000r/min 时，振动急剧增大。将电刷全部去掉后，振动很快消失。重新装上电刷后，振动又重复产生。

4) 振动问题的处理

根据以上分析可知，该励磁机转子振动的主要原因是换向器与大轴间的套装紧力不足, 在外力作用下产生松动。从结构上看, 该型励磁机存在先天缺陷。尽管拧紧并帽可以增加套装紧力, 但并帽拧紧后会影响换向器的膨胀, 带负荷运行时将产生新问题, 因此不是好方法。为了维持机组的运行, 在目前情况下可以采取以下几点措施:

(1) 电刷换装时应仔细调整, 最好对称更换。

(2) 在转子检修或停用前后应仔细测量励磁机轴的晃度。一旦发生变化, 必须找出原因后再启动, 更换换向片时必须测量换向器在更换前后的晃度。

(3) 当励磁机振动大并且用简单的方法不能消除时, 可以考虑采用高速动平衡的方法降低振动。由于部件松动会造成不平衡, 采用平衡的方法一般可以取得较好的效果。

2. 发电机转子热弯曲故障的诊断与治理

某发电机转子采用氢冷方式, 各轴承均为落地轴承。一段时间以来, 机组常在振动超标状态下运行。

1) 振动实验

机组启动过程中振动并不大,临界转速和工作转速下的最大振动分别为 65μm 和 40μm, 这表明机组本身平衡状况良好。振动主要发生在改变无功功率的过程中, 振动变化最大的是发电机前轴承, 振动主要以工频为主。由于振动与负荷无关, 故障来自汽轮机和联轴器的可能性不大。图 5.4.17 给出了振动和无功功率的变化情况, 可以看出振动随无功功率的增大而增大, 随无功功率的减小而减小。当无功功率改变时, 振动没有立即改变, 有一定的时间滞后, 这表明发电机转子可能出现了热弯曲。由相位可知, 振动大时的振动高点在 310° 处。

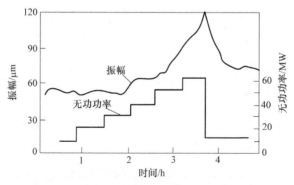

图 5.4.17　发电机前轴承振幅和无功功率的变化

分析发电机转子的结构, 产生故障的可能原因包括: ①发电机转子通风孔流量不均造成转子冷却不均; ②发电机转子匝间短路使转子受热不均; ③发电机转子本体上有热松动部件。

为了确认故障，对发电机进行了通风实验。从圆周方向看，发电机转子线圈部位均匀分布着 32 个槽。每个槽沿轴向分布着若干个通风孔，通风孔沿轴向分为五个风区，其中 1、3、5 为出风区，如图 5.4.18 所示。首先按每个风区求得各槽风速的平均值，再求出此风区 32 个槽圆周方向风速的矢量和。正常情况下该矢量和应为零，表示圆周方向上风速均匀。表 5.4.8 给出了本次实验结果，表中负号表示风速偏小。

图 5.4.18　发电机转子风区示意图

表 5.4.8　出风区圆周方向上风速的矢量和

风区号	1	3	5	最低风速
风速/(m/s)	−6.6(347°)	−5.5(312°)	−5.8(274°)	−5.1(321°)

从表 5.4.8 中可以看出，整个转子风速在 321°处偏小，风速偏低点就是转子上温度偏高点，该点与前面推算得到的振动高点在同一个位置上，这说明振动故障确是由发电机转子通风孔流量不均所产生的。

2) 振动治理

既然该故障是由通风孔流量不均引起的，就应该处理通风孔，使其对称方向上的流量保持均匀。但是这种方法的工作量大，现场不适用。由于转子热弯曲的方向是恒定的，在一定温度下产生的振动也是恒定的，因此可以采用热态动平衡的方法补偿一部分热弯曲，使机组在各个工况下都能稳定运行。

在得到准确的热弯曲方向后，将转子残余振动调整到热弯曲的相反方向。这样处理后，各工况下的轴瓦振动都被控制在 10～40μm。

5.4.5　自激振动类故障的诊断与治理

1. 机组气流激振故障的诊断与治理

气流激振是由叶片与隔板间的周向间隙不均匀造成的。由于间隙小侧比间隙大侧漏气少、级效率高，在给定压降的情况下做功多，因而间隙小侧叶片受力比间隙大侧要高些。由于两侧叶片受力不均匀，其合成的结果就在转子位移的垂直方向上产生了一个切向力，该力有使转子顺着转动方向涡动的趋势。转子涡动后，离心力的增加势必导致涡动幅度的加大。这样又会加大切向力，从而加剧涡动，形成气流激振。该故障在高参数机组上容易发生，对于超临界机组更严重。

1) 机组振动概况

某厂 200MW 机组，轴系的汽轮机和发电机有 7 个三油楔轴瓦支承。高压转子和中压转子支承在 1#～3#轴承上，为三支承结构。轴系高、中压转子临界转速实测值分别为 1750r/min 和 1510r/min。该机组在首次大修后一年多的时间内共发生阵发性振动 30 多次，其中 3 次发生在降负荷过程中，2 次发生在机组已升到 3000r/min 而没有带负荷情况下，其余均发生在稳定负荷下。阵发性振动发生时，通过改变运行参数、减负荷、增加润滑油温或打闸停机等手段可以减小振动，每次振动持续几分钟至 2h。阵发性振动时各瓦的振幅如表 5.4.9 所示。

表 5.4.9　阵发性振动时各瓦的振幅　　　　　　(单位：μm)

机组功率	轴承序号					
	2#	3#	4#	5#	6#	7#
185MW	12	48～75	45	35	26	20
180MW	88	120	43	24	37	24

图 5.4.19 给出了正常情况和阵发性振动时的振动频谱，从图中可以看出，稳定运行时的振动以 50Hz 为主，25Hz 分量很少。但是阵发性振动时 25Hz 分量迅速上升，并且成为主要频率成分，此时 50Hz 分量反而降低。在此演变过程中，还会出现少量 0.5 倍频、1.5 倍频和 2.5 倍频分量。阵发性振动时，3#轴承振幅最大可达 145μm。

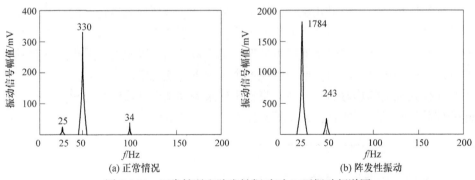

图 5.4.19　正常情况和阵发性振动时 3#瓦振动频谱图

从 30 多次的统计数据来看，阵发性振动主要具有以下几个特点：

(1) 振动激发快，几秒钟即可形成。

(2) 振动幅值不稳定，3#瓦垂直振幅的波动范围一般为 30～50μm。

(3) 阵发性振动时，25Hz 分量明显增大，其幅值甚至会超过工频分量，成为主频，此时工频分量反而有所降低。在此过程中，有时还会伴随出现多种其他频率成分。

(4) 各轴承低频分量相差比较大，3#和 2#瓦低频分量最明显，其他瓦的低频分量比较小。

(5) 低油温和高真空下振动容易激发，油温升高到 50℃以上时，阵发性振动最大幅值不超过 80μm。油温低于 45℃时，会频繁发生低频振动而且幅值比较大。

(6) 外界工况如负荷、周波等发生变化时，容易出现振动，但规律性不强。定压运行时易振，滑压运行时要好些。

(7) 每停机一次，振动情况恶化一次，振动与负荷的关系甚为密切。当负荷增至 16MW 以上时，3#瓦垂直振幅很快增加到 120μm，降负荷也不能使振动减小。

2) 阵发性振动性质的诊断

由振动特点可知，3#瓦振动的突变由 25Hz 分量的增大所致。在工作转速下，转子出现 25Hz 分量，说明转子运行中存在着低频涡动。通常认为，出现低频涡动有以下四种可能：轴瓦半速涡动、气流激振、分谐波共振和弹性滞后自激振动。

弹性滞后自激振动主要由轴上热套部件、紧配合部件或用螺栓连接的部件间的摩擦作用而产生，与机组负荷没有直接关系。该机低频振动多在高负荷时出现，因此可以排除该故障的可能性。分谐波共振的频率应精确等于当时转速的整数倍，而且振动与转速密切相关。但是该机振动与转速无关，因此可以排除该故障的可能性。

3#瓦正常运行中，经常存在着幅度较小且不稳定的 25Hz 低频振动分量，说明轴瓦稳定性不好。该机有时同时出现很多低、高频成分，频谱丰富，幅值不稳定，呈现出一定的碰摩特征。气流激振一般发生在大容量高压汽轮机上，与机组负荷有着密切的对应关系，而且振动频率与高压转子最低阶自然频率(25.06Hz)相近，该机的振动特征与此相符。

从振动规律、振动频谱和设备存在的缺陷等方面综合分析可知：3#瓦的阵发性振动多数情况下属于气流自激振动，有些情况下是由于动静局部碰摩等非线性因素引起的振动。有时这两种振动掺杂在一起，使得振动频繁发生。

3) 阵发性振动的原因分析

根据计算和实测发现，阵发性振动主要由两方面原因引起，即轴瓦稳定性差和气流的不均匀作用力比较大。

(1) 3#瓦稳定性差。3#瓦为三油楔轴承，根据计算，其失稳转速在轴系中是仅次于 6#、7#瓦的另一个低值。中压转子的阻尼比较小，其对数衰减率仅为 0.123，小于国际推荐的轴系各模态下最小对数衰减率 0.15~0.20。因此，3#瓦处于稳定安全区的下限，稳定性比较低，容易产生低频涡动。从大修记录来看，2#、3#瓦的顶隙为 0.50～0.60mm，侧隙之和为 0.30～0.45mm，轴承呈立椭圆状；小修时还发现，其下瓦的磨损量均在 0.20mm 以上，轴瓦的立椭圆更严重，这些都会导致轴承稳定性的进一步降低。3#轴承坐落在中压排汽缸后部，真空稍高，汽缸变形后将会使轴承中心向前倾斜。该机存在的中压缸跑偏严重现象也会改变轴在轴承中的位置，这些都会影响轴承的稳定性。

(2) 气流的不均匀作用力加剧了轴瓦的涡动。揭缸后发现汽轮机转子在汽缸内呈现由西北向东南方向倾斜。转子与汽缸的中心偏差，使叶片在周向的间隙不相等。这样就在转子位移的垂直方向上产生了一个切向激振力，这个切向力使转子涡动进一步加剧。

4) 治理方案和实施

治理方案主要包括调整转子在汽缸中的间隙和更换稳定性比较好的轴承两方面。开缸后测量转子在汽缸中的径向间隙，发现转子在汽缸内呈现由西北到东南方向倾斜，按照检修规程重新调整了转子的位置和各处的间隙。

为了防止摩擦，调整了转子在汽缸中的轴向位置，将高压转子向发电机侧移动 1mm，中压转子向机头方向移动 0.45mm，并修复部分损毁的轴封阻气齿。

为了提高轴承的稳定性，增强抗干扰能力，把 3#瓦由三油楔轴承更换为椭圆轴承。2#瓦因为磨损严重，更换为新的三油楔瓦。

采取以上措施后，轴承振动稍偏大。随后对机组进行了高速动平衡，使各轴承振动都降低到 20μm 以下，彻底消除了低频振动，如图 5.4.20 所示，保证了机组的安全稳定运行。

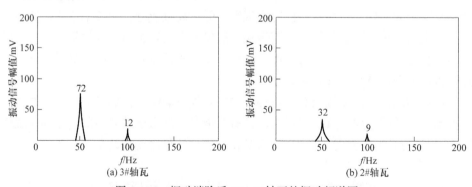

图 5.4.20　振动消除后 3#、2#轴瓦的振动频谱图

2. 机组油膜振荡故障的诊断与治理

油膜振荡是由轴承油膜力引起的一种危害性比较大的故障，其振动可以在短时间内迅速上升，达到很高的幅值。如果设计、安装或运行不当，这类故障很容易发生。早期投产的国产 200MW 汽轮发电机组，约 14%的机组发生过油膜振荡。

例如，某厂 6 号机自投产以来曾经发生过 22 次油膜振荡，严重威胁机组的安全运行和使用寿命，造成了很大的经济损失。

1) 机组油膜振荡故障的特点与诊断

该机组为三缸三排汽凝汽式汽轮机，轴系布置如图 5.4.21 所示。

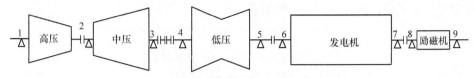

图 5.4.21　轴系布置简图

轴系的 1#～7#轴承全部采用带有水平中分面的三油楔轴承，其中 2#轴承为推力、径向联合轴承，其余皆为径向轴承。6#、7#为发电机端盖轴承，3#、4#、5#轴承坐落在排汽缸上。除发电机与励磁机转子为半挠性连接，其余转子均采用刚性连接。轴系各阶临界转速值分别为发电机一阶临界转速 1180r/min，中压转子临界转速 1670r/min，高压转子临界转速 2070r/min，低压转子临界转速 2140r/min，发电机二阶临界转速 3406r/min。

该机自投运两年半时间内，因油膜振荡共停机 29 次。其中新机投运中发生 4次，机组启动至 3000r/min 后因油温低发生 8 次，超速 3100～3400r/min 过程中发生 10 次，并网带负荷过程中发生 7 次。现仅以其中一次大修后启动过程中的测试数据为例进行分析。

该机在正常的进油温度 42～45℃下已无法维持运行，曾先后发生多次大幅度的低频振动。因此，决定把油温控制在 50℃。机组启动升速至 3000r/min 过程中振动并不大。发电机过临界转速时的振幅为 57μm，其他各瓦过临界转速时振幅均未超过 50μm，说明各转子平衡状况尚好。升速过程中轴系各瓦普遍含有二倍频分量，略有三倍频分量，但都不含低频分量。随后又进行了 7 次超速实验，每次都发生了大幅度的低频振动，如图 5.4.22 所示。低频振动的频率为 17.8Hz，接近发电机转子一阶自然频率 18Hz。超速至 3217r/min 时

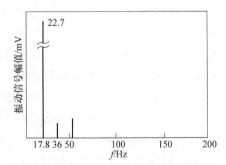

图 5.4.22　超速过程中 6#瓦频谱图

6#瓦开始出现低频，此时工频振幅为 48μm，而通频幅值为 70μm。转速超过此限，通频幅值迅速增大。振幅最大的一次为 6#瓦⊥573μm，1#瓦—670μm，5#瓦⊥280μm，3#瓦—205μm，4#瓦—112μm，5#瓦⊥58μm。振幅的剧增是由低频分量的剧增所引起的(其中⊥表示垂直方向，—表示水平方向)。

从出现低频到振幅发展到最大所需时间仅为 10s。振幅最大时振动完全为低

频振荡，工频幅值反而有所减小，低频振动幅值约为工频振动幅值的 13 倍，
如图 5.4.22 所示。打闸降速后低频振动幅值并不立即减小，维持在 500μm 左右，
呈现滞后现象，如图 5.4.23 所示。当转速降至 2900r/min 时，6#瓦振幅仍有 300μm。
随着转速的继续下降，振荡现象才逐渐消失，直到转速降至 2880r/min 后，低频
振荡才完全消失，振动恢复为工频振动。

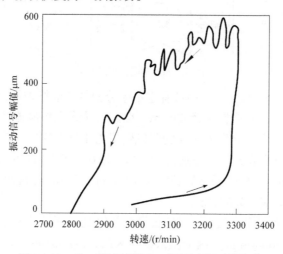

图 5.4.23 升、降速过程中 6#瓦垂直振动的变化

由于振动频率不等于转速的整分数，可以排除分谐波共振故障。由于振动是
在空负荷下发生的，可以排除气流激振故障。从低频振动的发生顺序来看，首先
是发生在 6#瓦垂直方向，然后逐步波及 7#瓦、5#瓦、1#瓦、3#瓦、4#瓦等，6#
瓦、7#瓦的振动最大，这表明故障发生在发电机两端轴承上。故障发生时低频振
动的频率为 17.8Hz，与发电机一阶自然频率很接近。计算表明，3000r/min 下发
电机转子对数衰减率很小，是轴系中最小的一阶，很容易失稳。该机组的振动与
转速关系密切，故障时振幅异常大，频率为发电机一阶自然频率，并具有滞后现
象，所有这些表明机组发生了油膜振荡。

对该机组长达十年的振动监测表明，油膜振荡还具有以下特点：

(1) 油膜振荡对油温很敏感。在机组投产运行期间，转速为 3000r/min、油温
为 42℃时发生了三次油膜振荡。油温必须保持在 45℃以上，机组才能稳定运行。
机组小修后进行了三次超速实验，油温为 43℃超速至 3285r/min 时出现低频分量，
继续升速即发生油膜振荡。油温为 42℃时超速至 3023r/min 就出现了低频分量，
而油温为 48℃时要超速到 3346r/min 才会出现低频分量。机组小修后在油温为
43℃时启动，振动幅值不大，在正常范围内；但在 3000r/min 下运行 8min 后，由
于油温过调，突然降到 40℃以下，机组就发生了油膜振荡。

(2) 油膜振荡对标高变化比较敏感。在机组小修后的启动过程中，试验了标

高变化对油膜振荡的影响。发现 6#瓦标高比 5#瓦高 0.05mm 时,可以维持 3000r/min 运行,但超速过高时仍可能产生油膜振荡。6#瓦标高比 5#瓦低 0.175mm 时,机组不能稳定运行。6#瓦标高比 5#瓦高 0.19mm 时,虽然能维持机组正常稳定运行,但在超速和带负荷过程中仍出现低频分量。

2) 油膜振荡故障的影响因素分析

外界扰动过大和轴系稳定性差是影响油膜振荡的两个主要因素。很多理论和实验研究表明外界扰动有可能使系统提前处于失稳状态,而轴系稳定性差是影响油膜振荡的内在、必要因素。轴瓦的类型对稳定性的影响很大,它有很多种,如圆柱瓦、三油叶瓦、椭圆瓦、三油楔瓦、可倾瓦等。仅从稳定性的角度来看,可倾瓦最好,其余各瓦顺次为三油叶瓦、椭圆瓦、三油楔瓦、圆柱瓦。

由轴承润滑理论可知,Sommerfeld 数综合反映了轴承结构和运行情况,与轴颈在轴承中的偏心率有一一对应关系。该数越小,对应的偏心率越大,轴承稳定性越好,可以据此来分析轴承比压、顶隙、侧隙、油温等因素对稳定性的影响。

(1) 减小轴瓦顶隙。减小顶隙的实质是增大轴瓦椭圆度,提高偏心率。现场减小顶隙可以通过修刮轴瓦中分面的方法,使圆柱瓦变为椭圆瓦或使椭圆瓦的椭圆度进一步加大。但顶隙不宜过小,否则会引起轴瓦巴氏合金温度的升高。

(2) 增加上瓦巴氏合金宽度。加大上瓦巴氏合金宽度可以增加上瓦油膜力,提高轴承偏心率,从而提高稳定性。

(3) 增大轴承侧隙。增大侧隙的实质是加大轴承半径间隙,轴承的椭圆度也有所增加。增大侧隙可以通过减小轴颈和下瓦的接触角、刮进出口油囊等方式实现。

(4) 提高润滑油温。提高润滑油温可以减小润滑油黏度,加大偏心率,从而提高其稳定性。

(5) 减小轴承长径比,抬高轴瓦标高。这些措施可以加大轴承比压,从而提高其稳定性。

5.4.6　转子系统的失稳故障诊断与治理

1. 失稳机理与特点

转子系统失稳,也就是转子发生了自激振动。维持自激振动的周期激振力来自系统运动本身,即激振力要被这个运动所控制,一旦运动停止了,激振力及运动也立即停止。也就是说,转子由于内部机制激发了振动,通过这种机制,转子的旋转能量转化成为转子的横向振动。许多场合下,流体力(包括气体与蒸汽)起到能量转化的作用。

常见的能够导致转子失稳的内部机制包括:①流体动压轴承的油膜涡动和油

膜振荡；②流体密封(与油膜振荡相似)；③旋转零部件的内阻尼；④透平机械中由于叶尖间隙偏心而形成的气动力；⑤中空转轴内腔中部分充有液体；⑥转子与定子之间干摩擦(产生反向涡动)；⑦转子上不对中叶盘导致扭矩涡动。

自激振动的特征是其频率等于系统的某一低阶自然频率。因为自激振动都发生在柔性转子上，所以振动频率大多数低于转速频率，是一种次同步振动。在转子的转速到达一定的限值(称为阈速)时，自激振动会突然发生，而且快速增加到危及机器安全的程度。因此，转子的失稳限制了旋转机械的高速运转的能力。

研究转子失稳的原因，先要分析失稳机制的受力情况。一方面，分析加给转子的力是否是一种循环力，即在转子做涡动的一周中，外界力是否对转子做了正功，给转子涡动输入能量。另一方面，分析转子中是否产生了一个切向力，这个切向力垂直于转子的涡动位移。如果在某一转速下，切向力克服了系统中的其他能导致系统稳定的外阻尼，就会推动涡动的发展，使其振幅不断增加，激起自激振动。

现用图 5.4.24 中所示的具有一个集中质量的简单转子来进行分析。图中，O 为挠曲前转子轴线，$OO_1=r$ 为转子的挠曲值，ω 为转子转速，Ω 为涡动转速。

转子的受力情况如图 5.4.24 所示，图中，离心力为 $mr\Omega^2$，弹性恢复力为 kr，径向阻尼力为 $c\mathrm{d}r/\mathrm{d}t$，径向惯性力为 $m\mathrm{d}^2r/\mathrm{d}t^2$，周向阻尼力为 $cr\Omega$，哥氏惯性力为 $2m\Omega\mathrm{d}r/\mathrm{d}t$，失稳力为 F_θ(F_θ 就是导致失稳的切向力)。

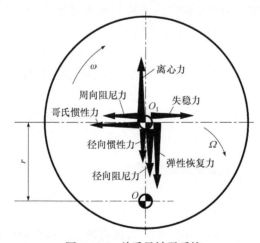

图 5.4.24　单质量转子系统

由力的平衡得到系统的运动方程为

$$-mr\Omega^2 + m\frac{\mathrm{d}^2r}{\mathrm{d}t^2} + c\frac{\mathrm{d}r}{\mathrm{d}t} + kr = 0, \quad 2m\Omega\frac{\mathrm{d}r}{\mathrm{d}t} + cr\Omega - F_\theta = 0 \qquad (5.4.2)$$

失稳力 F_θ 垂直于转子的径向位移 r，近似地认为与径向位移成正比，即 $F_\theta=K_r\theta r$，

常数 $K_{r\theta}$ 称为耦合刚度系数。设式(5.4.2)的解为

$$r = r_0 e^{\alpha t} \tag{5.4.3}$$

由式(5.4.2)的第二式，得

$$\alpha = \frac{K_{r\theta} - c\Omega}{2m\Omega} \tag{5.4.4}$$

如果运动是稳定的($\alpha \leqslant 0$)，即有 $K_{r\theta} \leqslant c\Omega$。

当旋转机械转速增加时，若 $K_{r\theta}$(通常是转子转速的函数)超过 $c\Omega$，则会引发转子失稳。失稳开始时，可认为有 $\alpha \to 0$，由式(5.4.2)的第一式得到

$$\Omega = \sqrt{\frac{k}{m}} \tag{5.4.5}$$

在失稳开始时，涡动频率就是转子的自然频率，它与转子的旋转速度无关。涡动的方向可能与旋转方向相同(正向涡动)或者与旋转方向相反(反向涡动)，这取决于失稳力 F_θ 的方向。

当转子失稳时，转子质心的轨迹以式(5.4.3)所描述的指数螺旋线增长，如图 5.4.25(a)所示。当然，转子的真实运动不会无限地增长，系统中的非线性影响将随振幅增加而增加，这会耗散振动能量，使涡动振幅最后达到一个稳态极限环，如图 5.4.25(b)所示。

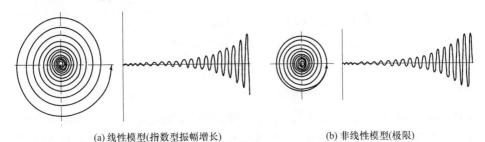

(a) 线性模型(指数型振幅增长)　　　　　　(b) 非线性模型(极限)

图 5.4.25　自激振动中的转子轨迹

转子自激振动的频率不随转子的转速变化而变动，这是自激振动区别于强迫振动的显著特征。但是要注意，转子的自然频率会随转子的转速变化而改变。

2. 油膜失稳

1) 液体周向流动 $\lambda\omega$ 理论

在旋转机械的轴承和密封中，一定条件下，会发生油膜涡动、油膜振荡、气流振荡等。油膜失稳时，主要采用 4 个刚度系数和 4 个阻尼系数的线性化模型。通过求解雷诺方程，得到的 8 个动力系数以转子偏心率和 Sommerfeld 数的函数形式给出。为了计入方程中许多无法反映的因数，如温度、表面粗糙度、轴向泄漏等，又

需要添加一些修正因子。由于 8 个系数没有内在的联系，且油膜动特性的规律缺乏概括性，因此油膜动态力影响转子失稳的原理还比较模糊。

　　要分析油膜动态力对转子失稳的影响，需要找出一个表征油膜整体动力特性的关键量。由于转子的旋转，在轴承中的流体也发生了旋转运动。图 5.4.26 表示了轴承内流体速度的分布图。在稳态条件下，流体的周向角速度从轴颈处为 ω 一直降到轴瓦壁处为零，流体的平均周向流速为 $\lambda\omega$，λ 称为流体平均周向速度比。

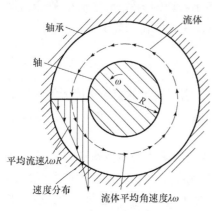

图 5.4.26　轴承内流体速度分布

当速度为线性分布时，$\lambda=1/2$。由于许多因素的影响，$\lambda<1/2$。λ 是影响油膜流动的各种因素的最终整体表现，是反映油膜整体动力特性的关键量。8 个动力系数也主要由 λ 来决定。通过实验及现场试验也证实 λ 是转子模型中的一个重要参数。

　　轴承中的流体对轴颈的作用力可以用其机械参数，如刚度、阻尼、质量(惯性)来代表，由于流体以平均周向速度旋转，流体的作用也以平均周向速度 $\lambda\omega$ 旋转。流体的作用力可以表示为

$$\begin{Bmatrix} F_x \\ F_y \end{Bmatrix} = \begin{bmatrix} k_0 - m_f\lambda^2\omega^2 & \lambda\omega c \\ -\lambda\omega c & k_0 - m_f\lambda^2\omega^2 \end{bmatrix}\begin{Bmatrix} x \\ y \end{Bmatrix}$$
$$+ \begin{bmatrix} c & 2\lambda\omega m_f \\ -2\lambda\omega m_f & c \end{bmatrix}\begin{Bmatrix} \dot{x} \\ \dot{y} \end{Bmatrix} + \begin{bmatrix} m_f & 0 \\ 0 & m_f \end{bmatrix}\begin{Bmatrix} \ddot{x} \\ \ddot{y} \end{Bmatrix} \tag{5.4.6}$$

式中，k_0 为液体的径向刚度系数；c 为流体的径向阻尼系数；m_f 为流体的当量质量。由于高的流体离心惯性力，径向刚度可以为负值。**交叉耦合刚度**与径向阻尼成比例，因此增加流体阻尼，不一定能提高稳定性，交叉耦合刚度也与平均速度比 λ 成正比。因此，λ 可以成为控制失稳的主要因素。减小 λ 可直接提高稳定性，这可以通过增加转子的偏心率来达到。λ 是转子偏心率的减函数，当偏心率达到某临界值时，λ 几乎降为零，即全周油膜的流量消失了。把液流以反旋转方向注入轴承的间隙可以用来降低 λ 值，从而提高密封的稳定性，该技术称为**反涡旋技术**。

　　从刚度矩阵可知，假如径向刚度 k_0 增加，转子的稳定性也可以增强，流体刚度可以用增加流体压力来达到，用简单的静压轴承也可以实现。

　　2)　油膜失稳的特征

　　发生油膜涡动及油膜振荡时，转子涡动一般是正向涡动，轴心轨迹形状是圆

形或者接近于圆形。对于典型轴承，涡动失稳的自激动频率约等于 λX，且 λ 通常小于 1/2，也就是说涡动振动频率通常略小于 $X/2$。在如图 5.4.27(a)所示的轴心轨迹上，可以看到两个键相点，并且在慢慢地反转。但是当转子转速升高到达阈速而发生油膜振荡时，振动幅值突然增大，振动的频率一般等于转子的自然频率。振荡频率与旋转频率之比一般不是有理数。因此，油膜振荡时键相点出现的位置就变得没有规则，如图 5.4.27(b)所示。

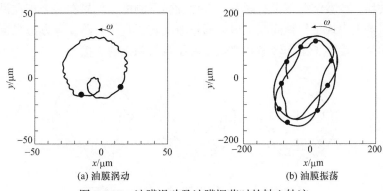

(a) 油膜涡动　　　　　　　　　(b) 油膜振荡

图 5.4.27　油膜涡动及油膜振荡时的轴心轨迹

油膜失稳的三维谱图如图 5.4.28 所示，显示了在转子升速过程中油膜涡动的产生以及油膜涡动到油膜振荡的转变。

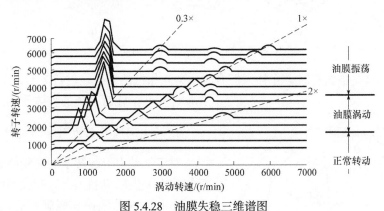

图 5.4.28　油膜失稳三维谱图

3) 抑制油膜失稳的方法

解决油膜失稳故障的方法主要有五种。①使用反涡旋技术来干扰圆周方向的油流，即在逆旋转方向上加入油流以减小 λ 值。②使转轴在一个较大的偏心率下运行，例如，通过增加预载或人为不对中来增加平均偏心率，或通过增加不平衡量来增加动态偏心率，这都增加了油膜的直接径向刚度。对于 360°润滑轴承，可增加油膜的压力。较高的油膜压力会直接增加油膜径向刚度，从而增加转子的稳定性。③通过改变轴承几何形状来干扰轴颈周围的油流或增加预负荷。根据具体情况可采用如图 5.4.29 所示的两油槽轴承(图 5.4.29(a))、三油楔轴承(图 5.4.29(b))、椭圆轴承(图 5.4.29(c))、错位轴承(图 5.4.29(d))、可倾瓦轴承(图 5.4.29(e))、两油楔反向瓦轴承(图 5.4.29(f))等。采用有槽和非圆形状的瓦是通过在圆周油流中制造干扰的方法来减小 λ。可倾瓦轴承由若干的独立扇形瓦块等部件组成,很少能形成全周油流,其 $\lambda \approx 0$。④升高油膜温度以降低油的黏度。大多数情况下升高油温会消除失稳,少数情况下没有影响。⑤增加转子刚度,如果在一个正在设计和开发中的机器上出现了失稳问题,可以通过改变转子直径、跨度等方法来提高转子的自然频率,使转子工作转速频率低于转子自然频率的 2 倍。

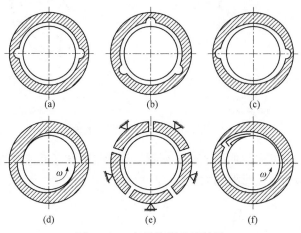

(a)　　　　　　　(b)　　　　　　　(c)

(d)　　　　　　　(e)　　　　　　　(f)

图 5.4.29　各种抗涡动的轴承

上述这些措施有时会互补,但有时也会互相抵消,故在进行改变以前,应预先估计这些措施对系统的整体作用。

3. 叶尖间隙气动力引起的失稳

对于气动力引起转子的失稳问题,目前已知的有关失稳机制主要有叶尖间隙激振、篦齿密封的间隙激振和螺旋桨的振动等三个方面。

叶尖间隙的失稳机制主要依赖于机器的负荷特性。轴的径向变形使得透平叶轮部件在一侧的径向间隙缩小,同时其对面处的径向间隙扩大,如图 5.4.30 所示。图中,O 为挠曲前转子轴心,$OO_1 = r$ 为转子的挠曲

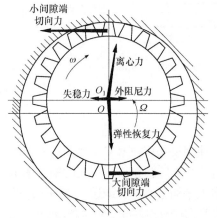

图 5.4.30　叶尖间隙的激振

值，ω 为转子转速，Ω 为涡动转速。

在间隙较小的一边，叶片的工作效率更高，有较大的切向推力，而间隙较大处切向推力较小。其合力除了力偶外，还有一个垂直于轴的变形方向的切向力，这个力会推动转子在旋转方向的正向涡动，从而加大其径向偏移，切向力随之增大。如此反复，形成自激振动。

对于有径向变形的转子，最小间隙的叶片有最高的效率，在获得同样的压头时，需要较小的输入功，即比 180°对面具有大间隙的叶片来说更为轻载。因此，叶轮的合力除了力偶外，有一切向的失稳力作用在旋转方向，这使转子有做正向涡动的倾向。

上述这种叶尖气隙的失稳力称为 Thomas-Alford 力。叶尖间隙激振的失稳力 F_θ 可以表示为

$$F_\theta = \int_0^{2\pi} \frac{2T\beta}{\pi D_m^2} \frac{D_m}{2} \frac{r\cos\theta}{l} \mathrm{d}\theta = \frac{\beta Tr}{D_m l} \tag{5.4.7}$$

或有耦合刚度系数

$$K_{r\theta} = \frac{F_\theta}{r} = \frac{\beta T}{D_m l} \tag{5.4.8}$$

式中，F_θ 为失稳的切向力；r 为径向位移；T 为力矩；D_m 为叶片中径；l 为叶片长度；θ 为叶轮面内的圆周角；β 为单位间隙变化所引起的热动力效率的变化，是考虑其他因素而引入的一个因子。

系数 $K_{r\theta}$ 和 β 与转速和力矩之间有复杂的依赖关系。当增压比高于一定值时，耦合力是反进动方向；一般而言，涡动转子的旋转效果将比静止转子严重得多；在叶片雷诺数小于 10^5 的条件下，密封是影响带冠叶片切向力的主要因素。

对于不带冠的透平叶片，β 值在 2.43～4.04 的范围内；除了切向力，叶尖气隙中还有一个弹性恢复力，可定义刚度系数为 $K_{rr}=\alpha T/(D_m l)$，α 值在 1.49～3.65 范围内，恢复力是由周向压力分布不均而引起的；当径向平均间隙减小时，α、β 值都显著增大。

对于带冠的透平叶片，β 值在 5.94～6.37 的范围内，压力不均匀是主要影响因素；α 值在 4.06～6.0 的范围内。

4. 转子系统失稳实例

1) 蒸汽透平转子的失稳振动

某汽轮发电机组转子系统的示意图如图 5.4.31 所示，其转速为 3000r/min，图

中数字为轴承序号。在高压转子中的 1#及 2#轴承处，机组达到额定转速后会发生大振幅的振动。通过频率及振动数据分析，得出下列现象：①转子振动的主要振动分量频率为 1450r/min，大约是转子额定转速的一半；②随着供油温度的升高，振幅减小；③发生振动的轴承的轴瓦温度大大低于其他轴承的温度。这些事实表明，该振动是油膜振动。

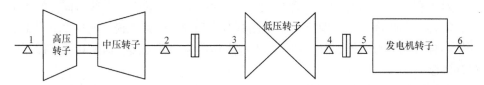

图 5.4.31　某汽轮发电机组转子系统示意

在对轮接合处发现高、中压转子与低压转子对中很差，作用在 2#轴承上的静载荷太小。用垫片在轴承底下把 2#轴承抬高后，失稳振动消失。测量 2#轴承温度，发现该轴承负荷已经增加。

2) 由于迷宫密封导致的汽轮机自激振动

某汽轮发电机组的转子如图 5.4.32 所示，在工作过程中发生了振动，其最大振幅达到了 90μm，振动频率 38Hz，大约是旋转速度 4540r/min 时的一半。振动开始于 70%的额定功率下，当达到额定功率时振幅达到极大值。

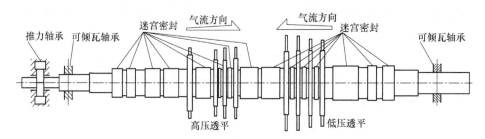

图 5.4.32　某汽轮发电机组转子

由于转子支承在五块可倾瓦径向轴承上，产生油膜振荡的可能性较小。转子的振动频率为 38Hz，与一阶自然频率相近，故该振动一般为流体激振引起的自激振动。因为在设计转子系统时没有计及流体激振因素，且系统的阻尼为 0.01～0.015，其值很小，故当系统受流体激振时，转子很容易失稳。可见，迷宫密封中的流体激振是该转子振动的主要原因。当轴承间隙增加 0.1%时，把轴承预负荷系数从 0.8 减到 0，同时改变轴承上负荷的方向，从瓦块之间转到瓦块上，以增加油膜的阻尼，则振动峰值减小到 15μm。若在迷宫密封的进口处安装一个如图 5.4.33 所示的涡旋制动装置，则失稳振动完全消失。

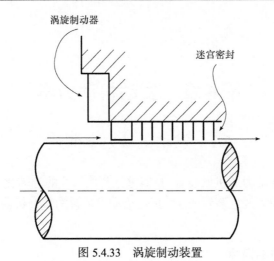

图 5.4.33　涡旋制动装置

第6章　发动机动力学

6.1　发动机动力学概述

发动机是产生动力的机械装置,是能够把其他形式的能转化为机械能的机器。发动机既适用于动力发生装置,也可指包括动力装置的整个机器,如汽油发动机、航空发动机等。

6.1.1　发动机的性能指标

发动机是众多机械装备的核心部件,是产生动力的机械装置。机械装备的运动和性能在很大程度上由发动机的性能和质量决定。发动机的性能指标被用来表征发动机的性能特点,并作为评价各类发动机性能优劣的依据。发动机的性能指标主要有动力性指标、经济性指标、环境指标、可靠性指标和耐久性指标。

1. 动力性指标

动力性指标是表征发动机做功能力大小的指标,一般用发动机的有效转矩、有效功率、发动机转速、升功率等作为评价指标。

发动机对外输出的转矩称为有效转矩,单位一般是 N·m,发动机工作时,有效转矩与外界施加于发动机曲轴上的阻力矩相平衡。

发动机通过飞轮对外输出的功率称为有效功率,单位为 kW,等于发动机的有效转矩与曲轴角速度的乘积。有效功率可以利用测功机在发动机试验台架上测出,实际测量时一般直接测量发动机在某一转速下的输出转矩和相应的转速,然后通过计算得到输出功率。

发动机曲轴每分钟的回转数称为发动机转速。

升功率是从发动机有效功率的角度对其气缸工作容积的利用率做总的评价,与平均有效压力和转速的乘积成正比。升功率越大,发动机的强化程度越高,发出一定有效功率的发动机尺寸越小。升功率是评定发动机动力性能和强化程度的重要指标之一。

2. 经济性指标

发动机经济性指标一般用有效燃油消耗率表示。发动机每输出 1kW·h 的有效功所消耗的燃油量(以 g 为单位)称为有效燃油消耗率。

3. 环境指标

环境指标主要指发动机排气品质和噪声水平。由于环境指标关系到人类的健康及其赖以生存的环境，排放指标和噪声水平已成为发动机的重要性能指标。

排放指标主要是指从发动机油箱、曲轴箱排出的气体和从汽缸排出的废气中所含的有害排放物的量。对汽油机来说主要是废气中的一氧化碳和碳氢化合物含量；对柴油机来说主要是废气中的氮氧化物和颗粒含量。

噪声是指对人的健康造成不良影响及对学习、工作和休息等正常活动发生干扰的声音。由于汽车是城市中的主要噪声源之一，而发动机又是汽车的主要噪声源，因此控制发动机的噪声就显得十分重要。

4. 可靠性指标

可靠性指标是表征发动机在规定的使用条件下，在规定的时间内，正常持续工作能力的指标。可靠性指标有多种，如首次故障行驶里程、平均故障间隔里程等。

5. 耐久性指标

耐久性指标是指发动机主要零件磨损到不能继续正常工作的极限时间。

6.1.2　发动机分类

发动机的种类繁多，可以根据发动机的燃烧方式、工作方式、氧化剂来源等不同形式进行分类。

1. 按照发动机的燃烧方式分类

按照燃烧方式，发动机可以分为外燃机、内燃机、燃气轮机和喷气发动机等。

外燃机是指燃料在发动机的外部燃烧，将燃烧产生的热能转化成动能的动力装置。瓦特改良的蒸汽机就是一种典型的外燃机，煤炭燃烧产生的热能把水加热成大量的水蒸气，形成了高压，高压推动机械做功，从而完成了热能向动能的转变。外燃机常常称为斯特林发动机。

内燃机是指燃料在机器内部燃烧，并将其放出的热能直接转换为动力的热力发动机。内燃机的种类十分繁多，广义上的内燃机不仅包括往复活塞式内燃机、旋转活塞式发动机和自由活塞式发动机，也包括旋转叶轮式的喷气发动机，但通常所说的内燃机是指活塞式内燃机。活塞式内燃机以往复活塞式内燃机最为普遍。活塞式内燃机将燃料和空气混合在汽缸内燃烧，释放出的热能使汽缸内产生高温高压的燃气，燃气膨胀推动活塞做功，再通过曲柄连杆机构或其他机构将机械功输出，驱动从动机械工作。常见的有柴油机和汽油机，将内能转化为机械能，通过做功改变内能。

燃气轮机是指燃烧产生高压燃气,利用燃气的高压推动燃气轮机的叶片旋转,从而输出能量的动力装置。燃气轮机的工作过程是,压气机(即压缩机)连续地从大气中吸入空气并将其压缩;压缩后的空气进入燃烧室,与喷入的燃料混合后燃烧,成为高温燃气,随即流入燃气涡轮中膨胀做功,推动涡轮叶轮带着压气机叶轮一起旋转;加热后的高温燃气的做功能力显著提高,因而燃气涡轮在带动压气机的同时,尚有余功作为燃气轮机的输出机械功。燃气轮机使用范围很广,例如,以高温气体为工质,按照等压力加热循环,将燃料中的化学能转变为机械能和电能。燃气轮机发电厂用液体和气体燃料通过燃气轮机转变为机械能,然后带动发电机发电。

喷气发动机是指靠喷管高速喷出的气流直接产生反作用推力的发动机,广泛用作飞行器的动力装置。燃料和氧化剂在燃烧室内起化学反应而释放热能,然后热能在喷管中转化为调整气流的功能。除燃料外,氧化剂由飞行器携带的称为火箭发动机,它包括固体燃料火箭发动机和液体燃料火箭发动机。

2. 按照发动机的工作方式分类

按照工作原理,发动机可以分为活塞式发动机、涡轮发动机和非传统发动机等。

1) 活塞式发动机

活塞式发动机的工作原理是,活塞承载燃气压力,在气缸中进行反复运动,并依据连杆将这种运动转变为曲轴的旋转活动。活塞式发动机主要由气缸、活塞、连杆、曲轴、气门机构、螺旋桨减速器、机匣等组成。气缸是混合气(汽油和空气)进行燃烧的地方,气缸内容纳活塞做往复运动,气缸头上装有点燃混合气的电火花塞以及进、排气门。气缸在发动机壳体(机匣)上的排列形式多为星形或 V 形,常见的星形发动机有 5 个、7 个、9 个、14 个、18 个或 24 个气缸不等,在单缸容积相同的情况下,气缸数目越多发动机功率越大。活塞承受燃气压力在气缸内做往复运动,并通过连杆将这种运动转变成曲轴的旋转运动。连杆用来连接活塞和曲轴。曲轴是发动机输出功率的部件,曲轴转动时,通过减速器带动螺旋桨转动而产生拉力。

2) 涡轮发动机

涡轮发动机是一种利用旋转的机件穿过流体而汲取动能的发动机形式。涡轮发动机是一种内燃机,常用于飞机与大型的船舶或车辆的发动机。涡轮发动机具备压缩机、燃烧室和涡轮机三大部件。压缩机通常还分成低压压缩机(低压段)和高压压缩机(高压段),低压段有时也兼具进气风扇增加进气量的作用,进入的气流在压缩机内被压缩成高密度、高压、低速的气流,以增加发动机的效率。气流进入燃烧室后,由供油喷嘴喷射出燃料,在燃烧室内与气流混合并燃烧。燃烧后产生的高热废气,接着会推动涡轮机使其旋转,然后带着剩余的能量,经由喷嘴或排气管排出，至于会有多少的能量被用来推动涡轮，则视涡轮发动机的种类与设计而定，涡轮机和压缩机一样可分为高压段与低压段。涡轮发动机主要有涡轮喷气发动机、涡轮风扇发动机、涡轮螺旋桨发动机、涡轮轴发动机等。

涡轮喷气发动机是完全依赖燃气燃烧的气流产生推力，在高压下输入能量，低压下释放能量的发动机，通常用作高速飞机的动力。从产生输出能量的原理上，喷气发动机和活塞式发动机相同，都需要有进气、加压、燃烧和排气这四个阶段。但活塞式发动机的四个阶段分时依次进行，而喷气发动机中则连续进行，气体依次流经喷气发动机的各个部分，就对应着活塞式发动机的四个工作位置。涡轮喷气发动机由进气道、压气机、燃烧室、涡轮和尾喷管组成。涡轮喷气发动机分为离心式与轴流式两种，轴流式具有横截面小，压缩比高的优点，目前的涡喷发动机大多为轴流式。

涡轮风扇发动机是在涡轮喷气发动机的基础上增加了几级涡轮，并由这些涡轮带动一排或几排风扇而工作的一种发动机。涡轮风扇发动机风扇后的气流分为两部分，一部分进入压气机(内涵道)，另一部分则不经过燃烧，直接排到空气中(外涵道)。由于涡轮风扇发动机一部分的燃气能量被用来带动前端的风扇，因此降低了排气速度，提高了推进效率，热效率和推进效率不再矛盾，克服了涡轮喷气发动机在低速下耗油量大、效率较低等缺点。航空用涡轮风扇发动机主要分两类，即不加力式涡轮风扇发动机和加力式涡轮风扇发动机。不加力式涡轮风扇发动机主要用于高亚声速运输机，加力式涡轮风扇发动机主要用于歼击机，由于用途不同，这两类发动机的结构参数也大不相同。

涡轮螺旋桨发动机(简称涡桨发动机)是将活塞发动机涡轮化而研制的一种发动机，由螺旋桨和燃气发生器组成，螺旋桨由涡轮带动。由于螺旋桨的直径大，转速要远比涡轮低，因此在螺旋桨和涡轮之间安装有减速器，将涡轮转速降至十分之一左右才可驱动螺旋桨。涡轮螺旋桨发动机的螺旋桨后的空气流就相当于涡轮风扇发动机的外涵道，由于螺旋桨的直径比发动机大很多，气流量也远大于内涵道，这种发动机实际上相当于一台超大涵道比的涡轮风扇发动机。涡轮螺旋桨发动机在中低速飞机或对低速性能有严格要求的飞机中得到广泛应用。

涡轮轴发动机是由涡轮风扇发动机的原理演变而来的一种发动机。在工作和构造上，涡轮轴发动机同涡轮螺旋桨发动机相近，只不过涡轮螺旋桨发动机代替活塞螺旋桨发动机用于固定翼飞机，而涡轴发动机代替活塞轴发动机用于旋翼直升机。涡轮轴发动机一般装有自由涡轮(即不带动压气机，专为输出功率用的涡轮)，而且主要用在直升机和垂直/短距起落飞机上。

3) 非传统发动机

非传统发动机是指传统的涡喷、涡扇、涡轴、涡桨、活塞发动机以外的新型发动机，主要有新概念发动机、重大革新型发动机和新能源发动机三类。①新概念发动机在结构、原理或循环特性上与传统发动机具有很大的区别与创新，如脉冲爆震发动机、超燃冲压发动机、波转子发动机、等离子体发动机、分布式矢量推进发动机等。②重大革新型发动机在传统的发动机原理、结构基础上进行了重大革新，如多电发动机、自适应循环发动机、智能发动机、间冷回热发动机、桨扇发动机、超微型涡轮发动机、冲压转子发动机、骨架结构发动机和各种组合发动机等。③新能源发动机面对石油资源的枯竭和绿色环保的要求，开发使用航空煤油以外的新燃料和新能源，如氢燃料发动机、合成燃料发动机、生物燃料发动机、天然气燃料发动机、太阳能发动机、核能发动机、燃料电池发动机、激光发动机和微波能发动机等。

超燃冲压发动机是指燃料在超声速气流中进行燃烧的冲压喷气发动机，由进气道、超声速燃烧室和喷管组成。燃料分级喷入进气道和燃烧室，与超声速气流混合进行燃烧，高温燃气从喷管喷出产生推力。由于超声速燃烧中燃料在燃烧室内停留时间极短，要保证完全燃烧，需要热值高、热稳定性好、能自燃点火和点火延迟期短的高反应速率的燃料。超燃冲压发动机主要有双模态超燃冲压发动机和双燃烧室超燃冲压发动机两种类型，双模态超燃冲压发动机直接将燃料喷射到超声速气流中，通过控制燃料喷射的位置，可使燃烧由亚声速燃烧模态过渡到超声速燃烧模态。双燃烧室超燃冲压发动机是从进气道先将一部分气流引入亚声速燃烧室预燃，然后与大部分超声速气流混合补燃，再从尾喷管喷出。

涡轮冲压组合发动机是将涡轮发动机和冲压发动机组合起来使用的吸气式发动机。根据涡轮发动机和冲压发动机的组合方式，可以分为分体式和整体式组合发动机，整体式组合发动机又根据涡轮和冲压两类发动机主要部件的关系和流程分为串联布局和并联布局两种类型。在涡轮冲压组合发动机中，冲压发动机按其工作模式分为亚燃冲压发动机、超燃冲压发动机和双燃冲压发动机。

脉冲爆震发动机是一种利用脉冲式爆震波产生推力的新概念发动机，这种类型的发动机结构简单，少有或无运动部件，热循环效率比常规活塞、涡轮发动机和冲压发动机更高，推重比高，耗油率低。根据其用途的不同，可以将吸气式脉冲爆震发动机大致分为三类：纯脉冲爆震发动机、混合式脉冲爆震发动机和组合式脉冲爆震发动机。

间冷回热涡扇发动机是一种新型节能环保航空发动机，通过在传统涡扇发动机热循环基础上增加间冷和回热过程，可使得发动机拥有更低的耗油率。回热器是间冷回热涡扇发动机的一个主要特征部件，工作在超过 900K 的高温核心流中，其性能将直接影响发动机的性能，其设计技术是间冷回热涡扇发动机的一个关键技术。

桨扇发动机是一种介于涡桨发动机和涡扇发动机之间的结构，新型螺旋桨由两个旋转方向相反的螺旋桨在一起工作，螺旋桨的桨叶较多，每片桨叶形状弯曲后掠呈马刀形，桨扇发动机的研制弥补了涡桨发动机耗油率高的不足。桨扇发动机有无涵道桨扇和涵道桨扇两种。

3. 按照氧化剂来源分类

按照发动机燃料燃烧所需的氧化剂的来源不同，发动机可分为火箭发动机和喷气发动机。

1) 火箭发动机

火箭发动机就是利用冲量原理，自带推进剂、不依赖外界空气的喷气发动机。根据氧化剂和燃烧剂的形态不同，火箭发动机又分为液体火箭发动机、固体火箭发动机和固液混合火箭发动机。液体火箭通过泵或者高压气体使氧化剂和燃料分别进入燃烧室，两种推进剂成分在燃烧室混合并燃烧。固体火箭的推进剂事先混合好放入燃烧室。固液混合火箭使用固体和液体混合的推进剂或气体推进剂，也有使用高能电源将惰性反应物料送入热交换机加热，这就不需要燃烧室。火箭发动机是喷气发动机的一种，将推进剂储箱或运载工具内的反应物(推进剂)变成高速射流。火箭发动机可用于航天器推进，也可用于导弹等在大气层内飞行。大部分火箭发动机都是内燃机，也有非燃烧形式的发动机。

2) 喷气发动机

喷气发动机是一种利用燃气从尾部高速喷出时所产生的反冲作用推动机身前进的发动机。喷气发动机工作时，空气从前边的进气口进入，接着由带有叶片的叶轮压气机对空气进行压缩，使其压强增大，温度升高。被压缩的空气在燃烧室内喷入的液体燃料汇合而燃烧。燃烧产生的高温高压燃气先是推动涡轮以带动压气机转动，然后从尾部排气管以很高的速度喷出，从而产生反冲作用，使飞机高速前进，装有喷气发动机的飞机已经可以达到接近或超过声速的速度。

4. 按照发动机的其他特征分类

发动机的重量繁多，除上述发动机分类方式，还有各种不同的分类方式。

1) 按驱动对象

按照驱动对象，发动机可分为汽车发动机、航空发动机、轮船发动机、飞行器发动机等。

2) 按活塞运动方式

活塞式内燃机可分为往复活塞式和旋转活塞式两种。往复活塞式内燃机的活塞在汽缸内做往复直线运动，旋转活塞式内燃机的活塞在汽缸内做旋转运动。

3) 按照进气系统

内燃机按照进气系统是否采用增压方式可以分为自然吸气(非增压)式发动机

和强制进气(增压式)发动机。若进气是在接近大气状态下进行的，则为非增压内燃机或自然吸气式内燃机；若利用增压器将进气压力增高，进气密度增大，则为增压内燃机。

4) 按照气缸排列方式

内燃机按照气缸排列方式不同，可以分为单列式、双列式和三列式三种。单列式发动机的各个气缸排成一列，一般是垂直布置的，但为了降低高度，有时也把气缸布置成倾斜的甚至水平的。双列式发动机把气缸排成两列，两列之间的夹角小于180°(一般为90°)的称为 V 型发动机，两列之间的夹角等于180°的称为对置式发动机。三列式把气缸排成三列，成为 W 型发动机。

5) 按照气缸数目

内燃机按照气缸数目不同可以分为单缸发动机和多缸发动机。仅有一个气缸的发动机称为单缸发动机；有两个以上气缸的发动机称为多缸发动机，如双缸、三缸、四缸、五缸、六缸、八缸、十二缸、十六缸等发动机都是多缸发动机。现代车用发动机多采用三缸、四缸、六缸、八缸发动机。

6) 按照冷却方式

内燃机按照冷却方式不同可以分为水冷发动机和风冷发动机。水冷发动机利用在气缸体和气缸盖冷却水套中进行循环的冷却液作为冷却介质进行冷却；而风冷发动机利用流动于气缸体与气缸盖外表面散热片之间的空气作为冷却介质进行冷却。水冷发动机冷却均匀，工作可靠，冷却效果好，被广泛地应用于现代车用发动机。

7) 按照行程

内燃机按照完成一个工作循环所需的冲程数可分为四冲程内燃机和二冲程内燃机。把曲轴转两圈(720°)，活塞在气缸内上下往复运动四个冲程，完成一个工作循环的内燃机称为四冲程内燃机；而把曲轴转一圈(360°)，活塞在气缸内上下往复运动两个冲程，完成一个工作循环的内燃机称为二冲程内燃机。

8) 按气门机构

内燃机按气门结构可分为侧置气门(SV)发动机、侧置凸轮轴(OHV)发动机、顶置凸轮轴(OHC)发动机、可变气门(VTEC)发动机 和 Desmo 气门机构发动机等。

9) 按燃油供应方式

内燃机按燃油供应方式可分为化油器发动机、电喷发动机、直喷发动机。

10) 按所用燃料

内燃机按照所使用燃料的不同可以分为汽油机和柴油机。使用汽油为燃料的内燃机称为汽油机；使用柴油为燃料的内燃机称为柴油机。汽油机转速高，质量小，噪声小，启动容易，制造成本低；柴油机压缩比大，热效率高，经济性能和排放性能都比汽油机好。

11) 按照内燃机布局

内燃机按照布局可分为前置发动机、中置发动机、后置发动机、横置发动机、纵置发动机和反置发动机等。

发动机动力学涉及航空飞行器、汽车、轮船等众多装备，是这些装备设计、制造和运行的关键问题。发动机作为一种典型的动力机械，有自身独特的动力学问题，更有很多同其他机械所共有的动力学问题。虽然发动机的类型众多，结构各异，但动力学分析具有很多共性问题。本章以航空发动机为例，主要讨论发动机的转子动力学和转子的动态设计问题。

6.2　发动机转子的振动

6.2.1　单圆盘对称转子的振动

本节以最简单的单圆盘对称转子模型，即杰夫考特转子模型作为分析对象，引入临界转速的概念，分析转子的不平衡响应。实际发动机的转子系统要比这一模型复杂得多，但依据此模型仍可足够明确地解释实际转子的振动现象。

1. 单圆盘对称转子的涡动及幅频特性

单圆盘对称转子模型由支承在刚性支承上的弹性轴和置于轴中间位置的盘组成，如图 6.2.1 所示。由于材料不均匀、加工误差等因素，盘的质心偏离轴线，偏心距为 ε。当转子以角速度 ω 运转时，偏心引起的离心力即不平衡力作用在轴上，使轴产生弯曲。圆盘除绕轴心以角速度 ω 自转外，同时随轴的弯曲弹性线绕轴承连线公转，这种运动形式称为涡动。实际中，转子除受不平衡力外，还会受到其他激扰力的作用，因此转子会发生复杂的涡动。

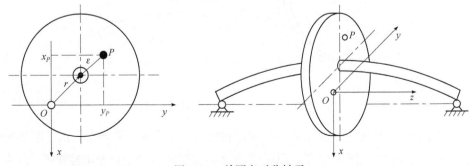

图 6.2.1　单圆盘对称转子

下面仅考虑不平衡力作用下转子的变形，讨论临界转速、偏心转向及自动定心等现象。

由图 6.2.1 可知，作用在转子上的离心力为

$$F = (\varepsilon + r)m\Omega^2 \tag{6.2.1}$$

式中，r 为轴在置盘处的挠度；m 为盘的质量。

式(6.2.1)表示的离心力将由转子的弹性恢复力来平衡，即

$$kr = F = (\varepsilon + r)m\Omega^2 \tag{6.2.2}$$

式中，k 为轴在置盘处的刚度。

由式(6.2.2)可得

$$r = \frac{\varepsilon(\Omega/\omega)^2}{1 - (\Omega/\omega)^2} \tag{6.2.3}$$

式中，$\omega = \sqrt{k/m}$ 称为临界转速。

图 6.2.2 描述了挠度 r 随转速的变化曲线，即幅频特性，可见，幅值与转子偏心距 ε 成正比。转速从 0 向 ω 增加时，转子的挠度 r 随转速增加而增加。当转速 $\Omega = \omega$ 时，挠度 r 趋于无穷大，这与共振现象相似，该转速称为**临界转速**。越过临界转速之后，转子挠度 r 随转速增加而减小，当转速进一步增加时，挠度 r 渐近于转子偏心距 ε，即转子质心渐近于轴线，该现象称为**自动定心**。

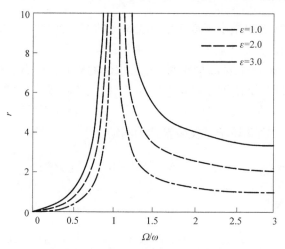

图 6.2.2　转子动挠度的幅值-转速曲线

在工程应用中定义，低于临界转速运转的转子称为亚临界转子；高于临界转速运转的转子称为超临界转子。而低于 $\sqrt{1/2}$ 临界转速的转子称为**刚性转子**，因为在此转速区域离心力引起的转子挠度 r 小于偏心距 ε。高于此转速运转的转子，则称为**柔性转子**。

2. 单圆盘对称转子的运动微分方程

为了方便描述单圆盘对称转子的运动,建立如图 6.2.3 所示的空间固定坐标系 $Oxyz$, x 轴和 y 轴位于圆盘的中心面上, z 轴与轴承中心连线重合,坐标原点 O 位于轴承中心连线上。圆盘几何中心 W 的坐标为 (x, y),所历经的是平面运动,即随质心 P 的平动和绕质心 P 的转动。

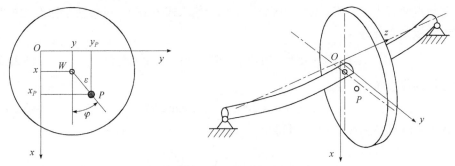

图 6.2.3　转子运动及坐标系

质心 P 的坐标为

$$x_P = x + \varepsilon \cos\varphi, \quad y_P = y + \varepsilon \sin\varphi \tag{6.2.4}$$

根据牛顿定律,得到质心 P 的平动微分方程为

$$m\ddot{x}_P = -kx, \quad m\ddot{y}_P = -ky \tag{6.2.5}$$

将式(6.2.4)代入式(6.2.5),经整理后可得

$$m\ddot{x} + kx = m\varepsilon\dot{\varphi}^2\cos\varphi + m\varepsilon\ddot{\varphi}\sin\varphi, \quad m\ddot{y} + ky = m\varepsilon\dot{\varphi}^2\sin\varphi - m\varepsilon\ddot{\varphi}\cos\varphi \tag{6.2.6}$$

在式(6.2.6)两边同除以 m,并引入 $\omega = \sqrt{k/m}$ 可得

$$\ddot{x} + \omega^2 x = \varepsilon\dot{\varphi}^2\cos\varphi + \varepsilon\ddot{\varphi}\sin\varphi, \quad \ddot{y} + \omega^2 y = \varepsilon\dot{\varphi}^2\sin\varphi - \varepsilon\ddot{\varphi}\cos\varphi \tag{6.2.7}$$

根据动量矩定律可列出圆盘绕质心 P 转动的微分方程为

$$I\ddot{\varphi} = T + k\varepsilon(x\cos\varphi - y\sin\varphi) \tag{6.2.8}$$

式中, I 为圆盘的惯性矩; T 为外加扭矩,即驱动扭矩。方程右边的第二项表示作用在圆盘几何中心 W 上的弹性恢复力所产生的力矩。

3. 单圆盘对称转子的不平衡响应

式(6.2.7)和式(6.2.8)完全描述了转子的运动形态。若仅考虑转子的稳态运行,即驱动扭矩克服转子上的阻力,如气动力矩,故 $T=0$,则方程(6.2.8)变为

$$\ddot{\varphi} = \frac{k}{I}\varepsilon(x\cos\varphi - y\sin\varphi) \tag{6.2.9}$$

由于 εx 和 εy 皆为高阶小量，故式(6.2.9)可近似为

$$\ddot{\varphi} = 0 \tag{6.2.10}$$

对式(6.2.10)积分两次可得

$$\dot{\varphi} = \Omega = 常数, \quad \varphi = \Omega t + \beta \tag{6.2.11}$$

当机器以定转速运转状态运行时，式(6.2.11)中的 β 为积分常数，总可选择适当的时间起点使其为零。将式(6.2.10)和式(6.2.11)代入式(6.2.7)，可得转子稳态运行时的运动微分方程为

$$\ddot{x} + \omega^2 x = \varepsilon \Omega^2 \cos(\Omega t), \quad \ddot{y} + \omega^2 y = \varepsilon \Omega^2 \sin(\Omega t) \tag{6.2.12}$$

设方程的稳态解为

$$x = X \cos(\Omega t), \quad y = Y \sin(\Omega t) \tag{6.2.13}$$

将式(6.2.13)代入式(6.2.12)，可得

$$X = \frac{\varepsilon \Omega^2}{\omega^2 - \Omega^2}, \quad Y = \frac{\varepsilon \Omega^2}{\omega^2 - \Omega^2} \tag{6.2.14}$$

引入转速比 $\lambda = \Omega / \omega$，则方程(6.2.12)的稳态解可表示为

$$x = \varepsilon \frac{\lambda^2}{1 - \lambda^2} \cos(\Omega t), \quad y = \varepsilon \frac{\lambda^2}{1 - \lambda^2} \sin(\Omega t) \tag{6.2.15}$$

式(6.2.15)表明，稳态运转时，在不平衡力作用下转子在 x 和 y 方向历经同频、同幅的简谐振动，但相位相差 90°，振动频率与转子自转频率相同。振动幅值与转子不平衡量 ε 成正比并与转速有关。

将式(6.2.15)的两式两边平方后相加，可得

$$x^2 + y^2 = \frac{\varepsilon^2 \lambda^4}{(1 - \lambda^2)^2} \tag{6.2.16}$$

式(6.2.16)是一个圆的方程，表明轴心在转子运转过程中沿一圆轨迹运动，轨迹旋转方向与转子的自转方向相同。由此可见，转子不平衡引起转子的协调正进动，如图 6.2.4 所示，轨迹半径为

$$r = \frac{\varepsilon \lambda^2}{1 - \lambda^2} \tag{6.2.17}$$

由式(6.2.4)和式(6.2.15)可求得不平衡作用下转子质心的运动规律为

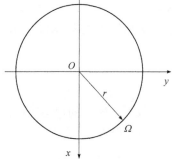

图 6.2.4　轴心轨迹图

$$x_P = \frac{\varepsilon}{1 - \lambda^2} \cos(\Omega t), \quad y_P = \frac{\varepsilon}{1 - \lambda^2} \sin(\Omega t) \tag{6.2.18}$$

式(6.2.18)描述的也是一圆轨迹，圆的半径为

$$r_P = \left| \frac{\varepsilon}{1-\lambda^2} \right| \tag{6.2.19}$$

对于任何 λ 值，都存在

$$r_P - r = \varepsilon \tag{6.2.20}$$

将式(6.2.15)和式(6.2.18)对应相除，可得

$$\frac{y}{x} = \frac{y_P}{x_P} = \tan(\Omega t) \tag{6.2.21}$$

式(6.2.21)表明，坐标原点 O、圆盘几何中心 W 和质心 P 位于同一直线上。

图 6.2.5 表示了盘几何中心 W 和质心 P 的运动轨迹半径随转速比的变化规律，两条曲线的垂直距离在任何转速处都保持为 ε。由图 6.2.5 可见，当 $\Omega < \omega$ 时，即在亚临界区域，圆盘质心 P 的轨迹半径大于几何中心 W 的轨迹半径。转子运转过程中，离心力的作用使质心向外，但在超临界区域($\Omega > \omega$)情况却相反，即圆盘几何中心 W 的轨迹半径大于质心 P 的轨迹半径，说明质心向内。转速进一步增加，质心 P 将不断向轴承中心连线靠近。当转速 $\Omega \gg \omega$ 时，质心 P 将移到轴承中心连线上，转子自动定心，此时轴的挠度为 ε，支承动反力为 $k\varepsilon$，图 6.2.6 为上述变化过程的示意图。

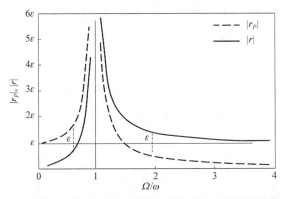

图 6.2.5　质心 P 和几何中心 W 的运动轨迹半径随转速比的变化

当转子在临界转速 $\Omega = \omega$ 附近运转时，转子的振幅趋于无穷大，这对转子运转很不利。因此，应根据允许的振动幅值来确定这一危险区域。

若转子允许的振动幅值为 R，则应保证

$$R \geqslant \left| \frac{\varepsilon\Omega^2}{\omega^2 - \Omega^2} \right| \tag{6.2.22}$$

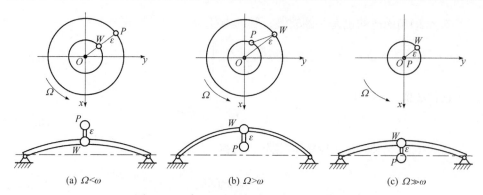

(a) $\Omega<\omega$　　　　　　(b) $\Omega>\omega$　　　　　　(c) $\Omega\gg\omega$

图 6.2.6　质心 P 和几何中心 W 的运动轨迹

由式(6.2.22)解得单圆盘对称转子的危险区域为

$$\omega^2 \frac{R}{R+\varepsilon} < \Omega^2 < \omega^2 \frac{R}{R-\varepsilon} \tag{6.2.23}$$

式(6.2.23)表示区域如图 6.2.7 所示。

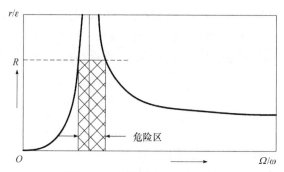

图 6.2.7　临界转速的危险区域

4. 不平衡作用下单圆盘对称转子的进动

引入复向量

$$r = x + \mathrm{i}y \tag{6.2.24}$$

其中，$\mathrm{i}=\sqrt{-1}$ 为单位复向量。在式(6.2.12)第二式的两边同乘以 i 后，与式(6.2.12)第一式相加，可得

$$\ddot{r} + \omega^2 r = \varepsilon\Omega^2[\cos(\Omega t) + \mathrm{i}\sin(\Omega t)] \tag{6.2.25}$$

利用欧拉公式 $\mathrm{e}^{\mathrm{i}\alpha} = \cos\alpha + \mathrm{i}\sin\alpha$ ，式(6.2.25)可表示为

$$\ddot{r} + \omega^2 r = \varepsilon\Omega^2 \mathrm{e}^{\mathrm{i}\Omega t} \tag{6.2.26}$$

式(6.2.26)右端的不平衡激扰力 $\varepsilon\Omega^2 \mathrm{e}^{\mathrm{i}\Omega t}$ 相当于以 Ω 旋转的矢量，旋转方向与转子

自转方向相同。方程(6.2.26)的解可表示为

$$r = \frac{\varepsilon\Omega^2}{\omega^2 - \Omega^2}e^{i\Omega t} = \frac{\lambda^2}{1 - \lambda^2}\varepsilon e^{i\Omega t} \tag{6.2.27}$$

式(6.2.27)描述的也是以 Ω 旋转的矢量,旋转方向与不平衡力矢量或转子自转方向相同,此矢量称为协调或同步正进动,进动轨迹半径为

$$|r| = \frac{\varepsilon\Omega^2}{\omega^2 - \Omega^2} \tag{6.2.28}$$

可见,转子不平衡引起转子协调正进动,这与前述的结论类似。

5. 不同坐标下转子运动方程的变换

在某些情况下,如考虑内摩擦或不圆轴时,在旋转坐标系建立转子系统的运动方程要容易得多,将其解通过坐标变换转换到固定坐标系,就可求得转子在固定坐标系的运动规律。利用复向量描述方法可实现这一变换过程。

如图 6.2.8 所示,固定坐标系为 Oxy,以角速度 Ω 旋转的坐标系为 Opq,起始时刻两坐标系重合。假设坐标系中任一点 P,与原点距离为 l,绕原点 O 以角速度 Ω 旋转,P 点在固定坐标系和旋转坐标系中的位置分别为

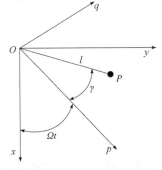

$$r = x + iy = le^{i(\Omega t + \gamma)}, \quad \rho = p + iq = le^{i\gamma} \tag{6.2.29}$$

比较式(6.2.29)的两式,可得固定坐标系与旋转坐标系间的转换关系为

$$r = \rho e^{i\Omega t} \quad \text{或} \quad \rho = re^{-i\Omega t} \tag{6.2.30}$$

利用式(6.2.30)的第一式,可将转子在固定坐标系的运动方程(6.2.26)转换到旋转坐标系。为此,需将式(6.2.30)的第一式两边对时间进行两次微分,得到

图 6.2.8　固定坐标系与旋转坐标系间的转换关系

$$\dot{r} = (\dot{\rho} + i\Omega\rho)e^{i\Omega t}, \quad \ddot{r} = (\ddot{\rho} + 2i\Omega\dot{\rho} - \Omega^2\rho)e^{i\Omega t} \tag{6.2.31}$$

将式(6.2.31)代入方程(6.2.26)并经整理后,得到运动方程为

$$\ddot{\rho} + 2i\Omega\dot{\rho} + (\omega^2 - \Omega^2)\rho = \varepsilon\Omega^2 \tag{6.2.32}$$

将式(6.2.32)按实部和虚部分开之后,可得关于坐标分量 p 和 q 的方程为

$$\ddot{p} - 2\Omega\dot{p} + (\omega^2 - \Omega^2)p = \varepsilon\Omega^2, \quad \ddot{q} + 2\Omega\dot{q} + (\omega^2 - \Omega^2)q = 0 \tag{6.2.33}$$

方程(6.2.32)的非齐次解为

$$\rho = \frac{\varepsilon\lambda^2}{1 - \lambda^2} \tag{6.2.34}$$

将式(6.2.34)代入式(6.2.30)的第一式后就得到在固定坐标系的解,与式(6.2.27)完全一致。

6. 有阻尼时单圆盘对称转子的振动

实际的机器中,转子的结构阻尼、挤压油膜阻尼器的油膜阻尼、工作介质产生的阻尼等,都会对转子的振动产生影响。当阻尼为正时,有利于转子稳定;当阻尼为负时,会使转子失稳,这里不讨论阻尼对转子稳定性的影响,只分析在线性阻尼的假设条件下转子的不平衡响应。

存在阻尼时,转子的运动方程为

$$\ddot{x} + 2\xi\omega\dot{x} + \omega^2 x = \varepsilon\Omega^2 \cos(\Omega t), \quad \ddot{y} + 2\xi\omega\dot{y} + \omega^2 y = \varepsilon\Omega^2 \sin(\Omega t) \quad (6.2.35)$$

式中,$\xi = c / (2\sqrt{mk})$ 为阻尼比;c 为阻尼系数。

把方程(6.2.35)写成复向量的形式,则有

$$\ddot{r} + 2\xi\omega\dot{r} + \omega^2 r = \varepsilon\Omega^2 \mathrm{e}^{\mathrm{i}\Omega t} \quad (6.2.36)$$

式中,$r = x + \mathrm{i}y$ 为复向量。方程(6.2.36)的解为

$$r = \frac{\varepsilon\Omega^2}{\sqrt{(\omega^2 - \Omega^2)^2 + (2\xi\omega\Omega)^2}} \mathrm{e}^{\mathrm{i}(\Omega t - \beta)}, \quad \beta = \arctan\frac{2\xi\omega\Omega}{\omega^2 - \Omega^2} \quad (6.2.37)$$

由式(6.2.37)可知,存在阻尼时,在临界转速 $\Omega = \omega$ 条件下,转子的振动幅值为

$$r = \frac{\varepsilon}{2\xi} \quad (6.2.38)$$

上述分析表明,转子的振动为有界值,阻尼越大,振动幅值越小。增加阻尼,可减小转子通过临界转速时的振动幅值,图 6.2.9 表示转子的幅频特性和相频特性,由图可见,无论阻尼多大,转子在临界转速处的相位差总为π/2。这一现象是

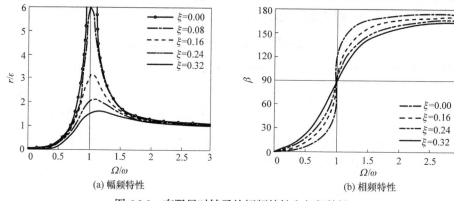

图 6.2.9　有阻尼时转子的幅频特性和相频特性

判断临界转速的依据之一。

7. 转子在临界转速点时的振动和阻尼的最佳估计方法

航空发动机、蒸汽发电机组、部分压缩机和鼓风机等旋转机械大多工作在超临界区域。机器启停过程中要通过临界转速，目的是尽量减小通过临界转速时转子的振动，一方面要求机器快速通过临界转速；另一方面，在频繁启停的机器中，专门加入阻尼器，如在航空发动机中加入挤压油膜阻尼器，抑制转子通过临界转速时的振动。下面分析转子在临界转速点的响应，并建立阻尼的最佳估计方法。

1) 转子在临界转速点时的振动

在临界转速点，转子振动达到峰值需要一定的时间，当转速为临界转速，即 $\Omega = \omega$ 时，式(6.2.36)变为

$$\ddot{r} + 2\xi\omega\dot{r} + \omega^2 r = \varepsilon\omega^2 e^{i\omega t} \tag{6.2.39}$$

式(6.2.39)的解为

$$r = e^{-\omega\xi t}\left(A_1 e^{i\sqrt{1-\xi^2}\omega t} + A_2 e^{-i\sqrt{1-\xi^2}\omega t}\right) + R e^{i\Omega t} \tag{6.2.40}$$

式中，右边第一项为对应于齐次方程的通解，A_1 和 A_2 为待定常数；第二项为非齐次方程的特解，且有

$$R = \frac{\varepsilon\lambda^2}{1 - \lambda^2 + 2i\xi\lambda} \tag{6.2.41}$$

对式(6.2.40)两边求一阶导数，得

$$\begin{aligned}
\dot{r} = &-\omega\xi e^{-\omega\xi t}\left(A_1 e^{i\sqrt{1-\xi^2}\omega t} + A_2 e^{-i\sqrt{1-\xi^2}\omega t}\right) \\
&+ e^{-\omega\xi t}\left(A_1 i\sqrt{1-\xi^2}\omega e^{i\sqrt{1-\xi^2}\omega t} - A_2 i\sqrt{1-\xi^2}\omega e^{-i\sqrt{1-\xi^2}\omega t}\right) + R(i\Omega)e^{i\Omega t}
\end{aligned} \tag{6.2.42}$$

取零初始条件，即 $t = 0$ 时，$r = 0$，$\dot{r} = 0$，方程的解为

$$r = -\frac{R}{2}e^{-\omega\xi t}\left[\left(1 + \frac{\lambda - i\xi}{\sqrt{1-\xi^2}}\right)e^{i\sqrt{1-\xi^2}\omega t} + \left(1 - \frac{\lambda - i\xi}{\sqrt{1-\xi^2}}\right)e^{-i\sqrt{1-\xi^2}\omega t}\right] + R e^{i\Omega t} \tag{6.2.43}$$

在临界转速处 $\lambda=1$，$\Omega = \omega$，则有

$$r = \frac{i\varepsilon}{4\xi}e^{-\omega\xi t}\left[\left(1 + \frac{1 - i\xi}{\sqrt{1-\xi^2}}\right)e^{i\sqrt{1-\xi^2}\omega t} + \left(1 - \frac{1 - i\xi}{\sqrt{1-\xi^2}}\right)e^{-i\sqrt{1-\xi^2}\omega t}\right] - \frac{i\varepsilon}{2\xi}e^{i\Omega t} \tag{6.2.44}$$

取初始条件 $t = 0$，$r = 0$ 时，$\dot{r} = R\left(i\Omega - i\sqrt{1-\xi^2}\omega + \omega\xi\right)$，则有

$$r = -R e^{-\omega\xi t}e^{i\sqrt{1-\xi^2}\omega t} + R e^{i\Omega t} \tag{6.2.45}$$

在临界转速处 $\lambda=1$，$\Omega = \omega$ 时，则有

$$r = \frac{\mathrm{i}\varepsilon}{2\xi}\left(\mathrm{e}^{-\mathrm{i}\Omega t}\mathrm{e}^{\mathrm{i}\sqrt{1-\xi^2}\omega t} - \mathrm{e}^{\mathrm{i}\Omega t}\right) \tag{6.2.46}$$

无阻尼时，$\xi=0$，转子的响应为

$$r = -\frac{\mathrm{i}\omega\varepsilon}{2}t\mathrm{e}^{\mathrm{i}\Omega t} \tag{6.2.47}$$

式(6.2.47)可直接由求解方程(6.2.39)得到，也可通过对式(6.2.46)求极限得到。

　　图 6.2.10 为临界转速时转子进动幅值随时间的变化过程，其中图 6.2.10(a)为有阻尼($\xi=0.02$)时，转子进动幅值达到最大值的情况；图 6.2.10(b)为无阻尼时，转子进动幅值逐步趋于无穷大的情况。由图可见，在临界转速点，转子的振动幅值随时间增加而增大，快速通过临界转速时，就可控制振动幅值的增大。

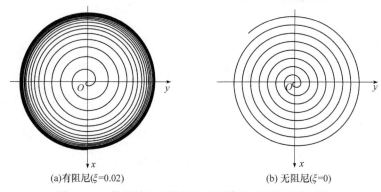

(a)有阻尼($\xi=0.02$)　　　　　　　(b) 无阻尼($\xi=0$)

图 6.2.10　临界转速时转子进动幅值随时间的变化过程

2) 阻尼值的估计方法

　　阻尼对临界峰值具有重要的影响，阻尼系数 ξ 可用衰减自由振动信号或幅频特性数据估算获得，但不论在衰减自由振动信号中，还是升降速过程测得的幅频特性数据中，都包含测量误差和噪声影响，且阻尼系数 ξ 一般都会小于 10%。因此，利用衰减自由振动信号或幅频特性数据估算阻尼系数的误差较大，下面介绍几种阻尼比降噪的估计方法。

　　(1) 利用衰减自由振动信号估计阻尼。对于实测的衰减自由振动信号，其中必然包含噪声干扰，用若干个周期的峰值求出阻尼系数然后取均值，可达到降噪的目的。现对如图 6.2.11 所示的衰减自由振动信号，取 n 个峰值为 $x_1, x_2, \cdots, x_n$，每一周期估计的阻尼系数为

$$\xi_i = \frac{1}{2\pi}\ln\frac{x_i}{x_{i+1}}, \quad i=1,2,\cdots,n-1 \tag{6.2.48}$$

对式(6.2.48)获得的各个阻尼系数取平均值，得到

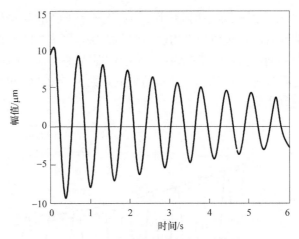

图 6.2.11　实测的衰减自由振动信号

$$\xi = \frac{1}{n-1}\sum_{i=1}^{n-1}\xi_i \tag{6.2.49}$$

利用图 6.2.11 所示的衰减自由振动信号，通过式(6.2.48)和式(6.2.49)计算，一个周期估计的阻尼系数为 $\xi=0.0262$，多周期平均估计的阻尼系数为 $\xi=0.0205$，真实的阻尼系数为 $\xi=0.02$。多周期平均估计的阻尼系数精度提高 27.8%。

(2) 包络逼近估计阻尼。阻尼估计也可采取包络逼近的方法求出阻尼系数 ξ，设衰减自由振动的包络为

$$\tilde{x} = R_0 \mathrm{e}^{-\omega\xi t} \tag{6.2.50}$$

构造误差函数为

$$f = \sum_{k=0}^{n}\left|x(kT) - \tilde{x}(kT)\right| \tag{6.2.51}$$

式中，$x(kT)$ 为测量信号在 $t=kT$ 时的峰值，分别迭代 R_0 和 $\omega\xi$ 使误差函数 f 达到最小。由于 R_0 和 $\omega\xi$ 相互独立，可为 R_0 设置一个初值，只迭代求解 $\omega\xi$ 即可，所得结果并不受 R_0 的影响。

临界转速 ω 较容易精确确定，求出 $\omega\xi$ 后，就可得到阻尼系数 ξ 值，在误差函数(6.2.51)中，取误差绝对值之和，而未取误差平方之和，目的是减小计算量和计算误差，所得结果是一致的。

由于周期 T 和临界转速 ω 相关，在小阻尼情况下，$T=2\pi/\omega$，故误差函数可表示为

$$f = \sum_{k=0}^{n}\left|x(kT) - R_0 \mathrm{e}^{-2\pi k\xi}\right| \tag{6.2.52}$$

从某一时刻 $t=0$，$R_0 = x(0)$ 开始，每隔一个周期 T，计算误差函数 f 中对应的一项，

迭代阻尼系数 ξ，直至误差函数达到最小，可以无须事先确定临界转速 ω。

包络逼近估计有两点包络和平均包络两种方法。图 6.2.12 给出了利用包络逼近估计阻尼的误差函数值。两点包络逼近得到的阻尼系数为 $\xi=0.0219$，平均包络逼近得到的阻尼系数为 $\xi=0.0210$，真实的阻尼系数为 $\xi=0.02$。可见，平均包络逼近的结果更接近真实值。

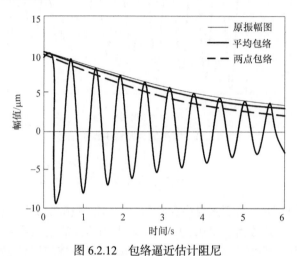

图 6.2.12　包络逼近估计阻尼

(3) 根据幅频特性寻优估计阻尼。在实际工程中，往往不易实施锤击实验，但在机器的升降速过程中，可测得转子的幅频特性，测量信号中包含误差和噪声，特别是在临界转速点，由于振动剧烈，一般必须快速通过，故很难测到临界峰值。由于转速和工况条件的限制，幅频特性曲线所包含的转速范围非常有限，可能无法运用半功率点估计方法，或者用此法估计的阻尼误差较大。下面介绍寻优估计阻尼的方法。

假设测量得到的转子幅频特性为 $\tilde{R}$，$\lambda=\Omega/\omega$ 为转速比，理想情况下，转子幅频特性为

$$R=\frac{\varepsilon\lambda^2}{\sqrt{(1-\lambda^2)^2+(2\xi\lambda)^2}} \tag{6.2.53}$$

构造误差函数为

$$f=\sum_{k=0}^{n}\left|\tilde{R}(\lambda_k)-R(\lambda_k)\right| \tag{6.2.54}$$

由于 ε 和 ξ 是相互独立的，设定 ε 的初值，$\varepsilon=\varepsilon_0$，迭代 ξ 使误差函数达到最小。

如果事先未知临界转速 ω，则可分别迭代 ω 和 ξ，使误差函数 f 最小，在风电机组中，为了减振和降噪，一般均要加装阻尼器。运行一定时间后，需对阻尼

器的阻尼效果进行检测。图 6.2.13 为某风电场两台 1.35MW 风力发电机组运行约 5 个月后所测得的幅频特性曲线，图 6.2.13(a)为 1#风力发电机垂直方向的幅频特性，图 6.2.13(b)为 2#风力发电机水平方向的幅频特性，图 6.2.13(c)为 2#风力发电机垂直方向的幅频特性。利用上述幅频特性寻优估计法，估计出阻尼系数分别为 $\xi=0.030$、$\xi=0.039$ 和 $\xi=0.036$。将所估计出的阻尼系数 ξ 代入式(6.2.53)，可计算出风力发电机的幅频特性。图中给出了幅频特性的计算值与测试值的比较结果，可直观衡量估计值的精度。可见，利用上述寻优估计法估计阻尼是很有效的。

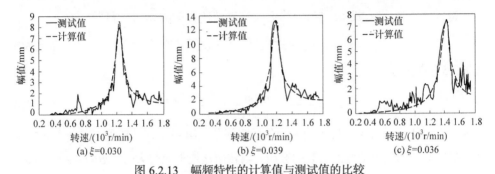

图 6.2.13　幅频特性的计算值与测试值的比较

6.2.2　带有弯曲轴和非圆轴转子的振动

6.2.1 节将转子简化成杰夫考特转子进行分析，所得到的结论能够解释实际转子振动的部分物理现象。实际的转子系统很复杂，仅依据简化的杰夫考特转子模型难以完全描述其振动特征。下面分别讨论弯曲轴、非圆轴转子的振动特征。

1. 带有弯曲轴时转子的振动

加工、安装或运行中的问题，常会使转子轴发生弯曲，轴弯曲相当于在转子上附加了不平衡量，破坏了转子原有的平衡状态，常常使得转子振动增大。在利用位移传感器进行动平衡时，也需计及轴的初始弯曲。下面以如图 6.2.14 所示的杰夫考特转子为例进行分析。

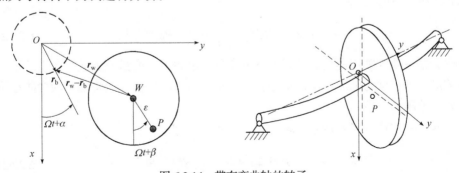

图 6.2.14　带有弯曲轴的转子

转子的运动微分方程为

$$m\ddot{r}_p + k(r_w - r_b) = 0 \tag{6.2.55}$$

式中，

$$r_p = r_w + \varepsilon e^{i(\Omega t + \beta)}, \quad r_b = B e^{i(\Omega t + \alpha)} \tag{6.2.56}$$

ε、β 分别为圆盘的偏心和相位；r_b 为轴的初始弯曲；B、α 分别为轴的弯曲幅度和相位。

将式(6.2.56)代入式(6.2.55)，并引入临界转速 $\omega = \sqrt{k/m}$，得到

$$\ddot{r}_w + \omega^2 r_w = \varepsilon \Omega^2 e^{i(\Omega t + \beta)} + B\Omega^2 e^{i(\Omega t + \alpha)} \tag{6.2.57}$$

式(6.2.57)的解为

$$r_w = \frac{\varepsilon \lambda^2}{1 - \lambda^2} e^{i(\Omega t + \beta)} + \frac{B}{1 - \lambda^2} e^{i(\Omega t + \alpha)} \tag{6.2.58}$$

式中，$\lambda = \Omega/\omega$。可见，转子的振动包括两部分，第一部分是转子不平衡引起的振动，第二部分则是由轴弯曲引起的振动。当转速比趋于无穷大时，$B/(1 - \lambda^2) \rightarrow 0$，表明转子的初始弯曲消失，转子的振动为

$$r_w = -\varepsilon e^{i(\Omega t + \beta)} \tag{6.2.59}$$

与无初始弯曲时转子振动相同，但作用在支承上的力却不同，支承上的力为

$$F = \frac{1}{2} k(r_w - r_b) = -\frac{1}{2}(\varepsilon e^{i(\Omega t + \beta)} + B e^{i(\Omega t + \alpha)}) = -\frac{1}{2}(\varepsilon e^{i\beta} + B e^{i\alpha}) e^{i\Omega t} \tag{6.2.60}$$

可见，轴初始弯曲的影响并未消除，当初始弯曲与转子不平衡同相位时，转子支座振动将加剧。

对式(6.2.58)的第二项变形，得到

$$\frac{B}{1 - \lambda^2} e^{i(\Omega t + \alpha)} = \frac{B(1 + \lambda^2 - \lambda^2)}{1 - \lambda^2} e^{i(\Omega t + \alpha)} = \left(\frac{B\lambda^2}{1 - \lambda^2} + B\right) e^{i(\Omega t + \alpha)} \tag{6.2.61}$$

可将式(6.2.58)改写为

$$r_w = (\varepsilon e^{i\beta} + B e^{i\alpha}) \frac{\lambda^2}{1 - \lambda^2} e^{i\Omega t} + B e^{i(\Omega t + \alpha)} \tag{6.2.62}$$

式中，第一项为轴弯曲引起的附加不平衡量与原始不平衡量叠加之后产生的不平衡响应；第二项为轴的弯曲，不随转速变化。通过动平衡无法将轴初始弯曲在所有转速范围消除掉。

在转子上加不平衡量 $u = u e^{i\gamma}$，则转子的振动为

$$r_w = (\varepsilon e^{i\beta} + B e^{i\alpha} + u e^{i\gamma}) \frac{\lambda^2}{1 - \lambda^2} e^{i\Omega t} + B e^{i(\Omega t + \alpha)} \tag{6.2.63}$$

要使得转子运动位移消除，则必须有

$$(\varepsilon e^{i\beta} + B e^{i\alpha} + u e^{i\gamma}) \frac{\lambda^2}{1-\lambda^2} + B e^{i\alpha} = 0 \tag{6.2.64}$$

式(6.2.64)中含有转速比 λ，因此无法确定一个不平衡量 $u = u e^{i\gamma}$，使得方程在任何转速比 λ 之下都成立，对于某一转速比 λ_0，由式(6.2.64)解得

$$\varepsilon e^{i\beta} + u e^{i\gamma} = -B e^{i\alpha} / \lambda_0^2 \tag{6.2.65}$$

则转子的振动为

$$\boldsymbol{r}_{\mathrm{w}} = (\varepsilon e^{i\beta} + u e^{i\gamma}) \frac{(1-\lambda_0^2)\lambda^2}{1-\lambda^2} e^{i\Omega t} + B e^{i(\Omega t + \alpha)} \tag{6.2.66}$$

可见，只有当 $\lambda = \lambda_0$ 时，$\boldsymbol{r}_{\mathrm{w}} = \boldsymbol{0}$，即使 $\boldsymbol{r}_{\mathrm{w}} = \boldsymbol{0}$，但转子支座上受的激振力仍然存在，可表示为

$$\boldsymbol{F} = \frac{1}{2} k (1-\lambda_0^2)(\varepsilon e^{i\beta} + u e^{i\gamma}) e^{i\Omega t} \tag{6.2.67}$$

因此，动平衡没有达到消除支承动载荷的目的。为此，对转子进行动平衡时，取平衡条件为

$$\varepsilon e^{i\beta} + B e^{i\alpha} + u e^{i\gamma} = 0 \tag{6.2.68}$$

式中，u 为平衡校正量。

平衡之后，转子的运动中将保留轴的弯曲，即

$$\boldsymbol{r}_{\mathrm{w}} = \boldsymbol{r}_{\mathrm{b}} = B e^{i\alpha} e^{i\Omega t} \tag{6.2.69}$$

此时，转子支座上的激振力得以消除，即

$$\boldsymbol{F} = \frac{1}{2}(\boldsymbol{r}_{\mathrm{w}} - \boldsymbol{r}_{\mathrm{b}}) = \boldsymbol{0} \tag{6.2.70}$$

2. 带有非圆轴时转子的振动

实际的转子轴常常具有非完整圆的情况，图 6.2.15 为几种常见的双刚度轴(转子)的截面。图 6.2.15(a)为有加工键槽，图 6.2.15(b)为双极发电机转子的线圈，图 6.2.15(c)为铣有切面，这样的构造使得转轴产生非轴对称。结果是转子在一个方向上刚度大，而在与其垂直的方向上刚度小。与此相对应，转子在同一阶具有两个临界转速，两个临界转速之间的区域为不稳定区域。当转子水平放置时，转子力还会引起二倍频振动。因此，对于带有非圆轴的转子，进行涡动分析时，不能忽略重力的影响。

取如图 6.2.16(a)所示的转子模型，一薄圆盘置于轴的跨中，轴的两端支承在刚性支座上。轴的截面如图 6.2.16(a)所示，取固定坐标系 $Oxyz$ 和旋转坐标系 $Opqz$，

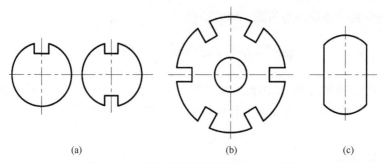

图 6.2.15　典型双刚度非圆轴(转子)的截面

其中 p 轴和 q 轴分别与转轴面的两个主惯性轴平行，转子自转角速度为 Ω，转子在两个主轴方向的刚度分别为 k_p 和 k_q，圆盘的质量偏心为 ε，相对旋转坐标系的相角为 β。于是，偏心 ε 的两个分量分别为

$$\varepsilon_p = \varepsilon \cos\beta, \quad \varepsilon_q = \varepsilon \sin\beta \tag{6.2.71}$$

首先在旋转坐标系建立转子的运动微分方程，为此逐项列出作用在转子上的力。作用在转子上的牵连惯性力、哥氏惯性力、轴的弹性力、外阻尼力、转子受到的重力分别为

$$F_{ip} = m\Omega^2(p + \varepsilon\cos\beta), \quad F_{iq} = m\Omega^2(q + \varepsilon\sin\beta) \tag{6.2.72}$$

$$F_{kp} = 2m\Omega\dot{q}, \quad F_{kq} = -2m\Omega\dot{p} \tag{6.2.73}$$

$$F_p = -k_p p, \quad F_q = -k_q q \tag{6.2.74}$$

$$F_{dp} = -c(\dot{p} - \Omega q), \quad F_{dq} = -c(\dot{q} + \Omega p) \tag{6.2.75}$$

$$W_p = mg\cos(\Omega t), \quad W_q = -mg\sin(\Omega t) \tag{6.2.76}$$

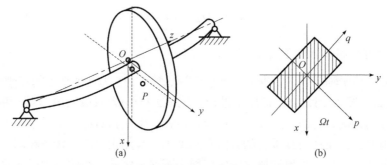

图 6.2.16　带双刚度轴的单圆盘转子及坐标系

根据质心运动定理可得

$$m\ddot{p} = F_{ip} + F_{kp} + F_p + F_{dp} + W_p, \quad m\ddot{q} = F_{iq} + F_{kq} + F_q + F_{dq} + W_q \tag{6.2.77}$$

将式(6.2.72)～式(6.2.76)代入式(6.2.77)，经整理后可得

$$m(\ddot{p} - \Omega^2 p - 2\Omega\dot{q}) + c(\dot{p} - \Omega q) + k_p p = m\varepsilon\Omega^2 \cos\beta + mg\cos(\Omega t)$$

$$m(\ddot{q} - \Omega^2 q + 2\Omega\dot{p}) + c(\dot{q} + \Omega p) + k_q q = m\varepsilon\Omega^2 \sin\beta - mg\sin(\Omega t)$$

(6.2.78)

引入下列符号：

$$\omega_p = \sqrt{\frac{k_p}{m}}, \quad \omega_q = \sqrt{\frac{k_q}{m}}, \quad \omega^2 = \frac{k_p + k_q}{2m} = \frac{\omega_p^2 + \omega_q^2}{2},$$

$$\mu = \frac{k_q - k_p}{k_q + k_p} = \frac{\omega_q^2 - \omega_p^2}{\omega_p^2 + \omega_q^2} = \frac{\omega_q^2 - \omega_p^2}{2\omega^2}, \quad \xi = \frac{c}{2m\omega}$$

(6.2.79)

式中，ξ 为阻尼系数。式(6.2.78)变为

$$\ddot{p} - \Omega^2 p - 2\Omega\dot{q} + 2\omega\xi(\dot{p} - \Omega q) + \omega_p^2 p = \varepsilon\Omega^2 \cos\beta + g\cos(\Omega t)$$

$$\ddot{q} - \Omega^2 q + 2\Omega\dot{p} + 2\omega\xi(\dot{q} + \Omega p) + \omega_q^2 q = \varepsilon\Omega^2 \sin\beta - g\sin(\Omega t)$$

(6.2.80)

整理得到

$$\ddot{p} + 2\omega\xi\dot{p} - 2\Omega\dot{q} - 2\omega\xi\Omega q + [(1-\mu)\omega^2 - \Omega^2]p = \varepsilon\Omega^2 \cos\beta + g\cos(\Omega t)$$

$$\ddot{q} + 2\omega\xi\dot{q} + 2\Omega\dot{p} + 2\omega\xi\Omega p + [(1+\mu)\omega^2 - \Omega^2]q = \varepsilon\Omega^2 \sin\beta - g\sin(\Omega t)$$

(6.2.81)

将式(6.2.81)写成矩阵形式为

$$\begin{Bmatrix} \ddot{p} \\ \ddot{q} \end{Bmatrix} = \begin{bmatrix} 2\omega\xi & -2\Omega \\ 2\Omega & 2\omega\xi \end{bmatrix} \begin{Bmatrix} \dot{p} \\ \dot{q} \end{Bmatrix} + \begin{bmatrix} (1-\mu^2)\omega^2 - \Omega^2 & -2\omega\Omega\xi \\ 2\omega\Omega\xi & (1+\mu^2)\omega^2 - \Omega^2 \end{bmatrix} \begin{Bmatrix} p \\ q \end{Bmatrix}$$

$$= \varepsilon\Omega^2 \begin{Bmatrix} \cos\beta \\ \sin\beta \end{Bmatrix} + g \begin{Bmatrix} \cos(\Omega t) \\ -\sin(\Omega t) \end{Bmatrix}$$

(6.2.82)

首先从式(6.2.82)对应的齐次方程出发，分析转子的稳定性。设方程式(6.2.82)的齐次解为

$$\{p \quad q\}^{\mathrm{T}} = \{p_0 \quad q_0\}^{\mathrm{T}} \mathrm{e}^{\lambda t}$$

(6.2.83)

将式(6.2.83)代入式(6.2.82)对应的齐次方程后，得到特征方程为

$$\lambda^4 + 4\omega\xi\lambda^3 + 2(2\omega^2\xi^2 + \omega^2 + \Omega^2)\lambda^2 + 4\omega\xi(\omega^2 + \Omega^2)\lambda$$

$$+ (\omega^2 - \Omega^2) - \mu^2\omega^4 + 4\omega^2\Omega^2\xi^2 = 0$$

(6.2.84)

当无阻尼时，$\xi=0$，则特征方程(6.2.84)变为

$$\lambda^4 + 2(\omega^2 + \Omega^2)\lambda^2 + (\omega^2 - \Omega^2) - \mu^2\omega^4 = 0$$

(6.2.85)

求解式(6.2.85)，得特征根为

$$\lambda_{1,3} = \pm\sqrt{-(\omega^2 + \Omega^2) + \sqrt{4\omega^2\Omega^2 + \mu^2\omega^4}}$$

$$\lambda_{2,4} = \pm\sqrt{-(\omega^2 + \Omega^2) - \sqrt{4\omega^2\Omega^2 + \mu^2\omega^4}}$$

(6.2.86)

式中，λ_2 和 λ_4 总为纯虚根，但当

$$\sqrt{4\omega^2\Omega^2+\mu^2\omega^4}>\omega^2+\Omega^2 \tag{6.2.87}$$

时，λ_1 和 λ_3 为实根，且 λ_1 为正实根，在此条件下，方程的齐次解随时间无限增大，转子发生失稳振动。

由失稳条件(6.2.87)解得转子失稳的转速范围为

$$\omega\sqrt{1-\mu}<\Omega<\omega\sqrt{1+\mu}\quad \text{或}\quad \omega_p<\Omega<\omega_q \tag{6.2.88}$$

式(6.2.88)说明，在两个临界转速之间的转速区域，转子将失稳。

图 6.2.17 给出了非圆度 μ 所对应的失稳区，当存在阻尼时，$\xi\ne0$，失稳区域将变小，如图 6.2.18 所示，这表明外阻尼有助于抑制转子失稳。不妨考虑一个特例，即

$$\xi=\frac{\mu\omega}{2\Omega} \tag{6.2.89}$$

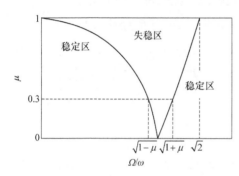

图 6.2.17　非圆度 μ 对应的失稳区

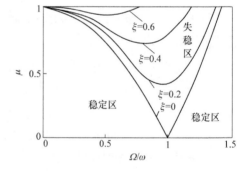

图 6.2.18　阻尼对失稳区的影响

此时，转子系统的特征根全部为虚根，这表明无失稳区域。

1) 转子的不平衡响应

仅考虑不平衡作用时，方程(6.2.82)变为

$$\begin{Bmatrix}\ddot{p}\\\ddot{q}\end{Bmatrix}+\begin{bmatrix}2\omega\xi&-2\Omega\\2\Omega&2\omega\xi\end{bmatrix}\begin{Bmatrix}\dot{p}\\\dot{q}\end{Bmatrix}+\begin{bmatrix}(1-\mu^2)\omega^2-\Omega^2&-2\omega\Omega\xi\\2\omega\Omega\xi&(1+\mu^2)\omega^2-\Omega^2\end{bmatrix}\begin{Bmatrix}p\\q\end{Bmatrix}=\varepsilon\Omega^2\begin{Bmatrix}\cos\beta\\\sin\beta\end{Bmatrix} \tag{6.2.90}$$

式(6.2.90)的解为

$$\begin{Bmatrix}p\\q\end{Bmatrix}=\frac{1}{\Delta}\begin{bmatrix}(1+\mu^2)\omega^2-\Omega^2&2\omega\Omega\xi\\-2\omega\Omega\xi&(1-\mu^2)\omega^2-\Omega^2\end{bmatrix}\varepsilon\Omega^2\begin{Bmatrix}\cos\beta\\\sin\beta\end{Bmatrix} \tag{6.2.91}$$

式中，

$$\Delta = (\omega^2 - \Omega^2)^2 + 4\omega^2\xi^2\Omega^2 - \mu^2\omega^4 = (\omega_p^2 - \Omega^2)(\omega_q^2 - \Omega^2) + 4\omega^2\Omega^2\xi^2 \quad (6.2.92)$$

将式(6.2.92)代入式(6.2.91)后，得到

$$p = \frac{(\omega_q^2 - \Omega^2)\varepsilon\Omega^2\cos\beta + 2\omega\Omega^3\xi\varepsilon\sin\beta}{(\omega_q^2 - \Omega^2)(\omega_p^2 - \Omega^2) + 4\omega^2\Omega^2\xi^2}, \quad q = \frac{(\omega_p^2 - \Omega^2)\varepsilon\Omega^2\sin\beta - 2\omega\Omega^3\xi\varepsilon\cos\beta}{(\omega_p^2 - \Omega^2)(\omega_q^2 - \Omega^2) + 4\omega^2\Omega^2\xi^2}$$

$$(6.2.93)$$

当无阻尼即 $\xi=0$ 时，有

$$p = \frac{\varepsilon\Omega^2\cos\beta}{\omega_p^2 - \Omega^2}, \quad q = \frac{\varepsilon\Omega^2\sin\beta}{\omega_q^2 - \Omega^2} \quad (6.2.94)$$

由式(6.2.94)可知，当 $\Omega=\omega_p$ 时，p 为无穷大；当 $\Omega=\omega_q$ 时，q 为无穷大。因此，带有非圆轴的转子具有两个临界转速 ω_p 和 ω_q。

由固定坐标系与旋转坐标系之间的转换关系式(6.2.30)，可将旋转坐标系中的运动 $\bar{r} = q + \mathrm{i}p$ 转换成固定坐标系中的运动 $r = y + \mathrm{i}x$，即

$$r = \bar{r}\mathrm{e}^{\mathrm{i}\Omega t} = (q + \mathrm{i}p)\mathrm{e}^{\mathrm{i}\Omega t} \quad (6.2.95)$$

式(6.2.95)表明，转子不平衡激起同步协调进动，进动轨迹为一圆轨迹，半径为

$$R = \sqrt{p^2 + q^2} \quad (6.2.96)$$

2) 转子自重激起的振动

对于水平置放的转子，需要考虑重力的作用。考虑重力作用时，运动微分方程为

$$\begin{Bmatrix} \ddot{p} \\ \ddot{q} \end{Bmatrix} + \begin{bmatrix} 2\omega\xi & -2\Omega \\ 2\Omega & 2\omega\xi \end{bmatrix} \begin{Bmatrix} \dot{p} \\ \dot{q} \end{Bmatrix} + \begin{bmatrix} (1-\mu^2)\omega^2 - \Omega^2 & -2\omega\Omega\xi \\ 2\omega\Omega\xi & (1+\mu^2)\omega^2 - \Omega^2 \end{bmatrix} \begin{Bmatrix} p \\ q \end{Bmatrix} = g \begin{Bmatrix} \cos(\Omega t) \\ -\sin(\Omega t) \end{Bmatrix}$$

$$(6.2.97)$$

将方程(6.2.97)写成复数形式为

$$\ddot{\bar{r}} + 2(\omega\xi + \mathrm{i}\Omega)\dot{\bar{r}} + (\omega^2 - \Omega^2 + 2\mathrm{i}\omega\Omega\xi)\bar{r} - \mu\omega^2\bar{r}^* = g\mathrm{e}^{-\mathrm{i}\Omega t} \quad (6.2.98)$$

其中，$\bar{r} = p + \mathrm{i}q$；$\bar{r}^* = p - \mathrm{i}q$。

设方程(6.2.98)的解为

$$\bar{r} = R_+\mathrm{e}^{+\mathrm{i}\Omega t} + R_-\mathrm{e}^{-\mathrm{i}\Omega t}, \quad \bar{r}^* = R_+^*\mathrm{e}^{-\mathrm{i}\Omega t} + R_-^*\mathrm{e}^{\mathrm{i}\Omega t} \quad (6.2.99)$$

上标 "*" 表示复共轭。将式(6.2.99)代入式(6.2.98)后，可得

$$R_+ = \frac{\mu g}{(1-\mu^2)\omega^2 - 4\Omega^2 + 4\mathrm{i}\omega\Omega\xi}, \quad R_- = \frac{g(\omega^2 - 4\Omega^2 - 4\mathrm{i}\omega\Omega\xi)}{(1-\mu^2)\omega^4 - 4\omega^2\Omega^2 - 4\mathrm{i}\omega^2\Omega\xi} \quad (6.2.100)$$

将式(6.2.99)转换到空间固定坐标系,可得

$$r = \overline{r}\mathrm{e}^{\mathrm{i}\Omega t} = R_- + R_+\mathrm{e}^{\mathrm{i}2\Omega t} \quad (6.2.101)$$

由式(6.2.101)可见,转子自重产生的响应分为两部分,其中第一部分为重力引起的静位移 R_-;第二部分为重力引起的二倍频振动,幅值为 R_+。当轴无非圆度,即 $\mu=0$ 时,重力引起的静态位移为

$$R_- = \frac{g}{\omega^2} = \frac{mg}{k_0} \quad (6.2.102)$$

式中,m 为转子质量;k_0 为转轴刚度。此时,$R_+=0$,这说明重力除了引起静态位移,不引起转子振动。因此,在分析转子运动时,不曾计及重力影响。

当轴非圆度存在时,$\mu\neq0$,重力引起的二倍频振动在转速 Ω 满足:

$$\Omega_G = \omega\sqrt{(1-\mu^2)/4 - \xi^2} \quad (6.2.103)$$

时,达到最大值,一般情况下,非圆度 μ 与阻尼都很小,即 $\mu\ll1$,$\xi\ll1$,因此 $\Omega_G \approx \omega/2$。这表明转子转速 Ω 达到半临界转速时,重力将引起转子发生共振,即副临界现象。由式(6.2.101)可见,重力引起的二倍频振动为正进动。

图 6.2.19 为带非圆转子的不平响应和重力响应。重力激起的二倍频振动在 $\Omega_G \approx \omega/2$ 时达到峰值,即半临界共振。不平衡响应在 $\Omega=\omega_p$ 和 $\Omega=\omega_q$ 时分别达到峰值,在两临界转速之间,转子发生失稳振动。

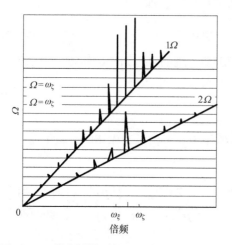

图 6.2.19　带非圆转子的不平响应和重力响应

6.2.3　支承各向异性时转子的振动

实际工程中采用的支承大多都或多或少具有柔性。一般情况下,柔性表现为各向异性,即垂直方向和水平方向上的刚度不相同,因此,转子在同一阶将出现两个临界转速,运动轨迹为椭圆。支承还可以产生交叉刚度,当交叉刚度对称时,总可以经坐标变换消除交叉刚度。但当交叉刚度反对称时(支承在滑动轴承上的转子就可能出现这种情况),可使转子失稳。增加主刚度的各向异性有利于抑制由反对称

交叉刚度引起的失稳振动，本节讨论支承各向异性时转子的振动特征。

1. 支承主刚度各向异性时转子的振动

如图 6.2.20 所示，一单圆盘转子支承在弹性支承上，支承水平方向上的刚度为 k_h，垂直方向上为 k_v，假设无交叉刚度，即 $k_{xy}=k_{yx}=0$。轴在置盘处的刚度为 k。由此可求得置盘处转子等效刚度分别为

$$k_x = \frac{2k_v k}{2k_v + k}, \quad k_y = \frac{2k_h k}{2k_h + k} \qquad (6.2.104)$$

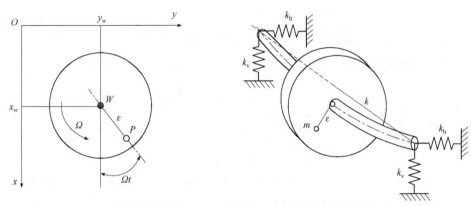

图 6.2.20 带有各向异性弹性支承的单圆盘转子

转子的运动微分方程为

$$m\ddot{x} + c\dot{x} + k_x x = m\varepsilon\Omega^2 \cos(\Omega t), \quad m\ddot{y} + c\dot{y} + k_y y = m\varepsilon\Omega^2 \sin(\Omega t) \qquad (6.2.105)$$

引入符号

$$\xi = \frac{c}{2m\omega_0}, \quad \omega_0^2 = \frac{k_0}{m}, \quad k_0 = \frac{1}{2}(k_x + k_y), \quad \omega_x^2 = \frac{k_x}{m}, \quad \omega_y^2 = \frac{k_y}{m} \qquad (6.2.106)$$

将式(6.2.106)代入式(6.2.105)，得到

$$\ddot{x} + 2\xi\omega_0\dot{x} + \omega_x^2 x = \varepsilon\Omega^2 \cos(\Omega t), \quad \ddot{y} + 2\xi\omega_0\dot{y} + \omega_y^2 y = \varepsilon\Omega^2 \sin(\Omega t) \qquad (6.2.107)$$

式(6.2.107)的解为

$$x = \frac{\varepsilon\Omega^2}{\sqrt{(\omega_x^2 - \Omega^2)^2 + (2\xi\omega_0\Omega)^2}} \cos(\Omega t + \beta_x)$$

$$y = \frac{\varepsilon\Omega^2}{\sqrt{(\omega_y^2 - \Omega^2)^2 + (2\xi\omega_0\Omega)^2}} \sin(\Omega t + \beta_y) \qquad (6.2.108)$$

$$\tan\beta_x = \frac{2\xi\omega_0\Omega}{\omega_x^2 - \Omega^2}, \quad \tan\beta_y = \frac{2\xi\omega_0\Omega}{\omega_y^2 - \Omega^2}$$

　　当阻尼很小时，x 和 y 方向的振动分别在 $\Omega=\omega_x$ 和 $\Omega=\omega_y$ 处达到最大值。因此，转子存在两个临界转速 ω_x 和 ω_y。

　　图 6.2.21 为 x 和 y 方向振动幅值随转速比的变化曲线。

　　当无阻尼时，$\zeta=0$，转子的响应为

$$x = \frac{\varepsilon\Omega^2}{\omega_x^2 - \Omega^2}\cos(\Omega t), \quad y = \frac{\varepsilon\Omega^2}{\omega_y^2 - \Omega^2}\sin(\Omega t) \tag{6.2.109}$$

轴心的轨迹方程为

$$\left[\frac{x}{\varepsilon\Omega^2 / (\omega_x^2 - \Omega^2)}\right]^2 + \left[\frac{y}{\varepsilon\Omega^2 / (\omega_y^2 - \Omega^2)}\right]^2 = 1 \tag{6.2.110}$$

式(6.2.110)为椭圆方程，如图 6.2.22 所示。椭圆的两个半轴分别为

$$a = \frac{\varepsilon\Omega^2}{\omega_x^2 - \Omega^2}, \quad b = \frac{\varepsilon\Omega^2}{\omega_y^2 - \Omega^2} \tag{6.2.111}$$

当 $a=b$ 时，有

$$\Omega = \sqrt{\frac{\omega_x^2 + \omega_y^2}{2}} = \omega_0 \tag{6.2.112}$$

在此转速点，转子的运动轨迹为圆，半径为 a。

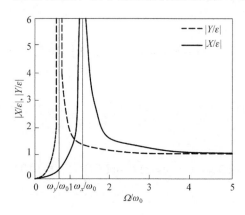

图 6.2.21　x 和 y 方向振动幅值随转速比的变化

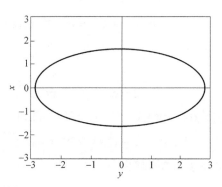

图 6.2.22　轴心的椭圆轨迹

2. 支承主刚度各向异性时转子的进动

　　将转子的运动表示成复向量的形式，不仅能反映出振动的大小，而且也能反映出转子运动的方向。因此，构造一个复向量：

$$r = x + \mathrm{i}y \tag{6.2.113}$$

该复向量的矢端表示转子的运动轨迹。

根据欧拉方程有

$$\cos(\Omega t + \beta_x) = \frac{1}{2}\left[e^{i(\Omega t + \beta_x)} + e^{-i(\Omega t + \beta_x)} \right]$$
$$\sin(\Omega t + \beta_y) = \frac{1}{2i}\left[e^{i(\Omega t + \beta_y)} + e^{-i(\Omega t + \beta_y)} \right]$$

(6.2.114)

可得

$$r = R_+ e^{i\Omega t} + R_- e^{-i\Omega t}$$

(6.2.115)

式中，

$$R_+ = \frac{1}{2}\left(X e^{i\beta_x} + Y e^{i\beta_y} \right), \quad R_- = \frac{1}{2}\left(X e^{-i\beta_x} - Y e^{-i\beta_y} \right)$$
$$X = \frac{\varepsilon\Omega^2}{\sqrt{(\omega_x^2 - \Omega^2)^2 + (2\xi\omega_0\Omega)^2}}, \quad Y = \frac{\varepsilon\Omega^2}{\sqrt{(\omega_y^2 - \Omega^2)^2 + (2\xi\omega_0\Omega)^2}}$$

(6.2.116)

R_+为正进动分量；R_-为反进动分量。可见，转子的运动轨迹不再是一个圆轨迹，而是椭圆轨迹，包含了正进动分量和反进动分量。正、反进动分量的大小与转速有关，将式(6.2.116)的前两式整理，可得

$$R_+ = \frac{\varepsilon\Omega^2(\omega_0^2 - \Omega^2 - 2iD\omega_0\Omega)}{\sqrt{(\omega_x^2 - \Omega^2)(\omega_y^2 - \Omega^2) + (2\xi\omega_0\Omega)}}$$
$$R_- = \frac{-\varepsilon\Omega^2\Delta\omega_0^2}{\sqrt{(\omega_x^2 - \Omega^2)(\omega_y^2 - \Omega^2) + (2\xi\omega_0\Omega^2)}}$$

(6.2.117)

式中，$\Delta\omega_0^2 = (k_x - k_y)/(2m)$。当支承各向同性时，$\Delta\omega_0^2 = 0$，无反进动分量。

当转速为 $0 < \Omega < \omega_x$ 时(设 $\omega_x < \omega_y$)，$|R_+| > |R_-|$，正进动占优，转子轴心沿着椭圆轨迹正向进动。

当 $\omega_y < \Omega < \omega_x$ 时，$|R_+| < |R_-|$，即在两个临界转速之间，反进动占优，转子轴心沿着椭圆轨迹反向进动，在式(6.2.112)所给出的转速点 ω_0，不考虑阻尼($\xi=0$)时，$R_+=0$，而

$$R_- = \frac{\varepsilon\omega_0^2}{\Delta\omega_0^2} = \varepsilon\frac{k_x + k_y}{k_x - k_y}$$

(6.2.118)

这说明，转子的运动轨迹为反进动圆，半径为 $R_-=a$。

当 $\Omega > \omega_x$ 时，$|R_+| > |R_-|$，即超过第二个临界转速之后，正进动又重新占优，转子进动为正进动，转速继续增加，$|R_-| \to 0$，$|R_+| \to \varepsilon$。这表明，轨迹趋于半径为 ε 的圆，图 6.2.23 为 $\Delta\omega_0/\omega_0$=0.3 时转子的正进动和反进动随转速比 Ω/ω_0 的

变化。图 6.2.24 为在上述三个转速区域轨迹的形状。

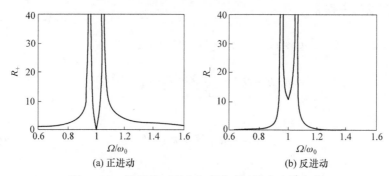

图 6.2.23　转子的正进动和反进动随转速比的变化

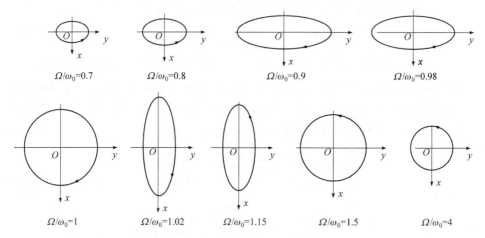

图 6.2.24　在三个转速区转子轴心轨迹的形状

由上面的分析可知，不论在哪个转速区域，转子的进动中总是包含着反进动分量。

3. 支承存在交叉刚度时转子的振动

前面假设支承刚度各向异性，但无交叉刚度。若存在交叉刚度，则只要交叉刚度对称，即 $k_{xy} = k_{yx}$，总可以通过坐标变换把刚度矩阵变换成对角矩阵，上述的求解过程和结论都是适用的。

存在交叉刚度时，无阻尼时转子的运动方程为

$$\begin{bmatrix} m & 0 \\ 0 & m \end{bmatrix} \begin{Bmatrix} \ddot{x} \\ \ddot{y} \end{Bmatrix} + \begin{bmatrix} k_{11} & k_{12} \\ k_{21} & k_{22} \end{bmatrix} \begin{Bmatrix} x \\ y \end{Bmatrix} = m\varepsilon\Omega^2 \begin{Bmatrix} \cos(\Omega t) \\ \sin(\Omega t) \end{Bmatrix} \tag{6.2.119}$$

引入正交变换

$$\begin{Bmatrix} x \\ y \end{Bmatrix} = A \begin{Bmatrix} v \\ w \end{Bmatrix} \tag{6.2.120}$$

式中，

$$A = \begin{bmatrix} \cos\alpha & \sin\alpha \\ -\sin\alpha & \cos\alpha \end{bmatrix} \tag{6.2.121}$$

将式(6.2.120)代入式(6.2.119)，两边再同乘以 A^{T}，可得

$$\begin{bmatrix} m & 0 \\ 0 & m \end{bmatrix} \begin{Bmatrix} \ddot{v} \\ \ddot{w} \end{Bmatrix} + A^{\mathrm{T}} \begin{bmatrix} k_{11} & k_{12} \\ k_{21} & k_{22} \end{bmatrix} A \begin{Bmatrix} v \\ w \end{Bmatrix} = m\varepsilon\Omega^2 A^{\mathrm{T}} \begin{Bmatrix} \cos(\Omega t) \\ \sin(\Omega t) \end{Bmatrix} \tag{6.2.122}$$

因此，变换之后的刚度矩阵为

$$A^{\mathrm{T}} \begin{bmatrix} k_{11} & k_{12} \\ k_{21} & k_{22} \end{bmatrix} A = \begin{bmatrix} k_{xx} & k_{xy} \\ k_{yx} & k_{yy} \end{bmatrix} \tag{6.2.123}$$

式中，

$$\begin{aligned} k_{xx} &= k_{11}\cos^2\alpha + k_{22}\sin^2\alpha - (k_{12}+k_{21})\cos\alpha\sin\alpha \\ k_{xy} &= k_{12}\cos^2\alpha - k_{21}\sin^2\alpha + (k_{11}-k_{22})\cos\alpha\sin\alpha \\ k_{yx} &= k_{21}\cos^2\alpha - k_{12}\sin^2\alpha + (k_{11}-k_{22})\cos\alpha\sin\alpha \\ k_{yy} &= k_{11}\sin^2\alpha + k_{22}\cos^2\alpha + (k_{12}+k_{21})\cos\alpha\sin\alpha \end{aligned} \tag{6.2.124}$$

如果交叉刚度完全对称，即 $k_{12}=k_{21}$，则

$$k_{xy} = k_{yx} = \frac{k_{11}-k_{22}}{2}\sin(2\alpha) + k_{12}\cos(2\alpha) \tag{6.2.125}$$

为消除交叉刚度，α 应满足：

$$\frac{k_{11}-k_{22}}{2}\sin(2\alpha) + k_{12}\cos(2\alpha) = 0 \tag{6.2.126}$$

求解式(6.2.126)得到

$$\tan(2\alpha) = \frac{2k_{12}}{k_{22}-k_{11}} \tag{6.2.127}$$

上述分析表明，当交叉刚度对称时，总可以通过坐标变换找到主坐标方向，使得该方向的力只产生该方向的位移，即使得刚度矩阵对角化。

当交叉刚度不对称时，无法实现刚度矩阵对角化。由于 $k_{21}\neq k_{12}$，故 $k_{xy}\neq k_{yx}$，因此找不到坐标变换角 α 使式(6.2.124)第二式和第三式同时为零。

在很多情况下，交叉刚度为反对称，即 $k_{21}=-k_{12}$，如圆瓦或椭圆瓦滑动轴承的油膜刚度，反对称交叉刚度的存在，会在一定条件下使转子失稳，这种故

障在实际中时有发生，下面对存在反对称交叉刚度和阻尼时转子的稳定性进行分析。

存在交叉刚度和阻尼时，转子的运动方程为

$$\begin{bmatrix} m & 0 \\ 0 & m \end{bmatrix}\begin{bmatrix} \ddot{x} \\ \ddot{y} \end{bmatrix} + \begin{bmatrix} c_{11} & c_{12} \\ c_{21} & c_{22} \end{bmatrix}\begin{bmatrix} \dot{x} \\ \dot{y} \end{bmatrix} + \begin{bmatrix} k_{11} & k_{12} \\ k_{21} & k_{22} \end{bmatrix}\begin{bmatrix} x \\ y \end{bmatrix} = m\varepsilon\Omega^2\begin{bmatrix} \cos(\Omega t) \\ \sin(\Omega t) \end{bmatrix} \tag{6.2.128}$$

式中，$k_{21}=-k_{12}$，$c_{21}=-c_{12}$。

为了分析转子的稳定性，只要讨论方程(6.2.128)对应的齐次方程即可。简单起见，不妨设 $k_{11}=k_{22}$，$c_{11}=c_{22}$。写成复数形式后，方程(6.2.128)变为

$$m\ddot{r} + (c_{11} - \mathrm{i}c_{12})\dot{r} + (k_{11} - \mathrm{i}k_{12})r = 0 \tag{6.2.129}$$

式中，$r=x+\mathrm{i}y$。

设方程(6.2.129)的解为

$$r = R\mathrm{e}^{\lambda t} \tag{6.2.130}$$

将式(6.2.130)求一阶、二阶导数后代入方程(6.2.129)，得到特征方程为

$$m\lambda^2 + (c_{11} - \mathrm{i}c_{12})\lambda + (c_{11} - \mathrm{i}c_{12}) = 0 \tag{6.2.131}$$

式(6.2.131)的根必为复数形式，即

$$\lambda = \alpha + \mathrm{i}\omega \tag{6.2.132}$$

将式(6.2.132)代入式(6.2.131)，并将实部与虚部分开，可得

$$m\alpha^2 - m\omega^2 + \alpha c_{11} + \omega c_{12} + k_{11} = 0, \quad 2m\alpha\omega + c_{11}\omega - c_{12}\alpha - k_{12} = 0 \tag{6.2.133}$$

假设转子系统无阻尼，即 $c_{11}=c_{22}=0$，则式(6.2.133)变为

$$m\alpha^2 - m\omega^2 + k_{11} = 0, \quad 2m\alpha\omega - k_{12} = 0 \tag{6.2.134}$$

当无交叉刚度时，$k_{12}=0$，则 $\alpha=0$，$\omega=\sqrt{k_{11}/m}$，这表明，系统不会失稳。由式(6.2.134)求得

$$\omega_{1,2}^2 = \frac{k_{11}}{2m} \pm \frac{\sqrt{k_{11}^2 + k_{12}^2}}{2m}, \quad \alpha_{1,2}^2 = \pm\frac{\sqrt{k_{11}^2 + k_{12}^2}}{2m} - \frac{k_{11}}{2m} \tag{6.2.135}$$

由式(6.2.135)的第二式可知：$\alpha_2^2 < 0$，故不存在实数解；$\alpha_1^2 > 0$，存在实数解。由式(6.2.135)的第二式可得

$$\alpha_1 = \frac{k_{12}}{2m\omega_1}, \quad \alpha_2 = \frac{k_{12}}{2m\omega_2} \tag{6.2.136}$$

由于 $\omega_1>0$，故 $\alpha_1>0$，因此系统将失稳。可见，反对称交叉刚度使得转子失稳，失稳时转子的振动频率为 ω_1。引入外阻尼 c_{11}，但不考虑交叉阻尼项，即 $c_{12}=0$，则方程(6.2.135)的根为

$$\omega_{1,2} = \pm\sqrt{\frac{4mk_{11}-c_{11}^2}{8m^2}+\frac{\sqrt{(4mk_{11}-c_{11}^2)^2+16m^2k_{12}^2}}{8m^2}}$$

$$\omega_{3,4} = \pm\sqrt{\frac{4mk_{11}-c_{11}^2}{8m^2}-\frac{\sqrt{(4mk_{11}-c_{11}^2)^2+16m^2k_{12}^2}}{8m^2}} \qquad (6.2.137)$$

由于式(6.2.137)的第二式根号内的值为负，故 ω_3 和 ω_4 无意义。

$$\alpha_1 = \frac{k_{12}-\omega_1 c_{11}}{2m\omega_1}, \quad \alpha_2 = \frac{k_{12}-\omega_2 c_{11}}{2m\omega_2} \qquad (6.2.138)$$

因 $\omega_2<0$，故 $\alpha_2<0$。因此，转子的稳定性就取决于 α_1 的正负，若转子的阻尼满足 $c_{11}>k_{12}/\omega_1$，则 $\alpha_1<0$，即转子始终保持稳定。即引入阻尼之后，即使转子存在反对称交叉刚度，但只要满足 $k_{12}<c_{11}\omega_1$，转子仍然不会失稳。

为了进一步说明失稳机理，将弹性恢复力所做的功加以描述，弹性恢复力为

$$F_x = -k_{11}x-k_{12}y, \quad F_y = k_{12}x-k_{11}y \qquad (6.2.139)$$

假设转子沿一圆轨迹运动，轨迹半径为 r，如图 6.2.25 所示。当转子沿着轨迹运动了 $r\varphi$ 弧长时，弹性力做的功为

$$W_s = k_{12}r^2\varphi \qquad (6.2.140)$$

可见，反对称交叉刚度产生的弹性力向转子输入能量，促使转子涡动加剧。引入阻尼后，阻尼力为

$$F_{xd} = -c_{11}\dot{x}, \quad F_{yd} = -c_{11}\dot{y} \qquad (6.2.141)$$

阻尼所耗散的功为

$$W_d = -c_{11}\varphi wr^2 \qquad (6.2.142)$$

当阻尼所耗散的功与反对称弹性力所输入的功相等，即 $W_d=W_s$ 或 $c_{11}=k_{12}/\omega$ 时，转子处在稳定性边界。上述分析表明，增大转子系统的阻尼系数有利于提高转子的稳定性。

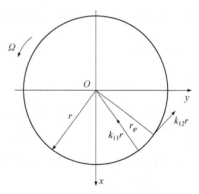

图 6.2.25　转子的失稳机理

4. 支承主刚度各向异性对转子稳定性的影响

前面在讨论存在交叉刚度时转子稳定性的过程中，假设两个主刚度是相同的，即 $k_{11}=k_{22}$。但更一般的情况是既存在交叉刚度，又存在主刚度各向异性。如前所述，反对称交叉刚度可使转子失稳，但主刚度各向异性则有利于转子稳定。下面讨论同时存在交叉刚度反对称和主刚度各向异性时转子的稳定性。

引入变量：

$$k_{11} = k_0 + \Delta k, \quad k_{22} = k_0 - \Delta k, \quad \Delta k = \frac{k_{11} - k_{22}}{2}, \quad k_0 = \frac{k_{11} + k_{22}}{2} \quad (6.2.143)$$

将式(6.2.143)代入式(6.2.128)对应的齐次方程，并且忽略阻尼，则得

$$\begin{bmatrix} m & 0 \\ 0 & m \end{bmatrix} \begin{Bmatrix} \ddot{x} \\ \ddot{y} \end{Bmatrix} + \begin{bmatrix} k_0 + \Delta k & k_{12} \\ k_{21} & k_0 - \Delta k \end{bmatrix} \begin{Bmatrix} x \\ y \end{Bmatrix} = \begin{Bmatrix} 0 \\ 0 \end{Bmatrix} \quad (6.2.144)$$

仍设 $k_{21} = -k_{12}$，方程(6.2.144)的解可表达为

$$\{x \quad y\}^{\mathrm{T}} = \{X \quad Y\}^{\mathrm{T}} \mathrm{e}^{\lambda t} \quad (6.2.145)$$

将式(6.2.145)代入式(6.2.144)，得到特征方程

$$m^2 \lambda^4 + 2m k_0 \lambda^2 + k_0^2 + k_{12}^2 - \Delta k^2 = 0 \quad (6.2.146)$$

若主刚度相同，即 $\Delta k = 0$，则式(6.2.146)的解与式(6.2.131)的解完全相同。

设方程(6.2.146)的解为

$$\lambda = \alpha + \mathrm{i}\omega \quad (6.2.147)$$

将式(6.2.147)代入式(6.2.146)，得

$$\alpha^2 - \omega^2 + 2\mathrm{i}\alpha\omega = -\frac{k_0}{m} \pm \frac{\sqrt{\Delta k^2 - k_{12}^2}}{m} \quad (6.2.148)$$

若 $\Delta k > k_{12}$，则有 $\alpha = 0$，因此有

$$\omega^2 = \frac{k_0}{m} \mp \frac{\sqrt{\Delta k^2 - k_{12}^2}}{m} \quad (6.2.149)$$

这说明转子是稳定的。可见，当主刚度各向异性足以克服反对称交叉刚度的影响时，即使无阻尼，转子也是稳定的。因此，主刚度各向异性有利于提高转子的稳定性。

若 $\Delta k < k_{12}$，则由式(6.2.148)得

$$\alpha^2 = -\frac{k_0}{2m} \pm \frac{\sqrt{k_0^2 + k_{12}^2 - \Delta k^2}}{2m} \quad (6.2.150)$$

由于

$$\sqrt{k_0^2 + k_{12}^2 - \Delta k^2} > k_0 \quad (6.2.151)$$

故

$$\alpha_1 = \sqrt{\frac{\sqrt{k_0^2 + k_{12}^2 - \Delta k^2}}{2m} - \frac{k_0}{2m}} > 0 \quad (6.2.152)$$

转子不稳定。这说明主刚度各向异性不足以克服反对称交叉刚度的影响。比较

式(6.2.135)的第二式和式(6.2.152)，由于

$$\frac{\sqrt{k_0^2 + k_{12}^2 - \Delta k^2}}{2m} - \frac{k_0}{2m} < \frac{\sqrt{k_0^2 + k_{12}^2}}{2m} - \frac{k_0}{2m} \qquad (6.2.153)$$

故特征根的实部虽然大于零，但其值要比主刚度各向同性时小。这说明主刚度各向异性在任何情况下都有利于抑制转子失稳。

5. 从能量角度解释转子的稳定性

当存在反对称交叉刚度时，弹性力将不断向转子输入能量，使转子的振动越来越大，导致转子失稳。转子运动时的弹性力为

$$F_x = -k_0 x - k_{12} y, \quad F_y = -k_0 y + k_{12} x \qquad (6.2.154)$$

主刚度各向同性，故转子运动轨迹可假设为圆轨迹，即

$$x = r\cos(\omega t), \quad y = r\sin(\omega t) \qquad (6.2.155)$$

则弹性力在转子运动一个周期内所做的功为

$$W = \int_0^T -(F_x \dot{x} + F_y \dot{y})\mathrm{d}t \qquad (6.2.156)$$

将式(6.2.154)和式(6.2.155)代入式(6.2.156)，可得反对称交叉刚度产生的弹性力在一个周期内向转子输入的能量为

$$W = 2\pi r^2 k_{12} \qquad (6.2.157)$$

当主刚度各向异性时，转子运动轨迹为椭圆，即

$$x = X\cos(\omega t), \quad y = Y\sin(\omega t) \qquad (6.2.158)$$

弹性力为

$$\begin{aligned} F_x &= -(k_0 + \Delta k)x - k_{12} y \\ F_y &= -(k_0 - \Delta k)y + k_{12} x \end{aligned} \qquad (6.2.159)$$

将式(6.2.159)代入式(6.2.156)，可得弹性力所做的功为

$$W = 2\pi XY k_{12} \qquad (6.2.160)$$

若椭圆长轴 Y 与圆轨迹半径 r 相同，如图 6.2.26 所示，$Y = r$，则

$$2\pi XY k_{12} < 2\pi r^2 k_{12} \qquad (6.2.161)$$

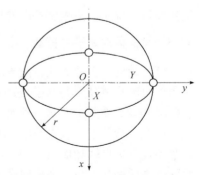

图 6.2.26　转子圆轨迹和椭圆轨迹

上述分析表明，主刚度各向异性时，反对称交叉刚度产生的弹性力向转子输入的能量要比主刚度各向同性时小。由式(6.2.157)和式(6.2.161)可见，反对称交叉刚度产生的弹性力所做的功与转子运动轨迹所包围的面积成正比。椭圆轨迹所包围的面积要比圆轨迹的面积小。从能量的角度看，转子最终是否失稳取决于阻尼力耗散的能量大于还是小于弹性力输入的能量。

只考虑主阻尼时，阻尼力为

$$F_{dx} = -c_{11}\dot{x}, \quad F_{dy} = -c_{11}\dot{y} \tag{6.2.162}$$

则阻尼力所耗散的功为

$$W = \int_0^T (F_x\dot{x} + F_y\dot{y})\mathrm{d}t \tag{6.2.163}$$

当转子运动轨迹为圆轨迹时，阻尼力所耗散的功为

$$W_d = 2\pi c_{11}\omega r^2 \tag{6.2.164}$$

与式(6.2.157)比较，当

$$W_d = 2\pi c_{11}\omega r^2 > W = 2\pi r^2 k_{12} \tag{6.2.165}$$

即 $c_{11}=k_{12}/\omega$ 时系统稳定。

当转子运动轨迹为椭圆轨迹时，阻尼力所耗散的功为

$$W_d = \pi c_{11}\omega(X^2 + Y^2) \tag{6.2.166}$$

则稳定性条件为

$$c_{11} > \frac{2XYk_{12}}{\omega(X^2 + Y^2)} \tag{6.2.167}$$

由于 $X^2 + Y^2 > 2XY$，即 $2XY/(X^2 + Y^2) < 1$，故主刚度各向异性时的稳定性条件(6.2.167)，要比各向同性时的稳定性条件即公式 $c_{11}=k_{12}/\omega$ 更易于满足。这从能量的角度再次说明，主刚度各向异性有利于提高转子的稳定性。

6.2.4　盘偏置时转子的振动

转子结构有多种形式，图 6.2.27 为几种常见的情况，图 6.2.27(a)～(d)分别为带质点的转子、杰夫考特转子、带偏置盘的转子和悬臂转子。前面的分析以图6.2.27(a)和(b)为对象，盘被处理成一个质点，不计及其转动惯量，或盘安装在轴的跨中。很多情况下盘并不安装在跨中，转子旋转时，偏心离心力使转子产生弯曲动挠度。圆盘不仅发生自转和横向振动，而且还要产生偏离原先平面的摆动。这种摆动将与转子横向振动耦合，产生回转效应。下面讨论盘偏置时的回转效应及其对转子振动的影响。

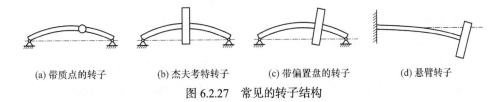

(a) 带质点的转子　　　　(b) 杰夫考特转子　　　　(c) 带偏置盘的转子　　　　(d) 悬臂转子

图 6.2.27　常见的转子结构

1. 回转效应实验演示

下面以如图 6.2.28 所示的车轮实验说明回转效应。

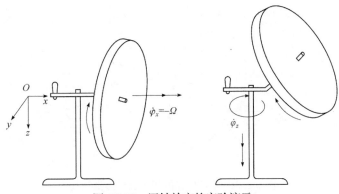

图 6.2.28　回转效应的实验演示

车轮绕水平轴以 Ω 顺时针旋转，用手柄推动轴和车轮绕竖直轴以 $\dot{\varphi}_z$ 旋转，则车轮将会产生一个绕 y 轴的力矩，即陀螺力矩。力矩大小为 $M_y=I_p\Omega\dot{\varphi}_z$。其中 I_p 为绕车轮绕轴的极惯性矩。转速 Ω 和 $\dot{\varphi}_z$ 越高，则陀螺力矩越大。

如果车轮绕 y 轴有一个角加速度，就会在 Oxz 平面内产生一个回转力矩。回转效应就可表达为

$$M_y=I_p\Omega\dot{\varphi}_z - I_d\ddot{\varphi}_y \tag{6.2.168}$$

在回转力矩的作用下，水平轴将会发生图 6.2.28 所示的变形。

2. 偏置盘运动的描述

对于盘偏置的转子，盘绕其中心线自转时还会摆动。因此，可将盘的运动视作空间刚体运动，表示成随其质心的平动和绕质心的定点转动。随质心的平动由质心的坐标(x, y, z)来描述。如图 6.2.29 所示，取空间固定坐标系 $Oxyz$ 来描述盘质心的平动。取平动坐标系 $O'x'y'z'$，原点 O' 与盘质心固连，随平动但不转动，各个坐标轴与固定坐标系对应的各轴平行。转动坐标系为 $O'\xi\eta\zeta$，固结在圆盘上，$O'\eta$ 为过圆盘质心的法线，与轴动挠度曲线相切。$O'\zeta$ 和 $O'\zeta$ 分别为圆盘上的两条

正交的直径。

盘的空间运动就由质心平动(x, y, z)和转动坐标系 $O'\xi\eta\zeta$ 绕平动坐标系的转动来表达。一般用三个欧拉角来定义转动坐标系绕平动坐标系的转动。假定初始时刻 t_0，转动坐标系与平动坐标系重合，如图 6.2.30(a)所示。在任一时刻 t，转动坐标系相对平动坐标系的位置可由三个位置角(欧拉角)来确定。先绕 $O'\zeta$ 轴转动α角(图 6.2.30(b))，再绕 $O'\xi_1$轴转动β角(图 6.2.30(c))，最后绕 $O'\eta_1$轴转动φ角(图 6.2.30(d))。

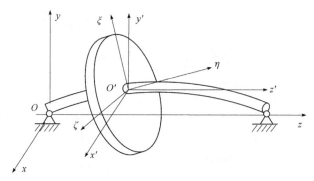

图 6.2.29　带偏置盘的转子及动静坐标系

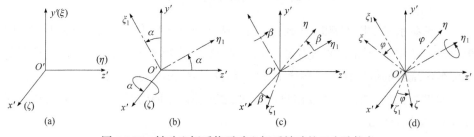

图 6.2.30　转动坐标系绕平动坐标系转动的三个欧拉角

于是，得到圆盘的角速度为

$$\boldsymbol{\omega} = \dot{\boldsymbol{\alpha}} + \dot{\boldsymbol{\beta}} + \dot{\boldsymbol{\varphi}} \tag{6.2.169}$$

投影到平动坐标系则为

$$\boldsymbol{\omega} = \begin{Bmatrix} \omega_{x'} \\ \omega_{y'} \\ \omega_{z'} \end{Bmatrix} = \begin{Bmatrix} \dot{\alpha} - \dot{\varphi}\sin\beta \\ \dot{\beta}\cos\alpha + \dot{\varphi}\sin\alpha\cos\beta \\ \dot{\varphi}\cos\beta\cos\alpha - \dot{\beta}\sin\alpha \end{Bmatrix} \tag{6.2.170}$$

由于 $O'\xi_1$、$O'\zeta$ 和 $O'\eta_1$轴均为圆盘的惯性主轴，故圆盘对原点 O'的动量矩为

$$\boldsymbol{L}_{O'} = I_{\mathrm{d}}\dot{\boldsymbol{\alpha}} + I_{\mathrm{d}}\dot{\boldsymbol{\beta}} + I_{\mathrm{p}}\dot{\boldsymbol{\varphi}} \tag{6.2.171}$$

在平动坐标系，动量矩为

$$\boldsymbol{L}_O = \begin{Bmatrix} L_{x'} \\ L_{y'} \\ L_{z'} \end{Bmatrix} = \begin{Bmatrix} I_d \dot{\alpha} - I_p \dot{\varphi} \sin \beta \\ I_d \dot{\beta} \cos \alpha + I_p \dot{\varphi} \sin \alpha \cos \beta \\ I_p \dot{\varphi} \cos \beta \cos \alpha - I_d \dot{\beta} \sin \alpha \end{Bmatrix} \tag{6.2.172}$$

实际上，转子振动时的动挠度非常小，即微幅振动，α 和 β 为小量，故有 $\sin \alpha \approx \alpha$，$\cos \alpha \approx 1$，$\sin \beta \approx \beta$，$\cos \beta \approx 1$。于是，式(6.2.170)和式(6.2.172)简化为

$$\boldsymbol{\omega} = \begin{Bmatrix} \omega_{x'} \\ \omega_{y'} \\ \omega_{z'} \end{Bmatrix} = \begin{Bmatrix} \dot{\alpha} - \dot{\varphi}\beta \\ \dot{\beta} + \dot{\varphi}\alpha \\ \dot{\varphi} - \dot{\beta}\alpha \end{Bmatrix}, \quad \boldsymbol{L}_O = \begin{Bmatrix} L_{x'} \\ L_{y'} \\ L_{z'} \end{Bmatrix} = \begin{Bmatrix} I_d \dot{\alpha} - I_p \dot{\varphi}\beta \\ I_d \dot{\beta} + I_p \dot{\varphi}\alpha \\ I_p \dot{\varphi} - I_d \dot{\beta}\alpha \end{Bmatrix} \tag{6.2.173}$$

取式(6.2.173)的近似假设后，相当于把 α 和 β 分别用转子动挠度曲线在 Oxz 平面和 Oyz 平面投影的切线与 Oz 轴的夹角来替代，如图 6.2.31 所示。

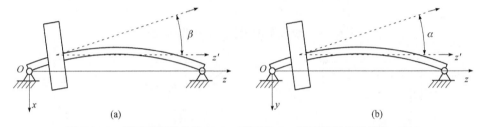

图 6.2.31　转子动挠度曲线在 Oxz 平面和 Oyz 平面的投影及转角 α 和 β

3. 盘偏置时转子的运动方程

如图 6.2.32 所示，一转子支承在两个刚性支承之上，圆盘偏置。取固定坐标系 $Oxyz$。为确定盘偏置时转子的运动方程，先确定转子在置盘处力、力矩与位移和转角间的关系，可表示为

$$\begin{Bmatrix} F_x \\ M_y \\ F_y \\ M_x \end{Bmatrix} = \begin{bmatrix} k_{11} & k_{12} & 0 & 0 \\ k_{21} & k_{22} & 0 & 0 \\ 0 & 0 & k_{11} & -k_{12} \\ 0 & 0 & -k_{21} & k_{22} \end{bmatrix} \begin{Bmatrix} x \\ \varphi_y \\ y \\ \varphi_x \end{Bmatrix} \tag{6.2.174}$$

式中，$k_{ij}(i, j=1, 2)$ 为刚度系数，其物理意义如图 6.2.33 所示。

取固连于圆盘三个主轴方向的坐标系 $O'x'y'z'$。其原点在圆盘的质心，z' 轴与盘的旋转轴重合，x' 和 y' 轴则位于盘的中心面，分别与圆盘的两个主轴重合。但该坐标系并不随圆盘绕 z' 轴旋转。图 6.2.34 表示出了坐标系 $Oxyz$ 和坐标系 $O'x'y'z'$。

在坐标系 $O'x'y'z'$ 中，转子沿 x'、y'、z' 三个方向的动量矩分别为

$$L_{z'} = I_p \dot{\varphi}_{z'}, \quad L_{y'} = I_d \dot{\varphi}_{y'}, \quad L_{x'} = I_d \dot{\varphi}_{x'} \tag{6.2.175}$$

式中，$\varphi_{x'}$、$\varphi_{y'}$ 和 $\varphi_{z'}$ 分别为盘绕坐标轴 x'、y' 和 z' 的三个转角；I_p 和 I_d 分别为极惯性矩和直径惯性矩。

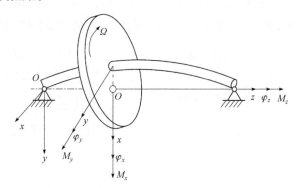

图 6.2.32　带偏置盘的转子和空间固定坐标系

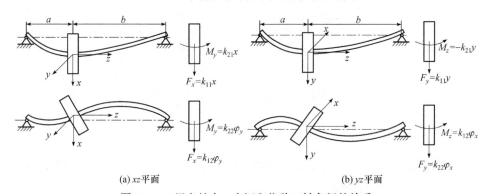

(a) xz-平面　　　　　　　　　　　　　　　　(b) yz-平面

图 6.2.33　置盘处力、力矩和位移、转角间的关系

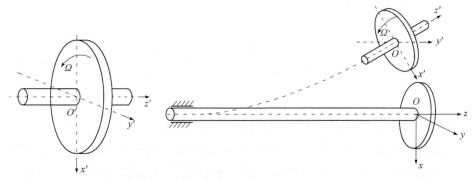

图 6.2.34　描述转子运动的固定坐标系 $Oxyz$ 和运动坐标系 $O'x'y'z'$

上述动量矩可投影到空间固定坐标系 $Oxyz$，如图 6.2.35 所示。在微幅摆动的

假设条件下，投影到固定坐标系后，得

$$L_y = L_{y'} + L_{z'}\,\varphi_{x'}, \quad L_x = L_{x'} - L_{z'}\,\varphi_{y'}, \quad L_z = L_{z'} = I_p\dot{\varphi}_{z'} \tag{6.2.176}$$

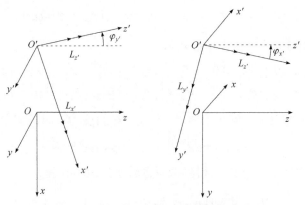

图 6.2.35 动坐标系和固定坐标系的动量矩

假设转子以 Ω 恒速旋转，则 $\dot{\varphi}_{z'} = -\Omega$，于是

$$L_z = L_{z'} = -I_p\Omega \tag{6.2.177}$$

将式(6.2.175)代入式(6.2.176)的前两式，可得

$$L_y = I_d\dot{\varphi}_{y'} - I_p\Omega\varphi_{x'}, \quad L_x = I_d\dot{\varphi}_{x'} + I_p\Omega\varphi_{y'} \tag{6.2.178}$$

根据动量矩定律，求得惯性力矩为

$$M_x = \dot{L}_x = I_d\ddot{\varphi}_{x'} + I_p\Omega\dot{\varphi}_{y'}, \quad M_y = \dot{L}_y = I_d\ddot{\varphi}_{y'} - I_p\Omega\dot{\varphi}_{x'} \tag{6.2.179}$$

式中，$I_d\ddot{\varphi}_{y'}$ 和 $I_d\ddot{\varphi}_{x'}$ 是圆盘摆动所产生的惯性力矩。即使转子不转动，该力矩也可以存在。而 $I_p\Omega\dot{\varphi}_{y'}$ 和 $I_p\Omega\dot{\varphi}_{x'}$ 为由转子旋转产生的陀螺力矩。若转子不旋转，$\Omega=0$，则陀螺力矩为零。转子横向振动的惯性力 $F_x = m\ddot{x}_s$，$F_y = m\ddot{y}_s$。x_s 和 y_s 表示圆盘的质心坐标。转子的运动微分方程可表示为

$$\begin{bmatrix} m & 0 & 0 & 0 \\ 0 & I_d & 0 & 0 \\ 0 & 0 & m & 0 \\ 0 & 0 & 0 & I_d \end{bmatrix} \begin{Bmatrix} \ddot{x}_s \\ \ddot{\varphi}_{ys} \\ \ddot{y}_s \\ \ddot{\varphi}_{xs} \end{Bmatrix} + \begin{bmatrix} 0 & 0 & 0 & 0 \\ 0 & 0 & 0 & -I_p\Omega \\ 0 & 0 & 0 & 0 \\ 0 & I_p\Omega & 0 & 0 \end{bmatrix} \begin{Bmatrix} \dot{x}_s \\ \dot{\varphi}_{ys} \\ \dot{y}_s \\ \dot{\varphi}_{xs} \end{Bmatrix}$$

$$+ \begin{bmatrix} k_{11} & k_{12} & 0 & 0 \\ k_{21} & k_{22} & 0 & 0 \\ 0 & 0 & k_{11} & -k_{12} \\ 0 & 0 & -k_{21} & k_{22} \end{bmatrix} \begin{Bmatrix} x \\ \varphi_y \\ y \\ \varphi_x \end{Bmatrix} = \begin{Bmatrix} 0 \\ 0 \\ 0 \\ 0 \end{Bmatrix} \tag{6.2.180}$$

在微幅运动的条件下，方程(6.2.180)中取 $\varphi_x = \varphi_{x'}$、$\varphi_y = \varphi_{y'}$ 表示装圆盘处轴的挠角，φ_{xs} 和 φ_{ys} 表示圆盘的摆角。

引入复向量

$$r_s = x_s + \mathrm{i}y_s, \quad r = x + \mathrm{i}y, \quad \varphi_s = \varphi_{zs} + \mathrm{i}\varphi_{ys}, \quad \varphi = \varphi_z + \mathrm{i}\varphi_y \tag{6.2.181}$$

则方程(6.2.180)可写成复数向量形式为

$$\begin{bmatrix} m & 0 \\ 0 & I_d \end{bmatrix}\begin{Bmatrix} \ddot{r}_s \\ \ddot{\varphi}_s \end{Bmatrix} + \begin{bmatrix} 0 & 0 \\ 0 & -\mathrm{i}I_p\Omega \end{bmatrix}\begin{Bmatrix} \dot{r}_s \\ \dot{\varphi}_s \end{Bmatrix} + \begin{bmatrix} k_{12} & -\mathrm{i}k_{12} \\ \mathrm{i}k_{12} & k_{22} \end{bmatrix}\begin{Bmatrix} r \\ \varphi \end{Bmatrix} = \begin{Bmatrix} 0 \\ 0 \end{Bmatrix} \tag{6.2.182}$$

设圆盘偏心率为 ε 时的相角为 β，圆盘初始斜度为 α 时的相角为 γ，则有

$$r_s = r + \varepsilon \mathrm{e}^{\mathrm{i}(\Omega t + \beta)}, \quad \varphi_s = \varphi + \alpha \mathrm{e}^{\mathrm{i}(\Omega t + \gamma)} \tag{6.2.183}$$

将式(6.2.183)代入式(6.2.182)，得到偏置盘转子的运动方程为

$$\begin{bmatrix} m & 0 \\ 0 & I_d \end{bmatrix}\begin{Bmatrix} \ddot{r}_s \\ \ddot{\varphi}_s \end{Bmatrix} + \begin{bmatrix} 0 & 0 \\ 0 & -\mathrm{i}I_p\Omega \end{bmatrix}\begin{Bmatrix} \dot{r} \\ \dot{\varphi} \end{Bmatrix} + \begin{bmatrix} k_{12} & -\mathrm{i}k_{12} \\ \mathrm{i}k_{12} & k_{22} \end{bmatrix}\begin{Bmatrix} r \\ \varphi \end{Bmatrix} = \Omega^2 \begin{Bmatrix} m\varepsilon\mathrm{e}^{\mathrm{i}\beta} \\ (I_d - I_p)\alpha\mathrm{e}^{\mathrm{i}\gamma} \end{Bmatrix} \mathrm{e}^{\mathrm{i}\Omega t}$$

$$\tag{6.2.184}$$

4. 转子的自振频率

为求转子的自振频率，可由方程(6.2.184)对应的齐次方程求得转子系统的特征方程，即

$$\begin{vmatrix} -m\omega^2 + k_{11} & -\mathrm{i}k_{12} \\ \mathrm{i}k_{12} & -I_d\omega^2 + I_p\Omega\omega + k_{22} \end{vmatrix} = 0 \tag{6.2.185}$$

将式(6.2.185)展开之后得到

$$mI_d\omega^4 - mI_p\Omega\omega^3 - (k_{22}m + k_{11}I_d)\omega^2 + k_{11}I_p\Omega\omega + (k_{11}k_{22} - k_{12}^2) = 0 \tag{6.2.186}$$

方程(6.2.186)有 4 个根。因为系数中包含有 Ω，因此特征根 ω 与自转角速度 Ω 有关。图 6.2.36 表示方程(6.2.186)的解 ω 与转速 Ω 的关系。由图可见，对应每一个转速 Ω，存在 4 个特征根，其中 2 个为正，2 个为负。故有 4 条特征根曲线，且关于原点对称。把 $-\omega$ 与 $-\Omega$ 代入方程(6.2.186)后，方程保持不变，证明了特征根的原点对称性。

若转子不旋转，$\Omega=0$，得到 4 个特征根 ω_{01}、ω_{02}、ω_{03} 和 ω_{04}。此时无陀螺力矩的影响。其中 $\omega_{03} = -\omega_{01}$、$\omega_{04} = -\omega_{02}$、$\omega_{01}$ 要小于把盘视作质点时的自振频率，即

$$\omega_{01} < \omega = \sqrt{\frac{k}{m}} = \sqrt{\frac{k_{11}k_{22} - k_{12}^2}{mk_{22}}} \tag{6.2.187}$$

而 ω_{02} 大于盘只做平面振动时的自振频率，即

$$\omega_{02} > \omega^* = \sqrt{\frac{k_{11}}{m}} \tag{6.2.188}$$

ω^* 可由齐次方程的第一个方程中令 $\varphi=0$ 而求得。

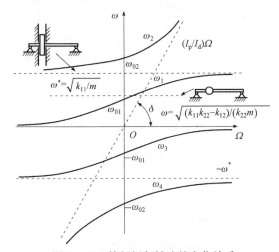

图 6.2.36　特征根与转速的变化关系

图 6.2.36 中给出了 ω_{02} 和 ω_4 在 $\Omega \to -\infty$ 和 $\Omega \to +\infty$ 时的渐近线，渐近线的斜率为

$$\tan \delta = I_{\mathrm{p}}/I_{\mathrm{d}} \tag{6.2.189}$$

对于圆柱体，极惯性矩 I_{p} 和直径惯性矩 I_{d} 分别为

$$I_{\mathrm{p}} = \frac{mR^2}{2}, \quad I_{\mathrm{d}} = \frac{m}{12}(3R^2 + H^2) \tag{6.2.190}$$

式中，R 为圆柱体的半径；H 为圆柱体的长度。

对于薄盘，$H \ll R$，于是 $\tan \delta \approx 2$，$\delta \approx 63.5°$。盘厚度增加，斜率变小。当 $H = \sqrt{3}R$ 时，$\tan \delta = 1$，$\delta = 45°$，$H > \sqrt{3}R$ 时，$I_{\mathrm{d}} > I_{\mathrm{p}}$。

实际应用中，对于对称结构的转子，可将转子摆动与横向振动解耦，即 $k_{12} = k_{21} = 0$。根据特征方程 (6.2.186) 得到转子横向振动的自振频率、纯摆动自振频率分别为

$$\omega_{1,3} = \pm\sqrt{\frac{k_{11}}{m}}, \quad \omega_{2,4} = \frac{I_{\mathrm{p}}}{2I_{\mathrm{d}}}\Omega \pm \sqrt{\left(\frac{I_{\mathrm{p}}}{2I_{\mathrm{d}}}\Omega\right)^2 + \frac{k_{22}}{I_{\mathrm{d}}}} \tag{6.2.191}$$

可见，只有摆动自振频率受到陀螺力矩的影响，而横向振动的自振频率与杰夫考特转子的临界转速相同，不受陀螺力矩的影响。图 6.2.37 描述了对称转子自振频率随转速的变化曲线。

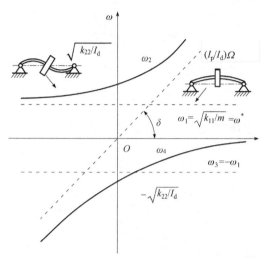

图 6.2.37　对称转子的自振频率与转速的变化关系

当转子不旋转时，$\Omega=0$，有

$$\omega_{2,4}\big|_{\Omega=0}=\pm\sqrt{\frac{k_{22}}{I_{\mathrm{d}}}} \tag{6.2.192}$$

引入转速比

$$\lambda^*=\frac{\Omega}{\omega_2\big|_{\Omega=0}}=\frac{\Omega}{\sqrt{k_{22}/I_{\mathrm{d}}}} \tag{6.2.193}$$

则

$$\frac{\omega_{2,4}}{\omega_2\big|_{\Omega=0}}=\frac{I_{\mathrm{p}}}{2I_{\mathrm{d}}}\lambda^*\pm\sqrt{\left(\frac{I_{\mathrm{p}}}{2I_{\mathrm{d}}}\lambda^*\right)^2+1} \tag{6.2.194}$$

图 6.2.38 表示摆动自振频率比 λ 随转速比 λ^* 的变化关系。由图可见，只要 $I_{\mathrm{p}}/I_{\mathrm{d}}>1$，则 ω_2 与 Ω 无交点。这说明杰夫考特转子正进动时，永远不会发生摆动。

假设转子在临界转速处发生协调正进动，即 $\omega=\Omega$，则方程(6.2.186)变为

$$m(I_{\mathrm{p}}-I_{\mathrm{d}})\omega^4-[(I_{\mathrm{p}}-I_{\mathrm{d}})k_{11}-mk_{22}]\omega^2-(k_{11}k_{22}-k_{12}^2)=0 \tag{6.2.195}$$

式(6.2.195)的解为

$$\omega^2 = \frac{1}{2}\left(\frac{k_{11}}{m} - \frac{k_{22}}{I_p - I_d}\right) \pm \sqrt{\frac{1}{4}\left(\frac{k_{11}}{m} - \frac{k_{22}}{I_p - I_d}\right) + \frac{k_{11}k_{22} - k_{12}^2}{m(I_p - I_d)}} \qquad (6.2.196)$$

求得的 ω 值就是考虑了回转效应之后转子的临界转速。对于薄盘，$I_p > I_d$，带根号的项要比前面的项大，根号前的负号使得 ω 值为复数，故无意义，只取带正号的值。这说明带薄盘的转子正向进动时，只有一个临界转速。如图 6.2.39 所示，此临界转速要比不考虑回转效应时的临界转速大。可见，此时回转效应提高了转子协调正进动的临界转速。

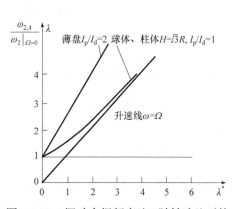

图 6.2.38　摆动自振频率比 λ 随转速比 λ^* 的变化　　　　图 6.2.39　带薄盘的转子自振频率随转速的变化

若转子带一个圆柱体，$I_p < I_d$，则由式(6.2.196)解得两个临界转速，如图 6.2.40 所示。可见，第一个临界转速 ω_1 低于不考虑回转效应时的临界转速 ω；而第二个临界转速 ω_2 则高于盘不摆动时的临界转速 ω^*。

假设转子进行协调反进动，即 $\omega = -\Omega$，则方程(6.2.186)变为

$$m(I_p + I_d)\omega^4 - [(I_p + I_d)k_{11} + mk_{22}]\omega^2 + (k_{11}k_{22} - k_{12}^2) = 0 \qquad (6.2.197)$$

式(6.2.197)的解为

$$\omega^2 = \frac{1}{2}\left(\frac{k_{11}}{m} + \frac{k_{22}}{I_p + I_d}\right) \pm \sqrt{\frac{1}{4}\left(\frac{k_{11}}{m} + \frac{k_{22}}{I_p + I_d}\right) - \frac{k_{11}k_{22} - k_{12}^2}{m(I_p + I_d)}} \qquad (6.2.198)$$

式(6.2.198)的转速与协调正进动时的临界转速不同，如图 6.2.41 所示。可见，不论 I_p 大于 I_d 还是小于 I_d，总存在两个反进动临界转速。其中一个总是低于不考虑回转效应时的临界转速 ω；另一个则总是高于盘不摆动时的临界转速 ω^*。在任何情况下，协调反进动都使转子第一阶弯曲临界转速降低。

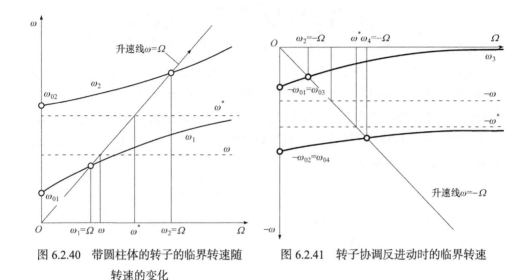

图 6.2.40　带圆柱体的转子的临界转速随 　　图 6.2.41　转子协调反进动时的临界转速
　　　　　　转速的变化

6.3　转子振动的进动分析

　　一般情况下，转子的运动既包含自转，也包含公转，这种复合运动称为涡动。转子涡动的形态，即公转与自转间的关系是表征转子振动特性和诊断转子故障的重要特征信息。

　　转子的进动分析就是把转子的运动分解成正进动分量和反进动分量，以凸显转子的涡动特征。由于正、反进动量既反映了转子振动的频率、幅值，又包含了转子振动的相位信息，而且还显现了转子进动的方向，因此，正、反进动量作为转子振动的特征量，可清晰地表征激振力和转子运动之间的关系，要比传统的频谱更敏感，与故障类型的对应关系更明确，进动分析是转子振动特性分析和故障诊断的有效工具。

6.3.1　转子的轴心轨迹——正、反进动分解

　　各向同性的转子在不平衡力的作用下，将沿一圆轨迹运动。轨迹方向与转子自转方向一致，旋转速度与自转速度相同，即协调正进动，或一阶正进动。在临界转速附近，转子轨迹半径异常大，转子发生共振。当转子支承各向异性时，转子进动轨迹为一椭圆。利用如图 6.3.1 所示的测试仪器就可测得转子的进动轨迹。

　　假设在垂直方向和水平方向测得的振动信号 $w(t)$、$v(t)$ 都为工频(一倍频)信号。根据不同的幅值及相位，$w(t)$、$v(t)$ 所构成的椭圆轨迹可为一阶正进动为主的轨迹

或一阶反进动为主的轨迹。但将 $w(t)$、$v(t)$ 进行时域和频域表征时，反映不出这一现象，如图 6.3.2 所示。

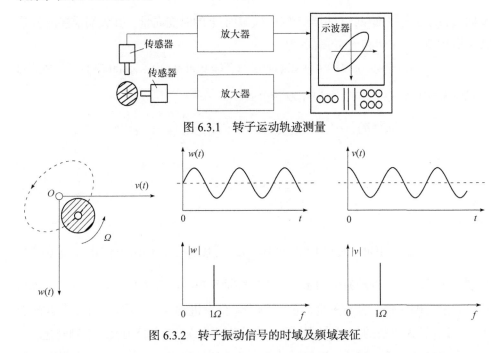

图 6.3.1　转子运动轨迹测量

图 6.3.2　转子振动信号的时域及频域表征

如图 6.3.2 所示的椭圆轨迹可分解为正进动圆轨迹和反进动圆轨迹，如图 6.3.3 所示。

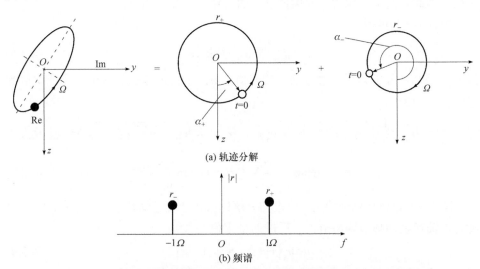

(a) 轨迹分解

(b) 频谱

图 6.3.3　不平衡引起的椭圆轨迹(正、反进动圆轨迹以及正、反进动频谱)

由 $w(t)$ 和 $v(t)$ 构造一复向量：

$$r(t) = w(t)+iv(t) \tag{6.3.1}$$

复向量 $r(t)$ 为复平面(w, v) (相当于转子横截面)上的时变向量，其矢端描述的就是转子进动轨迹，$w(t)$ 和 $v(t)$ 可表示为

$$w(t) = w_c \cos(\Omega t) + w_s \sin(\Omega t), \quad v(t) = v_c \cos(\Omega t) + v_s \sin(\Omega t) \tag{6.3.2}$$

将式(6.3.2)代入式(6.3.1)，并应用欧拉公式：

$$\cos(\Omega t) = \frac{1}{2}(e^{i\Omega t} + e^{-i\Omega t}), \quad \sin(\Omega t) = \frac{1}{2}(e^{i\Omega t} - e^{-i\Omega t}) \tag{6.3.3}$$

得到

$$r = r_+ e^{i\Omega t} + r_- e^{-i\Omega t} \tag{6.3.4}$$

式中，

$$r_+ = \frac{1}{2}[(w_c + v_s) + i(v_c - w_s)], \quad r_- = \frac{1}{2}[(w_c - v_s) + i(v_c + w_s)] \tag{6.3.5}$$

分别为正进动和反进动幅值向量。$e^{i\Omega t}$ 为绕轴承连线沿转子自转方向同向旋转的单位矢量，即单位正进动矢量；$e^{-i\Omega t}$ 则为单位反进动矢量。因此，$r_+ e^{i\Omega t}$ 就描绘了一个以 $|r_+|$ 为半径的正进动圆轨迹，$e^{-i\Omega t}$ 则为以 $|r_-|$ 为半径的反进动圆轨迹。

由此可见，任一椭圆轨迹总可分解为两个圆轨迹之和。其中一个为正进动圆轨迹，另一个则为反进动圆轨迹。轨迹半径分别为 $|r_+|$ 和 $|r_-|$。由于 r_+ 和 r_- 均为复向量，因此它们不仅包含了幅值信息，而且包含了相位信息。

由式(6.3.5)可得

$$r_+ = |r_+| e^{i\alpha_+}, \quad r_- = |r_-| e^{i\alpha_-} \tag{6.3.6}$$

其中 $|r_+|$ 和 $|r_-|$ 分别为正、反进动量的幅值，α_+ 和 α_- 则分别表示正、反进动量的相位，分别为

$$|r_+| = \frac{1}{2}\sqrt{(w_c + v_s)^2 + (v_c - w_s)^2}, \quad |r_-| = \frac{1}{2}\sqrt{(w_c - v_s)^2 + (v_c + w_s)^2} \tag{6.3.7}$$

$$\alpha_+ = \arctan\frac{v_c - w_s}{w_c + v_s}, \quad \alpha_- = \arctan\frac{v_c + w_s}{w_c - v_s} \tag{6.3.8}$$

图 6.3.3 为椭圆轨迹的正、反进动分解以及正、反进动频谱。反过来，椭圆轨迹的长轴和短轴则很容易由正、反进动量求得

$$a = |r_+| + |r_-|, \quad b = |r_+| - |r_-| \tag{6.3.9}$$

其中长轴 a 对于评定振动烈度以及监测动静间隙非常重要。

当 $|r_+|>|r_-|$ 时，椭圆轨迹正向进动；当 $|r_+|<|r_-|$ 时，椭圆轨迹反向进动；当 $|r_+|=|r_-|$ 时，轨迹为直线。

正、反进动谱已不是转子在某一方向上振动信号的频谱，而是在测量截面转子进动的向量谱。事实上，正、反进动谱可表示成向量谱，如图 6.3.4 所示，幅值和相位皆得到表征。

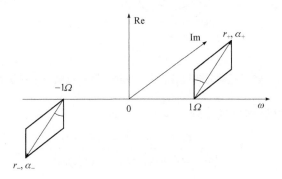

图 6.3.4　正、反进动向量谱

在转子升速过程或降速过程中，可把正、反进动谱表示成三维谱，如图 6.3.5 所示。

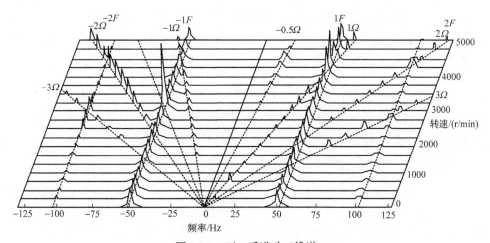

图 6.3.5　正、反进动三维谱

6.3.2　转子运动的进动比函数

受不平衡激扰时，支承各向异性的转子的进动轨迹为椭圆，因而总是包含一阶正进动分量和一阶反进动分量，并且正、反进动分量随不平衡量变化而变化，如图 6.3.6 所示。

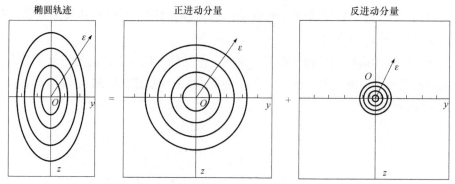

图 6.3.6　转子进动椭圆轨迹和正、反进动圆轨迹随不平衡量的变化

此时，正、反进动分量分别为

$$r_+ = \frac{\varepsilon \Omega^2 (\omega_0^2 - \Omega^2 - 2\mathrm{i}\xi_{\omega0}\Omega)}{(\omega_z^2 - \Omega^2)(\omega_y^2 - \Omega^2) + (2\xi_{\omega0}\Omega)^2}$$
$$r_- = \frac{-\varepsilon \Omega^2 \Delta\omega_0^2}{(\omega_z^2 - \Omega^2)(\omega_y^2 - \Omega^2) + (2\xi_{\omega0}\Omega)^2} \qquad (6.3.10)$$

式中，

$$\xi = \frac{c}{2m\omega_0}, \quad \omega_0^2 = \frac{k_0}{m}, \quad \Delta\omega_0^2 = \frac{\Delta k_0}{m}$$
$$k_0 = \frac{1}{2}(k_z + k_y), \quad \Delta k_0 = \frac{1}{2}(k_z - k_y), \quad \omega_z^2 = \frac{k_z}{m}, \quad \omega_y^2 = \frac{k_y}{m} \qquad (6.3.11)$$

k_z 和 k_y 分别为转子在垂直方向和水平方向的刚度；ε 为转子的不平衡量。

一阶反进动分量对某些故障(轴裂纹、转/静碰摩等)比较敏感。因此，常常以一阶反进动分量的变化来诊断故障，但必须排除不平衡量的影响。

为此构造一个进动比函数 η，定义为一阶反进动分量与一阶正进动分量之比，即

$$\eta = \frac{r_-}{r_+} \qquad (6.3.12)$$

由于 r_- 和 r_+ 皆为复向量，故 η 也为复向量。

在线性条件之下，η 与不平衡量无关，即当不平衡发生变化时，η 并不发生变化。但转子出现故障时，如轴裂纹、转/静碰摩或支座松动等，η 将发生变化。下面以支承各向异性及轴裂纹为例加以说明。

1. 支承各向异性时转子的进动比函数

支座各向异性时转子的不平衡响应为

$$r_+ = \frac{\varepsilon \Omega^2 (\omega_0^2 - \Omega^2 - 2\mathrm{i}\xi_{\omega 0}\Omega)}{(\omega_x^2 - \Omega^2)(\omega_y^2 - \Omega^2) + (2\xi_{\omega 0}\Omega)^2}$$

$$r_- = \frac{-\varepsilon \Omega^2 \Delta\omega_0^2}{(\omega_x^2 - \Omega^2)(\omega_y^2 - \Omega^2) + (2\xi_{\omega 0}\Omega)^2}$$

(6.3.13)

式中，ε 为不平衡量。

如图 6.3.6 所示，不平衡量增大时，一阶正、反进动量 r_+ 和 r_- 均增大，进动比函数为

$$\eta = \frac{r_-}{r_+} = \frac{-\Delta\omega_0^2}{\omega_0^2 - \Omega^2 - 2\mathrm{i}\xi_{\omega 0}\Omega} = A\mathrm{e}^{\mathrm{i}\theta}$$

(6.3.14)

式中，

$$A = \frac{\Delta k_0 / k_0}{\sqrt{\left(1 - \lambda^2\right)^2 + (2\xi\lambda)^2}}, \quad \theta = \arctan\frac{2\xi\lambda}{1 - \lambda^2}$$

(6.3.15)

其中，$\lambda = \Omega/\omega_0$ 为转速比。

可见，η 只与转速 Ω 及转子刚度、阻尼有关，而与不平衡量 ε 无关。当支承各向异性增大时(如支承松动)，即 $\Delta\omega_0^2$ 增大，因而 η 值也增大。因此，进动比函数 η 与转子结构变化紧密相关。图 6.3.7 表示进动比函数 η 随转速 Ω 的变化曲线，其中 $\Delta k_0 / k_0$、$\Delta\omega_0^2 / \omega_0$ 作为参数示出。可见，转子刚度的变化会引起进动比函数幅值的变化，但对相位无影响。相位只取决于阻尼和转速比，与一个杰夫考特转子的相位特征一致。

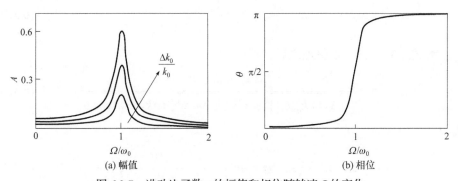

图 6.3.7　进动比函数 η 的幅值和相位随转速 Ω 的变化

2. 裂纹转子的进动比函数

对于如图 6.3.8 所示的带裂纹的转子，裂纹引起的一阶正、反进动量分别为

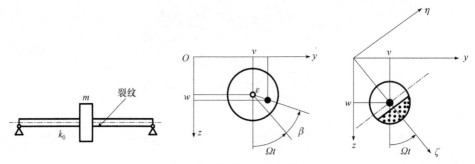

图 6.3.8　带裂纹的转子模型

$$r_+ = \frac{\Delta k_\zeta}{k_0}\frac{b_{+1}X_s}{1-\lambda^2+2\mathrm{i}\xi\lambda}, \quad r_- = \frac{\Delta k_\zeta}{k_0}\frac{b_{-1}X_s}{1-\lambda^2-2\mathrm{i}\xi\lambda} \tag{6.3.16}$$

而不平衡响应为

$$R_+ = \frac{\mu^2\varepsilon\mathrm{e}^{\mathrm{i}\beta}}{1-\lambda^2+2\mathrm{i}\xi\lambda} \tag{6.3.17}$$

从而得到进动比函数为

$$
\begin{aligned}
\eta &= \frac{X_s(\Delta k_\zeta/k_0)b_{-1}(1-\lambda^2+2\mathrm{i}\xi\lambda)}{[X_s(\Delta k_\zeta/k_0)b_{+1}+\lambda^2\varepsilon\mathrm{e}^{\mathrm{i}\beta}](1-\lambda^2-2\mathrm{i}\xi\lambda)} \\
&= \frac{(\Delta k_\zeta/k_0)b_{-1}(1-\lambda^2+2\mathrm{i}\xi\lambda)}{[(\Delta k_\zeta/k_0)b_{+1}+\lambda^2\overline{\varepsilon}\mathrm{e}^{\mathrm{i}\beta}](1-\lambda^2-2\mathrm{i}\xi\lambda)}
\end{aligned}
\tag{6.3.18}
$$

式中，

$$\lambda = \frac{\Omega}{\omega_0}, \quad \omega_0^2 = \frac{k_0}{m}, \quad \overline{\varepsilon} = \frac{\varepsilon}{X_s} \tag{6.3.19}$$

将式(6.3.18)进一步整理之后，得

$$\eta = \frac{(\Delta k_\zeta/k_0)b_{-1}\mathrm{e}^{\mathrm{i}(2\alpha-\varphi)}}{\sqrt{[(\Delta k_\zeta/k_0)b_{+1}]^2+\lambda^4\overline{\varepsilon}^2+2\lambda^2\overline{\varepsilon}b_{+1}(\Delta k_\zeta/k_0)\cos\beta}} \tag{6.3.20}$$

式中，

$$\alpha = \arctan\frac{2\zeta\lambda}{1-\lambda^2}, \quad \varphi = \arctan\frac{\lambda^2\overline{\varepsilon}\sin\beta}{(\Delta k_\zeta/k_0)b_{+1}+\lambda^2\overline{\varepsilon}\cos\beta} \tag{6.3.21}$$

可见，出现了裂纹之后，进动比函数不仅与不平衡量的幅值相关，而且与不平衡量的相位相关。图 6.3.9 表示进动比函数的幅值和相位与转速比 λ 的变化关系。当不平衡量相角 β 不同时，进动比函数随转速比的变化明显不同。为分别说明不平衡量的相角及幅值对进动比函数的影响，取转速比为常数(λ=0.9)，分别示出进动比函数与不平衡量的幅值和相位的变化关系，如图 6.3.10 和图 6.3.11 所示。

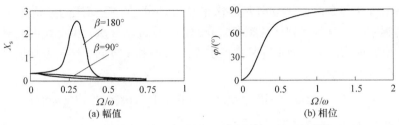

图 6.3.9 进动比函数的幅值和相位随转速比λ的变化

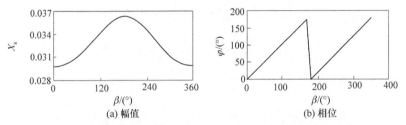

图 6.3.10 进动比函数的幅值和相位随不平衡量的相角的变化

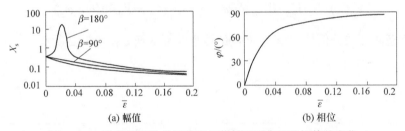

图 6.3.11 进动比函数的幅值和相位随不平衡量的幅值的变化

对于杰夫考特转子，不平衡量只影响转子的一阶正进动，而与一阶反进动无关。当不平衡与裂纹同相时，一阶正进动随不平衡量单调增加，故进动比函数单调减小。当不平衡与裂纹反相时，不平衡量将补偿裂纹的影响，使得一阶正进动随不平衡量的增加而减小，故进动比函数先随不平衡量增大而减小。当

$$\lambda^2 \overline{\varepsilon} = \frac{\Delta k_\zeta}{k_0} b_{+1} \tag{6.3.22}$$

时，不平衡量及裂纹对一阶正进动的影响相互抵消，故进动比函数无穷大。当不平衡量继续增大时，一阶正进动开始增加，进动比函数减小。当$\varepsilon \to \infty$时，$\lambda \to 0$。

上述的变化规律也是转子裂纹故障的重要特征，利用这一特征有助于诊断裂纹故障。

6.3.3 转子进动轨迹的全息进动分析

转子的进动轨迹通常很复杂，并非简单的椭圆轨迹，既包含一阶正、反进动分量，也可能包含高阶进动分量和次谐波进动分量。把前述的分析方法拓展到任意的频率点，就可得到任意频率成分的正、反进动分量，由此就可形成全息进动谱。全息进动谱可由傅里叶复变换求得。在 w 和 v 方向，转子振动信号中，任一频率分量可表示为

$$W_p = W_{pc}\cos(\omega_p t) + W_{ps}\sin(\omega_p t), \quad V_p = V_{pc}\cos(\omega_p t) + V_{ps}\sin(\omega_p t) \quad (6.3.23)$$

应用欧拉公式(6.3.3)，可得

$$W_p = \frac{1}{2}(W_{pc} - iW_{ps})e^{i\omega_p t} + \frac{1}{2}(W_{pc} + iW_{ps})e^{-i\omega_p t}$$
$$V_p = \frac{1}{2}(V_{pc} - iV_{ps})e^{i\omega_p t} + \frac{1}{2}(V_{pc} + iV_{ps})e^{-i\omega_p t} \quad (6.3.24)$$

对 $W_p(t)$ 和 $V_p(t)$ 进行傅里叶复变换得

$$W_p(\omega) = \frac{1}{2}(W_{pc} - iW_{ps})\delta(\omega - \omega_p) + \frac{1}{2}(W_{pc} + iW_{ps})\delta(\omega + \omega_p)$$
$$V_p(\omega) = \frac{1}{2}(V_{pc} - iV_{ps})\delta(\omega - \omega_p) + \frac{1}{2}(V_{pc} + iV_{ps})\delta(\omega + \omega_p) \quad (6.3.25)$$

任意频率成分信号 $W_p(t)$ 和 $V_p(t)$ 的傅里叶复变换如图 6.3.12 所示。

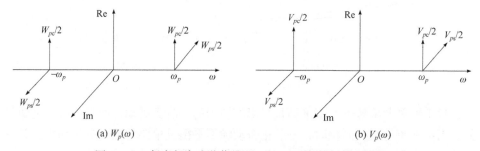

(a) $W_p(\omega)$　　　　　　(b) $V_p(\omega)$

图 6.3.12　任意频率成分信号 $W_p(t)$ 和 $V_p(t)$ 的傅里叶复变换

在频率 ω_p 处，$w_p(t)$ 和 $v_p(t)$ 的傅里叶变换的实部分别为 $W_{pc}/2$ 和 $V_{pc}/2$，虚部分别为 $-W_{ps}/2$ 和 $-V_{ps}/2$，则由

$$r_p = W_p(\omega) + iV_p(\omega) \quad (6.3.26)$$

可求得任意频率 ω_p 处的正、反进动分量 r_{+p} 和 r_{-p} 分别为

$$r_{+p} = \frac{1}{2}(W_{pc} + V_{ps}) + \frac{1}{2}i(V_{pc} - W_{ps}), \quad r_{-p} = \frac{1}{2}(W_{pc} - V_{ps}) + \frac{1}{2}i(V_{pc} + W_{ps}) \quad (6.3.27)$$

图 6.3.13 给出了全息进动分析的流程图和正、反进动分量 r_{+p} 和 r_{-p}，以及进

动比函数的可视化表征形式。进动圆的半径表示进动量的幅值，进动圆的起始点则表示进动量的相位。

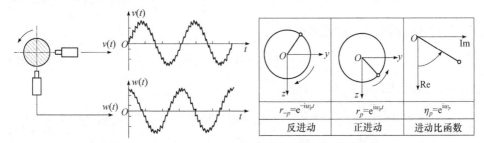

图 6.3.13 全息进动的正、反进动分量和进动比函数的表征形式

6.3.4 转子进动分析的廖氏定理

下面讨论关于转子进动轨迹面积、周长以及激振力做功的四个廖氏定理，进一步揭示转子进动的规律。

定理 6.3.1(面积定理) 转子任何一阶轴心轨迹所围的面积等于该阶正、反进动圆面积之差的绝对值，可表示为

$$A = |A_+ - A_-| \tag{6.3.28}$$

式中，A 为转子进动椭圆轨迹所围的面积；A_+ 为对应的正进动圆面积；A_- 为对应的反进动圆面积。

证明 转子进动的椭圆轨迹可表示为

$$x(t) = a_x \cos(\Omega t) + b_x \sin(\Omega t), \quad y(t) = a_y \cos(\Omega t) + b_y \sin(\Omega t) \tag{6.3.29}$$

一般情况下，轨迹为斜椭圆，如图 6.3.14 所示。

通过坐标变换可得到在主轴坐标系 Ox_1y_1 中由长、短轴表示的椭圆方程，即

$$x_1(t) = a_{x1} \cos(\Omega t), \quad y_1(t) = b_{y1} \sin(\Omega t) \tag{6.3.30}$$

式中，

$$a_{x1} = \sqrt{a_x^2 + a_y^2}, \quad b_{y1} = \sqrt{b_x^2 + b_y^2} \tag{6.3.31}$$

$$a_x = a_{x1} \cos\alpha, \quad a_y = a_{y1} \sin\alpha$$
$$b_x = b_{x1} \cos\alpha, \quad b_y = -b_{y1} \sin\alpha \tag{6.3.32}$$

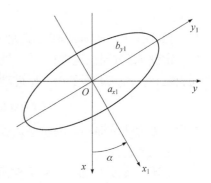

图 6.3.14 转子振动的椭圆轨迹

椭圆面积为

$$A = \pi a_{x1} b_{y1} \tag{6.3.33}$$

由式(6.3.31)和式(6.3.32)可得正进动圆和反进动圆的面积分别为

$$A_{+}=\frac{1}{4}\pi[(a_x+b_y)^2+(a_y-b_x)^2],\quad A_{-}=\frac{1}{4}\pi[(a_x-b_y)^2+(a_y+b_x)^2] \tag{6.3.34}$$

正、反进动圆面积之差的绝对值为

$$\left|A_{+}-A_{-}\right|=\pi\left|a_x b_y-a_y b_x\right| \tag{6.3.35}$$

将式(6.3.34)代入式(6.3.35)，可得

$$\begin{aligned}\left|A_{+}-A_{-}\right|&=\pi\left|a_x b_y-a_y b_x\right|=\pi\left|a_{x1}\cos\alpha\cdot b_{y1}\cos\alpha+a_{x1}\sin\alpha\cdot b_{y1}\sin\alpha\right|\\&=\pi\left|a_{x1}b_{y1}(\cos^2\alpha+\sin^2\alpha)\right|=A\end{aligned} \tag{6.3.36}$$

在某些情况下，转子反进动占优，即 $A_{-}>A_{+}$，但面积差取绝对值后，式(6.3.36)总是成立的。有时转子轴心轨迹会接近于一条直线，如图 6.3.15 所示，即使如此，定理 6.3.1 仍然成立。

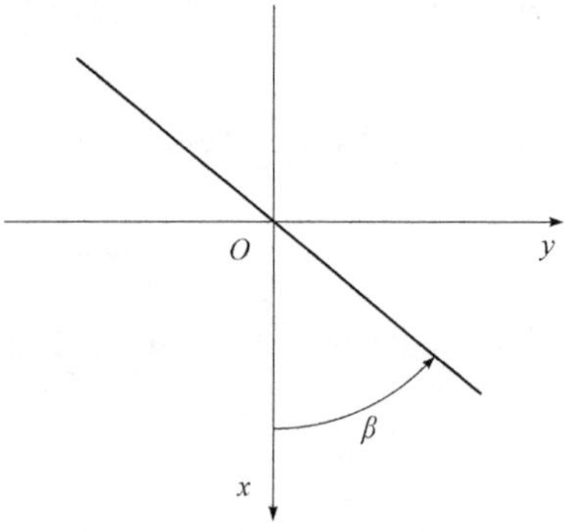

图 6.3.15　转子的直线轨迹

直线轨迹的方程为

$$x(t)=a_x\cos(\Omega t),\quad y(t)=a_y\cos(\Omega t) \tag{6.3.37}$$

其面积为 A=0。

直线轨迹同样可分解为正进动圆轨迹和反进动圆轨迹，其半径分别为

$$r_{+}=\frac{1}{2}(a_x+\mathrm{i}a_y),\quad r_{-}=\frac{1}{2}(a_x-\mathrm{i}a_y) \tag{6.3.38}$$

其面积应该相等，即

$$A_{+}=A_{-}=\frac{1}{4}\pi(a_x^2+a_y^2) \tag{6.3.39}$$

显然有 $A_{+}-A_{-}=A=0$。定理 6.3.1 得到证明。

定理 6.3.2(周长定理)　转子轴心进动轨迹的周长小于等于正、反进动圆轨迹周长之和，而大于等于正、反进动圆轨迹周长。可用不等式表达为

$$\max(L_{+},L_{-})\leqslant L\leqslant L_{+}+L_{-} \tag{6.3.40}$$

式中，L 为转子轴心进动轨迹周长；L_{+} 为对应的正进动圆轨迹周长；L_{-} 为对应的反进动圆轨迹周长。

证明　假设 X 和 Y 分别为椭圆的长、短轴，$X>Y$，则对应的正、反进动圆轨迹周长分别为

$$L_{+}=\pi(X+Y),\quad L_{-}=\pi(X-Y) \tag{6.3.41}$$

正、反进动圆轨迹周长之和为

$$L_+ + L_- = 2\pi X \tag{6.3.42}$$

椭圆周长可以表示为如下级数形式：

$$L = 2\pi X \left\{ 1 - \sum_{n=1}^{\infty} \left[\left(\frac{(2n-1)!}{(2n)!} \right)^2 \frac{e^{2n}}{2n-1} \right] \right\} \tag{6.3.43}$$

式中，$e = \sqrt{(X^2 - Y^2)/X^2}$。清晰起见，将式(6.3.43)展开，即

$$L = 2\pi X \left\{ 1 - \left(\frac{1}{2} \right)^2 e^2 - \left(\frac{1 \times 3}{2 \times 4} \right)^2 \frac{e^4}{3} - \left(\frac{1 \times 3 \times 5}{2 \times 4 \times 6} \right)^2 \frac{e^6}{5} - \cdots \right\} \tag{6.3.44}$$

由式(6.3.42)～式(6.3.44)可知

$$L < 2\pi X = L_+ + L_- \tag{6.3.45}$$

椭圆周长还可表示为如下级数形式：

$$L = \pi(X+Y) \left\{ 1 + \left(\frac{1}{2} \right)^2 \lambda^2 + \left(\frac{1}{2 \times 4} \right)^2 \lambda^4 + \sum_{n=3}^{\infty} \left[\left(\frac{(2n-3)!}{(2n)!} \right)^2 \lambda^{2n} \right] \right\} \tag{6.3.46}$$

式中，$\lambda = (X-Y)/(X+Y)$。由式(6.3.46)可得

$$L = \pi(X+Y) \left\{ 1 + \left(\frac{1}{2} \right)^2 \lambda^2 + \left(\frac{1}{2 \times 4} \right)^2 \lambda^4 + \left(\frac{1 \times 3}{2 \times 4 \times 6} \right)^2 \lambda^6 + \left(\frac{5!}{8!} \right) \lambda^8 + \cdots \right\} \tag{6.3.47}$$
$$> \pi(X+Y) = L_+$$

定理 6.3.2 得到证明。

如图 6.3.16 所示，转子的进动角为

$$\tan\theta = \frac{y}{x} = \frac{Y}{X} \tan(\Omega t) \tag{6.3.48}$$

进动角速度为

$$\theta = \frac{XY}{X^2 \cos^2(\Omega t) + Y^2 \sin^2(\Omega t)} \Omega \tag{6.3.49}$$

只有当转子轴心进动轨迹为圆轨迹，即 $X = Y$ 时，进动角速度才与转子自转角速度相等，转子发生协调正进动。当轴心轨迹为椭圆时，进动速度与自转角速度不相等，即 $\dot{\theta} \neq \Omega$。

当转子轴心沿椭圆轨迹运动时，转子进动角速度呈周期性变化。图 6.3.17 为当 $X=2Y$ 时，转子自转一周内，$\dot{\theta}$ 在 $(\Omega/2, 2\Omega)$ 间的变化。转子这种涡动可能会对轴承和结构配合面产生影响。但仅靠水平或者垂直方向上的振动测量观察不到转子这种涡动形式。

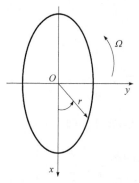

图 6.3.16　转子的进动角

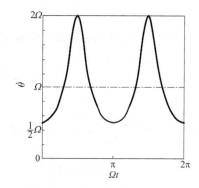

图 6.3.17　进动角速度的变化

定理 6.3.3(进动力做功的正交性定理)　转子上的作用力可分解为正进动作用力和反进动作用力，正进动作用力只在正进动轨迹上做功，而在反进动轨迹上不做功；反进动作用力只在反进动轨迹上做功，而在正进动轨迹上不做功。

定理 6.3.3 表明：作用于转子上的正、反进动力关于做功是正交的。

证明　转子上的作用力可表示为

$$\boldsymbol{F} = F_+ \mathrm{e}^{\mathrm{i}\Omega t} + F_- \mathrm{e}^{-\mathrm{i}\Omega t} \tag{6.3.50}$$

式中，F_+ 为正进动作用力力幅；F_- 为反进动作用力力幅。

设转子的运动轨迹为

$$r = r_+ \mathrm{e}^{\mathrm{i}(\Omega t + \beta_+)} + r_- \mathrm{e}^{-\mathrm{i}(\Omega t + \beta_-)} \tag{6.3.51}$$

式中，r_+ 为转子正进动轨迹半径；β_+ 为转子正进动相角；r_- 为转子反进动轨迹半径；β_- 为转子反进动相角。

正进动作用力所做的微功为

$$\mathrm{d}W_+ = F_+ \mathrm{e}^{\mathrm{i}\Omega t}\, \mathrm{d}r = F_+ \mathrm{e}^{\mathrm{i}\Omega t}(\mathrm{d}r_+ + \mathrm{d}r_-) \tag{6.3.52}$$

式中，

$$\begin{aligned}
\mathrm{d}r &= [\mathrm{i}\Omega r_+ \mathrm{e}^{\mathrm{i}(\Omega t + \beta_+)} - \mathrm{i}\Omega r_- \mathrm{e}^{\mathrm{i}(\Omega t + \beta_-)}]\mathrm{d}t \\
\mathrm{d}r_+ &= \mathrm{i}\Omega r_+ \mathrm{e}^{\mathrm{i}(\Omega t + \beta_+)}\, \mathrm{d}t \\
\mathrm{d}r_- &= -\mathrm{i}\Omega r_- \mathrm{e}^{\mathrm{i}(\Omega t + \beta_-)}\, \mathrm{d}t
\end{aligned} \tag{6.3.53}$$

正进动作用力在正进动轨迹上所做的微功为

$$\mathrm{d}W_{++} = F_+ \mathrm{e}^{\mathrm{i}\Omega t}\, \mathrm{d}r_+ \tag{6.3.54}$$

将式(6.3.54)写成实部和虚部的形式，即

$$\mathrm{d}W_{++} = [F_+ \cos(\Omega t) + \mathrm{i}F_+ \sin(\Omega t)]\Omega[-r_+ \sin(\Omega t + \beta_+) + \mathrm{i}r_+ \cos(\Omega t + \beta_+)]\mathrm{d}t \tag{6.3.55}$$

根据内积法则，式(6.3.55)为

$$dW_{++} = [-F_+ r_+ \cos(\Omega t)\sin(\Omega t + \beta_+) + F_+ r_+ \sin(\Omega t)\cos(\Omega t + \beta_+)]d(\Omega t) \quad (6.3.56)$$
$$= -F_+ r_+ \sin\beta_+ \, d(\Omega t)$$

转子旋转一周，正进动作用力在正进动轨迹上所做的功为

$$W_{++} = \int_0^{2\pi} dW_{++} = -\int_0^{2\pi} F_+ r_+ \sin\beta_+ \, d(\Omega t) = -2\pi F_+ r_+ \sin\beta_+ \quad (6.3.57)$$

由式(6.3.57)可知，该功分别与正进动作用力力幅 F_+ 和转子正进动轨迹半径 r_+ 成正比，且与正进动轨迹的相角相关。当 $\beta \neq k\pi(k=0,1,2,\cdots)$ 时，$W_{++} \neq 0$，即正进动作用力在正进动轨迹上做功。

正进动作用力在反进动轨迹上所做的微功为

$$dW_{+-} = F_+ e^{i\Omega t}\, dr_- \quad (6.3.58)$$

将式(6.3.58)写成实部和虚部形式，即

$$dW_{+-} = [-F_+ \cos(\Omega t) + iF_+ \sin(\Omega t)]\Omega[-r_- \sin(\Omega t + \beta_-) - ir_- \cos(\Omega t + \beta_-)]dt \quad (6.3.59)$$

根据内积法则，式(6.3.59)为

$$dW_{+-} = [-F_+ r_- \cos(\Omega t)\sin(\Omega t + \beta_-) - F_+ r_- \sin(\Omega t)\cos(\Omega t + \beta_-)]d(\Omega t) \quad (6.3.60)$$
$$= -F_+ r_- \sin(2\Omega t + \beta_-)d(\Omega t)$$

转子旋转一周，正进动作用力在反进动轨迹上所做的功为

$$W_{+-} = \int_0^{2\pi} dW_{+-} = -\int_0^{2\pi} F_+ r_- \sin(2\Omega t + \beta_-)d(\Omega t) = \frac{1}{2}F_+ r_- \cos(2\Omega t + \beta_-)\Big|_0^{2\pi} = 0$$

$$(6.3.61)$$

可见，正进动作用力在反进动轨迹上所做的功始终为零。

同理，可得到转子旋转一周反进动作用力在反进动轨迹上所做的功为

$$W_{--} = \int_0^{2\pi} dW_{--} = -\int_0^{2\pi} F_- r_- \sin\beta_- \, d(\Omega t) = -2\pi F_- r_- \sin\beta_- \quad (6.3.62)$$

转子旋转一周，反进动作用力在正进动轨迹上所做的功为 $W_{-+}=0$。

定理 6.3.3 得到证明。

定理 6.3.4(进动力做功定理)　转子上作用力所做的总功等于正进动作用力和反进动作用力所做功的代数和，即

$$W = W_{++} + W_{--} = W_+ + W_- \quad (6.3.63)$$

式中，W_{++} 为正进动作用力在正进动轨迹上所做的功；W_{--} 为反进动作用力在反进动轨迹上所做的功；W 为转子上的作用力在椭圆轨迹上所做的功；W_+ 为正进动作用力所做的功；W_- 为反进动作用力所做的功。

证明　设转子上的作用力为

$$\boldsymbol{F} = F_+\mathrm{e}^{\mathrm{i}\Omega t} + F_-\mathrm{e}^{-\mathrm{i}\Omega t} \tag{6.3.64}$$

式中，F_+ 为正进动作用力力幅；F_- 为反进动作用力力幅。

转子的进动轨迹为

$$\boldsymbol{r} = r_+\mathrm{e}^{\mathrm{i}(\Omega t+\beta_+)} + r_-\mathrm{e}^{-\mathrm{i}(\Omega t+\beta_-)} \tag{6.3.65}$$

作用力所做的微功为

$$W = \boldsymbol{F}\cdot\mathrm{d}\boldsymbol{r} = (F_+\mathrm{e}^{\mathrm{i}\Omega t} + F_-\mathrm{e}^{-\mathrm{i}\Omega t})\cdot(\mathrm{d}r_+ + \mathrm{d}r_-) \tag{6.3.66}$$

根据定理 6.3.3 关于进动力做功的正交性，即可得到

$$W = \int_0^T \mathrm{d}W\,\mathrm{d}t = \int_0^T \boldsymbol{F}\cdot\boldsymbol{r}\,\mathrm{d}t = \int_0^T \mathrm{d}W_+\,\mathrm{d}t + \int_0^T \mathrm{d}W_-\,\mathrm{d}t = W_{++}+W_{--}=W_++W_- \tag{6.3.67}$$

定理 6.3.4 得到证明。

图 6.3.18 为转子轴心进动轨迹、作用力和位移之间的关系。定理 6.3.3 和定理 6.3.4 中所述及的力和轨迹必须是同阶的，即转速的相同倍频分量(如 n 阶激振力代表力的作用频率为 $n\Omega$)。

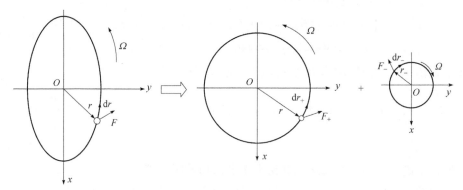

图 6.3.18　转子轴心进动轨迹、作用力和位移

现在以不平衡力、阻尼力和弹性恢复力三种力的进动分解与所做的功为例，验证定理 6.3.3 和定理 6.3.4。

1. 不平衡力所做的功

转子不平衡力在 x、y 方向的分量分别为

$$F_{x\varepsilon} = m\varepsilon\Omega^2\cos(\Omega t+\beta),\quad F_{y\varepsilon} = m\varepsilon\Omega^2\sin(\Omega t+\beta) \tag{6.3.68}$$

将式(6.3.68)写成进动作用力形式为

$$F_\varepsilon = F_{x\varepsilon}+\mathrm{i}F_{y\varepsilon} = F_{+\varepsilon}\mathrm{e}^{\mathrm{i}\Omega t} = m\varepsilon\Omega^2\mathrm{e}^{\mathrm{i}\beta}\mathrm{e}^{\mathrm{i}\Omega t} \tag{6.3.69}$$

式中，$F_{+\varepsilon} = m\varepsilon\Omega^2\mathrm{e}^{\mathrm{i}\beta}$ 为正进动作用力，说明转子不平衡只会产生正进动作用力。

假设转子的进动轨迹为

$$r = r_+ \mathrm{e}^{\mathrm{i}(\Omega t + \beta_+)} + r_- \mathrm{e}^{-\mathrm{i}(\Omega t + \beta_-)} \tag{6.3.70}$$

根据定理 6.3.3 和定理 6.3.4，转子自转一周内不平衡力所做的功为

$$\begin{aligned} W_\varepsilon &= \int_0^T \boldsymbol{F}_\varepsilon \cdot \mathrm{d}\boldsymbol{r} = \int_0^T \boldsymbol{F}_{+\varepsilon} \cdot \mathrm{d}\boldsymbol{r}_+ = \int_0^{2\pi} \left| \boldsymbol{F}_{+\varepsilon} \right| \mathrm{e}^{\mathrm{i}\beta} \cdot \left(\mathrm{i} \left| \boldsymbol{r}_+ \right| \mathrm{e}^{\mathrm{i}\alpha} \right) \mathrm{d}\theta \\ &= \int_0^T \boldsymbol{F}_{+\varepsilon} \cdot \left| \boldsymbol{r}_+ \right| \cos(\beta - \alpha - \pi/2) \mathrm{d}\theta = 2\pi \boldsymbol{F}_{+\varepsilon} \cdot \left| \boldsymbol{r}_+ \right| \sin(\beta - \alpha) \end{aligned} \tag{6.3.71}$$

式中，T 为转子自转一周的周期。

式(6.3.71)积分中对正进动力向量与正进动轨迹向量进行内积运算，而不是直接相乘。

由式(6.3.71)可见，当不平衡力相位超前于正进动轨迹矢量 r_+，即 $\beta > \beta_+$ 时，不平衡力做正功；当不平衡力相位滞后于正进动轨迹矢量 r_+，即 $\beta < \beta_+$ 时，不平衡力做负功；当不平衡力与正进动轨迹矢量 r_+ 同相位，即 $\beta = \beta_+$ 时，不平衡力不做功。这三种做功模式可由如下条件来表达：

$$\begin{cases} W_\varepsilon > 0, & \beta > \alpha \\ W_\varepsilon = 0, & \beta - \alpha = 0 \text{或} \beta - \alpha = \pm\pi \\ W_\varepsilon < 0, & \beta < \alpha \end{cases} \tag{6.3.72}$$

2. 阻尼力所做的功

线性阻尼力可表示为

$$\begin{aligned} \boldsymbol{F}_{\mathrm{d}} &= -c_0 \dot{\boldsymbol{r}} = -\mathrm{sgn}\left(\left| \boldsymbol{r}_+ \right| - \left| \boldsymbol{r}_- \right| \right) \mathrm{i}\Omega c_0 \left(\boldsymbol{r}_+ \mathrm{e}^{\mathrm{i}\Omega t} - \boldsymbol{r}_- \mathrm{e}^{-\mathrm{i}\Omega t} \right) \\ &= -\mathrm{sgn}\left(\left| \boldsymbol{r}_+ \right| - \left| \boldsymbol{r}_- \right| \right) \left(\boldsymbol{F}_{+\mathrm{d}} \mathrm{e}^{\mathrm{i}\Omega t} + \boldsymbol{F}_{-\mathrm{d}} \mathrm{e}^{-\mathrm{i}\Omega t} \right) \end{aligned} \tag{6.3.73}$$

式中，$\boldsymbol{F}_{+\mathrm{d}} = \mathrm{i}c_0 \boldsymbol{r}_+$；$\boldsymbol{F}_{-\mathrm{d}} = \mathrm{i}c_0 \boldsymbol{r}_-$；$c_0$ 为阻尼系数；符号函数为

$$\mathrm{sgn}\left(\left| \boldsymbol{r}_+ \right| - \left| \boldsymbol{r}_- \right| \right) \begin{cases} 1, & \left| \boldsymbol{r}_+ \right| - \left| \boldsymbol{r}_- \right| > 0 \\ 0, & \left| \boldsymbol{r}_+ \right| - \left| \boldsymbol{r}_- \right| = 0 \\ -1, & \left| \boldsymbol{r}_+ \right| - \left| \boldsymbol{r}_- \right| < 0 \end{cases} \tag{6.3.74}$$

由定理 6.3.3 和定理 6.3.4 求得阻尼力所做的功为

$$\begin{aligned} W_{\mathrm{d}} &= \int_0^T \boldsymbol{F}_{\mathrm{d}} \cdot \mathrm{d}\boldsymbol{r} = -\mathrm{sgn}\left(\left| \boldsymbol{r}_+ \right| - \left| \boldsymbol{r}_- \right| \right) \left(\int_0^{2\pi} \boldsymbol{F}_{+\mathrm{d}} \,\mathrm{i}\boldsymbol{r}_+ \,\mathrm{d}\theta + \int_0^{2\pi} \boldsymbol{F}_{-\mathrm{d}} \,\mathrm{i}\boldsymbol{r}_- \,\mathrm{d}\theta \right) \\ &= -\mathrm{sgn}\left(\left| \boldsymbol{r}_+ \right| - \left| \boldsymbol{r}_- \right| \right) \left[\Omega c_0 \int_0^{2\pi} \mathrm{i}\boldsymbol{r}_+ \cdot \mathrm{i}\boldsymbol{r}_+ \,\mathrm{d}\theta - \Omega c_0 \int_0^{2\pi} \mathrm{i}\boldsymbol{r}_- \cdot \mathrm{i}\boldsymbol{r}_- \,\mathrm{d}\theta \right. \\ &\quad \left. - \mathrm{sgn}\left(\left| \boldsymbol{r}_+ \right| - \left| \boldsymbol{r}_- \right| \right) \cdot 2\pi c_0 \Omega \left(r_+^2 + r_-^2 \right) \right] \end{aligned} \tag{6.3.75}$$

式(6.3.75)表明，只要 $c_0 > 0$，无论是正进动占优，还是反进动占优，阻尼力

所做的功总是负的，即阻尼总是耗散转子的振动能量。

3. 存在反对称交叉刚度时，弹性恢复力所做的功

弹性恢复力在 x 和 y 方向的分量分别为

$$F_x = -k_{xx}x - k_{xy}y, \quad F_y = -k_{yy}x - k_{yx}x \tag{6.3.76}$$

式中，k_{xx} 和 k_{yy} 为主刚度；$k_{xy}=-k_{yx}$ 为反对称交叉刚度。转子的轴心进动轨迹为

$$\boldsymbol{r} = |\boldsymbol{r}_+|e^{i\Omega t} + |\boldsymbol{r}_-|e^{-i\Omega t} \tag{6.3.77}$$

将弹性恢复力分解成进动作用力的形式，即

$$
\begin{aligned}
\boldsymbol{F} = F_x + iF_y &= -k_0\boldsymbol{r} - \Delta k_0 \boldsymbol{r}^* + ik_{xy}\boldsymbol{r} \\
&= -k_0\left(|\boldsymbol{r}_+|e^{i\Omega t} + |\boldsymbol{r}_-|e^{-i\Omega t}\right) + ik_{xy}\left(|\boldsymbol{r}_+|e^{i\Omega t} + |\boldsymbol{r}_-|e^{-i\Omega t}\right) - \Delta k_0\left(|\boldsymbol{r}_+^*|e^{i\Omega t} + |\boldsymbol{r}_-^*|e^{-i\Omega t}\right) \\
&= (ik_{xy}|\boldsymbol{r}_+| - k_0|\boldsymbol{r}_+| - \Delta k_0|\boldsymbol{r}_-^*|)e^{i\Omega t} + (ik_{xy}|\boldsymbol{r}_-| - k_0|\boldsymbol{r}_-| - \Delta k_0|\boldsymbol{r}_+^*|)e^{-i\Omega t} \\
&= F_+ e^{i\Omega t} + F_- e^{-i\Omega t}
\end{aligned} \tag{6.3.78}
$$

式中，$\boldsymbol{r}_+^*$ 为正进动轨迹矢量 $\boldsymbol{r}_+$ 的共轭向量；$\boldsymbol{r}_-^*$ 为反进动轨迹矢量 $\boldsymbol{r}_-$ 的共轭向量。而

$$k_0 = \frac{1}{2}(k_{xx} + k_{yy}), \quad \Delta k_0 = \frac{1}{2}(k_{xx} - k_{yy}) \tag{6.3.79}$$

$$F_+ = (ik_{xy} - k_0)|\boldsymbol{r}_+| - \Delta k_0|\boldsymbol{r}_-^*|, \quad F_y = (ik_{xy} - k_0)|\boldsymbol{r}_-| - \Delta k_0|\boldsymbol{r}_+^*| \tag{6.3.80}$$

转子自转一个周期内，弹性恢复力所做的功为

$$W = \int_0^T \boldsymbol{F} \cdot d\boldsymbol{r} = \int_0^{2\pi} F_+ i|\boldsymbol{r}_+|d\theta - \int_0^{2\pi} F_- i|\boldsymbol{r}_-|d\theta = 2\pi k_{xy}\left(|\boldsymbol{r}_+|^2 + |\boldsymbol{r}_-|^2\right) \tag{6.3.81}$$

根据定理 6.3.1，可求得式(6.3.80)为

$$W = \int_0^T \boldsymbol{F} \cdot d\boldsymbol{r} = 2\pi k_{xy}\left(|\boldsymbol{r}_+|^2 + |\boldsymbol{r}_-|^2\right) = 2\pi k_{xy}XY \tag{6.3.82}$$

式中，X 和 Y 分别为转子轴心椭圆轨迹的长轴和短轴。

由式(6.3.82)可见，弹性恢复力所做的功与轨迹所围的面积和反对称交叉刚度成正比。当正进动占优，即 $|\boldsymbol{r}_+| > |\boldsymbol{r}_-|$ 时，弹性恢复力做正功，$W>0$，反对称交叉刚度会使得转子失稳。但对于支承各向异性的转子，当在水平与垂直临界转速之间运行时，即 $\omega_y < \Omega < \omega_x$，反进动占优，$|\boldsymbol{r}_-| > |\boldsymbol{r}_+|$。此时，弹性恢复力做负功，$W<0$。这表明，反对称交叉刚度将会抑制转子反进动失稳，发挥镇定作用。

上述三个示例说明，应用定理 6.3.3 和定理 6.3.4 很容易求得激振力所做的功。其物理意义是：正进动作用力只会影响转子正进动，而反进动作用力只影响转子

反进动。这为诊断转子故障供了重要准则。

6.3.5　典型故障条件下转子的进动特征

由上述分析可见，转子的进动形态既反映了转子系统的结构特点，又反映了转子所受载荷的特征。采用如图 6.3.13 所示的进动圆表征形式，转子正、反进动的频率、幅值、相位、方向以及进动比函数全部可得以可视化表征，图形简单、形象，信息丰富，体现出了进动分析的优点。表 6.3.1 列出了九种典型故障的进动特征。

表 6.3.1　典型故障的进动特征

故障类型	频率分量	正进动	反进动	进动比函数	注释
不平衡	1×	幅值大	无	不变	进动比函数不随不平衡量变化
不对中	1×	幅值中	幅值中	增大	正、反进动量幅值接近，进动比函数不对中随不对中度增大而增大
	2×	幅值中	幅值中	增大	
碰摩	1×	幅值中	幅值小	不变	出现次谐波和超次谐波正、反进动，反进动量的变化很明显
	2×	无	幅值小	增大	
	$(0.2, 0.3, \cdots, 1) \times$、$(1.1, 1.2, \cdots, 2) \times$	幅值小	幅值中	增大	
油膜涡动	$(0.42 \sim 0.48) \times$	幅值中	幅值小	不变	出现次谐波正、反进动，正进动占优
油膜振荡	转子自振频率 f	幅值中	幅值小	不变	转子严重失稳，以自振频率正进动
轴裂纹	1×	幅值中	幅值小	不变	进动比函数随不平衡量发生变化
	2×	幅值小	无	不变	
	3×	幅值小	幅值小	不变	
密封激起的涡动	$(0.3 \sim 0.6) \times$	幅值小	幅值小	不变	出现次谐波正、反进动，正进动占优，失稳转速为转子自振频率，与负荷有关
压缩机叶轮间隙激起的涡动	$(0.3 \sim 0.6) \times$	幅值小	幅值中	增大	反进动量占优，失稳转速为转子反进动自振频率；与负荷有关
涡轮间隙激起的涡动	$(0.3 \sim 1.0) \times$	幅值中	幅值小	不变	正进动量占优，失稳转速为转子自振频率；与负荷有关

注：1×指一倍频，依次类推。

6.4　发动机高压转子的结构动力学设计

发动机,尤其是航空发动机的高压转子由高压压气机、高压涡轮和支承系统构成。一般情况下,将转子设计成刚性转子,而支承带有弹性,且在前支点配置弹性支承和挤压油膜阻尼器,如图 6.4.1 所示的 GE90 发动机就采用了这种设计方案。

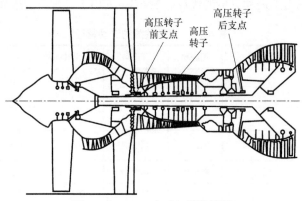

图 6.4.1　GE90 发动机结构简图

在设计高压转子时,需要确定转子的模态,但往往仅关注转子临界转速的配置,即要求一阶临界转速(平动模态)在发动机慢车转速以下,而二阶临界转速(俯仰模态)则在工作转速范围之内。发动机每次运行,都将通过临界转速。因此,需在支承处设计挤压油膜阻尼器,以减小转子通过临界转速时的振动。挤压油膜阻尼器一般配置在高压转子的前支点处,但阻尼器的阻尼效果将受转子设计参数的影响。

转子的结构动力学设计是高压转子设计的关键。设计的目标是在发动机整个工作转速范围内,保证转子振动水平不超过限制值。设计时要解决的主要问题:①如何建立动力学模型,以便优化设计和积累设计经验;②如何优化转子的参数,即如何优化转子的模态,才能更有效地发挥挤压油膜阻尼器的减振作用;③如何优化转子的参数、制定平衡工艺,以降低转子对不平衡量变化的敏感性。

本节建立高压转子的动力学模型,考虑转子设计的所有参数,建立转子两阶临界转速的上界估计方法,提出高压转子结构动力学设计的基本准则。该准则包含转子设计的所有参数,并以无量纲化的组合形式表达,可对高压转子的设计提供明确的指导。

6.4.1　高压转子的动力学模型与振动模态

设计时可将高压转子简化为如图 6.4.2 所示的模型。刚性转子支承在两个弹性支座上。转子质量为 M,极转动惯量为 I_p,质心与前支点的距离为 a,绕质心的

转动惯量为 I，阻尼器设置在前支点处，阻尼系数为 c，两个弹性支承的刚度分别为 k_{b1} 和 k_{b2}，两支点间的距离为 L。

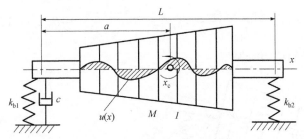

图 6.4.2　高压转子的动力学模型

设转子质心的位置为 x_c，挠度为 r，倾角为 θ，长度 $b=L-a$。考虑陀螺力矩时，转子自由振动微分方程为

$$\begin{bmatrix} M & 0 \\ 0 & I \end{bmatrix}\begin{Bmatrix} \ddot{r} \\ \ddot{\theta} \end{Bmatrix} + \begin{bmatrix} 0 & 0 \\ 0 & -\mathrm{i}I_p\Omega \end{bmatrix}\begin{Bmatrix} \dot{r} \\ \dot{\theta} \end{Bmatrix} + \begin{bmatrix} k_{b1}+k_{b2} & \mathrm{i}(ak_{b1}-bk_{b2}) \\ -\mathrm{i}(ak_{b1}-bk_{b2}) & (a^2k_{b1}+b^2k_{b2}) \end{bmatrix}\begin{Bmatrix} r \\ \theta \end{Bmatrix} = \begin{Bmatrix} 0 \\ 0 \end{Bmatrix} \quad (6.4.1)$$

在分析转子模态时，可暂不考虑阻尼。设方程的解为

$$\{r \quad \theta\}^{\mathrm{T}} = \{r_0 \quad \theta_0\}^{\mathrm{T}} e^{\mathrm{i}\omega t} \quad (6.4.2)$$

将式(6.4.2)代入式(6.4.1)，得到

$$\begin{bmatrix} k_{b1}+k_{b2}-M\omega^2 & \mathrm{i}(ak_{b1}-bk_{b2}) \\ -\mathrm{i}(ak_{b1}-bk_{b2}) & a^2k_{b1}+b^2k_{b2}+I_p\omega\Omega-I\omega^2 \end{bmatrix}\begin{Bmatrix} r_0 \\ \theta_0 \end{Bmatrix} = 0 \quad (6.4.3)$$

由式(6.4.3)得到特征方程为

$$(a^2k_{b1}+b^2k_{b2}+I_p\omega\Omega-I\omega^2)(k_{b1}+k_{b2}-M\omega^2)-(ak_{b1}-bk_{b2})^2 = 0 \quad (6.4.4)$$

整理式(6.4.4)得到

$$MI\omega^4 - MI_p\Omega\omega^3 - [M(a^2k_{b1}+b^2k_{b2})+(k_{b1}+k_{b2})I]\omega^2$$
$$+I_p(k_{b1}+k_{b2})\Omega\omega + L^2k_{b1}k_{b2} = 0 \quad (6.4.5)$$

式(6.4.5)可以写为

$$\lambda^4 - \frac{I_p}{I}\frac{\Omega}{\overline{\omega}}\lambda^3 - \left[\frac{\eta^2(1+\kappa)+1-2\eta}{(1+\kappa)\tilde{I}}+1\right]\lambda^2 + \frac{I_p}{I}\frac{\Omega}{\overline{\omega}}\lambda + \frac{\kappa}{(1+\kappa)^2\tilde{I}} = 0 \quad (6.4.6)$$

式中，

$$\lambda = \frac{\omega}{\overline{\omega}}, \quad \overline{\omega} = \sqrt{\frac{k_{b1}+k_{b2}}{M}}, \quad \kappa = \frac{k_{b1}}{k_{b2}}, \quad \tilde{I} = \frac{I}{ML^2}, \quad \eta = \frac{a}{L} \quad (6.4.7)$$

分别为转子相对临界转速、转子当量临界转速、转子刚度比、转子相对转动惯量

和转子相对质心位置，这些参量均为无量纲的。

由式(6.4.6)可解得转子动临界转速。转子的振型为

$$r_{0j} = -\mathrm{i}\frac{ak_{b1} - bk_{b2}}{k_{b1} + k_{b2} - M\omega^2}\theta_{0j} = -\mathrm{i}\frac{L[\eta - (1+\kappa)^{-1}]}{1-\lambda^2}\theta_{0j}, \quad j=1,2,\cdots \quad (6.4.8)$$

图6.4.3为转子的前两阶振型。

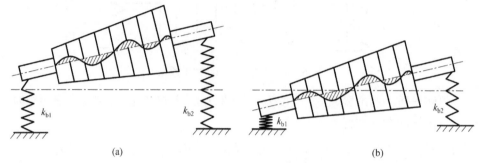

图 6.4.3　转子的前两阶振型

由式(6.4.6)和式(6.4.8)可见，转子的模态取决于a/L、$\tilde{I}$、I_p/I、$\bar{\omega}$和κ共五个无量纲参数。在气动设计完成后，转子质量M和长度L可能是确定的。ML^2是转子可能的最大转动惯量。由于$I_e = I[1-(I_p/I)(\Omega/\omega)]$，转子的模态与极转动惯量和质心转动惯量之比$I_p/I$、转速比$\Omega/\omega$相关。在设计转子中，恰当地选择这些设计参数，就可以满足特定的结构动力学设计要求。

选定上述的设计参数，就可由式(6.4.6)解出转子的临界速度。图 6.4.4 为$\kappa=1/2$、$\eta=1/2$、$\tilde{I}=1/6$，$I_p/I=1/2$、1、2 时，转子的临界速度与转子的工作速度之间的关系。图中转子转速为相对转速$\Omega/\bar{\omega}$。

由图 6.4.4 可见，在任何情况下，一阶临界转速$\omega_1 < \bar{\omega}$，且随转速增大趋近于$\bar{\omega}$。随着I_p/I增大，转子的陀螺力矩对二阶临界转速的影响增大。当$I_p/I \geqslant 1$时，转速频率激振力不会激起二阶临界转速共振。当$I_p/I=1$时，转子越过一阶临界转速之后转速增加，二阶临界转速也增加，转速可能会始终处在二阶临界转速的邻域，但始终无法越过二阶临界转速，转子的振动会居高不下。因此，在高压转子设计中，应尽量避免$I_p/I=1$的情况。

由于陀螺力矩对二阶临界转速的影响较大，故二阶振型会随转速发生变化。图6.4.5为$\kappa=1/2$、$a/L=1/2$、$\tilde{I}=1/6$、$I_p/I=1/2$时，转速为零和转速为协调正进动临界转速的一阶和二阶振型。由图可见，随转速增加，转子一阶振型趋向于纯平动，二阶振型趋向于纯俯仰。图中纵坐标为归一化的振型，r_e为转子任一轴向位置处的振幅，r_{f0}为转速为零时前支点的振幅。横坐标为$\bar{x} = x/L$。

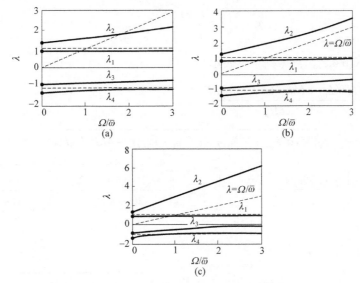

图 6.4.4　转子的临界转速与转速之间的关系

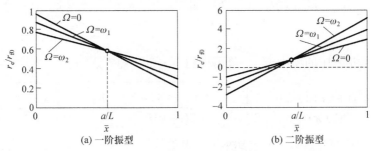

图 6.4.5　转子的一、二阶振型

6.4.2　转子两阶临界转速的上界估计方法

在转子设计初期，给定转子质量 M，期望在未知其他参数的情况下，通过前、后支点刚度 k_{b1} 和 k_{b2} 的配置，初步估计出临界转速的界值。由图 6.4.4 可以看出，$\omega_1 \leqslant \bar{\omega} \leqslant \omega_2$，且当 $(I - I_p)/(ML^2) > 1/12$ 时，$\omega_2 \leqslant 2\bar{\omega}$。现证明这两个关系的普适性。

转子的振动特征方程为

$$MI\left(1 - \frac{I_p}{I}\frac{\Omega}{\omega}\right)\omega^4 - \left[M(a^2 k_{b1} + b^2 k_{b2}) + (k_{b1} + k_{b2})I\left(1 - \frac{I_p}{I}\frac{\Omega}{\omega}\right)\right]\omega^2 + L^2 k_{b1} k_{b2} = 0$$

$$(6.4.9)$$

记

$$I_e = I\left(1 - \frac{I_p}{I}\frac{\Omega}{\omega}\right), \quad \tilde{I}_e = \frac{I}{ML^2} \tag{6.4.10}$$

并考虑到式(6.4.7)，自振频率可表示为

$$\omega_{1,2}^2 = \frac{M(a^2 k_{b1} + b^2 k_{b2}) + I_e(k_{b1} + k_{b2})}{2MI_e}$$

$$\mp \frac{1}{2MI}\sqrt{[M(a^2 k_{b1} + b^2 k_{b2}) + I_e(k_{b1} + k_{b2})]^2 - 4MI_e k_{b1} k_{b2} L^2}$$

$$= \bar{\omega}^2 \left[\frac{\eta^2(1+\kappa)+1-2\eta}{2(1+\kappa)\tilde{I}_e} + \frac{1}{2}\right]^2 \mp \bar{\omega}^2\sqrt{\left[\frac{\eta^2(1+\kappa)+1-2\eta}{2(1+\kappa)\tilde{I}_e} + \frac{1}{2}\right]^2 - \frac{\kappa}{(1+\kappa)^2 \tilde{I}_e}}$$

$$\tag{6.4.11}$$

首先证明 $\omega_1 \leqslant \bar{\omega}$。

$$\omega_1^2 = \bar{\omega}^2 \left\{\left[\frac{\eta^2(1+\kappa)+1-2\eta}{2(1+\kappa)\tilde{I}_e} + \frac{1}{2}\right] - \sqrt{\left[\frac{\eta^2(1+\kappa)+1-2\eta}{2(1+\kappa)\tilde{I}_e} + \frac{1}{2}\right]^2 - \frac{\kappa}{(1+\kappa)^2 \tilde{I}_e}}\right\}$$

$$\tag{6.4.12}$$

只要证明大括号中的项小于 1，就可得到 $\omega_1 \leqslant \bar{\omega}$，即要证明

$$\left[\frac{\eta^2(1+\kappa)+1-2\eta}{2(1+\kappa)\tilde{I}_e} + \frac{1}{2}\right] - \sqrt{\left[\frac{\eta^2(1+\kappa)+1-2\eta}{2(1+\kappa)\tilde{I}_e} + \frac{1}{2}\right]^2 - \frac{\kappa}{(1+\kappa)^2 \tilde{I}_e}} < 1 \tag{6.4.13}$$

对式(6.4.13)移项并对左、右两端平方，可得

$$\left\{\left[\frac{\eta^2(1+\kappa)+1-2\eta}{2(1+\kappa)\tilde{I}_e} + \frac{1}{2}\right] - 1\right\}^2 < \left[\frac{\eta^2(1+\kappa)+1-2\eta}{2(1+\kappa)\tilde{I}_e} + \frac{1}{2}\right]^2 - \frac{\kappa}{(1+\kappa)^2 \tilde{I}_e} \tag{6.4.14}$$

将式(6.4.14)的两端展开并整理，得

$$-2\left[\frac{\eta^2(1+\kappa)+1-2\eta}{2(1+\kappa)\tilde{I}_e} + \frac{1}{2}\right] + 1 < -\frac{\kappa}{(1+\kappa)^2 \tilde{I}_e} \tag{6.4.15}$$

将式(6.4.15)化简得

$$\frac{\kappa}{(1+\kappa)^2 \tilde{I}_e} < \frac{\eta^2(1+\kappa)+1-2\eta}{(1+\kappa)\tilde{I}_e} \tag{6.4.16}$$

将式(6.4.16)两端相约，得

$$\frac{\kappa}{1+\kappa} < \eta^2(1+\kappa)+1-2\eta \tag{6.4.17}$$

将式(6.4.17)左右两端同乘以 $1+\kappa$ 并合并、移项，得

$$\eta^2(1+\kappa)^2 - 2\eta(1+\kappa) + 1 > 0 \tag{6.4.18}$$

不等式(6.4.18)可表示为

$$[\eta(1+\kappa) - 1]^2 > 0 \tag{6.4.19}$$

从而证明 $\omega_1 \leqslant \bar{\omega}$ 是成立的。由图 6.4.4 可见，随转速增加，ω_1 趋近于 $\bar{\omega}$。

再证明 $\omega_2^2 > \bar{\omega}^2$。

$$\omega_2^2 = \bar{\omega}^2 \left\{ \left[\frac{\eta^2(1+\kappa)+1-2\eta}{2(1+\kappa)\tilde{I}_e} + \frac{1}{2} \right] + \sqrt{\left[\frac{\eta^2(1+\kappa)+1-2\eta}{2(1+\kappa)\tilde{I}_e} + \frac{1}{2} \right]^2 - \frac{\kappa}{(1+\kappa)^2 \tilde{I}_e}} \right\} \tag{6.4.20}$$

只要证明式(6.4.20)大括号中的项大于 1，就可得到 $\omega_2^2 > \bar{\omega}^2$，即要证明

$$\left[\frac{\eta^2(1+\kappa)+1-2\eta}{2(1+\kappa)\tilde{I}_e} + \frac{1}{2} \right] + \sqrt{\left[\frac{\eta^2(1+\kappa)+1-2\eta}{2(1+\kappa)\tilde{I}_e} + \frac{1}{2} \right]^2 - \frac{\kappa}{(1+k)^2 \tilde{I}_e}} > 1 \tag{6.4.21}$$

对式(6.4.21)移项并对左、右两端平方，可得

$$\left\{ 1 - \left[\frac{\eta^2(1+\kappa)+1-2\eta}{2(1+\kappa)\tilde{I}_e} + \frac{1}{2} \right] \right\}^2 < \left[\frac{\eta^2(1+\kappa)+1-2\eta}{2(1+\kappa)\tilde{I}_e} + \frac{1}{2} \right]^2 - \frac{\kappa}{(1+\kappa)^2 \tilde{I}_e} \tag{6.4.22}$$

将式(6.4.22)两端展开，整理后得到

$$-2 \left[\frac{\eta^2(1+\kappa)+1-2\eta}{2(1+\kappa)\tilde{I}_e} + \frac{1}{2} \right] + 1 < -\frac{\kappa}{(1+\kappa)^2 \tilde{I}_e} \tag{6.4.23}$$

将式(6.4.23)化简，得

$$\kappa - [\eta^2(1+\kappa)+1-2\eta](1+\kappa) < 0 \tag{6.4.24}$$

整理式(6.4.24)，得到

$$-\eta^2(1+\kappa)^2 + 2\eta(1+\kappa) - 1 < 0 \tag{6.4.25}$$

由式(6.4.25)左端合并成二次方项后恒成立，即

$$-[\eta(1+\kappa) - 1]^2 < 0 \tag{6.4.26}$$

从而证得 $\omega_1 \leqslant \bar{\omega} \leqslant \omega_2$ 成立。

若陀螺力矩的作用使得式(6.4.10)第一式中的 $I_e = 0$，即把转子视为点质量，则临界转速为

$$\omega_1^* = \sqrt{\frac{L^2 k_{b1} k_{b2}}{M(a^2 k_{b1} + b^2 k_{b2})}} = \bar{\omega} \sqrt{\frac{\kappa}{\eta^2(1+\kappa)^2 + (1+\kappa)(1-2\eta)}} < \bar{\omega} \tag{6.4.27}$$

接下来证明当 $\Omega = 0$ 时，$\omega_2 \leqslant 2\bar{\omega}$ 或 $\omega_2^2 \leqslant 4\bar{\omega}^2$。当 $\Omega = 0$ 时，有

$$\omega_2^2 = \bar{\omega}^2 \left\{ \left[\frac{\eta^2(1+\kappa)+1-2\eta}{2(1+\kappa)\tilde{I}_e} + \frac{1}{2} \right] + \sqrt{\left[\frac{\eta^2(1+\kappa)+1-2\eta}{2(1+\kappa)\tilde{I}_e} + \frac{1}{2} \right]^2 - \frac{\kappa}{(1+\kappa)^2 \tilde{I}_e}} \right\} \tag{6.4.28}$$

高压转子绕质心的转动惯量始终满足

$$I \geqslant \frac{ML^2}{12} \tag{6.4.29}$$

即转子绕质心的转动惯量总是大于或等于如图 6.4.6 所示的匀质轴绕质心的转动惯量。

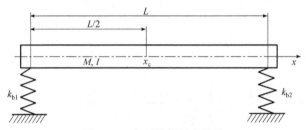

图 6.4.6　匀质轴绕质心转动

当取 $I = ML^2/12$、$\eta = a/L = 1/2$ 时，ω_2 取最大值，即

$$\omega_2^2 = \bar{\omega}^2 \left\{ \left[\frac{\eta^2(1+\kappa)+1-2\eta}{2(1+\kappa)\tilde{I}_e} + \frac{1}{2} \right] + \sqrt{\left[\frac{\eta^2(1+\kappa)+1-2\eta}{2(1+\kappa)\tilde{I}_e} + \frac{1}{2} \right]^2 - \frac{\kappa}{(1+\kappa)^2 \tilde{I}_e}} \right\}$$

$$= \bar{\omega}^2 \left(2 + 2\sqrt{1 - \frac{3\eta}{(1+\kappa)^2}} \right) < 4\bar{\omega}^2 \tag{6.4.30}$$

若考虑陀螺力矩，即 $\Omega \neq 0$，则当 $I - I_p \geqslant ML^2/12$ 时，转子的二阶协调正进动临界转速仍满足 $\omega_2 \leqslant 2\bar{\omega}$。但在实际中，高压转子的极转动惯量 I_p 与质心转动惯量 I 相差不会太大，条件 $I - I_p \geqslant ML^2/12$ 可能不成立。此时，估计的界值约为 $2\bar{\omega} \leqslant \omega_2 \leqslant 3\bar{\omega}$。

在上述的证明过程中，并未涉及刚度比 κ。因此，上述结论与刚度的取值无关。即对于实际中刚度比 κ 的所有取值范围，上述结论均成立。根据上述界值估计，可以很容易地预估高压转子两阶临界转速的范围，便于在发动机方案设计阶段有据可依。

6.4.3　高压转子的抗振设计

根据上述转子模态与无量纲参数间的关系，经优化设计就可得到所期望的模态。
模态设计的目标为：①转子不平衡敏感度尽量小；②外传力尽量小；③通过临界转速时，振动峰值尽量小。对于高压转子，一般情况下，弹性支承和挤压油膜阻尼器设置在前支承处,在工作转速范围内,允许存在上述两阶模态。

模态设计的原则为:①一阶模态在慢车转速以下,且以前支点变形为主;②二阶模态在慢车以上、巡航转速以下,仍需较大的前支点变形。其目的是增加挤压油膜阻尼器的阻尼效果,降低转子对不平衡的敏感度,避免高压涡轮叶尖与机匣的碰摩。

1. 转子的不平衡响应

如上所述,在前支点配置阻尼器,阻尼系数为 c,如图 6.4.2 所示。一般情况下,阻尼对转子的模态影响很小,可忽略不计,但对转子的响应却影响显著。现分析转子的不平衡响应。

假设在转子两端截面上存在不平衡量(模拟压气机第一级、第二级以及涡轮不平衡),不平衡量的半径位置分别为 R_1 和 R_2,大小为 Δm_1 和 Δm_2,相角分别为 β_1 和 β_2。转子的运动方程为

$$M\ddot{r} + c(\dot{r} + \mathrm{i}a\dot{\theta}) + (k_{b1} + k_{b2})r + \mathrm{i}(ak_{b1} - bk_{b2})\theta = \Omega^2 \mathrm{e}^{\mathrm{i}\Omega t}(\Delta m_1 R_1 \mathrm{e}^{\mathrm{i}\beta_1} + \Delta m_2 R_2 \mathrm{e}^{\mathrm{i}\beta_2})$$

$$I\ddot{\theta} - \mathrm{i}I_{\mathrm{p}}\Omega\dot{\theta} - ca(\mathrm{i}\dot{r} - a\dot{\theta}) - \mathrm{i}(ak_{b1} - bk_{b2})r + (a^2 k_{b1} + b^2 k_{b2})\theta \tag{6.4.31}$$

$$= \Omega^2 \mathrm{e}^{\mathrm{i}\Omega t}[aR_1 \Delta m_1 \mathrm{e}^{\mathrm{i}\beta_1} - (L-a)R_2 \Delta m_2 \mathrm{e}^{\mathrm{i}\beta_2}]$$

将式(6.4.31)写成矩阵形式为

$$\begin{bmatrix} M & 0 \\ 0 & I \end{bmatrix} \begin{Bmatrix} \ddot{r} \\ \ddot{\theta} \end{Bmatrix} + \begin{bmatrix} 0 & 0 \\ 0 & -\mathrm{i}I_{\mathrm{p}}\Omega \end{bmatrix} \begin{Bmatrix} \dot{r} \\ \dot{\theta} \end{Bmatrix} + \begin{bmatrix} c & \mathrm{i}ac \\ -\mathrm{i}ac & ca^2 \end{bmatrix} \begin{Bmatrix} \dot{r} \\ \dot{\theta} \end{Bmatrix}$$

$$+ \begin{bmatrix} k_{b1} + k_{b2} & \mathrm{i}(ak_{b1} - bk_{b2}) \\ -\mathrm{i}(ak_{b1} - bk_{b2}) & (a^2 k_{b1} + b^2 k_{b2}) \end{bmatrix} \begin{Bmatrix} r \\ \theta \end{Bmatrix} \tag{6.4.32}$$

$$= \Omega^2 \mathrm{e}^{\mathrm{i}\Omega t} \begin{Bmatrix} \Delta m_1 \mathrm{e}^{\mathrm{i}\beta_1} + \Delta m_2 \mathrm{e}^{\mathrm{i}\beta_2} \\ aR_1 \Delta m_1 \mathrm{e}^{\mathrm{i}\beta_1} - (L-a)R_2 \Delta m_2 \mathrm{e}^{\mathrm{i}\beta_2} \end{Bmatrix}$$

设方程(6.4.32)的解为

$$\{r \quad \theta\}^{\mathrm{T}} = \{r_{\mathrm{e}} \quad \theta_{\mathrm{e}}\}^{\mathrm{T}} \mathrm{e}^{\mathrm{i}(\Omega t + \alpha)} \tag{6.4.33}$$

将式(6.4.33)代入方程(6.4.32)后得到

$$\begin{bmatrix} k_{b1} + k_{b2} - M\Omega^2 & \mathrm{i}(ak_{b1} - bk_{b2}) \\ -\mathrm{i}(ak_{b1} - bk_{b2}) & (a^2 k_{b1} + b^2 k_{b2}) + (I_{\mathrm{p}} - I)\Omega^2 \end{bmatrix} \begin{Bmatrix} r_{\mathrm{e}} \\ \theta_{\mathrm{e}} \end{Bmatrix} \mathrm{e}^{\mathrm{i}\alpha}$$

$$+ \mathrm{i}\Omega \begin{bmatrix} c & \mathrm{i}ac \\ -\mathrm{i}ac & ca^2 \end{bmatrix} \begin{Bmatrix} r_{\mathrm{e}} \\ \theta_{\mathrm{e}} \end{Bmatrix} \mathrm{e}^{\mathrm{i}\alpha} = \Omega^2 \begin{Bmatrix} \Delta m_1 \mathrm{e}^{\mathrm{i}\beta_1} + \Delta m_2 \mathrm{e}^{\mathrm{i}\beta_2} \\ aR_1 \Delta m_1 \mathrm{e}^{\mathrm{i}\beta_1} - (L-a)R_2 \Delta m_2 \mathrm{e}^{\mathrm{i}\beta_2} \end{Bmatrix} \tag{6.4.34}$$

由式(6.4.34)解得转子的不平衡响应为

$$
\begin{Bmatrix} r_e \\ \theta_e \end{Bmatrix} e^{i\alpha} = \left(\begin{bmatrix} k_{b1} + k_{b2} - M\Omega^2 & i(ak_{b1} - bk_{b2}) \\ -i(ak_{b1} - bk_{b2}) & a^2 k_{b1} + b^2 k_{b2} + (I_p - I)\Omega^2 \end{bmatrix} + i\Omega \begin{bmatrix} c & icd \\ -iac & ca^2 \end{bmatrix} \right)^{-1}
$$
$$
\cdot \begin{Bmatrix} F_{1e} + F_{2e} \\ aF_{1e} - (L-a) \end{Bmatrix} \tag{6.4.35}
$$

式中,

$$
F_{1e} = \Omega^2 \Delta m_1 R_1 e^{i\beta_1}, \quad F_{2e} = \Omega^2 \Delta m_2 R_2 e^{i\beta_2} \tag{6.4.36}
$$

式(6.4.35)可写为

$$
\begin{Bmatrix} r_e \\ \theta_e \end{Bmatrix} e^{i\alpha} = \left(\begin{bmatrix} k_{b1} + k_{b2} - M\Omega^2 & i(ak_{b1} - bk_{b2}) \\ -i(ak_{b1} - bk_{b2}) & a^2 k_{b1} + b^2 k_{b2} + (I_p - I)\Omega^2 \end{bmatrix} + i\Omega \begin{bmatrix} c & iac \\ -iac & ca^2 \end{bmatrix} \right)^{-1}
$$
$$
\cdot \begin{bmatrix} 1 & 1 \\ a & -(L-a) \end{bmatrix} \begin{Bmatrix} F_{1e} \\ F_{2e} \end{Bmatrix}
$$

$$\tag{6.4.37}$$

利用式(6.4.7)的无量纲参数,并记 $\lambda = \Omega / \bar{\omega}$,可将转子的不平衡响应无量纲化,即

$$
\begin{Bmatrix} \bar{r}_e \\ \theta_e \end{Bmatrix} e^{i\alpha} = \left(\begin{bmatrix} 1 - \lambda^2 & i\left(\eta - 1/(1+\kappa) \right) \\ -i\left(\eta - 1/(1+\kappa) \right) & \eta^2 + (1-2\eta)/(1+\kappa) + (I_p - I)\lambda^2/(ML^2) \end{bmatrix} \right.
$$
$$
\left. + i \begin{bmatrix} 2\xi\lambda & i2\eta\lambda\xi \\ -i2\eta\lambda\xi & 2\eta^2\lambda\xi \end{bmatrix} \right)^{-1} \begin{bmatrix} 1 & 1 \\ \eta & -(1-\eta) \end{bmatrix} \begin{Bmatrix} f_{1e} \\ f_{2e} \end{Bmatrix}
$$

$$\tag{6.4.38}$$

式中,

$$
\bar{r}_e = \frac{r_e}{L}, \quad \xi = \frac{c}{\bar{\omega}M}, \quad \lambda = \frac{\Omega}{\bar{\omega}}, \quad f_{1e} = \lambda^2 \frac{\Delta m_1}{M} \frac{R_1}{L} e^{i\beta_1}, \quad f_{2e} = \lambda^2 \frac{\Delta m_2}{M} \frac{R_2}{L} e^{i\beta_2} \tag{6.4.39}
$$

系数矩阵行列式为

$$
\Delta = g_{11} g_{22} - g_{12} g_{21} \tag{6.4.40}
$$

式中,

$$
g_{11} = 1 - \lambda^2 + i2\lambda\xi, \quad g_{12} = -i\left(\eta - \frac{1}{1+\kappa} \right) + 2\eta\lambda\xi, \quad g_{21} = i\left(\eta - \frac{1}{1+\kappa} \right) - 2\eta\lambda\xi
$$

$$
g_{22} = \eta^2 + \frac{1}{1+\kappa}(1-2\eta) + \frac{(I_p - I)\lambda^2}{ML^2} + i2\eta^2\lambda\xi \tag{6.4.41}
$$

当阻尼 $\xi=0$ 时，转子协调正进动的临界转速，有

$$\left(1-\frac{I_p}{I}\right)\lambda^4-\left(\frac{\eta^2(1+\kappa)+(1-2\eta)}{(1+\kappa)\tilde{I}}+1-\frac{I_p}{I}\right)\lambda^2+\frac{\kappa}{(1+\kappa)^2\tilde{I}}=0 \qquad (6.4.42)$$

由式(6.4.42)解得

$$\lambda_{+1}=\pm\sqrt{\frac{1}{2}\left[\frac{\eta^2(1+\kappa)+(1-2\eta)}{(1-I_p/I)(1+\kappa)\tilde{I}}+1\pm\sqrt{\left(\frac{\eta^2(1+\kappa)+(1-2\eta)}{(1-I_p/I)(1+\kappa)\tilde{I}}+1\right)^2-\frac{4\kappa}{(1-I_p/I)(1+\kappa)^2\tilde{I}}}\right]}$$

$$(6.4.43)$$

当有阻尼时，系数矩阵的行列式为

$$\Delta=\begin{vmatrix} 1-\lambda^2+\mathrm{i}2\lambda\xi & \mathrm{i}\left(\eta-\frac{1}{1+\kappa}\right)-2\eta\lambda\xi \\ -\mathrm{i}\left(\eta-\frac{1}{1+\kappa}\right)+2\eta\lambda\xi & \eta^2+\frac{1}{1+\kappa}(1-2\eta)+\frac{(I_p-I)\lambda^2}{ML^2}+\mathrm{i}2\eta^2\lambda\xi \end{vmatrix}$$

$$=\left[\eta^2+\frac{1-2\eta}{1+\kappa}+\frac{(I_p-I)\lambda^2}{ML^2}\right](1-\lambda^2)-\left(\eta-\frac{1}{1+\kappa}\right)^2 \qquad (6.4.44)$$

$$+2\mathrm{i}\lambda\xi\left[\frac{1}{1+\kappa}-\lambda^2\left(\eta^2+\frac{I-I_p}{ML^2}\right)\right]$$

在协调正进动的临界转速处，有

$$\left[\eta^2+\frac{1}{1+\kappa}(1-2\eta)+\frac{(I_p-I)\lambda^2}{ML^2}\right](1-\lambda^2)-\left(\eta-\frac{1}{1+\kappa}\right)^2=0 \qquad (6.4.45)$$

故在临界转速处，系数行列式仅存虚部，即

$$\Delta=\begin{vmatrix} 1-\lambda^2+\mathrm{i}2\lambda\xi & \mathrm{i}\left(\eta-\frac{1}{1+\kappa}\right)-2\eta\lambda\xi \\ -\mathrm{i}\left(\eta-\frac{1}{1+\kappa}\right)+2\eta\lambda\xi & \eta^2+\frac{1}{1+\kappa}(1-2\eta)+\frac{(I_p-I)\lambda^2}{ML^2}+\mathrm{i}2\eta^2\lambda\xi \end{vmatrix} \qquad (6.4.46)$$

$$=2\mathrm{i}\lambda\xi\left[\frac{1}{1+\kappa}-\lambda^2\left(a\eta+\frac{I-I_p}{ML^2}\right)\right]$$

可见，增大阻尼比 ξ 值，会减小振动峰值。但如式(6.4.46)所示，减振效果还与转子模态或转子参数有关。当阻尼比 ξ 一定时，要使转子在临界转速处振动峰值最小，必须使行列式的模最大，若记

$$\tilde{\Delta} = \left| \lambda \left[\frac{1}{1+\kappa} - \lambda^2 \left(a\eta + \frac{I-I_p}{ML^2} \right) \right] \right| \tag{6.4.47}$$

则有 $\tilde{\Delta}$ 为最大。

对于高压转子，一般情况下，$I > I_p$，且相差不会太大，$\eta \leqslant 1/2$。当在一阶临界转速运行，即 $\Omega = \omega_1$ 时，选 $k_{b1} > k_{b2}$，则式(6.4.47)中的 $\tilde{\Delta}$ 趋于最大。这样的设计是合理的。如图 6.4.5 所示，前支点刚度小，一阶振型下，前支点位移较大，阻尼器能发挥更大的阻尼作用。在发动机设计中，也遵循着这一规律。增大阻尼比 ξ，振动峰值减小。

在二阶临界转速运行，即当 $\Omega = \omega_2$ 时，情况却相反。如图 6.4.5 所示，二阶模态为纯俯仰振动，节点靠近前支点，前支点位移小于后支点，且前支点刚度 k_{b1} 越小，节点越靠近前支点，前支点的位移越小，阻尼器的阻尼作用就越小。

图 6.4.7 为 $\eta = 1/2$、$\tilde{I} = 1/6$、$I_p/I = 1/2$、$\xi = 0.04$、$\kappa = [0.1,1]$ 时，转子的幅频特性。由图 6.4.7 可见，可以选择以下三种设计方案：

(1) 主要抑制转子通过一阶临界转速时的振动峰值，应选择 $k_{b2} > k_{b1}$，如 $\kappa = [0.1, 0.5]$。

(2) 主要抑制转子通过二阶临界转速时的振动峰值，应选择 $k_{b2} \leqslant k_{b1}$，如 $\kappa = [0.1, 2]$。

(3) 既要抑制一阶临界转速峰值，又要抑制二阶临界转速峰值，则必须折中选择前、后支点的刚度比，如 $\kappa = [0.1, 1]$。

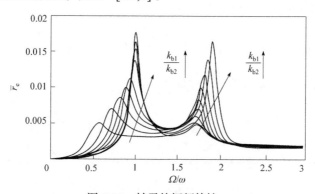

图 6.4.7　转子的幅频特性

不论何种方案，增加阻尼比 ξ，总会使前两阶临界转速峰值均减小。

一般情况下，转子的一阶临界转速 ω_1 处于发动机慢车转速以下，而二阶临界转速 ω_2 处于发动机主要工作转速范围之内，如 ω_2 可能在发动机最大转速的 65%～75% 范围内，在这种情况下，应以抑制二阶临界转速峰值为主要设计目标。

除按照上述原则选择参数之外，还应控制压气机和涡轮残余不平衡量的相位。

图 6.4.8 为 $\kappa=1/2$、$\eta=1/2$、$\tilde{I}=1/6$、$I_{\mathrm{p}}/I=1/2$ 时，压气机(前截面)和涡轮(后截面)残余不平衡量分别为同相位和反相位时转子的幅频响应。此处选取前、后截面不平衡量的大小相同，只是改变相位。由图可见，同相位时不平衡主要激起转子一阶模态的振动，反相位时会激起二阶模态的振动。二阶模态处于主要工作转速范围之内，因此应使压气机和涡轮残余不平衡量的相位相同，这有利于控制转子的振动。

设计时，如果选择 $I_{\mathrm{p}}>I$，则在发动机所有工作转速范围内，只存在一阶协调正进动临界转速，振型以平动为主。宜选第一设计方案，即主要抑制转子通过一阶临界转速时的振动值，应选择 $k_{b2}>k_{b1}$，如 $\kappa=[0.1,0.5]$。实际中，应使压气机(前截面)和涡轮(后截面)残余不平衡量的相位相反，这有利于控制转子的振动。

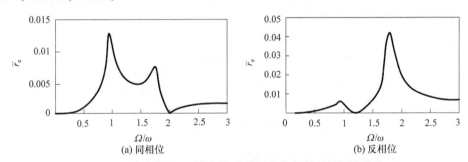

图 6.4.8　前后截面不平衡同相位与反相位时转子的幅频特性

2. 协调正进动参数临界转速

对式(6.4.46)，令行列式的虚部为零，即

$$2\mathrm{i}\lambda\xi\left[\frac{1}{1+\kappa}-\lambda^2\left(a\eta+\frac{I-I_{\mathrm{p}}}{ML^2}\right)\right]=0 \tag{6.4.48}$$

若选择一组设计参数使行列式的实部和虚部同时为零，即式(6.4.45)和式(6.4.48)同时成立，则阻尼器无效。由式(6.4.48)可解得

$$\frac{1}{1+\kappa}=\lambda^2\left(\eta+\frac{I-I_{\mathrm{p}}}{ML^2}\right) \tag{6.4.49}$$

将式(6.4.49)代入式(6.4.45)后，得到

$$\frac{I-I_{\mathrm{p}}}{ML^2}=\eta(1-\eta) \tag{6.4.50}$$

当转子参数满足式(6.4.50)时，转子振动方程系数矩阵行列式的实部和虚部确实会同时为零，阻尼器失去阻尼作用，转子振动趋于无穷大，转子动平衡难度加大。由式(6.4.49)可解出对应的转速，即

$$\frac{\Omega_{p+}}{\overline{\omega}} = \sqrt{\frac{\eta}{1+\kappa}} \qquad (6.4.51)$$

式中，Ω_{p+} 称为协调正进动参数临界转速。图 6.4.9 为 $\eta=1/2$ 时，参数临界转速随刚度比 κ 的变化。

实际的高压转子质心位置 η 会落在区间$(0.3,0.7)$，而 $\eta(1-\eta)$ 必然落在区间 $[1/5, 1/4]$内。因此，式(6.4.50)在实际发动机中一般不会成立，协调正进动参数临界转速不会出现，设计风险不大。

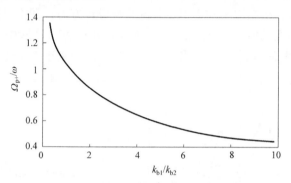

图 6.4.9　参数临界转速随刚度比的变化

3. 反进动激振力作用下转子的振动

某些类型的发动机以对转模式工作。低压转子会对高压转子施加反转方向的激振力。当高压转子与机匣或与密封产生碰摩时，在高压转子上也会作用反进动激振力。

假设作用在压气机(前截面)和涡轮(后截面)上的反进动激振力为

$$F_{-1} = \begin{Bmatrix} F_{-1g1}e^{i\beta_{g1}} \\ F_{-1g2}e^{i\beta_{g2}} \end{Bmatrix} e^{i\Omega_g t} \qquad (6.4.52)$$

式中，Ω_g 为反进动激振力的频率或反转时的低压转速；F_{-1gi} 和 $\beta_{gi}(i=1, 2)$分别为反进动激振力的幅值和相位。

将式(6.4.52)代入式(6.4.32)，即得

$$\begin{bmatrix} M & 0 \\ 0 & 1 \end{bmatrix}\begin{Bmatrix} \ddot{r} \\ \ddot{\theta} \end{Bmatrix} + \left(\begin{bmatrix} 0 & 0 \\ 0 & -iI_p\Omega \end{bmatrix} + \begin{bmatrix} c & iac \\ -iac & ca^2 \end{bmatrix} \right)\begin{Bmatrix} \dot{r} \\ \dot{\theta} \end{Bmatrix} + \begin{bmatrix} k_{b1}+k_{b2} & i(ak_{b1}-bk_{b2}) \\ -i(ak_{b1}-bk_{b2}) & (a^2k_{b1}+b^2k_{b2}) \end{bmatrix}\begin{Bmatrix} r \\ \theta \end{Bmatrix}$$
$$= e^{-i\Omega t}\begin{bmatrix} F_{-1g1}e^{i\beta_{g1}} + F_{-1g2}e^{i\beta_{g2}} \\ aF_{-1g1}e^{i\beta_{g1}} - (L-a)F_{-1g2}e^{i\beta_{g2}} \end{bmatrix}$$

$$(6.4.53)$$

设方程(6.4.53)的解为

$$\{r \quad \theta\}^{\mathrm{T}} = \{r_{\mathrm{g}} \quad \theta_{\mathrm{g}}\}^{\mathrm{T}} \mathrm{e}^{-\mathrm{i}(\Omega_{\mathrm{g}} t + \varphi)} \tag{6.4.54}$$

将式(6.4.54)代入式(6.4.53)，得到

$$\begin{bmatrix} k_{\mathrm{b1}} + k_{\mathrm{b2}} - M\Omega^2 & \mathrm{i}(ak_{\mathrm{b1}} - bk_{\mathrm{b2}}) \\ -\mathrm{i}(ak_{\mathrm{b1}} - bk_{\mathrm{b2}}) & a^2 k_{\mathrm{b1}} + b^2 k_{\mathrm{b2}} + (I_{\mathrm{p}}\Omega + I\Omega_{\mathrm{g}}) \end{bmatrix} \begin{Bmatrix} r_{\mathrm{g}} \\ \theta_{\mathrm{g}} \end{Bmatrix} \mathrm{e}^{\mathrm{i}\varphi}$$

$$-\mathrm{i}\Omega_{\mathrm{g}} \begin{bmatrix} c & iac \\ -iac & ca^2 \end{bmatrix} \begin{Bmatrix} r_{\mathrm{g}} \\ \theta_{\mathrm{g}} \end{Bmatrix} \mathrm{e}^{\mathrm{i}\varphi} = \begin{Bmatrix} F_{-1\mathrm{g}1} \mathrm{e}^{\mathrm{i}\beta_{\mathrm{g}1}} + F_{-1\mathrm{g}2} \mathrm{e}^{\mathrm{i}\beta_{\mathrm{g}2}} \\ aF_{-1\mathrm{g}1} \mathrm{e}^{\mathrm{i}\beta_{\mathrm{g}1}} - (L-a)F_{-1\mathrm{g}2} \mathrm{e}^{\mathrm{i}\beta_{\mathrm{g}2}} \end{Bmatrix} \tag{6.4.55}$$

利用式(6.4.57)的无量纲参数进行无量纲化处理，得到

$$\begin{Bmatrix} \overline{r}_{\mathrm{g}} \\ \theta_{\mathrm{g}} \end{Bmatrix} \mathrm{e}^{-\mathrm{i}\varphi} = \left(\begin{bmatrix} 1 - \lambda_{\mathrm{g}}^2 & \mathrm{i}\left(\eta - \dfrac{1}{1+\kappa}\right) \\ -\mathrm{i}\left(\eta - \dfrac{1}{1+\kappa}\right) & \eta^2 + \dfrac{1}{1+\kappa}(1-2\eta) - \dfrac{I_{\mathrm{p}}\Omega + I\Omega_{\mathrm{g}}}{ML^2 \overline{\omega}^2 \Omega_{\mathrm{g}}^2} \end{bmatrix} \right.$$

$$\left. -\mathrm{i}\begin{bmatrix} 2\lambda_{\mathrm{g}}\xi & \mathrm{i}2\eta\lambda_{\mathrm{g}}\xi \\ -\mathrm{i}2\eta\lambda_{\mathrm{g}}\xi & 2\eta^2 \lambda_{\mathrm{g}}\xi \end{bmatrix} \right)^{-1} \begin{bmatrix} 1 & 1 \\ \eta & -(1-\eta) \end{bmatrix} \begin{Bmatrix} f_{1\mathrm{g}} \\ f_{2\mathrm{g}} \end{Bmatrix} \tag{6.4.56}$$

式中，

$$\overline{r}_{\mathrm{g}} = \frac{r_{\mathrm{g}}}{L}, \quad \overline{\omega} = \sqrt{\frac{k_{\mathrm{b1}} + k_{\mathrm{b2}}}{M}}, \quad \xi = \frac{c}{2\overline{\omega}M}, \quad \lambda_{\mathrm{g}} = \frac{\Omega_{\mathrm{g}}}{\overline{\omega}}$$

$$f_{1\mathrm{g}} = \frac{F_{-1\mathrm{g}1}}{(k_{\mathrm{b1}} + k_{\mathrm{b2}})L} \mathrm{e}^{\mathrm{i}\beta_{\mathrm{g}1}}, \quad f_{2\mathrm{g}} = \frac{F_{-1\mathrm{g}2}}{(k_{\mathrm{b1}} + k_{\mathrm{b2}})L} \mathrm{e}^{\mathrm{i}\beta_{\mathrm{g}2}} \tag{6.4.57}$$

系数矩阵行列式为

$$\Delta = \begin{vmatrix} 1 - \lambda_{\mathrm{g}}^2 - \mathrm{i}2\lambda_{\mathrm{g}}\xi & \mathrm{i}\left(\eta - \dfrac{1}{1+\kappa}\right) + 2\eta\lambda_{\mathrm{g}}\xi \\ -\mathrm{i}\left(\eta - \dfrac{1}{1+\kappa}\right) - 2\eta\lambda_{\mathrm{g}}\xi & \eta^2 + \dfrac{1}{1+\kappa}(1-2\eta) - \dfrac{I_{\mathrm{p}}\Omega + I\Omega_{\mathrm{g}}}{ML^2 \overline{\omega}^2 \Omega_{\mathrm{g}}} - \mathrm{i}2\eta^2 \lambda_{\mathrm{g}}\xi \end{vmatrix}$$

$$= \left[\eta^2 + \frac{1}{1+\kappa}(1-2\eta) - \frac{I_{\mathrm{p}}\Omega - I\Omega_{\mathrm{g}}}{ML^2 \overline{\omega}^2 \Omega_{\mathrm{g}}} \right] (1 - \lambda_{\mathrm{g}}^2) - \left(\eta - \frac{1}{1+\kappa} \right)^2 \tag{6.4.58}$$

$$+ 2\mathrm{i}\lambda_{\mathrm{g}}\xi \left[\frac{-1}{1+\kappa} + \lambda_{\mathrm{g}}^2 \left(\eta^2 + \frac{I_{\mathrm{p}}\Omega + \Omega_{\mathrm{g}}I}{ML^2 \Omega_{\mathrm{g}}} \right) \right]$$

当阻尼比 $\xi = 0$ 时，转子的临界转速为

$$\lambda_{-1} = \pm\sqrt{\frac{1}{2}\left\{\frac{\eta^2(1+\kappa)+(1-2\eta)}{(1+\lambda_\Omega)(1+\kappa)\tilde{I}}+1\pm\sqrt{\left(\frac{\eta^2(1+\kappa)+(1-2\eta)}{(1+\lambda_\Omega)(1+\kappa)\tilde{I}}+1\right)^2-\frac{4\kappa}{(1+\lambda_\Omega)(1+\kappa)^2\tilde{I}}}\right\}}$$

(6.4.59)

式中，

$$\lambda_\Omega = \frac{I_p}{I}\frac{\Omega}{\Omega_g}, \quad \tilde{I}=\frac{I}{ML^2}, \quad \kappa=\frac{k_{b1}}{k_{b2}}$$

(6.4.60)

协调反进动时，$\Omega=\Omega_g$，转子的临界转速为

$$\lambda_{-1} = \pm\sqrt{\frac{1}{2}\left\{\frac{\eta^2(1+\kappa)+(1-2\eta)}{[1+(I_p/I)](1+\kappa)\tilde{I}}+1\pm\sqrt{\left(\frac{\eta^2(1+\kappa)+(1-2\eta)}{[1+(I_p/I)](1+\kappa)\tilde{I}}+1\right)^2-\frac{4\kappa}{[1+(I_p/I)](1+\kappa)^2\tilde{I}}}\right\}}$$

(6.4.61)

图 6.4.10 为 $\eta=1/2$、$\tilde{I}=1/6$、$I_p/I=1/2$、$\kappa=1/3$ 时，转子反进动自振频率随转速的变化，由图可见，不论 I_p/I 为何值，总存在两个协调反进动临界转速，且随着转速 Ω 增加，一阶临界转速趋于零，二阶临界转速趋于 $\bar{\omega}$。

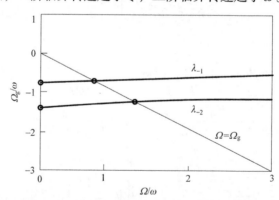

图 6.4.10　转子的反进动自振频率随转速的变化

图 6.4.11 为 $\eta=1/2$、$\tilde{I}=1/6$、$I_p/I=1.3$、$\xi=0.04$、$\kappa=[0.1,1]$ 时，转子受到反进动激励时，转子响应幅值随转速的变化关系。支承刚度比的影响与协调正进动时的规律一致。

4. 反进动参数临界转速

令行列式(6.4.58)的虚部为零，得到

$$\frac{1}{1+\kappa}=\lambda_g^2[a\eta+\tilde{I}(1+\lambda_\Omega)]$$

(6.4.62)

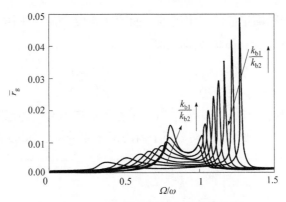

图 6.4.11　反进动激励时转子的幅频特性

将式(6.4.62)代入式(6.4.58)的实部，并令其为零，解得

$$\tilde{I}(1+\lambda_\Omega) = \eta(1-\eta) \tag{6.4.63}$$

当转子参数满足式(6.4.63)时，转子振动方程系数矩阵行列式(6.4.58)的实部和虚部同为零，阻尼器对转子的反进动临界响应无阻尼效果，转子振动无穷大，对反进动作用力异常敏感。

当转子参数满足式(6.4.63)时，对应的反进动自振频率可由式(6.4.62)解出，即

$$\frac{\Omega_{\text{gp}}}{\overline{\omega}} = \sqrt{\frac{\eta}{1+\kappa}} \tag{6.4.64}$$

式中，Ω_{gp} 为反进动参数临界转速。

如前所述，实际的高压转子质心位置 η 会落在区间[0.3, 0.7]内，而 $\eta(1-\eta)$ 必然落在区间[1/5, 1/4]内。高、低压转子对转时，$\Omega_g<\Omega$，低压转子不平衡会对高压转子产生反进动激励。在这种情况下，式(6.4.63)在实际中可能成立。因此，在设计对转双转子发动机时，要检验高压转子参数，避免出现式(6.4.63)所示的条件。由式(6.4.63)还可解得

$$\frac{\Omega}{\Omega_g} = \frac{I}{I_p}\left[\eta(1-\eta)ML^2 - I\right] \tag{6.4.65}$$

转子参数确定后，对转双转子高、低压转速比不宜取式(6.4.65)所确定的值。否则，将会使条件(6.4.63)成立，出现反进动参数临界转速，导致阻尼器无效。

比较式(6.4.50)和式(6.4.63)可见，转子协调正进动时，可能不会出现协调正进动参数临界转速，但反进动时，则有可能出现反进动参数临界转速。其物理意义很明确，即对于同样的转子，高、低压转子同转时，阻尼器效果明显；而反转时，有可能出现反进动临界现象，阻尼器无效。因此，在发动机借鉴性设计中，必须按式(6.4.63)检验转子的参数。与避开临界转速邻域的设计原则类似，转子的参数

应避开式(6.4.63)所确定值的一定范围，如图 6.4.12 所示，图中数值是 $\eta = 1/2$ 、$\tilde{I} = 1/6$ 、$\xi = 0.04$ 、$\kappa = [0.01,5]$ 时的结果。当

$$\frac{\tilde{I}(1+\lambda_\Omega)}{\eta(1-\eta)} < 0.6 \quad \text{或} \quad \frac{\tilde{I}(1+\lambda_\Omega)}{\eta(1-\eta)} > 1.5 \tag{6.4.66}$$

时，不会出现参数临界转速的影响。若转子参数落在不恰当的范围内，如图 6.4.12 所示的范围[0.6,1.5]，则转子振动对不平衡的变化非常敏感，必须修正转子的设计。

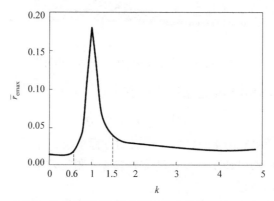

图 6.4.12　转子临界峰值随转子参数的变化

6.4.4　高压转子动力学设计实例

本节以一个三盘转子模拟高压转子，利用有限元法进行数值计算，对前述高压转子的前两阶模态、高压转子支承刚度配比准则、高压转子动平衡相位配比准则以及参数临界转速的出现条件进行模拟与验证。

1. 高压转子动力学模型

高压转子结构非常复杂，如压气机盘可能达到 10 级以上、转子多采用盘鼓结构、同时使用挤压油膜阻尼器等。但对于高压转子的动力学分析和设计，可建立如图 6.4.13 所示的简化模型，只要保证结构动力学相似，所得设计结果就具有指导意义。简化的模型转子系统包含三个盘，其中前两个盘模拟高压压气机盘(HPC)，第三个盘模拟高压涡轮(HPT)。转子系统包含两个支承，分别模拟高压转子前支承和后支承。其中，前、后支承均为弹性支承，阻尼设置在前支承。

通过调节转子的几何参数及惯量参数，探讨前述的各无量纲参数对高压转子动力学特性的影响。可改变的转子参数包括：①转子支承刚度比 $\kappa = k_{b1}/k_{b2}$，通过改变前、后支承的支承刚度值即可改变转子的支承刚度比；②高压转子质心位置 a/L，通过调节高压转子转盘的质量或者各盘的位置均可改变转子的相对质心位置；③轴的长度以及各个位置的截面可变；④各盘直径、厚度、质量 m、极转动

惯量 I_p，以及转动惯量 I 等参数。

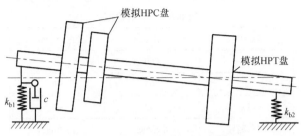

图 6.4.13　高压转子结构动力学模型

　　根据转子结构特征对转子进行划分，建立转子的有限元模型，有限元模型如图 6.4.14 所示。该模型所包含的有限元单元包括：①梁单元 19 个，其中各单元内、外直径，长度可调；②轴单元 2 个，轴承的刚度可调，其中前支承添加线性阻尼；③盘单元 3 个，各盘内、外径和盘厚度可调，各盘的节点位置可调。

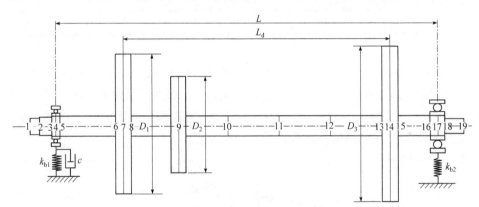

图 6.4.14　高压转子有限元模型

　　下面使用数值方法计算转子的前两阶模态，通过调节转子的几何参数(如转子质心位置)和力学参数(如转子支承刚度比)，研究不同参数配比下高压转子动力特征。为了增强计算结果的普适性，计算过程中的模型参数均以无量纲参数给出。当研究支承刚度配比时，所使用的模型参数为支承刚度比 k_{b1}/k_{b2}，而不是具体的刚度值。

2. 高压转子的前两阶模态

　　根据如图 6.4.14 所示的有限元模型，得到转子系统的运动微分方程为

$$M\ddot{q}+(C-\Omega G)\dot{q}+Kq=Q \tag{6.4.67}$$

式中，M 为系统质量矩阵；C 为系统阻尼矩阵；G 为系统陀螺力矩矩阵；K 为系统刚度矩阵，Q 为系统所受广义力向量；q 为系统广义坐标向量。

计算前两阶模态时，所使用的有限元模型参数见表 6.4.1。

表 6.4.1　模型参数

	节点编号	外径/mm	内径/mm	厚度/mm
盘单元参数	2	700	60	40
	3	500	40	40
	18	700	60	60
	节点编号	外径/mm	内径/mm	厚度/mm
轴单元参数	1,18	43	0	50
	1~17	160	150	50
	19	43	0	0
	节点编号	刚度/(N/m)	阻尼/(N·s/m)	
支承参数	1	$1.2×10^6$	100	
	19	$1.5×10^6$	0	

根据模型参数，可得转子无量纲化参数为：相对质心位置 $\eta = a/L = 0.68$，转动惯量比 $I_p/I = 0.31$，相对转动惯量 $\tilde{I} = 0.22$，当量临界转速 $\bar{\omega} = 84.8\text{rad/s}$，支承刚度比 $\kappa = k_{b1}/k_{b2} = 0.83$。计算得到的转子前两阶振型如图 6.4.15 所示，转子的振角频率与转子的角度的关系如图 6.4.16 所示。

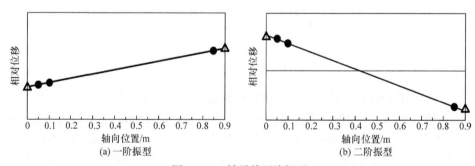

(a) 一阶振型　　　　　　　(b) 二阶振型

图 6.4.15　转子前两阶振型

如图 6.4.15 所示的前两阶转子振型，一阶振型为平动模态，二阶振型为俯仰模态。在一阶临界转速时分布于高压轴的弯曲应变能为 3.3%；在二阶临界转速时，分布于高压轴的弯曲应变能为 3.8%，应变能主要集中在弹性支承上。当集中于轴系的应变能小于 10%时，可认为转子的模态为刚性模态。因此，本算例将转子视为刚性转子是合适的。

根据 6.4.2 节中前两阶临界转速上界估算方法，当

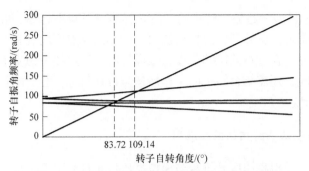

图 6.4.16　转子自振角频率与转子的角度的关系

$$\tilde{I} = \frac{I - I_{\mathrm{p}}}{ML^2} \geqslant \frac{1}{12} \tag{6.4.68}$$

时，转子的一阶临界转速满足 $\omega_1 < \bar{\omega}$；二阶临界转速满足 $\bar{\omega} < \omega_2 < 2\bar{\omega}$。本算例 $\tilde{I} = 0.22$，$\omega_1 = 0.98\bar{\omega}$，$\omega_2 = 1.29\bar{\omega}$，与 6.4.2 节中的估算结果相符。

3. 高压转子支承刚度配比

转子几何参数不变，设置不同的刚度比 $\kappa = k_{\mathrm{b1}}/k_{\mathrm{b2}}$，计算转子的不平衡响应。考虑到转子为刚性转子，根据一阶振型与二阶振型，转子振动的最大位移出现在支承处。因此，下面计算的转子响应均为支承处转子的响应。假设转子的支承刚度比 $\kappa = k_{\mathrm{b1}}/k_{\mathrm{b2}}$ 的范围为 0.2～1.2，具体参数见表 6.4.2。假设前支点安装线性阻尼器，阻尼值为 800N·s/m。在模拟涡轮盘 0° 位置添加 20g·cm 不平衡量，所得到的响应如图 6.4.17 所示。

表 6.4.2　刚度条件

$\kappa = k_{\mathrm{b1}}/k_{\mathrm{b2}}$	0.2	0.4	0.6	0.8	1.0	1.2
$k_{\mathrm{b1}}/(10^6\mathrm{N/m})$	1	2	3	4	5	6

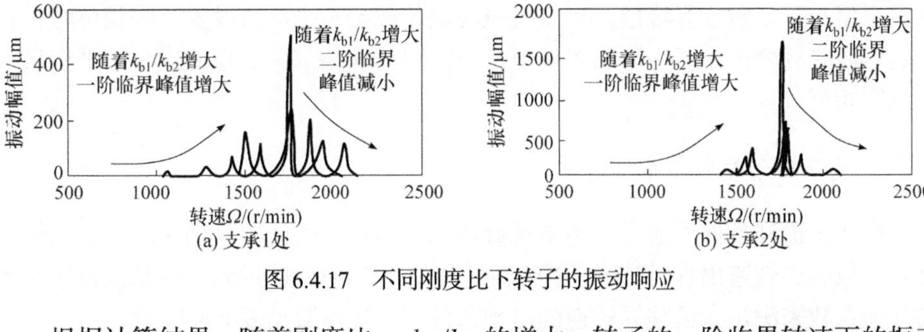

图 6.4.17　不同刚度比下转子的振动响应

根据计算结果，随着刚度比 $\kappa = k_{\mathrm{b1}}/k_{\mathrm{b2}}$ 的增大，转子的一阶临界转速下的振动峰值(临界峰值)呈增大趋势,转子的二阶临界峰值呈减小趋势。可见,增大前支点刚度有利于降低高压转子二阶振动峰值,减小前支点刚度有利于降低转子一阶振动峰值。因此,在进行高压转子动力学设计时,不仅要考虑支承刚度对临界转速和振型的影响,还需结合转子的工作转速与设计目标,合理配置高压转子前后支点支承刚度比。

4. 高压转子动平衡相位匹配准则

设置不同的模拟高压压气机盘与模拟高压涡轮盘的不平衡量,通过改变其相位来算不平衡量的相位匹配对转子振动响应的影响。

假设靠近前支点的模拟压气机机盘与模拟高压涡轮盘上存在不平衡量,具体大小与位置见表 6.4.3,分别计算转子的不平衡响应,如图 6.4.18 所示。

表 6.4.3　不平衡量设置

计算条件	模拟压气机盘	模拟涡轮盘
反相位	30g·cm、0°	30g·cm、180°
同相位	30g·cm、0°	30g·cm、0°

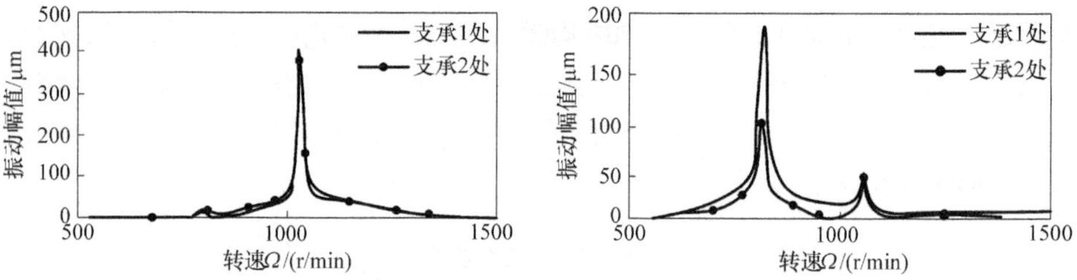

(a) 不平衡反相位(不平衡夹角180°)　　　(b) 不平衡同相位(不平衡夹角0°)

图 6.4.18　不同不平衡相位匹配下转子的振动响应

根据计算结果,当压气机与涡轮残余不平衡量设置为反相位时,转子的一阶临界峰值小于二阶临界峰值。当压气机与涡轮残余不平衡量设置为同相位时,转子的二阶临界峰值小于一阶临界峰值。此规律与 6.4.1 节中所述的残余不平衡量匹配准则相符。

5. 高压转子参数临界转速

协调正进动条件下通常不易出现参数临界转速,因此本算例在反进动条件下计算参数临界转速出现时转子的振动响应。在计算中,通过调节各轴段长度与盘的几何参数来满足参数临界转速的出现条件,具体参数见表 6.4.4。

表 6.4.4　转子模型验证参数临界转速

	节点编号	外径/mm	内径/mm	厚度/mm
盘单元参数	2, 18	400	40	60
	10	200	100	40
	节点编号	外径/mm	内径/mm	厚度/mm
轴单元参数	1,18	43	0	34
	1~17	160	150	34
	19	43	0	0
	节点编号	刚度/(N/m)	阻尼/(N·s/m)	
支承参数	1	1×10^6	200	
	19	1×10^6	0	

根据上述转子参数计算可得转子的几何参数与惯量参数为：相对质心位置 $\eta = a / L = 0.5$，转动惯量比 $I_\mathrm{p}/I = 0.236$，相对转动惯量 $\tilde{I} = 0.2019$，当量临界转速 $\bar{\omega} = 84.8\mathrm{rad/s}$，支承刚度比 $\kappa = 0.83$。

在上述条件下，式(6.4.63)满足反进动条件下参数临界转速的出现条件。给盘 1 添加 $5\mathrm{g} \cdot \mathrm{cm}$ 不平衡量，相位为 0°；给盘 3 添加不平衡量 $5\mathrm{g} \cdot \mathrm{cm}$，相位 90°。以 0.02rad/s 步长分别计算转子在同步正进动和同步反进动条件下的不平衡响应，结果如图 6.4.19 所示。

由图 6.4.19 所示的计算结果可见，在满足参数临界转速出现，转子在同步正进动条件下，其振动仍维持在正常水平，即参数临界转速不出现。但在反进动条件下，转子的一阶临界峰值急剧增大，较正进动条件下的临界峰值增大了近 100 倍。事实上，转速步长取得越小，转子的一阶临界峰值越大，此时阻尼器已经失效，即出现了参数临界转速现象。经计算，反进动参数临界转速也可能表现为二阶临界值急剧增大或阻尼器在二阶临界转速时失效。

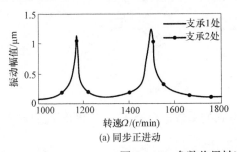
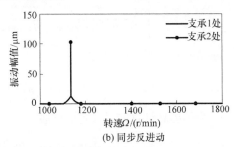

图 6.4.19　参数临界转速条件下转子的振动响应

在进行动力学设计时，应按照式(6.4.63)检验参数临界转速是否存在，以避免出现参数临界现象。

6.4.5　弹性支承刚度估计与测试

支承的刚度是发动机转子设计的重要参数。支承刚度的改变是通过改变弹性支承的设计刚度来实现的。常见的弹性支承包括鼠笼式弹性支承、拉杆式弹性支承和弹性环式弹性支承，其中鼠笼式弹性支承应用最为广泛。本节针对鼠笼式弹性支承，通过仿真计算和实验说明弹性支承刚度的估计方法与测试方法。

鼠笼式弹性支承刚度的准确估计是鼠笼式弹性支承设计的前提。目前常用的估计方法有公式计算、数值仿真和实验测试等。相对于常用的计算公式，使用三维有限元模型计算鼠笼式弹性支承的刚度时，计算结果误差较小。对弹性支承进行刚度测定时，测试方法不正确，可能会造成较大的刚度误差。在进行弹性支承刚度估计与实验时应予以重视。

鼠笼式弹性支承结构简图如图 6.4.20 所示。在发动机设计时，刚度可以根据下列公式近似计算：

$$K_{rr} = \begin{cases} \dfrac{nEb^2h^2}{L^3}, & L/b \leqslant 3 \\[2mm] \dfrac{nEbh}{2}\left(\dfrac{1}{L^3/h^2+13L/6} + \dfrac{1}{L^3/b^2+13L/6} \right), & 3 < L/b < 5 \\[2mm] \dfrac{12E}{L^3}\sum_{i=1}^{n}(I_h\cos^2\varphi_i + I_b\sin^2\varphi_i), & L/b \geqslant 5 \end{cases} \quad (6.4.69)$$

式中，n 为鼠笼肋条数；E 为材料弹性模量；L 为鼠笼肋条长度；b 为鼠笼肋条截面宽度；h 为肋条截面高度；

$$I_h = \frac{bh^3}{12}, \quad I_b = \frac{hb^3}{12} \qquad (6.4.70)$$

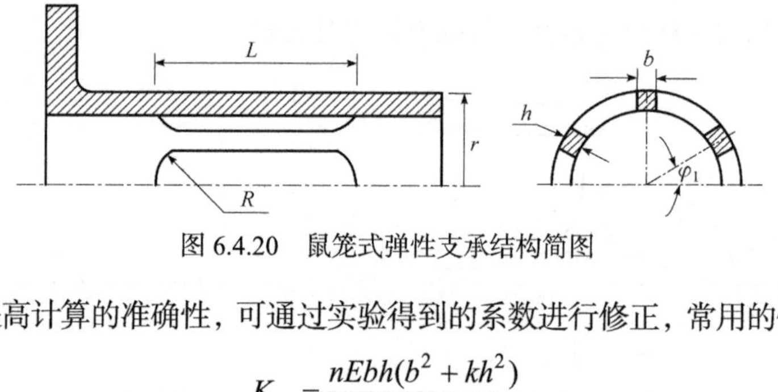

图 6.4.20　鼠笼式弹性支承结构简图

为了提高计算的准确性，可通过实验得到的系数进行修正，常用的修改公式为

$$K_{rr} = \frac{nEbh(b^2+kh^2)}{2L^3} \qquad (6.4.71)$$

式中，k 为修正系数，且

$$k = \frac{1}{(1 + 2\sqrt{bh}\,/\,L)^3} \tag{6.4.72}$$

从式(6.4.69)～(6.4.71)可以看出，所有的计算公式中都没有考虑肋条两端倒角 R 的影响。肋条形变最大的地方正是在肋条的两端，如图 6.4.21 所示，倒角 R 对刚度的影响较大。因此，使用公式计算时通常会出现计算结果偏小的情况。

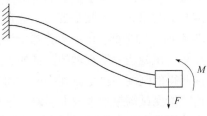

图 6.4.21　肋条受力变形示意图

肋条的截面形状对鼠笼式弹性支承刚度也有一定影响。不妨先不考虑倒角 R 的影响(假设 R=0)，首先讨论以上几个公式在计算不同截面形状时有何区别。以一个鼠笼式弹性支承为例，计算参数为：肋条数目 n=16，肋条长度 L=63mm，倒角 R=0，肋条面积 A=14.8mm^2，肋条截面宽高比 r_a=b/h= 0.2～4.0。

分别使用式(6.4.69)和式(6.4.71)计算，利用有限元法，计算不同肋条截面形状时鼠笼式弹性支承的刚度，得到鼠笼式弹性支承刚度随肋条截面宽高比 r_a 的变化曲线如图 6.4.22 所示。

根据计算结果，式(6.4.69)的第一式的计算结果不受截面宽高比 r_a 的影响，而式(6.4.69)的第二式和第三式与式(6.4.71)的结果基本相同。使用式(6.4.71)的计算结果与有限元的计算结果较为相近，尤其在宽高比 r_a 最为常见的 0.5～2.0 的设计范围内。因此，从以上计算结果可以看出：当不考虑倒角时，使用式(6.4.71)计算得到的刚度更加准确。当考虑倒角时，刚度的大小受倒角 R 取值的影响较大，无法直接确定哪个公式更加准确，需要具体情况具体分析。由于使用三维有限元计算时可以考虑倒角的影响，因此在设计以及计算鼠笼式弹性支承的刚度时，使用有限元法估算刚度较为可靠。

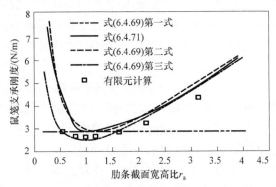

图 6.4.22　鼠笼式弹性支承刚度随肋条截面宽高比的变化

最常见的测试方法是通过在轴承安装位置悬挂质量块，然后根据测得的位移与力的关系计算得到鼠笼式弹性支承的刚度。为了便于安装不同的鼠笼，常用如图 6.4.23 所示的测试工装。在测试过程中，基准面决定了位移传感器支座的安装位置。基准选在哪里，所测得的位移就是鼠笼端面与该基准面间的相对位移。测试对象为鼠笼，因此基准面应选在距离鼠笼安装面最近的位置，如图 6.4.23 中基准 A 所在的平面。由于传感器安装条件限制，有时不得不选择将传感器支座安装在距离鼠笼法兰端较远的位置如支座(基准 B)处，甚至是实验平台(基准 C)上。这样测得的刚度不再是鼠笼刚度，而是包含基准与测试面间所有部件的串联刚度，这将给测试结果带来较大误差。这种因测试方案选择不当造成的误差在实际测试中普遍存在，在测试时要重点关注。

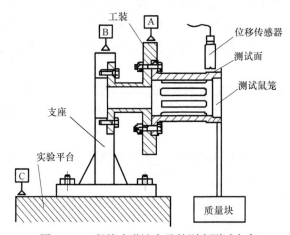

图 6.4.23　鼠笼式弹性支承的刚度测试方案

6.5　发动机转子振动的可容模态和减振设计

发动机，尤其是航空发动机转子的结构动力学设计，一般采用保证工作转速与临界转速留有足够裕度的设计准则，即无论亚临界或者超临界运行的转子，其工作转速须与临界转速保持足够的裕度，如 15%。由于要在超临界转速工作，故须设置阻尼器以降低临界响应。

高性能航空发动机在工作期间，转子频繁越过一阶、二阶甚至三阶临界转速，工作点甚至落在临界转速位置或邻域，难以保证工作转速与临界转速之间的裕度要求。这种情况下的转子模态，应定义为**可容模态**，对应的临界转速定义为**可容临界**。将该模态定义为可容模态是因为：①发动机运行期间，转子频繁越过临界转速，临界转速甚至可能成为工作转速；②工作状态下，材料特性、配合刚度和连接刚度发生明显变化，导致临界转速在较大范围内变化，很难保证设计时的转速裕度；③可容模态下，转子结构动力学的设计准则是要把转子的可容临界响应控制在允许的限制值之下，而不再是刻意保证期望的转速裕度；④按照可容模态原则设计，易于保证发动机推重比和气动性能。因此，在发动机设计时，要在支承中加入阻尼器，并要保证可容模态与支座绝对刚性时转子模态间的裕度，即模态裕度。

对于可容模态下工作的转子，结构动力学设计至关重要。设计的核心内容是减振，但不追求设定的转速裕度和跨越临界转速时的加速度，而是直接在临界转速之下设计和优化转子参数，使阻尼器阻尼效果最佳，从而允许转子在可容模态下工作。

6.5.1　简单柔性转子的可容模态设计

为说明柔性转子可容模态设计的思想，以图 6.5.1 所示的简单对称转子作为分析模型。设两个支承的刚度和阻尼系数分别为 k_{b1}、c_{b1}、k_{b2} 和 c_{b2}。为便于分析，

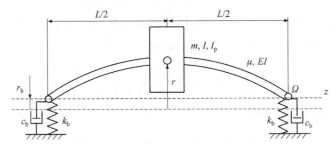

图 6.5.1　带弹性支承和阻尼器的柔性转子

取 $k_{b1}=k_{b2}=k_b$，$c_{b1}=c_{b2}=c_b$。设轴两端的位移分别为 (x_{b1}, y_{b1})、(x_{b2}, y_{b2})，盘中心的位移为 (x, y)，摆角为 (θ_x, θ_y)。

1. 转子一阶模态为可容模态

考虑到转子系统的对称性，盘的横向振动和摆动相互独立，因而无交叉刚度，即 $k_{12}=k_{21}=0$。在此条件下，转子的运动方程为

$$m\ddot{x}+k_{11}(x-x_b)=m\varepsilon\Omega^2\cos(\Omega t+\beta)，\quad m\ddot{y}+k_{11}(y-y_b)=m\varepsilon\Omega^2\sin(\Omega t+\beta)$$

$$k_{11}(x-x_b)=2k_b x_b+2c_b\dot{x}_b，\quad k_{11}(y-y_b)=2k_b y_b+2c_b\dot{y}_b \tag{6.5.1}$$

式中，k_{11} 为置盘处轴的横向刚度，而 $x_{b1}=x_{b2}=x_b$，$y_{b1}=y_{b2}=y_b$。

引入复向量

$$r=x+\mathrm{i}y，\quad r_b=x_b+\mathrm{i}y_b \tag{6.5.2}$$

则式 (6.5.1) 成为

$$m\ddot{r} + k_{11}(r - r_{\mathrm{b}}) = m\varepsilon\Omega^2 \mathrm{e}^{\mathrm{i}(\Omega t + \beta)}, \quad k_{11}(r - r_{\mathrm{b}}) = 2k_{\mathrm{b}}r_{\mathrm{b}} + 2c_{\mathrm{b}}\dot{r}_{\mathrm{b}} \tag{6.5.3}$$

将式(6.5.3)中的第二式代入第一式，可得

$$2\lambda_{\mathrm{b}}c_{\mathrm{b}}\dddot{r}_{\mathrm{b}} + \lambda_{\mathrm{b}}(2k_{\mathrm{b}} + k_{11})\ddot{r}_{\mathrm{b}} + 2c_{\mathrm{b}}\dot{r}_{\mathrm{b}} + 2k_{\mathrm{b}}r_{\mathrm{b}} = \varepsilon\Omega^2 \mathrm{e}^{\mathrm{i}(\Omega t + \beta)} \tag{6.5.4}$$

式中，

$$\lambda_{\mathrm{b}} = \frac{m}{k_{11}} \tag{6.5.5}$$

设转子的稳态解为

$$r_{\mathrm{b}} = r_{\mathrm{b}0}\mathrm{e}^{\mathrm{i}(\Omega t + \beta_{\mathrm{b}0})} \tag{6.5.6}$$

将式(6.5.6)代入式(6.5.4)并化简，得到

$$[2k_{\mathrm{b}} - \lambda_{\mathrm{b}}(2k_{\mathrm{b}} + k_{11})\Omega^2 + 2\mathrm{i}c_{\mathrm{b}}\Omega(1 - \lambda_{\mathrm{b}}\Omega^2)]r_{\mathrm{b}0}\mathrm{e}^{\mathrm{i}\beta_{\mathrm{b}0}} = m\varepsilon\Omega^2 \mathrm{e}^{\mathrm{i}\beta} \tag{6.5.7}$$

由式(6.5.7)得到支承振动幅值为

$$\left| r_{\mathrm{b}0}\mathrm{e}^{\mathrm{i}\beta_{\mathrm{b}0}} \right| = \{[2k_{\mathrm{b}} - \lambda_{\mathrm{b}}(2k_{\mathrm{b}} + k_{11})\Omega^2]^2 + [2c_{\mathrm{b}}\Omega(1 - \lambda_{\mathrm{b}}\Omega^2)]^2\}^{-1/2}m\varepsilon\Omega^2 \tag{6.5.8}$$

由式(6.5.8)可得无阻尼时的一阶临界转速为

$$\Omega_{\mathrm{cr1}} = \sqrt{\frac{2k_{\mathrm{b}}k_{11}}{m(2k_{\mathrm{b}} + k_{11})}} \tag{6.5.9}$$

引入一阶阻尼比和无量纲参数：

$$\xi_{\mathrm{cr1}} = \frac{c_{\mathrm{b}}}{m\Omega_{\mathrm{cr1}}}, \quad \eta_{\mathrm{b1}} = \frac{k_{\mathrm{b}}}{k_{11}}, \quad \bar{\lambda}_1 = \frac{\Omega}{\Omega_{\mathrm{cr1}}} \tag{6.5.10}$$

可得无量纲的支承振动幅值为

$$\frac{\left| r_{\mathrm{b}0}\mathrm{e}^{\mathrm{i}\beta_{\mathrm{b}0}} \right|}{\varepsilon} = \frac{\bar{\lambda}^2}{\sqrt{(2\eta_{\mathrm{b1}} + 1)^2(1 - \bar{\lambda}_1^2)^2 + (2\xi_{\mathrm{cr1}}\bar{\lambda}_1)^2[1 - 2\bar{\lambda}_1^2 k_{\mathrm{b}} / (2k_{\mathrm{b}} + k_{11})]^2}} \tag{6.5.11}$$

而转子的无量纲响应幅值为

$$\frac{\left| r_0\mathrm{e}^{\mathrm{i}\beta_0} \right|}{\varepsilon} = \sqrt{(1 + 2\eta_{\mathrm{b1}})^2 + 4\xi_{\mathrm{cr1}}^2 \left(\frac{2\eta_{\mathrm{b1}}}{2\eta_{\mathrm{b1}} + 1} \right)^2} \frac{\left| r_{\mathrm{b}0}\mathrm{e}^{\mathrm{i}\beta_0} \right|}{\varepsilon} \tag{6.5.12}$$

图 6.5.2 为 ξ_{cr1} 为 0.04,0.05,0.08 及 η_{b1} 为 0.5 时转子和支承的振动幅频特性，由图可见，仅在临界转速附近，阻尼器减振效果明显。当能保证与临界转速有足够的转速裕度时，如 15%，阻尼器则只用于跨越临界转速时减振。跨越临界转速时，只要升速或降速足够快，振动幅值就不会很大，阻尼器设计就相对较容易。在这种情况下，支承与转子的刚度选择主要考虑调整临界转速的位置，以保证转速裕度，而与阻尼效果无关。

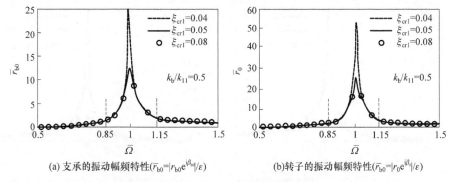

(a) 支承的振动幅频特性($\bar{r}_{b0}=|r_{b0}e^{i\beta_{b0}}|/\varepsilon$)　　　　(b)转子的振动幅频特性($\bar{r}_{b0}=|r_0e^{i\beta_0}|/\varepsilon$)

图 6.5.2　转子和支承的振动幅频特性

　　若一阶模态为可容模态，即工作时转子频繁跨越一阶临界转速，甚至在一阶临界转速邻近工作，则阻尼器要优化设计，并且要与转子和支承刚度匹配。

　　在临界转速处，即当 $\Omega=\Omega_{cr1}$ 时，转子支承的响应幅值为

$$\frac{\left|r_{b0}e^{i\beta_{b0}}\right|_{cr1}}{\varepsilon}=\frac{1+2\eta_{b1}}{2\xi_{cr1}} \tag{6.5.13}$$

转子的临界响应幅值为

$$\frac{\left|r_0e^{i\beta_0}\right|_{cr1}}{\varepsilon}=\sqrt{(1+2\eta_{b1})^2+4\xi_{cr1}^2\left(\frac{2\eta_{b1}}{2\eta_{b1}+1}\right)^2}\frac{\left|r_{b0}e^{i\beta_{b0}}\right|}{\varepsilon}$$
$$=\sqrt{(1+2\eta_{b1})^2+4\xi_{cr1}^2\left(\frac{2\eta_{b1}}{2\eta_{b1}+1}\right)^2}\frac{1+\eta_{b1}}{2\xi_{cr1}} \tag{6.5.14}$$

　　由式(6.5.13)和式(6.5.14)可知，阻尼 ξ_{cr1} 越大，支承和转子的临界响应越小，但它还取决于转子支承刚度与轴刚度的选取。当支承刚度相对于轴刚度无穷大，即 $2k_b \gg k_{11}$ 时，转子临界响应趋于无穷大。这表明阻尼无效，转子的动平衡难度增大。支承绝对刚性，置于其上的阻尼器自然失去作用。

　　当轴的刚度相对于支承刚度无穷大，即 $k_{11} \gg 2k_b$ 时，转子和支承的临界响应达到最小，即

$$\frac{\left|r_0e^{i\beta_0}\right|_{min}}{\varepsilon}\approx\frac{\left|r_{b0}e^{i\beta_b}\right|_{min}}{\varepsilon}=\frac{1}{2\xi_{cr1}} \tag{6.5.15}$$

式(6.5.15)表明，挤压油膜阻尼器对支承在弹性支承上的刚性转子阻尼效果最好。

　　图 6.5.3 为阻尼比 $\xi_{cr1}=0.05$ 与 $\eta_{b1}=k_b/k_{11}=0.2,0.5,1.0$ 时，转子和支承振动幅频特性随支承与转子刚度比的变化。由图可见，在临界转速区域，支承与转子刚度比的匹配对临界响应峰值的影响非常显著。支承刚度越小，减振效果越好。

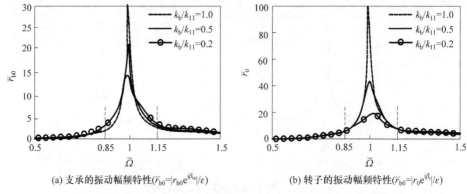

(a) 支承的振动幅频特性($\bar{r}_{b0}=|r_{b0}e^{i\beta_{b0}}|/\varepsilon$)　　　　(b) 转子的振动幅频特性($\bar{r}_0=|r_0e^{i\beta_0}|/\varepsilon$)

图 6.5.3　转子和支承振动幅频特性随支承和转子刚度比的变化

对于航空发动机的低压转子，轴的直径受限，而长度较长，故刚度较小。要按照 $k_{11} \gg 2k_b$ 的条件来设计转子的支承，将受到两个约束条件的限制：一是弹性支承要有足够的强度；二是转子支承系统的静变形不能太大(如密封配合要求)。在具体设计时需要综合考虑这两个限制。

图 6.5.4 为临界转速处减振效果与轴和支承刚度比 $2\eta_{b1} = 2k_b / k_{11}$ 的变化关系。图中，$\Omega = \Omega_{cr1}$，纵坐标分别为 $|\bar{r}_0| = |r_0e^{i\beta_0}|_{cr1} / |r_0e^{i\beta_0}|_{min}$ 和 $|\bar{r}_{b0}| = |r_{b0}e^{i\beta_{b0}}|_{cr1} / |r_{b0}e^{i\beta_{b0}}|_{min}$。由图可见，随着 $2k_b / k_{11}$ 的减小，转子振动持续减小，最终趋于最小值。

当 $k_b=k_{11}$ 时，$|\bar{r}_0| \approx 9$，$|\bar{r}_{b0}|=3$。而当 $k_b \leqslant k_{11}/5$ 时，$|\bar{r}_0| \approx 1.96$，$|\bar{r}_{b0}| \leqslant 1.4$。因此在进行设计时，只要选择支承刚度小于轴刚度的 20%，阻尼器就会有显著的阻尼效果。

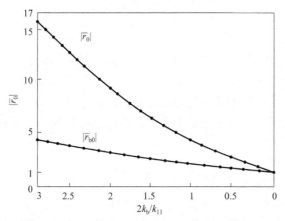

图 6.5.4　转子和支承振动相对幅值随轴和支承刚度比的变化

2. 转子二阶模态为可容模态

航空发动机的低压转子在工作转速范围内，可能会存在前两阶模态。若一阶模态在慢车以下，二阶模态可能会出现在主要工作转速区域，成为可容模态。二阶模态通常表现为俯仰形式，并伴随轴的弯曲变形。为便于分析，取如图 6.5.1 所示的转子模型进行讨论。

转子的二阶模态为纯摆动(纯俯仰)模态，如图 6.5.5 所示。转子的振动微分方程为

$$I\ddot{\varphi} - \mathrm{i}I_p\Omega\dot{\varphi} + k_{22}\varphi - \mathrm{i}k_{22}\frac{2r_b}{L} = I\alpha\omega^2\mathrm{e}^{\mathrm{i}(\omega t+\gamma)}$$

$$k_{22}\varphi - \mathrm{i}k_{22}\frac{2r_b}{L} = 2\mathrm{i}k_b\frac{L}{2}r_b + 2\mathrm{i}c_b\frac{L}{2}\dot{r}_b \qquad (6.5.16)$$

$$\varphi = \mathrm{i}L\left(\frac{k_b}{k_{22}} + \frac{2}{L^2}\right)r_b + \mathrm{i}\frac{c_bL}{k_{22}}\dot{r}_b$$

式中，k_{22} 为置盘处轴的抗摆刚度；Ω 为转子的自转角速度；α 为盘的初始偏角；ω 为摆振激振频率。

将式(6.5.16)的第三式代入第一式，得到

$$\mathrm{i}I\hat{\lambda}\dddot{r}_b + (\mathrm{i}IL\check{\lambda} + I_p\Omega\hat{\lambda})\ddot{r}_b + (I_p\Omega L\check{\lambda} + \mathrm{i}c_bL)\dot{r}_b + \mathrm{i}Lk_br_b = I\alpha\omega^2\mathrm{e}^{\mathrm{i}(\omega t+\gamma)} \quad (6.5.17)$$

式中，

$$\hat{\lambda} = \frac{c_bL}{k_{22}}, \quad \check{\lambda} = \frac{k_b}{k_{22}} + \frac{2}{L^2} \qquad (6.5.18)$$

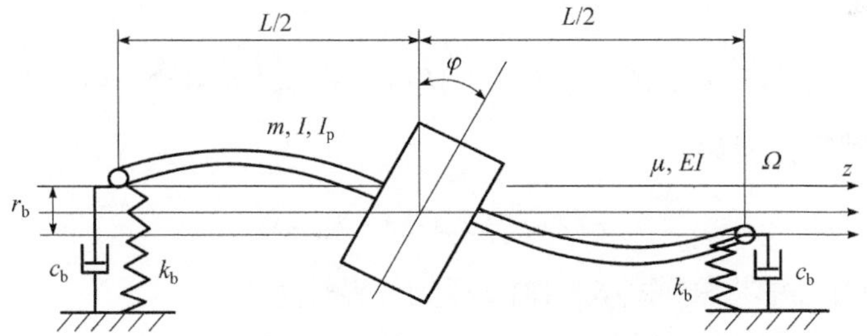

图 6.5.5 转子的二阶振动模态(纯俯仰)

设转子的稳态解为

$$r_b = r_{b02}\mathrm{e}^{\mathrm{i}(\omega t+\beta_{b02})} \qquad (6.5.19)$$

将稳态解(6.5.19)代入式(6.5.17)，可得

$$[I\hat{\lambda}\omega^3 - (\mathrm{i}IL\check{\lambda} + I_p\Omega\hat{\lambda})\omega^2 + \mathrm{i}(I_p\Omega L\check{\lambda} + \mathrm{i}c_bL)\omega + \mathrm{i}Lk_b]r_{b02}\mathrm{e}^{\mathrm{i}\beta_{b02}} = I\alpha\omega^2\mathrm{e}^{\mathrm{i}\gamma}$$

$$[I\hat{\lambda}\omega^3 - I_p\Omega\hat{\lambda}\omega^2 - c_bL\omega + \mathrm{i}(-IL\check{\lambda}\omega^2 + I_p\Omega L\check{\lambda}\omega + Lk_b)]r_{b02}\mathrm{e}^{\mathrm{i}\beta_{b02}} = I\alpha\omega^2\mathrm{e}^{\mathrm{i}\gamma} \qquad (6.5.20)$$

当阻尼为零，即 $c_b = 0$ 时，可得到特征方程为

$$-I\check{\lambda}\omega^2 + I_p\Omega\check{\lambda}\omega + k_b = 0 \qquad (6.5.21)$$

由式(6.5.21)解得转子的二阶临界转速为

$$\omega_{\mathrm{cr}1,2} = \frac{I_{\mathrm{p}}\Omega}{2I} \mp \sqrt{\left(\frac{I_{\mathrm{p}}\Omega}{2I}\right)^2 + \frac{k_{\mathrm{b}}}{I\breve{\lambda}}} \tag{6.5.22}$$

当转子在临界转速处振动，即 $\omega = \omega_{\mathrm{cr}}$ 时，转子的临界响应为

$$r_{\mathrm{b}02}\mathrm{e}^{\mathrm{i}\beta_{\mathrm{b}02}} = \frac{I\alpha\omega_{\mathrm{cr}}^2\mathrm{e}^{\mathrm{i}\gamma}}{I_{\mathrm{p}}\breve{\lambda}\omega_{\mathrm{cr}}^3 - I_{\mathrm{p}}\Omega\breve{\lambda}\omega_{\mathrm{cr}}^2 - c_{\mathrm{b}}L\omega_{\mathrm{cr}}} = \frac{I\alpha\omega_{\mathrm{cr}}\mathrm{e}^{\mathrm{i}\gamma}}{c_{\mathrm{b}}L(I\omega_{\mathrm{cr}}^2 / k_{22} - I_{\mathrm{p}}\Omega\omega_{\mathrm{cr}} / k_{22} - 1)}$$

$$\tag{6.5.23}$$

将临界转速的表达式(6.5.22)代入式(6.5.23)的分母，得到

$$r_{\mathrm{b}02}\mathrm{e}^{\mathrm{i}\beta_{\mathrm{b}02}} = -\frac{I\alpha\omega_{\mathrm{cr}}\mathrm{e}^{\mathrm{i}\gamma}(L^2k_{\mathrm{b}} + 2k_{22})}{2c_{\mathrm{b}}k_{22}L} \tag{6.5.24}$$

由式(6.5.24)可见，转子的临界振动峰值与一阶模态时的规律一致。当支承刚度相对轴的刚度无穷大，即 $k_{\mathrm{b}} \gg k_{22}$ 时，转子临界响应趋于无穷大，阻尼无效。

由式(6.5.22)和式(6.5.24)可见，即使在临界转速处，转子非协调响应幅值与转速密切相关。

若转子发生同步正进动，即 $\omega = \Omega$，则

$$r_{\mathrm{b}+} = r_{\mathrm{b}0+}\mathrm{e}^{\mathrm{i}(\Omega t + \beta_{\mathrm{b}+})} \tag{6.5.25}$$

将式(6.5.25)代入式(6.5.17)，可得

$$\{(I - I_{\mathrm{p}})\breve{\lambda}\Omega^3 - c_{\mathrm{b}}L\Omega + \mathrm{i}[-(I - I_{\mathrm{p}})L\breve{\lambda}\Omega^2 + Lk_{\mathrm{b}}]\}r_{\mathrm{b}02}\mathrm{e}^{\mathrm{i}\beta_{\mathrm{b}02}} = I\alpha\Omega^2\mathrm{e}^{\mathrm{i}\beta\gamma} \quad (6.5.26)$$

无阻尼时，特征方程为

$$-I\breve{\lambda}\Omega^2 + I_{\mathrm{p}}\Omega^2\breve{\lambda} + k_{\mathrm{b}} = 0 \tag{6.5.27}$$

求解式(6.5.27)，并考虑到式(6.5.18)，得到临界转速为

$$\Omega_{\mathrm{cr}2} = \sqrt{\frac{k_{\mathrm{b}}k_{22}}{(I - I_{\mathrm{p}})(k_{\mathrm{b}} + 2k_{22} / L^2)}} \tag{6.5.28}$$

式(6.5.28)表明，当 $I_{\mathrm{p}} \geqslant I$ 时，转子不会发生协调正进动摆动。但对于航空发动机的低压转子，一般情况下，$I_{\mathrm{p}} < I$。若令

$$\frac{c_{\mathrm{b}}L^2}{I} = \xi_{\mathrm{cr}2}\Omega_{\mathrm{cr}2}, \quad \overline{\lambda}_2 = \frac{\Omega}{\Omega_{\mathrm{cr}2}}, \quad \eta_{\mathrm{b}2} = \frac{k_{\mathrm{b}}}{k_{22}} \tag{6.5.29}$$

将式(6.5.29)代入式(6.5.26)和式(6.5.28)，并考虑到式(6.5.10)，解得支承无量纲振动幅值为

$$\frac{\left|r_{\mathrm{b02}}\mathrm{e}^{\mathrm{i}\beta_{\mathrm{b02}}}\right|}{L\alpha} = \bar{\lambda}_2^2 \left\{ \left(\frac{\xi_{\mathrm{cr2}}L^2}{L^2+2/\eta_{\mathrm{b2}}}\bar{\lambda}_2^3 - \xi_{\mathrm{cr2}}\bar{\lambda} \right)^2 + [(1-I_{\mathrm{p}}/I)(L^2\eta_{\mathrm{b2}}+2)(1-\bar{\lambda}_2^2)]^2 \right\}^{-1/2}$$

$$= \frac{\bar{\lambda}_2^2}{\sqrt{[(1-I_{\mathrm{p}}/I)(L^2\eta_{\mathrm{b2}}+2)]^2 + (1-\bar{\lambda}_2^2)^2 + (\xi_{\mathrm{cr2}}\bar{\lambda})^2[1-\bar{\lambda}_2^2 L^2/(L^2+2/\eta_{\mathrm{b2}})]^2}}$$

$$(6.5.30)$$

转子的无量纲响应为

$$\frac{\left|\varphi_{02}\right|}{\alpha} = \sqrt{(2+L^2\eta_{\mathrm{b2}})^2 + \left(\frac{I\xi_{\mathrm{cr2}}}{I-I_{\mathrm{p}}}\frac{L^2\eta_{\mathrm{b2}}}{2+L^2\eta_{\mathrm{b2}}}\right)^2} \frac{\left|r_{\mathrm{b02}}\mathrm{e}^{\mathrm{i}\beta_{\mathrm{b02}}}\right|}{L\alpha} \qquad (6.5.31)$$

分别比较式(6.5.30)和式(6.5.11)、式(6.5.31)和式(6.5.12)可见，前两阶模态的无量纲响应表达式形式相同，只是由于陀螺力矩的影响，二阶模态包含了转动惯量。

在二阶临界转速处，即 $\Omega = \Omega_{\mathrm{cr2}}$，支承和转子的振动幅值分别为

$$\frac{\left|r_{\mathrm{b02}}\mathrm{e}^{\mathrm{i}\beta_{\mathrm{b02}}}\right|}{L\alpha}\bigg|_{\mathrm{cr2}} = \frac{2+L^2\eta_{\mathrm{b2}}}{2\xi_{\mathrm{cr2}}}, \quad \frac{\left|\varphi_{02}\right|}{\alpha}\bigg|_{\mathrm{cr2}} = \sqrt{(2+L^2\eta_{\mathrm{b2}})^2 + \left(\frac{I\xi_{\mathrm{cr2}}}{I-I_{\mathrm{p}}}\frac{L^2\eta_{\mathrm{b2}}}{2+L^2\eta_{\mathrm{b2}}}\right)^2}\frac{2+L^2\eta_{\mathrm{b2}}}{2\xi_{\mathrm{cr2}}}$$

$$(6.5.32)$$

当轴的刚度相对于支承刚度趋于无穷大，即 $k_{22} \gg L^2 k_{\mathrm{b}}$ 时，支承和转子的临界响应达到最小，即

$$\frac{\left|r_{\mathrm{b02}}\mathrm{e}^{\mathrm{i}\beta_{\mathrm{b02}}}\right|}{L\alpha}\bigg|_{\mathrm{cr2/min}} = \frac{1}{\xi_{\mathrm{cr2}}}, \quad \frac{\left|\varphi_{02}\right|}{\alpha}\bigg|_{\mathrm{cr2/min}} = \frac{2}{\xi_{\mathrm{cr2}}} \qquad (6.5.33)$$

当 $L^2 k_{\mathrm{b}} \leqslant k_{22}/2$ 时，由式(6.5.32)可以算出，$\left|r_{\mathrm{b02}}\mathrm{e}^{\mathrm{i}\beta_{\mathrm{b02}}}\right|_{\mathrm{cr2}} \big/ \left|r_{\mathrm{b02}}\mathrm{e}^{\mathrm{i}\beta_{\mathrm{b02}}}\right|_{\mathrm{cr2/min}} = 1.25$；$\left|\varphi_{02}\right|_{\mathrm{cr2}} \big/ \left|\varphi_{02}\right|_{\mathrm{cr2/min}} \approx 1.5625$。这一条件在实际设计中较易满足。

对于对转发动机，有可能在低压转子上作用反进动激振力，使转子产生反进动，即

$$r_{\mathrm{b-}} = r_{\mathrm{b0}}\mathrm{e}^{-\mathrm{i}(\omega t+\beta_{\mathrm{b-}})} \qquad (6.5.34)$$

特征方程为

$$-I(\eta_{\mathrm{b2}}+2/L^2)\omega^2 - I_{\mathrm{p}}\Omega(\eta_{\mathrm{b2}}+2/L^2) + k_{\mathrm{b}} = 0 \qquad (6.5.35)$$

由式(6.5.35)解得转子的临界转速为

$$\omega_{-\mathrm{cr1}} = -\frac{I_{\mathrm{p}}\Omega}{2I} - \sqrt{\left(\frac{I_{\mathrm{p}}\Omega}{2I}\right)^2 + \frac{k_{\mathrm{b}}}{I(\eta_{\mathrm{b2}}+2/L^2)}} \qquad (6.5.36)$$

同步反进动 $(\omega = -\Omega)$ 的临界转速为

$$\Omega_{-\mathrm{cr2}} = -\sqrt{\frac{k_{\mathrm{b}}k_{22}}{(I+I_{\mathrm{p}})(k_{\mathrm{b}}+2k_{22}/L^2)}} \qquad (6.5.37)$$

当转子在反进动临界转速处振动时，$\omega = \omega_{-\mathrm{cr}}$，转子的临界响应为

$$r_{-\mathrm{b02}}\mathrm{e}^{i\beta_{-\mathrm{b02}}} = \frac{I\alpha\omega_{-\mathrm{cr}}^2\mathrm{e}^{i\gamma}}{-I\hat{\lambda}\omega_{-\mathrm{cr}}^3 - I_{\mathrm{p}}\Omega\hat{\lambda}\omega_{-\mathrm{cr}}^2 + c_{\mathrm{b}}L\omega_{-\mathrm{cr}}} = \frac{I\alpha\omega_{\mathrm{cr}}\mathrm{e}^{i\gamma}}{c_{\mathrm{b}}L(-I\omega_{-\mathrm{cr}}^2/k_{22} - I_{\mathrm{p}}\Omega\omega_{-\mathrm{cr}}/k_{22} + 1)}$$

$$(6.5.38)$$

将临界转速的表达式(6.5.37)代入式(6.5.38)的分母，得到

$$r_{-\mathrm{b02}}\mathrm{e}^{i\beta_{-\mathrm{b02}}} = \frac{I\alpha\omega_{\mathrm{cr}}\mathrm{e}^{i\gamma}(L^2k_{\mathrm{b}}+2k_{22})}{2c_{\mathrm{b}}k_{22}L} \qquad (6.5.39)$$

式(6.5.39)与正进动的结论式(6.5.24)是一致的。

协调反进动时，$\omega = \Omega_{-\mathrm{cr2}}$，当$L^2\eta_{\mathrm{b2}} \to 0$时

$$(r_{\mathrm{b}-}\mathrm{e}^{i\beta_{\mathrm{b}-}})_{-\mathrm{cr2/min}} = \sqrt{\frac{2k_{\mathrm{b}}}{(I+I_{\mathrm{p}})}}\frac{I\alpha\mathrm{e}^{i\gamma}}{2c_{\mathrm{b}}} \qquad (6.5.40)$$

与式(6.5.33)比较可见

$$(r_{\mathrm{b}-}\mathrm{e}^{i\beta_{\mathrm{b}-}})_{-\mathrm{cr2/min}} < (r_{\mathrm{b02}}\mathrm{e}^{i\beta_{\mathrm{b02}}})_{\mathrm{cr2/min}} \qquad (6.5.41)$$

上述分析表明，阻尼器的减振效果取决于阻尼的大小，但也与转子刚度和支承刚度的匹配密切相关。若二阶模态为可容模态，则减振设计的目标就是降低转子的二阶临界响应。阻尼器和转子/支承刚度的匹配应针对二阶模态来设计。由于$k_{22} > k_{11}$，适合二阶模态减振的转子/支承刚度匹配$L^2k_{\mathrm{b}} = \eta k_{22}(\eta \leqslant 1/2)$，这对一阶模态可能不是最佳的。但反过来，适合一阶模态减振的转子/支承刚度匹配$k_{\mathrm{b}} = \eta k_{11}(\eta \leqslant 1/5)$，对二阶模态总是适合的。航空发动机的低压转子细长，刚度k_{11}较低，而要满足刚度匹配$k_{\mathrm{b}} = \eta k_{11}(\eta \leqslant 1/5)$，支承设计可能会受到强度和变形条件的限制。但若一阶模态不是可容模态，则针对一阶模态的刚度匹配$k_{\mathrm{b}} = \eta k_{11}$可适当放宽，而主要关注二阶模态减振。

可以类推，若在发动机工作转速内存在多个可容模态，如涡轴发动机，则以最低一阶可容模态来匹配转子/支承刚度。

6.5.2　一般柔性转子的可容模态设计

实际的转子系统自由度较多，具有多个模态，可容模态设计要复杂得多。为说明一般转子可容模态设计的方法，取如图 6.5.6 所示的转子模型为设计对象来进行分析，假设两个支承的刚度和阻尼系数分别为k_{b1}、c_{b1}、k_{b2}和c_{b2}，轴两端的位移分别为$(x_{\mathrm{b1}}, y_{\mathrm{b1}})$、$(x_{\mathrm{b2}}, y_{\mathrm{b2}})$，盘中心的位移为$(x, y)$，盘的摆角为$(\theta_x, \theta_y)$，则转子的运动方程为

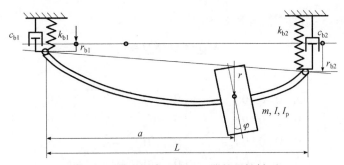

图 6.5.6 带弹性支承和阻尼器的柔性转子

$$m\ddot{x} + k_{11}\left[x - x_{b1} - \frac{a(x_{b2} - x_{b1})}{L}\right] + k_{12}\left(\theta_y + \frac{x_{b2} - x_{b1}}{L}\right) = m\varepsilon\Omega^2\cos(\Omega t + \beta)$$

$$m\ddot{y} + k_{11}\left[y - y_{b1} - \frac{a(y_{b2} - y_{b1})}{L}\right] - k_{12}\left(\theta_x - \frac{y_{b2} - y_{b1}}{L}\right) = m\varepsilon\Omega^2\sin(\Omega t + \beta)$$

$$I\ddot{\theta}_y - I_p\Omega\dot{\theta}_x + k_{21}\left[x - x_{b1} - \frac{a(x_{b2} - x_{b1})}{L}\right] + k_{22}\left(\theta_y + \frac{x_{b2} - x_{b1}}{L}\right) = 0$$

$$I\ddot{\theta}_x + I_p\Omega\dot{\theta}_y - k_{21}\left[y - y_{b1} - \frac{a(y_{b2} - y_{b1})}{L}\right] + k_{22}\left(\theta_x - \frac{y_{b2} - y_{b1}}{L}\right) = 0$$

$$k_{11}\left[x - x_{b1} - \frac{a(x_{b2} - x_{b1})}{L}\right] + k_{12}\left(\theta_y + \frac{x_{b2} - x_{b1}}{L}\right) = k_{b1}x_{b1} + k_{b2}x_{b2} + c_{b1}\dot{x}_{b1} + c_{b2}\dot{x}_{b2}$$

$$k_{11}\left[y - y_{b1} - \frac{a(y_{b2} - y_{b1})}{L}\right] - k_{12}\left(\theta_x - \frac{y_{b2} - y_{b1}}{L}\right) = k_{b1}y_{b1} + k_{b2}y_{b2} + c_{b1}\dot{y}_{b1} + c_{b2}\dot{y}_{b2}$$

$$k_{21}\left[x - x_{b1} - \frac{a(x_{b2} - x_{b1})}{L}\right] + k_{22}\left(\theta_y + \frac{x_{b2} - x_{b1}}{L}\right) = (L-a)k_{b2}x_{b2} + (L-a)c_{b2}\dot{x}_{b2} - ak_{b1}x_{b1} - ac_{b1}\dot{x}_{b1}$$

$$-k_{21}\left[y - y_{b1} - \frac{a(y_{b2} - y_{b1})}{L}\right] + k_{22}\left(\theta_x - \frac{y_{b2} - y_{b1}}{L}\right) = -(L-a)k_{b2}y_{b2} - (L-a)c_{b2}\dot{x}_{b2} + ak_{b1}y_{b1} + ac_{b1}\dot{y}_{b1}$$

$$(6.5.42)$$

取复向量

$$r = x + \mathrm{i}y, \quad \varphi = \theta_x + \mathrm{i}\theta_y, \quad r_{b1} = x_{b1} + \mathrm{i}y_{b1}, \quad r_{b2} = x_{b2} + \mathrm{i}y_{b2} \qquad (6.5.43)$$

则方程(6.5.42)变为

$$m\ddot{r} + l_{11}\left[r - r_{b1} - \frac{a(r_{b2} - r_{b1})}{L}\right] - \mathrm{i}\left(k_{12}\varphi + k_{12}\frac{r_{b2} - r_{b1}}{L}\right) = m\varepsilon\Omega^2\mathrm{e}^{\mathrm{i}(\Omega t + \beta)}$$

$$I\ddot{\varphi} - \mathrm{i}I_p\Omega\dot{\varphi} + k_{22}\varphi + \mathrm{i}k_{21}r_{b1} - \mathrm{i}k_{21}r_{b1} - \mathrm{i}k_{21}\frac{a(r_{b2} - r_{b1})}{L} + \mathrm{i}k_{22}\frac{r_{b2} - r_{b1}}{L} = 0$$

$$k_{11}\left[r - x_{b1} - \frac{a(r_{b2} - r_{b1})}{L}\right] - \mathrm{i}k_{12}\varphi + k_{12}\frac{r_{b2} - r_{b1}}{L} = k_{b1}r_{b1} + k_{b2}r_{b2} + c_{b1}\dot{r}_{b1} + c_{b2}\dot{r}_{b2}$$

$$\mathrm{i}k_{21}\left[r - y_{b1} - \frac{a(r_{b2} - r_{b1})}{L}\right] + k_{22}\varphi + \mathrm{i}k_{22}\frac{r_{b2} - r_{b1}}{L} = -\mathrm{i}a(k_{b1}r_{b1} + c_{b1}\dot{r}_{b1}) + \mathrm{i}(L-a)(k_{b2}r_{b2} + c_{b2}\dot{r}_{b2})$$

$$(6.5.44)$$

将方程(6.5.44)写成矩阵形式为

$$M\ddot{Q}+C\dot{Q}+KQ=u \tag{6.5.45}$$

式中，

$$M=\begin{bmatrix} m & 0 & 0 & 0 \\ 0 & I & 0 & 0 \\ 0 & 0 & 0 & 0 \\ 0 & 0 & 0 & 0 \end{bmatrix}, \quad C=\begin{bmatrix} 0 & 0 & 0 & 0 \\ 0 & -iI_p\Omega & 0 & 0 \\ 0 & 0 & -c_{b1} & -c_{b2} \\ 0 & 0 & iac_{b1} & -i(L-a)c_{b2} \end{bmatrix}$$

$$K=\begin{bmatrix} k_{11} & -ik_{12} & -(1-a/L)k_{11}-k_{12}/L & -(a/L)k_{11}+k_{12}/L \\ ik_{21} & k_{22} & -i(1-a/L)k_{11}-ik_{22}/L & -i(a/L)k_{21}+k_{22}/L \\ s_{11} & -ik_{12} & -(1-a/L)k_{11}-k_{12}/L-k_{b1} & -(a/L)k_{11}+k_{12}/L-k_{b2} \\ ik_{21} & k_{22} & -i(1-a/L)k_{21}-ik_{22}/L+iac_{b1} & -i(a/L)k_{21}+k_{22}/L-i(L-a)k_{b2} \end{bmatrix}$$

$$u=\{m\varepsilon\Omega^2 e^{i(\Omega t+\beta)} \quad 0 \quad 0 \quad 0\}^T, \quad Q=\{r \quad \varphi \quad r_{b1} \quad r_{b2}\}^T$$

$$\tag{6.5.46}$$

令

$$Q_1=\{r \quad \varphi\}^T, \quad Q_2=\{r_{b1} \quad r_{b2}\}^T \tag{6.5.47}$$

由方程(6.5.44)的后两式可解得

$$Q_1=K_s^{-1}K_bQ_2+K_s^{-1}C_b\dot{Q}_2 \tag{6.5.48}$$

式中，

$$K_s=\begin{bmatrix} k_{11} & -ik_{12} \\ ik_{21} & k_{22} \end{bmatrix}$$

$$K_b=\begin{bmatrix} (1-a/L)k_{11}+k_{12}/L+k_{b1} & (a/L)k_{11}-k_{12}/L+k_{b2} \\ i(1-a/L)k_{21}+ik_{22}/L-iak_{b1} & i(a/L)k_{21}-ik_{22}/L+i(L-a)k_{b2} \end{bmatrix}$$

$$=K_s\left(\begin{bmatrix} (1-a/L) & a/L \\ i/L & -i/L \end{bmatrix}+K_s^{-1}\begin{bmatrix} 1 & 1 \\ -ia & i(L-a) \end{bmatrix}\begin{bmatrix} k_{b1} & 0 \\ 0 & k_{b2} \end{bmatrix}\right) \tag{6.5.49}$$

$$C_b=\begin{bmatrix} c_{b1} & c_{b2} \\ -iac_{b1} & i(L-a)c_{b2} \end{bmatrix}=\begin{bmatrix} 1 & 1 \\ -ia & i(L-a) \end{bmatrix}\begin{bmatrix} c_{b1} & 0 \\ 0 & c_{b2} \end{bmatrix}$$

将式(6.5.48)代入式(6.5.44)的前两式，可得

$$\begin{bmatrix} m & 0 \\ 0 & I \end{bmatrix}(K_s^{-1}K_b\ddot{Q}_2+K_s^{-1}C_b\ddot{Q}_2)+\begin{bmatrix} 0 & 0 \\ 0 & -iI_p\Omega \end{bmatrix}$$

$$\tag{6.5.50}$$

$$(K_s^{-1}K_b\dot{Q}_2+K_s^{-1}C_b\ddot{Q}_2)+K_bQ_2+C_b\dot{Q}_2+K_{bs}Q_2=u$$

式中，

$$\boldsymbol{K}_{\mathrm{bs}}=\begin{bmatrix} -(1-a/L)k_{11}-k_{12}/L & (-a/L)k_{11}+k_{12}/L \\ -\mathrm{i}(1-a/L)k_{21}-\mathrm{i}k_{22}/L & -\mathrm{i}(a/L)k_{21}+\mathrm{i}k_{22}/L \end{bmatrix}$$

$$\boldsymbol{u}=\begin{Bmatrix} m\varepsilon \\ 0 \end{Bmatrix}\Omega^{2}\mathrm{e}^{\mathrm{i}(\Omega t+\beta)}=U\Omega^{2}\mathrm{e}^{\mathrm{i}(\Omega t+\beta)} \tag{6.5.51}$$

经整理后，方程(6.5.51)变为

$$\begin{bmatrix} m & 0 \\ 0 & I \end{bmatrix}\boldsymbol{K}_{\mathrm{s}}^{-1}\boldsymbol{C}_{\mathrm{b}}\ddot{\boldsymbol{Q}}_{2}+\left(\begin{bmatrix} m & 0 \\ 0 & I \end{bmatrix}\boldsymbol{K}_{\mathrm{s}}^{-1}\boldsymbol{K}_{\mathrm{b}}+\begin{bmatrix} 0 & 0 \\ 0 & -\mathrm{i}I_{\mathrm{p}}\Omega \end{bmatrix}\boldsymbol{K}_{\mathrm{s}}^{-1}\boldsymbol{C}_{\mathrm{b}}\right)\ddot{\boldsymbol{Q}}_{2}$$

$$+\left(\begin{bmatrix} 0 & 0 \\ 0 & -\mathrm{i}I_{\mathrm{p}}\Omega \end{bmatrix}\boldsymbol{K}_{\mathrm{s}}^{-1}\boldsymbol{K}_{\mathrm{b}}+\boldsymbol{C}_{\mathrm{b}}\right)\dot{\boldsymbol{Q}}_{2}+\begin{bmatrix} k_{\mathrm{b}1} & k_{\mathrm{b}2} \\ -\mathrm{i}ak_{\mathrm{b}1} & \mathrm{i}(L-a)k_{\mathrm{b}2} \end{bmatrix}\boldsymbol{Q}_{2}=\boldsymbol{u} \tag{6.5.52}$$

当不考虑阻尼时，即 $C_{\mathrm{b}}=0$，式(6.5.52)则变为

$$\begin{bmatrix} m & 0 \\ 0 & I \end{bmatrix}\boldsymbol{K}_{\mathrm{s}}^{-1}\boldsymbol{K}_{\mathrm{b}}\ddot{\boldsymbol{Q}}_{2}+\begin{bmatrix} 0 & 0 \\ 0 & -\mathrm{i}I_{\mathrm{p}}\Omega \end{bmatrix}\boldsymbol{K}_{\mathrm{s}}^{-1}\boldsymbol{K}_{\mathrm{b}}\dot{\boldsymbol{Q}}_{2}+\begin{bmatrix} k_{\mathrm{b}1} & k_{\mathrm{b}2} \\ -\mathrm{i}ak_{\mathrm{b}1} & \mathrm{i}(L-a)k_{\mathrm{b}2} \end{bmatrix}\boldsymbol{Q}_{2}=\boldsymbol{u} \quad (6.5.53)$$

式(6.5.53)的齐次方程为

$$\begin{bmatrix} m & 0 \\ 0 & I \end{bmatrix}\boldsymbol{K}_{\mathrm{s}}^{-1}\boldsymbol{K}_{\mathrm{s}}\ddot{\boldsymbol{Q}}_{2}+\begin{bmatrix} 0 & 0 \\ 0 & -\mathrm{i}I_{\mathrm{p}}\Omega \end{bmatrix}\boldsymbol{K}_{\mathrm{s}}^{-1}\boldsymbol{K}_{\mathrm{s}}\dot{\boldsymbol{Q}}_{2}+\begin{bmatrix} k_{\mathrm{b}1} & k_{\mathrm{b}2} \\ -\mathrm{i}ak_{\mathrm{b}1} & \mathrm{i}(L-a)k_{\mathrm{b}2} \end{bmatrix}\boldsymbol{Q}_{2}=0 \quad (6.5.54)$$

从式(6.5.54)得到的特征方程为

$$-\begin{bmatrix} m & 0 \\ 0 & I \end{bmatrix}\boldsymbol{K}_{\mathrm{s}}^{-1}\boldsymbol{K}_{\mathrm{b}}\omega^{2}+\mathrm{i}\begin{bmatrix} 0 & 0 \\ 0 & -\mathrm{i}I_{\mathrm{p}}\Omega \end{bmatrix}\boldsymbol{K}_{\mathrm{s}}^{-1}\boldsymbol{K}_{\mathrm{b}}\omega+\begin{bmatrix} k_{\mathrm{b}1} & k_{\mathrm{b}2} \\ -\mathrm{i}ak_{\mathrm{b}1} & \mathrm{i}(L-a)k_{\mathrm{b}2} \end{bmatrix}=0 \quad (6.5.55)$$

由式(6.5.55)可解得随转速变化的临界转速。同步进动时，$\omega=\Omega$，特征方程为

$$-\begin{bmatrix} m & 0 \\ 0 & I-I_{\mathrm{p}} \end{bmatrix}\boldsymbol{K}_{\mathrm{s}}^{-1}\boldsymbol{K}_{\mathrm{b}}\Omega^{2}+\begin{bmatrix} k_{\mathrm{b}1} & k_{\mathrm{b}2} \\ -\mathrm{i}ak_{\mathrm{b}1} & \mathrm{i}(L-a)k_{\mathrm{b}2} \end{bmatrix}=0 \tag{6.5.56}$$

临界转速为

$$\begin{bmatrix} \Omega_{\mathrm{cr}1}^{2} & 0 \\ 0 & \Omega_{\mathrm{cr}2}^{2} \end{bmatrix}=\begin{bmatrix} k_{\mathrm{cr}1}/m_{\mathrm{cr}1} & 0 \\ 0 & k_{\mathrm{cr}2}/I_{\mathrm{cr}2} \end{bmatrix} \tag{6.5.57}$$

式中，$\Omega_{\mathrm{cr}1}$ 和 $\Omega_{\mathrm{cr}2}$ 分别为转子的一阶和二阶临界转速；$k_{\mathrm{cr}1}$ 和 $k_{\mathrm{cr}2}$ 分别为转子的一阶和二阶模态刚度；$m_{\mathrm{cr}1}$ 和 $I_{\mathrm{cr}2}$ 分别为一阶和二阶模态质量。

转子的模态矩阵为

$$\boldsymbol{\Phi}=[\boldsymbol{\Phi}_{1}\quad \boldsymbol{\Phi}_{2}]=\begin{bmatrix} \psi_{11} & \psi_{12} \\ \psi_{21} & \psi_{22} \end{bmatrix} \tag{6.5.58}$$

式中，$\boldsymbol{\Phi}_1 = \{\psi_{11}\quad \psi_{21}\}^{\mathrm{T}}$ 为转子的一阶振型；$\boldsymbol{\Phi}_2 = \{\psi_{12}\quad \psi_{22}\}^{\mathrm{T}}$ 为转子的二阶振型。

将式(6.5.50)的左端整理成两个部分，即

$$\left(\begin{bmatrix} m & 0 \\ 0 & I \end{bmatrix} \boldsymbol{K}_{\mathrm{s}}^{-1} \boldsymbol{C}_{\mathrm{b}} \ddot{\boldsymbol{Q}}_2 + \begin{bmatrix} 0 & 0 \\ 0 & -\mathrm{i} I_{\mathrm{p}} \Omega \end{bmatrix} \boldsymbol{K}_{\mathrm{s}}^{-1} \boldsymbol{C}_{\mathrm{b}} \dot{\boldsymbol{Q}}_2 + \boldsymbol{C}_{\mathrm{b}} \dot{\boldsymbol{Q}}_2 \right)$$

$$+ \left(\begin{bmatrix} m & 0 \\ 0 & I \end{bmatrix} \boldsymbol{K}_{\mathrm{s}}^{-1} \boldsymbol{K}_{\mathrm{b}} \ddot{\boldsymbol{Q}}_2 + \begin{bmatrix} 0 & 0 \\ 0 & -\mathrm{i} I_{\mathrm{p}} \Omega \end{bmatrix} \boldsymbol{K}_{\mathrm{s}}^{-1} \boldsymbol{K}_{\mathrm{b}} \dot{\boldsymbol{Q}}_2 + \begin{bmatrix} k_{\mathrm{b}1} & k_{\mathrm{b}2} \\ -\mathrm{i} a k_{\mathrm{b}1} & \mathrm{i} (L-a) k_{\mathrm{b}2} \end{bmatrix} \boldsymbol{Q}_2 \right) = \boldsymbol{u}$$

$$(6.5.59)$$

设转子的不平衡响应为

$$\boldsymbol{Q}_2 = \boldsymbol{Q}_{20} \mathrm{e}^{\mathrm{i}(\Omega t + \beta_2)} \qquad (6.5.60)$$

在临界转速处，$\Omega = \Omega_{\mathrm{cr}i}(i=1,2)$，转子的临界响应为

$$\boldsymbol{Q}_2 = \boldsymbol{Q}_{2\mathrm{cr}} \mathrm{e}^{\mathrm{i}(\Omega_{\mathrm{cr}i} t + \beta_{2\mathrm{cr}})} \qquad (6.5.61)$$

将式(6.5.61)代入式(6.5.59)，得

$$\left(-\mathrm{i} \begin{bmatrix} m & 0 \\ 0 & I \end{bmatrix} \boldsymbol{K}_{\mathrm{s}}^{-1} \boldsymbol{C}_{\mathrm{b}} \boldsymbol{Q}_{\mathrm{cr}i}^3 - \begin{bmatrix} 0 & 0 \\ 0 & -\mathrm{i} I_{\mathrm{p}} \Omega_{\mathrm{cr}i} \end{bmatrix} \boldsymbol{K}_{\mathrm{s}}^{-1} \boldsymbol{C}_{\mathrm{b}} \boldsymbol{Q}_{\mathrm{cr}i}^2 + \mathrm{i} \boldsymbol{C}_{\mathrm{b}} \boldsymbol{Q}_{\mathrm{cr}i}\right) \boldsymbol{Q}_{2\mathrm{cr}}$$

$$+ \left(-\begin{bmatrix} m & 0 \\ 0 & I \end{bmatrix} \boldsymbol{K}_{\mathrm{s}}^{-1} \boldsymbol{K}_{\mathrm{b}} \boldsymbol{Q}_{\mathrm{cr}i}^2 + \begin{bmatrix} 0 & 0 \\ 0 & I_{\mathrm{p}} \Omega_{\mathrm{cr}i} \end{bmatrix} \boldsymbol{K}_{\mathrm{s}}^{-1} \boldsymbol{K}_{\mathrm{b}} \boldsymbol{Q}_{\mathrm{cr}i} + \begin{bmatrix} k_{\mathrm{b}1} & k_{\mathrm{b}2} \\ -\mathrm{i} a k_{\mathrm{b}1} & \mathrm{i} (L-a) k_{\mathrm{b}2} \end{bmatrix}\right) \boldsymbol{Q}_{2\mathrm{cr}i} = \boldsymbol{U} \Omega_{\mathrm{cr}i}^2$$

$$(6.5.62)$$

在临界转速处，式(6.5.62)左边的第二项为零，此时有

$$\left(-\mathrm{i} \begin{bmatrix} m & 0 \\ 0 & I \end{bmatrix} \boldsymbol{K}_{\mathrm{s}}^{-1} \boldsymbol{C}_{\mathrm{b}} \boldsymbol{Q}_{\mathrm{cr}i}^3 - \begin{bmatrix} 0 & 0 \\ 0 & -\mathrm{i} I_{\mathrm{p}} \Omega_{\mathrm{cr}i} \end{bmatrix} \boldsymbol{K}_{\mathrm{s}}^{-1} \boldsymbol{C}_{\mathrm{b}} \boldsymbol{Q}_{\mathrm{cr}i}^2 + \mathrm{i} \boldsymbol{C}_{\mathrm{b}} \boldsymbol{Q}_{\mathrm{cr}i}\right) \boldsymbol{Q}_{2\mathrm{cr}} = \boldsymbol{U} \Omega_{\mathrm{cr}i}^2 \quad (6.5.63)$$

或

$$\mathrm{i} \left(-\begin{bmatrix} m & 0 \\ 0 & I - I_{\mathrm{p}} \end{bmatrix} \boldsymbol{K}_{\mathrm{s}}^{-1} \boldsymbol{C}_{\mathrm{b}} \boldsymbol{Q}_{\mathrm{cr}i}^2 + \boldsymbol{C}_{\mathrm{b}}\right) \boldsymbol{Q}_{2\mathrm{cr}} = \boldsymbol{U} \Omega_{\mathrm{cr}i} \qquad (6.5.64)$$

为便于分析，引入变换

$$\boldsymbol{q}_{2\mathrm{cr}} = \boldsymbol{K}_{\mathrm{s}}^{-1} \boldsymbol{C}_{\mathrm{b}} \boldsymbol{Q}_{2\mathrm{cr}}, \qquad \boldsymbol{Q}_{2\mathrm{cr}} = \boldsymbol{C}_{\mathrm{b}}^{-1} \boldsymbol{K}_{\mathrm{s}} \boldsymbol{q}_{2\mathrm{cr}} \qquad (6.5.65)$$

将式(6.5.65)代入式(6.5.64)，得到

$$\left(-\begin{bmatrix} m & 0 \\ 0 & I - I_{\mathrm{p}} \end{bmatrix} \Omega_{\mathrm{cr}i}^2 + \boldsymbol{K}_{\mathrm{s}}\right) \mathrm{i} \boldsymbol{q}_{2\mathrm{cr}} = \boldsymbol{U} \Omega_{\mathrm{cr}i} \qquad (6.5.66)$$

支承绝对刚性时，即 $k_{\mathrm{b}1} = k_{\mathrm{b}2} \to \infty$，可求得转子的模态为

$$\begin{bmatrix} \tilde{\Omega}_{\text{cr1}}^2 & 0 \\ 0 & \tilde{\Omega}_{\text{cr2}}^2 \end{bmatrix} = \begin{bmatrix} \tilde{k}_{\text{cr1}}/\tilde{m}_{\text{cr1}} & 0 \\ 0 & \tilde{k}_{\text{cr2}}/\tilde{I}_{\text{cr2}} \end{bmatrix} \tag{6.5.67}$$

式中，$\tilde{\Omega}_{\text{cr1}}$ 和 $\tilde{\Omega}_{\text{cr2}}$ 分别为支承绝对刚性时转子的一阶和二阶临界转速；$\tilde{k}_{\text{cr1}}$ 和 $\tilde{k}_{\text{cr2}}$ 分别为支承绝对刚性时转子的一阶和二阶模态刚度；$\tilde{m}_{\text{cr1}}$ 和 $\tilde{I}_{\text{cr2}}$ 分别为一阶和二阶模态质量。

支承绝对刚性时，转子的模态矩阵为

$$\tilde{\boldsymbol{\Phi}} = [\tilde{\boldsymbol{\Phi}}_1 \quad \tilde{\boldsymbol{\Phi}}_2] = \begin{bmatrix} \tilde{\psi}_{11} & \tilde{\psi}_{12} \\ \tilde{\psi}_{21} & \tilde{\psi}_{22} \end{bmatrix} \tag{6.5.68}$$

且有

$$\tilde{\boldsymbol{\Phi}}^{\text{T}} \boldsymbol{K}_s \tilde{\boldsymbol{\Phi}} = \begin{bmatrix} \tilde{k}_{\text{cr1}} & 0 \\ 0 & \tilde{k}_{\text{cr2}} \end{bmatrix}, \quad \tilde{\boldsymbol{\Phi}}^{\text{T}} \begin{bmatrix} m & 0 \\ 0 & I - I_p \end{bmatrix} \tilde{\boldsymbol{\Phi}} = \begin{bmatrix} \tilde{m}_{\text{cr1}} & 0 \\ 0 & \tilde{I}_{\text{cr2}} \end{bmatrix} \tag{6.5.69}$$

式中，$\tilde{\boldsymbol{\Phi}}_1 = \{\tilde{\psi}_{11} \quad \tilde{\psi}_{21}\}^{\text{T}}$ 为刚性转子的一阶振型；$\tilde{\boldsymbol{\Phi}}_2 = \{\tilde{\psi}_{12} \quad \tilde{\psi}_{22}\}^{\text{T}}$ 为刚性支承时转子的二阶阵型。

由式(6.5.66)可解得

$$\boldsymbol{q}_{2\text{cr}} = -\text{i}\left(\boldsymbol{K}_s - \begin{bmatrix} m & 0 \\ 0 & I - I_p \end{bmatrix} \Omega_{\text{cri}}^2 \right)^{-1} \boldsymbol{U}\Omega_{\text{cri}} \tag{6.5.70}$$

由式(6.5.69)解得

$$\boldsymbol{K}_s = (\tilde{\boldsymbol{\Phi}}^{\text{T}})^{-1} \begin{bmatrix} \tilde{k}_{\text{cr1}} & 0 \\ 0 & \tilde{k}_{\text{cr2}} \end{bmatrix} \tilde{\boldsymbol{\Phi}}^{-1}, \quad \begin{bmatrix} m & 0 \\ 0 & I - I_p \end{bmatrix} = (\tilde{\boldsymbol{\Phi}}^{\text{T}})^{-1} \begin{bmatrix} \tilde{m}_{\text{cr1}} & 0 \\ 0 & \tilde{I}_{\text{cr2}} \end{bmatrix} \tilde{\boldsymbol{\Phi}}^{-1} \tag{6.5.71}$$

将式(6.5.71)代入式(6.5.70)，得

$$\boldsymbol{q}_{2\text{cr}} = -\text{i}\left((\tilde{\boldsymbol{\Phi}}^{\text{T}})^{-1} \begin{bmatrix} \tilde{k}_{\text{cr1}} & 0 \\ 0 & \tilde{k}_{\text{cr2}} \end{bmatrix} \tilde{\boldsymbol{\Phi}}^{-1} - (\tilde{\boldsymbol{\Phi}}^{\text{T}})^{-1} \begin{bmatrix} \tilde{m}_{\text{cr1}} & 0 \\ 0 & \tilde{I}_{\text{cr2}} \end{bmatrix} \tilde{\boldsymbol{\Phi}}^{-1} \Omega_{\text{cri}}^2 \right)^{-1} \boldsymbol{U}\Omega_{\text{cri}} \tag{6.5.72}$$

化简式(6.5.72)得

$$\boldsymbol{q}_{2\text{cr}} = -\text{i}\,\tilde{\boldsymbol{\Phi}} \begin{bmatrix} \tilde{k}_{\text{cr1}} - \tilde{m}_{\text{cr1}}\Omega_{\text{cri}}^2 & 0 \\ 0 & \tilde{k}_{\text{cr2}} - \tilde{I}_{\text{cr2}}\Omega_{\text{cri}}^2 \end{bmatrix}^{-1} \tilde{\boldsymbol{\Phi}}^{\text{T}} \boldsymbol{U}\Omega_{\text{cri}} \tag{6.5.73}$$

进一步变换式(6.5.73)，得

$$\boldsymbol{q}_{2\text{cr}} = -\text{i}\,\tilde{\boldsymbol{\Phi}} \begin{bmatrix} [\tilde{m}_{\text{cr1}}(\Omega_{\text{cr1}}^2 - \Omega_{\text{cri}}^2)]^{-1} & 0 \\ 0 & [\tilde{I}_{\text{cr2}}(\Omega_{\text{cr2}}^2 - \Omega_{\text{cri}}^2)]^{-1} \end{bmatrix}^{-1} \tilde{\boldsymbol{\Phi}}^{\text{T}} \boldsymbol{U}\Omega_{\text{cri}} \tag{6.5.74}$$

将式(6.5.74)代入式(6.5.65)的第一式，即可求得支承的振动为

$$Q_{2cr} = C_b^{-1} K_s q_{2cr} = -\mathrm{i} C_b^{-1} K_s \tilde{\Phi} \begin{bmatrix} [\tilde{m}_{cr1}(\Omega_{cr1}^2 - \Omega_{cri}^2)]^{-1} & 0 \\ 0 & [\tilde{I}_{cr1}(\Omega_{cr2}^2 - \Omega_{cri}^2)]^{-1} \end{bmatrix}^{-1} \tilde{\Phi}^T U \Omega_{cri}$$

(6.5.75)

引入模态阻尼矩阵

$$\begin{bmatrix} c_{cr1} & 0 \\ 0 & c_{cr2} \end{bmatrix} = \tilde{\Phi}^T C_b \tilde{\Phi}$$

(6.5.76)

或

$$C_b = (\tilde{\Phi}^T)^{-1} \begin{bmatrix} 2m_{cr1}\Omega_{cr1}\xi_{cr1} & 0 \\ 0 & 2I_{cr2}\Omega_{cr2}\xi_{cr2} \end{bmatrix} \tilde{\Phi}^{-1}$$

(6.5.77)

式中，

$$\xi_{cr1} = \frac{c_{cr1}}{2m_{cr1}\Omega_{cr1}}, \quad \xi_{cr2} = \frac{c_{cr2}}{2I_{cr2}\Omega_{cr2}}$$

(6.5.78)

分别为一阶和二阶模态阻尼比，将式(6.5.77)代入式(6.5.75)，得到支承的振动为

$$Q_{2cr} = -\mathrm{i}\tilde{\Phi} \begin{bmatrix} \dfrac{\Omega_{cri}^2}{2m_{cr1}\xi_{cr1}\Omega_{cr1}} & 0 \\ 0 & \dfrac{\Omega_{cri}^2}{2I_{cr2}\xi_{cr2}\Omega_{cr2}} \end{bmatrix} \tilde{\Phi}^T K_s \tilde{\Omega} \begin{bmatrix} \dfrac{1}{\tilde{m}_{cr1}(\Omega_{cr1}^2 - \Omega_{cri}^2)} & 0 \\ 0 & \dfrac{1}{\tilde{I}_{cr1}(\Omega_{cr2}^2 - \Omega_{cri}^2)} \end{bmatrix} \tilde{\Omega}^T U \Omega_{cri}$$

(6.5.79)

将式(6.5.69)的第一式代入式(6.5.79)得

$$Q_{2cr} = -\mathrm{i}\tilde{\Phi} \begin{bmatrix} \dfrac{\Omega_{cri}^2}{2m_{cr1}\xi_{cr1}\Omega_{cr1}} & 0 \\ 0 & \dfrac{\Omega_{cri}^2}{2I_{cr2}\xi_{cr2}\Omega_{cr2}} \end{bmatrix} \begin{bmatrix} \dfrac{\tilde{\Omega}_{cr1}^2}{\tilde{m}_{cr1}(\tilde{\Omega}_{cr1}^2 - \tilde{\Omega}_{cri}^2)} & 0 \\ 0 & \dfrac{\tilde{\Omega}_{cr2}^2}{\tilde{I}_{cr2}(\tilde{\Omega}_{cr2}^2 - \tilde{\Omega}_{cri}^2)} \end{bmatrix} \tilde{\Phi}^T U$$

(6.5.80)

转子的振动为

$$Q_{1cr} = K_s^{-1} K_{bb} Q_{2cr} + K_s^{-1} C_b \dot{Q}_{2cr} = (K_s^{-1} K_b + \mathrm{i}\Omega_{cri} K_s^{-1} C_b) Q_{2cr}$$

(6.5.81)

将式(6.5.80)代入式(6.5.81)得

$$Q_{1\mathrm{cr}} = (K_{\mathrm{s}}^{-1}K_{\mathrm{b}} + \mathrm{i}\Omega_{\mathrm{cri}}K_{\mathrm{s}}^{-1}C_{\mathrm{b}})Q_{2\mathrm{cr}} = -\mathrm{i}(K_{\mathrm{s}}^{-1}K_{\mathrm{b}} + \mathrm{i}\Omega_{\mathrm{cri}}K_{\mathrm{s}}^{-1}C_{\mathrm{b}})\tilde{\Phi}$$

$$\cdot \begin{bmatrix} \dfrac{\Omega_{\mathrm{cri}}^2}{2m_{\mathrm{cr1}}\xi_{\mathrm{cr1}}\Omega_{\mathrm{cr1}}} & 0 \\[4mm] 0 & \dfrac{\Omega_{\mathrm{cri}}^2}{2I_{\mathrm{cr2}}\xi_{\mathrm{cr2}}\Omega_{\mathrm{cr2}}} \end{bmatrix} \begin{bmatrix} \dfrac{\tilde{\Omega}_{\mathrm{cr1}}^2}{\tilde{m}_{\mathrm{cr1}}(\tilde{\Omega}_{\mathrm{cr1}}^2 - \tilde{\Omega}_{\mathrm{cri}}^2)} & 0 \\[4mm] 0 & \dfrac{\tilde{\Omega}_{\mathrm{cr2}}^2}{\tilde{I}_{\mathrm{cr2}}(\tilde{\Omega}_{\mathrm{cr2}}^2 - \tilde{\Omega}_{\mathrm{cri}}^2)} \end{bmatrix} \tilde{\Phi}^{\mathrm{T}}U$$

$$(6.5.82)$$

式中，

$$K_{\mathrm{s}}^{-1}K_{\mathrm{b}} = \begin{bmatrix} (1-a/L)k_{11} + k_{12}/L + k_{\mathrm{b1}} & (a/L)k_{11} - k_{12}/L + k_{\mathrm{b2}} \\ \mathrm{i}(1-a/L)k_{21} + \mathrm{i}k_{22}/L - \mathrm{i}ak_{\mathrm{b1}} & \mathrm{i}(a/L)k_{21} - \mathrm{i}k_{22}/L + \mathrm{i}(L-a)k_{\mathrm{b2}} \end{bmatrix}$$

$$= \left\{ \begin{bmatrix} 1-a/L & a/L \\ \mathrm{i}/L & -\mathrm{i}/L \end{bmatrix} + \tilde{\Phi}\begin{bmatrix} \tilde{k}_{\mathrm{cr1}} & 0 \\ 0 & \tilde{k}_{\mathrm{cr2}} \end{bmatrix}^{-1}\tilde{\Phi}^{\mathrm{T}}\begin{bmatrix} 1 & 1 \\ \mathrm{i}a & \mathrm{i}(L-a) \end{bmatrix}\begin{bmatrix} k_{\mathrm{b1}} & 0 \\ 0 & k_{\mathrm{b2}} \end{bmatrix} \right\}$$

$$= \tilde{\Phi}\left\{ \tilde{\Phi}^{-1}\begin{bmatrix} 1-a/L & a/L \\ \mathrm{i}/L & -\mathrm{i}/L \end{bmatrix}\tilde{\Phi} + \begin{bmatrix} \tilde{k}_{\mathrm{cr1}} & 0 \\ 0 & \tilde{k}_{\mathrm{cr2}} \end{bmatrix}^{-1}\tilde{\Phi}^{\mathrm{T}}\begin{bmatrix} 1 & 1 \\ -\mathrm{i}a & \mathrm{i}(L-a) \end{bmatrix}\begin{bmatrix} k_{\mathrm{b1}} & 0 \\ 0 & k_{\mathrm{b2}} \end{bmatrix}\tilde{\Phi} \right\}\tilde{\Phi}^{-1}$$

$$K_{\mathrm{s}}^{-1}C_{\mathrm{b}} = K_{\mathrm{s}}^{-1}(\Phi^{\mathrm{T}})^{-1}\begin{bmatrix} 2m_{\mathrm{cr1}}\Omega_{\mathrm{cr1}}\xi_{\mathrm{cr1}} & 0 \\ 0 & 2I_{\mathrm{cr2}}\Omega_{\mathrm{cr2}}\xi_{\mathrm{cr2}} \end{bmatrix}\Phi^{-1}$$

$$= \tilde{\Phi}\begin{bmatrix} \tilde{k}_{\mathrm{cr1}} & 0 \\ 0 & \tilde{k}_{\mathrm{cr2}} \end{bmatrix}^{-1}\tilde{\Phi}^{\mathrm{T}}(\tilde{\Phi}^{\mathrm{T}})^{-1}\begin{bmatrix} 2m_{\mathrm{cr1}}\Omega_{\mathrm{cr1}}\xi_{\mathrm{cr1}} & 0 \\ 0 & 2I_{\mathrm{cr2}}\Omega_{\mathrm{cr2}}\xi_{\mathrm{cr2}} \end{bmatrix}\Omega^{-1}$$

$$= \tilde{\Phi}\begin{bmatrix} \tilde{k}_{\mathrm{cr1}} & 0 \\ 0 & \tilde{k}_{\mathrm{cr2}} \end{bmatrix}^{-1}\begin{bmatrix} 2m_{\mathrm{cr1}}\Omega_{\mathrm{cr1}}\xi_{\mathrm{cr1}} & 0 \\ 0 & 2I_{\mathrm{cr2}}\Omega_{\mathrm{cr2}}\xi_{\mathrm{cr2}} \end{bmatrix}\Omega^{-1} = \tilde{\Phi}\begin{bmatrix} 2\xi_{\mathrm{cr1}} & 0 \\ 0 & 2\xi_{\mathrm{cr2}} \end{bmatrix}\Omega^{-1}$$

$$Q_{1\mathrm{cr}} = (K_{\mathrm{s}}^{-1}K_{\mathrm{b}} + \mathrm{i}\Omega_{\mathrm{cri}}K_{\mathrm{s}}^{-1}C_{\mathrm{b}})Q_{2\mathrm{cr}}$$

$$= -\mathrm{i}\tilde{\Phi}\left\{ \tilde{\Phi}^{-1}\begin{bmatrix} 1-a/L & a/L \\ \mathrm{i}/L & -\mathrm{i}/L \end{bmatrix}\tilde{\Phi} + \begin{bmatrix} \tilde{k}_{\mathrm{cr1}} & 0 \\ 0 & \tilde{k}_{\mathrm{cr2}} \end{bmatrix}^{-1}\tilde{\Phi}^{\mathrm{T}}\begin{bmatrix} 1 & 1 \\ -\mathrm{i}a & \mathrm{i}(L-a) \end{bmatrix}\begin{bmatrix} k_{\mathrm{b1}} & 0 \\ 0 & k_{\mathrm{b2}} \end{bmatrix}\tilde{\Phi} \right.$$

$$\left. + \begin{bmatrix} 2c_{\mathrm{cr1}} & 0 \\ 0 & 2c_{\mathrm{cr2}} \end{bmatrix} \right\}\begin{bmatrix} \dfrac{\Omega_{\mathrm{cri}}^2}{2m_{\mathrm{cr1}}\xi_{\mathrm{cr1}}\Omega_{\mathrm{cr1}}} & 0 \\[4mm] 0 & \dfrac{\Omega_{\mathrm{cri}}^2}{2I_{\mathrm{cr2}}\xi_{\mathrm{cr2}}\Omega_{\mathrm{cr2}}} \end{bmatrix}\begin{bmatrix} \dfrac{\tilde{\Omega}_{\mathrm{cr1}}^2}{\tilde{m}_{\mathrm{cr1}}(\tilde{\Omega}_{\mathrm{cr1}}^2 - \Omega_{\mathrm{cri}}^2)} & 0 \\[4mm] 0 & \dfrac{\tilde{\Omega}_{\mathrm{cr1}}^2}{\tilde{I}_{\mathrm{cr2}}(\tilde{\Omega}_{\mathrm{cr2}}^2 - \Omega_{\mathrm{cri}}^2)} \end{bmatrix}\tilde{\Phi}^{\mathrm{T}}U$$

$$(6.5.83)$$

若定义

$$\tilde{L} = \tilde{\Phi}^{-1}\begin{bmatrix} 1-a/L & a/L \\ \mathrm{i}/L & -\mathrm{i}/L \end{bmatrix}\tilde{\Phi}, \quad \tilde{K}_{\mathrm{b}} = \tilde{\Phi}^{\mathrm{T}}\begin{bmatrix} 1 & 1 \\ -\mathrm{i}a & \mathrm{i}(L-a) \end{bmatrix}\begin{bmatrix} k_{\mathrm{b1}} & 0 \\ 0 & k_{\mathrm{b2}} \end{bmatrix}\tilde{\Phi} \quad (6.5.84)$$

分别为模态几何矩阵和支承模态刚度矩阵。

将式(6.5.84)代入式(6.5.82)得

$$
\begin{aligned}
\boldsymbol{Q}_{1\mathrm{cr}} &= (\boldsymbol{K}_{\mathrm{s}}^{-1}\boldsymbol{K}_{\mathrm{b}} + \mathrm{i}\varOmega_{\mathrm{cr}i}\boldsymbol{K}_{\mathrm{s}}^{-1}\boldsymbol{C}_{\mathrm{b}})\boldsymbol{Q}_{2\mathrm{cr}} \\
&= -\mathrm{i}\tilde{\boldsymbol{\varPhi}}\left\{ \tilde{\boldsymbol{L}} + \begin{bmatrix} \tilde{k}_{\mathrm{cr}1} & 0 \\ 0 & \tilde{k}_{\mathrm{cr}2} \end{bmatrix}^{-1}\tilde{\boldsymbol{K}}_{\mathrm{b}} + \begin{bmatrix} 2\xi_{\mathrm{cr}1} & 0 \\ 0 & 2\xi_{\mathrm{cr}2} \end{bmatrix} \right\} \\
&\quad \cdot \begin{bmatrix} \dfrac{\varOmega_{\mathrm{cr}i}^2}{2m_{\mathrm{cr}1}\xi_{\mathrm{cr}1}\varOmega_{\mathrm{cr}1}} & 0 \\ 0 & \dfrac{\varOmega_{\mathrm{cr}i}^2}{2I_{\mathrm{cr}2}\xi_{\mathrm{cr}2}\varOmega_{\mathrm{cr}2}} \end{bmatrix} \begin{bmatrix} \dfrac{\tilde{\varOmega}_{\mathrm{cr}1}^2}{\tilde{m}_{\mathrm{cr}1}(\tilde{\varOmega}_{\mathrm{cr}1}^2 - \varOmega_{\mathrm{cr}i}^2)} & 0 \\ 0 & \dfrac{\tilde{\varOmega}_{\mathrm{cr}1}^2}{\tilde{I}_{\mathrm{cr}2}(\tilde{\varOmega}_{\mathrm{cr}2}^2 - \varOmega_{\mathrm{cr}i}^2)} \end{bmatrix} \tilde{\boldsymbol{\varPhi}}^{\mathrm{T}}\boldsymbol{U}
\end{aligned}
\tag{6.5.85}
$$

由式(6.5.85)可见，阻尼越大，转子的临界响应越小；支承弹性时转子的临界转速 $\varOmega_{\mathrm{cr}i}$ 越低于支承刚性时的临界转速，转子的临界响应会越小。弹性支承转子和刚性支承转子的临界转速包含了转子的所有参数。因此，阻尼效果与转子本身的参数和支承参数均有关联。由式(6.5.80)和式(6.5.85)可得出以下结论：

(1) 在支承为弹性的情况下，若转子前两阶临界转速低于支承刚性时的一阶临界转速，即 $\varOmega_{\mathrm{cr}2}^2 < \tilde{\varOmega}_{\mathrm{cr}2}^2$，则前两阶模态刚度 $k_{\mathrm{cr}1}$ 和 $k_{\mathrm{cr}2}$ 越小，前两阶临界峰值就越小。

(2) 在支承为弹性的情况下，若转子二阶临界转速低于支承刚性时的二阶临界转速，而高于支承刚性时的一阶临界转速，即 $\tilde{\varOmega}_{\mathrm{cr}1}^2 < \varOmega_{\mathrm{cr}2}^2 < \tilde{\varOmega}_{\mathrm{cr}2}^2$，且二阶模态为可容模态，则二阶临界转速为 $\varOmega_{\mathrm{cr}2}^2 = (\tilde{\varOmega}_{\mathrm{cr}1}^2 + \tilde{\varOmega}_{\mathrm{cr}2}^2)/2$ 时，二阶临界峰值最小。

(3) 在支承为弹性的情况下，若转子二阶临界转速低于支承刚性时的二阶临界转速，而与支承刚性时的一阶临界转速相等，即 $\varOmega_{\mathrm{cr}2}^2 = \tilde{\varOmega}_{\mathrm{cr}2}^2$，则阻尼失效，转子响应对不平衡量异常敏感，振动会变得非常剧烈。在转子设计中，应避免出现这一情况。

(4) 转子残余不平衡的分布应与刚性支承时转子的模态正交，即 $\tilde{\boldsymbol{\varPhi}}^{\mathrm{T}}\boldsymbol{U} = 0$，此时转子不平衡响应最小。

从上述分析过程和结论可知，可容模态设计不是要保证转子工作转速与临界转速的裕度，而是要保证转子实际临界转速与支承绝对刚性时转子临界转速间的裕度，即要匹配支承与转子的参数。支承刚度比转子刚度低得越多，转子临界响应就越小。但对于发动机低压转子，转子细长，很难使支承刚度远低于转子刚度。但只要保证可容模态与支承绝对刚性时转子模态间的裕度，即模态裕度，阻尼器将会有效地发挥减振作用，临界响应是可控的，即可容模态下允许转子发生弯曲变形。在设计时，由于支座绝对刚性，转子的模态较易精确确定，且在整个工作转速范围内，一般仅涉及一阶支座绝对刚性时的模态，最多不超过两阶。因此，模态裕度较容易得到保证。

6.5.3　双转子系统的可容模态设计

1. 双转子系统的可容模态设计流程

航空发动机一般采用双转子结构。双转子系统结构复杂，柔性大、耦合强，且工作转速范围宽，若按照转速裕度准则来设计双转子系统，则难以达到发动机的最佳性能要求。实际工程中，一般遵循可容模态设计思想来设计双转子系统。双转子系统的可容模态设计流程如下。

(1) 设定转子系统工作时的可容模态。根据发动机的工作转速范围和性能要求，设定转子系统的可容模态。在具体设定时，第一阶模态位于慢车位置及以下；第二阶和第三阶模态位于巡航转速以下，裕度 10%；在巡航转速与最大转速之间最好不设模态，若不易避开，则将第三阶模态设置在巡航转速与最大转速之间，将第四阶模态设置在最大转速 8%～10%。

(2) 建立双转子系统的参数化模型。建立转子动力学模型是可容模态设计的基础。建模时，风扇、压气机、高压涡轮和低压涡轮可按照几何尺寸和材料参数等效为盘和盘鼓，轴的质量和刚度可直接由几何尺寸和材料参数确定，支座则由刚度、阻尼和参振质量来等效。在参数设计时，先不考虑局部非线性的影响，而到结构和工艺设计时，再进一步细化。

(3) 确定支承绝对刚性时转子系统的模态。假设支承刚度(包括中介轴承刚度)为无穷大，确定刚性支承条件下转子系统的模态，包括模态质量、模态刚度、临界转速和振型。刚性支承模态包括三个部分：①高压转子的刚性支承模态；②低压转子的刚性支承模态；③双转子系统的刚性支承模态。转子系统的模态可用有限元法或传递矩阵法计算，一般只需算出前三阶模态。对于低压转子，须考虑连接刚度，风扇转子与低压涡轮转子一般采用套齿和螺栓连接，连接刚度一般通过实验来确定。在整个工作转速范围之内，最多允许存在双转子系统的两阶刚性支承模态，但须将此两阶模态与设定的可容模态错开，错开的裕度在 8%～10%。

(4) 根据支承绝对刚性时转子的模态参数和可容模态的位置，选取支承的刚度。根据刚性支承转子模态刚度选择支承刚度的初值，高压转子前支承刚度和中介轴承的刚度应小于刚性支承高压转子模态刚度的 20%，若把发动机转子第一阶模态设在慢车以下，则应选中介轴承的刚度小于或等于高压前支承的刚度；若把发动机转子第一阶模态设在慢车转速以上，则应选中介轴承的刚度大于或等于高压前支承的刚度。风扇转子两个支承的刚度以及低压涡轮后支承的刚度可选为刚性支承低压转子第一阶模态刚度的 20%～50%。

(5) 确定支承弹性时双转子系统的模态，检验是否与预设的可容模态相符。将选定的支承刚度参数代入双转子系统模型，计算转子系统的模态。检验转子系统的模态是否与预设的可容模态相符，若相差较远，则调整支承刚度参数，以尽量接近预设可容模态。达到可容模态要求后，检验可容模态(可能有三阶或四阶)是否与转子系统刚性支承模态留有足够的裕度。若裕度不够，则可调整支承刚度或转子参数。

(6) 在支承处设置阻尼器，确定不平衡响应。在发动机中，一般是在支承处设置挤压油膜阻尼器，引入挤压油膜阻尼器后，支承刚度会发生变化。挤压油膜阻尼器的刚度和阻尼特性是转子可容模态设计的基础，需要进行充分的理论分析和实验研究，建立挤压油膜阻尼器设计数据库，支持转子动力学设计。在设计时，可先将挤压油膜阻尼器假设为线性黏滞阻尼器。在有阻尼条件下，计算转子的不平衡响应。根据阻尼器所能发挥的阻尼作用和平衡效果，给出转子剩余不平衡量及其分布的限制标准。

(7) 优化设计。对上述选定的参数进行优化，实现双转子系统的优化设计。优化的目标可选为外传力、应变能和响应峰值的复合指标。在优化设计中，通常将质量限制作为转子结构动力学设计的约束条件。按照上述步骤进入优化设计阶段时，约束条件一般为振动限制值、尺寸参数(如两个轴承之间的距离、轴承内环直径、轴承外环直径、转子的最大直径等)和转/静间隙等。如果参数的影响规律和设计准则明确，利用简单的寻优方法即可实现优化设计。

(8) 验证极端条件下转子的响应。发动机工作时的极端条件包括大工况下的机动飞行、突加大不平衡量(叶片掉块或断裂)、空中停车(轴向力突降、温度突变)和滑油中断(挤压油膜阻尼器无工作介质)等。上述可容模态设计未予考虑这些极端条件，因此要验证设计结果在极端条件下转子系统的响应。对大工况下的机动飞行和突加大不平衡量(叶片掉块或断裂)两种极端条件，可直接运用上述线性模型进行响应计算，分别检验两种极端条件下转子的振动幅值(包括静态变形)是否超过挤压油膜阻尼器的限值和转/静间隙值。若超过限值，则需结合非线性因素分析进行验证。对于空中停车(轴向力突降、温度突变)和滑油中断(挤压油膜阻尼器无工作介质)两种极端条件，需要计及主轴承和挤压油膜阻尼器的瞬态特性，应对模型进行适当的修改后进行验证。

(9) 评估非线性因素的影响。对按前述步骤设计的线性系统，在局部引入非线性因素，结合极端条件进行验证。主要验证转子的响应是否恶化、转子的运转是否稳定，并给出失稳边界。发动机转子的非线性因素主要包括连接结构、轴承组件、挤压油膜阻尼器、亚健康状态(转/静间轻度碰摩)和故障作用等。在设计发动机转子系统前，通过模型实验、组件实验和部件实验，基本探明非线性因素的作用机理和影响规律，形成数据库。

(10) 模型或样机验证。对所设计的转子系统，建造一个模型实验器或者样机进行实验验证。实验验证的内容主要包括：①转子模态特性的准确度。对转子的刚性支承模态和弹性支承模态分别进行验证。如果实验结果与设计结果存在差别，可调整设计模型参数，使设计结果与实验结果逼近，检验设计模型参数的准确度，验证模型参数对模态特性的影响规律和敏感度。②转子的响应特性。在整个工作转速范围内，测量转子的振动响应，检验是否达到可容模态设计的要求。转子响应主要由不平衡所致，在实验之前，对高、低压转子分别进行动平衡，检验剩余不平衡分布与刚性支承模态的正交性。如前所述，可容模态设计的核心是阻尼器的设计和刚度的匹配。若达不到可容模态设计的要求，则检查挤压油膜阻尼器的有效性。挤压油膜阻尼器的阻尼效果与油膜长度、油膜间隙、滑油黏度、进油方式、弹性支承刚度、转子参数等因素紧密相关，必须按照已获得的设计准则和经验(数据库)进行精准控制。

(11) 修正设计模型。改变高压转子和低压转子的不平衡量及分布，测量转子的响应特性，直至振动峰值达到限定值，将测量结果与设计模型所计算的结果进行比较，检验转子的线性度。根据检验效果，对模型进行局部非线性修正。

2. 双转子系统的可容模态设计实例

下面以如图 6.5.7 所示的发动机双转子系统模型为例，说明双转子系统可容模态设计流程。该发动机双转子系统的特征为：低压转子采用 0-2-1 支承方案、高压转子采用 1-0-1 支承方案；高、低压转子通过中介轴承耦合，1 支点为刚性支承；2 支点和 3 支点(轴承组)为弹性支承；4 支点为中介轴承；5 支点为弹性支承，如图 6.5.7 所示。低压转子含有两个盘，分别模拟风扇盘(Fan)和低压涡轮盘(LPT)；高压转子含有四个盘，分别模拟高压压气机盘(HPC1、HPC2 和 HPC3)和高压涡轮盘(HPT)。运用有限元法，建立转子参数化模型，分析动力学特性，从而进行可容模态设计。

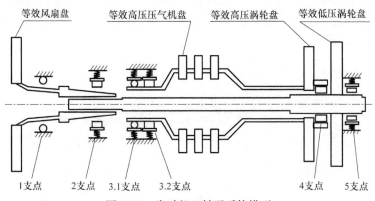

图 6.5.7　发动机双转子系统模型

1) 设定转子系统工作时的可容模态

在设计阶段确定发动机各工作状态下的工作转速，一般以高压转子转速来设定工作转速。例如，发动机最大转速 13000r/min 是指发动机高压转子最大转速为 13000r/min。

假设发动机高、低压转子同时运转，转速比为 1.25。工作转速设置为：慢车转速 3000r/min，巡航转速 10000r/min，最大转速 13000r/min。

根据可容模态理论设计原则可确定模态设置的目标：①转子一阶模态设置在慢车转速以下，即一阶模态转子临界转速应设置在 3000r/min 以下；②二阶和三阶模态设置在巡航转速以下，裕度为 10%，即二阶和三阶临界转速应小于巡航转速的 90%，即 9000r/min；③四阶模态设置在最大转速以上，裕度为 8%~10%，即四阶临界转速应在 14000r/min 以上。

以上设计原则与目标可用如图 6.5.8 所示的转速范围表示。图中各阶模态的位置仅为示意图，只是为了说明临界转速可能出现的位置。

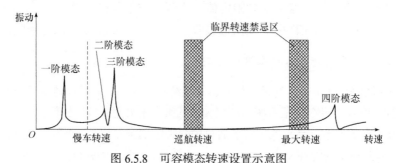

图 6.5.8　可容模态转速设置示意图

2) 建立双转子系统的参数化模型

建立双转子有限元参数化模型，如图 6.5.9 所示。将双转子模型划分为 45 个单元，节点数为 46，其中节点 1~20 为低压转子节点，21~46 为高压转子节点。轴单元参数和盘单元参数按照实际结构确定。材料密度为 7850kg/m³，弹性模量为 $2.01×10^{11}$N/m²。

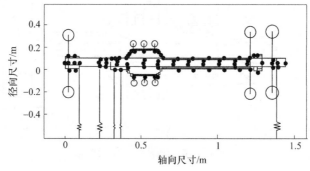

图 6.5.9　双转子有限元模型

上述模型中，未给定支承参数，支承的刚度为确定模态的关键参数，该参数将在 4)中确定。

3) 确定支承绝对刚性时转子系统的模态

将支承设置为刚性支承，计算转子的模态，所用刚度值为 1×10^{10}N/m。一般需要计算前三阶刚性支承模态。在本例中，转子最大转速已经确定为 13000r/min。因此，需要计算 20000r/min 以下存在的刚性支承模态。对于双转子系统存在两种激励方式，即低压转子激励或高压转子激励。经计算，两种激励条件下，在 0～20000r/min 转速范围内，转子皆存在两阶模态振型，如图 6.5.10 所示。低压激励下，一阶临界转速为 6561r/min，二阶临界转速为 14687r/min；高压激励下，一阶临界转速为 6413r/min，二阶临界转速为 14874r/min。

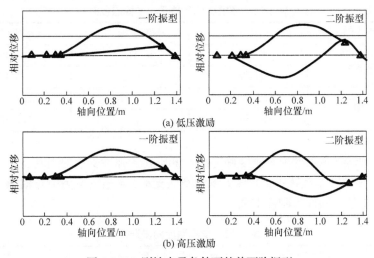

图 6.5.10 刚性支承条件下的前两阶振型

根据计算结果，在整个工作转速范围内，仅存在一阶刚性支承模态。使用弹性支承后，转子系统一阶临界转速将会降低。因此，在 6561r/min 转速以下，必然存在一阶或者一阶以上临界转速。即通过调节支承刚度，不可能将所有临界转速均调到转子工作转速范围之外。转子临界转速完全有可能会出现在慢车转速与刚性支承临界转速之间。此时，必须采取可容模态设计。考虑到可容模态需要与刚性支承模态错开，裕度为 8%～10%，模态设置的转速范围如图 6.5.11 所示。图中转子的响应与各阶模态的位置仅为示意图。

4) 根据支承绝对刚性时转子的模态参数和可容模态的位置，选取支承刚度

根据已得到的刚性支承模态，计算转子模态参数。在最大工作转速范围内，仅存在一阶刚性支承模态。因此，可根据一阶刚性支承模态计算模态质量与模态刚度，计算结果见表 6.5.1。两种激励条件下，转子模态刚度基本相同，取低压一阶模态刚度为 5.4×10^6N/m，高压一阶模态刚度为 1.3×10^7N/m。

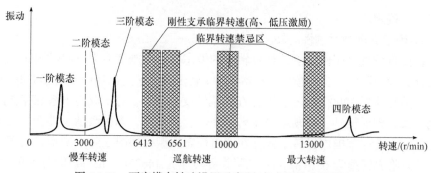

图 6.5.11　可容模态转速设置示意图(考虑刚性支承模态)

表 6.5.1　刚性支承条件下转子模态参数

激励方式	转子	模态质量/kg	模态刚度/(N/m)
低压激励	低压转子	11.6	$5.5×10^6$
	高压转子	29.2	$1.3×10^7$
高压激励	低压转子	11.0	$5.3×10^6$
	高压转子	29.2	$1.3×10^7$

　　根据刚性支承条件模态刚度确定高、低压转子弹性支承的刚度。计算结果见表 6.5.2。该双转子系统中，1 号支承为刚性支承，4 号支承为中介轴承，由于未设置弹性支承，同样为刚性支承。

表 6.5.2　支承刚度初步选择

转子	模态刚度/(N/m)	支承编号	支承形式	比例	刚度/(N/m)
低压	$5.4×10^6$	1	刚性支承	—	$1×10^9$
		2	弹性支承	20%	$1.08×10^6$
		5	弹性支承	20%	$1.08×10^6$
高压	$1.3×10^7$	3.1	弹性支承	10%	$1.3×10^6$
		3.2	弹性支承	10%	$1.3×10^6$
		4	刚性支承	—	$1×10^6$

　　5) 确定支承弹性时双转子系统的模态，检验是否与预设的可容模态相符
　　将上述参数代入参数化模型中，计算转子在最大转速范围内的模态。根据计算结果，在上述支承条件下，转子在工作转速范围内具有三阶模态，低压转子和高压转子的振型分布如图 6.5.12 和图 6.5.13 所示。根据振型可计算转子各阶模态下轴系的应变能分布，计算结果见表 6.5.3。在两种激励条件下，三阶临界转速均小于刚性支承条件下的一阶临界转速。前两阶模态均在慢车以下，第三阶模态在

慢车以上，所以应将第三阶模态设置为可容模态。

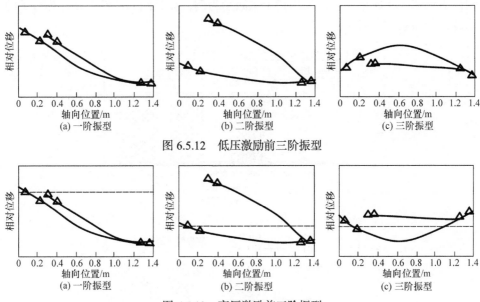

图 6.5.12　低压激励前三阶振型

图 6.5.13　高压激励前三阶振型

表 6.5.3　各阶模态应变能分布

激励方式	阶次	临界转速/(r/min)	低压应变能分布/%	高压应变能分布/%
低压激励	一	1346	0.00	0.00
	二	2783	0.01	0.08
	三	5325	14.22	0.01
高压激励	一	1342	0.00	0.00
	二	2766	0.01	0.08
	三	5033	13.95	0.01

　　根据应变能分布，三阶模态中，前两阶为刚性模态；第三阶低压轴应变能比例超过 10%，为柔性模态，高压转子仍为刚性模态。

　　分别在高低压转子两个盘上加 20g·cm 不平衡量，同相位，假设各轴承处阻尼为 500N·s/m。该条件为弱阻尼条件。在低压激励和高压激励条件下，计算转子不平衡响应，结果如图 6.5.14 所示。

　　当选择的支承刚度较大时，可能出现转子的第三阶模态进入刚性支承模态的转速禁忌区，或者与刚性支承临界转速重合。这时可增大弹性支承的刚度，使得第三阶临界转速与刚性支承临界转速重合。经迭代计算，当低压弹性支承刚度取模态刚度的 81%、高压弹性支承刚度取模态刚度的 65%时，转子三阶临界转速与刚性支承临界转速重合。以低压转子主激励为例，在相同的条件下，计算转子的响应，如图 6.5.15 所示。

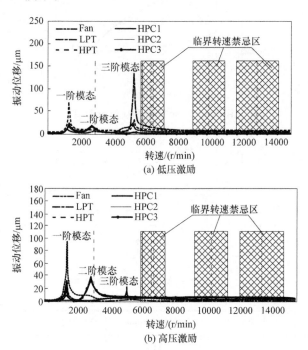

图 6.5.14　低压激励和高压激励下转子的不平衡响应

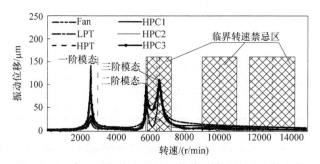

图 6.5.15　支承刚度较大时低压激励下转子的不平衡响应

根据计算结果，增大弹性支承刚度后，转子的第二阶临界转速也增大至慢车以上，成为可容模态，并且几乎进入刚性支承临界转速禁忌区。转子的临界峰值大幅度增加，结果见表 6.5.4。根据计算结果，当转子三阶临界转速增大至与转子一阶刚性支承临界转速重合时，除一阶高压涡轮振动峰值、三阶低压风扇与涡轮振动峰值减小外，其余临界转速均增大，最大可增大 30 多倍。因此，当选择支承刚度较大时，可能造成转子可容模态阶次增多，可容模态临界转速可能会与刚性支承进阶转速重合，转子振动水平显著增大。实际转子系统设计中，在结构强度与静变形允许的条件下，应尽量采用较柔的支承，这样有利于获得更加优良的转子动力特性。

表 6.5.4　转子第三阶临界转速与刚性支承临界转速重合时转子临界峰值(单位：μm)

阶次	一阶		二阶		三阶	
刚度条件	改变前	改变后	改变前	改变后	改变前	改变后
是否"可容模态"	否	否	否	是	是	是
Fan	5	132	2	68	92	20
LPT	68	133	7	84	135	85
HPC1	15	26	17	103	16	116
HPC2	20	38	15	105	10	112
HPC3	24	50	14	108	44	108
HPT	62	17	6	40	44	45

实际设计中，若希望使得转子的动力特性更加优良，如进一步降低转子可容模态的临界峰值，可采用迭代优化的方法，进一步优化各弹性支承刚度和转子的几何参数，使得可容模态与刚性支承模态具有更大的裕度，转子系统的振动水平更小。

6) 在支承处设置阻尼器，确定不平衡响应

航空发动机中普遍采用挤压油膜阻尼器实现发动机减振。正常工作的挤压油膜阻尼器为弱非线性阻尼器。计算过程中可使用线性黏滑阻尼器代替非线性阻尼器，以简化计算过程。这里使用了线性阻尼器代替挤压油膜阻尼器，以说明转子添加阻尼器后的不平衡响应情况。假设在 2 号、5 号和 3.1 号弹性支承添加阻尼器，阻尼值为 950N·s/m，计算转子的不平衡响应，添加阻尼器前、后转子的不平衡响应曲线如图 6.5.16 所示。

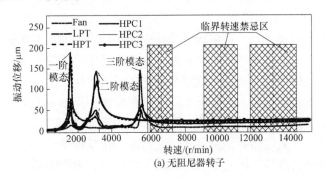

(a) 无阻尼器转子

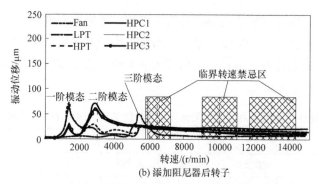

图 6.5.16　添加阻尼器前、后转子的不平衡响应

　　根据计算结果，在使用上述线性阻尼器后，转子的前三阶最大临界峰值均控制在 100μm 范围以内。转子可容模态，即转子三阶模态，临界峰值减小到原来的 1/3，控制在 50μm 以内。经计算，转子一阶模态处，阻尼比约为 8.3%；转子二阶和三阶模态处，阻尼比均为 8.5%。由于将可容模态下的振动控制在较低的水平，转子可频繁穿越临界转速。

　　通过转子参数微调和优化可使转子的动力特性更加优良。例如，通过优化设计，调整轴系各截面参数，可获得更加轻质的转子系统。

　　至此，通过设置转子弹性支承的支承刚度，初步完成了转子的可容模态设计。在上述设计流程中，根据刚性支承模态确定弹性支承参数是关键，即支承参数须与转子系统刚性支承模态参数相匹配，这一原则在实际设计中具有重要的指导意义。

6.6　双转子系统的振动和设计

　　现代涡喷或者涡扇发动机大多采用双转子甚至三转子结构。为提高推重比，常将高压转子的后支点设计成轴间轴承形式，或称中介轴承，即高压转子前端通过前轴承支承在与机匣连接的固定支承结构上，而后端通过中介轴承支承在低压涡轮轴上，如图 6.6.1 所示。

　　为进一步提高推重比，可将转子设计成柔性转子，即在工作转速范围内，转子要越过一阶、二阶甚至三阶临界转速。这就使得发动机转子成为耦合很强的双转子系统，传统的单转子理论不能完全描述其振动特性。

　　本节建立双转子模型，考虑支承刚度、阻尼和中介轴承的影响，运用解析方法分析双转子的振动特性，揭示双转子的振动规律，解释实际运行中出现的现象，得到转子设计的一般性指导准则和普适性结论。在双转子结构中，中介轴承是关键部件，也是薄弱部件，因此本书对双转子结构中的中介轴承进行重点分析。

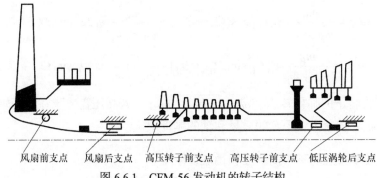

图 6.6.1　CFM-56 发动机的转子结构

6.6.1　双转子系统的模型和运动方程

如图 6.6.2(a)所示，轴长度为 $L=2a$，2 个盘安装在轴的中间位置，分别代表高压涡轮和低压涡轮，2 个盘的质量分别为 m_H 和 m_L，转速分别为 Ω_H 和 Ω_L。置盘处轴的刚度为 k。设盘的几何中心坐标为 (x, y)；重心坐标分别为 (x_H, y_H) 和 (x_L, y_L)，如图 6.6.2(b)和(c)所示。

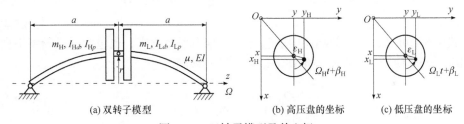

(a) 双转子模型　　　　　　　　(b) 高压盘的坐标　　　　(c) 低压盘的坐标

图 6.6.2　双转子模型及其坐标

转子在 x 方向和 y 方向的运动方程为

$$m_H \ddot{x}_H + m_L \ddot{x}_L + kx = 0, \quad m_H \ddot{y}_H + m_L \ddot{y}_L + ky = 0 \tag{6.6.1}$$

盘的重心坐标和几何中心坐标有如下关系：

$$x_H = x + \varepsilon_H \cos(\Omega_H t + \beta_H), \quad y_H = y + \varepsilon_H \sin(\Omega_H t + \beta_H)$$

$$x_L = x + \varepsilon_L \cos(\Omega_L t + \beta_L), \quad y_L = y + \varepsilon_L \sin(\Omega_L t + \beta_L) \tag{6.6.2}$$

将式(6.6.2)代入式(6.6.1)得

$$(m_H + m_L)\ddot{x} + kx = m_H \varepsilon_H \Omega_H^2 \cos(\Omega_H t + \beta_H) + m_L \varepsilon_L \Omega_L^2 \cos(\Omega_L t + \beta_L)$$

$$(m_H + m_L)\ddot{y} + ky = m_H \varepsilon_H \Omega_H^2 \sin(\Omega_H t + \beta_H) + m_L \varepsilon_L \Omega_L^2 \sin(\Omega_L t + \beta_L) \tag{6.6.3}$$

式中，m_H 和 m_L 分别为高压盘和低压盘的质量；ε_H、ε_L、β_H 和 β_L 分别为高、低压盘质心位移和相位。

在式(6.6.3)两端同除以 $m_H + m_L$，得到

$$\ddot{x} + \omega^2 x = \frac{m_{\mathrm{H}}}{m_{\mathrm{H}} + m_{\mathrm{L}}} \varepsilon_{\mathrm{H}} \Omega_{\mathrm{H}}^2 \cos(\Omega_{\mathrm{H}} t + \beta_{\mathrm{H}}) + \frac{m_{\mathrm{L}}}{m_{\mathrm{H}} + m_{\mathrm{L}}} \varepsilon_{\mathrm{L}} \Omega_{\mathrm{L}}^2 \cos(\Omega_{\mathrm{L}} t + \beta_{\mathrm{L}})$$

$$\ddot{y} + \omega^2 y = \frac{m_{\mathrm{H}}}{m_{\mathrm{H}} + m_{\mathrm{L}}} \varepsilon_{\mathrm{H}} \Omega_{\mathrm{H}}^2 \sin(\Omega_{\mathrm{H}} t + \beta_{\mathrm{H}}) + \frac{m_{\mathrm{L}}}{m_{\mathrm{H}} + m_{\mathrm{L}}} \varepsilon_{\mathrm{L}} \Omega_{\mathrm{L}}^2 \sin(\Omega_{\mathrm{L}} t + \beta_{\mathrm{L}})$$

式中，ω 为转子的临界转速，$\omega = \sqrt{k/(m_{\mathrm{H}} + m_{\mathrm{L}})}$。若高压盘支承在低压轴上，转子系统的临界转速由 2 个盘的质量和轴的刚度决定。

6.6.2 双转子系统的不平衡响应和拍振现象

1. 双转子系统的不平衡响应

应用线性叠加原理，可求得转子的稳态响应为

$$x = \frac{m_{\mathrm{H}}}{m_{\mathrm{H}} + m_{\mathrm{L}}} \frac{\varepsilon_{\mathrm{H}} \Omega_{\mathrm{H}}^2}{\omega^2 - \Omega_{\mathrm{H}}^2} \cos(\Omega_{\mathrm{H}} t + \beta_{\mathrm{H}}) + \frac{m_{\mathrm{L}}}{m_{\mathrm{H}} + m_{\mathrm{L}}} \frac{\varepsilon_{\mathrm{L}} \Omega_{\mathrm{L}}^2}{\omega^2 - \Omega_{\mathrm{L}}^2} \cos(\Omega_{\mathrm{L}} t + \beta_{\mathrm{L}})$$

$$y = \frac{m_{\mathrm{H}}}{m_{\mathrm{H}} + m_{\mathrm{L}}} \frac{\varepsilon_{\mathrm{H}} \Omega_{\mathrm{H}}^2}{\omega^2 - \Omega_{\mathrm{H}}^2} \sin(\Omega_{\mathrm{H}} t + \beta_{\mathrm{H}}) + \frac{m_{\mathrm{L}}}{m_{\mathrm{H}} + m_{\mathrm{L}}} \frac{\varepsilon_{\mathrm{L}} \Omega_{\mathrm{L}}^2}{\omega^2 - \Omega_{\mathrm{L}}^2} \sin(\Omega_{\mathrm{L}} t + \beta_{\mathrm{L}})$$

$$(6.6.4)$$

由式(6.6.4)可见，转子的响应中既包含高压盘不平衡响应，也包含低压盘不平衡响应。若要使转子在亚临界条件下运转，则必须满足

$$\Omega_{\mathrm{H}} < \omega = \sqrt{\frac{k}{m_{\mathrm{H}} + m_{\mathrm{L}}}} \tag{6.6.5}$$

因为转子质量为高压盘和低压盘质量之和，所以轴的刚度 k 必须足够大，这样导致转子尺寸和质量都会很大。这与提高发动机推重比的设计目标不一致，式(6.6.5)所示的亚临界设计是一种不可取的设计原则。若按

$$\Omega_{\mathrm{L}} < \omega = \sqrt{\frac{k}{m_{\mathrm{H}} + m_{\mathrm{L}}}} < \Omega_{\mathrm{H}} \tag{6.6.6}$$

为原则进行设计，即低压转速 Ω_{L} 在转子临界转速之下，高压转速 Ω_{H} 在转子临界转速之上，在达到设计转速之前，高压盘的转速将会通过临界转速，激起转速的共振，即当 $\Omega_{\mathrm{H}} = \omega$ 时，振动量 x 和 y 会很大，并以高压转速分量绝对占优。

对式(6.6.4)两边关于 ε_{H} 求导，可得

$$\frac{\mathrm{d}x}{\mathrm{d}\varepsilon_{\mathrm{H}}} = \frac{m_{\mathrm{H}}}{m_{\mathrm{H}} + m_{\mathrm{L}}} \frac{\varepsilon_{\mathrm{H}} \Omega_{\mathrm{H}}^2}{\omega^2 - \Omega_{\mathrm{H}}^2} \cos(\Omega_{\mathrm{H}} t + \beta_{\mathrm{H}})$$

$$\frac{\mathrm{d}y}{\mathrm{d}\varepsilon_{\mathrm{H}}} = \frac{m_{\mathrm{H}}}{m_{\mathrm{H}} + m_{\mathrm{L}}} \frac{\varepsilon_{\mathrm{H}} \Omega_{\mathrm{H}}^2}{\omega^2 - \Omega_{\mathrm{H}}^2} \sin(\Omega_{\mathrm{H}} t + \beta_{\mathrm{H}})$$

$$(6.6.7)$$

式(6.6.7)反映了转子振动响应对高压不平衡的敏感度。在临界转速附近，敏感度接近于无穷大。这时，转子的振动响应对高压盘的不平衡会特别敏感。针对这种情况，一是需要在转子系统中增加阻尼器；二是要保证高压盘的动平衡精度。

若进一步提高转子的柔性，使得

$$\omega = \sqrt{\frac{k}{m_{\mathrm{H}} + m_{\mathrm{L}}}} < \Omega_{\mathrm{L}} \tag{6.6.8}$$

则高、低压转子都需要通过临界转速，都将激起转子的共振。因此，对于全柔性转子，阻尼减振和高精度动平衡非常重要。

引入复向量 $r = x + \mathrm{i}y$，则式(6.6.4)可变为

$$r = \frac{m_{\mathrm{H}}}{m_{\mathrm{H}} + m_{\mathrm{L}}} \frac{\Omega_{\mathrm{H}}^2}{\omega^2 - \Omega_{\mathrm{H}}^2} \varepsilon_{\mathrm{H}} \mathrm{e}^{\mathrm{i}\beta_{\mathrm{H}}} \mathrm{e}^{\mathrm{i}\Omega_{\mathrm{H}}t} + \frac{m_{\mathrm{L}}}{m_{\mathrm{H}} + m_{\mathrm{L}}} \frac{\Omega_{\mathrm{L}}^2}{\omega^2 - \Omega_{\mathrm{L}}^2} \varepsilon_{\mathrm{L}} \mathrm{e}^{\mathrm{i}\beta_{\mathrm{L}}} \mathrm{e}^{\mathrm{i}\Omega_{\mathrm{L}}t} \tag{6.6.9}$$

式(6.6.9)说明，高压盘和低压盘的不平衡均使转子产生以高、低压转速旋转的正进动，如图6.6.3所示。

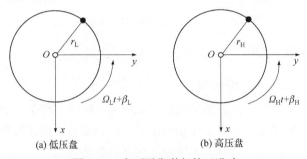

(a) 低压盘　　　　　　　　(b) 高压盘

图 6.6.3　盘不平衡激起的正进动

2. 双转子系统的拍振现象

设高、低压转子转差率为

$$\delta_{\mathrm{n}} = \frac{\Omega_{\mathrm{H}} - \Omega_{\mathrm{L}}}{\Omega_{\mathrm{H}}} \tag{6.6.10}$$

当转差率很小时，转子会出现拍振，载波频率为 Ω_{H}，调制频率为 $\Omega_{\mathrm{L}}\delta_{\mathrm{n}}$。将式(6.6.10)代入式(6.6.4)，可得

$$x = \sqrt{A^2 + B^2 + 2AB\cos(-\beta_{\mathrm{H}} + \beta_{\mathrm{L}} - \Omega_{\mathrm{H}}\delta_{\mathrm{n}}t)}\cos(\Omega_{\mathrm{H}} + \varphi)$$
$$y = \sqrt{A^2 + B^2 + 2AB\cos(-\beta_{\mathrm{H}} + \beta_{\mathrm{L}} - \Omega_{\mathrm{H}}\delta_{\mathrm{n}}t)}\sin(\Omega_{\mathrm{H}} + \varphi) \tag{6.6.11}$$

式中，

$$A = \frac{m_H}{m_H + m_L} \frac{\varepsilon_H \Omega_H^2}{\omega^2 - \Omega_H^2}, \quad B = \frac{m_L}{m_H + m_L} \frac{\varepsilon_L \Omega_L^2}{\omega^2 - \Omega_L^2}$$

$$\varphi = \arctan \frac{A \sin \beta_H + B \sin(\beta_L - \Omega_H \delta_n t)}{A \cos \beta_H + B \cos(\beta_L - \Omega_H \delta_n t)}$$

(6.6.12)

式(6.6.11)为拍振的波形函数，其波形如图 6.6.4 所示。由式(6.6.11)和图 6.6.4 可见，若监测高压一倍频分量，不仅其频率随 $\Omega \delta_n$ 波动，而且其相位也随 $\Omega \delta_n$ 波动。最大幅值可达到 $A+B$。因此，高、低压转子转速不能离得太近。

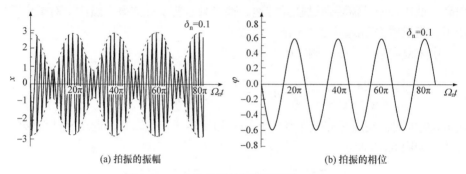

(a) 拍振的振幅   (b) 拍振的相位

图 6.6.4 x 方向转子拍振波形函数$(\delta_n=0.1)$

将式(6.6.11)代入式(6.6.9)，可以得到转子的进动量为

$$r = (Ae^{i\beta_H} + Be^{i\beta_L}e^{-i\Omega_H\delta_n t})e^{i\Omega_H t}$$

(6.6.13)

转子以高压转速正进动，但进动的幅值以调制频率随时间变化，如图 6.6.5 所示。理想情况下，分别单独平衡高压盘和低压盘，均会使转子振动减小。但高、低压转子转速差很小时，高、低压盘不平衡的相互影响增大。

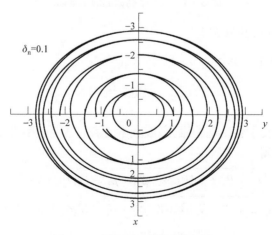

图 6.6.5   转子的运动轨迹$(\delta_n=0.1)$

6.6.3　带弹性支承和阻尼器的双转子振动

支座与机匣连接，机匣一般为薄壁结构，柔性比较大，还要加装阻尼器。因此，发动机转子的支承应视为弹性支承，如图 6.6.6 所示。假设两个支座的刚度和阻尼系数分别为 k_{b1}、c_{b1}、k_{b2} 和 c_{b2}。

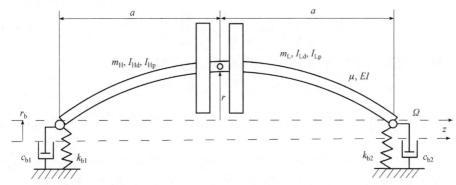

图 6.6.6　带弹性支承和阻尼器的双转子

简单起见，设

$$k_{b1} = k_{b2} = k_b, \quad c_{b1} = c_{b2} = c_b \tag{6.6.14}$$

设轴端的位移为 (x_b, y_b)，转子的运动方程为

$$(m_H + m_L)\ddot{x} + k(x - x_b) = m_H \varepsilon_H \Omega_H^2 \cos(\Omega_H t + \beta_H) + m_L \varepsilon_L \Omega_L^2 \cos(\Omega_L t + \beta_L)$$

$$(m_H + m_L)\ddot{y} + k(y - y_b) = m_H \varepsilon_H \Omega_H^2 \sin(\Omega_H t + \beta_H) + m_L \varepsilon_L \Omega_L^2 \sin(\Omega_L t + \beta_L) \tag{6.6.15}$$

$$k(x - x_b) = 2k_b x_b + 2c_b \dot{x}_b, \quad k(y - y_b) = 2k_b y_b + 2c_b \dot{y}_b$$

令

$$v = x - x_b, \quad w = y - y_b \tag{6.6.16}$$

引入复向量

$$r = x + \mathrm{i}y, \quad \rho = v + \mathrm{i}w, \quad r_b = x_b + \mathrm{i}y_b \tag{6.6.17}$$

将式(6.6.17)代入式(6.6.15)，则可得到

$$(m_H + m_L)\ddot{\rho} + k\rho = -(m_H + m_L)\ddot{r}_b + m_H \varepsilon_H \Omega_H^2 \mathrm{e}^{\mathrm{i}(\Omega_H t + \beta_H)} + m_L \varepsilon_L \Omega_L^2 \mathrm{e}^{\mathrm{i}(\Omega_L t + \beta_L)}$$

$$k\rho = 2k_b r_b + 2c_b \dot{r}_b \tag{6.6.18}$$

设转子的稳态解为

$$\rho = \rho_H \mathrm{e}^{\mathrm{i}\Omega_H t} + \rho_L \mathrm{e}^{\mathrm{i}\Omega_L t}, \quad r_b = r_{bH} \mathrm{e}^{\mathrm{i}\Omega_H t} + r_{bL} \mathrm{e}^{\mathrm{i}\Omega_L t} \tag{6.6.19}$$

根据线性叠加理论，可求出轴端和转盘的高压不平衡响应 r_{bH} 和 r_H 分别为

$$r_{bH} = \frac{1}{1 + m_L/m_H} \frac{\lambda^2 \varepsilon_H e^{i\beta_H}}{2\eta - (2\eta + 1)\lambda^2 + 2i\xi_b\lambda(1 - \lambda^2)}$$

$$r_H = \frac{1}{1 + m_L/m_H} \frac{(2\eta + 1 + 2i\xi_b\lambda)\lambda^2 \varepsilon_H e^{i\beta_H}}{2\eta - (2\eta + 1)\lambda^2 + 2i\xi_b\lambda(1 - \lambda^2)}$$

$$(6.6.20)$$

式中，

$$\xi_b = \frac{c_b}{2\sqrt{k(m_H + m_L)}}, \quad \lambda = \frac{\Omega_H}{\omega}, \quad \eta = \frac{k_b}{k} \tag{6.6.21}$$

转子对低压盘的不平衡响应与式(6.6.20)完全类似。

当 $\Omega_H = \omega = \sqrt{k/(m_L + m_H)}$ 时，由式(6.6.20)可得

$$r_{bH} = \frac{m_H \varepsilon_H e^{i\beta_H}}{m_L + m_H}, \quad r_H = \frac{(2k_b + k + 2ic_b\Omega_H)m_H \varepsilon_H e^{i\beta_H}}{k(m_L + m_H)} \tag{6.6.22}$$

由式(6.6.22)可以看出，此时的转子响应不为极大值，因此 $\omega = \sqrt{k/(m_L + m_H)}$ 已不是转子的临界转速，但由式(6.6.22)可以发现，支座刚性 k_b 越大，振动越大。

若转子无阻尼，即 $c_b = 0$，则当

$$\Omega_L = \Omega_H = \omega_b = \sqrt{\frac{2k_bk}{(m_L + m_H)(2k_b + k)}} \tag{6.6.23}$$

时，无论是转子振动，还是轴端位移都无穷大，故 ω_b 为转子临界转速。对式(6.6.23)变形后，可以得到

$$\omega_b = \sqrt{\frac{k}{(m_L + m_H)[1 + k/(2k_b)]}} < \sqrt{\frac{k}{m_L + m_H}} = \omega \tag{6.6.24}$$

这说明支座弹性降低了转子临界转速。在实际发动机设计中，也常用弹性支承来下调转子临界转速。

6.6.4 刚性转子和柔性转子设计

1. 刚性转子设计

对于刚性转子的设计方案，轴的刚度远远大于支座的刚度，即 $k \gg 2k_b$，此时转子临界转速为

$$\omega_b = \sqrt{\frac{2k}{(m_L + m_H)(1 + 2\eta)}} \ll \sqrt{\frac{k}{m_L + m_H}} = \omega \tag{6.6.25}$$

且有

$$r_L \approx r_{bL}, \quad r_H \approx r_{bH} \tag{6.6.26}$$

即转子的振动主要表现为转子作为刚体在弹性支承上进动。

　　无论何种情况，转子在临界转速处，振动都将无穷大。增设阻尼器是应对转子通过临界转速时最有效的减振措施。在临界转速 ω_b 处，由式(6.6.20)可得到转子和轴端的振动幅值为

$$r_i = \frac{m_i\sqrt{2k_b(1+2\eta)/(m_L+m_H)}}{2ic_b}\left(1+\frac{2k_b+2ic_b\omega_b}{k}\right)\varepsilon_i\mathrm{e}^{\mathrm{i}\beta_i}$$

$$r_{bi} = \frac{m_i\sqrt{2k_b(1+2\eta)/(m_L+m_H)}}{2ic_b}\varepsilon_i\mathrm{e}^{\mathrm{i}\beta_i}$$
$,\quad i=\mathrm{L,H}\quad(6.6.27)$

由式(6.6.27)可以看出，在临界转速下，阻尼使得转子和轴端的振动为有界值，且阻尼 c_b 越大，振动越小。仅从减振的角度出发，采用刚性转子设计，即 $k \gg 2k_b$ 时，减振效果最好。此时

$$r_i \approx r_{bi} = \frac{m_i\sqrt{2k_b/(m_L+m_H)}}{2ic_b}\varepsilon_i\mathrm{e}^{\mathrm{i}\beta_i},\quad i=\mathrm{L,H}\quad(6.6.28)$$

　　在发动机设计中，若采用弹性支承挤压油膜阻尼器来减振，一般把转子设计成刚性的。但这要求转子轴的半径很大。特别是对于低压轴，增大半径将会大幅度增大发动机的质量。这与提高推重比是矛盾的。因此，对于高推重比发动机，完全采用刚性转子设计面临很多困难。

　　2. 柔性转子设计

　　假设转子的刚性与支座相当，即 $k=2k_b$，阻尼器阻尼不变，代入式(6.6.20)，可得临界转速处转子和轴端的振动峰值为

$$r_i = \frac{m_i\sqrt{2k_b/(m_L+m_H)}}{2ic_b}\left(2+\frac{2ic_b\omega_b}{k}\right)\sqrt{2}\varepsilon_i\mathrm{e}^{\mathrm{i}\beta_i}$$

$$r_{bi} = \frac{m_i\sqrt{2k_b/(m_L+m_H)}}{2ic_b}\sqrt{2}\varepsilon_i\mathrm{e}^{\mathrm{i}\beta_i}$$
$,\quad i=\mathrm{L,H}\quad(6.6.29)$

此时，转子和轴端的振动都明显增大，转子的振动增大约 3 倍。只有通过提高转子动平衡的精度，使转子不平衡量 ε_i 减小 1/3，才能保证转子振动不变。由此可见，柔性转子对不平衡非常敏感，故对转子动平衡的精度要求很高。

　　图 6.6.7(a)和(b)为转子和轴端振动幅值随转速的变化。由图可见，随着转子变柔，在一定不平衡量作用下，轴端和转子的振动均增大。

6.6.5　中介轴承对转子运动的影响

　　1. 刚度均匀的中介轴承的影响

　　为提高推重比，现代涡喷或涡扇发动机，常在双转子系统中采用在高压转子的后支点使用轴间轴承的设计方案，如图 6.6.1 所示。轴间轴承也常被称为

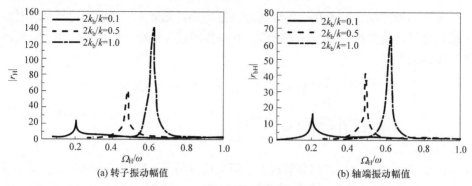

(a) 转子振动幅值　　　　　　　　　　　　　　(b) 轴端振动幅值

图 6.6.7　振动幅值随转速的变化

中介轴承。

由于中介轴承的存在，发动机的工作转速常需要通过转子的一阶、二阶甚至三阶临界转速，使得高、低压转子的耦合效应对转子振动特性有非常大的影响。

先考虑理想的情况。设中介支承的刚度为 k_{in}，且各向均匀。下面分别分析刚性支座、弹性支座带阻尼器等情况下转子的振动。

1) 刚性支座无阻尼

暂不考虑支座弹性和阻尼，刚性支座无阻尼转子及其刚度均匀的转子中介轴承如图 6.6.8 所示。设高压盘盘心的坐标为 (x_H, y_H)，低压盘盘心坐标为 (x_L, y_L)，则转子的运动方程为

$$m_H \ddot{x}_H + k_{in}(x_H - x_L) = m_H \Omega_H^2 \varepsilon_H \cos(\Omega_H t + \beta_H)$$
$$m_H \ddot{y}_H + k_{in}(y_H - y_L) = m_H \Omega_H^2 \varepsilon_H \sin(\Omega_H t + \beta_H)$$
$$m_L \ddot{x}_L - k_{in}(x_H - x_L) + kx_L = m_L \Omega_L^2 \varepsilon_L \cos(\Omega_L t + \beta_L)$$
$$m_L \ddot{y}_L - k_{in}(y_H - y_L) + ky_L = m_L \Omega_L^2 \varepsilon_L \sin(\Omega_L t + \beta_L)$$

(6.6.30)

将式(6.6.30)改写成复向量形式为

$$m_H \ddot{r}_H + k_{in} r_H - k_{in} r_L = m_H \Omega_H^2 \varepsilon_H e^{i(\Omega_H t + \beta_H)}$$
$$m_L \ddot{r}_L - k_{in} r_H + (k + k_{in}) r_L = m_L \Omega_L^2 \varepsilon_L e^{i(\Omega_L t + \beta_L)}$$

(6.6.31)

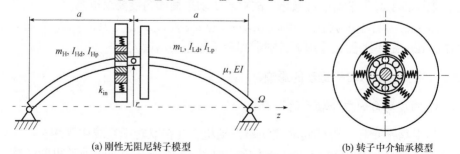

(a) 刚性无阻尼转子模型　　　　　　　　　　(b) 转子中介轴承模型

图 6.6.8　刚性支座无阻尼转子及其刚度均匀的转子中介轴承

转子的高压不平衡响应幅值为

$$r_{HH} = \frac{m_H \Omega_H^2 \varepsilon_H e^{i\beta_H} (k + k_{in} - m_L \Omega_H^2)}{(k_{in} - m_H \Omega_H^2)(k + k_{in} - m_L \Omega_H^2) - k_{in}^2}$$

$$r_{LH} = \frac{m_H \Omega_H^2 \varepsilon_H e^{i\beta_H} k_{in}}{(k_{in} - m_H \Omega_H^2)(k + k_{in} - m_L \Omega_H^2) - k_{in}^2} \quad (6.6.32)$$

转子的低压不平衡响应幅值为

$$r_{HL} = \frac{m_L \Omega_L^2 \varepsilon_L e^{i\beta_L} k_{in}}{(k_{in} - m_H \Omega_L^2)(k + k_{in} - m_L \Omega_L^2) - k_{in}^2}$$

$$r_{LL} = \frac{m_L \Omega_L^2 \varepsilon_L e^{i\beta_L} (k_{in} - m_H \Omega_L^2)}{(k_{in} - m_H \Omega_L^2)(k + k_{in} - m_L \Omega_L^2) - k_{in}^2} \quad (6.6.33)$$

由式(6.6.32)和式(6.6.33)的转子响应表达式，可以得到双转子的动力吸振条件，即当 $\Omega_H = \sqrt{(k + k_{in}) / m_L}$ 时，高压转子的高压不平衡响应为零，即 $r_{HH}=0$，低压转子的高压不平衡响应为

$$r_{LH} = \frac{m_H \Omega_H^2 \varepsilon_H e^{i\beta_H}}{-k_{in}} \quad (6.6.34)$$

而当 $\Omega_L = \sqrt{k_{in} / m_H}$ 时，低压转子的不平衡响应为零，即 $r_{LL}=0$，高压转子的低压不平衡响应为

$$r_{HL} = \frac{m_L \Omega_L^2 \varepsilon_L e^{i\beta_L}}{-k_{in}} \quad (6.6.35)$$

中介轴承的弹性使转子自由度增加两个。令转子响应表达式的分母为零，就可求得转子的临界转速为

$$(k_{in} - m_H \Omega_H^2)(k + k_{in} - m_L \Omega_H^2) - k_{in}^2 = 0 \quad (6.6.36)$$

由式(6.6.36)解得转子的前两阶临界转速为

$$\omega_{1,2}^2 = \frac{k + k_{in}}{2m_L} + \frac{k_{in}}{2m_H} \mp \sqrt{\left(\frac{k + k_{in}}{2m_L}\right)^2 + \left(\frac{k_{in}}{2m_H}\right)^2 - \frac{k_{in}(k_{in} - k)}{2m_L m_H}} \quad (6.6.37)$$

式(6.6.37)满足

$$\omega_1^2 < \omega^2 = \frac{k}{m_L + m_H} < \omega_2^2 \quad (6.6.38)$$

当 $k_{in} \to \infty$ 时，$\omega_1 \to \omega$。式(6.6.38)说明，中介轴承的弹性使转子的第一阶临界转速降低。下面给出证明：

$$\omega_1^2 = \frac{k+k_{in}}{2m_L} + \frac{k_{in}}{2m_H} - \sqrt{\left(\frac{k+k_{in}}{2m_L}\right)^2 + \left(\frac{k_{in}}{2m_H}\right)^2 - \frac{k_{in}(k_{in}-k)}{2m_L m_H}} \tag{6.6.39}$$

在式(6.6.39)的两边同乘以

$$\frac{k+k_{in}}{2m_L} + \frac{k_{in}}{2m_H} + \sqrt{\left(\frac{k+k_{in}}{2m_L}\right)^2 + \left(\frac{k_{in}}{2m_H}\right)^2 - \frac{k_{in}(k_{in}-k)}{2m_L m_H}}$$

并整理可得

$$\omega_1^2 = \frac{\dfrac{kk_{in}}{m_L m_H}}{\dfrac{k+k_{in}}{2m_L} + \dfrac{k_{in}}{2m_H} + \sqrt{\left(\dfrac{k+k_{in}}{2m_L}\right)^2 + \left(\dfrac{k_{in}}{2m_H}\right)^2 - \dfrac{k_{in}(k_{in}-k)}{2m_L m_H}}} \tag{6.6.40}$$

在式(6.6.40)的分子和分母同除以 k_{in}，并令 $k_{in}\to\infty$，可得

$$\lim_{k_{in}\to\infty}\omega_1^2 = \frac{k/(m_L m_H)}{(2m_L)^{-1} + (2m_H)^{-1} + \sqrt{(2m_L)^{-2} + (2m_H)^{-2} + (2m_L m_H)^{-1}}}$$

$$= \frac{k/(m_L m_H)}{(m_L)^{-1} + (m_H)^{-1}} = \frac{k}{m_L + m_H} = \omega^2 \tag{6.6.41}$$

证毕。

由式(6.6.32)和式(6.6.33)可见，由于无阻尼，转子在临界转速处的振动趋于无穷大。

2) 带阻尼弹性支承

考虑支座弹性和阻尼时，双转子模型如图 6.6.9 所示。简单起见，假设两个支承的刚度和阻尼均相同，即 $k_{b1}=k_{b2}=k_b$，$c_{b1}=c_{b2}=c_b$。

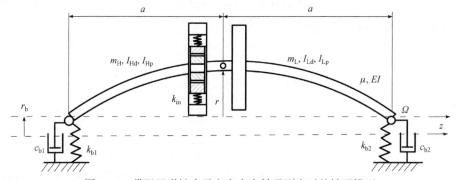

图 6.6.9　带阻尼弹性支承考虑中介轴承刚度时的转子模型

转子的运动微分方程为

$$
m_H \ddot{r}_H + k_{in} r_H - k_{in} r_L = m_H \Omega_H^2 \varepsilon_H e^{i(\Omega_H t + \beta_H)}
$$
$$
m_L \ddot{r}_L - k_{in}(r_H - r_L) + k(r_L - r_b) = m_L \Omega_L^2 \varepsilon_L e^{i(\Omega_L t + \beta_L)} \qquad (6.6.42)
$$
$$
k(r_L - r_b) = 2k_b r_b + 2c_b \dot{r}_b
$$

式中，k_b 为支承刚度；c_b 为支承阻尼系数。

设高压不平衡响应为

$$
r_H = r_{HH} e^{i\Omega_H t}, \quad r_L = r_{LH} e^{i\Omega_H t}, \quad r_b = r_{bH} e^{i\Omega_H t} \qquad (6.6.43)
$$

将式(6.6.43)代入式(6.6.42)，得到

$$
\begin{bmatrix}
k_{in} - m_H \Omega_H^2 & -k_{in} & 0 \\
-k_{in} & k + k_{in} - m_L \Omega_H^2 & -k \\
0 & -k & k + 2k_b + 2ic_b \Omega_H
\end{bmatrix}
\begin{Bmatrix}
r_{HH} \\
r_{LH} \\
r_{bH}
\end{Bmatrix}
=
\begin{Bmatrix}
m_H \Omega_H^2 \varepsilon_H e^{i\beta_H} \\
0 \\
0
\end{Bmatrix} \qquad (6.6.44)
$$

系数行列式为

$$
\begin{aligned}
\Delta &= (k_{in} - m_H \Omega_H^2)(k + k_{in} - m_L \Omega_H^2)(k + 2k_b + 2ic_b \Omega_H) \\
&\quad - k_{in}^2 (k + 2k_b + 2ic_b \Omega_H) - k^2 (k_{in} - m_H \Omega_H^2) \\
&= [(k_{in} - m_H \Omega_H^2)(k + k_{in} - m_L \Omega_H^2) - k_{in}^2](k + 2k_b) - k^2 (k_{in} - m_H \Omega_H^2) \\
&\quad + 2ic_b \Omega_H [(k_{in} - m_H \Omega_H^2)(k + k_{in} - m_L \Omega_H^2) - k_{in}^2]
\end{aligned} \qquad (6.6.45)
$$

若不考虑阻尼，即 $c_b=0$，令系数行列式 Δ 为 0，即可求得转子的临界转速为

$$
\begin{aligned}
\omega_{1,2}^2 &= \frac{m_H(k + k_{in}) + m_L k_{in} - k^2 m_H / (k + 2k_b)}{2m_L m_H} \\
&\quad \mp \frac{1}{2m_L m_H} \sqrt{\left[m_H(k + k_{in}) + m_L k_{in} - \frac{k^2 m_H}{k + 2k_b}\right]^2 - 4m_L m_H \frac{2kk_b k_{in}}{k + 2k_b}} \\
&= \omega_H^2 \left[\frac{\bar{\lambda}(1 + \bar{\eta}) + \bar{\eta} - \bar{\lambda}/(1 + 2\eta)}{2} \mp \frac{1}{2}\sqrt{[\bar{\lambda}(1 + \bar{\eta}) + \bar{\eta} - \bar{\lambda}/(1 + 2\eta)]^2 - 4\bar{\lambda}\frac{2\eta\bar{\eta}}{1 + 2\eta}}\right]
\end{aligned}
$$
$$
\qquad (6.6.46)
$$

式中，

$$
\omega_H^2 = \frac{k}{m_H}, \quad \bar{\lambda} = \frac{m_H}{m_L}, \quad \bar{\eta} = \frac{k_{in}}{k}, \quad \eta = \frac{k_b}{k} \qquad (6.6.47)
$$

而转子的高压不平衡响应幅值为

$$r_{\mathrm{HH}} = \frac{kk_{\mathrm{in}}m_{\mathrm{H}}\Omega_{\mathrm{H}}^2\varepsilon_{\mathrm{H}}\mathrm{e}^{\mathrm{i}\beta_{\mathrm{H}}}}{\Delta},$$

$$r_{\mathrm{LH}} = \frac{1}{\Delta}\Big[k_{\mathrm{in}}m_{\mathrm{H}}\Omega_{\mathrm{H}}^2\varepsilon_{\mathrm{H}}\mathrm{e}^{\mathrm{i}\beta_{\mathrm{H}}}(k+k_{\mathrm{b}}+2\mathrm{i}c_b\Omega_{\mathrm{H}}) \Big]$$

$$= \frac{kk_{\mathrm{in}}m_{\mathrm{H}}\Omega_{\mathrm{H}}^2\varepsilon_{\mathrm{H}}\mathrm{e}^{\mathrm{i}\beta_{\mathrm{H}}}}{\Delta}\left(1+\frac{2k_b}{k}+\frac{2\mathrm{i}c_b\Omega_{\mathrm{H}}}{k} \right) \qquad (6.6.48)$$

$$r_{\mathrm{bH}} = \frac{m_{\mathrm{H}}\Omega_{\mathrm{H}}^2\varepsilon_{\mathrm{H}}\mathrm{e}^{\mathrm{i}\beta_{\mathrm{H}}}}{\Delta}[(k+k_{\mathrm{in}}-m_{\mathrm{L}}\Omega_{\mathrm{H}}^2)(k+2k_b+2\mathrm{i}c_b\Omega_{\mathrm{H}})-k^2]$$

$$= \frac{kk_{\mathrm{in}}m_{\mathrm{H}}\Omega_{\mathrm{H}}^2\varepsilon_{\mathrm{H}}\mathrm{e}^{\mathrm{i}\beta_{\mathrm{H}}}}{\Delta}\frac{1}{\overline{\eta}}\left\{ \left[1+\overline{\eta}-\frac{1}{\overline{\lambda}}\left(\frac{\Omega_{\mathrm{H}}}{\omega_{\mathrm{H}}}\right)^2 \right]\left(1+2\eta+\frac{2\mathrm{i}c_b\Omega_{\mathrm{H}}}{k} \right)-1 \right\}$$

由式(6.6.48)可以看出，支座具有弹性和阻尼后，动力吸振现象不再出现，转子通过临界转速时，振动受到阻尼抑制，幅值为有限值。

当高压转子转速达到临界转速，即 $\Omega_{\mathrm{H}}=\omega_i(i=1,\ 2)$ 时，转子的高压不平衡响应幅值为

$$r_{\mathrm{HHcr}i} = \frac{\overline{\eta}m_{\mathrm{H}}\omega_i^2\varepsilon_{\mathrm{H}}\mathrm{e}^{\mathrm{i}\beta_{\mathrm{H}}}}{2\mathrm{i}c_b\omega_i(\overline{\eta}-\omega_i^2/\omega_{\mathrm{H}}^2)}(1+2\eta), \quad i=1,\ 2 \qquad (6.6.49)$$

设模态阻尼比为

$$\xi_{bi} = \frac{c_b}{\omega_i m_{\mathrm{H}}} \qquad (6.6.50)$$

将式(6.6.50)代入式(6.6.49)，可得高压转子的高压不平衡响应临界峰值为

$$r_{\mathrm{HHcr}i} = \frac{\overline{\eta}\varepsilon_{\mathrm{H}}\mathrm{e}^{\mathrm{i}\beta_{\mathrm{H}}}}{2\mathrm{i}\xi_{bi}(\overline{\eta}-\omega_i^2/\omega_{\mathrm{H}}^2)}(1+2\eta), \quad i=1,\ 2 \qquad (6.6.51)$$

低压转子的临界峰值为

$$r_{\mathrm{LHcr}i} = \frac{1}{\Delta}[k_{\mathrm{in}}m_{\mathrm{H}}\omega_{\mathrm{H}}^2\varepsilon_{\mathrm{H}}\mathrm{e}^{\mathrm{i}\beta_{\mathrm{H}}}(k+k_b+2\mathrm{i}c_b\omega_i)] = r_{\mathrm{HHcr}i}\left(1+2\eta+2\mathrm{i}\xi_{bi}\frac{\omega_i^2}{\omega_{\mathrm{H}}^2} \right), \quad i=1,2$$

$$(6.6.52)$$

支承的临界峰值为

$$r_{\mathrm{bHcr}i} = \frac{m_{\mathrm{H}}\omega_i^2\varepsilon_{\mathrm{H}}\mathrm{e}^{\mathrm{i}\beta_{\mathrm{H}}}}{\Delta}[(k+k_{\mathrm{in}}-m_{\mathrm{L}}\omega_i^2)(k+2k_b+2\mathrm{i}c_b\omega_i)-k^2]$$

$$= r_{\mathrm{HHcr}i}\frac{1}{\overline{\eta}}\left\{ \left[1+\overline{\eta}-\frac{1}{\overline{\lambda}}\left(\frac{\omega_i}{\omega_{\mathrm{H}}}\right)^2 \right]\left(1+2\eta+2\mathrm{i}\xi_{bi}\frac{\omega_i^2}{\omega_{\mathrm{H}}^2} \right)-1 \right\}, \quad i=1,\ 2 \qquad (6.6.53)$$

对式(6.6.53)进行无量纲处理，得到高压转子的高压不平衡响应相对临界峰值为

$$\overline{r}_{\text{HHcri}} = \left| \frac{2\mathrm{i}\xi_{bi}r_{\text{HHcri}}}{\varepsilon_H \mathrm{e}^{\mathrm{i}\beta_H}} \right| = \frac{\overline{\eta}(1+2\eta)}{\overline{\eta} - \omega_i^2 / \omega_H^2}, \quad i = 1,2 \tag{6.6.54}$$

图 6.6.10 为高压转子的不平衡响应峰值随中介轴承刚度比 $\overline{\eta} = k_{\text{in}} / k$ 的变化。图中纵坐标为 $\overline{r}_{\text{HHcri}}$，虚线为第一阶响应峰值，$\Omega_H = \omega_1$；实线为第二阶响应峰值，$\Omega_H = \omega_2$。

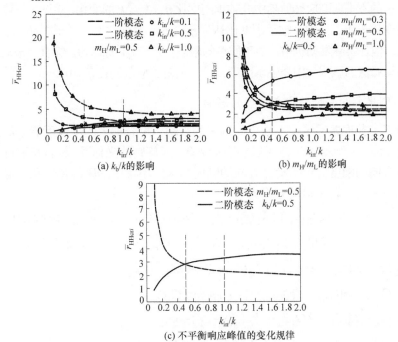

(a) k_b/k 的影响　　　　　　(b) m_H/m_L 的影响

(c) 不平衡响应峰值的变化规律

图 6.6.10　高压转子的不平衡响应峰值随中介轴承刚度比 $\overline{\eta} = k_{\text{in}} / k$ 的变化

图 6.6.10(a)为 $\overline{\lambda} = m_H / m_L = 0.5$，$\eta = k_b/k = 0.1$、$0.5$、$1.0$ 时，高压转子的不平衡响应峰值随中介轴承刚度比 $\overline{\eta} = k_{\text{in}} / k$ 的变化。由图可见，对于固定的中介轴承刚度比 $\overline{\eta}$，转子支座刚度比 η 增大，高压转子的一阶和二阶振动峰值均增大，但一阶振动峰值增大更显著。对于任意支座刚度比 η，随着中介轴承刚度比 $\overline{\eta}$ 的增大，高压转子的一阶振动峰值减小，二阶振动峰值增大。但中介轴承刚度比增大到 $\overline{\eta} > 0.5$ 后，一阶和二阶振动峰值的变化均趋于平缓。

图 6.6.10(b)为 $\eta = k_b/k = 0.5$，$\overline{\lambda} = m_H / m_L = 0.3$、$0.5$、$1.0$ 时，高压转子的不平衡响应峰值随中介轴承刚度比 $\overline{\eta} = k_{\text{in}} / k$ 的变化。由图可知，对于固定的中介轴承刚度比 $\overline{\eta}$，高、低压转子的质量比 m_H/m_L 增大，高压转子的一阶振动峰值增大，二阶振动峰值减小，且减小得很显著。对于任意质量比 m_H/m_L，随着中介轴承刚度比 $\overline{\eta}$ 的增大，高压转子的一阶振动峰值减小，二阶振动峰值增大。但中介轴承刚度比增大到 $\overline{\eta} > 0.5$ 后，一阶和二阶振动峰值的变化均趋于平缓。这与图 6.6.10(a)所示的变化趋势一致。

由图 6.6.10(a)和(b)可得出中介轴承刚度比 $\overline{\eta}$ 的影响规律，即对于转子参数

($\bar{\lambda} = m_H / m_L$，$\eta = k_b/k$)的任意值，随着中介轴承刚度比$\bar{\eta} = k_{in} / k$的增大，高压转子的一阶振动峰值均减小，二阶振动峰值均增大。因此，若要减小一阶振动峰值，$\bar{\eta}$越大越好；而若要减小二阶振动峰值，$\bar{\eta}$越小越好。但中介轴承刚度比增大到$\bar{\eta} > 0.5$后，一阶和二阶振动峰值的变化均趋于平缓。图 6.6.10(c)为$k_b/k=0.5$、$m_H/m_L=0.5$时高压转子的不平衡响应峰值随中介轴承刚度比$\bar{\eta} = k_{in} / k$的变化，该图更清晰地表征出上述变化规律。当中介轴承刚度比达到$\bar{\eta}=2$时，其变化对于转子振动几乎不再产生影响。但在实际发动机中，由于质量的限制，$\bar{\eta} = 2$不易达到。综合考虑对一阶和二阶振动峰值的影响，中介轴承刚度比的取值范围应限制在$\bar{\eta} = 0.2 \sim 1$。

2. 刚度各向异性的中介轴承的影响

由于工艺误差或装配不准确等因素的影响，中介轴承的刚度可能会周向不均匀。如图 6.6.11 所示，(O, ζ, ξ)为随高压转子一起旋转的坐标系，旋转角速度为Ω_H。设沿ζ方向的刚度为k_ζ，沿ξ方向的刚度为k_ξ。不考虑支座的弹性和阻尼。在旋转坐标系中列出转子运动方程为

$$m_H(\ddot{\xi}_H - \Omega_H^2 \xi_H - 2\Omega_H \dot{\zeta}_H) + k_\xi(\xi_H - \xi_L) = m_H \Omega_H^2 \varepsilon_H \cos\beta_H + m_H g \cos(\Omega_H t)$$

$$m_H(\ddot{\zeta}_H - \Omega_H^2 \zeta_H + 2\Omega_H \dot{\xi}_H) + k_\zeta(\zeta_H - \zeta_L) = m_H \Omega_H^2 \varepsilon_H \sin\beta_H - m_H g \sin(\Omega_H t)$$

$$m_L(\ddot{\xi}_L - \Omega_H^2 \xi_L - 2\Omega_H \dot{\zeta}_L) + k_\xi(\xi_H - \xi_L) + k\xi_L$$

$$= m_L \Omega_L^2 \varepsilon_L \cos[(\Omega_H - \Omega_L)t + \beta_L] + m_L g \cos(\Omega_H t) \tag{6.6.55}$$

$$m_L(\ddot{\zeta}_L - \Omega_H^2 \zeta_L + 2\Omega_H \dot{\xi}_L) - k_\zeta(\zeta_H - \zeta_L) + k\zeta_L$$

$$= -m_L \Omega_L^2 \varepsilon_L \sin[(\Omega_H - \Omega_L)t + \beta_L] - m_L g \sin(\Omega_H t)$$

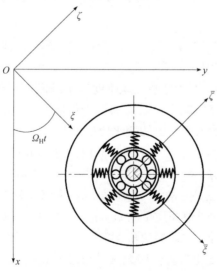

图 6.6.11　刚度各向异性的中介轴承旋转坐标系(O, ζ, ξ)

1) 高压盘的不平衡响应

设转子对高压盘不平衡响应为

$$\xi_{HH} = A_{HH}\cos\varphi_{HH}, \quad \zeta_{HH} = A_{HH}\sin\varphi_{HH}$$
$$\xi_{LH} = A_{LH}\cos\varphi_{LH}, \quad \zeta_{LH} = A_{LH}\sin\varphi_{LH} \tag{6.6.56}$$

将式(6.6.56)代入式(6.6.55)，得到

$$\begin{bmatrix} k_\xi - m_H\Omega_H^2 & 0 & -k_\xi & 0 \\ 0 & k_\zeta - m_H\Omega_H^2 & 0 & -k_\zeta \\ -k_\zeta & 0 & k + k_\xi - m_L\Omega_L^2 & 0 \\ 0 & -k_\zeta & 0 & k + k_\xi - m_L\Omega_L^2 \end{bmatrix} \begin{Bmatrix} \xi_{HH} \\ \zeta_{HH} \\ \xi_{LH} \\ \zeta_{LH} \end{Bmatrix}$$
$$= \begin{Bmatrix} m_H\Omega_H^2\varepsilon_H\cos\beta_H \\ m_H\Omega_H^2\varepsilon_H\sin\beta_H \\ 0 \\ 0 \end{Bmatrix} \tag{6.6.57}$$

系数矩阵的行列式为

$$\Delta_H = [(k_\xi - m_H\Omega_H^2)(k + k_\xi - m_L\Omega_H^2) - k_\xi^2][(k_\zeta - m_H\Omega_H^2)(k + k_\zeta - m_L\Omega_H^2) - k_\zeta^2] \tag{6.6.58}$$

当 $k_\xi = k_\zeta$，即中介轴承各向同性时，式(6.6.58)与式(6.6.45)完全等价。

由式(6.6.58)可见，中介轴承的各向异性使得转子的临界转速增加为4个，表达式与式(6.6.46)相似。实际上，k_ξ 与 k_ζ 差别不会太大，两两相近的临界转速差别也不会太大，这样就相当于把临界转速的区域扩大了。转子在旋转坐标系的不平衡响应为

$$\xi_{HH} = \frac{k_\zeta m_H\Omega_H^2\varepsilon_H\sin\beta_H}{(k_\zeta - m_H\Omega_H^2)(k + k_\zeta - m_L\Omega_H^2) - k_\zeta^2}$$

$$\zeta_{HH} = \frac{k_\xi m_H\Omega_H^2\varepsilon_H\cos\beta_H}{(k_\xi - m_H\Omega_H^2)(k + k_\xi - m_L\Omega_H^2) - k_\xi^2}$$

$$\xi_{LH} = \frac{(k + k_\zeta - m_L\Omega_H^2)m_H\Omega_H^2\varepsilon_H\sin\beta_H}{(k_\zeta - m_H\Omega_H^2)(k + k_\zeta - m_L\Omega_H^2) - k_\zeta^2} \tag{6.6.59}$$

$$\zeta_{LH} = \frac{(k + k_\xi - m_L\Omega_H^2)m_H\Omega_H^2\varepsilon_H\cos\beta_H}{(k_\xi - m_H\Omega_H^2)(k + k_\xi - m_L\Omega_H^2) - k_\xi^2}$$

取复向量

$$\rho = \xi + i\zeta, \quad r = x + iy \tag{6.6.60}$$

式中，ρ 为旋转坐标系中的复向量；r 为固定坐标系中的复向量。两向量间的变化关系为

$$r = \rho e^{i\Omega_H t} \tag{6.6.61}$$

对式(6.6.59)进行上述变换之后，就可以得到固定坐标系中转子的高压盘不平衡响应。为便于把表达式无量纲化，引入平均刚度和刚度差，即

$$k_a = \frac{1}{2}(k_\xi + k_\zeta), \quad \Delta k_a = \frac{1}{2}(k_\xi - k_\zeta) \tag{6.6.62}$$

图 6.6.12 为 $\Delta k_a / k_a = 1\%$、$k_a/k = 0.5$、$m_L/m_H = 1$、$\beta_H = \pi/4$ 时，高压盘和低压盘的高压不平衡响应幅频特性。纵坐标为相对幅值为 $|r_{HH}|/\varepsilon_H$ 和 $|r_{LH}|/\varepsilon_H$，横坐标为相对转速 Ω_H/ω。由图可见，当 $\Omega_H = \sqrt{(k + k_\zeta)/m_L}$ 或 $\Omega_H = \sqrt{(k + k_\xi)/m_L}$ 时，低压盘会出现**动力吸振现象**。在此条件下，低压盘的高压不平衡响应为零。

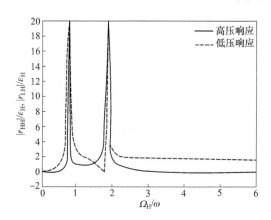

图 6.6.12　高压盘和低压盘的高压不平衡响应幅频特性

2) 重力响应

将式(6.6.55)写成复向量形式，且只考虑重力影响，并引入式(6.6.62)所表示的平均刚度和刚度差，可得

$$m_H \ddot{\rho}_H + 2i m_H \Omega_H \dot{\rho}_H - m_H \Omega_H^2 \rho_H + k_a(\rho_H - \rho_L) + \Delta k_a(\rho_H^* - \rho_L^*) = m_H g e^{-i\Omega_H t}$$

$$m_L \ddot{\rho}_L + 2i m_L \Omega_H \dot{\rho}_L - m_L \Omega_H^2 \rho_L - k_a(\rho_H - \rho_L) - \Delta k_a(\rho_H^* - \rho_L^*) + k\rho_L = m_L g e^{-i\Omega_H t}$$

$$\tag{6.6.63}$$

式中，ρ_H^* 和 ρ_L^* 分别为 ρ_H 和 ρ_L 的共轭复向量。

设方程(6.6.63)的解为

$$\rho_H = \rho_{H+} e^{i\Omega_H t} + \rho_{H-} e^{-i\Omega_H t}, \quad \rho_L = \rho_{L+} e^{i\Omega_H t} + \rho_{L-} e^{-i\Omega_H t} \tag{6.6.64}$$

将式(6.6.64)代入式(6.6.63)并整理，可得

$$
(k_a - 4m_H\Omega_H^2)\rho_{H+} - k_a\rho_{L+} + \Delta k_a(\rho_{H-}^* - \rho_{L-}^*) = 0
$$
$$
k_a(\rho_{H-} - \rho_{L-}) + \Delta k_a(\rho_{H+}^* - \rho_{L+}^*) = m_H g
$$
$$
(k + k_a - 4m_L\Omega_H^2)\rho_{L+} - k_a\rho_{H+} - \Delta k_a(\rho_{H-}^* - \rho_{L-}^*) = 0 \tag{6.6.65}
$$
$$
-k_a\rho_{H-} + (k + k_a)\rho_{L-} - \Delta k_a(\rho_{H+}^* - \rho_{L+}^*) = m_L g
$$

联立求解式(6.6.65)，可得

$$
\rho_{H+} = \frac{\Delta k_a m_H g}{k_a}\frac{k - 4m_L\Omega_H^2}{k_a'}
$$
$$
\rho_{H-} = \frac{m_H g}{k_a} + \frac{(m_L + m_H)g}{k} - \frac{\Delta k_a}{k_a}\rho_{H+}\frac{k - 4m_L\Omega_H^2 - 4m_H\Omega_H^2}{k - 4m_L\Omega_H^2}
$$
$$
\rho_{L+} = \frac{\Delta k_a m_H g}{k_a}\frac{4m_H\Omega_H^2}{k_a'} \tag{6.6.66}
$$
$$
\rho_{L-} = \frac{(m_H + m_L)g}{k}
$$

其中，

$$
k_a' = 4k_a m_H\Omega_H^2 - (k - 4m_L\Omega_H^2)(k_a - 4m_H\Omega_H^2) + (k - 4m_L\Omega_H^2 - 4m_H\Omega_H^2)\Delta k_a^2 / k_a \tag{6.6.67}
$$

根据式(6.6.61)的变换关系，得到固定坐标系中转子的振动为

$$
r_H = \rho_{H+}e^{i2\Omega_H t}\rho_{H-}, \quad r_L = \rho_{L+}e^{i2\Omega_H t}\rho_{L-} \tag{6.6.68}
$$

由式(6.6.68)可见，中介轴承刚度出现各向异性时，转子的自重会激起转子以高压二倍频正进动；各向异性越严重，振动越大，且振动无法通过转子对中和转子动平衡消除；高压转子自重将激起转子二倍频共振，即产生副临界现象。

令式(6.6.66)的第一式和第三式分母中的 $2\Omega_H = \lambda$，并使分母为零，即

$$
k_a m_H\lambda^2 - (k - m_L\lambda^2)(k_a - m_H\lambda^2) + [k - (m_L + m_H)\lambda^2]\Delta k_a^2 / k_a = 0 \tag{6.6.69}
$$

将式(6.6.69)展开之后得到

$$
m_L m_H\lambda^4 - [m_H k + (m_L + m_H)(k_a - \Delta k_a^2 / k_a)]\lambda^2 + k(k_a - \Delta k_a^2 / k_a) = 0 \tag{6.6.70}
$$

其解为

$$
\lambda_{1,2}^2 = \frac{1}{2m_L m_H}\left[m_H k + (m_L + m_H)\frac{k_a^2 - \Delta k_a^2}{k_a}\right]
$$
$$
\mp \frac{1}{2m_L m_H}\sqrt{\left[m_H k + (m_L + m_H)\frac{k_a^2 - \Delta k_a^2}{k_a}\right]^2 - 4m_L m_H\frac{k(k_a^2 - \Delta k_a^2)}{k_a}} \tag{6.6.71}
$$

由于 $\Delta k_a \ll k_a$，故式(6.6.71)可近似为

$$\lambda_{1,2}^2 \approx \frac{k+k_a}{2m_L} + \frac{k_a}{2m_H} \mp \sqrt{\left(\frac{k+k_a}{2m_L}\right)^2 + \left(\frac{k_a}{2m_H}\right)^2 - \frac{k_a(k_a-k)}{2m_L m_H}} \quad (6.6.72)$$

式(6.6.72)与式(6.6.37)相似。当 $\lambda=\omega_i(i=1, 2)$，即 $\Omega_H = \omega_i/2$ 时，转子发生共振。这一结果有可能使得原本最大工作转速在临界转速以下的转子，在正常工作转速范围之内发生共振。

在飞机机动飞行中，惯性力会发生很大变化，相当于转子自重 $(m_L+m_H)g$ 发生变化，转子的二倍频振动还会加剧。假设飞机俯冲拉起，半径为 R，瞬时角速度为 Ω_F，则作用在高压盘和低压盘上的瞬时惯性力分别为

$$F_{Hf} = m_H R \Omega_F^2, \quad F_{Lf} = m_L R \Omega_F^2 \quad (6.6.73)$$

由于飞机机动飞行的角速度 Ω_F 远远小于转子转动角速度，即 $\Omega_F \ll \Omega_L < \Omega_H$，故机动飞行的惯性力可近似地视作静态载荷。对于俯冲拉起的机动动作，最大惯性力的方向与重力方向相同，大小叠加，只需在方程(6.6.63)右端的自重中加上惯性力，即可求得机动飞行惯性力的影响，即

$$m_H \ddot{\rho}_H + 2i m_H \Omega_H \dot{\rho}_H - m_H \Omega_H^2 \rho_H + k_a(\rho_H - \rho_L) + \Delta k_a(\rho_H^* - \rho_L^*)$$
$$= m_H(R\Omega_F^2 + g)e^{-i\Omega_t t}$$
$$m_L \ddot{\rho}_L + 2i m_L \Omega_H \dot{\rho}_L - m_L \Omega_H^2 \rho_L - k_a(\rho_H - \rho_L) - \Delta k_a(\rho_H^* - \rho_L^*) + k\rho_L$$
$$= m_L(R\Omega_F^2 + g)e^{-i\Omega_t t} \quad (6.6.74)$$

由式(6.6.74)可见，将式(6.6.63)中的重力加速度 g 代换为 $R\Omega_F^2 + g$，就可得到机动飞行惯性力作用下转子的响应。对于其他动作的机动飞行，只要把机动惯性力考虑为复向量即可，即

$$F_{Hf} = m_H R \Omega_F^2 e^{i\beta_F}, \quad F_{Lf} = m_L R \Omega_F^2 e^{i\beta_F} \quad (6.6.75)$$

所得结果形式完全相同。

对于某些机型，最大过载系数可能达到 8~9，即 $R\Omega_F^2 e^{i\beta_F} = 8g \sim 9g$。这就使得在机动飞行时，中介轴承刚度各向异性产生的二倍频重力响应大幅增加。

取转子的静态变形为

$$x_s = (m_H + m_L)g / k \quad (6.6.76)$$

式中，x_s 为在高压盘和低压盘重力作用下转子的静态变形量。令

$$\bar{\omega} = \sqrt{k / (m_H + m_L)} \quad (6.6.77)$$

利用式(6.6.76)和式(6.6.77)对式(6.6.66)的第一式和第三式进行无量纲化处理，得到

$$\overline{\rho}_{\mathrm{H+}} = \frac{\rho_{\mathrm{H+}}}{x_{\mathrm{s}}} = \frac{\Delta k_{\mathrm{a}}}{k_{\mathrm{a}}} \frac{m_{\mathrm{H}}}{m_{\mathrm{L}} + m_{\mathrm{H}}} \left(\frac{1}{\eta_{\mathrm{a}}} - \frac{4\Omega_{\mathrm{H}}^2}{\eta_{\mathrm{a}} \overline{\omega}^2} \frac{m_{\mathrm{L}}}{m_{\mathrm{L}} + m_{\mathrm{H}}} \right)$$

$$\overline{\rho}_{\mathrm{L+}} = \frac{\rho_{\mathrm{L+}}}{x_{\mathrm{s}}} = \frac{\Delta k_{\mathrm{a}}}{k_{\mathrm{a}}} \frac{m_{\mathrm{H}}}{m_{\mathrm{L}} + m_{\mathrm{H}}} \frac{4\Omega_{\mathrm{H}}^2}{\eta_{\mathrm{a}} \overline{\omega}^2} \frac{m_{\mathrm{L}}}{m_{\mathrm{L}} + m_{\mathrm{H}}} \tag{6.6.78}$$

式中,

$$\eta_{\mathrm{a}} = \frac{4k_{\mathrm{a}}}{k} \frac{m_{\mathrm{H}}}{m_{\mathrm{L}} + m_{\mathrm{H}}} \frac{\Omega_{\mathrm{H}}^2}{\overline{\omega}^2} - \left(1 - \frac{4m_{\mathrm{L}}}{m_{\mathrm{L}} + m_{\mathrm{H}}} \frac{\Omega_{\mathrm{H}}^2}{\overline{\omega}^2} \right) \left(\frac{k_{\mathrm{a}}}{k} - \frac{4m_{\mathrm{L}}}{m_{\mathrm{L}} + m_{\mathrm{H}}} \frac{\Omega_{\mathrm{H}}^2}{\overline{\omega}^2} \right)$$

$$+ \frac{\Delta k_{\mathrm{a}}^2}{k_{\mathrm{a}}^2} \frac{k_{\mathrm{a}}}{k} \left(1 - \frac{4\Omega_{\mathrm{H}}^2}{\overline{\omega}^2} \right) \tag{6.6.79}$$

图 6.6.13 为 $\Delta k_{\mathrm{a}} / k_{\mathrm{a}} = 1\%$、$k_{\mathrm{a}} / k = 0.5$、$m_{\mathrm{L}} / m_{\mathrm{H}} = 1$ 时高压盘和低压盘的重力响应幅值。纵坐标为相对幅值 $\overline{\rho}_{\mathrm{H+}}$ 和 $\overline{\rho}_{\mathrm{L+}}$,横坐标为相对转速 $\Omega_{\mathrm{H}} / \overline{\omega}$。由图可见,当 $\Omega_{\mathrm{H}} = \omega_1 / 2$ 或 $\Omega_{\mathrm{H}} = \omega_2 / 2$ 时,转子发生共振。即使中介轴承刚度出现 $\Delta k_{\mathrm{a}} / k_{\mathrm{a}} = 1\%$ 的不均匀,转子在副临界时的重力响应也会很大。

假设最大过载系数达到 9,重力和机动飞行产生的惯性力为 $10(m_{\mathrm{H}}+m_{\mathrm{L}})g$。再设高压转子和低压转子的总质量为 250kg,轴的刚度为 1×10^7N/m,则转子静态位移为

$$x_{\mathrm{s}} = \frac{10(m_{\mathrm{H}} + m_{\mathrm{L}})g}{k} = \frac{10 \times 250 \times 9.81}{1 \times 10^7} = 0.0024525(\mathrm{m}) = 2.4525(\mathrm{mm})$$

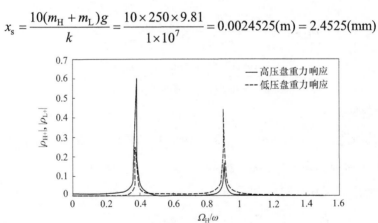

图 6.6.13　高压盘和低压盘的重力响应幅频特性

机动飞行时,高、低压转子的重力响应峰值分别为

$$\rho_{\mathrm{H+}} = \overline{\rho}_{\mathrm{H+}} x_{\mathrm{s}} \approx 0.6 \times 2.4525 = 1.4715(\mathrm{mm})$$

$$\rho_{\mathrm{L+}} = \overline{\rho}_{\mathrm{L+}} x_{\mathrm{s}} \approx 0.44 \times 2.4525 = 1.0791(\mathrm{mm}) \tag{6.6.80}$$

如图 6.6.13 所示,在重力作用下,副临界转速处的振动会非常大。因此,在发动机设计中,必须采取非常精密的结构和工艺措施,保证中介轴承刚度的均匀度。

3) 低压盘的不平衡响应

仅考虑低压盘不平衡的作用时，转子的运动方程为

$$m_{\mathrm{H}}\ddot{\rho}_{\mathrm{H}} + 2\mathrm{i}m_{\mathrm{H}}\Omega_{\mathrm{H}}\dot{\rho}_{\mathrm{H}} - m_{\mathrm{H}}\Omega_{\mathrm{H}}^2\rho_{\mathrm{H}} + k_{\mathrm{a}}(\rho_{\mathrm{H}} - \rho_{\mathrm{L}}) + \Delta k_{\mathrm{a}}(\rho_{\mathrm{H}}^* - \rho_{\mathrm{L}}^*) = 0$$
$$m_{\mathrm{L}}\ddot{\rho}_{\mathrm{L}} + 2\mathrm{i}\Omega_{\mathrm{H}}m_{\mathrm{L}}\dot{\rho}_{\mathrm{L}} - m_{\mathrm{L}}\Omega_{\mathrm{H}}^2\rho_{\mathrm{L}} - k_{\mathrm{a}}(\rho_{\mathrm{H}} - \rho_{\mathrm{L}}) - \Delta k_{\mathrm{a}}(\rho_{\mathrm{H}}^* - \rho_{\mathrm{L}}^*) + k\rho_{\mathrm{L}} = m_{\mathrm{L}}\Omega_{\mathrm{L}}^2\varepsilon_{\mathrm{L}}\mathrm{e}^{\mathrm{i}\beta_{\mathrm{L}}}\mathrm{e}^{-\mathrm{i}(\Omega_{\mathrm{H}} - \Omega_{\mathrm{L}})t}$$

$$(6.6.81)$$

设方程(6.6.81)的解为

$$\rho_{\mathrm{HL}} = \rho_{\mathrm{HL}+}\mathrm{e}^{\mathrm{i}(\Omega_{\mathrm{H}} - \Omega_{\mathrm{L}})t} + \rho_{\mathrm{HL}-}\mathrm{e}^{-\mathrm{i}(\Omega_{\mathrm{H}} - \Omega_{\mathrm{L}})t}$$
$$\rho_{\mathrm{LL}} = \rho_{\mathrm{LL}+}\mathrm{e}^{\mathrm{i}(\Omega_{\mathrm{H}} - \Omega_{\mathrm{L}})t} + \rho_{\mathrm{LL}-}\mathrm{e}^{-\mathrm{i}(\Omega_{\mathrm{H}} - \Omega_{\mathrm{L}})t}$$

$$(6.6.82)$$

将式(6.6.82)代入式(6.6.81)，可得

$$(k_{\mathrm{a}} + 4m_{\mathrm{H}}\Omega_{\mathrm{H}}\Omega_{\mathrm{L}} - 4m_{\mathrm{H}}\Omega_{\mathrm{H}}^2 - m_{\mathrm{H}}\Omega_{\mathrm{L}}^2)\rho_{\mathrm{HL}+} - k_{\mathrm{a}}\rho_{\mathrm{LL}+} + \Delta k_{\mathrm{a}}(\rho_{\mathrm{HL}-}^* - \rho_{\mathrm{LL}-}^*) = 0$$
$$(k_{\mathrm{a}} - m_{\mathrm{H}}\Omega_{\mathrm{L}}^2)\rho_{\mathrm{HL}-} - k_{\mathrm{a}}\rho_{\mathrm{LL}-} + \Delta k_{\mathrm{a}}(\rho_{\mathrm{HL}+}^* - \rho_{\mathrm{LL}+}^*) = 0$$
$$(k + k_{\mathrm{a}} + 4m_{\mathrm{L}}\Omega_{\mathrm{H}}\Omega_{\mathrm{L}} - 4m_{\mathrm{L}}\Omega_{\mathrm{H}}^2 - m_{\mathrm{L}}\Omega_{\mathrm{L}}^2)\rho_{\mathrm{LL}+} - k_{\mathrm{a}}\rho_{\mathrm{HL}+} - \Delta k_{\mathrm{a}}(\rho_{\mathrm{HL}-}^* - \Delta k_{\mathrm{a}}\rho_{\mathrm{LL}-}^*) = 0$$
$$(k + k_{\mathrm{a}} - m_{\mathrm{L}}\Omega_{\mathrm{L}}^2)\rho_{\mathrm{LL}-} - k_{\mathrm{a}}\rho_{\mathrm{HL}-} - \Delta k_{\mathrm{a}}(\rho_{\mathrm{HL}+}^* - \rho_{\mathrm{LL}+}^*) = m_{\mathrm{L}}\Omega_{\mathrm{L}}^2\varepsilon_{\mathrm{L}}\mathrm{e}^{\mathrm{i}\beta_{\mathrm{L}}}$$

$$(6.6.83)$$

由式(6.6.83)的第四式可解得

$$\rho_{\mathrm{LL}-} = \frac{m_{\mathrm{L}}\Omega_{\mathrm{L}}^2\varepsilon_{\mathrm{L}}\mathrm{e}^{\mathrm{i}\beta_{\mathrm{L}}} + m_{\mathrm{H}}\Omega_{\mathrm{L}}^2\rho_{\mathrm{HL}-}}{k - m_{\mathrm{L}}\Omega_{\mathrm{L}}^2}$$
$$\rho_{\mathrm{LL}+} = -\frac{4m_{\mathrm{H}}\Omega_{\mathrm{H}}\Omega_{\mathrm{L}} - 4m_{\mathrm{H}}\Omega_{\mathrm{H}}^2 - m_{\mathrm{H}}\Omega_{\mathrm{L}}^2}{k + 4m_{\mathrm{L}}\Omega_{\mathrm{H}}\Omega_{\mathrm{L}} - 4m_{\mathrm{L}}\Omega_{\mathrm{H}}^2 - m_{\mathrm{L}}\Omega_{\mathrm{L}}^2}\rho_{\mathrm{HL}+}$$

$$(6.6.84)$$

推导简单起见，令

$$F = m_{\mathrm{L}}\Omega_{\mathrm{L}}^2\varepsilon_{\mathrm{L}}\mathrm{e}^{\mathrm{i}\beta_{\mathrm{L}}}, \quad A = k_{\mathrm{a}} + 4m_{\mathrm{H}}\Omega_{\mathrm{H}}\Omega_{\mathrm{L}} - 4m_{\mathrm{H}}\Omega_{\mathrm{H}}^2 - m_{\mathrm{H}}\Omega_{\mathrm{L}}^2, \quad B = k_{\mathrm{a}} - m_{\mathrm{H}}\Omega_{\mathrm{L}}^2$$
$$C = k + k_{\mathrm{a}} + 4m_{\mathrm{L}}\Omega_{\mathrm{H}}\Omega_{\mathrm{L}} - 4m_{\mathrm{L}}\Omega_{\mathrm{H}}^2 - m_{\mathrm{L}}\Omega_{\mathrm{L}}^2, \quad D = k + k_{\mathrm{a}} - m_{\mathrm{L}}\Omega_{\mathrm{L}}^2$$

$$(6.6.85)$$

将式(6.6.85)代入式(6.6.83)，可解得

$$\rho_{\mathrm{HL}+} = \frac{C - k_{\mathrm{a}}}{AC - k_{\mathrm{a}}^2}\Delta k_{\mathrm{a}}\left(\frac{F}{D - k_{\mathrm{a}}} - \frac{D - k_{\mathrm{s}} - m_{\mathrm{H}}\Omega_{\mathrm{L}}^2}{D - k_{\mathrm{s}}}\rho_{\mathrm{HL}-}^*\right)$$
$$\rho_{\mathrm{HL}-} = \frac{F[(\Delta k_{\mathrm{a}})^2(2k_{\mathrm{a}} - A - C) - k_{\mathrm{a}}(AC - k_{\mathrm{a}}^2)]}{-(AC - k_{\mathrm{a}}^2)(BD - k_{\mathrm{a}}^2) + (\Delta k_{\mathrm{a}})^2(2k_{\mathrm{a}} - A - C)(D - k_{\mathrm{a}} - m_{\mathrm{H}}\Omega_{\mathrm{L}}^2)}$$
$$\rho_{\mathrm{LL}+} = -\frac{A - k_{\mathrm{a}}}{C - k_{\mathrm{a}}}\rho_{\mathrm{HL}+}, \quad \rho_{\mathrm{LL}-} = \frac{F + m_{\mathrm{H}}\Omega_{\mathrm{L}}^2\rho_{\mathrm{HL}-}}{D - k_{\mathrm{a}}}$$

$$(6.6.86)$$

将式(6.6.86)代入式(6.6.82)，并利用式(6.6.61)的变换关系，得到固定坐标系中转子

的振动为

$$r_{HL} = \rho_{HL+}e^{i(2\Omega_H - \Omega_L)t} + \rho_{HL-}e^{i\Omega_L t}, \quad r_{LL} = \rho_{LL+}e^{i(2\Omega_H - \Omega_L)t} + \rho_{LL-}e^{i\Omega_L t} \qquad (6.6.87)$$

低压盘的不平衡使得转子以低压一倍频 Ω_L 正进动，并且在 $D-k_a=0$，即 $\Omega_L = \sqrt{k/m_L}$ 时转子发生共振。此外，低压盘的不平衡还激起转子以组合频率 $2\Omega_H - \Omega_L$ 正进动，当 $AC - k_a^2 = 0$，即 $\omega_{1,2} = 2\Omega_H - \Omega_L$ 时，转子发生共振。将式(6.6.85)中 A 和 C 的表达式代入 $AC - k_a^2 = 0$，可得

$$[k_a - m_H(2\Omega_H - \Omega_L)^2][k + k_a - m_L(2\Omega_H - \Omega_L)^2] - k_a^2 = 0 \qquad (6.6.88)$$

令 $\lambda = 2\Omega_H - \Omega_L$，代入式(6.6.88)可得

$$m_L m_H \lambda^4 - [m_L k_a + (k + k_a)m_H]\lambda^2 + kk_a = 0 \qquad (6.6.89)$$

求解式(6.6.89)所得的结果与式(6.6.37)类似，即当 $\lambda = 2\Omega_H - \Omega_L = \omega_{1,2}$ 时，转子发生共振。当高压转子与低压转子反方向旋转时，组合频率为 $2\Omega_H - \Omega_L$。

图 6.6.14(a)和(b)为低压盘不平衡作用下，当 $\Delta k_a / k_a = 1\%$，$k_a / k = 0.5$，$m_L / m_H = 1$，$\Omega_L / \Omega_H = 0.8$ 时转子的振动幅频特性。纵坐标分别为相对幅值 $|\bar{\rho}_{HL+}| = |\rho_{HL+}|/\varepsilon_L$、$|\bar{\rho}_{LL+}| = |\rho_{LL+}|/\varepsilon_L$、$|\bar{\rho}_{HL-}| = |\rho_{HL-}|/\varepsilon_L$ 和 $|\bar{\rho}_{LL-}| = |\rho_{LL-}|/\varepsilon_L$；横坐标为相对转速 Ω_H / ω。由图 6.6.14 可见，高压盘和低压盘都会出现组合频率成分，由中介轴承刚度各向异性所引起。这再次说明保证中介轴承刚度均匀度的重要性。当中介轴承刚度各向异性很小时，组合频率成分要比低压一倍频成分小得多。

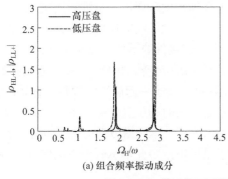
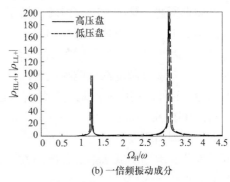

(a) 组合频率振动成分　　　　　　　　　(b) 一倍频振动成分

图 6.6.14　低压盘不平衡作用下转子的振动幅频特性

($\Delta k_a / k_a = 1\%$, $k_a / k = 0.5$, $m_L / m_H = 1$, $\Omega_L / \Omega_H = 0.8$)

6.6.6　带中介轴承的对转双转子的振动

实际中，有些发动机采用高、低压转子对转的工作方式。中介轴承的外环支承在低压转子上，内环支承在高压转子上，如图 6.6.15 所示。设外环支承座刚度为 k_{ino}，内环支承座刚度为 k_{ini}，当内、外环支承刚度各向均匀时，由串联关系可

得到中介轴承的等效刚度为

$$k_{\text{ine}} = \frac{k_{\text{ino}}k_{\text{ini}}}{k_{\text{ino}} + k_{\text{ini}}} \tag{6.6.90}$$

用式(6.6.90)的等效刚度替代 6.6.5 节中的 k_{in}，则 6.6.5 节中的所有结论均适合图 6.6.15 所示的对转双转子，但此时中介轴承的刚度要比不考虑轴承内、外环支承座刚度时低得多。

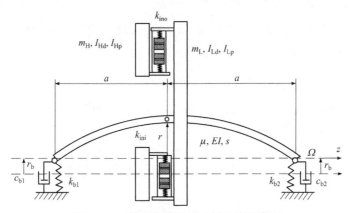

图 6.6.15　带中介轴承的对转双转子模型

1. 中介轴承内环支承座刚度各向异性

如上所述，某些发动机对转双转子的中介轴承内环通过一个锥形筒支承在高压盘端面上，由一组精密螺栓固定。实际中，中介轴承座的连接结构都为复杂的薄壁件。因此，内、外环支承都存在弹性，由于连接件的不均匀以及装配误差等，内、外环支承座刚度都可能存在各向异性。现考虑中介轴承内环支承座周向刚度不均匀，而外环周向刚度均匀的情况。建立随高压转子一起旋转的旋转坐标系(O, ζ, ξ)，如图 6.6.16(a)所示。坐标原点为不考虑重力时高压盘的静态中心。由于内环支承座周向刚度不均匀，设 $k_{\text{ini}\zeta}$、$k_{\text{ini}\xi}$ 分别为内环支承座沿方向 ζ 和方向 ξ 的刚度，外环支承座刚度 k_{ino} 是各向同性的，于是可得到中介轴承两个方向的等效刚度 $k_{\text{in}\zeta}$ 和 $k_{\text{in}\xi}$ 分别为

$$k_{\text{in}\zeta} = \frac{k_{\text{ini}\zeta}k_{\text{ino}}}{k_{\text{ini}\zeta} + k_{\text{ino}}}, \quad k_{\text{in}\xi} = \frac{k_{\text{ini}\xi}k_{\text{ino}}}{k_{\text{ini}\xi} + k_{\text{ino}}} \tag{6.6.91}$$

将式(6.6.91)所表示的中介轴承的等效刚度 $k_{\text{in}\zeta}$ 和 $k_{\text{in}\xi}$ 代入 6.6.5 节的相关方程，则所有结论对于对转中介轴承均是成立的，但低压转子不平衡所激起的组合频率振动成分频率为 $2\Omega_{\text{H}}+\Omega_{\text{L}}$。

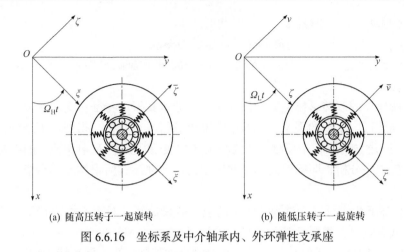

(a) 随高压转子一起旋转　　　　　　(b) 随低压转子一起旋转

图 6.6.16　坐标系及中介轴承内、外环弹性支承座

2. 中介轴承外环支承座刚度各向异性

某些发动机对转双转子的中介轴承外环通过一个圆形筒支承在低压盘端面上，由一组精密螺栓固定。外环支承座也为薄壁件。现考虑中介轴承内环支承座周向刚度均匀，而外环周向刚度不均匀的情况。建立随低压转子一起旋转的旋转轴坐标系(O, v, ζ)，如图 6.6.16(b)所示。坐标原点为不考虑重力时低压盘的静态中心。由于外环支承座周向刚度不均匀，设 $k_{\text{ino}v}$、$k_{\text{ino}\zeta}$ 分别为外环支承座沿 v 方向和 ζ 方向的刚度，内环支承座刚度 k_{ini} 是各向同性的，于是可得到中介轴承在 v 和 ζ 两个方向的等效刚度 $k_{\text{in}v}$ 和 $k_{\text{in}\zeta}$ 分别为

$$k_{\text{in}v} = \frac{k_{\text{ino}v}k_{\text{ini}}}{k_{\text{ino}v} + k_{\text{ini}}}, \quad k_{\text{in}\zeta} = \frac{k_{\text{ino}\zeta}k_{\text{ini}}}{k_{\text{ino}\zeta} + k_{\text{ini}}} \tag{6.6.92}$$

在随低压转子旋转的坐标系中，转子的运动方程为

$$m_{\text{H}}(\ddot{\zeta}_{\text{H}} - \Omega_{\text{L}}^2\zeta_{\text{H}} - 2\Omega_{\text{L}}\dot{v}_{\text{H}}) + k_{\text{in}\zeta}(\zeta_{\text{H}} - \zeta_{\text{L}})$$
$$= m_{\text{H}}\Omega_{\text{H}}^2\varepsilon_{\text{H}}\cos[(\Omega_{\text{L}} + \Omega_{\text{H}})t + \beta_{\text{H}}] + m_{\text{H}}g\cos(\Omega_{\text{L}}t)$$
$$m_{\text{H}}(\ddot{v}_{\text{H}} - \Omega_{\text{L}}^2 v_{\text{H}} - 2\Omega_{\text{L}}\dot{\zeta}_{\text{H}}) + k_{\text{in}v}(v_{\text{H}} - v_{\text{L}})$$
$$= -m_{\text{H}}\Omega_{\text{H}}^2\varepsilon_{\text{H}}\sin[(\Omega_{\text{L}} + \Omega_{\text{H}})t + \beta_{\text{H}}] - m_{\text{H}}g\sin(\Omega_{\text{L}}t)$$
$$m_{\text{L}}(\ddot{\zeta}_{\text{L}} - \Omega_{\text{L}}^2\zeta_{\text{L}} - 2\Omega_{\text{L}}v_{\text{L}}) - k_{\text{in}\zeta}(\zeta_{\text{H}} - \zeta_{\text{L}}) + k\zeta_{\text{L}} = m_{\text{L}}\Omega_{\text{L}}^2\varepsilon_{\text{L}}\cos\beta_{\text{L}} + m_{\text{L}}g\cos(\Omega_{\text{L}}t)$$
$$m_{\text{L}}(\ddot{v}_{\text{L}} - \Omega_{\text{L}}^2 v_{\text{L}} - 2\Omega_{\text{L}}\dot{\zeta}_{\text{L}}) - k_{\text{in}v}(v_{\text{H}} - v_{\text{L}}) + kv_{\text{L}} = m_{\text{L}}\Omega_{\text{L}}^2\varepsilon_{\text{L}}\sin\beta_{\text{L}} - m_{\text{L}}g\sin(\Omega_{\text{L}}t)$$

$$\tag{6.6.93}$$

采用与 6.6.5 节类似的求解方法，求解方程(6.6.93)可以得到高压转子不平衡、低压转子不平衡以及转子重力所激起的振动。结果与 6.6.5 节的结论相似。

(1) 高压转子不平衡除激起转子高压转频振动，还将引起转子的组合频率

$2\varOmega_H+\varOmega_L$ 振动，并在 $2\varOmega_H+\varOmega_L=\omega_{1,2}$ 时共振。

(2) 低压转子不平衡将激起转子低压转频振动。

(3) 重力激起转子二倍低压转频的正进动，出现副临界现象，即 $\varOmega_L=\omega_{1,2}/2$ 时，转子共振。

对所建立的双转子模型，运用解析方法分析其振动特征，揭示其振动规律，解释实际运行中出现的现象，针对中介轴承进行重点分析，得到如下结论：

(1) 所建立的双转子模型，可考虑支承刚度和阻尼以及中介轴承的影响，适用于解析方法分析，明晰地揭示了双转子的运动规律。所得结论具有指导性和普适性。

(2) 挤压油膜阻尼器对刚性转子的阻尼效果最好。对于柔性双转子，要达到同样的减振效果，需提高转子动平衡的精度。

(3) 采用中介轴承结构，双转子系统耦合性加强。高、低压转子转速接近时，会出现拍振，振动幅值可能会成为高压不平衡响应幅值和低压不平衡响应幅值的叠加。为避免出现拍振，高、低压转子转速差不应小于 10%。

(4) 考虑中介轴承刚度时，双转子系统会出现动力吸振现象。

(5) 中介轴承刚度的取值范围应为 $k_{in}/k=0.2\sim1$。

(6) 工艺和装配误差，可能会使中介轴承及轴承中刚度周向不均匀，造成中介轴承刚度各向异性。中介轴承刚度各向异性时，重力激起转子二倍频正进动，出现副临界现象，飞机机动飞行会加剧转子的重力响应。由于发动机是变转速运行的机器，重力会使原本高于最大工作转速的自振频率成为副临界转速。

(7) 中介轴承刚度各向异性时，高、低压转子不平衡都会激起转子的组合频率振动。高、低压转子同转时，组合频率为 $2\varOmega_H-\varOmega_L$ 或 $2\varOmega_L-\varOmega_H$，并在 $2\varOmega_H-\varOmega_L=\omega_{1,2}$ 或 $2\varOmega_L-\varOmega_H=\omega_{1,2}$ 时共振。当高压转子与低压转子反方向旋转时，组合频率为 $2\varOmega_H+\varOmega_L$ 或 $2\varOmega_L+\varOmega_H$，并在 $2\varOmega_H+\varOmega_L=\omega_{1,2}$ 或 $2\varOmega_L+\varOmega_H=\omega_{1,2}$ 时共振。转子振动的频率成分增多，共振点增多，这对转子的安全稳定运行非常不利。因此，在发动机设计中，必须采取非常精密的结构和工艺措施，以保证中介轴承刚度的均匀度。

第7章 机床动力学

7.1 机床动力学概述

金属切削是金属成形工艺中材料去除的成形方法，也是机械零件加工的主要方法。金属切削机床是实现金属切削的基础装备。金属切削加工是用刀具从待加工工件上切除多余材料，并在控制生产率和成本的前提下，使工件得到符合设计和工艺要求的几何精度、尺寸精度和表面质量。为实现切削过程，必须具备三个条件：工件与刀具之间要有相对运动，即切削运动，这种运动由金属切削机床提供；金属切削刀具材料必须具备一定的切削性能；金属切削刀具必须具有适当的几何参数。机床、夹具、刀具和工件构成一个机械加工工艺系统，金属切削过程的各种现象和规律都要通过这个系统的运动状态去研究。

7.1.1 机床的加工性能与动态特性

现代切削加工技术要求机床重量轻、成本低、使用方便、具有良好的工艺性能和优良的加工性能。机床的加工性能包括加工质量和切削效率两个方面。通常用被加工零件能达到的最高精确度和表面粗糙度来评价机床的加工质量，用金属切除率或切削用量的最大极限值来评价机床的切削效率。机床的加工性能与其动态性能紧密相关，科学技术的快速发展和智能制造的广泛应用，对产品的加工质量日益提高，因此对机床动态性能的要求也越来越高。

在机床切削加工时，刀具与工件之间的相对运动直接影响着机床的加工质量和切削效率，而刀具与工件的相对运动受作用在机床上的各种力和机床-工件-刀具系统力学性能的影响。因此，为提高机床的加工性能，一是需要减少作用在机床上的各种力，二是要提高机床的静刚度和动态性能。机床的动态性能主要是指机床抵抗振动的能力，包括抗振性和稳定性。

1. 加工质量与抗振性

机床的加工质量，不仅取决于机床的设计制造误差、弹性变形、热变形和磨损等因素，而且取决于机床在加工过程中产生的振动。在金属切削时，刀具与工件沿着预定的轨迹做相对运动，能得到设计的工件形状。在实际切削时，来自切削过程、机床传动系统及机床外界的各种力将作用在机床-工件-刀具组成的系统上，其中的静态力引起弹性变形，动态力使系统产生强迫振动，致使刀具与工件之间产生相对变位，改变了工件与刀具之间的正确位置关系，并在加工表面留下振纹，从而降低了被加工零件的精度和表面粗糙度。要提高机床的加工质量：一是采取措施，有效地控制各种动态力的产生或使其减小；二是采取各种措施，提高机床的抗振性，使机床在各种动态力的作用下，刀具的相对振动量控制在加工质量所允许的范围内。

在相同激振力作用下，机床产生的振动越小，表示其抵抗强迫振动的能力越好，即抗振性越好，一般用机床产生振动量所需要的激振力表示其抗振性。

2. 切削效率与稳定性

机床的切削效率通常由机床的功率、机床所能承受的最大载荷所决定。但机床切削时发生的自激振动对机床的切削效率具有较大的影响，这是因为切削过程的自激振动破坏了切削过程的稳定性，不仅不能满足加工质量的要求，而且切削也难以继续进行。为了使切削过程能在保证加工质量的条件下顺利进行，就不得不降低切削用量，从而限制了机床性能的充分发挥，降低了切削效率。因此，为提高机床的切削效率，就应使机床在额定功率范围内应用时都不会产生切削自激振动，即要求机床具有足够的切削稳定性。通常用切削时开始出现自激振动的极限切削宽度作为机床切削稳定性的指标，即极限宽度越大，机床抵抗自激振动的能力越好，其切削稳定性越好，机床在匀速运动状态下受到干扰后，若能恢复到原来的运动状态，则表示机床的运动是稳定的；若不能恢复到原来的运动状态而产生振动，则机床的运动是不稳定的。机床的稳定性除切削稳定性外，还包括其运动稳定性。机床的运动稳定性用机床抵抗其传递系统中出现自激振动的能力来表示。

综上所述，从动力学的角度出发，要提高机床的加工性能，就应该提高机床的动态性能，使机床的振动量控制在满足加工性能所允许的范围内；使机床在额定功率范围内应用时，都不会发生切削自激振动，做到在保证加工质量的前提下，充分发挥机床的切削效率。

7.1.2　机床的动力分析和动态设计

动力分析和动态设计是动力学的两个基本问题。机床动力学以机床为研究对象，其中心内容是机床的动力分析和动态设计。从动力分析的观点来看，是针对给定的系统建立数学模型，完成系统的性能分析；从动态设计的观点来看，则是从设计要求出发，先设计出数学模型，并在进行具体设计之前完成详尽的性能分析。可见，动态设计是比动力分析更为复杂的问题。从动力学的具体内容来看，动态设计涉及多体系统动力学、振动分析和机器构件的动静态有限元分析等几方面的内容。

1. 机床的动力分析

在已知机床的动力学模型、外部激励和系统工作条件的基础上，分析研究机床的动力特性，就是机床的**动力分析**。动力分析问题是动力学的正问题。一般而言，机床的动力分析包括以下三个方面的内容：

(1) 固有特性问题，这是机床动力分析首先要解决的问题，机床的固有特性包括各阶自然频率、模态振型和阻尼等。计算或测定机床固有特性的目的，主要是为了避免机床在工作时发生共振，为进一步进行机床的动力分析奠定基础。

(2) 动力响应问题，振动系统在外部激励的作用下，将产生动力响应，使结构承受动态应力，导致构件发生疲劳破坏。对机床而言，振动响应会引起较大的动态位移，影响机床的加工质量和正常工作，产生过大的噪声。因此，计算机床对各种可能受到的激振力的动态响应，将振动幅值限制在要求的范围内，是机床动力分析的基本任务之一。

(3) 动力稳定性问题，动力系统在一定的条件和允许状态下，可能产生自激振动。机床在一定的切削条件下，会产生切削颤振；机床的低速相对运动副(如导轨)在一定的运转条件下会发生爬行现象。切削颤振和爬行都属于自激振动，对机床的加工质量危害极大。机床动力稳定性分析的目的就是确定发生切削颤振和爬行的临界条件，保证机床能在充分发挥其性能的条件下工作而不出现这种振动。

2. 机床的动态设计

动态设计或动态性能优化设计，就是在系统的设计过程中，寻求最优的结构方案，使其动态性能满足预定的工作要求。动态设计是动力学的反问题。机械动态设计的目的，是希望设计的机械设备在投入生产后能在理想的状态下工作，不仅能获得满意的工作指标，还能满足机械设备性能的可靠性和工作寿命要求。机床动态设计的具体过程是：①在初步设计过程中，根据已有机床和理论成果来选择和计算机床的运动学和动力学参数，确定机床及其零部件的形式、形状和尺寸，以便获得良好的工艺指标，保证机床安全可靠运行；②在完成初步设计后，对所设计的机床进行建模，研究和分析其动态特性，并在可能的情况下进行实验分析，检验其动态特性，进而对机床的图样进行审核、修改和优化设计。

7.1.3 机床动力分析的基本内容

根据生产实际问题，机床动力分析的内容具有三种不同的情况：

(1) 解决服役机床的振动问题。根据机床的使用情况和所获得的测试数据，分析振动特征，利用机床振动理论找出振动产生的原因，提出相应的改进措施，使产生的振动减小到允许的范围内，发挥出机床应有的工作性能。这类问题一般不需要建立机床的动力学模型，而只需对机床产生的振动进行实地测量和对机床进行动态实验。

(2) 批量制造机床的改进设计。在不增加机床重量的条件下提高机床的动态性能，或者在不降低机床动态性能的条件下减小机床的重量，对机床做结构或材料方面的改进设计。进行改进设计时，需要对机床进行系统、详尽的动力分析。因此，不仅需要有机床使用情况和动态测试的数据资料，也需要建立机床的动力学模型，进行必要的分析计算，以便能迅速、准确地发现限制机床动态性能提高的薄弱环节与整机不匹配的重量过大、刚度过高的浪费环节，为改进设计提供依据。

(3) 新开发机床的优化设计。这实际上是机床动态设计问题，设计过程中需要反复进行机床动力特性的分析和综合。按照设计方案和数据，建立所设计机床的动力学模型，对模型进行分析计算，通过分析、改进设计、再分析的反复过程，逐步达到优化设计的目标。为了使建立的动力学模型能准确地模拟所设计机床的动力特性，往往需要结合部件的刚度、阻尼等通用实验数据，以及同类机床或部件的动态实验数据；有时还需要按照设计图纸用其他材料制作实际模型，进行动态实验，验证所建立的理论动力学模型。

综合机床动态设计的三种情况可知，进行机床结构的动力分析主要有两种手段：

(1) 动态测试与实验。动态实验主要是应用激振响应方法测定结构的动力特性，包括各阶自然频率、各阶模态振型、结构上有关位置的动柔度频率响应等。应用分析结果，找出机床的薄弱环节，提出改进措施。动态测试技术为机床的动态测试与实验提供了完备的手段，直接应用动态测试分析设备能够迅速而准确地获得结构动力分析所需的数据资料。

(2) 建立机床动力学模型，进行理论分析。应用所设计机床的动力学模型进行动力分析，不仅可以获得机床的各种动力特性和动力分析所需要的数据资料，也可以获得设计结构与最优结构指标的偏离程度，以及应对哪些部件进行设计、如何进行设计等。这样就可能在设计改进之前比较各种方案，反复进行设计更改，从而达到优化设计的目标。应用动力学模型进行机床动力分析的过程如图 7.1.1 所示。

动态实验测量和理论分析计算这两种手段各有特点，把两种手段结合起来应用，是进行机床结构动力分析和动态设计的基本途径。在动力分析或动态设计的过程中，既要做机床或实物模型的动态实验，也要建立机床结构的动力学模型做分析计算。动态实验一方面为建立动力学模型提供必要的数据，另一方面又是检验动力学模型是否正确可靠的标准，从而使所建立的动力学模型能确切模拟机床结构的动力特性。

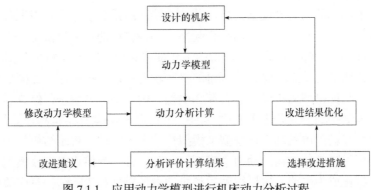

图 7.1.1　应用动力学模型进行机床动力分析过程

7.1.4　机床动态设计的基本方法

机床动态设计的整个过程可以分为三个主要阶段，即建立机床结构的动力学模型、动力特性的分析计算、结构的改进设计与优化设计。

1. 建立机床结构的动力学模型

建立机床结构的动力学模型有两种方法：一是按照机床的设计图纸建立动力学模型；二是应用机床的动态实验数据建立动力学模型。具体有子结构分析法和系统识别技术两种方法。

1) 子结构分析法

由于机床结构十分复杂，按照设计图纸直接建立整台机床结构的动力学模型是困难的。因此，目前普遍应用子结构分析法，其设计过程如图 7.1.2 所示。

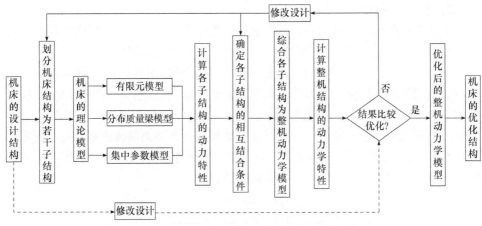

图 7.1.2　应用子结构分析法建立整机动力学模型

将整台机床结构划分为若干部分，每一部分称为一个子结构或子系统，分别建立每个子结构的动力学模型，导出其动力特性的系数表达式；根据各子结构的相互结合条件，将所有的子结构综合起来，得到整机的动力学模型。若只有机床结构的设计图纸，则建立动力学模型的工作即告完成。若有具体的机床可供实验，则需要对机床进行动态实验，将测得的机床动力特性和按所建立的模型计算结果进行比较，验证模型的正确性。若存在误差，则需要对模型进行修改和完善。

将整体结构划分为若干子结构后，每一个子结构和整体结构相比要简单得多，有可能建立起较简单的动力学模型来模拟每一个子结构，将子结构的动力学模型综合后又可得到整体结构的动力学模型，一分一合，就使难以直接模型化的复杂结构的模型化成为可能。这样得到的整机动力学模型和实际结构对应关系明确，便于以后分析薄弱环节提出改进措施。

子结构的动力学模型有两类：一是按子结构的形状、尺寸等参数简化得到的理论模型；二是应用子结构的动态实验数据建立的模型。理论模型中，根据简化方式的不同，可分为集中参数模型、分布质量梁模型和有限元模型。对于不同机床的动力分析，各子结构的动力学模型可采用任何一种形式的模型；对于同一机床的不同子结构，可根据各子结构的特点，采用不同形式的模型。

划分整体结构为若干子结构是将整体结构做简单的几何分割，而子结构的综合则是在反映各子结构之间实际结合状态的结合条件下，应用适当的数学方法，将子结构的动态特性综合起来，求得整体结构的动力特性，或者说是子结构数学模型的合成。所以，子结构的综合不是划分子结构的简单逆过程。子结构的综合是应用子结构法建立复杂结构动力学模型的关键步骤，它不仅可以使动力学模型随着结构的局部改变所需的相应修改工作简化，而且可以直接用来解决实际问题。子结构的综合方法主要有机械阻抗法和模态综合法。

2) 系统识别技术

若有具体的机床可供实验，则可根据对机床进行动态实验所得到的数据，直接建立机床结构的整机动力学模型，这种技术就是**系统识别技术**。

对于如图 7.1.3 所示的系统组成，如果已知系统(S)和输入(x)，就可求出其输出(y)，这就是前面讨论的**动力分析问题**；如果已知系统的输入(x)和输出(y)，就可确定系统(S)的模型参数，这就是**系统识别**或**系统设计**；如果已知系统模型(S)和输出(y)，就可求得系统的输入(x)，这就是**环境预测**或者**外力函数识别**。对于机床结构，系统识别或系统设计更加重要。由于机床结构的运动方程的一般形式是已知的，系统识别实际上就简化为参数识别或设计。

图 7.1.3　系统组成

应用系统识别技术识别机床结构的动力学行为有两类方法：一是模态参数识别法，二是直接识别法。目前，模态参数识别法应用较多，识别的具体步骤是：对机床进行动态实验，根据所得到的数据识别机床结构的模态参数，包括各阶自然频率、各阶模态质量、刚度、阻尼和振型等；应用模态参数及其他数据识别机床结构的动力学模型。

2. 动力特性的分析计算

在动态设计中，应用所建立的动力学模型进行各种动力学分析，求解其自由振动方程可获得机床结构的固有特性，将外部激振力引入可进行机床结构的动力响应分析，把动力学模型和切削过程的数学模型联系在一起，则可进行机床结构的稳定性分析。

3. 结构的改进设计与优化设计

机床动力学研究的核心是对机床进行改进设计和优化设计，使所设计的机床结构具有最佳的动态性能，能够达到最佳的加工质量和切削效率。或者在保证机床具有预定的动态性能的条件下，使所设计的机床结构重量最轻、成本最低、机床特性良好。具体来说，应用以模态柔度和能量平衡为基础的机床结构动态优化原理，合理地选用和配置结构的质量和刚度，使机床各阶振型模态的柔度相等并达到预定的值，还要合理增加和分配结构阻尼，使各阶模态的对数缩减更大。

7.1.5　机床动态设计的基本步骤

机械设备的动态设计理论与方法，通常按照下面的步骤进行。

1. 按照初步设计图样或实物进行动力学建模

在动力学建模中，通常要完成的主要工作有：①根据实际机器及其零部件的结构特点，简化可用于动力学分析的动力学模型。②根据实际机器及其零部件的实际工况，确定作用于机器或零部件上的载荷谱。③对于一般的机械系统，根据实际机器零部件的实际工况，确定系统的有关振动参数，如质量、阻尼和刚度；对于结构件，则应将该结构按照有限元方法划分为可供分析的计算单元。④建立系统的动力学方程。

2. 按照所建立的动力学模型，计算系统的动态特性，并对初步设计进行审核

机械系统的动态特性，即机械系统的自然频率、振型及在激振力作用下的响应，将为机械系统动态设计提供必要的基础数据。机械系统的动态设计和分析通常包括：①根据动力学方程，计算系统的自然频率；②计算与系统自然频率相对

应的振型；③计算在指定载荷作用下的响应；④计算构件上各部位的静应力与动应力。

3. 实物实验、模型实验与实验建模

实验或建模的主要内容包括：①选用适当的实验方法；②测定所设计机器及其零部件的模态参数和动态特性；③依据实验数据，对系统的参数进行识别；④对机器的初步设计数据进行审核。

4. 对机械结构进行动力修改

根据初步计算结构和实验得到的数据，对系统进行动力修改，具体内容包括：①确定修改准则，找出应该修改的问题；②对结构的外载荷进行修改；③对结构物理参数(质量、阻尼、刚度)进行修改；④对结构的动态特性，即自然频率、振型和响应进行修改；⑤对动力学模型和所设计的结构进行修改，以满足工艺指标、工作方便及可靠性的要求等。

7.1.6　机床中的各种振动

机床振动是影响机床动态性能的重要因素，是限制加工质量和切削效率的主要原因。机床振动不仅使工件和刀具的相对位置和相对速度发生变化，恶化了切削过程，而且还使机床和刀具在动载荷下工作，加速了两者的磨损和精度的丧失，从而降低了机床的使用寿命和刀具的耐用度。机床在空运转和加工中均会产生振动，振动还会产生恶化环境的噪声。

1. 机床空转时产生的振动

这种振动与切削结果无关，主要由机床传递系统所引起，不仅影响机床运动的平稳性，也影响切削过程，还是机床的主要噪声源。这种机床中普遍存在和难以避免的振动，容易找出其振源及振动的传递路线，可以采取抑制和隔离的措施进行控制。研究对这种振动的防治，在机床动力学中占有重要位置。

2. 机床加工中产生的振动

这种伴随切削加工产生的振动，虽然受机床空转时产生的振动的影响，但这种振动主要是由切削过程不稳定而引起的，直接影响机床加工质量和切削效率。在控制这种振动时，应考虑机床的类型。对于精密机床，应在保证加工质量的前提下考虑切削效率；对于粗加工重型机床，应在保证切削效率的前提下考虑加工质量；对于普通机床及粗精加工都能适用的机床，则应两者兼顾。

切削过程中还会产生自激振动，其产生的机理比较复杂，将在 7.6 节进行详细讨论。

7.2 机床结构的动力学理论模型

机床结构的动力学模型建立是对机床进行动力分析和动态设计的基础，只有建立起既能确切代表实际机床结构的动力特性，又便于分析计算的动力学模型，才可能对机床的动态性能进行详细的分析计算，达到动力分析和动态设计的预定目标。所以，建立机床结构的动力学模型是整个动力分析或动态设计过程的关键一步，也是比较困难的一步。根据机床的设计图纸或实际结构，经过不同方式、不同程度的简化，可建立不同形式的动力学模型。在机床的动力分析和动态设计中，最常见的有集中参数模型、分布质量梁模型和有限元模型。有限元方法是目前动力分析的主要方法，其模型结合机床的子结构进行讨论，下面主要讨论集中参数模型和分布质量梁模型。

7.2.1 集中参数模型

对于复杂的机床结构，其惯性(质量、转动惯量)、弹性和阻尼都相当复杂，必须做某些简化才能建立起可供实际应用的力学模型。将结构的质量用分散在有限个适当点上的集中质量来置换，结构的弹性用一些没有质量的当量弹性梁来置换，结构的阻尼假设为迟滞型的结构阻尼，机床结合部简化为集中的等效弹性元件和阻尼元件。这样，整个结构就可简化为一系列集中的惯性元件、弹性元件和阻尼元件组成的动力学模型，简称为集中参数模型。

图 7.2.1(a)和(b)分别是一台摇臂钻床的结构简图及其集中参数模型。整台机床共划分为 14 个子结构，如图中的 Ⅰ 、Ⅱ 、…、XIV 。其中底座划分为三个子结构(Ⅱ 、Ⅲ 、Ⅳ)；工作台划分为 1 个子结构(Ⅴ)；立柱划分为 4 个子结构(Ⅵ ～Ⅸ)；摇臂划分为 2 个子结构(Ⅺ 、Ⅻ)；主轴箱划分为 1 个子结构(XIV)。每个子结构都模型化为一根等截面的当量弹性梁和两个集中质量。当量弹性梁的弯曲刚度、扭转刚度和轴向刚度应与置换的子结构的响应参数相等，从而子结构的截面形状、尺寸和材料可计算出当量弹性梁的长度、横截面积、截面惯性矩等参数。当量梁的轴线与子结构的横截面中心重合。子结构的质量按质心不变的原则集中在当量弹性梁的两端。

为了使理论模型在空间的相对位置与实际机床一致，模型中各子结构的联结必要时可以采用刚性梁元件，这是一种既无质量又无弹性和阻尼的理想元件，对理论模型的动态性能不会产生影响。图 7.2.1(b)中，子结构 Ⅰ 、Ⅹ 、ⅩⅢ 分别是底座与地基、立柱与摇臂、摇臂与主轴箱的联结子结构，属于刚性梁。

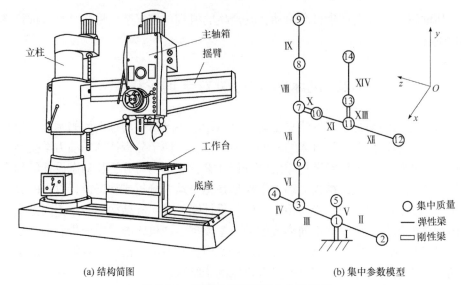

(a) 结构简图　　　　　　　　　　　(b) 集中参数模型

图 7.2.1　摇臂钻床及其集中参数模型

图 7.2.2(a)和(b)分别是一台卧式铣床的结构简图及其集中参数模型。整台机床共划分为 23 个子结构，如图中的 I、II、…、XXIII。其中底座划分为两个子结构(II、III)；床身划分为 5 个子结构(V~IX)；悬梁划分为 2 个子结构(XI、XII)；挂架划分为 1 个子结构(XIII)；铣刀轴划分为两个子结构(XIV、XV)；工作台划分为 2 个子结构(XVII、XVIII)；滑座划分为 2 个子结构(XXI、XXII)；升降台划分为 1 个子结构(XXIV)。

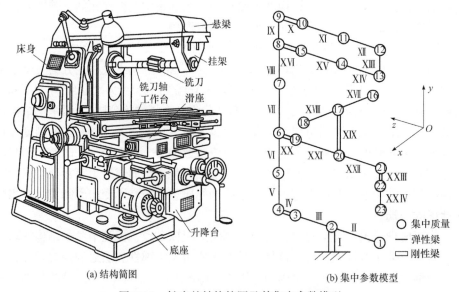

(a) 结构简图　　　　　　　　　　　(b) 集中参数模型

图 7.2.2　铣床的结构简图及其集中参数模型

图 7.2.2(b)中，底座与地基、底座与床身、床身与摇臂、床身与铣刀轴、工作台与滑座、升降台与滑座的联结子结构，采用刚性梁，分别为子结构 I、IV、X、XVI、XIX、XX、XXIII。

从上述实例可知，集中参数模型的基本单元是两端有集中质量的当量弹性梁，每一个子结构都简化为一根集中参数单元梁，由于各子结构的形状、尺寸不同，转换各子结构的单元梁的参数也不相同。因此，在这样的模型中，各子结构的运动方程形式是不同的，只要推导出一根单元梁的运动方程，代入不同的参数后，就可以得到所有子结构的运动方程。得到所有子结构的运动方程后，将各子结构模型综合起来，即可求得整台机床结构的运动方程。下面讨论当量单元梁的运动方程。

1. 子结构的运动方程

为了描述各子结构在整个结构中的空间位置及其相互之间的联结情况，建立联系整个系统的整体坐标系 $Oxyz$(图 7.2.1 和图 7.2.2)，并在整体坐标系中对各集中质量和当量弹性梁进行编号。为了便于讨论和计算，还要建立属于每个子结构(单元梁)的局部坐标系 $x_iy_iz_i$，如图 7.2.3 所示。局部坐标系以单元梁的一端为原点，梁的轴线方向为 x_i 轴，按照右手规则确定 y_i 轴和 z_i 轴。这样，各单元梁在各自的局部坐标系中的运动方程具有相同的形式。于是，先在局部坐标系下导出各子结构的运动方程，再将这些运动方程变换到整体坐标系下，并进行合成，将使建立运动方程的工作大大简化。

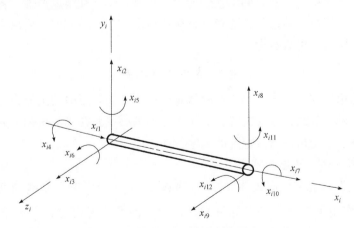

图 7.2.3　第 i 个单元梁的局部坐标系

将单元梁从整个系统中隔离出来，成为自由-自由状态。因为梁的两端是与其他子结构的结合部，要传递力，这些力对于隔离出来的单元梁，相当于作用在两端的外力，使单元梁产生振动。由于系统在三维空间中运动，故单元梁的每一端均有 6 个自由度：沿第 i 个单元梁局部坐标系三轴线 x_i、y_i、z_i 方向的直线运动和绕三坐标轴的旋转运动。设在第 i 个单元梁的左端各运动方向的作用力为 $f_{ij} = F_{ij}\mathrm{e}^{\mathrm{i}\omega t}$ $(j = 1,2,\cdots,6)$，其中 f_{i1}、f_{i2}、f_{i3} 分别为沿 x_i、y_i、z_i 轴线方向的交变力，而 f_{i4}、f_{i5}、f_{i6} 分别为绕 x_i、y_i、z_i 轴线的交变力矩。同样，在梁的右端各相应运动方向上的作用力为 $f_{ij} = F_{ij}\mathrm{e}^{\mathrm{i}\omega t}$ $(j = 7,8,\cdots,12)$，其中 f_{i7}、f_{i8}、f_{i9} 分别为沿 x_i、y_i、z_i 轴线方向的交变力，而 f_{i10}、f_{i11}、f_{i12} 分别为绕 x_i、y_i、z_i 轴线的交变力矩。将所有这些作用力顺次序写成向量形式为

$$f_i = \{f_{i1} \quad f_{i2} \quad \cdots \quad f_{i12}\}^{\mathrm{T}} = \{F_{i1} \quad F_{i2} \quad \cdots \quad F_{i12}\}^{\mathrm{T}}\mathrm{e}^{\mathrm{i}\omega t} = F_i\mathrm{e}^{\mathrm{i}\omega t} \tag{7.2.1}$$

式中，F_i 为单元梁受到的各方向交变力和力矩的幅值列阵。

单元梁在上述端点力的作用下，将产生相应的振动。交变力 f_{i1} 和 f_{i7} 将使梁产生沿轴线 x_i 方向的纵向振动 $x_{i1} = X_{i1}\mathrm{e}^{\mathrm{i}\omega t}$ 和 $x_{i7} = X_{i7}\mathrm{e}^{\mathrm{i}\omega t}$，交变力矩 f_{i4} 和 f_{i10} 将使梁产生绕 x_i 轴线方向的扭转振动 $x_{i4} = X_{i4}\mathrm{e}^{\mathrm{i}\omega t}$ 和 $x_{i10} = X_{i10}\mathrm{e}^{\mathrm{i}\omega t}$，$x_iy_i$ 平面内的交变力 f_{i2}、f_{i8} 与交变力矩 f_{i6}、f_{i12} 将使梁在 x_iy_i 平面内产生横向弯曲振动 x_{i2}、x_{i8} 及 x_{i6}、x_{i12} 等。将所有这些振动位移写成向量形式为

$$x_i = \{x_{i1} \quad x_{i2} \quad \cdots \quad x_{i12}\}^{\mathrm{T}} = \{X_{i1} \quad X_{i2} \quad \cdots \quad X_{i12}\}^{\mathrm{T}}\mathrm{e}^{\mathrm{i}\omega t} = X_i\mathrm{e}^{\mathrm{i}\omega t} \tag{7.2.2}$$

式中，X_i 为单元梁两端点复振幅的列阵。

建立运动坐标后，只要确定系统的惯性矩阵、刚度和阻尼矩阵，就可以用拉格朗日方程、影响系数法等方法建立系统的运动方程。单元梁在局部坐标下的运动方程的矩阵形式可表示为

$$m_i\ddot{x}_i + k_ix_i + \mathrm{i}c_ix_i = f_i \tag{7.2.3}$$

式中，左边第三项为假设梁单元的阻尼是迟滞型结构阻尼时的阻尼力；c_i 为梁单元在局部坐标下的结构阻尼矩阵；m_i 和 k_i 分别为梁单元在局部坐标下的惯性矩阵和刚度矩阵。下面讨论这些矩阵的确定方法。

1) 惯性矩阵和刚度矩阵

由于线性系统可以应用叠加原理，因此第 i 个单元梁在全部端点力 $f_{ij}(j = 7,8,\cdots,12)$ 作用下的振动可以分解为几种简单的情况来讨论，即梁单元分解为仅做沿 x_i 轴线的轴向振动、仅绕轴线 x_i 的扭转振动、仅在 x_iy_i 面内的弯曲振动和仅在 x_iz_i 面内的弯曲振动等四种情况，分别导出这四种情况的刚度矩阵和惯性矩阵。

假设根据子结构的性质和尺寸，计算得到当量单元梁的长度为 l，横截面积为 A，横截面的极惯性矩为 I_p，对 y_i 轴和 z_i 轴的截面惯性矩为 I_{yi} 和 I_{zi}，材料的弹性模量为 E，剪切弹性模量为 G，单位长度的质量为 ρ，对 x_i 轴转动惯性为 I_x，则当单元梁仅受轴线力 f_{i1} 和 f_{i7} 的作用而做轴向振动时，应用影响系数法，取两端点为节点，选用线性形状函数，可得到惯性矩阵和刚度矩阵为

$$m_{i1} = \frac{\rho l}{6} \begin{bmatrix} 2 & 1 \\ 1 & 2 \end{bmatrix}, \quad k_{i1} = \frac{EA}{l} \begin{bmatrix} 1 & -1 \\ -1 & 1 \end{bmatrix} \tag{7.2.4}$$

梁的扭转振动与轴向振动类似，式(7.2.4)中梁的质量 ρl 用转动惯量 I_x 代替，梁的轴向刚度 EA 用扭转刚度 GI_p 代替，则可得到单元梁仅受扭矩 f_{i4} 和 f_{i10} 的作用而做扭转振动时的惯性矩阵和刚度矩阵为

$$m_{i2} = \frac{I_x}{6} \begin{bmatrix} 2 & 1 \\ 1 & 2 \end{bmatrix}, \quad k_{i2} = \frac{GI_\mathrm{p}}{l} \begin{bmatrix} 1 & -1 \\ -1 & 1 \end{bmatrix} \tag{7.2.5}$$

当单元梁仅在 $x_i y_i$ 面内受到剪力 f_{i2}、f_{i8} 及弯矩 f_{i6}、f_{i12} 的作用而做弯曲振动时，应用影响系数法，选用一阶 Hermite 多项式(即三次多项式)作为形状函数，可得到其惯性矩阵和刚度矩阵为

$$m_{i3} = \frac{\rho l}{420} \begin{bmatrix} 156 & 22l & 54 & -13l \\ 22l & 4l^2 & 13l & -3l^2 \\ 54 & 13l & 156 & -22l \\ -13l & -3l^2 & -22l & 4l^2 \end{bmatrix}, \quad k_{i3} = \frac{EI_{zi}}{l^3} \begin{bmatrix} 12 & 6l & -12 & 6l \\ 6l & 4l^2 & -6l & 2l^2 \\ -12 & -6l & 12 & -6l \\ 6l & 2l^2 & -6l & 4l^2 \end{bmatrix} \tag{7.2.6}$$

当单元梁仅在 $x_i z_i$ 面内受到剪力 f_{i3}、f_{i9} 及弯矩 f_{i5}、f_{i11} 的作用而做弯曲振动时，应用影响系数法，选用一阶 Hermite 多项式作为形状函数，并注意到运动坐标的正方向，可得到其惯性矩阵和刚度矩阵为

$$m_{i4} = \frac{\rho l}{420} \begin{bmatrix} 156 & -22l & 54 & 13l \\ -22l & 4l^2 & -13l & -3l^2 \\ 54 & -13l & 156 & 22l \\ 13l & -3l^2 & 22l & 4l^2 \end{bmatrix}, \quad k_{i4} = \frac{EI_{yi}}{l^3} \begin{bmatrix} 12 & -6l & -12 & -6l \\ -6l & 4l^2 & 6l & 2l^2 \\ -12 & 6l & 12 & 6l \\ -6l & 2l^2 & 6l & 4l^2 \end{bmatrix} \tag{7.2.7}$$

将式(7.2.4)～式(7.2.7)的四个惯性矩阵和刚度矩阵按照端点力向量和振动位移的次序叠加在一起，如式(7.2.4)矩阵的元素顺序放在总矩阵中的第 2、6、8、12 行和列有关的位置，形成 12 阶的总质量矩阵和总刚度矩阵，表示为

$$
m_i = \frac{\rho l}{420}
\begin{bmatrix}
140 \\
0 & 156 \\
0 & 0 & 156 & & & & & & & & & 对 \\
0 & 0 & 0 & \dfrac{140I_x}{\rho l} \\
0 & 0 & -22l & 0 & 4l^2 & & & & & & & 称 \\
0 & 22l & 0 & 0 & 0 & 4l^2 \\
70 & 0 & 0 & 0 & 0 & 0 & 140 \\
0 & 54 & 0 & 0 & 0 & 13l & 0 & 156 \\
0 & 0 & 54 & 0 & -13l & 0 & 0 & 0 & 156 \\
0 & 0 & 0 & \dfrac{70I_x}{\rho l} & 0 & 0 & 0 & 0 & 0 & \dfrac{140I_x}{\rho l} \\
0 & 0 & 13l & 0 & -3l^2 & 0 & 0 & 0 & 22l & 0 & 4l^2 \\
0 & -13l & 0 & 0 & 0 & -3l^2 & 0 & -22l & 0 & 0 & 0 & 4l^2
\end{bmatrix}
$$

$$
k_i = \frac{E}{l^3}
\begin{bmatrix}
Al^2 \\
0 & 12I_{zi} \\
0 & 0 & 12I_{yi} & & & & & & & & & 对 \\
0 & 0 & 0 & \dfrac{GI_p}{E}l^2 \\
0 & 0 & -6I_{yi}l & 0 & 4I_{yi}l^2 & & & & & & & 称 \\
0 & -6I_{zi}l & 0 & 0 & 0 & 4I_{zi}l^2 \\
-Al^2 & 0 & 0 & 0 & 0 & 0 & Al^2 \\
0 & -12I_{zi} & 0 & 0 & 0 & -6I_{zi}l & 0 & 12I_{zi} \\
0 & 0 & -12I_{yi} & 0 & 6I_{yi}l & 0 & 0 & 0 & 12I_{yi} \\
0 & 0 & 0 & -\dfrac{GI_p}{E}l^2 & 0 & 0 & 0 & 0 & 0 & \dfrac{GI_p}{E}l^2 \\
0 & 0 & -6I_{yi}l & 0 & 2I_{yi}l^2 & 0 & 0 & 0 & 6I_{yi}l & 0 & 4I_{yi}l^2 \\
0 & 6I_{zi}l & 0 & 0 & 0 & 2I_{zi}l^2 & 0 & -6I_{zi}l & 0 & 0 & 0 & 4I_{zi}l^2
\end{bmatrix}
$$

$$\tag{7.2.8}$$

式(7.2.8)表示的质量矩阵和刚度矩阵为 12 阶方阵，为了简化计算，可以根据结构振动的具体情况，忽略振动很小的方向上的振动，而消去矩阵中相应的行或列，使矩阵的阶次降低。也可以通过将质量矩阵简化为对角矩阵而降低系统的耦合，即假设子结构的质量集中在单元梁的两端，而且没有惯性耦合。具体的简化方法如下：将子结构的质量按质心不变原则分配到单元梁的两端。如已知子结构的总质量为 M，其质心 O 距 1 端为 l_2，距 2 端为 l_1，如图 7.2.4(a)所示，则 1 端的集中质量 m_1 和 2 端的质量 m_2 分别为

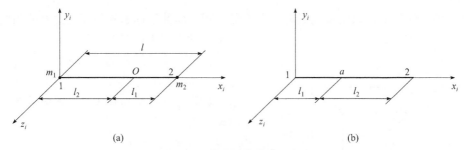

图 7.2.4　单元质量分配示意图

$$m_1 = \frac{l_1}{l}M = \rho l_1, \quad m_2 = \frac{l_2}{l}M = \rho l_2 \tag{7.2.9}$$

这样的质量分配相当于将单元梁自 a 点分为两个部分，如图 7.2.4(b)所示，假定这两部分梁的质量分别集中在 1 端和 2 端。考虑到长度为 l_1 的这一部分梁的质心在 1 端和 a 点的中间，根据转动惯量的平行移轴公式，对过 1 端和过 a 点并与 y_i 轴或 z_i 轴平行的轴线的转动惯量相等。同样，长度为 l_2 的这一部分梁对过 2 端和过 a 点并与 y_i 轴或 z_i 轴平行的轴线的转动惯量相等。于是，已知子结构对过 a 点并与 y_i 轴或 z_i 轴平行的轴线的转动惯量为 I_y、I_z，对 x_i 轴的转动惯量为 I_x，则将这些转动惯量按两端集中质量之比分配到两端，得到

$$I_{ij} = \frac{m_j}{M}I_i = \frac{l_j}{l}I_i, \quad i = x, y, z \,; \, j = 1, 2 \tag{7.2.10}$$

将式(7.2.10)的数值按端点力向量 $\boldsymbol{f}_i$ 和振动位移向量 $\boldsymbol{x}_i$ 的次序写成对角矩阵，就得到单元梁在局部坐标系下的简化惯性矩阵为对角矩阵，即

$$\boldsymbol{m}_i = \mathrm{diag}\left\{\rho l_1, \ \rho l_1, \ \rho l_1, \ \frac{l_1}{l}I_x, \ \frac{l_1}{l}I_y, \ \frac{l_1}{l}I_z, \ \rho l_2, \ \rho l_2, \ \rho l_2, \ \frac{l_2}{l}I_x, \ \frac{l_2}{l}I_y, \ \frac{l_2}{l}I_z\right\}$$

$$\tag{7.2.11}$$

2) 阻尼矩阵

结构阻尼主要由材料的性质决定，金属材料的结构阻尼比较小，其损耗因子一般在 0.001～0.02。因此，对于没有包括结合面的子结构可以不计阻尼。

2. 坐标变换

上面讨论的子结构的运动方程，是在各子结构的局部坐标中导出的。然而，各子结构在整体系统中的位置及其相互关系是由整体坐标来描述的。因此，将各子结构合成为整个系统时，应在整体坐标下进行。在合成之前，需要将各子结构的运动方程都变换为以统一的整体坐标系来表达。局部坐标系变换为整体坐标系

是一种几何变换，只要从整机动力学模型中知道局部坐标系和整体坐标系的角度关系，就可以进行变换。

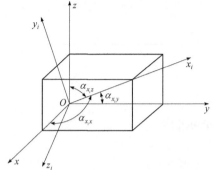

设第 i 个子结构的局部坐标系 $Ox_iy_iz_i$ 在整体坐标系 $Oxyz$ 中的位置如图 7.2.5 所示，则局部坐标系与整体坐标系的关系可以表示为

$$\begin{cases} x_i = x\cos\alpha_{x_ix} + y\cos\alpha_{x_iy} + z\cos\alpha_{x_iz} \\ y_i = x\cos\alpha_{y_ix} + y\cos\alpha_{y_iy} + z\cos\alpha_{y_iz} \\ z_i = x\cos\alpha_{z_ix} + y\cos\alpha_{z_iy} + z\cos\alpha_{z_iz} \end{cases}$$

图 7.2.5　局部坐标系与整体坐标系的关系

$$(7.2.12)$$

式中，α_{x_ix}、α_{x_iy}、α_{x_iz} 分别为 x_i 轴的方向与 x、y、z 轴之间的夹角；α_{y_ix}、α_{y_iy}、α_{y_iz} 分别为 y_i 轴的方向与 x、y、z 轴之间的夹角；α_{z_ix}、α_{z_iy}、α_{z_iz} 分别为 z_i 轴的方向与 x、y、z 轴之间的夹角。

式(7.2.12)写成矩阵形式为

$$\begin{Bmatrix} x_i \\ y_i \\ z_i \end{Bmatrix} = \begin{bmatrix} \cos\alpha_{x_ix} & \cos\alpha_{x_iy} & \cos\alpha_{x_iz} \\ \cos\alpha_{y_ix} & \cos\alpha_{y_iy} & \cos\alpha_{y_iz} \\ \cos\alpha_{z_ix} & \cos\alpha_{z_iy} & \cos\alpha_{z_iz} \end{bmatrix} \begin{Bmatrix} x \\ y \\ z \end{Bmatrix} = H \begin{Bmatrix} x \\ y \\ z \end{Bmatrix} \qquad (7.2.13)$$

式中，三阶方阵 H 是 $Ox_iy_iz_i$ 坐标系和 $Oxyz$ 坐标系的转换矩阵，称为**方向余弦矩阵**。单元梁的局部坐标系和整体坐标系之间的变换矩阵可以表示为

$$T = \begin{bmatrix} H & 0 & 0 & 0 \\ 0 & H & 0 & 0 \\ 0 & 0 & H & 0 \\ 0 & 0 & 0 & H \end{bmatrix} \qquad (7.2.14)$$

式中，0 为三阶零矩阵，则在局部坐标系和整体坐标系下，位移列向量之间的关系为

$$x_i = Tx \qquad (7.2.15)$$

式中，x_i、x 分别为局部坐标系和整体坐标系下梁端点的振动位移列向量，其元素分别为 x_{ij}、$x_j(j = 1, 2, \cdots, 12)$。

每一个端点振动位移都有一个同方向的端点力与之对应，因此单元梁在局部坐标系下的端点力列向量 f_i 和整体坐标系下的 f 方向的端点之间也有类似的变换关系，即

$$f_i = Tf \tag{7.2.16}$$

对于不同的子结构，其变换矩阵 T 不同，但对于同一子结构，T 是常数矩阵，故由式(7.2.15)可得

$$\dot{x}_i = T\dot{x}, \quad \ddot{x}_i = T\ddot{x} \tag{7.2.17}$$

将式(7.2.15)～式(7.2.17)代入式(7.2.3)得到

$$m_i T\ddot{x} + k_i Tx + \mathrm{i} c_i T\dot{x} = Tf \tag{7.2.18}$$

式中，$m_i T$ 和 $k_i T$ 仍为同阶的矩阵，但不一定是对称矩阵。在式(7.2.18)左乘 T^{-1}，有

$$T^{-1} m_i T\ddot{x} + T^{-1} k_i Tx + \mathrm{i} T^{-1} c_i T\dot{x} = T^{-1} Tf \tag{7.2.19}$$

式(7.2.19)可写为

$$m\ddot{x} + kx + \mathrm{i} c\dot{x} = f \tag{7.2.20}$$

式中，m、c、k 分别为单元梁在整体坐标系下的惯性矩阵、阻尼矩阵和刚度矩阵。H 矩阵是两个直角坐标系之间的变换矩阵，因此 T 是正交矩阵，即有 $T^{-1} = T^{\mathrm{T}}$，从而 m、c、k 矩阵分别为

$$m = T^{\mathrm{T}} m_i T, \quad c = T^{\mathrm{T}} c_i T, \quad k = T^{\mathrm{T}} k_i T \tag{7.2.21}$$

3. 子结构的动刚度和动柔度

在机床结构的动力分析和动态设计中，通常用动刚度或动柔度来表达结构的振动特性。因此，常常需要导出子结构的动刚度或动柔度的表达式。设子结构两端点各方向受到谐波激励力 $f = Fe^{\mathrm{i}\omega t}$ 的作用，相应梁端点各方向所产生的振动位移为 $x = Xe^{\mathrm{i}\omega t}$，将 f 和 x 代入运动方程(7.2.20)，并消去梁端点共同的因子 $e^{\mathrm{i}\omega t}$，得到

$$(k - \omega^2 m + \mathrm{i} c) X = F \tag{7.2.22}$$

式(7.2.22)可写为

$$F = KX \tag{7.2.23}$$

式(7.2.23)称为子结构动态特性的动刚度表达式，其中

$$K = k - \omega^2 m + \mathrm{i} c \tag{7.2.24}$$

为激振力幅与振幅之间的关系，和结构受到静力作用时的静变位方程类似，故称为子结构的动刚度矩阵，矩阵中的各元素为各运动坐标之间的动刚度。

若在式(7.2.23)的两端左乘 K^{-1}，则得到

$$X = K^{-1} F = AF \tag{7.2.25}$$

式(7.2.25)称为子结构动态特性的动柔度表达式，其中

$$A = (k - \omega^2 m + \mathrm{i}c)^{-1} \tag{7.2.26}$$

称为子结构的动柔度矩阵，动柔度矩阵与动刚度矩阵互为逆矩阵，即 $A=K^{-1}$。

将建立的子结构模型综合起来就得到整台机床结构的动力学模型。关于子结构的综合技术与方法，将在 7.5 节进行讨论。

7.2.2 分布质量梁模型

集中参数模型,特别是子结构较大而又将其质量集中在当量单元梁的两端时,显然比较粗糙,不能很好地逼近结构的动力特性，模拟实际结构的精度较低。增加子结构的数目、改进子结构质量的简化方式,都可以提高模型的模拟精度。将结构简化为质量均匀分布的等截面梁,就是一种更加接近实际,也便于计算的模型。

将如图 7.2.6 所示的卧式铣床简化为分布质量梁模型时,整台机床的动力学模型如图 7.2.7 所示。该模型总共划分为 37 个子结构,采用了弹性梁和刚性梁两种梁,弹性梁为分布质量的等截面梁,其当量长度、横截面积、截面惯性矩等参数由相应子结构的形状和尺寸确定。为了保证模型在空间的相对位置与实际机床一致,弹性梁之间可用刚性梁联结,刚性梁没有弹性,只能做刚体运动,如图中的粗实线所示。悬伸安装的电机等,其刚性比较高,本身的弹性变形对整机影响很小,可简化为刚性梁。

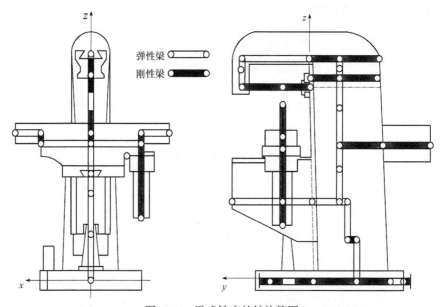

图 7.2.6　卧式铣床的结构简图

图 7.2.7 所示的分布质量梁模型与图 7.2.2 所示的集中参数模型相比，其区别在于各子结构的质量简化方式不同。下面讨论子结构振动特性表达式的具体方法。

　　将第 i 根待求的当量单元梁从整体系统中隔离出来，成为自由-自由状态，以端点力向量 $f = Fe^{i\omega t}$ 代替其在系统中所受的约束，相应于 f 各坐标方向的振动位移以 $x = Xe^{i\omega t}$ 表示，f 和 x 是元素 f_j 和 $x_j (j = 1, 2, \cdots, 12)$ 的列阵，其下标的标号如图 7.2.8 所示。

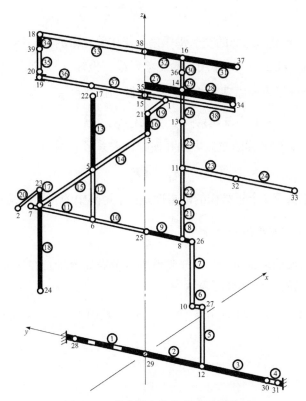

图 7.2.7　卧式铣床的分布质量梁模型

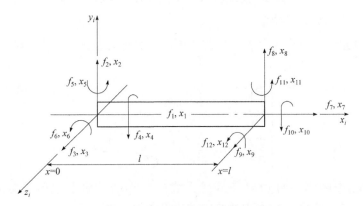

图 7.2.8　分布质量单元梁的局部坐标系

分布质量梁模型的振动特性通常用动柔度的形式表示。根据动柔度的定义，当系统受到第 j 坐标方向的激振力 $f = Fe^{i\omega t}$ 作用时，若系统在第 k 坐标方向产生同频率的振动 $x = Xe^{i\omega t}$ ，则有

$$x_j = A_{jk}F_k e^{i\omega t}, \quad A_{jk} = \frac{x_j}{f_k} = \frac{X_j}{F_k} \tag{7.2.27}$$

式中，A_{jk} 称为 j、k 坐标之间的交叉动柔度。若在单元梁的各坐标方向上同时有激振力 $f_j = F_j e^{i\omega t} (j=1,2,\cdots,12)$ 作用，而使单元梁在坐标 x_k 方向产生的激振位移为 $x_k = X_k e^{i\omega t}$ ，则按照叠加原理和式(7.2.27)，振动位移可表达为

$$X_k = A_{k1}F_1 + A_{k2}F_2 + \cdots + A_{k12}F_{12}, \quad k=1,2,\cdots,12 \tag{7.2.28}$$

于是，单元梁的所有坐标的激振力幅和振幅的关系可表示为

$$\boldsymbol{X}_i = \boldsymbol{A}_i\boldsymbol{F}_i \tag{7.2.29}$$

式中，矩阵 $\boldsymbol{A}_i$ 称为第 i 个子结构的动柔度矩阵，矩阵中的各元素是频率 ω 的函数。

1. 与横向振动有关的动柔度

由弹性体的振动理论可知，对于等截面的分布质量梁，在 x_iy_i 平面内的横向(y_i 方向)自由振动的振型函数可表示为

$$Y(x_i) = C_1\sin(\lambda x_i) + C_2\cos(\lambda x_i) + C_3\text{sh}(\lambda x_i) + C_4\text{ch}(\lambda x_i) \tag{7.2.30}$$

其中，

$$\lambda^4 = \frac{\omega^2\rho}{EI_{z_i}} \tag{7.2.31}$$

式中，ρ 为单元梁单位长度的质量；I_{z_i} 为单元梁对 z_i 轴的截面惯性矩。常数 C_1、C_2、C_3、C_4 由边界条件决定。

假如单元梁仅受端点力 $f_8 = F_8 e^{i\omega t}$ 的作用，其他各坐标均自由，则单元梁的边界条件为

$$\begin{cases} \dfrac{\mathrm{d}^2 Y}{\mathrm{d}x_i^2} = 0, & \dfrac{\mathrm{d}^3 Y}{\mathrm{d}x_i^3} = 0, & x_i = 0 \\[3mm] \dfrac{\mathrm{d}^2 Y}{\mathrm{d}x_i^2} = 0, & \dfrac{\mathrm{d}^3 Y}{\mathrm{d}x_i^3} = -\dfrac{F_6'}{EI_z}, & x_i = l \end{cases} \tag{7.2.32}$$

将式(7.2.32)中的第一种边界条件代入式(7.2.30)的二阶及三阶导数式，得到 $C_1 = C_3$，$C_2 = C_4$，由式(7.2.32)中的第二种边界条件，得到

$$C_1 = C_3 = \frac{F_8}{EI_{z_i}\lambda^3}\frac{\mathrm{ch}(\lambda l) - \cos(\lambda l)}{2[\mathrm{ch}(\lambda l)\cdot\cos(\lambda l) - 1]}, \quad C_2 = C_4 = \frac{F_8}{EI_{z_i}\lambda^3}\frac{\mathrm{sh}(\lambda l) - \sin(\lambda l)}{2[1 - \mathrm{ch}(\lambda l)\cdot\cos(\lambda l)]}$$

$$(7.2.33)$$

将 $x_i=0$ 代入式(7.2.30)，并考虑式(7.2.33)，可得到 $X_2=Y(0)=2C_2$，于是得到

$$A_{2,8} = \frac{X_2}{F_8} = \frac{\mathrm{sh}(\lambda l) - \sin(\lambda l)}{EI_{z_i}\lambda^3[1 - \mathrm{ch}(\lambda l)\cdot\cos(\lambda l)]} \tag{7.2.34}$$

将 $x_i=0$ 代入式(7.2.30)的一阶导数式，并考虑式(7.2.33)，可得到 $X_6=Y(0)$；同样将 $x_i=l$ 代入式(7.2.30)及其一阶导数式，并考虑式(7.2.33)，可得到 $X_8=Y(l)$、$X_{12}=Y(l)$，于是可以得到 $A_{6,8}$、$A_{8,8}$、$A_{12,8}$ 等，如

$$A_{8,8} = \frac{X_8}{F_8} = \frac{\mathrm{ch}(\lambda l)\cdot\sin(\lambda l_2) - \mathrm{sh}(\lambda l)\cdot\cos(\lambda l)}{EI_{z_i}\lambda^3[\mathrm{ch}(\lambda l)\cdot\cos(\lambda l) - 1]} \tag{7.2.35}$$

同理，改变边界条件即式(7.2.32)，即分别令单元梁仅受 f_2、f_6 或 f_{12} 中的一个端点力作用，其他各坐标自由，可导出与梁在 x_iy_i 平面内的很小振动有关的 2、6、8、12 等坐标的全部动柔度，共 16 个。

单元梁在 x_iz_i 平面内的横向(z_i 方向)自由振动的振型函数与式(7.2.30)完全相同，只需要将式中的 I_{z_i} 改为 I_{y_i}。因此，用上述相同的方法，可以求得与梁在 x_iz_i 平面内的横向振动有关的 3、5、9、11 等坐标方向的全部动柔度。

2. 与扭转振动有关的动柔度

等截面分布质量梁扭转自由振动的运动方程可表示为

$$\frac{\partial^2\theta}{\partial t^2} - \frac{GI_p}{I_{x_i}}\frac{\partial^2\theta}{\partial x_i^2} = 0 \tag{7.2.36}$$

式中，G 为剪切弹性模量；I_p 为梁横截面的极惯性矩；I_{x_i} 为单位长度梁对轴的转动惯量。

若梁的截面为圆形，则 $I_{x_i} = \rho I_p$，ρ 为质量密度。式(7.2.36)简化为

$$\frac{\partial^2\theta}{\partial x_i^2} = \frac{1}{b^2}\frac{\partial^2\theta}{\partial t^2}, \quad b = \sqrt{G/\rho} \tag{7.2.37}$$

设式(7.2.36)的解为

$$\theta(x_i,t) = \Theta(x_i)\mathrm{e}^{\mathrm{i}\omega t} \tag{7.2.38}$$

将式(7.2.38)代入式(7.2.36)，并令

$$\lambda_{\mathrm{T}}^2 = \frac{\omega I_{x_i}}{GI_p} \tag{7.2.39}$$

得到振型函数为

$$\Theta(x_i) = C_1 \sin(\lambda_T x_i) + C_2 \cos(\lambda_T x_i) \tag{7.2.40}$$

式中，常数 C_1、C_2 由边界条件决定。如果梁仅受端点力 $f_{10} = F_{10}\mathrm{e}^{\mathrm{i}\omega t}$ 的作用，其他各坐标均自由，则此时的边界条件可写为

$$\begin{cases} \dfrac{\partial \theta}{\partial x_i} = 0, & x_i = 0 \\[3mm] \dfrac{\partial \theta}{\partial x_i} = -\dfrac{1}{GI_p} F_{10}\mathrm{e}^{\mathrm{i}\omega t}, & x_i = l \end{cases} \tag{7.2.41}$$

将边界条件(7.2.41)代入式(7.2.40)的一阶导数式，可求得

$$C_1 = 0, \quad C_2 = \frac{F_{10}}{GI_p \lambda_T} \cdot \frac{1}{\sin(\lambda_T l)} \tag{7.2.42}$$

将式(7.2.42)代入式(7.2.40)，令 $x_i = 0$ 求出 X_4，令 $x_i = l$ 求出 X_{10}，从而得到

$$A_{4,10} = \frac{X_4}{F_{10}} = \frac{1}{GI_p \lambda_T \sin(\lambda_T l)}, \quad A_{10,10} = \frac{X_{10}}{F_{10}} = \frac{\cos(\lambda_T l)}{GI_p \lambda_T \sin(\lambda_T l)} \tag{7.2.43}$$

同理，改变边界条件为梁仅受端点力 $f_4 = F_4\mathrm{e}^{\mathrm{i}\omega t}$ 的作用，又可导出 $A_{4,4}$ 和 $A_{10,4}$。

3. 与轴向振动有关的动柔度

梁沿其轴线方向(x_i 方向)的自由振动方程可表示为

$$\frac{\partial^2 u}{\partial t^2} - \frac{EA}{m} \frac{\partial^2 u}{\partial x_i^2} = 0 \tag{7.2.44}$$

式(7.2.44)和扭转振动的运动方程(7.2.36)的形式完全相同，仅常数不同。因此，应用扭转振动导出的结果，改变相应的常数，即可得到与轴向振动有关的坐标方向 1 和 7 的动柔度。

通过上述计算求得：与梁在 $x_i y_i$ 平面内的横向振动有关的坐标方向的动柔度 $A_{ij}(i,j=2,6,8,12)$ 16 个；与梁在 $x_i z_i$ 平面内的横向振动有关的坐标方向的动柔度 $A_{ij}(i,j=3,5,9,11)$ 共 16 个；与扭转振动有关的坐标方向的动柔度 $A_{i,j}(i,j=4,10)$ 4 个，与梁的轴向振动有关的坐标方向的动柔度 $A_{i,j}(i,j=1,7)$ 4 个，共 40 个。动柔度矩阵中的其他元素都为零，因为相应坐标方向之间没有耦合，所以动柔度矩阵中的所有元素就完全确定了。

7.2.3 机床动力特性的模态表达式

机床结构一般比较复杂，需要做一定程度的简化才能建立起可供动力分析和动态设计的动力学模型，而按照图纸做过多的简化，常常不能达到要求的模拟精度。对于结合状态复杂的结合部，一般不能从理论计算得到等效弹簧刚度、阻尼系数等特性参数，应用参数识别技术，有可能建立起既满足模拟精度要求又比较

简单的动力学模型，也有可能比较准确地识别特性参数。因此，参数识别技术在机床结构动力分析和动态设计中具有重要意义。

机床结构理论上是一个无限多自由度系统，应该有无限多阶模态。实际上，机床的动力特性主要由少数低阶模态决定，只要应用这些模态就可以较精确地表达机床的动力特性。可见，机床结构的模态自由度比物理自由度小很多。因此，只要建立的动力学模型能为少数低阶模态提供准确的计算结果，就能较准确地模拟实际结构的动力特性，就能满足机床结构动力分析和动态设计的要求。如何应用结构的动态实验数据识别或探索出机床结构的动力学模型，具有很多方法，如机械阻抗轮廓图技术和各种模态方法。下面主要从基本原理方面讨论模态分析法。

应用模态分析法，机床结构的动力响应、动柔度等特性都可用各阶模态的参数来表达，这种表达式简称**模态表达式**。对机床结构进行动态实验又可测量出该结构的动柔度和各阶自然频率、阻尼比等模态参数，这样，通过结构动力特性的模态表达式，将动态测试数据和模态参数联系起来，再应用模态参数进行坐标变换或按某种程序进行识别，动力学模型的各物理参数就可以确定。因此，由模态分析导出结构动力特性的模态表达式，是应用测试数据建立结构动力学模型的基础。

1. 比例阻尼

当结构阻尼满足比例阻尼的假设，或者阻尼较小，其模态阻尼矩阵可以近似作为对角矩阵处理时，对结构可进行实模态为基础的模态分析，得到结构对谐波激振力 $p = Pe^{i\omega t}$ 的响应 $x = Xe^{i\omega t}$，激振点动柔度 $A_{jj}(\omega)$ 和 k、j 坐标之间的交叉动柔度 $A_{kj}(\omega)$ 等模态表达式。

1) 具有黏性比例阻尼的结构

根据振动理论，对于具有黏性比例阻尼的结构，系统响应的幅值和动柔度可以分别表示为

$$X = \sum_{r=1}^{n} \frac{u^{(r)T}Pu^{(r)}}{M_r(\omega_{nr}^2 - \omega^2 + i2\xi_r\omega_{nr}\omega)} = \sum_{r=1}^{n} \frac{u^{(r)T}Pu^{(r)}}{K_r[1 - (\omega/\omega_{nr})^2 + i2\xi_r\omega/\omega_{nr}]} \quad (7.2.45)$$

$$A_{kj}(\omega) = \frac{X_k}{P_j} = \sum_{r=1}^{n} \frac{u_k^{(r)}u_j^{(r)}}{K_r[1 - (\omega/\omega_{nr})^2 + i2\xi_r\omega/\omega_{nr}]} = \sum_{r=1}^{n} \frac{(a_{kj})_r}{[1 - (\omega/\omega_{nr})^2 + i2\xi_r\omega/\omega_{nr}]}$$

$$(7.2.46)$$

式中，ω_{nr} 为第 r 阶的自然频率；M_r、K_r、ξ_r 分别为第 r 阶模态的模态质量、模态刚度和模态阻尼比；$(a_{kj})_r$ 为第 r 阶模态的柔度系数。ξ_r 和 $(a_{kj})_r$ 可表示为

$$\xi_r = \frac{C_r}{2\omega_{nr}M_r} = \frac{1}{2\omega_{nr}} \frac{u^{(r)T}cu^{(r)}}{u^{(r)T}mu^{(r)}}, \quad (a_{kj})_r = \frac{u_k^{(r)}u_j^{(r)}}{K_r} \quad (7.2.47)$$

式中，$u_j^{(r)}$ 表示第 r 阶主模态 $u^{(r)}$ 的第 j 个元素，也就是结构上第 j 个坐标以第 r

阶自然频率振动时的振幅。由于主模态是实向量，其各分量 u_j 都是实数，只有振幅的差别，相位是相同或相反的，因此模态柔度 $(a_{kj})_r$ 也是实数。

2) 具有迟滞比例阻尼的结构

设结构的迟滞阻尼矩阵为 $\boldsymbol{h}$，由于迟滞阻尼也是比例阻尼，以实模态矩阵作为矩阵变换可使 $\boldsymbol{h}$ 变换为和对角矩阵 $\boldsymbol{H}$，其中第 r 个元素 H_r 为

$$H_r = \boldsymbol{u}^{(r)\mathrm{T}} \boldsymbol{h} \boldsymbol{u}^{(r)} \tag{7.2.48}$$

式中，H_r 为第 r 阶模态的阻尼系数，以等效黏性阻尼来表示，则有

$$H_r = 2\xi_r \frac{\omega}{\omega_{\mathrm{n}r}} K_r = \eta_r K_r$$

其中，η_r 称为第 r 阶模态的损耗因子，

$$\eta_r = 2\xi_r \frac{\omega}{\omega_{\mathrm{n}r}} = \frac{H_r}{K_r} = \frac{H_r}{\omega_{\mathrm{n}r}^2 M_r} = \frac{1}{\omega_{\mathrm{n}r}^2} \frac{\boldsymbol{u}^{(r)\mathrm{T}} \boldsymbol{h} \boldsymbol{u}^{(r)}}{\boldsymbol{u}^{(r)\mathrm{T}} \boldsymbol{m} \boldsymbol{u}^{(r)}} \tag{7.2.49}$$

将式(7.2.49)代入式(7.2.45)和式(7.2.46)，可得

$$\boldsymbol{X} = \sum_{r=1}^{n} \frac{\boldsymbol{u}^{(r)\mathrm{T}} \boldsymbol{P} \boldsymbol{u}^{(r)}}{M_r(\omega_{\mathrm{n}r}^2 - \omega^2 + \mathrm{i}\eta_r \omega_{\mathrm{n}r})} = \sum_{r=1}^{n} \frac{\boldsymbol{u}^{(r)\mathrm{T}} \boldsymbol{P} \boldsymbol{u}^{(r)}}{K_r[1 - (\omega/\omega_{\mathrm{n}r})^2 + \mathrm{i}\eta_r]} \tag{7.2.50}$$

$$A_{kj}(\omega) = \frac{X_k}{P_j} = \sum_{r=1}^{n} \frac{u_k^{(r)} u_j^{(r)}}{K_r[1 - (\omega/\omega_{\mathrm{n}r})^2 + \mathrm{i}\eta_r]} = \sum_{r=1}^{n} \frac{(a_{kj})_r}{[1 - (\omega/\omega_{\mathrm{n}r})^2 + \mathrm{i}\eta_r]} \tag{7.2.51}$$

2. 一般阻尼

当结构的阻尼不满足比例阻尼的条件，实模态矩阵不能使运动方程解除耦合时，需要对结构进行复模态为基础的模态分析，得到的动力响应和动柔度用复模态参数来表达。

1) 具有一般黏性阻尼的结构

对于具有一般黏性阻尼的结构，设系统的运动方程为

$$\boldsymbol{m}\ddot{\boldsymbol{x}} + \boldsymbol{c}\dot{\boldsymbol{x}} + \boldsymbol{k}\boldsymbol{x} = \boldsymbol{p} \tag{7.2.52}$$

其实模态矩阵不能使阻尼矩阵对角化而解除运动方程的耦合，但经过某些变换，仍有可能进行模态分析，求得模态表达式。将恒等式

$$\boldsymbol{m}\dot{\boldsymbol{x}} - \boldsymbol{m}\dot{\boldsymbol{x}} = 0 \tag{7.2.53}$$

与式(7.2.52)合并，得到如下 2^n 矩阵方程：

$$\begin{bmatrix} \boldsymbol{c} & \boldsymbol{m} \\ \boldsymbol{m} & 0 \end{bmatrix} \begin{Bmatrix} \dot{\boldsymbol{x}} \\ \ddot{\boldsymbol{x}} \end{Bmatrix} + \begin{bmatrix} \boldsymbol{k} & 0 \\ 0 & -\boldsymbol{m} \end{bmatrix} \begin{Bmatrix} \boldsymbol{x} \\ \dot{\boldsymbol{x}} \end{Bmatrix} = \begin{Bmatrix} \boldsymbol{p} \\ 0 \end{Bmatrix} \tag{7.2.54}$$

式(7.2.54)可简记为

$$A\dot{y} - By = f \tag{7.2.55}$$

式中，

$$y = \{x \quad \dot{x}\}^{\mathrm{T}}, \quad f = \{p \quad 0\}^{\mathrm{T}} \tag{7.2.56}$$

系数矩阵 A 和 B 都是实对称的 2^n 阶方阵，由系统的参数组成，当 $f=0$ 时，设式(7.2.55)的解为 $y = Y_0 e^{\lambda t}$，将它代入式(7.2.55)，得到

$$(\lambda A + B)Y_0 = 0 \tag{7.2.57}$$

式(7.2.57)是矩阵 A 和 B 的特征值问题，如果系统阻尼是小于其临界阻尼的一般情况，求解式(7.2.57)，可得 n 对($2n$ 个)具有负实部的共轭复根：

$$\lambda_r = -\alpha_r + \mathrm{i}\omega_{\mathrm{d}r}, \quad \overline{\lambda}_r = -\alpha_r - \mathrm{i}\omega_{\mathrm{d}r}, \quad r = 1, 2, \cdots, n \tag{7.2.58}$$

式中，$\omega_{\mathrm{d}r}$ 和 α_r 分别为第 r 阶模态的有阻尼自然频率和衰减系数。若记第 r 阶模态的无阻尼自然频率为 $\omega_{\mathrm{n}r}$，模态阻尼比为 ξ_r，则有 $\omega_{\mathrm{d}r} = \omega_{\mathrm{n}r}\sqrt{r\xi_r^2}$，$\alpha_r = \omega_{\mathrm{n}r}\xi_r$。

将 λ 的每一对共轭复根代入式(7.2.57)，可得到一对共轭复特征向量，与特征值 λ_r、$\overline{\lambda}_r$ 对应的特征向量为 φ_r 和 $\overline{\varphi}_r$ 都是 $2n$ 维的复向量，按照式(7.2.56)可分割为两个 n 维的复向量，即

$$\varphi^{(r)} = \left\{\psi^{(r)} \quad \lambda_r\psi^{(r)}\right\}^{\mathrm{T}}, \quad \overline{\varphi}^{(r)} = \left\{\overline{\psi}^{(r)} \quad \overline{\lambda}_r\overline{\psi}^{(r)}\right\}^{\mathrm{T}} \tag{7.2.59}$$

由于 A 和 B 为实对称矩阵，可以证明 $\varphi^{(r)}$ 和 $\overline{\varphi}^{(r)}$ 对于 A 和 B 矩阵都具有正交性。任选两个不同的特征值 λ_r 和 λ_s 及其相应的特征向量 $\varphi^{(r)}$ 和 $\varphi^{(s)}$ 代入式(7.2.57)，有

$$\lambda_r A\varphi^{(r)} = -B\varphi^{(r)}, \quad \lambda_s A\varphi^{(s)} = -B\varphi^{(s)} \tag{7.2.60}$$

在式(7.2.60)的第一式两端左乘 $\varphi^{(s)\mathrm{T}}$，第二式两端左乘 $\varphi^{(r)\mathrm{T}}$，得到

$$\lambda_r \varphi^{(s)\mathrm{T}} A\varphi^{(r)} = -\varphi^{(s)\mathrm{T}} B\varphi^{(r)}, \quad \lambda_s \varphi^{(r)\mathrm{T}} A\varphi^{(s)} = -\varphi^{(r)\mathrm{T}} B\varphi^{(s)} \tag{7.2.61}$$

将式(7.2.61)的第一式两端同时转置，并考虑到 A 和 B 的对称性，则有

$$\lambda_r \varphi^{(r)\mathrm{T}} A\varphi^{(s)} = -\varphi^{(r)\mathrm{T}} B\varphi^{(s)} \tag{7.2.62}$$

式(7.2.62)减去式(7.2.61)的第二式得到

$$(\lambda_r - \lambda_s)\varphi^{(r)\mathrm{T}} A\varphi^{(s)} = 0 \tag{7.2.63}$$

从而得到正交性关系式为

$$\varphi^{(r)\mathrm{T}} A\varphi^{(s)} = \begin{cases} 0, & r \neq s \\ a_r, & r = s \end{cases}, \quad \varphi^{(r)\mathrm{T}} B\varphi^{(s)} = \begin{cases} 0, & r \neq s \\ b_r, & r = s \end{cases} \tag{7.2.64}$$

同理可得

$$\overline{\boldsymbol{\varphi}}^{(r)\mathrm{T}} \boldsymbol{A} \overline{\boldsymbol{\varphi}}^{(s)} = \begin{cases} 0, & r \neq s \\ \overline{a}_r, & r = s \end{cases}, \quad \overline{\boldsymbol{\varphi}}^{(r)\mathrm{T}} \boldsymbol{B} \overline{\boldsymbol{\varphi}}^{(s)} = \begin{cases} 0, & r \neq s \\ \overline{b}_r, & r = s \end{cases} \tag{7.2.65}$$

由于特征向量 $\boldsymbol{\varphi}^{(r)}$ 和 $\overline{\boldsymbol{\varphi}}^{(r)}$ 等对 $\boldsymbol{A}$ 和 $\boldsymbol{B}$ 都具有正交性，由全部特征向量组成的 2^n 阶矩阵 $\boldsymbol{\Phi}$ 作为变换矩阵，对方程(7.2.55)进行坐标变换，将使方程(7.2.55)解除耦合，根据式(7.2.59)，矩阵 $\boldsymbol{\Phi}$ 可分割为四阶方阵，即

$$\boldsymbol{\Phi} = \begin{bmatrix} \boldsymbol{\varphi}^{(1)} & \boldsymbol{\varphi}^{(2)} & \cdots & \boldsymbol{\varphi}^{(n)} & \overline{\boldsymbol{\varphi}}^{(1)} & \overline{\boldsymbol{\varphi}}^{(2)} & \cdots & \overline{\boldsymbol{\varphi}}^{(n)} \end{bmatrix} = \begin{bmatrix} \boldsymbol{\psi} & \overline{\boldsymbol{\psi}} \\ \boldsymbol{\psi}\boldsymbol{\Lambda} & \overline{\boldsymbol{\psi}}\overline{\boldsymbol{\Lambda}} \end{bmatrix} \tag{7.2.66}$$

式中，$\boldsymbol{\Lambda}$ 为 n 个特征值 λ_r ($r=1,2,\cdots,n$)组成的 n 阶对角阵；$\boldsymbol{\psi}$ 为 n 个复模态 $\boldsymbol{\varphi}^{(r)}$ 组成的 n 阶复模态矩阵。

设系统受到谐波激振力 $\boldsymbol{p} = \boldsymbol{P}\mathrm{e}^{\mathrm{i}\omega t}$ 的作用，其响应为 $\boldsymbol{x} = \boldsymbol{X}\mathrm{e}^{\mathrm{i}\omega t}$，即

$$\boldsymbol{f} = \boldsymbol{F}\mathrm{e}^{\mathrm{i}\omega t} = \begin{Bmatrix} \boldsymbol{P} \\ 0 \end{Bmatrix} \mathrm{e}^{\mathrm{i}\omega t}, \quad \boldsymbol{y} = \boldsymbol{Y}\mathrm{e}^{\mathrm{i}\omega t} = \begin{Bmatrix} \boldsymbol{X} \\ \mathrm{i}\omega \boldsymbol{X} \end{Bmatrix} \mathrm{e}^{\mathrm{i}\omega t} \tag{7.2.67}$$

做线性变换

$$\boldsymbol{Y} = \boldsymbol{\Phi}\boldsymbol{Q} = [\boldsymbol{\varphi} \quad \overline{\boldsymbol{\varphi}}] \begin{Bmatrix} \boldsymbol{q} \\ \overline{\boldsymbol{q}} \end{Bmatrix} \tag{7.2.68}$$

将方程(7.2.55)变换到模态矩阵，得

$$\mathrm{i}\omega \boldsymbol{\Phi}^{\mathrm{T}} \boldsymbol{A} \boldsymbol{\Phi}\boldsymbol{Q} + \boldsymbol{\Phi}^{\mathrm{T}} \boldsymbol{B} \boldsymbol{\Phi}\boldsymbol{Q} = \boldsymbol{\Phi}^{\mathrm{T}} \boldsymbol{F} \tag{7.2.69}$$

$$\begin{cases} (\mathrm{i}\omega \boldsymbol{\varphi}^{(r)\mathrm{T}} \boldsymbol{A} \boldsymbol{\varphi}^{(r)} + \boldsymbol{\varphi}^{(r)\mathrm{T}} \boldsymbol{B} \boldsymbol{\varphi}^{(r)})q_r = \boldsymbol{\psi}^{(r)\mathrm{T}} \boldsymbol{P} \\ (\mathrm{i}\omega \overline{\boldsymbol{\varphi}}^{(r)\mathrm{T}} \boldsymbol{A} \overline{\boldsymbol{\varphi}}^{(r)} + \overline{\boldsymbol{\varphi}}^{(r)\mathrm{T}} \boldsymbol{B} \overline{\boldsymbol{\varphi}}^{(r)})\overline{q}_r = \overline{\boldsymbol{\psi}}^{(r)\mathrm{T}} \boldsymbol{P} \end{cases}, \quad r = 1,2,\cdots,n \tag{7.2.70}$$

由式(7.2.70)可解得

$$q_r = \frac{\boldsymbol{\psi}^{(r)\mathrm{T}} \boldsymbol{P}}{\mathrm{i}\omega a_r + b_r}, \quad \overline{q}_r = \frac{\overline{\boldsymbol{\psi}}^{(r)\mathrm{T}} \boldsymbol{P}}{\mathrm{i}\omega \overline{a}_r + \overline{b}_r} \tag{7.2.71}$$

将式(7.2.71)代回式(7.2.68)，并考虑到式(7.2.66)和式(7.2.67)的第二式，得到

$$\boldsymbol{X} = \boldsymbol{\psi}\boldsymbol{q} + \overline{\boldsymbol{\psi}}\overline{\boldsymbol{q}} = \sum_{r=1}^{n} \left(\frac{\boldsymbol{\psi}^{(r)\mathrm{T}} \boldsymbol{P}\boldsymbol{\psi}^{(r)}}{\mathrm{i}\omega a_r + b_r} + \frac{\overline{\boldsymbol{\psi}}^{(r)\mathrm{T}} \boldsymbol{P}\overline{\boldsymbol{\psi}}^{(r)}}{\mathrm{i}\omega \overline{a}_r + \overline{b}_r} \right) \tag{7.2.72}$$

由式(7.2.62)、式(7.2.64)和式(7.2.65)可知，$\lambda_r = -b_r / a_r$，$\overline{\lambda}_r = -\overline{b}_r / \overline{a}_r$，如果系统仅在 j 坐标受到谐波激振力的作用，则 k、j 间的动柔度为

$$A_{kj}(\omega) = \frac{X_k}{P_j} = \sum_{r=1}^{n} \left(\frac{\psi_k^{(r)} \psi_j^{(r)}}{a_r(\mathrm{i}\omega - \lambda_r)} + \frac{\overline{\psi}_k^{(r)} \overline{\psi}_j^{(r)}}{\overline{a}_r(\mathrm{i}\omega - \overline{\lambda}_r)} \right) \tag{7.2.73}$$

式中，$\psi_k^{(r)}$、$\psi_j^{(r)}$ 为 r 阶复模态 $\boldsymbol{\psi}^{(r)}$ 的第 k 个和第 j 个元素，$\overline{\psi}_k^{(r)}$、$\overline{\psi}_j^{(r)}$ 为 $\overline{\boldsymbol{\psi}}^{(r)}$ 的

第 k 个和第 j 个元素，它们都是复数，而且 $\psi_k^{(r)}$ 和 $\overline{\psi}_k^{(r)}$ 共轭，$\psi_j^{(r)}$ 和 $\overline{\psi}_j^{(r)}$ 共轭。因此可令

$$\frac{\psi_k^{(r)}\psi_j^{(r)}}{a_r} = (U_{kl})_r + \mathrm{i}(V_{kl})_r, \qquad \frac{\overline{\psi}_k^{(r)}\overline{\psi}_j^{(r)}}{\overline{a}_r} = (U_{kl})_r - \mathrm{i}(V_{kl})_r \tag{7.2.74}$$

将式(7.2.74)代入式(7.2.73)，可得

$$A_{kj}(\omega) = \sum_{r=1}^{n} \frac{(a_{kj})_r + \mathrm{i}(a_{kj})'_r \omega / \omega_{\mathrm{nr}}}{[1 - (\omega / \omega_{\mathrm{nr}})^2 + \mathrm{i}2\xi_r \omega / \omega_{\mathrm{nr}}]} \tag{7.2.75}$$

式中，

$$(a_{kj})_r = \sum_{r=1}^{n} \frac{2\xi_r(U_{kj})_r - 2\sqrt{1-\xi_r^2}(V_{kj})_r}{\omega_{\mathrm{nr}}}, \qquad (a_{kj})'_r = \sum_{r=1}^{n} \frac{2(U_{kj})_r}{\omega_{\mathrm{nr}}} \tag{7.2.76}$$

式(7.2.75)中，分母就是放大因子，和式(7.2.46)的分母完全相同，分子则是一个由复模态参数确定的复数。同阻尼比例的情况不同，此时的模态动柔度为复柔度，即当 $\omega = \omega_{\mathrm{nr}}$ 时，位移与激振力的相位差将不是 $\pi/2$，而是 $\pi/2 - \theta_r$，其中

$$\theta_r = \arctan \frac{(a_{kl})'_r}{(a_{kl})_r} \tag{7.2.77}$$

2) 具有一般迟滞阻尼的结构

对于具有一般迟滞阻尼的结构，设系统的运动方程为

$$m\ddot{x} + \mathrm{i}h\dot{x} + kx = p \tag{7.2.78}$$

其特征方程为

$$\det(k + \mathrm{i}h - \lambda m) = 0 \tag{7.2.79}$$

求解式(7.2.79)可得 n 个复特征值 $\lambda_r (r = 1, 2, \cdots, n)$ 和响应的 n 个复特征向量，满足齐次方程：

$$(k + \mathrm{i}h - \lambda m)\psi^{(r)} = 0 \tag{7.2.80}$$

式中，$\psi^{(r)}$ 称为复主模态，与只依赖于 k 和 m 的实主模态 $u^{(r)}$ 不同，$\psi^{(r)}$ 是由 k、m 和 h 决定的，其每个分量均为复数。复主模态具有正交性，即

$$\psi^{(r)\mathrm{T}}m\psi^{(r)} = \begin{cases} 0, & r \neq s \\ M_r, & r = s \end{cases}, \qquad \psi^{(r)\mathrm{T}}(k + \mathrm{i}h)\psi^{(r)} = \begin{cases} 0, & r \neq s \\ K_r(1 + \mathrm{i}\eta_r), & r = s \end{cases} \tag{7.2.81}$$

于是，以 n 个复主模态 ψ 组成的复模态矩阵对方程(7.2.80)进行模态分析，可得

$$X = \sum_{r=1}^{n} \frac{\psi^{(r)\mathrm{T}}P\psi^{(r)}}{M_r(\omega_{\mathrm{nr}}^2 - \omega^2 + \mathrm{i}\eta_r\omega_{\mathrm{nr}}^2)} = \sum_{r=1}^{n} \frac{\psi^{(r)\mathrm{T}}P\psi^{(r)}}{K_r[1 - (\omega / \omega_{\mathrm{nr}})^2 + \mathrm{i}\eta_r]} \tag{7.2.82}$$

$$A_{kj}(\omega) = \frac{X_k}{P_j} = \sum_{r=1}^{n} \frac{\psi_k^{(r)}\psi_j^{(r)}}{K_r[1-(\omega/\omega_{\mathrm{n}r})^2 + \mathrm{i}\eta_r]} = \sum_{r=1}^{n} \frac{(a_{kj})_r}{[1-(\omega/\omega_{\mathrm{n}r})^2 + \mathrm{i}\eta_r]} \quad (7.2.83)$$

式(7.2.83)和式(7.2.75)类似,分子所表示的模态柔度是一个复数。

上述分析结果表明,结构在各种情况下的动力特性都可以用模态参数来表示,只是对于具有比例阻尼的结构用实模态参数,对于具有一般阻尼的结构是用复模态参数。结构对激振力的响应或动柔度是其所有模态按一定比例叠加起来的,第 r 阶模态对总响应或总柔度的贡献大小取决于该模态的参数和激振频率。由于在实际中,只有一定频率范围内的动力特性才影响结构的工作状态,因此对结构动力特性影响最大的是其自然频率在这个频率范围内的那些模态,自然频率低于和高于这个频率范围的低阶模态和高阶模态的影响则比较小。若考虑的频率范围足够宽,低阶模态和高阶模态的影响可以忽略不计,必要时则可以用一个剩余响应或剩余柔度分别考虑低阶模态和高阶模态的影响。这样,实际上只用少数的模态就可以相当精确地表达结构的动力特性。

7.2.4　模态参数的识别方法

结构的模态参数可以用多种实验方法和多种数据处理方法识别出来。实验方法有多点激振和单点激振两类。多点激振是采用专门的装置同时以多个激振器进行激振,激起结构的纯模态,直接测量出一部分模态参数,再用附加质量法、附加正交力法、复功法等方法识别出其他模态参数。

单点激振是在结构上一个合适的点进行激振,在多个点上进行响应的测量。激振信号可以是正弦的、瞬态的或随机的,可以进行绝对激振,也可以进行相对激振。测量的数据一般处理成结构的动柔度频率响应,并可以绘制成幅频响应曲线和相频响应曲线,或者绘制成实频响应曲线或虚频响应曲线,最常用的是绘制成幅相特性曲线,即奈奎斯特图。无论通过什么手段获得测试数据,再选用合适的识别方法即可识别出结构的各阶模态参数,其中常用的有特征向量搜索法、曲线拟合法和最小二乘法等。

1. 特征向量搜索法

假定测量数据是对结构进行绝对激振取得的绝对值,结构的阻尼较小或满足比例阻尼的条件,响应可分解为实模态,也就是式(7.2.46)和式(7.2.51)作为识别的基础。特征向量搜索法的具体步骤如下。

1) 确定各阶模态的共振频率、模态质量、模态刚度和模态阻尼

在结构上选择一个合适的激振点进行激振和响应测量。若识别的对象是整台机床,则合适的激振点为刀具和工件接触的切削点。设选择的激振点为 j,则在 j 点激振的同时,在 j 点测量响应,可得下列三组数据:①各阶模态的共振频率

$\omega_{\mathrm{n}r}(r=1,2,\cdots,n)$；②各阶共振频率时结构的激振点的动柔度 $A_{jj}(\omega)$；③各阶模态的损耗因子 η_r 或模态阻尼比 ξ_r。在这些数据中，$A_{jj}(\omega)$ 可直接测量得到；共振频率很接近自然频率，各阶共振频率可作为各阶自然频率的近似值；各阶模态阻尼比虽然不能直接测量出来，但不难根据记录的任何一种响应曲线按半功率点公式或其他方法加以确定。

将 $\omega_{\mathrm{n}r}$、$A_{jj}(\omega)$、η_r、ξ_r 代入动柔度的模态表达式(7.2.51)，得到一组代数方程，即

$$A_{jj}(\omega_{\mathrm{n}k}) = \sum_{r=1}^{n} \frac{(u_j^{(r)})^2}{K_r[1-(\omega_{\mathrm{n}k}/\omega_{\mathrm{n}r})^2+\mathrm{i}\eta_r]}, \quad k=1,2,\cdots,n \tag{7.2.84}$$

求解方程(7.2.84)，可解出 n 个未知量 $(u_j^{(r)})^2/K_r$ $(r=1,2,\cdots,n)$，再根据正则化条件确定模态质量 M_r、模态刚度 K_r、模态阻尼 C_r 和模态矩阵 $\boldsymbol{\Phi}$ 中的第 j 行的值 $u_j^{(r)}$。

若正则化条件为 $\boldsymbol{M=I}$，即 $M_r=1$ $(r=1,2,\cdots,n)$，则 $K_r=\omega_{\mathrm{n}r}^2$，按式(7.2.84)直接解出 $u_j^{(r)}$ 的值，有

$$\boldsymbol{M}=\boldsymbol{I}, \quad \boldsymbol{K}=\omega_{\mathrm{n}}^2\boldsymbol{I}, \quad \boldsymbol{C}=\eta\omega_{\mathrm{n}}^2\boldsymbol{I} \tag{7.2.85}$$

若正则化条件为 $u_j^{(r)}=1$ $(r=1,2,\cdots,n)$，则 $K_r=\omega_{\mathrm{n}r}^2$，按式(7.2.84)直接解出 $u_j^{(r)}$，并得

$$\boldsymbol{M}=\boldsymbol{K}/\omega_{\mathrm{n}}^2, \quad \boldsymbol{C}=\eta\boldsymbol{K} \tag{7.2.86}$$

2) 确定各阶模态的振型

在结构上选择 N 个点(包括激振点 j)，使它们既能逼近结构的几何形状，又能表达所有的模态振型。在上一个步骤所选定的 j 点激振，在其余 $N-1$ 点上测量响应。或者反过来，在这 $N-1$ 点上激振，而在 j 点测量响应。

在结构的一个点 k 上测量(或激振)，都可得到一组动柔度 $A_{kj}(\omega_{\mathrm{n}r})$ $(r=1,2,\cdots,n)$。将这组动柔度及其 $\omega_{\mathrm{n}r}$、η_r、$u_j^{(r)}$ $(r=1,2,\cdots,n)$ 等代入式(7.2.51)，都可以得到一组与式(7.2.84)类似的方程，求得 $u_j^{(r)}$ 各模态矩阵中的元素，即第 k 行元素。这样，除 j 点外共有 $N-1$ 个点，有 $N-1$ 组动柔度的数据 $A_{kj}(\omega_{\mathrm{n}})$ $(k=1,2,\cdots,N;k\neq j)$，再加上前面求出的 $u_j^{(r)}$，于是模态矩阵的全部 $N\times n$ 个元素都可以求出，从而确定了各阶模态的振型 $\boldsymbol{u}^{(r)}=[u_1^{(r)} \quad u_2^{(r)} \quad \cdots \quad u_N^{(r)}]^{\mathrm{T}}$。

特征向量搜索法考虑了可测量出来的各阶模态的实际响应，比较精确，在模态耦合紧密时很有价值，但计算过程烦琐，应用不方便。

2. 曲线拟合法

机床动态测试时，常用奈奎斯特图表达其动柔度频率响应。下面讨论如何在

测试所得的幅相图上，应用简单的曲线拟合法确定模态参数。假设结构具有一般的迟滞阻尼，即考虑复模态的情况。

当激振频率 ω 在结构的第 r 阶模态的共振频率 ω_{nr} 附近变动时，结构的动柔度 $A_{kj}(\omega)$ 主要由其第 r 阶模态决定。此时，动柔度表达式(7.2.83)可近似改写为

$$A_{kj}(\omega) = \sum_{r=1}^{n} \frac{G_{kj}^{(r)} e^{i\theta_{kj}^{(r)}}}{[1-(\omega/\omega_{nr})^2 + i\eta_r]} \approx \frac{G_{kj}^{(r)} e^{i\theta_{kj}^{(r)}}}{[1-(\omega/\omega_{nr})^2 + i\eta_r]} + D_r \qquad (7.2.87)$$

式中，$G_{kj}^{(r)} = \sqrt{(a_{kj})_r^2 + (a_{kj})_r'^2}$；$e^{i\theta_{kj}^{(r)}} = \arctan[(a_{kj})_r' / (a_{kj})_r]$；$D_r$ 为 ω 接近 ω_{nr} 时，除第 r 阶模态外，其他所有模态对动柔度的贡献，在此窄频带内的值比较小，可作为一个常量来处理。

式(7.2.87)中括号部分在幅相图上是一个直径等于 $1/\eta_r$ 的圆，其共振频率 ω_{nr} 在圆与虚轴的交点。乘以向量 $G_{kj}^{(r)} e^{i\theta_{kj}^{(r)}}$ 后，圆的直径将增大 $G_{kj}^{(r)}$ 倍，而共振频率 ω_{nr} 的位置将沿逆时针方向转动 $\theta_{kj}^{(r)}$ 角。如果再加上向量 D_r，则该圆将从坐标原点移动 D_r 的距离。这样，式(7.2.87)在幅相图上的一个圆，圆的直径为 $G_{kj}^{(r)}/\eta_r$，通过共振频率 ω_{nr} 点的直径，其另一端距坐标原点为 D_r，此直径与虚轴的夹角为 $\theta_{kj}^{(r)}$，如图 7.2.9(a)所示。

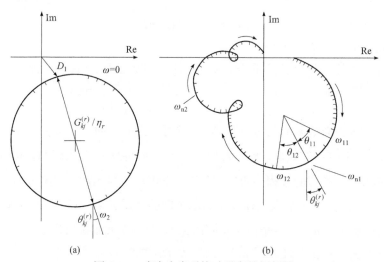

图 7.2.9 多自由度系统动柔度的幅相图

式(7.2.87)及相应的幅相图是在图 7.2.9(a)幅相图上应用曲线拟合法识别模态参数的基础。当已经得到实测记录的幅相图后，首先找出各阶自然频率 ω_{nr} 的位置，然后通过曲线上各阶自然频率附近的若干点分别作各模态的最佳拟合圆，根据各拟合圆的直径和位置即可求得有关的模态参数。

1) 自然频率的确定

根据激振频率在自然频率附近变动时动柔度的相位变化最大这个事实，幅相图上自然频率位于弧长对频率的变化率最大的地方。若在幅相图上标出频率间隔相等的点，则自然频率在弧长最长的两点频率点之间，如图 7.2.9(b)所示。为了提高识别的精度，可在自然频率附近使频率间隔减小，使幅相图局部放大。

2) 模态损耗因子 η_r(或模态阻尼 ξ_r)的确定

一般情况下，可由半功率点公式确定。但当模态耦合，难以在幅相图上找到半功率点的位置时，可用下面的计算公式法或相位微分法(移相法)确定。

计算公式法：在自然频率 ω_{nr} 的两侧选定两个频率点 ω_{r1} 和 ω_{r2}，测出它们和圆心的连线与 ω_{nr} 和圆心的连线的夹角 θ_{r1} 和 θ_{r2}，则有

$$\tan\left(\frac{\theta_{r1}}{2}\right) = \frac{1-\lambda_{r1}^2}{\eta_r}, \qquad \tan\left(\frac{\theta_{r2}}{2}\right) = \frac{\lambda_{r2}^2-1}{\eta_r} \tag{7.2.88}$$

将式(7.2.88)的两式相加，考虑到 $\lambda_{r1}=\omega_{r1}/\omega_{nr}$，$\lambda_{r2}=\omega_{r2}/\omega_{nr}$，得到

$$\eta_r = \frac{(\omega_{r2}+\omega_{r1})(\omega_{r2}-\omega_{r1})}{\omega_{nr}^2[\tan(\theta_{r1}/2)+\tan(\theta_{r2}/2)]} = \frac{2(\omega_{r2}-\omega_{r1})}{\omega_{nr}[\tan(\theta_{r1}/2)+\tan(\theta_{r2}/2)]} \tag{7.2.89}$$

利用 $\eta_r=2\xi_r$，对于具有黏性阻尼的结构，由式(7.2.89)得到

$$\xi_r = \frac{\omega_{r2}-\omega_{r1}}{\omega_{nr}}\frac{1}{[\tan(\theta_{r1}/2)+\tan(\theta_{r2}/2)]} \tag{7.2.90}$$

式(7.2.89)或式(7.2.90)即应用幅相图计算阻尼比的公式。当所选定的二频率点使 $\theta_{r1}=\theta_{r2}$ 时，计算公式有所简化；当 $\theta_{r1}=\theta_{r2}=\pi/2$ 时，计算公式即简化为半功率点公式。

相位微分法：在自然频率 ω_{nr} 附近改变频率 $\Delta\omega_r$，测量出相应的相位角变化量为 $\Delta\varphi_r$，因为

$$\varphi_r = \arctan\frac{\eta_r}{1-\lambda_r^2}, \quad \frac{\mathrm{d}\varphi_r}{\mathrm{d}\lambda_r} = \frac{1}{1+[\eta_r/(1-\lambda_r^2)]^2}\frac{2\lambda_r\eta_r}{(1-\lambda_r^2)^2} = \frac{2\lambda_r\eta_r}{(1-\lambda_r^2)^2+\eta_r^2} \tag{7.2.91}$$

当 $\lambda_r=1$ 时，由式(7.2.91)的第二式得到 $\mathrm{d}\varphi/\mathrm{d}\lambda_r = 2/\eta_r$，考虑到 $\lambda_r=\omega_r/\omega_{nr}$，从而得到

$$\eta_r = 2\frac{\mathrm{d}\lambda_r}{\mathrm{d}\varphi_r} = 2\frac{\mathrm{d}\lambda_r/\mathrm{d}t}{\mathrm{d}\varphi_r/\mathrm{d}t} = 2\frac{\mathrm{d}(\omega_r/\omega_{nr})/\mathrm{d}t}{\mathrm{d}\varphi_r/\mathrm{d}t} = \frac{2}{\omega_{nr}}\frac{\mathrm{d}\omega_r/\mathrm{d}t}{\mathrm{d}\varphi_r/\mathrm{d}t} \approx 2\omega_{nr}\frac{\Delta\omega_r}{\Delta\varphi_r} \tag{7.2.92}$$

利用 $\eta_r=2\xi_r$，可得

$$\xi_r = \omega_{nr}\frac{\mathrm{d}\omega_r}{\mathrm{d}\varphi_r} \approx \omega_{nr}\frac{\Delta\omega_r}{\Delta\varphi_r} \tag{7.2.93}$$

3) 主模态向量的识别

在自然频率 ω_{nr} 点作拟合圆的法线，测量出角 $\theta_{kj}^{(r)}$，则由式(7.2.83)和式(7.2.84)可知：

$$\frac{\psi_k^{(r)}\psi_k^{(r)}}{K_r} = (a_{kj})_r + \mathrm{i}(a_{kj})_r' = 2R\eta_r\cos\theta_{kj}^{(r)} + 2R\eta_r\sin\theta_{kj}^{(r)} \tag{7.2.94}$$

式中，R 为拟合圆半径，$2R = G_{kj}^{(r)}/\eta_r$。

按式(7.2.94)即可计算出复主模态(复特征向量)$\psi^{(r)}$ 的成分。对于具有一般黏性阻尼的结构，根据式(7.2.74)～式(7.2.76)也可以获得类似式(7.2.94)的关系式。

根据上面的讨论，在测试所得到的动柔度幅相图上，应用曲线拟合法识别模态参数的步骤如下。

(1) 选择合适的激振点 j，同时在 j 点激振和测量响应，给出激振点之间动柔度 $A_{jj}(\omega)$ 的幅相特性曲线。然后在此幅相图上：①确定各阶自然频率 ω_{nr}；②通过各阶自然频率附近的实测曲线分别作各阶模态的拟合圆(或曲线)；③按式(7.2.89)～式(7.2.92)计算各阶模态的损耗因子 η_r 或阻尼比 ξ_r；④由各拟合圆的直径和位置确定各阶复模态柔度 $[(a_{kj})_r + \mathrm{i}(a_{kj})_r']$；⑤根据正则化条件和式(7.2.94)确定 K_r、M_r、$\psi_k^{(r)}$ ($r = 1, 2, \cdots, n$)等模态参数。

(2) 保持 j 点激振，相继在结构的另外 $N-1$ 个合适的点上测量响应，或者反之，绘出 $N-1$ 个动柔度 $A_{kj}(\omega)$ ($k = 1, 2, \cdots, N; k \ne j$) 的幅相图。对每一个幅相图重复步骤(1)，即可识别出各阶复主模态 $\psi_k^{(r)}$，得到复模态矩阵 ψ 的全部 $N \times n$ 个元素 $\psi_k^{(r)}$ ($r = 1, 2, \cdots, n; k = 1, 2, \cdots, N$)。

曲线拟合法比较简单，但精度不高。若各模态直径的耦合较紧密，则误差就更大，为了提高识别精度，可采用各种形式的最小二乘法。

3. 最小二乘法

最小二乘法就是对测试数据进行曲线拟合，得到所要求的模态表达式，使它具有最小平方误差。这种方法分两个过程来完成，首先根据实测数据用简单方法求得模态参数的估计值，然后将这些估计值作为第二个过程的输入值，用误差的最小二乘法反复迭代确定最后的数值。

1) 利用圆作最小二乘法拟合

在各阶共振频率附近，幅相特性曲线近似为圆。因此，可用圆来拟合各阶模态。设某阶模态的拟合圆用一般方程表示为

$$x^2 + y^2 + ax + by + c = 0 \tag{7.2.95}$$

式中，x、y 分别为幅相特性的实部和虚部，则在该模态共振频率附近的任一点 $i(x_i, y_i)$ 与拟合圆的误差为

$$E_i = x_i^2 + y_i^2 + ax_i + by_i + c \tag{7.2.96}$$

根据最小二乘法，使 n 个实测数据点与拟合圆误差的平方和

$$\sum_{i=1}^{n} E_i^2 = \sum_{i=1}^{n} (x_i^2 + y_i^2 + ax_i + by_i + c)^2 \tag{7.2.97}$$

最小，可求得这 n 个数据点的最小二乘拟合圆。即由 a、b、c 所确定的圆应满足：

$$\frac{\partial \sum E_i^2}{\partial a} = 0, \quad \frac{\partial \sum E_i^2}{\partial b} = 0, \quad \frac{\partial \sum E_i^2}{\partial c} = 0 \tag{7.2.98}$$

由式(7.2.97)和式(7.2.98)，得

$$\begin{cases} \sum_{i=1}^{n} (x_i^3 + x_i y_i^2 + ax_i^2 + bx_i y_i + cx_i) = 0 \\ \sum_{i=1}^{n} (x_i^2 y_i + y_i^3 + ax_i y_i + by_i^2 + cy_i) = 0 \\ \sum_{i=1}^{n} (x_i^2 + y_i^2 + ax_i + by_i + c) = 0 \end{cases} \tag{7.2.99}$$

式(7.2.99)是关于 a、b、c 的方程组，求解即可确定拟合圆的常数 a、b、c，而拟合圆的圆心坐标为$(-a/2, \ -b/2)$，半径为 $R = \sqrt{a^2 4 + b^2 / 4 - c}$。

2) 对幅频特性进行最小二乘法拟合

在某阶共振频率附近，系统的特性主要取决于该阶模态。因此，可用等效单自由度系统的幅频特性曲线作为此区域内实测幅频特性数据的拟合曲线，从而识别该模态的模态参数。拟合曲线的表达式为

$$\left| H(\mathrm{i}\omega) \right| = \frac{\omega_n^2}{K\sqrt{(\omega_n^2 - \omega^2)^2 + (2\xi\omega\omega_n)^2}} \tag{7.2.100}$$

当激振频率$\omega = \omega_i$时，其幅值$\left| H(\mathrm{i}\omega) \right| = H_i$为

$$H_i = \frac{\omega_n^2}{K\sqrt{(\omega_n^2 - \omega_i^2)^2 + (2\xi\omega\omega_i)^2}} \tag{7.2.101}$$

式中，H_i 是该阶模态参数 K、ζ、ω_n 的函数，如果用简单方法可求得该模态相应模态参数的估计值为 K_0、ξ_0、ω_0，则可设

$$K = K_0 + \Delta K, \quad \xi = \xi_0 + \Delta\xi, \quad \omega_n = \omega_0 + \Delta\omega \tag{7.2.102}$$

式(7.2.101)可用泰勒级数展开，忽略高于一次幂的各项后，得到

$$H_i = H_i(K, \xi, \omega_n) = H_i(K_0, \xi_0, \omega_0) + \Delta K\left(\frac{\partial H_i}{\partial K}\right)_0 + \Delta\xi\left(\frac{\partial H_i}{\partial \xi}\right)_0 + \Delta\omega\left(\frac{\partial H_i}{\partial \omega_n}\right)_0 \tag{7.2.103}$$

式(7.2.103)可写为

$$H_i = H_i(K, \xi, \omega_n) = F_i + C_i\Delta K + D_i\Delta\xi + E_i\Delta\omega \tag{7.2.104}$$

式中，

$$F_i = H_i(K_0, \xi_0, \omega_0) = -\frac{\omega_0^2}{K_0^2 B_i}, \quad C_i = \left(\frac{\partial H_i}{\partial K}\right)_0 = -\frac{\omega_0^2}{K_0^2 B_i}$$

$$D_i = \left(\frac{\partial H_i}{\partial \xi}\right)_0 = -\frac{4\omega_i^2 \omega_0^4 \xi_0}{K_0 B_i^3} \tag{7.2.105}$$

$$E_i = \left(\frac{\partial H_i}{\partial \omega_n}\right)_0 = \frac{2\omega_0}{K_0 B_i}\left\{1 - \frac{\omega_0^2[\omega_0^2 + (2\xi_0^2-1)\omega_i^2]}{B_i^2}\right\}$$

其中，

$$B_i = \sqrt{(\omega_0^2 - \omega_i^2)^2 + (2\xi_0\omega_i\omega_0)^2} \tag{7.2.106}$$

设激振频率为 ω_i 时，实测得到的幅值为 H_i'，则与拟合曲线的误差为

$$\varepsilon_i = H_i' - (F + C_i\Delta K + D_i\Delta\xi + E_i\Delta\omega) \tag{7.2.107}$$

按最小二乘法，使 n 个实测数据点与拟合曲线的误差的平方和最小，即有

$$\frac{\partial \sum \varepsilon_i^2}{\partial \Delta K} = 0, \quad \frac{\partial \sum \varepsilon_i^2}{\partial \Delta \xi} = 0, \quad \frac{\partial \sum \varepsilon_i^2}{\partial \Delta \omega} = 0 \tag{7.2.108}$$

由式(7.2.108)得到

$$\sum_{i=1}^n C_i(F_i - H_i') + \Delta K \sum_{i=1}^n C_i^2 + \Delta\xi \sum_{i=1}^n C_i D_i + \Delta\omega \sum_{i=1}^n C_i E_i = 0$$

$$\sum_{i=1}^n D_i(F_i - H_i') + \Delta K \sum_{i=1}^n C_i D_i + \Delta\xi \sum_{i=1}^n D_i^2 + \Delta\omega \sum_{i=1}^n D_i E_i = 0 \tag{7.2.109}$$

$$\sum_{i=1}^n E_i(F_i - H_i') + \Delta K \sum_{i=1}^n C_i E_i + \Delta\xi \sum_{i=1}^n D_i E_i + \Delta\omega \sum_{i=1}^n E_i^2 = 0$$

式(7.2.109)写成矩阵形式为

$$\begin{bmatrix} \sum C^2 & \sum CD & \sum CE \\ \sum CD & \sum D^2 & \sum DE \\ \sum CE & \sum DE & \sum E^2 \end{bmatrix}\begin{Bmatrix} \Delta K \\ \Delta\xi \\ \Delta\omega \end{Bmatrix} = \begin{Bmatrix} -\sum C(F-H') \\ -\sum D(F-H') \\ -\sum E(F-H') \end{Bmatrix} \tag{7.2.110}$$

求解式(7.2.110)得 ΔK、$\Delta\xi$、$\Delta\omega$ 的值，再由估计值 K_0、ξ_0、ω_0 按式(7.2.102)求出模态参数 K、ξ、ω_n。然后，用求出的模态参数作为新的估计值，反复进行上述运算，最后求得最佳 K、ξ、ω_n 的值。

除最小二乘法外还有其他方法，例如，可以对实频特性作最小二乘法，当结构的阻尼加大时，采用有理函数或正交函数逼近动柔度传递函数等。对于一个具有无限多模态的结构，用少数模态来模拟，必然导致质量和柔度的损失，根据对精度的要求，需要考虑降低和修正这些损失带来的影响。

7.2.5　机床动力学模型参数的识别

在很多情况下进行机床动力学分析时，当确定结构的模态参数后，还要建立在几何形态及结构参数上和实际结构相对应的动力学模型。该动力学模型要能以足够的精度模拟结构的动力特性，以便进行结构的动力分析和动态设计。应用测试数据建立动力学模型的整个过程包括以下几个方面：①假定动力学模型的起始几何形态，并选定模型的各运动坐标；②进行动态实验，在所选定的运动坐标上测量有关数据；③根据测试数据识别各模态参数；④应用模态参数及已知数据识别动力学模型的参数。

下面讨论机床动力学模型参数的识别过程。

当所建立的机床动力学模型的自由度为 n 时，若动态实验也能在模型选定的 n 个坐标上测量出全部 n 阶模态，而且测量数据也是准确的，则按前面的方法识别出各阶模态参数后，可以得到完全的模态矩阵 u。通过坐标变换得到的动力学模型的质量矩阵、刚度矩阵和阻尼矩阵(c 或 h)为

$$m=(u^{\mathrm{T}})^{-1}Mu^{-1}, \quad k=(u^{\mathrm{T}})^{-1}Ku^{-1}, \quad c=(u^{\mathrm{T}})^{-1}Cu^{-1}, \quad h=(u^{\mathrm{T}})^{-1}Hu^{-1} \quad (7.2.111)$$

式中，M、K、C、H 分别为模态质量、模态刚度、模态黏性阻尼、模态结构阻尼的对角矩阵。

在工程实际中，能提供的测试数据往往并不完全，或者不能测出所希望的 n 阶模态，或者不能在全部 n 个选定的坐标上测量，模态矩阵将要缺少一些行或列。由于测试设备、分析方法的缺陷，模态的耦合和各种随机因素的影响等，测试数据总是不可避免地会有或多或少的误差，这些误差通过式(7.2.111)的变化将更加放大。在这样的情况下，将无法直接应用式(7.2.111)的变换获得能以足够精度模拟结构的动力学模型参数。这就需要采用某种方法进行识别，探索出能满足要求的模型。

识别方法随着结构动力分析的具体目的和可以使用的测试数据的范围不同而有所不同。为了在结构上增加一个已知的系统(如减振器或另外的子结构)，只需要在结构的某些点上识别，建立较简单的模型，这称为部分识别。而为了能应用所建立的模型分析各种结构改进方案，则需要完全识别，建立尽可能完全的模型。从可以提供的测试数据来看，有能提供完全的模态振型数据和不能提供完全的模态振型数据两种情况，不同情况需要采用不同的识别方法。

考虑一种典型的情况，能在与模态选定的 n 个坐标(n 为模型的自由度)的相应结构点上进行测量，即能测出的模态振型是一个完整的振型，但是不一定能测出全部 n 阶模态，模态矩阵 u 将缺少一些列，而且测试数据有误差。在这种情况下，可应用下列的方法之一识别出误差最小的动力学模型参数。

在下面的讨论中，假设结构的阻尼很小，可以忽略不计。

1. 应用多于最小必要数量的输入数据

输入数据不仅是通过动态实验和识别获得的各阶模态参数，也包括通过理论计算和静态实验所获得的数据。根据结构自由振动的特性，各阶模态参数都应该满足方程：

$$(\mathbf{k} - \omega_{\mathrm{n}r}^2 \mathbf{m})\mathbf{u}^{(r)} = \mathbf{0} \tag{7.2.112}$$

式中，$\mathbf{m}$ 和 $\mathbf{k}$ 分别为模型在局部坐标系下的质量矩阵和刚度矩阵，其元素 m_{ij} 和 k_{ij} 有部分或者全部未知，这些就是需要识别的对象，设共有 d 个未知元素。若能测量和识别出 e 阶模态的参数（$e \le n$），则应用测量和识别出的共振频率 $\omega_{\mathrm{n}r}$ 和模态振型 $\mathbf{u}^{(r)}$（$r = 1, 2, \cdots, e$），由式(7.2.112)可列出未知量的 n_1 个独立的方程

$$n_1 = ne - e(e-1)/2 \tag{7.2.113}$$

应用主振型的正交性：

$$\mathbf{u}_{e \times n}^{\mathrm{T}} \mathbf{m}_{n \times n} \mathbf{u}_{n \times e} = \mathbf{M}_{e \times e}, \quad \mathbf{u}_{e \times n}^{\mathrm{T}} \mathbf{k}_{n \times n} \mathbf{u}_{n \times e} = \mathbf{K}_{e \times e} \tag{7.2.114}$$

可列出未知量的 n_2 个独立的方程：

$$n_2 = e(e+1)/2 \tag{7.2.115}$$

通过理论计算或静态实验所获得的数据则直接和未知量有联系，如总质量、刚度影响系数等。设这种独立的关系式有 n_3 个，则可利用的独立方程总数有 N 个，$N = n_1 + n_2 + n_3$。可将这 N 个方程集合为

$$\mathbf{B}_{N \times d} \left\{ \begin{matrix} k_{ij} \\ m_{ij} \end{matrix} \right\}_{d \times 1} = \mathbf{g}_{N \times 1} \tag{7.2.116}$$

当 $N = d$ 时，可求得方程(7.2.116)的唯一解，这就是输入数据为最小必要数量的情况；当 $N > d$ 时，即输入数据对于最小必要数量的情况，可求得方程(7.2.116)的最小二乘解：

$$\left\{ \begin{matrix} k_{ij} \\ m_{ij} \end{matrix} \right\}_{d \times 1} = (\mathbf{B}^{\mathrm{T}} \mathbf{B})_{d \times d}^{-1} \mathbf{B}_{d \times N}^{\mathrm{T}} \mathbf{g}_{N \times 1} \tag{7.2.117}$$

最小二乘解意味着所求得的解对所有的输入数据都拟合得最好。

2. 应用主振型的正交性改善模态矩阵

质量的计算和测量比较容易，共振频率的测试和识别比较准确，因此可以认为输入 $\omega_{\mathrm{n}r}$（$r = 1, 2, \cdots, n$）和 $\mathbf{m}$ 数据是准确的，但是振型的数据则有可能还有较大的误差。在这种情况下，可利用主振型的正交性来改善模态矩阵 $\mathbf{u}$。下面介绍一种建立在清理中间结构和反复迭代基础上的方法。

输入数据：$\mathbf{m}$、$\omega_{\mathrm{n}r}$（$r = 1, 2, \cdots, n$）、$\mathbf{u}$。

具体迭代过程如下。

(1) 计算模态质量矩阵 M_j：

$$M_j = u_j^T m u_j \qquad (7.2.118)$$

若 u 是准确的，则 M 为对角矩阵，清除 M_j 的非对角元素，使 M_j 对角化，得到 M_j。

(2) 计算模态刚度矩阵 k_j：

$$K_j = M_j \omega_n^2 I, \quad k_j = (u_j^T)^{-1} K (u_j^T)^{-1}, \quad (k_a)_j = (T^T)^{-1} k T^{-1} \qquad (7.2.119)$$

设计坐标系中的刚度矩阵 k_a 应为对角矩阵，故清除 k_a 的非对角元素，使 k_a 对角化，得到 $(k_a)_i$。然后按式(7.2.120)计算局部坐标系的刚度矩阵：

$$k_j = T^T k_a T \qquad (7.2.120)$$

(3) 计算模态矩阵 u_{j+1}：

$$k_j u_{j+1} = m u_{j+1} \mathrm{diag}\{\omega_{n1}^2, \omega_{n2}^2, \cdots, \omega_{nr}^2\} \qquad (7.2.121)$$

上述各符号的下角标 j 为迭代的次序。至此，完成了一次迭代。将 u_{j+1} 代入式(7.2.118)进行下一次迭代。这样反复迭代，直至收敛到要求的误差范围之内。最后，应用改善了的模态矩阵按式(7.2.111)求得动力学模型的参数。

3. 应用误差的最小二乘法

如果应用输入数据为应用实验数据识别得到的 n 阶模态的模态参数，即 $(\omega_{nr})_{ex}$、$(K_r)_{ex}$、$(u_{rs})_{ex}$ (这里下标 ex 表示实验值)，则可采用一个优化程序，优化动力学模型的参数 m 和 k，使得按 m 和 k 计算求得的 ω_{nr}、K_r、u_{rs} 等值和实验识别的 $(\omega_{nr})_{ex}$、$(K_r)_{ex}$、$(u_{rs})_{ex}$ 等值之间误差的平方和最小，即优化程序的目标为使目标函数 U 最小：

$$U = \sum_{r=1}^{n} \alpha_r \left(\frac{\omega_{nr} - (\omega_{nr})_{ex}}{(\omega_{nr})_{ex}} \right)^2 + \sum_{r=1}^{n} \beta_r \left(\frac{K_r - (K_r)_{ex}}{(K_r)_{ex}} \right)^2 + \sum_{r=1}^{n} \sum_{s=1}^{n} \gamma_{rs} \left(\frac{u_{rs} - (u_{rs})_{ex}}{(u_{rs})_{ex}} \right)^2 \qquad (7.2.122)$$

式中，括号项是自然频率、模态刚度、模态矩阵 u 中的各元素 u_{rs} 的计算值和实验识别值之间的相对误差；α_r、β_r、γ_{rs} $(r, s=1, 2, \cdots, n)$ 为加权系数，典型的加权系数为 $\alpha_r=1$、$\beta_r=0.5$、$\gamma_{rs}=0.2$。

目标函数 U 的计算程序如下。

(1) 由实验值得到 m 和 k 的起始估算值：

$$M = K_{ex} \mathrm{diag}\{\omega_{n1}^2, \omega_{n2}^2, \cdots, \omega_{nr}^2\}_{ex}, \quad m = (u_{ex}^T)^{-1} M u_{ex}^{-1}, \quad k = (u_{ex}^T)^{-1} K u_{ex}^{-1} \qquad (7.2.123)$$

(2) 应用 m 和 k 解方程：

$$(k - \omega_n^2 m) A = 0 \qquad (7.2.124)$$

计算 ω_{nr} $(r=1, 2,\cdots, n)$和 $\boldsymbol{u}$，并得出

$$K = \boldsymbol{u}^{\mathrm{T}}\boldsymbol{k}\boldsymbol{u} \tag{7.2.125}$$

(3) 按方程(7.2.122)计算 U。若 U 大于预定的极限值 U_{lim}，则改变 $\boldsymbol{m}$ 和 $\boldsymbol{k}$，回到步骤(2)重新计算，直到满足要求。

$\boldsymbol{m}$ 和 $\boldsymbol{k}$ 的改变，可利用局部坐标系中 $\boldsymbol{m}$ 为对角矩阵，设计坐标系中 $\boldsymbol{k}_a$ 为对角矩阵的性质。清除按式(7.2.123)计算出的非对角线项使之对角化，按式(7.2.123)计算出 $\boldsymbol{k}$ 后，有

$$\boldsymbol{k}_a = (\boldsymbol{T}^{\mathrm{T}})^{-1}\boldsymbol{k}\boldsymbol{T}^{-1} \tag{7.2.126}$$

清除 $\boldsymbol{k}_a$ 的非对角线项后，再反变换求得到改善了的 $\boldsymbol{k}$，即

$$\boldsymbol{k} = \boldsymbol{T}^{\mathrm{T}}\boldsymbol{k}_a\boldsymbol{T} \tag{7.2.127}$$

7.3　机床部件的动力学分析

整台机床的动态性能由各个组成部件综合决定，机床各部件具有良好的动力特性是整机具有良好动态性能的基础。本节介绍对整机动态性能影响较大的主轴部件和传动系统的动力特性的分析计算方法。

7.3.1　主轴部件动力特性的分析与评价

主轴部件是机床最主要的部件之一，在其端部安装刀具或工件，直接参与切削加工，对机床的结构精度、表面粗糙度和生产率影响很大。例如，在不同激振频率的动载荷作用下的中型普通车床，其各部件反映在刀具与工件切削处的综合位移中，主轴部件所占的比重最大，主轴部件未处于共振状态下的占 30%～40%、处于共振状态下的占 60%～70%，因此对主轴部件的动力特性、回转精度、静刚度、热特性等各方面提出了较高的要求。

机床的动力特性是指抵抗强迫及其自激振动的能力。机床共振时既不可避免地要产生强迫振动，又有可能产生自激振动，因此所设计的主轴部件应该对这两类性质不同的振动都具有良好的抵抗能力，满足预定的加工精度和生产要求。

1. 抵抗强迫振动的能力

当主轴部件受强迫振动时，最主要的后果将是主轴前端带着刀具或工件一起振动而在加工表面上留下振纹，使工件的表面粗糙度恶化。若根据所设计机床加工表面粗糙度的要求，能确定出主轴前端部的允许振幅，则计算出在机床共振时产生的各种激振力作用下的主轴前端部的振幅，并和允许值比较就可以评价在抵抗强迫振动方面是否满足要求。但是要确定主轴前端允许振幅的具体数值不容易，

因为工件表面上残留的加工波纹不仅是主轴振动的结果，还受其他一些因素的影响，即使仅从振动方面来考虑，也是刀具和工件在切削点的相对振幅才直接影响表面波纹的深度,应该进行整机分析才可能获得刀具和工件相对振幅的确切数据。主轴部件对强迫振动的抵抗能力，主要取决于主轴前端在机床工作时产生的各种激振力作用下的振幅，其值越大抵抗力越低。只要计算出各种不同设计方案在主轴前端的动柔度，就可以比较其抵抗强迫振动的能力。

根据机床预定要达到的表面粗糙度，可以得到相应的波纹深度 R_z，考虑由振动产生的波纹深度为 R_z 的 1/3～1/2，一般取 1/3；粗糙度要求较高(R_z 较小)时取 1/2。考虑到相对振幅仅是其所引起波纹深度的一半，于是在切削部位刀具和工件的允许相对振幅为

$$A_r \approx \frac{1}{2}\left(\frac{1}{2} \sim \frac{1}{3}\right)R_z = \left(\frac{1}{4} \sim \frac{1}{6}\right)R_z \tag{7.3.1}$$

机床强迫振动时,刀具和工件之间产生的相对振幅是各部件综合影响的结果，在进行整机分析时可直接计算出具体结果，因此 A_r 值就是其允许值。在单独分析主轴部件时，只能计算出主轴前端在切削部位的绝对振幅，该振幅只有一部分反映为刀具和工件之间的相对振幅。当激振频率较高且激起主轴横向共振时，刀具和工件之间的相对振幅与主轴前端切削部位的绝对振幅之比为 0.6～0.8。于是在计算主轴部件的横向振动时，主轴前端切削部位的允许振幅为 $A_r/$ (0.6～0.8)。

强迫振动的振幅与激振力的频率惯性极大，因此在分析主轴部件抵抗强迫振动的能力时，必须计算主轴的自然频率，使其尽可能远离激振频率，以免产生共振而出现较大的振幅。主轴部件所受的激振力主要是主轴上旋转零部件不平衡产生的惯性力和断续切削产生的周期性变化的切削力，具体计算方法将在本节后面讨论。

2. 抵抗切削自振的能力

切削加工过程中产生自激振动，将对加工过程产生极大影响。因此，机床抵抗切削自振的能力是衡量其动力学性能的重要指标，机床结构应该具有在充分发挥机床功率的切削用量范围内不产生切削自振的能力。机床的自激振动将在 7.6 节详细讨论，机床结构抵抗再生自振的能力最差，而不产生再生自振的条件取决于机床-工件-刀具系统在切削部位以切削力方向的激振力为输入，以刀具和工件之间在切削表面的法线方向的相对振幅为输出的动柔度 $A(\omega)$ 的最大负实部 $(-U(\omega)_{max})$。当然，该值只有进行整机分析时才能获得，但是自振频率往往接近于主轴部件横向振动的低阶自然频率，这说明此时主轴部件是主振部件，其低阶横向振动模态是决定机床抵抗切削自振能力的主要模态。因此，在单独分析主轴部件时，可以认为主轴前端在切削部位的激振点动柔度(在主振方向)反映了主轴

部件抵抗切削自振的能力，也在很大程度上反映了整机抵抗切削自振的能力。这个动柔度最大负实部的值越小，主轴部件抵抗切削自振的能力越强，可以用来作为相对的评价指标。

假设机床的各阶模态比较离散，耦合不紧密，则可略去各阶模态间的相互影响，粗略估计主轴部件是否具有在充分发挥机床功率的切削用量范围内不产生振动的能力，由自激振动理论可得

$$-U(\omega)_{\max} \leqslant \frac{1}{2K_c b_{\lim}} \tag{7.3.2}$$

根据能达到机床满功率的切削加工条件或其他规定的指标确定 $b_{\lim}$ 及 K_c，代入式(7.3.2)就给出了主轴前端在切削部位的激振点动柔度负实部的允许值。

评价主轴动力特性需要获得的数据资料包括：①主轴部件的各阶自然频率和主振型；②主轴前端在切削部位的激振点动柔度；③以激振力作用点(各传动件和大尺寸零件所在位置)的激振力为输入，主轴前端切削部位所测得的位移响应为输出的动柔度；④主轴前端在切削部位的强迫振动振幅。

前两项是基本内容，对于评价主轴部件抵抗强迫振动的能力和抵抗切削自振的能力都是需要的。后两项内容主要是为了评价主轴部件抵抗强迫振动的能力。

从现有不同类型机床的实际工作情况和分析结果来看，普通机床抵抗切削自振的能力较弱，而抵抗强迫振动的能力一般能满足加工需要。为了简化，对主轴部件动力特性的要求主要根据不产生切削自振的条件确定。对于高速精密机床，一方面由于激振力的幅值和频率随转速提高成比例增加，而加工精度的要求提高，所允许的振幅又减小，强迫振动的问题逐渐突出；另一方面，精密加工切削用量小，对抵抗切削自振能力的要求又有所降低，因此在设计和评价高速精密机床的主轴部件时，切削自振和强迫振动都应该加以考虑。

机床主轴部件除有横向振动问题外，还可能产生扭转振动和纵向振动。根据机床主轴部件结构的特点和工作条件，较少出现主轴部件的结构尺寸需要按其抵抗扭转振动或纵向振动的能力来确定的情况。但也有少数类型的机床，需要对其主轴部件进行扭转振动或纵向振动的分析评价，甚至按其要求确定结构尺寸。

7.3.2　主轴部件动力特性的计算方法

评价主轴部件动力特性所需要的各种数据资料，可以应用实验方法或者计算方法获得。应用动力学模型进行计算，不仅可以获得评价主轴部件动态特性所需要的各种数据资料，而且也便于进行改进设计和优化设计。相对于整机和其他复杂的机床部件，主轴部件的计算相对成熟，计算结果也符合实际，因此在实际工作中得到广泛应用。

建立机床的动力学模型时，由于对具体结构的简化方式和程度不同，对于同一结构也可以建立不同形式的动力学模型。主轴部件由阶梯形主轴本身、安装在主轴上的传动件、紧固件等各种零件以及主轴支承组成，常被简化为激振参数模型或分布质量梁模型。

图 7.3.1(a)为 CA6140 型普通车床的主轴部件，图 7.3.1(b)是计算该主轴部件横向振动的集中参数模型，该模型将主轴部件简化为 20 个集中参数单元，即 9 个集中质量、8 个弹性梁和 3 个支承弹簧(略去支承的阻尼和支承抗弯刚度所简化的扭簧)。建立模型时，将主轴部件按轴径的变化和装在主轴上零件的不同分成若干段，每段主轴质量以集中质量代替，并按质心不变的原则分配到该轴段的两端，两端的集中质量以只有弹性而无质量的等截面梁联结，其弯曲刚度 EI 和实际轴段相等，主轴支承的弹性和阻尼分别用等效弹簧(直线和扭转)和阻尼器代替。这样，主轴部件就简化为支承在弹簧(直线和扭转)和阻尼器上具有一系列集中质量的无质量轴。如何划分轴段，取决于主轴部件的结构特点，且与计算精度有关，划分越细，计算精度越高。

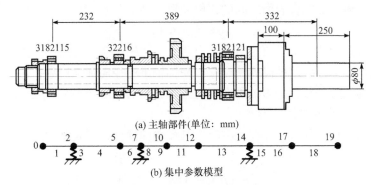

(a) 主轴部件(单位：mm)

(b) 集中参数模型

图 7.3.1 CA6140 车床主轴部件及其动力学模型

图 7.3.2 为某机床主轴部件的分布质量梁模型。这类模型的建立方法和上述方法基本相同，只是主轴上每段用一个质量均匀分布的等截面梁代替，其总质量和弯曲刚度与实际轴段处的相等。

主轴上常常安装有直径和质量很大的零件，如皮带轮、大齿轮、卡盘等，这类零件在横向振动中的转动惯量不能忽略。此时，可用既有质量又有转动惯量的质量元件代替，布置在模型的相应点上。如图 7.3.2 所示，模型两端的 m_0、I_0 和 m_7、I_7 两个质量元件就是代替卡盘和皮带轮的。

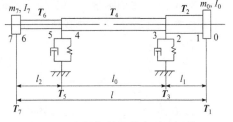

图 7.3.2 主轴部件的分布质量梁模型

为了能将主轴部件的计算结果直接和动态验收实验(振动实验或切削实验)联

系起来，应该按主轴部件在动态验收实验时规定的状态简化为动力学模型，即应该包括安装在主轴上的标准附件(卡盘或刀杆等)和规定尺寸的工件(或刀具)。

建立主轴部件的动力学模型时，根据设计图纸将具体结构简化为各种质量元件、弹性元件和支承元件，主要的困难是某些元件参数的确定，如主轴支承的直线及扭转刚度、主轴与标准附件的联结刚度、标准附件与试件的联结刚度，特别是各部分阻尼参数的确定。当需要精确计算主轴部件的动力特性时，可根据实验方法得到的各种所需实验数据，通过参数识别的方法来确定参数。

1. 主轴支承的刚度

主轴支承的刚度由轴承刚度和支座刚度两部分组成，可采用滚动轴承、动压轴承或静压轴承作为主轴轴承。各类轴承的动力学问题在《高等机械系统动力学——结构与系统》中有详细介绍，这里讨论机床中滚动轴承静刚度的计算方法。

滚动轴承支承的径向弹性位移包括滚动轴承本身的径向弹性位移和轴承套圈与主轴、箱体孔的配合表面之间的接触变形，即

$$\delta_r = \delta_1 + \delta_2 + \delta_3 \tag{7.3.3}$$

式中，δ_r 为滚动轴承支承的径向弹性位移；δ_1 为轴承套圈与滚动体的接触变形所引起的轴承孔中心线的径向弹性位移，简称轴承的径向弹性位移；δ_2 为轴承外圈与箱体孔的接触变形；δ_3 为轴承内圈与主轴轴颈的接触变形。

1) 滚动轴承的弹性变形

当滚动轴承已预紧、存在游隙时，其径向弹性位移可表示为

$$\delta_1 = \begin{cases} \beta\delta_0, & \text{已预紧} \\ \beta\delta_0 - \Delta_1/2, & \text{有游隙} \end{cases} \tag{7.3.4}$$

式中，δ_0 为轴承中游隙为零时的径向弹性位移；Δ_1 为轴承中的游隙或预紧量，有游隙时取正号，预紧时取负号；β 为弹性位移系数。

对于各种滚动轴承，当游隙为零时，δ_0 可按数值计算获得，也可按经验公式计算。在已知轴承的径向载荷 F_r 时，几种轴承的径向弹性位移 $\delta_0(\mu m)$ 为

$$\delta_0 = \begin{cases} 5.85\left(\dfrac{F_r}{Z}\right)^{2/3}\dfrac{1}{\sqrt[3]{d_Q}}, & \text{单列向心球轴承} \\[4mm] 2.6\left(\dfrac{F_r}{iZ}\right)^{0.9}\dfrac{1}{l_a^{0.8}}, & \text{向心短圆柱滚子轴承} \\[4mm] 0.48\dfrac{F_r^{0.893}}{d^{0.815}}, & \text{双列向心短圆柱滚子轴承} \\[4mm] 0.35\dfrac{F_r^{0.897}}{d^{0.8}}, & \text{滚道挡边在外圈上的双列向心短圆柱滚子轴承} \end{cases} \tag{7.3.5}$$

式中，F_r 为轴承的径向载荷(kgf，1kgf=9.807N)；i 为滚动体列数(单列为 1，双列为 2)；Z 为每列中的滚动体数；d_Q 为滚动体直径(mm)；d 为轴承孔径(mm)；l_a 为滚动体的有效长度(mm)。

已知滚动体上的负荷 Q 时，几种径向弹性位移 δ_0(μm)为

$$\delta_0 = \begin{cases} 2\sqrt[3]{\dfrac{Q^2}{d_Q}}, & \text{单列向心球轴承} \\[4mm] \dfrac{2}{\cos\alpha}\sqrt[3]{\dfrac{Q^2}{d_Q}}, & \text{向心推力球轴承} \\[4mm] \dfrac{3.2}{\cos\alpha}\sqrt[3]{\dfrac{Q^2}{d_Q}}, & \text{双列向心球面球轴承} \\[4mm] 0.6\dfrac{Q^{0.9}}{l_a^{0.8}}, & \text{向心短圆柱滚子轴承(圆锥滚子轴承)} \end{cases} \tag{7.3.6}$$

式中，d_Q 为滚动体直径(mm)；α 为轴承的接触角；Q 为滚动体上的负荷(kgf)，且

$$Q = \frac{5F_r}{iZ\cos\alpha} \tag{7.3.7}$$

式(7.3.5)和式(7.3.6)中，滚动体的有效长度 l_a(mm)按式(7.3.8)计算：

$$l_a = l - 2r \tag{7.3.8}$$

式中，l 为滚子长度(mm)；r 为滚子的倒圆角半径(mm)。向心滚子轴承和向心球轴承的弹性位移系数 β 可根据相对间隙，从图 7.3.3 中获得。

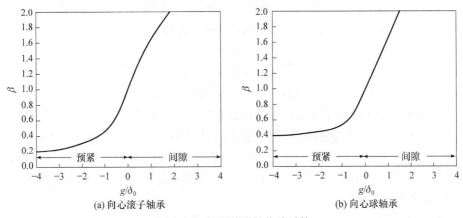

图 7.3.3　轴承的弹性位移系数

2) 轴承配合表面的接触变形

在计算轴承外圈与箱体孔配合表面的接触变形 δ_2 和轴承内圈与主轴轴颈的接触变形 δ_3 时，分为间隙配合和过盈配合两种情况。当轴承外圈与箱体孔或轴承内

圈与主轴轴颈有间隙配合或者过盈配合时，在径向负载 F_r 的作用下，配合表面间由接触变形而产生的弹性位移 δ_2 或 δ_3 可用式(7.3.9)计算：

$$\delta_{2,3} = \begin{cases} H_1\varDelta, & \text{间隙配合} \\ \dfrac{2F_rH_2}{\pi bd'}, & \text{过盈配合} \end{cases} \tag{7.3.9}$$

式中，b 为轴承套圈宽度；d' 为配合表面直径，计算轴承内圈时为轴承内径 d，计算轴承外圈时为轴承外径 D；$\varDelta$ 为直径上的配合间隙；H_1、H_2 为系数，可分别按图 7.3.4(a)和(b)的曲线确定。当轴承内圈与主轴轴颈为锥体配合时，H_2 可取 0.5；间隙为零时，H_2 可取 0.25。图 7.3.4(a)中的横坐标值 n 按照式(7.3.10)计算：

$$n = \frac{0.3}{\varDelta}\sqrt{\frac{2F}{bd}} \tag{7.3.10}$$

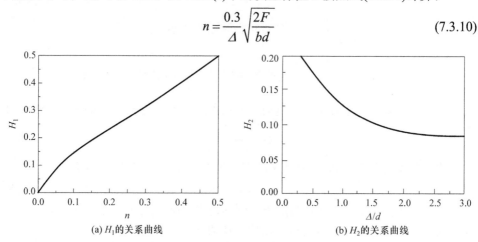

(a) H_1 的关系曲线　　　　　　　　(b) H_2 的关系曲线

图 7.3.4　确定 H_1 与 H_2 的关系曲线

当 δ_1、δ_2 和 δ_3 分别求得后，整个轴承支承的刚度 K_r 为

$$K_r = \frac{F_r}{\delta_1 + \delta_2 + \delta_3} = \frac{F_r}{\delta_r} \tag{7.3.11}$$

机床主轴部件的支承中可装一个或几个滚动轴承。若装有几个滚动轴承，则可先分别求出各个轴承的刚度，再按弹簧并联的关系求出整个支承的等效刚度。

例 7.3.1　某车床的主轴前支承中装有一个双列向心短圆柱轴承 3182120，轴承参数为 $b=37\text{mm}$，$d=100\text{mm}$，$D=150\text{mm}$，$i=2$，$Z=30$，$d_Q=11\text{mm}$，$l=11\text{mm}$，$r=0.8\text{mm}$，轴承的预紧量为 $5\mu m(g=-5\mu m)$，外圈与箱体孔的配合为过盈 $5\mu m$，$F_r=500\text{kgf}$。求支承的刚度。

解　(1) 求间隙为零时支承的径向弹性位移 δ_0。

根据滚动轴承中间隙为零时的弹性位移计算公式(7.3.7)和式(7.3.8)得到

$$Q = \frac{5F_r}{iZ} = \frac{5\times500}{2\times30} = 41.7(\text{kgf}), \quad l_a = l - 2r = 11 - 2\times0.8 = 9.4(\text{mm})$$

由式(7.3.6)的第四式，得到间隙为零时支承的径向弹性位移为

$$\delta_0 = 0.6Q^{0.9}/l_a^{0.8} = 0.6 \times 41.7^{0.9}/9.4^{0.8} = 2.87(\mu m)$$

(2) 求轴承有 5μm 预紧量时的径向弹性位移 δ_1。

相对间隙为 $\Delta_1/\delta_0 = -5/2.87 = -1.74$，从图 7.3.3 查得 $\beta = 0.47$，代入式(7.3.4)得到

$$\delta_1 = \beta\delta_0 = 0.47 \times 2.87 = 1.35(\mu m)$$

(3) 求轴承外圈与箱体孔的接触变形 δ_2。

由于 $\Delta/D = 5/15 = 0.33$，从图 7.3.4(b)查得 $H_2 = 0.19$，代入式(7.3.9)得到

$$\delta_2 = \frac{2F_r H_2}{\pi bD} = \frac{2 \times 500 \times 0.19}{3.14 \times 3.7 \times 15} = 1.09(\mu m)$$

(4) 求轴承内圈与主轴轴颈的接触变形 δ_3。

因内圈为内锥配合，$H_2 = 0.05$，代入式(7.3.9)得到

$$\delta_3 = \frac{2F_r H_2}{\pi bd} = \frac{2 \times 500 \times 0.05}{3.14 \times 3.7 \times 10} = 0.43(\mu m)$$

(5) 求滚动轴承的径向弹性位移 δ_r。

由式(7.3.3)得到

$$\delta_r = \delta_1 + \delta_2 + \delta_3 = 1.35 + 1.09 + 0.43 = 2.87(\mu m)$$

(6) 求支承的刚度。

由式(7.3.11)得到

$$K_r = F_r/\delta_r = 500 \div 2.87 = 174.2(kgf/\mu m)$$

2. 主轴部件的阻尼

计算自然频率和主振型时，由于阻尼的影响很小，可以不考虑主轴部件的阻尼特性。在计算动柔度和强迫振动的振幅时，由于阻尼的影响很大，故必须加以考虑。主轴部件的阻尼由主轴及装在轴上零件的材料内摩擦阻尼、配合表面间的阻尼、支承的阻尼及外加阻尼器的阻尼等组成。但材料内摩擦阻尼比支承阻尼小得多，为了简化计算，一般都忽略不计。

各类主轴轴承的阻尼值，除了静压轴承，大多通过实验获得。各类轴承阻尼比如表 7.3.1 左侧所示。将滚动轴承作为迟滞阻尼处理更加符合实际，由实验获得的损耗因子如表 7.3.1 右侧所示。

表 7.3.1　各类轴承的阻尼比和损耗因子

轴承类型	阻尼比	轴承类型	损耗因子 $2\pi\eta$
滚动轴承无预负荷	0.01～0.02	单个滚珠轴承	0.2
滚动轴承有预负荷	0.02～0.03	圆柱滚子轴承	0.3～0.4
单油膜动压轴承	0.03～0.045	双排向心球轴承	0.3～0.4
多油膜动压轴承	0.04～0.06	双排径向止推轴承	0.5～0.6
静压轴承	0.045～0.065	滚锥轴承	0.35～0.45

当建立主轴部件的动力学模型后，无论是什么形式的模型，上述所需要的内容都可以用多种方法进行计算。做较精确的计算时，广泛采用有限元法和传递矩阵法。

7.3.3　主轴部件的传递矩阵法

任何一个主轴部件的动力学模型都由一系列质量元件、梁段元件和轴承元件一个接一个地联结而成，呈一种链状结构的形式。对于这种形式的振动系统，采用传递矩阵法进行分析计算很方便，也很有效。下面结合计算主轴部件的横向振动来说明这种方法。

1. 单元的传递矩阵

设有一个集中参数的横向振动系统，如图 7.3.5(a)所示，分别将系统中的各元件从系统中隔离出来，则可求得链上相邻两点之间的关系。

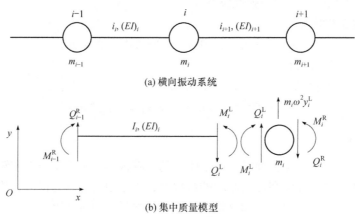

(a) 横向振动系统

(b) 集中质量模型

图 7.3.5　单元的传递矩阵

1) 右端具有集中质量的无质量梁段的传递矩阵

将第 i 段梁 l_i 和第 i 个集中质量 m_i 分别从系统中隔离出来，如图 7.3.5(b)所示。先看第 i 个集中质量 m_i，假设该质量是绝对刚体，并忽略其转动惯量，则当系统做横向谐波振动时，质量 m_i 左边(L)和右边(R)的横向位移 y 及转角 θ 均应该相等，即有

$$y_i^{\mathrm{R}} = y_i^{\mathrm{L}}, \qquad \theta_i^{\mathrm{R}} = \theta_i^{\mathrm{L}} \tag{7.3.12}$$

质量 m_i 左、右两边所受到的弯矩 M 和剪力 Q 应该有如下关系：

$$M_i^{\mathrm{R}} = M_i^{\mathrm{L}}, \qquad Q_i^{\mathrm{R}} = Q_i^{\mathrm{L}} + m_i \omega^2 y_i^{\mathrm{L}} \tag{7.3.13}$$

联合式(7.3.12)和式(7.3.13)，并按矩阵乘法规则写成矩阵形式为

$$z_i^{\mathrm{R}} = \boldsymbol{P}_i z_i^{\mathrm{L}} \tag{7.3.14}$$

式中，

$$z_i^R = \begin{Bmatrix} y \\ \theta \\ M \\ Q \end{Bmatrix}_i^R, \quad P_i = \begin{bmatrix} 1 & 0 & 0 & 0 \\ 0 & 1 & 0 & 0 \\ 0 & 0 & 1 & 0 \\ m\omega^2 & 0 & 0 & 1 \end{bmatrix}_i, \quad z_i^L = \begin{Bmatrix} y \\ \theta \\ M \\ Q \end{Bmatrix}_i^L \tag{7.3.15}$$

列阵 z_i^R 与 z_i^L 分别由轴上的第 i 点(即第 i 个质量 m_i)左边与右边的位移、转角、弯矩和剪力组成，说明了第 i 个质量 m_i 左右两边的运动和受力状态，称为第 i 点的左右状态矢量。式(7.3.14)使这两个相邻的状态矢量联系起来，矩阵 P_i 表达了第 i 点左边的状态到右边的状态的传递关系，称为**点传递矩阵**，简称**点矩阵**，与第 i 点的质量 m_i 及角频率 ω 有关。

若 m_i 由直径较大的零件简化而来，其转动惯量 I_i 不能忽略，则式(7.3.12)和式(7.3.13)的四个关系式中，式(7.3.13)的第一式应改为

$$M_i^R = M_i^L - I_i \omega^2 \theta_i^L \tag{7.3.16}$$

其余三式不变，得到计及转动惯量时的质量元件左、右两边状态的传递关系为

$$\begin{Bmatrix} y \\ \theta \\ M \\ Q \end{Bmatrix}_i^R = \begin{bmatrix} 1 & 0 & 0 & 0 \\ 0 & 1 & 0 & 0 \\ 0 & -I\omega^2 & 1 & 0 \\ m\omega^2 & 0 & 0 & 1 \end{bmatrix}_i \begin{Bmatrix} y \\ \theta \\ M \\ Q \end{Bmatrix}_i^L \tag{7.3.17}$$

如图 7.3.6 所示的第 i 段梁 l_i，由于不计梁段的质量，按力的平衡条件有

$$Q_i^L = Q_{i-1}^R, \quad M_i^L = M_{i-1}^R + Q_{i-1}^R l_i \tag{7.3.18}$$

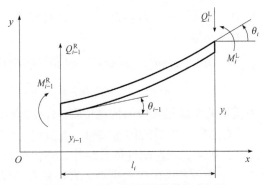

图 7.3.6　不计质量的梁段的传递矩阵

根据材料力学的下列关系：

$$M = EI \frac{d\theta}{dx} = EI \frac{d^2 y}{dx^2}, \quad \theta = \frac{1}{EI} \int M dx, \quad y = \int \theta dx \tag{7.3.19}$$

得到

$$\theta_i^L = \theta_{i-1}^R + \frac{1}{(EI)_i}\int_0^{l_i} M_i^R dx = \theta_{i-1}^R + \frac{1}{(EI)_i}\int_0^{l_i}(M_{i-1}^R + Q_{i-1}^R x)dx = \theta_{i-1}^R + \frac{M_{i-1}^R l_i}{(EI)_i} + \frac{Q_{i-1}^R l_i^2}{2(EI)_i}$$

$$y_i^L = y_{i-1}^R + \int_0^{l_i}\theta_i^L dx = y_{i-1}^R + \int_0^{l_i}\left[\theta_{i-1}^R + \frac{M_{i-1}^R x}{(EI)_i} + \frac{Q_{i-1}^R x^2}{2(EI)_i}\right]dx = y_{i-1}^R + \theta_{i-1}^R l_i + \frac{M_{i-1}^R l_i^2}{2(EI)_i} + \frac{Q_{i-1}^R l_i^3}{6(EI)_i}$$

$$(7.3.20)$$

联合式(7.3.18)和式(7.3.20)，并写成矩阵形式为

$$z_i^L = F_i z_{i-1}^R \tag{7.3.21}$$

式中，

$$z_i^L = \begin{Bmatrix} y \\ \theta \\ M \\ Q \end{Bmatrix}_i^L, \quad F_i = \begin{bmatrix} 1 & l & l^2/(2EI) & l^3/(6EI) \\ 0 & 1 & l/(EI) & l^2/(2EI) \\ 0 & 0 & 1 & l \\ 0 & 0 & 0 & 1 \end{bmatrix}_i, \quad z_{i-1}^R = \begin{Bmatrix} y \\ \theta \\ M \\ Q \end{Bmatrix}_{i-1}^R \tag{7.3.22}$$

式(7.3.21)就是无质量梁段左边状态到右边状态的传递关系，方阵 F_i 称为**场传递矩阵**，简称**场矩阵**。

将式(7.3.14)、式(7.3.17)和式(7.3.21)合并，可得

$$z_i^R = P_i z_i^L = P_i F_i z_{i-1}^R = T_i z_{i-1}^R \tag{7.3.23}$$

式中，

$$z_i^R = \begin{Bmatrix} y \\ \theta \\ M \\ Q \end{Bmatrix}_i^R, \quad T_i = \begin{bmatrix} 1 & l & l^2/(2EI) & l^3/(6EI) \\ 0 & 1 & l/(EI) & l^2/(2EI) \\ 0 & 0 & 1 & l \\ m\omega^2 & ml\omega^2 & ml^2\omega^2/(2EI) & ml^3\omega^2/(6EI) \end{bmatrix}_i, \quad z_{i-1}^R = \begin{Bmatrix} y \\ \theta \\ M \\ Q \end{Bmatrix}_{i-1}^R$$

$$(7.3.24)$$

方阵 T_i 为右端有集中质量的无质量梁段的传递矩阵。式(7.3.23)就是链中第 $i-1$ 点右边状态矢量到第 i 点右边状态矢量的传递关系。类似地，可以求出其他各段的传递矩阵，就可以建立起从系统最左端到最右端各点的状态矢量之间的关系。

式(7.3.14)～式(7.3.24)中各状态矢量的所有元素都具有相同的时间函数，消去等式两边的时间函数后等式仍然成立，因此上面各式可以作为状态矢量的幅值之间的关系来应用。本节后面的类似关系也是如此。

2) 支承元件的传递矩阵

如图 7.3.7 所示，已知第 i 个支承的等效刚度为 k_i，等效黏性阻尼系数为 c_i，支座上有集中质量 m_i，则此 i 点左右两边的位移、转角、弯矩和剪力之间的关

系为

$$y_i^{\mathrm{R}} = y_i^{\mathrm{L}}, \quad \theta_i^{\mathrm{R}} = \theta_i^{\mathrm{L}}, \quad M_i^{\mathrm{R}} = M_i^{\mathrm{L}}, \quad Q_i^{\mathrm{R}} = Q_i^{\mathrm{L}} + (m_i\omega^2 - \mathrm{i}c_i\omega - k_i)y_i^{\mathrm{L}} \quad (7.3.25)$$

故支承点左、右两边状态矢量的传递关系可写为

$$z_i^{\mathrm{R}} = \overline{P}_i z_{i-1}^{\mathrm{R}} \quad\quad\quad\quad\quad (7.3.26)$$

式中，

$$z_i^{\mathrm{R}} = \left\{\begin{array}{c} y \\ \theta \\ M \\ Q \end{array}\right\}_i^{\mathrm{R}}, \quad \overline{P}_i = \begin{bmatrix} 1 & 0 & 0 & 0 \\ 0 & 1 & 0 & 0 \\ 0 & 0 & 1 & 0 \\ m\omega^2 - \mathrm{i}c\omega - k & 0 & 0 & 1 \end{bmatrix}_i, \quad z_{i-1}^{\mathrm{R}} = \left\{\begin{array}{c} y \\ \theta \\ M \\ Q \end{array}\right\}_i^{\mathrm{L}} \quad (7.3.27)$$

方阵 $\overline{P}_i = 0$ 为支承点的点传递矩阵。若支座上没有集中质量，即 $m_i = 0$，支承的阻尼忽略不计，即 $c_i = 0$，则代入式(7.3.26)后就得到相应支承的点传递矩阵。

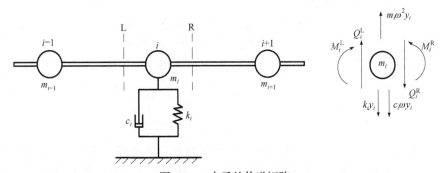

图 7.3.7　支承的传递矩阵

　　至此，主轴部件的集中参数动力学模型中各种单元的传递矩阵已经导出，应用这些关系式即可列出整个系统最左端到最右端状态矢量的传递关系，根据这些关系则可进行系统动力特性的计算。

2. 系统自然频率和主振型的计算

　　将动力学模型各单元的结合点顺序编号，如图 7.3.8 所示，这里单元的左、右两端采用不同的编号，从而省去上角标 R 和 L。设最左端点为 0，最右端为 N，则应用上述各种单元的传递矩阵表达式，逐点传递，即可建立起 0 及 N 点状态矢量之间的关系式，即系统的传递方程为

$$z_N = T_N z_{N-1} = T_N T_{N-1} z_{N-2} = \cdots = T_N T_{N-1} \cdots T_2 T_1 z_0 = T z_0 \quad (7.3.28)$$

由于各传递矩阵都是四阶方阵，系统的传递矩阵也是四阶方阵，式(7.3.28)一般表示为

$$\begin{Bmatrix} y \\ \theta \\ M \\ Q \end{Bmatrix}_N = \begin{bmatrix} u_{11} & u_{12} & u_{13} & u_{14} \\ u_{21} & u_{22} & u_{23} & u_{24} \\ u_{31} & u_{32} & u_{33} & u_{34} \\ u_{41} & u_{42} & u_{43} & u_{44} \end{bmatrix} \begin{Bmatrix} y \\ \theta \\ M \\ Q \end{Bmatrix}_0 \tag{7.3.29}$$

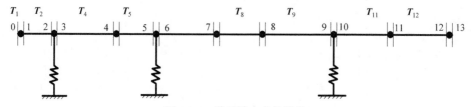

图 7.3.8　单元结合点的编号

轴两端的四参数状态矢量中，由于要满足两端边界条件，各有两个参数是已知的。如一般的主轴部件为两端自由，即 $M_0 = Q_0 = 0$，$M_N = Q_N = 0$，将此边界条件代入式(7.3.29)，展开后得到

$$y_N = u_{11}y_0 + u_{12}\theta_0, \quad \theta_N = u_{21}y_0 + u_{22}\theta_0$$
$$0 = u_{31}y_0 + u_{32}\theta_0, \quad 0 = u_{41}y_0 + u_{42}\theta_0 \tag{7.3.30}$$

当主轴横向振动时，y_0、θ_0 不全为零，故式(7.3.30)后两个方程的系数行列式必等于零，即

$$\Delta(\omega) = \begin{vmatrix} u_{31} & u_{32} \\ u_{41} & u_{42} \end{vmatrix} = 0 \tag{7.3.31}$$

由于 u_{31}、u_{32}、u_{41}、u_{42} 等传递矩阵的元素是 ω 的函数，满足式(7.3.31)的频率就是该系统横向振动的自然频率，式(7.3.31)就是该系统横向振动的频率方程。若轴两端为其他支承形式，则仿照上述方法，也可以很容易导出其频率方程，如表 7.3.2 所示。

表 7.3.2　各类支承形式的频率方程

轴两端的支承形式	边界条件	频率方程	轴两端的支承形式	边界条件	频率方程
两端自由	$M_0 = Q_0 = 0$ $M_N = Q_N = 0$	$\Delta(\omega) = \begin{vmatrix} u_{31} & u_{32} \\ u_{41} & u_{42} \end{vmatrix} = 0$	一端简支一端自由	$y_0 = M_0 = 0$ $M_N = Q_N = 0$	$\Delta(\omega) = \begin{vmatrix} u_{32} & u_{34} \\ u_{42} & u_{44} \end{vmatrix} = 0$
两端刚性铰支	$y_0 = M_0 = 0$ $y_N = M_N = 0$	$\Delta(\omega) = \begin{vmatrix} u_{12} & u_{14} \\ u_{32} & u_{34} \end{vmatrix} = 0$	一端固定一端自由	$y_0 = \theta_0 = 0$ $M_N = Q_N = 0$	$\Delta(\omega) = \begin{vmatrix} u_{33} & u_{34} \\ u_{43} & u_{44} \end{vmatrix} = 0$

当系统的自由度较少时，可直接求解上列频率方程得到所有自然频率的精确解。但当自由度较多时，这样做很困难，也没有必要。因此在工程实际中，广泛采用初始参数法，利用余量曲线 $\Delta(\omega) = \omega$，求其近似数值。求得自然频率 ω_n

后，将 ω_n 代回传递方程即可求得始端的状态方程矢量 z_0，如两端自由的主轴，由式(7.3.30)有

$$u_{31}y_0 + u_{32}\theta_0 = 0, \quad u_{41}y_0 + u_{42}\theta_0 = 0 \tag{7.3.32}$$

由于主振型只是各点的振幅比，可设 $y_0 = 1$，则由式(7.3.32)得

$$\theta_0 = -\frac{u_{31}}{u_{32}} = -\frac{u_{41}}{u_{42}} \tag{7.3.33}$$

$$z_0 = \{1 \quad -u_{31}/u_{32} \quad 0 \quad 0\}^T \quad \text{或} \quad z_0 = \{1 \quad -u_{41}/u_{42} \quad 0 \quad 0\}^T \tag{7.3.34}$$

已知始端状态矢量后，逐点传递即可求得轴上各点的状态矢量为

$$z_1 = T_1 z_0, \quad z_2 = T_2 z_1 = T_2 T_1 z_0, \cdots, z_N = T_N z_{N-1} = T_N T_{N-1} \cdots T_2 T_1 z_0 \tag{7.3.35}$$

从各点的状态矢量中取出第一、第二元素 y_i、θ_i，即可绘出与该自然频率对应的主振型。

3. 强迫振动的计算

应用传递矩阵法也可以计算链状结构受周期性激振力作用时的强迫振动，其振动原理和方法基本与计算自由振动相同，只是当系统的某两点之间有激振力作用时，状态的传递关系将有所变化。

1) 单元的传递矩阵

假设在质量元件 m_i 上作用有激振力 $Pe^{i\omega t}$ 及激振力矩 $M_j e^{i\omega t}$，如图 7.3.9 所示，则其传递关系为

$$y_i = y_{i-1}, \quad \theta_i = \theta_{i-1}, \quad M_i = M_{i-1} - M_j, \quad Q_i = Q_{i-1} + m_i \omega^2 y_i - P \tag{7.3.36}$$

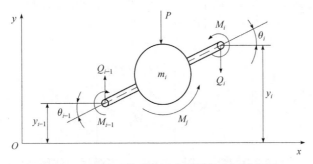

图 7.3.9 质量元件受激振力及激振力矩示意图

式(7.3.36)写成矩阵形式为

$$z_i = T_i z_{i-1} - (\Delta z)_i \quad \text{或} \quad z_i = T_i (z - \Delta z)_{i-1} \tag{7.3.37}$$

式中，

$$z_i = \begin{Bmatrix} y \\ \theta \\ M \\ Q \end{Bmatrix}_i, \quad T_i = \begin{bmatrix} 1 & 0 & 0 & 0 \\ 0 & 1 & 0 & 0 \\ 0 & 0 & 1 & 0 \\ m\omega^2 & 0 & 0 & 1 \end{bmatrix}_i, \quad z_{i-1} = \begin{Bmatrix} y \\ \theta \\ M \\ Q \end{Bmatrix}_{i-1}, \quad (\Delta z)_i = \begin{Bmatrix} 0 \\ 0 \\ M_j \\ P \end{Bmatrix}_i \tag{7.3.38}$$

$\Delta z = \{0 \quad 0 \quad M_j \quad P\}^{\mathrm{T}}$ 为激振力列阵。

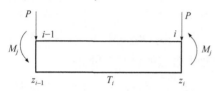

图 7.3.10　梁段受激振力示意图

同样，也可以导出如图 7.3.10 所示梁段受激振力作用时的传递关系。当激振力仅作用在梁段右端(i 点)时，相当于在图 7.3.6 中梁段右端作用有激振力 $Pe^{\mathrm{i}\omega t}$ 及激振力矩 $M_j e^{\mathrm{i}\omega t}$，则其传递关系为

$$Q_i^{\mathrm{L}} = Q_{i-1}^{\mathrm{R}} - P, \quad M_i^{\mathrm{L}} = M_{i-1}^{\mathrm{R}} + Q_{i-1}^{\mathrm{R}} l_i - M_j$$

$$\theta_i^{\mathrm{L}} = \theta_{i-1}^{\mathrm{R}} + \frac{1}{(EI)_i}\int_0^{l_i} M_i^{\mathrm{L}} \mathrm{d}x = \theta_{i-1}^{\mathrm{R}} + \frac{M_{i-1}^{\mathrm{R}} l_i}{(EI)_i} + \frac{Q_{i-1}^{\mathrm{R}} l_i^2}{2(EI)_i} - \frac{M_j l_i}{(EI)_i} \tag{7.3.39}$$

$$y_i^{\mathrm{L}} = y_{i-1}^{\mathrm{R}} + \int_0^{l_i} \theta_i^{\mathrm{L}} \mathrm{d}x = y_{i-1}^{\mathrm{R}} + \theta_{i-1}^{\mathrm{R}} l_i + \frac{M_{i-1}^{\mathrm{R}} l_i^2}{2(EI)_i} + \frac{Q_{i-1}^{\mathrm{R}} l_i^3}{6(EI)_i} - \frac{M_j l_i^2}{2(EI)_i}$$

将式(7.3.39)写成矩阵形式为

$$z_i^{\mathrm{L}} = T_i z_{i-1}^{\mathrm{R}} - (\Delta z)_i \tag{7.3.40}$$

式中，

$$z_i^{\mathrm{L}} = \begin{Bmatrix} y \\ \theta \\ M \\ Q \end{Bmatrix}_i^{\mathrm{L}}, \quad T_i = \begin{bmatrix} 1 & l & l^2/(2EI) & l^3/(6EI) \\ 0 & 1 & l/(EI) & l^2 M_j/(2EI) \\ 0 & 0 & 1 & 0 \\ 0 & 0 & 0 & 1 \end{bmatrix}_i,$$

$$z_{i-1}^{\mathrm{R}} = \begin{Bmatrix} y \\ \theta \\ M \\ Q \end{Bmatrix}_{i-1}^{\mathrm{R}}, \quad (\Delta z)_i = \begin{Bmatrix} l^2 M_j/(2EI) \\ l M_j/(EI) \\ M_j \\ P \end{Bmatrix}_i \tag{7.3.41}$$

式(7.3.41)与式(7.3.37)的第一式形式相同。当激振力作用在梁段左端(i-1)时，仿照上述推证，所得结果与式(7.3.37)的第二式形式相同。若激振力作用在梁端的中间某点，则以该点将梁段分为两段即可应用公式(7.3.39)~式(7.3.41)。

同理，可导出如图 7.3.7 所示支承元件受向下激振力 $Pe^{\mathrm{i}\omega t}$ 及逆时针激振力矩 $M_j e^{\mathrm{i}\omega t}$ 作用时的传递关系为

$$y_i^R = y_i^L, \quad \theta_i^R = \theta_i^L, \quad M_i^R = M_i^L - M_j, \quad Q_i^R = Q_i^L + (m_i\omega^2 - ic\omega - k_i)y_i - P$$

$$(7.3.42)$$

将式(7.3.42)写成矩阵形式为

$$z_i^R = T_i z_i^L - (\Delta z)_i \tag{7.3.43}$$

式中，

$$z_i^R = \begin{Bmatrix} y \\ \theta \\ M \\ Q \end{Bmatrix}_i^R, \quad T_i = \begin{bmatrix} 1 & 0 & 0 & 0 \\ 0 & 1 & 0 & 0 \\ 0 & 0 & 1 & 0 \\ m\omega^2 - ic\omega - k & 0 & 0 & 1 \end{bmatrix}_i,$$

$$(7.3.44)$$

$$z_i^L = \begin{Bmatrix} y \\ \theta \\ M \\ Q \end{Bmatrix}_i^L, \quad (\Delta z)_i = \begin{Bmatrix} 0 \\ 0 \\ M_j \\ P \end{Bmatrix}_i^R$$

式(7.3.43)与式(7.3.37)的第一式形式相同。可见，无论什么元件，当有激振力作用时，并没有改变元件的传递矩阵，但需要对激振力作用点的状态矢量进行修正。

2) 计算主轴前端的激振点动柔度

这里以图 7.3.2 的实例说明其强迫振动的计算方法。该主轴部件简化为三段分布质量梁、两个具有转动惯量的集中质量元件和两个弹性支承元件，系统的状态用图示 0, 1, …, 7 等 8 个点的状态矢量来确定。

当不考虑激振力时，0 点到 7 点状态矢量的传递方程为

$$z_7 = T_7 T_6 T_5 T_4 T_3 T_2 T_1 z_0 = T z_0 \tag{7.3.45}$$

式中，T_1 和 T_7 为计及转动惯量时集中质量元件的传递矩阵，按式(7.3.17)确定；T_3 和 T_5 为有阻尼弹性支承元件的传递矩阵，按式(7.3.35)计算，但式中的 $m=0$；T_2、T_4 和 T_6 为分布质量梁段的传递矩阵。

现在希望计算主轴前端(0 点)的激振点动柔度 $A_{0,0}(=y_0/P_0)$ 及皮带轮所在位置(7 点)激振并在主轴前端测量位移相应的动柔度 $A_{0,7}(=y_0/P_7)$，即考虑 0 点和 7 点上有激振力 $\Delta z = \{0 \quad 0 \quad 0 \quad P\}^T$ 作用。由式(7.3.37)可知，此时的传递方程(7.3.45)应修改为

$$z_7 = T(z - z_0) - \Delta z_7 \tag{7.3.46}$$

先计算 $A_{0,0}$。令 $\Delta z = 0$，再考虑主轴梁端自由的边界条件，即 $M_0 = Q_0 = 0$，$M_7 = Q_7 = 0$，则式(7.3.46)可简化为

$$\begin{Bmatrix} y \\ \theta \\ 0 \\ 0 \end{Bmatrix}_7 = \begin{bmatrix} \times & \times & \times & \times \\ \times & \times & \times & \times \\ u_{31} & u_{32} & \times & u_{34} \\ u_{41} & u_{42} & \times & u_{44} \end{bmatrix}_i \begin{Bmatrix} y \\ \theta \\ 0 \\ -P \end{Bmatrix}_0 \tag{7.3.47}$$

式中，传递矩阵中有"×"号位置的元素在计算中无用，可省略不计。方程(7.3.47)的后两个展开式为

$$u_{31}y_0 + u_{32}\theta_0 = u_{34}P_0, \quad u_{41}y_0 + u_{42}\theta_0 = u_{44}P_0 \tag{7.3.48}$$

由式(7.3.48)可求出动柔度 $A_{0,0}$ 为

$$A_{0,0} = \frac{y_0}{P_0} = \frac{u_{34}u_{42} - u_{32}u_{44}}{u_{31}u_{42} - u_{41}u_{32}} = \mathrm{Re}(A_{0,0}) + \mathrm{i}\,\mathrm{Im}(A_{0,0}) \tag{7.3.49}$$

再计算 $A_{0,7}$。令 $\Delta z = 0$，由式(7.3.46)得到

$$\begin{Bmatrix} y \\ \theta \\ 0 \\ 0 \end{Bmatrix}_7 = \begin{bmatrix} \times & \times & \times & \times \\ \times & \times & \times & \times \\ u_{31} & u_{32} & \times & \times \\ u_{41} & u_{42} & \times & \times \end{bmatrix}_i \begin{Bmatrix} y \\ \theta \\ 0 \\ 0 \end{Bmatrix}_0 - \begin{Bmatrix} 0 \\ 0 \\ 0 \\ P \end{Bmatrix}_7 \tag{7.3.50}$$

将方程(7.3.50)展开为

$$u_{31}y_0 + u_{32}\theta_0 = 0, \quad u_{41}y_0 + u_{42}\theta_0 = P_7 \tag{7.3.51}$$

由式(7.3.51)可求出动柔度 $A_{0,7}$ 为

$$A_{0,7} = \frac{y_0}{P_0} = \frac{u_{32}}{u_{32}u_{41} - u_{31}u_{42}} = \mathrm{Re}(A_{0,7}) + \mathrm{i}\,\mathrm{Im}(A_{0,7}) \tag{7.3.52}$$

由于计算主轴部件强迫振动的响应时考虑了支承的阻尼，T_3 和 T_5 矩阵中包括一些复数的元素，因此系统传递矩阵 T 的各元素是复数，按式(7.3.49)和式(7.3.52)求得的动柔度也是复数，为便于计算和绘制柔度的特性曲线，常将其分解为实部和虚部。

系统传递矩阵的各元素 A_{ij} 既是主轴部件的质量、刚度、阻尼等结构参数的函数，又是激振频率的函数。对于一个参数确定的主轴部件，将所考虑的频带内的一系列频率值代入式(7.3.49)和式(7.3.52)，可求得一系列响应的动柔度，从而绘出其幅相特性曲线。图 7.3.11 是一组结构参数下按 $A_{0,7}$ 的计算结果绘制的幅相特性曲线，同实测结果相比，只是由于阻尼数值不准确，幅值有些差别，自然频率和曲线形状很接近。

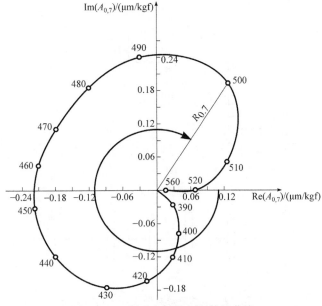

图 7.3.11　所示主轴的幅相特性曲线

7.3.4　传动链的扭转振动

　　进给系统和主轴系统一样，是机床最重要的组成部分，直接影响机床的工作性能。机床的进给系统包括进给传动链、直线运动机构(丝杠-螺母、齿轮-齿条等)和进给运动执行件(工作台、拖板等)。由于进给速度低、传递功率小、进给传递链长，往往还包括细长的传动轴，传动件尺寸小、刚度低，进给运动执行件质量较大和导轨面间的摩擦特性复杂，因此，进给系统在进给运动方向的动刚度较低，传动链容易产生扭转振动，运动执行件在低速时可能出现爬行现象。进给系统的动力特性不仅直接影响加工精度和表面粗糙度，限制机床生产率的提高，在要求定位的机床表面上还影响定位精度，在数控机床上影响伺服系统的伺服性能，因此设计时应充分加以考虑。

　　在计算传动链的扭转振动时，根据传动链的特点，常将只有串联传动件的传动链简化为**单支当量扭转系统**，而将具有平行分支传动的传动链简化为**分支当量扭转系统**。这两种扭转系统在计算方法上有一些不同，下面分别进行讨论。

　　1. 单支当量扭转系统

　　1) 计算模型

　　如图 7.3.12(a)所示的传动链，由一系列串联的传动件组成，只有一条传动路线。对于这样的传动链，可将其简化为如图 7.3.12(b)所示的单支当量扭转系统进行计算。简化的主要步骤如下：

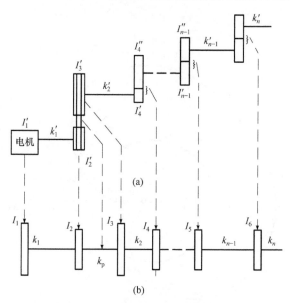

(a)

(b)

图 7.3.12　传动链及其单支当量扭转系统

(1) 计算所有轴段的扭转刚度和转动惯量，将各轴段的转动惯量集中到该轴段两端的零件上，使各轴段简化为无惯量的弹性轴段。转动惯量一般可平均分配到轴段两端，如数值很小也可以忽略不计，弹性轴段的扭转刚度应和实际轴段的扭转刚度相等。

(2) 计算和轴一起转动的各零件的转动惯量和扭转刚度，并将其简化为刚性圆盘和弹性轴段。一般地，单个飞轮、皮带轮、齿轮等零件的扭转刚度很高，可不考虑其弹性，直接用转动惯量相同的刚性圆盘代替。但对于皮带传动，由于传动中皮带的拉伸柔度较大，应引入等效的弹性轴段反映这个柔度。

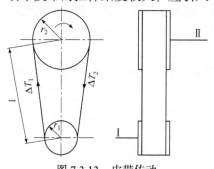

图 7.3.13　皮带传动

如图 7.3.13 所示的皮带传动，设将皮带传动的柔度向 Ⅱ 轴折算，则引入的等效弹性轴段的扭转刚度 k_p 可按下述过程求得：设皮带受拉伸作用后，其伸长量为 Δl，由 Δl 所引起的皮带轮绕轴 Ⅱ 的转角为

$$\theta = r_2 / \Delta l \tag{7.3.53}$$

则紧边增加的皮带拉力 ΔT_1、松边卸掉的皮带拉力 ΔT_2 及其产生的附加力矩 ΔM 分别为

$$\Delta T_1 = -\Delta T_2 = \frac{E_p A r_2 \theta}{l}, \quad \Delta M = (\Delta T_1 - \Delta T_2)r_2 = \frac{2E_p A r_2^2 \theta}{l} \tag{7.3.54}$$

式中，l 为皮带紧边长度；A 为皮带的横截面积；r_2 为Ⅱ轴上皮带轮的半径；E_p 为皮带的弹性模型。由式(7.3.54)可得等效弹性轴段的扭转刚度为

$$k_p = \frac{2r_2^r A E_p}{l} \qquad (7.3.55)$$

进给系统的其他传动副在传动中也会产生变形而表现出具有柔度,但其数值较小,可以忽略不计。

经过上述两个步骤，可将实际传动链简化为一系列无惯量的弹性轴段和无弹性的集中惯量(刚性圆盘)组成的圆盘系统，如图 7.3.12(a)所示。

(3) 将所有在不同轴线上的弹性轴段和刚性圆盘转换到同一轴线上，构成单一轴线的当量轴盘系统。一般向最后一根轴、输入轴或中间某根细长轴转换，根据转换前后系统的动能和势能保持不变的原则，确定当量系统各元件的参数，如图 7.3.12(b)所示。

现以如图 7.3.14(a)所示的简单系统为例说明转换方法。设将系统向Ⅲ轴转换，得图 7.3.14(b)所示的当量系统，以 ω_1、ω_2、ω_3 分别表示轴Ⅰ、Ⅱ、Ⅲ的角速度，则根据转换前后系统的动能相等，则有

$$\frac{1}{2}(I_1 + I_2 + I_3 + I_4)\omega_3^2 = \frac{1}{2}(I_1' + I_2')\omega_1^2 + \frac{1}{2}(I_2'' + I_3')\omega_2^2 + \frac{1}{2}(I_3'' + I_4')\omega_3^2 \qquad (7.3.56)$$

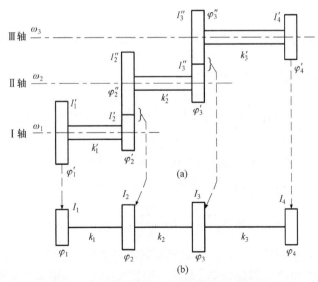

图 7.3.14 简单系统及其单支当量扭转系统

令Ⅰ轴到Ⅲ轴的传动比为 $i_{1-3} = \omega_3 / \omega_1$，Ⅱ轴到Ⅲ轴的传动比为 $i_{2-3} = \omega_3 / \omega_2$，则有

$$\omega_1 = \frac{\omega_3}{i_{1-3}}, \quad \omega_2 = \frac{\omega_3}{i_{2-3}} \tag{7.3.57}$$

将式(7.3.57)代入式(7.3.56)，得到

$$\frac{1}{2}(I_1 + I_2 + I_3 + I_4)\omega_3^2 = \frac{1}{2}(I_1' + I_2')\left(\frac{\omega_3}{i_{1-3}}\right)^2 + \frac{1}{2}(I_2'' + I_3')\left(\frac{\omega_3}{i_{2-3}}\right)^2 + \frac{1}{2}(I_3'' + I_4')\omega_3^2$$

$$= \frac{1}{2}\frac{I_1'}{i_{1-3}^2}\omega_3^2 + \frac{1}{2}\left(\frac{I_2'}{i_{1-3}^2} + \frac{I_2''}{i_{2-3}^2}\right)\omega_3^2 + \frac{1}{2}\left(\frac{I_3'}{i_{2-3}^2} + I_3''\right)\omega_3^2 + \frac{1}{2}I_4'\omega_3^2 \tag{7.3.58}$$

比较式(7.3.58)的等式两边，得当量系统各刚性圆盘的转动惯量为

$$I_1 = \frac{I_2'}{i_{1-3}^2}, \quad I_2 = \frac{I_2'}{i_{1-3}^2} + \frac{I_2''}{i_{2-3}^2}, \quad I_3 = \frac{I_3'}{i_{2-3}^2} + I_3'', \quad I_4 = I_4' \tag{7.3.59}$$

根据转换前后系统的势能相等，则有

$$\frac{1}{2}[k_1'(\varphi_2' - \varphi_1')^2 + k_2'(\varphi_3' - \varphi_2')^2 + k_3'(\varphi_4' - \varphi_3')^2]$$

$$= \frac{1}{2}[k_1(\varphi_2 - \varphi_1)^2 + k_2(\varphi_3 - \varphi_2)^2 + k_3(\varphi_4 - \varphi_3)^2] \tag{7.3.60}$$

以 φ 表示刚性圆盘的转角，各圆盘的转角以上标、下标加以区别。按照传动比的定义可得下列关系：

$$\varphi_1' = \frac{\varphi_1}{i_{1-3}}, \quad \varphi_4' = \varphi_4, \quad \varphi_2' = \frac{\varphi_2}{i_{1-3}}, \quad \varphi_2'' = \frac{\varphi_2}{i_{2-3}}, \quad \varphi_3' = \frac{\varphi_3}{i_{2-3}}, \quad \varphi_3'' = \varphi_3 \tag{7.3.61}$$

将式(7.3.61)代入式(7.3.60)，可得

$$\frac{1}{2}k_1'\left[\left(\frac{\varphi_2 - \varphi_1}{i_{1-3}}\right)^2 + k_2'\left(\frac{\varphi_3 - \varphi_2}{i_{1-3}}\right)^2 + k_3'(\varphi_4 - \varphi_3)^2\right]$$

$$= \frac{1}{2}[k_1(\varphi_2 - \varphi_1)^2 + k_2(\varphi_3 - \varphi_2)^2 + k_3(\varphi_4 - \varphi_3)^2] \tag{7.3.62}$$

比较式(7.3.62)的两边，可得

$$k_1 = \frac{k_1'}{i_{1-3}^2}, \quad k_2 = \frac{k_2'}{i_{2-3}^2}, \quad k_3 = k_3' \tag{7.3.63}$$

观察式(7.3.59)和式(7.3.63)，不难得到转换计算的一般规律：将第 r 轴上的刚性圆盘 I_r 和弹性轴段 k_r 转换到第 s 轴上，则其相应的转动惯量 I_s 和扭转刚度 k_s 为

$$I_s = \frac{I_r}{i_{r-s}^2}, \quad k_s = \frac{k_r}{i_{r-s}^2} \tag{7.3.64}$$

式中，i_{r-s} 为第 r 轴到第 s 轴的传动比。因此，实际工作中，并不需要按上述例子

那样进行详细的计算，而只要应用式(7.3.64)即可迅速将一个多轴线的转盘系统转换为单一轴线的当量扭转系统。

(4) 将做直线运动的质量转换为等效的转动惯量。设做直线运动的部件的质量为 m，运动速度为 v，将其转换到角速度为 ω_j 的第 j 轴时，根据转换前后动能相等的原则，其等效转动惯量 I_v 为

$$\frac{1}{2}I_v\omega_j^2 = \frac{1}{2}mv^2, \quad I_v = m\left(\frac{v}{\omega_j}\right)^2 \tag{7.3.65}$$

对于如图 7.3.15 所示的齿轮-齿条传动，若小齿轮的节圆直径为 d，则有 $v = \omega_j\pi d/(2\pi)$，转换到小齿轮轴上时，则有

$$I_v = m(d/2)^2 \tag{7.3.66}$$

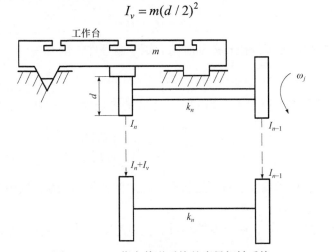

图 7.3.15 工作台传递系统的当量扭转系统

对于丝杠螺母传动，若丝杠的导程为 T，则有 $v = \omega_j T/(2\pi)$，转换到小齿轮轴上时，则有

$$I_v = m(T/2\pi)^2 \tag{7.3.67}$$

2) 计算方法

单支传动链经过上述步骤都可以简化为如图 7.3.16 所示的单支当量扭转系统。对于这样的链状系统，实际中仍应用传递矩阵法进行计算。

(1) 元件的传递矩阵。

扭转系统在振动过程中，系统的任何一点仅受扭矩 M 的作用，只产生转角 θ，因此扭转系统中任一点的状态矢量为 $z = \{\theta \quad M\}^T$。规定轴线的正方向向右，并采用右手螺旋规则，据此将系统中第 i 个圆盘及第 i 轴段从系统中隔离出来时，其左边及右边的状态矢量如图 7.3.16 所示。

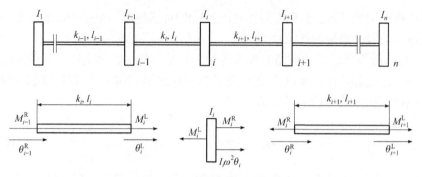

图 7.3.16 扭转系统及其元件

先看第 i 个圆盘，由于假设圆盘为刚性的，其左、右两边的转角相等，即

$$\theta_i^{\mathrm{R}} = \theta_i^{\mathrm{L}} = \theta_i \tag{7.3.68}$$

根据圆盘以频率 ω 做谐波扭转振动时的力矩平衡条件，则有

$$M_i^{\mathrm{R}} = M_i^{\mathrm{L}} - I_i \omega^2 \theta_i \tag{7.3.69}$$

将式(7.3.68)和式(7.3.69)合并，得到矩阵形式的方程为

$$\begin{Bmatrix} \theta \\ M \end{Bmatrix}_i^{\mathrm{R}} = \begin{bmatrix} 1 & 0 \\ -I\omega^2 & 1 \end{bmatrix}_i \begin{Bmatrix} \theta \\ M \end{Bmatrix}_i^{\mathrm{L}} \tag{7.3.70}$$

式(7.3.70)就是刚性圆盘左、右两边状态矢量之间的传递关系，式中的方阵为刚性圆盘的**点传递矩阵**。

再看第 i 段弹性轴，由于弹性轴段的惯量忽略不计，其左、右两边的扭矩应相等，即

$$M_i^{\mathrm{L}} = M_{i-1}^{\mathrm{R}} \tag{7.3.71}$$

根据扭转刚度的定义，则有

$$\theta_i^{\mathrm{L}} = \theta_{i-1}^{\mathrm{R}} + \frac{M_{i-1}^{\mathrm{R}}}{k_i} \tag{7.3.72}$$

将式(7.3.71)和式(7.3.72)合并，得到矩阵形式的方程为

$$\begin{Bmatrix} \theta \\ M \end{Bmatrix}_i^{\mathrm{L}} = \begin{bmatrix} 1 & 1/k \\ 0 & 1 \end{bmatrix}_i \begin{Bmatrix} \theta \\ M \end{Bmatrix}_{i-1}^{\mathrm{R}} \tag{7.3.73}$$

式(7.3.73)就是弹性轴段左、右两边状态矢量之间的传递关系，式中的方阵为弹性轴段的**场传递矩阵**。

联合式(7.3.70)和式(7.3.73)，可建立第 $i-1$ 个圆盘右边的状态矢量和第 i 个圆

盘右边状态矢量之间的传递关系为

$$\begin{Bmatrix} \theta \\ M \end{Bmatrix}_i^R = \begin{bmatrix} 1 & 0 \\ -I\omega^2 & 1 \end{bmatrix}_i \begin{bmatrix} 1 & 1/k \\ 0 & 1 \end{bmatrix}_i \begin{Bmatrix} \theta \\ M \end{Bmatrix}_{i-1}^R = \begin{bmatrix} 1 & 1/k \\ I\omega^2 & (k-I\omega^2)/k \end{bmatrix}_i \begin{Bmatrix} \theta \\ M \end{Bmatrix}_{i-1}^R \tag{7.3.74}$$

式(7.3.74)中的方阵称为第 i 段的传递矩阵。

(2) 扭转轴线的传递方程及传递矩阵。

可将 n 个圆盘和 $i-1$ 个轴段组成的扭转系统划分为 n 段，其编号如图 7.3.17 所示，O 点取在 1 号圆盘的左侧，其余各点均取在相同盘号的右侧。在 O 点和 1 点之间仅包括一个刚性圆盘 I_1，在 $i-1$ 点和 i 点之间包括一个刚性圆盘 I_i 和一段弹性轴段 $k_i(i=2,3,\cdots,n)$。于是，系统最左端点 O 和最右端点 n 的状态矢量之间的传递关系为

$$z_n = T_n z_{n-1} = T_n T_{n-1} z_{n-2} = \cdots = T_n T_{n-1} \cdots T_2 T_1 z_0 \tag{7.3.75}$$

式(7.3.75)可具体写为

$$z_1 = T_1 z_0, \quad z_2 = T_2 z_1 = T_2 T_1 z_0, \quad \cdots, \quad z_n = T_n z_{n-1} = \cdots T_n T_{n-1} \cdots T_2 T_1 z_0 \tag{7.3.76}$$

式中，T_1 按式(7.3.70)的方阵形式计算；$T_2 \sim T_n$ 按式(7.3.74) 方阵形式计算。由于各传递矩阵 T_i 都是二阶方阵，系统的传递矩阵也是二阶方阵，式(7.3.76)的一般表示为

$$\begin{Bmatrix} \theta \\ M \end{Bmatrix}_n = \begin{bmatrix} u_{11} & u_{12} \\ u_{21} & u_{22} \end{bmatrix} \begin{Bmatrix} \theta \\ M \end{Bmatrix}_0 \tag{7.3.77}$$

式(7.3.77)称为扭转轴线的传递方程，式中的矩阵称为轴系的传递矩阵。

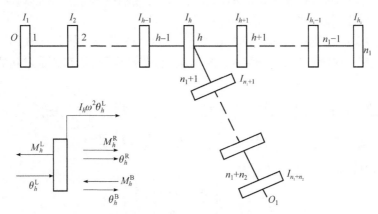

图 7.3.17　扭转的分支系统

(3) 自然频率及主振型的计算。

式(7.3.77)两端点的状态矢量中，由于要满足边界条件，各有一个参数是已知的。如对两端自由的情况，已知边界条件为 $M_0 = M_n = 0$，代入式(7.3.77)，展开后得

$$\theta_n = u_{11}\theta_0, \quad 0 = u_{21}\theta_0 \tag{7.3.78}$$

要使式(7.3.78)得到非零解，必有 $u_{21}=0$，由于各惯性元件的传递矩阵包含 ω，故 u_{21} 必定是 ω 的函数，满足的频率值就是该系统扭转振动的自然频率，式(7.3.78)称为系统的频率方程。

对于自由度较少的系统，直接求解频率方程，即可求得各阶自然频率，对于自由度较多的系统，求解频率方程很困难，故一般采用数值方法计算，求得各阶自然频率的近似值。求得自然频率后，代入式(7.3.78)及式(7.3.75)，即可求得始端状态矢量及各点转角的比值，由该比值即可绘出与该固有振型对应的主振型。

对于受到集中力矩作用的扭转系统，也可应用传递矩阵法进行计算。

2. 分支当量扭转系统

对于一些机床，需要从一个运动源获得多个进给系统，将使进给传递链具有分支传动部分，将这类传动链简化为计算模型后，将得到一个分支当量扭转系统，系统将具有两个以上的端点。如图 7.3.17 所示的例子是具有一个分支的系统。

建立分支系统计算模型的方法步骤和单支系统相似，仍然将传动链的所有零件简化为刚性圆盘和弹性轴段，并将它们转换为相同的转速，但计算方法有所不同。下面主要讨论其不同。

计算分支系统时，常常选择一条主要的传动路线作为主支，其他部分作为分支，按主支对系统进行计算，分支的影响则通过分支点的传递矩阵加以考虑。因为传动分支是由传动副实现的，所以分支点总是在刚性圆盘上，现以具有一个分支的系统为例，说明推导分支点传递矩阵的方法。

如图 7.3.17(a)所示，选择 O-h-n_1 主支，h-O_1 为分支 B，从分支 B 的末端向分支点逐段传递，仿照式(7.3.75)和式(7.3.76)建立起分支两端状态矢量之间的传递关系，得

$$z_{n_1+n_2}^{B} = T_{n_1+n_2}^{B} z_{O_1}^{B}, \quad z_{n_1+(n_2-1)}^{B} = T_{n_1+(n_2-1)}^{B} z_{n_1+n_2}^{B} = T_{n_1+(n_2-1)}^{B} T_{n_1+n_2}^{B} z_{O_1}^{B}, \quad \cdots$$

$$z_{h}^{B} = T_{h}^{B} z_{n_1+1}^{B} = T_{h}^{B} z_{n_1+1}^{B} \cdots T_{n_1+(n_2-1)}^{B} T_{n_1+n_2}^{B} z_{O_1}^{B} = T^{B} z_{O_1} \tag{7.3.79}$$

式(7.3.79)中的最后一式可以写为

$$\left\{ \begin{array}{c} \theta^{B} \\ M^{B} \end{array} \right\}_h = \begin{bmatrix} u_{11}^{B} & u_{12}^{B} \\ u_{21}^{B} & u_{22}^{B} \end{bmatrix} \left\{ \begin{array}{c} \theta^{B} \\ M^{B} \end{array} \right\}_{O_1} \tag{7.3.80}$$

式中，T^B 为 B 分支各段传递矩阵的乘积。

将分支末端 O_1 的边界条件代入式(7.3.80)，可求出 M_h^B 和 θ_h^B 之间的关系。一般分支末端为自由端，即 $M_{O_1}^B = 0$，代入式(7.3.80)后有

$$\left\{\begin{matrix} \theta^B \\ M^B \end{matrix}\right\}_h = \begin{bmatrix} u_{11}^B & u_{12}^B \\ u_{21}^B & u_{22}^B \end{bmatrix} \left\{\begin{matrix} \theta^B \\ 0 \end{matrix}\right\}_{O_1} \tag{7.3.81}$$

由式(7.3.81)可以得到

$$M_h^B = \frac{u_{21}^B}{u_{11}^B}\theta_h^B = k_B\theta_h^B, \quad k_B = \frac{u_{21}^B}{u_{11}^B} \tag{7.3.82}$$

式(7.3.82)反映了分支 B 对分支点状态矢量的影响，即分支 B 对节点元素的影响，如扭转弹簧。

当分支末端为固定端时，即 $\theta_{O_1}^B = 0$ 代入式(7.3.82)后，得到

$$\left\{\begin{matrix} \theta^B \\ M^B \end{matrix}\right\}_h = \begin{bmatrix} u_{11}^B & u_{12}^B \\ u_{21}^B & u_{11}^B \end{bmatrix} \left\{\begin{matrix} 0 \\ M^B \end{matrix}\right\}_{O_1} \tag{7.3.83}$$

由式(7.3.83)可以得到

$$M_h^B = \frac{u_{22}^B}{u_{21}^B}\theta_h^B = k_{B_1}\theta_h^B, \quad k_{B_1} = \frac{u_{22}^B}{u_{12}^B} \tag{7.3.84}$$

弄清分支 B 对节点元件的影响后，可以着手推导节点元件的传递矩阵。现在来看主支。将分支圆盘从系统中隔离出来，其左、右两边的状态矢量如图 7.3.17(b)所示，它们之间有下列关系：

$$\theta_h^R = \theta_h^L = \theta_h^B, \quad M_h^R = M_h^L + M_h^B - I_h\omega^2\theta_h^L = M_h^L + k_B\theta_h^L - I_h\omega^2\theta_h^L \tag{7.3.85}$$

将式(7.3.85)写成矩阵形式，得到主支中分支圆盘 I_h 的传递关系为

$$\left\{\begin{matrix} \theta \\ M \end{matrix}\right\}_h^R = \begin{bmatrix} 1 & 0 \\ -\omega^2(I_h - k_B/\omega^2) & 1 \end{bmatrix} \left\{\begin{matrix} 0 \\ M \end{matrix}\right\}_h^L \tag{7.3.86}$$

式(7.3.86)中的点传递矩阵已经考虑了分支 B 对主支的影响。因此，只要应用式(7.3.86)作为主支中分支圆盘 I_h 左、右两边状态矢量的传递关系，就可以和单支系统一样对主支进行扭振计算，获得分支系统的动力特性。

7.3.5　进给系统的动刚度

进给系统主要通过进给运动执行件对机床的工作性能产生影响。进给运动执行件在丝杠-螺母、齿轮-齿条等传动装置的驱动下，沿导轨面所引导的方向运动，每一个进给运动可简化为如图 7.3.18 所示的模型。如图 7.3.18(b)所示，要全面研究其动态特性，应该考虑 x、y、z 及 α、β、γ 等六个方向。但是，进给运动方向(即 x 方向)的动刚度比其他方向低很多，对机床工作性能的影响也很大，因此下面仅就 x 轴方向的动刚度进行讨论。

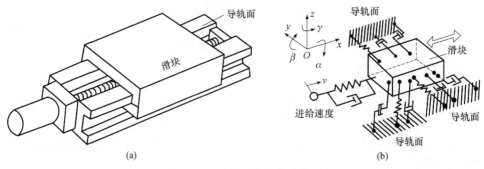

图 7.3.18　进给系统的简化模型

　　图 7.3.19 为同一模型采用不同导轨形式时的激振实验结果。从图 7.3.19(a)可以看到,在采用静压滑动导轨和滚动导轨时,其动刚度值和进给速度无关,几乎是一个定值。但在采用动压滑动导轨时,如图 7.3.19(b)所示,其动刚度值随进给速度而变化,低进给速度时有较高的动刚度,进给速度增加动刚度降低。高进给速度时,其动刚度值和静压滑动导轨及滚动导轨的情况相同。不同形式的导轨使系统具有不同的动刚度这个事实,说明了各种导轨具有不同的阻尼特性。

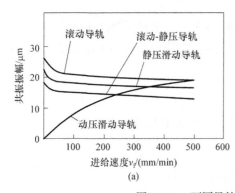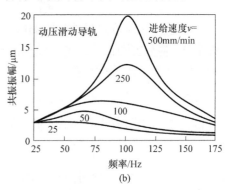

图 7.3.19　不同导轨形式的激振实验结果

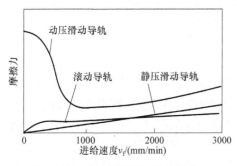

图 7.3.20　各种导轨面上的摩擦特性

　　导轨面的阻尼是由导轨面的摩擦阻尼产生的,三种导轨形式的摩擦特性如图 7.3.20 所示。对于动压滑动导轨,当进给速度较低时,导轨面处于边界摩擦状态,导轨面上同时有固体摩擦力作用和黏性摩擦力作用;进给速度增加,导轨面间的油膜逐步形成,导轨面上的固体摩擦力将逐步减小;当达到某个进给速度时,由于油膜已完全形成,滑动体上浮，导轨面处于纯液体摩擦的状态，此时导轨面上将仅有黏性摩擦力作用。动压滑动导轨摩擦特性的这种变化规律和上述采用动压滑动导轨时进给系统刚度的变化规律是一致的。对于静压滑动导轨和滚动导轨，情况也是如此。因此，可以根据导轨面的摩擦特性确定导轨面的阻尼。导轨摩擦阻力一般可认为是固体摩擦力和黏性摩擦力的组合。

导轨面上的固体摩擦力 f_c 的作用方向由进给速度 v_f 确定，一般有三种情况，如图 7.3.21 所示，图中的阴影部分表示起阻尼作用的固体摩擦力。当 v_f=0 时，固体摩擦力始终和滑动体的振动方向相反，成为振动的阻尼；当 $0<v_f<X\omega$(滑动体振动速度幅值)时，固体摩擦力仅有一部分时间作用在阻碍振动体振动的方向上，成为振动的阻尼；当 $v_f \geqslant X\omega$ 时，固体摩擦力的作用方向始终和进给运动的方向相同，因而不起阻尼作用。固体摩擦力所产生的阻尼可根据能量相等的原则换算成等效黏性阻尼，其等效阻尼系数 c_e 可表示为

$$c_e = \begin{cases} \dfrac{4f_c\sqrt{X^2\omega^2 - v^2}}{\pi X^2 \omega^2}, & 0<v_f<X\omega \\ 0, & v_f \geqslant X\omega \end{cases} \quad (7.3.87)$$

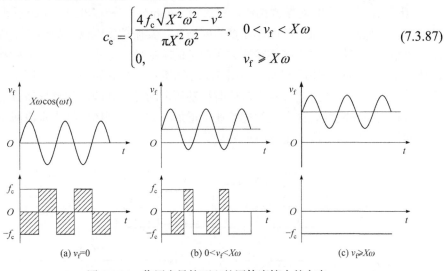

图 7.3.21　作用在导轨面上的固体摩擦力的方向

由式(7.3.87)可知，进给速度 v_f 及振动速度 $X\omega$ 越小，固体摩擦力越大，则固体摩擦力 f_c 的等效黏性阻尼系数 c_e 也越大。

作用在导轨面上的黏性摩擦力包括润滑油膜的剪切阻力和搅拌阻力。由油膜的剪切阻力 f_s 所产生的阻尼系数 c_s 可表示为

$$c_s = \frac{f_s}{v} = \frac{\lambda \mu A}{h} \quad (7.3.88)$$

式中，μ 为润滑的动力黏度；A 为接触面积；h 为油膜厚度；λ 为滑动体的形状、倾斜度决定的修正系数。

搅拌阻力在滚动导轨中所占的比例较大，目前，一般从导轨面摩擦力的实测

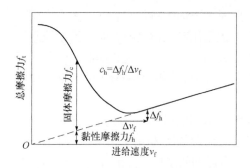

图 7.3.22　动压滑动导轨面摩擦特性

结果来确定剪切阻力和搅拌阻力所产生的黏性阻尼系数 c_h。对动压滑动导轨的结果如图 7.3.22 所示,在某个进给速度,从摩擦力的增加比例可求出黏性阻尼系数 c_h,而从总摩擦力 f_t 中减去黏性摩擦力 f_h 即得到固体摩擦力 f_c。

如果通过理论计算或实验确定了导轨面的阻尼和进给传动系统的有关参数,则可以应用如图 7.3.23(a)所示的模型对进给系统的轴向动力特性进行分析计算。图中, m 为进给运动执行件的质量, k 和 c_i 分别为进给系统的轴向合成刚度和阻尼系数, c_h 和 c_e 分别为作用在导轨面上的黏性摩擦力和固体摩擦力所产生的黏性阻尼系数和等效黏性阻尼系数。图 7.3.23(b)和(c)为动压滑动导轨在 $c_i = 2.52 \text{kgf} \cdot \text{s/mm}$ 、 $c_h = 0.28 \text{kgf} \cdot \text{s/mm}$ 情况下的频率响应。低速进给时,随固体摩擦力的增加,共振柔度降低,如图 7.3.23(b)所示;进给速度增加,由于固体摩擦力所产生的阻尼效果减小,其刚度值就和没有固体摩擦力作用时的情况相同,如图 7.3.23(c)所示。根据如图 7.3.19 所示的激振实验结果,当进给速度超过某个数值时,动压滑动导轨和静压滑动导轨或滚动导轨具有相同的动刚度。这是因为进给速度增加一方面使固体摩擦力本身减小,另一方面使固体摩擦力所产生的阻尼效果降低。

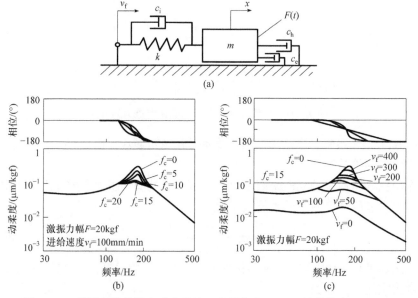

图 7.3.23　进给系统的轴向动力特性(f_c 的单位为 kgf, v_f 的单位为 mm/min)

7.3.6　进给系统的自激振动

1. 进给系统的爬行

当机床进给运动的速度较低时，虽然进给传动装置的驱动速度是均匀的，被驱动件(如共振台、砂轮架等)的运动却往往会出现明显的不均匀现象，时而停顿，时而跳跃，或者忽快忽慢，这种现象称为爬行。爬行破坏了进给运动的均匀性，使加工零件的加工精度和表面粗糙度变差、机床的定位精度降低、导轨磨损增加，甚至使机床不能进行正常工作。

爬行是由运动件和导轨面间的摩擦特性所引起的一种自激振动。由图 7.3.22 所示的导轨面的摩擦特性可以看到，对于动压滑动导轨，当相对滑动速度较低时，导轨处于边界摩擦状态，导轨面间的摩擦阻力具有随相对滑动速度增加而下降的特性。在这样的条件下，如果滑动体在导轨面上振动，则摩擦力与振动速度的相位差为 π，滞后于振动位移 π/2，因而有能量输入系统，产生和维持自振。在这个自振系统中，摩擦过程是具有反馈特性的控制调节环节，振动速度 $\dot{x}$ 通过摩擦过程的作用，产生维持自振的交变摩擦力 $\tilde{F}$，其框图如图 7.3.24 所示。

在研究爬行时，可将系统简化为如图 7.3.25 所示的模型，应用这个模型可以对爬行现象做如下的形象说明。当驱动机构以匀速 v 驱动，即驱动点 D 开始向右移动时，由于有摩擦阻力，在 D 移动后的一小段时间内，滑动体不动，弹簧被压缩，储存势能，直到 D 移动了距离 x_0，弹簧的弹性力 kx_0 超过了静摩擦力 F_s 时，滑动体才开始移动。滑动体移动后，静摩擦力 F_s 转变为动摩擦力 F_d，由于摩擦力的下降特性，$F_d < F_s$，故 $kx_0 > F_d$，滑动体得到一个加速度，速度逐渐增加，速度增加又使 F_d 进一步减小，速度增加更快，这样储存在弹簧内的能量释放，弹簧的压缩量减小。当弹簧的压缩量减小到等于动摩擦力时，滑动体受力平衡，但由于惯性作用，滑动体继续冲过一小段距离，弹簧的压缩量继续减小，使弹簧力减小到不能维持滑动体的运动，运动将出现停顿。上述过程再次重复，从而形成了滑动体的爬行。如果驱动速度较高，使导轨面在摩擦力没有下降特性的速度下工作，爬行现象就不会出现。

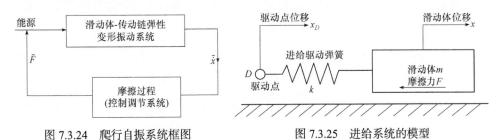

图 7.3.24　爬行自振系统框图　　　　　　　图 7.3.25　进给系统的模型

爬行可用滑动体的速度-时间曲线或位移-时间曲线来描述。图7.3.26(a)为时走时停爬行的速度-时间曲线；图7.3.26(b)为时走时停爬行的位移-时间曲线，图中，t_1为停顿时间，t_2为突跳时间，$T=t_1+t_2$为爬行周期，时走时停的爬行用爬行量Δs作为表征爬行程度的主要参数；图7.3.26(c)为忽快忽慢的爬行，这种情况下没有突跳位移，用表示速度不均匀的相对速度差δ_v作为主要参数，δ_v表示为

$$\delta_v = \frac{v_{\max} - v_{\min}}{v_{\max}} \tag{7.3.89}$$

从上面的简单描述中可以看到,进给系统的爬行现象与导轨面间的摩擦特性、运动件的质量、传动装置的刚度以及进给速度有关。不出现爬行的最低速度称为临界速度，常用来衡量进给运动平稳性的指标。

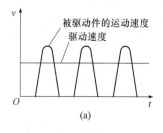 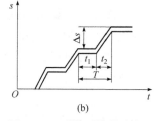 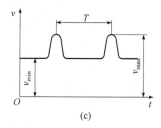

图 7.3.26　进给系统的爬行

2. 爬行的机理

应用如图 7.3.23(a)或图 7.3.25 所示的模型，对进给系统的爬行现象进行理论分析。以 k、c_1 分别表示传动装置的等效弹簧刚度和等效黏性阻尼系数，运动件的质量为 m，导轨面间的摩擦力为 F，设驱动速度 v 为常数，开始驱动时($t=0$)弹簧处于自由状态，并以 y 表示经过时间 t 后运动件的位移，则其运动方程为

$$m\ddot{y} + c_1(\dot{y} - v) + k(y - vt) = -F \tag{7.3.90}$$

式中，$y-vt$ 为传动装置的等效弹簧的伸长量；$\dot{y}-v$ 为驱动点和运动件之间的相对速度。

1) 稳定运动

若运动件的运动稳定，没有爬行现象，则其运动速度不变，加速度为零，即

$$\dot{y} = \dot{y}_m = v, \quad \ddot{y} = \ddot{y}_m = 0 \tag{7.3.91}$$

此时的摩擦力 $F=F_m$ 是稳定的，为导轨间的相对运动速度等于 v 时的动摩擦力。将式(7.3.91)代入式(7.3.90)，得 $m\ddot{y}_m + c_1(\dot{y}_m - v) + k(y_m - vt) = -F_m$，从而有

$$F_m = kvt - ky_m, \quad y_m = vt - \frac{F_m}{k} \tag{7.3.92}$$

在这种情况下，弹簧的伸长量为

$$y_m - vt = -\frac{F_m}{k} \tag{7.3.93}$$

这是一个常数，此时带弹性力 $k(y_m - vt)$ 和稳定摩擦力 F_m 平衡。

2) 振动方程

若运动件的运动是不稳定的，有爬行现象，则弹簧伸长量将随时间变化，运动件的瞬时位移 y 将偏离其稳定值 y_m，设偏离量为 x，则运动件的瞬时位移和瞬时速度可表示为

$$y = y_m + x, \quad \dot{y} = \dot{y}_m + \dot{x} = v + \dot{x} \tag{7.3.94}$$

由于摩擦力是导轨面间相对滑动速度的函数，故相应的瞬时摩擦力 F 可表示为

$$F = F_m + f \tag{7.3.95}$$

式中，f 为摩擦力随相对滑动速度的变化量。将式(7.3.94)和式(7.3.95)代入式(7.3.90)，得到

$$m(\ddot{y}_m + \ddot{x}) + c_1(\dot{y}_m + \dot{x} - v) + k(y_m + x - vt) = -(F_m + f) \tag{7.3.96}$$

考虑式(7.3.92)和式(7.3.91)，式(7.3.96)可简化为

$$m\ddot{x} + c_1\dot{x} + kx = -f \tag{7.3.97}$$

因为 x 表示运动件偏离其稳态位移 y_m 的瞬时位移量，所以式(7.3.97)就是取 y_m 为系统的平衡位置时的振动方程，即以等效弹簧的伸长量等于 y_m–vt 作为平衡位置时的振动方程。从这个方程可以看到，运动件是否出现爬行与其质量 m、传动件装置的等效弹簧刚度 k、等效黏性阻尼系数 c_1 有关，也与摩擦力随相对速度的变化量 f 有关。方程(7.3.97)中，m、k 和 c_1 容易确定，但导轨面间的摩擦特性比较复杂，确定比较困难。分析各种不同的爬行机理，主要就是对 f 采用了不同的描述方式。

当速度的变化量 $\dot{x}$ 不大时，瞬时摩擦力偏离其稳态值 F_m 的变化量 f 可以认为与速度的变化量 $\dot{x}$ 成正比，设比例系数为 c_2，则瞬时摩擦力可表示为

$$F = F_m + c_2\dot{x} \tag{7.3.98}$$

将式(7.3.98)代入式(7.3.97)，得到

$$m\ddot{x} + (c_1 + c_2)\dot{x} + kx = 0 \tag{7.3.99}$$

应用式(7.3.99)即可对系统的稳定性做出判断。若 $c_1 + c_2 > 0$，整个系统的阻尼是正值，则运动件的运动是稳定的，任何扰动经过一段时间都会衰减掉。若 $c_1 + c_2 < 0$，整个系统的阻尼是负值，则运动件的运动是不稳定的，任何微小的扰动都会使运动件的位移变化量 x 越来越大，最后形成自激振动，运动件出现爬行现象。一般而言，传动装置的等效黏性阻尼系数 c_1 很小，因此爬行是否出现主要取决于摩擦

特性所引入的 c_2。很明显，$c_2>0$ 不会出现爬行，$c_2<0$ 才会出现爬行，即只有当摩擦力具有随速度的增加而下降的特性时才会出现爬行。

3) 爬行的临界速度

应用式(7.3.99)可导出爬行的临界速度，即不出现爬行现象的最低进给驱动速度 v_c。式(7.3.99)的通解为

$$x = \mathrm{e}^{-\xi\omega_n t_1}[A\sin(\omega_d t_1) + B\cos(\omega_d t_1)] \qquad (7.3.100)$$

式中，ξ 为系统的阻尼比，$\xi = (c_1 + c_2)/(2\sqrt{km})$；$\omega_d$ 为系统有阻尼的自然频率，$\omega_d = \omega_n\sqrt{1-\xi^2}$，当阻尼很小时，$\omega_d \approx \omega_n = \sqrt{k/m}$；常数 A、B 由初始条件决定。

开始驱动时，弹簧处于自由状态，设经过时间 t_0 后，作用于运动件上的力正好等于导轨面间的静摩擦力 F_s，运动件处于即将运动的状态，即运动开始前的瞬间，有 $t=t_0$，$y = \dot{y} = \ddot{y} = 0$，代入式(7.3.90)，得

$$F_s = c_1 v + kvt_0 \qquad (7.3.101)$$

在开始运动的瞬时，静摩擦力转变为动摩擦力，使运动件获得一个加速度。以 F_0 表示导轨面间相对滑动速度为零时的动摩擦力，开始运动的瞬间有 $t - t_0 = t_1 = 0$，则有

$$y = y_m + x = 0, \quad x = -y_m, \quad \dot{y} = \dot{y}_m + \dot{x} = 0, \quad \dot{x} = -\dot{y}_m = -v \qquad (7.3.102)$$

将式(7.3.102)代入式(7.3.96)，并考虑 $\ddot{y}_m = 0$ 和式(7.3.101)，有 $m\ddot{x} - c_1 v - kvt = -F_0$，从而得到

$$\ddot{x} = F_s - F_0 = \frac{\Delta F}{m} \qquad (7.3.103)$$

初始条件为：当 $t_1=0$ 时，$\dot{x} = -v$，$\ddot{x} = \Delta F/m$。将初始条件代入式(7.3.100)的一阶和二阶导数，并考虑 $\xi^2 \ll 1$，略去含有 ξ^2 的项，得

$$(A - \xi B)\omega_n = -v, \quad -(2\xi A + B)\omega_n^2 = \frac{\Delta F}{m} \qquad (7.3.104)$$

联立求解式(7.3.104)的两式，得到

$$A = -\frac{v}{\omega_n}(D\xi + 1), \quad B = \frac{v}{\omega_n}(2\xi - D), \quad D = \frac{\Delta F_m}{v\sqrt{km}} \qquad (7.3.105)$$

将式(7.3.105)代入式(7.3.100)，并略去 ξ^2，可得运动件的振动位移、速度和加速度为

$$x = \frac{v}{\omega_n}\mathrm{e}^{-\xi\omega_n t_1}[(2\xi - D)\cos(\omega_n t_1) - (1+D\xi)\sin(\omega_n t_1)] \qquad (7.3.106)$$

$$\dot{x} = v\mathrm{e}^{-\xi\omega_n t_1}[\cos(\omega_n t_1) + (\xi - D)\sin(\omega_n t_1)] \qquad (7.3.107)$$

$$\ddot{x} \approx v\omega_n e^{-\xi\omega_n t_1}[D\cos(\omega_n t_1) + (1-D\xi)\sin(\omega_n t_1)] \tag{7.3.108}$$

由式(7.3.107)可以看到，当

$$e^{-\xi\omega_n t_1}[\cos(\omega_n t_1) + (\xi-D)\sin(\omega_n t_1)] < 1 \tag{7.3.109}$$

时，运动件的振动速度将逐步衰减为零，所以式(7.3.109)就是不发生爬行的条件。令

$$e^{-\xi\omega_n t_1}[\cos(\omega_n t_1) + (\xi-D)\sin(\omega_n t_1)] = 1 \tag{7.3.110}$$

可求得 D 的临界值 D_c，将 D_c 代入式(7.3.105)的第三式得到临界驱动速度。式(7.3.110)是一个超越方程，不易求解，实际计算时，如阻尼不大，可取下面的近似值：

$$D_c \approx \sqrt{4\pi\xi} \tag{7.3.111}$$

将式(7.3.111)代入式(7.3.105)的第三式，得临界驱动速度为

$$v_c \approx \frac{\Delta F}{D_c\sqrt{km}} = \frac{F_s - F_0}{\sqrt{4\pi\xi km}} = \frac{F_s - F_0}{\sqrt{2\pi(c_1+c_2)\sqrt{km}}} \tag{7.3.112}$$

图 7.3.27 绘出了三种不同驱动速度时运动件振动速度的变化情况。当 $v > v_c$ 时，运动件的速度将逐渐趋近于驱动速度 v 而不会出现爬行。当 $v \leqslant v_c$ 时，运动件的速度将在某个时刻等于零，即出现爬行现象。因此，要避免爬行，进给驱动速度必须大于临界速度 v_c。

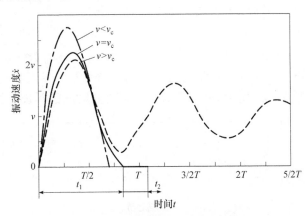

图 7.3.27　运动件振动速度的变化情况

在计算 v_c 时，还要碰到如何确定 $\Delta F = F_s - F_0$ 的问题。静摩擦力 F_0 不是一个常数，其值随滑动体停止时间 t 的增长而加大，如图 7.3.28 所示。当停止时间为无限大时，得到最大静摩擦力 F_∞，即图中虚线与纵坐标的交点。当停止时间为零时，得到最小静摩擦力，也就是相对滑动速度为零时的动摩擦力 F_0，即图中曲线与纵坐标的交点。停止时间为任意时刻的静摩擦力，由实验曲线确定，一般情况下也

可用下列的公式近似计算:

$$F_s - F_0 = (F_\infty - F_0)\frac{\delta t_2}{1 + \delta t_2} \tag{7.3.113}$$

式中, δ 为实验系数。在出现爬行的临界情况下, 滑动体的停止时间 t_2 可根据停止后弹性力的增加量等于静摩擦力的增加量这个条件求得, 即

$$kv_c t_2 = F_s - F_0, \quad t_2 = \frac{F_s - F_0}{v_c k} = \frac{F_s - F_0}{v_c \omega_n \sqrt{km}} = \frac{D_c}{\omega_n} \tag{7.3.114}$$

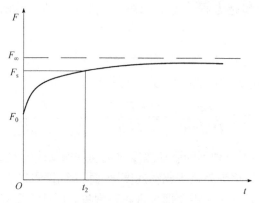

图 7.3.28　静摩擦力曲线

将式(7.3.113)、式(7.3.114)代入式(7.3.112), 得

$$v_c = \frac{(F_\infty - F_0)\delta t_2}{\omega_n t_2 \sqrt{km}(1 + \delta t_2)} = \frac{F_\infty - F_0}{(1 + \delta t_2)\omega_n \sqrt{km}/\delta} = \frac{F_\infty - F_0}{\sqrt{km}(\omega_n/\delta + D_e)} \tag{7.3.115}$$

这样可用最大静摩擦力和动摩擦力之差代替 ΔF 来计算临界速度 v_c。各种不同 δ/ω_n 时 v_c 的曲线如图 7.3.29 所示。由于静摩擦力随停止时间的延长增长很快, 主要发

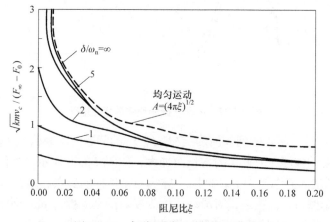

图 7.3.29　各种不同 δ/ω_n 时的 v_c 曲线

生在极短的时间内。因此，在许多情况下可近似取 $F_\mathrm{s} - F_0 \approx F_\infty - F_0$，而用式(7.3.112)计算临界速度。

事实上，导轨面间摩擦力的变化规律并不像式(7.3.113)所描述的那么简单，从静摩擦力转变为动摩擦力以及动摩擦力随相对滑动速度的变化都受导轨的结构形式、材料、导轨面的润滑条件等许多因素的影响。一般而言，导轨面间的摩擦力是一种具有非线性性质的阻力。因此，进给系统的爬行问题，严格来说是一个非线性振动的问题，应该用解非线性振动问题的方法进行分析，上述线性化的处理方法只是一种近似的分析方法。然而，这样的分析也已经揭示了爬行的某些本质，为解决实际的爬行问题和设计不出现爬行的进给系统提供了依据。

根据上面的分析，消除爬行的措施主要有：①改善导轨面的摩擦特性，通过采用滚动导轨、静压滑动导轨、特殊的导轨材料和润滑油等措施，减小导轨面间静、动摩擦系数之差改变低速时摩擦力的下降特性；②由于爬行振幅和临界速度都与刚度成反比，提高传动装置的刚度，特别是提高直线运动机构的刚度，可降低爬行临界速度；③减轻运动件的质量；④增加系统的阻尼。

7.4　机床结合部的动力学分析

机床是由许多零部件按一定要求结合起来的，零部件之间相互结合的部位称为**结合部**。机床的结合部有可动和固定两类，如机床工作台和床身的导轨结合、轴和轴承的结合等属于可动结合；立柱和底座的螺栓结合、锥度配合和压配合等是固定结合。无论是可动结合还是固定结合，都属于**柔性结合**。这是因为结合面上的接触压力总限制在一定的范围内，不可能无限大；接触表面又有一定的几何形状误差和微观不平度；有些结合面间还存在润滑油膜等，当机床振动时，结合面间会产生微小的相对位移或转动，使结合部既储存能量又消耗能量，表现出既有弹性又有阻尼。结合部的这种特性将对机床的动态性能产生影响，使机床的阻尼增加、自然频率降低。由于结合部存在弹性和阻尼，特别是阻尼往往比零部件本身的弹性和阻尼还大，这种影响很显著，因此在建立机床结构的动力学模型、对机床进行动力分析或动态设计时，必须考虑结合部，否则将不可能得到符合实际的正确结论。

对机床结构进行动力分析或动态设计时，需要建立其动力学模型，在这个模型中，必须包括作为机床结构重要一环的结合部。在结合面的动力特性中，刚度特性和阻尼特性对机床的动态性能的影响是显著的。机床结合部的弹性可用等效弹簧来代替，其阻尼可用等效阻尼器来代替。因此，任何一个结合部的动力学模型都可以简化为一系列等效弹簧和等效阻尼器构成的动力学模型，如对于图 7.4.1(a)所示的机床床身和导轨结合部,可以简化为如图 7.4.1(b)所示的弹簧阻尼模型;对于如图 7.4.1(c)所示的机床横梁和拖板结合部,其动力学模型可以简化为如图 7.4.1(d)和(e)所示的弹簧阻尼模型。

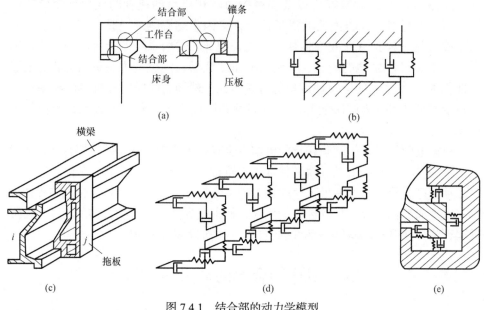

图 7.4.1　结合部的动力学模型

对于具体结合部的不同结合条件和结合状态,可以通过选用不同的结合点数目、每个结合点的自由度以及每个自由度的等效弹簧刚度和等效阻尼系数来满足。不同类型的弹簧阻尼模型如图 7.4.2 所示,图 7.4.2(a)~(e)分别为线性弹簧阻尼模型、非线性弹簧阻尼模型、移动及转动耦合的弹簧阻尼模型、三向移动及转动耦合的弹簧阻尼模型、分布弹簧阻尼模型。

弹簧阻尼模型存在以下不足:①在大部分模型中,各弹簧阻尼器是相互独立的,即忽略了各黏弹性单元之间及黏弹性单元坐标之间的耦合关系,而结合部的法向和切向特性是相互影响的;②弹簧的数目及分布形式与结合面的接触情况(材料、预紧力、表面粗糙度、加工方法等)有很大关系,当结合部较多时,使用过程烦琐,且用这种方法识别的参数只适用于特定的结构,模型的通用性差。

机床结合部一般比较复杂,受很多因素的影响。这些因素包括结合面的表面形貌、法向预紧力、结合面表面粗糙度、构成结合面各构件的材料匹配、是否存在介质(润滑油等)、结合面尺寸与几何形状等。由于人为因素和制造条件限制,这些因素是无法精确控制的。本节讨论机床结合部的动力学模型建立方法、机床结合部的动力学参数及其识别问题。

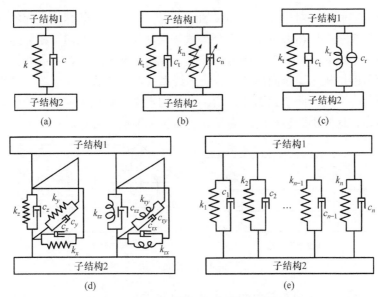

图 7.4.2　不同类型的弹簧阻尼模型

7.4.1　机床螺栓结合部动力学模型

1. 机床螺栓连接固定结合面单元

机床固定结合面通常为螺栓连接，且多为线型式连接和列阵式连接两类，如图 7.4.3 所示。由弹性力学的圣维南原理可知，分布于弹性体上一小块面积(或体积)内的载荷所引起的物体中的应力，在离载荷作用区稍远的地方，基本上只与载荷的合力和合力矩有关，载荷的具体分布只影响载荷作用区附近的应力分布。可见，在载荷作用范围内，应力将发生显著的变化，但在此范围之外，载荷的具体分布对应力的影响很小，可以忽略不计。

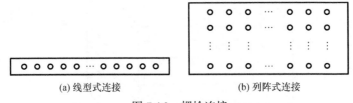

(a) 线型式连接　　　　　　　　　　　(b) 列阵式连接

图 7.4.3　螺栓连接

根据圣维南局部效应这一原理和固定结合面的应力仿真结果，对结合面的动力特性做出如下假设：对于线型式连接，相邻两个螺栓之间的结合面动力学特性仅受这两个螺栓力学状态的控制，而与这两个螺栓之外的其他螺栓的力学状态无关；对于列阵式连接，相邻四个螺栓之间的结合面的动力学特性仅受这四个螺栓力学状态的控制，而与这四个螺栓之外的其他螺栓的力学状态无关。

根据上述假设，对于线型式连接的结合面，取两个相邻螺栓之间的部分作为一个单元，如图 7.4.4(a)所示；对于列阵式连接的结合面，取四个相邻螺栓之间的部分作为一个单元，如图 7.4.4(b)所示。建立结合面单元后，在机床整机有限元建模时，便可以把机床结合面离散为若干个线型式和列阵式结合面单元的组合。只要能实现每一个结合面单元属性正确、可靠的定义，则机床结合面的整体属性便可基本满足，这样机床整机的动力学分析将更加准确、可靠。

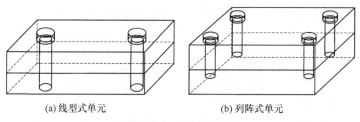

(a) 线型式单元　　　　　　　　　(b) 列阵式单元

图 7.4.4　结合面单元

2. 机床螺栓连接固定结合面单元的受力分析

线型式结合面单元和列阵式螺栓结合面单元都可以表示为如图 7.4.5 所示的八节点六面体单元形式，该模型考虑了结合部的耦合关系，能比较准确地反映结合部的动力学特性，其中Ⅰ、Ⅱ为构成结合面单元的子结构，Ⅲ为结合面单元。每个单元Ⅲ具有 8 个节点，每个节点具有 3 个平动自由度，每个单元共计 24 个自由度。结合面单元属性将通过节点 1 与节点 5、节点 2 与节点 6、节点 3 与节点 7、节点 4 与节点 8 之间的相对运动表现出来。只要能准确建立这些节点位移与节点受力之间的关系，就等于建立了其力学模型。

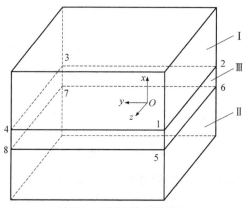

图 7.4.5　螺栓结合部模型

从结合面的微观机理可知，影响结合面动力特性的因素有很多，导致结合面的刚度和阻尼特性复杂。因此，为综合考虑各方面因素的影响，对于结合面单元，通常认为存在着如图 7.4.6 所示的六种不同形式的广义力，即 z 方向的正向力 F_z，x、y 方向的剪切力 F_x、F_y，绕 x、y 轴的弯矩 $M_{\theta x}$、$M_{\theta y}$，以及绕 z 轴的剪切弯矩 $M_{\theta z}$。同时，结合面单元也会产生六个自由度上的广义阻尼力，并且具有不同的阻尼损耗因子。

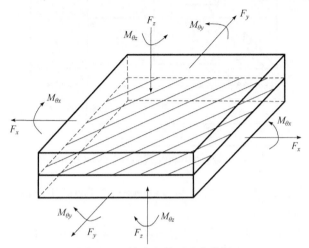

图 7.4.6　结合面单元受力分析

在建立结合面动力学模型时，要充分考虑这些自由度及其之间的耦合影响，使所建立的结合面动力学模型能反映这六种运动形式。由有限元理论可知，对于三维实体单元，每个节点只有 3 个自由度，其有限元模型就能完全反映所研究的三维结构的所有运动形式(平动、扭转、弯曲)。只要能够提取充分反映结合面的六种运动形式、包含结合面具体属性的结合面的三维有限元动力学参数，并将其成功地与现有的有限元软件结合，将有利于对结合面的结构动力学进行分析。

3. 机床螺栓连接固定结合面单元等效动力学模型

对于结合面单元，其质量可以忽略，在建立其动力学模型时，只考虑其弹性和阻尼特性。为此建立如图 7.4.7 所示的结合面单元刚度阻尼等效动力学模型。

首先推导结合面有限元的刚度矩阵。设各节点位移为 x_{ij}，各节点所受的力为 $f_{ij}(i=1,2,\cdots,7,8;\ j=1,2,3)$。如前所述，结合面的运动特性通过节点 1 与节点 5、节点 2 与节点 6、节点 3 与节点 7、节点 4 与节点 8 之间的相对运动表现出来，而这些节点之间的相对运动可表示为 $x_{1n}-x_{5n}$、$x_{2n}-x_{6n}$、$x_{3n}-x_{7n}$、$x_{4n}-x_{8n}$ $(n=1,2,3)$。根据刚度影响系数法，则有

$$\sum_{n=1}^{3}K_{1n}^{ij}(x_{1n}-x_{5n})+\sum_{n=1}^{3}K_{2n}^{ij}(x_{2n}-x_{6n})+\sum_{n=1}^{3}K_{3n}^{ij}(x_{3n}-x_{7n})+\sum_{n=1}^{3}K_{4n}^{ij}(x_{4n}-x_{8n})=f_{ij}$$

(7.4.1)

式中，K_{mn}^{ij} 为刚度影响系数，$i,m=1,2,3,4$ 表示节点号；$j,n=1,2,3$ 表示方向。

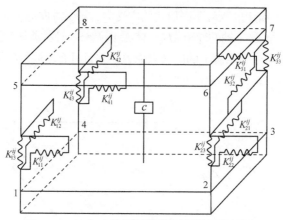

图 7.4.7　结合面单元刚度阻尼等效动力学模型

K_{mn}^{ij} 的物理意义：仅在节点 m 与节点 $m+4$ 的方向产生单位相对位移，而在 i 节点的 j 方向所需施加的力。

在平衡条件下，有 $f_{1j}=-f_{5j}$，$f_{2j}=-f_{6j}$，$f_{3j}=-f_{7j}$，$f_{4j}=-f_{8j}$，$j=1,2,3$。令 $\boldsymbol{x} = \{x_{11}\ \ x_{12}\ \ x_{13}\ \ \cdots\ \ x_{81}\ \ x_{82}\ \ x_{83}\}^{\mathrm{T}}$，$\boldsymbol{F} = \{f_{11}\ \ f_{12}\ \ f_{13}\ \ \cdots\ \ f_{81}\ \ f_{82}\ \ f_{83}\}^{\mathrm{T}}$。因此，式(7.4.1)写成矩阵形式为

$$\boldsymbol{Kx} = \boldsymbol{F} \tag{7.4.2}$$

根据刚度影响系数的物理意义可知，刚度矩阵 $\boldsymbol{K}$ 是对称矩阵，且具有可分块性。利用矩阵 $\boldsymbol{K}$ 的可分块性，简化 $\boldsymbol{K}$ 的计算，即有

$$\boldsymbol{K} = \begin{bmatrix} \boldsymbol{K}' & -\boldsymbol{K}' \\ -\boldsymbol{K}' & \boldsymbol{K}' \end{bmatrix}_{24\times24} \tag{7.4.3}$$

式中，$\boldsymbol{K}'$ 为12×12的矩阵。矩阵 $\boldsymbol{K}'$ 可进一步写成分块矩阵，表示为

$$\boldsymbol{K}' = \begin{bmatrix} \boldsymbol{K}_1'^1 & \boldsymbol{K}_1'^2 & \boldsymbol{K}_1'^3 & \boldsymbol{K}_1'^4 \\ \boldsymbol{K}_2'^1 & \boldsymbol{K}_2'^2 & \boldsymbol{K}_2'^3 & \boldsymbol{K}_2'^4 \\ \boldsymbol{K}_3'^1 & \boldsymbol{K}_3'^2 & \boldsymbol{K}_3'^3 & \boldsymbol{K}_3'^4 \\ \boldsymbol{K}_4'^1 & \boldsymbol{K}_4'^2 & \boldsymbol{K}_4'^3 & \boldsymbol{K}_4'^4 \end{bmatrix} \tag{7.4.4}$$

式中，$\boldsymbol{K}_i'^{j}$ $(i,j=1,2,3,4)$ 为3×3的矩阵，$\boldsymbol{K}_i'^{j}$ 的具体形式为

$$\boldsymbol{K}_i'^{j} = \begin{bmatrix} k_{i1}^{j1} & k_{i1}^{j2} & k_{i1}^{j3} \\ k_{i2}^{j1} & k_{i2}^{j2} & k_{i2}^{j3} \\ k_{i3}^{j1} & k_{i3}^{j2} & k_{i3}^{j3} \end{bmatrix} \tag{7.4.5}$$

利用式(7.4.3)～式(7.4.5)，便可得到结合面有限元的刚度矩阵。再将结合面单

元刚度矩阵组装到结构整体刚度矩阵中，进行分析计算。结合面阻尼按黏性阻尼处理，即 $C = \alpha M + \beta K$ (α、β 分别为比例系数)。

4. 螺栓结合部参数识别方法

1) 固定结合部参数识别理论

有阻尼多自由度线性振动系统的运动微分方程为

$$M\ddot{x}(t) + C\dot{x}(t) + Kx(t) = F(t) \tag{7.4.6}$$

对式(7.4.6)两边进行傅里叶变换，并整理得到

$$(K + i\omega C - \omega^2 M)X(\omega) = F(\omega) \tag{7.4.7}$$

记 $Z(\omega) = K + i\omega C - \omega^2 M$，称为系统的动刚度(或位移阻抗)矩阵，则式(7.4.7)可写为

$$Z(\omega)X(\omega) = F(\omega) \tag{7.4.8}$$

在式(7.4.8)的两端左乘 $Z^{-1}(\omega)$，得到

$$X(\omega) = Z^{-1}(\omega)F(\omega) = H(\omega)F(\omega) \tag{7.4.9}$$

式中，$H(\omega)$ 称为频响函数矩阵，其元素 $H_{ij}(\omega)$ 的物理意义是：对于一个多自由度系统，仅在第 j 个自由度上进行激励，而在第 i 个自由度上测量所得响应，频响函数矩阵是一个 $n \times n$ 矩阵。由式(7.4.9)可知

$$Z(\omega)H(\omega) = I$$

根据上述频响函数的物理意义可知，当固定激励点 j，移动响应点 i，采用单点激振、多点拾振的方法进行锤击实验测试时，可以测得各响应点 i 关于固定激励点 j 的频响函数 $H_{ij}(\omega)$ (j 固定, $i = 1, 2, \cdots, n$)，则可以得到频响函数矩阵的第 j 列。不妨记为

$$H_j(\omega) = \{H_{1j}(\omega) \quad H_{2j}(\omega) \quad \cdots \quad H_{nj}(\omega)\}^{\mathrm{T}} \tag{7.4.10}$$

则由式(7.4.9)可得

$$Z(\omega)H_j(\omega) = I_j \tag{7.4.11}$$

式中，I_j 为单位矩阵的第 j 列。

由动刚度矩阵的表达式可知，动刚度矩阵 $Z(\omega)$ 与 k、c、m 有关，则 $H(\omega)$ 也与 k、c、m 有关，是反映系统固有特性的量，是以外界激励频率为参变量的非参数模型。当振动系统的某些参数 k、c、m 未知时，通过锤击实验提取结构系统频响函数的列向量，进而求解未知参数，这就是进行参数识别的理论基础。

2) 固定结合面动力学参数的识别方法

如图 7.4.8 所示的螺栓连接结构系统, 其结合面的动力学参数 k、c、m 未知, 可根据上述理论进行参数求解。设 Ⅰ、Ⅱ 子结构和包含未知动力学参数的结合面 Ⅲ 的动力学方程分别为

$$M_s\ddot{x}(t) + C_s\dot{x}(t) + K_s x(t) = F(t), \quad M_j\ddot{x}(t) + C_j\dot{x}(t) + K_j x(t) = F(t) \tag{7.4.12}$$

式中, M_s、C_s、K_s 分别为两个子结构 Ⅰ、Ⅱ 的整体质量、阻尼和刚度矩阵(不包含

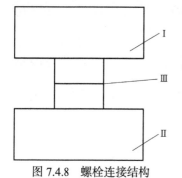

未知量); M_j、C_j、K_j 分别为反映结合面动力特性的质量、阻尼和刚度矩阵(未知量), C_j 按黏性比例阻尼处理, 即 $C_j = \alpha M_j + \beta K_j$。

按照有限元理论整体刚度矩阵的集成规则, 可对式(7.4.12)的两式进行组装, 得到整体结构的动力学方程为

$$(M_s + M_j)\ddot{x}(t) + (C_s + C_j)\dot{x}(t) + (K_s + K_j)x(t) = F(t)$$

图 7.4.8　螺栓连接结构

$$\tag{7.4.13}$$

研究表明, 一台机床 90% 以上的阻尼来自结合面, 而子结构本身的阻尼相对结合面阻尼来说可以忽略不计, 即 $C_s \ll C_j$, 又由于结合面无质量, $C_j = \beta K_j$。因而式(7.4.13)进一步简化为

$$M_s\ddot{x}(t) + \beta K_j\dot{x}(t) + (K_s + K_j)x(t) = F(t) \tag{7.4.14}$$

对式(7.4.14)进行傅里叶变换, 并整理得到

$$(K_s + K_j + i\omega\beta K_j - \omega^2 M_s)X(\omega) = F(\omega) \tag{7.4.15}$$

将式(7.4.9)代入式(7.4.15)得到

$$(K_s + K_j + i\omega\beta K_j - \omega^2 M_s)H(\omega) = I \tag{7.4.16}$$

对于各子结构, 质量矩阵 M_s、刚度矩阵 K_s 可通过有限元模态分析获得, 阻尼矩阵 C_s 可忽略; 对于结合面, 忽略其质量矩阵 M_j, 其刚度矩阵 K_j 和阻尼矩阵 C_j 为所要求的结合面动力学参数。

为了便于矩阵组装及参数求解, 假设包含未知动力学参数的结合面单元为一个八节点六面体单元, 并且该单元的节点编号在整个结构的有限元模型的节点编号中居于前列, 即结合面单元的节点编号为节点 1~8。为了满足矩阵组装条件, 将结合面刚度矩阵扩充至与子结构的刚度矩阵同型, 结合面阻尼则按照黏性比例阻尼, 即 $C = \alpha M + \beta K$ 这一关系同步变化。

当采用单点激振、多点拾振方法时, 由式(7.4.16)可知

$$(K_s + K_j + i\omega\beta K_j - \omega^2 M_s)H_j(\omega) = I_j \tag{7.4.17}$$

式中，$\boldsymbol{H}_j(\omega)$、$\boldsymbol{I}_j$ 分别为矩阵 $\boldsymbol{H}(\omega)$、$\boldsymbol{I}$ 的第 j 列。将式(7.4.17)展开、整理，得到

$$
\begin{aligned}
&(1+\mathrm{i}\omega\beta)\boldsymbol{K}_j\{H_{1j} \quad H_{2j} \quad \cdots \quad H_{nj}\}^{\mathrm{T}} \\
&= \boldsymbol{I}_j - (\boldsymbol{K}_s - \omega^2\boldsymbol{M}_s)\{H_{1j} \quad H_{2j} \quad \cdots \quad H_{nj}\}^{\mathrm{T}}
\end{aligned}
\tag{7.4.18}
$$

式(7.4.18)所示方程的左侧为未知量，右侧为常数列向量，记为 $C_j(\omega)_{n\times1}$。

根据结合面刚度矩阵(7.4.3)，考虑到 $\boldsymbol{K}'$ 为 12×12 的对称矩阵，所以实际待求解的单元刚度矩阵的未知数个数为 $\sum\limits_{i=1}^{12} i = 78$ 个。取出式(7.4.18)的第一行，得到

$$
(1+\mathrm{i}\omega\beta)\{k_{11} \quad \cdots \quad k_{1,12} \quad -k_{11} \quad \cdots \quad -k_{1,12}\}\{H_{1j}(\omega) \quad H_{2j}(\omega) \quad \cdots \quad H_{nj}(\omega)\}^{\mathrm{T}} = C_{1j}(\omega)
\tag{7.4.19}
$$

转化为未知方程的标准形式，得到

$$
(1+\mathrm{i}\omega\beta)\{H_{1j}(\omega) \quad H_{2j}(\omega) \quad \cdots \quad H_{nj}(\omega)\}\{k_{11} \quad \cdots \quad k_{1,12} \quad -k_{11} \quad \cdots \quad -k_{1,12}\}^{\mathrm{T}} = C_{1j}(\omega)
\tag{7.4.20}
$$

对应于 ω 取不同的值，便得到不同的方程，即

$$
(1+\mathrm{i}\omega\beta)
\begin{vmatrix}
H_{1j}(\omega_1) & H_{2j}(\omega_1) & \cdots & H_{24,j}(\omega_1) \\
H_{1j}(\omega_2) & H_{2j}(\omega_2) & \cdots & H_{24,j}(\omega_2) \\
\vdots & \vdots & & \vdots \\
H_{1j}(\omega_p) & H_{2j}(\omega_p) & \cdots & H_{24,j}(\omega_p) \\
\vdots & \vdots & & \vdots
\end{vmatrix}
\left\{
\begin{array}{c}
k_{11} \\ \vdots \\ k_{1,12} \\ \vdots \\ -k_{11} \\ \vdots \\ -k_{1,12}
\end{array}
\right\}_{24\times1}
=
\left\{
\begin{array}{c}
C_{1j}(\omega_1) \\ C_{1j}(\omega_2) \\ \vdots \\ C_{1j}(\omega_p)
\end{array}
\right\}
\tag{7.4.21}
$$

式中，p 为 ω 的个数，式(7.4.21)中含有 13 个未知数，分别是 $k_{1i}(i=1,2,\cdots,12)$ 和 β，β 在求解参数方程时可作为一个调节参数。取出式(7.4.18)的第 i 行($i=2,3,\cdots,12$)，同样得到式(7.4.21)类似的方程，仅将刚度矩阵的元素 k_{1j} 变为 k_{ij}。根据结合面单元具有的对称性，有

$$
k_{ij} = k_{ji}, \quad i = 2,3,\cdots,12; j = 1,2,\cdots,i-1
\tag{7.4.22}
$$

所以式(7.4.21)中含有 $12-(i-1)$ 个未知数。记

$$
\begin{aligned}
f_p(k) &= \{H_{1j}(\omega) \quad H_{2j}(\omega) \quad \cdots \quad H_{24,j}(\omega)\}(1+\mathrm{i}\omega\beta) \\
&\quad \cdot \{k_{i1} \quad \cdots \quad k_{i,12} \quad -k_{i1} \quad \cdots \quad -k_{i,12}\}^{\mathrm{T}} - C_{1j}(\omega), \quad p = 1,2,\cdots,n
\end{aligned}
\tag{7.4.23}
$$

由式(7.4.23)可知，由于阻尼系数 β 的存在，$f_p(k)$ 为非线性函数。随着 p 的改变，ω_p 取不同的值，就得到不同的 $f_p(k)$。故在参数求解时，选择非线性最小二乘法求解未知动力学参数。由于实验测得的频响函数是复数，在参数求解时对 $f_p(k)$

取模，得到待求解参数的目标函数为

$$f(k) = \{\mathrm{abs}[f_1(k)] \quad \mathrm{abs}[f_2(k)] \quad \cdots \quad \mathrm{abs}[f_p(k)]\}^{\mathrm{T}} \tag{7.4.24}$$

当利用非线性最小二乘法求解时，目标函数可表示为

$$\min_k \frac{1}{2} \|f(k)\|_2^2 = \frac{1}{2} \sum_i f_i(k)^2 \tag{7.4.25}$$

7.4.2 机床锥配合结合部动力学模型

锥配合结合部，也称为锥面配合固定结合部，它通过连接部件的锥孔与锥柄之间的配合，在轴向力的作用下配合表面产生摩擦力，从而达到固定连接的效果。机床中常见的锥面配合固定结合部是主轴-刀柄锥面配合固定结合部。主轴-刀柄锥面配合固定结合部的理论建模方法大多基于有限元法，可以根据需要建立不同类型的模型，如二自由度线性弹簧模型、二自由度线性-旋转弹簧组合模型、均布线性-旋转弹簧模型、沿接触面分布的线性-旋转弹簧阻尼模型和五自由度的弹簧阻尼模型等。

将 BT50 型锥面配合固定结合部简化为位于锥部两端的二自由度线弹性模型，如图 7.4.9(a)所示，弹簧的刚度通过基于频响函数的参数识别方法得到。将主轴-刀柄锥面配合固定结合部简化成一个线性弹簧和一个旋转弹簧组合的二自由度模型，如图 7.4.9(b)所示。将主轴-刀柄锥面配合固定结合部模拟成沿接触表面均匀分布的径向和旋转弹簧，如图 7.4.9(c)所示。用沿接触表面长度分布的弹簧阻尼器模拟主轴-刀柄之间的锥面配合固定结合部动力学性能，如图 7.4.9(d)所示，其中每一个弹簧阻尼器包含四个元素，即 k_{xf}、k_{xm}、$k_{\theta f}$ 和 $k_{\theta m}$，其含义分别为位移-力刚度、位移-转矩刚度、旋转角度-力刚度和旋转角度-转矩刚度。将 BT50 型锥面配合固定结合部简化成一个五自由度的弹簧阻尼模型，如图 7.4.9(e)所示，每个弹簧阻尼器包含一个线性弹簧和线性阻尼，该模型在锥柱大端布置三个弹簧阻尼器，在锥柱小端布置两个弹簧阻尼器。

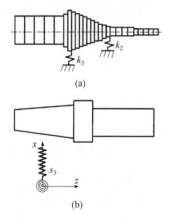

(a)

(b)

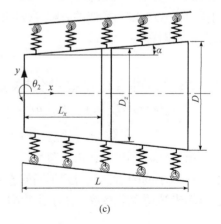

(c)

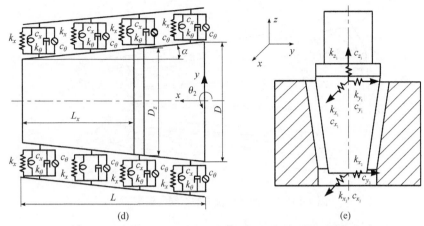

图 7.4.9 主轴-刀柄锥面配合固定结合部常见模型

通常情况下，在机床加工过程中，作用在主轴-刀柄的结合面上的力可以分解成三个正交的分量，即轴向分量、径向分量和切向分量。在这三个分量力的作用下，刀柄与主轴之间存在三个可能的相对运动。对于主轴和刀柄之间没有自锁功能的 7:24 锥度的刀柄，刀柄外锥面与主轴中心孔内锥面之间的接触面在拉伸轴向预紧力的作用下产生摩擦力，防止刀柄与主轴之间三个方向的相对运动，从而实现刀柄相对主轴的精确定位，并且决定了结合面在三个方向上的接触刚度。所以，在机床主轴-刀柄锥面配合结合部动力学建模时，同时考虑轴向、径向和切向三个方向的作用能更精确地模拟结合部的静、动态性能。下面讨论考虑结合部三向刚度和各自由度之间耦合作用的机床主轴-刀柄锥面配合固定结合部的动力学模型。

1. 机床主轴-刀柄锥面配合固定结合部动力学模型

主轴-刀柄组合体动力学模型中，主轴-刀柄的模型由三维实体有限单元构成，模型的每个节点有三个平动自由度，锥面配合固定结合部模拟成一个带锥度的有限单元。带锥度的有限单元不仅考虑了主轴-刀柄配合固定结合部在三个正交方向上的作用，而且考虑了结合部内部各自由度之间的耦合作用。带锥度结合面的有限元模型如图 7.4.10 所示。

带锥度的有限单元具有刚度和阻尼属性，设有质量和厚度。一个带锥度的有限单元有 32 个节点，且 1~8 号节点均匀分布在主轴中心孔内锥的小端，9~16号节点均匀分布在主轴内锥孔的大端，17~24 号节点均匀分布在刀柄外锥面的小端，25~32 号节点均匀分布在刀柄外锥面的大端。该有限元模型的每个节点都有三个平动自由度，所以一个带锥度的有限单元共有 96 个自由度。

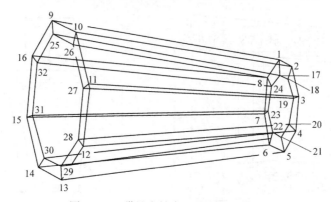

图 7.4.10　带锥度结合面的有限元模型

　　因此，锥面配合固定结合部的微观运动可以由 1 号节点与 17 号节点、2 号节点与 18 号节点、…、16 号节点与 32 号节点之间的相对运动来描述。只要建立该带锥度的有限单元的节点力与节点位移的关系，也就建立了主轴-刀柄锥面配合固定结合部的动力学模型。

　　假设有限单元的节点位移用 δ_{ij} 来表示，节点力用 f_{ij} 来表示，i=1, 2,…,32，j=1, 2,3。1 号节点与 17 号节点、2 号节点与 18 号节点、…、16 号节点与 32 号节点之间的相对运动分别可以表达为 $\delta_{1n} = x_{1n} - x_{17n}$、$\delta_{2n} = x_{2n} - x_{18n}$、…、$\delta_{16n} = x_{16n} - x_{32n}$（$n$=1, 2, 3）。根据刚度影响因子法，该有限单元的节点力与节点位移的关系如下：

$$\sum_{i=1}^{3} K_{1n}^{ij}\delta_{1n} + \sum_{i=1}^{3} K_{2n}^{ij}\delta_{2n} + \cdots + \sum_{i=1}^{3} K_{16n}^{ij}\delta_{16n} = f_{ij} \qquad (7.4.26)$$

式中，K_{mn}^{ij} 是刚度影响因子，其中 i, m=1,2,…,16 为带锥度的有限单元的节点；j, n=1,2,3 代表有限单元的每个节点的三个平动自由度。K_{mn}^{ij} 的物理意义是只在第 m 号节点与第 m+16 号节点之间的第 n 个自由度发生一单位位移，需要在第 i 号节点的第 j 个自由度上施加节点力，从刚度因子的物理意义可以看出该模型考虑了结合部内部各自由度之间的耦合作用。式(7.4.26)写成矩阵形式为

$$K_t X = F \qquad (7.4.27)$$

式中，$X \in \mathbf{R}^{96\times1}$、$F \in \mathbf{R}^{96\times1}$ 分别为该有限单元的节点位移向量和节点力向量；$K_t \in \mathbf{R}^{96\times96}$ 为该有限单元的刚度矩阵，该矩阵为半正定矩阵。由于主轴-刀柄组合体的轴对称性，一个带锥度的有限单元可以看成由 8 个相同的子单元组装而成。因此，半单元矩阵可以写成如下形式：

$$K_t = K_{t,1} + K_{t,2} + \cdots + K_{t,8} \qquad (7.4.28)$$

式中，$K_{t,i} \in \mathbf{R}^{96\times96}$ 为该有限单元的第 i 个子单元的单元刚度矩阵，i=1,2,…,8。$K_{t,i}$

是稀疏矩阵，去掉其中的零元素后得到一个 24×24 的分块矩阵，可表示为

$$K_{t,i}^{rs} = \begin{bmatrix} (K_{t,i}^{rs})_A & (K_{t,i}^{rs})_B \\ (K_{t,i}^{rs})_C & (K_{t,i}^{rs})_D \end{bmatrix} \tag{7.4.29}$$

式中，$(K_{t,i}^{rs})_A$、$(K_{t,i}^{rs})_B$、$(K_{t,i}^{rs})_C$、$(K_{t,i}^{rs})_D$ 为 $K_{t,i}^{rs}$ 的 4 个 12×12 的子矩阵。这些子单元的单元刚度矩阵(去除矩阵中的零元素之后)之间的关系可以表达为

$$(K_{t,i}^{rs}) = T_i K_{t,i}^{rs} T_i^{\mathrm{T}}, \quad i=2,3,\cdots,8 \tag{7.4.30}$$

式中，T_i 为转换矩阵；T_i^{T} 为对应的转置矩阵，T_i 可以写成如下形式：

$$T_i = \mathrm{diag}\{T_{i1},T_{i1},T_{i1},T_{i1},T_{i1},T_{i1},T_{i1},T_{i1}\} \tag{7.4.31}$$

其中，

$$T_{i1} = \begin{bmatrix} \cos[(i-1)\pi/4] & -\sin[(i-1)\pi/4] & 0 \\ \sin[(i-1)\pi/4] & \cos[(i-1)\pi/4] & 0 \\ 0 & 0 & 1 \end{bmatrix} \tag{7.4.32}$$

从微观角度而言，任何机械加工得到的金属表面都不是绝对光滑的，都由一系列的凸起和凹坑组成，加工表面的粗糙度数值越大，凸起高度和凹坑深度的绝对值就越大。当主轴中心的内锥面与刀柄的外锥面接触时，两个表面上相对的凸起部分首先接触，在外部载荷的作用下产生弹性变形，并随着外部载荷的增加，接触的凸起部分发生弹塑性变形，而凹坑部分则不接触。这种由表面微观不平造成的局部接触具有刚度和阻尼特性。机床主轴-刀柄锥面配合固定结合部的动力学模型不但考虑了结合部的刚度特性，而且考虑了其阻尼特性。假设该锥面配合固定结合部的阻尼为比例阻尼，则带锥度的有限单元在频域内的动力学方程可以写为

$$(\mathrm{i}\omega\beta+1)K_t X(\omega) = F(\omega) \tag{7.4.33}$$

式中，β 是带锥度的有限单元的比例阻尼系数。

2. 锥面配合固定结合部参数识别方法

多自由度系统的频响函数矩阵与动刚度矩阵互为逆矩阵,基于互逆矩阵关系,用理论计算与实验测试法相结合的参数识别方法来获取主轴-刀柄锥面配合固定结合部带锥度的有限元的刚度矩阵和阻尼比系数。在频域范围内，一个包含结合部的多自由度系统的动力学方程可以表示为

$$[-\omega^2(M_s + M_j) + \mathrm{i}\omega(C_s + C_j) + K_s + K_j]X(\omega) = F(\omega) \tag{7.4.34}$$

式中，M_s、C_s、K_s 分别为该系统去除结合部后的质量、阻尼和刚度矩阵；M_j、C_j、

K_j 分别为该系统中结合部的质量、阻尼和刚度矩阵。通常情况下，结构本身的阻尼远远小于结构中的结合部的阻尼，即 $C_s \ll C_j$。结合部的质量可以不考虑，则式(7.4.34)中的 M_j 和 C_s 可以不考虑。因此，式(7.4.34)可写为

$$(-\omega^2 M_s + i\omega C_j + K_s + K_j)X(\omega) = F(\omega) \tag{7.4.35}$$

根据带锥度的有限元动力学方程(7.4.33)，对于一个只包含主轴-刀柄锥面配合固定结合部的多自由度系统，其在频域内的动力学方程可以写为

$$[-\omega^2 M_s + K_s + (i\omega\beta + 1)K_t]X(\omega) = D(\omega)X(\omega) = F(\omega) \tag{7.4.36}$$

其中，$D(\omega) = -\omega^2 M_s + K_s + (i\omega\beta + 1)K_t$ 为该多自由度系统的动刚度矩阵。系统的动刚度矩阵与其频响函数矩阵互为逆矩阵，即

$$D(\omega)H(\omega) = I \tag{7.4.37}$$

在锤击模态实验中，当系统的第 i 个自由度被激励，系统所有响应点的响应信号均被采集，则可以得到频响函数矩阵的第 i 列 $h_i(\omega)$。因此，式(7.4.37)可以改为

$$[-\omega^2 M_s + K_s + (i\omega\beta + 1)K_t]\{h_{1,i}(\omega) \quad \cdots \quad h_{i,i}(\omega) \quad \cdots \quad h_{n,i}(\omega)\}^T = I_i \tag{7.4.38}$$

式中，I_i 为单位矩阵 I 的第 i 个列向量；M_s 和 K_s 可以由有限元法计算得到。K_t 和 β 分别为带锥度的有限单元的刚度矩阵和阻尼比系数，为未知参数。由带锥度的有限单元的定义可知共有 577 个未知参数。根据式(7.4.38)不能直接计算得到这些未知参数。因此，可以采用非线性最小二乘法来识别有限单元的未知参数。将式(7.4.38)改写为

$$(i\omega\beta + 1)K_t h_i(\omega) = I_i + (\omega_s M_s - K_s)h_i(\omega) \tag{7.4.39}$$

式中，

$$h_i(\omega) = \{h_{1,i}(\omega) \quad \cdots \quad h_{i,i}(\omega) \quad \cdots \quad h_{n,i}(\omega)\}^T, \quad I_i = \{0 \quad \cdots \quad 1 \quad \cdots \quad 0\}^T \tag{7.4.40}$$

当式(7.4.39)中的频率取不同的数值 $\omega_p(p=1, 2, \cdots)$ 时，式(7.4.39)变成一个方程组。这里 ω_p 取频响函数曲线各峰值附近的频率值。因此，非线性最小二乘法的目标函数设为

$$\min f_0 \|A(\omega_p) - B(\omega_p)\| \tag{7.4.41}$$

式中，

$$A(\omega_p) = (i\omega\beta + 1)K_t h_i(\omega_p), \quad B(\omega_p) = I_i + (\omega^2 M_s - K_s)h_i(\omega_p) \tag{7.4.42}$$

$\|A(\omega_p) - B(\omega_p)\|$ 表示对 $A(\omega_p)$ 与 $B(\omega_p)$ 的差取模。不难发现，未知参数包括在 $A(\omega_p)$ 中，而当模态实验获取 $h_i(\omega_p)$ 后，$B(\omega_p)$ 为一个常数向量。为了有效识别有限单元

的未知参数，识别程序一次性识别刚度矩阵的一行(一行包括 24 个未知参数)。阻尼比系数在第一次识别过程与刚度矩阵的第一行同时识别。经过多次识别后，能够得到所有的未知参数。

7.4.3　滚动导轨结合部动力学模型

机床最常见的可动结合部包括轴承结合部、直线导轨副中导轨与滑块之间的结合部、滚动丝杠副中丝杠与螺母之间的结合部。机床中轴承内圈和外圈之间通过钢质球滚动体连接接触，直线导轨副中导轨与滑块之间通过钢质滚动体(滚珠或是滚柱)连接接触，滚珠丝杠副中丝杠与螺母之间也是通过钢质球状滚动体连接接触。在轴向/径向预紧力和(或)外部载荷作用下，滚动体产生弹塑性变形。因此，这三种结合部一般建立弹簧阻尼模型，其差异主要在于弹簧的类型以及是否考虑不同自由度方向的耦合情况。在可动结合部的研究中，也出现了导轨结合部的六节点等参单元接触模型、滚动导轨结合部三自由度八节点六面体单元模型和二自由度八节点六面体单元模型、滚动导轨的无厚度薄膜单元模型等。

1. 滚动导轨结合部的有限元模型

每一个零部件在空间可以有六种受力状态，即沿 x、y、z 三个轴线方向的力以及绕这三个轴线方向的力矩。由于滑块在沿导轨方向是工作方向，在进行受力分析时不在此方向上加力，视为在此方向上为固定约束。所以滚动直线导轨副可以有五种受力状态，如图 7.4.11 所示。

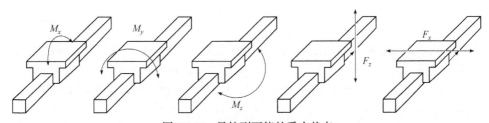

图 7.4.11　导轨副可能的受力状态

在这五种受力状态下，滚动导轨副会产生相应的变形状态，分别为俯仰运动、侧翻运动、偏航运动、上下运动和左右运动。可动结合部也跟着整个导轨副产生相应的变形运动，而且变形量更大。可动结合滚珠与沟槽接触为点接触，其刚度远小于导轨和滑块材料自身的强度。三维实体单元的每个节点只要三个自由度，则该有限元模型就可完全反映所研究三维结构的所有运动形式(平动、扭转、弯曲)。因此，用一个仿照有限元八节点六面体的单元来综合模拟滚动直线导轨可动结合部，如图 7.4.5 所示。其中 I 为滑块，II 为导轨，III 为导轨与滑块之间的结合部单元，而且这种结合部单元没有质量属性，只有刚度和阻尼属性。每一个结合部单元有 8 个节点，每个节点具有 2 个自由度(在沿导轨方向视为约束)，因此一个单元共计 16 个自由度。结合部单元属性可以通过节点 1 与节点 5、节点 2 与节点 6、节点 3 与节点 7、节点 4 与节点 8 之间的相对运动表现出来。因此，只要能准确建立这些节点位移与节点受力之间的关系，就基本建立了其力学模型。

2. 可动结合部的动力学模型

对于所建立的八节点六面体结合部单元，可知其节点位移等于两结合部单元上相应的节点位移之差，因而可以利用基于柔度影响系数的方法建模。这种建模方法将一维柔度影响系数推广到三维柔度影响系数，不仅具有弹性阻尼模型的优点，而且考虑了结合部单元各节点之间的相互耦合，具有更高的精度。利用此方法建立的结合部单元等效力学模型如图 7.4.7 所示，只有刚度和阻尼属性，无质量属性。

首先推导结合面有限单元的刚度矩阵。设各节点位移 x_{ij}，各节点所受的力为 $f_{ij}(i=1,2,\cdots,8;j=1,2)$。其中 i 表示单元的节点号，j 为受力方向，有 x 和 y 两个方向。如前所述，结合面的运动特性由结合部单元上下两节点(即节点 1 与节点 5、节点 2 与节点 6、节点 3 与节点 7、节点 4 与节点 8)之间的相对运动表现出来，这些节点之间的相对运动可表示为 $x_{1j}-x_{5j}$、$x_{2j}-x_{6j}$、$x_{3j}-x_{7j}$、$x_{4j}-x_{8j}$ $(j=1,2)$。根据刚度影响系数法，则有

$$\sum_{i=1}^{2}K_{1n}^{ij}(x_{1n}-x_{5n})+\sum_{i=1}^{2}K_{2n}^{ij}(x_{2n}-x_{6n})+\sum_{i=1}^{3}K_{3n}^{ij}(x_{3n}-x_{7n})+\sum_{i=1}^{3}K_{16n}^{ij}(x_{4n}-x_{8n})=f_{ij}$$

$$(7.4.43)$$

式中，K_{mn}^{ij} 为刚度影响系数，物理意义为在节点 m 与节点 $m+4$ 的 n 方向产生单位相对位移，而在 i 节点的 j 方向所需施加的力。i, m 表示节点号，i 取 $1\sim8$，m 取 $1\sim4$；$j, n=1,2$ 表示方向；f 表示节点力。根据牛顿定律，在平衡条件下，有 $f_{1j}=-f_{5j}$，$f_{2j}=-f_{6j}$，$f_{3j}=-f_{7j}$，$f_{4j}=-f_{8j}$，$j=1,2$。

令 $\boldsymbol{x}=\{x_{11}\ x_{12}\ x_{13}\ \cdots\ x_{81}\ x_{82}\ x_{83}\}^{\mathrm{T}}$，$\boldsymbol{F}=\{f_{11}\ f_{12}\ f_{13}\ \cdots\ f_{81}\ f_{82}\ f_{83}\}^{\mathrm{T}}$。因此，式(7.4.43)写成矩阵形式为

$$\boldsymbol{Kx}=\boldsymbol{F} \qquad (7.4.44)$$

式中，$\boldsymbol{K}$ 为结合部单元的16×16刚度矩阵。根据刚度影响系数的物理意义可知，刚度矩阵 $\boldsymbol{K}$ 是对称矩阵，且具有可分块性。利用矩阵 $\boldsymbol{K}$ 的可分块性，可将矩阵 $\boldsymbol{K}$ 表示为

$$\boldsymbol{K}=\begin{bmatrix} \boldsymbol{K}' & -\boldsymbol{K}' \\ -\boldsymbol{K}' & \boldsymbol{K}' \end{bmatrix}_{16\times16} \qquad (7.4.45)$$

其中，K' 为 8×8 的矩阵。只要确定 K'，就可确定 K。矩阵 K' 可进一步表示为如式(7.4.4)所示的分块矩阵形式，其中 $K_i'^j$ $(i, j=1, 2, 3, 4)$ 为 2×2 的矩阵，$K_i'^j$ 的具体形式为

$$K_i'^j = \begin{bmatrix} k_{i1}^{j1} & k_{i1}^{j2} \\ k_{i2}^{j1} & k_{i2}^{j2} \end{bmatrix} \tag{7.4.46}$$

利用式(7.4.45)、式(7.4.4)和式(7.4.46)，便可得到结合面有限单元的刚度矩阵，再将结合面单元刚度矩阵组装到结构整体刚度矩阵中进行分析计算。结合面阻尼按黏性阻尼处理，即 $C = \alpha M + \beta K$，由于结合部单元没有质量属性，所以阻尼矩阵 $C = \beta K$。因此就得到结合部单元的动力学方程为

$$\beta K \dot{x} + K x = F \tag{7.4.47}$$

3. 滚动导轨结合部的参数识别

1) 可动结合部参数识别的动力学模型

根据模态分析理论，采用锤击实验得到整个结构系统的频响函数列向量，可以求出整个系统 m、c、k 的一些未知参数。整个结构系统也包括结合部的模拟单元，因此首先需要得到含有可动结合部的整个系统的机械位移阻抗。模型结构如图 7.4.12 所示。

由于滑块、导轨为已知的机械结构，其质量矩阵、刚度矩阵和阻尼矩阵都能通

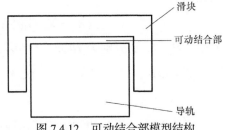

图 7.4.12　可动结合部模型结构

过有限元法得到，可动结合部的动力学参数均未知。已知机械结构(滑块、导轨)和可动结合部的动力学方程分别为

$$M_s \ddot{x}(t) + C_s \dot{x}(t) + K_s x(t) = F(t), \quad M_j \ddot{x}(t) + C_j \dot{x}(t) + K_j x(t) = F(t) \tag{7.4.48}$$

式中，M_s、C_s、K_s 分别为已知机械结构(滑块和导轨)的整体质量、阻尼、刚度矩阵；M_j、C_j、K_j 分别为结合部模拟单元未知的质量、阻尼、刚度矩阵。

按照有限元理论整体刚度矩阵的集成规则，可对式(7.4.48)的两式进行组装，得到整体结构的动力学方程为

$$(M_s + M_j) \ddot{x}(t) + (C_s + C_j) \dot{x}(t) + (K_s + K_j) x(t) = F(t) \tag{7.4.49}$$

因为结合部无质量属性，所以 $M_j=0$，而机床上的阻尼大多来自结合部，故 $C_s \ll C_j$，机械结构的阻尼 $C_s \approx 0$，而且其阻尼按弹性阻尼处理，即有 $C_j = \beta K_j$。因此式(7.4.49)可进一步简化为

$$\boldsymbol{M}_s\ddot{\boldsymbol{x}}(t) + \beta\boldsymbol{K}_j\dot{\boldsymbol{x}}(t) + (\boldsymbol{K}_s + \boldsymbol{K}_j)\boldsymbol{x}(t) = \boldsymbol{F}(t) \tag{7.4.50}$$

对式(7.4.50)的两边进行傅里叶变换，并整理得到

$$(\boldsymbol{K}_s + \boldsymbol{K}_j + \mathrm{i}\omega\beta\boldsymbol{K}_j - \omega^2\boldsymbol{M}_s)\boldsymbol{X}(\omega) = \boldsymbol{F}(\omega) \tag{7.4.51}$$

将式(7.4.9)代入式(7.4.51)得到

$$(\boldsymbol{K}_s + \boldsymbol{K}_j + \mathrm{i}\omega\beta\boldsymbol{K}_j - \omega^2\boldsymbol{M}_s)\boldsymbol{H}(\omega) = \boldsymbol{I} \tag{7.4.52}$$

其中，机械结构的质量矩阵 $\boldsymbol{M}_s$ 和刚度矩阵 $\boldsymbol{K}_s$ 可通过有限元模态分析获得，未知动力学参数只有结合部单元的刚度矩阵 $\boldsymbol{K}_j$，这就是所需识别的动力学参数。

为了方便与机械结构的矩阵组装及参数求解，将结合部的八节点六面体模拟单元的 8 个节点的编号放在整个有限元模型的最前面。因为这 8 个节点中每个节点只有两个自由度，而机械结构的每一个节点都有三个自由度，为了矩阵组装方便，先把16×16的矩阵扩充为24×24的矩阵，其中被约束方向的自由度用 0 表示，再把此24×24的矩阵扩充为与子结构刚度矩阵同型，方便整个结构矩阵的组装。

当采用单点激振、多点拾振方法得到频响函数矩阵中一列 $\boldsymbol{H}_j(\omega)$ 时，式(7.4.52)可以写为

$$(\boldsymbol{K}_s + \boldsymbol{K}_j + \mathrm{i}\omega\beta\boldsymbol{K}_j - \omega^2\boldsymbol{M}_s)\boldsymbol{H}_j(\omega) = \boldsymbol{I}_j \tag{7.4.53}$$

其中，$\boldsymbol{H}_j(\omega)$、$\boldsymbol{I}_j$ 分别为 $\boldsymbol{H}(\omega)$、$\boldsymbol{I}$ 的第 j 列。将式(7.4.53)展开、整理，得到

$$(1+\mathrm{i}\omega\beta)\boldsymbol{K}_j\{H_{1j} \quad H_{2j} \quad \cdots \quad H_{nj}\}^\mathrm{T} = \boldsymbol{I}_j - (\boldsymbol{K}_s - \omega^2\boldsymbol{M}_s)\{H_{1j} \quad H_{2j} \quad \cdots \quad H_{nj}\}^\mathrm{T} \tag{7.4.54}$$

式(7.4.54)所示右边的矩阵可以通过有限元模态分析和锤击模态实验得到，视为已知量的常数列向量，记为 $\boldsymbol{C}_j(\omega)_{n\times1}$。方程左边的比例系数 β 以及结合部的单元矩阵 $\boldsymbol{K}_j$ 为未知参数。

根据结合面刚度矩阵(7.4.45)，考虑到 $\boldsymbol{K}'$ 为8×8的对称矩阵，所以实际待求解的单元刚度矩阵的未知数个数为 $\sum\limits_{i=1}^{8}i=36$ 个。取出式(7.4.53)的第一行，并转为标准形式：

$$(1+\mathrm{i}\omega\beta)\{H_{1j}(\omega) \quad H_{2j}(\omega) \quad \cdots \quad H_{nj}(\omega)\} \cdot \{k_{11}^{11} \quad 0 \quad k_{12}^{11} \quad \cdots \quad -k_{11}^{11} \quad 0 \quad -k_{12}^{11}\}^\mathrm{T}$$
$$= C_{1j}(\omega) \tag{7.4.55}$$

式(7.4.55)中共有 9 个未知参数，包括一个阻尼系数 β 和 8 个刚度参数。若能解出这 9 个参数，就至少需要 9 个等式方程。若取不同的 ω 值，便得到不同的频响函数矩阵，从而得到不同的方程，即

$$(1+\mathrm{i}\omega\beta)\begin{vmatrix} H_{1j}(\omega_1) & H_{2j}(\omega_1) & \cdots & H_{24,j}(\omega_1) \\ H_{1j}(\omega_2) & H_{2j}(\omega_2) & \cdots & H_{24,j}(\omega_2) \\ \vdots & \vdots & & \vdots \\ H_{1j}(\omega_p) & H_{2j}(\omega_p) & \cdots & H_{24,j}(\omega_p) \\ \vdots & \vdots & & \vdots \end{vmatrix} \begin{Bmatrix} k_{11}^{11} \\ 0 \\ k_{12}^{11} \\ \vdots \\ -k_{41}^{11} \\ 0 \\ -k_{42}^{11} \end{Bmatrix}_{24\times1} = \begin{Bmatrix} C_{1j}(\omega_1) \\ C_{1j}(\omega_2) \\ \vdots \\ C_{1j}(\omega_p) \end{Bmatrix} \tag{7.4.56}$$

式中，p 为 ω 取值的个数，即方程的个数。得到 $p(p \geqslant 9)$ 之后，就可以求解出结合部单元刚度矩阵的第一行的 8 个参数。再取出式(7.4.54)的第二行，按照同样的求解方法进行求解，只是由于刚度矩阵是对称矩阵，第二行的未知参数只有 7 个。依次类推，就可以求出刚度矩阵中的所有未知参数，从而得到结合部的刚度矩阵。

2) 参数识别的优化方法

建立好方程后，对参数的识别过程就是被估参数的优化过程。根据式(7.4.56)，可以把方程写为

$$f_p(\boldsymbol{k}) = \{H_{1j}(\omega) \quad H_{2j}(\omega) \quad \cdots \quad H_{24,j}(\omega)\}$$
$$\cdot(1+\mathrm{i}\omega\beta)\{k_{11}^{11} \quad 0 \quad k_{12}^{11} \quad \cdots \quad -k_{41}^{11} \quad 0 \quad -k_{42}^{11}\}^{\mathrm{T}} - C_{1j}(\omega_p), \quad p=1,2,\cdots,n$$

$$\tag{7.4.57}$$

式(7.4.57)中有阻尼系数 β 的存在，使得 $f_p(\boldsymbol{k})$ 为非线性函数，因而采用非线性最小二乘法求解未知动力学参数。非线性最小二乘法是以误差的平方和最小为准则来优化非线性模型参数的一种参数估计方法。由于非线性，所以就不能像线性最小二乘法用偏导数的方法求参数估计值，需要更复杂的优化参数算法来求解。采用迭代算法，即从被估计参数的某一初值开始，然后产生一系列的参数估计值，若这个估计参数使目标函数收敛到极小，则认为寻找到最优解。

因为实验测得的频响函数是复数，所以在参数求解时对 $f_p(\boldsymbol{k})$ 取模，得到待求解参数的目标函数为

$$\boldsymbol{f}(\boldsymbol{k}) = \{\mathrm{abs}[\boldsymbol{f}_1(\boldsymbol{k})] \quad \mathrm{abs}[\boldsymbol{f}_2(\boldsymbol{k})] \quad \cdots \quad \mathrm{abs}[\boldsymbol{f}_p(\boldsymbol{k})]\}^{\mathrm{T}} \tag{7.4.58}$$

当利用非线性最小二乘法求解时，目标函数可表示为

$$\min_{\boldsymbol{k}} \frac{1}{2}\|\boldsymbol{f}(\boldsymbol{k})\|_2^2 = \frac{1}{2}\sum_i \boldsymbol{f}_i(\boldsymbol{k})^2 \tag{7.4.59}$$

式中，$\boldsymbol{f}_i(\boldsymbol{k})$ 为未知列向量；$\boldsymbol{f}(\boldsymbol{k})$ 为函数列向量。利用 MATLAB 中的最小二乘法对结合部动力学参数求解的流程如图 7.4.13 所示。

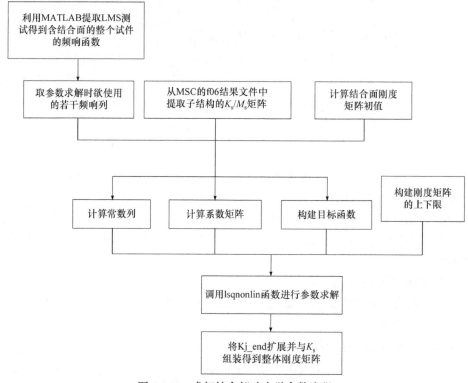

图 7.4.13　求解结合部动力学参数流程

7.4.4　滚动功能部件结合部动力学模型

1. 建立滚珠丝杠结合部模型的步骤

由于机械系统中往往有结合部存在，有限元模型与实验测量结构往往存在较大的误差。误差由三部分组成，即离散误差、参数误差和结构误差。当用离散的有限元模型来描述连续体结构时，必然产生离散误差。从数学的角度而言，有限元模型的每个单元的质量和刚度矩阵的计算方式与连续系统的运动方程的近似方式之间的区别即产生误差的基本原因。结构误差是有限单元类型旋转带来的误差，尤其是关键部分对模型的动态特性有显著的影响，如滚珠丝杠结合部在现有的大部分研究中都将其简化为一系列线性弹簧，即仅考虑其直接耦合的刚度特性。若滚珠丝杠结合部的两个子结构间存在交叉耦合特性，简单的弹簧模型就无法描述这一动态特性，从而造成模型的不精确。因此，有限元模型是对结构的简化模型，必然存在一些不确定的参数值，可以通过实验来获取这些参数值。这些参数值不精确时则模型的动态特性的预测也会不精确，即存在参数误差。

为得到精确合理的动力学模型，建模过程如图 7.4.14 所示，具体过程为：①通过滚珠丝杠的冲击响应谱，确定对丝杠模态分析的合理频率范围；②在该频率范围内运用最小波长原理，选择滚珠丝杠各子结构的合理有限元单元类型和单元尺寸，并与充分离散的子结构有限元模型进行比较，验证离散的精确性；③在子结构模型的机床上通过对实验结构分析，确定子结构之间的耦合模型，即滚珠丝杠结合部模型及其未知参数。

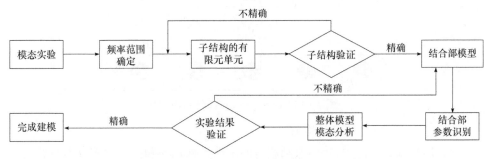

图 7.4.14　结合部建模实验图

2. 滚珠丝杠结合部模型

根据频响函数识别方法，利用频响函数数据识别出的是结合部的阻抗参数，再对阻抗参数进行分析计算才能获得结合部的物理参数。但在识别阻抗参数时，必须对结合部的阻抗参数进行合理的约束，这样识别的参数在代入整体模型进行计算时，才能获得合理的仿真结果。

1) 滚珠丝杠结合部弯曲方向的模型

因为滚珠丝杠的工作滚珠圈数为 5 圈，即螺母内与丝杠轴真实接触的长度为 50mm，小于该轴段梁模型最小波长的 1/10，所以可以将螺母内与螺母相互作用的轴段看成刚体单元。将螺母与丝杠轴的连接看成螺母刚体单元节点与单个丝杠轴梁单元节点耦合。通过实验可知，在丝杠轴各处受到激励后仅能激励其前三阶弯曲模态，通过滚珠丝杠整体模态实验仅能识别滚珠丝杠弯曲的动态特性，所以这里只针对滚珠丝杠弯曲进行建模。滚珠丝杠结合部建模时，丝杠弯曲方向的自由度与其轴向和扭转的自由度不耦合，于是可以单独获取滚珠丝杠副弯曲相关的动力学参数，其中仅包含径向平动阻抗和径向弯曲阻抗两个部分，如图 7.4.15 所示。图中，P_N 表示螺母相关参数，P_{s_i} 表示丝杠轴第 i 段相关参数。

结合部径向参数的矩阵形式如下：

$$\mathbf{Z}_{bs} = \begin{bmatrix} z_r & 0 & z_r & 0 \\ 0 & z_b & 0 & z_b \\ z_r & 0 & z_r & 0 \\ 0 & z_b & 0 & z_b \end{bmatrix} \tag{7.4.60}$$

式中，z_r 为螺母节点径向与相应丝杠轴节点径向之间的耦合阻抗；z_b 为在弯曲平面内螺母节点的转动自由度与相应丝杠轴节点转动自由度的耦合阻抗。

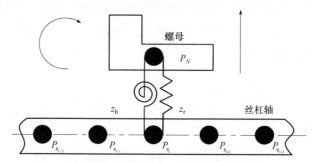

图 7.4.15　滚珠丝杠结合部径向模型

2) 滚珠丝杠轴向平动的模型

通过对滚珠丝杠进行径向激励获得的滚珠丝杠轴向和扭转的响应不明显或无明显规律及趋势。同理，通过对截断滚珠丝杠副进行径向激励也无法获得滚珠丝杠副弯曲或相关响应的明显趋势。对于弱耦合项，测量误差带来的计算误差远大于其本身的值。所以在对滚珠丝杠副进行建模时，忽略丝杠轴向耦合自由度和其他耦合自由度之间的耦合关系。

对于滚珠丝杠副的轴向参数模型，由于其与其他自由度是相互独立的，仅考虑丝杠轴和螺母之间的轴向自由度的耦合形式，如图 7.4.16 所示。

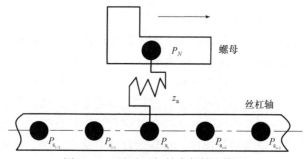

图 7.4.16　滚珠丝杠结合部轴向模型

结合部的轴向参数的矩阵形式为

$$\boldsymbol{Z}_{\text{bs}}^{\text{ax}} = \begin{bmatrix} z_{\text{a}} & -z_{\text{a}} \\ -z_{\text{a}} & z_{\text{a}} \end{bmatrix} \tag{7.4.61}$$

式中，z_{a} 为螺母节点轴向与相应丝杠轴节点径向之间的耦合阻抗。

3) 模型参数的获取

阻抗就是模型上自由度之间力输入与位移响应之比。阻抗矩阵则为各个自由度之间阻抗关系的矩阵表达式。对于线性系统，滚珠丝杠的阻抗矩阵是结合部的刚度矩阵、阻尼矩阵和质量矩阵共同作用的结果，滚珠丝杠的阻抗可以表示为

$$Z = K_j + i\omega C_j + (i\omega)^2 M_j = K_j + i\omega C_j - \omega^2 M_j \tag{7.4.62}$$

式中，K_j、C_j 和 M_j 分别为结合部刚度矩阵、阻尼矩阵和质量矩阵(虚拟质量，仅用于表征结合部受力与加速度之间的关系)。通过频响函数法可以获得结合部阻抗矩阵，通过不同频率点处获得的结合部阻抗矩阵 Z_1、Z_2 即可获得结合部的质量矩阵、刚度矩阵和阻尼矩阵，完成滚珠丝杠结合部的建模。

$$K_j = \frac{\mathrm{Re}(Z_1)\omega_2^2 - \mathrm{Re}(Z_2)\omega_1^2}{\omega_2^2 - \omega_1^2}, \quad C_j = \frac{\mathrm{Im}(Z_1)}{\omega_1}, \quad M_j = \frac{\mathrm{Re}(Z_1) - \mathrm{Re}(Z_2)}{\omega_2^2 - \omega_1^2} \tag{7.4.63}$$

3. 滚珠丝杠结合部参数识别方法

滚珠丝杠副的内部参数较为复杂，给研究其内部参数对动力学参数之间的关系带来困难。采用模型参数的频响函数估计方法，相对而言能够更加精确地计算参数模型的结合部动力学参数。

已知系统的激励和响应的测量数据(全部或部分自由度)，并已知频响函数(线性系统)或多维频响函数(非线性系统)与模型参数的关系，估计模型参数的过程称为模型参数的频响函数估计。通过测量结合部相关自由度的频响函数，利用这些频响函数与结合部的阻抗矩阵之间的关系可以计算出结合部的阻抗矩阵，利用结合部阻抗矩阵计算滚珠丝杠副的质量矩阵、刚度矩阵和阻尼矩阵等动力学参数。

为获取结合部的阻抗矩阵，先对耦合结构的自由度进行划分，如图 7.4.17 所示。图中，$I(i)$表示耦合结构的内部自由度，即子结构内部不与其他子结构耦合的自由度；$\tilde{C}$、$\tilde{c}$ 和 $\bar{C}$、$\bar{c}$ 表示耦合结构的耦合自由度，即子结构和其他子结构相互作用的自由度，其中大写字母表示耦合后耦合结构的自由度，小写表示耦合前子结构的自由度；J 表示结合部的自由度，结合部是子结构耦合后产生的特殊动力学单元，其内部自由度都是耦合自由度，即 $J = \bar{C} + \tilde{C}$。

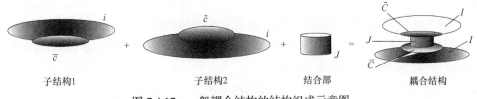

子结构1　　　　　　子结构2　　　　结合部　　　　耦合结构

图 7.4.17　一般耦合结构的结构组成示意图

为了计算结合部耦合自由度相关的参数与子结构、耦合结构各自由度之间的频响函数之间的关系，结合部必须满足兼容性假设和平衡性假设。

1) 兼容性假设

在子结构耦合前后，各子结构本身的模型不发生变化。具体表现在各子结构在受相同外力的作用下(包括结合部变形产生的反作用力)的响应并不会由于子结构耦合而改变。

2) 平衡性假设

在耦合结构的耦合自由度中，该自由度所受的外力等于该自由度作用于结合部的力与作用于子结构的力之和。

根据阻抗矩阵的定义，有

$$ZX = f \tag{7.4.64}$$

对于整体模型，通过实验可以获取部分自由度之间的频响函数。整体模型的频响函数与各自由度的位移响应和受力之间的关系可表示为

$$X = HF \tag{7.4.65}$$

将各自由度分为内部自由度和耦合自由度，可表示为

$$\begin{Bmatrix} X_{\mathrm{I}} \\ X_{\mathrm{C}} \end{Bmatrix} = \begin{bmatrix} H_{\mathrm{II}} & H_{\mathrm{IC}} \\ H_{\mathrm{CI}} & H_{\mathrm{CC}} \end{bmatrix} \begin{Bmatrix} F_{\mathrm{I}} \\ F_{\mathrm{C}} \end{Bmatrix} \tag{7.4.66}$$

式中，X_{I} 为内部自由度的位移响应；X_{C} 为耦合自由度的位移响应；F_{I} 为内部自由度所受的外力；F_{C} 为耦合自由度所受的外力；$H_{PQ}(P, Q=\mathrm{I, C})$ 为各自由度之间的频响函数。

由于各子结构的模型是已知的，根据各子结构模型，可计算出不考虑结合部的子模型各自由度之间的频响函数，将结合部处的作用反力改写为子结构外力的形式，式(7.4.66)可表达为

$$\begin{Bmatrix} X_{\mathrm{i}} \\ X_{\mathrm{c}} \end{Bmatrix} = \begin{bmatrix} H_{\mathrm{ii}} & H_{\mathrm{ic}} \\ H_{\mathrm{ci}} & H_{\mathrm{cc}} \end{bmatrix} \begin{Bmatrix} F_{\mathrm{i}} \\ F_{\mathrm{c}} \end{Bmatrix} \tag{7.4.67}$$

式中，X_{i} 为内部自由度的位移响应；X_{c} 为耦合自由度的位移响应；F_{i} 为内部自由度所受的外力；F_{c} 为耦合自由度所受的外力；$H_{pq}(p, q=\mathrm{i, c})$ 为各自由度之间的频响函数。

因为结合部的自由度都为耦合自由度，即整体模型并不会由于增加了结合部而增加任何自由度，所以式(7.4.66)和式(7.4.67)中各对应矩阵的阶数都是相同的。由式(7.4.67)矩阵的第二列等式可得

$$X_{\mathrm{c}} = H_{\mathrm{ci}}F_{\mathrm{i}} + H_{\mathrm{cc}}F_{\mathrm{c}} \tag{7.4.68}$$

在式(7.4.68)的两边同时左乘结合部阻抗矩阵 Z，得

$$ZX_{\mathrm{c}} = ZH_{\mathrm{ci}}F_{\mathrm{i}} + ZH_{\mathrm{cc}}F_{\mathrm{c}} \tag{7.4.69}$$

由于结合部模型的所有自由度都是耦合自由度，即式(7.4.67)中的 X_{c} 与式(7.4.64)中的 X 相同，于是式(7.4.69)中左边等于耦合结构中作用于结合部各自由度的力 f。在右边项中，由于作用于内部自由度的外力不会随着结构耦合而改变，从而有 $F_{\mathrm{i}}=F_{\mathrm{I}}$，于是式(7.4.69)等价于

$$f = ZH_{ci}F_i + ZH_{cc}F_c \tag{7.4.70}$$

由平衡性假设可知，耦合自由度耦合后所受的外力等于结合部所受力与子结构所受力之和，即

$$F_C = f + F_c \tag{7.4.71}$$

将式(7.4.70)改写成用耦合结构的外力及子结构频响函数表达子结构耦合自由度所受的力的形式

$$F_c = [I + ZH_{cc}]^{-1}(F_C - ZH_{ci}F_i) \tag{7.4.72}$$

结合式(7.4.71)，即可用耦合结构所受的外力表示各子结构所受的力，为

$$\begin{Bmatrix} F_i \\ F_c \end{Bmatrix} = \begin{bmatrix} I & 0 \\ (I + ZH_{ci})^{-1} & -(I + ZH_{cc})^{-1}ZH_{ci} \end{bmatrix} \begin{Bmatrix} F_I \\ F_C \end{Bmatrix} \tag{7.4.73}$$

根据兼容性原则，各子结构所受力在耦合前后是不变的，所以有

$$\{X_i \quad X_c\}^T = \{X_I \quad X_C\}^T \tag{7.4.74}$$

结合式(7.4.67)、式(7.4.73)和式(7.4.74)，耦合结构的响应和受力之间的关系可表示为

$$\begin{Bmatrix} X_I \\ X_C \end{Bmatrix} = \begin{bmatrix} H_{ii} - H_{ic}(I + ZH_{cc})^{-1}ZH_{ci} & H_{ic}(I + ZH_{cc})^{-1} \\ H_{ci} - H_{cc}(I + ZH_{cc})^{-1}ZH_{ci} & H_{cc}(I + ZH_{cc})^{-1} \end{bmatrix} \begin{Bmatrix} F_I \\ F_C \end{Bmatrix} \tag{7.4.75}$$

将式(7.4.75)与式(7.4.67)进行比较，可将模型计算结果与测量的频响函数数值进行比较，可获得其中的未知参数，即阻抗矩阵 Z。根据具体条件，获取部分自由度激励耦合自由度响应的测量频响函数更方便、精确，而采用式(7.4.75)的第一行第二列作为获取结合部阻抗的等式，即

$$H_{IC} = H_{ic}(I + ZH_{cc})^{-1} \tag{7.4.76}$$

式(7.4.76)可改写为

$$H_{IC}ZH_{ic} = H_{ic} - H_{IC} \tag{7.4.77}$$

式中，H_{IC} 为滚珠丝杠内部自由度激励耦合自由度响应的测量频响函数，通过频响函数实验获得；H_{ic} 和 H_{cc} 分别为子结构模型中部分内部自由度和耦合自由度激励到耦合自由度响应的频响函数，通过子结构有限元模型假设获得。利用式(7.4.77)，选择所需的相应自由度上的频响函数，即可识别滚珠丝杠可动结合部的动力学参数。

7.4.5　机床轴承部件结合部动力学模型

机床轴承部件结合部一般表现出刚柔并存的特性，其刚度和阻尼的形成机理比较

复杂，是内外因共同作用的结果。从微观上看，形成结合部的两个接触面是由很多微小凸起组成的，当外界载荷作用时，接触表面的微小凸起会产生弹性变形、弹塑性变形直至最终的塑性变形。当载荷卸掉以后，弹性变形部分将会恢复，结合部表现出刚性特性。塑性变形部分无法恢复如初，消耗了外界能量，结合部又表现出阻尼特性。正因为如此，在建立结合部的等效动力学模型时，形成了常见的用弹簧阻尼单元等效代替结合部的方法。这是一种虚拟的模型，能够将形成结合部的各子结构联系起来，这种模型的关键就是如何确定弹簧阻尼的数目、布置方式以及动力学参数的数值。

滚动轴承结合部是机械系统中广泛存在并且重要的可动结合部，在建立其等效动力学模型时，同样可以采用弹簧阻尼单元进行等效模拟的方法，问题的关键在于轴承结合部的圆周平面内如何对单元进行合理的布置，以及单元的动态参数如何取值。建立轴承结合部的动力学模型的方法有两种：一种是在圆周平面上、下、左、右四个方向均匀布置四组单元，每组单元再细分为轴向单元和径向单元；另一种方法是将每一个滚动体等效为一组单元，其数目和布置方式取决于滚动体的数目和分布情况。

1) 通用等效模型

轴承结合部包含了轴承内部滚动体与内外滚道之间的结合部、轴承内圈与主轴的结合部、轴承外圈与机座或者箱体的结合部。如果对每一层结合部分别进行动力学建模，由于轴承内部受力润滑等条件的不确定性，加上建模时本身不可避免地存在误差，这样建立的动力学模型就很复杂，难以进行后续研究，而且模型精度也无法得到控制。

在实际应用中，一般将轴承结合部内部子结构视为一个整体，这样就需要考虑结合部表现出的综合动态参数。根据主轴一般的受力和运动形式，可以将轴承结合部等效为上、下、左、右均匀分布的四组弹簧阻尼单元。在建立模型时，对模型做进一步的简化处理，只考虑结合部的刚度，将结合部等效为如图 7.4.18 所示的弹簧单元。

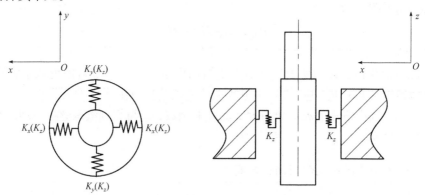

图 7.4.18　轴承结合部通用等效模型

对于单列角接触球轴承，其在工作过程中会同时承受轴向载荷和径向载荷，这样在对轴承结合部进行建模时就要同时考虑轴向刚度和径向刚度。如图 7.4.18 所示，xOy 平面为径向平面，z 轴为轴向。每组弹簧单元处分别设置一个轴向弹簧和径向弹簧，假设 K_a、K_r 分别为轴承结合部的轴向刚度和径向刚度，K_x、K_y、K_z 分别代表 x、y、z 三个方向的等效刚度，即弹簧单元的刚度，则有关系式：

$$K_a = 4K_z, \quad K_r = 2K_x = 2K_y \tag{7.4.78}$$

在缺少实验数据时，可以将轴承刚度作为有限元分析时结合部的刚度初值，这样，K_a、K_r 可以按照接触理论进行近似计算，由此得到 K_x、K_y、K_z 的初始值。

2) 改进等效模型

在进行机床整机的动力学建模时，常将轴承结合部做上述等效处理，这种模型结构简单清晰，涉及的自由度及参数也较少，因此有较强的通用性，而且由于其他结合部的模型都存在误差，这样轴承结合部模型的误差对整机性能的影响就不明显。但是在单独对轴承结合部进行建模时，就不能忽略通用模型产生的误差，需要建立一种更加精细的能够反映轴承内部结构的动力学模型。对轴承结合部进行建模时，可将滚珠等效为一组弹簧单元，设滚珠的数目为 n，将弹簧单元均匀布置在圆周内，如图 7.4.19 所示。

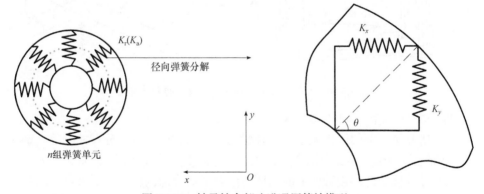

图 7.4.19　轴承结合部改进通用等效模型

对于分布于圆周内的任意一组弹簧单元，和前面一样分解成轴向单元和径向单元，刚度分别为 K_a、K_r。不妨设单元所在直线与 x 方向的夹角为 θ，滚珠数目为 n，则 K_r 可以继续分解为 K_x、K_y，且在图 5.4.19 给出的坐标系中应满足关系式：

$$K_z = K_a, \quad K_x = K_r \cos\theta, \quad K_y = K_r \sin\theta \tag{7.4.79}$$

式中，K_a、K_r 可按照接触理论进行近似求解，作为有限元分析的初值。

改进等效模型可看成通用等效模型的细化和分解，在对单元刚度进行计算时，由于理论计算误差较大，在合成的过程中也会造成误差的累积。因此，采用改进等效模型作为轴承结合部的动力学模型有较好的效果。

7.4.6　考虑结合部的机床动力学模型实例

图 7.4.20(a)为一台大型龙门立式车床的外形简图，其分布质量梁模型的动力学模型如图 7.4.20(b)所示。整台机床的动力学模型中，总共考虑了 20 个结合部，图中的数字为该结合部的编号，其中 6～9、18、19 是螺栓连接的结合部，10～17 为导轨结合部。

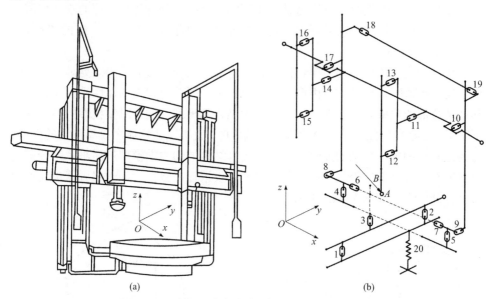

(a)　　　　　　　　　　　　　　　(b)

图 7.4.20　龙门立式车床外形简图及其动力学模型

处理每一个结合部的过程如下：

(1) 研究结合部的面积大小、结合状态、受力方向和压力分布情况等，确定该结合部应该简化为多少个结合点，在哪些方向上用等效弹簧和阻尼来代替。

(2) 计算该结合部接触面上的比压。结合部结合面的压力主要来自零部件的质量、紧固力和切削力，分别计算这些力对该结合部的压力大小，然后相加求得该结合部接触面上的比压。切削力一般取静态切削力进行计算。

(3) 根据该结合部接触面上的比压及其他结合条件，从通用数据中查出该结合部在垂直方向上单位接触面积的等效弹簧刚度 $k_2(p)$、单位接触面积的等效阻尼系数 $c_2(p)$、在剪切方向上单位接触面积的等效弹簧刚度 $k_1(p)$ 及等效阻尼系数 $c_1(p)$。

(4) 在每个结合点所代替的面积上进行积分，求得该结合点在各方向上的等效弹簧刚度和等效阻尼系数。例如，如图 7.4.21 所示的结合部，简化为一个结合点 G，则 G 在图中所示的各方向上的等效弹簧刚度 K_1～K_6 为

$$K_1 = \iint k_2(p) \mathrm{d}y\mathrm{d}z, \quad K_2 = K_3 = \iint k_1(p) \mathrm{d}y\mathrm{d}z,$$

$$K_4 = \iint (y^2 + z^2)k_1(p) \mathrm{d}y\mathrm{d}z, \quad K_5 = \iint z^2 k_2(p) \mathrm{d}y\mathrm{d}z, \quad (7.4.80)$$

$$K_6 = \iint y^2 k_2(p) \mathrm{d}y\mathrm{d}z$$

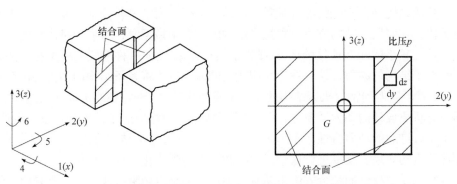

图 7.4.21　结合部各方向刚度和阻尼的计算示意图

　　将式(7.4.80)中的 $k_1(p)$、$k_2(p)$改为 $c_1(p)$、$c_2(p)$即得 G 点在相应各方向上的等效阻尼系数 $C_1 \sim C_6$。对如图 7.4.20 所示的龙门立式车床的动力学模型，考虑了结合部后，其计算结果如图 7.4.22 所示。

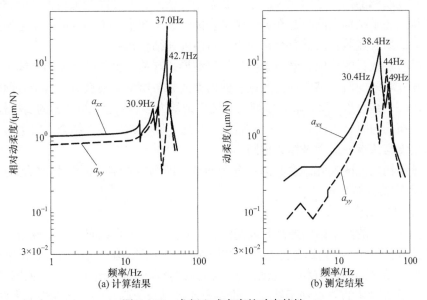

图 7.4.22　龙门立式车床的动态特性

7.5　机床结构动力特性的综合分析与动态设计

7.5.1　机床结构动力特性的综合

　　机床结构动力特性的综合是对机床结构进行动力学分析或动态设计的一个重要手段。在应用子结构方法建立机床结构的动力学模型时，将整台机床结构分割成一些比较小的相互连接的部件(或称子结构)，按任何一种形式的模型和方法分析每个子结构的动力特性，然后采用适当的综合方法将各子结构的动力特性耦合起来，就可以得到整台机床结构的动力学模型和动力特性。在改进设计的过程中，通过分析原设计的动力学模型，发现其薄弱环节，对相应的子结构进行改进设计，并求得改进后的动力特性，然后应用综合方法，获得整个结构改进后的动力特性，预测改进的效果。反复进行这个过程，就可以达到优化设计的目标。

　　结构动力特性的综合方法主要有两类：一类是机械阻抗法，另一类是模态综合法。无论应用什么方法，子结构的综合都必须在与实际状态一致的条件下进行，所以讨论子结构综合法，需要先讨论子结构之间的各种结合条件。

　　1. 子结构的结合条件

　　相互联结的两子结构实际的结合状态是复杂的，但在简化为动力学模型时，可以认为各子结构之间只是在若干个结合面上联结起来，不同的结合状态通过选用不同的结合点数目及其每个结合点的自由度和结合条件来体现。

　　结合点数目的选取，既与子结构的模型形式有关，也与结合面的具体条件有关。相互联结的两子结构均为激振参数模型或分布质量梁模型时，其结合面可以简化为一个结合点，而有限元模型的子结构则常为多点结合。结合面的面积较小，压力分布均匀时，可简化为一个结合点。反之，则应该用多点结合。每个结合点的自由度与该点的运动坐标数相同。

　　子结构之间的实际结合状态可分为两类，即刚性联结(也称刚性结合)与柔性联结(也称柔性结合)。

　　1) 刚性结合

　　相互联结的两子结构的结合面间没有相对运动的结合状态称为**刚性结合**。同一构件(立柱、床身等)划分为几个子结构时，这些子结构之间的结合就是刚性结合。根据结合面间没有相对运动，可以得到结合点的两个约束条件。如图 7.5.1 所示，子结构 A 的 P 点和子结构 B 的 Q 点刚性结合，则在同一运动坐标方向上，P 点和 Q 点的振动位移 $x_P = X_P e^{i\omega t}$ 和 $x_Q = X_Q e^{i\omega t}$，作用力 $f_P = F_P e^{i\omega t}$ 和 $f_Q = f_Q e^{i\omega t}$ 应满足的约束条件可分别表示为

$$x_P = x_Q \quad 或 \quad X_P = X_Q \tag{7.5.1}$$

$$f_P + f_Q = f \quad 或 \quad F_P + F_Q = F \tag{7.5.2}$$

式中，$f=Fe^{i\omega t}$ 为作用在该结合点上的外部激振力，若在该结合点上没有外部激振力作用，则 $f_P+f_Q=0$ 或 $F_P+F_Q=0$。式(7.5.1)和式(7.5.2)分别是结合点在 x 运动方向的位移相容条件和作用力平衡条件。在其他运动坐标方向也可以得到类似的约束条件。

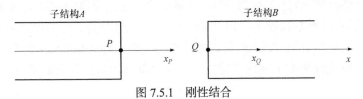

图 7.5.1　刚性结合

2) 柔性结合

相互联结的两子结构的结合面间有相对运动的结合状态称为**柔性结合**。两子结构分属于不同的构件，通过可动结合部(如导轨、轴承)或固定结合部(如螺钉连接)结合时，由于结合面上的联结压力总是有限的，结合表面又有微观不平度，在振动过程中，两子结构的结合面间会产生相对移动或转动，因而都是柔性结合，如图 7.5.2(a)所示子结构 A 和子结构 B 在一个运动坐标方向柔性结合的情况。柔性结合面可用一个结合点或几个结合点代替，每个结合点的结合状态则以等效弹簧和等效阻尼器并联的模型代替。

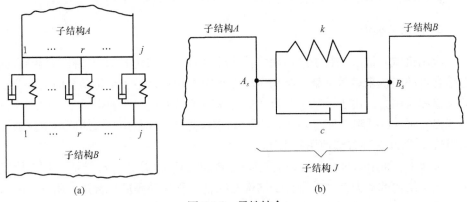

(a)　　　　　　　　　　　　　(b)

图 7.5.2　柔性结合

现在以一个结合点，且只有一个自由度的柔性结合为例，说明其约束条件。设子结构 A 的结合点 A_s 在 x 方向的振动位移为 $x_{As}=X_{As}e^{i\omega t}$；所受的作用力 $f_{As}=F_{As}e^{i\omega t}$；子结构 B 的结合点 B_s 在 x 方向的振动位移为 $x_{Bs}=X_{Bs}e^{i\omega t}$，所受的作用力为 $f_{Bs}=F_{Bs}e^{i\omega t}$。当子结构 A 的点 A_s 和子结构 B 的点 B_s 柔性结合时，结合状态可简化为等效弹簧刚度等于 k 的弹簧及等效黏性阻尼系数等于 c 的阻尼器并联的模

型，如图 7.5.2(b)所示，结合点的振动位移和作用力之间应满足的关系为

$$\begin{Bmatrix} F_{As} \\ F_{Bs} \end{Bmatrix} = \left(\begin{bmatrix} k & -k \\ -k & k \end{bmatrix} + i\omega \begin{bmatrix} c & -c \\ -c & c \end{bmatrix} \right) \begin{Bmatrix} X_{As} \\ X_{Bs} \end{Bmatrix} = \boldsymbol{K}_J \begin{Bmatrix} X_{As} \\ X_{Bs} \end{Bmatrix} \tag{7.5.3}$$

　　式(7.5.3)就是柔性结合点 s 在 x 运动坐标方向的两个约束条件。从形式上看，式(7.5.3)和一般子结构的运动方程相同，因此可作为动刚度等于 $\boldsymbol{K}_J$ 的子结构来处理，即在子结构 A 的结合点 A_s 与子结构 B 的结合点 B_s 之间加入动力特性由式(7.5.3)表示的子结构 J，然后按照子结构 A 和 J 在点 A_s 刚性结合，子结构 B 和 J 在 B_s 点刚性结合，刚性结合点 A_s 和 B_s 的约束条件由式(7.5.1)和式(7.5.2)确定。即一个柔性结合点可以变换为一个其独立特性与该结合部动力特性等效的子结构和两个刚性结合点。

　　上面说明了联结两子结构的一个结合点在一个运动坐标方向刚性结合及柔性结合时的约束条件，对于任一个结合点的每个自由度也可写出类似约束条件。将整个结构全部结合点的每个自由度的约束条件集中起来，可得到整个结构的两个约束方程，即相容方程和平衡方程分别为

$$\boldsymbol{H}\{X^1 \quad X^2 \quad \cdots \quad X^n\}^T = 0 \tag{7.5.4}$$

$$\boldsymbol{J}\{F^1 \quad F^2 \quad \cdots \quad F^n\}^T = 0 \tag{7.5.5}$$

式中，$\boldsymbol{H}$ 和 $\boldsymbol{J}$ 为约束方程矩阵；X 和 F 的上角标表示子结构的序号，如第 r 子结构结合点的自由度为多个时，X^r 和 F^r $(r=1,2,\cdots,n)$ 代表一个列阵。

2. 机械阻抗法

　　应用机械阻抗法进行子结构动力特性综合时，子结构的动力特性用其结合面上结合点的阻抗来表示，整个结构运动方程中未知量是各子结构结合面上结合点的位移和作用力。由于子结构结合点的机械阻抗可通过实验获得，也可由理论计算求得，而且机械阻抗又有多种表达形式(位移阻抗、速度阻抗、加速度阻抗或导纳阻抗)，因此这种方法使用起来比较方便。

　　机床上，通用的机械阻抗为动刚度(位移阻抗)和动柔度(位移导纳)。用动刚度来表达子结构的动力特性并进行子结构的综合，称为**动刚度综合法**；用动柔度来表达子结构的动力特性并进行子结构的综合，称为**动柔度综合法**。

　　阻抗综合法是分析复杂振动系统的有效方法。作为一种子系统综合法，首先将整体系统分解成若干个子系统,应用机械阻抗或导纳概念分别研究各个子系统，建立各子系统的机械阻抗或导纳形式的运动方程；然后根据子系统之间相互联结的实际状况，确定子系统之间结合的约束条件；最后根据结合条件将各子系统的运动方程综合起来，从而得到整体系统的运动方程与振动特性。

1) 单自由度的刚性联结情况

两个子结构在一个结合点刚性联结，每个结合点只有单自由度的情况，如图 7.5.3 所示，下面讨论两子结构联结后系统的运动方程。

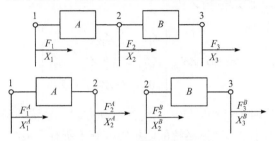

图 7.5.3 单自由度的刚性联结

设已知两子结构 A 和 B 在整体坐标系中，以阻抗矩阵(动刚度矩阵)表示的运动方程为

$$\begin{bmatrix} Z_{11}^A & Z_{12}^A \\ Z_{21}^A & Z_{22}^A \end{bmatrix} \begin{Bmatrix} X_1^A \\ X_2^A \end{Bmatrix} = \begin{Bmatrix} F_1^A \\ F_2^A \end{Bmatrix}, \quad \begin{bmatrix} Z_{22}^B & Z_{23}^B \\ Z_{32}^B & Z_{33}^B \end{bmatrix} \begin{Bmatrix} X_2^B \\ X_3^B \end{Bmatrix} = \begin{Bmatrix} F_2^B \\ F_3^B \end{Bmatrix} \tag{7.5.6}$$

式中，各元素的上角标为子结构序号，下角标为节点编号。将式(7.5.6)的两个方程组合起来，写成矩阵形式为

$$\overline{\boldsymbol{Z}}\,\overline{\boldsymbol{X}} = \overline{\boldsymbol{F}} \tag{7.5.7}$$

式中，

$$\overline{\boldsymbol{Z}} = \begin{bmatrix} Z_{11}^A & Z_{12}^A & 0 & 0 \\ Z_{21}^A & Z_{22}^A & 0 & 0 \\ 0 & 0 & Z_{22}^B & Z_{23}^B \\ 0 & 0 & Z_{32}^B & Z_{33}^B \end{bmatrix}, \quad \overline{\boldsymbol{X}} = \begin{Bmatrix} X_1^A \\ X_2^A \\ X_2^B \\ X_3^B \end{Bmatrix}, \quad \overline{\boldsymbol{F}} = \begin{Bmatrix} F_1^A \\ F_2^A \\ F_2^B \\ F_3^B \end{Bmatrix} \tag{7.5.8}$$

子结构 A 和 B 在结合点 2 刚性联结，节点 1 和 3 自由，节点 1、2、3 分别受到外部激振力 F_1、F_2、F_3 的作用，故位移相容条件和力的平衡条件分别为

$$X_1^A = X_1, \quad X_2^A = X_2^B = X_2, \quad X_3^B = X_3$$
$$F_1^A = F_1, \quad F_2^A + F_2^B = F_2, \quad F_3^B = F_3 \tag{7.5.9}$$

为了使式(7.5.7)和式(7.5.9)联立，式(7.5.9)写为矩阵形式为

$$\boldsymbol{S}\boldsymbol{X} = \overline{\boldsymbol{X}}, \quad \boldsymbol{S}^{\mathrm{T}}\overline{\boldsymbol{F}} = \boldsymbol{F} \tag{7.5.10}$$

式中，$\overline{\boldsymbol{X}}$ 和 $\overline{\boldsymbol{F}}$ 由式(7.5.8)表示，其他矩阵为

$$\boldsymbol{X} = \begin{Bmatrix} X_1 \\ X_2 \\ X_3 \end{Bmatrix}, \quad \boldsymbol{S} = \begin{bmatrix} 1 & 0 & 0 \\ 0 & 1 & 0 \\ 0 & 1 & 0 \\ 0 & 0 & 1 \end{bmatrix}, \quad \boldsymbol{F} = \begin{Bmatrix} F_1 \\ F_2 \\ F_3 \end{Bmatrix} \tag{7.5.11}$$

将式(7.5.10)代入式(7.5.7)，且两端左乘 $\boldsymbol{S}^{\mathrm{T}}$ 得整体系统的方程为

$$\boldsymbol{ZX} = \boldsymbol{F} \tag{7.5.12}$$

式中，阻抗矩阵(动刚度矩阵) $\boldsymbol{Z}$ 为

$$\boldsymbol{Z} = \boldsymbol{S}^{\mathrm{T}}\bar{\boldsymbol{Z}}\boldsymbol{S} = \begin{bmatrix} Z_{11}^A & Z_{12}^A & 0 \\ Z_{21}^A & Z_{22}^A + Z_{22}^B & Z_{23}^B \\ 0 & Z_{32}^B & Z_{33}^B \end{bmatrix}^{\mathrm{T}} \tag{7.5.13}$$

式(7.5.12)就是两子结构联结后系统的运动方程，系统的阻抗矩阵(动刚度矩阵) $\boldsymbol{Z}$ 按式(7.5.13)计算，即整体系统的阻抗矩阵等于所有子系统的阻抗矩阵按节点相叠加。例如，把机床和减振器(或隔振器)分别看成两个子结构 A 和 B，就可预测装上减振器(或隔振器)后机床动力特性的变化，从而设计出合适的减振器(或隔振器)。如果把机床看成一个子结构，把需要安装在机床上的工件或某个附件看成另一个子结构，则可用来修正工件质量或附件对机床动力特性的影响。

这一结论具有普遍性，对于多个子结构相互联结的整体系统和对结合点由多个坐标联结的情况，以及各子系统除了相互联结的坐标以外尚有多个其他坐标的情况，上述结论都适用。

2) 二自由度的刚性联结情况

两个子结构在多点刚性联结，每个节点有两个自由度的情况，如图 7.5.4 所示，两子结构 A 和 B 都简化为集中参数的当量梁模型。

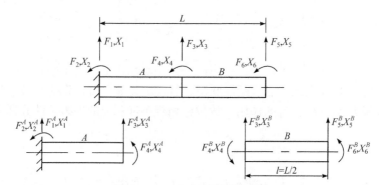

图 7.5.4　二自由度的刚性联结

当不考虑阻尼时，子结构的运动方程为

$$\boldsymbol{m}^r\ddot{\boldsymbol{x}}^r + \boldsymbol{k}^r\boldsymbol{x}^r = \boldsymbol{f}^r, \quad r = A, B \tag{7.5.14}$$

设子结构的参数完全相同，子结构 A 和 B 的质量和刚度矩阵由式(7.2.6)表示，可按节点写成分块矩阵为

$$m^A = \begin{bmatrix} m_{11}^A & m_{12}^A \\ m_{21}^A & m_{22}^A \end{bmatrix} = m^B = \begin{bmatrix} m_{22}^B & m_{23}^B \\ m_{32}^B & m_{33}^B \end{bmatrix}$$

$$= \frac{\rho l}{420} \begin{bmatrix} 156 & 22l & 54 & -13l \\ 22l & 4l^2 & 13l & -3l^2 \\ 54 & 13l & 156 & -22l \\ -13l & -3l^2 & -22l & 4l^2 \end{bmatrix} \tag{7.5.15}$$

$$k^A = \begin{bmatrix} k_{11}^A & k_{12}^A \\ k_{21}^A & k_{22}^A \end{bmatrix} = k^B = \begin{bmatrix} k_{22}^B & k_{23}^B \\ k_{32}^B & k_{33}^B \end{bmatrix} = \frac{EI_z}{l^3} \begin{bmatrix} 12 & 6l & -12 & 6l \\ 6l & 4l^2 & -6l & 2l^2 \\ -12 & -6l & 12 & -6l \\ 6l & 2l^2 & -6l & 4l^2 \end{bmatrix} \tag{7.5.16}$$

式中，m^A、m^B、k^A、k^B 的子矩阵均为二阶矩阵。在整体坐标中，子结构的位移及作用力列阵为

$$x^A = \{x_1^A \quad x_2^A \quad x_3^A \quad x_4^A\}^T, \quad f^A = \{f_1^A \quad f_2^A \quad f_3^A \quad f_4^A\}^T \tag{7.5.17}$$

$$x^B = \{x_3^B \quad x_4^B \quad x_5^B \quad x_6^B\}^T, \quad f^B = \{f_3^B \quad f_4^B \quad f_5^B \quad f_6^B\}^T \tag{7.5.18}$$

按节点将位移列阵和作用力列阵分组，每个节点分为一组，其他矩阵也做相应的分块，则子结构运动方程的形式与只有单自由度的情况类似。将子结构 A 和 B 组合起来，得到未联结的运动方程为

$$\bar{m}\ddot{\bar{x}} + \bar{k}\bar{x} = \bar{f} \tag{7.5.19}$$

式中，

$$\bar{m} = \begin{bmatrix} m^A & 0 \\ 0 & m^B \end{bmatrix}, \quad \bar{k} = \begin{bmatrix} k^A & 0 \\ 0 & k^B \end{bmatrix}, \quad \bar{x} = \begin{Bmatrix} x^A \\ x^B \end{Bmatrix}, \quad \bar{f} = \begin{Bmatrix} f^A \\ f^B \end{Bmatrix} \tag{7.5.20}$$

子结构 A、B 在节点 2 刚性联结，节点 1 和 3 自由，故位移相容条件和力的平衡条件分别为

$$x_1^A = x_1, \quad x_2^A = x_2, \quad x_3^A = x_3^B = x_3, \quad x_4^A = x_4^B = x_4, \quad x_5^A = x_5, \quad x_6^A = x_6 \tag{7.5.21}$$

$$f_1^A = f_1, \quad f_2^A = f_2, \quad f_3^A + f_3^B = f_3, \quad f_4^A + f_4^B = f_4, \quad f_5^A = f_5, \quad f_6^A = f_6$$

系统的独立坐标为 $x = \{x_1 \quad x_2 \quad x_3 \quad x_4 \quad x_5 \quad x_6\}^T$，将式(7.5.21)写成矩阵形式为

$$Sx = \bar{x}, \quad S^T\bar{f} = f \tag{7.5.22}$$

式中，

$$S = \begin{bmatrix} I & 0 & 0 & 0 \\ 0 & I & I & 0 \\ 0 & 0 & 0 & I \end{bmatrix}^T \tag{7.5.23}$$

式中，I 为二阶单位矩阵。将式(7.5.22)代入式(7.5.19)，并在两端左乘 S^T，得到

$$m\ddot{x} + kx = f \tag{7.5.24}$$

式中，

$$m = S^T \bar{m} S = \begin{bmatrix} m_{11}^A & m_{12}^A & 0 \\ m_{21}^A & m_{22}^A + m_{22}^B & m_{23}^B \\ 0 & m_{32}^B & m_{33}^B \end{bmatrix}^T, \quad k = S^T \bar{k} S = \begin{bmatrix} k_{11}^A & k_{12}^A & 0 \\ k_{21}^A & k_{22}^A + k_{22}^B & k_{23}^B \\ 0 & k_{32}^B & k_{33}^B \end{bmatrix}^T$$

$$\tag{7.5.25}$$

　　将式(7.5.25)和式(7.5.13)比较可以看出，对于每个节点有多自由度的结构，只要按照节点将子结构的运动方程的各矩阵分块，用分块后的子矩阵来表示，就和每个节点只有单自由度的情况相似，可以直接引用其结果。

　　在上述综合过程中，没有考虑实际的边界条件，若再将边界条件考虑进去，就可得到各种结构的运动方程。

　　上面单自由度和二自由度的刚性联结情况，系统的运动方程是按综合方法的步骤逐渐推导出来的。从所得结果可以发现，应用动刚度综合法时，系统的动刚度矩阵(或质量矩阵、刚度矩阵及阻尼矩阵)就是所有子结构动刚度矩阵(或质量矩阵、刚度矩阵及阻尼矩阵)按节点叠加的结果。因此，实际应用动刚度综合法时，可直接构成系统的运动方程，不必逐步推导。具体方法举例说明如下。

　　3) 动刚度综合法

　　如图 7.5.5(a)所示的结构分割为 10 个子结构，设所有子结构都相同，在局部坐标系下的动刚度表达为

$$\begin{bmatrix} \bar{Z}_{11} & \bar{Z}_{12} & \bar{Z}_{13} & \bar{Z}_{14} & \bar{Z}_{15} & \bar{Z}_{16} \\ \bar{Z}_{21} & \bar{Z}_{22} & \bar{Z}_{23} & \bar{Z}_{24} & \bar{Z}_{25} & \bar{Z}_{26} \\ \bar{Z}_{31} & \bar{Z}_{32} & \bar{Z}_{33} & \bar{Z}_{34} & \bar{Z}_{35} & \bar{Z}_{36} \\ \bar{Z}_{41} & \bar{Z}_{42} & \bar{Z}_{43} & \bar{Z}_{44} & \bar{Z}_{45} & \bar{Z}_{46} \\ \bar{Z}_{51} & \bar{Z}_{52} & \bar{Z}_{53} & \bar{Z}_{54} & \bar{Z}_{55} & \bar{Z}_{56} \\ \bar{Z}_{61} & \bar{Z}_{62} & \bar{Z}_{63} & \bar{Z}_{64} & \bar{Z}_{65} & \bar{Z}_{66} \end{bmatrix} \begin{Bmatrix} \bar{X}_1 \\ \bar{X}_2 \\ \bar{X}_3 \\ \bar{X}_4 \\ \bar{X}_5 \\ \bar{X}_6 \end{Bmatrix} = \begin{Bmatrix} \bar{F}_1 \\ \bar{F}_2 \\ \bar{F}_3 \\ \bar{F}_4 \\ \bar{F}_5 \\ \bar{F}_6 \end{Bmatrix} \tag{7.5.26}$$

按节点将式(7.5.26)分块后，可简记为

$$\begin{bmatrix} \bar{Z}_{ii} & \bar{Z}_{ij} \\ \bar{Z}_{ji} & \bar{Z}_{jj} \end{bmatrix} \begin{Bmatrix} \bar{X}_i \\ \bar{X}_j \end{Bmatrix} = \begin{Bmatrix} \bar{F}_i \\ \bar{F}_j \end{Bmatrix} \tag{7.5.27}$$

　　根据子结构在整体坐标系中的位置及式(7.5.27)，求出各子结构在整体坐标系中的动刚度矩阵，对于子结构②、③、⑧、⑨，局部坐标系与整体坐标系一致，故有

$$\boldsymbol{Z}^r = \begin{bmatrix} \boldsymbol{Z}_{ii}^r & \boldsymbol{Z}_{ij}^r \\ \boldsymbol{Z}_{ji}^r & \boldsymbol{Z}_{jj}^r \end{bmatrix} = \begin{bmatrix} \bar{\boldsymbol{Z}}_{ii}^r & \bar{\boldsymbol{Z}}_{ij}^r \\ \bar{\boldsymbol{Z}}_{ji}^r & \bar{\boldsymbol{Z}}_{jj}^r \end{bmatrix}, \quad r = 2,3,8,9 \tag{7.5.28}$$

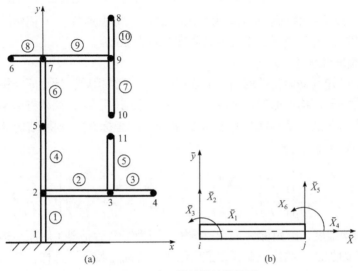

图 7.5.5　多子结构的结构简图

对于子结构①、④、⑤、⑥、⑦、⑩，由式(7.2.10)和式(7.2.11)的坐标变换矩阵为

$$\boldsymbol{T} = \begin{bmatrix} \boldsymbol{H} & \boldsymbol{0} \\ \boldsymbol{0} & \boldsymbol{H} \end{bmatrix}, \quad \boldsymbol{H} = \begin{bmatrix} 0 & 1 & 0 \\ -1 & 0 & 0 \\ 0 & 0 & 1 \end{bmatrix} \tag{7.5.29}$$

故有

$$\boldsymbol{Z}^r = \begin{bmatrix} \boldsymbol{Z}_{ii}^r & \boldsymbol{Z}_{ij}^r \\ \boldsymbol{Z}_{ji}^r & \boldsymbol{Z}_{jj}^r \end{bmatrix} = \boldsymbol{T}^{\mathrm{T}} \begin{bmatrix} \bar{\boldsymbol{Z}}_{ii}^r & \bar{\boldsymbol{Z}}_{ij}^r \\ \bar{\boldsymbol{Z}}_{ji}^r & \bar{\boldsymbol{Z}}_{jj}^r \end{bmatrix}, \quad r = 1,4,5,6,7,10 \tag{7.5.30}$$

式(7.5.28)和式(7.5.30)中子矩阵 $\boldsymbol{Z}_{ij}^r$ 的下角标 i、j 是该子结构在整体坐标中的节点编号，由编制子结构和系统的节点编号对应关系确定，如图 7.5.5(a)所示，如子结构④的 $i=2$、$j=5$，子结构⑧的 $i=6$、$j=7$，故

$$\boldsymbol{Z}^4 = \begin{bmatrix} \boldsymbol{Z}_{22}^4 & \boldsymbol{Z}_{25}^4 \\ \boldsymbol{Z}_{52}^4 & \boldsymbol{Z}_{55}^4 \end{bmatrix}, \quad \boldsymbol{Z}^8 = \begin{bmatrix} \boldsymbol{Z}_{66}^8 & \boldsymbol{Z}_{67}^8 \\ \boldsymbol{Z}_{76}^8 & \boldsymbol{Z}_{77}^8 \end{bmatrix} \tag{7.5.31}$$

同理，可以得到各子结构的动刚度矩阵。将各子结构的动刚度矩阵按节点叠加，构成系统的动刚度矩阵 $\boldsymbol{Z} = \sum \boldsymbol{Z}^r$。按节点叠加就是各子结构动刚度矩阵中下

角标相同的子矩阵相加，得到系统动刚度矩阵相应编号的子矩阵，如系统动刚度矩阵(7.5.31)中位于第 2 行第 2 列的子矩阵为 $Z_{22} = Z_{jj}^1 + Z_{ii}^2 + Z_{ii}^4$、第 6 行第 7 列的子矩阵为 $Z_{67} = Z_{ij}^8$ 等。本系统共有 11 个节点，每个节点有 3 个自由度(即子矩阵为三阶)，故系统的总刚度矩阵为 $11 \times 3 = 33$ 阶，考虑到节点 1 固定，其位移为零，消去相应的行和列后，系统的动刚度矩阵为 30 阶。

4) 动柔度综合法

在一个已知其动力特性的结构上附加另一个子结构后，计算原结构动力特性的变化。附加子结构可通过一个或几个坐标与原结构联结，如果将原结构的所有坐标分割为与附加子结构联结的坐标 X_j 和非联结坐标 X_i，则原结构 A 的动力特性可用分块矩阵表示为

$$\begin{bmatrix} A_{ii}^A & A_{ij}^A \\ A_{ji}^A & A_{jj}^A \end{bmatrix} \begin{Bmatrix} F_i^A \\ F_j^A \end{Bmatrix} = \begin{Bmatrix} X_i^A \\ X_j^A \end{Bmatrix} \quad 或 \quad \begin{bmatrix} A_{ii}^A & A_{ij}^A \\ A_{ji}^A & A_{jj}^A \end{bmatrix}^{-1} \begin{Bmatrix} X_i^A \\ X_j^A \end{Bmatrix} = \begin{Bmatrix} F_i^A \\ F_j^A \end{Bmatrix} \tag{7.5.32}$$

式中，A 为动柔度，上角标 A 表示原结构。因为综合后是要了解原结构的动力特性，故对于附加的子结构只需要知道联结坐标的动力特性。这样，其动力特性可表示为

$$\begin{bmatrix} 0 & 0 \\ 0 & A_{jj}^B \end{bmatrix} \begin{Bmatrix} 0 \\ F_j^B \end{Bmatrix} = \begin{Bmatrix} 0 \\ X_j^B \end{Bmatrix} \quad 或 \quad \begin{bmatrix} 0 & 0 \\ 0 & (A_{jj}^B)^{-1} \end{bmatrix} \begin{Bmatrix} 0 \\ X_j^B \end{Bmatrix} = \begin{Bmatrix} 0 \\ F_j^B \end{Bmatrix} \tag{7.5.33}$$

由前面的讨论已经知道，整个结构的动刚度矩阵就是所有子结构的动刚度按节点叠加。于是，根据式(7.5.32)的第二式和式(7.5.33)的第二式得子结构 A 和 B 联结后整个结构的动柔度矩阵为

$$\begin{bmatrix} A_{ii} & A_{ij} \\ A_{ji} & A_{jj} \end{bmatrix} = \left(\begin{bmatrix} A_{ii}^A & A_{ij}^A \\ A_{ji}^A & A_{jj}^A \end{bmatrix}^{-1} + \begin{bmatrix} 0 & 0 \\ 0 & (A_{jj}^B)^{-1} \end{bmatrix} \right)^{-1} \tag{7.5.34}$$

或简记为

$$A = [(A^A)^{-1} + A^B]^{-1} \tag{7.5.35}$$

式(7.5.35)可表示为

$$A = [I + A^A(A^B)^{-1}]^{-1} A^A = \left(\begin{bmatrix} I & 0 \\ 0 & I \end{bmatrix} \begin{bmatrix} A_{ii}^A & A_{ij}^A \\ A_{ji}^A & A_{jj}^A \end{bmatrix} \begin{bmatrix} 0 & 0 \\ 0 & (A_{jj}^B)^{-1} \end{bmatrix} \right)^{-1} A^A \tag{7.5.36}$$

$$= \begin{bmatrix} I & A_{ij}^A(A_{jj}^B)^{-1} \\ 0 & I + A_{jj}^A(A_{jj}^B)^{-1} \end{bmatrix}^{-1} A^A$$

为了简化式(7.5.36)的运算，令

$$\begin{bmatrix} \boldsymbol{B}_{11} & \boldsymbol{B}_{12} \\ \boldsymbol{B}_{21} & \boldsymbol{B}_{22} \end{bmatrix} = \begin{bmatrix} \boldsymbol{I} & A_{ij}^A (A_{ij}^B)^{-1} \\ \boldsymbol{0} & \boldsymbol{I} + A_{jj}^A (A_{jj}^B)^{-1} \end{bmatrix}^{-1} \tag{7.5.37}$$

则

$$\begin{bmatrix} \boldsymbol{B}_{11} & \boldsymbol{B}_{12} \\ \boldsymbol{B}_{21} & \boldsymbol{B}_{22} \end{bmatrix} \begin{bmatrix} \boldsymbol{I} & A_{ij}^A (A_{ij}^B)^{-1} \\ \boldsymbol{0} & \boldsymbol{I} + A_{jj}^A (A_{jj}^B)^{-1} \end{bmatrix} = \begin{bmatrix} \boldsymbol{I} & \boldsymbol{0} \\ \boldsymbol{0} & \boldsymbol{I} \end{bmatrix} \tag{7.5.38}$$

将式(7.5.38)展开后，可得到

$$\begin{cases} \boldsymbol{B}_{11} = \boldsymbol{I}, \quad \boldsymbol{B}_{21} = \boldsymbol{0}, \quad \boldsymbol{B}_{22} = [\boldsymbol{I} + A_{jj}^A (A_{jj}^B)^{-1}]^{-1} \\ \boldsymbol{B}_{12} = -A_{ij}^A (A_{jj}^B)^{-1} [\boldsymbol{I} + A_{jj}^A (A_{jj}^B)^{-1}]^{-1} = -A_{ij}^A (A_{jj}^B + A_{jj}^A)^{-1} \end{cases} \tag{7.5.39}$$

将式(7.5.39)、式(7.5.37)代入式(7.5.36)，可得

$$\begin{bmatrix} A_{ii} & A_{ij} \\ A_{ji} & A_{jj} \end{bmatrix} = \begin{bmatrix} \boldsymbol{I} & -A_{ij}^A (A_{jj}^B + A_{jj}^A)^{-1} \\ \boldsymbol{0} & [\boldsymbol{I} + A_{jj}^A (A_{jj}^B)^{-1}]^{-1} \end{bmatrix} \begin{bmatrix} A_{ii}^A & A_{ij}^A \\ A_{ji}^A & A_{jj}^A \end{bmatrix}$$

$$= \begin{bmatrix} A_{ii}^A - A_{ij}^A (A_{jj}^B + A_{jj}^A)^{-1} A_{ji}^A & A_{ij}^A - A_{ij}^B (A_{jj}^B + A_{jj}^A)^{-1} A_{jj}^A \\ [\boldsymbol{I} + A_{jj}^A (A_{jj}^B)^{-1}]^{-1} A_{ji}^A & [\boldsymbol{I} + A_{jj}^A (A_{jj}^B)^{-1}]^{-1} A_{jj}^A \end{bmatrix}$$

$$= \begin{bmatrix} A_{ii}^A & A_{ij}^A \\ \boldsymbol{0} & \boldsymbol{0} \end{bmatrix} + \begin{bmatrix} -A_{ij}^A & -A_{ij}^A \\ A_{jj}^B & A_{jj}^B \end{bmatrix} \begin{bmatrix} (A_{jj}^B + A_{jj}^A) A_{ji}^A & 0 \\ 0 & (A_{jj}^B + A_{jj}^A)^{-1} A_{jj}^A \end{bmatrix} \tag{7.5.40}$$

按式(7.5.40)可以求出整个结构在原结构各个坐标上的动柔度。这个式子及其推导过程看起来比较复杂，但它代表了许多实际情况，可以直接引用。而且在应用中，由于往往并不需要计算全部坐标的动柔度，公式将大大简化。例如，将子结构 A 和 B 仅通过一个坐标联结，对子结构 A，所关心的非联结坐标也只有一个，则上列公式中所有的分块矩阵都简化为一个元素。设联结坐标 $X_j = X_2$，非联结坐标 $X_i = X_1$，参看图 7.5.3，应用式(7.5.40)可直接写出两子结构联结后整个结构各坐标的动柔度为

$$A_{11} = A_{11}^A - \frac{A_{12}^A A_{21}^A}{A_{22}^A + A_{22}^B}, \quad A_{21} = A_{12} = \frac{A_{21}^A A_{22}^B}{A_{22}^A + A_{22}^B}, \quad A_{22} = \frac{A_{22}^A A_{22}^B}{A_{22}^A + A_{22}^B} \tag{7.5.41}$$

令任一个动柔度的倒数等于零(如 $1/A_{21} = 0$)，可求得系统的自然频率，即系统的自然频率由 $A_{22}^A + A_{22}^B = 0$ 求出。若子结构的动力特性不是由理论分析算出，而是由实验测得，则将两子结构联结坐标的直接动柔度曲线绘在同一个图中，两曲

线交点的横坐标就是系统的自然频率。

若将子结构 A 作为机床结构,而将子结构 B 作为减振器或隔振器,则式(7.5.40)可用来处理机床的减振设计或隔振设计问题。若将子结构 B 作为机床的某个附件,则应用式(7.5.40)可算出该部件对机床动力特性的影响。若将子结构 A 作为测力仪,将子结构 B 作为机床结构,式(7.5.40)又可用来处理测力仪的动态标定问题。

从上述讨论可以看出,应用动柔度综合法同时综合多个子结构,计算将很烦琐。采用链式的综合程序,即将 A 和 B 综合为 AB,将 C 和 D 综合为 CD,然后将 AB 和 CD 综合,这样,每次综合过程的程序都相同,计算将大大简化。

3. 模态综合法

由于可用少数模态全面而又相对准确地表达一个系统的动力特性,因此振动系统的特性用模态坐标(自然坐标或正则坐标)来表达,既可以全面地描述系统的运动情况,又可以大大减少自由度,简化计算。模态综合法正是利用了这个特点,将子结构的动力特性用模态坐标来表达,并在模态坐标中完成子结构的综合。其主要过程是:将整个结构分割成若干子结构,建立子结构的运动方程,计算子结构的模态,将子结构的运动方程变换到模态坐标,在模态坐标中将各子结构综合,计算整个结构的模态,还原到物理坐标,再现结构的运动情况。下面以无阻尼情况来讨论模态综合法。

(1) 建立子结构的运动方程。

将整个结构分割为若干子结构,接着按任何一种形式的模型和方法推导出每个子结构的运动方程。设第 r 个子结构的运动方程为

$$m^r \ddot{x}^r + k^r \dot{x}^r = f^r \tag{7.5.42}$$

(2) 将子结构的运动方程变换到模态坐标。

令方程(7.5.42)的右端为零,求解其特征值问题,计算子结构的主模态;选择和确定子结构的其他模态,如刚体模态、约束模态等,由主模态、刚体模态、约束模态等一起组成子结构的模态矩阵 U^r。以模态矩阵作为变换矩阵,对方程(7.5.42)进行坐标变换:

$$x^r = U^r f^r \tag{7.5.43}$$

将子结构的运动方程变换为用该子结构模态坐标 p^r 来表达:

$$\bar{m}^r \ddot{p}^r + \bar{k}^r p^r = \bar{f}^r \tag{7.5.44}$$

式中,$\bar{m}^r$、$\bar{k}^r$ 和 $\bar{f}^r$ 分别为第 r 个子结构在其模态坐标中的质量矩阵、刚度矩阵和激振力列阵,可表示为

$$\bar{m}^r = (U^r)^T m^r U^r, \quad \bar{k}^r = (U^r)^T k^r U^r, \quad \bar{f}^r = (U^r)^T f^r \tag{7.5.45}$$

(3) 将各子结构用其模态表示的运动方程(7.5.42)堆积起来，得到尚未连接的整个结构的运动方程：

$$\bar{M}\ddot{P} + \bar{K}P = f \tag{7.5.46}$$

式中，

$$\bar{M} = \begin{bmatrix} \bar{m}_1 & & & \\ & \bar{m}_2 & & \\ & & \bar{m}_3 & \\ & & & \bar{m}_3 \end{bmatrix}, \quad \bar{K} = \begin{bmatrix} \bar{k}_1 & & & \\ & \bar{k}_2 & & \\ & & \bar{k}_3 & \\ & & & \bar{k}_3 \end{bmatrix}, \quad P = \begin{Bmatrix} p^1 \\ p^2 \\ \vdots \\ p^n \end{Bmatrix}, \quad f = \begin{Bmatrix} f^1 \\ f^2 \\ \vdots \\ f^n \end{Bmatrix}$$

$$\tag{7.5.47}$$

式(7.5.46)还没有考虑子结构之间的结合条件，所以是尚未连接的整个结构的运动方程。

(4) 建立整个结构以广义模态坐标表达的运动方程。

根据各子结构结合面的约束条件，进行第二次坐标变换，导出整个结构以广义模态坐标表达的运动方程。因为子结构的综合是在各个子结构模态坐标 p^r 的集合 P 中进行的，所以约束条件应该用 P 来表示，显然 P 与模态矩阵 U 有关，选用不同的 U，约束条件的表达也有所不同。由于在模态坐标中结合面上力的平衡条件已满足，只需考虑位移相容条件。设已知结合面在物理坐标中的相容方程为

$$Hx = 0 \tag{7.5.48}$$

则可由式(7.5.43)得坐标 P 表达的相容方程为

$$Bp = 0 \tag{7.5.49}$$

式中，

$$B = HU = H \begin{bmatrix} u_1 & & & \\ & u_2 & & \\ & & \ddots & \\ & & & u_n \end{bmatrix} \tag{7.5.50}$$

将方程(7.5.46)和相容方程(7.5.49)联立起来即得到子结构联结后整个结构的运动方程。矩阵方程的联立可通过坐标变换来完成。当子结构联结起来后，由于子结构之间的相互约束，整个子结构的自由度比所有子结构自由度的总和减少了，因此 P 中包含不独立坐标。若将 P 分割为不独立坐标 P_d 和独立坐标 $P_i = q$，同时将 B 也做相应的分割，则式(7.5.49)可改写为

$$\{B_d \quad B_i\}\{P_d \quad q\}^T = 0 \tag{7.5.51}$$

式(7.5.51)展开为 $B_d P_d = -B_i q$，从而有 $P_d = -B_d^{-1} B_i q$，P 矩阵可写为

$$P = -\{B_d^{-1} B_i \quad I\}^{\mathrm{T}} = Sq \tag{7.5.52}$$

其中，$S = -\{B_d^{-1} B_i \quad I\}^{\mathrm{T}}$ 就是第二次坐标变换矩阵，对式(7.5.44)进行式(7.5.50)表示的坐标变换，就得到整个结构以广义模态坐标 q 表达的运动方程为

$$M\ddot{q} + Kq = F \tag{7.5.53}$$

式中，

$$M = S^{\mathrm{T}} \bar{M} S, \quad K = S^{\mathrm{T}} \bar{K} S, \quad F = S^{\mathrm{T}} \bar{F} \tag{7.5.54}$$

(5) 解方程(7.5.53)，求得整个结构的自然频率及以广义模态坐标 q 表达的主模态、频率响应、运动响应等。

(6) 通过坐标变换即式(7.5.52)和式(7.5.43)返回物理坐标，再现各子结构以物理坐标表达的主模态和运动响应情况。

从上述步骤可以看出，模态综合法的关键是建立模态矩阵 U 和坐标变换矩阵 S。根据对 U 和 S 的处理方法不同，又可将模态综合法细分为很多种，但大体上可归纳为固定界面模态综合法和自由界面模态综合法两类。

自由界面模态综合法就是结合面在子结构中按自由界面来处理。在分别单独处理各子结构时，结合面处于完全自由的状态，因此其模态矩阵 U^r 除主模态，还应该包括刚体模态(即频率为零的刚体运动)。若某子结构有原系统的约束，则不会产生刚体运动，仅由其主模态构成。例如，将如图 7.5.6(a)所示的悬臂梁分为两个子结构，则应用自由界面模态综合法时，子结构 1 因为有原系统的约束，其模态矩阵 U^1 仅由主模态构成；子结构 2 的模态矩阵 U^2 则除了其主模态外，还应包括其刚体模态。图 7.5.6(b)给出了两子结构的前两阶主模态，子结构 2 的刚体模态则如图 7.5.6(c)所示。

固定界面模态综合法是结合面在子结构中按固定界面来处理。仍以上述的悬臂梁为例，则两子结构的情况如图 7.5.7(a)所示，为了满足结合面原来的综合条件，子结构的模态矩阵 U^r 除了包括主模态，还应包括约束模态。约束模态是将子结构的结合面上被约束的自由度逐一释放后所获得的该子结构静位移的形状。每释放一个结合面上被约束的自由度，并给以单位位移，就可以求得一个约束模态，如图 7.5.7(b)所示。若只考虑悬臂梁在一个平面内的弯曲振动，则被加上的固定结合面所约束的自由度为两个，相应求得的两个约束模态如图 7.5.7(c)所示。

可见，模态综合法所使用的模态矩阵 U，可能由主模态矩阵 U^N、刚体模态矩阵 U^r、约束模态矩阵 U^c 组成，有时为了通过计算精度或简化计算还可以加入某些特殊的附加模态矩阵 U^a，即 $U = \{U^N \quad U^r \quad U^c \quad U^a\}$。选择哪些模态构成模态矩阵，会直接影响到计算的工作量和精度，而正确选择模态除了与所采用的具体的模态综合法有关，还需要有丰富的经验。

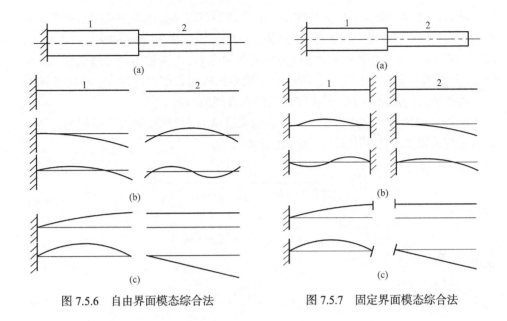

图 7.5.6 自由界面模态综合法   图 7.5.7 固定界面模态综合法

7.5.2 机床结构动态优化设计原理

机床结构的动态优化设计就是在一定的条件下，使所设计的机床结构具有最佳的动态性能，或者在保证机床具有预定动态性能的条件下，使设计的机床结构重量最小、成本最低。

进行机床结构的动态优化设计，首先需要明确如何评价机床结构的动态性能，选定优化的目标函数。机床的动态性能是指其抵抗振动的能力，同样的结构，对于不同的振动，其动态性能不同。对于强迫振动，只要外部激振函数已知，就容易通过动力响应分析和结构改进而达到预期的目标；对于切削中的自激振动，在各种类型的切削颤振中，再生颤振的稳定极限切削宽度最小，或者说机床抵抗再生颤振的能力最差。所以，虽然机床上可能发生的振动类型很多，若对设计的机床没有提出特别的要求，则在避开共振后，可以仅用机床结构抵抗再生颤振的能力来衡量其动态性能，即以机床切削时发生再生颤振的危险最小作为优化设计的目标。

进行改进设计和优化设计，仅明确目标函数与通过分析计算获得机床加工的静刚度、自然频率、振型和频率响应等一般的动力特性指标是不够的，还必须进一步知道能表示所设计加工的动态性能偏离最优设计的程度，以及能指示加工应如何改进的其他指标。机床结构动态优化设计中，一般以发生再生颤振的危险最小为目标，以模态柔度和能量平衡为基础，下面介绍机床优化设计的原理和方法。

　　从机床结构方面，再生颤振的稳定极限切削宽度 $b_{\lim}$ 取决于机床结构在切削点的动柔度(X_k/F_j)的最大负实部，动柔度(X_k/F_j)是以切削方向的激振力 F_j 为输入，以刀具-工件之间在切削表面的法线方向的相对振幅 X_k 为输出的传递函数。动柔度(X_k/F_j)的最大负实部这个判据越小，则稳定的极限切削宽度越大，机床切削时发生再生颤振的危险越小，机床结构的动态性能就越好。

　　应用振动特性当模态表达式，可使动柔度(X_k/F_j)与机床结构联系起来。如果机床结构的阻尼为比例阻尼，则按式(7.2.83)，有

$$\frac{X_k}{P_j} = \sum_{r=1}^{n} \frac{u_k^{(r)} u_j^{(r)}}{K_r[1-(\omega/\omega_{nr})^2 + \mathrm{i}2\xi_r\omega/\omega_{nr}]}$$
$$= \sum_{r=1}^{n} \frac{(a_{kj})_r}{[1-(\omega/\omega_{nr})^2 + \mathrm{i}2\xi_r\omega/\omega_{nr}]} \tag{7.5.55}$$

式中，

$$(a_{kj})_r = \frac{u_k^{(r)} u_j^{(r)}}{K_r} \tag{7.5.56}$$

定义为切削点在切削力方向和切削表面的法线方向之间，机床结构的第 r 阶模态的模态柔度。$u_k^{(r)}$、$u_j^{(r)}$ 分别为结构以第 r 阶模态振动时，刀具-工件之间在切削力方向(j)和切削表面的法线方向(k)的相对振幅，K_r 为结构的第 r 阶模态的模态刚度。

　　若机床结构的第 r 阶自然模态在其主振方向(m)的模态柔度为$(a_m)_r$，则

$$(a_{ki})_r = \cos\alpha\cos(\alpha-\beta)(a_m)_r \tag{7.5.57}$$

式中，$\cos\alpha\cos(\alpha-\beta)=x$ 称为方向因素；α 为切削表面的法线方向(k)与主振方向(m)的夹角；β 为切削表面的法线方向(k)与切削力方向(j)的夹角，如图 7.5.8 所示。

　　自激振动的振动频率总是接近系统的某阶自然频率。而当机床结构在其第 r 阶自然频率 ω_{nr} 附近振动时，若各阶模态的耦合不紧密，则动柔度(X_k/F_i)主要取决于第 r 阶模态，其余各阶模态的影响可以忽略不计，则式(7.5.55)可近似表示为

$$\left(\frac{X_k}{P_j}\right)_{\omega \approx \omega_{nr}} = \left(\frac{X_k}{P_j}\right)_r \approx \sum_{r=1}^{n} \frac{(a_{kj})_r}{[1-(\omega/\omega_{nr})^2 + \mathrm{i}2\xi_r\omega/\omega_{nr}]} \tag{7.5.58}$$

式(7.5.58)在幅相图上的轨迹近似于一个直径等于$(a_{kj})_r/(2\xi)$的圆。因此，在第 r 阶模态，当 X_k 滞后于 F_j 的相位角 φ_r 时，动柔度(X_k/F_j)又可表示为

$$\left(\frac{X_k}{P_j}\right)_r = \sum_{r=1}^{n} \frac{(a_{kj})_r}{2\xi_r} \sin\varphi_r \tag{7.5.59}$$

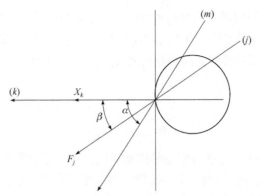

图 7.5.8　动柔度与机床结构的联系

显然，动柔度(X_k/F_j)的最大负实部这个判据要小，与在任一阶模态按式(7.5.59)确定的动柔度都要小是等效的。而由式(7.5.59)可以看出，为了使机床发生再生颤振的机会最少，机床结构的各阶模态都必须满足：①模态柔度$(a_{kj})_r$要小；②模态阻尼比ξ_r要大。这就是改进设计和优化设计的基本原则。

1. 模态柔度

在模态柔度的定义式(7.5.56)中，分母K_r为系统第 r 阶模态的模态刚度，由系统振动特性的模态表达式的推导过程可知，模态刚度可表示为

$$K_r = [\boldsymbol{u}^{(r)}]^{\mathrm{T}} \boldsymbol{k} \boldsymbol{u}^{(r)} \tag{7.5.60}$$

式中，$\boldsymbol{u}^{(r)}$ 为系统的第 r 阶模态的振型，系统的最大势能为

$$V_{ar} = \frac{1}{2} [\boldsymbol{u}^{(r)}]^{\mathrm{T}} \boldsymbol{k} \boldsymbol{u}^{(r)} \tag{7.5.61}$$

比较式(7.5.60)和式(7.5.61)可知，$K_r = 2V_{ar}$，于是模态动柔度$(a_{kj})_r$又可表示为

$$(a_{kj})_r = \frac{1}{2} \frac{\boldsymbol{u}_k^{(r)} \boldsymbol{u}_j^{(r)}}{V_{ar}} \tag{7.5.62}$$

式(7.5.62)表示模态动柔度$(a_{kj})_r$是机床结构以第 r 阶自然频率共振时，刀具-工件之间在切削力方向的相对振幅$\boldsymbol{u}_j^{(r)}$和切削表面的法线方向(k)上的相对振幅$\boldsymbol{u}_k^{(r)}$及系统最大势能之间的关系。$\boldsymbol{u}_j^{(r)}$和$\boldsymbol{u}_k^{(r)}$由系统的第 r 阶主振型$\boldsymbol{u}^{(r)}$确定，V_{ar}则由$\boldsymbol{u}^{(r)}$和系统的刚度矩阵确定，而$\boldsymbol{u}^{(r)}$是在系统没有阻尼的假设条件下计算出来的。可见，模态柔度是一个与阻尼无关而仅由机床结构质量、刚度的大小和配置以及方向因素所决定的参数。一旦完成机床结构的设计，根据设计图纸就可以大致正确地计算出其各阶模态柔度。修改结构的设计，模态柔度将敏感地发生变化。因此，应用模态柔度就有可能对机床进行优化设计。

从式(7.5.55)还可以推导出模态柔度的另一个重要性质。当激振频率ω趋近于零时，动柔度值等于静柔度值。因此，应用式(7.5.55)可以计算机床结构的切削点在切削力方向和切削表面的法线方向的静柔度$(a_{kj})_s$，将$\omega=0$代入式(7.5.55)，得到

$$\left(\frac{X_k}{P_j}\right)_s = (a_{kj})_r, \quad \frac{\sum\limits_{r=1}^{\infty}(a_{kj})_r}{(a_{kj})_s} = \frac{(a_{kj})_1}{(a_{kj})_s} + \frac{(a_{kj})_2}{(a_{kj})_s} + \cdots = 1.0 \tag{7.5.63}$$

式(7.5.63)说明，机床结构所有模态的模态柔度之和等于静柔度，而某阶模态柔度与静柔度的比值$(a_{kj})_r/(a_{kj})_s$则表示该阶模态在静柔度中所占的比例大小，或者说该模态对静柔度的影响程度。

优化设计的原则之一是各阶模态的模态柔度要小。为了达到这个要求，由式(7.5.63)可知，应该使静柔度$(a_{kj})_s$尽可能小，而且各阶模态的模态柔度要相等。对于一个已经完成设计的结构，通过计算其各阶模态柔度$(a_{kj})_r$、静柔度$(a_{kj})_s$及其比值$(a_{kj})_r/(a_{kj})_s$，就可以衡量该结构偏离最优化设计的程度，并看出改进设计的方向。若各比值$(a_{kj})_r/(a_{kj})_s(r=1,2,\cdots)$大致相等，则说明该结构的质量和刚度已经接近最佳配置，没有突出的薄弱环节和浪费的部分。然而，实际上很难一次就获得这样的设计，原始设计的各比值$(a_{kj})_r/(a_{kj})_s$往往并不相等，甚至很悬殊，这种情况说明还偏离最佳设计，其中比值较大的几个模态决定了结构的动态性能，是有问题的模态，应该从这些模态入手更改设计，设法减小其模态柔度。

理论上，应计算出机床结构的所有模态的模态柔度才能进行上述的评价。但是，实际上一般只需要计算少数模态就足够了。由式(7.5.63)的关系可知，如果计算出某几个低阶模态的模态柔度之和已经接近等于静柔度，尚未计算的模态柔度必定很小，不可能激发起再生颤振。

2. 能量分布

根据对机床结构各阶模态柔度的计算结果，可以确定应该从哪些模态入手更改设计，设法减小其模态柔度。为了确定究竟该怎么更改结构设计，需要研究机床结构的能量分布情况。

振动系统的运动方程一般由惯性项、弹性项、阻尼项及振动输入项四项组成。因此，可用系统在振动过程中具有的惯性能(动能)、弹性能(动能)、阻尼能和振动输入能等表示系统的振动特性。在建立机床结构的动力学模型时，通常将整个结构划分为N个子结构，分别求得各子结构的动力特性后，应用综合技术得到整个结构的运动方程。整个结构在振动过程中的总能量也是各子结构能量的合成。设某个子结构s以第r阶模态振动时的最大惯性能为T_{sr}，最大弹性能为V_{sr}，每一振动周期所消耗的阻尼能为D_{sr}，则由于能量是标量，整个结构以第r阶模态振动时

的最大惯性能 T_{Ar}、最大弹性能 V_{Ar}、每一振动周期所耗散的阻尼能 D_{Ar}，分别是所有子结构相应各类能量的总和，即

$$T_{Ar} = \sum_{s=1}^{N} T_{sr}, \quad V_{Ar} = \sum_{s=1}^{N} V_{sr}, \quad D_{Ar} = \sum_{s=1}^{N} D_{sr} \tag{7.5.64}$$

子结构各类能量的计算，随该子结构所采用的模型种类不同而不同。对于集中参数模型和有限元模型的子结构，最大惯性能 T_{sr}、最大弹性能 V_{sr} 为

$$T_{sr} = \frac{1}{2}\omega_{\mathrm{nr}}^2 [u^{(r)}]_s^{\mathrm{T}} m_s u_s^{(r)}, \quad V_{sr} = \frac{1}{2}\omega_{\mathrm{nr}}^2 [u^{(r)}]_s^{\mathrm{T}} k_s u_s^{(r)} \tag{7.5.65}$$

每一振动周期所消耗的阻尼能 D_{sr} 为

$$D_{sr} = \begin{cases} \pi\omega_{\mathrm{nr}}[u^{(r)}]_s^{\mathrm{T}} c_s u_s^{(r)}, & \text{黏性阻尼} \\ \pi[u^{(r)}]_s^{\mathrm{T}} h_s u_s^{(r)}, & \text{迟滞阻尼} \end{cases} \tag{7.5.66}$$

式中，c_s 为子结构的黏性阻尼矩阵；h_s 为子结构的迟滞阻尼矩阵。

对于分布质量梁模型的子结构，由于结构的振动分为弯曲振动、扭转振动和纵向振动三种，每类能量都由三部分组成。例如，子结构的最大弹性能为其弯曲振动的最大弹性能、扭转振动的最大弹性能和纵向振动的最大弹性能三部分能量之和。各部分能量则同样是在求得子结构做相应振动的振幅后按一般的能量公式计算的。分别以所有子结构的各类能量对整个结构的相应能量取比，得到

$$\frac{T_{sr}}{T_{Ar}} = \gamma_{sr}, \quad \frac{V_{sr}}{V_{Ar}} = \mu_{sr}, \quad \frac{D_{sr}}{D_{Ar}} = \nu_{sr}, \quad \sum_{s=1}^{N}\gamma_{sr} = \sum_{s=1}^{N}\mu_{sr} = \sum_{s=1}^{N}\nu_{sr} = 1.0 \tag{7.5.67}$$

式中，γ_{sr}、μ_{sr}、ν_{sr} 分别为子结构 s 第 r 阶模态的惯性能分布率、弹性能分布率和阻尼能分布率。由能量分布率可直观地看出机床在各阶模态振动时各类能量在整个结构中的分布情况。

从能量的计算公式(7.5.65)和式(7.5.66)可以看到，惯性能和弹性能除了与 m_s 或 k_s 成正比外，都是振幅列阵 $u_s^{(r)}$ 的二次式，即与振幅的平方成正比。而 $u_s^{(r)}$ 也是由 m_s 和 k_s 决定的，减小质量或提高刚度都可以降低振幅，从而使能量减小。因此，结构中的能量分布是否均匀可作为其质量和刚度的大小和配置是否合理的指标。能量分布率高的子结构，说明它和子结构相比质量过大或刚度过低，是应该加以改进的子结构。惯性能分布率高的子结构应着重减小其质量，弹性能分布率高的子结构应着重提高其刚度，使结构向能量分布均匀的方向改进。

3. 阻尼分布

振动系统的阻尼特性可以用黏性阻尼系数 c、阻尼比 ξ、对数衰减率 δ 或品质因数 Q、损耗因子 η 等参数的任何一个来表示。当系统做谐波共振时，它们之间

的等效关系为

$$\eta = 2\xi = \frac{1}{Q} = 2\frac{c}{c_s}, \quad \delta = \frac{2\pi\xi}{\sqrt{1-\xi^2}} \approx 2\pi\xi = \pi\eta, \quad \eta = \frac{1}{2\pi}\frac{D}{V} \qquad (7.5.68)$$

式中，V 为系统振动过程中的最大弹性能；D 为每一振动周期所耗散的阻尼能。式(7.5.68)是从单自由度系统导出的，但对于阻尼不大的多自由度系统，在微小激振力作用下，以其任一阶自然频率做稳态共振时，这些关系仍然成立，也就是对于各阶模态也成立。因此，式(7.5.59)也可以改写为

$$\left(\frac{X_k}{P_j}\right)_r = \frac{(a_{kj})_r}{2\xi_r}\sin\varphi_r = \frac{\pi(a_{kj})_r}{\delta_{Ar}}\sin\varphi \qquad (7.5.69)$$

根据式(7.5.69)，优化设计的模态阻尼比 ξ_r 要大，就可以叙述为各阶模态的对数衰减率要大。

下面进一步讨论第 r 阶模态的对数衰减率 δ_{Ar}，按照式(7.5.68)，有

$$\eta_{Ar} = \frac{1}{2\pi}\frac{D_{Ar}}{V_{Ar}}, \quad \eta_{ir} = \frac{1}{2\pi}\frac{D_{ir}}{V_{ir}}, \quad i=1,2,\cdots,N \qquad (7.5.70)$$

式中，各符号的第一个下角标 $i=A$ 表示整个结构，$i=1,2,\cdots,N$ 表示子结构的编号，第二个下角标 r 表示第 r 阶模态。由式(7.5.70)及式(7.5.68)，可得

$$\begin{aligned}\eta_{Ar} &= \frac{1}{2\pi}\frac{D_{Ar}}{V_{Ar}} = \frac{1}{2\pi}\left(\frac{D_{1r}}{V_{Ar}} + \frac{D_{2r}}{V_{Ar}} + \cdots + \frac{D_{nr}}{V_{Ar}}\right) \\ &= \eta_{1r}\frac{V_{1r}}{V_{Ar}} + \eta_{2r}\frac{V_{2r}}{V_{Ar}} + \cdots + \eta_{nr}\frac{V_{nr}}{V_{Ar}} = \sum_{s=1}^{N}\eta_{sr}\frac{V_{sr}}{V_{Ar}}\end{aligned} \qquad (7.5.71)$$

因此有

$$\delta_{Ar} = \pi\sum_{s=1}^{N}\eta_{sr}\frac{V_{sr}}{V_{Ar}} = \pi\sum_{s=1}^{N}\eta_{sr}\mu_{sr} \qquad (7.5.72)$$

由式(7.5.72)可以看出，整个结构第 r 阶模态的损耗因子 η_{Ar} 是各子结构第 r 阶模态的损耗因子 η_{sr} 以某种比例合成的结果，比例系数等于该模态各子结构弹性能分布率 μ_{sr}，弹性能分布率较大的子结构对 η_{Ar} 的贡献较大，弹性能分布率较小的子结构对 η_{Ar} 的贡献较小。所以，要增大第 r 阶模态的对数衰减率 δ_{Ar}，最有效的途径是增大第 r 阶模态弹性能分布较大的那些子结构的阻尼，而不是同等地增大所有子结构的阻尼。

机床结构的阻尼与结合部的结合状态、油的性质等许多因素有关，当机床设计制造完成后，仍有可能通过调整紧固力、预压力或增设阻尼器等方法使其在一定范围内变化，因此在质量和刚度优化的基础上再优化阻尼的配置，可以提高机床的动态性能。

4. 机床动态优化设计过程

根据上面的讨论可知, 模态柔度是一个与再生颤振的稳定性判据直接联系, 又主要与机床结构的质量和刚度的大小、配置有关的参数, 按照设计图纸有可能较准确地计算出其数值。另外, 阻尼的数值还不能做较准确的理论计算, 而只有在确定了结构的无阻尼特性后进行合理配置。因此, 将改进设计和优化设计过程分为两个阶段: ①按模态柔度优化结构的质量、刚度的大小及配置; ②考虑合适的阻尼配置。具体设计过程为:

(1) 查出有问题的模态。应用机床结构的动力学模型, 计算出有实际意义的各阶模态的模态柔度。比较各阶模态柔度值, 模态柔度值最大或较大的那个或那几个模态就是有问题的模态, 应从其入手改进设计。

(2) 发现薄弱环节和浪费部分。针对已查出的有问题的模态, 计算系统中的能量分布, 弹性能分布率较高的子结构可能刚度较低, 惯性能分布率较高的子结构则可能有多余的质量。改进结构的设计, 使弹性能和惯性能在整个结构中的分布更加均匀。

(3) 重复上面步骤, 逐步达到结构的质量和刚度值及其配置的优化。

(4) 在按照上述程序使结构的质量和刚度设计优化的基础上, 优化阻尼的配置, 使模态柔度仍然较大的模态具有较大的对数衰减率, 其有效途径是着重增大弹性能分布率较高的子结构的阻尼。

5. 机床动态优化设计实例

下面以磨床上砂轮修整装置的改进设计为例说明上述优化设计的原理和程序。该修整装置的外形如图 7.5.9 所示, 整个装置用螺钉紧固在内圆磨床上, 用来修整砂轮的表面, 金刚石修整刀具安装在臂的前端点 A 处。因此, 以 A 点在 x、y、z 三个方向的动柔度作为衡量该装置动态性能的主要指标。

修整装置的动力学模型: 将整个结构划分为 14 个子结构, 每个子结构都简化为等截面的分布梁模型, 然后根据具体的结合情况, 将它们分别用刚性结合点、柔性结合点和无质量的刚性梁联结起来, 如图 7.5.10(a)所示, 图中的数字为子结构的代号。

按这个动力学模型计算, 得到其前四阶模态的自然频率为 108.7Hz、122.1Hz、267.0Hz 和 342.0Hz; 模态 1、3 为 yz 平面内的振动, 模态 2、4 为 x 方向的振动, 图 7.5.10(b)和(c)为模态 1 和模态 2 的振型。为了验证这个动力学模型的模拟精度, 将这个设计制成了实物模型, 对实物模型进行激振实验, 得到的结果与按理论动力学模型的计算结果很接近。分别计算出前四阶模态的模态柔度和能量分布率, 结果表明:

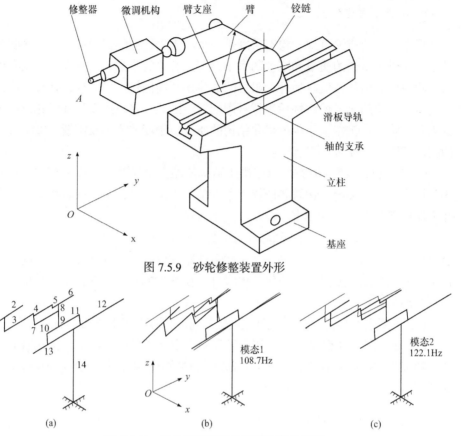

图 7.5.9　砂轮修整装置外形

图 7.5.10　砂轮修整装置的模型和模态振型

(1) 这四个模态在各方向的模态柔度之和都已经接近同方向的静柔度值。可见，所有重要的模态都已经包括在这四个模态中，不必再计算其余的模态。

(2) 模态 1 在 y 方向和 z 方向的模态柔度都占同方向静柔度的 98%以上。模态 2 的模态柔度占 x 方向静柔度的 94%，模态 3 和模态 4 的模态柔度所占静柔度的比例都很小。因此，可以断定模态 1 和模态 2 有相同的模态，利用这两个模态改进设计，将会大幅度提高结构的动态性能。

(3) 从模态 1 的能量分布来看，臂座弯曲的弹性能占全部弹性能的 60%，与其他构件相比很不正常，说明臂座的弯曲刚度过低，是整个装置的一个薄弱环节。

惯性能的 48.2%集中在臂上，35.3%集中在微调装置上，比其他构件大得多。可见臂和微调装置有多余质量，且臂和微调装置的弹性能分布率都很小，用减小壁厚的办法减小质量的同时，出现的刚度下降不会有重要的影响。

(4) 从模态 2 的能量分布来看，弹性能没有过分集中于某些构件的现象，然而惯性能明显集中于臂的末端(子结构 3)、修整器和微调装置上。减轻这些构件质量是改进模态 2 的有效方法。

　　根据以上分析，确定从三个方面对原设计进行修改，为了能看出每一方面改进后所取得的效果，改进设计分三次实施：①提高臂座在 z 方向的弯曲刚度，即将臂座改为整体构件，使其弯曲刚度增加为原设计的 10 倍；②减轻臂的质量，将臂厚减薄 30%；③减轻修整器和微调装置的质量，将质量减小 55%。

　　改进设计后的结果表明：改进设计①使静柔度、模态 1 的模态柔度及其比值均有较大的改善；改进设计②和③使自然频率增高，模态 1 的模态柔度减小。这样，不仅减轻了整个装置的质量，还使其动态性能得到改善。

7.6　切削过程的动力特性和自激振动

　　机床进行切削加工时，在没有周期性外力的作用下，刀具与工件之间可能产生强烈的相对振动。振动时，动态切削力伴随着产生，并在工件的加工表面上残留下明显、有规律的振纹，这种振动现象属于自激振动，简称颤振。

　　颤振不仅降低了机床的加工质量和切削效率，而且对机床和刀具的使用寿命带来了不利的影响，还产生了恶化环境的噪声。适应现代机床向高精度、高效率、多功能和智能化的发展趋势，避免和抑制颤振，是设计、制造和使用机床的一个重要问题。

　　颤振有很多类型，其产生的机理又比较复杂，加之机床又有许多类型，其结构差异很大。因此，在研究机床颤振的过程中，出现了各种理论和方法，本节讨论动态切削力的确定方法、机床的自激振动原理、切削参数的变化效应，分析金属切削加工和磨削加工过程的稳定性等问题。

7.6.1　动态切削力的确定方法

　　机床在切削过程中是否稳定，不仅取决于机床结构的动力特性，而且取决于切削过程的动力特性。在预测机床动态不稳定的条件、计算机床的动态响应时，动态切削力的数学模型必不可少。因此，需要明确动态切削力产生的机理及其对切削过程的影响、动态切削力的变化规律，确定动态切削力的方法等问题，为机床动力学分析和动态设计提供描述切削过程动力特性的动态切削力的数学模型。

　　确定动态切削力的方法有很多，相应的也有多种动态切削力的数学表达式。下面讨论几种常用的切削力的确定方法。

1. 稳态切削实验法

　　稳态切削实验法是通过三组稳态切削实验，测出稳态切削力系数，再推导出用稳态切削力系数表达的动态切削力公式。稳态切削过程受到干扰，使刀具和工件相互离开其稳态的平衡位置，导致切削条件(切削厚度、进给速度、切削速度等)的变化，结果将产生随时间变化的动态切削力。动态切削力作用在机床上，又使切削过程受到干扰。在一定条件下，可能使原来的干扰增大，而引起动态切削过程。即振动使切削条件变化，切削条件变化导致动态切削力的产生，又维持着振动。

由此可见，动态切削力的变化量与切削条件的变化量有关。假设它们之间的线性比例关系为

$$dF = k_1 da + k_2 dv_f + k_3 dv \tag{7.6.1}$$

式中，k_1、k_2、k_3 分别为切削厚度、进给速度和切削速度对动态切削力的影响系数；da 为切削厚度的变化量；dv_f 为进给速度的变化量；dv 为切削速度的变化量。

进行适当的模态切削实验，分别求出 k_1、k_2、k_3，再将测试结果和各变量的相互关系代入式(7.6.1)，即可求得动态切削力系数。在进给量 s、工件半径 R 和工件角速度 ω 三个参数中，保持两个参数不变，变化第三个参数，就可以设计出三种实验方法。通过切削实验确定切削力表达式将在 7.6.2 节进行讨论。

2. 造波切削和去波切削特征法

造波切削和去波切削特征法就是以如图 7.6.1 所示的两次切削来模拟再生颤振时的动态切削过程。在平面上切出波纹表面的造波切削相当于再生颤振时内调制波的作用；在波纹表面上切出平面的去波切削相当于再生颤振时外调制波的作用。两次切削都由于切削厚度的变化而引起动态切削力的产生，综合两次切削所得的切削力，即再生颤振时的动态切削力。

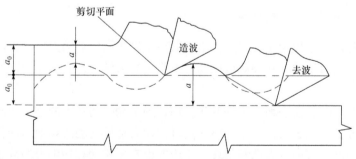

图 7.6.1　造波切削和去波切削示意图

1) 切削力的数学模型

在建立动态切削力的数学模型时，假定：①主切削力 F_z 和沿剪切平面的剪切力 F_s 一样，都只与剪切平面的面积成正比，而且在振动切削时剪切平面的方向保

持不变，即剪切角为常数；②被加工材料的主应力 σ_z、剪应力 τ_s 及两者的比值 $D=\sigma_z/\tau_s$ 是与切削条件无关的材料常数。

根据这两个假设，并引用如图 7.6.2 所示的 Merchant 切削力模型，可以得到

$$F_s = \tau_s b l_s = \tau_s b \frac{a}{\sin\phi} = k_{1s}a, \quad F_z = \sigma_z b l_s = \sigma_z b \frac{a}{\sin\phi} = k_{1z}a, \quad F_y = F_z \tan(\beta-\gamma) = k_{1y}a$$

$$(7.6.2)$$

式中，a 为切削厚度；b 为切削宽度；ϕ 为剪切角。

从式(7.6.2)中的前两式和图 7.6.2 可得

$$D = \frac{\sigma_z}{\tau_s} = \frac{F_z}{F_s} = \frac{F\cos(\beta-\gamma)}{F\cos(\beta-\gamma+\phi)} \qquad (7.6.3)$$

对式(7.6.3)进行变形和整理得到

$$\tan(\beta-\gamma) = \frac{D\cos\phi-1}{D\sin\phi}$$

将上式代入式(7.6.2)中的最后一式得到

$$F_y = F_z \frac{D\cos\phi-1}{D\sin\phi} = k_{1y}a \qquad (7.6.4)$$

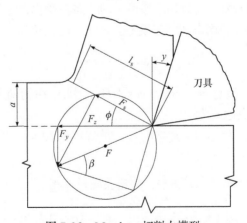

图 7.6.2　Merchant 切削力模型

式(7.6.2)的第二式和式(7.6.4)是计算稳态主切削力 F_z 和法向切削力 F_y 的数学模型。但在动态切削时，除了切削刚度 k_{1z} 和 k_{1y} 保持常数外，还有切削厚度 a 在变化。下面介绍如何通过造波切削和去波切削使切削厚度变化，再将上述稳态切削力的数学模型变为动态切削力的数学模型。

2) 造波切削的动态切削力

在如图 7.6.3(a)所示的造波切削模型中，假设刀具相对于工件(在垂直于稳态

切削速度的方向)进行谐波振动，刀尖的运动轨迹为

$$y = A\sin(\omega t) \tag{7.6.5}$$

则将瞬时切削厚度 $a = a_0 + y$ 代入式(7.6.2)的第二式和式(7.6.4)中，得瞬时主切削力与法向切削力为

$$F_z' = k_{1z}(a_0 + y), \quad F_y' = k_{1y}(a_0 + y) \tag{7.6.6}$$

式中，a_0 为稳态切削厚度。

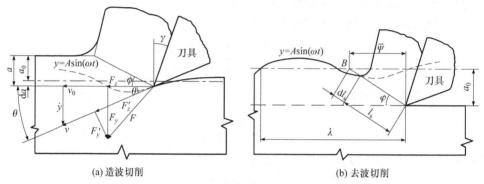

图 7.6.3　动态切削力模型

从图 7.6.3(a)中看到，瞬时切削速度 v 的方向在变化，变化的大小取决于振动的速度 $\dot{y} = A\omega\sin(\omega t)$ 和稳态切削速度 v_0。v 与 v_0 的夹角为

$$\theta = \arctan\frac{\dot{y}}{v_0} \approx \frac{\dot{y}}{v_0} \tag{7.6.7}$$

考虑到 θ 很小，故有 $\tan\theta \approx \theta$，$\cos\theta \approx 1$。因此，由切削厚度的变化而产生的动态切削力的数学表达式为

$$F_z = F_z'\cos\theta - F_y'\sin\theta \approx F_z' - F_y'\theta, \quad F_y = F_y'\cos\theta + F_z'\sin\theta \approx F_y' + F_z'\theta \tag{7.6.8}$$

将式(7.6.6)、式(7.6.7)代入式(7.6.8)，并略去微量项得

$$F_z = k_{1z}a_0 + k_{1z}y - k_{1y}a_0\frac{\dot{y}}{v_0}, \quad F_y = k_{1y}a_0 + k_{1y}y + k_{1z}a_0\frac{\dot{y}}{v_0} \tag{7.6.9}$$

减去式(7.6.9)中表征稳态切削力的第一项，并将式(7.6.5)代入式(7.6.9)，即得造波切削时动态切削力的变化量为

$$(\mathrm{d}F_z)_1 = k_{1z}A\sin(\omega t) - k_{1y}\frac{a_0\omega A}{v_0}\cos(\omega t), \quad (\mathrm{d}F_y)_1 = k_{1y}A\sin(\omega t) + k_{1z}\frac{a_0\omega A}{v_0}\cos(\omega t) \tag{7.6.10}$$

若令 $y = A\mathrm{e}^{\mathrm{i}\omega t}$，$\dot{y} = \mathrm{i}\omega A\mathrm{e}^{\mathrm{i}\omega t}$，则式(7.6.10)可用复数表示为

$$(\mathrm{d}F_z)_1 = A\mathrm{e}^{\mathrm{i}\omega t}\left(k_{1z} - \mathrm{i}k_{1y}\omega\frac{a_0}{v_0}\right), \quad (\mathrm{d}F_y)_1 = A\mathrm{e}^{\mathrm{i}\omega t}\left(k_{1y} + \mathrm{i}k_{1z}\omega\frac{a_0}{v_0}\right) \tag{7.6.11}$$

3) 去波切削的动态切削力

在如图 7.6.3(b)所示的去波切削中，待加工表面已有波纹，此波纹表面是由刀具以 v_0 为切削速度、A 为振幅、f 为频率在振动中加工出来的，故其波形和波长分别为

$$y = A\sin(\omega t), \quad \lambda = \frac{v_0}{f} = \frac{2\pi v_0}{\omega} \tag{7.6.12}$$

由于在去波切削中，剪切平面的自由端 B 点相对刀尖具有一个超前的距离 $\overline{\psi}$，意味着剪切平面的变化超前于切削厚度的变化，因此切削力的变化与切削厚度的变化具有一个超前的相位角 ψ。

$$\psi = \frac{2\pi}{\lambda}\overline{\psi} = \frac{2\pi}{\lambda}a_0\cot\varphi = \frac{2\pi f}{v_0}a_0\cot\varphi \tag{7.6.13}$$

在用式(7.6.2)和式(7.6.4)计算去波切削时的动态切削力时，其中的切削厚度应加入这个相位角，才能表达原来假设的切削力与剪切平面成正比的含义。故去波切削时的切削厚度为

$$a = a_0 y + A\sin(\omega t + \psi) \tag{7.6.14}$$

将式(7.6.14)代入式(7.6.2)和式(7.6.4)中，并仿照造波切削的方法，减去其中稳态切削力的部分，则得到去波切削时动态切削力的变化量为

$$(\mathrm{d}F_z)_2 = k_{1z}A\sin(\omega t + \psi), \quad (\mathrm{d}F_y)_2 = k_{1y}A\sin(\omega t + \psi) \tag{7.6.15}$$

式(7.6.15)也可用复数表示为

$$(\mathrm{d}F_z)_2 = k_{1z}A\mathrm{e}^{\mathrm{i}(\omega t + \psi)}, \quad (\mathrm{d}F_y)_2 = k_{1y}A\mathrm{e}^{\mathrm{i}(\omega t + \psi)} \tag{7.6.16}$$

4) 再生切削时的动态切削力

再生切削时，在待加工表面上已有振纹，而且刀具相对于工件又产生振动。因此，其动态切削力为造波切削与去波切削时的叠加，在叠加时除了考虑两者之间存在的相位角 ωT（T 为工件一转的周期）外，还应考虑重叠系数 μ 的影响。引用式(7.6.11)式(7.6.16)即得再生切削时动态切削力的变化量为

$$\begin{aligned}
\mathrm{d}F_z &= (\mathrm{d}F_z)_1 - \mu(\mathrm{d}F_z)_2 = A\mathrm{e}^{\mathrm{i}\omega t}\left(k_{1z} - \mathrm{i}k_{1y}\omega\frac{a_0}{v_0}\right) - \mu k_{1z}A\mathrm{e}^{\mathrm{i}(\omega t + \psi - \omega T)} \\
&= A\mathrm{e}^{\mathrm{i}\omega t}\left\{[k_{1z} - \mu\mathrm{e}^{\mathrm{i}(\psi - \omega T)}] - \mathrm{i}\omega k_{1y}\frac{a_0}{v_0}\right\} \\
\mathrm{d}F_y &= (\mathrm{d}F_y)_1 - \mu(\mathrm{d}F_y)_2 = A\mathrm{e}^{\mathrm{i}\omega t}\left(k_{1y} + \mathrm{i}k_{1z}\omega\frac{a_0}{v_0}\right) - \mu k_{1y}A\mathrm{e}^{\mathrm{i}(\omega t + \psi - \omega T)} \\
&= A\mathrm{e}^{\mathrm{i}\omega t}\left\{k_{1y}[1 - \mu\mathrm{e}^{\mathrm{i}(\psi - \omega T)}] + \mathrm{i}\omega k_{1y}\frac{a_0}{v_0}\right\}
\end{aligned} \tag{7.6.17}$$

5) 稳定性极限

机床结构在 ΔF_z 和 ΔF_y 的作用下，使刀具相对于工件在垂直于加工表面的 y 方向产生的振动位移为

$$y = -(p + iq)\Delta F_y - (g + ih)\Delta F_z \tag{7.6.18}$$

式中，$p+iq$ 为机床结构在 y 方向的动柔度；$g+ih$ 为机床结构在 z 方向与 y 方向的交叉动柔度。在稳定性极限处，振动 y 将是谐波函数。将谐波振动函数 $y = Ae^{i\omega t}$ 和式(7.6.17)代入式(7.6.18)，简化整理得到

$$
\begin{aligned}
1 = &- (p + iq)\left\{ k_{1y}[1 - \mu e^{i(\psi - \omega T)}] + i\omega k_{1y}\frac{a_0}{v_0} \right\} \\
&- (g + ih)\left\{ k_{1z}[1 - \mu e^{i(\psi - \omega T)}] - i\omega k_{1y}\frac{a_0}{v_0} \right\}
\end{aligned}
\tag{7.6.19}
$$

将式(7.6.19)分解为实部和虚部，得

$$1 = (qk_{1y} + hk_{1z})\mu\sin(\psi - \omega T) - (gk_{1z} + pk_{1y})[1 - \mu\cos(\psi - \omega T)] + (qk_{1z} - hk_{1y})\frac{a_0\omega}{R\Omega}$$

$$0 = (pk_{1y} + gk_{1z})\mu\sin(\psi - \omega T) + (qk_{1y} + hk_{1z})[1 - \mu\cos(\psi - \omega T)] + (pk_{1z} - gk_{1y})\frac{a_0\omega}{R\Omega}$$

$$\tag{7.6.20}$$

式(7.6.20)为根据动态切削力的数学模型推导出来的机床切削稳定性极限的条件，由此可以画出稳定性图，并求出极限切削宽度。经过实验证明，按这一模型所计算的极限切削宽度只为实验所得结构的 50%～70%，说明此数学模型在建立时的某些假设与实际情况有差异，需要进一步修改，可以通过切削参数测试法进行修正，或通过动态切削实验确定动态切削力。

3. 动态切削实验

上述确定动态切削力的方法，都是基于稳定切削实验取得实验数据，再导出动态切削力的数学表达式。需要核定这些方法的准确程度，虽然可以用各种方法预测出机床切削的稳定性极限，再进行实际切削实验加以验证。最直接的方法仍是通过动态切削实验的方法，下面介绍动态切削实验方法。

1) 分别进行造波切削和去波切削

图 7.6.4(a)是一种悬臂梁式造波、去波切削的实验装置。在车床的拖板上固定着一个悬臂梁，在梁末端的加重质量上装有刀具，对工件进行正交切削，当刀具进入工件以及停止切削时，刀具被激起振动。同时测出振动和切削力的动态曲线，可以分析出切削过程中内调制波对切削力的影响。一个刚性刀具安装在拖板的另一端，用它切去波纹表面，消除外调制波的干扰。

图 7.6.4(b)是另一种造波切削实验装置，该装置与如图 7.6.4(a)所示装置基本相似，只是把悬臂梁改为一个弹簧-质量的振动系统。在切削实验时，由激振器把刀具激起正弦振动，振动的频率可以变化，振动的方向则固定在垂直于切削速度的水平方向。使用不同的切削速度、进给量和振动的频率，测出动态切削时的切削力，再分析各切削参数对动态切削力的影响。安装在激振系统对面的刚性刀具切去造波切削留下的波纹。

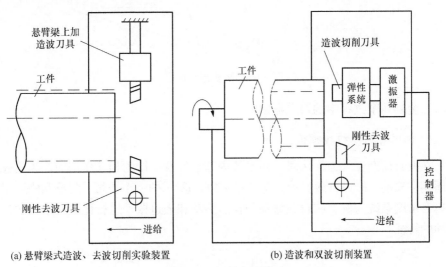

(a) 悬臂梁式造波、去波切削实验装置　　　　　　　(b) 造波和双波切削装置

图 7.6.4　切削实验装置

2) 双波切削

分别进行造波切削和去波切削，单独分析内、外调制波的影响比较复杂。在一次切削实验中，同时测出内、外调制波对动态切削的影响则比较简便。这种称为双波切削或波上加波的切削实验装置也如图 7.6.4(b)所示，只是其中没有附加的刚性刀具。在切削时，为保持内、外调制波准确的相位关系，应该精确地测出内、外调制波各自的相位，或者在装置里附加一个控制器，使主轴旋转和激振保持同步。在刀具装置里装有两个方向的测力仪和测振仪，同时测出力和振动的变化曲线，就可以得到所需的结果，这种实验方法能比较准确地反映再生切削的情况。

3) 随机振动切削

上述两种动态切削实验的方法要求特殊的实验装置，实验时间较长，因此出现了随机振动切削实验方法，如图 7.6.5 所示，在再生随机振动的条件下，进行切削实验，取得切削过程中两个输入 $y_1(t)$、$y_2(t)$ 和两个输出 $F_y(t)$、$F_z(t)$ 的随机信号，进行实时分析，得到内、外调制波对切削过程的影响，再推导出动态切削力的数学模型。

动态切削力与切削参数的变化密切相关，动态切削力的具体表达式将在讨论切削参数的变化效应后再做分析。

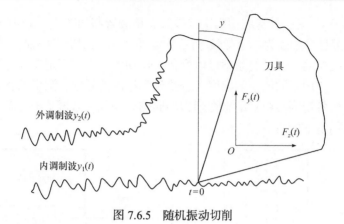

图 7.6.5　随机振动切削

7.6.2　金属切削过程中的自激振动

1. 机床自激振动的特征

在没有周期性外力作用时，由系统内部激发及反馈的相互作用而产生的稳定的周期性振动，称为自激振动。现以图 7.6.6(a)所示的一个质量、阻尼和刚度组成的单自由度系统为例，将自激振动与自由振动和强迫振动进行比较，来说明自激振动的特征。

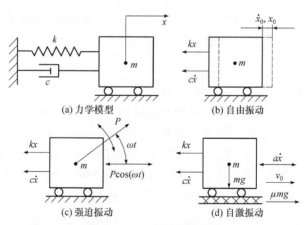

图 7.6.6　三种振动的比较

(1) 当系统在初始条件的干扰下，系统的平衡被破坏，将产生自由振动，如图 7.6.6(b)所示。自由振动为周期振动，其振动频率为系统的自然频率，振幅 $Ae^{-\omega t}$ 与初始条件有关。随着时间的增长，振幅将逐渐衰减，当系统的阻尼为零时，系统将做等幅振动。

(2) 系统在周期性外力 $P\cos(\omega t)$ 的作用下，将产生等幅的周期性强迫振动，如图 7.6.6(c)所示。其振动频率与周期性外力的频率一致，振幅与激振力的幅值 P、

系统刚度 k、阻尼 c 和频率比 λ 等有关。

(3) 当系统的质量块安装在等速运动的皮带上，且受到摩擦力 μmg 的作用时，在一定的条件下可能产生自激振动，如图 7.6.6(d)所示。由于摩擦系数 μ 与质量块和皮带之间的相对速度有关，如果质量块不振动，二者的相对速度为 v_0，摩擦系数和摩擦力保持常数，摩擦力仅使质量块产生一个静位移。若系统受到偶然干扰而产生振动位移 x，则两者的相对速度 $v_0 - \dot{x}$ 做周期性的变化，从而导致摩擦系数 μ 和摩擦力也随之发生周期性变化。为了简化分析，假设 μ 与相对速度是线性关系，并成反比，即摩擦力的变化量为 $dP = a\dot{x}$，则可得系统的运动方程为

$$m\ddot{x} + (c-a)\dot{x} + kx = 0 \tag{7.6.21}$$

方程(7.6.21)的解为

$$x = Ae^{-\xi\omega_n t}\cos(\omega_d t - \varphi) \tag{7.6.22}$$

式中，A、φ 由初始条件决定；ξ 为阻尼系数；ω_n 为系统无阻尼时的自然频率；ω_d 为系统有阻尼时的自然频率。它们可表示为

$$\xi = \frac{c-a}{2m\omega_n}, \quad \omega_d = \omega_n\sqrt{1-\xi^2}, \quad \omega_n = \sqrt{\frac{k}{m}} \tag{7.6.23}$$

由式(7.6.22)可以看出，当 $c-a>0$ 时，振幅将逐渐衰减；当 $c-a<0$ 时，振幅将逐渐增大；而当 $c-a=0$ 时，系统相当于无阻尼，而产生等幅的自由振动。可见，在一定的条件下，非周期性外力也可以激起系统的不衰减振动，这就是自激振动。

通过以上对三种振动的分析，将这几种振动进行比较后，可以看出自激振动的主要特征。

自激振动与自由振动相比，虽然两者都是在没有周期性外力作用下产生的振动，但任何一个时间的振动系统都不可避免地存在着消耗能量的正阻尼，因此自由振动在阻尼的作用下将逐渐衰减而消失，而自激振动会从振动过程中不断吸收能量，补偿阻尼的消耗以维持系统做稳定的等幅振动，这相当于引入了一个负阻尼以抵偿系统原有的正阻尼。可见，在自激振动中，必定有一个能量输入环起到负阻尼的作用。从这个意义上可以认为，自激振动相当于具有负阻尼的稳定的自由振动。因此，自激振动相当于一种不消失的自由振动。

自激振动与强迫振动相比，都属于稳定的等幅振动。没有外界周期激振力的作用就不会产生强迫振动，而自激振动却是在没有外界周期性激励力的条件下产生的。采取减振或隔振措施，强迫振动会停止，而外界激励力依然存在。但自激振动一旦停止，维持振动的交变力必然同时消失，这是由于在自激振动过程中能自行产生和维持振动的交变力。因此，在自振系统中，必定有一个调整环，能把非振荡性能源转换为交变的内部激励力并得到控制。因此可以认为，自激振动相当于系统内部激励力而引起的强迫振动。

自由振动的振幅与外界干扰有关,强迫振动的振幅和频率都与外界干扰有关。但是,自激振动的振幅和频率都与外界干扰无关,完全由系统本身的参数决定。

2. 自振系统的组成

自激振动只能在特定的系统中产生,能产生自激振动的系统,简称自振系统。自振系统由非振荡性能源、调节系统和振动系统三部分组成,系统中各环节的联系如图 7.6.7 所示。

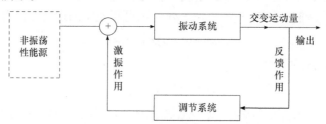

图 7.6.7　自振系统的组成环节及联系

非振荡性能源供给自激振动所消耗的能量。具有反馈特性的调节系统将振动系统产生的交变运动量变换为交变力,并反馈到系统,以维持振动持续进行。可见,在自振系统中,振动系统的运动控制着调节系统的作用,调整系统所产生的交变力又控制着振动系统的运动。它们之间相互作用,相互制约,形成了一个具有反馈特性的闭环系统。这样,当自振系统由于某种偶然原因引起自由振动时,经过系统内部各环节的相互作用,就会变为持续的、具有稳定振幅的周期性振动,即自激振动。

3. 自激振动中的能量关系

自激振动是稳定的等幅振动,形成自激振动的条件是在同一个周期内从能源输入系统的能量要等于系统消耗的能量。当消耗的能量得不到补充时,振动就会衰减下去;反之,输入的能量如果有富余,振动幅值就会增大。该能量关系可用图 7.6.8 来说明。从能源输入系统的能量以实线 E_R 表示,振动系统所消耗的能量以虚线 E_Z 表示,两曲线的交点为输入能量与消耗能量相等的情况,其横坐标就是稳定的振幅 A_0。若 $A<A_0$,则 $E_R>E_Z$,即输入的能量大于消耗的能量,振幅将逐渐增大,直到 $A=A_0$。

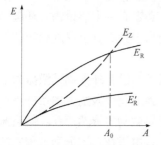

图 7.6.8　自振系统中的能量关系

若 $A>A_0$,则 $E_R<E_Z$,振幅 A 将减小到 A_0。因为 E_R 和 E_Z 都是由系统本身的性质和参数决定的,所以无论起始振动如何,自激振动的振幅都是 A_0,其值取决于 E_R 和 E_Z 的交点。

从图 7.6.8 还可以看出,若输入的能量为 E_R' ,它与 E_Z 除坐标原点外没有交点,则系统不可能产生自激振动。若系统是线性的,则由于 E_R 和 E_Z 都和振幅的平方成正比,都是抛物线,两曲线除坐标原点外不会有交点。因此,自振系统必定是一个非线性系统。

4. 自振系统中输入能量的条件

一定条件下才能对自振系统输入能量,引起自激振动。常见的条件有两种。

1) 振动位移滞后于系统的交变作用力 P ,或导前于系统的交变阻力 F 。

作用力 P 是指与振动体前进方向(x 的正向)相同的调节系统反馈的交变力。而阻力 F 是指与振动体前进方向相反的反馈交变力。作用力 P 和阻力 F 只有大小的变化,而方向始终不变。

当力与位移的方向相同时,力向系统做正功,给系统输入能量。当两者的方向相反时,相当于力向系统做负功,消耗系统的能量。由于振动体在半个振动周期内沿 x 方向前进,在另半个周期内沿 x 的反方向后退,因此,无论是作用力系统还是阻力系统,必定在半个振动周期内做正功,在另半个周期内做负功。如果正功大于负功,就会有能量输入系统。

对于作用力系统,如图 7.6.9 所示。振动体前进时,力向系统做正功,后退时做负功。设振动体的位移 $x = A\cos(\omega t)$,交变作用力 $P = Q\cos(\omega t + \varphi)$,即振动体的位移滞后于交变作用力 φ 时,交变作用力在一个振动周期 $T = 2\pi/\omega$ 内,向系统所做的功为

$$U_P = \int_0^T P\dot{x}\mathrm{d}t = \int_0^{2\pi/\omega} Q\cos(\omega t + \varphi)[A\omega\sin(\omega t)]\mathrm{d}t = \pi QA\sin\varphi \qquad (7.6.24)$$

由式(7.6.24)可以看出,当 $\varphi = 0°$ 或 $\varphi = 180°$ 时, $U_P = 0$,表示当交变作用力与振动位移同相位或反相位时,没有能量输入系统。当 $0° < \varphi < 180°$ 时, $U_P > 0$,表示只要振动位移滞后于交变作用力,就有能量输入系统;而当 $\varphi = 90°$ 时, $U_P = (U_P)_{max} = \pi QA$,输入系统的能量最大。

对于阻力系统,如图 7.6.10 所示。振动体前进时,力向系统做负功,后退时做正功。设交变阻力 $P = R\cos(\omega t - \varphi)$,则在一个振动周期内,交变阻力向系统所做的功为

$$U_F = -\int_0^T F\dot{x}\mathrm{d}t = -\int_0^{2\pi/\omega} R\cos(\omega t - \varphi)[A\omega\sin(\omega t)]\mathrm{d}t = -\pi RA\sin\varphi \qquad (7.6.25)$$

由式(7.6.25)可以看出,只有当 $-180° < \varphi = 0°$ 时, U_F 才为正值,表示只有振动位移超前于交变阻力时才能有能量输入系统。当 $\varphi = -90°$ 时, $U_P > 0$,输入系统的能量最大。

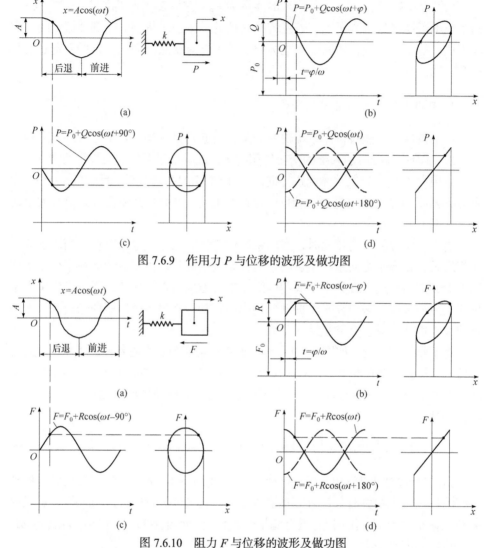

图 7.6.9　作用力 P 与位移的波形及做功图

图 7.6.10　阻力 F 与位移的波形及做功图

2) 系统中某个参数做周期性的变化与振动位移保持适当的相互关系

系统的参数是多种多样的，如摆的长度、皮带的张力、轴的截面惯性矩或刚度等，这种能量输入条件引起的自激振动常称为参数自振，参数自振在机床中并不多见，因此不再讨论。

5. 自激振动的实例

车削加工中产生自激振动的原因是多方面的。下面只讨论车刀后刀面与工件之间的摩擦引起的切削自振，刀具前、后角动态变化引起的切削自振两种情况。

1) 车刀后刀面与工件之间的摩擦引起的切削自振

刀具相对于工件在切削速度方向振动，并假设在切削过程中，切削厚度、切削宽度、切削力及切削速度都不会发生变化的简单情况如图 7.6.11 所示。

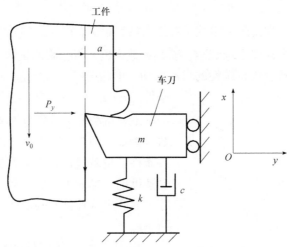

图 7.6.11　车刀后刀面与工件之间的摩擦引起的自振

若车刀由于某种偶然原因产生振动位移 x，则车刀与工件的相对速度 $v_0 + \dot{x}$ 会发生变化，从而引起摩擦系数 μ 和车刀后刀面上的摩擦力 μP_y 的变化。这个交变的摩擦力并非来自外界，是由切削的摩擦过程产生的，只要切削一停止就消失，是系统的内部激振力。因此，车刀后刀面与工件之间的摩擦过程是这个自振系统的调节环(系统)，如图 7.6.12 所示。

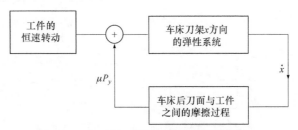

图 7.6.12　车刀后刀面摩擦自振的框图

根据图 7.6.11 所示系统，系统的运动方程为

$$m\ddot{x} + c\dot{x} + kx = -\mu_f P_y \tag{7.6.26}$$

式中，摩擦系数 μ_f 是相对速度 $v = v_0 + \dot{x}$ 的函数，即 $\mu_f = f(v) = f(v_0 + \dot{x})$，用泰勒级数展开

$$\mu_f = \mu_0 + \mu_0' \dot{x} + \frac{1}{2!}\mu_0'' \dot{x}^2 + \frac{1}{3!}\mu_0''' \dot{x}^3 + \cdots \tag{7.6.27}$$

式中，$\mu_0 = f(v_0)$ 为一常数，是相对速度等于 v_0 时的摩擦系数；$\mu_0' = f'(v_0)$ 为 μ_0 随相对速度 v 变化的斜率，由于是微幅振动，可略去 $\dot{x}$ 的高于一次幂的各项，则将式(7.6.27)代入式(7.6.26)后得到

$$m\ddot{x} + (c + \mu_0' P_y)\dot{x} + kx + \mu_0 P_y = 0 \tag{7.6.28}$$

式中，左边最后一项 $\mu_0 P_y$ 为常数，对振动没有影响。第二项中 $c + \mu_0' P_y$ 为阻尼项，若其系数为正，振动将逐渐衰减；若其系数为负，将会有能量输入系统，把偶然产生的微小振动转变为持续性的自激振动。由此可以得出结论，产生这种自振的

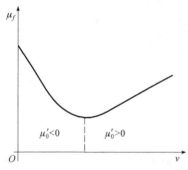

图 7.6.13　车刀后刀面摩擦自振的框图

条件是 $c + \mu_0' P_y < 0$。从物理意义来看，系统的阻尼 c 和水平切削分力 P_y 都是大于零的正数。因此，只有 $\mu_0' < 0$ 时，才有可能满足这一条件。也就是说，只有摩擦系数具有随运动速度的增加而下降的区域，即低速区域，才可能产生这种类型的切削自振，如图 7.6.13 所示。

2) 刀具前、后角动态变化引起的切削自振

由切削原理可知，刀具的工作角度(有效角度)将随刀具的运动状态而变化，并影响切削力的大小。刀具工作角度的大小取决于切削加工时切削平面的位置，切削平面必定与刀具的运动轨迹相切。如图 7.6.14 所示，刀具与工件相对速度 v 的方向和刀具的运动轨迹相切，它就代表了切削平面。

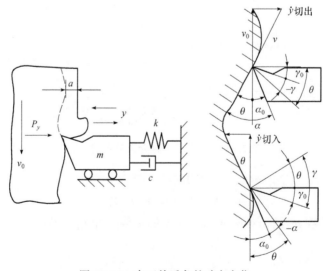

图 7.6.14　车刀前后角的动态变化

　　当刀具在水平方向振动时，其振动速度 $\dot{y}$ 使刀具的合成速度 $v=\sqrt{v_0^2+\dot{y}^2}$ 不仅发生大小的变化，还发生方向的变化，即 $\dot{y}$ 随时间的变化改变着切削平面的位置，导致刀具的工作前角 γ 和工作后角 α 的周期性变化。

　　如图 7.6.14 所示，当刀具切入工件时，刀具的工作前角 γ 增大一个 θ 值，而工作后角 α 减小了相同的 θ 值。前角增大使切削力减小，后角减小将会使切削力增大。但是，在一定范围内，后角对切削力的影响要比前角小，因此可以认为切入工件时刀具工作角度的变化使切削力减小。与此相反，当刀具切出工件时，工作前角减小，工作后角增大，可以认为此时切削力增大。注意到切入工件时，切削力 P_y 与振动方向相反，切削力对系统做负功，而切出工件时做正功。由于切出时的切削力要比切入时的大，因此正功大于负功，有多余的能量输入系统，从而使自激振动得以产生和维持。

　　切削力的变化取决于前角的变化量，从图 7.6.14 可以看出前角的变化量为

$$d\gamma = \theta = \arctan\frac{\dot{y}}{v_0} \approx \frac{\dot{y}}{v_0} \tag{7.6.29}$$

由 $d\gamma$ 引起的水平切削力 P_y 的变化量为

$$dP_y = \frac{dP_y}{d\gamma}d\gamma = k_\gamma\frac{\dot{y}}{v_0} \tag{7.6.30}$$

式中，k_γ 为前角对水平切削分力的影响系数，如前所述，γ 增加，P_y 将减小，所以 $k_\gamma<0$。

　　分析振动系统的受力情况，得到运动方程为

$$m\ddot{y} + c\dot{y} + ky = -k_\gamma\frac{\dot{y}}{v_0} = 0 \tag{7.6.31}$$

整理式(7.6.31)得到系统的运动方程为

$$m\ddot{y} + (c+k_\gamma/v_0)\dot{y} + ky = 0 \tag{7.6.32}$$

仿照前面的分析，可以直接写出产生这种切削自振的条件为

$$c + \frac{k_\gamma}{v_0} < 0 \tag{7.6.33}$$

7.6.3　动态切削过程和切削参数的变化效应

　　机床切削时是否产生自激振动(颤振)，取决于切削过程和机床结构的动力特性以及两者之间的相互关系。因此，有必要阐述切削过程的动力特性，也就是研究动态切削力是如何产生的，以及在产生振动的切削过程中各切削参数的变化对动态切削力的影响，即各参数变化时的力学效应。

1. 动态切削过程

通常将在没有振动条件下进行的切削过程称为静态或**稳态切削过程**，而把产生振动的切削过程称为**动态切削过程**。稳态切削过程中产生的切削力是稳定不变的，而动态切削过程中产生的切削力则是周期性变化的。现以车床中切断加工为例来分辨稳态切削过程和动态切削过程，其动力学模型如图 7.6.15 所示。在此模型中只考虑刀具相对于工件在 AB 方向的振动，即把机床-工件-刀具组成的振动系统简化为单自由度系统。

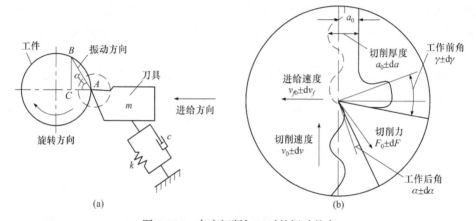

图 7.6.15　车床切断加工时的振动状态

在没有振动的情况下进行切削，意味着刀具与工件之间的相对运动是稳定的。此时，切削速度 v_0、进给速度 v_{f0}、切削厚度 a_0、刀具的前角 γ 和后角 α 等各切削参数均为常数。所以，切削力 $F=f(v_0, v_{f0}, a_0, \cdots)$ 也是常数，称为静态或稳态切削力 F_0。在 F_0 的作用下，系统只会产生静位移，而不产生振动，因此切削过程是稳定的，这就是稳态切削过程。

如果由于某种偶然原因，如切削中刀具碰到工件材料的硬点或缺陷，使刀具与工件之间产生相对振动 AB，如图 7.6.15(a)所示。AB 可以分解为 BC 和 AC 两个分量。与切削速度方向相同的分量 BC，使切削速度在 v_0+dv 和 v_0-dv 之间变化，并使后刀面与工件的相对摩擦速度发生变化。与进给速度方向相同的分量 AC，使切削厚度在 a_0+da 和 a_0-da 之间变化，并使进给速度在 $v_{f0}+dv_f$ 和 $v_{f0}-dv_f$ 之间变化，还使切屑沿刀面的相对滑动速度发生变化。由于切削速度及进给速度的变化，包含合成切削速度方向的切削平面也发生变化，从而导致刀具的工作前角和工作后角产生 $d\gamma$ 和 $d\alpha$ 的变化。

上述每项变化都会使切削力产生不同程度的变化，不管是考虑其中的某一项变化，还是同时考虑某几项变化，总是使切削力在 F_0+dF 和 F_0-dF 之间变化，形成动态切削力。动态切削力又反过来作用到机床-工件-刀具组成的振动系统上，从而形成一个闭环系统——机床切削自激振动系统，在一定的条件下这个自振系统就会发生切削自振。可见，动态切削过程在机床切削自振系统中起到了具有反馈特性的调节环的作用，如图 7.6.16 所示。因此，要解决机床切削过程中产生的自激振动问题，就必须研究切削过程的动力特性。

图 7.6.16　机床切削自振系统

在各切削参数中，切削厚度 a、进给速度 v_f 和切削速度 v 对颤振的影响较大，其他因素的影响可以忽略。式(7.6.1)给出了动态切削力变化量的一般表达式，同时考虑了切削厚度、进给速度和切削速度对切削力的影响，各影响系数

$$k_1=\frac{\partial F}{\partial a}\bigg|_{dv_f=dv=0}, \quad k_2=\frac{\partial F}{\partial v_f}\bigg|_{dv=da=0}, \quad k_3=\frac{\partial F}{\partial v}\bigg|_{da=dv_f=0} \tag{7.6.34}$$

分别为切削厚度、进给速度和切削速度对切削力的影响系数，这些系数应该通过动态切削实验的方法来确定。下面分别讨论这些参数的变化效应。

2. 切削厚度变化效应——再生效应

在金属切削过程中，除少数情况外，刀具总是完全地或部分地重复切削到前一次或者前一个刀齿切削过的表面。如果由于某种原因，在已加工表面上残留有振纹，则当刀具再一次切削到这些有振纹的表面时，切削厚度就发生变化，如图 7.6.17 所示。切削厚度的变化引起切削力的波动，又激起刀具和工件的相对振动，并再次留下振纹。如此重复循环，有可能使开始较少的振纹波及整个加工表面，形成颤振。这个现象称为**切削厚度变化效应**，简称为**再生效应**。图 7.6.17(a)

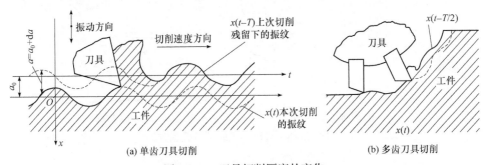

(a) 单齿刀具切削　　　　　　　　　(b) 多齿刀具切削

图 7.6.17　刀具切削厚度的变化

为一单齿刀具在垂直于切削速度的方向上振动的切削情况，假设前次残留的振纹全部投入本次切削，则再生效应引起的切削厚度的变化量 da 可以表示为

$$da=x(t)-x(t-T) \tag{7.6.35}$$

式中，$x(t)$ 为本次切削时产生的振纹；$x(t-T)$ 为上次切削残留下的振纹；$T=1/n=2\pi/\Omega$ 为刀具或者工件每转的时间，n 为刀具或工件的转速，Ω 为刀具或工件的角速度。

若切削条件不符合上述假设，则根据具体情况对 da 进行以下几项修正。

(1) 对于刀齿数为 Z 的多齿刀具，如图 7.6.17(b)所示，刀具旋转时，其相邻两齿的时间间隔为 T/Z，则每齿的切削厚度变化量为$[x(t)-x(t-T/Z)]$。若同时工作的齿数为 Z_c，则切削厚度的总变化为

$$da=Z_c\left[x(t)-x\left(t-T/Z\right)\right] \tag{7.6.36}$$

(2) 若上次留下的振纹不是全部而只有一部分投入本次切削，则残留振纹 $x(t-T/Z)$对切削厚度变化量的影响有所减小。考虑其等效的影响程度，引入重叠系数 $\mu=b_d/b$，其中 b_d 为本次切削时实际切着的残留振纹的宽度，b 为本次切削时的切削宽度，则切削厚度的变化量为

$$da=Z_c\left[x(t)-\mu x\left(t-T/Z\right)\right] \tag{7.6.37}$$

重叠系数 μ 的数值在 0~1 变化。对于钻削、端面铣削、车削中的切断加工等情况，$\mu=1$。圆柱面上初始加工螺纹槽时，$b_d=0$，故 $\mu=0$。对于如图 7.6.18(a)所示的外圆磨削，$b_d=W-s$，$b=W$，故 $\mu=(W-s)/W$。这里 W 为砂轮宽度，s 为纵向进给量。对于如图 7.6.18(b)所示的外圆车削的一般情况，名义切削宽度为 AB，由于进

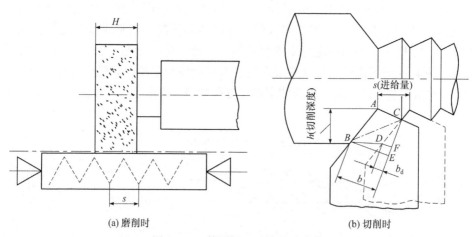

(a) 磨削时   (b) 切削时

图 7.6.18　外圆加工时的重叠系数

给量及副刀刃的影响，实际的切削宽度为 CB，假设刀具相对于工件的振动方向为 CE，为了与切断加工进行等效的比较，则 CB 在垂直于 CE 方向上的投影 BE 为等效的切削宽度，本次切削时实际切着的上次留下的振纹宽度为 CD，在垂直于 CE 方向上的投影 DF 为等效的 b_d，故 $\mu=DF/BE$。

(3) 若刀具不在垂直于切削速度的方向振动，如图 7.6.15 所示，则切削厚度的变化不仅与振动量的大小有关，还与振动的方向有关。为了考虑振动方向对切削厚度的变化量的影响，应乘以方向系数 υ，即

$$\mathrm{d}a=Z_c\upsilon\left[x(t)-\mu x(t-T/Z)\right] \tag{7.6.38}$$

对于图 7.6.15 的情况，$\upsilon=AC/AB=\cos\alpha$。切削厚度的变化，必然引起切削力的变化，这就是其力学效应。若仅考虑再生效应，则动态切削力的变化量为

$$\mathrm{d}F=k_1\mathrm{d}a=k_1Z_c\upsilon\left[x(t)-\mu x(t-T/Z)\right] \tag{7.6.39}$$

3. 进给速度变化效应——切入效应

切削过程中使新的金属投入切削的进给运动，以进给量 s 或进给速度 v_f 来表示。进给速度的一个周期变化，意味着刀具切入、切出工件的一个周期过程。当刀具切入工件时，切下的工件材料增加，因而对刀具的阻尼增加，切削力增大；当刀具切出工件时，切削力减小，通常把这种现象称为**切入效应**。例如，刀具前、后角动态变化引起的切削自振就是这种情况。当刀具切入、切出工件时，刀具工作角度的变化对切削刀具有影响，因而进给速度的变化导致切削力的变化。稳态切削时，进给速度 v_f 是一个常数。在动态切削过程中，进给速度为 $v_f\pm\mathrm{d}v_f$，如图 7.6.19 所示，当刀具在垂直于加工表面的方向上振动时，或者说振动方向与进给方向相同时，进给速度的变化就是振动的速度。若振动位移为 $x(t)$，则有

$$\mathrm{d}v_f=\frac{\mathrm{d}x}{\mathrm{d}t}=\dot{x}(t) \tag{7.6.40}$$

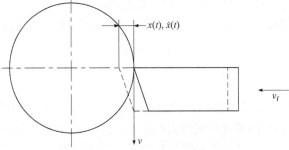

图 7.6.19　进给速度的变化量

对于齿数为 Z,同时工作齿数为 Z_c 的多齿刀具,振动方向与进给方向不同时,若方向系数为 υ ,则有

$$\mathrm{d}v_\mathrm{f} = \frac{Z_\mathrm{c}}{Z}\upsilon\dot{x}(t) \tag{7.6.41}$$

4. 切削速度变化效应——下降特性

在切削塑性金属且切削速度较高时,切削力一般随切削速度的增大而减小,如图 7.6.20 所示,这种物理现象称为切削力的**下降特性**,即 $\mathrm{d}F/\mathrm{d}v < 0$ 。当在切削力具有下降特性的速度范围内进行切削时,若由于刀具和工件的相对振动,引起切削速度变化,则切削力将随之变化,有可能导致切削颤振。

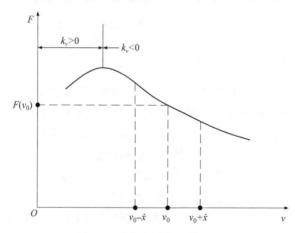

图 7.6.20　切削力的下降特性

在排除了再生效应、切入效应等原因之后,只有切削刀具有下降特性时,才能产生颤振,而当 $\mathrm{d}F/\mathrm{d}v \geqslant 0$ 时,不可能产生颤振。在动态切削过程中,切削速度的变化量取决于振动方向。对于如图 7.6.17(a)所示的振动方向垂直于速度方向的情况,振动位移不会引起切削速度的变化, $\mathrm{d}v=0$ 。

对于振动方向偏离切削速度方向的一般情况(图 7.6.15),则有

$$\mathrm{d}v = v\dot{x}(t) \tag{7.6.42}$$

5. 动态切削力的数学表达式

式(7.6.1)给出了动态切削力变化量的一般表达式,该表达式同时考虑了切削厚度、进给速度和切削速度对切削力的影响。式(7.6.34)所表示的切削厚度、进给速度和切削速度对切削力的影响系数应该通过动态切削实验方法来确定。在动态切削过程中,对于切削厚度、进给速度和切削速度这三个参数,保持两个参数不

变，而仅改变其中一个参数是比较困难的，可在稳态切削实验的基础上近似确定。

(1) 保持切削速度 v 不变(即工件转速 Ω 和工件半径 R 为常数)，改变进给量 s，作如图 7.6.21(a)所示的 F-s 曲线，由该曲线可以得到进给量变化 $\mathrm{d}s$ 引起的切削力变化量 $\mathrm{d}F=k_s\mathrm{d}s$，这里 k_s 为切削力的进给量系数，即图中曲线的斜率

$$k_s = \frac{\mathrm{d}F}{\mathrm{d}s} = \tan\varepsilon_s \tag{7.6.43}$$

在这种条件下，有下列关系：

$$\mathrm{d}a=\mathrm{d}s, \quad \mathrm{d}v_\mathrm{f} = \frac{\Omega}{2\pi}\mathrm{d}s, \quad \mathrm{d}v=0 \tag{7.6.44}$$

将式(7.6.43)代入式(7.6.1)得到

$$\mathrm{d}F = k_s\mathrm{d}s = k_1\mathrm{d}a + k_2\mathrm{d}v_\mathrm{f} = \left(k_1 + \frac{k_2\Omega}{2\pi}\right)\mathrm{d}s \tag{7.6.45}$$

由式(7.6.45)可以得到

$$k_2 = \frac{2\pi}{\Omega}\left(k_s - k_1\right) \tag{7.6.46}$$

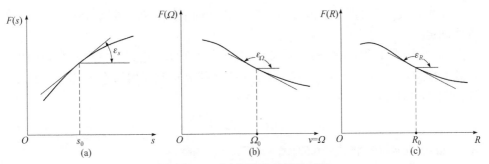

图 7.6.21 动态切削力的影响系数

(2) 保持进给量 s 不变，即 $\mathrm{d}s=0$，工件直径不变，即 R 为常数，改变工件角速度 Ω 以改变切削速度，即 $\mathrm{d}v=R\mathrm{d}\Omega$，作如图 7.6.21(b)所示的 F-Ω 曲线，由该曲线可以得到角速度变化 Ω 引起的切削力变化量 $\mathrm{d}F=k_\Omega\mathrm{d}\Omega$，这里 k_Ω 为切削力的转速系数，即图中曲线的斜率，且

$$k_\Omega = \frac{\mathrm{d}F}{\mathrm{d}\Omega} = R\frac{\mathrm{d}F}{\mathrm{d}v} = R\tan\varepsilon_v \tag{7.6.47}$$

由于在这种条件下

$$\mathrm{d}a=0, \quad \mathrm{d}v_\mathrm{f} = \frac{s}{2\pi}\mathrm{d}\Omega, \quad \mathrm{d}v=R\mathrm{d}\Omega \tag{7.6.48}$$

将式(7.6.48)代入式(7.6.1)，得到

$$dF = k_\Omega d\Omega = k_2 dv_f + k_3 dv = k_2 \frac{s}{2\pi} d\Omega + k_3 R d\Omega \tag{7.6.49}$$

考虑到式(7.6.46)，由式(7.6.49)可以得到

$$k_3 = \frac{k_\Omega}{R} - \frac{s}{R\Omega}(k_s - k_1) \tag{7.6.50}$$

(3) 将式(7.6.39)～式(7.6.42)、式(7.6.46)和式(7.6.50)代入式(7.6.1)，得到

$$dF = k_1 Z_c \upsilon \left[x(t) - \mu x\left(t - \frac{T}{Z} \right) \right] + \frac{Z_c \upsilon}{Z} \frac{2\pi}{\Omega}(k_s - k_1)\dot{x}(t)$$
$$+ Z_c \upsilon \left[\frac{k_\Omega}{R} - \frac{s}{ZR\Omega}(k_s - k_1) \right] \dot{x}(t) \tag{7.6.51}$$

考虑到 dv 较小，第三项可以略去，又考虑到方向系数后可令 $\upsilon=1$；再考虑到切削宽度 b 与切削力呈线性关系，则式(7.6.51)可以简化为

$$dF = bZ_c k_1 \left[x(t) - \mu x\left(t - \frac{T}{Z} \right) + \frac{2\pi}{Z\Omega} C\dot{x}(t) \right] \tag{7.6.52}$$

式中，$C=(k_s-k_1)/k_1$。

在表达式(7.6.51)和式(7.6.52)中，唯一未知的系数是 k_1，可以用模态切削实验方法确定。

(4) 仿照求 k_s 和 k_Ω 的方法，通过外圆横向车削实验进行。保持进给量 s 和工作角速度 Ω 不变，即 $ds=0$，$d\Omega=0$，改变工件半径 R 以改变切削速度，即 $dv=\Omega dR$，作如图 7.6.21(c)所示的 F-v 曲线，由该曲线得到

$$dF = k_v \Omega dR \tag{7.6.53}$$

由于 $da=0$，$dv_f=0$，将式(7.6.53)代入式(7.6.1)，得到

$$k_3 = k_v \tag{7.6.54}$$

将式(7.6.54)代入式(7.6.50)和式(7.6.46)，得到

$$k_1 = k_s - \frac{R\Omega}{s}\left(\frac{k_\Omega}{R} - k_v \right), \quad k_2 = \frac{2\pi R}{s}\left(\frac{k_\Omega}{R} - k_v \right) \tag{7.6.55}$$

式(7.6.54)和式(7.6.55)表明，动态切削力系数 k_1、k_2 和 k_3 可以由稳态切削力系数 k_s、k_Ω 和 k_v 表示。

动力切削系数可以通过刨削实验获得。预先使待加工表面具有一个线性变化的斜面形状，如图 7.6.22 所示。由于刨削时没有进给速度，则以等速进行切削时，将只有切削厚度的变化。若刀具切削的长度为 L，则 $da=L\tan\delta$，测得与此相应的切削力增量 dF，两者之比就是系数 k_1，即 $k_1=dF/da$。

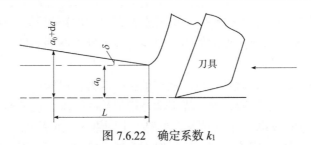

图 7.6.22　确定系数 k_1

在这种方法中，把各切削参数变化引起的各项动态切削力直接相加，是假设各项动态切削力都在相同的方向上，所得的切削力系数都是实数。但是，在动态切削中，切削力不仅大小在变化，而且方向也在变化。因此，实际的切削力系数是复数，两者之差说明此方法只适用于特定条件。

由上述讨论可知，动态切削力的公式可用稳定切削系数 k_s、k_Ω 和 k_v 来表达，这使测试工作更加简便。但在求得公式的过程中存在一些问题，其精度有限。k_s、k_Ω 和 k_v 是从 $F\text{-}s$、$F\text{-}\Omega$ 和 $F\text{-}R$ 曲线上某点取出的斜率，此斜率通过切削力的微小变量 $\mathrm{d}F$ 和相应的进给量、工件角速度和工件半径的微小变量 $\mathrm{d}s$、$\mathrm{d}\Omega$ 和 $\mathrm{d}v$ 求得。在动态切削过程中，s、Ω、R 和 F 将急剧变化，通过稳态切削实验求出的斜率是否与动态切削时相同，取决于切削实验的准确性。

通过逐步改变 s、Ω 和 R 测出相应的 F 而得到的 k_s、k_Ω 和 k_v，虽然反映了切削力和各切削参数的关系，但是这些测试数据是从一个稳态切削过程转变到另一个稳态切削过程求出的，并不能反映动态切削中 F 以振动的频率随 s、Ω 和 R 高速变化而变化的真实情况。若使刀具和工件之间产生振动，则可能会得到比较精确的结果，但均宜用 $\mathrm{d}F$、$\mathrm{d}s$、$\mathrm{d}v_f$ 和 $\mathrm{d}v$ 都在动态变化的动态切削实验来估计其精确度。

以上分析说明了再生效应、切入效应、刀具工作角度的动态变化以及切削力下降特性是颤振的物理原因。由于刀具后刀面与工件之间的摩擦，存在于刀具前刀面与切屑之间的摩擦也会引起颤振。由于切屑形成有周期性，切屑力周期变化，也会导致颤振的产生。

7.6.4　金属切削加工过程的稳定性

1. 机床切削稳定性的判别方法

在生产实际中，常常遇到这样的情况：同一台机床，在某一切削条件下机床切削不发生颤振，在另一切削条件下机床又会发生颤振；同样的切削条件，这台机床不会发生颤振，另一台同类型的机床又会发生颤振。前一种情况说明了切削过程对机床颤振的影响，后一种情况则说明了机床结构动力学特性对机床颤振的影响，这是由机床切削的稳定性各不相同造成的。在机床的设计、制造和使用中，为了评定和改善机床抵抗颤振的能力，以及选择不发生颤振的切削条件，需要对机床的稳定性做出判别。

机床切削的稳定性，就是指机床抵抗颤振的能力。机床切削时，从稳定切削到发生颤振存在明显的界限，这个界限就是稳定性的极限，或者称为机床切削稳定性的条件。例如，如图 7.6.23 所示，车削一个圆锥体，或者铣削一个楔形工件，在开始切削时由于切削宽度 b 较小，一般不会产生颤振。当 b 逐渐增加，达到某个数值 b_{lim} 时，颤振就会出现，这个开始出现颤振的切削宽度 b_{lim} 就是机床在该切削条件下的稳定性极限，称为极限切削宽度。由于在一定的切削条件下，b_{lim} 的大小直观地反映了机床切削的稳定性，因此常用 b_{lim} 来作为评定机床切削稳定性的指标，b_{lim} 越大，机床的切削稳定性越好。

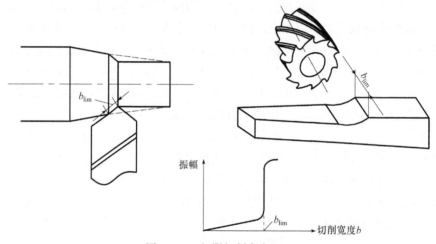

图 7.6.23　极限切削宽度 b_{lim}

在机床颤振的研究中，重要的是判断系统在什么条件下会产生颤振，即根据切削过程和机床结构的动力特性确定机床切削稳定性极限的条件，从而分析系统各参数对稳定性的影响，而不需要去求得颤振发生后的具体形态。

各种机床切削稳定性判别方法的基本根据是：系统时间响应的幅值特性随着时间的延长而增加时，振动将逐渐增大，系统是不稳定的；随着时间的延长而减小时，振动将逐渐衰减，系统是稳定的。故临界稳定或稳定性极限的条件为系统时间响应的幅值特性是恒定的。

系统振动响应的幅值特性可由系统的特征方程来判断。因此，上述基本根据又可具体化为：当特征方程的根 $s = \sigma + i\omega$ 的实部 σ 为负值时，系统是稳定的；σ 为正值时，系统是不稳定的。当 $\sigma = 0$，即令 $s = i\omega$，就可求得稳定性极限的条件。

系统的特征方程可由系统的微分方程导出，也可由系统的传递函数导出。当系统比较简单，自由度较少时，不难列出运动方程并导出其特征方程。但当系统比较复杂，自由度较多，因而运动方程比较复杂时，由系统的传递函数导出其特征方程是合适的。尤其是当系统的动力特性是通过实验获得时，只能由系统的传递函数导出其特征方程。

对于单自由度系统，若能将其运动方程变换为等效的自由振动方程，则可根据等效自由振动方程的阻尼项的数值直接判别系统的稳定性，即阻尼项的系数为正，系统是稳定的；系数为负，系统是不稳定的。若令阻尼项的系数为零，则得到稳定性极限。当求得系统的特征方程后，可以直接求出方程的根，也可以从方程的系数或者应用作图等各种方法来判断其根的性质。

从上面的简单叙述可以看到，由于可以通过不同的途径导出特征方程，又可以用不同的方法来判断特征方程的根的性质，甚至在一些特殊情况下，可以用不同特征方程的根，直接判断系统振动响应的幅值特性。因此，稳定性判别方法有很多，下面将根据切削过程和机床-工件-刀具系统动力特性的不同表达形式，应用不同的判别方法，分别对几种典型的情况进行稳定性分析。

2. 再生颤振的稳定性

1) 再生颤振的稳定性极限

以如图 7.6.24 所示的动力学模型为例，分析由再生效应引起的机床切削自振的稳定性。设在稳态切削时，切削厚度为 $a_0(t)$，若由于某种原因使工件相对于刀具在 y 方向产生了振动，则切削厚度会发生变化，从而引起切削力波动，产生动态切削力 $F(t)$。把垂直于加工表面的方向，即测量切削厚度的方向定为 x，y 与 x

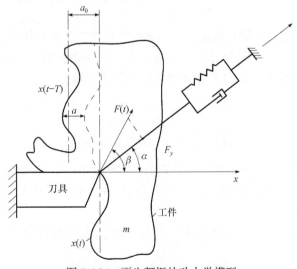

图 7.6.24 再生颤振的动力学模型

的夹角为 α，$F(t)$ 与 x 的夹角为 β。从图中可以看出，本次切削的振动轨迹为 $x(t)$，上次切削留下的振纹轨迹为 $x(t-T)$，T 为工件每转的时间，设两者的重叠系数为 μ，则动态切削时的瞬间切削厚度为

$$a(t) = a_0(t) - [x(t) - \mu x(t-T)] \tag{7.6.56}$$

由于只考虑切削厚度变化对切削力的影响，而切削力又正比于切削面积 $ba(t)$，故有

$$F(t) = k_c b a(t) \tag{7.6.57}$$

式中，k_c 为切削刚度，表示单位切削宽度下单位厚度产生的切削力。

根据如图 7.6.24 所示的受力情况，可列出系统 y 方向的运动方程为

$$m\ddot{y} + c\dot{y} + ky = F(t)\cos(\beta - \alpha) \tag{7.6.58}$$

将 $x = y\cos\alpha$ 代入式(7.6.58)，得

$$m\ddot{x} + c\dot{x} + kx = F(t)\cos\alpha\cos(\beta - \alpha) \tag{7.6.59}$$

下面由系统的传递函数导出其特征方程。对式(7.6.56)～式(7.6.58)进行拉普拉斯变换，并经整理得到

$$x(s) = \frac{\kappa}{k} W(s) F(s) \tag{7.6.60}$$

式中，

$$F(s) = k_c b a(s), \quad a(s) = a_0(s) - x(s)(1 - \mu e^{-sT})$$

$$W(s) = \left(\frac{s^2}{\omega_n^2} + \frac{2\xi}{\omega_n} s + 1 \right)^{-1}, \quad \kappa = \cos\alpha\cos(\beta - \alpha) \tag{7.6.61}$$

在这个由切削过程和单自由度振动系统所组成的闭环系统中，输出为 $x(t)$，输入为 $a_0(t)$，$x(t)$ 和 $a_0(t)$ 的拉普拉斯变换之比 $x(s)/a_0(s)$ 即为系统的传递函数。将式(7.6.61)代入式(7.6.60)，经过整理即得系统的传递函数为

$$\frac{x(s)}{a_0(s)} = \frac{k_c b \kappa W(s)}{k + (1 - \mu e^{-sT}) k_c b \kappa W(s)} \tag{7.6.62}$$

根据多环节系统传递函数的计算方法，串联环节的传递函数相乘，并联环节的传递函数相加，式(7.6.62)所描述的闭环系统，各环节的相互关系可用如图 7.6.25 所示的框图表示出来。

令闭环系统传递函数的分母项等于零，即得系统的特征方程为

$$1 + (1 - \mu e^{-sT}) k_c b \frac{\kappa}{k} W(s) = 0 \tag{7.6.63}$$

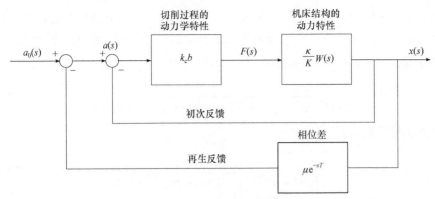

图 7.6.25 再生颤振的框图

令特征方程的根为 $s=\mathrm{i}\omega$，代入式(7.6.63)，得系统稳定性极限的条件为

$$\frac{\kappa}{k}W(\mathrm{i}\omega)=\frac{-1}{k_\mathrm{c}b(1-\mu\mathrm{e}^{-\mathrm{i}\omega T})} \tag{7.6.64}$$

上面的推导过程虽然是从如图 7.6.24 所示的动力学模型出发的,但由式(7.6.60)可知,$\kappa W(\mathrm{i}\omega)/k=x(\mathrm{i}\omega)/F(\mathrm{i}\omega)$是表示机床结构(包括刀具-工件系统)动柔度的传递函数,而且在式(7.6.62)~式(7.6.64)中都以$\kappa W(\mathrm{i}\omega)/k$表示机床结构的动力特性,因此这些公式是再生颤振的传递函数、特征方程和稳定性极限条件的一般表达式。只要切削过程的动力特性由式(7.6.57)来描述,即只考虑再生效应,这些公式都是适用的。使用时,将所分析系统机床结构动力特性的具体表达代替式中的$\kappa W(\mathrm{i}\omega)/k$即可。

2) 稳定性极限的图解法及稳定性图

稳定性极限条件式(7.6.64)是一个以ω为变数的复数方程,不易求得具有明确表达形式的解,故常用图解法。下面介绍两种常用方法。

(1) Merrit 图。

分别将式(7.6.64)的两端改写为以幅值和相位的表达形式,然后以幅值为纵坐标,相位为横坐标绘在直角坐标图上,则等式两端曲线的交点就是方程的解,即稳定性极限的条件。式(7.6.64)的左端表示机床加工动柔度的传递函数,用幅值和相位表示为

$$\frac{\kappa}{k}W(\mathrm{i}\omega)=\left|\frac{\kappa}{k}W(\mathrm{i}\omega)\right|\mathrm{e}^{\mathrm{i}\varphi} \tag{7.6.65}$$

对于如图 7.6.24 所示的单自由度系统,则将$s=\mathrm{i}\omega$代入式(7.6.61)的第三式后,可得

$$\left|\frac{\kappa}{k}W(\mathrm{i}\omega)\right|=\frac{\kappa}{k\sqrt{(1-\lambda^2)^2+(2\xi\lambda)^2}}, \quad \varphi=\arctan\frac{-2\xi\lambda}{1-\lambda^2} \tag{7.6.66}$$

设系统的阻尼比ξ为某一定值,以频率比$\lambda=\omega/\omega_\mathrm{n}$为变量,$\kappa/k$为参变量,按式(7.6.66)

的第一式的幅值为纵坐标，第二式的相位为横坐标，可绘出如图 7.6.26 中右下角所示 $\kappa W(\mathrm{i}\omega)/k$ 的曲线族。式(7.6.64)的右端表示切削过程动刚度的传递函数，利用欧拉方程 $\mathrm{e}^{-\mathrm{i}\omega T}=\cos(\omega T)-\mathrm{i}\sin(\omega T)$ 后，可改写为

$$\frac{-1}{k_{\mathrm{c}}b(1-\mu\mathrm{e}^{-\mathrm{i}\omega T})}=\frac{-1}{k_{\mathrm{c}}b[1-\mu\cos(\omega T)+\mathrm{i}\mu\sin(\omega T)]} \tag{7.6.67}$$

用幅值和相位表示为

$$\frac{-1}{k_{\mathrm{c}}b(1-\mu\mathrm{e}^{-\mathrm{i}\omega T})}=\left|\frac{-1}{k_{\mathrm{c}}b(1-\mu\mathrm{e}^{-\mathrm{i}\omega T})}\right|\mathrm{e}^{\mathrm{i}\varphi} \tag{7.6.68}$$

由式(7.6.67)可得

$$\left|\frac{-1}{k_{\mathrm{c}}b(1-\mu\mathrm{e}^{-\mathrm{i}\omega T})}\right|=\frac{1}{k_{\mathrm{c}}b\sqrt{1-2\mu\cos(\omega T)+\mu^2}}, \quad \varphi=\arctan\frac{-\mu\sin(\omega T)}{1-\mu\cos(\omega T)} \tag{7.6.69}$$

设 $k_{\mathrm{c}}b$ 为某一定值，以 ωT 为变量，μ 为参变量，按式(7.6.69)的第一式的幅值为纵坐标，第二式的相位为横坐标，绘出的切削过程动刚度传递函数的曲线族如图 7.6.26 左上角所示。

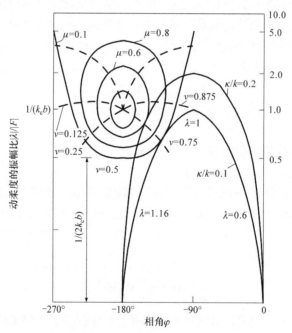

图 7.6.26　确定稳定性极限的 Merrit 图

上述两曲线族的交点就是稳定性的极限点。由左上角曲线可确定出交点的 ωT 值，由右下角曲线可确定出交点的 λ 值和相应的 μ 及 κ/k 值。由于 ωT 为一弧度值，

可将其表达为若干个 2π 弧度，一般可记为 $\omega T = 2\pi(m+\upsilon)$ ，其中 m 为整数，υ 为 $0\sim1$ 的小数，T 为工件每转的瞬间，即工件转速 $n=1/T$，因此由 ωT 值所确定的频率 $f=\omega/(2\pi)$ 与工件转速有关，其关系可表达为

$$\omega T = 2\pi(m+\upsilon) = \frac{2\pi f}{n}, \quad n = \frac{f}{m+\upsilon} \tag{7.6.70}$$

　　由 ωT 确定的频率应与由 λ 值确定的频率相等，由于每个交点的值 ωT 按式(7.6.70)的第一式得到 $m+\upsilon$，由同一个交点的 λ 值得到 f，代入式(7.6.70)的第二式后求得其 n 值。对于一个图形，其 $k_c b$ 值是某一定值，因此每个交点的 $k_c b$、μ 及 κ/k 是已知的。以一系列交点的工件转速 n 为横坐标，$\kappa k_c b/k$ 为纵坐标，可绘出如图 7.6.27 所示的曲线，曲线为稳定性的极限，曲线之上为不稳定区，曲线之下为稳定区，该图称为稳定性图。稳定区又分为两部分，当 $\kappa k_c b/k$ 小到虚线以下时，工件任何转速都不会出现颤振，这个区域称为无条件稳定区，虚线以上、曲线以下的区域称为有条件稳定区，因为稳定情况随转速而变化。

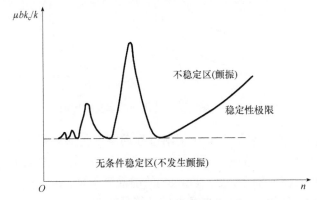

图 7.6.27　稳定性图

　　由图 7.6.26 可以看出，两曲线族的形状及其相互位置，分别由描述切削过程和机床结构动力学特性的两组参数决定。如果改变这两组参数，交点的情况将随之改变，从而改变了机床稳定性的情况。例如，减小切削刚度 k_c 和切削宽度 b，左上角的曲线族将向上移动，使交点减少和上移，从而减少了不稳定区。如果已知机床结构的动力特性，右下角为一条不变的曲线，把左上角的曲线族画在纸上上下移动，可以求出稳定极限的 $k_c b$ 值。又如，增大机床结构的静刚度 k 及减小方向因素 κ，也能使不稳定区减少，当 κ/k 从 0.2 降到 0.1 时，图中的不稳定区将消失，而只存在一个稳定性极限点。变动重叠系数 μ，也会明显改变稳定的情况，当 μ 从 1.0 降到 0.4 时，图中就没有曲线相交，也就不会出现颤振。

　　(2) 奈奎斯特图。

　　若将稳定性极限条件式(7.6.64)画在复平面上，则得到奈奎斯特图。用此方法

作图比作 Merrit 图简单，因此使用更加普遍。

　　由等式左端所代表的机床结构的动柔度传递函数 $\kappa W(\mathrm{i}\omega)/k$，按单自由度系统画出如图 7.6.28 右半部所示的曲线族，即以式(7.6.66)的两式分别算出幅值 $|\kappa W(\mathrm{i}\omega)/k|$ 作为动径的长度，相角 φ 作为动径的幅角，以 κ/k 为参数绘出曲线族。

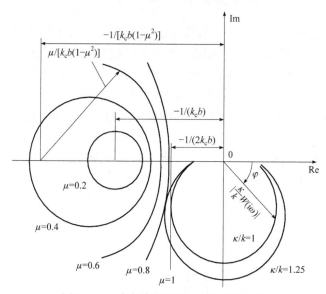

图 7.6.28　确定稳定性极限的奈奎斯特图

　　按式(7.6.69)在同一复平面上作切削过程动刚度传递函数 $-[k_c b(1-\mu\mathrm{e}^{-\mathrm{i}\omega T})]^{-1}$ 的曲线族，如图 7.6.28 中的左半部所示。由图可以看到，曲线族是一组圆心和半径不同的圆，圆心在实轴上，令式(7.6.67)的虚部等于零，ωT 分别等于 0 及 π，可导出圆心在实轴的位置 x、圆的半径 R 的计算公式为

$$x = \frac{-1}{k_c b(1-\mu)}, \quad R = \frac{\mu}{k_c b(1-\mu^2)} \tag{7.6.71}$$

应用式(7.6.71)，作图十分方便。

　　3) 极限切削宽度

　　在图 7.6.27 和图 7.6.28 中，机床结构的动力特性是按单自由度系统绘出的。对于多自由度系统的机床结构，或其动力特性是由实验获得时，图中的 $\kappa W(\mathrm{i}\omega)/k$ 曲线应做相应的改变，例如，在如图 7.6.28 所示的奈奎斯特图中，所绘的就是一条任意的 $\kappa W(\mathrm{i}\omega)/k$ 曲线。为了能表达各种情况下机床结构的动力特性 $\kappa W(\mathrm{i}\omega)/k$，可将其分解为实柔度 $U(\omega)$ 和虚柔度 $V(\omega)$ 两部分，即

$$\frac{\kappa}{k} W(\mathrm{i}\omega) = U(\omega) + \mathrm{i}V(\omega) \tag{7.6.72}$$

式(7.6.64)右端为切削过程动刚度的传递函数，当重叠系数μ=1 时，再生效应最大，稳定性最差，所得出的极限宽度最小。再利用式(7.6.67)，令μ=1，可得

$$\frac{-1}{k_{c}b(1-e^{-i\omega T})}=\frac{-1}{k_{c}b}\left[\frac{1}{2}+i\frac{-\sin(\omega T)}{2[1-\cos(\omega T)]}\right] \tag{7.6.73}$$

如图 7.6.29 所示，式(7.6.73)为一条与虚轴平行，距虚轴$-(2k_{c}b)^{-1}$的直线。当$k_{c}b$较小时，直线远离虚轴，如图中的虚线 1 不与$\kappa W(i\omega)/k$曲线相交或相切，表示机床在这样的曲线条件下不会发生颤振。当$k_{c}b$较大时，直线靠近虚轴，如图中的虚线 3 与曲线相交，交点为稳定的极限点，直线右边为不稳定区，左边有一个有条件稳定区，交点处直线和曲线的实部相等，$U(\omega)=-(2k_{c}b)^{-1}$。当$k_{c}b$达到某一定值时，直线与曲线相切，如图中实线 2 的位置，则切点的实部为机床结构动柔度曲线的最大负实部，以$[-U(\omega)]_{max}$表示，由直线 2 所确定的曲线宽度即极限切削宽度b_{lim}，于是得

$$b_{lim}=\frac{1}{2k_{c}[-U(\omega)]_{max}} \tag{7.6.74}$$

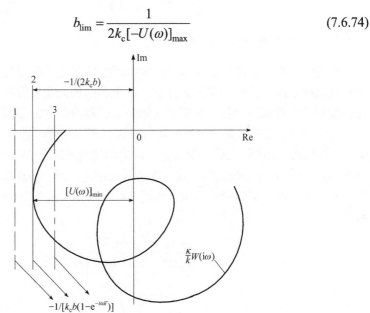

图 7.6.29　稳定性图解

当切削宽度$b>b_{lim}$时，机床切削将发生颤振；当$b<b_{lim}$时，将不会发生颤振；$b=b_{lim}$为机床切削由稳定切削到不稳定切削的临界状态。最大负实部$[-U(\omega)]_{max}$为实部中的最小值，故有时也称为最小实部，用$[U(\omega)]_{min}$表示。将式(7.6.74)用于单自由度系统时，由式(7.6.61)的第三式和式(7.6.72)，可得

$$U(\omega)=\frac{\kappa}{k}\frac{1-\lambda^{2}}{(1-\lambda^{2})^{2}+(2\xi\lambda)^{2}} \tag{7.6.75}$$

将式(7.6.75)对 λ 求导并令其等于零，可求得 $U(\omega)$ 为最小时的值，即

$$\frac{\partial U(\omega)}{\partial \lambda} = \frac{\partial}{\partial \lambda}\left[\frac{\kappa}{k}\frac{1-\lambda^2}{(1-\lambda^2)^2+(2\xi\lambda)^2}\right]=0 \tag{7.6.76}$$

求解式(7.6.76)得

$$\lambda = \sqrt{1\pm 2\xi} \tag{7.6.77}$$

将式(7.6.77)中的一个解 $\lambda = \sqrt{1+2\xi}$ 代入式(7.6.76)，得

$$[U(\omega)]_{\min} = \frac{-\kappa}{4k\xi(1+\xi)}, \quad [U(\omega)]_{\max} = \frac{\kappa}{4k\xi(1+\xi)} \tag{7.6.78}$$

将式(7.6.78)代入式(7.6.74)后，得单自由度系统的极限切削宽度为

$$b_{\min} = \frac{2k\xi(1+\xi)}{\kappa k_{c}} \tag{7.6.79}$$

3. 振型关联颤振的稳定性

在排除了再生效应以及切削过程中所产生的其他效应之后，若机床结构是一个多自由度系统，则在一定的条件下，机床切削仍会发生颤振。经过实验证实，这种颤振是由机床结构各主振型相互影响而引起的，称为振型关联颤振。

在前面的讨论中，切削过程的动力特性仅考虑了再生效应，若令重叠系数 $\mu=0$，将再生效应也排除之后，则前面所讨论的情况就转变为振型关联颤振。因此，只要将 $\mu=0$ 代入有关公式中，就可直接得到结论，而不必从头推导。振型关联颤振的框图可由图 7.6.25 简化而来，如图 7.6.30 所示。由式(7.6.62)则可得其传递函数为

$$\frac{x(s)}{a_0(s)} = \frac{k_{c}b\kappa W(s)}{k+k_{c}b\kappa W(s)} \tag{7.6.80}$$

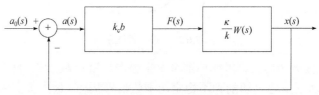

图 7.6.30　振型关联颤振的框图

由式(7.6.80)得到系统的特征方程为

$$1+\frac{k_{c}b\kappa W(s)}{k}=0 \tag{7.6.81}$$

从而得振型关联颤振的稳定性极限的条件为

$$\frac{-1}{k_c b} = \frac{\kappa}{k} W(\mathrm{i}\omega) \tag{7.6.82}$$

在奈奎斯特图中，式(7.6.82)左端为负实轴上的一个点，距离虚轴$(k_c b)^{-1}$，只有当式中右端$\kappa W(\mathrm{i}\omega)/k$ 函数的虚部为零，而实部等于$-(k_c b)^{-1}$ 时，即表示机床结构动柔度$\kappa W(\mathrm{i}\omega)/k$ 的曲线与负实轴的交点$[-U_0(\omega)]$与式中左端所表示的点重合时，式(7.6.82)所表达的稳定性极限才能得到满足，如图 7.6.31 所示。由此得出极限曲线宽度为

$$b_{\lim} = \frac{1}{k_c[-U_0(\omega)]} \tag{7.6.83}$$

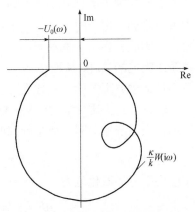

图 7.6.31　振型关联颤振的稳定性图解

当切削宽度 $b > b_{\lim}$ 时，$(k_c b)^{-1}$ 点将落在$\kappa W(\mathrm{i}\omega)/k$ 曲线与负实轴的交点$[-U_0(\omega)]$之外，机床切削时会发生颤振；当$b < b_{\lim}$ 时，$(k_c b)^{-1}$点将落在$[-U_0(\omega)]$之内，机床切削时不会发生颤振。因为单自由度系统的动柔度曲线与负实轴没有交点，所以不会发生振型关联颤振。

下面再以一个二自由度系统为例，具体说明这种颤振的产生机理。如图 7.6.32(a)所示，假设工件的刚度很好，刀具安装在刚度很弱的矩形截面刀杆上，因此主振系统是刀具系统，并可简化为等效质量为 m，由两根彼此垂直的弹簧支承的系统，弹簧刚度为 k_1 和 k_2，其轴线相应为 x_1 和 x_2。x_1 与加工表面的法线 y 的夹角为α，切削力 F 与 y 方向的夹角为β。

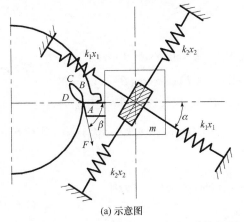

(a) 示意图

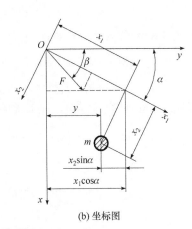

(b) 坐标图

图 7.6.32　振型关联关系图

　　当系统受到偶然干扰时，质量 m 将同时在 x_1 和 x_2 两个方向以不同的振幅、相同的频率振动。在一定的条件下，刀尖的运动轨迹为 $ABCDA$ 椭圆形状。在刀尖以 ABC 轨迹切入工件的过程中，运动的方向与切削力 F 作用方向相反，切削力向系统做负功，消耗系统的能量；在刀尖以 CDA 轨迹退出工件的过程中，运动方向与切削力 F 作用方向相同，切削力向系统做正功，向系统输入能量。从图中可以看到，退出时半个周期的平均切削厚度比切入时半个周期的平均切削厚度要大。因此，在一个振动周期内，正功大于负功，有多余的能量输入系统，以补偿系统阻尼的消耗，从而使系统产生自激振动。为了熟悉稳定性判别的不同方法，下面从运动方程开始，用代数方法求得稳定性极限的条件。

　　取 x_1 和 x_2 为质量 m 的广义坐标,坐标原点为稳态切削时 m 的位置,如图7.6.32(b)所示。当系统振动时，质量的瞬时坐标位置为 x_1 和 x_2，则切削厚度的变化量为

$$y = x_1 \cos\alpha - x_2 \sin\alpha \tag{7.6.84}$$

相应切削力的变化量为

$$dF = k_c b y = k_c b(x_1 \cos\alpha - x_2 \sin\alpha) \tag{7.6.85}$$

dF 在 x_1 和 x_2 方向的分力分别为

$$\begin{aligned} dF_{x1} &= dF \cos(\beta-\alpha) \\ dF_{x2} &= dF \sin(\beta-\alpha) \end{aligned} \tag{7.6.86}$$

于是得系统的运动方程分别为

$$\begin{aligned} m\ddot{x}_1 + [k_1 + k_c b \cos\alpha \cos(\beta-\alpha)]x_1 - k_c b \sin\alpha \cos(\beta-\alpha)x_2 &= 0 \\ m\ddot{x}_2 + [k_2 - k_c b \sin\alpha \sin(\beta-\alpha)]x_2 + k_c b \cos\alpha \sin(\beta-\alpha)x_1 &= 0 \end{aligned} \tag{7.6.87}$$

设方程(7.6.87)的解为

$$x_1 = A_1 e^{st}, \quad x_2 = A_2 e^{st} \tag{7.6.88}$$

将式(7.6.88)代入式(7.6.87)并化简得

$$\begin{aligned} [ms^2 + k_1 + k_c b \cos\alpha \cos(\beta-\alpha)]A_1 - k_c b \sin\alpha \sin(\beta-\alpha)A_2 &= 0 \\ [ms^2 + k_2 - k_c b \sin\alpha \sin(\beta-\alpha)]A_2 + k_c b \cos\alpha \cos(\beta-\alpha)A_1 &= 0 \end{aligned} \tag{7.6.89}$$

若式(7.6.89)具有非零解，则其系数行列式必等于零，故得特征方程为

$$m^2 s^4 + ms^2[k_1 + k_2 + k_c b(u_2 - u_1)] + [k_1 k_2 + k_c b(u_2 k_2 - u_1 k_1)] = 0 \tag{7.6.90}$$

式中，

$$\begin{aligned} u_1 &= \sin\alpha \sin(\beta-\alpha) = \frac{1}{2}[\cos(2\alpha-\beta) - \cos\beta] \\ u_2 &= \cos\alpha \cos(\beta-\alpha) = \frac{1}{2}[\cos(2\alpha-\beta) + \cos\beta] \end{aligned} \tag{7.6.91}$$

由前面的讨论可知,令$s=i\omega$可求得稳定性极限的条件。将$s=i\omega$代入式(7.6.90),可得

$$m^2\omega^4 - m\omega^2 W_1 + W_2 = 0 \tag{7.6.92}$$

式中,

$$W_1 = k_1 + k_2 + k_c b(u_2 - u_1), \quad W_2 = k_1 k_2 + k_c b(u_2 k_2 - u_1 k_1) \tag{7.6.93}$$

求解式(7.6.92),可得

$$\omega^2 = \frac{1}{2m}\left(W_1 \pm \sqrt{W_1^2 - 4W_2}\right) \tag{7.6.94}$$

从频率ω的意义知,ω应为正实数,要满足此条件,必须$W_1^2 \geqslant 4W_2$,于是将式(7.6.93)代入后得稳定性极限的条件为

$$[k_1 + k_2 + k_c b(u_2 - u_1)]^2 = 4[k_1 k_2 + k_c b(u_2 k_2 - u_1 k_1)] \tag{7.6.95}$$

经整理后,有

$$k_c b = \frac{k_1 - k_2}{-(u_1 + u_2) \pm \sqrt{u_1 u_2}} \tag{7.6.96}$$

由$k_c b$的物理意义知,它应为正实数,因此方程(7.6.96)的右端应满足以下条件:

(1) 欲使$k_c b$为实数,必须$u_1 u_2 > 0$,应用式(7.6.91)后,有

$$\cos^2(2\alpha - \beta) - \cos^2\beta > 0 \tag{7.6.97}$$

由式(7.6.97)可得

$$0 < \alpha < \beta \tag{7.6.98}$$

(2) 由于式(7.6.97)成立,故

$$\cos(2\alpha - \beta) > \sqrt{\cos^2(2\alpha - \beta) - \cos^2\beta} \tag{7.6.99}$$

式(7.6.99)表明,$u_1 + u_2 > 2\sqrt{u_1 u_2}$,因此式(7.6.96)中的分母永远为负值,要使$k_c b$为正数,则其分子$k_1 - k_2$也应为负值,即$k_1 < k_2$。式(7.6.98)和$k_1 < k_2$共同构成了该系统产生振型关联颤振的条件。可叙述为:只有当机床结构刚度较弱的方向,即k_1的方向,位于$0\sim\beta$的区域,才能产生关联颤振。取k_1、k_2和β为一定值,以α为变数,可绘出如图7.6.33所示的稳定性图。

从上面的分析可以看出,机床结构主振系统的刚度方向(α角)对振型关联颤振起着重要的作用,只要改变其方向,使其离开非稳定区,并改变k_1、k_2的差值,就可以提高机床抵抗这种颤振的能力。总之,根据振型关联效应得出的稳定性结论,突出了方向因素u的作用,应尽可能地应用这个结论,而不必去采取提高刚度、增加阻尼等昂贵的措施。

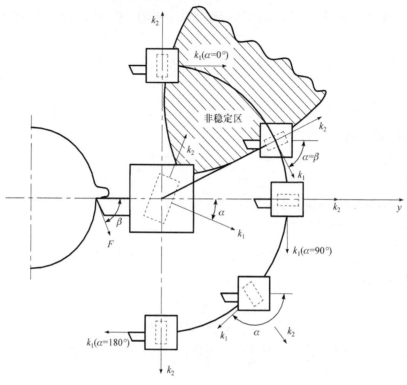

图 7.6.33　振型关联颤振的稳定性图

4. 强迫振动对切削过程稳定性的影响

　　在一般切削过程的稳定性分析中，不考虑强迫振动的影响，只根据自振系统内部的条件，以系统是否产生自激振动来判别其稳定性。在实际的切削加工中，机床空运转时已存在的强迫振动，将使刀具与工件之间产生相对振动，有可能激发自激振动并与自激振动相混合，成为混合型颤振。因此，必须考虑强迫振动对切削过程稳定性的影响。

　　如图 7.6.34 所示，曲线 α 表示机床的动柔度，直线 β 表示切削过程的动力特性，两线不相切也不相交，在这种场合下，自激振动不会产生，切削过程是稳定的。若在切削加工时出现强迫振动，则刀具与工件之间会产生相对位移 y_0，并在工件表面上残留下振纹，由于再生效应的作用使刀具与工件之间产生了相对位移 x_0，x_0/F 与 y_0/F 相加，得到 x/F，x/F 与 β 线相交，满足了颤振产生的条件，切削过程出现颤振而变为不稳定，这就是激起的强迫振动与之混合的颤振。

　　用颤振的幅值 x 与强迫振动的幅值 y_0 之比，即增幅率 $M=x/y_0$ 来衡量强迫振动对自激振动的影响。$M>1$ 表示强迫振动在切削过程中使 x 增大；$M<1$ 表示强迫振动在切削过程中使 x 抑制而减小；$M=1$ 表示强迫振动在切削过程中不使 x 变化。

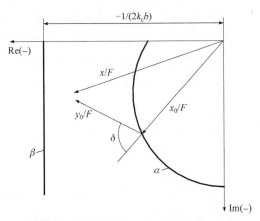

图 7.6.34　强迫振动对自激振动的影响

5. 多种效应引起的颤振的稳定性

本节考虑切削厚度、进给速度和切削速度的变化等效应同时作用时引起的机床颤振的稳定性，下面分两种情况讨论。

1) 单自由度自振系统

对于机床结构可简化为等效质量 m、等效阻尼 c 和等效刚度 k 组成的单自由度系统，可直接写出其运动方程为

$$m\ddot{x} + c\dot{x} + kx = -\mathrm{d}F \tag{7.6.100}$$

式中，动态切削力的变化量 $\mathrm{d}F$ 可直接用式(7.6.51)计算。这里采用将运动方程转化为等效的自由振动方程，由等效方程的阻尼项判断系统稳定性的方法。因此，应将 $\mathrm{d}F$ 的表达形式做适当改变。为了简化表达式，设刀具为单齿刀具，即 $Z = Z_e = 1$；振动方向垂直于切削速度的方向，即 $\upsilon = 1$。将运动方程的特解 $x(t) = A\mathrm{e}^{\delta t}\cos(\omega t)$、$x(t-T) = A\mathrm{e}^{\delta(t-T)}\cos[\omega(t-T)]$ 代入式(7.6.51)中，并经过整理后，得

$$\mathrm{d}F = k_1 F_1 x + (k/R + k'T + k_1 F_2)\dot{x} \tag{7.6.101}$$

式中，

$$F_1 = 1 - \mu\mathrm{e}^{-\delta t}\left[\cos(\omega T) + \frac{\delta}{\omega}\sin(\omega T)\right], \quad F_2 = \frac{\mu}{\omega}\mathrm{e}^{-\delta t}\sin(\omega T)$$

$$k' = (k_s - k_1)\left(1 - \frac{s}{2\pi R}\right), \quad T = \frac{2\pi}{\Omega} \tag{7.6.102}$$

将式(7.6.102)代入式(7.6.100)，整理后得

$$\ddot{x} + \omega_n^2\left(\frac{2\xi_e}{\omega} + \frac{k_1}{k}F_2 + \frac{k'}{k}\frac{2\pi}{\Omega} + \frac{k_\Omega}{kR}\right)\dot{x} + \omega_n^2\left(1 + \frac{k_1}{k}F_1\right)x = 0 \tag{7.6.103}$$

式中，ω_n 和 ξ_e 分别为系统的自然频率和阻尼率。应用等效自由振动方程(7.6.103)

可直接对机床切削的稳定性进行判别。若方程中第二项(代表系统总阻尼的速度项)的系数为正,则系统稳定;若为负,则系统不稳定;令其等于零则得到稳定性极限的条件。考虑到此时系统维持等幅的振动,F_1 和 F_2 等代号中的衰减系数 $\delta = 0$;又考虑到分析的方便,将系数的各项表达为当量阻尼的形式,于是得该系统稳定性极限的条件为

$$\xi_e + \xi_a + \xi_{vf} + \xi_v = 0 \tag{7.6.104}$$

式中,

$$\xi_a = \frac{1}{2}\mu\frac{k_1}{k}\frac{\omega_n}{\omega}\sin\frac{2\pi\omega}{\Omega}, \quad \xi_{vf} = \pi\frac{k'}{k}\frac{\omega_n}{\Omega}, \quad \xi_v = \frac{1}{2}\frac{k_\Omega}{kR}\omega_n \tag{7.6.105}$$

式中的颤振频率 ω 由方程(7.6.103)的第三项(即位移项)系数确定,即

$$\omega^2 = \omega_n^2\left(1 + \frac{k_1}{k}F_1\right) = \omega_n^2\left[1 + \frac{k_1}{k}\left(1 - \mu\cos\frac{2\pi\omega}{\Omega}\right)\right] \tag{7.6.106}$$

上列稳定性条件式(7.6.104)比较复杂,不便于实际应用,因此先分项进一步加以说明,再绘出稳定性图。

ξ_e 为机床-工件-刀具振动系统的等效阻尼比,其中包括切削过程中的摩擦阻尼。机床结构阻尼为正值,应采取措施增大结构阻尼,以增加系统的稳定性。切削过程的摩擦阻尼,在一定的条件下,可能为负,因此应适当加以控制。

ξ_a 为切削厚度的变化效应,即再生效应的当量阻尼比。由于其为三角函数,随着工件或刀具的角速度的变化而有正负的变化。为了减小其负阻尼的作用,应选择合适的 Ω 值,并使幅值减小,如降低重叠系数 μ 和切削厚度变化系数 k_1、增大机床结构的静刚度等。

ξ_{vf} 为进给系统变化效应的当量阻尼比,包括由切入效应引入的正阻尼和由刀具共振角度动态变化效应引入的负阻尼。因此,应采取措施尽可能发挥前一种效应的作用而减小后一种效应的作用。

ξ_v 为切削速度变化效应的当量阻尼比。当切削力随切削速度提高而增加时,ξ_v 为正值;当切削刀具有下降特性时,ξ_v 为负值。因此,应避免在切削刀具有下降特性的区域工作。

为了绘制稳定性图,可将式(7.6.104)改写为

$$\xi_e + \xi_{vf} + \xi_v = -\xi_a \tag{7.6.107}$$

以式(7.6.107)中各项共有的无量纲变量 $\Omega/\omega = n/f_n$,即工件的转速 n 和系统的自然频率 f_n 之比为横坐标,分别以式(7.6.107)两端的 $-\xi_a$ 和 $\xi_c = \xi_e + \xi_{vf} + \xi_v$ 为纵坐标,在同一个图上绘出 ξ_c-n/f_n 曲线和 $-\xi_a$-n/f_n 曲线,如图 7.6.35 所示。两曲线的交点,就是满足式(7.6.104)的稳定性极限条件的点。在 $\xi_c < -\xi_a$ 的区域,系统的总阻尼为负,是不稳定区,图中用阴影线表示。在 $\xi_c > -\xi_a$ 的区域,总阻尼为正,是稳定区。

使用上列公式时，按如下步骤进行比较方便：以 Ω/ω 为变量，通过式(7.6.106)求出 ω/ω_n，再求出 $n/f_n=\Omega/\omega_n=(\Omega/\omega)(\omega/\omega_n)$，最后同时代入式(7.6.105)得到 Ω/ω_n 与对应的 ξ_a 和 ξ_v。

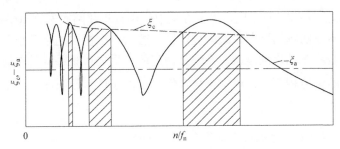

图 7.6.35　多种效应引起的颤振的稳定性图

为分析各参数对稳定性的影响，可改变各参数以绘制不同的稳定性图，根据图中的稳定和不稳定区域的大小判断各参数变化对稳定性的具体影响。

2) 多自由度自振系统

(1) 稳定性极限。

对于需要简化为多自由度系统的机床结构，或难以用微分方程来描述的机床结构，其动力特性常用切削表面的法线方向 x 和切削力 F 的方向之间的动柔度 $x(t)/F(t)$ 来描述。这个动柔度可以计算求得，也可以实验获得。实验时，在切削力方向 F 对机床施加谐波激振力 $F(t)$，而在 x 方向测量刀具与工件之间的相对位移为 $x(t)$，如图 7.6.36(a)所示。动柔度是频率的复函数，可将其分解为实部和虚部，即

$$\frac{x(t)}{F(t)}=U(\omega)+\mathrm{i}V(\omega) \tag{7.6.108}$$

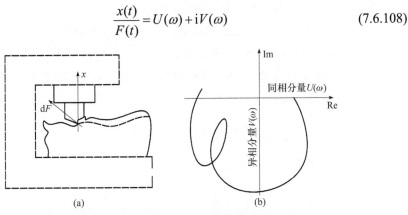

图 7.6.36　多自由度机床结构及幅相图

切削过程的动力特性可直接引用式(7.6.52)，在这里位移 $x(t)$ 增加使切削厚度减小，故用式(7.6.52)的 $\mathrm{d}F$ 置换式(7.6.108)的 $F(t)$ 之后，在其前面应加负号。于

是得

$$x(t) = -[U(\omega) + iV(\omega)]bZ_ck_1\left[x(t) - \mu x(t - T/Z) + \frac{2\pi}{Z\Omega}c\dot{x}(t) \right] \qquad (7.6.109)$$

式(7.6.109)是系统的特征方程。由于方程中包含有相邻两次振纹 $x(t)$ 和 $x(t-T/Z)$，则可用两次振纹的幅值判断系统的稳定性。若后一次振纹的幅值小于前一次振纹的幅值，则表示振动逐渐衰减，系统是稳定的。反之，则系统是不稳定的。令相邻两次振纹的幅值相等，即可求得稳定性极限的条件。设 $x(t) = e^{i\omega t}$，则

$$x(t - T/Z) = Ae^{i\omega(t - T/Z)} = x(t)e^{-i\omega T/Z} \qquad (7.6.110)$$

将式(7.6.110)及 $x(t)$ 的导数代入式(7.6.109)，得到

$$1 = -[U(\omega) + iV(\omega)]bZ_ck_1\left(1 - \mu e^{-i\omega T/Z} + i\omega\frac{2\pi c}{Z\Omega} \right) \qquad (7.6.111)$$

令 $\varphi = \omega T/Z = 2\pi\omega/(Z\Omega)$ 为 $x(t)$ 和 $x(t-T/Z)$ 之间的相位差，应用欧拉公式 $e^{-i\varphi} = \cos\varphi - i\sin\varphi$，代入式(7.6.111)，得到

$$1 = -[U(\omega) + iV(\omega)]bZ_ck_1(1 - \mu\cos\varphi + i\mu\sin\varphi + ic\varphi) \qquad (7.6.112)$$

式(7.6.112)两端的实部与虚部应分别相等，故稳定性极限的条件为

$$\begin{aligned}(bZ_ck_1)^{-1} &= U(\omega)(\mu\cos\varphi - 1) + V(\omega)(\mu\sin\varphi + c\varphi) \\ 0 &= U(\omega)(\mu\sin\varphi + c\varphi) - V(\omega)(\mu\cos\varphi - 1)\end{aligned} \qquad (7.6.113)$$

由于式(7.6.113)是超越方程，不能直接导出明显的表达式。可先由式(7.6.113)的第二式用图解法求出 φ 值，再将 φ 值代入式(7.6.113)的第一式求得稳定性极限点的 bZ_ck_1 值。为求 φ 值，将式(7.6.113)的第二式改写为

$$\mu[V(\omega)\cos\varphi - U(\omega)\sin\varphi] = U(\omega)c\varphi + V(\omega) \qquad (7.6.114)$$

以 φ 为横坐标，以式(7.6.114)两端各自随 φ 变化的值 Δ 为纵坐标，绘出如图7.6.37所示的两变化曲线，两曲线的交点 φ_1、φ_2、$\cdots$ 就是式(7.6.114)的解。

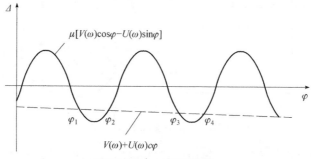

图 7.6.37　φ 值的图解

(2) 稳定性图。

稳定性图以无量纲量 Zn/f_n 为横坐标，以 bZ_ck_1 为纵坐标，按以下顺序进行计算，画出稳定性图。

根据机床加工的动力特性，求得不同频率比 ω/ω_n 下的动柔度$[U_1(\omega), V_1(\omega)]$、$[U_2(\omega), V_2(\omega)]$、…。

根据$[U_1(\omega), V_1(\omega)]$、$[U_2(\omega), V_2(\omega)]$等值，按作图 7.6.37 的方法，可求出相应的 φ_1、φ_2 等。

由于 $\varphi = \dfrac{\omega T}{Z} = \dfrac{\omega}{Zn} = \dfrac{2\pi f_n}{Zn}\dfrac{\omega}{\omega_n}$，则有

$$\frac{Zn}{f_n} = \frac{2\pi}{\varphi}\frac{\omega}{\omega_n} \tag{7.6.115}$$

将 ω/ω_n 及相应的$[U(\omega), V(\omega)]$和 φ 代入式(7.6.115)求得横坐标，代入式(7.6.113)的第一式求得纵坐标，绘出如图 7.6.38 所示的稳定性图。比较图 7.6.38 和图 7.6.27 可以看出，在考虑了包括再生效应和进给速度变化效应的图 7.6.38 中，若 $c>0$，即进给速度变化效应中切入效应大于刀具工作角度变化效应，无条件稳定区扩大。若 $c<0$，则稳定区要缩小。

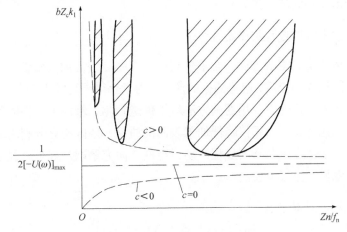

图 7.6.38　多种效应的稳定性图

(3) 完全再生效应的稳定性。

对于完全再生效应，有 $\mu=1$，并略去进给速度变化效应，即 $c=0$ 的情况，可令式(7.6.113)中 $\mu=1$、$c=0$ 而求得其稳定性极限条件：

$$(bZ_ck_1)^{-1} = U(\omega)(\cos\varphi - 1) + V(\omega)\sin\varphi, \quad 1 = U(\omega)\sin\varphi - V(\omega)(\cos\varphi - 1) \tag{7.6.116}$$

式(7.6.116)的第一式除以 $V(\omega)$，第二式除以 $U(\omega)$，而后相减，经整理后得到

$$\cos\varphi = 1 + \frac{U(\omega)}{bZ_ck_1[U^2(\omega) + V^2(\omega)]} \tag{7.6.117}$$

式(7.6.116)的第一式除以 $U(\omega)$，第二式除以 $V(\omega)$，而后相加，经整理后得到

$$\sin\varphi = \frac{V(\omega)}{bZ_ck_1[U^2(\omega) + V^2(\omega)]} \tag{7.6.118}$$

式(7.6.117)和式(7.6.118)分别平方，而后相加，经整理后得到

$$bZ_ck_1 = -[2U(\omega)]^{-1} \tag{7.6.119}$$

当 $U(\omega)$ 取最小值时，取得极限切削宽度：

$$b_{\lim} = \frac{1}{2Z_ck_1[-U(\omega)]_{\max}} \tag{7.6.120}$$

式(7.6.120)与式(7.6.74)相比，两式是一致的，只是这里考虑了多齿刀具的同时工作齿数 Z_c 的影响，并把 k_c 换成了 k_1。若仅考虑再生效应，则 $k_1 = k_c$。同样，令 $\mu = 0$，$c = 0$，应用式(7.6.113)也可导出和式(7.6.83)一致的结果。

由上可知，在机床切削稳定性的分析中，虽然可以从不同角度出发，使用不同的稳定性判别方法，但是，只要所使用的切削过程和机床结构的动力特性参数相同，就会得到相同的结果。

7.6.5　金属磨削加工过程的稳定性

磨削是精加工的主要方法，要求较高的生产率和表面加工质量。因此，应尽可能保持磨削过程的稳定，避免颤振的产生。为了获得更高的生产率和表面质量，可以在一次装夹的条件下，用磨削方法对工件进行粗、精加工。在磨削的粗加工中，颤振问题尤为突出，不仅降低加工表面的质量，还限制充分利用磨床的可用能力。因此，根据磨床及磨削过程的动力特性，研究磨削过程是否稳定，即是否产生颤振，就显得愈发重要。

1. 磨削颤振的特殊性

磨削与其他具有固定刀刃的切削相比，虽然两者都属于金属切削，但磨削过程远比一般的切削过程要复杂得多，磨削中的颤振更比切削加工中的颤振要复杂。这是因为在磨削中砂轮的圆周表面会出现不均匀的磨损和堵塞，从而改变了砂轮的形状和切削性能，砂轮的不均匀磨损和堵塞又反过来影响磨削过程。前述切削过程的各种效应也会在磨削中出现，但还存在一些特殊问题。

1) 砂轮的接触刚度

由于砂轮与工件相接触时，只有为数不多的砂粒与工件相接触，砂粒又支承

在弹性较大的黏结剂上,故砂粒的接触刚度较之金属制成的刀具的接触刚度要小,故砂轮的接触变形会对颤振产生较大的影响。砂轮的接触刚度还具有硬弹簧型的非线性特性,即随着磨削力的增加,由于实际接触的砂粒增加,接触刚度增加。砂粒的接触刚度受很多因素的影响,例如,砂粒的硬度不同,其中的黏结剂以及和工件接触的砂粒数也会不同,因此接触刚度也不同。又如,工件直接发生变化,使接触长度不同而引起接触刚度的变化。接触刚度的具体数值取决于砂轮的弹性模量、砂轮和工件的尺寸以及砂轮与工件之间的径向作用力等参数。

2) 砂轮的磨损

在切削过程中,虽然砂轮和其他具有固定刀刃的普通刀具会被磨损,但是砂轮中被磨钝的砂粒会自动脱落而出现新的砂粒。因此,砂轮的磨损率比普通刀具的磨损率要大。通常把磨削说成砂轮和工件的相互切削过程,磨削中的再生效应不仅会在工件表面残留下振纹,而且会在砂轮上留下振纹。具有振纹的砂轮进行切削,给磨削过程带来了振源,其频率为砂轮转速的整数倍。

砂轮上的振纹是由砂轮的动态磨损形成的。由于某种偶然的原因,砂轮和工件之间的径向力发生变化,将使砂轮某扇形区产生磨损不均匀而留下振纹,随着磨削持续进行,振纹就扩展到整个圆周表面上。

图 7.6.39 为砂轮的动态磨损状态,在特定条件下,已出现振纹的砂轮如图 7.6.39(a) 所示,而图 7.6.39(b)为砂轮表面上某段振纹的展开曲线 X_{W_i},以及砂轮下一转在同段表面上振纹的展开曲线 $X_{W_{i+1}}$,两曲线之差就是砂轮旋转一转后的磨损量,这个瞬时磨损量 $W(t)$ 由稳态部分 W_0 和振幅为 $|W|$ 的动态部分组成,即

$$W(t) = W_0 + |W|\sin(\omega t + \varphi_{XW}) \tag{7.6.121}$$

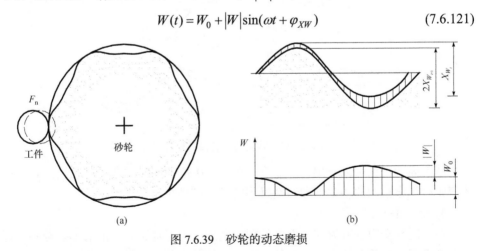

图 7.6.39 砂轮的动态磨损

设砂轮在旋转第 i 转后振纹的振幅为 $\left|X_{W_i}\right|$,第 $i+1$ 转后振纹的幅值为 $\left|X_{W_{i+1}}\right|$,两者之比表示砂轮振纹的幅值增长率,即

$$P_W = \left|X_{W_{i+1}}\right| \Big/ \left|X_{W_i}\right| \tag{7.6.122}$$

若 $P_W<1$，则表示砂轮上的振纹逐渐减小；若 $P_W>1$，则表示砂轮上的振纹逐渐增大。因此，$P_W=1$ 为砂轮振纹产生的临界点。P_W 的大小取决于动态磨损部分的波形和砂轮表面上的振纹之间的相位角 φ_{XW}。图 7.6.40 为四种相位图，表示 φ_{XW} 对 P_W 的影响。设砂轮与工件之间的径向力 F_n 和相应的磨损量 W 同相位，则随着 F_n 的增加 W 将增加。图 7.6.40 中，F_n-W 曲线表示砂轮动态磨损的波形，X_W 表示砂轮表面上原有振纹的波形。若两波形同相位，即 $\varphi_{XW}=0°$，在振纹的高峰处磨损最大，在振纹的低峰处磨损最小，随着磨损的进行，振纹将逐渐减小，即 $P_W<1$；若两波形相位相反，即 $\varphi_{XW}=180°$，在振纹的高峰处磨损最小，在振纹的低峰处磨损最大，随着磨损的进行，振纹将逐渐增大，即 $P_W>1$；当 $\varphi_{XW}=90°$ 或 $\varphi_{XW}=270°$ 时，$P_W=1$，振纹的峰值既不增加也不减小。

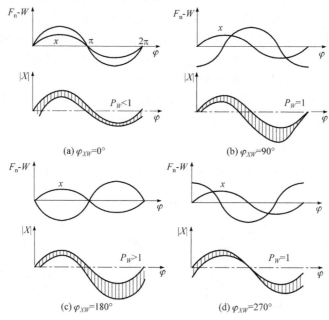

图 7.6.40　砂轮动态磨损的相位图

从上面的讨论可以看出，φ_{XW} 在 90°～270° 范围内时才会出现振纹。φ_{XW} 的数值则由机床结构的动柔度和切削过程的动力特性决定。

3) 磨削的几何干涉

在车削颤振中，刀刃在工件上的振动轨迹，就是加工表面的廓形。若不考虑塑性变形及方向系数的影响，工件表面上振纹的振幅就等于刀具相对于工件振动的幅值。而在磨削颤振中，工件加工表面的廓形并不与砂轮中心相对于工件的振动轨迹相同，而是在此轨迹上各砂轮圆周表面的包络线，或者说轨迹表面上的振纹由砂轮振动各连续位置的包络线形成。

如图 7.6.41 所示砂轮相对于工件做正弦振动进行平面磨削的情况，砂轮中心的振动轨迹为 $A\sin(2\pi ft)$，在此轨迹上画出各相应位置的砂轮，再画出其包络线就得到被磨出的工件表面的轮廓，包络线的形状不能用一简单的正弦函数来表示。在一定条件下，工件表面上振纹的振幅要比砂轮相对于工件振动的幅值要小，这个现象称为磨削的几何干涉或磨削的几何传递效应。

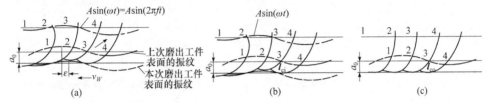

图 7.6.41　动态磨削简图

求出包络线的数学表达式，再根据包络线求出工件表面振纹的双峰值 h_W 比较复杂。现根据图 7.6.42 用以下方法近似求出 h_W，图中，v_W 为工件的运动速度，f 为砂轮相对于工件振动的频率，R_s 为砂轮的半径，由图 7.6.42 可以得到

$$R_s^2 = (R - h_W)^2 + \left(\frac{v_W}{2f}\right)^2 \tag{7.6.123}$$

简化式(7.6.123)，并略去 h_W^2，得

$$h_W = \frac{v_W^2}{8R_s f^2} \tag{7.6.124}$$

对于外(内)圆磨削，由于砂轮与工件的接触长度和平面磨削不同，需要将 R_s 换为砂轮的当量半径 R_{eq}，才能使用式(7.6.124)。以如图 7.6.43 所示的外圆磨削为例，若切削深度为 a，则在平面磨削时，从图中的几何关系可知 $\cos\theta = (R_s - a)/R_s$，则其接触长度为

$$AB \approx R_s \sin\theta = R_s\sqrt{1 - \cos^2\theta} \approx \sqrt{2aR_s} \tag{7.6.125}$$

式中，

$$a = a_1 + a_2 \tag{7.6.126}$$

对于外圆磨削，其接触长度为 AC，仿照 AB 的求解方法得

$$AC \approx \sqrt{2a_2 R_s} \tag{7.6.127}$$

还可通过工件半径 R_W，按以上方法求出

$$AC \approx \sqrt{2a_1 R_W} \tag{7.6.128}$$

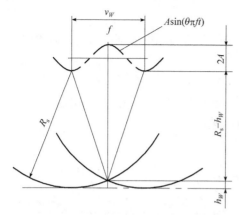

图 7.6.42　平面磨削时工件振纹的双峰值

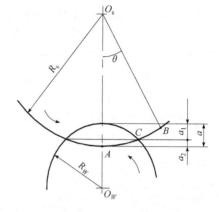

图 7.6.43　外圆磨削时砂轮的当量半径

在相同的条件下，设 $AB=AC$，求出砂轮的半径 R_{eq}，称为砂轮的当量半径，分别引用式(7.6.127)和式(7.6.128)得

$$\sqrt{2aR_{eq}} = \sqrt{2a_2 R_s}, \quad \sqrt{2aR_{eq}} = \sqrt{2a_1 R_W} \tag{7.6.129}$$

联立求解式(7.6.126)和式(7.6.129)，得到

$$R_{eq} = \frac{R_s R_W}{R_s + R_W} \tag{7.6.130}$$

同理，对于内圆磨削，其砂轮的当量半径为

$$R_{eq} = \frac{R_s R_W}{R_s - R_W} \tag{7.6.131}$$

故内、外圆磨削时工件振纹的双峰值为

$$h_W = \frac{v_W^2}{8 R_{eq} f^2} \tag{7.6.132}$$

由式(7.6.132)可以看出，随着振动频率 f、工件的运动速度 v_W 及砂轮的当量半径 R_{eq} 的变化，磨削工件表面振纹的双峰值 h_W 将发生变化。而在车削颤振时，不会因为 f 和 v_W 的变化，引起工件表面振纹的幅值产生变化。两者存在明显的差别，这是因为磨削中存在几何干涉的作用。

v_W / f 对工件振纹的影响如图 7.6.44 所示。当 f 较小、v_W / f 较大时(图 7.6.44(a))，磨削出的工件表面的轮廓已不再是纯正弦形，但廓形是光滑的，振纹的双峰值 $h_W = 2A$；当 f 较大、v_W / f 较小时(图 7.6.44(b))，磨削出的工件表面的轮廓出现了尖峰，此时 $h_W < 2A$。这就是几何干涉的具体作用。在这两种情况之间，必定有一临界状态，即工作轮廓刚巧出现尖峰，但 h_W 仍等于 $2A$，此时的频率称为过渡频率 f_p，令式(7.6.132)中的 $h_W = 2A$，可得

$$f_{\mathrm{p}} = \frac{v_W}{4\sqrt{R_{\mathrm{eq}}A}} \tag{7.6.133}$$

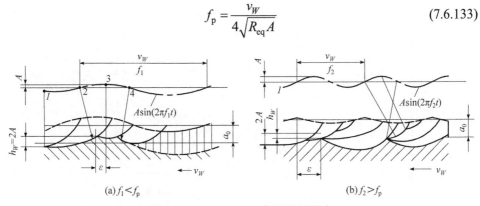

图 7.6.44　v_W / f 对工件振纹的影响

过渡频率 f_{p} 对于判别磨削过程的稳定性有重要作用。由于磨削的几何干涉，在讨论磨削的再生效应时，不再像车削一样，刀具与工件的相对振动通过切削厚度的变化引起切削力的变化，而是砂轮与工件的相对振动通过接触长度的变化引起切削力的变化。一般而言，使用接触长度的变化更能反映磨削的实际情况。

从图 7.6.41(a)可以看到，砂轮振动时，接触长度 l_c 随时在变化，砂轮在第 3 位置处的 l_c 最短，在第 4 位置处的 l_c 最长。l_c 的变化可以理解为由以下两部分的变化组成，即如图 7.6.41(b)所示的砂轮振动，但工件原表面上无振纹而引起 l_{ci} 的变化，以及如图 7.6.41(c)所示的砂轮不振动但工件原表面上有振纹而引起 l_{co} 的变化，前者相当于造波切削，后者相当于去波切削。显然，在再生颤振持续进行时，既有砂轮的振动又有工件表面上的振纹，l_c 为 l_{ci} 和 l_{co} 的矢量和。l_c 的具体数值不易确定，它随 v_W / f、A 和 R_{eq} 的变化而变化，l_{ci} 和 l_{co} 还存在一定的相位差。由于 l_c 的变化引起切削力的变化，切削力的变化又使 l_c 变化，这就是磨削颤振中的再生效应。

2. 磨床-砂轮-工件系统

在动态磨削过程中，磨床、砂轮和工件的相互作用，如图 7.6.45 所示的方框图。如果某种偶然原因使磨削产生了动态磨削力 F，则在 F 的作用下，通过以下三条支路而使砂轮与工件产生相对位移 X。

(1) 使磨床结构系统产生砂轮与工件的相对位移 X_{M}。图 7.6.45 中 X_{M} 表示磨床结构的动柔度，可用对磨床激振的方法测出。在 F 的作用下，产生的砂轮与工件的相对位移 X_{M} 为

$$X_{\mathrm{M}} = W_{\mathrm{M}} F \tag{7.6.134}$$

由图 7.6.45 可以看出，X_{M} 只是砂轮与工件的瞬时相对位移 X 的一部分。

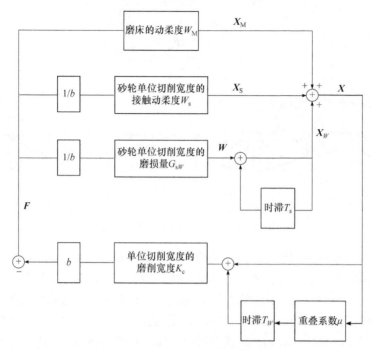

图 7.6.45　磨床、砂轮和工件相互作用的方框图

(2) 使砂轮产生接触变形 X_s。图 7.6.45 中 W_s 表示砂轮单位切削宽度的接触动柔度，b 表示磨削宽度。在 F 的作用下砂轮产生的接触变形为

$$X_s = \frac{1}{b} W_s F \qquad (7.6.135)$$

X_s 具有非线性特性，这里做了线性化处理。X_s 也只是 X 的一个组成部分。

(3) 使砂轮圆周表面上产生振纹 X_W。图 7.6.45 中 G_{sW} 表示砂轮单位切削宽度的磨损量，T_s 表示砂轮某一转的磨损量的变化与上一转磨损量变化的时间滞后，即相位差。在 F 的作用下砂轮产生的磨损量为

$$W = \frac{1}{b} G_{sW} F \qquad (7.6.136)$$

由 W 引起砂轮圆周表面上的振纹为

$$X_{W_i} = X_{W_{i-1}} + W \qquad (7.6.137)$$

式中，X_{W_i} 为砂轮本转振纹的幅值；$X_{W_{i-1}}$ 为砂轮上一转振纹的幅值。

综合以上三项，得砂轮与工件的瞬时相对位移为

$$X = X_M + X_s + X_{W_i} \qquad (7.6.138)$$

在图 7.6.45 的第 4 支路里，X 反馈到磨削过程中，使接触长度 l_c 产生了变化，l_c 还受磨削过程的重叠系数 μ 以及 l_c 与 X 产生的时间滞后 T_W 的影响。l_c 的变化使得动态切削力 F 产生，

$$F = bk_c l_c \tag{7.6.139}$$

式中，k_c 为单位切削宽度的切削刚度。由 F 引起 X，再由 X 引起 F，如此周而复始，形成了磨削自激振动的闭环系统。

3. 磨削过程稳定性的判别

磨削和其他切削一样，其稳定性仍用极限切削宽度 $b_{\lim}$ 来表示。但是磨削宽度 $b_{\lim}$ 不仅与接触结构动柔度的最大负实部、切削刚度及重叠系数等参数有关，还与磨削过程的特殊性有关。这是因为在磨削中工件和砂轮都会产生振纹，还有砂轮的几何干涉等都会影响颤振的产生。下面仅介绍其特殊部分。

1) 过渡频率 f_p

工件表面上的振纹在几何干涉的作用下对颤振的影响用过渡频率 f_p 来表示。如前所述，当颤振的频率小于过渡频率，即 $f < f_p$ 时，工件表面上振纹的双峰值 h_W 始终等于砂轮相对于工件振动的双峰值 $2A$，在这种情况下，工件表面上的振纹不能被切去，其再生效应一直都存在，影响着颤振的产生。当 $f > f_p$ 时，$h_W < 2A$，随着 f 的增加，h_W 将减小，工件表面上的振纹被切去，不再影响颤振的产生。

由式(7.6.133)可知，改变运动速度 v_W 及砂轮的当量半径 R_{eq}，可以改变过渡频率 f_p。在生产实际中，可以通过改变 v_W、R_{eq} 的途径改变 f_p，进而控制颤振。

2) 砂轮振纹幅值的增长率 P_W

砂轮表面上振纹的增长或减小的情况，用 P_W 来表示，P_W 为砂轮本转振纹幅值 X_{W_i} 与上转振纹幅值 $X_{W_{i-1}}$ 之比。当 $X_{W_i} > X_{W_{i-1}}$，即 $P_W > 1$ 时，表示振纹逐渐增长，以致磨削不能继续进行；当 $X_{W_i} < X_{W_{i-1}}$，即 $P_W < 1$ 时，表示振纹逐渐减小，对颤振不产生影响。

磨削过程中各参数的相互组合使 $P_W > 1$ 的区域，称为不稳定区；使 $P_W < 1$ 的区域，称为稳定区；在 $P_W = 1$ 处，称为临界线，如图 7.6.46 所示。图中砂轮与工件之间的相对位移 X 为 X_M、X_s 及 X_{W_i} 的矢量和；X_{W_i} 为 $X_{W_{i-1}}$ 和磨损量 W 的矢量和；砂轮与工件之间的径向力 F 与 X 的相位角为 φ_{l_c}；F 与 X_M 之间的相位角为 φ_M；F 与 X_s、W 与 l_c 同相位。当参数的组合使 X_{W_i} 位于图中的非阴影区时，$X_{W_i} < X_{W_{i-1}}$ 为稳定区(图 7.6.46(a))，X_{W_i} 位于图中阴影区内，$X_{W_i} > X_{W_{i-1}}$ 为不稳定区(图 7.6.46(c))；X_{W_i} 位于两区交界线上，$X_{W_i} = X_{W_{i-1}}$ 为稳定性界限(图 7.6.46(b))。用稳定性图可以判别砂轮振纹对切削过程稳定性的影响。

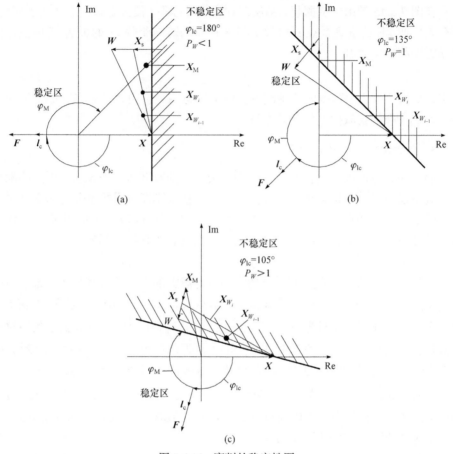

图 7.6.46　磨削的稳定性图

4. 强迫振动对磨削颤振的影响

在磨削过程中，强迫振动经常由砂轮不平衡引起。现以外圆横向磨削为例，说明强迫振动对磨削过程不稳定性的影响。参考图 7.6.45，并加入强迫振动 $y_0(\mathrm{i}\omega)$，略去砂轮本身振纹的影响，得到动态磨削过程的方框图，如图 7.6.47(a) 所示，根据传递函数的运算方法，将图 7.6.47(a) 简化为图 7.6.47(b)。由图可以得到

$$x(\mathrm{i}\omega) = x_0(\mathrm{i}\omega) + y_0(\mathrm{i}\omega)$$

$$G_{\mathrm{eo}} = \frac{h_W(\mathrm{i}\omega)}{x(\mathrm{i}\omega)} \tag{7.6.140}$$

$$x_0(\mathrm{i}\omega) = [a_0(\mathrm{i}\omega) - x(\mathrm{i}\omega)(1 - G_{\mathrm{eo}}\mathrm{e}^{-\mathrm{i}\omega T_W})]k_c b[W_M(\mathrm{i}\omega) + W_s]$$

联立求解式(7.6.140)的三式，得强迫振动影响下磨削过程的增幅率为

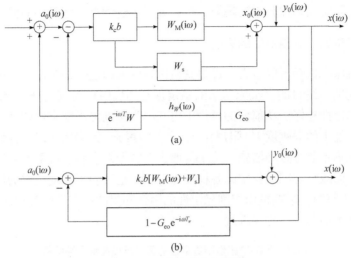

图 7.6.47　外圆横磨方框图

$$\frac{h_W(\mathrm{i}\omega)}{y_0(\mathrm{i}\omega)} = \frac{G_{\mathrm{eo}}}{1 + (1 - G_{\mathrm{eo}}\mathrm{e}^{-\mathrm{i}\omega T_w})k_c b[W_M(\mathrm{i}\omega) + W_s]} \qquad (7.6.141)$$

式(7.6.141)及图 7.6.47 中，$y_0(\mathrm{i}\omega)$ 为机床空运转时已存在的强迫振动的幅值，为系统的输入，属于振荡性能源；$a_0(\mathrm{i}\omega)$ 为平均磨削深度，为系统的非振荡性能源。在只考虑 $y_0(\mathrm{i}\omega)$ 对系统的影响，即在推导式(7.6.141)时，令其为零；$x(\mathrm{i}\omega)$ 为由 $y_0(\mathrm{i}\omega)$ 激起的砂轮与工件相对振动的幅值，为系统的输出；$h_W(\mathrm{i}\omega)$ 为工件表面上振纹的幅值，当没有砂轮的几何干涉时，$h_W(\mathrm{i}\omega)=x(\mathrm{i}\omega)$。对式(7.6.141)进行分析，可以发现在强迫振动的影响下，根据频率不同，系统的响应有两种情况。

1) 强迫振动的频率低于系统的自然频率

一般磨床振动系统的自然频率与磨床结构以及工件及其夹持系统有关。因此，由砂轮的不平衡及地基振动引起的这种振动，属于这种情况。选择适当的工件转速可以有效抑制强迫振动的影响。

2) 强迫振动的频率接近于系统的自然频率

在生产实际中，这是强迫振动引起共振的现象，即在 $f \approx f_n$ 区域，工件表面上振纹的幅值大大超过强迫振动的幅值，而且随着切削宽度的增加，超过的比例也增加。在这种情况下，使强迫振动和自激振动难以区分。

如果考虑几何干涉的作用，随着振动频率的改变，几何干涉也在变化，从而改变了 $|h_W/y_0|$ 的数值。强迫振动的幅值 $y_0(\mathrm{i}\omega)$ 越大，$|h_W/y_0|$ 的比值越小。

从以上分析可知，只有当强迫振动的激振频率非常接近系统的自然频率，而且切削宽度又非常接近颤振的极限切削宽度时，强迫振动才会使切削过程变为不稳定而产生颤振。在机床设计时，防止共振通常是首要任务，因此出现强迫振动的频率接近系统的自然频率的现象很少，即产生这种混合型颤振的情况较少。

7.6.6　提高机床加工稳定性的途径

提高机床抵抗颤振的能力，即提高机床切削的稳定性，是研究机床切削过程中自激振动的最终目的。机床切削的稳定性常用极限切削宽度 b_{lim} 来表示，b_{lim} 越大表示稳定性越好。从前面的讨论中可知，为达到提高稳定性的目的，可以通过改变机床加工的静刚度 k、阻尼比 ξ、方向因素 κ、频率比 λ 以及各切削参数对切削力的影响系数等各种措施，使 b_{lim} 增大。颤振发生后也可采取减振措施，使振动消减。而减小切削过程中的各种外界干扰，也有利于切削过程的稳定性。

表 7.6.1 归纳了影响机床切削稳定性的因素和提高稳定性的各种途径。下面着重讨论控制颤振的一些主要因素。

表 7.6.1　影响机床切削稳定性的因素及提高稳定性的措施

项目	机床运转条件	机床方向因素	工件/刀具	切削过程
影响因素	①机床与地基的联结状态；②各部件的联结状态；③各运动部件的工作位置；④主轴转速；⑤拖板与工作台的运动状态；⑥工作温度	①主振方向；②总切削力的方向；③刀具-工件的相对位置	①工件、刀具的动刚度；②工件、刀具的质量；③工件、刀具的装夹状态	①工件、刀具的材料；②刀具的几何形状；③刀具的磨损状态；④切削速度、进给量；⑤多刃刀具的齿距；⑥冷却液润滑
改进措施	①提高有效静刚度；②使用刚性地基及阻尼支承；③选择最佳的运动部件位置；④改变主轴转速，降低再生效应；⑤提高等效阻尼	改变刀具、工件的相对位置，使总切削力的方向、加工表面的法线方向垂直于机床最大动柔度的方向	①使用减小工件变形的支座(跟刀架)；②加强工件安装的刚性；③减小工件和刀具的质量；④使用带阻尼的刀具	①选择 k_c 值较小的工件材料；②减小后角；③使用消振棱；④提高进给量；⑤使用不等距多刃刀具；⑥选择合适的切削速度

1. 减小方向因素

刀具和工件的相对振动方向、切削力的方向以及加工表面的法线方向，综合影响着颤振的产生，方向因素就是考虑这三个方向的相互关系对稳定性影响的一个系数。

以如图 7.6.48 所示的单自由度系统为例，刀具和工件的相对振动方向为 y，加工表面的法线方向为 x，切削力为 F，三者并不同向，y 和 x 的夹角为 α，F 和 x 的夹角为 β。由于在颤振过程中，机床结构和切削过程是通过切削力和切削厚度的变化联系起来的，而切削力 $F(t)$ 仅有在振动方向 y 的分力 $F_y(t)=F(t)\cos(\beta-\alpha)$ 对振动起作用，使之产生振动位移 $y(t)$，而 $y(t)$ 又只有在 x 方向的分量 $y(t)\cos\alpha$ 使切削厚度发生变化，因此 $F(t)$ 和 $x(t)$ 的联系应乘以方向因素 κ，即有

$$\kappa = \cos(\beta - \alpha)\cos\alpha \tag{7.6.142}$$

可见，方向因素是把切削过程和机床、刀具、工件相互联系时应考虑的一个系数，方向因素 κ 对机床切削稳定性有重要影响。下面讨论通过减小 κ 以提高机床切削稳定性的各种措施。

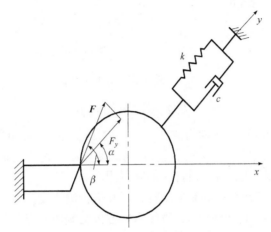

图 7.6.48　单自由度系统的方向因素

1) 改进机床结构设计以改变主振方向

由于极限切削宽度 $b_{\lim}$ 与 κ 成反比，κ 越小，$b_{\lim}$ 越大，稳定性越好。对于可近似简化为单自由度系统的机床结构，$\kappa=0$，$b_{\lim}$ 理论上就会无限大，虽然实际上机床都是多自由度系统，$b_{\lim}$ 不会无限大，但可在式(7.6.142)中令 $\kappa=0$，就会得到最好的稳定性，从而可从式(7.6.142)中得到

$$\alpha_1 = 90°, \quad \alpha_2 = 90° + \beta \tag{7.6.143}$$

机床结构的主振方向对极限切削宽度的影响如图 7.6.49 所示，从图中可以看到，当 $\alpha=90°$ 时，振动位移不会引起切削厚度的变化，因此没有切削厚度变化效应存在，故稳定性最好。当 $\alpha=90°+\beta$ 时，切削力在主振方向的分量为零，振动位移与切削力互不影响，因此也得到最好的稳定性。

相反，方向因素 κ 越大，$b_{\lim}$ 越小，稳定性越差。令 κ 对 α 的导数为零，可求得稳定性最差的值，即

$$\frac{\mathrm{d}\kappa}{\mathrm{d}\alpha} = \frac{\mathrm{d}}{\mathrm{d}\alpha}[\cos(\beta - \alpha)\cos\alpha] = \sin(2\alpha - \beta) = 0 \tag{7.6.144}$$

求解式(7.6.144)，得到

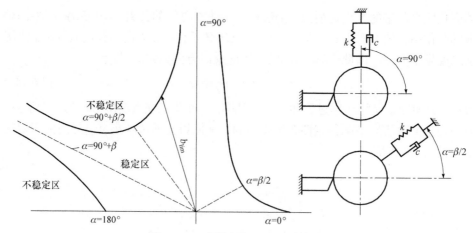

图 7.6.49　主振方向 α 对 $b_{\lim}$ 的影响

$$\alpha_1 = \beta/2, \quad \alpha_2 = 90° + \beta/2 \qquad (7.6.145)$$

从上面的分析得到了应如何改变主振方向 α 的途径,即争取达到式(7.6.144)的条件而避免出现式(7.6.145)的情况。α 的改变可以通过改进机床结构的设计来实现。下面以车床尾架的合理设计为例来说明。

图 7.6.50(a)为某台车床的尾架结构,对其进行静刚度测定,测定时在其圆周各方向加力并测出其相应的变形,以施力的方位为幅角,以其相应的柔度为幅值作极坐标图,如图 7.6.50(b)所示。由图可以看到,在Ⅱ-Ⅱ方向的柔度最大,即刚

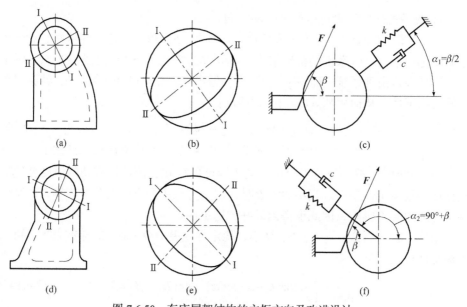

图 7.6.50　车床尾架结构的主振方向及改进设计

度最小，这就是主振方向。当Ⅱ-Ⅱ方向的柔度比Ⅰ-Ⅰ方向的柔度大得较多时，可将尾架的结构简化为如图 7.6.50(c)所示的单自由度系统。设$\beta=60°$，则该结构振动的方向与加工表面法线的夹角$\alpha\approx\beta/2=30°$，由式(7.6.145)可知，主振方向在这个方位，其极限切削宽度最小，稳定性最差。

根据方向因素的影响，将尾架设计改成如图 7.6.50(d)所示的结构，使其柔度曲线改变成如图 7.6.50(e)所示。由于主振方向已经改变，其相应的动力学模型也变为图 7.6.50(f)所示，此时$\alpha_2=90°+\beta/2$，主振方向在这个方位，其极限切削宽度最大，稳定性最好。

对以上两种机床尾架进行对比切削实验，结果表明：改进后的尾架的极限切削宽度有了大幅度的提高，证实了上述分析的正确性。

以上分析是在假定β不变的情况下得到的。实际上，加工时β会随切削参数的变化而变化，但在切削中，假设$\beta=60°$，能与实际情况大致相符。

2) 合理安排刀具与工件的相对位置

机床结构主振方向与工件加工表面法线的夹角为α，还可以通过改变刀具与工件的相对位置来实现。

图 7.6.51 为车削的情况，假设工件系统为机床结构的主振系统，其振动方向为与水平线成 30°的 y 方向，若机床结构不改变，则这个方向也不会改变。为了改变α角，可改变刀具的安装位置使加工表面的法线方向来达到，图 7.6.51(a)为车刀安装在不同位置时的α角。根据分析和实验，得到刀具在获得$\alpha=330°(150°)$或$\alpha=270°(90°)$的安装位置时，其稳定性最好，这就提供了设计专用刀具的最佳位置。对于通用车床，上述位置无法安装刀具，但可以把车刀安装在工件的后面，如图 7.6.51(b)所示；或把车刀反装，如图 7.6.51(c)所示；用主轴反转进行车削，以获得较好的α角。

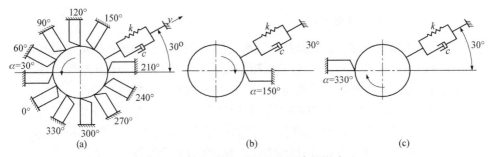

图 7.6.51　刀具安装对方向因素的影响

图 7.6.52 表示在立铣上进行平面铣削时，刀具与工件的相对位置对方向因素的影响。由于铣削时，加工表面的法线方向是变化的，取其平均值，即以铣刀与工件接触的圆弧的中点处的法线代表整个加工表面的法线。立铣有多种振型，这

里只考虑水平面内工作台纵向 U 与横向 W 的振型，而略去垂直方向的振型。假设以 U 为主振方向，则 x 与 U 的夹角 α 随着铣刀相对于工件的不同位置而变化，α 角的变化引起方向因素 κ 的变化，从而使稳定性不同。经过对比实验，在图 7.6.52 所示的六个位置中，以 $\alpha=0°$、$30°$、$330°$ 三个位置的极限切削宽度较小，而以 $\alpha=60°$、$90°$、$120°$ 三个位置的极限切削宽度较大，这基本上符合以上关于方向因素的分析。

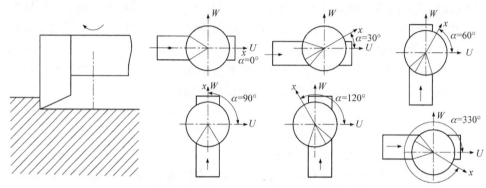

图 7.6.52　铣刀与工件的相对位置对 α 的影响

3) 合理安排切削力的方向

由于切削力的方向 β 和机床结构的主振方向 α 综合影响方向因素 κ，所以应根据不同的 α，尽可能地改变 β 使 κ 减小。例如，在刀具有矩形横截面的卧式铣床上进行铣削时，若其他条件不变，而改变铣削方式，实验表明顺铣比逆铣的极限切削宽度大，这是由切削力方向不同而方向因素改变造成的。此外，还可以通过改变刀具的几何角度及切削用量来改变 β，虽然这不可能使 β 大幅度地变化，但使用机床时，α 的变化范围也是不大的。因此改变切削力的方向来提高稳定性，也是一个可行的途径。

2. 提高系统的等效静刚度

增加机床的静刚度，使其抵抗静载荷的能力提高，这是机床设计中提高机床加工精度的主要措施之一。从提高机床抗振能力的角度来增加机床静刚度还应注意的问题，除了考虑机床受静载荷外，还必须考虑机床动载荷的特点。

(1) 在增加机床静刚度的同时要注意减轻其质量，这不仅可以节省材料，也可以提高抗振性。由于受动载荷时，构件的质量将引起惯性力，如果减轻了质量，既能降低惯性力，又能提高其自然频率，这些都有利于抗振性的提高。所以把以最轻的质量获得最大的静刚度作为机床结构设计的一个重要原则。

(2) 在静载荷作用时，构件可能同时出现拉、压、弯、扭等各种变形，而在动载荷作用时，对于某一激振频率或颤振，它们大多仅由 1～2 个主振型起决定作用。因此，应根据主振型及相应的主振系统的变形特性来增加其静刚度。从方向因素的分析可知，尤其要注意主刚度方向和提高主振方向的刚度。例如，卧式镗床中，主振系统基本上是镗杆本身，因此常使用弹性模量很高的材料来制造镗杆。又如在车床中，主振系统在很多情况下是主轴系统，因此主轴系统的刚度对整机性能起着重要作用，应特别注意提高其刚度。

(3) 机床在受静载荷时，按其力的封闭区考虑构件的受力和变形。而在受动载荷时，则应按振动系统的各组成部分来分析，以得出增加静刚度的部位。如图 7.6.53(a) 所示的铣床，受静态切削力作用时，按构件 *ABCDE* 分析，床身 *CO* 段产生变形，如图 7.6.53(b)所示；而受动载荷时，振动系统则分别由 *ABCO* 和 *EDCO* 两构件组成如图 7.6.53(c)所示的结构。实验表明：如果仅通过改进 *CO* 段的截面形状来增加该段的静刚度，铣床的静刚度并无明显变化，但振幅却能降低至原来的30%～50%，机床的抗振性有明显的提高。

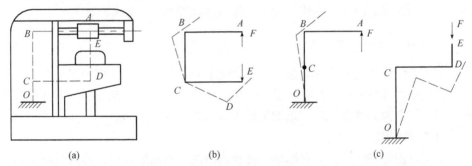

图 7.6.53　升降台铣床在受静载荷和动载荷时的不同分析方法

机床结构的刚度由各部件的刚度综合而成，应从整机具有较好刚度的角度来考虑，建立各部件刚度平衡的观点，即应使各部件的刚度大致相等，没有突出的薄弱环节。若发现有薄弱环节，则提高刚度的重点对象是这个薄弱环节。若没有突出的薄弱环节，则应成比例地同时提高各部件的刚度，仅提高少数部件的刚度并没有多大好处。

提高机床结构刚度的具体措施有很多，如通过合理选择构件的轮廓尺寸和截面形状、布置隔板和筋条、注意开孔的尺寸和位置等。下面仅对接触刚度问题进行说明。

由于接触表面的宏观和微观不平，实际接触面积只为名义接触面积的一小部分，甚至只有少数几个高点在接触，在外加载荷的作用下，将产生接触面的变形。产生单位接触变形所需要的力称为**接触刚度**。在不少情况下，接触刚度低于构件本体的刚度，因此增加接触刚度对提高机床的有效刚度起着重要作用，具体方法如下。

(1) 提高机床面的加工精度和表面粗糙度。随着接触面加工精度和表面粗糙度的增加，其宏观和微观不平度减小，实际接触面积增加，从而使接触刚度得到提高。对于活动接触面(如导轨)和重要的固定接触面(如主轴箱与床身、立柱与底座的结合面),为提高其接触刚度,多采用配磨和配刮的措施,既可使接触点分布均匀,又可使表面粗糙度得以改善。

(2) 增加接触面间的比压和预加载荷。增加接触面间的比压可以提高接触刚度,而施加一定的预加载荷则可减小接触工作时外载荷所引起的接触变形。对于固定接触面,应正确选择紧固螺钉的数量、直径和分布情况,并规定装配时拧紧的扭矩,以保证比压分布均匀,且保证预加载荷。

(3) 改善构件在接触面联结部位的刚度。如果联结部位的刚度不足,在外载荷作用下,构件的变形会使实际接触面积减小,产生接触变形不均匀的情况,从而降低接触刚度,尤其对受弯曲载荷的构件,这种情况更为明显。

接触面采用不同的紧固方法,其刚度会不同,如一个面用铣削加工另一面用磨削加工的结合合面,比两个面都用铣削加工的结合面接触刚度要高。若在接触面间加有一定黏度的油,则将比不加油的接触刚度要高。

3. 增加系统的等效阻尼

振动系统中的阻尼消耗能量,对振动起衰减和抑制作用。增加阻尼对降低机床的强迫振动和自激振动都有明显的效果。机床的阻尼主要来自制造零件材料的内阻尼、结合面的摩擦阻尼和附加阻尼等方面。

1) 材料内阻尼

由材料内摩擦而产生的阻尼称为**材料内阻尼**。不同的材料,其内阻尼不同,铸铁构件的等效阻尼比为 0.0005~0.003,焊接钢件的等效阻尼比为 0.0002~0.0015,混凝土或钢筋混凝土的等效阻尼比可达 0.01~0.02。由于铸铁比钢的阻尼比大,故对于机床中的床身、立柱等大型支承件都用铸铁制造。

在实际中,还可以把具有高内阻尼的特别材料附加到零件上。在振动的构件表面,如箱体的内壁、齿轮的轮廓等,喷涂一层黏滞弹性材料,如沥青基制成的胶泥、高分子聚合物等具有高内阻尼的材料,可使构件的材料内阻尼增加;在振动的构件上,先粘贴一层黏滞弹性材料(称为阻尼层),再在阻尼层上覆盖一层金属或其他材料(称为约束层),构成约束阻尼层结构或阻尼夹心结构,如图 7.6.54 所示。当构件振动时,阻尼层的一面受到约束层的约束,另一面随着构件振动,

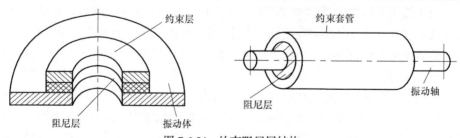

图 7.6.54　约束阻尼层结构

从而产生较大的剪切变形，耗散能量，起到了良好的阻尼作用。这种结构的阻尼大小取决于约束层的刚度和阻尼层的剪切模量，约束层可用金属或石墨纤维制成，阻尼层有橡胶型、泡沫型和压敏胶型三类，可根据不同的构件要求进行选取。

使用以上附加阻尼材料的方法，可以不改变原设计的结构，只需在动应变较大的部位增加阻尼材料，即可达到提高等效阻尼的目的。对于一些采用以上方法效果不明显的构件，可特别采用开槽、灌入减振的阻尼材料，或者在构件上直接压入铸铁环，以产生阻尼作用，图 7.6.55 为在构件内灌注阻尼材料和压入阻尼环示意图。经过实验证明，在一台车床主轴上压入一个圆套圈，可使阻尼比从 0.0005 提高到 0.0261。

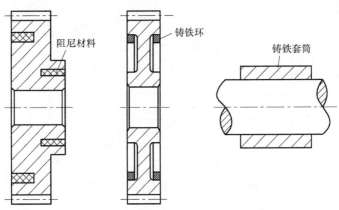

图 7.6.55　在构件内灌注阻尼材料和压入阻尼环

2) 摩擦阻尼

机床总阻尼的大部分来自各结合面间的摩擦阻尼，摩擦阻尼可占到总阻尼的90%。因此，应通过各种方法充分利用结合面的阻尼。

对于机床的各活动结合面，应适当调整其间隙，必要时施加预紧力以增大其间的摩擦力。例如，滚动轴承在无预加载荷而有间隙的情况下，其阻尼比为 0.01～0.02，当有预加载荷而无间隙时，阻尼比为 0.02～0.03。在结合面间保证良好的润滑途径，使其间有油膜存在，也能提高阻尼。例如，对于无润滑油的结合面，其阻尼比为 0.01～0.03，而有润滑油后，阻尼比可达 0.04～0.10。

对于机床的固定结合面，可以降低其表面粗糙度，或者结合面间垫夹弹性材料，以增加其摩擦力。如果能使固定结合面在振动时产生微量的相对滑移，相当于增加了活动的摩擦面，虽然这样做会使静刚度略有降低，但由于阻尼增加，机床的抗振性还是提高了。

固定结合面的加工方法、比压大小以及其间是否有油对摩擦阻尼也有很大的影响。当结合面间无油时，随着比压的增大，相对阻尼值降低，当结合面间有油时，对于铣-铣结合面，随着比压的变化，相对阻尼值在比压为 3N/mm^2 处有最佳值；对于磨-铣结合面，只有当油的动力黏度较低时才有最佳值，在动力黏度 η 较大时，相对阻尼值随比压的增大而降低。比较有油和无油两种情况，有油的相对阻尼值要大。

3) 附加阻尼

除了增加阻尼材料的内阻尼和结合面间阻尼，还可以在机床振动系统上附加阻尼减振器。如图 7.6.56 所示的车床主轴系统，其上只有一个液体摩擦减振器，减振器相当于一个径向间隙很大的滑动轴承，在间隙里充满了油，由于油液的黏性阻尼作用而达到减小主轴振动的目的。经实验证实，附加这种阻尼器后，车床的极限切削宽度成倍地提高。这种阻尼器的效果取决于油液的黏度和阻尼器的安装位置，如果将减振器安装在振动位移最大的位置，其效果最好。

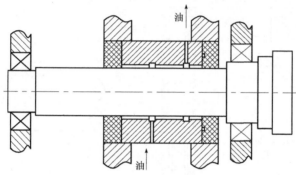

图 7.6.56 装有阻振器的车床主轴

4. 选用合理的切削参数

为提高机床切削的稳定性，除了在机床设计、制造时采用如上所述的改善机床结构的措施外，还可以在使用机床进行切削时选用合理的切削参数。切削参数包括切削用量、刀具的几何角度以及刀具和工件的材料等。可以通过切削实验找出各切削参数的变化对极限宽度的影响，得出对抑制颤振最有利的切削参数。各切削参数主要通过重叠系数、切削刚度和切削阻尼对切削加工的稳定性产生影响。

1) 重叠系数

重叠系数 μ 是再生型颤振的基本参数，直接影响再生效应的大小，从而影响机床切削的稳定性。μ 的数值由加工方式、刀具几何形状和切削用量决定。

图 7.6.57 表示 μ 为各种数值时的切削加工情况。在第一刀切削螺纹时，如图 7.6.57(a)所示，$\mu=0$，即使颤振也不属于再生型颤振，此时对颤振没有影响。在切断加工时，如图 7.6.57(b)所示，除工件第一转，刀具总会完全遇到上次走过的轨迹，残留下的振纹宽度等于刀具的宽度，$\mu=1$，再生效应最大。对于一般外圆纵向车削的情况，如图 7.6.57(d)所示，$\mu=0\sim1$，此时应该通过改变切削用量和刀具的几何形状 尽量减小 μ，以提高稳定性。

设主要由机床决定的主轴方向与刀具轴向的夹角为 θ，不考虑其变化。如果刀具的主偏角 $\varphi=90°-\theta$，则主刀刃与振动方向平行，主刀刃即使产生振动也不会在加工表面上留下振纹，因此不会有再生效应，对机床切削的稳定性最有利。在切削细长轴时，由于工件的弯曲振动是主要的，主振方向垂直于工件的轴心线，即 $\theta=0$，若使用主偏角 $\varphi=90°$ 的直角偏刀进行车削，如图 7.6.57(c)所示，则重叠系数 $\mu=0$，最不容易引起颤振。若 $\varphi=90°+\theta$，主刀刃与振动方向垂直，则再生效应最大，应该尽量避免。

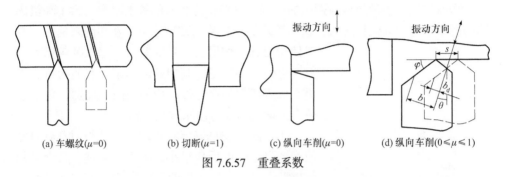

(a) 车螺纹($\mu=0$)   (b) 切断($\mu=1$)   (c) 纵向车削($\mu=0$)   (d) 纵向车削($0\leqslant\mu\leqslant1$)

图 7.6.57　重叠系数

如图 7.6.18 所示，当进给量 s 增加时，刀具实际切削的残留振纹宽度 b_d 随之减小，重叠系数 μ 也相应减小，从防止再生型颤振的角度考虑，增大进给量是有利的。

根据主振方向选择合适的刀刃形状、采用较大的进给量 s 等，使重叠系数 μ 尽量减小，是防止颤振特别是再生型颤振的有效途径。

2) 切削刚度

由式(7.6.74)、式(7.6.82)等可知，减小切削刚度 k_c，即减小单位切削厚度变化所产生的切削力，会使切削厚度变化效应减小，极限切削宽度 b_{lim} 增加。根据式(7.6.57)得

$$k_c=\frac{1}{b}\frac{\mathrm{d}F}{\mathrm{d}a} \tag{7.6.146}$$

在切削原理中，通常使用的稳态切削力公式为 $F=C_Fba^{0.75}$，则得到

$$\mathrm{d}F=0.75C_Fba^{-0.25}\mathrm{d}a \tag{7.6.147}$$

由式(7.6.146)和式(7.6.147)得

$$k_c=C_za^{-0.25} \tag{7.6.148}$$

式中，C_z 为切削影响系数，包括切削速度、刀具的几何角度，以及刀具、工件材料对切削力的影响。增大刀具前角，提高切削速度，改善被加工材料的可加工性，均会使 C_z 减小，从而 k_c 减小。由式(7.6.148)还可以看到，影响 k_c 的明显参数是切削厚度 a，由于 $a=s\sin\varphi$，欲减小 k_c，应增大 a，即增大进给量 s 和主偏角 φ。

由上述稳定切削力公式计算出的 k_c 值与实际的 k_c 值有一定的差别。这是因为

切削厚度的变化和切削力的变化之间有一定的时间滞后，而且动态切削时其他切削参数也会同时发生变化，k_c 本质上是一个动态系数。所以要获得准确的 k_c，应该进行动态切削实验。但是，作为分析切削参数对颤振的影响，上述用稳态切削力公式所得出的结论是符合实际的。

　　3) 切削阻尼

　　切削过程中各种效应对颤振的影响，可转化为相应的等效阻尼，为了和机床结构所具有的阻尼区别开来，这些等效的阻尼称为**切削阻尼**。在切削阻尼中，有工件与刀具、切屑与刀具的摩擦阻尼以及各切削参数变化引入的阻尼，其中有的为正，有的为负。为提高机床切削的稳定性，应使正阻尼增加，负阻尼减小。据此出发可以采取如下措施：

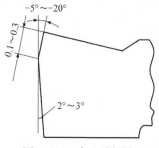

图 7.6.58　车刀消振棱

　　(1) 减小刀具的后角，以增大工件与刀具后刀面的摩擦阻尼。但后角过小，因而摩擦过大又会引起摩擦型颤振。一般选用的后角为 2°～3°，还可在后刀面上磨出有负后角消振棱，如图 7.6.58 所示。

　　(2) 在切削塑性金属时，避免使用 30～70m/min 的切削速度，以防止产生和减小由于切削力的下降特性而引起的负阻尼。

　　(3) 采用鹅颈型弹性刀杆，如图 7.6.59 所示，当刀具振动时，刀尖离开工件，减小切入效应引起的负阻尼等。

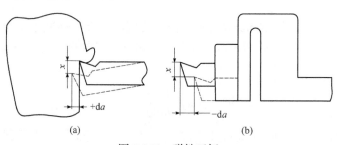

(a)　　　　　　　　　　(b)

图 7.6.59　弹性刀杆

参 考 文 献

蔡辉. 2015. 基于响应的机床切削自激励与动力学参数识别方法研究[D]. 武汉: 华中科技大学博士学位论文.

曹宏瑞, 李亚敏, 何正嘉, 等. 2014. 高速滚动轴承-转子系统时变轴承刚度及振动响应分析[J]. 机械工程学报, 50(15): 73-81.

曹树谦, 侯兰兰. 2018. GTF 发动机设计及动力学问题研究综述[J]. 机械工程学报, 55(13): 53-63.

陈晖. 2012. 基于多源信息融合的大型水压机故障诊断与状态评估研究[D]. 长沙: 中南大学博士学位论文.

陈仁祥, 吴昊年, 张霞, 等. 2021. 子空间嵌入特征分布对齐的不同工况下旋转机械复合故障诊断[J]. 机械工程学报, 57(2): 21-29.

陈祝云. 2020. 基于深度迁移学习的机械设备智能诊断方法研究[D]. 广州: 华南理工大学博士学位论文.

崔玲丽, 王庆华. 2020. 滚动轴承故障定量分析与智能诊断[M]. 北京: 科学出版社.

丁顺良. 2018. 天然气发动机燃烧非线性动力学特性及混沌预测控制研究[D]. 哈尔滨: 哈尔滨工程大学博士学位论文.

顾灿松. 2020. 基于热弹性流体耦合的发动机振动噪声预测方法研究[D]. 长春: 吉林大学博士学位论文.

关晓颖. 2019. 航空发动机诊断与参数辨识多群体协同遗传算法研究[D]. 南京: 南京航空航天大学博士学位论文.

韩捷, 张瑞林. 1996. 旋转机械故障机理及诊断技术[M]. 北京: 机械工业出版社.

韩清凯, 于涛, 王德友, 等. 2010. 故障转子系统的非线性振动分析与诊断方法[M]. 北京: 科学出版社.

侯兰兰. 2019. 航空发动机双转子系统振动传递及非线性动力学研究[D]. 天津: 天津大学博士学位论文.

花纯利, 饶柱石. 2017. 转子-橡胶轴承系统非线性动力学特性研究[M]. 北京: 科学出版社.

黄文虎, 夏松波, 焦映厚, 等. 2006. 旋转机械非线性动力学设计基础理论与方法[M]. 北京: 科学出版社.

黄志坚. 2020. 机械设备振动故障监测与诊断[M]. 北京: 化学工业出版社.

黄志伟, 张勇传, 周建中. 2010. 水轮发电机组转子不对中-碰摩耦合故障转子动力学分析[J]. 中国电机工程学报, 30(8): 88-94.

揭晓博. 2020. 航空发动机整体叶盘的非线性动力学研究[D]. 北京: 北京工业大学博士学位论文.

雷声. 2016. 基于接触特性的螺栓结合部动力学建模、参数识别和应用[D]. 武汉: 华中科技大学博士学位论文.

李国正. 2020. 复杂工况下旋转机械的多源耦合故障信号分离诊断方法研究[D]. 北京: 北京化

工大学博士学位论文.

李立, 郑铁生, 许庆宇. 1995. 齿轮-转子-滑动轴承系统时变非线性动力学特性研究[J]. 应用力学学报, 12 (1): 15-24.

李明, 李自刚. 2014. 完整约束下转子-轴承系统非线性振动[M]. 北京: 科学出版社.

李明, 张勇, 姜培林, 等. 1999. 转子-齿轮联轴器系统的弯扭耦合振动研究[J]. 航空动力学报, 14 (1): 60-64.

李有堂. 2010. 机械系统动力学[M]. 北京: 机械工业出版社.

李有堂. 2019. 高等机械系统动力学——原理与方法[M]. 北京: 科学出版社.

李有堂. 2020. 机械振动理论与应用[M]. 2 版. 北京: 科学出版社.

李有堂, 马平, 杨萍, 等. 2000. 计算切口应力集中系数的无限相似单元法[J]. 机械工程学报, 36(12): 101-104.

廖明夫. 2015. 航空发动机转子动力学[M]. 西安: 西北工业大学出版社.

刘延柱. 2016. 高等动力学[M]. 北京: 高等教育出版社.

刘阳, 李诚, 李富才, 等. 2019. 航空发动机叶片脱落的非线性瞬态动力学研究[J]. 机械工程学报, 55(13): 23-37.

毛宽民, 李斌, 雷声. 2018. 机床结合部动力学建模及其应用[M]. 武汉: 武汉理工大学出版社.

孟宗, 王亚超. 2014. 基于微分局部均值分解的旋转机械故障诊断方法[J]. 机械工程学报, 50(11): 101-107.

潘慕绚, 陈强龙, 周永权, 等. 2019. 涡扇发动机多动力学建模方法[J]. 航空学报, 40(5): 122632.

孙传宗. 2017. 航空发动机双转子系统高精度动力学建模与碰摩响应研究[D]. 哈尔滨: 哈尔滨工业大学博士学位论文.

孙涛. 2017. 发动机双转子碰摩动力学分析及优化与转子同步[D]. 西安: 西北工业大学博士学位论文.

王凤利. 2003. 基于局域波法的转子系统非线性动态特性及应用研究[D]. 大连: 大连理工大学博士学位论文.

王俨剀, 张占升, 廖明夫, 等. 2018. 基于动力学分析的发动机测振截面选取[J]. 航空动力学报, 33(6): 1446-1455.

闻邦椿, 顾家柳, 夏松波, 等. 1999. 高等转子动力学[M]. 北京: 机械工业出版社.

许同乐. 2020. 旋转机械故障信号处理与诊断方法[M]. 北京: 高等教育出版社.

剡昌锋, 周俊, 吴黎晓, 等. 2017. 基于快速峭度图算法与平方包络共振解调的滚动轴承自适应故障诊断方法[J]. 兰州理工大学学报, 43(1): 33-38.

剡昌锋, 康建雄, 苑浩, 等. 2018. 考虑弹流润滑及滑动作用下滚动轴承系统局部缺陷位移激励动力学建模[J]. 振动与冲击, 37(5): 56-64.

杨国安. 2018. 旋转机械故障诊断实用技术[M]. 北京: 中国石化出版社.

杨义勇, 金德闻. 2009. 机械系统动力学[M]. 北京: 清华大学出版社.

应光祖. 2011. 高等动力学——理论与应用[M]. 杭州: 浙江大学出版社.

虞烈, 刘恒. 2001. 轴承-转子系统动力学[M]. 西安: 西安交通大学出版社.

张策. 2000. 机械动力学[M]. 北京: 高等教育出版社.

张劲夫, 秦卫阳, 谷旭东, 等. 2010. 新编高等动力学[M]. 西安: 西北工业大学出版社.

郑彤, 章定国, 廖连芳, 等. 2014. 复航空发动机叶片刚柔耦合动力学分析[J]. 机械工程学报,

50(23): 42-49.

朱培浩. 2014. 计及工艺系统的机床动力学设计方法研究[D]. 天津: 天津大学博士学位论文.

Cheng C, Hu Y, Wang J R, et al. 2021. Generalized sparse filtering for rotating machinery fault diagnosis[J]. The Journal of Supercomputing, 77: 3402-3421.

David I Z, Oscar T P, Antonio V G. 2019. Bearing fault diagnosis in rotating machinery based on cepstrum pre-whitening of vibration and acoustic emission[J]. The International Journal of Advanced Manufacturing Technology, 104: 4155-4168.

Feng Y, Lu B C, Zhang D F. 2017. Multiscale singular value manifold for rotating machinery fault diagnosis[J]. Journal of Mechanical Science and Technology, 31: 99-109.

Khodja A Y, Guersi N, Saadi M N, et al. 2020. Rolling element bearing fault diagnosis for rotating machinery using vibration spectrum imaging and convolutional neural networks[J]. The International Journal of Advanced Manufacturing Technology, 106: 1737-1751.

Khoualdia T, Hadjadj A E, Bouacha K, et al. 2017. Multi-objective optimization of ANN fault diagnosis model for rotating machinery using grey rational analysis in Taguchi method[J]. The International Journal of Advanced Manufacturing Technology, 89: 3009-3020.

Kreinin G V, Kosarev A A, Misiurin S Y, et al. 2010. A drive with a high-speed pneumatic jet engine. Dynamics and control[J]. Journal of Machinery Manufacture and Reliability, 39: 523-529.

Lee S M, Choi Y S. 2008. Fault diagnosis of partial rub and looseness in rotating machinery using Hilbert-Huang transform[J]. Journal of Mechanical Science and Technology, 22: 2151-2162.

Li Y T, Ma P. 2007. Finite geometrically similar element method for dynamic fracture problem[J]. Key Engineering Materials, 345-346: 441-444.

Li Y T, Ma P, Yan C F. 2006a. Anti-fatigued criterion of annularly breached spindle on mechanical design[J]. Key Engineering Materials, 321-323: 755-758.

Li Y T, Song M. 2008. Method to calculate stress intensity factor of V-notch in bi-materials[J]. Acta Mechanica Solida Sinica, 21(4): 337-346.

Li Y T, Rui Z Y, Huang J L. 2000a. An inverse fracture problem of a shear specimen with double cracks[J]. Key Engineering Materials, 183-187: 37-42.

Li Y T, Wei Y B, Hou Y F. 2000b. The fracture problem of framed plate under explosion loading[J]. Key Engineering Materials, 183-187: 319-324.

Li Y T, Rui Z Y, Yan C F. 2006b. Uniform model and fracture criteria of annularly breached bars under bending[J]. Key Engineering Materials, 321-323: 751-754.

Li Y T, Yan C F, Kang Y P. 2006c. Transition method of geometrically similar element for dynamic V-notch problem[J]. Key Engineering Materials, 306-308: 61-66.

Li Y T, Rui Z Y, Yan C F. 2007a. Transition method of geometrically similar element to calculate the stress concentration factor of notch[J]. Materials Science Forum, 561-565: 2205-2208.

Li Y T, Yan C F, Jin W Y. 2007b. The method of torsional cylindrical shaft with annular notch in quadric coordinate[J]. Materials Science Forum, 561-565: 2225-2228.

Li Y T, Rui Z Y, Yan C F. 2008. A new method to calculate dynamic stress intensity factor for V-notch in a bi-material plate[J]. Key Engineering Materials, 385-387: 217-220.

Li Y T, Yan C F, Feng R C. 2010. Dynamic stress intensity factor of fixed beam with several notches by infinitely similar element method[J]. Key Engineering Materials, 417-418: 473-476.

Kozochkin M P. 2014. Influence of machine-tool dynamics on the vibration in cutting[J]. Russian Engineering Research, 34: 573-577.

Lobato T H G, Silva R R, Costa E S, et al. 2020. An integrated approach to rotating machinery fault diagnosis using, EEMD, SVM, and augmented data[J]. Journal of Vibration Engineering and Technologies, 8: 403-408.

Mohanty S, Gupta K K, Raju K S. 2017. Adaptive fault identification of bearing using empirical mode decomposition-principal component analysis-based average kurtosis technique[J]. Science, Measurement and Technology, (1): 30-40.

Nath A G, Udmale S S, Singh S K. 2021. Role of artificial intelligence in rotor fault diagnosis: A comprehensive review[J]. Artificial Intelligence Review, 54: 2609-2668.

Ni X L, Zhao J M, Hu Q W, et al. 2017. A new improved Kurtogram and its application to planetary gearbox degradation feature analysis[J]. Journal of Vibroengineering, 19(5): 3413-3428.

Postnov, Idrisova Y V, Fetsak S I. 2015. Influence of machine-tool dynamics on the tool wear[J]. Russian Engineering Research, 35: 936-940.

Rao J S. 2012. 旋转机械动力学及其发展[M]. 叶洎沅, 译. 北京: 机械工业出版社.

Reiner H, Witteveen W, Fischer M. 2006. Engine dynamics using MBS/FEM composite structures [J]. AutoTechnology, 6: 48-51.

Seddak M, Liazid A. 2018. An experimental study on engine dynamics model based on indicated torque estimation[J]. Arabian Journal for Science and Engineering, 43: 1475-1484.

Wang H, Gao J J, Jiang Z N, et al. 2014. Rotating machinery fault diagnosis based on EEMD time-frequency energy and SOM neural network[J]. Arabian Journal for Science and Engineering, 39: 5207-5217.

Wang J J, Ye L K, Gao R X, et al. 2018. Digital twin for rotating machinery fault diagnosis in smart manufacturing[J]. International Journal of Production Research, 57(12): 3920-3934.

Waters J, Carrington D B. 2020. Turbulent reactive flow modeling in engines: Simulating engine dynamics using fearce[J]. Journal of Engineering for Gas Turbines and Power, 142(2): 021006.

Xu Y G, Yan Y L. 1991. Research on Haar spectrum in fault diagnosis of rotating machinery applied mathematics and mechanics[J]. Applied Mathematics and Mechanics, 12: 61-66.

Zhang J X, Zhong Q H, Dai Y P. 2004. Fault diagnosis of rotating machinery using RBF and fuzzy neural network[J]. Journal of System Simulation, 16(3): 560-563.